全国高等学校自动化专业系列教材
教育部高等学校自动化专业教学指导分委员会牵头规划

普通高等教育“十一五”国家级规划教材

Principles of Automatic Control

自动控制原理（第2版）（下册）

清华大学 吴 麒 Wu Qi 王诗宓 Wang Shifu 杜继宏 Du Jihong 高黛陵 Gao Dailing 编著

清華大學出版社
北 京

内容简介

本教材覆盖高等学校自动化专业“自动控制原理”课程的主要内容，包括建模、分析、设计的基本概念及方法. 全书分上、下册出版. 上册主要涉及经典控制理论，包括单输入单输出动态系统的数学描述、时间响应、频率响应方法、根轨迹方法、串联校正、非线性系统、采样系统等，但数学模型部分包括状态空间模型及多输入多输出系统. 下册主要涉及状态空间方法，包括系统的状态空间结构分析、线性定常系统的综合、李雅普诺夫稳定性分析、最优控制等. 除习题与参考答案外，本教材附有术语索引、少量供读者阅读的参考文献.

本书注重分析思考能力的培养. 减少单纯用于解决计算、作图技巧的内容，淘汰某些已经过时的作图技巧，推荐使用 MATLAB，随书赠送作者自主编制的设计软件 IntelDes 3.0.

本书是高等学校自动化专业“自动控制原理”课程教材，也可供相关工程技术人员参考.

图书在版编目(CIP)数据

自动控制原理·下册/吴麒，王诗宓主编. —2版. —北京：清华大学出版社，2006.10(2024.1重印)
(全国高等学校自动化专业系列教材)
ISBN 978-7-302-13227-1

Ⅰ. 自… Ⅱ. ①吴… ②王… Ⅲ. 自动控制理论—高等学校—教材 Ⅳ. TP13

中国版本图书馆 CIP 数据核字(2006)第065002号

责任编辑：王一玲
责任印制：丛怀宇

出版发行：清华大学出版社
网　　址：https://www.tup.com.cn，https://www.wqxuetang.com
地　　址：北京清华大学学研大厦A座　　**邮　　编**：100084
社 总 机：010-83470000　　**邮　　购**：010-62786544
投稿与读者服务：010-62776969，c-service@tup.tsinghua.edu.cn
质量反馈：010-62772015，zhiliang@tup.tsinghua.edu.cn
印 装 者：天津鑫丰华印务有限公司
经　　销：全国新华书店
开　　本：175mm×245mm　　**印　　张**：36.5　　**字　　数**：750千字
版　　次：2006年10月第2版　　**印　　次**：2024年1月第14次印刷
定　　价：95.00元

产品编号：022846-04/TP

出版说明

《全国高等学校自动化专业系列教材》

为适应我国对高等学校自动化专业人才培养的需要，配合各高校教学改革的进程，创建一套符合自动化专业培养目标和教学改革要求的新型自动化专业系列教材，“教育部高等学校自动化专业教学指导分委员会”（简称“教指委”）联合了“中国自动化学会教育工作委员会”、“中国电工技术学会高校工业自动化教育专业委员会”、“中国系统仿真学会教育工作委员会”和“中国机械工业教育协会电气工程及自动化学科委员会”四个委员会，以教学创新为指导思想，以教材带动教学改革为方针，设立专项资助基金，采用全国公开招标方式，组织编写出版一套自动化专业系列教材——《全国高等学校自动化专业系列教材》.

本系列教材主要面向本科生，同时兼顾研究生；覆盖面包括专业基础课、专业核心课、专业选修课、实践环节课和专业综合训练课；重点突出自动化专业基础理论和前沿技术；以文字教材为主，适当包括多媒体教材；以主教材为主，适当包括习题集、实验指导书、教师参考书、多媒体课件、网络课程脚本等辅助教材；力求做到符合自动化专业培养目标、反映自动化专业教育改革方向、满足自动化专业教学需要；努力创造使之成为具有先进性、创新性、适用性和系统性的特色品牌教材.

本系列教材在“教指委”的领导下，从 2004 年起，通过招标机制，计划用 3～4 年时间出版 50 本左右教材，2006 年开始陆续出版问世. 为满足多层面、多类型的教学需求，同类教材可能出版多种版本.

本系列教材的主要读者群是自动化专业及相关专业的大学生和研究生，以及相关领域和部门的科学工作者和工程技术人员. 我们希望本系列教材既能为在校大学生和研究生的学习提供内容先进、论述系统和适于教学的教材或参考书，也能为广大科学工作者和工程技术人员的知识更新与继续学习提供适合的参考资料. 感谢使用本系列教材的广大教师、学生和科技工作者的热情支持，并欢迎提出批评和意见.

《全国高等学校自动化专业系列教材》编审委员会

2005 年 10 月于北京

《全国高等学校自动化专业系列教材》编审委员会

序

FOREWORD

自动化学科有着光荣的历史和重要的地位,20 世纪 50 年代我国政府就十分重视自动化学科的发展和自动化专业人才的培养.五十多年来,自动化科学技术在众多领域发挥了重大作用,如航空、航天等,“两弹一星”的伟大工程就包含了许多自动化科学技术的成果.自动化科学技术也改变了我国工业整体的面貌,不论是石油化工、电力、钢铁,还是轻工、建材、医药等领域都要用到自动化手段,在国防工业中自动化的作用更是巨大的.现在,世界上有很多非常活跃的领域都离不开自动化技术,比如机器人、月球车等.另外,自动化学科对一些交叉学科的发展同样起到了积极的促进作用,例如网络控制、量子控制、流媒体控制、生物信息学、系统生物学等学科就是在系统论、控制论、信息论的影响下得到不断的发展.在整个世界已经进入信息时代的背景下,中国要完成工业化的任务还很重,或者说我们正处在后工业化的阶段.因此,国家提出走新型工业化的道路和“信息化带动工业化,工业化促进信息化”的科学发展观,这对自动化科学技术的发展是一个前所未有的战略机遇.

机遇难得,人才更难得.要发展自动化学科,人才是基础、是关键.高等学校是人才培养的基地,或者说人才培养是高等学校的根本.作为高等学校的领导和教师始终要把人才培养放在第一位,具体对自动化系或自动化学院的领导和教师来说,要时刻想着为国家关键行业和战线培养和输送优秀的自动化技术人才.

影响人才培养的因素很多,涉及教学改革的方方面面,包括如何拓宽专业口径、优化教学计划、增强教学柔性、强化通识教育、提高知识起点、降低专业重心、加强基础知识、强调专业实践等,其中构建融会贯通、紧密配合、有机联系的课程体系,编写有利于促进学生个性发展、培养学生创新能力的教材尤为重要.清华大学吴澄院士领导的《全国高等学校自动化专业系列教材》编审委员会,根据自动化学科对自动化技术人才素质与能力的需求,充分吸取国外自动化教材的优势与特点,在全国范围内,以招标方式,组织编写了这套自动化专业系列教材,这对推动高等学校自动化专业发展与人才培养具有重要的意义.这套系列教材的建设有新思路、新机制,适应了高等学校教学改革与发展的新形势,立足创建精品教材,重视实践性环节在人才培养中的作用,采用了竞争机制,以激励和推动教材建设. 在此,我谨向参与本系列教材规划、组织、编写的老师致以诚挚的感谢,并希望该系列教材在全国高等学校自动化专业人才培养中发挥应有的作用.

吴启迪 教授

2005年10月于教育部

序

FOREWORD

《全国高等学校自动化专业系列教材》编审委员会在对国内外部分大学有关自动化专业的教材做深入调研的基础上，广泛听取了各方面的意见，以招标方式，组织编写了一套面向全国本科生（兼顾研究生）、体现自动化专业教材整体规划和课程体系、强调专业基础和理论联系实际的系列教材，自2006年起将陆续面世．全套系列教材共50多本，涵盖了自动化学科的主要知识领域，大部分教材都配置了包括电子教案、多媒体课件、习题辅导、课程实验指示书等立体化教材配件．此外，为强调落实“加强实践教育，培养创新人才”的教学改革思想，还特别规划了一组专业实验教程，包括《自动控制原理实验教程》、《运动控制实验教程》、《过程控制实验教程》、《检测技术实验教程》和《计算机控制系统实验教程》等．

自动化科学技术是一门应用性很强的学科，面对的是各种各样错综复杂的系统，控制对象可能是确定性的，也可能是随机性的；控制方法可能是常规控制，也可能需要优化控制．这样的学科专业人才应该具有什么样的知识结构，又应该如何通过专业教材来体现，这正是“系列教材编审委员会”规划系列教材时所面临的问题．为此，设立了《自动化专业课程体系结构研究》专项研究课题，成立了由清华大学萧德云教授负责，包括清华大学、上海交通大学、西安交通大学和东北大学等多所院校参与的联合研究小组，对自动化专业课程体系结构进行深入的研究，提出了按“控制理论与工程、控制系统与技术、系统理论与工程、信息处理与分析、计算机与网络、软件基础与工程、专业课程实验”等知识板块构建的课程体系结构．以此为基础，组织规划了一套涵盖几十门自动化专业基础课程和专业课程的系列教材．从基础理论到控制技术，从系统理论到工程实践，从计算机技术到信号处理，从设计分析到课程实验，涉及的知识单元多达数百个、知识点几千个，介入的学校50多所，参与的教授120多人，是一项庞大的系统工程．从编制招标要求、公布招标公告，到组织投标和评审，最后商定教材大纲，凝聚着全国百余名教授的心血，为的是编写出版一套具有一定规模、富有特色的、既考虑研究型大学又考虑应用型大学的自动化专业创新型系列教材．

然而，如何进一步构建完善的自动化专业教材体系结构？如何建设基础知识与最新知识有机融合的教材？如何充分利用现代技术，适应现代大学生的接受习惯，改变教材单一形态，建设数字化、电子化、网络化等多元形态、开放性的"广义教材"？等等，这些都还有待我们进行更深入的研究.

本套系列教材的出版，对更新自动化专业的知识体系、改善教学条件、创造个性化的教学环境，一定会起到积极的作用.但是由于受各方面条件所限，本套教材从整体结构到每本书的知识组成都可能存在许多不当甚至谬误之处，还望使用本套教材的广大教师、学生及各界人士不吝批评指正.

吴澄 院士

2005年10月于清华大学

下册目录

CONTENTS

第7章 描述函数方法与相平面方法

7.1 引言

对现实世界中的控制系统进行研究可以发现，几乎所有的系统都具有非线性特性. 举例来说，在许多情况下，系统中的信号具有上限，从而出现饱和现象. 另外，在电气装置中存在铁磁材料，在机械系统中存在齿轮间隙、摩擦力等等，这些都会使系统具有非线性特性. 在工程问题研究中采用了许多线性系统模型，其实它们都是对实际系统的不同程度的近似. 在这些线性模型中，或者忽略了回路中的非线性特性，或者用某种线性特性来近似表示实际的非线性特性. 之所以采用线性模型来研究实际系统，是因为对线性系统存在一整套较为完善的理论与方法，比较容易得出分析结果并进行设计校正. 而且对相当多的实际系统，这种近似的结果基本符合工程实际要求，是可以接受的.

不过，有些非线性系统中的非线性特性无法忽略，也不能采用某种线性特性来近似. 在这类非线性系统中，某些系统在满足精度要求的前提下可以被大致分离出独立的非线性部件，譬如一个具有饱和特性的执行机构. 对这类系统，能够采用不同类型的方式来分别描述系统中的线性部分特性和非线性部分特性. 而有些系统则无法从中分离出独立的非线性部件，只能采用非线性微分方程来描述系统的动态特性，譬如对化学过程、热力过程、流体过程、生物学过程的数学描述.

而且，对某些非线性系统，即使允许采用线性模型来近似，所得结果的准确程度也与非线性系统的工作状态有关. 对某些非线性系统可能存在这样的情形：这种近似在大部分工作状态附近都是合理的，但在个别状态附近却不能给出恰当结论或者会给出完全错误的结论.

另外，在解决工程问题时人们也发现，将非线性部件适当引入控制系统，有时会取得很好的、单纯采用线性系统所无法达到的效果. 譬如说，为了获得低成本和快速响应的效果，可以使用继电器在适当时刻切换控制量的大小和方向. 鉴于系统中存在不可忽略的非线性特性以及在控制系统中有时人为引入非线性特性这两方面的原因,研究非线性系统的分析和设计方法是十分必要的.

对非线性系统的研究比对线性系统的研究要复杂得多.非线性系统需要逐个或逐类加以讨论,目前还没有一种方法能被用来分析所有非线性系统.非线性系统的分析涉及多方面的基础知识,甚至涉及相当艰深的数学理论.本章不全面讲述非线性控制系统的分析和设计方法,只是打算介绍两种比较简单、与本书其他内容联系较紧密的方法:描述函数方法和相平面方法.描述函数的概念是线性系统传递函数概念的某种推广.参照线性系统的稳定性分析方法,就可以用描述函数来近似分析一类非线性系统.相平面方法可以被认为是状态空间方法的最简单形式,它可以被用来准确研究一类非线性系统,而且也不需要很深的数学基础知识.

在非线性系统研究中,计算机仿真显得尤为重要.因为在许多非线性系统分析方法中,结果是近似的;有些方法虽然能够给出比较精确的结果,但计算十分困难;还有些情况根本无法进行计算.所以,采用计算机仿真来验证分析结果、验证计算结果、甚至获得无法通过计算求得的结果就十分必要.但不作分析而只进行仿真也是不可取的.因为同一个非线性系统可能包括多种性质完全不同的运动特性,不作分析而进行仿真就可能遗漏其中某些重要的运动特性.故而,对非线性系统的研究方法应当是:先采用分析方法获得关于运动性质的基本结论并采用尽可能简单而准确的方法进行适当的计算,然后再通过有目的的仿真对分析结论和计算数据进行验证和改进.

本章7.1节介绍非线性系统的基本特点.在7.2节说明了描述函数的概念后,在7.3节介绍非线性系统的描述函数分析方法.在7.4节叙述相平面的基本概念,然后在7.5节讨论非线性系统的相平面分析方法,特别是由分区线性系统构成的非线性系统的相平面分析方法.

7.1.1 线性系统和非线性系统

在本书关于线性系统的章节中,都是根据传递函数并采用几种典型的分析方法来研究线性系统的特性.之所以能够这样做,一个主要的原因是线性系统满足**叠加原理**.对一个线性系统,如果在输入信号 $r_1(t)$ 和 $r_2(t)$ 的作用下,系统的输出分别为 $c_1(t)=f[r_1(t)]$ 和 $c_2(t)=f[r_2(t)]$,那么在输入信号 $ar_1(t)+br_2(t)$ 的作用下,系统的输出必为

$$c(t)=ac_1(t)+bc_2(t)=f[ar_1(t)+br_2(t)]. \tag{7.1.1}$$

它说明线性系统的输入输出之间的关系与输入信号的形式和大小无关,只与系统本身的参数有关.由于线性系统满足叠加原理,所以不必逐一讨论一个线性系统在各种输入信号下的输出响应,而是采用某些典型信号来激励系统,从而求取能

够代表系统性能的传递函数，然后采用多种完善的分析计算方法来加以研究. 譬如说，根据线性系统的传递函数本身就可以讨论该线性系统的稳定性；给定了输入信号就可以借助传递函数来计算线性系统的输出响应特性等等.

然而，非线性系统不具有这样的性质. 一个非线性系统的输出响应受很多因素的影响，不同的输入信号形式、不同的输入信号幅值、不同的初始条件都可能对非线性系统输出响应产生很大的影响，甚至导致性质完全相反的运动形式. 到目前为止，还不存在能描述非线性系统输入输出关系的统一表达式，也不存在对所有非线性系统都适用的分析方法，而且对非线性系统还不能求得闭合形式的解(closed form of solution).

一个非线性系统或非线性部件，其输入输出关系可以采用如下微分方程来描述

$$\frac{\mathrm{d}^n y}{\mathrm{d}t^n} = f\left(t, y, \dot{y}, \ddot{y}, \cdots, \frac{\mathrm{d}^{n-1} y}{\mathrm{d}t^{n-1}}, x\right). \tag{7.1.2}$$

如果 f 是连续函数，则该非线性特性是**连续非线性**特性，否则是**不连续非线性**特性. 譬如非线性弹簧

$$y = k_1 x + k_2 x^3, \quad (k_1 > 0) \tag{7.1.3}$$

就是一种连续非线性特性，而继电器特性则是一种不连续非线性特性.

在某些系统中，部件本身就具有非线性特性，譬如放大器可能具有饱和特性或死区特性. 系统本身具有的这类非线性特性被称为**固有非线性**特性. 固有非线性特性增加了对系统进行分析设计的困难，而且许多固有非线性特性对系统的运行是有害的，需要设法克服它们对系统的影响. 但在控制系统的设计中，也可能在线性系统中引入某种非线性来改进系统的性能. 这种人工引入的非线性特性被称为**人为非线性**特性.

图 7.1.1 就是引入人为非线性特性来改进系统性能的示例. 对一个稳定的线性二阶系统，阶跃响应是衰减振荡信号，输出量存在一定的超调，而且要等待足够长的时间才能接近稳态值. 但如果适当选择 a,b 与 t_1 的值，如图 7.1.1(a)那样使阶跃输入信号幅值先为 a，然后在时刻 t_1 突然变成 $a+b$，那么就可以获得图 7.1.1(b)所示的输出响应. 这个输出响应迅速、没有超调，它经过一个很短的时段就能达到稳态值，所以是一种十分理想的输出响应. 在这个示例中，尽管被控对象本身具有

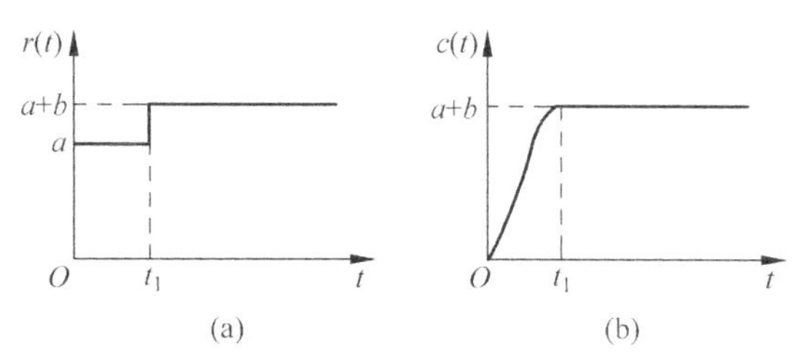

图 7.1.1　切换输入信号与相应的输出信号

线性特性,但引入信号切换部件后,整个系统变成了一个非线性系统.

7.1.2　非线性系统的某些特征现象

除了非线性系统不满足叠加原理这一重要性质之外,非线性系统的运动也呈现出许多与线性系统不同的现象.了解这些**非线性系统的特征现象**对学习非线性系统的分析方法、理解各种分析结果很有帮助.

1. 具有多个平衡点

在线性系统研究中总是讨论一个系统是稳定还是不稳定.稳定系统的运动在不同初始条件下都会达到稳态值,而不稳定系统的运动在任何初始条件下都不会逐渐到达稳态值.当然个别初始条件除外,因为不稳定系统在某个初始条件下,其状态从理论上讲可能保持不变.稳定系统的稳态值所代表的系统状态或者不稳定系统理论上能保持不变的状态被称为**平衡状态**,也称为**平衡点**.绝大多数线性系统只有一个平衡点,但在一个非线性系统中却可能出现不同的现象.一个非线性系统可能具有多个平衡点,而且同一个非线性系统的多个平衡点的稳定性可能完全不同.所以在非线性系统中,一般不笼统地讨论系统的稳定性,而是讨论具体平衡点的稳定性,即讨论在极为靠近某个平衡点的一个小范围内出发的运动的趋势.

例 7.1.1　已知非线性系统微分方程为 $\dot{x}=-x(1-x)$,$x(0)=x_0$.(1)在 $x=0$ 附近对该微分方程进行线性化处理,并求出该线性化方程的解;(2)求解原非线性微分方程并与该线性方程的解加以比较.

解　(1) 线性化方程的解.将该非线性微分方程在原点线性化,可以得到线性方程 $\dot{x}=-x$,它的解为 $x(t)=x_0\mathrm{e}^{-t}$,这代表一个稳定的运动.当时间趋于无穷时,$x(\infty)=0$,所以线性化后的系统具有惟一的平衡点.

(2) 非线性微分方程的解.当 $x\neq0$ 且 $x\neq1$ 时,原方程可以被改写为

$$\frac{\mathrm{d}x}{x(1-x)}=-\mathrm{d}t.$$

对上述方程的两端积分可以获得 $x/(1-x)=C\mathrm{e}^{-t}$,即 $x(t)=C\mathrm{e}^{-t}/(1+C\mathrm{e}^{-t})$.如果 $x(0)=x_0\neq1$,则 $C=x_0/(1-x_0)$,于是得到微分方程的解

$$x(t)=\frac{x_0\mathrm{e}^{-t}}{1-x_0+x_0\mathrm{e}^{-t}}.$$

根据该表达式可以得出如下结论:

(i) 在 $x_0=0$ 时,$x(t)\equiv0$;

(ii) 在 $x_0=1$ 时,$x(t)\equiv1$;

(iii) 在 $0<x_0<1$ 的情况下,分母 $1-x_0+x_0\mathrm{e}^{-t}=1-x_0(1-\mathrm{e}^{-t})$ 恒大于0,所以由分子项 $x_0\mathrm{e}^{-t}$ 可知,当 $t\to\infty$ 时,$x(t)\to0$;

(iv) 在 $x_0<0$ 的情况下,分母也恒大于 0,所以当 $t\to\infty$ 时,$x(t)\to 0$;

(v) 在 $x_0>1$ 的情况下,分母项在 1 与 $1-x_0<0$ 之间变化,可以算得,当 $t=\ln[x_0/(x_0-1)]$ 时,分母等于 0,所以此时 $x(t)\to\infty$.

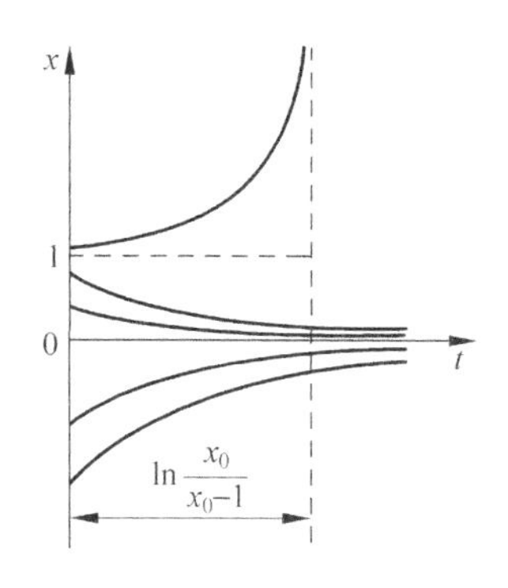

图 7.1.2 例 7.1.1 的时间响应

图 7.1.2 是该系统在不同初始条件下的时间响应示意图. 可以看出,该系统有两个平衡点,其中 $x=0$ 是一个稳定平衡点,从 $x=0$ 附近出发的运动最终将会处于静止状态;而 $x=1$ 是一个不稳定平衡点,从 $x(0)>1$ 出发的运动最终趋向于无穷大. 另外也可以看出,在原点线性化的系统不能完全代表原有的非线性系统,因为它只反映了 $x=0$ 这个稳定平衡点,而没有反映 $x=1$ 这个不稳定平衡点. □

2. 自持振荡

一个线性系统如果能够产生稳定的振荡,那么其振幅是与初始条件有关的. 另外,在有外界输入信号的情况下,它的频率和振幅都与外界信号的频率和幅值有关. 但是某些非线性系统则不同,它们能够产生稳定的振荡,但是该振荡可能具有固定的频率和振幅,而与初始条件及外界信号无关. 这种振幅和频率只取决于系统本身的参数而与初始条件或输入信号无关的振荡被称为**自持振荡**. 下面以范德普尔(Van der Pol)振荡器为例来说明这一现象. 范德普尔振荡器是一个具有非线性电阻的 RLC 电路,其电阻值和端电压成非线性关系. 范德普尔振荡器的运动状态可以用**范德普尔方程**

$$m\ddot{x}-f(1-x^2)\dot{x}+kx=0,\quad (f>0) \tag{7.1.4}$$

来描述.

通过对该方程的定性分析可以初步判断该振荡器的信号变化方式. 当 x 很大时,$\dot{x}$ 的系数 $-f(1-x^2)>0$,即阻尼系数为正. 这表明系统在运动过程中消耗能量,所以运动有衰减的趋势. 当 x 很小时,$\dot{x}$ 的系数 $-f(1-x^2)<0$,即阻尼系数为负. 这意味着阻尼器向系统添加能量,所以运动有发散的趋势. 由于系统的状态既不能无界增大,也不能收敛到 0,故而应当呈现某种振荡状态.

例 7.1.2 设范德普尔方程中的参数为 $m=1,f=3,k=1$,试采用 MATLAB 语言对系统进行仿真来获得输出时间响应.

解 令 $x_1=x, x_2=\dot{x}$,则原方程可以被改写为 $\dot{x}_1=x_2$,$\dot{x}_2=3(1-x_1^2)x_2-x_1$. 编制如下两个 MATLAB 文件:

“vanderpol. m”: (模型文件)

```
function [sys,x0] = vanderpol(t,x)
sys = [x(2); - x(1) + 3 * (1 - x(1) * x(1)) * x(2)];
```

“vanderpolsimu. m”:(仿真文件)

```
[t,x] = ode45('vanderpol',[0,40],[-0.5; 0]);
plot(t,x(:,1),'r'); hold on; grid;
[t,x] = ode45('vanderpol',[0,40],[2.5; 0]);
plot(t,x(:,1),'--b');
hold off;
```

运行“vanderpolsimu. m”就可以获得图 7.1.3 所示的时间响应.

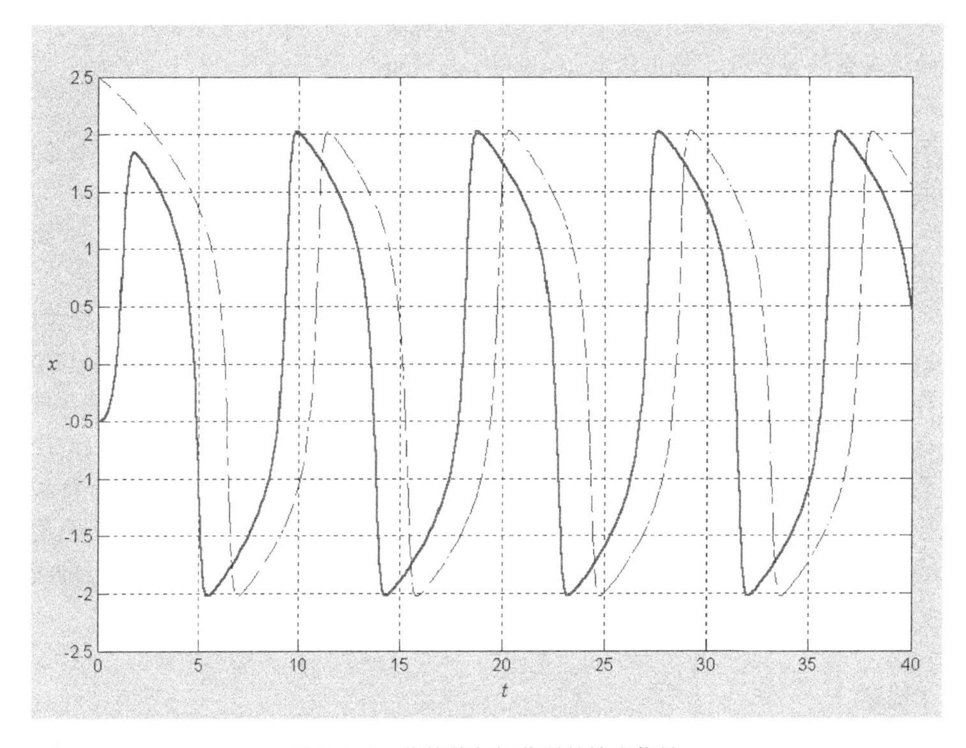

图 7.1.3 范德普尔振荡器的输出信号

该图表示了初始条件分别为 $x(0)=-0.5$, $\dot{x}(0)=0$(实线)与 $x(0)=2.5$, $\dot{x}(0)=0$(虚线)的两种运动情况. 从该图可以看出,尽管初始条件不同,但系统输出总是幅值约为 2、周期约为 8.9 秒的振荡. 不过,该振荡波形不是正弦波形. 如果改变初始条件来做更多的仿真还可以发现,当初始条件为零时,振荡器将保持静止,这说明 $x(0)=0$, $\dot{x}(0)=0$ 是系统的平衡状态. 不过,只要初始条件不为零,或者说振荡器一旦被激励,一定会输出与该图类似的振荡信号. 另外,改变系统的参数进行仿真也可以发现,振荡的幅值、周期与系统参数 m,f,k 的取值有关. □

3. 频率对幅值的依赖关系

线性系统的振荡具有固定的频率,在调节振荡幅值或者振荡幅值随时间的推移而增大或减小时，振荡频率不会改变. 但某些非线性系统的振荡频率却会随振幅的变化而变化. 当一个质量-阻尼器-弹簧系统中的弹簧为非线性弹簧时，就会出现这种情况. 式(7.1.3)所示的特性就是一个非线性弹簧的特性，它的输入输出特性为 $y=k_1x+k_2x^3$，$k_1>0$. 当 $k_2>0$ 时，该非线性弹簧被称为硬弹簧，它可以被用来近似表示肌肉的力与伸缩之间的关系；当 $k_2<0$ 时被称为软弹簧.

例 7.1.3 一个质量-阻尼器-弹簧系统的弹簧是非线性弹簧时，其运动微分方程可以用有阻尼**杜芬方程**

$$m\ddot{x}+f\dot{x}=-k_1x-k_2x^3,\quad (k_1>0)$$

来表示. 设 $m=2$，$f=0.1$，$k_1=1$，试在该非线性弹簧为硬弹簧($k_2'=400$)和软弹簧($k_2''=-99$)的情况下分别采用 MATLAB 语言来演示振荡频率与振荡幅值的关系.

解 令 $x_1=x$，$x_2=\dot{x}$，将原方程改写为 $\dot{x}_1=x_2$，$\dot{x}_2=(-fx_2-k_1x_1-k_2x_1^3)/m$. 仿照例 7.1.2 的方法在 $k_2'=400$ 与 $k_2''=-99$ 的情况下编制两个模型文件和一个仿真文件，可以获得图 7.1.4 所示的时间响应. 其中实线为 $k_2'=400$ 时的响应，虚线为 $k_2''=-99$ 时的响应. 两条曲线都是衰减振荡，但从两条响应曲线可以看出，当 $k_2>0$ 时(参看实线)，振荡频率随振幅减小而下降；当 $k_2<0$ 时(参看虚线)，振荡频率随振幅减小而增加. □

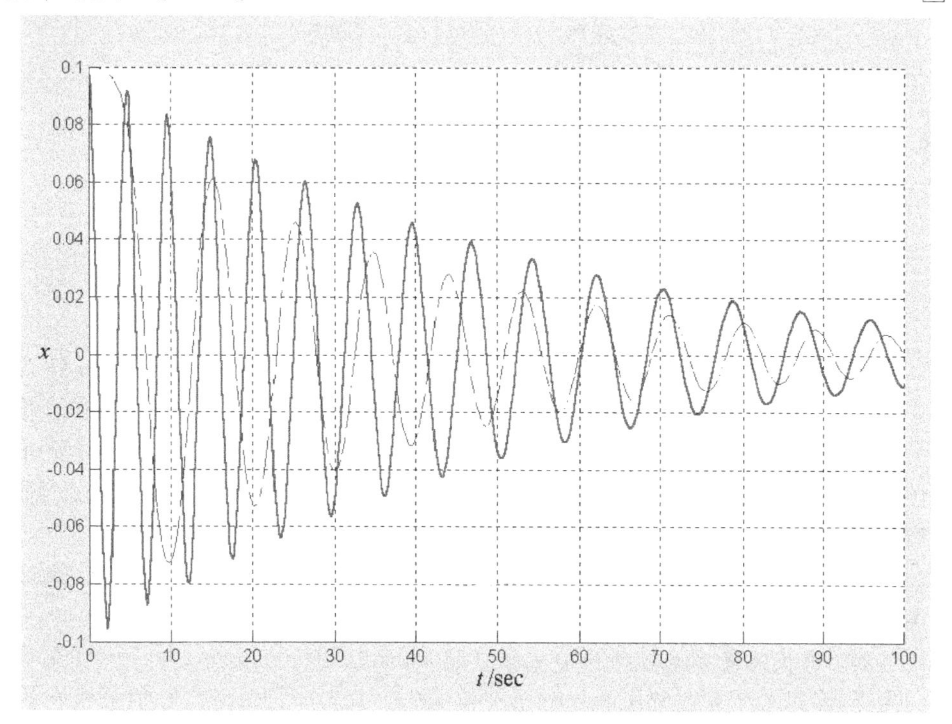

图 7.1.4 频率随振幅的依赖关系

(实线：$k_2'=400$；虚线：$k_2''=-99$)

4. 跳跃谐振现象

仍以例7.1.3所示的质量-阻尼器-弹簧系统为例，但这次施加一个外力 $p=P\cos\omega t$. 根据线性系统理论可知，如果该系统是线性系统，那么质量的位移也应当是频率为 ω 的振荡，但其幅值随频率而变. 当频率从0逐渐升高时振幅逐渐变大，并在某个频率下振幅达到最大值，然后振幅随频率升高而下降. 这个频率被称为谐振频率，当频率由高逐渐降低时，振幅仍在这个频率达到最大值.

当该弹簧为式(7.1.3)所示的非线性弹簧时，也会出现谐振现象，但振幅随频率的变化方式却与线性系统很不相同. 图7.1.5示意性地描述了输出振荡幅值 X 与输入频率 ω 之间的关系. 图7.1.5(a)表示 $k_2>0$ 的情形. 在输入频率升高的过程中，X 沿曲线 AB 逐渐增大. 但在频率从 ω_1 继续升高时，X 突降至 C，然后再沿 CD 逐渐减小；频率降低时，X 沿曲线 DC' 逐渐增大. 但在频率从 ω_2 继续降低时，X 先突升至 B'，然后再沿 $B'A$ 逐渐减小. 当 $k_2<0$ 时，也有类似的情况，频率升高时，X 沿曲线 $ABCD$ 变化，在 ω_1 处由 B 突升至 C；当频率降低时，X 沿曲线 $DC'B'A$ 变化，在 ω_2 处由 C' 突降至 B'. 这种谐振幅值随频率的变化而突然跃变的现象被称为**跳跃谐振**.

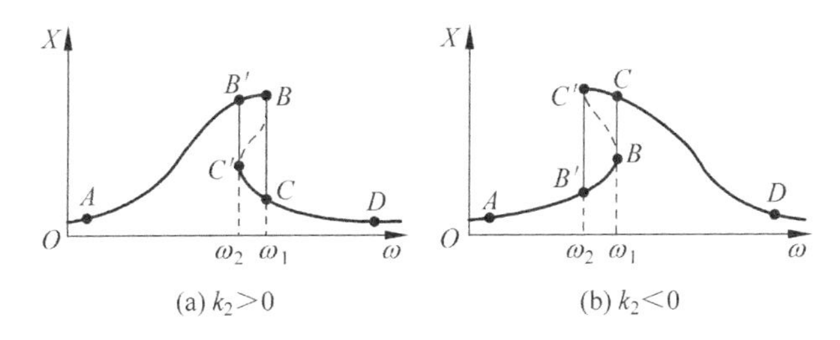

图7.1.5 跳跃谐振现象

5. 分歧现象

在线性系统中，系统参数的改变可能导致系统稳定性的变化. 在非线性系统中，系统参数的变化同样可能导致平衡点稳定性的变化. 但不仅如此，在非线性系统中，系统参数的改变甚至可以导致平衡点数目的变化. 系统参数改变导致非线性系统平衡点数目变化和平衡点性质变化的现象被称为**分歧**(bifurcation)现象. 产生这种变化的参数值被称为临界值或分歧值.

例7.1.4 设某系统可以用无阻尼**杜芬方程** $\ddot{x}+ax+x^3=0$ 来表示. 试讨论参数 a 从正实数变化为负实数时，系统平衡点数目和性质的变化.

解 平衡点是系统能保持静止状态的点，此时显然有 $\dot{x}=0$ 与 $\ddot{x}=0$. 在平衡状态下，无阻尼杜芬方程变为 $ax+x^3=0$，即 $x=0$ 与 $x^2+a=0$，它们就代表该系统的平衡点. 当 $a>0$ 时，系统只有一个平衡点 $x_e=0$；当 $a<0$ 时，系统有三个平衡点 $x_e=0, \pm\sqrt{|a|}$. 为获得关于平衡点性质的结论，可以求解微分方程的时间

解,也可以通过仿真.由于已经通过分析获得了平衡点的值,所以读者可以参照例7.1.2的过程写出MATLAB程序进行仿真.这里只给出如下结论:

(1) 当$a>0$时,系统中会出现以$x_e=0$为中心的稳定振荡,振幅由初始条件确定,可以很大,也可以非常小.

(2) 当$a<0$时,系统中会出现以平衡点$x_e=\pm\sqrt{|a|}$为中心的、振幅较小的稳定振荡,还会出现平衡点$x_e=0$为中心的、振幅较大的稳定振荡.究竟出现何种振荡以及振荡的幅值大小则由初始条件确定.

所以能够得出结论:该非线性系统存在分歧现象,当参数a从正实数变化为负实数时,系统从具有一个平衡点变为具有三个平衡点,而且平衡点性质也发生变化,$a=0$是临界值. □

上例表示了一种分歧现象.不过,分歧现象也有其他表现形式,譬如随着某个参数的变化,系统由具有一个稳定平衡点变为具有频率和振幅固定的振荡.

6. 混沌现象

在线性系统中,系统初始条件的微小改变可以导致系统输出的微小变化.所以能够这样说:对一个线性系统,可以预测系统输出在初始条件变化时的变化.在非线性系统中却可能出现完全不同的现象.有些非线性系统的输出对初始条件极为敏感.就是说,即使具有确定性的、十分精确的模型,也不能预言系统初始条件变化时的输出变化.这种现象被称为**混沌**(chaos)现象.

例7.1.5 设某系统可以用微分方程$\ddot{x}+0.1\dot{x}+x^5=6\sin t$来表示.试采用仿真来获得初始条件为(1)$x(0)=2$与$\dot{x}(0)=3$;(2)$x(0)=2.01$与$\dot{x}(0)=3.01$时的时间响应.

解 仿真曲线如图7.1.6所示.其中粗实线表示$x(0)=2$与$\dot{x}(0)=3$时的响应,细虚线表示$x(0)=2.01$与$\dot{x}(0)=3.01$时的响应.尽管两个初始条件相差极小,但随着时间的推移,两个输出之间却出现了极大的差别. □

非线性系统还有其他一些特征现象,譬如分谐波振荡现象和异步抑制等等.**分谐波振荡**是指在非线性系统输入频率为系统固有频率整数倍的情况下,系统的输出振幅特别大,但这时输出频率不等于输入频率,而是输入频率的某个分数.**异步抑制**现象是指,当一个非线性系统中出现频率为ω_0的自持振荡时,为了抑制该自持振荡,可以施加一个频率为ω_1的周期性外作用,从而使系统处于频率为ω_1的强制振荡状态.尽管这里不能罗列非线性系统的各种特性,但上述特征现象也足以说明非线性系统具有比线性系统复杂得多的性质.

工业上常见的非线性特性具有多种形式,譬如饱和非线性、死区非线性、有死区的继电器特性、有滞环的继电器特性、间隙非线性、摩擦非线性等等.非线性部件可以出现在控制回路的任何部分,这与系统的实际结构和部件的性质有关.在利用非线性部件作为控制器或利用非线性部件来改进系统性能的情况下,可以将

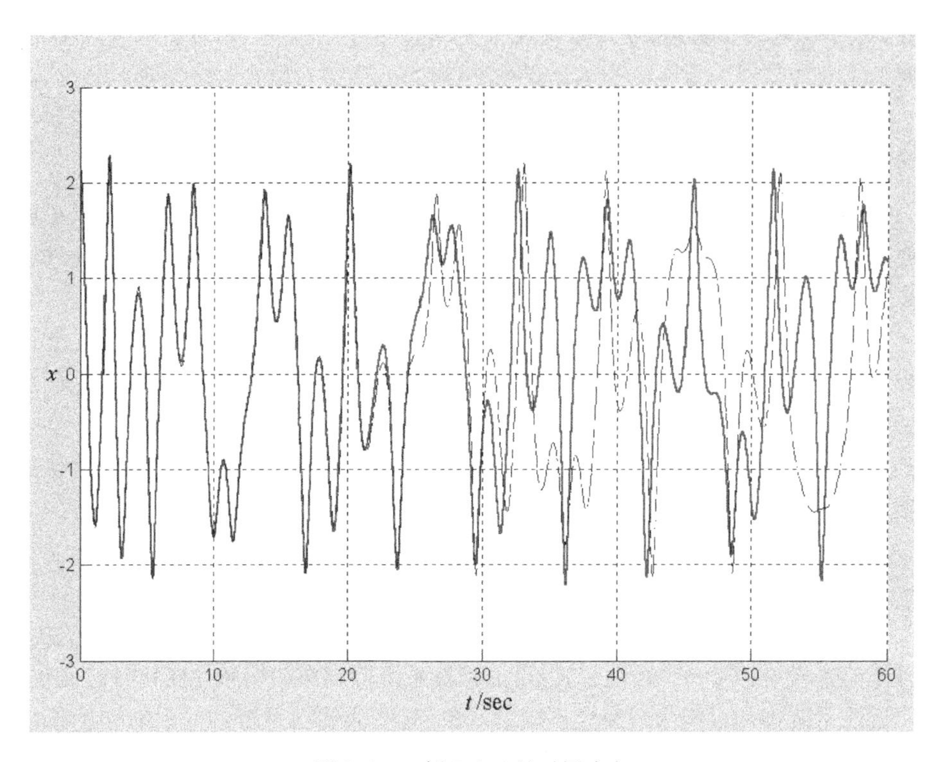

图 7.1.6 例 7.1.5 的时间响应

非线性部件放置在误差信号检测点之后. 这时,误差信号就是它们的输入信号,它们的输出则被用作控制信号. 不过,非线性部件也可以被巧妙地安排在闭环控制系统的反馈回路,以便获得特殊的控制效果. 在本章以下的几节中,将会介绍非线性系统分析中较为简单的描述函数方法和相平面方法,并采用这些方法来分析某些非线性系统的性能. 本章基本不涉及非线性系统的设计方法,在偶尔提及设计的时候,也只是作一些简单的解释.

7.2 非线性特性的描述函数

在能够将非线性部件与线性部件加以分离的非线性系统中,非线性部件可以位于控制回路中的不同位置. 非线性部件可以将开环系统分成两个传递函数,如图 7.2.1(a)所示; 或者可以位于误差检测点后的控制器的位置,如图 7.2.1(b)所示. 不过,如果不是为了研究给定输入信号下回路中每一点信号的大小,而只是为了研究闭环系统的某些特性,譬如稳定性、有无振荡等等,那么,一般都可以采用图 7.2.1(b)所示的结构. 图 7.2.1(b)中的传递函数 $G(s)$ 是回路中串联传递函数的乘积. 图 7.2.1(b)的结构比图 7.2.1(a)简单,所以下面主要采用图 7.2.1(b)所示的结构来讨论描述函数分析方法.

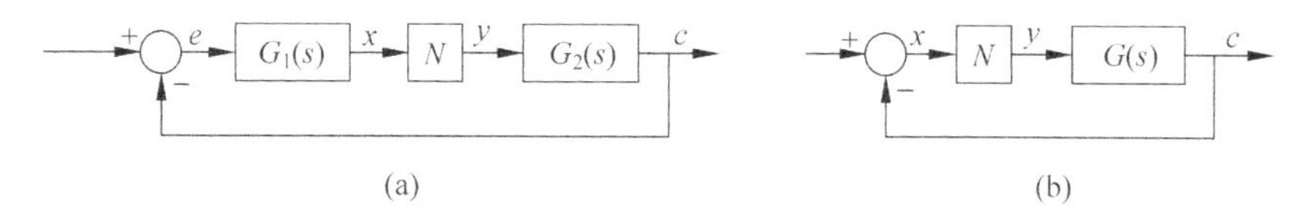

图 7.2.1　非线性控制系统的结构

在线性系统中，开环系统可以用一个传递函数来表示，频率响应方法是非常有用的工具. 频率响应方法广为人知且使用方便，所以如果能设法将频率响应方法推广应用到非线性系统，对非线性系统的分析和设计将会非常有益. 不过，当系统中存在非线性部件时，不能直接应用频率响应方法. 这是因为，在这些部件的输入端施加正弦信号时，它们的输出中会含有高次谐波，故而无法获得所需的单一线性频率特性. 如果需要精确地进行分析，就需要计算所有这些谐波的响应，再通过叠加来获得各个位置上的实际信号. 显然，这样的分析方法需要十分繁冗的计算，对控制系统的分析和设计极为不便. 可见，推广应用频率响应方法的关键在于是否存在一个简单的线性表示方法来近似描述非线性特性. 或者说，为满足工程分析和设计的需要，最好能有一种易于理解而且比较简单适用的线性近似方法来描述非线性特性. 描述函数方法就是这样一种近似方法.

下面的示例显示，在某些情况下，系统中的基波信号幅值要比高次谐波幅值大得多，所以，只采用基波信号来近似分析系统，有可能获得比较有用的结果.

例 7.2.1　设理想继电器特性和被控对象的串联结构如图 7.2.2 所示. 试计算输入 x 为正弦信号时，输出 c 中高次谐波的大小.

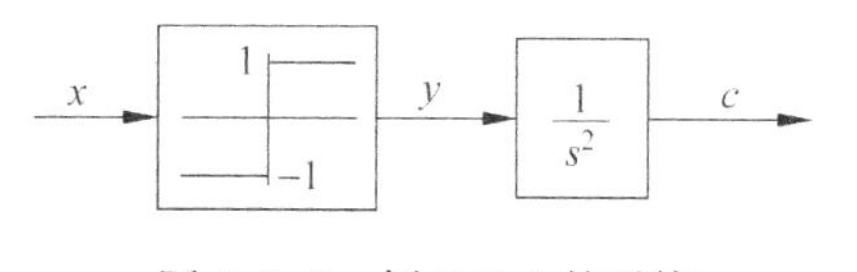

图 7.2.2　例 7.2.1 的系统

解　设输入 $x(t)=\sin\omega_0 t$. 由于非线性部件为继电器，所以它的输出 $y(t)$ 为矩形波，幅值为 1，周期为 $T=2\pi/\omega_0$. $x(t)$ 与 $y(t)$ 的波形如图 7.2.3 所示.

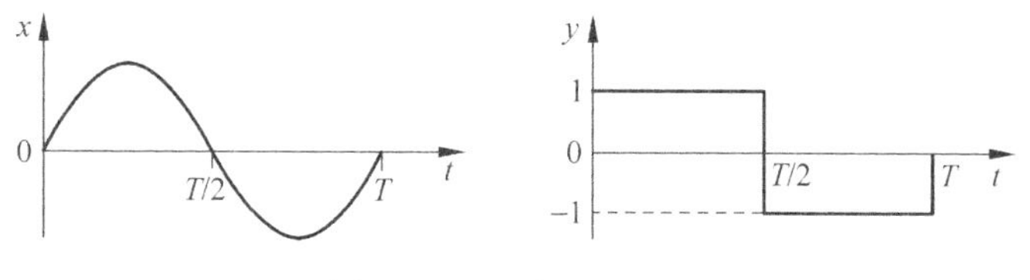

图 7.2.3　x 与 y 的波形

$y(t)$ 的傅里叶级数为

$$y(t)=\frac{4}{\pi}\left(\sin\omega_0 t+\frac{1}{3}\sin 3\omega_0 t+\frac{1}{5}\sin 5\omega_0 t+\cdots+\frac{1}{n}\sin n\omega_0 t+\cdots\right).$$

由于被控对象的频率特性为

$$\frac{c(\mathrm{j}\omega)}{y(\mathrm{j}\omega)}=\frac{1}{(\mathrm{j}\omega)^2}=-\frac{1}{\omega^2},$$

所以,输出可以被表示为

$$c(t)=-\frac{4}{\pi\omega_0^2}\left(\sin\omega_0 t+\frac{1}{27}\sin3\omega_0 t+\frac{1}{125}\sin3\omega_0 t+\cdots+\frac{1}{n^3}\sin n\omega_0 t+\cdots\right).$$

从上式可以看出,三次谐波的幅值不到基波的4%,五次谐波的幅值不到基波的1%. □

例7.2.1给出的启发是,如果利用信号 $c(t)$ 进行反馈,那么在分析时略去高次谐波而只研究基波信号的传输对分析结果可能不会产生显著的影响. 尽管例7.2.1中采用的被控对象是一个特殊的对象,不过,因为实际上大部分被控对象都具有高频衰减特性,所以,利用基波信号近似代替这类非线性系统内的实际信号来研究系统的特性就具有普遍的意义. 在这种情况下,因为忽略了所有的高次谐波,所以非线性部件就可以用一个线性部件来近似代替,从而就能利用线性系统的频率特性方法来近似地分析非线性系统的特性. 这种利用基波特性近似地描述非线性部件特性并采用频率特性来分析、设计非线性系统的方法被称为**描述函数方法**.

尽管描述函数方法是一种近似的方法,但它有很重要的工程价值. 它用一个线性函数来近似表示非线性部件的特性,所以能够直接应用频率特性方法来分析非线性系统的特性. 这样就会使系统的分析计算大为简化. 但是,因为它是一种近似方法,所以在某些时候,所得结果会有较大的误差. 读者需要判断在何种情况下结果可能不太准确,并在需要时采用其他手段加以修正.

7.2.1 描述函数

1. 描述函数的定义

设非线性部件的输入信号为正弦信号

$$x(t)=X\sin(\omega t), \tag{7.2.1}$$

那么其输出信号一般是一个非正弦的周期信号 $y(t)$. 因为 $y(t)$ 是周期为 $T=2\pi/\omega$ 的函数,而且在绝大多数情况下它满足在 $(-\pi/\omega,\pi/\omega)$ 上有界可积的条件,所以 $y(t)$ 可以被表示成**傅里叶级数**

$$\begin{aligned} y(t)&=\frac{A_0}{2}+\sum_{n=1}^{\infty}[A_n\cos(n\omega t)+B_n\sin(n\omega t)] \\ &=\frac{A_0}{2}+\sum_{n=1}^{\infty}Y_n\sin(n\omega t+\varphi_n), \end{aligned} \tag{7.2.2}$$

其中

$$A_n=\frac{\omega}{\pi}\int_0^{2\pi/\omega}y(t)\cos(n\omega t)\,\mathrm{d}t,\quad B_n=\frac{\omega}{\pi}\int_0^{2\pi/\omega}y(t)\sin(n\omega t)\,\mathrm{d}t. \tag{7.2.3}$$

如果以 ωt 为自变量,就可以表示成

$$A_n = \frac{1}{\pi}\int_0^{2\pi} y(t)\cos(n\omega t)\mathrm{d}(\omega t),\quad B_n = \frac{1}{\pi}\int_0^{2\pi} y(t)\sin(n\omega t)\mathrm{d}(\omega t),\tag{7.2.4}$$

而且

$$Y_n = \sqrt{A_n^2 + B_n^2},\quad \varphi_n = \arctan\left(\frac{A_n}{B_n}\right).\tag{7.2.5}$$

在可能遇到的大多数非线性系统中，$A_0=0$，所以下面不再考虑 $A_0 \neq 0$ 的情形.

根据前面的分析可知，由于被控线性对象大多具有低通滤波特性，所以该线性对象之后的信号 $c(t)$ 中的高频分量会被大幅度衰减. 故而，尽管 $y(t)$ 含有各次谐波分量，但不妨认为它们的所有信号分量中只有低频信号分量对回路内信号产生作用，并进而近似认为 $y(t)$ 中起作用的只是基波分量 $Y_1\sin(\omega t+\varphi_1)$.

在稳定的系统中，可以用一个复函数来表示输入信号与输出信号的传输关系. 类似地，这里用复增益

$$N(X) = \frac{Y_1}{X}\mathrm{e}^{\mathrm{j}\varphi_1}.\tag{7.2.6}$$

来表示非线性部件输入正弦信号与输出基波分量的传输关系. $N(X)$ 被称为该非线性特性的**描述函数**.

在用复数的代数形式来表示时，可以将输入记为 X，基波信号记为 $B_1+\mathrm{j}A_1$. 所以计算描述函数时也可以直接采用

$$N(X) = \frac{B_1 + \mathrm{j}A_1}{X}.\tag{7.2.7}$$

2. 描述函数的类型

常见非线性部件在正弦输入信号下的输出基本上有两种情形. 举例来说，饱和非线性在正弦输入信号下的输出如图 7.2.4(a)所示.

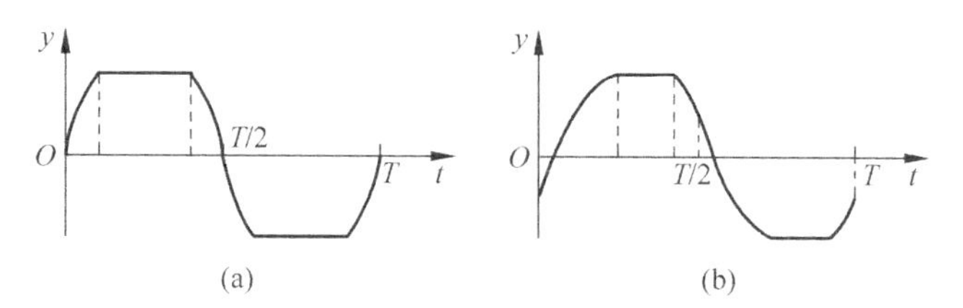

图 7.2.4　非线性部件在正弦输入信号下的输出波形示例

这是一个奇函数，它的傅里叶级数是正弦级数，所以基波可以被表示为 $B_1\sin\omega t$. 这时的描述函数具有较简单的形式

$$N(X) = \frac{B_1}{X}.\tag{7.2.8}$$

实际上，许多单值的、关于原点对称的非线性特性都具有这种类型的描述函

数,如死区、理想继电器等等.

若非线性部件是间隙非线性,它在正弦输入信号下的输出波形则如图7.2.4(b)所示.这时它的基波为$Y_1\sin(\omega t+\varphi_1)=A_1\cos\omega t+B_1\sin\omega t$,它的描述函数就具有式(7.2.6)或式(7.2.7)所示的一般形式.许多多值的、关于原点对称的非线性特性都具有这样的描述函数,譬如滞环、带有滞环的继电器、齿轮间隙等等.

另外,在图7.2.4所示的两个波形中,第二个半周期的波形与第一个半周期的波形形状相似但符号相反.形象地讲,这是一种关于时间轴的半波对称波形.在这种情况下,傅里叶系数$A_0=A_{2k}=B_{2k}=0$,其中k是正整数.这是一种对描述函数方法十分有利的情形,因为在这种情形下不存在二次谐波.很明显,对于用基波来表示周期函数这一方法而言,不存在二次谐波情形下的近似程度要比存在二次谐波情形下的近似程度更好.在下面给出的描述函数计算和示例中可以看出,许多常见的非线性部件在正弦输入下的输出具有半波对称波形.

7.2.2 描述函数的计算

在大多数教科书中,讲述描述函数的部分都会给出常见非线性特性的描述函数.在一些有关非线性系统的专著中,对各种非线性特性还可能附有其他类型的、按照多种不同方法定义的描述函数.所以读者不必逐一计算自己所需要的描述函数.不过,读者有时可能会遇到某些非线性特性,尽管它们并不复杂,但却一时查不出它们的描述函数.所以从使用角度来看,仍然需要学会计算描述函数.另外,从学习的角度而言,对描述函数的计算过程一无所知,毫无体会,也不利于理解描述函数的性质、分析系统特性.下面给出两个计算描述函数的示例.

例7.2.2　已知非线性特性为

$$y(t)=\begin{cases}x^2(t) & (x\geqslant 0)\\ -x^2(t) & (x<0)\end{cases},$$

试计算该非线性特性的描述函数$N(X)$,并画出$N(X)$随X变化的曲线.

解　设$x(t)=X\sin\omega t$,那么很容易看出

$$y(t)=\begin{cases}X^2\sin^2(\omega t) & (x\geqslant 0)\\ -X^2\sin^2(\omega t) & (x<0)\end{cases}.$$

显然,输出信号是一个奇函数,为此只需要计算$\sin\omega t$项的系数B_1.根据傅里叶系数的计算公式,有

$$\begin{aligned}B_1&=\frac{1}{\pi}\int_0^{2\pi}[X^2\sin^2(\omega t)]\sin(\omega t)\mathrm{d}(\omega t)\\&=\frac{4X^2}{\pi}\int_0^{\pi/2}\sin^3(\omega t)\mathrm{d}(\omega t)\end{aligned}$$

由倍角的三角函数公式可知$4\sin^3(\omega t)=3\sin(\omega t)-\sin(3\omega t)$.于是

$$B_1 = \frac{X^2}{\pi}\int_0^{\pi/2} 4\sin^3(\omega t)\mathrm{d}(\omega t) = \frac{X^2}{\pi}\int_0^{\pi/2}[3\sin(\omega t) - \sin(3\omega t)]\mathrm{d}(\omega t)$$

$$= \frac{X^2}{\pi}\left[-3\cos(\omega t) + \frac{1}{3}\cos(3\omega t)\right]\Bigg|_0^{\pi/2}$$

$$= \frac{8X^2}{3\pi}.$$

故而，该非线性特性的描述函数为

$$N(X) = \frac{B_1}{X} = \frac{8X}{3\pi}, \quad (X > 0).$$

上式中的$(X>0)$表示 X 的允许取值范围. $N(X)$与 X 的函数关系为一条直线，如图 7.2.5 所示. □

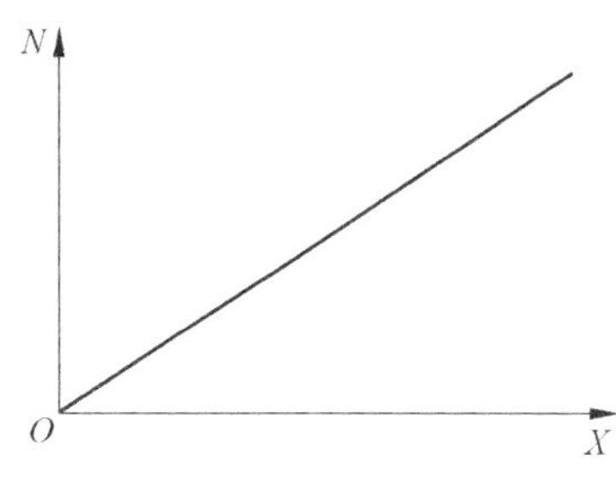

图 7.2.5　例 7.2.2 中 $N(X)$的图像

例 7.2.3　设非线性特性是有滞环的继电器，试求它的描述函数并画出描述函数的图像.

解　求描述函数必须知道非线性部件在正弦输入下的输出波形. 为直观清晰起见，最好画出图 7.2.6 所示的输入输出波形图. 图中左上角的图形表示非线性部件的输入输出关系，左下角的图形表示振幅为 X、频率为 ω 的一个正弦波形 $x(t)=X\sin(\omega t)$，右上角的图形则表示该非线性部件在正弦输入作用下的输出波形.

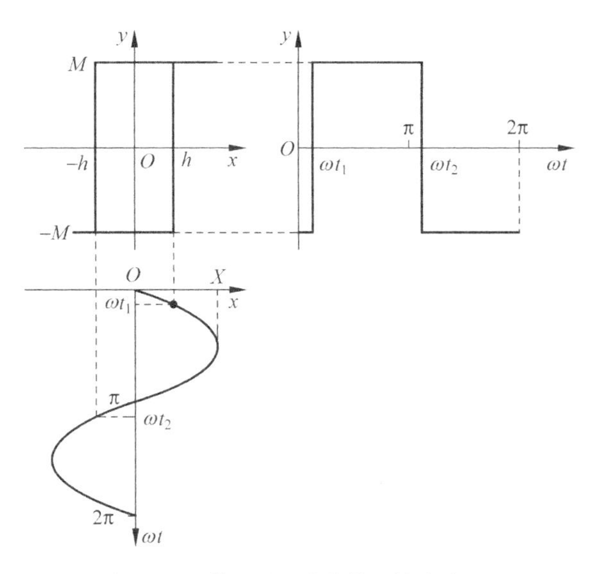

图 7.2.6　滞环继电器的输入输出波形图

图中滞环继电器的输入输出特性可以被表示为

$$y = \begin{cases} M & (x \geqslant h) \\ -M & (x < h) \end{cases} \qquad (\dot{x} \geqslant 0)$$

$$y=\begin{cases}M & (x\geqslant -h)\\ -M & (x<-h)\end{cases}\qquad (\dot{x}<0).$$

从图7.2.6可以看出,当 $\omega t=\omega t_1$ 时,输出由 $-M$ 突变为 M.这时有 $h=X\sin(\omega t_1)$,或说

$$\omega t_1=\arcsin\frac{h}{X}.$$

根据非线性特性的对称形式可以看出,$\omega t_2=\pi+\omega t_1$.根据傅里叶系数计算公式,有

$$\begin{aligned}A_1&=\frac{1}{\pi}\int_0^{2\pi}y(t)\cos(\omega t)\mathrm{d}(\omega t)=\frac{2}{\pi}\int_0^{\pi}y(t)\cos(\omega t)\mathrm{d}(\omega t)\\&=\frac{2}{\pi}\left[\int_0^{\omega t_1}-M\cos(\omega t)\mathrm{d}(\omega t)+\int_{\omega t_1}^{\pi}M\cos(\omega t)\mathrm{d}(\omega t)\right]\\&=\frac{2M}{\pi}\left[-\sin(\omega t)\Big|_0^{\omega t_1}+\sin(\omega t)\Big|_{\omega t_1}^{\pi}\right]=-\frac{4M}{\pi}\sin(\omega t_1)\\&=-\frac{4Mh}{\pi X},\\B_1&=\frac{1}{\pi}\int_0^{2\pi}y(t)\sin(\omega t)\mathrm{d}(\omega t)=\frac{2}{\pi}\int_0^{\pi}y(t)\sin(\omega t)\mathrm{d}(\omega t)\\&=\frac{2}{\pi}\left[\int_0^{\omega t_1}-M\sin(\omega t)\mathrm{d}(\omega t)+\int_{\omega t_1}^{\pi}M\sin(\omega t)\mathrm{d}(\omega t)\right]\\&=\frac{2M}{\pi}\left[\cos(\omega t)\Big|_0^{\omega t_1}-\cos(\omega t)\Big|_{\omega t_1}^{\pi}\right]=\frac{4M}{\pi}\cos(\omega t_1)\\&=\frac{4M\sqrt{X^2-h^2}}{\pi X}.\end{aligned}$$

由此可得

$$Y_1=\sqrt{A_1^2+B_1^2}=\frac{4M}{\pi},$$

$$\begin{aligned}\varphi_1&=\arctan\frac{A_1}{B_1}=\arctan\frac{-h}{\sqrt{X^2-h^2}}\\&=-\arctan\frac{h}{\sqrt{X^2-h^2}}=-\arcsin\frac{h}{X}.\end{aligned}$$

所以,**滞环继电器非线性的描述函数**为

$$N(X)=\frac{Y_1}{X}\mathrm{e}^{-\mathrm{j}\varphi_1}=\frac{4M}{\pi X}\mathrm{e}^{-\mathrm{j}\arcsin\frac{h}{X}},\quad (X>h).$$

图7.2.7是滞环继电器的描述函数图像,它表示 hN/M 与 h/X 的关系.其中横坐标表示 h/X,左侧纵坐标表示 hN/M 的幅值,右侧纵坐标表示 hN/M 的幅角(即 N 的幅角),单位为度,箭头表示应查看的坐标. □

滞环继电器中存在滞环,它的描述函数中存在相位滞后,所以可能会导致闭环系统不稳定,从而产生振荡.

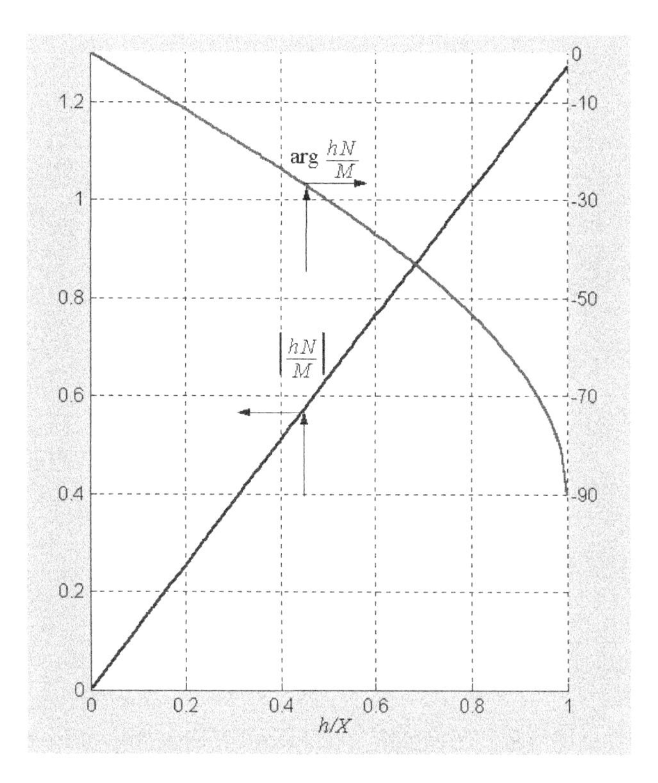

图 7.2.7　滞环继电器的描述函数图像

7.2.3　某些典型非线性特性的描述函数

本小节给出某些典型非线性特性的描述函数.这里不再给出各个描述函数的计算细节,但给出各种非线性特性的输入输出图像,以便读者理解或作验证计算.

1. 饱和非线性

饱和非线性特性在正弦输入下的输入输出波形如图 7.2.8 所示.

饱和非线性特性的输入输出关系可以被表示为

$$y=\begin{cases}kS & (x\geqslant S)\\ kx & (-S\leqslant x<S).\\ -kS & (x<-S)\end{cases}\tag{7.2.9}$$

如果控制器具有饱和特性,那么定性地讲,由于它在误差信号大时无法提供足够大的控制信号,所以会使调节缓慢、动态误差增加.

图 7.2.8 中的 α_s 表示输出达到饱和的相角.从图中可以看出,在输出达到饱和时,有 $X\sin\alpha_s=S$,即 $\alpha_s=\arcsin(S/X)$.

饱和非线性的描述函数为

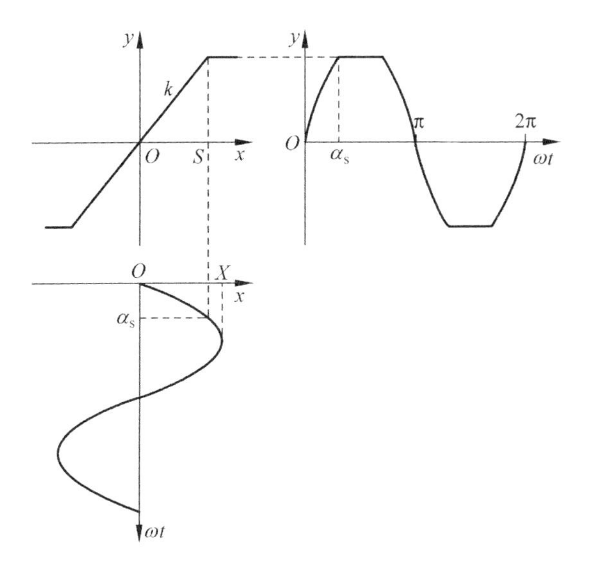

图 7.2.8 饱和非线性的输入输出波形

$$N(X)=\frac{2k}{\pi}\left[\arcsin\frac{S}{X}+\frac{S}{X}\sqrt{1-\left(\frac{S}{X}\right)^2}\right],\quad (X\geqslant S). \qquad (7.2.10)$$

饱和非线性描述函数的图像如图 7.2.9 所示,其中纵坐标为 N/k,横坐标为 S/X.

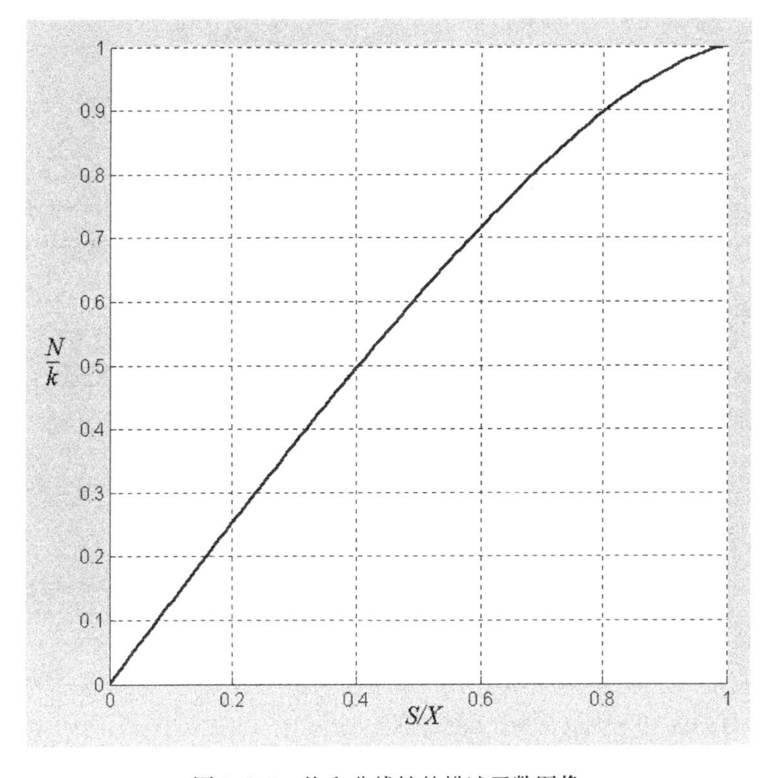

图 7.2.9 饱和非线性的描述函数图像

2. 死区非线性

死区非线性特性在正弦输入下的输入输出波形如图 7.2.10 所示.

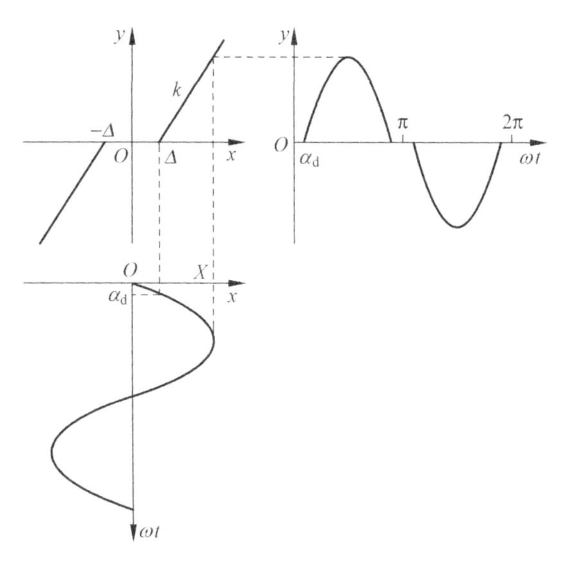

图 7.2.10　死区非线性的输入输出波形

死区非线性特性的输入输出特性为

$$y=\begin{cases}k(x-\Delta) & (x\geqslant\Delta)\\0 & (-\Delta\leqslant x<\Delta).\\k(x+\Delta) & (x<-\Delta)\end{cases}\qquad(7.2.11)$$

定性地讲,如果控制器具有死区特性,那么由于在误差信号较小时不产生控制信号,所以回路中可能留有残差,从而导致静态误差的出现.

图 7.2.10 中的 α_d 表示输出开始不等于零的角度.从图可以看出,$X\sin\alpha_d=\Delta$,即 $\alpha_d=\arcsin(\Delta/X)$.

死区非线性的描述函数为

$$N(X)=k-\frac{2k}{\pi}\left[\arcsin\frac{\Delta}{X}+\frac{\Delta}{X}\sqrt{1-\left(\frac{\Delta}{X}\right)^2}\right],\quad(X\geqslant\Delta).\qquad(7.2.12)$$

死区非线性描述函数的图像如图 7.2.11 所示,其中纵坐标为 N/k,横坐标为 Δ/X.

3. 理想继电器非线性(开关非线性)

理想继电器非线性特性在正弦输入下的输入输出波形如图 7.2.12 所示.

理想继电器非线性特性的输入输出关系为

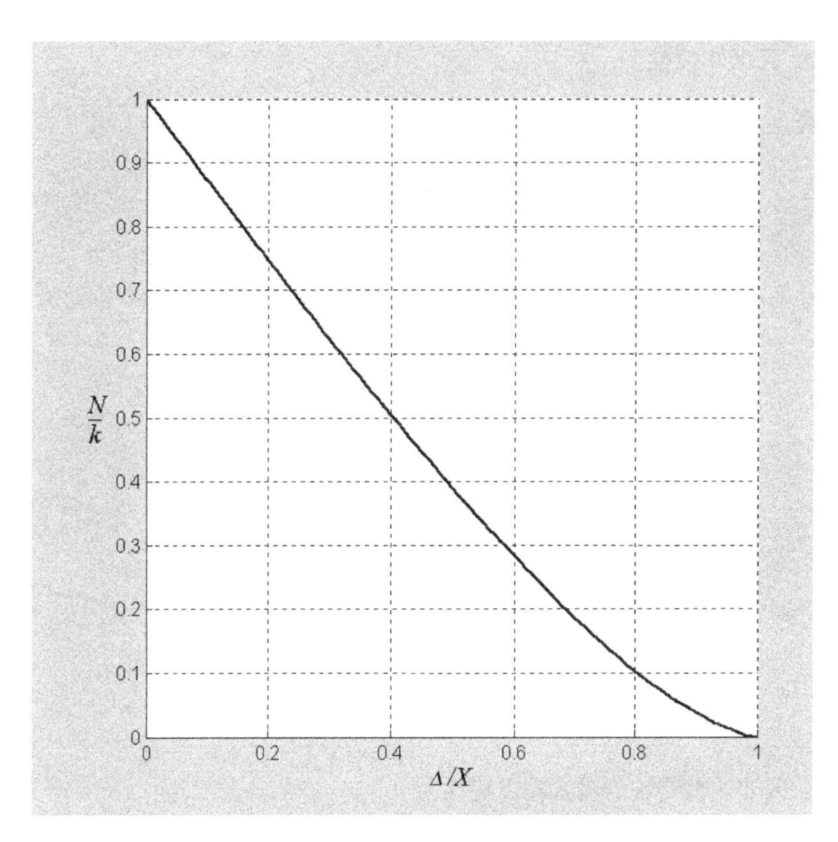

图 7.2.11 死区非线性的描述函数图像

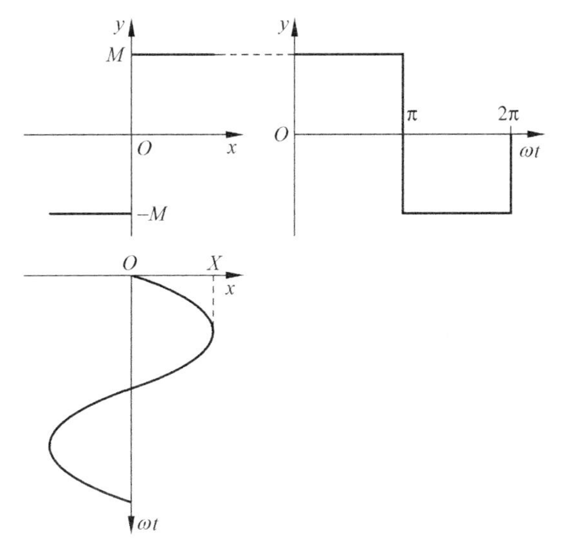

图 7.2.12 理想继电器特性的输入输出波形

$$y=\begin{cases}M & (x\geqslant 0)\\ -M & (x<0)\end{cases}. \tag{7.2.13}$$

当理想继电器被用作控制器时，只要误差信号变号就立即产生很大的输出，所以在小误差信号下也能提供很大的控制量. 定性地讲，利用理想继电器进行控制可以使调节迅速、影响速度加快；不过，控制量太大有时会引起振荡. 当然，实际继电器很难具有这样理想的特性.

理想继电器非线性的描述函数为

$$N(X)=\frac{4M}{\pi X}. \tag{7.2.14}$$

其图像如图 7.2.13 所示.

4. 具有死区的继电器非线性

具有死区的继电器在正弦输入下的输入输出波形如图 7.2.14 所示.

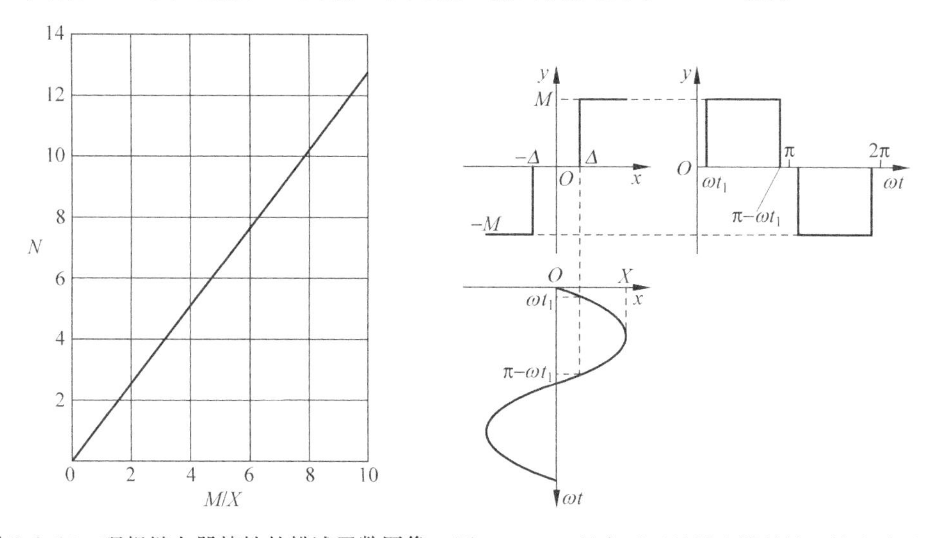

图 7.2.13 理想继电器特性的描述函数图像 图 7.2.14 具有死区的继电器的输入输出波形

具有死区的继电器非线性特性的输入输出关系为

$$y=\begin{cases}M & (x\geqslant \Delta)\\ 0 & (-\Delta\leqslant x<\Delta)\\ -M & (x<-\Delta)\end{cases}. \tag{7.2.15}$$

它的特点与理想继电器类似. 但是，由于存在死区，它在误差信号很小时不能提供控制信号，所以不如理想继电器的控制作用迅速. 如果使用得当，它可以提供快速、平稳的调节作用；但若使用不当，就会导致振荡.

由图 7.2.14 可以看出，输出在 t_1 时刻由零变为 M，即 $X\sin(\omega t_1)=\Delta$，所以此时对应的相角为 $\omega t_1=\arcsin(\Delta/X)$.

具有死区的继电器非线性的描述函数为

$$N(X)=\frac{4M}{\pi X}\sqrt{1-\left(\frac{\Delta}{X}\right)^2}. \tag{7.2.16}$$

其图像如图 7.2.15 所示. 图中纵坐标为 $\Delta N/M$,横坐标为 Δ/X. $\Delta N/M$ 曲线有极大值,将 $\Delta N/M$ 对 Δ/X 求导,可以得知在 $\Delta/X=\sqrt{2}/2$ 时,$\Delta N/M$ 有极大值 0.6366.

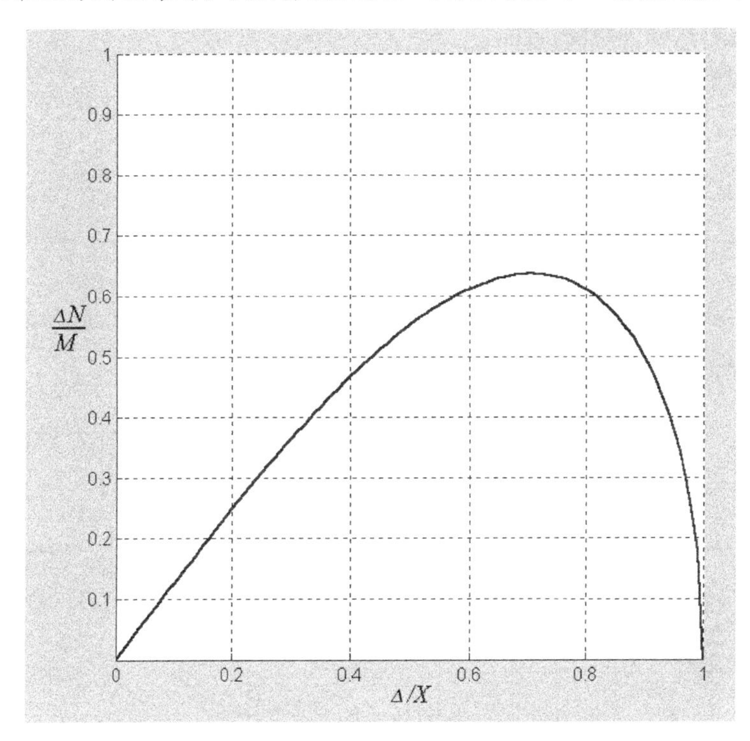

图 7.2.15 具有死区的继电器非线性的描述函数图像

5. 具有死区和滞环的继电器非线性

具有死区与滞环的继电器在正弦输入下的输入输出波形如图 7.2.16 所示. 其中 $2h$ 为滞环宽度,Δ 为滞环中心坐标值,M 为继电器的输出幅值.

具有死区与滞环的继电器非线性的输入输出特性可以被表示为

$$\left.\begin{aligned}m&=\begin{cases}M & (x\geqslant\Delta+h)\\ 0 & (-\Delta+h\leqslant x<\Delta+h)\quad(\dot{x}\geqslant 0)\\ -M & (x<-\Delta+h)\end{cases}\\ m&=\begin{cases}M & (x\geqslant\Delta-h)\\ 0 & (-\Delta-h\leqslant x<\Delta-h)\quad(\dot{x}<0)\\ -M & (x<-\Delta-h)\end{cases}\end{aligned}\right\}. \tag{7.2.17}$$

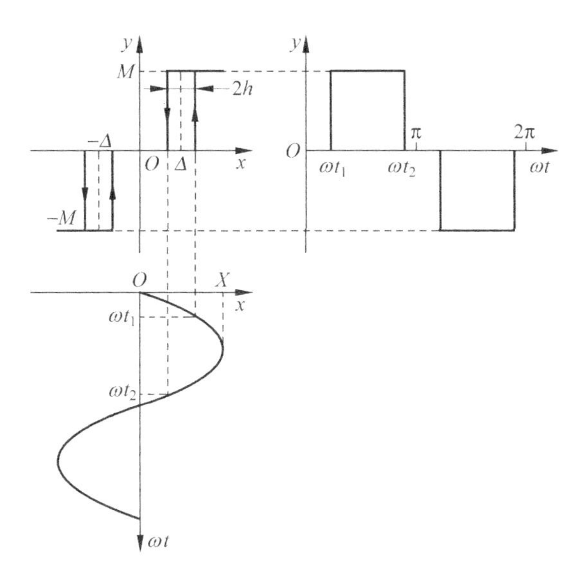

图 7.2.16　具有死区与滞环的继电器非线性的输入输出波形

由图 7.2.16 可见，当输入由 0 上升到 $\Delta+h$ 时，输出从 0 突变为 M，而输入下降到 $\Delta-h$ 时，输出由 M 突变为 0. 所以出现两个切换相角，它们分别是 $\omega t_1=\arcsin[(\Delta+h)/X]$，$\omega t_2=\pi-\arcsin[(\Delta-h)/X]$.

按照傅里叶系数计算公式可得

$$a_1=-\frac{4hM}{\pi X},\quad b_1=\frac{2M}{\pi}\left[\sqrt{1-\left(\frac{\Delta-h}{X}\right)^2}+\sqrt{1-\left(\frac{\Delta+h}{X}\right)^2}\right]. \tag{7.2.18}$$

为便于作图，可令

$$\alpha=\frac{h}{\Delta},\quad \beta=\frac{M}{\Delta}. \tag{7.2.19}$$

于是有

$$\frac{a_1}{X}=-\frac{4\alpha\beta}{\pi}\left(\frac{\Delta}{X}\right)^2, \tag{7.2.20}$$

$$\frac{b_1}{X}=\frac{2\beta\Delta}{\pi X}\left[\sqrt{1-(1-\alpha)^2\left(\frac{\Delta}{X}\right)^2}+\sqrt{1-(1+\alpha)^2\left(\frac{\Delta}{X}\right)^2}\right]. \tag{7.2.21}$$

所以**具有死区和滞环的继电器非线性的描述函数**为

$$N(X)=\sqrt{\left(\frac{a_1}{X}\right)^2+\left(\frac{b_1}{X}\right)^2}\mathrm{e}^{\mathrm{j}\arctan\frac{a_1}{b_1}},\quad (X\geqslant\Delta+h). \tag{7.2.22}$$

描述函数的图像如图 7.2.17 所示. 图中横坐标为 Δ/X，左侧纵坐标表示 N/β 的幅值，右侧纵坐标表示 N/β 的幅角，单位为度.

具有死区与滞环的继电器特性的描述函数还有另一种表示法，即

$$N=\frac{2M}{\pi X}(\mathrm{e}^{\mathrm{j}\theta_2}+\mathrm{e}^{-\mathrm{j}\theta_1}),\quad (X\geqslant\Delta+h), \tag{7.2.23}$$

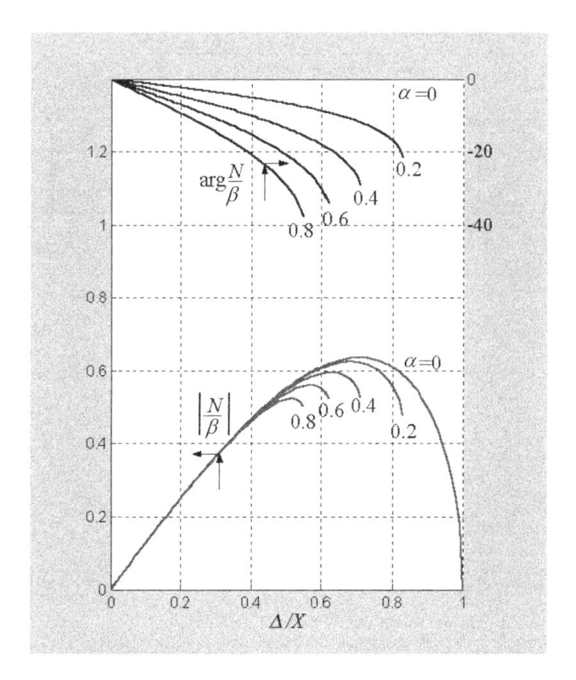

图 7.2.17 具有死区与滞环的继电器非线性的描述函数图像

其中 $\theta_1=\arcsin[(\Delta-h)/X]$， $\theta_2=\arcsin[(\Delta+h)/X]$.

6. 间隙非线性

间隙非线性在正弦输入下的输入输出波形如图 7.2.18 所示. 图中斜线的斜率为 k.

间隙非线性特性的输入输出特性可以被表示为

$$y=\begin{cases}k(x-h) & (\dot{x}\geqslant 0)\\ k(x+h) & (\dot{x}<0)\end{cases}. \tag{7.2.24}$$

间隙非线性也存在滞后,所以它和所有其他具有滞后的非线性特性一样可能导致系统的振荡.

由图 7.2.18 可知,当输入增大时,输出可以达到最大值 $X-h$,但当输入由最大值 X 下降时,输出先保持不变,直到 t_1 时刻,即 $\omega t_1=\pi-\arcsin[(X-2h)/X]$ 时,输出才开始下降,这里 $\omega t_1>\pi/2$.

间隙非线性的描述函数为

$$N=\sqrt{\left(\frac{a_1}{X}\right)^2+\left(\frac{b_1}{X}\right)^2}\,\mathrm{e}^{\arctan\frac{a_1}{b_1}},\quad (X\geqslant h), \tag{7.2.25}$$

其中

$$\frac{a_1}{X}=-\frac{4k}{\pi}\left[\frac{h}{X}-\left(\frac{h}{X}\right)^2\right], \tag{7.2.26}$$

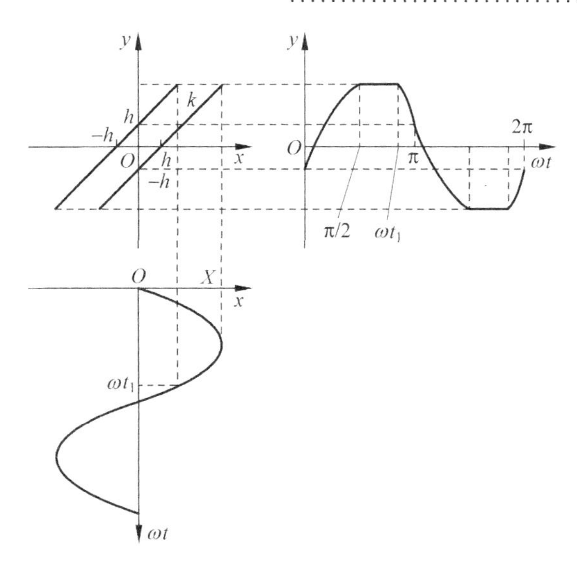

图 7.2.18 间隙非线性的输入输出波形

$$\frac{b_1}{X}=\frac{2k}{\pi}\left[\frac{\pi}{4}+\frac{1}{2}\arcsin\left(1-\frac{2h}{X}\right)+\left(1-\frac{2h}{X}\right)\sqrt{\frac{h}{X}-\left(\frac{h}{X}\right)^2}\right].\quad(7.2.27)$$

间隙非线性描述函数的图像见图 7.2.19. 图中横坐标是h/X,左侧纵坐标是描述函数的幅值,右侧纵坐标是描述函数的幅角,单位为度.

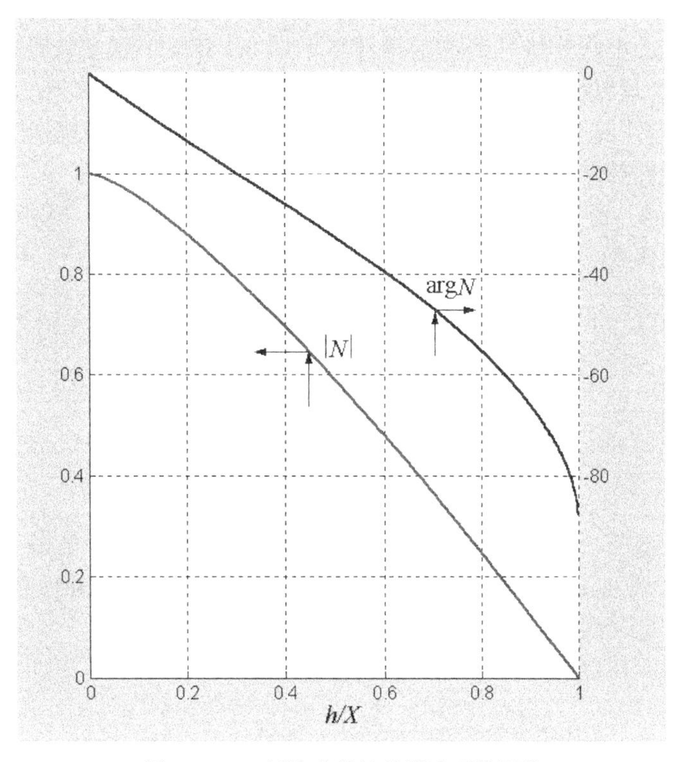

图 7.2.19 间隙非线性的描述函数图像

7.2.4 非线性特性的串联与并联

在一个非线性控制系统中可能会出现几个非线性部件.如果这些非线性部件之间具有线性部件,而且那些线性部件都具有良好的低通滤波特性,那么就可以采用这些非线性部件的描述函数来近似进行分析和设计.

但在某些情况下,可能会有多个非线性部件直接串联或并联.由于叠加原理不能直接被应用到非线性系统,所以有必要讨论非线性部件串联或并联后的**复合非线性**特性以及它们的描述函数计算方法.图7.2.20表示两个非线性部件串联和两个非线性部件并联的结构.

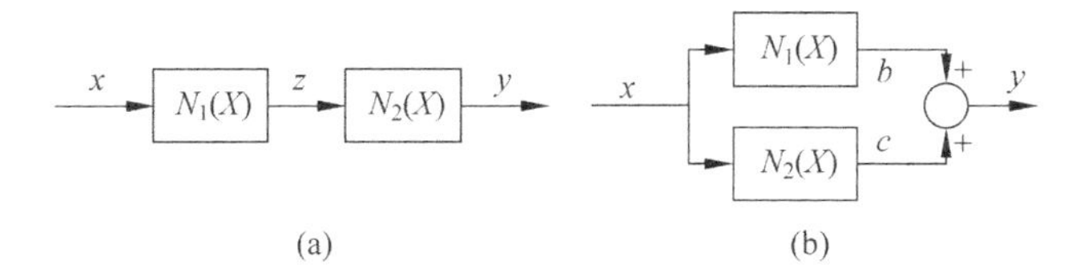

图7.2.20 非线性特性的串联与并联

1. 非线性部件的串联

在多个**非线性部件串联**的情况下,一般来讲,这个复合非线性部件的描述函数不等于各个串联非线性部件的描述数的乘积.有些串联非线性特性很容易分析,譬如两个理想继电器串联仍是一个理想继电器.不过,像这样一目了然的情况并不多.多数情况下都需要根据各个非线性部件的输入输出关系来求出一个等价的复合非线性部件,然后再求这个复合非线性部件的描述函数.

例7.2.4 图7.2.21(a)的串联系统包含两个非线性特性.试求该复合非线性特性的描述函数.

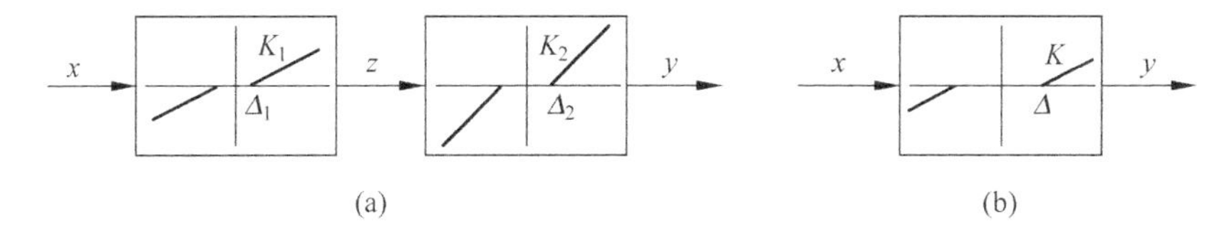

图7.2.21 例7.2.4的串联非线性特性

解 从图7.2.21(a)可以看出,设 x 从0上升,当 $x>\Delta_1$ 时,z 大于0,且 $z=K_1(x-\Delta_1)$.而当 $z>\Delta_2$,即 $K_1(x-\Delta_1)>\Delta_2$ 时,y 大于0.这相当于 $x\geqslant\Delta_2/K_1+\Delta_1$ 时,输出 $y>0$.这时的输出可以被表示为

$$
\begin{aligned}
y&=K_2(z-\Delta_2)=K_2[K_1(x-\Delta_1)-\Delta_2]\\
&=K_2K_1\left[x-\Delta_1-\frac{\Delta_2}{K_1}\right]=K_2K_1\left[x-\left(\Delta_1+\frac{\Delta_2}{K_1}\right)\right].
\end{aligned}
$$

可见，两个死区非线性串联后相当于一个死区非线性，如图 7.2.21(b)所示. 这个复合死区非线性特性的死区与放大系数分别为

$$\Delta=\left(\Delta_1+\frac{\Delta_2}{K_1}\right),\quad K=K_2K_1. \qquad \square$$

2. 非线性部件的并联

假设几种**非线性部件并联**连接，它们的输入为 x，输出分别为 $f_1(x)$、$f_2(x)$、$f_3(x)$等等，描述函数分别为 $N_1(X)$、$N_2(X)$、$N_3(X)$等等. 那么并联后的复合非线性部件的输出应为

$$f(x)=f_1(x)+f_2(x)+f_3(x)+\cdots. \tag{7.2.28}$$

采用式(7.2.6)或式(7.2.7)来计算该并联复合非线性特性的描述函数，可得

$$\begin{aligned}
N(X)=\frac{B_1+\mathrm{j}A_1}{X}&=\frac{1}{\pi X}\int_0^{2\pi}[f(x)\sin(\omega t)+\mathrm{j}f(x)\cos(\omega t)]\mathrm{d}(\omega t)\\
&=\frac{1}{\pi X}\int_0^{2\pi}[f_1(x)\sin(\omega t)+\mathrm{j}f_1(x)\cos(\omega t)]\mathrm{d}(\omega t)\\
&\quad+\frac{1}{\pi X}\int_0^{2\pi}[f_2(x)\sin(\omega t)+\mathrm{j}f_2(x)\cos(\omega t)]\mathrm{d}(\omega t)\\
&\quad+\frac{1}{\pi X}\int_0^{2\pi}[f_3(x)\sin(\omega t)+\mathrm{j}f_3(x)\cos(\omega t)]\mathrm{d}(\omega t)+\cdots\\
&=N_1(X)+N_2(X)+N_3(X)+\cdots.
\end{aligned} \tag{7.2.29}$$

可见，并联复合非线性特性的描述函数是所包含的各个非线性特性的描述函数的和. 这一性质可以被用来方便地求取非线性部件并联后的描述函数. 它的另一个重要作用是，如果一个非线性特性能够分解为描述函数已知的非线性特性的并联结构，就可以用已知的描述函数来求这个复合非线性特性的描述函数.

例 7.2.5　硬弹簧特性是一种三次方的非线性特性，在相当宽的范围内，它可以用图 7.2.22(a)所示的折线非线性来近似. 试求放大系数成折线变化的非线性特性的描述函数.

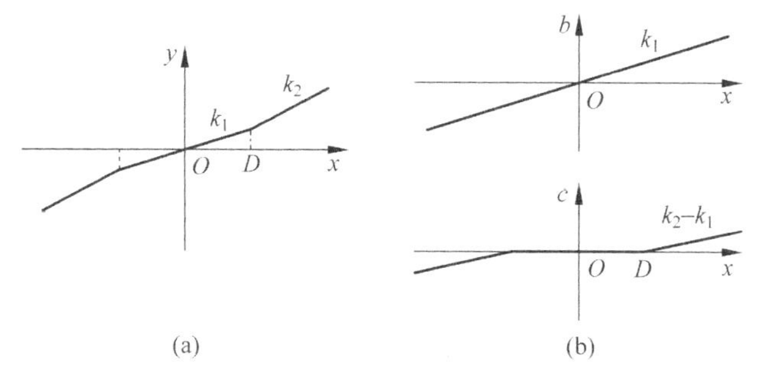

图 7.2.22　例 7.2.5 中的非线性特性

解　图 7.2.22(a)所示的非线性特性很容易分解为图 7.2.22(b)所示的两个特性之和. 其中上方的特性是线性放大器，从 x 到 b 的增益为 k_1；下方的特性是一个死区非线性特性，其死区值为 D，在输入大于死区值之后，输出 $c=(k_2-k_1)(x-D)$. 在输入 x 的作用下，输出 $y=b+c$，所以并联非线性特性的描述函数为 $N(X)=N_b(X)+N_c(X)$.

$N_b(X)$ 实际上是线性部件，其传输系数为 $N_b(X)=k_1$. $N_c(X)$ 代表死区非线性特性的描述函数，它等于

$$N_c(X)=(k_2-k_1)-\frac{2(k_2-k_1)}{\pi}\left[\arcsin\frac{D}{X}+\frac{D}{X}\sqrt{1-\left(\frac{D}{X}\right)^2}\right].$$

所以放大系数成折线变化的非线性特性的描述函数为

$$\begin{aligned}N(X)&=N_b(X)+N_c(X)\\&=k_1+(k_2-k_1)-\frac{2(k_2-k_1)}{\pi}\left[\arcsin\frac{D}{X}+\frac{D}{X}\sqrt{1-\left(\frac{D}{X}\right)^2}\right]\\&=k_2+\frac{2(k_1-k_2)}{\pi}\left[\arcsin\frac{D}{X}+\frac{D}{X}\sqrt{1-\left(\frac{D}{X}\right)^2}\right],\quad (X\geqslant D).\end{aligned}$$
□

例 7.2.6　图 7.2.23(a)表示一个并联回路. 试分析该并联回路的非线性特性.

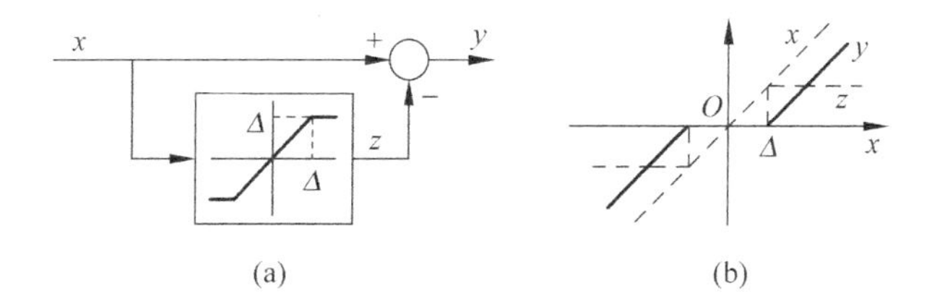

图 7.2.23　例 7.2.6 中的并联系统

解　图 7.2.23(b)是该并联非线性系统的输入输出信号示意图，图中的虚线表示信号 x 与 z，实线表示框图中的信号 $y=x-z$. 由该图可知，当 $|x|\leqslant\Delta$ 时，$y=0$. 而当 $|x|>\Delta$ 时，$y=x\mp\Delta$. 这是一个死区非线性特性. 所以死区非线性特性是放大器与饱和非线性特性的差. 据式(7.2.10)可知，饱和非线性特性为

$$N(X)=\frac{2k}{\pi}\left[\arcsin\frac{\Delta}{X}+\frac{\Delta}{X}\sqrt{1-\left(\frac{\Delta}{X}\right)^2}\right],\quad (X\geqslant\Delta).$$

令 $k=1$，用 1 减去该饱和非线性特性描述函数就可以得到死区非线性特性描述函数

$$N(X)=1-\frac{2}{\pi}\left[\arcsin\frac{\Delta}{X}+\frac{\Delta}{X}\sqrt{1-\left(\frac{\Delta}{X}\right)^2}\right],\quad (X\geqslant\Delta).$$

这与式(7.2.12)一致. □

由例 7.2.6 可知，利用某些非线性的简单并联可以获得其他类型的非线性.

这样就可以利用某些在特定工艺过程中容易直接实现的非线性特性来构造某些不易直接实现的非线性特性.

7.3 非线性系统的描述函数分析方法

在用描述函数表示非线性特性后,图 7.3.1(a)所示的非线性系统就可以用图 7.3.1(b)所示的框图来表示. 图中用 $N(E)$ 表示非线性部件的描述函数,括号中的 E 表示非线性部件的输入信号 $e(t)$ 的振幅,在书写时为了简洁起见也可以只记为 N.

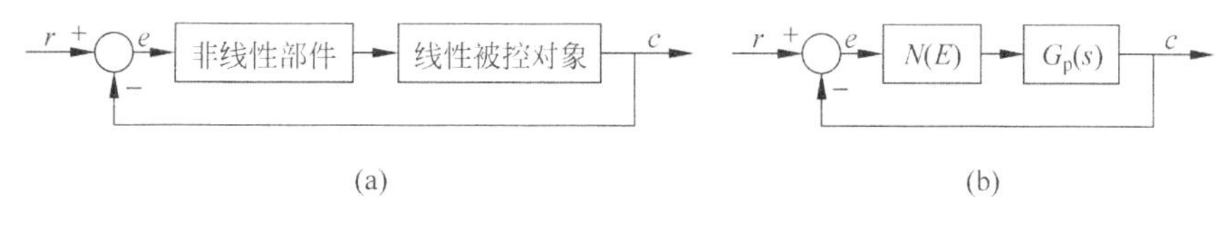

图 7.3.1　一类非线性系统的典型结构

7.3.1 稳定性分析

由于采用了描述函数来表示一个非线性特性,图 7.3.1(b)所示的系统实际上就相当于一个线性的反馈控制系统,所以就可以采用线性系统中常用的频率特性方法来进行分析和设计. 该闭环系统的频率特性可以被表示为

$$\frac{C(\mathrm{j}\omega)}{R(\mathrm{j}\omega)} = \frac{N(E)G_{\mathrm{p}}(\mathrm{j}\omega)}{1+N(E)G_{\mathrm{p}}(\mathrm{j}\omega)}, \tag{7.3.1}$$

于是,闭环特征方程可以被写成

$$1+N(E)G_{\mathrm{p}}(\mathrm{j}\omega) = 0. \tag{7.3.2}$$

根据奈奎斯特稳定性判据,利用 $N(E)G_{\mathrm{p}}(\mathrm{j}\omega)$ 在复平面的图像与临界点 $(-1+\mathrm{j}0)$ 的相对位置关系就可以判断闭环系统的稳定性. 下文在叙述稳定性判据时,仍然采用判别线性系统稳定性时所用的标准 D 围线.

假设被控对象开环稳定,就可以得出如下利用 $N(E)G_{\mathrm{p}}(\mathrm{j}\omega)$ 的稳定性判据.

描述函数方法中的稳定性判据一　对开环稳定的对象,如果 $N(E)G_{\mathrm{p}}(\mathrm{j}\omega)$ 曲线不包围 $(-1+\mathrm{j}0)$ 点,则闭环系统稳定; 如果包围 $(-1+\mathrm{j}0)$ 点,则闭环系统不稳定; 如果穿过 $(-1+\mathrm{j}0)$ 点,那么闭环系统处于临界稳定状态,系统内部存在振荡. □

不过,上述判断方法不便于使用,因为 $N(E)$ 与非线性部件输入端的正弦信号的振幅 E 有关. 对某一个输入振幅,可以画出一条 $N(E)G_{\mathrm{p}}(\mathrm{j}\omega)$ 曲线,但它只能给出闭环系统在这个输入振幅下的稳定性结论. 对另一个输入振幅,则需要绘制另一条 $N(E)G_{\mathrm{p}}(\mathrm{j}\omega)$ 曲线. 故而它不易给出闭环系统在不同输入振幅下的稳定性的一般性结论.

为此,将式(7.3.2)改写为

$$G_p(j\omega)=-\frac{1}{N(E)}.\tag{7.3.3}$$

这时,对于非线性部件的某个特定输入信号振幅 E_0,判断闭环稳定性的临界点不再是$(-1+j0)$,而是$-1/N(E_0)$点. 所以,对于任意的输入信号振幅 E,这些临界点将连接成一条曲线$-1/N(E)$. 式(7.3.3)是一种特别便于使用的表示方法,因为在极坐标图上很容易绘制 $G_p(j\omega)$曲线,它以 ω 为参考变量; 在同一幅极坐标图上也很容易绘制$-1/N(E)$的图像,它是 E 在允许取值范围内变化时所形成的曲线. 下文将$-1/N(E)$称为描述函数的负倒数特性.

假设被控对象是稳定的,即它的传递函数 $G_p(s)$中的不稳定极点数目 $p_0=0$. 那么,利用 $G_p(j\omega)$和$-1/N(E)$的稳定性判据为:

描述函数方法中的稳定性判据二 对开环稳定的对象,如果对象的 $G_p(j\omega)$曲线不包围$-1/N(E)$曲线,则闭环系统稳定; 如果包围$-1/N(E)$曲线,则闭环系统不稳定; 如果与$-1/N(E)$曲线相交,那么闭环系统处于临界稳定状态,系统内部存在振荡. □

由于 $G_p(j\omega)$曲线与$-1/N(E)$曲线的交点表示发生振荡的工作点,所以振荡的振幅和频率就应当由交点的参数决定. 交点对应于 $G_p(j\omega)$曲线上的一个频率,就是回路中的振荡信号的频率; 交点对应于$-1/N(E)$曲线上的一个幅值,就是非线性部件输入端振荡信号的振幅. 这种固定的振荡只取决于控制系统回路自身的参数. 这种振荡一旦被激励,就能够自己保持. 下文将这种根据 $G_p(j\omega)$曲线与$-1/N(E)$曲线的交点确定的振荡统称为**自持振荡**. 在非线性系统中,这种自持振荡也被称为**极限环**. 有关极限环这一术语的概念及含义在后面关于相平面的一节中会进一步加以说明.

图 7.3.2 示意性地表示 $G_p(j\omega)$曲线与$-1/N(E)$曲线的相对位置的三种典型情况. 图 7.3.2(a)表示 $G_p(j\omega)$曲线包围$-1/N(E)$,图中的 $G_p(s)$是一个 3 型对象,所以当 s 由 $j0^-$ 出发绕过原点右方到达 $j0^+$ 时,$G_p(s)$的完整奈奎斯特曲线将包围$-1/N(E)$曲线. 图 7.3.2(b)表示 $G_p(j\omega)$曲线与$-1/N(E)$相交,所以系统内部存在自持振荡. 图 7.3.2(c)表示 $G_p(j\omega)$曲线不包围$-1/N(E)$,所以闭环系统稳定.

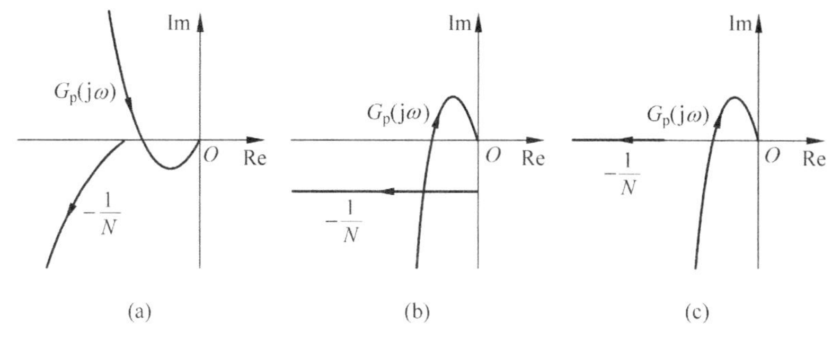

图 7.3.2 $G_p(j\omega)$曲线与$-1/N(E)$曲线的相对位置

不过，被控对象可能是开环不稳定的，这时，它的传递函数 $G_p(s)$ 中的不稳定极点数目 p_0 不等于0. 在这种更具普遍性的情况下，利用 $G_p(j\omega)$ 和 $-1/N(E)$ 的稳定性的判据应按照如下方式表述.

描述函数方法中的稳定性判据三 设传递函数 $G_p(s)$ 有 p_0 个不稳定极点. 当 s 沿标准D围线顺时针走一圈时，如果 $G_p(s)$ 曲线逆时针包围 $-1/N(E)$ 曲线的周数 $N=p_0$，则闭环系统稳定；如果 $N\neq p_0$，则闭环系统不稳定；如果 $G_p(s)$ 曲线与 $-1/N(E)$ 曲线相交，那么闭环系统处于临界稳定状态，系统内部存在自持振荡. □

例 7.3.1 已知非线性系统的结构如图7.3.3(a)所示，其中线性部件的传递函数为

$$G_p(s)=\frac{K}{s(1+s)(1+0.5s)},\quad (K>0),$$

非线性部件具有死区非线性特性，斜率 $k=1$. 试用描述函数方法求使闭环系统稳定的 K 值范围.

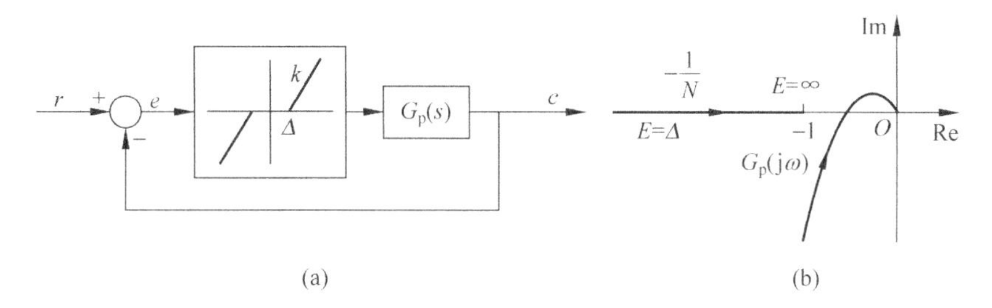

图7.3.3 例7.3.1的非线性系统

解 死区非线性的描述函数为

$$N(E)=k-\frac{2k}{\pi}\left[\arcsin\frac{\Delta}{E}+\frac{\Delta}{E}\sqrt{1-\left(\frac{\Delta}{E}\right)^2}\right],\quad (E\geqslant\Delta).$$

由图7.2.11可知，$N(E)/k$ 是0与1之间的实数. 当 E 由 Δ 变化到 $+\infty$ 时，$N(E)/k$ 由0变化到1，所以 $N(E)$ 由0变化到 k. 由于 $k=1$，故而 $-1/N(E)$ 是复平面上由 $-\infty$ 到 -1 的直线. 本例中的线性对象为稳定对象，即 $p_0=0$. 所以为保证闭环稳定，$G_p(j\omega)$ 与 $-1/N(E)$ 的关系应如图7.3.3(b)所示，即 $G_p(j\omega)$ 不能与 $-1/N(E)$ 相交；而当 K 增大使 $G_p(j\omega)$ 穿过 $(-1+j0)$ 点时，闭环系统将不再稳定.

由

$$\arg G_p(j\omega)=\arg\frac{K}{j\omega(1+j\omega)(1+0.5j\omega)}=-180°,$$

可得 $G_p(j\omega)$ 与负实轴的交点所对应的频率 $\omega=\sqrt{2}\,\mathrm{rad/s}$，再由

$$\left|G_p(j\sqrt{2})\right|=\left|\frac{K}{j\sqrt{2}(1+j\sqrt{2})(1+0.5j\sqrt{2})}\right|=1,$$

可得 $K=3$. 所以，使闭环系统稳定的 K 值范围为 $K<3$. □

7.3.2 描述函数的负倒数特性

用描述函数方法判断闭环系统稳定性的过程表明，**描述函数的负倒数特性** $-1/N(E)$在稳定性分析中具有极为重要的作用. 为书写简单起见，下文有时将描述函数记为 N，将它的负倒数特性记为$-1/N$. 但读者应当理解，描述函数是非线性部件正弦输入信号振幅的函数. 在本书的叙述中，如果不涉及具体的系统，常用 $N(X)$表示描述函数，所以 N 与$-1/N$ 分别代表 $N(X)$与$-1/N(X)$. 但如果涉及某个具体系统，则应当根据该系统中非线性部件输入端的实际信号而采用其他符号来代替 X.

某些非线性特性的$-1/N$ 具有简单的形式，譬如**饱和非线性**、**死区非线性**、**理想继电器非线性**等等，它们的$-1/N$ 曲线与复平面中的负实轴重合，如图 7.3.4 所示. 图中$-1/N$ 曲线上的箭头表示 X 增大的方向.

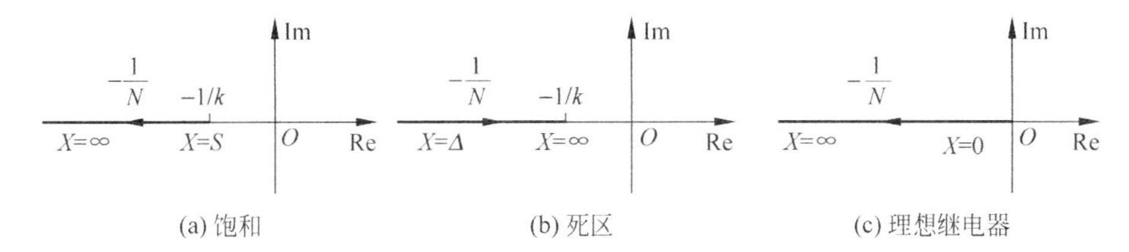

图 7.3.4 几种非线性特性的$-1/N$ 曲线

下面给出另外几种非线性特性的$-1/N$ 曲线.

对**有滞环的继电器非线性**，令 $\varphi=\arcsin(h/X)$，就可以算得

$$-\frac{1}{N}=-\frac{\pi X}{4M}e^{\mathrm{j}\arcsin\frac{h}{X}}=-\frac{\pi X}{4M}(\cos\varphi+\mathrm{j}\sin\varphi)$$

$$=-\frac{\pi X}{4M}\cdot\left(\sqrt{1-\left(\frac{h}{X}\right)^2}+\mathrm{j}\,\frac{h}{X}\right), \qquad (7.3.4)$$

$-1/N$ 的实部和虚部分别为

$$\mathrm{Re}\left(-\frac{1}{N}\right)=-\frac{\pi\sqrt{X^2-h^2}}{4M},\quad \mathrm{Im}\left(-\frac{1}{N}\right)=-\frac{\pi h}{4M}. \qquad (7.3.5)$$

可见，$-1/N$ 曲线是复平面上的一组平行线(见图 7.3.5).

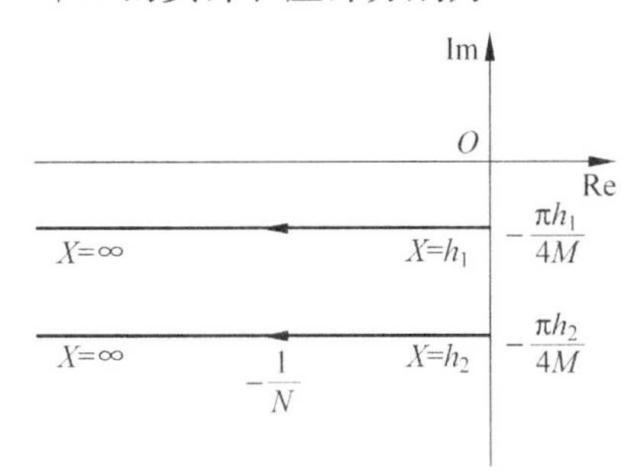

图 7.3.5 有滞环的继电器特性的$-1/N$ 曲线

有死区与滞环的继电器特性的描述函数比较复杂，它的$-1/N$ 曲线形状与滞环中心坐标 Δ、滞环宽度 h 以及继电器输出幅值 M 有关，很难用一条简单曲线来表示. 图 7.3.6

画出了 3 条 $-1/N$ 曲线，它们表示不同 $\alpha(=h/\Delta)$ 和 $\beta(=M/\Delta)$ 组合下的负倒数特性. 曲线的起点为 $X=h+\Delta$，或者说起点为 $X/\Delta=1+\alpha$. 箭头表示 X 增大的方向.

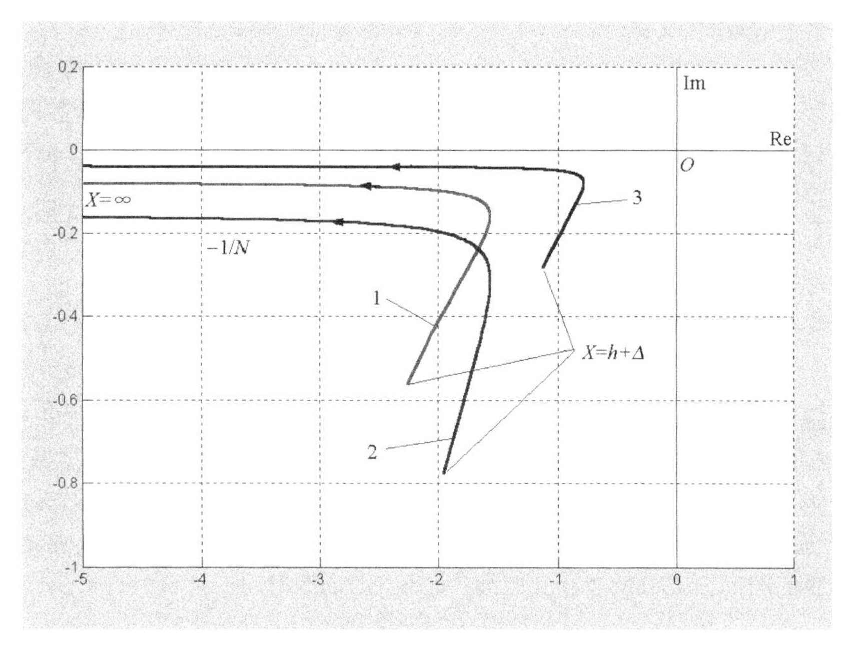

图 7.3.6 有死区与滞环的继电器特性的 $-1/N$ 曲线

（1—$\alpha=0.1, \beta=1$；2—$\alpha=0.2, \beta=1$；3—$\alpha=0.1, \beta=2$）

间隙非线性特性的 $-1/N$ 曲线如图 7.3.7 所示.

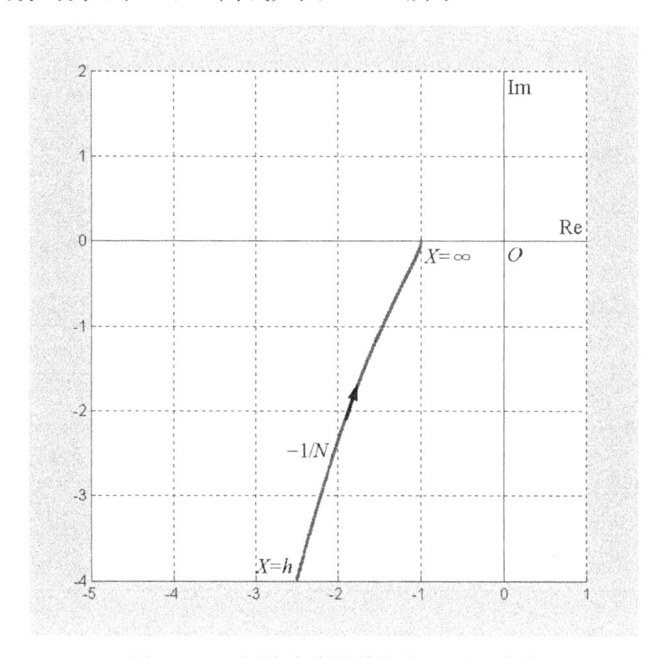

图 7.3.7 间隙非线性特性的 $-1/N$ 曲线

从上述非线性特性的图像可以看出，在非线性部件参数已经给定的情况下，如果$G_p(j\omega)$曲线与$-1/N(E)$曲线相交，它们只会有一个交点.但对某些非线性特性，可能出现两个交点.

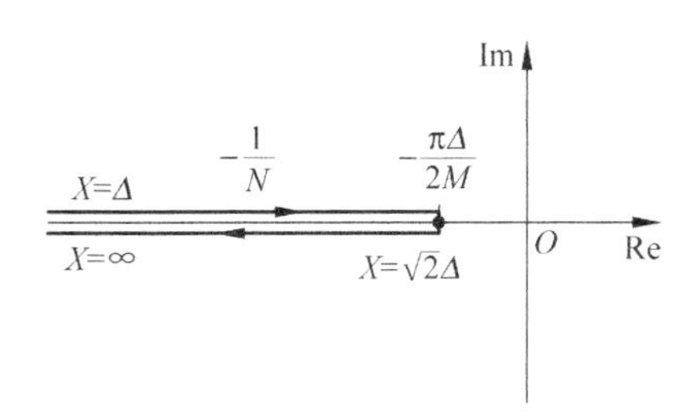

图 7.3.8　有死区的继电器特性的$-1/N$曲线

图7.3.8是**有死区的继电器特性**的$-1/N$曲线.在讨论它的描述函数图像时已经说明，当$\Delta/X=\sqrt{2}/2$时，N取得极大值.所以当X由Δ增加到$X=\sqrt{2}\Delta$时，$-1/N$由$-\infty$沿负实轴向右移动到$-\pi\Delta/(2M)$，当X继续增大时，$-1/N$沿负实轴向左移动到$-\infty$.为了强调上述现象，图中将$-1/N$与负实轴重合的两段图像夸张地绘制成不重合的线段.从该图可以看出，如果$G_p(j\omega)$曲线与死区继电器的$-1/N$曲线相交，必然会存在两个交点，这就意味着可能存在两个频率相同但幅值不同的自持振荡.

为便于查阅，现将本书中与典型非线性的特性、$N(X)$以及$-1/N(X)$有关的图号、公式序号或相应位置罗列在表7.3.1中，表7.3.2则列出了这些典型非线性的特性的图形、$N(X)$的表达式以及$-1/N(X)$的图形.

表 7.3.1　典型非线性特性查找表

非线性名称	输入输出特性	$N(X)$	$-1/N(X)$
饱和	图7.2.8，式(7.2.9)	图7.2.9，式(7.2.10)	图7.3.4(a)
死区	图7.2.10，式(7.2.11)	图7.2.11，式(7.2.12)	图7.3.4(b)
理想继电器	图7.2.12，式(7.2.13)	图7.2.13，式(7.2.14)	图7.3.4(c)
有死区的继电器	图7.2.14，式(7.2.15)	图7.2.15，式(7.2.16)	图7.3.8
有滞环的继电器	图7.2.6，例7.2.3	图7.2.7，例7.2.3	图7.3.5
有死区与滞环的继电器	图7.2.16，式(7.2.17)	图7.2.17，式(7.2.22)	图7.3.6
间隙	图7.2.18，式(7.2.24)	图7.2.19，式(7.2.25)	图7.3.7

表 7.3.2　典型非线性特性一览

(表中的k代表斜率，$-1/N$图中的箭头表示X增加的方向.)

$y=f(x)$	$N(X)$	$-1/N$
	$N(X)=\frac{2k}{\pi}\left[\arcsin\frac{S}{X}+\frac{S}{X}\sqrt{1-\left(\frac{S}{X}\right)^2}\right]$ $(X\geqslant S)$	

续表

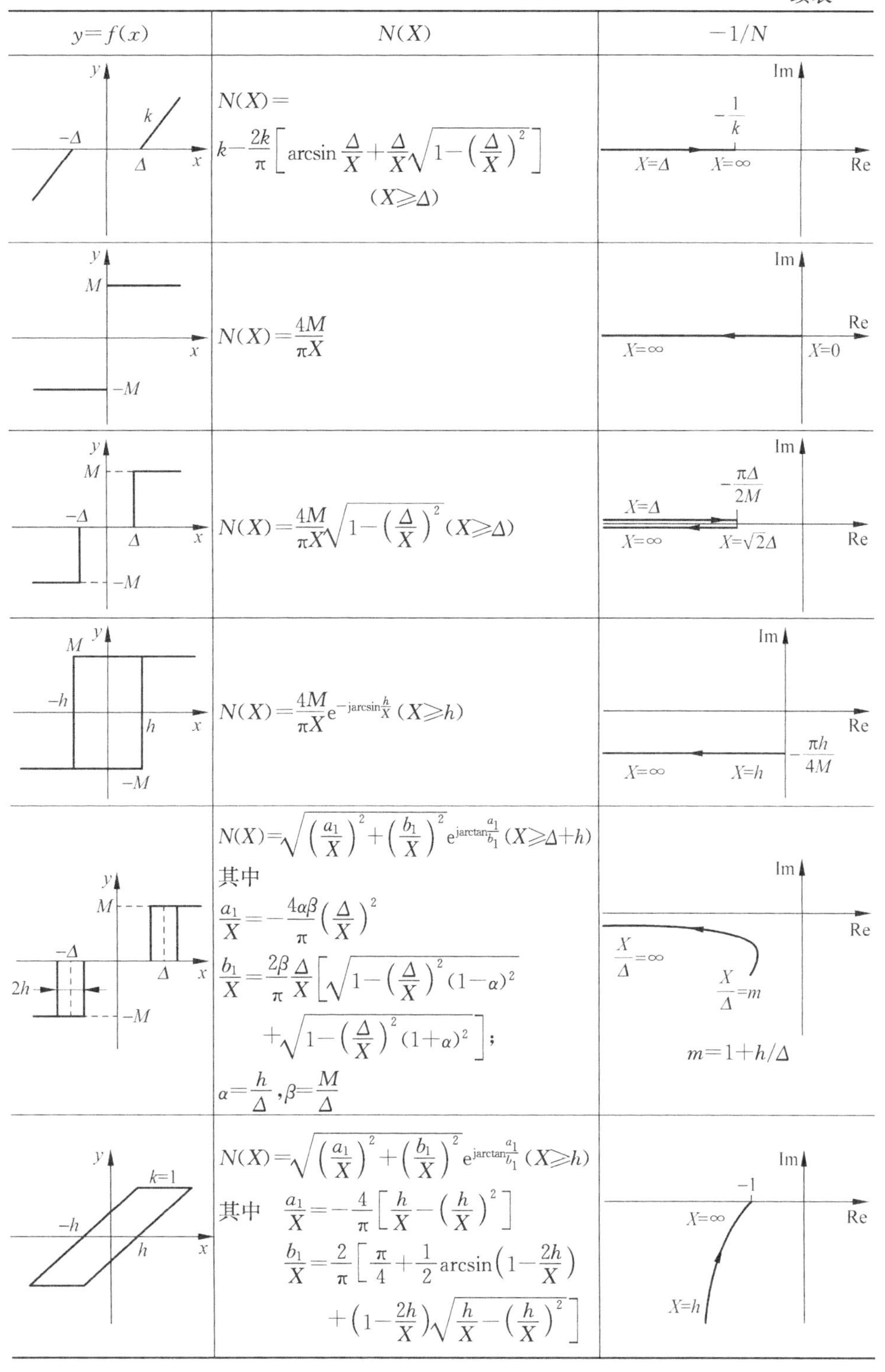

$y=f(x)$	$N(X)$	$-1/N$
$-\Delta$, Δ, k	$N(X)=k-\frac{2k}{\pi}\left[\arcsin\frac{\Delta}{X}+\frac{\Delta}{X}\sqrt{1-\left(\frac{\Delta}{X}\right)^2}\right]$ $(X\geqslant\Delta)$	$-\frac{1}{k}$; $X=\Delta$; $X=\infty$
M, $-M$	$N(X)=\frac{4M}{\pi X}$	$X=\infty$; $X=0$
M, $-M$, $-\Delta$, Δ	$N(X)=\frac{4M}{\pi X}\sqrt{1-\left(\frac{\Delta}{X}\right)^2}$ $(X\geqslant\Delta)$	$-\frac{\pi\Delta}{2M}$; $X=\Delta$; $X=\infty$; $X=\sqrt{2}\Delta$
M, $-M$, $-h$, h	$N(X)=\frac{4M}{\pi X}e^{-j\arcsin\frac{h}{X}}$ $(X\geqslant h)$	$X=\infty$; $X=h$; $-\frac{\pi h}{4M}$
M, $-M$, $-\Delta$, Δ, $2h$	$N(X)=\sqrt{\left(\frac{a_1}{X}\right)^2+\left(\frac{b_1}{X}\right)^2}e^{j\arctan\frac{a_1}{b_1}}$ $(X\geqslant\Delta+h)$ 其中 $\frac{a_1}{X}=-\frac{4\alpha\beta}{\pi}\left(\frac{\Delta}{X}\right)^2$ $\frac{b_1}{X}=\frac{2\beta}{\pi}\frac{\Delta}{X}\left[\sqrt{1-\left(\frac{\Delta}{X}\right)^2(1-\alpha)^2}+\sqrt{1-\left(\frac{\Delta}{X}\right)^2(1+\alpha)^2}\right]$; $\alpha=\frac{h}{\Delta}$, $\beta=\frac{M}{\Delta}$	$\frac{X}{\Delta}=\infty$; $\frac{X}{\Delta}=m$ $m=1+h/\Delta$
$k=1$, $-h$, h	$N(X)=\sqrt{\left(\frac{a_1}{X}\right)^2+\left(\frac{b_1}{X}\right)^2}e^{j\arctan\frac{a_1}{b_1}}$ $(X\geqslant h)$ 其中 $\frac{a_1}{X}=-\frac{4}{\pi}\left[\frac{h}{X}-\left(\frac{h}{X}\right)^2\right]$ $\frac{b_1}{X}=\frac{2}{\pi}\left[\frac{\pi}{4}+\frac{1}{2}\arcsin\left(1-\frac{2h}{X}\right)+\left(1-\frac{2h}{X}\right)\sqrt{\frac{h}{X}-\left(\frac{h}{X}\right)^2}\right]$	-1; $X=\infty$; $X=h$

7.3.3 自持振荡的分析与计算

前面已经提到,对图 7.3.1(b)所示的非线性系统,当 $G_p(j\omega)$ 曲线与 $-1/N(E)$ 相交时,就表示闭环系统存在自持振荡,自持振荡的频率和振幅由交点确定. 所以,通过求解闭环特征方程

$$1+N(E)G_p(j\omega)=0, \tag{7.3.6}$$

可以求得该自持振荡所对应的振荡频率 ω 和非线性部件输入端振荡信号的振幅 E. 如果 $-1/N$ 曲线与负实轴重合,那么根据

$$\arg[G_p(j\omega)]=-180^\circ \tag{7.3.7}$$

可以求得振荡频率 ω,再由

$$|N(E)G_p(j\omega)|=1 \tag{7.3.8}$$

可以求得非线性部件输入端振荡信号的振幅 E. 当 $-1/N$ 取复数值时,式(7.3.6)成为复数方程. 这时可以将它分解为实部方程和虚部方程来求解,即解联立方程组

$$\left.\begin{aligned}\mathrm{Re}[N(E)G_p(j\omega)]&=-1\\ \mathrm{Im}[N(E)G_p(j\omega)]&=0\end{aligned}\right\}. \tag{7.3.9}$$

或者分解为模和幅角来求解,即解联立方程组

$$\left.\begin{aligned}|N(E)G_p(j\omega)|&=1\\ \arg[N(E)G_p(j\omega)]&=-180^\circ\end{aligned}\right\}. \tag{7.3.10}$$

在实际系统中可能会发现如下情况:$G_p(j\omega)$ 曲线与 $-1/N$ 相交,而且可以根据式(7.3.6)求得振荡频率和振荡幅值,但是却观察不到或测量不到这样的振荡信号;或者,根据分析,$G_p(j\omega)$ 曲线与 $-1/N$ 有两个交点,但观察到或测量到的振荡信号只对应于其中一个交点所代表的频率和幅值,而永远无法观察到或测量到另一个交点所对应的振荡. 之所以出现这种情况,是因为自持振荡有稳定和不稳定之分.

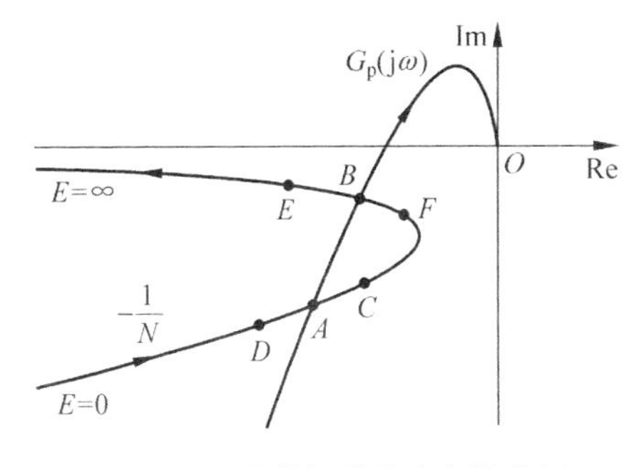

图 7.3.9 自持振荡的稳定性分析

下面讨论**自持振荡的稳定性分析**方法. 假设一个非线性系统的 $G_p(j\omega)$ 曲线和 $-1/N$ 曲线如图 7.3.9 所示有两个交点 A 和 B,那么系统中应当存在两个自持振荡,它们分别具有交点 A 所代表的频率 ω_A 和振幅 E_A 以及交点 B 所代表的频率 ω_B 和振幅 E_B. 下文将 $-1/N$ 曲线上的一个点称为一个工作点,它对应于非线性部件输入端振荡信号的一个振幅. 因为

$-1/N$ 曲线上的每一个点相当于判断线性系统稳定性的一个临界点，所以按照式(7.3.3)以及相应的稳定性判据，就能够根据 $G_p(j\omega)$ 曲线与 $-1/N$ 曲线上的工作点的相对位置来判断该点所代表的运动是否稳定. 为便于讨论起见，这里假设 $G_p(s)$ 是开环稳定对象的传递函数.

首先假设系统以 A 点为工作点，具有由 ω_A 和 E_A 代表的自持振荡. 现在给系统一个轻微的扰动，使工作点从 A 移动到 C. 这时 $G_p(j\omega)$ 曲线包围了 $-1/N$ 上的 C 点，按照稳定性判据，系统变得不稳定，所以 C 点是一个不稳定工作点. 此时，振荡幅值将逐渐增大. 这就意味着工作点将沿 $-1/N$ 曲线向 B 点方向移动. 若扰动使工作点从 A 移动到 D，那么由于 $G_p(j\omega)$ 曲线不包围 $-1/N$ 上的 D 点，系统变得稳定，所以 D 点是一个稳定工作点. 于是，振荡幅值将逐渐减小. 这就意味着工作点将沿 $-1/N$ 曲线向 $E=0$ 的方向移动. 由以上分析可以看出，当扰动使工作点偏离 A 点后，振荡幅值要么继续增大，要么继续减小，不会恢复到 E_A 代表的振荡幅值，所以工作点 A 代表的自持振荡是一个**不稳定自持振荡**.

对工作点 B 可以作类似的分析. 当扰动使工作点移动到 F 时，$G_p(j\omega)$ 曲线包围了 $-1/N$，所以系统变得不稳定，故而 F 是一个不稳定工作点，振荡幅值将逐渐增大，工作点将沿 $-1/N$ 曲线移动回到 B 点. 而当扰动使工作点移动到 E 时，$G_p(j\omega)$ 曲线不包围 $-1/N$，所以系统稳定，故而 E 点是一个稳定工作点，振荡幅值将逐渐减小，工作点仍将沿 $-1/N$ 曲线移动回到 B 点. 由以上分析可知，当扰动使工作点偏离 B 点后，振荡幅值总会恢复到 E_B，所以工作点 B 代表的自持振荡是一个**稳定自持振荡**.

在上述分析中可以看出，对表示不稳定自持振荡的 A 点而言，C 点位于 $-1/N$ 曲线上振荡幅值增大的方向，同时又是不稳定工作点；而 D 点位于 $-1/N$ 曲线上振荡幅值减小的方向，同时又是稳定工作点. 对表示稳定自持振荡的 B 点而言，情况正相反，E 点位于 $-1/N$ 曲线上振荡幅值增大的方向，但它是稳定工作点；而 F 点位于 $-1/N$ 曲线上振荡幅值减小的方向，但它是不稳定工作点.

据此，可以得出更为一般性的、不限于开环稳定对象的结论. 如果 $G_p(j\omega)$ 曲线与 $-1/N$ 有一个交点，该交点附近的一个稳定工作点位于 $-1/N$ 曲线上振幅增大的一侧，而一个不稳定工作点位于 $-1/N$ 曲线上振幅减小的一侧，那么该交点代表一个稳定自持振荡；相反，该交点附近的一个稳定工作点位于 $-1/N$ 曲线上振幅减小的一侧，而一个不稳定工作点位于 $-1/N$ 曲线上振幅增大的一侧，那么该交点代表一个不稳定自持振荡.

例 7.3.2　已知非线性系统如图 7.3.10(a)所示，其中线性部件的传递函数为

$$G_p(s)=\frac{5}{s(1+s)(1+0.5s)},$$

非线性部件是一个有滞环的继电器，它的参数值 $h=0.2, M=1$.

(1) 试用描述函数方法分析非线性系统的稳定性；

(2) 如果存在自持振荡,分析该自持振荡的稳定性并求该自持振荡的频率和振幅.

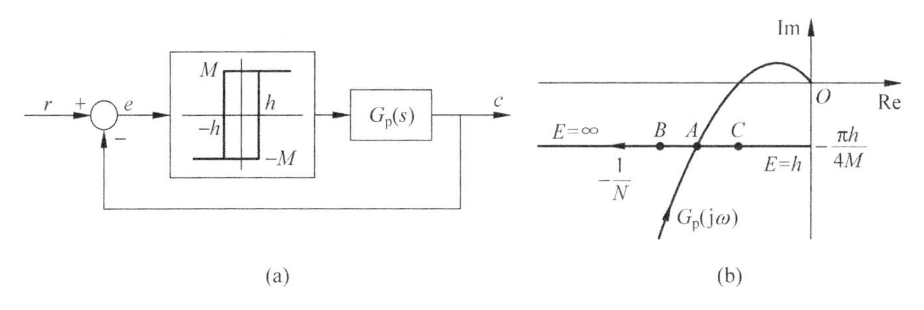

(a) (b)

图 7.3.10 例 7.3.2 的非线性系统

解 (1) 前面已经求出有滞环的继电器特性的描述函数

$$N(E)=\frac{4M}{\pi E}e^{-j\arcsin\frac{h}{E}},\quad (E>h).$$

它的负倒数特性为

$$-\frac{1}{N(E)}=-\frac{\pi E}{4M}\left(\sqrt{1-\left(\frac{h}{E}\right)^2}+j\frac{h}{E}\right).$$

$-1/N$ 的实部和虚部分别为

$$\mathrm{Re}\left[-\frac{1}{N(E)}\right]=-\frac{\pi\sqrt{E^2-h^2}}{4M},\quad \mathrm{Im}\left[-\frac{1}{N(E)}\right]=-\frac{\pi h}{4M}.$$

$-1/N$ 曲线是平行于负实轴的平行线,它的虚轴坐标为 $-\pi h/(4M)$.

由此可以画出图 7.3.10(b)所示的 $G_p(j\omega)$ 和与 $-1/N$ 的示意图. 两条曲线有一个交点 A,所以闭环系统不稳定,存在一个自持振荡.

(2) $G_p(j\omega)$ 是一个最小相位对象,所以 $G_p(j\omega)$ 包围 $-1/N$ 表示闭环系统不稳定,故而 C 是一个不稳定工作点. 相反,B 是一个稳定工作点. 交点 A 附近的一个稳定工作点 B 位于 $-1/N$ 曲线上幅值增大的一侧,而一个不稳定工作点 C 位于 $-1/N$ 曲线上幅值减小的一侧,所以交点 A 代表一个稳定自持振荡.

该自持振荡的频率与振幅可以由 $G_p(j\omega)=-1/N$ 近似求取. 由

$$G_p(j\omega)=\frac{5}{j\omega(1+j\omega)(1+0.5j\omega)}=\frac{-7.5\omega-j(5-2.5\omega^2)}{\omega(1+\omega^2)(1+0.25\omega^2)}$$

可以得到 $G_p(j\omega)=-1/N$ 的虚部方程

$$-\frac{5-2.5\omega^2}{\omega(1+\omega^2)(1+0.25\omega^2)}=-\frac{\pi h}{4M}=-0.1571.$$

由此得到一个 5 阶方程

$$0.0393\omega^5+0.1964\omega^3+2.5\omega^2+0.1571\omega-5=0,$$

它有一个正实根 $\omega=1.2992$,这代表自持振荡的频率. 以 $\omega=1.2992$ 代入 $G_p(j\omega)=-1/N$ 的实部方程

$$-\frac{7.5\omega}{\omega(1+\omega^2)(1+0.25\omega^2)}=-\frac{\pi\sqrt{E^2-h^2}}{4M}=0.7854\sqrt{E^2-0.04},$$

可得自持振荡的振幅 $E=2.5064$,它是滞环继电器输入端的振荡幅值. □

7.3.4 伯德图在描述函数方法中的应用

在极坐标图上,可以借助描述函数较方便地判断某些非线性系统的稳定性.但考虑到非线性系统设计的需要,在伯德图上的描述函数分析方法也有重要的作用.非线性系统的设计有两条途径,一条途径是对系统的线性部分进行校正,另一条途径是合理安排非线性部件在回路中的位置并正确选择参数.若要对线性部分进行校正,那么在多数情况下,采用伯德图要比采用极坐标图更为方便.为此,就需要了解在伯德图上如何根据线性部件的传递函数和非线性部件的描述函数来分析闭环系统的稳定性及其他特性.

一般而言,在分析非线性系统稳定性时,采用极坐标图是十分方便的.这是因为在极坐标图上,比较容易讨论封闭曲线对临界点的包围情况,因而宜于采用简洁、统一的方法来描述稳定性定理.而在采用伯德图时,系统的类型、非最小相位现象、对相位曲线穿越$-180°$线的讨论以及描述函数的幅值和相角随输入信号振幅变化的特性都会使稳定性定理的描述变得较为复杂且不太直观.所以,本节不讨论关于稳定性分析的一般判别方法,而且所讨论的系统也只限于线性部分为最小相位对象、非线性部分描述函数为实函数的情况.

1. 稳定性分析

在图 7.3.1 所示的非线性系统中,等价的开环传递函数可以被表示为

$$G_o(s)=N(E)G_p(s).\tag{7.3.11}$$

开环传递函数的对数幅频特性相当于 $G_p(s)$ 的对数幅频特性 $L(\omega)$ 上移 $20\lg|N(E)|$ 分贝.不过,从作图的方便性来看,最好保持 $L(\omega)$ 不动,而是将 0 分贝线下移 $20\lg|N(E)|$ 分贝.因为 $N(E)$ 随 E 而变,不是一个固定的值,所以将下移 $20\lg|N(E)|$ 分贝的 0 分贝线称为**浮动零分贝线**.从稳定性的角度而言,开环对数幅频特性曲线上升会使相角裕度减小,甚至导致系统不稳定,所以最坏的情况是 $|N(E)|$ 取极大值 $\max|N(E)|$ 的情况.故而在对数幅频特性图上将 0 分贝线下移 $20\lg[\max|N(E)|]$ 分贝,并将该线称为**极大值浮动零分贝线**.这里的极大值浮动零分贝线就对应于极坐标图内位于 $-1/N$ 曲线上的、最接近原点的一个临界点.如果在极坐标图上该点不被 $G_p(j\omega)$ 包围,闭环非线性系统就稳定.所以这是一个特殊的、很重要的临界点.当 E 值偏离极值点时,$|N(E)|$ 减小,浮动零分贝线就向上移动.

为在伯德图上进行稳定性分析,可以通过严格论证来获得关于稳定性的详细

结论. 不过,伯德图上的稳定性分析远不如极坐标图上的稳定性分析简洁,所以本节不准备全面讨论这些稳定性结论. 而且,本节所讨论的情况只限于某些特定系统,故而下面只通过极坐标图与伯德图的对比来获得最基本的、适用于该特定系统的结论. 在需要利用伯德图进行设计时,读者可以仿照下面叙述的对比方法先通过极坐标图在伯德图上获得关于稳定性的结论和相关参数,然后再进行设计.

图 7.3.11(a)是一个非线性系统的伯德图,其中的非线性特性是饱和非线性,极大值浮动零分贝线坐标$-a$就是$-20\lg[\max|N(E)|]=-20\lg k$. 图 7.3.11(a)所对应的极坐标示意图如图 7.3.11(b)所示. 设$G_p(j\omega)$的对数幅频特性$L(\omega)$与极大值浮动零分贝线的交点频率为ω_0,而且在$\omega<\omega_0$的频段内均有$\varphi(\omega)>-180°$. 那么就可以得出结论: 当对数幅频特性与极大值零分贝线的交点频率$\omega<\omega_0$时,相角裕度为正,系统闭环稳定; 而交点频率$\omega>\omega_0$时,系统闭环不稳定. 图中还画了两个具有不同增益的频率特性(虚线),它们具有相同的相频特性,但对数幅频特性分别为$L'(\omega)$与$L''(\omega)$,相应的极坐标图曲线为$G'_p(j\omega)$和$G''_p(j\omega)$. 其中,线性部分频率特性为$G'_p(j\omega)$时闭环系统稳定,为$G''_p(j\omega)$时闭环系统不稳定.

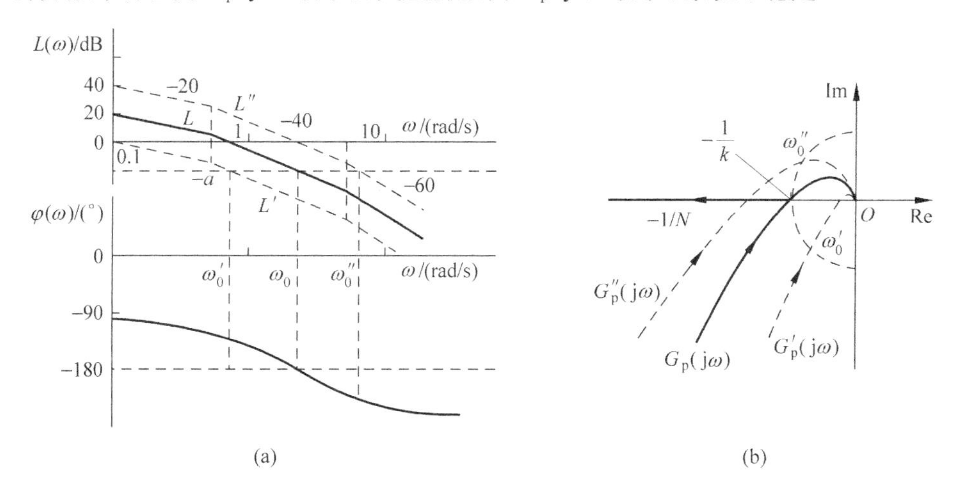

图 7.3.11 稳定系统与不稳定系统

关于自持振荡的稳定性可以采用图 7.3.12 来解释. 图 7.3.12(a)表明,在$\omega<\omega_0$的频段内,$\varphi(\omega)$与$-180°$线有两个交点频率ω_1与ω_2,它们表示可能存在两个自持振荡. 图 7.3.12(b)是相应的极坐标图. 根据该极坐标图可知,ω_1代表稳定自持振荡,ω_2代表不稳定自持振荡.

按照临界稳定的概念可以进一步理解,如果使浮动零分贝线在ω_1处与对数幅频特性曲线相交,那么由该浮动零分贝线可以计算出频率为ω_1的自持振荡的幅值,如果使浮动零分贝线在ω_2处与对数幅频特性曲线相交,那么由该浮动零分贝线可以计算出频率为ω_2的自持振荡的幅值.

在伯德图上得到关于稳定性的结论及相关参数,就可以设法按照线性系统校

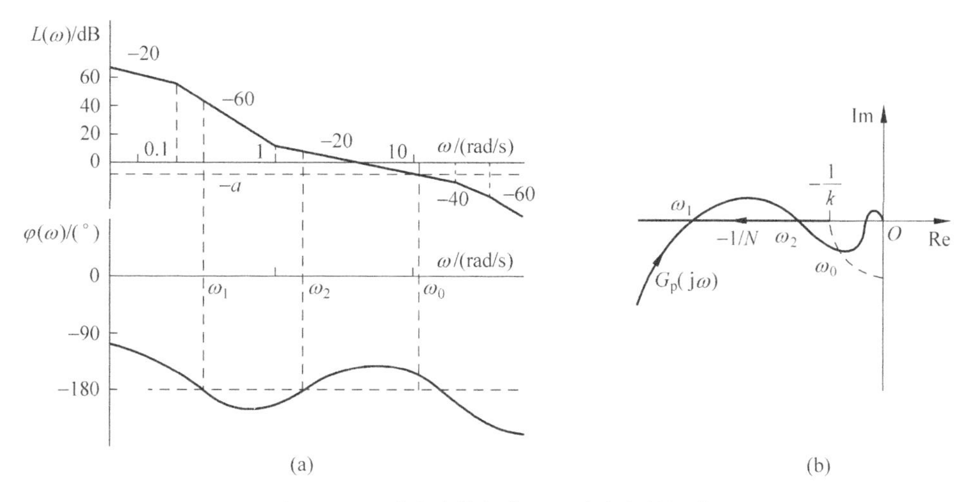

图 7.3.12　稳定自持振荡和不稳定自持振荡

正设计的方法来校正线性部分的频率特性，以使闭环系统稳定、获得充分的相角裕度或者满足其他快速性及静态误差指标.

如果线性对象不是最小相位系统，那么，在采用描述函数方法进行非线性系统校正设计时，仍然通过对比方法根据极坐标图来进行稳定性分析，获得在伯德图上的稳定性结论和相关参数，然后再通过伯德图来进行校正计算.

2. 对线性部分特性的校正

对线性部分频率特性的校正可以采用第 5 章介绍的方法，这里不再重复. 下面仅以一个计算示例来演示对非线性系统的校正过程.

例 7.3.3　已知控制系统中的非线性部件是有死区的继电器，继电器死区 $\Delta=0.1$，输出幅值 $M=1$. 线性部分传递函数为

$$G_p(s)=\frac{32}{s(s+2)(s+8)}.$$

试对该线性部分进行校正以获得稳定性良好的闭环系统.

解　(i) 未校正系统分析. 非线性部件的描述函数为

$$N(E)=\frac{4M}{\pi E}\sqrt{1-\left(\frac{\Delta}{E}\right)^2}.$$

当 $X=\sqrt{2}\Delta$ 时，$\max|N(E)|-2M/(\pi\Delta)=6.3662$. 由此得到 $-20\lg[\max|N(E)|]=-16.0776\mathrm{dB}$. 根据未校正系统的线性部分的传递函数，可以在图 7.3.13 中画出由虚线折线所示的频率特性. 图中标记为 -16.1 的水平虚线就是极大值浮动零分贝线.

按渐近线计算，$L(\omega)$ 与极大值浮动零分贝线的交点为 $\omega_0'=5.024\mathrm{rad/s}$，对应相角为 $\varphi(\omega_0')=-190°$. 所以闭环系统不稳定.

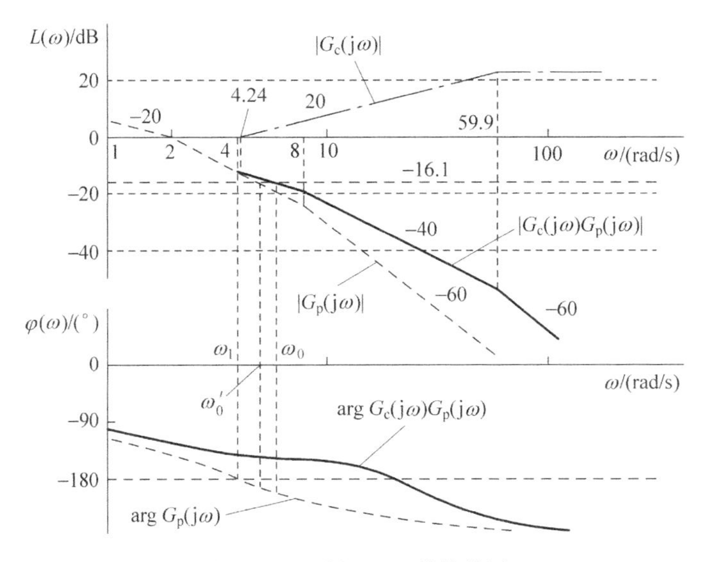

图 7.3.13　例 7.3.3 的伯德图

$\varphi(\omega)$与$-180°$的交点为$\omega_1=4\text{rad/s}$,这就是自持振荡的频率.它对应于$L(\omega_1)=-12.04\text{dB}=0.25$.使浮动零分贝线幅值为$-12.04\text{dB}$的$E$值就是自持振荡的振幅.需要注意的是,在本例中,无论非线性部件输入端的振幅E变大还是变小,浮动零分贝线都向上移动.$N(E)$应当满足等式

$$\frac{4M}{\pi E}\sqrt{1-\left(\frac{\Delta}{E}\right)^2}=0.25,$$

从而可以求得两个值$E_1=5.0922$与$E_2\approx 0.1$.参看图7.3.8所示的死区继电器的$-1/N$曲线不难判断,幅值较大的$E_1=5.0922$代表稳定自持振荡.

(ii) 线性部分的校正.线性部分校正的目的是获得稳定的闭环系统,即要使校正后系统具有足够的相角裕度.在本例中,降低开环增益可以避免闭环系统的振荡,但这种方法使静态误差系数加大,最好不要采用.比较理想的方法是进行超前校正,令校正装置传递函数为

$$G_c(s)=\frac{1+Ts}{1+\alpha Ts}.$$

因为未校正系统不稳定,相角裕度为$-10°$,所以不应指望一级超前校正能产生很大的相角裕度,故而指定校正后系统的期望相角裕度为$\gamma=30°$.根据图7.3.13中虚线所示的相角曲线的变化趋势还可以看出,不能指望校正后穿越极大值浮动零分贝线的频率太高,否则很难保证系统稳定.为此,取期望的穿越频率大约为$\omega_0=6\text{rad/s}$.按照幅值渐近线可知$L(\omega_0)=-19.0849\text{dB}$.为使校正后系统的对数幅频曲线在$\omega_0=6\text{rad/s}$处穿过极大值浮动零分贝线,校正装置在$\omega_0=6\text{rad/s}$处的增益值应为

$$-16.0849-(-19.0849)=3.0073\text{dB}.$$

据此可以算出 $T=0.2356$. 在 $\omega=6\text{rad/s}$ 处，未校正系统的相角为 $-198.4°$，故校正装置在该频率处应提供相角 $-180-(-198.4)+30=48.4°$. 将超前校正装置提供的相角定为 $49°$，那么由

$$\arg \frac{1+\text{j}0.2356\times 6}{1+\text{j}0.2356\times 6\times \alpha}=49°$$

可以解得 $\alpha=0.07092$. 所以

$$G_c(s)=\frac{1+0.2356s}{1+0.01671s},$$

校正装置的频率特性如图 7.3.13 中的点划线所示.

校正后的频率特性如实线所示. 其中 $\omega_0=6\text{rad/s}$，相角裕度 $\gamma=30.6°$. 如果期望更高的相角裕度，最好采用超前滞后校正. □

7.4　相平面

为理解相平面的概念，先讨论一个简单线性系统的运动微分方程.

例 7.4.1　给定系统运动的微分方程 $\ddot{x}+\omega^2x=0$，初始条件为 $x(0)=A$，$\dot{x}(0)=B$. 其中 x 代表位移，$\dot{x}$ 代表速度. 试解微分方程并分析位移 x 与速度 $\dot{x}$ 之间的函数关系.

解　本例可以用多种方法求解，下面采用直接求解微分方程的方法. 本例中微分方程的特征方程为 $\lambda^2+\omega^2=0$，特征根 $\lambda=\pm\text{j}\omega$. 所以位移和速度分别为

$$x=C_1\text{e}^{\text{j}\omega t}+C_2\text{e}^{-\text{j}\omega t},\quad \dot{x}=\text{j}\omega C_1\text{e}^{\text{j}\omega t}-\text{j}\omega C_2\text{e}^{-\text{j}\omega t}.$$

将初始条件代入，可得 $A=C_1+C_2$，$B=\text{j}\omega C_1-\text{j}\omega C_2$. 于是

$$C_1=\frac{1}{2}\left(A-\text{j}\frac{B}{\omega}\right),\quad C_2=\frac{1}{2}\left(A+\text{j}\frac{B}{\omega}\right).$$

故而

$$x=A\cos\omega t+\frac{B}{\omega}\sin\omega t,\quad \dot{x}=-\omega A\sin\omega t+B\cos\omega t.$$

位移与速度都是频率为 ω 的振荡. 当 A 与 B 均给定时，可以获得 x 和 $\dot{x}$ 的一个解. 利用 x 和 $\dot{x}$ 的表达式可以求得两者之间的函数关系

$$x^2+\left(\frac{\dot{x}}{\omega}\right)^2=A^2+\frac{B^2}{\omega^2}=R^2,$$

其中 $R^2=A^2+B^2/\omega^2$. 显然，上式表示以 x 为横坐标、$\dot{x}$ 为纵坐标的平面上的一个椭圆，或者说是以 x 为横坐标、$\dot{x}/\omega$ 为纵坐标的平面上的一个圆，椭圆或圆的中心为原点，椭圆或圆的位置由初始条件确定. 图 7.4.1 表示给定一组初始条件时 x 与 $\dot{x}$ 的函数关系. 简谐运动就具有这样的曲线. □

显然，只要给定初始条件，那么随着时间的推移，x 和 $\dot{x}$ 就会在图 7.4.1 所示的平面上描绘出一条椭圆曲线，这条椭圆曲线代表系统的运动. 这样就在一张直

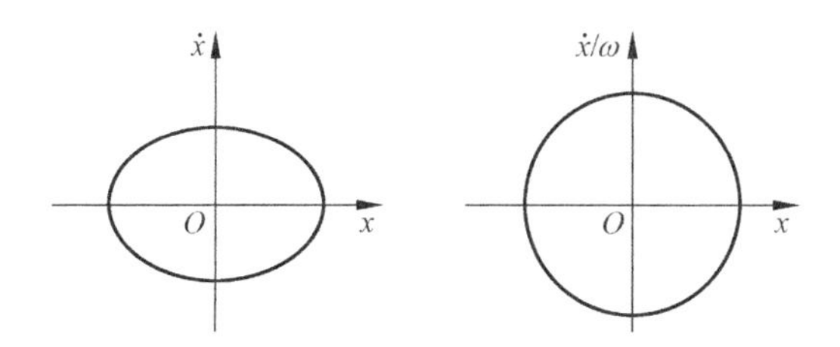

图 7.4.1 例 7.4.1 中 x 与 $\dot{x}$ 的函数关系

角坐标图上用一条曲线表示了系统的运动,或者说在 x-$\dot{x}$ 平面上表示了系统的运动. 这种方法也可以被推广到非线性系统. 对于一个二阶非线性系统的运动微分方程,也许很难获得它的解析解. 但给定了初始条件,理论上也会存在一个解,只要设法在 x-$\dot{x}$ 平面上获得 $\dot{x}$ 随 x 变化的曲线,就可以准确地表示系统的运动.

顺便提一下,为获得上述圆方程,不必求微分方程的时间解. 因为

$$\ddot{x} = \frac{\mathrm{d}\dot{x}}{\mathrm{d}t} = \frac{\mathrm{d}\dot{x}}{\mathrm{d}x}\frac{\mathrm{d}x}{\mathrm{d}t} = \dot{x}\frac{\mathrm{d}\dot{x}}{\mathrm{d}x}, \tag{7.4.1}$$

所以,可以将 $\ddot{x}+\omega^2 x=0$ 写成 $\dot{x}(\mathrm{d}\dot{x}/\mathrm{d}x)+\omega^2 x=0$,从而得 $\dot{x}\mathrm{d}\dot{x}+\omega^2 x\mathrm{d}x=0$. 对该方程积分,就可得到微分方程的解 $x^2+\dot{x}^2/\omega^2=R^2$.

7.4.1 相平面图

1. 相平面图的概念

对于一个二阶系统的微分方程,无论它是线性系统还是非线性系统,它的微分方程总可以被表示成

$$\ddot{x} + f(x,\dot{x}) = 0. \tag{7.4.2}$$

方程中的 x 和 $\dot{x}$ 通常被称为**相变量**. 以相变量为坐标轴构成的直角坐标系所代表的平面(x-$\dot{x}$ 平面)被称为**相平面**. 图 7.4.1 所表示的平面就是相平面.

如前所述,当时间推移时,利用 x 和 $\dot{x}$ 的值可以在相平面上画出一条曲线,这条曲线被称为**相轨迹**. 相轨迹上的点(相轨迹点)表示系统的一个状态,相轨迹则表示系统的运动状态随时间的变化,代表微分方程在给定初始条件下的一个解.

在式(7.4.2)中,令 $x_1=x, x_2=\dot{x}$,就会得到如下的一阶微分方程组

$$\left.\begin{aligned} \frac{\mathrm{d}x_1}{\mathrm{d}t} &= x_2 \\ \frac{\mathrm{d}x_2}{\mathrm{d}t} &= -f(x,\dot{x}) = -f(x_1,x_2) \end{aligned}\right\}. \tag{7.4.3}$$

这时,相平面就是以 x_1 和 x_2 为坐标轴构成的直角坐标系所代表的平面(x_1-x_2 平面). 对一个二阶系统,取 x_1 和 x_2 的方式不是惟一的. 所以对二阶系统,可以将上

式写成更一般的形式

$$\left.\begin{aligned}\frac{\mathrm{d}x_1}{\mathrm{d}t} &= f_1(x_1,x_2)\\ \frac{\mathrm{d}x_2}{\mathrm{d}t} &= f_2(x_1,x_2)\end{aligned}\right\}. \tag{7.4.4}$$

从上式中消去 $\mathrm{d}t$ 可以得到

$$\frac{\mathrm{d}x_2}{\mathrm{d}x_1} = \frac{f_2(x_1,x_2)}{f_1(x_1,x_2)}, \tag{7.4.5}$$

显然,给定初始条件 $x_1(0)$ 和 $x_2(0)$,就可以得到式(7.4.5)的一个解 $x_2=\varphi(x_1)$. 在 x_1-x_2 平面上,根据 $x_2=\varphi(x_1)$ 可以确定一条相轨迹. 如果给定若干组初始条件,就会在 x_1-x_2 平面上获得若干条相轨迹,这样就构成一个**相平面图**. 图 7.4.2 就是一幅相平面图,图上画出了几条相轨迹.

尽管在相轨迹上可以标出时间,但一般都不作时间标记,而是用箭头表示时间增加时相轨迹点的移动方向. 因为相平面图上具有多条相轨迹,可以表示运动微分方程在各种不同初始条件下的解,所以能够用来全面描述系统的运动.

2. 普通点和奇点

根据联立微分方程组的解的惟一性基本定理可知,当 $f_1(x_1,x_2)$ 和 $f_2(x_1,x_2)$ 为解析函数时,式(7.4.4)在给定初始条件下具有惟一解,从而可以获得一条惟一的相轨迹.

在图 7.4.3 中,A 是相轨迹上位于坐标(x_1,x_2)的一点,而且 $\mathrm{d}x_2/\mathrm{d}x_1=a$ 在该点具有确定的值. 该值是相轨迹在 A 点的切线的斜率,它表示相轨迹点在该点沿相轨迹运动的方向. 以(x_1,x_2)为初始值,只能产生一条相轨迹,所以相平面图上的任何两条相轨迹不会在 A 点相交.

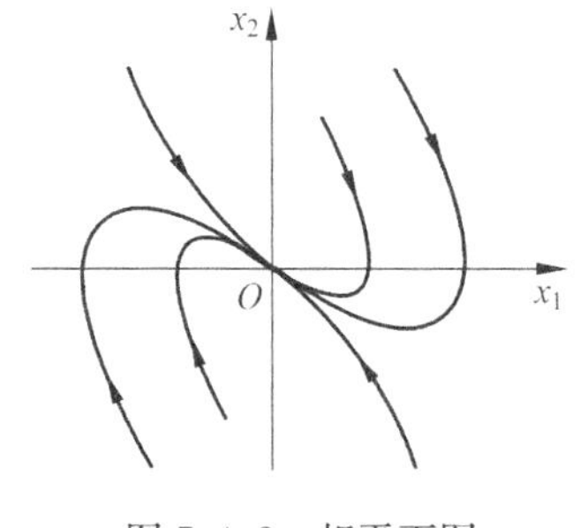

图 7.4.2 相平面图

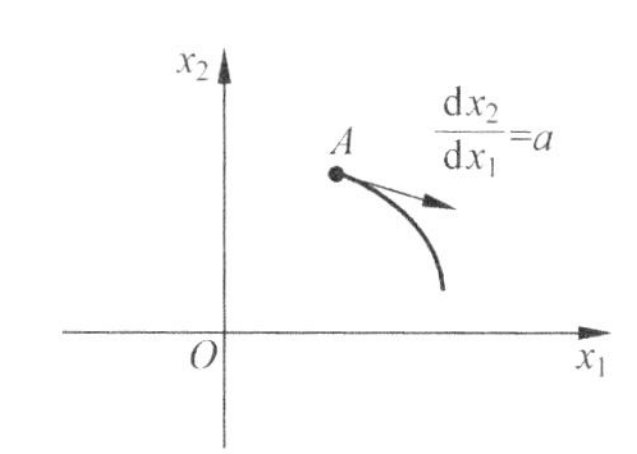

图 7.4.3 相轨迹与其上的切线

但对系统的平衡点,情况则不同. 系统初始状态位于平衡点时,系统将保持静止,故而平衡点同时满足 $f_1(x_1,x_2)=0$ 和 $f_2(x_1,x_2)=0$,这时就不能应用这种惟一性结论. 这类点被称为相平面上的**奇点**,而相平面上除奇点以外任何其他的点被称为**普通点**. 由于 $\mathrm{d}x_2/\mathrm{d}x_1=0/0$ 不是一个确定的数,所以,通过奇点的相轨迹可能不止一条.

在大部分情况下,在一个平衡点附近任意小的范围内不存在另一个平衡点,所以多数奇点是**孤立奇点**.不难看出,利用式(7.4.5)来改写例7.4.1所示的系统,按照奇点的定义就可以发现,在x-$\dot{x}$平面上,原点是一个奇点,而且是惟一的奇点.不过,并非所有系统的奇点都是孤立奇点,实际上存在一些系统,它们的奇点不是孤立的,它们的奇点可能构成一条曲线.下面的示例就说明这一现象.

例7.4.2 已知一个系统的微分方程为$\ddot{x}+\dot{x}=0$,试求它的奇点.

解 令$x_1=x$,$x_2=\dot{x}$,可得

$$\frac{\mathrm{d}x_1}{\mathrm{d}t}=\dot{x}=x_2,\quad \frac{\mathrm{d}x_2}{\mathrm{d}t}=\ddot{x}=-\dot{x}=-x_2.$$

再由

$$\frac{\mathrm{d}x_1}{\mathrm{d}t}=x_2=0,\quad \frac{\mathrm{d}x_2}{\mathrm{d}t}=-x_2=0,$$

可以求得系统的平衡点为$x_2=0$.这就是说,整个x_1轴都是平衡点.又因为在x_1轴上有

$$\frac{\mathrm{d}x_2}{\mathrm{d}x_1}=-\frac{x_2}{x_2}=\frac{0}{0},$$

所以相平面上不存在孤立的奇点,x_1轴上所有的点都是奇点. □

7.4.2 相平面图的性质

本书讨论的非线性系统主要为采用式(7.4.2)所示的表达形式(即采用$\ddot{x}+f(x,\dot{x})=0$)表示的二阶系统,所以下面采用式(7.4.3)所示的一阶微分方程组来讨论x-$\dot{x}$平面上的相平面图特性.

(1) 奇点在x轴上.

由式(7.4.3)求系统的平衡点,可得$\mathrm{d}x_1/\mathrm{d}t=\dot{x}=0$,$\mathrm{d}x_2/\mathrm{d}t=-f(x,\dot{x})=0$.所以奇点一定满足条件$\dot{x}=0$.这就是说,奇点一定在$x$轴上.

(2) 相轨迹点在上半平面和下半平面具有不同的移动方向.

在相平面的上半平面,$\dot{x}>0$,即$\mathrm{d}x/\mathrm{d}t>0$,$x$随时间的增加而增加,所以上半平面的相轨迹点总是向右方(x增加的方向)移动.相反,在下半平面,$\dot{x}<0$,x随时间的增加而减小,所以下半平面的相轨迹点总是向左方(x减小的方向)移动.

(3) 相轨迹垂直穿越x轴.

设相轨迹穿越x轴的点是普通点,那么,相轨迹在该点的切线斜率为

$$\frac{\mathrm{d}x_2}{\mathrm{d}x_1}=\frac{-f(x,\dot{x})}{\dot{x}}. \tag{7.4.6}$$

在x轴上$\dot{x}=0$,所以$\mathrm{d}x_2/\mathrm{d}x_1=-f(x,0)/0=\pm\infty$.这表明,相轨迹必定垂直穿

越 x 轴.

图 7.4.4 是稳定二阶振荡系统的一条典型相轨迹示意图,在该图中,相轨迹上的箭头表示该点切线的方向(但箭头的长度不表示斜率的大小).

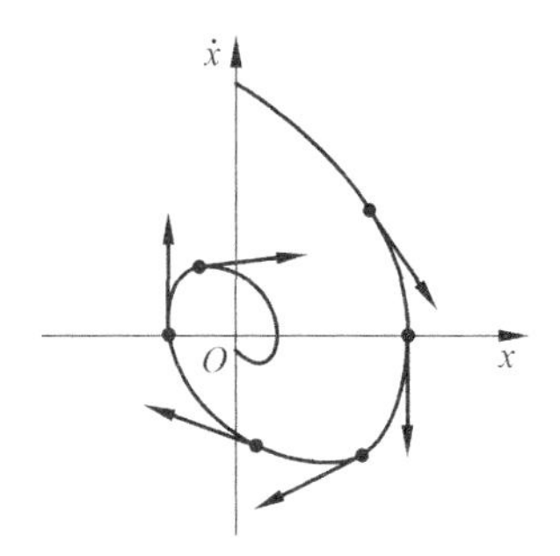

图 7.4.4　二阶系统的典型相轨迹示意图

(4) 相轨迹的对称性与函数 $f(x,\dot{x})$ 有关.

相轨迹的对称性可以采用图 7.4.5 的示意图加以说明.

图 7.4.5(a)中的相轨迹关于 x 轴对称. A 点和 B 点的切线斜率分别为

$$\frac{\mathrm{d}\dot{x}}{\mathrm{d}x}=-\frac{f(x,\dot{x})}{\dot{x}}=a,\quad \frac{\mathrm{d}\dot{x}}{\mathrm{d}x}=-\frac{f(x,-\dot{x})}{-\dot{x}}=-a. \tag{7.4.7}$$

由此可得 $f(x,\dot{x})=f(x,-\dot{x})$. 所以当 $f(x,\dot{x})$ 是 $\dot{x}$ 的偶函数时,相轨迹关于 x 轴对称.

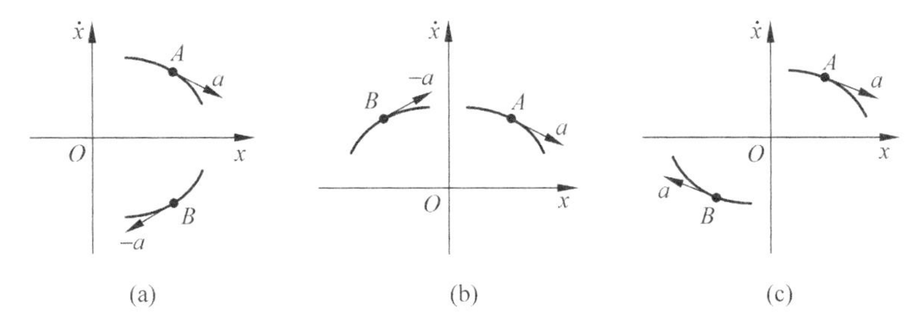

图 7.4.5　相轨迹的对称性

图 7.4.5(b)中的相轨迹关于 $\dot{x}$ 轴对称. A 点和 B 点的切线斜率分别为

$$\frac{\mathrm{d}\dot{x}}{\mathrm{d}x}=-\frac{f(x,\dot{x})}{\dot{x}}=a,\quad \frac{\mathrm{d}\dot{x}}{\mathrm{d}x}=-\frac{f(-x,\dot{x})}{\dot{x}}=-a. \tag{7.4.8}$$

由此可得 $f(x,\dot{x})=-f(-x,\dot{x})$. 所以当 $f(x,\dot{x})$ 是 x 的奇函数时,相轨迹关于 $\dot{x}$ 轴对称.

图 7.4.5(c)中的相轨迹关于原点对称. A 点和 B 点的切线斜率分别为

$$\frac{\mathrm{d}\dot{x}}{\mathrm{d}x}=-\frac{f(x,\dot{x})}{\dot{x}}=a,\quad \frac{\mathrm{d}\dot{x}}{\mathrm{d}x}=-\frac{f(-x,-\dot{x})}{-\dot{x}}=a. \tag{7.4.9}$$

由此可得 $f(x,\dot{x})=-f(-x,-\dot{x})$.

需要说明一点,对于由式(7.4.4)代表的一般二阶系统,而且其中的变量不符合 $x_1=x,x_2=\dot{x}$ 的关系,那么,尽管可以在 x_1-x_2 平面上绘制运动轨迹,但这些轨迹不一定具有上面(1)、(2)和(3)中提到的性质.

7.4.3 相轨迹的作图方法

绘制系统相轨迹的方法可以有很多种,譬如解析法、计算机仿真计算方法、图解法、实验法等等.对某些简单的二阶系统,可以采用解析法获得系统的相平面图,但对较为复杂的系统,或者在需要绘制准确相轨迹的情况下,最好采用计算机仿真计算与作图的方法.不过,在非线性系统的运动分析中,并非任何时候都需要精确的相轨迹.在许多情况下,只要有某种近似的图形就能够进行分析,从而获得关于系统运动的一般性结论.所以研究非线性系统的一种处理方法是,先用近似草图进行一般性分析,然后再辅以适当的计算来获得必要的数据.因此,在非线性系统研究中,需要一些能够绘制相平面草图的方法.图解法是一种耗时多的近似作图方法,现在一般不单独用它来绘制完整的相平面图.但在需要草绘近似相轨迹图的情况下,图解法有时能够起到事半功倍的效果.实验法可用于一个已有的实际系统,或者用于由模拟电路构建的非线性系统.对这类系统可以用示波器或记录仪来观察系统在各种输入或初始条件下的相轨迹,不过本书不涉及实验法的内容.

1. 解析法

对于线性系统和一些简单的非线性系统,可以通过解析方法获得系统的相平面图.**解析法**是通过求解微分方程获得相轨迹的方法.一般而言,对于能够求出微分方程时间解的系统,似乎可以不再绘制系统的相平面图.但相平面图具有特殊的功用.从相平面图上可以更直观地观察系统的运动规律,了解系统中某个变量与它的变化率之间的关系.特别是在非线性系统微分方程由几个不同线性系统微分方程组成的情况下,绘出与各个线性微分方程对应的相平面图就能够判断非线性系统的运动情况.下面给出一个用解析方法绘制相平面图的示例.

例 7.4.3 绘制系统 $\ddot{x}=-M$ 的相平面图,其中 M 为常量.指出初始条件为 $x(0)=x_0$ 和 $\dot{x}(0)=0$ 的相轨迹.

解 利用式(7.4.1)可将 $\ddot{x}=-M$ 改写为

$$\dot{x}\frac{\mathrm{d}\dot{x}}{\mathrm{d}x}=-M,$$

再将上式写为 $\dot{x}\mathrm{d}\dot{x}=-M\mathrm{d}x$,对方程两边积分,即可得

$$\dot{x}^2-\dot{x}^2(0)=-2M[x-x(0)],$$

或

$$x=x(0)+\frac{1}{2M}\dot{x}^2(0)-\frac{1}{2M}\dot{x}^2.$$

这是抛物线方程.图 7.4.6(a)和(b)分别表示 $M>0$ 和 $M<0$ 时的相平面图,图中的虚线表示相轨迹.当 $\dot{x}(0)=0$ 时,相轨迹的起始点在 x 轴上.设 $x(0)=x_0$ 如图所示,那么 $M>0$ 时的相轨迹是穿过 x_0 的一条抛物线在下半平面中的半支(见图(a)

中实线)，而 $M<0$ 的相轨迹是穿过 x_0 的一条抛物线在上半平面中的半支(见图(b)中实线)． □

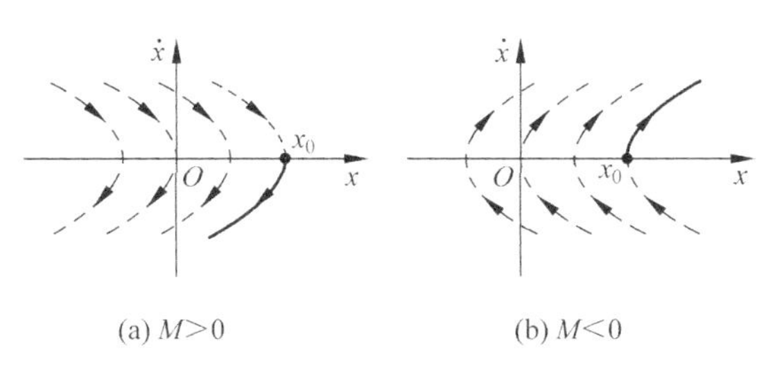

(a) $M>0$　　(b) $M<0$

图 7.4.6　例 7.4.3 的相平面图

另外也存在一些系统，用解析法绘制相平面图比求解系统运动的时间解更为简单．对这类系统，可以直接绘制相平面图，而不必求解微分方程的时间解．在后面的示例中可以看出，对例 7.1.1 中的系统，直接绘制相平面图非常简单．

2. 计算机仿真方法

对于难以采用解析法的系统，或者需要绘制精确相平面图的情况，可以采用计算机仿真计算的方法．计算机具有极大的灵活性，人们可以编制程序来适应各种非线性系统．这里的**计算机仿真方法**主要指运用 MATLAB 语言来对系统进行仿真计算的方法．

例 7.4.4　单摆的运动方程为

$$\ddot{\theta}=-\frac{g}{l}\sin\theta,$$

其中 g 为重力加速度，l 为摆杆长度，θ 表示摆杆偏离垂直位置的摆角．试采用 MATLAB 语言绘制系统的相平面图．

解　令 $x_1=\theta, x_2=\dot{\theta}=\dot{x}_1$，所以 $\dot{x}_2=\ddot{\theta}=-(g/l)\sin x_1$．取 $g=9.81\mathrm{kg/(m\cdot s^2)}$，$l=1\mathrm{m}$，就可以编制描述模型的文件“simplependulum. m”：

```
function [sys,x0] = simplependulum(t,x)
g = 9.81; l = 1;
sys = [x(2); - g/l * sin(x(1))];
```

另外，再编制仿真程序“simu. m”

```
[t,x] = ode45('simplependulum',[0,10],[-1; 1])
plot(x(: ,1),x(: ,2));
```

这里的程序只包含了最基本的语句．其中“l=1”表示摆长为 1m．“ode45”是仿真算法函数的名称；[0,10]表示仿真的开始和结束时间，单位为秒；[−1; 1]表示一组初始条件，即 $x_1(0)=-1, x_2(0)=1$．上面的“simu. m”只能绘出一条相轨迹．选择合适的坐标范围，选择多组初始条件，重复执行“simu. m”中的两条语句，就可以绘出图7.4.7所示的θ-$\dot{\theta}$平面上的相平面图.图中出现的是周期变化的图形,各椭圆的中心为$\pm 2k\pi, k=0,1,2,\cdots$. □

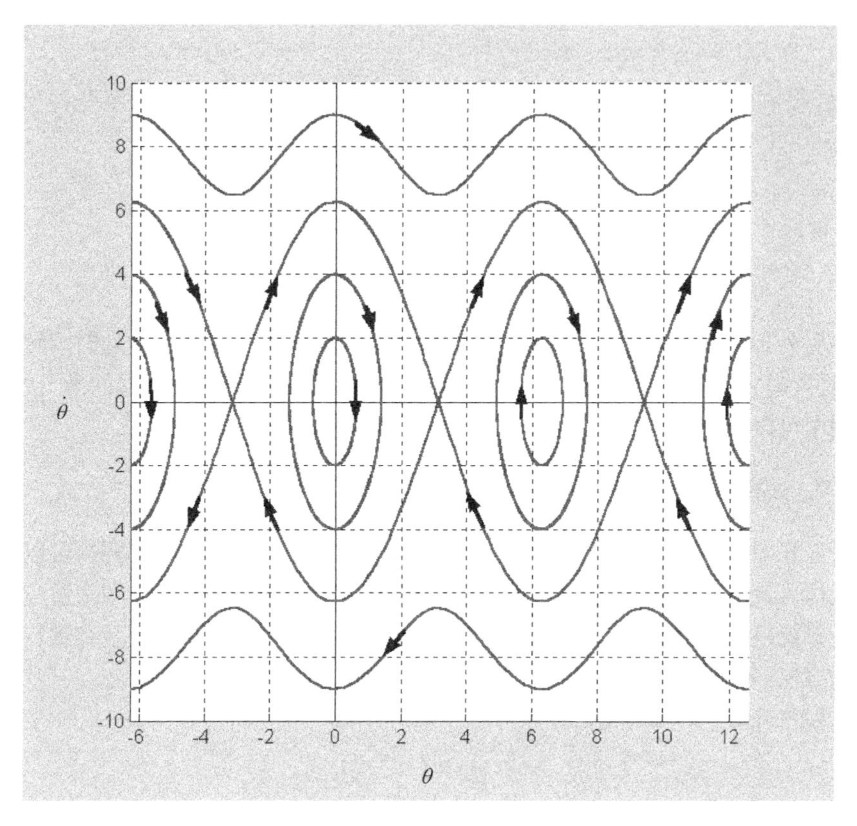

图7.4.7　例7.4.4的相平面图

尽管用MATLAB语言可以绘制相平面图,但如果对系统的运动特性一无所知,要使绘制出的相平面图能够准确、全面地表示系统在各种初始条件下的运动状态也是困难的,或者是很花费时间的.而且,有时即使获得了相平面图,但由于对系统的总体性质缺少了解而不能够准确解释相平面图的含义.所以比较好的方法是:事先对系统作简单的分析,了解可能的系统运动状态,了解系统是否有奇点以及这些奇点的性质等等,然后再通过仿真绘制出合用的相平面图.

3. 图解法

过去曾经使用的**图解法**主要包括等倾线法和圆弧近似法.现在基本不再需要利用图解法来绘制完整的相平面图,但它们在了解相轨迹的性质、在对运动特性作基本分析等方面仍有一定作用.本书只介绍**等倾线法**.

对相平面上的普通点,通过该点的相轨迹在该点的斜率可以如式(7.4.5)所示被表示为$dx_2/dx_1=f_2(x_1,x_2)/f_1(x_1,x_2)$.令

$$\frac{\mathrm{d}x_2}{\mathrm{d}x_1}=\frac{f_2(x_1,x_2)}{f_1(x_1,x_2)}=\alpha, \tag{7.4.10}$$

其中 α 为常量. 由上式可以得到曲线方程

$$f_2(x_1,x_2)=\alpha f_1(x_1,x_2), \tag{7.4.11}$$

或者得到

$$x_2=\varphi(x_1,\alpha). \tag{7.4.12}$$

由于与曲线 $x_2=\varphi(x_1,\alpha)$ 相交的相轨迹在交点处的斜率都等于 α，所以曲线 $x_2=\varphi(x_1,\alpha)$ 被称为**等倾线**，它表示相轨迹上具有给定斜率 α 的点所连成的曲线.

例 7.4.5 给定系统的运动微分方程 $T\ddot{e}+\dot{e}=P$，其中 $T>0$. 试用等倾线法在 e-$\dot{e}$ 平面上绘制相平面示意图.

解 (i) 奇点分析. 将系统微分方程改写为

$$\frac{\mathrm{d}e}{\mathrm{d}t}=\dot{e},\quad \frac{\mathrm{d}\dot{e}}{\mathrm{d}t}=\frac{P-\dot{e}}{T}.$$

为求得系统的奇点，应求解 $\mathrm{d}e/\mathrm{d}t=\dot{e}=0$ 与 $\mathrm{d}\dot{e}/\mathrm{d}t=0$. 可以看出，当 $\dot{e}=0$ 时，如果 $P\neq 0$，则 $\mathrm{d}\dot{e}/\mathrm{d}t=0$ 不成立，所以系统不存在奇点；而当 $P=0$ 时，系统存在连续的奇点 $\dot{e}=0$，即 e 轴.

(ii) $P=0$ 的情况. 利用 $\ddot{e}=\dot{e}(\mathrm{d}\dot{e}/\mathrm{d}e)$，可由 $T\ddot{e}+\dot{e}=0$ 得到 $\mathrm{d}\dot{e}/\mathrm{d}e=-\dot{e}/(T\dot{e})$. 在 $\dot{e}\neq 0$ 时，该式成为

$$\frac{\mathrm{d}\dot{e}}{\mathrm{d}e}=-\frac{1}{T}.$$

它表示，任何相轨迹点都会沿 $-1/T$ 方向继续运动. 据此，可以绘制出如图 7.4.8(a) 所示的相平面图，所有相轨迹都是斜率为 $-1/T$ 的直线段，方向均指向 e 轴，并最终停留在 e 轴的相应位置.

(iii) $P\neq 0$ 的情况. 这时，系统相轨迹的等倾线方程为 $\mathrm{d}\dot{e}/\mathrm{d}e=(P-\dot{e})/(T\dot{e})=\alpha$，整理后可得

$$\dot{e}=\frac{P}{1+\alpha T}.$$

显然，所有等倾线都是与 e 轴平行的水平线. 当 $\alpha=0$ 时，$\dot{e}=P$，这说明从点 $\dot{e}=P$ 出发的相轨迹的切线斜率为 0，所以直线 $\dot{e}=P$ 上的相轨迹点必定沿水平方向移动. 因此直线 $\dot{e}=P$ 本身就是一条相轨迹. 既然直线 $\dot{e}=P$ 本身就是一条相轨迹，那么任何相轨迹都不能够穿过这条直线.

如果 $P>0$ 时，可以绘制出图 7.4.8(b) 所示的相平面图. 图中 $\alpha=0$ 的等倾线 $\dot{e}=P$ 本身就是一条相轨迹. 按照相平面图的性质，$\alpha=\infty$ 的等倾线是 e 轴. $\alpha>0$ 时，$\dot{e}<P$，所以 $\alpha>0$ 的等倾线在 $\dot{e}=P$ 与 e 轴之间. $\alpha<0$ 时的等倾线分布在两个区域：$-1/T<\alpha<0$ 的等倾线在 $\dot{e}=P$ 之上，$\alpha<-1/T$ 的等倾线在 e 轴之下. 所有等倾线上的短线段大致表示斜率的值. 采用这种方法就可以画出相平面图的示意

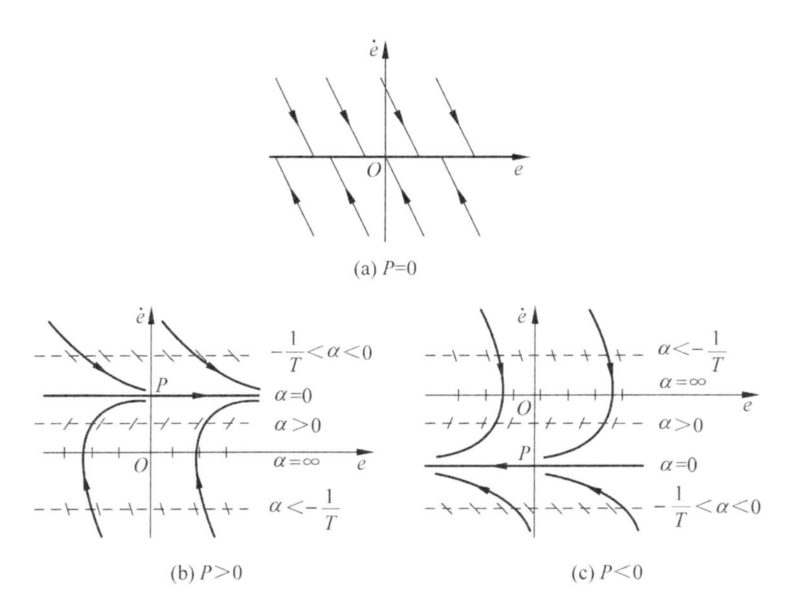

图 7.4.8　例 7.4.5 相平面图

图. 图 7.4.8(c)是 $P<0$ 时的相平面图. □

尽管图 7.4.8 不是精确的相平面图,但它正确地表示了运动的性质. 以 $P>0$ 的相平面图为例可以得出如下结论:从任何初始点出发的运动都是不稳定的,变量 e 最终将以 $\dot{e}=P$ 的速度增加到无穷大.

例 7.4.5 中的等倾线具有特别简单的形状,易于计算和绘制,所以用等倾线方法可以方便地绘制它的相平面图示意图. 等倾线法对这类系统具有明显的优点. 不过,如果求出的等倾线是复杂的曲线,就不宜用等倾线法绘制全部相平面图.

7.4.4　奇点的分类与性质

从图 7.4.7 的相平面图可以看出,$\dot{\theta}=0,\theta=\pm k\pi(k=0,1,2,\cdots)$的点是一些特殊的点. 知道了这些点附近相轨迹的性质,就比较容易绘制相平面图,甚至徒手也可以画出表明运动性质的示意图. 这些点正是奇点. 所以,了解奇点的性质,就能确定奇点附近的相轨迹的性质,这对绘制完整的相平面图具有指导性意义.

现在采用式(7.4.4)所示的非线性一阶微分方程组,它代表一般的二阶非线性系统,并假设原点是奇点,$f_1(x_1,x_2)$和 $f_2(x_1,x_2)$在原点附近解析. 在原点附近将 $f_1(x_1,x_2)$和 $f_2(x_1,x_2)$展开成泰勒级数. 因为在原点附近 x_1 和 x_2 很小,所以只用线性项来近似表示该级数,可得

$$\left.\begin{aligned}\frac{\mathrm{d}x_1}{\mathrm{d}t} &= a_1x_1 + b_1x_2 \\ \frac{\mathrm{d}x_2}{\mathrm{d}t} &= a_2x_1 + b_2x_2\end{aligned}\right\} \tag{7.4.13}$$

令 $x=x_1$,则由第一式得 $\dot{x}=\dot{x}_1=a_1x+b_1x_2$,对其求导并利用第二式,可得

$$\ddot{x}=\ddot{x}_1=a_1\dot{x}+b_1\dot{x}_2=a_1\dot{x}+b_1a_2x+b_1b_2x_2.$$

由 $\dot{x}=a_1x+b_1x_2$ 可得 $b_1x_2=\dot{x}-a_1x$,以此代入 $\ddot{x}$的表达式,可得

$$\ddot{x}=(a_1+b_2)\dot{x}+(b_1a_2-b_2a_1)x.$$

将该式记为

$$\ddot{x}+a\dot{x}+bx=0, \tag{7.4.14}$$

其中 $a=-(a_1+b_2)$,$b=a_1b_2-a_2b_1$.

上述微分方程是 $\ddot{x}+f(x,\dot{x})=0$ 在原点附近的线性化微分方程,它的特征方程为

$$\lambda^2+a\lambda+b=0. \tag{7.4.15}$$

如果该特征方程的根 λ_1 和 λ_2 都不等于零,就能根据该线性化微分方程来判断原有非线性系统在原点的稳定性.不过,如果该特征方程有一个根等于零,就不能用该线性化微分方程来解释原有非线性系统在原点的稳定性.下面在特征方程的根全不为零的情况下将奇点分为六类,各类奇点所对应的特征根以及奇点附近相轨迹的典型形状见图 7.4.9.

(1) 稳定焦点.

λ_1 和 λ_2 为左半 s 平面的共轭复数时,$x=C_1\exp(\lambda_1t)+C_2\exp(\lambda_2t)$为稳定的运动,奇点附近的运动将振荡收敛到原点,如图 7.4.9(a)所示.这样的奇点被称为**稳定焦点**.

(2) 不稳定焦点.

λ_1 和 λ_2 为右半 s 平面的共轭复数时,$x=C_1\exp(\lambda_1t)+C_2\exp(\lambda_2t)$为不稳定的运动,奇点附近的运动将会振荡发散,如图 7.4.9(b)所示.这样的奇点被称为**不稳定焦点**.

(3) 稳定节点.

λ_1 和 λ_2 为负实数时,奇点附近的运动将收敛到原点而不发生振荡.这样的奇点被称为**稳定节点**.图 7.4.9(c)表明,当时间趋于无穷时,所有相轨迹趋于斜率为 λ_1 的直线,并最后以该直线作为渐近线趋向于原点.需要指出的是,斜率为 λ_1 和 λ_2 的直线本身就是指向原点的相轨迹,它们分别代表 $x=C_1\exp(\lambda_1t)$和 $x=C_2\exp(\lambda_2t)$的运动,这两条直线表示初始点分别位于这两条直线上时的运动轨迹.所有相轨迹都不会穿过这两条直线,所以这两条直线被称为**分隔线**.

(4) 不稳定节点.

λ_1 和 λ_2 为正实数时,奇点附近的运动将会发散而不发生振荡.这样的奇点被

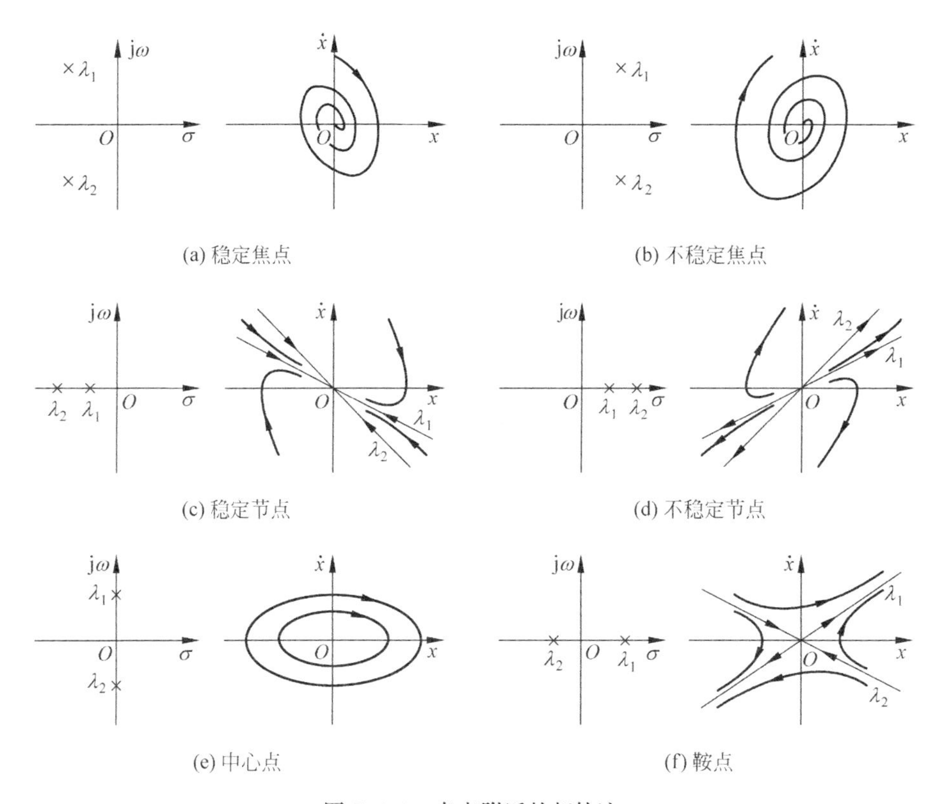

图 7.4.9 奇点附近的相轨迹

称为**不稳定节点**. 图 7.4.9(d)表明,斜率为 λ_1 和 λ_2 的直线本身也是相轨迹,它们分别代表 $x=C_1\exp(\lambda_1 t)$和 $x=C_2\exp(\lambda_2 t)$的运动. 所有相轨迹都不会穿过这两条直线,它们也是分隔线.

(5) 中心点.

λ_1 和 λ_2 为共轭虚数时,奇点附近的运动将如 7.4.9(e)所示成椭圆形状,它们代表不衰减振荡,奇点就是椭圆的中心. 这样的奇点被称为**中心点**.

(6) 鞍点.

λ_1 和 λ_2 为符号相反的实数时,奇点附近的运动将如图 7.4.9(f)所示. 这样的奇点被称为**鞍点**. 如果初始点位于斜率为 λ_2 的直线上,则有 $x=C_2\exp(\lambda_2 t)$,相轨迹与斜率为 λ_2 的直线重合并指向原点,运动收敛到原点. 除此之外,所有的运动都不会趋向于原点. 尽管斜率为 λ_1 的直线也是一条相轨迹,但它代表不稳定的运动. 斜率为 λ_1 和 λ_2 的直线是相平面上的分隔线,它们将相平面分为四个区域.

例 7.4.6 给定非线性系统的微分方程 $\ddot{x}+0.5\dot{x}+2x+x^2=0$.

(1) 求系统的奇点,分析奇点的性质;

(2) 采用 MATLAB 语言绘制系统的相平面图加以验证.

解 (1) 求奇点. 先将系统方程改写成标准的形式. 令 $x_1=x, x_2=\dot{x}$,则有

$$\dot{x}_1 = \dot{x} = x_2 = f_1(x_1,x_2),$$

$$\dot{x}_2 = \ddot{x} = -0.5\dot{x} - 2x - x^2 = -2x_1 - x_1^2 - 0.5x_2 = f_2(x_1,x_2).$$

根据 $\dot{x}_1 = x_2 = 0$ 与 $\dot{x}_2 = -2x_1 - x_1^2 - 0.5x_2 = 0$,可以得到系统的两个奇点

$$\begin{cases} x_1 = 0 \\ x_2 = 0 \end{cases} \quad 和 \quad \begin{cases} x_1 = -2 \\ x_2 = 0 \end{cases}.$$

或者说

$$\begin{cases} x = 0 \\ \dot{x} = 0 \end{cases} \quad 和 \quad \begin{cases} x = -2 \\ \dot{x} = 0 \end{cases}.$$

下面分析奇点的性质. 先讨论奇点(0,0). 在原点对系统方程线性化,可得

$$\left.\frac{\partial f_1}{\partial x_1}\right|_{\substack{x_1=0\\x_2=0}} = 0, \quad \left.\frac{\partial f_1}{\partial x_2}\right|_{\substack{x_1=0\\x_2=0}} = 1,$$

$$\left.\frac{\partial f_2}{\partial x_1}\right|_{\substack{x_1=0\\x_2=0}} = (-2-2x_1)\Big|_{x_1=0} = -2, \quad \left.\frac{\partial f_2}{\partial x_2}\right|_{\substack{x_1=0\\x_2=0}} = -0.5.$$

从而得到线性化的一阶微分方程组

$$\begin{cases} \dot{x}_1 = x_2 \\ \dot{x}_2 = -2x_1 - 0.5x_2 \end{cases}.$$

经整理,可以得到一个线性二阶微分方程 $\ddot{x} + 0.5\dot{x} + 2x = 0$. 与给定的系统微分方程加以对比可以发现,它正是去除原系统方程中的高次项所得到的结果.

该二阶微分方程的特征方程为

$$\lambda^2 + 0.5\lambda + 2 = 0,$$

其特征根为 $\lambda_{1,2} = -0.25 \pm \mathrm{j}1.987$. 由此可以得出结论: 奇点(0,0)是一个稳定焦点.

再讨论奇点(−2,0). 令 $y = x + 2$,可以得到新坐标下的方程

$$\ddot{y} + 0.5\dot{y} - 2y + y^2 = 0.$$

对新坐标而言,奇点成为(0,0). 采用与前面类似的处理,可以得到线性化的微分方程

$$\ddot{y} + 0.5\dot{y} - 2y = 0.$$

再由它的特征方程 $\lambda^2 + 0.5\lambda - 2 = 0$ 得到特征根 $\lambda_{1,2} = 1.186, -1.686$. 所以奇点(−2,0)是一个鞍点.

(2) 图 7.4.10 是利用 MATLAB 作出的相平面图. 从该图可以看出,原点是一个稳定焦点,(−2,0)是一个鞍点. 由于分析奇点性质的微分方程是该奇点附近的近似线性微分方程,它不代表全平面的特性,所以过(−2,0)的分隔线不是直线,但它们在(−2,0)的斜率为 1.186 与 −1.686. 它们最终将相平面分为两个区域: 从其中一个区域内出发的运动(一条分隔线内的实线)是稳定的,而从另一个区域内出发的运动(虚线)是不稳定的. □

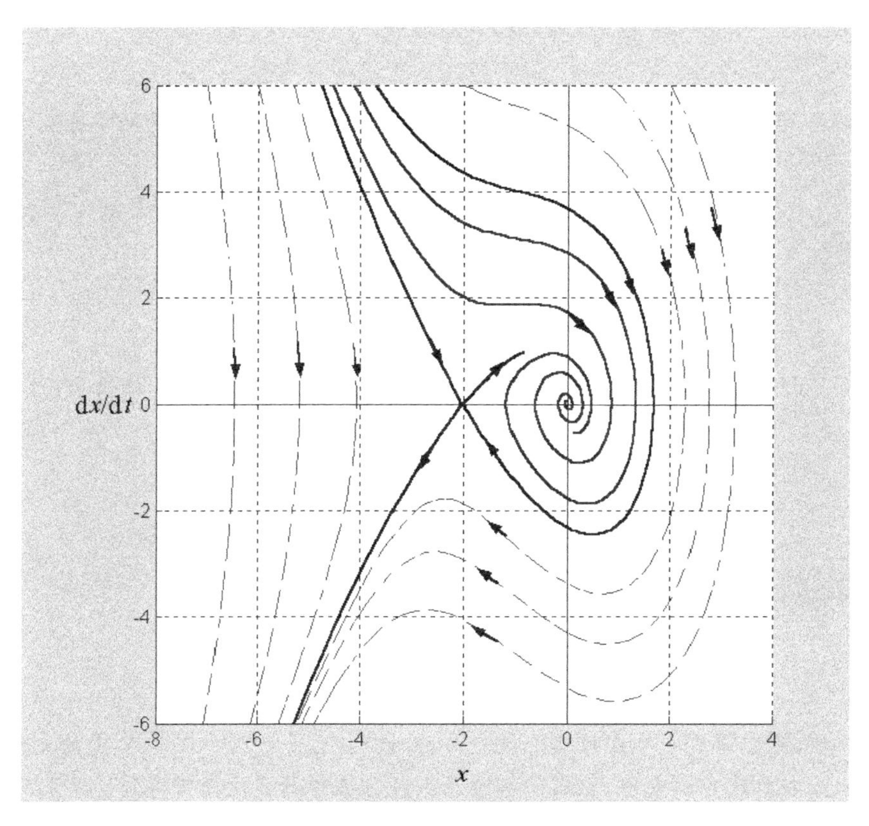

图 7.4.10 例 7.4.6 的相平面图

不采用计算机,很难作出如此精确的相平面图,尤其是很难作出如此准确的分隔线.但是知道了奇点的性质,再辅以几条等倾线,也能画出与上图类似的、足以说明运动性质的相平面图.例 7.4.6 中等倾线具有统一的形式,由$(-0.5\dot{x}-2x-x^2)/\dot{x}=\alpha$可以得到等倾线方程

$$\dot{x}=-\frac{(x+1)^2}{\alpha+0.5}+\frac{1}{\alpha+0.5},$$

它们全是过(−2,0)与(0,0)的抛物线.

前面曾经提到,对于一些简单的非线性微分方程,可以求得它的时间解.但即使对这样简单的系统,利用相平面图来分析系统的性能也有很大的优越性.下面的示例就演示这一点.

例 7.4.7 利用相平面图讨论系统$\dot{x}=-x(1-x)$的稳定性.

解 利用$\dot{x}=-x(1-x)=0$,可以得知系统有两个平衡点$x=0$和$x=1$.给定的微分方程已经显式地给出了$\dot{x}$与x的关系,所以它本身就是一条相轨迹.为清晰起见,可以将它改写为

$$\dot{x}=-x(1-x)=\left(x-\frac{1}{2}\right)^2-\frac{1}{4}.$$

这是一条抛物线，这条相轨迹的形状如图 7.4.11 所示. 假设系统的初始状态为$x(0)=x_0$. 从图上可以清楚地看出，当 $x_0>1$ 时，运动不稳定，x 将随时间的推移趋于$+\infty$；而当 $0<x_0<1$ 时，运动将随时间的推移趋于原点，所以 $x=1$ 是不稳定奇点. 当 $x_0<0$ 时，运动也趋于原点，所以 $x=0$ 是稳定奇点. □

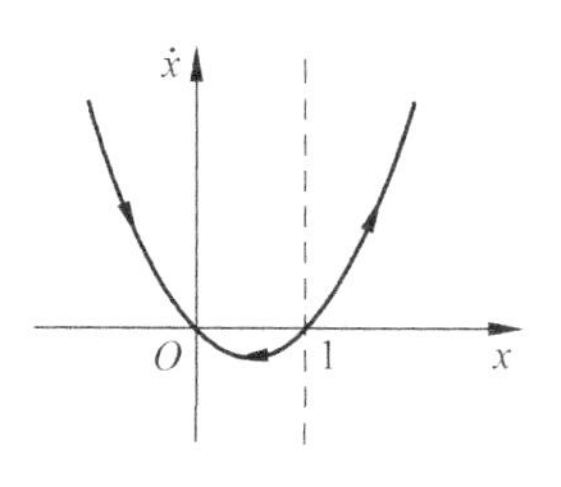

图 7.4.11　例 7.4.7 的相平面图

这个分析结果与例 7.1.1 的结果一致，但分析过程大为简化. 在例 7.1.1 曾指出，如果 $x_0>1$，那么在 $t\to\ln[x_0/(x_0-1)]$时，x 将趋于$+\infty$，否则 x 均趋于 0. 单纯使用相平面图的不足之处是不能直接得出这一关于时间的结论. 但如果不关心时间解，只是讨论系统的稳定性，那么相平面方法完全有效而且十分简单.

7.4.5　极限环

在绘制非线性系统相平面图时，相轨迹有时会逐渐形成封闭的曲线. 相平面上的封闭曲线表示振荡. 这是时间趋于无穷时，即系统趋于稳态时的运动状态. 但与线性系统不同的是，连续改变系统的初始条件，非线性系统的相轨迹最终形成的封闭曲线的位置不会连续变化. 相反，初始条件变化时，相轨迹或者形成相同的封闭曲线、或者跳跃到另一条封闭曲线、或者不再形成任何封闭曲线. 相平面上这种表示系统稳态运动的、孤立的封闭曲线被称为**极限环**.

例 7.4.8　范德普尔振荡器的微分方程为

$$m\ddot{x}-f(1-x^2)\dot{x}+kx=0,\quad (f>0).$$

试用 MATLAB 语言绘制相平面图.

解　令 $x_1=x, x_2=\dot{x}$，则有

$$\dot{x}_1=x_2,\quad \dot{x}_2=-\frac{k}{m}x_1+\frac{f}{m}(1-x_1^2)x_2.$$

由 $\dot{x}_1=0$ 与 $\dot{x}_2=0$ 可知，系统的奇点为原点. 再由在原点附近的线性化微分方程 $m\ddot{x}-f\dot{x}+kx=0$可知，原点是不稳定奇点，所以原点附近的运动不会收敛到原点. 在 7.1.2 节中已从微分方程本身定性地解释了这个运动趋势. 在例 7.1.2 中也绘制了它的时间响应曲线.

仍然采用例 7.1.2 中的程序，但这次在 $m=f=k=1$ 时绘制不同初始条件下的相轨迹，就会得到图 7.4.12 所示的相平面图. 各条相轨迹最终趋向于一个极限环. 这个极限环的形状、振荡的周期取决于参数 m、f 与 k. □

在上例中，相平面上出现了一个极限环. 对实际的范德普尔振荡器进行测量，可以观测到这个极限环. 这种能够观察或测量的极限环被称为稳定的极限环. 对于一个**稳定极限环**，由于扰动而使运动状态偏离该极限环时，相轨迹最终仍会回

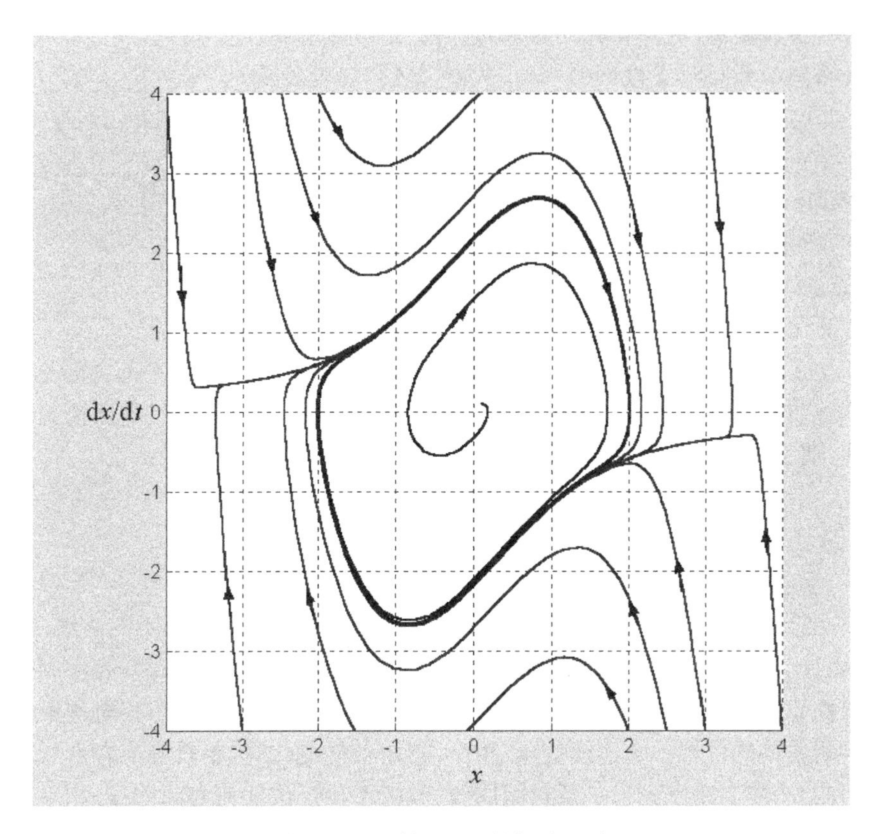

图 7.4.12　例 7.4.8 的相平面图

到该极限环. 如果由于扰动而使运动状态偏离某个极限环时,相轨迹将离开该极限环,就称该极限环为**不稳定极限环**. 理论上还存在一种极限环,当运动状态在一个方向上偏离该极限环时,相轨迹将会回到该极限环,而从另一个方向偏离该极限环时,相轨迹将离开该极限环,这样的极限环就被称为**半稳定极限环**. 图 7.4.13 示意性地表示了这三种极限环. 应当注意,不稳定和半稳定的极限环是无法观察和测量的.

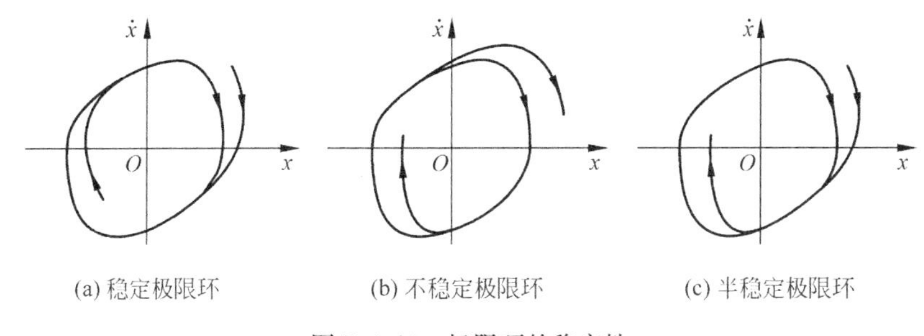

(a) 稳定极限环　(b) 不稳定极限环　(c) 半稳定极限环

图 7.4.13　极限环的稳定性

7.5 非线性系统的相平面分析方法

在描述函数方法中一般只讨论运动的稳定性、是否存在自持振荡以及振荡的频率和振幅，不涉及具体的输入信号形式，也不涉及在给定初始条件下的具体运动状态. 采用相平面方法，就可以讨论系统在给定初始条件下的运动，而且可以在输入信号形式给定的情况下来讨论系统在给定输入信号作用下的运动状态.

在采用相平面方法分析非线性系统时，描述系统的运动方程可以采用一个非线性微分方程来表示. 但是工程中也存在相当多的非线性系统，描述它们的运动的方程由几个不同的线性微分方程构成，每个线性微分方程只适用于系统变量的一定数值范围.

例 7.5.1　非线性系统如图 7.5.1(a)所示. 试列写系统的运动微分方程.

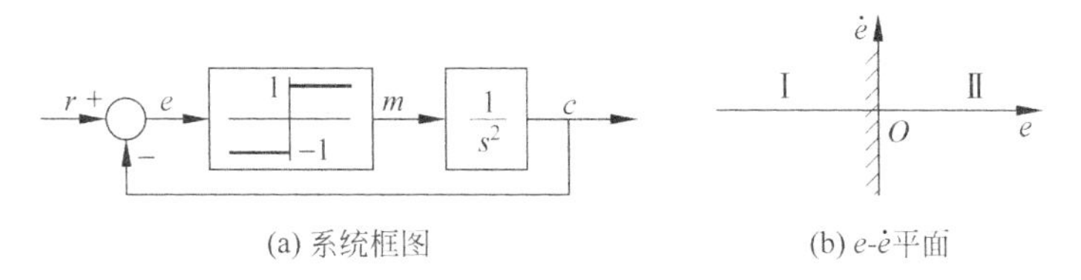

(a) 系统框图　　(b) e-$\dot{e}$平面

图 7.5.1　例 7.5.1 的非线性系统

解　由 $C(s)/M(s)=1/s^2$，可以得到输出变量的微分方程$\ddot{c}=m$. 又因为$e=r-c$，故 $c=r-e$，$\ddot{c}=\ddot{r}-\ddot{e}$. 以此代入输出变量的微分方程，可以得到误差的微分方程$\ddot{e}=\ddot{r}-m$.

上述方程无法采用线性微分方程求解方法直接求解，因为 e 与 m 之间具有非线性关系

$$m=\begin{cases}1 & (e\geqslant 0)\\ -1 & (e<0)\end{cases}.$$

为此必须利用该非线性关系来改写原来的误差微分方程. 改写后可以得到

$$\ddot{e}=\begin{cases}\ddot{r}-1 & (e\geqslant 0)\\ \ddot{r}+1 & (e<0)\end{cases}.$$

显然，本例的非线性系统可以用两个不同的线性微分方程来表示，其使用范围如图 7.5.1(b)所示. 在 e-$\dot{e}$ 平面的区域Ⅰ(即 $e<0$ 的区域)，系统的微分方程为 $\ddot{e}=\ddot{r}+1$；而在 e-$\dot{e}$ 平面的区域Ⅱ(即 $e\geqslant 0$ 的区域)，系统的微分方程为$\ddot{e}=\ddot{r}-1$.　□

例 7.5.1 代表一类非线性系统. 对这类非线性系统，它们的相平面被划分为几个区域，每个区域内的运动可以用一个线性微分方程来描述. 这样的非线性系统被称为**分区非线性系统**. 由于在不同区域之间的分界线上发生信号的切换，所以各区域的分界线被称为**切换线**. 当然，切换线不一定如上所说是坐标轴. 对于分

区非线性系统,只要能恰当分区并求得各区内适用的线性微分方程,并且熟悉二阶线性系统在不同初始条件下的相轨迹,就可以采用解决线性系统的方法为该非线性系统绘制相平面图.

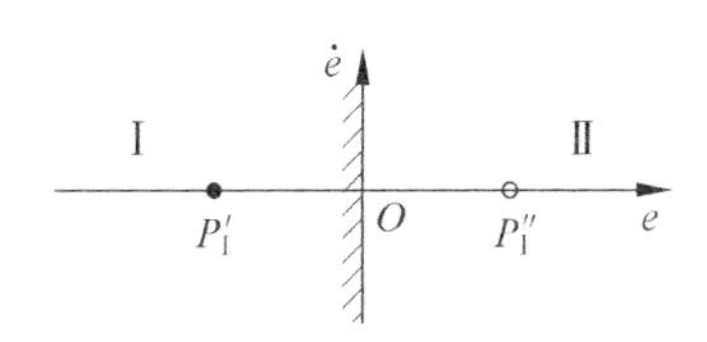

图 7.5.2 实奇点和虚奇点

对于分区非线性系统,在分析系统奇点时,可能出现奇点所在区域与线性微分方程适用区域不一致的情况.设一个线性微分方程适用于图 7.5.2 的区域Ⅰ,根据该方程可以求得一个奇点.不过,这个奇点可能在区域Ⅰ,譬如用 P'_{I} 表示的奇点,它所在的区域与该微分方程适用的区域相同;也可能在区域Ⅱ,譬如用 P''_{I} 表示的奇点,它所在的区域与该微分方程适用的区域不相同.微分方程适用的区域与由此方程求得的奇点的所在区域一致时,就将该奇点称为**实奇点**,如 P'_{I};微分方程适用的区域与由此方程求得的奇点的所在区域不一致时,就将该奇点称为**虚奇点**,如 P''_{I}.如果一个实奇点是稳定奇点,那么某些相轨迹将最终收敛到该实奇点.但如果一个虚奇点是稳定奇点,那么即使某些相轨迹趋向于该虚奇点,最终也不可能达到该虚奇点.

本节主要通过示例来讨论分区非线性系统的相平面分析方法,然后再介绍一些不能由线性微分方程构成的非线性系统.鉴于分区非线性系统的相平面分析以线性系统为基础,所以先讨论二阶线性系统的相平面分析方法.

7.5.1 线性系统的分析

下面讨论一个典型二阶系统在给定输入信号下的运动.

例 7.5.2 反馈控制系统如图 7.5.3 所示,其中 $T>0, K>0$.设系统处于静止状态.试在相平面上表示系统输入为阶跃函数、斜坡函数以及冲激函数时的响应.

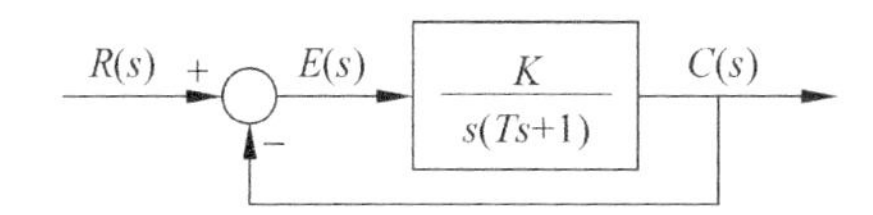

图 7.5.3 例 7.5.2 的线性系统框图

解 (i) 列写线性系统的微分方程.由

$$\frac{C(s)}{R(s)}=\frac{K}{Ts^2+s+K},\quad \frac{E(s)}{R(s)}=\frac{Ts^2+s}{Ts^2+s+K},$$

可以得到输出信号和误差信号的微分方程

$$T\ddot{c}+\dot{c}+Kc=Kr,\quad T\ddot{e}+\dot{e}+Ke=T\ddot{r}+\dot{r}.$$

(ii) 阶跃信号输入下的相轨迹.设输入为 $r(t)=R\cdot 1(t)$,则有 $R(s)=R/s$,$\dot{r}=\ddot{r}=0$.所以输出信号和误差信号的微分方程分别成为

$$T\ddot{c}+\dot{c}+Kc=KR,\quad T\ddot{e}+\dot{e}+Ke=0.$$

其对应的拉普拉斯变换表达式则分别为

$$C(s)=\frac{KR}{s(Ts^2+s+K)},\quad E(s)=\frac{R(Ts^2+s)}{s(Ts^2+s+K)}=\frac{R(Ts+1)}{Ts^2+s+K}.$$

系统原来处于静止状态. 对输出方程采用初值定理可以求得

$$c(0)=\lim_{s\to\infty}sC(s)=\lim_{s\to\infty}\frac{KR}{Ts^2+s+K}=0,$$

$$\dot{c}(0)=\lim_{s\to\infty}s^2C(s)=\lim_{s\to\infty}\frac{sKR}{Ts^2+s+K}=0.$$

根据输出的初始值,可以列出系统输出方程

$$\begin{cases}T\ddot{c}+\dot{c}+Kc=KR\\ c(0)=0,\dot{c}(0)=0\end{cases}.$$

令 $x_1=c, x_2=\dot{c}$,则有

$$\begin{cases}\dfrac{\mathrm{d}x_1}{\mathrm{d}t}=\dot{x}_1=\dot{c}=x_2\\ \dfrac{\mathrm{d}x_2}{\mathrm{d}t}=\ddot{c}=-\dfrac{\dot{c}}{T}-\dfrac{K}{T}(c-R)=-\dfrac{x_2}{T}-\dfrac{K}{T}(x_1-R)\end{cases}.$$

显然,系统的奇点为 $x_1=R, x_2=0$,或说 $c=R,\dot{c}=0$. 奇点的性质可以根据特征方程 $T\lambda^2+\lambda+K=0$ 来判断. 当 $1-4KT<0$ 时,奇点是稳定焦点;当 $1-4KT\geqslant 0$ 时,奇点是稳定节点. c-$\dot{c}$ 平面上的相轨迹如图 7.5.4(a)与(b)所示.

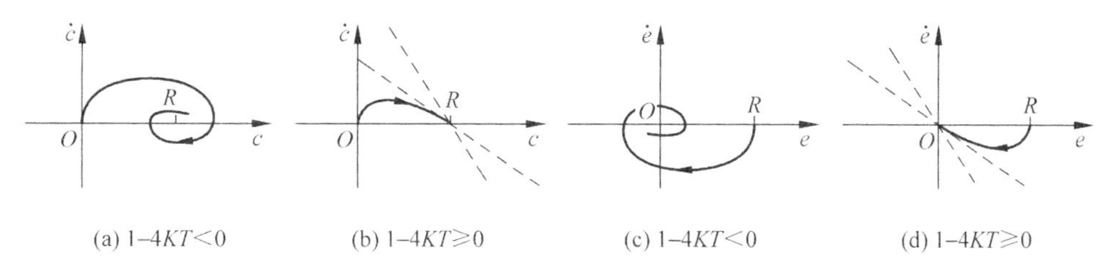

图 7.5.4　阶跃信号输入下的相轨迹

e-$\dot{e}$ 平面上的相轨迹可以采用误差方程来讨论. 这里不采用初值定理求误差的初始值,这是因为 $\lim\limits_{s\to\infty}s^2E(s)$ 不存在,所以不能由初值定理求误差导数的初始值. 不过,由 $e=r-c, r(0)=R$ 以及 $\dot{r}(0)=0$,可以直接得到 $e(0)=R,\dot{e}(0)=0$. 于是误差方程可以被写成

$$\begin{cases}T\ddot{e}+\dot{e}+Ke=0\\ e(0)=R,\dot{e}(0)=0\end{cases}.$$

这时,系统的奇点为 $x_1=0, x_2=0$;或者说 $e=0,\dot{e}=0$. 当 $1-4KT<0$ 时,原点是稳定焦点;当 $1-4KT\geqslant 0$ 时,原点是稳定节点. e-$\dot{e}$ 平面上的相轨迹如图 7.5.4(c)与(d)所示.

(iii) 斜坡信号输入下的相轨迹. 这里采用一个阶跃加斜坡的输入信号 $r=Vt+R$ 来进行演示. 因为$\dot{r}=V,\ddot{r}=0$,所以输出信号和误差信号的微分方程成为

$$T\ddot{c}+\dot{c}+Kc=KVt+KR,\quad T\ddot{e}+\dot{e}+Ke=V.$$

在斜坡输入信号作用下,一个稳定系统的输出也会无限增大,所以下面只讨论 e-$\dot{e}$ 平面上的相轨迹.

由于静止状态下的二阶系统在斜坡输入下有 $c(0)=0,\dot{c}(0)=0$,而且 $r(0)=R,\dot{r}(0)=V$. 所以系统的误差微分方程可以被写成

$$\begin{cases}T\ddot{e}+\dot{e}+Ke=V\\e(0)=R,\dot{e}(0)=V\end{cases}.$$

对相平面方法比较熟悉后,可以不再使用 x_1 和 x_2 将系统改写为标准形式而直接用原方程的变量 e 和$\dot{e}$来讨论奇点以及奇点的性质. 本系统的奇点为 $e=V/K,\dot{e}=0$.

作坐标变换 $x=e-V/K$,可以得到新坐标下的微分方程

$$\begin{cases}T\ddot{x}+\dot{x}+Kx=0\\x(0)=R-\dfrac{V}{K},\dot{x}(0)=V\end{cases}.$$

经坐标变换后,它的奇点变成原点. 显然,当 $1-4KT<0$ 时,奇点是稳定焦点;而当 $1-4KT\geqslant0$ 时,奇点是稳定节点. e-$\dot{e}$ 平面上的相轨迹如图 7.5.5 所示,图中也标出了 x 与 $\dot{x}$ 的坐标轴.

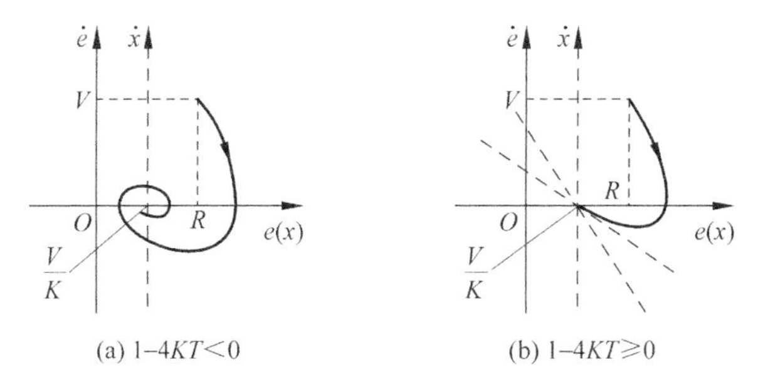

图 7.5.5 斜坡信号输入下的相轨迹

(iv) 绘制冲激信号输入下的相轨迹. 设输入为 $r(t)=\delta(t)$,当 $t>0$ 时,有$\dot{r}=\ddot{r}=0$. 所以输出信号和误差信号的微分方程分别成为

$$T\ddot{c}+\dot{c}+Kc=KR,\quad T\ddot{e}+\dot{e}+Ke=0.$$

在求初始条件时,由于$\lim\limits_{s\to\infty}sE(s)$和$\lim\limits_{s\to\infty}s^2E(s)$均不存在,所以不直接求误差的初始值,而是先求输出的初始值. 对输出方程采用初值定理可以求得

$$c(0)=\lim_{s\to\infty}sC(s)=\lim_{s\to\infty}\frac{Ks}{Ts^2+s+K}=0,$$

$$\dot{c}(0)=\lim_{s\to\infty}s^2C(s)=\lim_{s\to\infty}\frac{s^2K}{Ts^2+s+K}=\frac{K}{T}.$$

再由 $e=r-c$ 求得 $e(0)=0,\dot{e}(0)=-K/T$. 于是误差方程可以被写成

$$\begin{cases} T\ddot{e}+\dot{e}+Ke=0 \\ e(0)=0,\dot{e}(0)=-\dfrac{K}{T}. \end{cases}$$

该系统的奇点为 $e=0,\dot{e}=0$. 当 $1-4KT<0$ 时，原点是稳定焦点；当 $1-4KT\geqslant 0$ 时，原点是稳定节点. e-$\dot{e}$ 平面上的相轨迹如图 7.5.6 所示. □

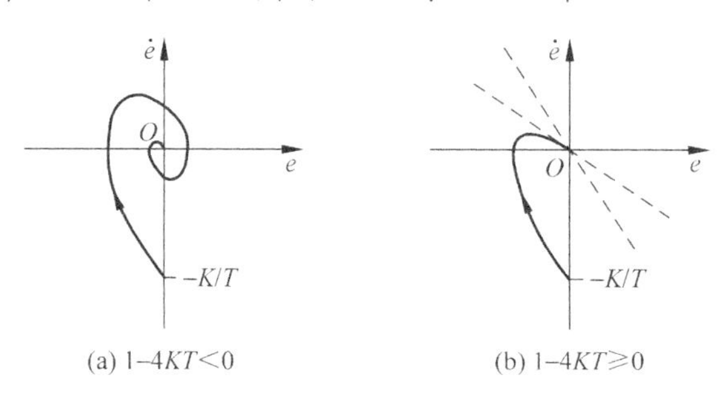

图 7.5.6　冲激信号输入下的相轨迹

至此，本章已经讨论了各种线性二阶系统的相轨迹. 这些相轨迹对讨论分区非线性系统的运动十分重要，现将它们在本书中的位置列在表 7.5.1 中以供查阅. 表中没有列出一阶系统，因为一阶系统的微分方程实际就是相轨迹曲线方程，很容易绘制.

表 7.5.1　线性二阶系统的相轨迹

微分方程类型	例题序号	相轨迹图
$\ddot{x}=-M$	例 7.4.3	图 7.4.6
$\ddot{x}+x=0$	例 7.4.1	图 7.4.1
$\ddot{x}+\dot{x}=0$	例 7.4.5	图 7.4.8
$\ddot{x}+\dot{x}=P$	例 7.4.5	图 7.4.8
$T\ddot{x}+\dot{x}+x=K$	例 7.5.2	图 7.5.4，图 7.5.5，图 7.5.6

7.5.2　非线性系统的分区分析方法

本节具体说明分区非线性系统的分析方法.

例 7.5.3　已知非线性控制系统如图 7.5.7(a)所示，其中 N 表示非线性部件，它具有图 7.5.7(b)所示的继电器特性. 利用相平面方法分析系统在阶跃信号输入下的闭环响应特性.

解　(i) 系统内信号的基本关系. 根据线性部分的传递函数

$$\frac{C(s)}{M(s)}=\frac{K}{s(Ts+1)},$$

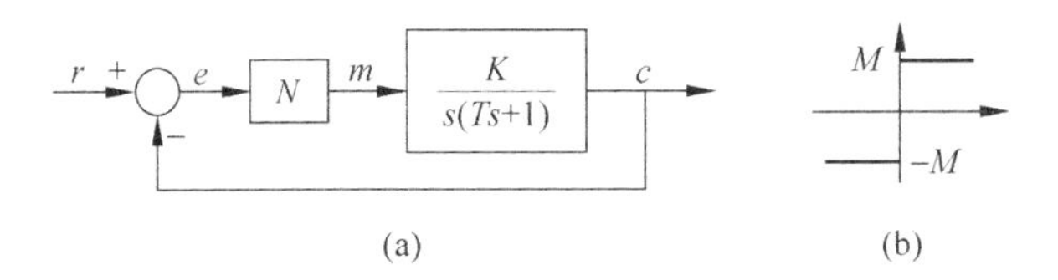

图 7.5.7 例 7.5.3 的系统框图

可以得到微分方程 $T\ddot{c}+\dot{c}=Km$. 再由 $e=r-c$, $c=r-e$, $\dot{c}=\dot{r}-\dot{e}$, $\ddot{c}=\ddot{r}-\ddot{e}$, 可以得到

$$T\ddot{e}+\dot{e}+Km=T\ddot{r}+\dot{r}.$$

设阶跃输入信号为 $r=R\cdot 1(t)$, 所以 $\dot{r}=\ddot{r}=0$. 于是, 上述微分方程被简化为 $T\ddot{e}+\dot{e}+Km=0$. 按照继电器的特性, 有

$$m=\begin{cases}M & (e\geqslant 0)\\ -M & (e<0)\end{cases},$$

因此, 该非线性系统可以用两个线性微分方程来描述, 即

$$T\ddot{e}+\dot{e}=\begin{cases}-KM & (e\geqslant 0)\\ KM & (e<0)\end{cases}.$$

故而 e-$\dot{e}$ 平面应被划分为左右两个区域, 在 e 改变符号时继电器输出也改变符号.

(ii) 相平面分析. 因为 $KM\neq 0$, 所以该系统不存在奇点, 但左半平面和右半平面分别有渐近线 $\dot{e}=KM$ 与 $\dot{e}=-KM$. 根据前面对线性系统分析的结论可以草绘出系统相轨迹的大致运动情况.

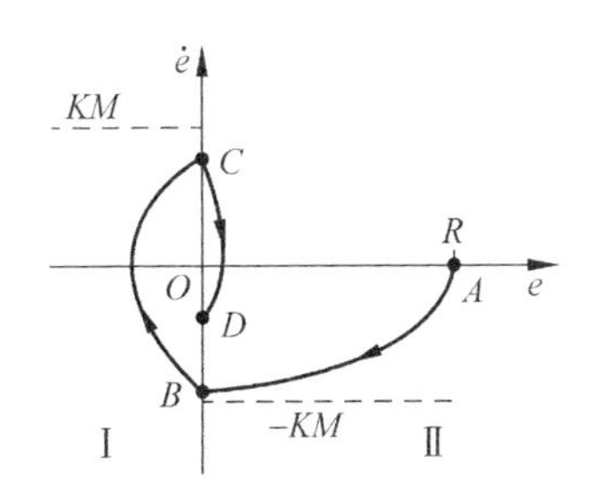

图 7.5.8 例 7.5.3 的相轨迹图

在图 7.5.8 中, 从区域Ⅱ内 A 点出发的相轨迹以 $\dot{e}=-KM$ 为渐近线, 在到达 B 点后进入区域Ⅰ, 相轨迹则改以 $\dot{e}=KM$ 为渐近线, 并到达 C 点. 相轨迹与 $\dot{e}$ 轴相交时, 由于渐近线的限制, 交点离原点的距离不会越来越大, 但要完成相轨迹示意图的绘制, 必须要判断该距离是保持不变还是越来越小.

参照例 7.4.5 中的相平面图(图 7.4.8)可知, 从任意点出发的相轨迹关于 e 轴是不对称的. 以图 7.5.8 中的一段相轨迹 BC 与 $\dot{e}$ 轴的交点为例, 与渐近线不在同一侧的相轨迹交点(B)离 e 轴较远, 而与渐近线同一侧的相轨迹交点(C)离 e 轴较近. 由于相轨迹与 $\dot{e}$ 轴交点离原点越来越近, 所以本例系统的相轨迹最终收敛到原点. □

例 7.5.3 中的继电器是理想继电器, 实际继电器可能具有死区或滞环. 这时的相轨迹会呈现不同的特性. 下面的例题讨论继电器同时具有死区和滞环时, 如何进行相平面分析.

例 7.5.4 已知非线性控制系统如图 7.5.9 所示. 试求系统分别在阶跃信号和斜坡信号输入下的闭环响应.

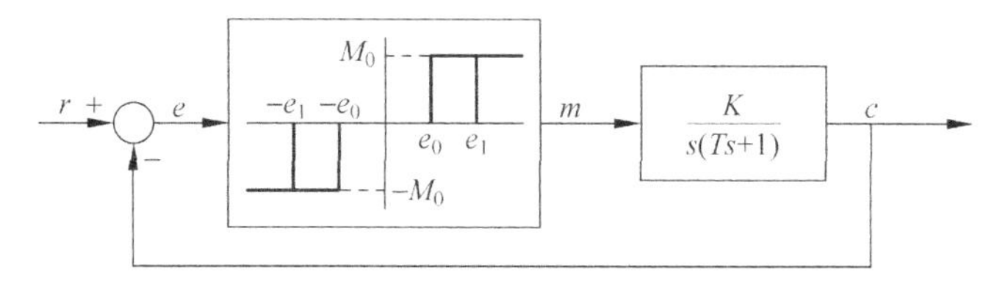

图 7.5.9　例 7.5.4 的系统框图

解 (i) 系统内信号的基本关系. 根据线性部分的传递函数

$$\frac{C(s)}{M(s)}=\frac{K}{s(Ts+1)},$$

可以得到微分方程 $T\ddot{c}+\dot{c}=Km$. 再由 $e=r-c, c=r-e, \dot{c}=\dot{r}-\dot{e}, \ddot{c}=\ddot{r}-\ddot{e}$, 可以得到

$$T\ddot{e}+\dot{e}+Km=T\ddot{r}+\dot{r}.$$

具有死区和滞环的继电器特性在误差信号增加时可以被表示为

$$m=\begin{cases}M_0 & (e>e_1)\\ 0 & (-e_0<e\leqslant e_1) \quad (\dot{e}>0)\\ -M_0 & (e\leqslant -e_0)\end{cases}$$

所以上半 e-$\dot{e}$ 平面被 $-e_0$、e_1 划分为三个区域, m 的取值分别为 $-M_0$, 0 与 M_0. 按类似方法可以得知, 下半 e-$\dot{e}$ 平面也被划分为三个区域, m 的取值也分别为 $-M_0$, 0 与 M_0, 但三个区域的分界线与上半平面不同, 由 $-e_1$、e_0 划分. 由于 m 只取三个不同的值, 所以该非线性系统只用三个线性微分方程就可以描述. 故而在下面的相平面图中, 用垂直方向的折线将 e-$\dot{e}$ 分为三个区域Ⅰ,Ⅱ与Ⅲ(参见图 7.5.10).

(ii) 阶跃响应. 令 $r(t)=R\cdot 1(t)$, 则有 $\dot{r}=0, \ddot{r}=0$. 微分方程被简化为 $T\ddot{e}+\dot{e}+Km=0$, 初始条件为 $e(0)=R, \dot{e}(0)=0$. 根据 m 的不同取值, 描述非线性系统的方程可以被写成

$$\begin{cases}T\ddot{e}+\dot{e}=KM_0 & (\text{区域 Ⅰ})\\ T\ddot{e}+\dot{e}=0 & (\text{区域 Ⅱ}).\\ T\ddot{e}+\dot{e}=-KM_0 & (\text{区域 Ⅲ})\end{cases}$$

根据前面对线性系统的分析可知, 区域Ⅱ中的方程所描述的系统在 e 轴上具有连续奇点, 而区域Ⅰ和Ⅲ的方程所描述的系统没有奇点. 另外, 区域Ⅰ中有相轨迹渐近线 $\dot{e}=KM_0$, 区域Ⅲ中有相轨迹渐近线 $\dot{e}=-KM_0$. 于是, 可以画出图 7.5.10 所示的相轨迹示意图. 图 7.5.10(a)表示 e_0 大且 KM_0 小的情形. 当 e_0 变小或 KM_0 变大时, 区域Ⅱ中的相轨迹就可能始终超出 e_1 与 $-e_1$, 从而形成图 7.5.10(b)所示的极限环.

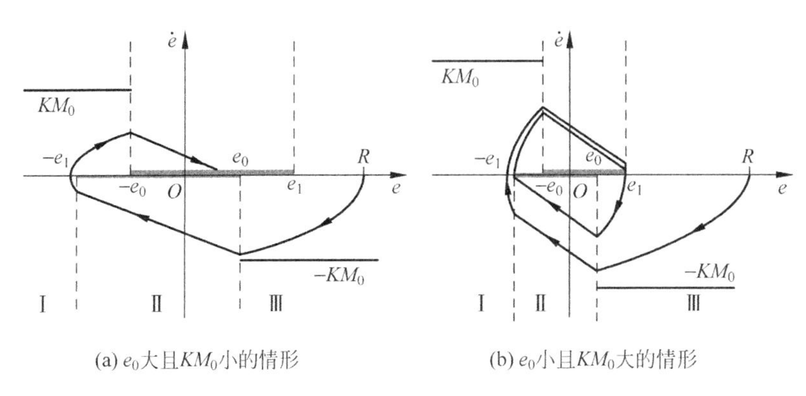

(a) e_0大且KM_0小的情形　　(b) e_0小且KM_0大的情形

图 7.5.10　例 7.5.4 的阶跃响应

在分析过程中只要得出上述可能性即可,至于何时形成极限环,可以借助计算机仿真,而不必使用近似图解方法. 图 7.5.11 是 $T=1, KM_0=8, e_1=2, e_0=1, R=4$ 时用 MATLAB 绘制的精确相轨迹图.

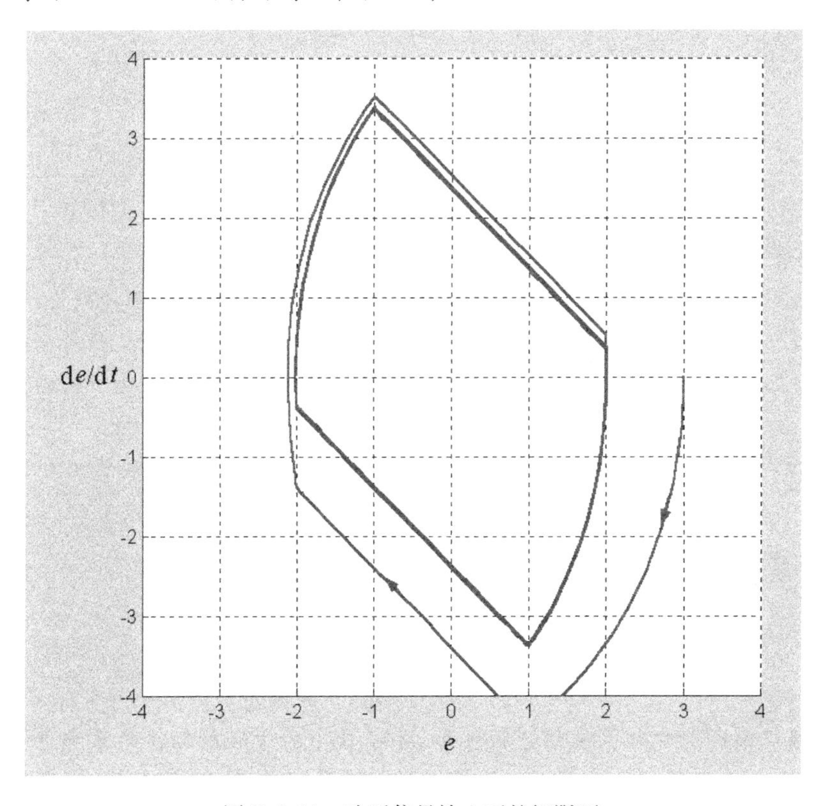

图 7.5.11　阶跃信号输入下的极限环

(iii) 斜坡响应. 令 $r(t)=Vt$,则有 $\dot{r}=V, \ddot{r}=0$. 误差微分方程成为 $T\ddot{e}+\dot{e}+Km=V$,初始条件为 $e(0)=0, \dot{e}(0)=V$. 根据 m 的不同取值,描述非线性系统的

方程可以被写成

$$\begin{cases} T\ddot{e}+\dot{e}=V+KM_0 & (\text{区域 I}) \\ T\ddot{e}+\dot{e}=V & (\text{区域 II}). \\ T\ddot{e}+\dot{e}=V-KM_0 & (\text{区域 III}) \end{cases}$$

这种类型的线性系统有无奇点取决于等号右边的值是否为0,为此需要分三种情况加以讨论.

(A) $V>KM_0$. 三个微分方程等号右边均大于零,所以系统没有奇点,三个区域中的相轨迹渐近线分别为$\dot{e}=V+KM_0$,$\dot{e}=V$和$\dot{e}=V-KM_0$. 相平面图如图7.5.12所示.

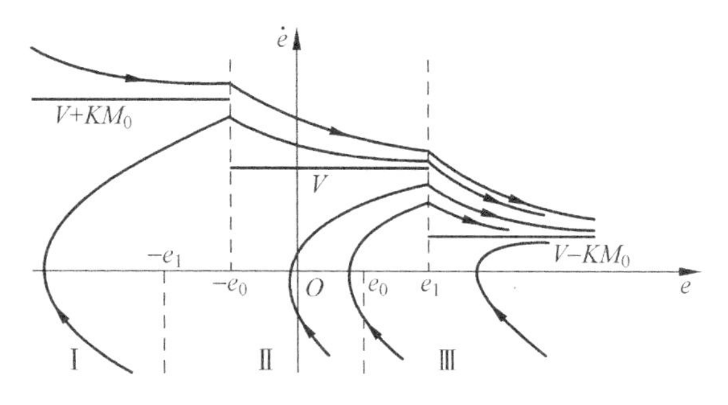

图7.5.12　$V>KM_0$ 时的斜坡响应

(B) $V=KM_0$. 这时区域Ⅲ中具有位于e轴上的连续奇点. 区域Ⅰ和Ⅱ中的渐近线分别为$\dot{e}=V+KM_0$和$\dot{e}=V$. 相平面图如图7.5.13所示.

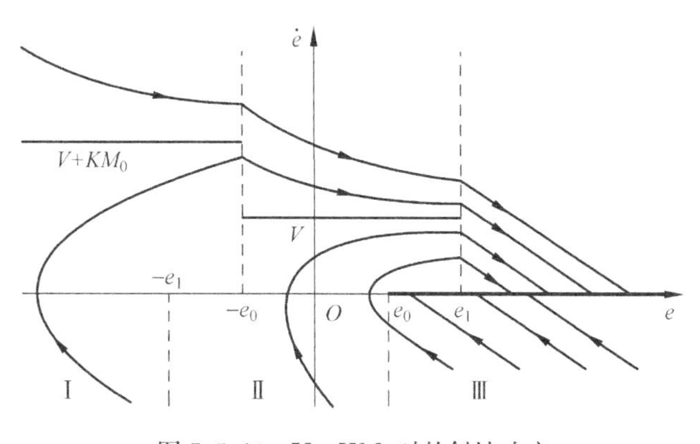

图7.5.13　$V=KM_0$ 时的斜坡响应

(C) $V<KM_0$. 这时不存在奇点. 根据三条渐近线的位置,可以绘制出如图7.5.14所示的相平面图. 由于渐近线$\dot{e}=V-KM_0$在下半平面,所以区域Ⅱ中的相轨迹进入区域Ⅲ后改变方向,并在达到下半平面后回头向e减小的方向运动. 由于上半平面与下半平面的分区位置不同,$\dot{e}$在趋向于$V-KM_0$的过程中可以很

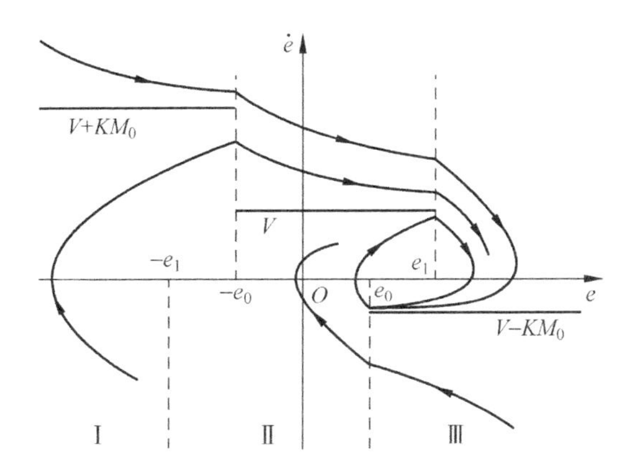

图 7.5.14　$V<KM_0$ 时的斜坡响应

接近 $V-KM_0$；相轨迹在重新进入区域Ⅱ并进入上半平面后，向 e 增大的方向运动，$\dot{e}$ 又可以很接近 V. 这样就可能逐渐形成图示的一个极限环. □

7.5.3　非线性部件对控制系统性能的影响

非线性部件在系统回路中的出现会增加分析的困难，非线性部件本身有时也可能使系统的性能恶化. 但如果恰当使用非线性部件，却可能取得很好的控制效果，起到线性部件无法替代的作用. 下面举几个示例来说明非线性部件对系统性能的影响.

例 7.5.5　非线性系统框图如图 7.5.15(a)所示，其中 N 代表非线性部件，其特性如图 7.5.14(b)所示，$k<1$. 试绘制系统在阶跃输入和斜坡输入下的相平面图.

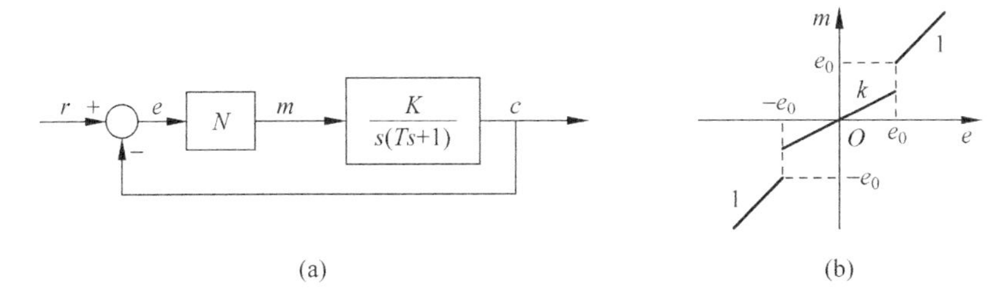

图 7.5.15　例 7.5.5 的系统

解　(i) 列写系统运动方程. 由系统框图可知

$$\frac{C(s)}{M(s)}=\frac{K}{s(Ts+1)},$$

$$E(s)=R(s)-C(s)=R(s)-\frac{K}{s(Ts+1)}M(s).$$

所以，系统的运动微分方程为

$$T\ddot{e}+\dot{e}=T\ddot{r}+\dot{r}-Km.$$

但由于

$$m=\begin{cases}e & (|e|\geqslant e_0)\\ ke & (|e|<e_0)\end{cases},$$

所以 e-$\dot{e}$ 平面被划分为三个区域 $e<-e_0$、$-e_0\leqslant e\leqslant e_0$ 和 $e>e_0$，下面分别用Ⅰ、Ⅱ和Ⅲ来表示这三个区域(见图7.5.16). 但因为 $e>e_0$ 与 $e<-e_0$ 时 m 的值相同，故而只需要两个线性微分方程.

(ii) 阶跃响应. 令 $r(t)=R\cdot 1(t)$，则有 $\dot{r}=0,\ddot{r}=0$. 所以运动方程为

$$\begin{cases}T\ddot{e}+\dot{e}+Ke=0 & (\text{区域 Ⅰ 和 Ⅲ})\\ T\ddot{e}+\dot{e}+kKe=0 & (\text{区域 Ⅱ})\end{cases}.$$

对这两个线性方程而言，它们给出的奇点都是原点. 但对区域Ⅱ的方程而言，原点是实奇点；对区域Ⅰ和Ⅲ的方程而言，原点是虚奇点. 另外，参看例7.5.2可知，系统的初始条件为 $e(0)=R,\dot{e}(0)=0$.

为讨论奇点的性质并画出相平面图，不妨设 $1-4kKT=0$. 由于 $k<1$，故而 $1-4KT<0$. 显然，当误差较小时(譬如 $|e|<e_0$)，根据 $T\ddot{e}+\dot{e}+kKe=0$ 可知，原点是稳定节点. 当误差较大时(譬如 $|e|>e_0$)，根据 $T\ddot{e}+\dot{e}+Ke=0$ 可知，原点是稳定焦点. 图7.5.16是系统在某些参数组合以及某种初始条件下的阶跃响应，图中画出的是 R 不太大的情形.

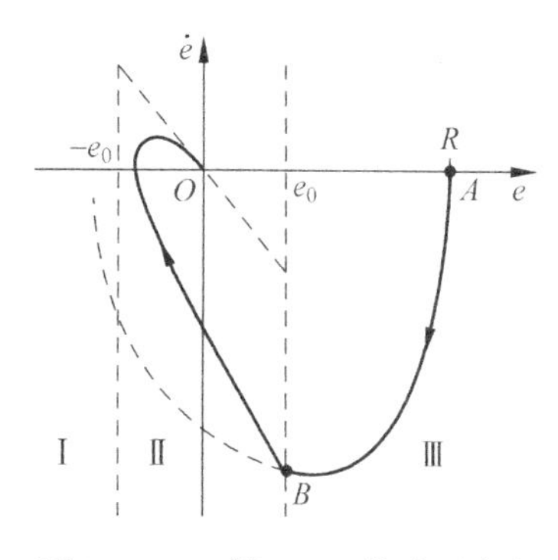

图7.5.16　例7.5.5的阶跃响应

图7.5.16表现出该控制系统具有良好调节性能. 当误差较大时($|e|>e_0$)，系统为欠阻尼系统，原点是稳定焦点，系统呈现衰减振荡特性，误差迅速变小，相轨迹是图中的曲线 AB. 如果不存在增益变化，相轨迹将按图中虚线的趋势绕原点运动，产生较大超调，经多次振荡后接近原点. 但误差减小到 $e=e_0$ 后，相轨迹进入区域Ⅱ，增益减小，系统具有临界阻尼，原点成为稳定节点，运动呈现无振荡衰减特性，误差将平稳地下降为0. 这样，根据误差大小适当改变增益，就能够获得一个既具有良好快速性、又具有良好稳定性的系统. 至于 R 更大或更小时的相轨迹留待习题中绘制.

(iii) 斜坡响应. 设 $r(t)=R+Vt$，则有 $\dot{r}=V,\ddot{r}=0$. 根据 $T\ddot{e}+\dot{e}=T\ddot{r}+\dot{r}-Km$，可以得到斜坡信号输入下的误差微分方程

$$\begin{cases}T\ddot{e}+\dot{e}+Ke=V & (\text{区域 Ⅰ 和 Ⅲ})\\ T\ddot{e}+\dot{e}+kKe=V & (\text{区域 Ⅱ})\end{cases}.$$

在下文中，与区域Ⅱ的方程所对应的奇点被记为 $P_{\text{Ⅱ}}$，它的坐标为 $e=V/(kK),\dot{e}=0$；

与区域Ⅰ及Ⅲ的方程对应的奇点被记为 P_{I}，它的坐标为 $e=V/K$，$\dot{e}=0$. 另外，根据例 7.5.2 的讨论，可以得到系统的初始条件为 $e(0)=R$，$\dot{e}(0)=V$.

为讨论奇点的性质，仍设 $1-4kKT=0$. 这样就可以发现，P_{II} 是稳定焦点，而 P_{I} 是稳定节点. 但在斜坡信号输入情况下，奇点的位置与信号及参数的取值有关. 所以下面分三种情况加以讨论. 另外，为便于讨论与计算，将系统参数取为 $T=1$，$K=4$，$k=0.0625$，$e_0=0.2$.

(A) $V<kKe_0$. 此时奇点 P_{II} 对应于坐标 $V/(kK)<e_0$，所以 P_{II} 是实奇点；而 P_{I} 对应于坐标 $V/K<ke_0<e_0$，所以 P_{I} 是虚奇点. 令 $r(t)=0.3+0.04t$，于是可以得到图 7.5.17(a)所示的相轨迹. 从 A 点出发的相轨迹企图绕稳定焦点 P_{I} 运动，但 P_{I} 是虚奇点，相轨迹不可能到达 P_{I}. 实际上，当相轨迹到达 B 点后，运动方程改变，故而相轨迹不再沿虚线运动，而是以实奇点 P_{II} 为稳定节点并趋向于 P_{II}. 在

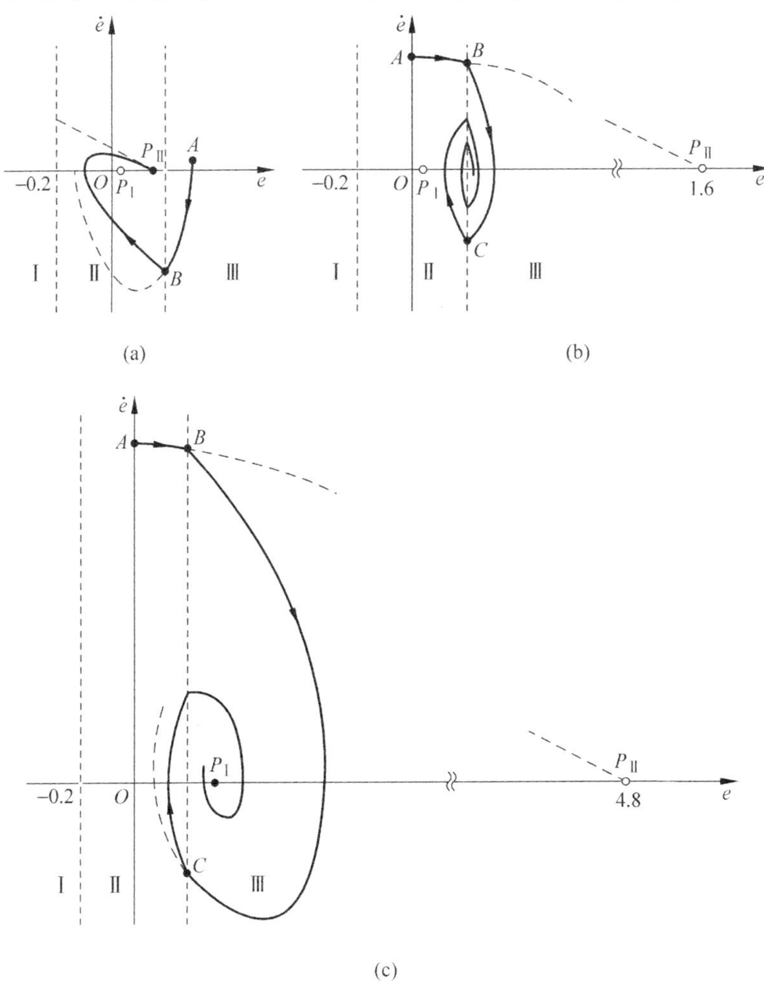

图 7.5.17　例 7.5.5 的斜坡响应

这种情况下，系统的稳态误差为 $e_{ss}=V/(kK)$.

(B) $kKe_0<V<Ke_0$. 此时奇点 P_{II} 对应于坐标 $V/(kK)>e_0$，所以 P_{II} 是虚奇点；而 P_{I} 对应于坐标$V/K<e_0$，所以 P_{I} 也是虚奇点. 令 $r(t)=0.4t$，于是可以得到图 7.5.17(b)所示的相轨迹. 从区域Ⅱ出发的相轨迹试图趋向于 P_{II} 但无法达到 P_{II}，从区域Ⅲ出发的相轨迹试图趋向于 P_{I} 但无法到达 P_{I}. 在理想情况下，稳态误差为 $e_{ss}=e_0$，系统到达稳态前会有长时间的衰减振荡.

不过，增益的切换总会存在延迟，所以实际系统在衰减振荡之后还可能会存在振幅极小的振荡，它的中心为 $e=0.2$，而且，它的振幅与延迟大小有关.

(C) $V>Ke_0$. 此时奇点 P_{II} 对应于坐标 $V/(kK)>V/K>e_0$，所以 P_{II} 是虚奇点；而 P_{I} 对应于坐标 $V/K>e_0$，所以 P_{I} 是实奇点. 令 $r(t)=1.2t$，于是可以得到图 7.5.17(c)所示的相轨迹. 在这种情况下，系统的稳态误差为 $e_{ss}=V/K$，它比前两种情况大得多. 由于相轨迹最终在区域Ⅲ之内，所以在系统到达稳态前会有长时间的衰减振荡. □

上例实际上是一个具有非线性增益的控制系统，增益在两个值之间切换. 适当选择参数就有可能既提高系统的快速性，又提高系统的稳定性，从而取得固定增益系统无法取得的效果.

例 7.5.6 速度反馈的非线性控制系统如图 7.5.18 所示. 分析系统在阶跃输入信号作用下的闭环输出响应.

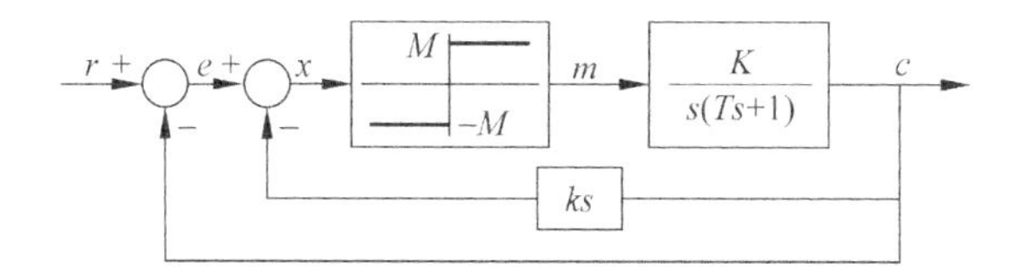

图 7.5.18 例 7.5.6 的反馈控制系统

解 (i) 列写系统微分方程. 根据系统框图可以得到

$$T\ddot{c}+\dot{c}=Km,\quad x=e-k\dot{c}.$$

设阶跃输入信号为 $r(t)=R\cdot 1(t)$，由 $e=r-c$ 可得$\dot{e}=\dot{r}-\dot{c}=-\dot{c}$，$\ddot{e}=\ddot{r}-\ddot{c}=-\ddot{c}$. 所以系统的运动微分方程为

$$T\ddot{e}+\dot{e}+Km=0,\quad x=e+k\dot{e}.$$

根据前面对二阶系统初始条件的讨论，可以得到初始条件 $e(0)=R$，$\dot{e}(0)=0$.

本例的非线性特性为继电器特性，所以当 $x=e+k\dot{e}\geqslant 0$，即 $e\geqslant -k\dot{e}$ 时，$m=M$；而当 $x=e+k\dot{e}<0$，即 $e<-k\dot{e}$ 时，$m=-M$. 于是，描述该非线性系统的微分方程可以被写成

$$T\ddot{e}+\dot{e}=\begin{cases}-KM & (e\geqslant -k\dot{e})\\ KM & (e<-k\dot{e})\end{cases}.$$

切换线 $e+k\dot{e}=0$ 将 e-$\dot{e}$ 平面划分为两个区域Ⅰ和Ⅱ，见图 7.5.19.

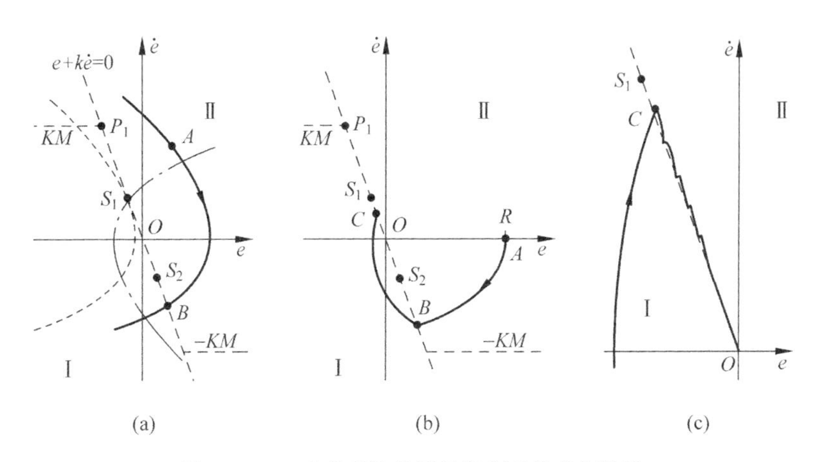

图 7.5.19　速度反馈非线性控制系统的相轨迹

(ii) 相平面分析. 图 7.5.19(a)中的实线曲线表示一条以$\dot{e}=-KM$为渐近线的相轨迹. 显然,从 A 点出发的相轨迹将沿此线运动到 B,之后再切换为以$\dot{e}=KM$为渐近线的相轨迹. 该实线曲线是区域Ⅱ内的一条典型相轨迹,从区域Ⅱ内的点出发的相轨迹都沿与它平行的曲线运动到切换线 $e+k\dot{e}=0$.

现在将相轨迹向左平移,使其到达图中虚线曲线的位置,该虚线曲线与切换线相切,切点为 S_1. 注意,切换线上的点 S_1 是一个特殊的点,从 S_1 点以上(即 S_1 向 P_1 的方向)线段出发的相轨迹都会沿与 AB 平行的曲线运动,但从 S_1 出发的相轨迹却不能沿该虚曲线运动,因为沿这条虚曲线运动就进入区域Ⅰ,而区域Ⅰ中的相轨迹应如图中的点划线所示,它以$\dot{e}=KM$为渐近线. 所以,线段 OS_1 两侧附近的相轨迹都指向线段 OS_1,于是,相轨迹一旦到达线段 OS_1,就不可能再离开线段 OS_1. 由于本例中的相平面特性关于原点对称,所以应当说,相轨迹一旦到达切换线上的线段 S_1S_2,就不可能再离开该线段.

图 7.5.19(b)表示初始值为 R 时的一条相轨迹,它由曲线 AB 和 BC 构成. 如果绝对严格按照切换线 OS_1 进行切换,相轨迹到达 C 点后将无法前进. 不过实际继电器的切换难免有延迟,所以相轨迹不会停留在 C 点. 图 7.5.19(c)用夸大的比例示意地画出了 C 点以后的相轨迹. 该图表示,相轨迹到达 C 点后会稍稍进入区域Ⅱ,在区域Ⅱ内的相轨迹运动到切换线时,又会稍稍进入区域Ⅰ. 如此反复运动,相轨迹在切换线两侧以很高的频率和极小的振幅振荡,并逐渐回到原点. 如果忽略这些振荡,就可以认为相轨迹沿直线 CO 运动到原点.

这个控制系统的特点是,系统只有很小的超调,而且误差在很短的时间内变为零,所以系统具有极好的调节性能. □

例 7.5.6 中的现象是非线性系统中的一类特殊现象,状态点似乎沿切换线滑动到原点. 这种现象被称为非线性系统的滑动现象. 直线 CO 代表一个运动模态,由 $e+k\dot{e}=0$ 可以解得 $e(t)=C\exp(-t/k)$. 这一运动模态被称为滑动模态,简称

滑模. 在切换线两侧的高频振荡被称为**颤振**.

在上述的两个示例中,由于非线性部件的作用,控制器的参数按照一定的规律进行切换,从而改善了整个系统的性能. 这样的系统是一种**变结构控制系统**. 对变结构控制系统的研究需要更多的数学基础,但对上述简单的系统可以采用非线性系统的分区分析方法加以讨论.

上述两个示例中的非线性部件就相当于串联的控制器. 尽管这些控制器不复杂,但适当选择控制器参数就能获得较好的控制效果. 所以这两个示例涉及了简单非线性控制器的设计问题. 自然,非线性控制系统的结构可能比上述示例中的结构更为复杂,非线性控制器的位置也可能在反馈回路的其他位置,但只要能够通过分区方式将闭环系统表示成几个线性微分方程,就可以用上述方法来分析与设计.

不过,实际系统中的非线性并非都来自非线性控制器. 系统本身也可能存在无法忽略的非线性特性,而且这些非线性特性会使系统的某些性能变差. 对于这类系统,要解决的虽不是控制器设计问题,但也可以通过类似的分析来了解非线性特性如何对系统性能产生不利影响,从而采取适当措施来加以克服.

例 7.5.7　图 7.5.20(a)是一幅简化框图,它表示一个有摩擦的随动系统. 其中摩擦的特性如图 7.5.20(b)所示,$\pm F_0$ 表示动摩擦的大小,动摩擦的幅值恒定但方向总与速度相反; $\pm kF_0$ 表示静摩擦的极值,$k>0$. 试用相平面方法分析系统的误差以及摩擦对系统性能的影响.

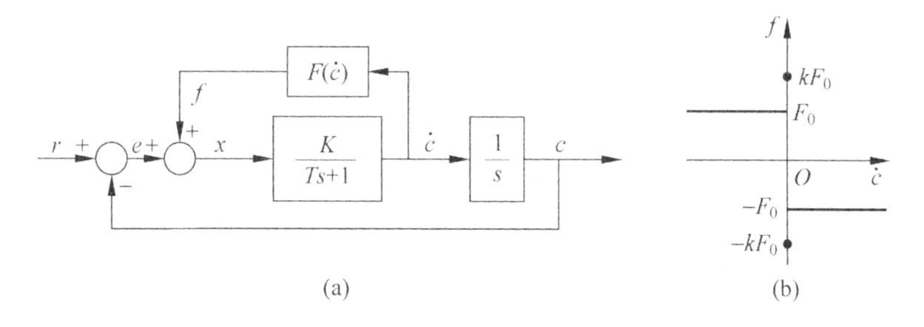

图 7.5.20　例 7.5.7 的系统

解　(i) 列写系统运动方程. 首先讨论摩擦力与信号之间的关系. 动摩擦力的方向总是与速度方向相反,幅值恒为 F_0. 静摩擦力在系统静止时存在,随外力而变,其幅值的极大值为 kF_0. 静摩擦力的极大值总是大于动摩擦力,系统必须克服静摩擦力 $\pm kF_0$ 才能开始运动,而一旦开始运动,摩擦力就变为 $\pm F_0$.

在系统开始运动前,$\dot{c}=0$,且 $x=e+f=0$. 所以静摩擦力 $f=-e$,它随 e 变化,但以 $\pm kF_0$ 为极限. 故而摩擦力可以被表示为

$$f=\begin{cases}-F_0 & (\dot{c}>0)\\ -e & (\dot{c}=0\text{ 且 }|e|<kF_0).\\ F_0 & (\dot{c}<0)\end{cases}$$

再讨论运动微分方程. 由系统框图可知

$$T\ddot{c}+\dot{c}=K(e+f).$$

令 $r(t)=Vt$，则由 $e=r-c$ 可以得到误差的微分方程

$$T\ddot{e}+\dot{e}+Ke=V-Kf,$$

且初始状态为 $e(0)=0,\dot{e}(0)=V$. 又因为 $\dot{e}=\dot{r}-\dot{c}=V-\dot{c}$，所以上述摩擦力表达式可以被改写为

$$f=\begin{cases}-F_0 & (\dot{e}<V)\\ -e & (\dot{e}=V\text{ 且 }|e|<kF_0).\\ F_0 & (\dot{e}>V)\end{cases}$$

由此可知，e-$\dot{e}$ 平面被 $\dot{e}=V$ 划分为上、下两部分，下文在相平面图上将分别用区域Ⅱ和区域Ⅰ来标记. 这样，误差微分方程可以被改写为

$$T\ddot{e}+\dot{e}+Ke=\begin{cases}V-KF_0 & (\dot{e}>V\text{ 即区域 Ⅱ})\\ V+KF_0 & (\dot{e}<V\text{ 即区域 Ⅰ})\end{cases}.$$

当 $\dot{e}=V$ 且 $|e|<kF_0$ 时，误差微分方程则为

$$T\ddot{e}+\dot{e}=V.$$

(ii) 相平面分析. 由于 $\dot{e}=V$ 本身就是相轨迹，所以当 $\dot{e}(0)=V$ 时，系统状态沿 $\dot{e}=V$ 向右移动. 由区域Ⅰ与Ⅱ的误差微分方程可知，区域Ⅰ中的线性系统具有实奇点 $e=V/K+F_0,\dot{e}=0$，区域Ⅱ中的线性系统具有虚奇点 $e=V/K-F_0,\dot{e}=0$. 这两个奇点的性质取决于线性系统的阻尼. 当阻尼系数 $\zeta=0.5/\sqrt{KT}<1$ 时，它们都是稳定焦点，$\zeta\geqslant1$ 时，它们都是稳定节点.

设奇点为稳定焦点，则相轨迹将如图 7.5.21 所示. 一开始，相轨迹沿 $\dot{e}=V$ 运动，直到 $e=kF_0$ 为止，这一段相轨迹是直线段 AB. 在这段时间内，$\dot{e}=V$，误差 $e=Vt$，输出 c 不变. 从 B 点之后，由于静摩擦力达到极限，输出开始增加，误差呈衰减振荡，相轨迹将绕奇点运动并逐渐接近奇点. 不过，B 点以后的运动会有两种可能性，下面分别参看图 7.5.21(a)与(b)加以讨论.

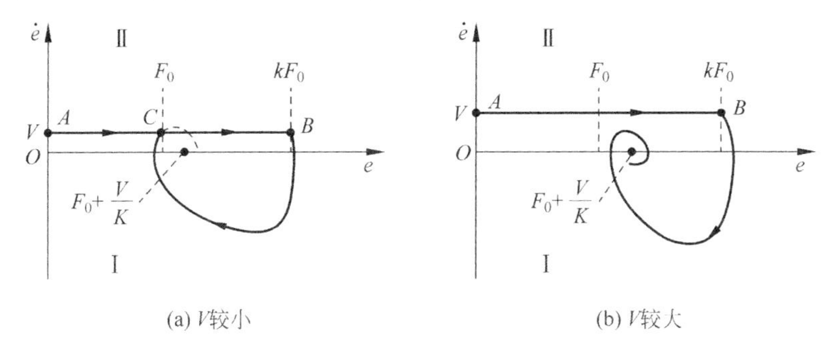

(a) V较小　　(b) V较大

图 7.5.21　例 7.5.7 的相轨迹

(a) 当 V 较小时，相轨迹将与 $\dot{e}=V$ 相交于 C 点，见图 7.5.21(a). 相轨迹在 C 点之后不再绕奇点运动，而是沿直线 CB 运动. 这样就形成了一个极限环. 在与相轨迹 CB 相应的时间段内，输出再次保持不变. 所以，系统的输出实际按照台阶方式跟踪斜坡输入信号. 这就是所谓低速跟踪不平稳现象. 对于随动系统，低速跟踪不平稳是一种不利的特性，必须设法消除或减小.

(b) 当 V 较大时，直线段 AB(即 $\dot{e}=V$)上移，奇点位置右移. 当 V 大到一定程度时，相轨迹将不再与 $\dot{e}=V$ 相交，见图 7.5.21(b). 这时的相轨迹将围绕焦点运动，这表示误差逐渐减小，最终，跟踪误差为 $e(\infty)=V/K+F_0$. 所以在非低速跟踪的情况下，不存在低速跟踪不平稳的现象.

上述讨论表明，在欠阻尼情况下，当 V 较小时，可能出现低速跟踪不平稳现象. 为避免低速跟踪不平稳现象，不妨参考图 7.5.21(a)来进一步讨论 V 的大小和阻尼特性对运动的影响.

在 V 较小的情况下，如果减小静摩擦(即使 k 减小)，那么 B 点将左移，但奇点位置仍保持不变. 由于误差的衰减振荡特性，那么在 k 下降后(即 B 点向左移动后)，从 B 点出发的相轨迹将会在图 7.5.21(a)所示相轨迹的内部. 所以可以想象，在 k 下降到某个值后，相轨迹将不再与 $\dot{e}=V$ 相交，从而不形成极限环.

如果使系统具有过阻尼特性，那么，从 B 点出发的相轨迹进入下半平面后将趋向于稳定节点而不会再进入上半平面，所以也不会形成极限环.

根据上面的讨论可以得出结论：为了消除低速跟踪不平稳现象或减小不平稳的程度，有效的途径是加大阻尼或减小 k. 加大阻尼可通过改变结构参数达到，而减小 k 则需要提高装配精度和改善润滑. □

本节通过例题演示了非线性系统的相平面分析方法以及如何分析非线性部件对系统性能的影响. 由于非线性系统形式很多，几个示例很难代表一般非线性系统，所以对实际存在的非线性系统需要逐一加以研究. 但这些示例对了解非线性系统的分析方法、分析并改善非线性系统的性能仍有相当的启发作用.

7.6　小结

本章介绍了两种非线性系统分析方法：描述函数方法和相平面方法. 这是两种常用的方法，它们虽然不能适用于所有的非线性系统，但能够用来解决相当多的工程实际问题.

描述函数法是一种近似方法. 当一个回路中的部件能够被划分为线性部件和非线性部件，而且线性部件具有良好的低通滤波性能时，就可以采用描述函数方法. 描述函数表示非线性部件的正弦输入信号与输出信号基波之间的传输关系. 描述函数方法实际上是一种等价线性化方法，它采用一个近似线性函数来描述非线性部件的特性. 这样，回路的传输关系就可以用一个等价的线性传递函数来表示,从而就可以采用线性系统的频率响应分析方法来近似分析非线性系统的性能,譬如分析系统的稳定性和自持振荡的稳定性,并可以计算自持振荡的频率和振幅.这种方法很容易掌握,也很容易使用.描述函数方法的使用难易程度一般不受线性部件复杂性的影响.但由于复杂非线性特性的描述函数计算比较困难,近似程度较差,所以不宜用于太复杂的非线性特性.另外,该方法毕竟是一种近似方法,其分析结果的准确程度与线性部件的滤波性能有关,并受描述函数负倒数特性与传递函数图像的相交角度影响,使用时需要特别注意.只有对那些线性部分低通滤波性能良好、描述函数负倒数特性与传递函数图像在交点处的夹角较大(譬如接近90°)的系统,描述函数方法才能给出比较准确的结果.

相平面方法是一种依赖微分方程的图形方法.只要能够以某种方式求解微分方程,就能够在相平面图上准确、直观地表示系统的运动.它利用相变量之间的关系来表示系统的运动,能够以较高的精度来分析系统的稳定性、极限环.相平面方法能够被用来研究系统在不同初始条件以及不同输入信号作用下的运动状态,这是描述函数方法所无法完成的.对不能直接求解微分方程的非线性系统,可以通过某些间接方法来绘制系统的相平面图.特别是对分区非线性系统,由于系统可以被划分为适用于相平面上不同区域的线性系统,绘制相平面图就变得比较容易.不过,相平面方法只适用于二阶以下的系统.虽然可以用相变量来表示三阶以上系统的运动,但高维空间的图形无法绘制.而且,即使能绘制三维空间的相轨迹,但这种表示方法已经失去了直观、易读的优点.

由于描述函数方法的近似性以及相平面方法在时间解计算中的复杂性,所以计算机仿真与计算在非线性系统分析中就具有特别重要的作用.本节介绍了几个采用MATLAB语言进行仿真计算的示例.

对一个非线性系统,最好先采用描述函数方法或相平面方法对系统进行基本的分析,做出对系统奇点性质、稳定性、极限环等的一般结论,然后再通过仿真来对分析结果加以修正、更全面地了解系统的性能以及获得更加精确的计算结果.

习题

7.1* 采用MATLAB语言对例7.1.4所示的以无阻尼杜芬方程 $\ddot{x}+ax+x^3=0$ 表示的非线性系统进行仿真,以便验证平衡点数目和性质随参数 a 的变化.

7.2 死区加饱和非线性特性的输入输出关系如图7.E.1所示.

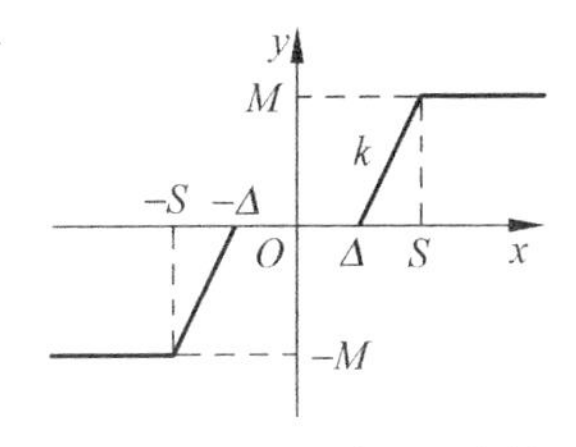

图7.E.1 习题7.2中的非线性特性

(1) 试按照基本定义计算它的描述函数 $N(X)$;

(2) 将该非线性特性分解为表7.2.1所示的非线

性特性的并联形式，然后计算描述函数 $N(X)$.

7.3　试求图 7.E.2 所示非线性特性的描述函数 $N(X)$，并画出 $N(X)$ 与 $-1/N(X)$ 的图像.

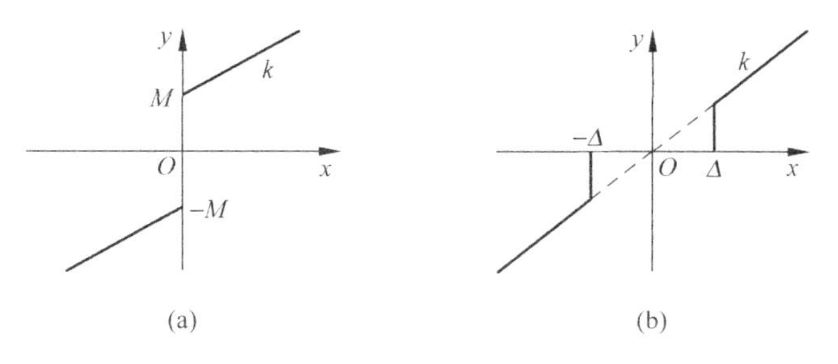

图 7.E.2　习题 7.3 中的非线性特性

7.4　一个非线性部件的输入输出关系可以被表示成

$$y = b_1x + b_3x^3 + b_5x^5 + b_7x^7 + \cdots,$$

其中 $x = X\sin\omega t$ 是该非线性部件的正弦输入信号，y 是该非线性部件的输出信号. 试证明该非线性系统的描述函数为

$$N(X) = b_1 + \frac{3}{4}b_3X^2 + \frac{5}{8}b_5X^4 + \frac{35}{64}b_7X^6 + \cdots.$$

7.5　已知非线性系统的框图如图 7.E.3 所示，其中 $K>0$. 采用描述函数方法解决下列问题：

(1) 定性讨论系统在 $K=5$ 时的运动情况；

(2) 分析 $K=5$ 时输出 $c(t)$ 的自持振荡频率和振幅.

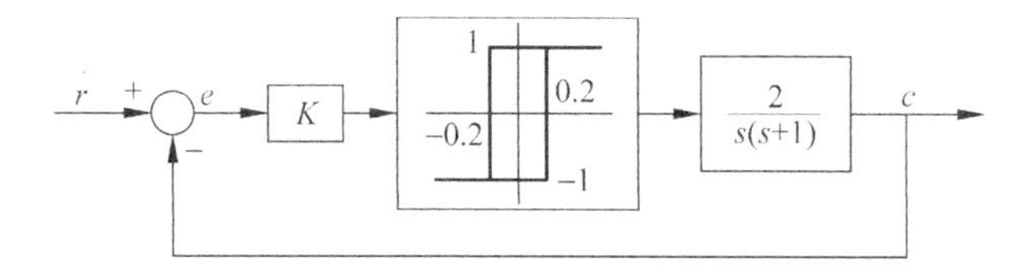

图 7.E.3　习题 7.5 的系统框图

7.6　已知非线性系统的框图如图 7.E.4 所示，其中 $K>0$，$k=1$. 采用描述函数方法解决下列问题：

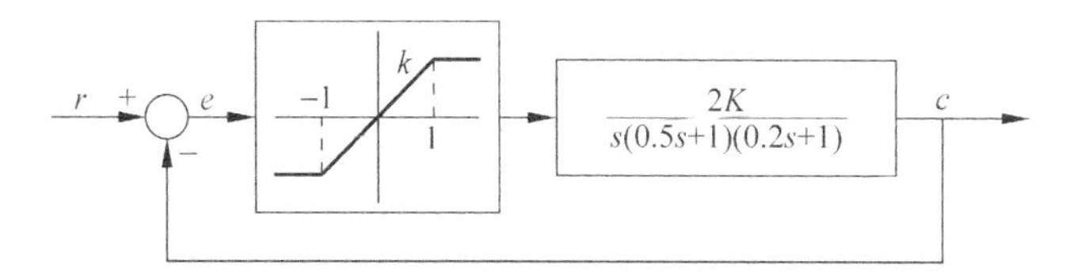

图 7.E.4　习题 7.6 的系统框图

(1) 定性讨论系统在 $K=5$ 时的运动情况;

(2) 分析 $K=5$ 时输出 $c(t)$ 的自持振荡频率与振幅;

(3) 确定增益 K 的稳定边界.

7.7 采用描述函数方法分析图 7.E.5 所示系统的稳定性,图中的非线性特性为 $m=e^3$.

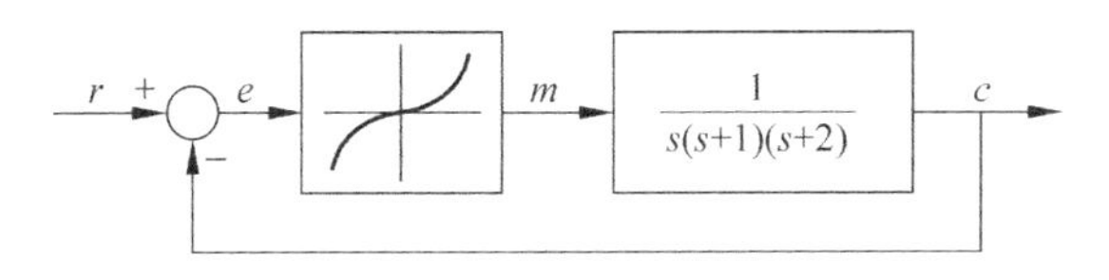

图 7.E.5 习题 7.7 的系统框图

7.8 采用描述函数方法分析图 7.E.6 所示系统的稳定性.

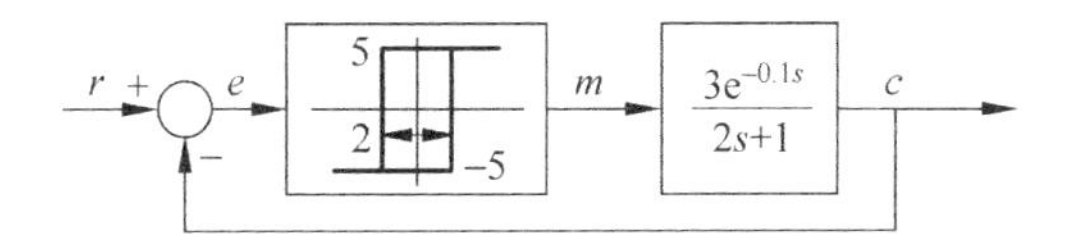

图 7.E.6 习题 7.8 的系统框图

7.9 设调节器具有图 7.E.7 所示的滞环非线性特性,线性部件的传递函数为

$$G(s)=\frac{-K}{s(s+1)},$$

其中 $K>0$.

(1) 试求图中非线性特性的描述函数;

(2) 设 $k=1, h=\pi/4$,试用描述函数方法分析系统的稳定性.

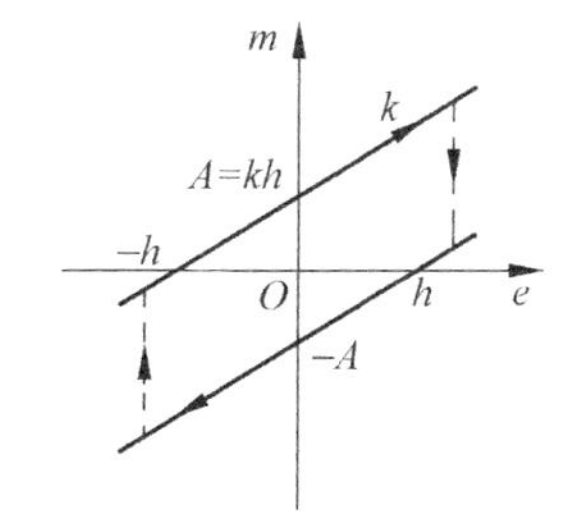

图 7.E.7 习题 7.9 的非线性特性

7.10* 采用 MATLAB 计算例 7.3.2 所示系统的时间响应,将仿真所得的频率和振荡幅值与采用描述函数方法计算的结果加以对比以观察描述函数方法的计算结果的近似性.

7.11 给定非线性控制系统如图 7.E.8 所示. 为使系统不产生极限环,试应用描述函数法确定继电器特性的 Δ 和 M 值.

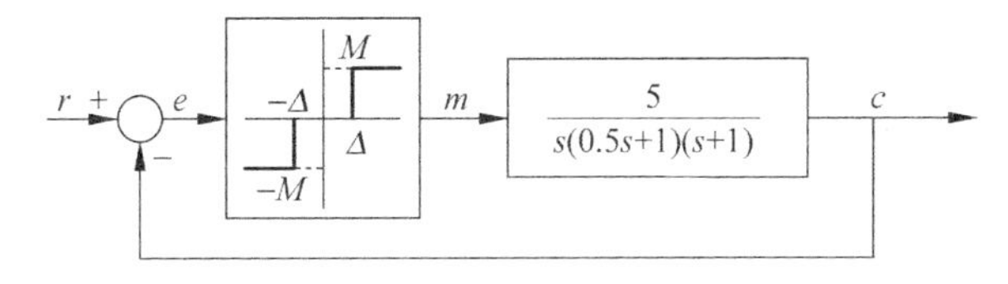

图 7.E.8 习题 7.11 的非线性系统

7.12* 给定非线性系统微分方程

$$\ddot{x}+\dot{x}=\begin{cases}1 & (\dot{x}-x>0)\\ -1 & (\dot{x}-x\leqslant 0)\end{cases},$$

试用描述函数法分析系统的稳定性.

7.13 已知一阶系统微分方程为$\dot{x}=-x+x^3$.

(1) 作系统的相平面图,分析系统的稳定性;

(2) 求解微分方程的时间解来验证相平面图分析的结果.

7.14 对例7.5.3中的系统,设非线性特性为图7.E.9所示的特性.试绘制阶跃信号输入下的相轨迹.

7.15 对例7.5.5的系统,试采用比例题中的阶跃输入信号更大或更小的多个幅值绘制相平面图.

7.16 给定非线性系统 $\ddot{x}+\dot{x}+|x|=0$,试分析该系统奇点的性质,并用等倾线方法大致画出系统的相平面图.

7.17 给定系统如图7.E.10所示.假定输入 $r=0$,系统仅受初始条件的作用.试在 e-$\dot{e}$ 平面上画出该系统在 $K=0$ 和 $K=1$ 时的相平面图.

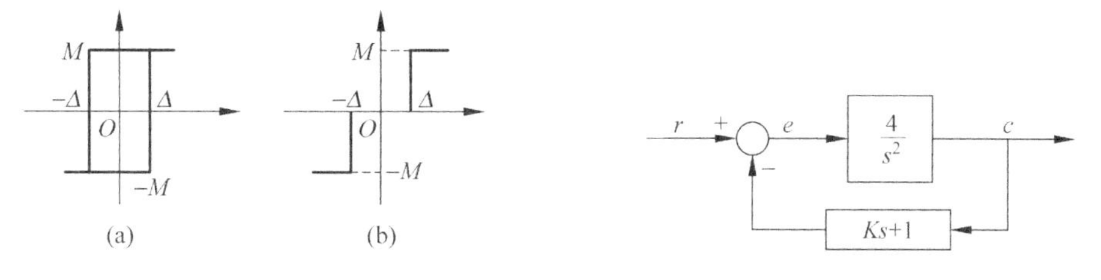

图7.E.9 习题7.14的非线性特性　　图7.E.10 题7.17的系统

7.18 图7.E.11是一个具有非线性反馈增益的二阶系统,图中 $K=5$,$J=1$,$a=1$.

(1) 设 $r=0$,试在 e-$\dot{e}$ 平面上画出该系统在不同初始条件下的典型相轨迹;

(2) 在系统处于静止状态时加斜坡输入 $r=Vt$,试在 e-$\dot{e}$ 平面上画出系统的相轨迹.

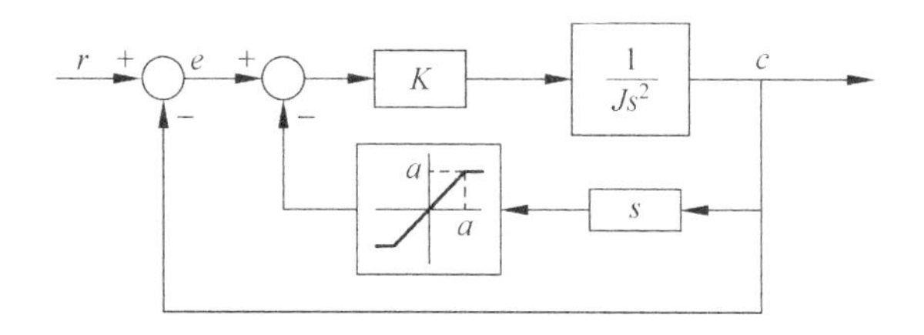

图7.E.11 题7.18的非线性系统

7.19　沃尔特拉-洛特卡(Volterra-Lotka)捕食者-猎物(predator-prey)方程为

$$\begin{cases}\dot{x}_1 = -x_1 + x_1 x_2 \\ \dot{x}_2 = x_2 - x_1 x_2\end{cases},$$

其中 x_1 是捕食者数量,x_2 是猎物数量. 显然,如果不存在捕食者,猎物数量将无限制地增长. 另一方面,如果不存在猎物,捕食者的数量将下降为0.

(1) 试求系统的奇点,并判断奇点的性质;

(2) 根据奇点的性质在 x_1-x_2 平面上画出捕食者与猎物的数量关系的示意图.

7.20* 已知非线性系统框图如图7.E.12所示,其中 $T=0.25, K_1=1, K_2=4, k=1$. 求 β 与 Δ,使系统的调整时间不大于1s,而且输出无超调.

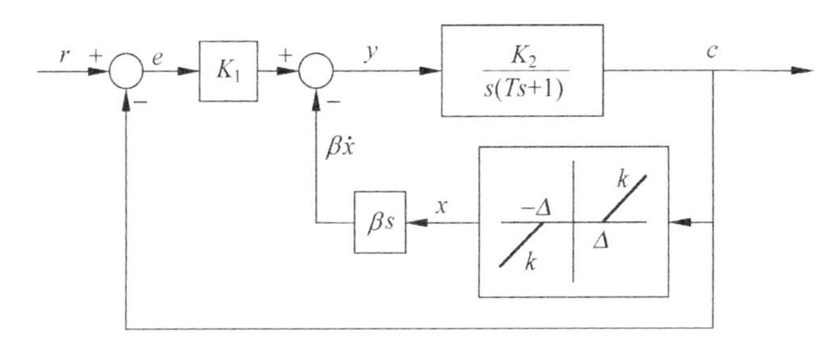

图7.E.12　习题7.20的非线性系统

7.21* 对例7.5.5中的系统,设增益切换存在延迟,非线性特性如图7.E.13所示. 通过MATLAB语言仿真来说明在斜坡输入下,当 $kKe_0<V<Ke_0$ 时存在极限环,并观察延迟对极限环频率和幅值的影响.

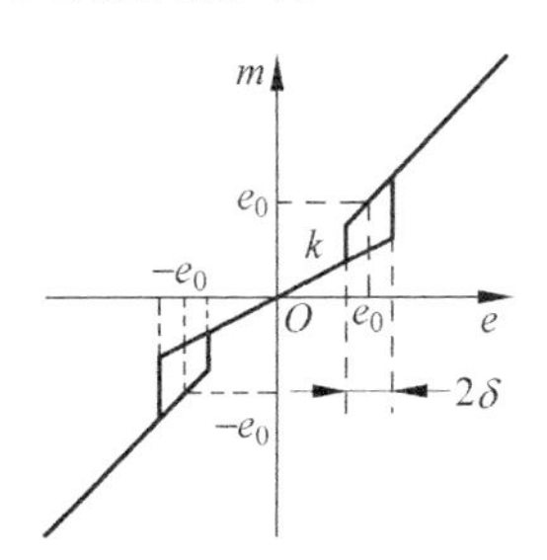

图7.E.13　题7.21的非线性特性

7.22* 对例7.5.4的系统,取 $T=1, V=1, e_1=2, e_0=1$,仿真比较 $KM_0=1.1, 1.5, 2$ 时极限环的频率与幅值的变化规律.

第8章 采样控制系统

8.1 引言

随着计算机及微处理器的日益普及，计算机已不再仅仅被用来进行控制系统的计算、分析与设计，它们已经越来越多地被用来执行控制功能. 当今，航空航天、通信、化工、电力、机器制造等领域都广泛采用计算机控制，不仅在重要的大、中规模控制系统中采用工业计算机分散控制系统（也被称为集散控制系统），在小规模控制系统内一般也包括数字计算机，以便获得最佳的控制性能.

在上述控制系统中，许多系统具有按照某种连续动态模型运行的被控对象. 采用数字控制器对这种对象进行控制的系统结构如图 8.1.1 所示. 图中的被控对象具有连续传递函数，系统的输出 c 和误差 e 都是模拟信号. 由于数字控制器不能接受模拟信号，所以需要由图中的采样及 A/D（模拟/数字）转换装置将模拟误差信号转变为某种数字信号. 为了区别数字信号与模拟信号，图中用右上角的星号“ * ”表示数字信号. 下文也用星号“ * ”表示采样信号，以便和连续信号加以区别. 数字控制器按照规定的算法对数字误差信号 e^* 进行计算，输出的数字控制信号 u^* 则被施加到被控对象. 不过，数字控制器的输出数字信号一般也不直接被施加到连续被控对象，而是经过图中的 D/A（数字/模拟）转换及保持装置转变为模拟控制信号 u 后才施加到被控对象. D/A 转换及保持装置可能只是一个电子电路，所以图中的被控对象是一个广义的对象，它实际包括执行器及被控对象.

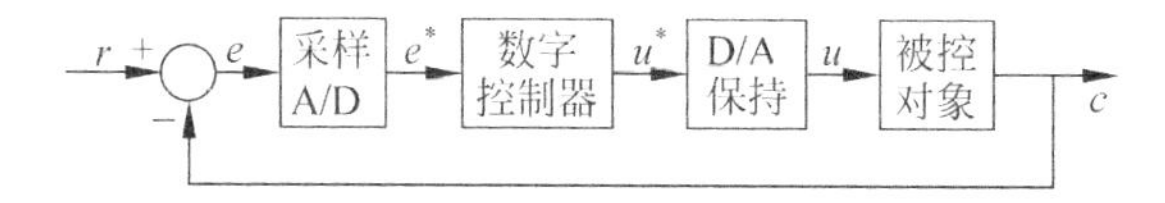

图 8.1.1 典型采样控制系统的构成

与以前讨论的连续控制系统相比，图 8.1.1 所示系统中的信号性质产生了很大的变化，出现了时间离散信号. 尽管模拟信号不等同于时间连续信号,数字信号也不等同于时间离散信号,但是本章不涉及计算机控制中的信号生成、处理及传输问题,只讨论时间离散信号的表述、传递以及相应的分析设计,所以本章下面的讨论中采用时间连续信号及时间离散信号的概念,并在叙述中简称为连续信号和离散信号. 在不强调数字信号的前提下,图中的控制器也不限于数字控制器,它可以是任何接受并输出离散信号的控制器. 不过,在现在的工业实践中,数字控制器的应用已经相当普遍.

图 8.1.1 所示的控制系统通过采样器将连续信号转换成离散信号,该系统中同时存在连续信号和离散信号,所以被称为**采样控制系统**. 对连续控制系统,本书已经介绍了许多概念和方法来表述系统的数学模型、分析系统的性能以及设计期望的闭环控制系统. 在采样系统中,尽管连续控制系统分析设计中的基本原理仍然能够加以利用,但是,由于出现了离散信号,所以连续系统中的许多概念和方法都不能直接用来进行采样控制系统的分析和设计. 本章后面的各节就讨论采样控制系统中出现的新问题以及解决这些问题的方法.

本章的内容安排如下:在 8.2 节中介绍采样与保持的基本概念,在 8.3 节中介绍 z 变换的基本知识,并在 8.4 节中讲解脉冲传递函数的计算. 获得脉冲传递函数之后,在 8.5 节中介绍采样系统稳定性分析的多种方法,在 8.6 节中讨论采样系统的时间响应特点. 最后,在 8.7 节中简单介绍采样系统校正设计的原理和方法.

8.2 采样与保持

在图 8.1.1 所示的采样控制系统中,既包含用连续时间函数表示的连续信号,也包含用离散时间函数表示的离散信号. 从分析与设计的角度而言,图 8.1.1 的系统可以简化为图 8.2.1,其中 $G_p(s)$代表连续被控对象的传递函数,$D(z)$代表数字控制器的脉冲传递函数,$H(s)$代表保持器的传递函数,T 表示采样周期.

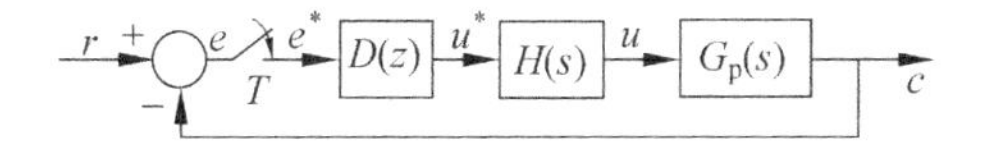

图 8.2.1 典型采样控制系统的框图

需要说明的是,实际系统中可以在多个位置进行采样,采样周期也有不同的选择方法. 如果系统中所有的采样器同步运行,且各次采样之间的时间间隔相等,即采样时刻 $t_k=kT$,则称为**周期采样**. 如果由于不同部分的时间常数相差较大而让各个采样器按照不同的周期采样,则称为**多速采样**. 另有一种情况被称为**多阶采样**,即对所有的 k,$t_{k+r}-t_k$ 都是常量. 在这种情况下,尽管相邻采样间隔之间没有明显的规律性,但采样间隔的变化具有周期性,就是说,采样间隔变化的模式按照时间周期重复. 如果采样时刻随机变化,即 t_k 为随机值,就称为**随机采样**. 实际常用的采样形式为周期采样和多速采样,本章只限于讨论周期采样.

8.2.1　采样过程

采样过程是通过一个采样开关将连续信号变为离散信号的过程. 一个连续信号经由一个实际采样器采样的过程可以用图 8.2.2 表示. 图中用一个周期为 T、宽度为 γ 的脉冲序列 $p(t)$来表示采样器的开关状态，一般情况下 $\gamma \ll T$. 图 8.2.2(a)所示的连续信号 $x(t)$经采样器后变为离散信号

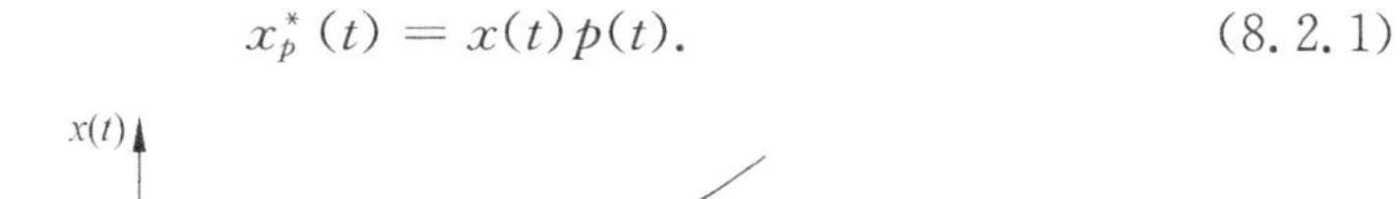

$$x_p^*(t) = x(t)p(t). \tag{8.2.1}$$

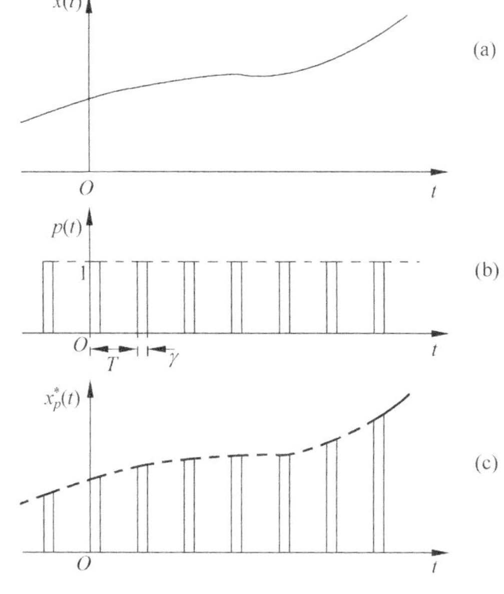

图 8.2.2　实际采样过程

图 8.2.2 的采样信号可以被看成经过调幅的脉冲. 直观上很容易看出，采样周期越短，$x_p^*(t)$就越能忠实反映 $x(t)$的变化. 另外，在工业控制中还使用一种幅值固定、但宽度变化的脉冲，即调宽的脉冲，但本章不讨论这种情况.

周期信号 $p(t)$的傅里叶级数展开式为

$$p(t) = \sum_{k=-\infty}^{\infty} C_k \mathrm{e}^{\mathrm{j}k\omega_s t}, \tag{8.2.2}$$

式中 $\omega_s = 2\pi/T$ 被称为**采样频率**，傅里叶系数的表达式为

$$C_k = \frac{1}{T}\int_0^T p(t)\mathrm{e}^{-\mathrm{j}k\omega_s t}\,\mathrm{d}t = \frac{\gamma}{T}\cdot\frac{\sin\left(\frac{k\omega_s\gamma}{2}\right)}{\frac{k\omega_s\gamma}{2}}\mathrm{e}^{-\mathrm{j}\frac{k\omega_s\gamma}{2}}. \tag{8.2.3}$$

所以

$$x_p^*(t)=\sum_{k=-\infty}^{\infty}C_k x(t)\mathrm{e}^{\mathrm{j}k\omega_s t}. \tag{8.2.4}$$

对上式两边取拉普拉斯变换,可得

$$X_p^*(s)=\sum_{k=-\infty}^{\infty}C_k X(s-\mathrm{j}k\omega_s). \tag{8.2.5}$$

再令 $s=\mathrm{j}\omega$,则得 $x_p^*(t)$的傅里叶变换

$$X_p^*(\mathrm{j}\omega)=\sum_{k=-\infty}^{\infty}C_k X[\mathrm{j}(\omega-k\omega_s)]. \tag{8.2.6}$$

$x_p^*(t)$的频谱曲线$|X_p^*(\mathrm{j}\omega)|$如图 8.2.3 的下部图形所示. 它由一系列彼此间隔 ω_s 的分量构成,这些分量可能彼此有部分重叠,其主分量与连续信号频谱$|X(\mathrm{j}\omega)|$(见上图)相同,其他补分量的幅值随频率的增加而衰减.

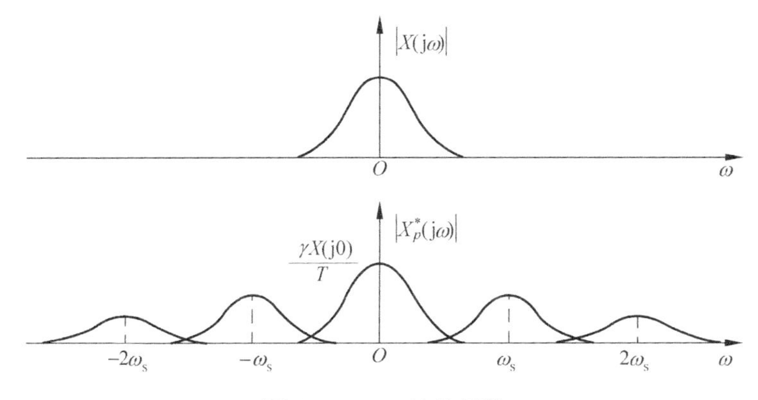

图 8.2.3　$x_p^*(t)$的频谱

在一个控制系统中,连续被控对象的频率特性通常都呈现低通滤波特性. 如果采样频率非常高,使得$|X_p^*(\mathrm{j}\omega)|$中的主分量与补分量互相不重叠或只有极少的重叠,那么上述采样信号经过连续被控对象后,其中的补分量就会因为对象的低通滤波作用而被进一步衰减,从而获得与连续信号频谱$|X(\mathrm{j}\omega)|$非常接近的频谱. 在这种情况下,就可以说由该采样信号能够较好地再现原来的连续信号. 这一解释与前面"采样频率越高,采样信号就越忠实于原连续信号"的观察结果是一致的. 假设连续信号 $x(t)$的频谱具有有限的宽度,譬如说,该信号不含频率高于 ω_1 的频率分量. 在这种情况下,如果采样频率 $\omega_s\geqslant 2\omega_1$,那么就有可能由采样信号 $x_p^*(t)$完全准确地再现连续信号 $x(t)$. 这就是著名的**采样定理**,也称为**香农定理**(Shannon Theorem). 这里不讨论采样定理的证明,不过可以用图 8.2.4 来简单解释采样定理的原理. 在该图中,由于满足 $\omega_s\geqslant 2\omega_1$,所以主分量与补分量彼此不重叠. 如果存在一个理想的滤波器,它在$|\omega|<\omega_1$ 的范围内幅值为 1,在其他频率幅值为 0,那么它就可以滤除所有的补分量而只保留主分量,即只保留与原来连续信号完全相同的频谱,从而能够完全恢复原来的连续信号.

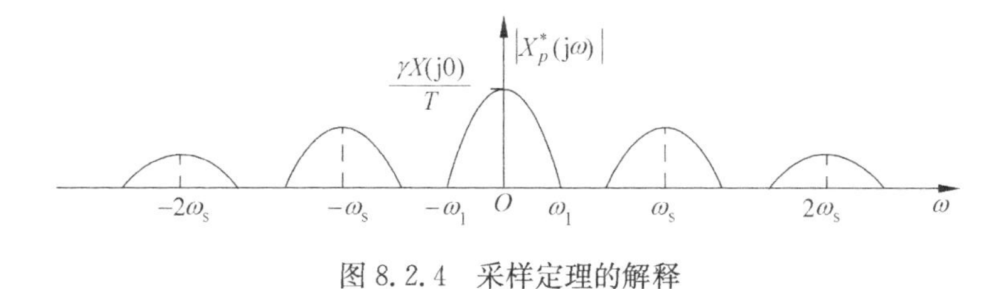

图 8.2.4 采样定理的解释

从理论上讲，根据采样定理来选择采样频率，就可以完全再现原来的连续信号. 但在实际控制系统中，采样频率的高低与控制系统性能的优劣密切相关，较慢的采样频率常常使系统的性能降低，甚至导致闭环系统不稳定，所以采样频率要根据对系统的响应速度及性能要求通过试验方法来加以选取. 一般情况下，实际选用的采样频率要比由采样定理确定的频率高得多.

8.2.2 理想采样过程

利用实际采样器的采样信号进行分析时涉及傅里叶系数 C_k 的计算，这使计算复杂而不利于系统的分析. 为此，采用某种理想的采样器来简化采样信号的数学处理. 设上述普通采样器中的脉冲宽度为 γ、高度为 $1/\gamma$. 由于 $\gamma \ll T$，所以不宜用高度来表示脉冲的大小. 在这种情况下，将脉冲宽度与高度的乘积定义为脉冲的强度. 显然，如上定义的脉冲强度为 1. 当 $\gamma \to 0$ 时，脉冲的高度趋于无穷，但强度仍保持为 1. 这样一来，图 8.2.2(b)中的脉冲序列就成为图 8.2.5(b)中的理想脉冲序列，它可以被记为

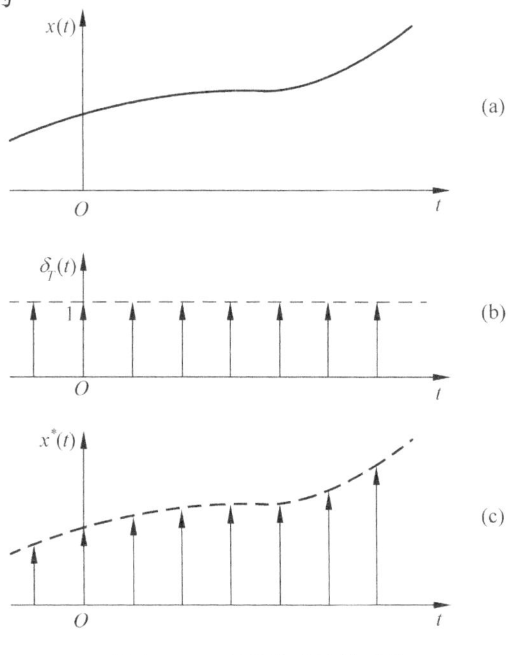

图 8.2.5 理想脉冲采样过程

$$\delta_T(t)=\sum_{k=-\infty}^{\infty}\delta(t-kT),\tag{8.2.7}$$

式中,$\delta(t-kT)$是在时刻kT出现的**狄拉克**(Dirac)**δ函数**,简称为δ函数.图中带箭头的直线段高度为1,这表示理想脉冲的强度为1.此时的采样信号可以被表示为

$$x^*(t)=x(t)\delta_T(t)=\sum_{k=-\infty}^{\infty}x(t)\delta(t-kT)=\sum_{k=-\infty}^{\infty}x(kT)\delta(t-kT).\tag{8.2.8}$$

采用与普通采样过程中相同的处理,可以得到理想采样过程中采样信号的傅里叶级数、拉普拉斯变换以及傅里叶变换分别为

$$x^*(t)=\frac{1}{T}\sum_{k=-\infty}^{\infty}x(kT)e^{jk\omega_s t},\tag{8.2.9}$$

$$X^*(s)=\frac{1}{T}\sum_{k=-\infty}^{\infty}X(s-jk\omega_s),\tag{8.2.10}$$

$$X^*(j\omega)=\frac{1}{T}\sum_{k=-\infty}^{\infty}X[j(\omega-k\omega_s)].\tag{8.2.11}$$

图8.2.6按照连续信号具有有限宽度频谱、ω_s符合采样定理的情形画出了理想脉冲采样下的频谱$|X^*(j\omega)|$.

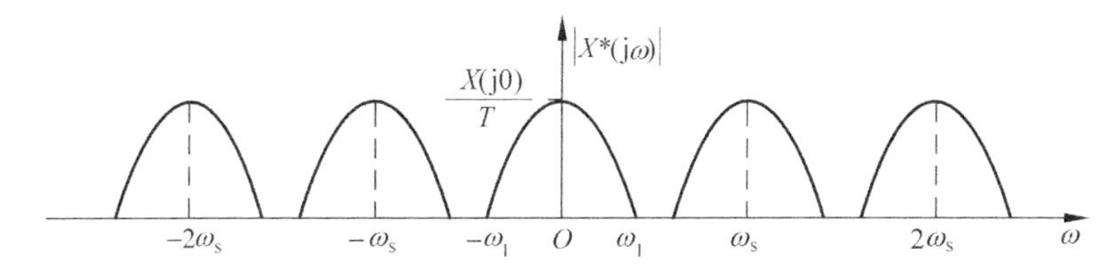

图8.2.6 $x^*(t)$的频谱

显然,如果构造一个理想滤波器,使它的增益为

$$f(\omega)=\begin{cases}T & |\omega|<\omega_s/2\\0 & |\omega|\geqslant\omega_s/2\end{cases},\tag{8.2.12}$$

那么上述理想采样信号经该滤波器后的频谱就会与原连续信号的频谱完全一致.这种情况被称为由采样信号重构原有的连续信号.这种**信号重构**的方法相当于对采样信号进行傅里叶反变换

$$x(t)=\sum_{k=-\infty}^{\infty}x(kT)\cdot\frac{\sin\left(\frac{\pi(t-kT)}{T}\right)}{\frac{\pi(t-kT)}{T}}.\tag{8.2.13}$$

可以看出,它需要具有未来时刻的采样值才能实现.但工业过程控制都是实时控制,而在实时情况下,只能获得当前及过去时刻的采样值,所以工业实践中一般不

利用这种理想的方法来重构信号.

至此,本节已经给出了采样信号的表示方法. 根据这种信号表示方法,借助连续系统中传递函数的概念,就可以讨论简单采样系统的信号传递关系.

例 8.2.1　给定对象如图 8.2.7 所示,其中输入信号为单位冲激信号,即 $u(t)=\delta(t)$,两个采样开关同步动作,周期为 T. 试求输入采样信号 $u^*(t)$与输出采样信号 $y^*(t)$之间的传递函数.

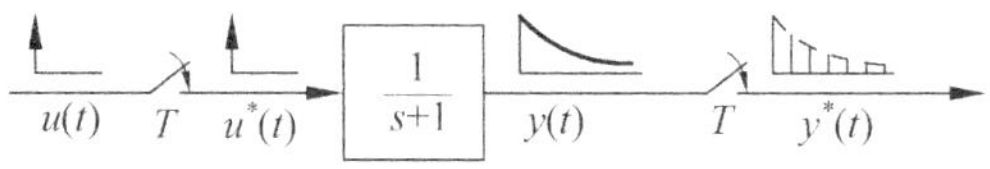

图 8.2.7　例 8.2.1 中的信号示意图

解　为直观起见,在图 8.2.7 中画出了各点信号的示意图. 由 $u(t)=\delta(t)$可知,经采样开关后的采样信号应为 $u^*(t)=\delta(t)$,它仍是一个单位冲激信号,它的拉普拉斯变换为 $U^*(s)=1$. 在单位冲激信号作用下,$G(s)=1/(s+1)$的输出就是它的单位冲激响应,即 $y=\mathrm{e}^{-t}$,这个输出信号是一个连续信号. 连续输出信号再经过输出端的采样开关就是输出采样信号

$$y^*(t)=1+\mathrm{e}^{-T}\delta(t-T)+\mathrm{e}^{-2T}\delta(t-2T)+\mathrm{e}^{-3T}\delta(t-3T)+\cdots,$$

它的拉普拉斯变换为

$$\begin{aligned}Y^*(s)&=1+\mathrm{e}^{-T}\mathrm{e}^{-Ts}+\mathrm{e}^{-2T}\mathrm{e}^{-2Ts}+\mathrm{e}^{-3T}\mathrm{e}^{-3Ts}+\cdots\\&=1+\mathrm{e}^{-T(s+1)}+\mathrm{e}^{-2T(s+1)}+\mathrm{e}^{-3T(s+1)}+\cdots\\&=\frac{1}{1-\mathrm{e}^{-T(s+1)}}\end{aligned}$$

根据传递函数的定义,采样信号 $u^*(t)$到 $y^*(t)$的传递函数是它们的拉普拉斯变换 $Y^*(s)$与 $U^*(s)$之比,故

$$G^*(s)=\frac{Y^*(s)}{U^*(s)}=\frac{1}{1-\mathrm{e}^{-T(s+1)}}$$

这里以 $G^*(s)$来代表采样信号之间的传递函数. □

从例 8.2.1 可见,经采样以后的系统的传递函数不同于原来连续系统的传递函数. 在这个简单的系统中,除了输出信号为离散信号外,采样系统输出信号与连续系统输出信号没有什么差别. 但对复杂一些的系统以及闭环控制系统,在包含采样器和不包含采样器时,它们的输出信号及系统性质可能会有极大的区别. 另外,利用拉普拉斯变换,从理论上讲,可以对各种采样系统求得相应的输入输出关系. 然而不难发现,在分析与设计这些系统时对这些传递函数的进一步处理却十分困难,因为这些传递函数都包括因子 $\exp(Ts)$,故而必须处理超越函数与超越方程才能处理采样系统的问题. 为此,在 8.3 节将介绍专门适合于采样系统处理的 z 变换方法.

8.2.3 保持器

保持器是工程实际中应用的、用来近似重构连续信号的装置. 这种近似重构的原理是将最近获得的 $n+1$ 个时刻的信号值(包括当前时刻的信号值)拟合为一个 n 次多项式,然后通过外推获得未来时刻的信号值. 实现这种由 n 次多项式外推未来信号值的装置就称为 n 阶保持器. 显然,保持器的阶越高,就越能准确重构原有的连续信号. 但实际上,最常用的保持器恰恰是最简单的**零阶保持器**,简记为 ZOH.

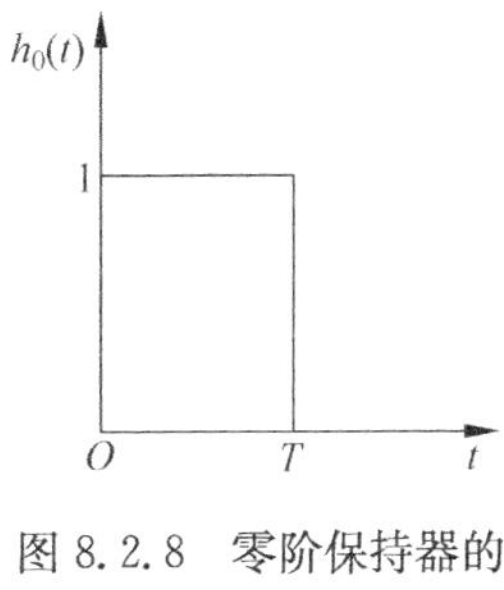

图 8.2.8 零阶保持器的输入输出特性

零阶保持器只利用当前时刻的信号值来估计从当前采样时刻到下一个采样时刻之间的信号值,它认为从当前采样时刻到下一个采样时刻之间的信号就等于当前时刻的信号值. 它的冲激响应可用图 8.2.8 表示. 在单位冲激信号输入下,它的输出保持为 1,到时刻 T 再变为零.

由于零阶保持器的冲激响应可以表示为 $h_0(t)=1(t)-1(t-T)$,所以它的传递函数为

$$H_0(s)=\frac{1-\mathrm{e}^{-Ts}}{s}. \tag{8.2.14}$$

令 $s=\mathrm{j}\omega$,可以得到零阶保持器的频率特性函数

$$\begin{aligned}H_0(\mathrm{j}\omega)&=\frac{1-\mathrm{e}^{-\mathrm{j}\omega T}}{\mathrm{j}\omega}=\frac{2}{\omega}\mathrm{e}^{-\frac{\mathrm{j}\omega T}{2}}\frac{\mathrm{e}^{\frac{\mathrm{j}\omega T}{2}}-\mathrm{e}^{-\frac{\mathrm{j}\omega T}{2}}}{2\mathrm{j}}\\&=\frac{2}{\omega}\sin\frac{\omega\pi}{\omega_s}\mathrm{e}^{-\mathrm{j}\frac{\omega\pi}{\omega_s}}=\frac{2\pi}{\omega_s}\cdot\frac{\sin\frac{\omega\pi}{\omega_s}}{\frac{\omega\pi}{\omega_s}}\mathrm{e}^{-\mathrm{j}\frac{\omega\pi}{\omega_s}}.\end{aligned} \tag{8.2.15}$$

零阶保持器的频率特性如图 8.2.9 所示,其中图 8.2.9(a)是 $H_0(\mathrm{j}\omega)$的极坐标图,图 8.2.9(b)表示 $H_0(\mathrm{j}\omega)$的幅值、相角与频率的关系. 从图中可以看出,相角在 $k\omega_s$ 时发生突变,这是因为当频率由 $k\omega_s^-$ 变化到 $k\omega_s^+$ 时,$\sin(\omega\pi/\omega_s)$改变正负号,从而产生±180°的相角跳变. 可以看出,零阶保持器是一个低通滤波器,所以回路中开环频率特性在高频处的幅值很低,基本不影响系统闭环稳定性的分析. 它在 $\omega=\omega_s$ 时产生 $-\pi$ 的相角,对系统频率特性的中频段会产生很大的影响,使系统的稳定性下降. 而在更高的频率处,相角跳变可以被记为 180°或−180°. 具体地讲,在频率越过 $\omega=\omega_s$ 时,相角应从 $-\pi$ 跳变为 -2π. 不过,如果采样频率选择得当,高于 ω_s 的频率成为系统的高频段,对一般分析没有太大影响. 所以为图形紧凑起见,图 8.2.9 中将相角画成从±180°跳变到 0°.

零阶保持器可以有效地衰减采样信号频谱中的补分量,这种特性可以用图 8.2.10

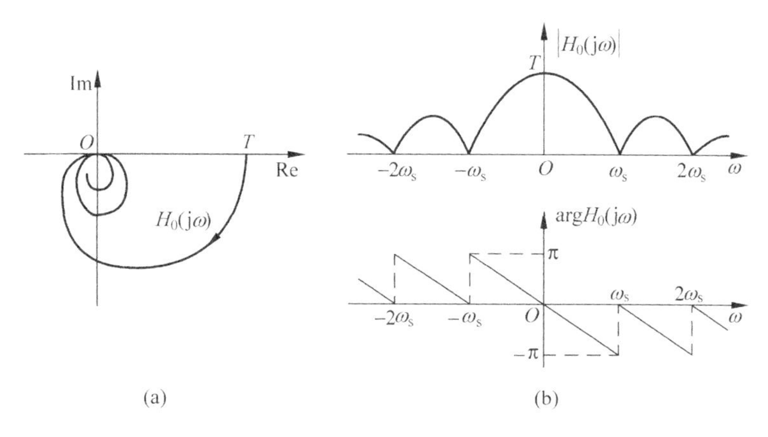

图 8.2.9　零阶保持器的频率特性

来表示. 在 $\omega=k\omega_s$ 处，虽然各个补分量达到最大值，但由于零阶保持器增益为零，所以在保持器的输出信号频谱中，各个补分量变得很小，而主分量却变化不大. 故而，保持器的输出信号较好地体现了原来的连续信号.

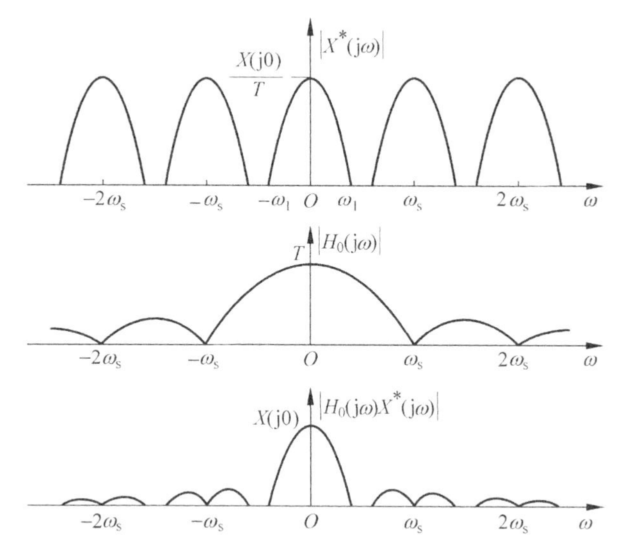

图 8.2.10　零阶保持器的低通滤波性能

零阶保持器的低通滤波性能取决于采样频率 ω_s，采样频率越高，保持器的输出就越接近原来的连续信号. 通常可以取 $\omega_s=(10\sim20)\omega_1$.

采用更高阶的保持器可以获得更理想的滤波特性，从而获得更接近连续信号的频谱. 譬如一阶保持器的幅值曲线在 $-\omega_s\sim\omega_s$ 范围内就比零阶保持器更接近理想滤波器，但它的相角滞后却要大得多，在 $\omega=\omega_s$ 时相角达到 $-279°$. 过多的相角滞后会减小系统的相角裕度，甚至使闭环系统不稳定，所以实际系统中很少采用高阶保持器.

例 8.2.2 给定图 8.2.11 中的两个系统,其中图 8.2.11(a)中有一个零阶保持器 ZOH,图 8.2.11(b)中没有保持器. 输入均为冲激函数序列

$$u^*(t)=\sum_{k=0}^{\infty}\delta(t-kT).$$

试求这两种情况下的输出响应.

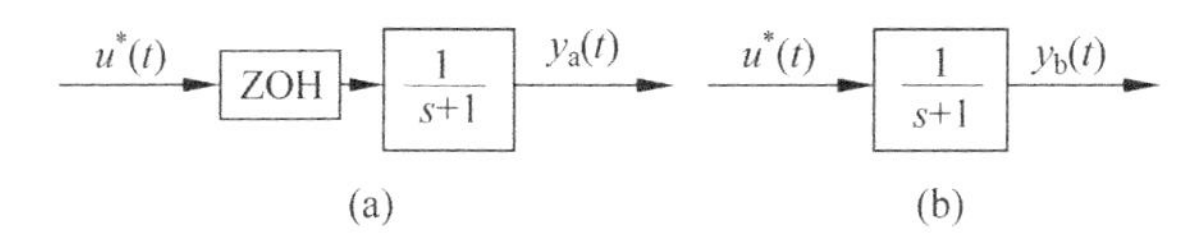

图 8.2.11 例 8.2.2 中的系统

解 (1) 本例中的输入信号实际相当于单位阶跃信号的理想采样,所以在图 8.2.11(a)中,零阶保持器后的连续信号就是单位阶跃信号. 由此可得

$$Y_a(s)=\frac{1}{s(s+1)}=\frac{1}{s}-\frac{1}{s+1},$$

$$y_a(t)=1-e^{-t}.$$

(2) 图 8.2.11(b)中没有保持器,作用在连续对象输入端的信号是一系列单位冲激信号,所以输出应该是彼此相隔一个采样周期的一系列单位冲激响应的叠加. 在区间 $0\leqslant t<T$ 内,

$$y_b(t)=e^{-t},\quad y_b(0)=1,\quad y_b(T)=e^{-T}.$$

在区间 $T\leqslant t<2T$ 内,令 $t=T+\tau,\tau=[0,T]$,就可以在初值为 e^{-T} 的条件下求解 $G(s)=1/(s+1)$ 的单位冲激响应. 由此可得

$$y_b(t)=e^{-T-\tau}+e^{-\tau}\cdot 1(t-T),\quad y_b(T)=1+e^{-T},\quad y_b(2T)=e^{-T}+e^{-2T}.$$

按照类似方法,在区间 $2T\leqslant t<3T$ 内,令 $t=2T+\tau$,可得

$$y_b(t)=e^{-2T-\tau}+e^{-T-\tau}\cdot 1(t-T)+e^{-\tau}\cdot 1(t-2T),$$

$$y_b(2T)=1+e^{-T}+e^{-2T},y_b(3T)=e^{-T}+e^{-2T}+e^{-3T}.$$

依此类推,可以得到输出 $y_b(t)$,它的形状如图 8.2.12 中的齿状曲线所示. 采样时刻 $t=nT$ 的输出表达式为

$$y_b(nT)=1+e^{-T}+e^{-2T}+\cdots+e^{-nT},$$

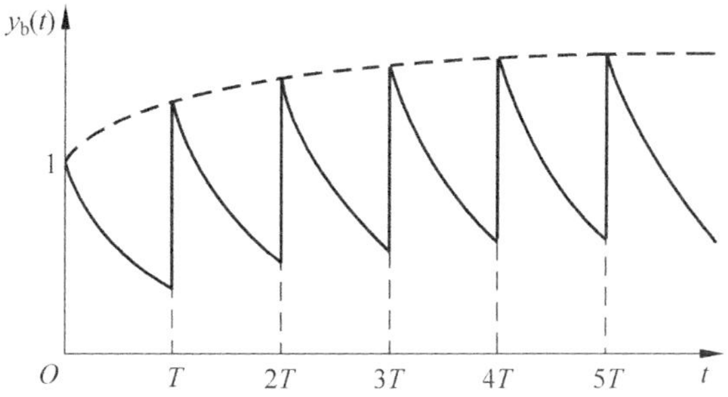

图 8.2.12 例 8.2.2 中的输出信号

所以，输出采样值是图中的虚线在各采样时刻的值. 当 $n\to\infty$ 时，$y_b(nT)\to 1/(1-e^{-T})$. □

例 8.2.2 说明，保持器可以较好地恢复采样信号所对应的连续信号，从而使连续对象产生预期的连续输出. 而在没有保持器的情况下，输出产生明显的波动，这不利于过程变量的稳定. 所以，除了前面讨论的关于信号恢复的理论解释之外，保持连续信号平稳变化则是生产过程控制系统为什么要采用保持器的物理解释之一.

8.3　z 变换

利用拉普拉斯变换求解采样系统的问题时，必然会包含 $\exp(Ts)$，从而在分析和设计中不可避免地会遇到超越方程. 这将给问题求解带来极大的困难. z 变换可以克服这一困难. 在采样系统中利用 z 变换，就可以像在连续系统中利用拉普拉斯变换一样求得合用的输入输出关系表达式，并利用 z 的 n 次多项式以及由这些多项式构成的有理函数来分析和设计采样系统. 所以在采样系统中，z 变换是非常有效的运算工具.

8.3.1　时间函数的 z 变换

设连续时间函数 $x(t)(t\geqslant 0)$ 的采样周期为 T，那么对时间函数 $x(t)$，它的 z **变换的定义**为

$$\begin{aligned} X(z) &= \mathcal{Z}[x(t)] = \sum_{k=0}^{\infty} x(kT)z^{-k} \\ &= x(0)+x(T)z^{-1}+x(2T)z^{-2}+\cdots+x(kT)z^{-k}+\cdots, \end{aligned} \tag{8.3.1}$$

其中，z^{-k} 中的 k 表明其系数 $x(kT)$ 发生的时刻.

上述 z 变换也称为**单边 z 变换**. 在单边 z 变换中，假定 $t<0$ 时 $x(t)=0$. 如果函数 $x(t)$ 在 $t=0$ 时不连续，那么取 $x(0)=x(0^+)$.

如果给定的时间函数是数值序列 $x(k)$，则其 z 变换定义为

$$X(z) = \sum_{k=0}^{\infty} x(k)z^{-k}. \tag{8.3.2}$$

例 8.3.1　试根据定义求单位阶跃函数 $x(t)=1(t)(t\geqslant 0)$ 的 z 变换.

解　根据 z 变换的定义，可以得到

$$X(z) = \mathcal{Z}[1(t)] = 1+z^{-1}+z^{-2}+\cdots+z^{-k}+\cdots.$$

令

$$x(z) = 1+z^{-1}+z^{-2}+\cdots+z^{-k}+\cdots.$$

当 $|z|>1$ 时，该级数收敛，这时

$$x(z) = 1 + z^{-1} + z^{-2} + \cdots + z^{-k} + \cdots = \frac{1}{1-z^{-1}} = \frac{z}{z-1}.$$

显然,级数 $x(z)$ 在它的收敛域 $|z|>1$ 上是解析的. 所以,单位阶跃函数的 z 变换是

$$\mathcal{Z}\{1(t)\} = \frac{z}{z-1}.$$

□

在例 8.3.1 中,有理函数 $X(z)$ 在除了 $z=1$ 之外的整个 z 平面上是解析的,而且在 $|z|>1$ 时与 $x(z)$ 的取值相等. 在数学上,称 $X(z)$ 为级数 $x(z)$ 从 $|z|>1$ 到整个 z 平面的**解析开拓**. 在上例中采用了这一概念,才得到在整个 z 平面上都有效的 z 变换.

对给定函数 $x(t)$,可以采用例 8.3.1 中的方法求得有理函数 $X(z)$ 及其收敛半径. 不过以后在求 $X(z)$ 时,只要知道收敛半径存在,就可以将该 $X(z)$ 当作 $x(t)$ 在整个 z 平面上都有效的 z 变换,而不需要特别说明该收敛半径的值.

常用函数的 z 变换已经被编制成 z 变换表. 8.6 节的表 8.6.2 是部分函数的 z 变换表,表中列出了时间函数和与其对应的拉普拉斯变换、z 变换以及修正的 z 变换. 关于修正的 z 变换将在 8.6 节中说明. 有了 z 变换表,一般情况下就不再需要根据定义来求一个给定时间函数的 z 变换. 如果给出的是某个时间函数的拉普拉斯变换,那么利用部分分式展开的方法,可以从拉普拉斯变换直接求得该时间函数的 z 变换.

例 8.3.2 求

$$X(s) = \frac{1}{s(s+1)}$$

的 z 变换.

解 将 $X(s)$ 展开为部分分式,可以得到

$$X(s) = \frac{1}{s(s+1)} = \frac{1}{s} - \frac{1}{s+1}.$$

再查 z 变换表即得

$$X(z) = \frac{1}{1-z^{-1}} - \frac{1}{1-e^{-T}z^{-1}} = \frac{(1-e^{-T})z^{-1}}{(1-z^{-1})(1-e^{-T}z^{-1})}$$

$$= \frac{(1-e^{-T})z}{(z-1)(z-e^{-T})}.$$

□

8.3.2 z 变换的性质

设 $x(t)$、$x_1(t)$ 和 $x_2(t)$ 在 $t<0$ 时均为 0,它们的 z 变换分别为 $X(z)$、$X_1(z)$ 和 $X_2(z)$,那么可以得到如下性质或定理.

(1) **线性性质**. 设 a 和 b 为任意常数,则

$$\mathcal{Z}[ax_1(t) + bx_2(t)] = aX_1(z) + bX_2(z). \tag{8.3.3}$$

□

z 变换的线性性质可以由定义直接证明.

(2) **实数位移定理**. 设 m 为零或正整数,那么

$$\mathcal{Z}[x(t-mT)] = z^{-m}X(z), \tag{8.3.4}$$

$$\mathcal{Z}[x(t+mT)] = z^{m}\left[X(z) - \sum_{k=0}^{m-1} X(kT)z^{-k}\right]. \tag{8.3.5}$$

证明　按定义,并令 $j=k-m$,则有

$$\mathcal{Z}[x(t-mT)] = \sum_{k=0}^{\infty} x(kT-mT)z^{-k} = z^{-m}\sum_{j=-m}^{\infty} x(jT)z^{-j}.$$

由于 $j<0$ 时,$x(jT)=0$,所以由上式可以得到

$$z^{-m}\sum_{j=-m}^{\infty} x(jT)z^{-j} = z^{-m}\sum_{j=0}^{\infty} x(jT)z^{-j} = z^{-m}X(z).$$

如此就得到式(8.3.4). 对式(8.3.5),只要按照定义将左侧展开即可证明. □

该定理也被称为 t 域内的位移定理.

(3) **初值定理**. 如果 $\lim\limits_{z\to\infty}X(z)$ 存在,那么

$$\lim_{t\to 0}x(t) = \lim_{z\to\infty}X(z). \tag{8.3.6}$$

□

将 $X(z)$ 展开成 z^{-1} 的级数,再令 $z\to\infty$,即可证明该定理.

(4) **终值定理**. 如果 $\lim\limits_{t\to\infty}x(t)$ 存在,$(1-z^{-1})X(z)$ 的所有极点在单位圆内,那么

$$\lim_{t\to\infty}x(t) = \lim_{z\to 1}(z-1)X(z) = \lim_{z\to 1}(1-z^{-1})X(z). \tag{8.3.7}$$

证明　按照 z 变换的定义以及实数位移定理,有

$$\mathcal{Z}[x(t)] = X(z) = \sum_{k=0}^{\infty} x(kT)z^{-k},$$

$$\mathcal{Z}[x(t-T)] = z^{-1}X(z) = \sum_{k=0}^{\infty} x(kT-T)z^{-k}.$$

两式相减,可得

$$\sum_{k=0}^{\infty} x(kT)z^{-k} - \sum_{k=0}^{\infty} x(kT-T)z^{-k} = X(z) - z^{-1}X(z).$$

对上式两端取 $z\to 1$ 时的极限,则有

$$\lim_{z\to 1}\left[\sum_{k=0}^{\infty} x(kT)z^{-k} - \sum_{k=0}^{\infty} x(kT-T)z^{-k}\right] = \lim_{z\to 1}[(1-z^{-1})X(z)].$$

因为 $\lim\limits_{t\to\infty}x(t)$ 存在,所以对上式左侧令 $z=1$ 并展开成级数,可得

$$\sum_{k=0}^{\infty} x(kT) - \sum_{k=0}^{\infty} x(kT-T) = [x(0)-x(-T)] + [x(T)-x(0)] + [x(2T)-x(T)] + \cdots = x(\infty).$$

在上式的推导中利用了 $t<0$ 时 $x(t)=0$ 的假定. 由此即可证明式(8.3.7). □

(5) **差分定理**. $x(kT)$ 与 $x(kT-T)$ 之间的第一后向差分的 z 变换为

$$\mathcal{Z}[x(kT)-x(kT-T)]=(1-z^{-1})X(z), \tag{8.3.8}$$

$x(kT+T)$与$x(kT)$之间的第一前向差分的z变换为

$$\mathcal{Z}[x(kT+T)-x(kT)]=(z-1)X(z)-zx(0). \tag{8.3.9}$$

□

上述定理可以利用平移定理证明.

(6) **实域卷积定理.** 卷积$x_1(t)*x_2(t)$的z变换为

$$\mathcal{Z}[x_1(t)*x_2(t)]=X_1(z)X_2(z), \tag{8.3.10}$$

其中

$$x_1(t)*x_2(t)=\sum_{m=0}^{k}x_1(mT)x_2(kT-mT)=\sum_{m=0}^{k}x_1(kT-mT)x_2(mT).$$

证明 按照定义,卷积$x_1(t)*x_2(t)$的z变换为

$$\mathcal{Z}\Big[\sum_{m=0}^{k}x_1(mT)x_2(kT-mT)\Big]=\sum_{k=0}^{\infty}\sum_{m=0}^{k}x_1(mT)x_2(kT-mT)z^{-k},$$

因为$m>k$时,$x_2(kT-mT)=0$,所以上式可以被改写为

$$\mathcal{Z}\Big[\sum_{m=0}^{k}x_1(mT)x_2(kT-mT)\Big]=\sum_{k=0}^{\infty}\sum_{m=0}^{\infty}x_1(mT)x_2(kT-mT)z^{-k}.$$

令$n=k-m$,则有

$$\begin{aligned}\mathcal{Z}\Big[\sum_{m=0}^{k}x_1(mT)x_2(kT-mT)\Big]&=\sum_{n+m=0}^{\infty}\sum_{m=0}^{\infty}x_1(mT)x_2(nT)z^{-(n+m)}\\&=\sum_{m=0}^{\infty}x_1(mT)z^{-m}\sum_{n=-m}^{\infty}x_2(nT)z^{-n}\\&=\sum_{m=0}^{\infty}x_1(mT)z^{-m}\sum_{n=0}^{\infty}x_2(nT)z^{-n}\\&=X_1(z)X_2(z).\end{aligned}$$

对$x_1(t)*x_2(t)=\sum\limits_{m=0}^{k}x_1(kT-mT)x_2(mT)$的情形可以按照类似方法证明. □

(7) **复数位移定理.** $x(t)\mathrm{e}^{\pm at}$的z变换为

$$\mathcal{Z}[x(t)\mathrm{e}^{\pm at}]=\mathcal{Z}[X(s\mp a)]=X(z\mathrm{e}^{\mp aT}). \tag{8.3.11}$$

□

该定理说明,$x(t)\mathrm{e}^{\pm at}$的z变换就是将$X(z)$中的z替换成$z\mathrm{e}^{\mp aT}$.

复数位移定理也被称为s域中的位移定理. 对$x(t)\mathrm{e}^{-at}$的情形可以通过如下简单的推导来证明:

$$\mathcal{Z}[x(t)\mathrm{e}^{-at}]=\sum_{k=0}^{\infty}x(kT)\mathrm{e}^{-akT}z^{-k}=\sum_{k=0}^{\infty}x(kT)(z\mathrm{e}^{aT})^{-k}=X(z\mathrm{e}^{aT}).$$

对$x(t)\mathrm{e}^{at}$情形可以按照类似方法证明.

(8) **复域微分定理.** $tx(t)$的z变换为

$$\mathcal{Z}[tx(t)]=-zT\frac{\mathrm{d}X(z)}{\mathrm{d}z}. \tag{8.3.12}$$

证明　将 $X(z)=\sum_{k=0}^{\infty}x(kT)z^{-k}$ 对 z 求导,可得

$$\frac{\mathrm{d}X(z)}{\mathrm{d}z}=\sum_{k=0}^{\infty}(-k)x(kT)z^{-k-1}.$$

将上式两边各乘以 $-zT$,可得

$$-zT\frac{\mathrm{d}X(z)}{\mathrm{d}z}=\sum_{k=0}^{\infty}(kT)x(kT)z^{-k}=\mathcal{Z}[tx(t)].$$ □

上面介绍了 z 变换的部分重要定理. 这些定理对分析采样系统的特性十分重要. 而且利用某些定理,可以从最基本的时间函数的 z 变换求得其他时间函数的 z 变换.

例 8.3.3　利用复数位移定理由 $\sin\omega_0 t$ 的 z 变换求 $\mathrm{e}^{-at}\sin\omega_0 t$ 的 z 变换.

解　查 z 变换表可得

$$\mathcal{Z}[\sin\omega_0 t]=\frac{z\sin\omega_0 T}{z^2-2z\cos\omega_0 T+1}.$$

由复数位移定理可知,用 $z\mathrm{e}^{aT}$ 取代上式中的 z,即得 $\mathrm{e}^{-at}\sin\omega_0 t$ 的 z 变换

$$\mathcal{Z}[\mathrm{e}^{-at}\sin\omega_0 t]=\frac{z\mathrm{e}^{aT}\sin\omega_0 T}{(z\mathrm{e}^{aT})^2-2z\mathrm{e}^{aT}\cos\omega_0 T+1}=\frac{z\mathrm{e}^{-aT}\sin\omega_0 T}{z^2-2z\mathrm{e}^{-aT}\cos\omega_0 T+\mathrm{e}^{-2aT}}.$$

□

例 8.3.4　利用复域微分定理由单位阶跃函数的 z 变换求单位斜坡函数的 z 变换.

解　单位阶跃函数的 z 变换为

$$\mathcal{Z}[1(t)]=\frac{z}{z-1},$$

根据复域微分定理,单位斜坡函数的 z 变换为

$$\mathcal{Z}[t]=\mathcal{Z}[t\cdot 1(t)]=-zT\frac{\mathrm{d}}{\mathrm{d}z}\left(\frac{z}{z-1}\right)=-zT\frac{-1}{(z-1)^2}=\frac{Tz}{(z-1)^2}.$$ □

8.3.3　反 z 变换

$X(z)$的反变换产生相应的时间序列 $x(kT)$,记为

$$x(kT)=\mathcal{Z}^{-1}\{X(z)\}. \tag{8.3.13}$$

计算**反 z 变换**的方法如下.

1. 部分分式分解法

由于 z 变换的线性性质,所以能够采用部分分式分解的方法来求一个复杂函数 $X(z)$的反 z 变换. 查看 z 变换表可知,各 z 变换表达式的分子都包含因子 z,故为了获得容易在 z 变换表中识别的形式,通常是对 $X(z)/z$ 进行部分分式分解,然

后根据分解后的简单 z 变换形式查找相应的时间函数. 部分分式分解方法是求反 z 变换最常用的方法,它可以给出时间序列的通项以便进一步分析与计算.

例 8.3.5 已知

$$X(z)=\frac{10z}{z^2-3z+2},$$

求时间函数 $x(t)$ 在采样时刻的序列值 $x(kT)$.

解 由

$$\frac{X(z)}{z}=\frac{10}{z^2-3z+2}=\frac{10}{z-2}-\frac{10}{z-1},$$

可得

$$X(z)=\frac{10z}{z-2}-\frac{10z}{z-1}.$$

查 z 变换表,可得

$$x(kT)=10\cdot 2^k-10,\quad (k=0,1,2,\cdots).$$ □

注意,若直接将 $X(z)$ 展开成部分分式形式,在 z 变换表中通常会找不到直接合用的时间函数. 这时,必须对分解后的形式利用位移定理才能求得 $X(z)$ 的反变换.

2. 长除法

对有理函数形式的 $X(z)$,将分子多项式和分母多项式写成 z^{-1} 的增幂形式,就可以通过直接相除的方法将其展开为 z^{-1} 的无穷幂级数. 在只需要求出该级数的前几项且不需要求得通项的时候,这种方法十分有效.

例 8.3.6 利用长除法求例 8.3.5 中函数 $X(z)$ 的反变换.

解

$$\begin{aligned}X(z)&=\frac{10z}{z^2-3z+2}=\frac{10z^{-1}}{1-3z^{-1}+2z^{-2}}\\&=10z^{-1}+30z^{-2}+70z^{-3}+150z^{-4}+\cdots.\end{aligned}$$

这些系数与例 8.3.5 的结果完全一致. □

3. 反演积分法

反 z 变换的反演积分计算式为

$$x(kT)=\sum[X(z)z^{k-1}\text{ 在 }X(z)\text{ 的极点处的留数}].\tag{8.3.14}$$

根据 z 变换的定义,有

$$X(z)=x(0)+x(T)z^{-1}+x(2T)z^{-2}+\cdots+x(kT)z^{-k}+\cdots.$$

以 z^{k-1} 乘上式两端,可得

$$z^{k-1}X(z)=x(0)z^{k-1}+x(T)z^{k-2}+x(2T)z^{k-3}+\cdots+x(kT)z^{-1}+\cdots.$$

设 z 平面上的闭合曲线 C 包围了 $z^{k-1}X(z)$ 的所有极点. 现在,沿闭合曲线 C 对上式两边求积分. 由复变函数理论可知,上式右边各项的积分除 z^{-1} 项外均为零,所

以可得

$$x(kT)=\frac{1}{2\pi j}\oint_{C}X(z)z^{k-1}dz.$$

再由留数定理,即得式(8.3.14).

例 8.3.7　利用反演积分法求例 8.3.5 中函数 $X(z)$的反变换.

解　首先计算 $z^{k-1}X(z)$的留数. 表达式

$$z^{k-1}X(z)=\frac{10z^k}{(z-1)(z-2)}$$

在极点 $z=1$ 与 $z=2$ 的留数分别为

$$\left[\frac{10z^k}{(z-1)(z-2)}\cdot(z-1)\right]_{z=1}=-10,$$

$$\left[\frac{10z^k}{(z-1)(z-2)}\cdot(z-2)\right]_{z=2}=10\cdot 2^k,$$

所以

$$\begin{aligned}x(kT)&=[X(z)z^{k-1}\text{ 在 }z=1\text{ 处的留数}]+[X(z)z^{k-1}\text{ 在 }z=2\text{ 处的留数}]\\&=-10+10\cdot 2^k,\quad(k=0,1,2,\cdots).\end{aligned}$$

□

8.4　脉冲传递函数

采样系统中采样输入信号与采样输出信号之间的传递关系用脉冲传递函数来表示. 图 8.4.1 所示的是一个采样系统,脉冲传递函数表示 $u^*(t)$到 $y^*(t)$的传递关系.

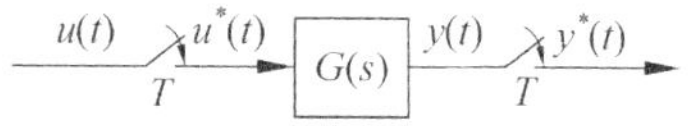

在零初始条件下求 $u^*(t)$到 $y^*(t)$的拉普拉斯变换,利用输出、输入拉普拉斯变换的比就可以得到采样系统在 s 域的脉冲传递函数 $G^*(s)=Y^*(s)/U^*(s)$. 不过,前面已经指出,对 s 域的脉冲传递函数进行数学处理较为困难,所以下面主要采用 z 变换来讨论采样系统的问题. 于是,采样系统的**脉冲传递函数**被定义为

图 8.4.1　采样系统的输入与输出关系

$$G(z)=\frac{Y(z)}{U(z)}.\tag{8.4.1}$$

式(8.4.1)的脉冲传递函数也称为 z **传递函数**,以强调它与 s 域传递函数的区别.

8.4.1　脉冲传递函数的推导

在给定连续对象传递函数的情况下,需要求得输出采样信号的表达式才能够计算相应的脉冲传递函数. 对采样系统,在采样时刻 $t=kT$ 时的输出值可以用**卷积和**的形式来表示:

$$
\begin{aligned}
y(kT) &= g(t)u(0) + g(t-T)u(T) + g(t-2T)u(2T) + \cdots + g(t-kT)u(kT) \\
&= \sum_{n=0}^{k} g(t-nT)u(nT) = \sum_{n=0}^{k} g(kT-nT)u(nT) \\
&= u(kT) * g(kT).
\end{aligned} \tag{8.4.2}
$$

上式表示 $y(kT)$是 $u(kT)$和 $g(kT)$的卷积和,其中 $g(t)$是连续对象 $G(s)$的单位冲激响应. 令 $m=k-n$,上式中的卷积和也可以被记为

$$
u(kT) * g(kT) = \sum_{m=0}^{k} u(kT-mT)g(mT). \tag{8.4.3}
$$

对 $u^*(t)$取 z 变换,可得

$$
U(z) = \sum_{n=0}^{\infty} u(nT)z^{-n}. \tag{8.4.4}
$$

对比式(8.4.4)与 $U^*(s) = \sum_{n=0}^{\infty} u(nT)e^{-nTs}$,可见复变量 z 与 s 的关系为

$$
z = e^{Ts}. \tag{8.4.5}
$$

对 $y^*(t)$取 z 变换,可得

$$
Y(z) = \sum_{k=0}^{\infty} y(kT)z^{-k} = \sum_{k=0}^{\infty}\sum_{n=0}^{k} g(kT-nT)u(nT)z^{-k}. \tag{8.4.6}
$$

考虑到 $G(s)$是一个因果系统,只在有输入之后才有输出,所以有

$$
\begin{aligned}
\sum_{n=0}^{\infty} g(kT-nT)u(nT) &= g(kT)u(0) + g(kT-T)u(T) + \cdots \\
&\quad + g(T)u(kT-T) + g(0)u(kT) \\
&\quad + g(-T)u(kT+T) + \cdots \\
&= g(kT)u(0) + g(kT-T)u(T) + \cdots \\
&\quad + g(T)u(kT-T) + g(0)u(kT) \\
&= \sum_{n=0}^{k} g(kT-nT)u(nT).
\end{aligned} \tag{8.4.7}
$$

将上式代入式(8.4.6),可得

$$
\begin{aligned}
Y(z) &= \sum_{k=0}^{\infty}\sum_{n=0}^{\infty} g(kT-nT)u(nT)z^{-k} \\
&= \sum_{m=0}^{\infty}\sum_{n=0}^{\infty} g(mT)u(nT)z^{-(n+m)} = \sum_{m=0}^{\infty} g(mT)z^{-m}\sum_{n=0}^{\infty} u(nT)z^{-n} \\
&= \sum_{m=0}^{\infty} g(mT)z^{-m} \cdot U(z),
\end{aligned} \tag{8.4.8}
$$

其中 $m=k-n$. 由于 $Y(z)=G(z)U(z)$,所以系统的脉冲传递函数为

$$
G(z) = \sum_{m=0}^{\infty} g(mT)z^{-m}. \tag{8.4.9}
$$

上述过程实际上也给出了一种脉冲传递函数的推导方法. 在图 8.4.1 所示的

系统中,$G(s)$的输出为$Y(s)=G(s)U^*(s)$,所以它的z变换应为

$$Y(z)=\mathcal{Z}[Y(s)]=\mathcal{Z}[G(s)U^*(s)]. \tag{8.4.10}$$

但输出又可以被表示为$Y(z)=G(z)U(z)$,所以

$$\mathcal{Z}[G(s)U^*(s)]=G(z)U(z). \tag{8.4.11}$$

式(8.4.11)在推导脉冲传递函数时十分有用.

例 8.4.1　求图 8.4.2 所示串联系统的脉冲传递函数.

$u(t)$ —T— $u^*(t)$ → $G_1(s)$ → $y_1(t)$ —T— $y_1^*(t)$ → $G_2(s)$ → $y(t)$ —T— $y^*(t)$ →

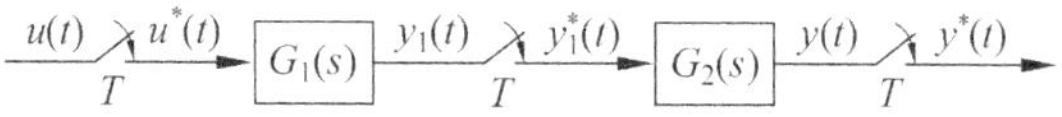

图 8.4.2　例 8.4.1 的系统框图

解　从图 8.4.2 可以看出,$Y_1(s)=G_1(s)U^*(s)$,由式(8.4.11)可知,对该式进行z变换可以得到$Y_1(z)=G_1(z)U(z)$. 又$Y(s)=G_2(s)Y_1^*(s)$,所以$Y(z)=G_2(z)Y_1(z)$. 最终可得

$$Y(z)=G_2(z)G_1(z)U(z)=G(z)U(z).$$

这说明,对由采样器串联连接的两个对象$G_1(s)$和$G_2(s)$构成的采样系统,它的脉冲传递函数为$G(z)=G_1(z)G_2(z)$.　□

例 8.4.2　求图 8.4.3 所示串联系统的脉冲传递函数.

$u(t)$ —T— $u^*(t)$ → $G_1(s)$ → $y_1(t)$ → $G_2(s)$ → $y(t)$ —T— $y^*(t)$ →

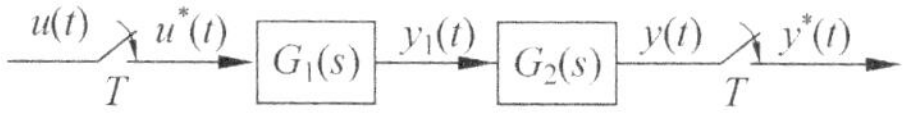

图 8.4.3　例 8.4.2 的系统框图

解　本例中两个串联的连续对象传递函数之间不存在采样器,所以系统的输出应记为

$$Y(s)=G_2(s)G_1(s)U^*(s)=G(s)U^*(s),$$

式中$G(s)=G_1(s)G_2(s)$. 进行z变换,可得$Y(z)=G(z)U(z)$. 其中

$$G(z)=G_1G_2(z)=\sum_{m=0}^{\infty}g(mT)z^{-m},\quad g(t)=\mathcal{L}^{-1}[G_1(s)G_2(s)].$$　□

需要指出的是,对两个串联的连续对象$G_1(s)$和$G_2(s)$,如果它们之间存在采样器,可以得到脉冲传递函数$G(z)=G_1(z)G_2(z)$. 但在没有采样器的情况下,一般$G(z)\neq G_1(z)G_2(z)$,此时必须将两个串联连续对象看成一个连续对象$G(s)=G_1(s)G_2(s)$,然后进行z变换. 在本章后面的叙述中,对两个连续函数的拉普拉斯变换$X(s)$和$Y(s)$,为书写简单及清晰起见,经常用$XY(z)$来表示$X(s)$和$Y(s)$的乘积的z变换,即$XY(z)=\mathcal{Z}[X(s)Y(s)]$.

例 8.4.3　求图 8.4.4 所示系统的闭环脉冲传递函数.

解　由图可知

$$E(s)=R(s)-V(s)=R(s)-F(s)C(s)=R(s)-F(s)G(s)E^*(s),$$

所以

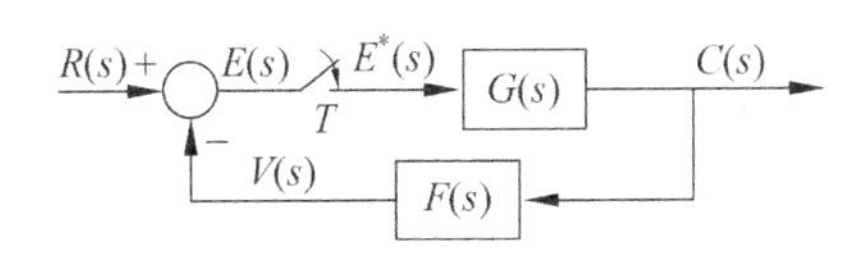

图 8.4.4 例 8.4.3 的系统框图

$$E(z)=R(z)-V(z)=R(z)-FG(z)E(z).$$

由此得

$$E(z)=\frac{R(z)}{1+FG(z)}.$$

再由 $C(s)=G(s)E^*(s)$，可得 $C(z)=G(z)E(z)$. 代入上式，便得

$$C(z)=\frac{G(z)R(z)}{1+FG(z)}.$$

所以闭环脉冲传递函数为

$$\frac{C(z)}{R(z)}=\frac{G(z)}{1+FG(z)}.$$ □

图 8.4.4 的输出端没有画出采样器. 由于采样系统的脉冲传递函数只涉及采样时刻的输入和输出，所以，可以设想系统的输出端存在一个采样器. 就是说，在该图所示的采样系统中，不讨论 $R(s)$ 至 $C(s)$ 的传递关系，而是讨论 $R^*(s)$ 至 $C^*(s)$ 的传递关系，或者说讨论 $r^*(t)$ 至 $c^*(t)$ 的传递关系.

例 8.4.4 求图 8.4.5 所示系统的输出采样信号的 z 变换.

解 由图可得

$$\begin{aligned}C(s)&=G(s)E(s)\\&=G(s)[R(s)-V(s)]\\&=G(s)R(s)-G(s)F(s)C^*(s).\end{aligned}$$

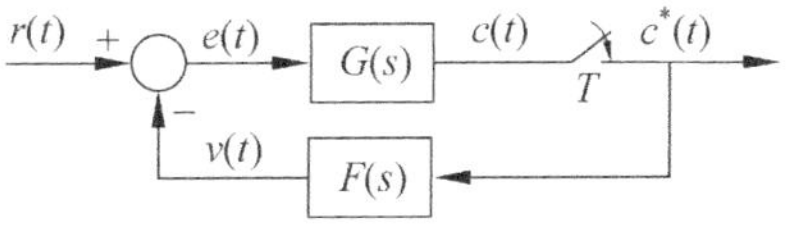

图 8.4.5 例 8.4.4 的系统框图

对上式两边的信号进行 z 变换，可得

$$C(z)=GR(z)-GF(z)C(z),$$

故输出采样信号的 z 变换为

$$C(z)=\frac{GR(z)}{1+GF(z)}.$$ □

在上例中，尽管能够得到输出信号的 z 变换表达式，但由于式中不存在输入采样信号的 z 变换 $R(z)$，所以无法求得该系统的闭环脉冲传递函数.

另外，从上面的示例可以看出，采样器的位置直接影响输出及脉冲传递函数. 在采样系统中会出现这样的情况：即连续对象在回路中的位置相同，但却因为采样器位置的不同而具有不同的闭环脉冲传递函数. 表 8.4.1 列出几个简单采样系统以及它们的输出来说明这种情况，这几个系统具有相同的前向通道及反馈通道连续传递函数，但采样器位置不同. 表中各个采样开关同步工作，且采样周期相同.

在一张表格中罗列出所有的采样系统结构及其输出是不可能的，所以在遇到具体采样系统时要观察采样器的位置，并进行必要的推导来获得闭环脉冲传递函数或者输出的 z 变换.

表 8.4.1　采样系统的结构及其输出示例

系统框图	输　出
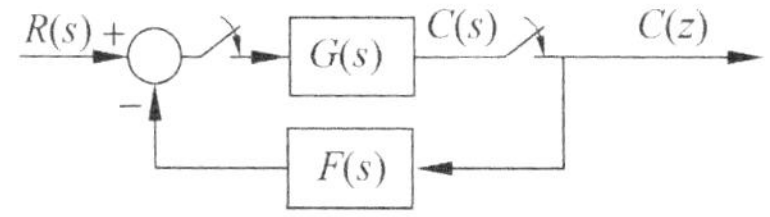 $R(s)$ + − $G(s)$ $C(s)$ $C(z)$ $F(s)$	$C(z)=\dfrac{G(z)R(z)}{1+G(z)F(z)}$
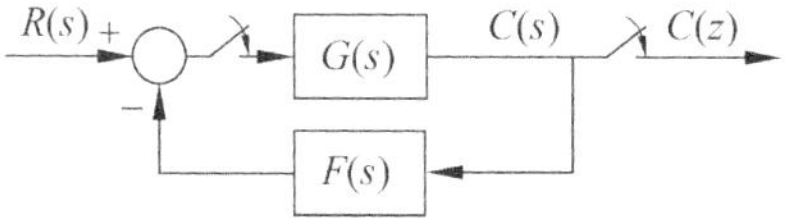 $R(s)$ + − $G(s)$ $C(s)$ $C(z)$ $F(s)$	$C(z)=\dfrac{G(z)R(z)}{1+GF(z)}$
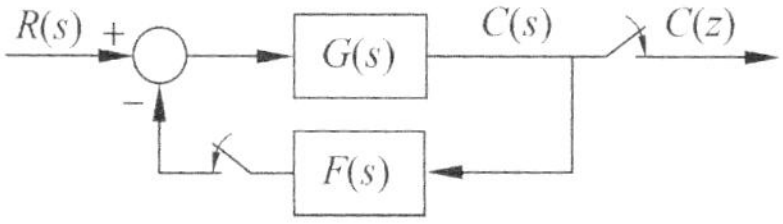 $R(s)$ + − $G(s)$ $C(s)$ $C(z)$ $F(s)$	$C(z)=GR(z)-\dfrac{G(z)FGR(z)}{1+GF(z)}$
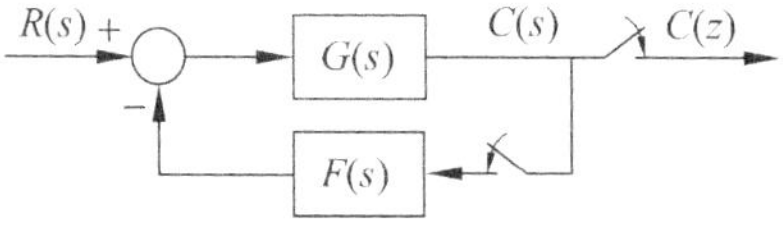 $R(s)$ + − $G(s)$ $C(s)$ $C(z)$ $F(s)$	$C(z)=\dfrac{GR(z)}{1+GF(z)}$

在上述诸示例中,采样系统的输出具有

$$C(z)=\frac{GR(z)}{\varphi_{c}(z)}\quad 或 \quad C(z)=\frac{G(z)R(z)}{\varphi_{c}(z)} \tag{8.4.12}$$

的形式,闭环脉冲传递函数具有

$$G_{CL}(z)=\frac{B(z)}{\varphi_{c}(z)} \tag{8.4.13}$$

的形式,其中 $B(z)$是 z 的多项式. 由此可以得到**采样系统的闭环特征方程**

$$\varphi_{c}(z)=0. \tag{8.4.14}$$

闭环特征方程的根称为**采样系统的闭环极点**,它们直接决定闭环系统的稳定性,并对闭环系统的时间响应有重要影响. 另外,$B(z)=0$ 的根也称为闭环零点,它们和闭环极点一道决定闭环时间响应.

8.4.2　脉冲传递函数的计算

对图 8.4.1 所示的系统,式(8.4.9)给出了一种计算脉冲传递函数的基本方法,即利用连续对象的冲激响应得到一个无穷幂级数,该无穷幂级数的和就是该系统的脉冲传递函数. 不过,对大部分系统而言,这样的计算都比较繁冗,而且不易得出便于使用的有理函数形式,所以更多的情况是采用 z 变换表. 具体的做法是,首先计算两个采样器之间的所有对象的传递函数的积,然后通过部分分式展开方法将它表示成若干一阶和二阶传递函数的和,再查找 z 变换表得到这些传递函数所对应的 z 变换,最终通过适当的计算获得所求的脉冲传递函数.

例 8.4.5　设图 8.4.1 中的传递函数 $G(s)=1/(s+2)$,试利用定义求系统的脉冲传递函数.

解　$G(s)$所示对象的冲激响应为

$$g(t)=\mathcal{L}^{-1}\left(\frac{1}{s+2}\right)=\mathrm{e}^{-2t}.$$

所以

$$\begin{aligned}G(z)&=\mathcal{Z}[g(t)]=1+\mathrm{e}^{-2T}z^{-1}+\mathrm{e}^{-4T}z^{-2}+\mathrm{e}^{-6T}z^{-3}+\mathrm{e}^{-8T}z^{-4}+\cdots\\&=1+(\mathrm{e}^{2T}z)^{-1}+(\mathrm{e}^{2T}z)^{-2}+(\mathrm{e}^{2T}z)^{-3}+(\mathrm{e}^{2T}z)^{-4}+\cdots\\&=\frac{1}{1-(\mathrm{e}^{2T}z)^{-1}}.\\&=\frac{z}{z-\mathrm{e}^{-2T}}.\end{aligned}$$

□

例 8.4.6　设图 8.4.4 所示系统中的连续传递函数为

$$G(s)=\frac{K}{(s+1)(s+2)},\quad F(s)=1,$$

试求闭环系统的脉冲传递函数.

解　由例 8.4.3 可知,系统的闭环脉冲传递函数为

$$G_{\mathrm{CL}}(z)=\frac{G(z)}{1+FG(z)}=\frac{G(z)}{1+G(z)}.$$

由于

$$G(s)=\frac{K}{(s+1)(s+2)}=\frac{K}{s+1}-\frac{K}{s+2},$$

所以,系统的开环及闭环脉冲传递函数分别为

$$\begin{aligned}G(z)&=\mathcal{Z}[G(s)]=\mathcal{Z}\left[\frac{K}{s+1}-\frac{K}{s+2}\right]\\&=\frac{Kz}{z-\mathrm{e}^{-T}}-\frac{Kz}{z-\mathrm{e}^{-2T}}=\frac{Kz(\mathrm{e}^{-T}-\mathrm{e}^{-2T})}{(z-\mathrm{e}^{-T})(z-\mathrm{e}^{-2T})},\end{aligned}$$

$$G_{\mathrm{CL}}(z)=\frac{G(z)}{1+G(z)}=\frac{Kz(\mathrm{e}^{-T}-\mathrm{e}^{-2T})}{(z-\mathrm{e}^{-T})(z-\mathrm{e}^{-2T})+Kz(\mathrm{e}^{-T}-\mathrm{e}^{-2T})}.$$

□

在实际应用中,多数采样系统中都具有保持器.图 8.4.6 是一个典型的带有零阶保持器的闭环采样控制系统.

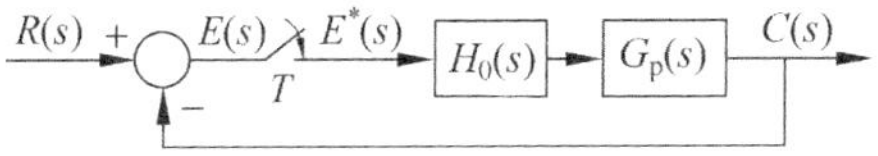

图 8.4.6　带有零阶保持器的闭环系统

显然,图 8.4.6 中的前向通道由连续对象传递函数 $G_{\mathrm{p}}(s)$和零阶保持器传递函数 $H_0(s)$组成,所以前向通道传递函数为

$$G(s)=H_0(s)G_{\mathrm{p}}(s)=\frac{1-\mathrm{e}^{-Ts}}{s}\cdot G_{\mathrm{p}}(s)=(1-\mathrm{e}^{-Ts})\cdot\frac{G_{\mathrm{p}}(s)}{s}.\tag{8.4.15}$$

记 $X(s)=G_p(s)/s$，则开环脉冲传递函数应为

$$G(z)=\mathcal{Z}[(1-e^{-Ts})X(s)]=\mathcal{Z}\left[(1-e^{-Ts})\cdot\frac{G_p(s)}{s}\right]. \tag{8.4.16}$$

因为

$$G(s)=(1-e^{-Ts})X(s)=X(s)-e^{-Ts}X(s), \tag{8.4.17}$$

所以

$$g(t)=x(t)-x(t-T)\cdot 1(t-T). \tag{8.4.18}$$

再利用 z 变换的线性性质及平移定理，可得 $G(z)=X(z)-z^{-1}X(z)=(1-z^{-1})X(z)$，即系统的开环脉冲传递函数为

$$G(z)=(1-z^{-1})\times\mathcal{Z}\left[\frac{G_p(s)}{s}\right]. \tag{8.4.19}$$

例 8.4.7 设图 8.4.6 所示系统中对象传递函数为

$$G_p(s)=\frac{K}{s(s+1)},$$

试求闭环系统的脉冲传递函数.

解 为求图 8.4.6 所示系统中的闭环脉冲传递函数，必须先求取开环脉冲传递函数 $G(z)$. 由于

$$X(s)=\frac{G_p(s)}{s}=\frac{1}{s^2}-\frac{1}{s}+\frac{1}{s+1},$$

查 z 变换表可得

$$\begin{aligned}\mathcal{Z}[X(s)]&=\mathcal{Z}\left[\frac{1}{s^2}-\frac{1}{s}+\frac{1}{s+1}\right]=\frac{Tz}{(z-1)^2}-\frac{z}{z-1}+\frac{z}{z-e^{-T}}\\&=\frac{z(T+1-z)}{(z-1)^2}+\frac{z}{z-e^{-T}},\end{aligned}$$

所以

$$\begin{aligned}G(z)&=(1-z^{-1})X(z)=\frac{z-1}{z}\cdot\left[\frac{z(T+1-z)}{(z-1)^2}+\frac{z}{z-e^{-T}}\right]\\&=\frac{T+1-z}{z-1}+\frac{z-1}{z-e^{-T}}\\&=\frac{(T-1+e^{-T})z-(T+1)e^{-T}+1}{z^2-(1+e^{-T})z+e^{-T}}.\end{aligned}$$

而闭环脉冲传递函数则为

$$G_{CL}(z)=\frac{G(z)}{1+G(z)}=\frac{(T-1+e^{-T})z-(T+1)e^{-T}+1}{z^2+(T-2)z+1-Te^{-T}}.$$ □

8.5 采样系统的稳定性分析

一个可以工作的采样系统必须是稳定的，所以采样系统的稳定性是系统设计中首先要保证的性质. 为此需要讨论闭环采样系统稳定的条件以及各种判断闭环稳定性的方法.

8.5.1 s平面与z平面之间的映射

连续闭环控制系统的稳定性取决于闭环传递函数的极点在 s 平面中的位置：左半 s 平面的极点表示系统稳定，极点距离虚轴的远近代表振幅衰减的快慢. 因为 $z=\exp(Ts)$，所以采样系统的稳定性可以用闭环脉冲传递函数的极点在 z 平面内的位置来确定. 在连续系统的章节中详细讨论了闭环传递函数极点位置与稳定性及闭环响应的关系，故而了解 z 平面内极点位置与 s 平面内极点位置的对应关系对研究闭环采样系统的稳定性及闭环响应非常有用.

令复变量 $s=\sigma+\mathrm{j}\omega$，则有

$$z=\mathrm{e}^{Ts}=\mathrm{e}^{T\sigma}\mathrm{e}^{\mathrm{j}T\omega}=\mathrm{e}^{T\sigma}\mathrm{e}^{\mathrm{j}(T\omega+2k\pi)},\quad (k=0,\pm1,\pm2,\cdots). \tag{8.5.1}$$

由式(8.5.1)可见，s 平面的虚轴相当 $\sigma=0$，它在 z 平面的映射为 $\exp(T\sigma)=\exp(0)=1$. 众所周知，s 平面的稳定区域为左半 s 平面，即稳定的闭环极点应满足 $\mathrm{Re}\{s\}<0$，所以闭环采样系统的稳定极点应满足

$$|z|<1. \tag{8.5.2}$$

就是说，整个左半 s 平面对应于 z 平面上以原点为圆心的单位圆内部.

设采样系统的闭环特征方程为

$$\varphi_{\mathrm{c}}(z)=a_nz^n+a_{n-1}z^{n-1}+a_{n-2}z^{n-2}+\cdots+a_1z+a_0=0, \tag{8.5.3}$$

那么根据 s 平面稳定区域与 z 平面稳定区域的对应关系可以得出结论：闭环**采样系统稳定的充分必要条件**是闭环特征方程 $\varphi_{\mathrm{c}}(z)=0$ 的根(或者说闭环脉冲传递函数的极点)在 z 平面上以原点为圆心的单位圆内部.

由式(8.5.1)还可以看出，z 平面内的一个点与 s 平面内的无数个点相对应，这些点的频率相差 $\omega_{\mathrm{s}}=2\pi/T$ 的整数倍. 图 8.5.1 表示 s 平面上的周期性频带与 z 平面上的单位圆之间的对应关系. 当位于 s 平面 $\mathrm{j}\omega$ 轴上的点由 $-\mathrm{j}\omega_{\mathrm{s}}/2$ 运动到

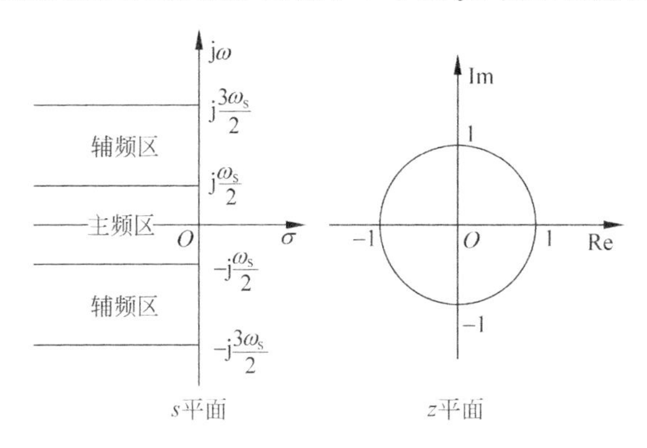

图 8.5.1 s 平面上的周期频带与 z 平面上的单位圆

$\mathrm{j}\omega_s/2$ 时，z 平面上的点从 -1 出发沿单位圆逆时针绕行一圈，而当位于 $\mathrm{j}\omega$ 轴上的点由 $\mathrm{j}\infty$ 运动到 $\mathrm{j}\infty$ 时，z 平面上的点沿单位圆逆时针绕行无数圈. 因而左半 s 平面可以被划分为无数个宽度为 ω_s 的带域，其中由 $-\mathrm{j}\omega_s/2$ 到 $\mathrm{j}\omega_s/2$ 的带域被称为**主频区**，其他带域被称为**辅频区**，每个频区都被映射为单位圆的内部. 不过，按照采样定理，实际采样频率高于系统中最高频率的两倍，即 $\omega<\omega_s/2$. 所以尽管 z 平面上单位圆内的一个点在理论上与 s 平面上无数个点相对应，但实际上可以认为它只与主频区的点相对应. 根据这样的理解，在今后绘制的 s 平面中将不再标记辅频区.

下面讨论 s 平面上的稳定极点在 z 平面上的相应位置. 设一个极点为 $s_1=\sigma_1+\mathrm{j}\omega_1$. 如图 8.5.2 所示，因为 $\sigma_1<0$，所以该极点代表衰减的时间响应. 由式(8.5.1)可知，s 平面上所有具有衰减率 σ_1 的点被映射到 z 平面上单位圆内部的、半径为 $\exp(T\sigma_1)$ 的圆，这种圆被称为等 σ 曲线. z 平面上所有等 σ 曲线都是圆心在原点的圆. 而 s 平面上所有具有频率 ω_1 的点则被映射到 z 平面上从原点出发的射线，它与正实轴的幅角为 $T\omega_1$，这些射线被称为等 ω 曲线. z 平面上所有等 ω 曲线都是过原点的射线. 显然该圆与该射线的交点 z_1 就代表与 s_1 相对应的脉冲传递函数极点. 由图8.5.2很容易推知 s 平面上其他等 σ 轨线和等 ω 轨线在 z 平面上的映射. 读者如果熟悉 s 平面上极点所对应的时间响应特性，就很容易根据 z 平面上的极点位置来判断采样系统的时间响应特性.

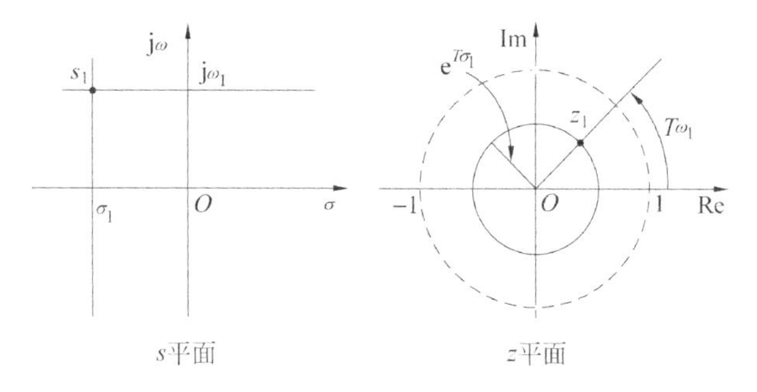

图 8.5.2　等 σ 轨线与等 ω 轨线

s 平面中另一个表示时间响应特性的参数是阻尼系数 ζ. 在 s 平面中，具有相同阻尼系数的点可以用 $s=-\zeta\omega_n+\mathrm{j}\omega_n\sqrt{1-\zeta^2}$ 表示. 由于 $\omega_n=\omega_d/\sqrt{1-\zeta^2}$，$T=2\pi/\omega_s$，所以

$$
\begin{aligned}
z&=\exp(Ts)=\exp(-\zeta\omega_n T+\mathrm{j}\omega_d T)\\
&=\exp\left(-\frac{2\pi\zeta}{\sqrt{1-\zeta^2}}\frac{\omega_d}{\omega_s}+\mathrm{j}2\pi\frac{\omega_d}{\omega_s}\right).
\end{aligned}\tag{8.5.4}
$$

因此在 z 平面中，等 ζ 曲线是一条对数螺线. 当 ω_d/ω_s 给定时，z 的模仅为 ζ 的函数，幅角为常数. 图 8.5.3 是以 ω_d/ω_s 为自变量作出的等 ζ 轨线，单位圆相当 $\zeta=0$，从单位圆到原点方向的四条对数螺线分别对应 $\zeta=0.1,0.3,0.5,0.7$.

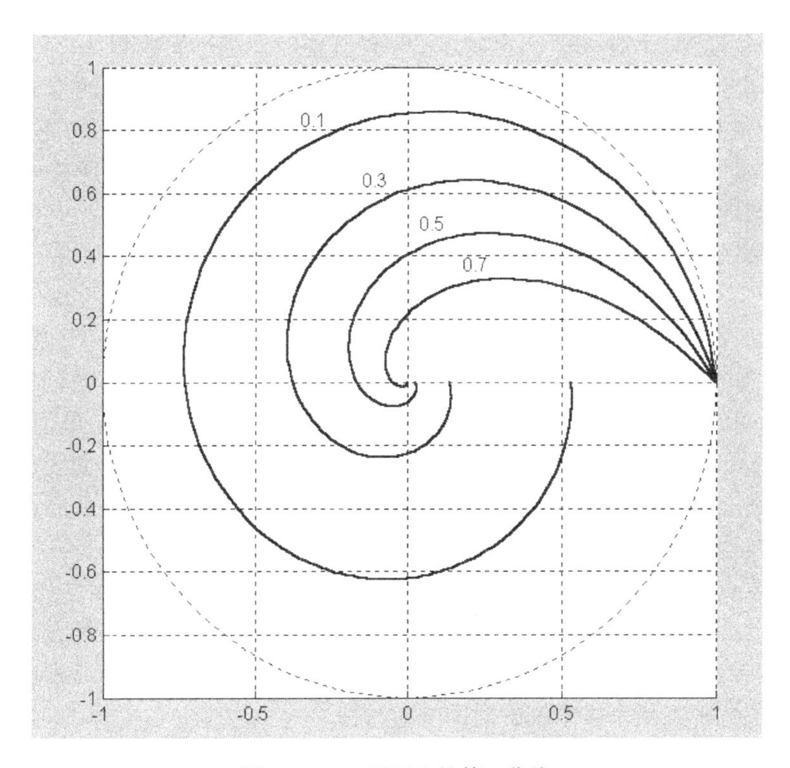

图 8.5.3　z 平面上的等 ζ 曲线

8.5.2　z 平面上的稳定性分析方法

前面已经得出结论,闭环采样系统稳定性的条件是闭环特征方程 $\varphi_c(z)=0$ 的根(闭环极点)在单位圆内. 不过在许多情况下,计算闭环特征方程的根不是一件轻松的工作,而且通过计算闭环极点的位置来判断稳定性的这种直接方法对分析系统的稳定性、设计控制器十分不方便. 所以像在连续系统中那样,为使控制系统的分析与设计更加方便,需要寻找一些不必计算闭环极点就能判断稳定性的方法. 下面介绍几种判断采样系统闭环稳定性的方法.

1. 朱里判据

朱里(Jury)判据是一种判断闭环稳定性的代数方法. 设闭环特征多项式为

$$\varphi_c(z) = a_n z^n + a_{n-1} z^{n-1} + a_{n-2} z^{n-2} + \cdots + a_1 z + a_0, \tag{8.5.5}$$

其中 $a_n>0$. 利用该特征多项式的系数并经过适当计算可以得到如下**朱里阵列**:

	z^0	z^1	z^2			z^{n-1}	z^n
1	a_0	a_1	a_2	…	…	a_{n-1}	a_n
2	a_n	a_{n-1}	a_{n-2}	…	…	a_1	a_0
3	b_0	b_1	b_2	…	…	b_{n-1}	
4	b_{n-1}	b_{n-2}	b_{n-3}	…	…	b_0	
5	c_0	c_1	c_2	…	c_{n-2}		
6	c_{n-2}	c_{n-3}	c_{n-4}	…	c_0		
⋮	⋮						
$2n-5$	s_0	s_1	s_2	s_3			
$2n-4$	s_3	s_2	s_1	s_0			
$2n-3$	r_0	r_1	r_2				
$2n-2$	t_0						

其中最左侧的一列是阵列中各系数行的序号,其他的量为

$$b_0=\det\begin{bmatrix}a_0 & a_n\\ a_n & a_0\end{bmatrix},\quad b_1=\det\begin{bmatrix}a_0 & a_{n-1}\\ a_n & a_1\end{bmatrix},\quad b_2=\det\begin{bmatrix}a_0 & a_{n-2}\\ a_n & a_2\end{bmatrix},\cdots,$$

$$b_{n-1}=\det\begin{bmatrix}a_0 & a_1\\ a_n & a_{n-1}\end{bmatrix},$$

$$c_0=\det\begin{bmatrix}b_0 & b_{n-1}\\ b_{n-1} & b_0\end{bmatrix},\quad c_1=\det\begin{bmatrix}b_0 & b_{n-2}\\ b_{n-1} & b_1\end{bmatrix},\cdots,c_{n-2}=\det\begin{bmatrix}b_0 & b_1\\ b_{n-1} & b_{n-2}\end{bmatrix},\cdots$$

$$r_0=\det\begin{bmatrix}s_0 & s_3\\ s_3 & s_0\end{bmatrix},\quad r_1=\det\begin{bmatrix}s_0 & s_2\\ s_3 & s_1\end{bmatrix},\quad r_2=\det\begin{bmatrix}s_0 & s_1\\ s_3 & s_2\end{bmatrix},t_0=\det\begin{bmatrix}r_0 & r_2\\ r_2 & r_0\end{bmatrix}.$$

由此可以得到闭环采样系统稳定的充分必要条件.

判据一 闭环采样系统稳定的充分必要条件为

(1) $\varphi_c(1)>0,(-1)^n\varphi_c(-1)>0$; (8.5.6a)

(2) $a_n>|a_0|,|b_0|>|b_{n-1}|,|c_0|>|c_{n-2}|,\cdots,|s_0|>|s_3|,|r_0|>|r_2|$. (8.5.6b)

□

例 8.5.1 判断如下闭环特征方程

$$\varphi_c(z)=z^4-1.2z^3+0.07z^2+0.3z-0.08=0$$

的根是否在单位圆内.

解 (i) 列写朱里阵列

1	$a_0=-0.08$	0.3	0.07	-1.2	$a_4=1$
2	1	-1.2	0.07	0.3	-0.08
3	$b_0=-0.9936$	1.176	-0.0756	$b_3=-0.204$	
4	-0.204	-0.0756	1.176	-0.9936	
5	$c_0=0.9456$	-1.1839	$c_2=0.3150$		
6	$d_0=0.7949$				

(ii) 检查充要条件

$$\varphi_c(1)=1-1.2+0.07+0.3-0.08=0.09>0,$$
$$(-1)^4\varphi_c(-1)=1+1.2+0.07-0.3-0.08=1.89>0,$$
$$a_4>|a_0|,\quad |b_0|>|b_3|,\quad |c_0|>|c_2|.$$

所有条件均已满足,所以 $\varphi_c(z)=0$ 的根均在单位圆内.(注:$\varphi_c(z)=0$ 的根为0.8,0.5,0.4 与-0.5.) □

朱里判据具有多种形式.以本节的朱里阵列为例,还存在其他的稳定判据.

判据二 闭环采样系统稳定的充分必要条件为

(1) $\varphi_c(1)>0, (-1)^n\varphi_c(-1)>0$; (8.5.7a)

(2) $b_0<0, c_0>0, d_0>0, \cdots, s_0>0, r_0>0, t_0>0.$ (8.5.7b)

□

另外,在计算朱里阵列的过程中遇到行列式为零时也像劳思判据那样具有某种修正的形式.不过,阶次较高的系统,朱里阵列的计算复杂性急剧增加,所以本书不介绍这些特殊的情形.

朱里判据主要判断闭环系统的绝对稳定性,一般不能给出参数变化与闭环稳定性的关系,所以通常只用于阶次较低的系统.对于二阶和三阶系统,朱里判据具有特别简单易用的形式.下面给出这两种情况下的稳定性判别方法.

判据三 设二阶系统的闭环特征方程为 $\varphi_c(z)=a_2z^2+a_1z+a_0=0$,那么闭环稳定的充要条件为

$$\varphi_c(1)>0,\quad \varphi_c(-1)>0,\quad a_2>|a_0|. \tag{8.5.8}$$

□

判据四 设三阶系统的闭环特征方程为 $\varphi_c(z)=a_3z^3+a_2z^2+a_1z+a_0$,那么闭环稳定的充要条件为

$$\varphi_c(1)>0,\quad \varphi_c(-1)<0,\quad a_3>|a_0|,\quad \left|\det\begin{bmatrix}a_0 & a_3\\ a_3 & a_0\end{bmatrix}\right|>\left|\det\begin{bmatrix}a_0 & a_1\\ a_3 & a_2\end{bmatrix}\right|. \tag{8.5.9}$$

□

例 8.5.2 判断如下闭环特征方程

$$\varphi_c(z)=z^3+\frac{2}{3}z^2-\frac{1}{4}z-\frac{1}{6}$$

的根是否在单位圆内.

解 在本例中,$a_3=1$, $a_2=2/3$, $a_1=-1/4$, $a_0=-1/6$.可见 $a_3>|a_0|$.通过计算可知

$$\varphi_c(1)=\frac{15}{12}>0,\quad \varphi_c(-1)=-\frac{3}{12}<0.$$

另外,

$$\det\begin{bmatrix} a_0 & a_3 \\ a_3 & a_0 \end{bmatrix} = \det\begin{bmatrix} -1/6 & 1 \\ 1 & -1/6 \end{bmatrix} = -\frac{35}{36},$$

$$\det\begin{bmatrix} a_0 & a_1 \\ a_3 & a_2 \end{bmatrix} = \det\begin{bmatrix} -1/6 & -1/4 \\ 1 & 2/3 \end{bmatrix} = \frac{5}{36},$$

它们满足式(8.5.9)的第四个不等式. 故闭环特征方程的根都在单位圆内.(注：$\varphi_c(z)=0$ 的根为 0.5，-0.5 与 -0.6667.) □

2. 根轨迹方法

由于 z 平面上的稳定区域是单位圆内部，所以能够直观表示闭环极点位置的根轨迹方法也能被用来分析闭环采样系统的稳定性. 采样系统的开环脉冲传递函数是有理函数，故而绘制采样系统根轨迹的方法与绘制连续系统根轨迹的方法相同. 与 s 平面根轨迹不同的是，在采样系统中以 z 平面上的单位圆来区分稳定与不稳定，所以在绘制采样系统根轨迹时不再关心根轨迹与虚轴的交点，而是关心根轨迹在什么情况下穿越单位圆. 计算根轨迹与单位圆的交点不像计算根轨迹与虚轴的交点那样简单，因为单位圆上的点常常是复数. 图 8.5.4 是根轨迹穿越单位圆的两种典型情况.

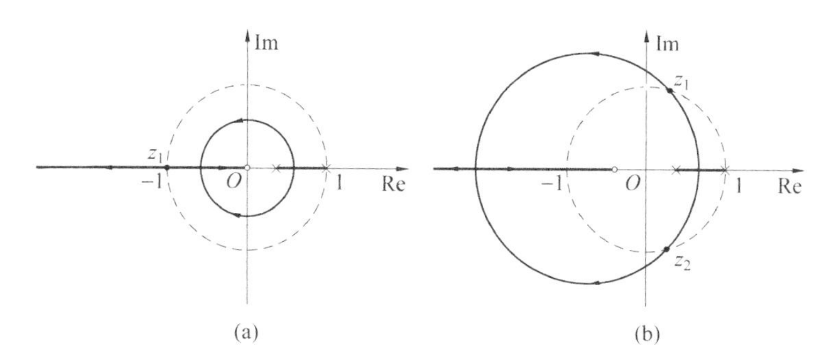

图 8.5.4　根轨迹穿越单位圆

在图 8.5.4(a)中，通过观察可以确定根轨迹穿越单位圆的位置为 $z_1=-1$，即一个闭环极点为 $z_1=-1$. 所以由 $\varphi_c(-1)=0$ 可以确定闭环特征方程中使系统处于临界稳定的未知参数，譬如开环增益 K. 相反，如果根轨迹在 $z=1$ 处穿越单位圆，就可以用 $\varphi_c(1)=0$ 来确定相应的参数.

图 8.5.4(b)中，无法直接通过观察确定复数 z_1 和 z_2，必须要进行某些计算. 不过，由于 z_1 和 z_2 在单位圆上，故 $|z_1|=|z_2|=1$；又因为它们是共轭复数，故 $z_1z_2=1$. 这一结果对低阶系统的分析计算有一定的辅助作用.

另有一点需要注意的是，连续系统中那些根据闭环极点在左半 s 平面内的位置来预言闭环时间响应特性的规则也要根据 s 平面与 z 平面之间的映射关系而加以改变.

例 8.5.3 设在图 8.4.6 所示的闭环采样系统中,$T=1$s,连续对象的传递函数为

$$G_p(s)=\frac{K}{s(s+1)}.$$

试用根轨迹方法分析闭环系统的稳定性.

解 (i) 求开环脉冲传递函数. 在例 8.4.6 中,已经通过对传递函数

$$G(s)=\frac{1-e^{-Ts}}{s}\cdot\frac{K}{s(s+1)}=(1-e^{-Ts})\cdot\frac{K}{s^2(s+1)}$$

进行 z 变换获得了开环脉冲传递函数. 在 $T=1$s 的情况下,开环脉冲传递函数为

$$G(z)=K\frac{(T-1+e^{-T})z-(T+1)e^{-T}+1}{(z-1)(z-e^{-T})}=\frac{K(e^{-1}z-2e^{-1}+1)}{(z-1)(z-e^{-1})}$$

$$=\frac{0.3679K(z+0.7183)}{(z-1)(z-0.3679)}.$$

(ii) 绘制根轨迹并分析稳定性. 本例的根轨迹如图 8.5.4(b)所示. 由图可知,闭环根轨迹与单位圆的交点为 z_1 和 z_2. 由闭环脉冲传递函数表达式

$$G_{CL}(z)=\frac{G(z)}{1+G(z)}$$

可知,闭环特征方程为

$$\varphi_c(z)=z^2+(0.3679K-1.3679)z+(0.2642K+0.3679)=0.$$

故由 $z_1z_2=1$ 可得 $0.2642K+0.3679=1$,即 $K=2.3925$. 由此可以得出结论,$K<2.393$ 时闭环系统稳定. □

例 8.5.3 中的对象是一个两阶对象. 如果不进行采样,由连续对象 $G_p(s)=K/(s^2+s)$ 构成的单位负反馈系统对任何正增益都是稳定的. 但上例中经过采样处理的系统则不然,该二阶采样系统在增益增加时会变得不稳定. 事实上,使采样系统稳定的增益范围还与采样周期有关. 后面的示例将会向读者显示,在上例中取 $T=0.5$s 时,稳定范围为 $K<4.363$; 取 $T=0.1$s 时,稳定范围为 $K<20.34$.

3. 奈奎斯特稳定性判据

在连续系统稳定性分析中,奈奎斯特判据是非常有用的稳定性分析以及系统设计工具. 在连续系统中,利用奈奎斯特判据可以根据开环传递函数来讨论右半 s 平面内的闭环极点数. 但从推导奈奎斯特定理的过程可知,对于复数平面上由任意闭合围线包围的区域,都可以用这个定理研究该区域内的闭环极点数. 如果这个区域代表复数平面上的不稳定区域,就能够研究系统的闭环稳定性.

在连续系统中,s 平面的右半平面代表不稳定区域,故而在连续系统分析中将该围线选成包围右半 s 平面的围线. 在采样系统中,不稳定区域是单位圆外部,稳定性分析的任务是确定 z 平面单位圆外有无闭环极点以及有几个闭环极点. 所以在采样系统中,用于分析闭环稳定性的一条闭合围线应当包围整个单位圆外部. 下面仍用符号 D 来代表这个闭合围线. 图 8.5.5 示意性地表示这样一条闭合围

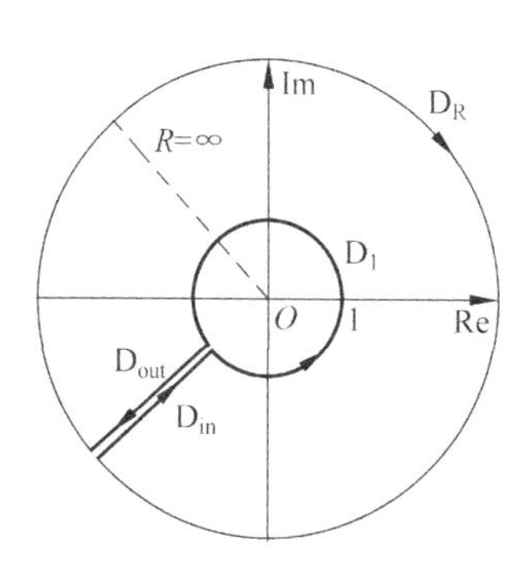

图 8.5.5　z 平面上的闭合围线

线，它由单位圆以及一个圆心在原点、半径无穷大的圆构成. 不过为了形成一条闭合曲线，需要在适当位置切割单位圆外的平面，利用割缝处形成的两条路径相同但方向相反的曲线将单位圆与无穷大半径的圆连成一条闭合围线. 图中用 D_1 代表单位圆，用 D_R 代表无穷大半径的圆，并分别用 D_{in} 和 D_{out} 代表趋向及离开单位圆的路径. 所以 z 平面上讨论稳定性所用的闭合围线可以表示成 $D=D_1+D_{out}+D_R+D_{in}$. 当然，实际的 D_{in} 和 D_{out} 如何选取应当视开环脉冲传递函数 $G(z)$ 而定，选取的原则是使 $G(z)$ 的计算尽量简便.

定义了上述的围线 D，**采样系统的奈奎斯特判据**就可以叙述如下. 设开环脉冲传递函数 $G(z)$ 有 p_0 个单位圆外的极点，当 z 沿闭合围线 D 运动一周时，$G(z)$ 在 $G(z)$ 平面形成闭合曲线 Γ，曲线 Γ 逆时针绕 $(-1+j0)$ 点转 N 圈. 那么闭环采样系统稳定的条件为

$$N=p_0. \tag{8.5.10}$$

如果 $N\neq p_0$，那么闭环不稳定的极点数为

$$N_1=p_0-N. \tag{8.5.11}$$

当曲线 Γ 顺时针包围 $(-1+j0)$ 点时，N 为负值，$N_1>0$，所以闭环系统必然不稳定.

奈奎斯特判据在采样系统中的应用不如在连续系统中那样广泛. 在连续系统中，许多情况下比较容易徒手绘制极坐标示意图，根据这种示意图并辅以简单的计算就能分析闭环系统的稳定性. 但在采样系统中，闭合围线 D 的构成比较复杂，D_{in} 和 D_{out} 的选择方法不惟一，所以徒手绘制 D 在映射 $G(z)$ 下的象(曲线 Γ)的示意图比连续系统困难得多，而准确绘制曲线 Γ 的工作量又太大. 鉴于这些原因，人们宁愿寻求其他的稳定性分析方法. 当然，如果能够用计算机辅助绘制 $G(z)$ 的曲线 Γ，那么采样系统的奈奎斯特判据也会像连续系统的奈奎斯特判据一样发挥作用.

8.5.3　双线性变换

朱里判据和 z 平面上的根轨迹固然能够分析闭环采样系统的稳定性，但朱里判据比较复杂，根轨迹方法中处理根轨迹与单位圆交点的计算有时也不简单. 本书前面的几章花了较多篇幅讨论连续系统的问题，针对以左半平面代表稳定区域的情况介绍了许多判断系统稳定性以及分析时间响应特性的概念、原理与方法. 所以一个直接的想法是，能不能将 z 平面的单位圆内部变换为某个平面的左半平面. 如果实现了这种变换，那么用实部小于零来判定稳定性总要比用模小于 1 来判定稳

定性更为直观，而且连续系统中的几乎所有判据都可以直接被应用于采样系统.

一种常用的变换是**双线性变换**. 双线性变换的一种表示方法是

$$w=\frac{z-1}{z+1}. \tag{8.5.12}$$

图 8.5.6 表示双线性变换的映射关系. 在式(8.5.12)所示的映射关系下，通过计算可知，z 平面内的点 a、b、c、e 分别对应于 w 平面内的点 a、b、c、e，z 平面内的点 d 对应于 w 平面的无穷远.

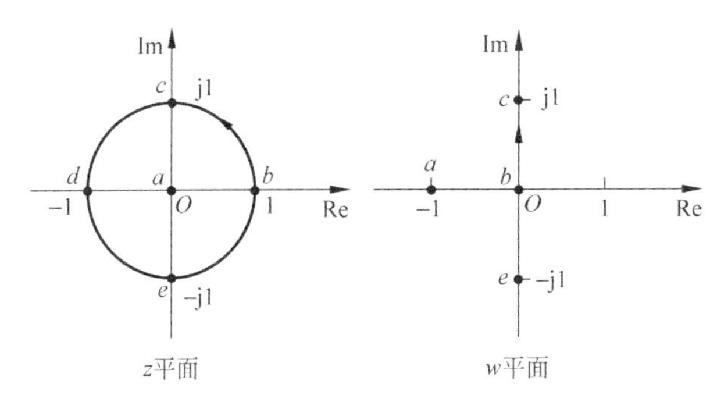

图 8.5.6　双线性变换的映射关系

由 $z=\exp(\mathrm{j}\omega T)$，$T=2\pi/\omega_s$ 可得

$$z=\exp\left(\mathrm{j}\,\frac{2\pi\omega}{\omega_s}\right). \tag{8.5.13}$$

这就是说，当 z 沿单位圆的上半圆周由点 b 逆时针经过点 c 运动到点 d 时，相当于 $\omega=0\to\omega_s/2$. 另外，将 $z=\exp(\mathrm{j}\omega T)$，$T=2\pi/\omega_s$ 代入式(8.5.12)，可得

$$\begin{aligned}
w&=\frac{z-1}{z+1}=\frac{e^{\mathrm{j}\omega T}-1}{e^{\mathrm{j}\omega T}+1}=\frac{e^{\mathrm{j}\frac{\omega T}{2}}-e^{-\mathrm{j}\frac{\omega T}{2}}}{e^{\mathrm{j}\frac{\omega T}{2}}+e^{-\mathrm{j}\frac{\omega T}{2}}}\\
&=\mathrm{j}\,\frac{\sin\dfrac{\omega T}{2}}{\cos\dfrac{\omega T}{2}}=\mathrm{j}\,\tan\frac{\omega T}{2}\\
&=\mathrm{j}\tan\frac{\omega\pi}{\omega_s}.
\end{aligned} \tag{8.5.14}$$

由式(8.5.14)可知，当 $\omega=0\to\omega_s/2$ 时，相当于 w 的变化范围为 $0\to\mathrm{j}\tan(\pi/2)$，即 $0\to\mathrm{j}\infty$. 所以 z 平面中单位圆的上半圆周相当于 w 平面的正虚轴，单位圆则相当于 w 平面的虚轴. 再由 z 平面的原点映射为 w 平面的 -1 可以断定，z 平面的单位圆内被映射为 w 平面的左半平面，而且上半单位圆内的点被映射到 w 平面的第二象限. 变量 w 是复数，可以记为 $w=u+\mathrm{j}v$. 从稳定性的角度而言，变量 w 与变量 s 相当，v 的作用则与 s 域的频率 ω 相当，所以将 v 称为**虚拟频率**. 由式(8.5.14)可以看出，虚拟频率 $v=\tan(\omega\pi/\omega_s)$.

在进行采样系统分析与设计时，对给定的脉冲传递函数 $G(z)$ 或特征方程

$\varphi_c(z)=0$,只要代入

$$z=\frac{1+w}{1-w},\tag{8.5.15}$$

就可以得到变换后的传递函数 $G(w)$或特征方程 $\varphi_c(w)=0$. 然后就可以利用连续系统中各种稳定性判据来分析采样系统的稳定性.

双线性变换的另一种形式是

$$z=\frac{w+1}{w-1},\quad w=\frac{z+1}{z-1}\tag{8.5.16}$$

它同样将 z 平面的单位圆内映射为 w 平面的左半平面,所以同样能够借助连续系统的稳定性分析方法来分析采样系统. 式(8.5.16)的两个表达式具有相同的形式,便于记忆,就判断闭环稳定性而言,它与式(8.5.12)的作用相同. 但它将 z 平面中单位圆的上半圆周映射为 w 平面的负虚轴,在理解 z 平面的点与 w 平面的点的对应关系时,不如式(8.5.12)所表示的映射直观.

8.5.4　w平面上的稳定性分析方法

既然在 w 平面上以左半平面代表稳定区域,那么 s 平面上所有用于分析稳定性的方法都可以直接被用于 w 平面,只要将相应方法中的变量 s 改为变量 w、$\mathrm{j}\omega$ 改为 $\mathrm{j}v$ 即可. 下面将通过示例来说明 w 平面上的稳定性分析方法.

例 8.5.4　设例 8.5.3 中的 $T=0.5\mathrm{s}$,用劳思判据求使闭环系统稳定的增益范围.

解　由例 8.5.3 的计算可知

$$\begin{aligned}G(z)&=K\frac{(T-1+\mathrm{e}^{-T})z-(T+1)\mathrm{e}^{-T}+1}{(z-1)(z-\mathrm{e}^{-T})}\\&=\frac{K(0.1065z+0.0902)}{(z-1)(z-0.6065)}\\&=\frac{K(0.1065z+0.0902)}{z^2-1.6065z+0.6065}.\end{aligned}$$

所以,闭环特征方程为

$$\begin{aligned}\varphi_c(z)&=z^2-1.6065z+0.6065+K(0.1065z+0.0902)\\&=z^2+(0.1065K-1.6065)z+(0.0902K+0.6065)=0.\end{aligned}$$

以 $z=(1+w)/(1-w)$代入特征方程,可得

$$(3.2130-0.0163K)w^2+(0.787-0.1804K)w+0.1967K=0.$$

由劳思判据可知,闭环稳定的条件为

$$3.2130-0.0163K>0,\quad 0.787-0.1804K>0,\quad 0.1967K>0.$$

将这些不等式联立,可得闭环稳定的增益范围为 $0\leqslant K<4.363$. □

例 8.5.5　用根轨迹方法求使例 8.5.4 所示系统闭环稳定的增益范围.

解 以 $z=(1+w)/(1-w)$ 代入例 8.5.4 的 $G(z)$，可得

$$G(w)=\frac{K\left(0.1065\,\dfrac{1+w}{1-w}+0.0902\right)}{\left(\dfrac{1+w}{1-w}-1\right)\left(\dfrac{1+w}{1-w}-0.6065\right)}=\frac{K(0.1967+0.0163w)(1-w)}{2w(0.3935+1.6065w)}$$

$$=\frac{-0.005073K(w+12.0675)(w-1)}{w(w+0.2249)}=\frac{K'(w+12.0675)(w-1)}{w(w+0.2249)}.$$

式中，$K'=-0.005073K<0$，所以这是一个作补根轨迹的问题. 闭环特征方程的根轨迹如图 8.5.7 所示.

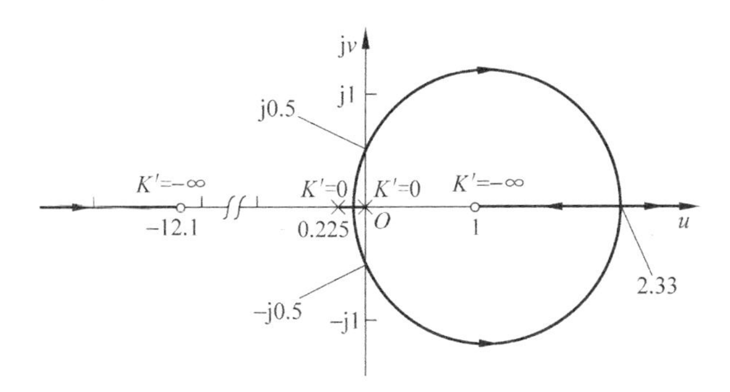

图 8.5.7 例 8.5.5 的根轨迹示意图

由根轨迹图可知，当 K' 由 0 逐步下降到某个临界值后，系统变得不稳定. 为此写出系统的闭环特征方程：

$$\varphi_c(w)=w(w+0.2249)+K'(w+12.0675)(w-1)$$
$$=(K'+1)w^2+(11.0675K'+0.2249)w-12.0675K'=0.$$

这时可以采用多种方法来求临界的 K'. 作为练习，这里令 $w=\mathrm{j}v$，并由闭环特征方程得到实部和虚部方程

$$-(K'+1)v^2-12.0675K'=0,\quad 11.0675K'+0.2249=0.$$

该联立方程的解为 $K'=-0.02032$，$v=\pm 0.5$. 再由 $K'=-0.02032$ 可得 $K=4.006$. 所以闭环稳定的增益范围为 $0\leqslant K<4.006$. □

上例中的计算结果与例 8.5.4 看似不符，不过，这种不符是由于计算精度造成，而不是由于方法所致. 以更多小数位数来计算 $G(z)$ 和 $G(w)$，可以发现 $G(w)$ 的一个零点约为 -12.0499，而不是 -12.0675，而且 $K'\approx-0.005081K$. 这样就可以得到与例 8.5.4 更相近的结果.

例 8.5.6 设例 8.5.3 中的 $T=0.1\mathrm{s}$，用频率特性方法求使闭环系统稳定的增益范围.

解 (i) 求开环脉冲传递函数及其 w 变换. 将 $T=0.1$ 代入例 8.5.3 算得的开环脉冲传递函数，可得

$$G(z)=K\frac{(T-1+\mathrm{e}^{-T})z-(T+1)\mathrm{e}^{-T}+1}{(z-1)(z-\mathrm{e}^{-T})}=\frac{K(0.004837z+0.004679)}{(z-1)(z-0.9048)}$$
$$=\frac{0.004837K(z+0.9672)}{(z-1)(z-0.9048)}.$$

以 $z=(1+w)/(1-w)$ 代入上式，则得

$$G(w)=\frac{0.00004165K(w+60)(1-w)}{w(w+0.05)}.$$

(ii) 用 $G(\mathrm{j}v)$ 的伯德图分析系统的稳定性. 将开环传递函数改写为

$$G(w)=\frac{0.04998K(1+w/60)(1-w)}{w(1+200w)}=\frac{K_1(1+w/60)(1-w)}{w(1+200w)}.$$

其中 $K_1=0.04998K$. $K_1=1$ 时，$G(\mathrm{j}v)$ 的伯德图如图 8.5.8 所示. 从图中可见，相角曲线与 $-180°$ 交于频率 v_c，要达到临界稳定则应有 $20\lg[G(\mathrm{j}v_c)]=0\mathrm{dB}$. 为此先要计算相角穿越频率 v_c.

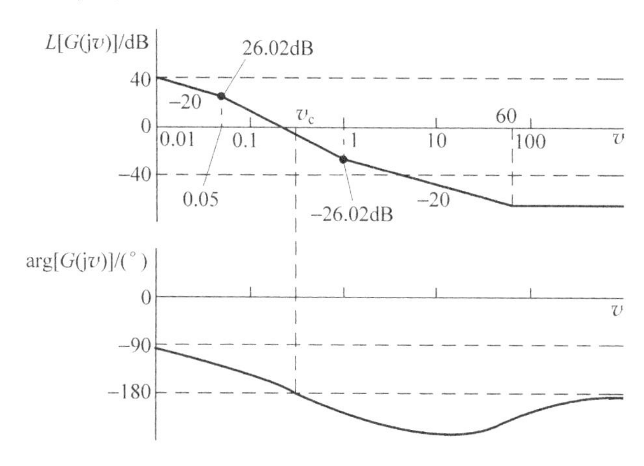

图 8.5.8　$G(\mathrm{j}v)$ 的伯德图示意图

为计算相角穿越频率，可由

$$\arctan\frac{v}{60}+\arctan(-v)-90°-\arctan\frac{v}{0.05}=-180°$$

得到

$$\arctan\frac{v}{60}-\arctan\frac{v}{0.05}=\arctan(v)-90°.$$

两边取正切，经整理后得到 $58.95v^2=3$，即相角穿越频率 $v_c=0.2256$. 按照渐近线可以算得相应的幅值

$$20\lg\left[\frac{G(\mathrm{j}0.2256)}{K_1}\right]=40-20\lg\frac{0.05}{0.01}-40\lg\frac{0.2256}{0.05}=-0.1542\mathrm{dB}.$$

要达到临界稳定状态，应当满足

$$K_1=0.1542\mathrm{dB}=1.0179,$$

所以 $K=K_1/0.04998=20.34$. 或者说，使闭环系统稳定的增益范围为 $K<20.34$.

(iii) 用极坐标图来分析闭环稳定性. 由开环传递函数

$$G(w)=\frac{0.00004165K(w+60)(1-w)}{w(w+0.05)},$$

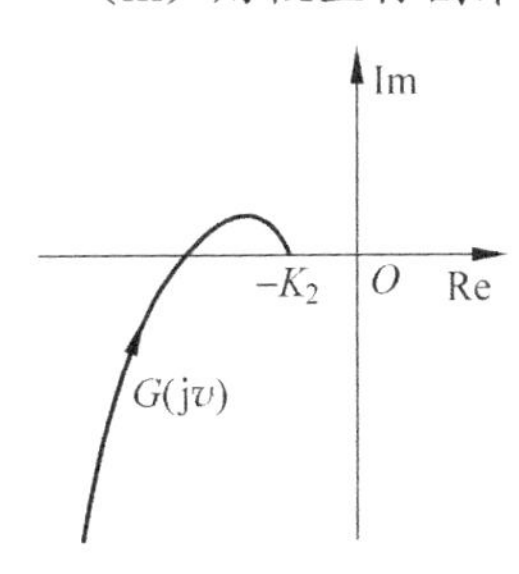

图 8.5.9 $G(\mathrm{j}v)$的极坐标示意图

并结合图 8.5.8 的伯德图可知,当 $v=0\to+\infty$时,$G(\mathrm{j}v)$的极坐标图大致如图 8.5.9 所示,图中 $K_2=0.00004165K$. 由于$G(w)$没有右半 w 平面的极点($p_0=0$),所以当 K 由 0 逐步增大并包围$(-1+\mathrm{j}0)$点时,闭环系统变得不稳定. 为计算临界增益,需计算 $G(\mathrm{j}v)$与负实轴交点的坐标.

前面已经算出 $G(\mathrm{j}v)$与负实轴交点对应的虚拟频率为 $v=0.2256$. 所以由

$$G(\mathrm{j}0.2256)=\left|\frac{0.00004165K(w+60)(1-w)}{w(w+0.05)}\right|_{w=\mathrm{j}0.2256}=0.04914K=1$$

同样可得闭环稳定的增益范围 $K<20.35$. □

在上述示例中,对相同的系统采用不同方法得到了稍有不同的临界增益值. 这些差别并不大,而且都是由计算时的截断误差引起的. 从工程角度而言,系统不会在临界增益处运行,实际增益要比临界增益低得多,所以这些误差对系统的设计不会产生影响.

本节介绍了许多判断采样系统稳定性的方法,选用何种方法主要取决于读者的爱好及擅长. 不过可以看出,w 变换本身涉及相当的计算量,而且也会引入更大的计算误差. 所以如果仅仅是为了分析系统的稳定性,而且系统的阶次也不高,最好直接采用 z 平面的稳定性分析方法.

8.6 采样控制系统的时间响应

采样控制系统主要控制系统在采样时刻的响应幅值,所以一个运行良好的系统不仅应当是稳定的,而且它的采样值所代表的时间响应也应当具有令人满意的动态特性. 但采样系统所控制的对象大多是连续对象,它们的输出是连续信号. 为使生产过程平稳,受控的连续变量不仅应在采样时刻符合要求,而且在采样点之间的值也应当符合一定的要求,譬如说,采样点之间的信号由一个采样值平稳变化到下一个采样值. 本节讨论与采样控制系统时间响应有关的一些问题.

8.6.1 闭环极点与冲激响应的关系

采样系统时间响应的性质(譬如振荡、衰减或发散)由脉冲传递函数的极点决定,但时间响应的具体值则由极点和零点共同决定. 这里主要讨论极点与响应性质的关系.

例 8.6.1　给定一阶采样系统的闭环脉冲传递函数 $G(z)=z/(z-a)$，试求 $a=1$ 与 $a=-0.5$ 时的冲激响应.

解　给定的一阶系统具有实轴极点 a，其冲激响应的 z 变换为

$$C(z)=G(z)\delta(z)=\frac{z}{z-a}=\frac{1}{1-az^{-1}}.$$

利用长除法处理上式很简单，可以用笔算进行. 若 $a=1$，则有

$$C(z)=\frac{1}{1-z^{-1}}=1+z^{-1}+z^{-2}+z^{-3}+\cdots;$$

若 $a=-0.5$，则有

$$C(z)=\frac{1}{1+0.5z^{-1}}=1+0.5z^{-1}-0.25z^{-2}+0.125z^{-3}-\cdots.$$ □

例 8.6.1 讨论的是单个实极点与冲激响应的关系. 若要讨论共轭复数极点与冲激响应的关系，不妨以输出为 $\cos\omega_0 t$ 的二阶振荡系统所对应的脉冲传递函数

$$G(z)=\frac{z^2+az}{z^2+2az+b}=\frac{1+az^{-1}}{1+2az^{-1}+b^{-2}}$$

为例来计算，其中 a 和 b 的值由选定的闭环极点而定. 求上述二阶系统的单位冲激响应就是求 $C(z)=(z^2+az)/(z^2+2az+b)$ 的反 z 变换. 长除可以手工进行，也可以借助 MATLAB 命令进行. 如果输入命令

```
y = dimpulse([ 1  a ],[ 1  2*a  b]),
```

向量 y 就包含单位冲激响应的采样值. 图 8.6.1 给出了 z 平面上典型极点位置与冲激响应的关系. 图中“×”表示极点位置，旁边的时间响应曲线表示对应的单位冲激响应. 这是一幅示意图，时间响应中垂直线段的端点代表采样值，虚线表示采样点幅值的变化趋势. 从这些曲线可以直接看出幅值的变化情况，但由于图形太小，不便于表示频率的变化，请读者注意下文关于振荡频率的说明.

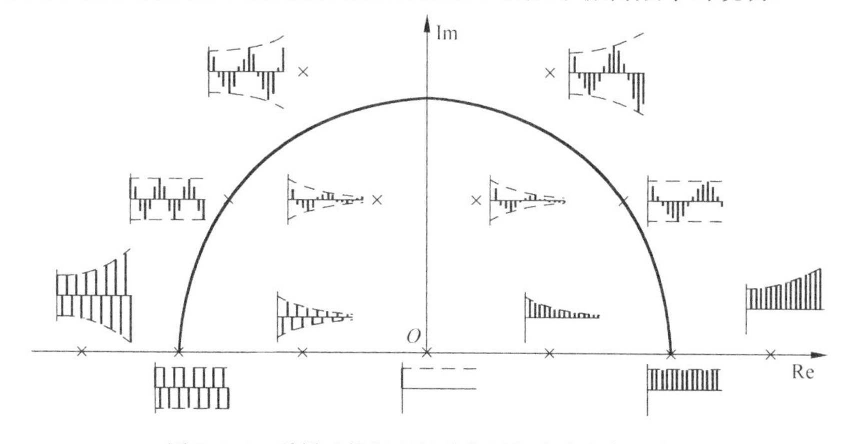

图 8.6.1　采样系统闭环极点位置与冲激响应的关系

前面已经说明,连续系统极点 s 与采样系统极点 z 之间的关系由式 $z=\exp(Ts)$ 决定. 现在参照图 8.6.2 来进一步理解采样系统时间响应与 z 平面上极点位置的关系,图中在 s 平面上只画出了主频带. 因为极点关于实轴对称,所以下文以上半平面为例加以说明.

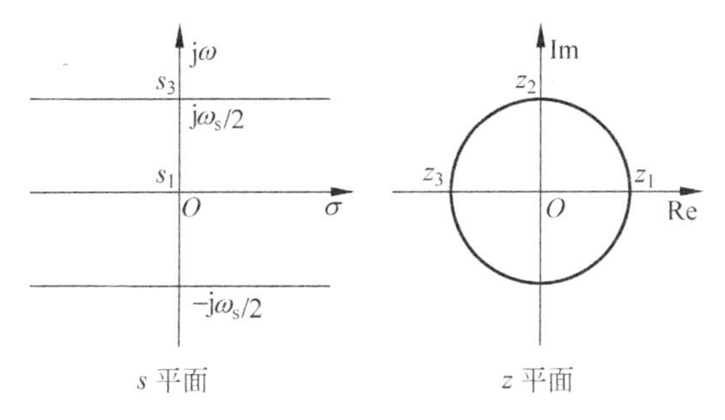

图 8.6.2 s 平面上的主频带与 z 平面上的单位圆

从时间响应性质的划分来看,可以得到几条分界线:

(1) z 平面的上半圆周(从 $z_1=1$ 经 z_2 到 $z_3=-1$, $|z|=1$)相当 s 平面虚轴从原点 $O(s_1=0)$ 到 $s_3=\mathrm{j}\omega_s/2$ 的部分,极点对应的时间响应为不衰减振荡,但频率逐渐升高;

(2) z 平面上单位圆内的正实轴(从 O 到 z_1)相当 s 平面的负实轴(从负无穷到原点),极点对应的时间响应不产生振荡,且振幅随时间衰减;

(3) z 平面上单位圆外的正实轴(从 z_1 到正无穷)相当 s 平面的正实轴(从原点 s_1 到正无穷),极点对应的时间响应不产生振荡,但振幅随时间增加;

(4) z 平面上单位圆内的负实轴(从 O 到 z_3)相当 s 平面中 $s=-\infty+\mathrm{j}\omega_s/2$ 到 s_3 的直线,极点对应的时间响应为衰减振荡;

(5) z 平面上单位圆外的负实轴(从 z_3 到负无穷)相当 s 平面中 s_3 到 $s=+\infty+\mathrm{j}\omega_s/2$ 的直线,极点对应的时间响应为发散振荡.

由此可以进一步得出结论,z 平面单位圆内的极点对应于振幅逐渐衰减的振荡,频率随极点的幅角增大而升高; z 平面单位圆外的极点对应于振幅逐渐增大的振荡,频率也随极点的幅角增大而升高.

8.6.2 采样系统的瞬态响应指标

给定典型二阶连续系统的传递函数

$$G(s)=\frac{\omega_n^2}{s^2+2\zeta\omega_n s+\omega_n^2}, \tag{8.6.1}$$

它的极点为 $s_{1,2}=-\zeta\omega_n\pm\mathrm{j}\omega_d$,其中 $-\zeta\omega_n$ 代表极点的实部,$\omega_d=\sqrt{1-\zeta^2}\omega_n$ 为阻尼自然振荡频率,ω_n 为无阻尼自然振荡频率,ζ 为阻尼系数. 计算它在稳定状态下的单位阶跃响应,就能够获得它的瞬态响应指标,譬如上升时间 $t_r=$

$[\pi-\arctan(\sqrt{1-\zeta^2}/\zeta)]/\omega_d$，峰值时间 $t_p=\pi/\omega_d$，超调量 $\sigma=\exp(-\zeta\omega_n\pi/\omega_d)=\exp(-\zeta\pi/\sqrt{1-\zeta^2})$，响应曲线到达稳态值的±2%内的调整时间 $t_s=4/(\zeta\omega_n)$.

从单位阶跃响应相等的角度来看，式(8.6.1)所示的连续系统传递函数相当于采样系统脉冲传递函数

$$G(z)=\frac{az+b}{z^2-2ze^{-\zeta\omega_n T}\cos(\omega_d T)+e^{-2\zeta\omega_n T}}, \tag{8.6.2}$$

其中 T 为采样周期，而且

$$a=1-e^{-\zeta\omega_n T}\left[\cos(\omega_d T)+\frac{\zeta}{\sqrt{1-\zeta^2}}\sin(\omega_d T)\right],$$

$$b=e^{-2\zeta\omega_n T}-e^{-\zeta\omega_n T}\left[\cos(\omega_d T)-\frac{\zeta}{\sqrt{1-\zeta^2}}\sin(\omega_d T)\right].$$

该采样系统具有与式(8.6.1)所示连续系统相同的瞬态响应指标. 可以验证，式(8.6.2)所示采样系统的极点满足 $z_1=\exp(Ts_1)$. 记 $z_1=\rho\exp(j\varphi)$，则有

$$\rho=\exp(-\zeta\omega_n T), \tag{8.6.3}$$

$$\varphi=\omega_d T. \tag{8.6.4}$$

z_1 与 s_1 的关系如图 8.6.3 所示，图中 $\beta=\arccos\zeta=\arctan(\sqrt{1-\zeta^2}/\zeta)$.

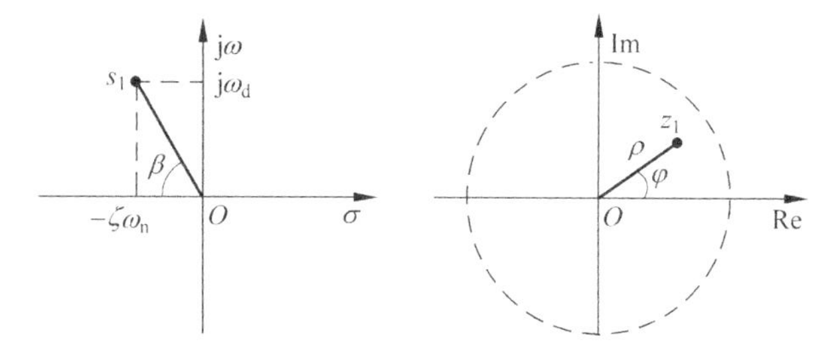

图 8.6.3 s 平面极点与 z 平面极点的对应关系

式(8.6.3)与式(8.6.4)用 s 平面上的极点 s_1 的参数来表示 z 平面上的相应极点 z_1 的参数. 反过来，根据图 8.6.3 也可以用 z_1 的参数来表示 s_1 的参数. 由式(8.6.3)与式(8.6.4)可得

$$\omega_d=\frac{\varphi}{T}, \tag{8.6.5}$$

$$\zeta\omega_n=-\frac{1}{T}\ln\rho, \tag{8.6.6}$$

并由 $\zeta\omega_n T=\zeta\omega_d T/\sqrt{1-\zeta^2}$ 得到

$$\frac{\zeta}{\sqrt{1-\zeta^2}}=\frac{\zeta\omega_n}{\omega_d}=-\frac{\ln\rho}{\omega_d T}=-\frac{\ln\rho}{\varphi}. \tag{8.6.7}$$

将式(8.6.5)～式(8.6.7)代入二阶连续系统瞬态响应指标即可得到**采样系统的瞬态响应指标**.

上述采样系统单位阶跃响应的上升时间为

$$t_r = \frac{T\left[\pi - \arctan\left(-\frac{\varphi}{\ln\rho}\right)\right]}{\varphi}, \tag{8.6.8}$$

峰值时间为

$$t_p = \frac{\pi T}{\varphi}, \tag{8.6.9}$$

超调量为

$$\sigma = e^{\frac{\pi\ln\rho}{\varphi}}, \tag{8.6.10}$$

以及达到响应曲线稳态值的±2%内的调整时间为

$$t_s = -\frac{4T}{\ln\rho}. \tag{8.6.11}$$

不过,一般二阶系统不一定具有式(8.6.2)所示的标准形式. 而且在一般反馈系统中,采样后所得到的闭环系统的时间响应与原来的连续系统响应会有相当的差别,即使加了保持器并使用很小的采样周期也不一定与原来的连续系统响应一致. 所以上述指标对一般二阶系统只能用来估计响应的大致特性.

对高阶采样系统,时间响应的计算往往比较复杂. 所以为了分析方便,常常采用闭环采样系统的主导极点来简化计算和设计. **采样系统的主导极点**是指单位圆内最接近单位圆的一对共轭极点,它们的附近应当没有其他极点,如果有的话,这些极点的作用最好能够被这些极点附近的零点大致抵消. 利用主导极点的概念,就可以将一个高阶系统近似看作一个二阶系统,这在分析或设计的过程中是十分有益的.

如果非主导极点的作用不能被零点所抵消,那么一般说来,这些极点使响应变慢,超调量减小. 另外,采样系统的输出还与闭环脉冲传递函数的零点有关,一般说来,闭环零点使响应变快,超调量增加. 在需要仔细研究采样系统时间响应时,可以利用 MATLAB 命令“dstep”来获得它的阶跃响应采样值.

需要说明的是,采样系统的时间响应与连续系统有一种重要的差别. 若系统的闭环脉冲传递函数为

$$\begin{aligned} G_{CL}(z) &= \frac{b_n z^n + b_{n-1} z^{n-1} + \cdots + b_1 z + b_0}{z^n} \\ &= b_n + b_{n-1} z^{-1} + \cdots + b_1 z^{-n+1} + b_0 z^{-n}, \end{aligned} \tag{8.6.12}$$

那么系统的输出会在有限个采样时刻(最多为 n)达到稳态值. 这一现象被称为**有限调整时间响应**,简称**有限时间响应**. 这类系统的阶跃响应在最短时间内达到稳态值,以后便不再变化. 而一个稳定的连续系统,它的阶跃响应理论上在时间趋于无穷时才达到稳态值. 下面看这类系统的一个示例.

例 8.6.2 设采样系统的闭环脉冲传递函数为

$$G_{CL}(z) = \frac{2z-1}{z^2},$$

试求系统在单位斜坡输入信号下的输出响应.

解　单位斜坡输入信号 $r(t)=t$ 的 z 变换为 $R(z)=Tz/(z-1)^2$，所以输出信号的 z 变换为

$$C(z)=G_{\mathrm{CL}}(z)R(z)=\frac{2z-1}{z^2}\cdot\frac{Tz}{(z-1)^2}=\frac{T(2z-1)}{z^3-2z^2+z}$$
$$=2Tz^{-2}+3Tz^{-3}+4Tz^{-4}+\cdots.$$

可见输出在 $t=2T$ 时与输入相同，并在此后一直保持跟踪输入信号.　□

需要指出的是，尽管采样系统能呈现这种理想的特性，但实际上很少以此为目标进行设计. 这是因为这种闭环脉冲传递函数对参数变化十分敏感，系统参数的微小变化就能使闭环极点不全为零. 而且，在最短时间内达到稳态值往往需要较高的控制能量，这在实际控制系统中也不一定能够实现.

8.6.3　采样系统的稳态响应

系统的静态误差(或称稳态误差)是标志系统性能的重要指标. 现以图 8.6.4 所示的单位反馈采样系统为例来讨论**采样系统的静态误差**，图中的 $G(s)$ 包括了采样器后所有的连续对象传递函数.

图 8.6.4 所示系统的误差可以用

$$E(z)=\frac{R(z)}{1+G(z)}\tag{8.6.13}$$

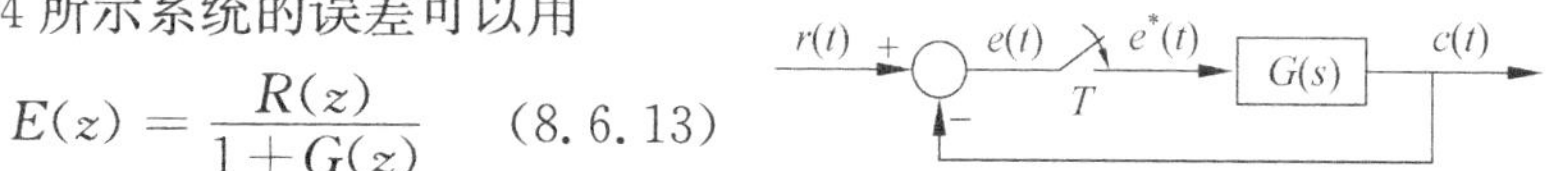

图 8.6.4　单位反馈采样系统

来表示. 采用 z 变换的终值定理，静态误差可以被表示为

$$e_{\mathrm{ss}}=\lim_{t\to\infty}e(t)=\lim_{z\to1}\frac{(z-1)R(z)}{1+G(z)}.\tag{8.6.14}$$

讨论不同典型输入下的静态误差，就可以得到**采样系统的静态误差系数**.

1. 典型输入下的静态误差

当输入为单位阶跃信号 $r(t)=1(t)$ 时，$R(z)=z/(z-1)$，所以

$$e_{\mathrm{ss}}=\lim_{z\to1}\frac{(z-1)}{1+G(z)}\cdot\frac{z}{z-1}=\frac{1}{1+G(1)}.\tag{8.6.15}$$

定义**静态位置误差系数**

$$K_{\mathrm{p}}=\lim_{z\to1}G(z),\tag{8.6.16}$$

可得单位阶跃输入下的静态误差

$$e_{\mathrm{ss}}=\frac{1}{1+K_{\mathrm{p}}}.\tag{8.6.17}$$

当输入为单位斜坡信号 $r(t)=t$ 时，$R(z)=Tz/(z-1)^2$，所以

$$e_{\mathrm{ss}}=\lim_{z\to1}\frac{(z-1)}{1+G(z)}\cdot\frac{Tz}{(z-1)^2}=\lim_{z\to1}\frac{T}{(z-1)G(z)}.\tag{8.6.18}$$

定义**静态速度误差系数**

$$K_v = \frac{1}{T}\lim_{z\to 1}(z-1)G(z), \tag{8.6.19}$$

可得单位斜坡输入下的静态误差

$$e_{ss} = \frac{1}{K_v}. \tag{8.6.20}$$

当输入为单位抛物线信号 $r(t)=t^2/2$ 时,$R(z)=T^2z(z+1)/[2(z-1)^3]$,所以

$$\begin{aligned} e_{ss} &= \lim_{z\to 1}\frac{(z-1)}{1+G(z)}\cdot\frac{T^2z(z+1)}{2(z-1)^3} \\ &= \lim_{z\to 1}\frac{1}{1+G(z)}\cdot\frac{T^2z(z+1)}{2(z-1)^2} \\ &= \lim_{z\to 1}\frac{T^2}{(z-1)^2G(z)}. \end{aligned} \tag{8.6.21}$$

定义**静态加速度误差系数**

$$K_a = \frac{1}{T^2}\lim_{z\to 1}(z-1)^2G(z), \tag{8.6.22}$$

可得单位抛物线输入下的静态误差

$$e_{ss} = \frac{1}{K_a}. \tag{8.6.23}$$

2. 系统类型与静态误差的关系

开环采样系统的脉冲传递函数可以记为

$$G(z) = \frac{B(z)}{(z-1)^{\lambda}A(z)}, \tag{8.6.24}$$

其中 $A(z)$ 和 $B(z)$ 是 z 的不含因子 $(z-1)$ 的多项式.根据因子 $(z-1)^{\lambda}$ 可以定义**采样系统的类型**.通常将 $\lambda=0$ 的系统称为 0 型系统,将 $\lambda=1$ 的系统称为 1 型系统,将 $\lambda=2$ 的系统称为 2 型系统,依此类推.

0 型系统不存在 $z=1$ 的极点,所以 K_p 为有限值,$K_v=K_a=0$.显然,0 型系统在阶跃信号输入下存在静态误差,在斜坡信号输入和抛物线信号输入下静态误差趋于无穷大.1 型系统有一个位于 $z=1$ 的极点,所以 $K_p\to\infty$,K_v 为有限值,$K_a=0$.故而 1 型系统在稳态时可以跟踪阶跃信号输入,但在斜坡信号输入下存在静态误差,而在抛物线信号输入下静态误差趋于无穷大.2 型系统有二重极点 $z=1$,所以 $K_p\to\infty$,$K_v\to\infty$,K_a 为有限值.故而 2 型系统在稳态时可以跟踪阶跃信号输入和斜坡信号输入,但在抛物线信号输入下存在静态误差.上述关系可以用表 8.6.1 表示,表中左边一列表示系统类型,上面一行表示输入信号类型,其他值则表示不同类型系统在各种输入信号下的静态误差.

表 8.6.1　系统类型与静态误差

系统类型 \ $r(t)$	单位阶跃输入	单位斜坡输入	单位抛物线输入
0 型	$\frac{1}{1+K_p}$	∞	∞
1 型	0	$\frac{1}{K_v}$	∞
2 型	0	0	$\frac{1}{K_a}$

8.6.4　修正的 z 变换

采样系统的时间响应只显示采样时刻的值，但采样时刻的值完全相同的输出不一定代表完全相同的连续输出信号，令人满意的采样信号也不一定代表令人满意的实际连续信号. 图 8.6.5 示意性地画出两种采样输出信号，其中垂直线段表示采样信号的幅值. 在图 8.6.5(a)中，实线表示连续信号 $c_1(t)$，虚线表示连续信号 $c_2(t)$，可以看出 $c_1(t)\neq c_2(t)$，但它们的采样值却相等，即 $c_1^*(t)=c_2^*(t)$. 在图 8.6.5(b)中，若只观察采样值，会因为 $c^*(t)=\text{const}$ 而认为系统工作十分平稳，但观察采样时刻之间的值可以发现，连续信号中存在振荡，或者说采样时刻之间的信号存在**波纹**.

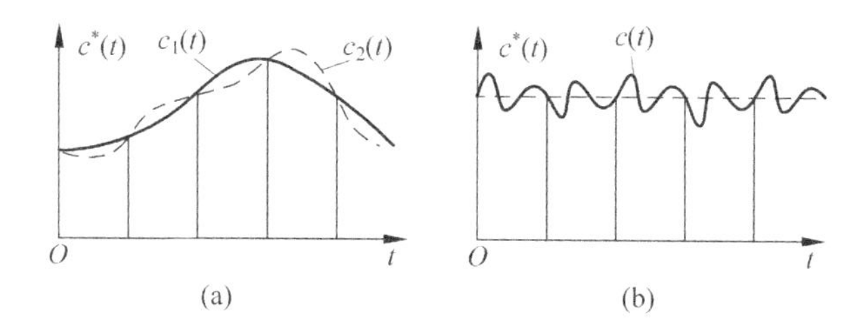

图 8.6.5　采样信号及其所代表的连续信号

一个良好的采样系统的输出信号不仅其采样值应当符合希望的时间响应指标，而且它在采样时刻之间的值也不应当含有不希望的波纹. 为了更准确地分析系统的时间响应，就需要一种能获得采样时刻之间信号的方法. 这种方法就是**修正的 z 变换**.

在采样系统中也许会遇到具有纯时间延迟 τ 的对象. 如果延迟时间是采样周期的整数倍，譬如 $\tau=LT$，L 为整数，那么利用实数位移定理可以得到 $\mathcal{Z}[G(s)\mathrm{e}^{-Ls}]=z^{-L}G(z)$，这说明，延迟环节后的信号在$(k+L)T$ 时刻的采样值就代表延迟环节前的信号在 kT 时刻的采样值. 但当延迟时间不是采样周期的整数倍时，就无法采用位移定理来表示延迟环节后的信号在采样时刻的值，这时也需要利用修正的 z 变换来进行处理.

由于在 $\tau\neq LT$ 时，τ 中含有的整数倍采样周期部分可以用位移定理来解决，所以下面只讨论 $\tau=\Delta T<T$ 的情形. 借助图 8.6.6 可以计算修正的 z 变换. 图 8.6.6(a)中的两个采样开关同步动作，$x^*(t)$ 是 $x(t)$ 在采样时刻的值，即 $x^*(kT)=x(kT)$，但 $x^*(t,m)$ 是 $x(t)$ 经时间延迟 $\Delta T=(1-m)T$ 后的信号的采样值，其中 $0\leqslant m\leqslant 1$，所以 $x^*(kT,0)=x(kT-T)$，$x^*(kT,1)=x(kT)$，而当 m 在 0 至 1 之间变化时，$x^*(kT,m)$ 给出 kT 时刻至 $(k-1)T$ 时刻之间的值. 这一关系可见图 8.6.6(b)，其中虚线表示 $x(t)$，实线表示 $x(t-\Delta T)$，点划线表示 $x(t-T)$.

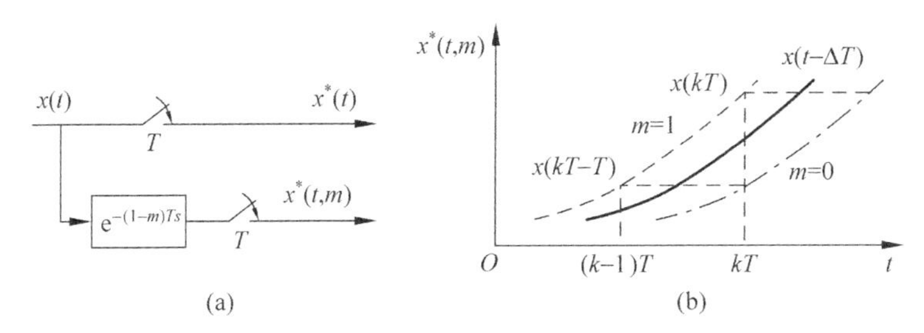

图 8.6.6　修正的 z 变换示意图

在时刻 $t=kT$，图 8.6.6 给出两个采样值 $x^*(t)$ 和 $x^*(t,m)$，按照 z 变换的定义，有 $\mathcal{Z}[x(t)]=\sum\limits_{k=0}^{\infty}x(kT)z^{-k}$. 而按照定义，$x^*(t,m)=x^*(t-\Delta T)$ 的 z 变换为

$$\begin{aligned}\mathcal{Z}[x(t-\Delta T)]&=\sum_{k=0}^{\infty}x[kT-(1-m)T]z^{-k}\\&=\sum_{k=0}^{\infty}x[(k+m)T-T]z^{-k}.\end{aligned}\tag{8.6.25}$$

将上式展开并利用位移定理，可得

$$\begin{aligned}\sum_{k=0}^{\infty}x[(k+m)T-T]z^{-k}&=x[(m-1)T]+x[mT]z^{-1}+x[(m+1)T]z^{-2}\\&\quad+\cdots+x[(k+m)T-T]z^{-k}+\cdots\\&=x[mT]z^{-1}+x[(m+1)T]z^{-2}+\cdots\\&\quad+x[(m+k)T-T]z^{-k}+\cdots\\&=z^{-1}\{x[mT]+x[(m+1)T]z^{-1}+\cdots\\&\quad+x[(m+k)T-T]z^{-(k-1)}+\cdots\}\\&=z^{-1}\{x[mT]+x[(1+m)T]z^{-1}+\cdots\\&\quad+x[(k-1+m)T]z^{-(k-1)}+\cdots\}\\&=z^{-1}\sum_{p=0}^{\infty}x[(p+m)T]z^{-p}.\end{aligned}\tag{8.6.26}$$

在上式的推导过程中，用到了 $x[(m-1)T]=0$ 及 $p=k-1$. 将 p 仍换成 k，函数 $x(t)$ 的修正的 z 变换就被定义为

$$X(z,m) = \mathcal{Z}[x^*(t,m)] = z^{-1}\sum_{k=0}^{\infty} x[(k+m)T]z^{-k} \tag{8.6.27}$$

表 8.6.2 是部分常用函数的 z 变换表及修正 z 变换表. 为了使用方便,表中也给出了相应的拉普拉斯变换表达式.

表 8.6.2　z 变换对照表

$x(t)$	$X(s)$	$X(z)$	$X(z,m)$
$\delta(t-kT)$	e^{-kTs}	z^{-k}	z^{m-1-k}
$\delta(t)$	1	1	0
$1(t)$	$\frac{1}{s}$	$\frac{z}{z-1}$	$\frac{1}{z-1}$
t	$\frac{1}{s^2}$	$\frac{Tz}{(z-1)^2}$	$\frac{mT}{z-1}+\frac{T}{(z-1)^2}$
$\frac{1}{2}t^2$	$\frac{1}{s^3}$	$\frac{T^2z(z+1)}{2(z-1)^3}$	$\frac{T^2}{2}\left[\frac{m^2}{z-1}+\frac{2m+1}{(z-1)^2}+\frac{2}{(z-1)^3}\right]$
$\frac{1}{3!}t^3$	$\frac{1}{s^4}$	$\frac{T^3z(z^2+4z+1)}{6(z-1)^4}$	$\frac{T^3}{6}\left[\frac{m^3}{z-1}+\frac{3m^2+3m+1}{(z-1)^2}+\frac{6m+6}{(z-1)^3}+\frac{6}{(z-1)^4}\right]$
$a^{\frac{t}{T}}$	$\frac{1}{s-(\ln a)/T}$	$\frac{z}{z-a}$	$\frac{a^m}{z-a}$
e^{-at}	$\frac{1}{s+a}$	$\frac{z}{z-e^{-aT}}$	$\frac{e^{-amT}}{z-e^{-aT}}$
te^{-at}	$\frac{1}{(s+a)^2}$	$\frac{Tze^{-aT}}{(z-e^{-aT})^2}$	$\frac{Te^{-amT}[e^{-aT}+m(z-e^{-aT})]}{(z-e^{-aT})^2}$
$\frac{t^2}{2}e^{-at}$	$\frac{1}{(s+a)^3}$	$\frac{T^2ze^{-aT}}{2(z-e^{-aT})^2}+\frac{T^2ze^{-2aT}}{(z-e^{-aT})^3}$	$\frac{T^2e^{-amT}}{2}\left[\frac{m^2}{z-e^{-aT}}+\frac{(2m+1)e^{-aT}}{(z-e^{-aT})^2}+\frac{2e^{-2aT}}{(z-e^{-aT})^3}\right]$
$\sin\omega_0 t$	$\frac{\omega_0}{s^2+\omega_0^2}$	$\frac{z\sin\omega_0 T}{z^2-2z\cos\omega_0 T+1}$	$\frac{z\sin m\omega_0 T+\sin(1-m)\omega_0 T}{z^2-2z\cos\omega_0 T+1}$
$\cos\omega_0 t$	$\frac{s}{s^2+\omega_0^2}$	$\frac{z(z-\cos\omega_0 T)}{z^2-2z\cos\omega_0 T+1}$	$\frac{z\cos m\omega_0 T-\cos(1-m)\omega_0 T}{z^2-2z\cos\omega_0 T+1}$
$e^{-at}\sin\omega_0 t$	$\frac{\omega_0}{(s+a)^2+\omega_0^2}$	$\frac{ze^{-aT}\sin\omega_0 T}{z^2-2ze^{-aT}\cos\omega_0 T+e^{-2aT}}$	$\frac{[z\sin m\omega_0 T+e^{-aT}\sin(1-m)\omega_0 T]e^{-amT}}{z^2-2ze^{-aT}\cos\omega_0 T+e^{-2aT}}$
$e^{-at}\cos\omega_0 t$	$\frac{s+a}{(s+a)^2+\omega_0^2}$	$\frac{z^2-ze^{-aT}\cos\omega_0 T}{z^2-2ze^{-aT}\cos\omega_0 T+e^{-2aT}}$	$\frac{[z\cos m\omega_0 T-e^{-aT}\cos(1-m)\omega_0 T]e^{-amT}}{z^2-2ze^{-aT}\cos\omega_0 T+e^{-2aT}}$
$\sinh\omega_0 t$	$\frac{\omega_0}{s^2-\omega_0^2}$	$\frac{z\sinh\omega_0 T}{z^2-2z\cosh\omega_0 T+1}$	$\frac{z\sinh m\omega_0 T+\sinh(1-m)\omega_0 T}{z^2-2z\cosh\omega_0 T+1}$
$\cosh\omega_0 t$	$\frac{s}{s^2-\omega_0^2}$	$\frac{z(z-\cosh\omega_0 T)}{z^2-2z\cosh\omega_0 T+1}$	$\frac{z\cosh m\omega_0 T-\cosh(1-m)\omega_0 T}{z^2-2z\cosh\omega_0 T+1}$

例 8.6.3　按定义求函数 $x(t)=\exp(-at)$ 的修正的 z 变换的表达式,计算时间延迟为 $\Delta T=0.6T$ 时各采样时刻的函数值,并写出 m 等于 0 以及等于 1 时 $X(z,m)$ 的展开式.

解　(i) 按式(8.6.27)的定义,可得修正的 z 变换的表达式

$$X(z,m)=z^{-1}\sum_{k=0}^{\infty}\mathrm{e}^{-a(k+m)T}z^{-k}=z^{-1}\mathrm{e}^{-amT}\sum_{k=0}^{\infty}\mathrm{e}^{-akT}z^{-k}$$

$$=z^{-1}\mathrm{e}^{-amT}\sum_{k=0}^{\infty}(\mathrm{e}^{-aT}z^{-1})^{k}=\frac{z^{-1}\mathrm{e}^{-amT}}{1-\mathrm{e}^{-aT}z^{-1}}.$$

(ii) 因为 $\Delta T=(1-m)T=0.6T$,所以 $m=0.4$. 代入修正的 z 变换,可得

$$X(z,0.4)=\frac{z^{-1}\mathrm{e}^{-0.4aT}}{1-\mathrm{e}^{-aT}z^{-1}}=\mathrm{e}^{-0.4aT}z^{-1}+\mathrm{e}^{-1.4aT}z^{-2}+\mathrm{e}^{-2.4aT}z^{-3}+\cdots$$

图 8.6.7 画出了 $\exp(-at)$ 曲线(虚线)及延时 $0.6T$ 的 $\exp[-a(t-0.6T)]$ 曲线(实线). 延时曲线在采样时刻的值正是上述修正的 z 变换展开式的系数.

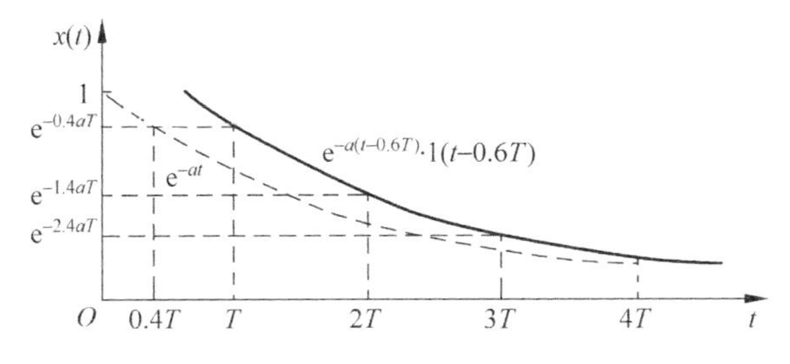

图 8.6.7　例 8.6.2 的时间曲线

(iii) 令 $m=1$(无时间延迟),修正的 z 变换的展开式为

$$X(z,1)=\frac{z^{-1}\mathrm{e}^{-amT}}{1-\mathrm{e}^{-aT}z^{-1}}=\frac{z^{-1}\mathrm{e}^{-aT}}{1-\mathrm{e}^{-aT}z^{-1}}=\mathrm{e}^{-aT}z^{-1}+\mathrm{e}^{-2aT}z^{-2}+\mathrm{e}^{-3aT}z^{-3}+\cdots,$$

可以发现,它的各项系数就是 $\exp(-at)$ 的采样值,即 $x^{*}(kT,1)=x(kT)$. 再令 $m=0$(延迟时间为一个采样周期 T),修正的 z 变换的展开式为

$$X(z,0)=\frac{z^{-1}\mathrm{e}^{-amT}}{1-\mathrm{e}^{-aT}z^{-1}}=\frac{z^{-1}}{1-\mathrm{e}^{-aT}z^{-1}}=z^{-1}+\mathrm{e}^{-aT}z^{-2}+\mathrm{e}^{-2aT}z^{-3}+\cdots,$$

它的各项系数就是 $\exp(-at)$ 延时一个采样周期的采样值,即 $x^{*}(kT,0)=x^{*}(kT-T)$. 显然,当 m 从 0 变化到 1 时,$X(z,m)$ 展开式的系数就给出从 $(k-1)T$ 时刻到 kT 时刻的信号采样值. □

在闭环采样系统中,利用 z 变换可以求得输出在采样时刻的值,而利用修正的 z 变换则可以求得输出在采样时刻之间的值. 在图 8.6.8 所示的闭环采样系统中,求输出在采样时刻之间的值就相当在输出加一个时间延迟环节,其中 $0<m<1$.

设 $G(s)=H_0(s)G_{\mathrm{p}}(s)$. 在图 8.6.8 中,采样检测误差 $e^{*}(t)$ 到采样输出的脉冲传递函数为 $G(z)=\mathcal{Z}[G(s)]$,而到延迟部件后的采样输出的脉冲传递函数为 $G(z,m)=\mathcal{Z}[G(s)\mathrm{e}^{-(1-m)Ts}]$. 由图可知,$C(z,m)=G(z,m)E(z)$,而 $E(z)=R(z)/[1+G(z)]$,所以,输出能够以修正的 z 变换表示为

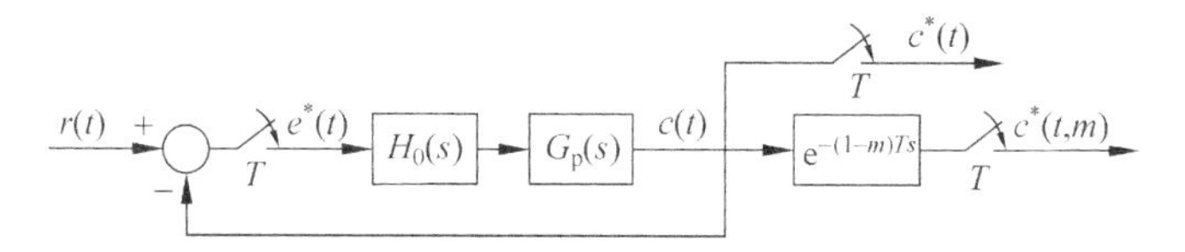

图 8.6.8　求采样时刻之间输出时间响应的框图

$$C(z,m)=\frac{G(z,m)R(z)}{1+G(z)}.\tag{8.6.28}$$

在采样系统中,系统的输出与结构及采样器的位置有关.但利用类似的推导方法,总可以得到$C(z,m)$的表达式,当m从0变化到1时,$c^*(z,m)$就给出$c(kT-T)$至$c(kT)$的值.

另外,利用修正的z变换也很容易研究开环连续对象具有时间延迟的情况.这时,只要采用修正的z变换来描述对象,就能得到以修正的z变换表示的闭环脉冲传递函数.下面用一个示例来说明这一点.

例 8.6.4　设在图8.4.6所示的典型采样系统中,前向通道只包含零阶保持器以及传递函数为$G_p(s)=ae^{-1.3T}/(s+a)$的被控连续对象,求该采样系统的闭环脉冲传递函数.

解　传递函数中带有时间延迟1.3T,它不是采样周期的整数倍.延迟中的整数部分T在脉冲传递函数中表现为z^{-1},非整数部分则要用修正的z变换来表示.令$0.3T=(1-m)T$,可得$m=0.7$.通过计算与查表可得前向通道的脉冲传递函数

$$\begin{aligned}G(z,m)&=(1-z^{-1})\cdot z^{-1}\cdot\mathcal{Z}\left[\frac{ae^{-(1-m)T}}{s(s+a)}\right]\\&=(1-z^{-1})\cdot z^{-1}\cdot\left[\frac{1}{z-1}-\frac{e^{-amT}}{z-e^{-aT}}\right]\\&=\frac{(1-e^{-amT})z+(e^{-amT}-e^{-aT})}{z^2(z-e^{-aT})}.\end{aligned}$$

以$m=0.7$代入,可得

$$G(z,0.7)=\frac{(1-e^{-0.7aT})z+(e^{-0.7aT}-e^{-aT})}{z^2(z-e^{-aT})}.$$

因为闭环脉冲传递函数应为

$$G_{CL}(z,m)=\frac{G(z,m)}{1+G(z,m)},$$

所以

$$\begin{aligned}G_{CL}(z,0.7)&=\frac{G(z,0.7)}{1+G(z,0.7)}\\&=\frac{(1-e^{-0.7aT})z+(e^{-0.7aT}-e^{-aT})}{z^2(z-e^{-aT})+(1-e^{-0.7aT})z+(e^{-0.7aT}-e^{-aT})}.\end{aligned}$$　□

8.7 采样控制系统的校正

多数实际对象的动态及稳态特性都不能完全令人满意，有些系统甚至不稳定．所以在采样系统中，也需要像连续系统那样对系统进行校正，即设计合适的校正装置(或称为控制器)，使闭环采样系统满足预期的性能指标．设计包含广泛的内容，可以包括从设计原理到实物细节的多方面的设计问题．在本章中，主要讨论与原理有关的问题，而不涉及部件及器件的实施细节．

图8.7.1(a)代表闭环采样系统的一般结构，其中 $G_p(s)$为连续对象的传递函数，$H_0(s)$为零阶保持器的传递函数，$D(z)$则是需要设计的数字控制器的脉冲传递函数．

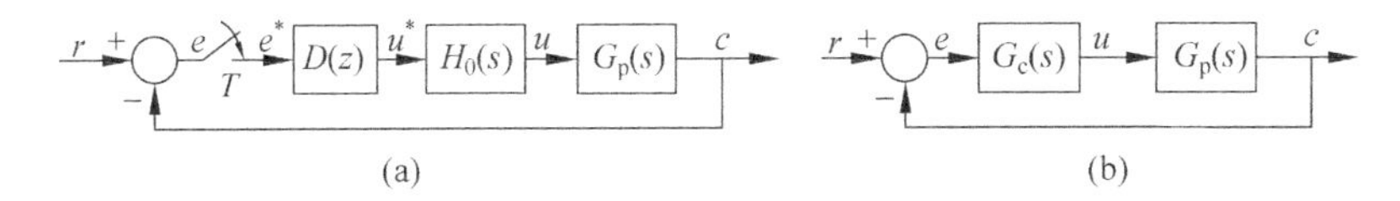

图8.7.1 校正后的采样系统

设计数字控制器 $D(z)$的方法很多．在对连续系统的讨论中已经说明，为使系统时间响应满足一定的指标，可以如图8.7.1(b)所示设计一个模拟(连续)校正装置 $G_c(s)$．在图8.7.1的两幅图中，对象的输入是连续控制信号 $u(t)$，输出是连续信号 $c(t)$，误差信号 $e(t)$也是连续信号，所以模拟校正装置 $G_c(s)$的作用与采样系统中采样器、数字控制器及零阶保持器的作用相当．这样，数字控制器的设计就可以先转化为模拟校正装置 $G_c(s)$的设计，然后再寻找数字控制器 $D(z)$，使零阶保持器后的连续信号输出与 $G_c(s)$的输出一致．所以，这里的 $G_c(s)$相当一个等效模拟校正装置．由于模拟校正装置的设计方法比较成熟，所以这类**等效模拟校正设计**方法被广泛应用于采样系统控制器的设计．不过，在实际应用时，为了简化计算，等效模拟校正装置 $G_c(s)$并不包含零阶保持器，而是将零阶保持器当作近似连续传递函数与 $G_p(s)$合并到一起．关于这一点，将在后面结合图8.7.2加以说明．

在设计时也可以不通过等效模拟校正设计方法而直接设计数字控制器$D(z)$．由于 s 平面极点与 z 平面极点有严格的对应关系，脉冲传递函数 $G(z)$经双线性变换后可以得到脉冲传递函数 $G(w)$，而 w 平面极点与 z 平面极点也有严格的对应关系，所以就能够依据这些对应关系将对系统闭环输出响应的要求转换为对开环脉冲传递函数 $G(z)$或 $G(w)$的要求．这样，就能够用与连续时间系统相似的原理和方法来设计校正装置，譬如在 z 平面上采用根轨迹方法设计$G_c(z)$，在 w 平面上用根轨迹方法或频率特性方法设计 $G_c(w)$．下文将这些设计方法称为**数字控制器的直接设计**方法．

在上面所述的两种方法中，设计校正装置都借助于经典控制理论中的传统图解方法，根据根轨迹图或频率特性图来分析校正装置参数的选取规则并选取适当的参数. 这实际是一种试凑的方法. 当前，对许多生产过程的掌握还不足以提供满足理论分析所需要的准确模型. 在这种被控对象模型具有某种程度近似的情况下，这些图解加计算的方法可以给出一个比较适合的控制器.

不过，采样系统的输出特性具有一些与连续时间系统不同的特性，譬如在理论上，采样系统可以在有限时间内准确达到稳态值. 另外，一个理想的采样系统输出不仅在采样时刻应符合要求，而且在采样时刻之间也不应有不希望的波动，就是说，一个理想的采样系统的输出在采样时刻之间应当没有波纹. 用上面所述的两种方法不容易使系统获得这样的特性，而满足这些特性的条件却可以通过分析计算来获得. 所以在能够提供较准确被控对象模型的情况下，也可以主要通过分析和计算来直接得到数字控制器. 下文将这种通过单纯分析和计算进行设计的方法称为**数字控制器的解析设计**方法.

8.7.1 等效模拟校正设计方法

数字控制器的**等效模拟校正设计**方法是指根据给定的连续系统性能指标为某个等价的连续系统设计一个模拟校正装置，然后通过某些方法将这个模拟校正装置传递函数变换为等效的数字控制器脉冲传递函数. 因为零阶保持器的传递函数已经给定，所以没有必要将它包含在有待设计的模拟校正装置之中；再者，若将它包含在该模拟校正装置之中，只会使计算更加复杂. 所以设计等效模拟校正装置时并不采用图 8.7.1(b)所示的结构，而是采用图 8.7.2 所示的结构. 不过，由于零阶保持器中包含 $\exp(-Ts)$，不便于计算处理，需要作某些简化. 所以，图 8.7.2 中的 $G_h(s)$是零阶保持器传递函数的某种近似，而需要为其设计校正装置的连续对象传递函数则为 $G(s)=G_h(s)G_p(s)$. 图中的 $G_c(s)$是需要设计的等效模拟校正装置的传递函数.

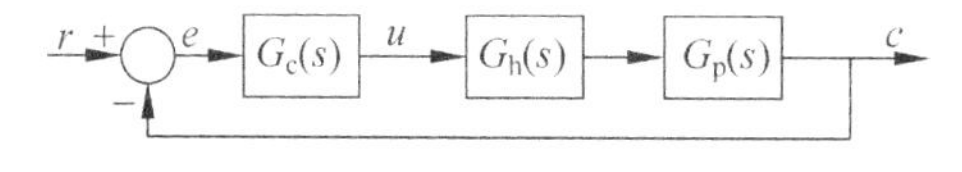

图 8.7.2 等效模拟校正的系统结构

现在讨论 $\exp(-Ts)$的近似处理方法. $\exp(-Ts)$的一阶**帕代**(Padé)**近似**为 $(1-Ts/2)/(1+Ts/2)$，所以零阶保持器可以被表示为

$$\frac{1-e^{-Ts}}{s}\approx\frac{T}{\frac{T}{2}s+1}. \tag{8.7.1}$$

将分子上的 T 归并到开环总增益，就可以取零阶保持器的近似传递函数为

$$G_{\mathrm{h}}(s)=\frac{1}{\frac{T}{2}s+1}. \tag{8.7.2}$$

这样一来,就可以按照连续系统的校正设计方法来获得 $G_{\mathrm{c}}(s)$. 但求得 $G_{\mathrm{c}}(s)$ 后,需要计算与之相应的数字控制器 $D(z)$,即需要完成**模拟控制器到数字控制器的变换**. 将 $G_{\mathrm{c}}(s)$变换为数字控制器 $D(z)$的方法很多,但无论哪种方法都起码应当保证它们的冲激响应尽可能接近. 下面介绍几种求 $D(z)$的变换方法.

(1) 零极点匹配映射法.

零极点匹配映射法依据的是 s 平面与 z 平面的映射关系 $z=\exp(Ts)$. 将 $G_{\mathrm{c}}(s)$ 写成因式分解形式

$$G_{\mathrm{c}}(s)=\frac{K_{\mathrm{c}}\sum_{j}(s-s_j)}{\sum_{i}(s-s_i)}, \tag{8.7.3}$$

那么相应的数字控制器则为

$$D(z)=\frac{K_{\mathrm{d}}\sum_{j}(z-z_j)}{\sum_{i}(z-z_i)}, \tag{8.7.4}$$

其中 $G_{\mathrm{c}}(s)$的所有极点 s_i 与 $D(z)$的极点的对应关系为 $z_i=\exp(Ts_i)$,所有有限零点 s_j 与 $D(z)$的零点的对应关系为 $z_j=\exp(Ts_j)$.

若 $G_{\mathrm{c}}(s)$的分母阶次高于分子阶次,则校正装置传递函数具有无穷远的零点. 当采样频率满足采样定理时,系统的运行频率在主频区内,所以不妨认为最高频率为 $\omega=\omega_{\mathrm{s}}/2$. 尽管应当在 $\omega\to\infty$时 $G_{\mathrm{c}}(\mathrm{j}\omega)\to 0$,但既然认为最高频率为 $\omega=\omega_{\mathrm{s}}/2$,所以也就近似认为 $\omega=\omega_{\mathrm{s}}/2$ 时 $G_{\mathrm{c}}(\mathrm{j}\omega)\to 0$. 又因为 $\omega=\omega_{\mathrm{s}}/2$ 时,$z=-1$,故而就认为无穷远零点相当 $z_j=-1$,此时有 $D(z)\to 0$.

另外,如果模拟校正装置的频率响应具有低通特性,则因为 $s=0$ 相当于$z=1$,所以应当由 $G_{\mathrm{c}}(0)=D(1)$ 来确定 $D(z)$的增益 K_{d}. 反之,如果模拟校正装置的频率响应具有高通特性,则因为 $s=\infty$相当于 $z=-1$,所以应当由 $G_{\mathrm{c}}(\infty)=D(-1)$ 来确定 $D(z)$的增益 K_{d}.

(2) 后向差分法.

后向差分法是用差分方程表示连续微分方程的近似方法中的一种. 设校正装置的输入输出关系为 $u(t)=\int_0^t e(t)\,\mathrm{d}t$,或说 $\dot{u}(t)=e(t)$,那么输出与输入的拉普拉斯变换之比为

$$\frac{U(s)}{E(s)}=\frac{1}{s}. \tag{8.7.5}$$

从采样时刻$(k-1)T$ 到时刻kT,控制的增量为

$$u(kT)-u(kT-T)=\int_{(k-1)T}^{kT}e(t)\,\mathrm{d}t, \tag{8.7.6}$$

即图 8.7.3 中阴影区域的面积.

但在采样系统中只能获得 $e(kT-T)$ 与 $e(kT)$，所以只能用 $e(kT-T)T$ 或 $e(kT)T$ 来近似代表阴影区域的面积. 用 $e(kT)T$ 来表示 $e(t)$ 从 $(k-1)T$ 到 kT 的积分被称为**后向差分**. 采用后向差分时，

$$\int_{(k-1)T}^{kT} e(t)\mathrm{d}t \approx e(kT)T. \tag{8.7.7}$$

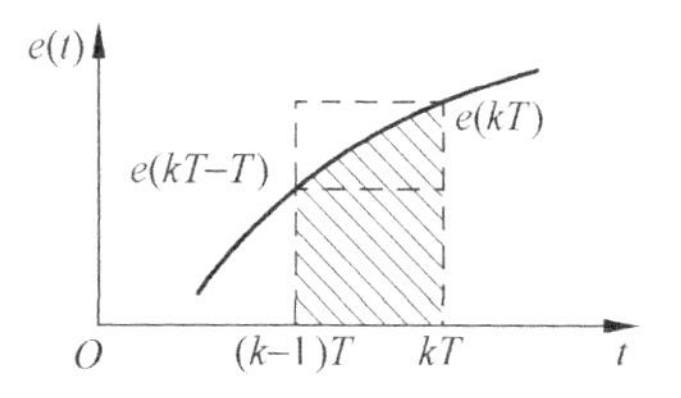

图 8.7.3　后向差分的近似表示

此时，误差到控制量的差分方程可以被写成

$$u(kT) - u(kT-T) = e(kT)T. \tag{8.7.8}$$

对上式两边取 z 变换，可得

$$\frac{U(z)}{E(z)} = \frac{T}{1-z^{-1}}. \tag{8.7.9}$$

比较式(8.7.5)与式(8.7.9)，就可以得到 s 平面与 z 平面之间的映射关系

$$s = \frac{1-z^{-1}}{T} = \frac{z-1}{zT}. \tag{8.7.10}$$

后向差分计算比较简单，但应当注意，式(8.7.10)并没有将左半 s 平面映射到 z 平面的整个单位圆内部. 如图 8.7.4 所示，式(8.7.10)将左半 s 平面映射到 z 平面中圆心在(0.5,0)、半径为 0.5 的圆内部. 所以，尽管采用后向差分法能够由稳定的连续控制器产生稳定的离散控制器，但瞬态响应和频率响应均有畸变. 为了减小畸变，需要采用较小的采样周期 T.

(3) 梯形积分法.

梯形积分法亦称 **Tustin 法**，它是用差分方程表示连续微分方程的另一种近似方法，其具体原理可用图 8.7.5 表示.

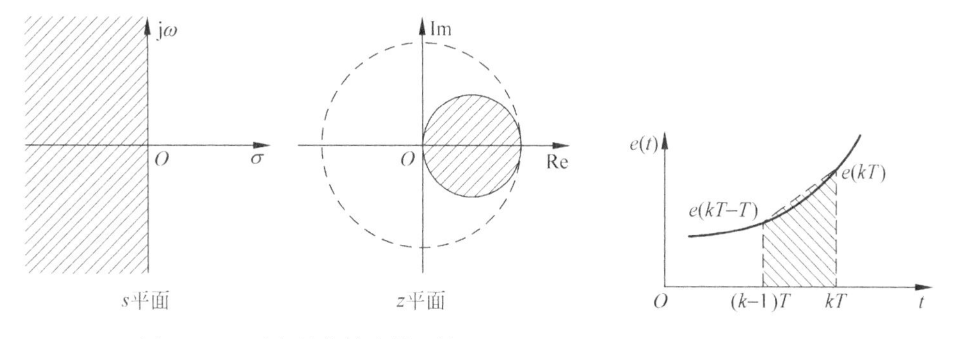

图 8.7.4　后向差分的映射区域　　　图 8.7.5　梯形积分近似

在梯形积分法中，积分的近似表示方法是

$$\int_{(k-1)T}^{kT} e(t)\mathrm{d}t \approx \frac{T}{2}[e(kT-T) + e(kT)]. \tag{8.7.11}$$

此时误差到控制量的差分方程可以写成

$$u(kT)-u(kT-T)=\frac{T}{2}[e(kT-T)+e(kT)]. \tag{8.7.12}$$

对上式两边取 z 变换，可得

$$\frac{U(z)}{E(z)}=\frac{T}{2}\cdot\frac{1+z^{-1}}{1-z^{-1}}. \tag{8.7.13}$$

比较式(8.7.5)与式(8.7.13)，可以得到 s 平面与 z 平面之间的映射关系为

$$s=\frac{2}{T}\cdot\frac{1-z^{-1}}{1+z^{-1}}=\frac{2(z-1)}{T(z+1)}. \tag{8.7.14}$$

这实际上也是一种双线性变换. 它将左半 s 平面映射到 z 平面单位圆内部，所以能由稳定的连续控制器产生稳定的离散控制器. 不过应当注意，在 z 变换中，z 平面单位圆的上半圆周对应于 s 平面的虚轴上 $0\sim j\omega_s/2$ 的部分；但在梯形积分法中，z 平面单位圆的上半圆周对应于 s 平面的整个正半虚轴. 所以在梯形积分法的变换中，频率响应和瞬态响应也均有畸变.

此外还有其他由 $G_c(s)$ 求 $D(z)$ 的方法，不过无论哪种方法都没有绝对优势. 在采用任何一种方法时，都需要进行计算机数字仿真. 只有当计算机数字仿真结果令人满意时，才能认定究竟哪一种方法对给定系统比较适用.

关于模拟校正装置的设计，在前面的章节中已经作了详细的说明，所以下面的一个示例将不涉及等效模拟校正装置的设计步骤，但会采用不同的方法来实现数字控制器，并对计算结果加以比较.

例 8.7.1　在图 8.7.1(a)所示的采样控制系统中，连续对象传递函数为

$$G_p(s)=\frac{1}{s(s+2)},$$

采样周期为 $T=0.2$s. 校正的目的是使希望的闭环主导极点具有阻尼系数 $\zeta=0.5$，无阻尼自然振荡频率 $\omega_n=4$rad/s，以便获得大约 $\sigma=16.3\%$ 的超调量及 $t_s=2$s 的调整时间(按稳态值上下 $\pm2\%$ 的范围计算). 为此，已经采用等效模拟校正装置设计方法得到了具有超前特性的模拟控制器传递函数

$$G_c(s)=\frac{20.25(s+2)}{s+6.66}.$$

试用不同方法求数字控制器 $D(z)$，并比较采用不同数字控制器时的闭环阶跃响应.

解　(i) 计算等效模拟控制系统的单位阶跃响应. 在设计等效模拟控制器的过程中，已经将零阶保持器传递函数近似表示成

$$G_h(s)=\frac{1}{\frac{T}{2}s+1}=\frac{1}{0.1s+1}=\frac{10}{s+10}.$$

所以开环传递函数为

$$G(s)=G_c(s)G_h(s)G_p(s)=\frac{202.5}{s(s+6.66)(s+10)},$$

闭环传递函数为

$$G_{CL}(s)=\frac{202.5}{s^3+16.66s^2+66.6s+202.5}.$$

相应的单位阶跃响应如图 8.7.6 中的虚曲线所示. 该曲线将被用来与数字控制器的仿真结果进行比较.

(ii) 用零极点匹配映射法设计 $D(z)$.

$G_c(s)$ 的零点 -2 被映射为 $\exp(-2T)=0.6703$,极点 -6.66 被映射为 $\exp(-6.66T)=0.2639$,所以 $D(z)=K_d(z-0.6703)/(z-0.2639)$. 又因为超前校正装置具有高通滤波特性,故由 $G_c(\infty)=D(-1)$ 得到 $K_d=15.323$,即

$$D(z)=\frac{15.323(z-0.6703)}{z-0.2639}.$$

在本例中,对象传递函数和零阶保持器传递函数的乘积对应于脉冲传递函数

$$\begin{aligned}G(z)&=\mathcal{Z}[H_0(s)G_p(s)]=\mathcal{Z}\left[\frac{1-e^{-Ts}}{s}\cdot\frac{2}{s(s+2)}\right]\\&=\frac{0.01758(z+0.8760)}{(z-1)(z-0.6703)},\end{aligned}$$

所以开环脉冲传递函数为

$$D(z)G(z)=\frac{0.2694(z+0.8760)}{(z-1)(z-0.2639)},$$

闭环脉冲传递函数为

$$G_{CL}(z)=\frac{0.2694(z+0.8760)}{z^2-0.9945z+0.4999}.$$

其单位阶跃响应在采样时刻的值如图 8.7.6 中标有"○"的点所示. 为避免图中曲线太多而导致阅读不便,对采用零极点匹配映射法设计的单位阶跃响应曲线没有按惯例画出连接采样值的折线.

(iii) 用后向差分法设计 $D(z)$.

由于 $T=0.2\text{s}$,故而式(8.7.10)相当于 $s=5(z-1)/z$. 以此代入 $G_c(s)$,可得

$$D(z)=\frac{20.25(7z-5)}{11.66z-5}=\frac{12.1569(z-0.7143)}{z-0.4288}.$$

所以开环脉冲传递函数为

$$D(z)G(z)=\frac{0.2137(z-0.7143)(z+0.8760)}{(z-1)(z-0.6703)(z-0.4288)},$$

闭环脉冲传递函数为

$$G_{CL}(z)=\frac{0.2137(z-0.7143)(z+0.8760)}{z^3-1.8854z^2+1.4211z-0.4211}.$$

其单位阶跃响应在采样时刻的值如图 8.7.6 中标有"×"的点所示. 同样,对采用后向差分法设计的单位阶跃响应曲线也没有按惯例画出连接采样值的折线.

(iv) 用梯形积分法设计 $D(z)$.

由于 $T=0.2\text{s}$,故而式(8.7.14)相当于 $s=10(z-1)/(z+1)$. 以此代入 $G_c(s)$,可得

$$D(z)=\frac{20.25(12z-8)}{16.66z-3.34}=\frac{14.5858(z-0.6667)}{z-0.2005}.$$

所以开环脉冲传递函数为

$$D(z)G(z)=\frac{0.2564(z-0.6667)(z+0.8760)}{(z-1)(z-0.6703)(z-0.2005)},$$

闭环脉冲传递函数为

$$G_{\mathrm{CL}}(z)=\frac{0.2564(z-0.6667)(z+0.8760)}{z^3-1.6144z^2+1.0589z-0.2841}.$$

其单位阶跃响应如图 8.7.6 中折线所示.

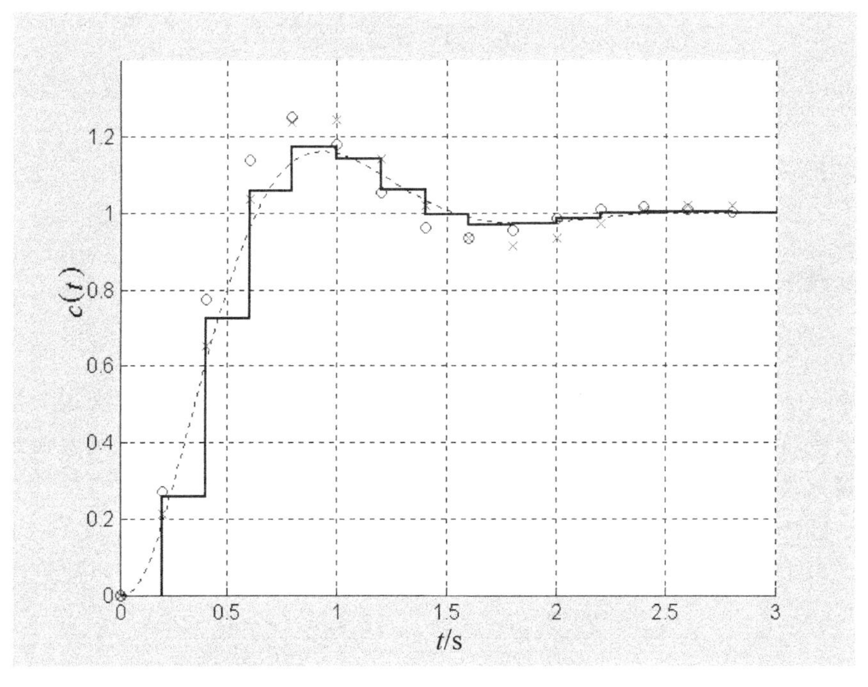

图 8.7.6　例 8.7.1 的闭环响应

(○:零极点匹配映射法;×:后向差分法;折线:梯形积分法)

从图 8.7.6 可以看出,各种数字控制器基本满足调整时间 $t_s=2\text{s}$ 的要求,但超调量稍有差别:零极点匹配映射法约为 25.2%,后向差分法约为 24.6%,梯形积分法约为 17.4%. 所以就本例而言,用梯形积分法获得的数字控制器效果较好. 图 8.7.6 中各个输出采样值的位置明显地表示出这一结论. □

值得指出的是,如果提高采样频率,各种控制器的控制效果都会更接近模拟校正装置的效果.

8.7.2 数字控制器的直接设计

数字控制器的直接设计方法是指根据给定的对象脉冲传递函数$G(z)$,采用传统的根轨迹或频域设计方法来直接获得数字控制器$D(z)$. 这时的闭环控制系统可以简化成图8.7.7. 其中未校正系统的脉冲传递函数为$G(z)=G_pH_0(z)$.

连续时间系统的输出响应与s平面内的极点有比较密切的关系. 如果闭环连续时间系统的一对极点起主导作用,那么闭环时间响应指标就可以被转换成主导极点的位置.

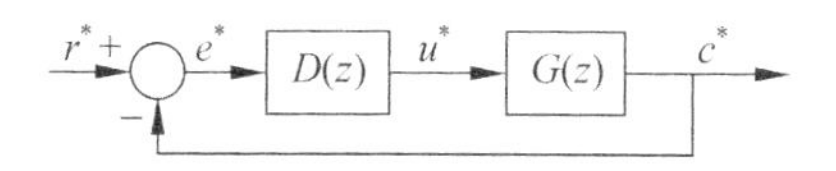

图8.7.7 闭环采样控制系统

根据$z=\exp(Ts)$,很容易将s平面的极点换算成z平面的极点,这样就可以根据z平面上期望闭环主导极点的位置并采用根轨迹方法来获得数字控制器的零点、极点与增益. 不过,由于z平面稳定区域与不稳定区域的分界线是单位圆,所以无法找到便于使用的、与连续系统中的频率相对应的变量,也无法使用s域中简易的对数作图方法,所以一般不在z域采用频率响应方法进行数字控制器的设计.

1. z平面的根轨迹设计方法

在z平面上利用根轨迹方法设计校正装置的原理和步骤与连续系统大致相同.

例8.7.2 在例8.7.1中已经根据连续对象传递函数$G_p(s)=1/(s^2+2s)$及零阶保持器在采样周期为$T=0.2\text{s}$的条件计算得到未校正系统的开环脉冲传递函数

$$G(z)=\mathcal{Z}[H_0(s)G_p(s)]=\frac{0.01758(z+0.8760)}{(z-1)(z-0.6703)}.$$

试用根轨迹方法设计数字控制器$D(z)$,使闭环采样系统的单位阶跃响应满足超调量$\sigma=16.3\%$及调整时间$t_s=2\text{s}$(按稳态值上下$\pm2\%$的范围计算)的要求.

解 (i) 计算闭环主导极点位置. 对典型的连续时间二阶系统,例题中要求的时域指标相当于$\zeta\omega_n=2$,$\zeta=0.5$,$\omega_n=4\text{rad/s}$. 由此可得s平面主导极点位置

$$s_d=-\zeta\omega_n+j\omega_d=-2+j3.4641.$$

其中$\omega_d=\omega_n\sqrt{1-\zeta^2}$. 根据$z=\exp(Ts)$,即可以得到$z$平面中相应的主导极点位置

$$z_d=0.5158+j0.4281.$$

(ii) $D(z)$的设计. 校正前系统的根轨迹如图8.7.8(a)所示,图中也同时标明了希望闭环主导极点z_d的位置. 很明显,z_d在未校正系统根轨迹的左侧,故而应采用超前校正.

设具有超前特性的数字控制器的脉冲传递函数为

$$D(z)=\frac{K_d(z-z_c)}{z-p_c}.$$

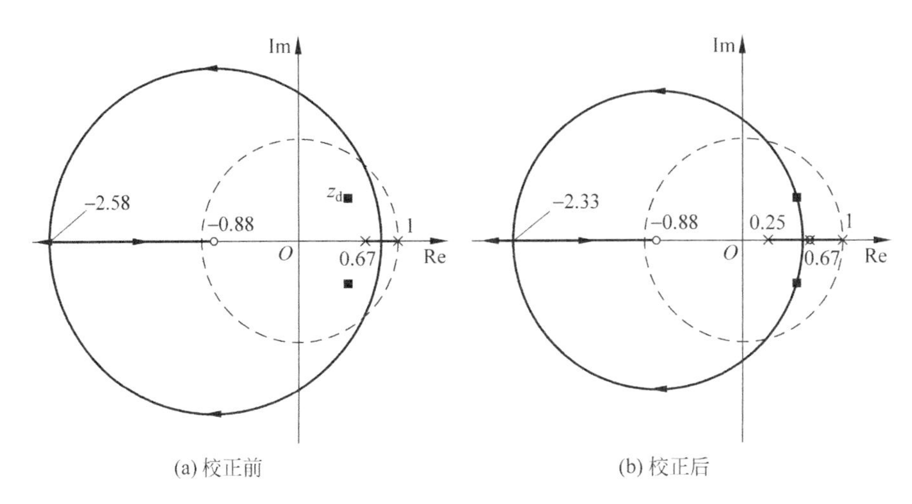

图 8.7.8　例 8.7.2 的根轨迹图

对希望的主导极点 z_d，可以算得脉冲传递函数的幅角

$$\arg[G(z_d)] = \arg\frac{0.01758(z_d+0.8760)}{(z_d-1)(z_d-0.6703)} = -231.27°.$$

为满足幅角条件，超前校正装置的传递函数必须提供超前角

$$\arg\left[\frac{z_d-z_c}{z_d-p_c}\right] = 51.27°.$$

借用连续时间系统的设计方法，选择 $z_c=0.6703$ 来抵消原脉冲传递函数中最接近 1 的一个实极点. 这样，就可由控制器的幅角方程

$$\arg\left[\frac{z_d-0.6703}{z_d-p_c}\right] == 109.85° - \arctan\frac{0.4281}{0.5158-p_c} = 51.27°$$

解得 $p_c=0.2543$. 再根据幅值条件

$$\left|\frac{0.01758(z_d+0.8760)}{(z_d-1)(z_d-0.6703)}\cdot\frac{K_d(z_d-0.6703)}{z-0.2543}\right| = 1$$

可得 $K_d=12.667$. 最终得到数字控制器脉冲传递函数

$$D(z) = \frac{12.667(z-0.6703)}{z-0.2543}.$$

这一结果与例 8.7.1 中用零极点匹配映射法获得的结果比较接近.

(iii) 校验. 在超前校正设计中，只要计算无误，一定会满足闭环主导极点要求. 至于时间响应指标，则要通过阶跃响应仿真来校验. 利用校正后系统的闭环脉冲传递函数

$$G_{CL}(z) = \frac{0.2227(z+0.8760)}{z^2-1.0316z+0.4494},$$

通过仿真可知：$t_s\approx 2s$，$\sigma\approx 15.5\%$. □

2. w平面的频域设计方法

在w平面上可以采用所有对连续系统适用的频域设计方法.不过要注意如下几点由双线性变换引起的问题.

首先是频率的变化范围.虚拟频率与实际频率的关系是$v=\tan(\omega T/2)$,当实际频率ω由0变到$\omega_s/2$时,虚拟频率v由0变化到$+\infty$.所以$G(jv)$反映的是$G(j\omega)$在$\omega=0\to\omega_s/2$范围的特性.一般说,$G(w)$的极点与零点数目相等,故而尽管$G(j\omega)$的幅值在$\omega\to\infty$时趋于零,但$G(jv)$的幅值的高频渐近线却可能是一条水平线.

第二点是静态误差系数.以1型系统为例,采用$G(z)$计算时,静态速度误差系数被定义为

$$K_v^z=\frac{1}{T}\lim_{z\to 1}(z-1)G(z),\tag{8.7.15}$$

这里用上标"z"表示该静态速度误差系数采用$G(z)$计算.1型系统脉冲传递函数的分母具有因子$(z-1)$,故可以记为$G(z)=G'(z)/(z-1)$,其中$G'(z)$是$G(z)$除去分母因子$(z-1)$后的剩余部分.显然,$K_v^z=C/T$,$C=G'(1)$.

但采用$G(w)$计算时,参照连续系统的定义方法,静态速度误差系数被定义为

$$K_v^w=\lim_{w\to 0}wG(w).\tag{8.7.16}$$

式中用上标"w"表示该静态速度误差系数采用$G(w)$计算.1型系统中的$G(z)$经双线性变换$z=(1+w)/(1-w)$后成为$(1-w)G''(w)/(2w)$,其中$G''(w)$在$w=0$时的值与$G'(z)$在$z=1$时的值相等,也是C,故而$K_v^w=C/2$.所以两种静态速度误差系数之间的关系为

$$K_v^w=\frac{T}{2}K_v^z.\tag{8.7.17}$$

类似地,两种静态加速度误差系数之间的关系为

$$K_a^w=\frac{T^2}{4}K_a^z.\tag{8.7.18}$$

还有一点是,由$G(jv)$所反映的频域指标与系统时域指标之间具有一定的对应关系,定性来讲,这种关系和由$G(j\omega)$反映的频域指标与系统时域指标之间的关系相似,但连续系统中这两种指标间的定量关系在采样系统中并不完全适用.

下面给出采用频域设计方法的一个示例.

例8.7.3　已知图8.7.1(a)中连续对象传递函数为

$$G_p(s)=\frac{K}{s(s+1)},$$

采样周期为$T=0.1$s.试设计一个数字控制器,使系统静态速度误差系数$K_v=10\text{s}^{-1}$,在w域的相角裕度$\gamma=40°$.

解　(i) 计算被控对象脉冲传递函数.被控对象脉冲传递函数为

$$G(z)=\mathcal{Z}\left[\frac{1-\mathrm{e}^{-Ts}}{s}\cdot\frac{K}{s(s+1)}\right]=(1-z^{-1})\,\mathcal{Z}\left[\frac{K}{s^2(s+1)}\right]$$
$$=\frac{0.01873K(z+0.9355)}{(z-1)(z-0.8187)}.$$

进行双线性变换,以 $z=(1+w)/(1-w)$ 代入 $G(z)$,可得

$$G(w)=\frac{0.01873K\left(\dfrac{1+w}{1-w}+0.9355\right)}{\left(\dfrac{1+w}{1-w}-1\right)\left(\dfrac{1+w}{1-w}-0.8187\right)}$$
$$=\frac{0.1K(1+0.03332w)(1-w)}{w(1+10.03w)}.$$

(ii) 计算开环增益. 静态速度误差系数是对系统而言的,所以应理解为 $K_v^z=10$,再由 $K_v^w=TK_v^z/2=0.05K_v^z=0.5$ 可得

$$\lim_{w\to 0}[wG(w)]=\lim_{w\to 0}\left[w\,\frac{0.1K(1+0.03332w)(1-w)}{w(1+10.03w)}\right]=0.1K=0.5,$$

故而 $K=5$.

(iii) 作系统的伯德图. 令 $w=\mathrm{j}v$,可得虚拟频率特性函数

$$G(\mathrm{j}v)=\frac{0.5(1+\mathrm{j}0.03332v)(1-\mathrm{j}v)}{\mathrm{j}v(1+\mathrm{j}10.03v)},$$

$G(\mathrm{j}v)$的伯德图如图 8.7.9 中的虚线所示. 图中幅值渐近线拐点旁细斜线所指的数字表示拐点的幅值,单位为 dB. 未校正时的增益穿越频率为 $v'_{gc}=0.2232\mathrm{rad/s}$,相角穿越频率为 $v'_{pc}=0.332\mathrm{rad/s}$,相角裕度为 $\gamma'=11.91°$,故闭环系统稳定. 但本例题要求的相角裕度为 $\gamma=40°$,所以可以设计超前校正装置. 这样既能提高相角

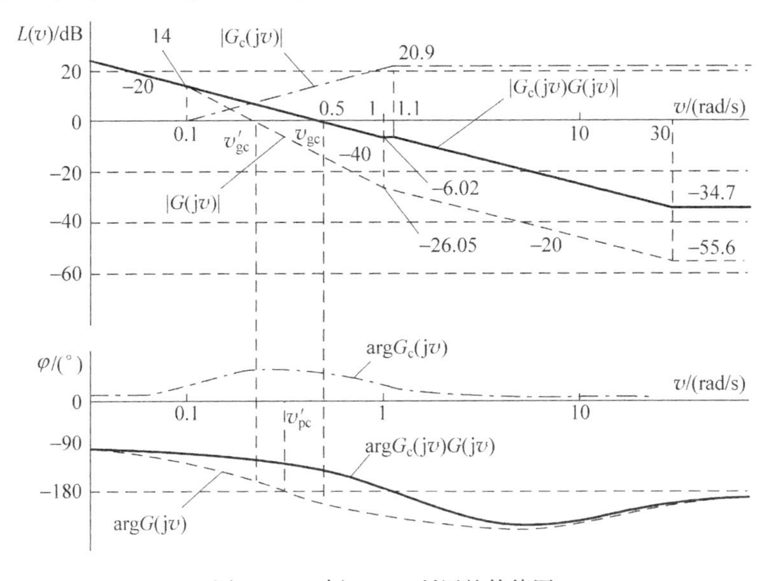

图 8.7.9 例 8.7.3 所用的伯德图

(虚线:校正前;实线:校正后;点划线:校正装置)

裕度,同时又不降低增益穿越频率.

(iv) 校正装置设计. 设校正装置的虚拟频率响应特性为

$$G_c(\mathrm{j}v)=\frac{1+\mathrm{j}10.03v}{1+\mathrm{j}10.03\alpha v},$$

其中 $\alpha<1$. 从图 8.7.9 可以看出,$G_c(\mathrm{j}v)$分子上的因子$(1+\mathrm{j}10.03v)$抵消了$G(\mathrm{j}v)$分母的一个因子,从而使增益穿越频率提高. 新的增益穿越频率约为 $v_{gc}=0.5\mathrm{rad/s}$,未校正系统在此频率的相角为

$$\arg[G(\mathrm{j}0.5)]=\arg\left[\frac{0.5(1+\mathrm{j}0.03332v)(1-\mathrm{j}v)}{\mathrm{j}v(1+\mathrm{j}10.03v)}\right]=-194.33°.$$

按 $\gamma=40°$的要求,$G_c(\mathrm{j}v)$尚需提供 54.42°的相角,所以由

$$\begin{aligned}\arg[G_c(\mathrm{j}0.5)]&=\arg\left[\frac{1+\mathrm{j}10.03\times0.5}{1+\mathrm{j}10.03\times0.5\alpha}\right]=\arctan(5.015)-\arctan(5.015\alpha)\\&=78.72°-\arctan(5.015\alpha)=54.42°\end{aligned}$$

可以解得 $\alpha=0.09$,故而校正装置的脉冲传递函数为

$$G_c(w)=\frac{1+10.03w}{1+0.903w}.$$

在图 8.7.9 中,$G_c(\mathrm{j}v)$的伯德图如点划线所示,校正后 $G(\mathrm{j}v)G_c(\mathrm{j}v)$的伯德图如实线所示. 计算频率为 0.5 时的相角,可以发现它满足 $\gamma=40°$的要求.

再令 $w=(z-1)/(z+1)$,可得

$$D(z)=\frac{5.796(z-0.8187)}{z+0.051}.$$

(v) 验算. 由开环脉冲传递函数

$$G(z)D(z)=\frac{0.5428(z+0.9355)}{(z-1)(z+0.051)}$$

可知,系统满足 $K_v=10\mathrm{s}^{-1}$的要求. 此时闭环脉冲传递函数为

$$G_{CL}(z)=\frac{0.5428(z+0.9355)}{z^2-0.4062z+0.4568}.$$

利用“dstep”命令画出闭环系统的单位阶跃响应(略),可以发现时间响应很快,但超调量较大. □

如果要降低上例系统的超调量,最好能提高系统的相角裕度. 如果允许响应慢一些,那么改用滞后校正也可以提高相角裕度;或者仍设计超前校正,但使增益穿越频率低于 0.5,以便得到更高的相角裕度. 如果希望保持较快的响应速度,不妨采用超前滞后校正来提高相角裕度.

获得 $G(w)$之后,当然也可以用根轨迹方法进行设计. 尽管根轨迹在 w 平面与 s 平面上的图形更加接近、设计时的理解与判断比较容易类比,但变换和反变换毕竟需要额外的计算. 所以在设计时,若决定采用根轨迹方法,不妨尝试直接根据 $G(z)$进行;若需要采用频域方法,则需先变换为 $G(w)$.

8.7.3 数字控制器的解析设计

采样控制系统的控制作用是借助专用数字控制器或专用及通用计算机来实现的. 数字控制器的控制作用主要通过数字计算产生,它不像模拟控制器那样受许多与物理实现有关的因素的限制. 只要给定的数学模型准确,数字控制器可以实现更加复杂的控制规律,取得更加优良的控制效果. 给定了采样控制系统的模型和希望的闭环特性,就能够通过计算推导来获得数字控制器的表达式. **数字控制器的解析设计**就讨论满足一定闭环特性要求时控制器的解析形式以及控制器参数应当满足的条件.

下面根据图 8.7.7 所示的采样闭环控制系统框图来讨论在各种时间响应要求下系统应当满足的条件以及控制器的计算方法.

1. 最小时间响应

在时间响应的一节中提到,从理论上讲,采样系统可以在有限个采样时刻达到它的稳态值. 所以对闭环采样控制系统,可以要求系统输出具有有限时间响应. 下面要讨论的问题是,系统在什么条件下能在最短的时间内达到稳态值. 这就是最小时间响应问题. 能使系统产生最小时间响应的控制器称为**最小时间响应控制器**.

设 $G(z)$的分母为 n 次多项式,分子为 m 次多项式. 又设数字控制器具有 δ 阶脉冲传递函数

$$D(z)=\frac{K_{\mathrm{d}}(z-z_1)\cdots(z-z_\delta)}{(z-p_1)\cdots(z-p_\delta)}, \tag{8.7.19}$$

那么,为了获得有限时间响应就要求闭环脉冲传递函数为

$$\begin{aligned}G_{\mathrm{CL}}(z)&=\frac{G(z)D(z)}{1+G(z)D(z)}=\frac{P(z)}{z^r}\\&=p_l z^{-(r-l)}+p_{l-1}z^{-(r-l)-1}+\cdots+p_0 z^{-r},\end{aligned} \tag{8.7.20}$$

其中 $P(z)$为 l 次多项式

$$P(z)=p_l z^l+p_{l-1}z^{l-1}+\cdots+p_1 z+p_0, \tag{8.7.21}$$

$l\leqslant r$. 输出将在第 r 个采样时刻达到稳态值. 在式(8.7.20)中,$G_{\mathrm{CL}}(z)$被展开成为 z^{-1}的幂级数,其最高幂次为$(r-l)$,$p_l z^{-(r-l)}$是其最高次项. 由于在计算闭环脉冲传递函数时可能发生零点与极点的对消,所以 $r\leqslant n+\delta$.

如果选定了希望的闭环脉冲传递函数 $G_{\mathrm{CL}}(z)$,那么由式(8.7.20)可知,有限时间响应的数字控制器脉冲传递函数为

$$D(z)=\frac{G_{\mathrm{CL}}(z)}{G(z)[1-G_{\mathrm{CL}}(z)]}=\frac{1}{G(z)}\cdot\frac{P(z)}{z^r-P(z)}, \tag{8.7.22}$$

可见,$D(z)$取决于 $G_{\mathrm{CL}}(z)$的选取,只要按照希望的闭环系统性能要求来确定 $G_{\mathrm{CL}}(z)$

就可以求出 $D(z)$.

不过,$G_{CL}(z)$的选择不是任意的,它受多种因素的限制. 下面从两个方面讨论对 $G_{CL}(z)$的制约.

(1) $G_{CL}(z)$的最低允许幂次 $r-l$ 不得低于 $n-m$.

$G_{CL}(z)$的最低允许幂次由 $G(z)$的阶决定. 由式(8.7.20)可知,如果 $G(z)$展开成 z^{-1}的级数时的最高次项为 $g_L z^{-L}$,$L=n-m$,则 $G_{CL}(z)$展开式的最低允许幂次就不可能低于 L. 式(8.7.20)指出 $G_{CL}(z)$的最高次项为 $p_l z^{-(r-l)}$,所以

$$r-l \geqslant L. \tag{8.7.23}$$

式(8.7.23)说明,系统最快将在第 $r=l+L$ 个采样时刻达到稳态值. 这一结论也可由式(8.7.22)获得. 因为从 $D(z)$的可实现性来看,$D(z)$的分母多项式次数不应低于分子多项式的次数,即 $m+r \geqslant n+l$,或 $r \geqslant n-m+l$. 因为 $n-m=L$,所以这一结果实际上与式(8.7.23)一致. 如果允许 $P(z)$取常数(即 $l=0$),那么输出将在最少第 $r=n-m$ 个采样时刻到达稳态值.

(2) 选择 $G_{CL}(z)$系数时必须考虑 $G(z)$位于单位圆外或圆上的极点和零点.

如果 $G(z)$是具有最小相位特性的脉冲传递函数,那么 $P(z)$与 r 的选取只要能使 $G_{CL}(z)$满足最低允许幂次的要求即可,譬如 $r=L$,$P(z)$为常数.

但 $G(z)$具有非最小相位特性时,对 $P(z)$与 r 的选取就会有许多限制. 从稳定性的角度来看,应当避免 $G(z)D(z)$中单位圆外的零点与极点对消. 现在假设$G(z)$有一个不稳定的极点,而且用控制器 $D(z)$的单位圆外零点与之对消而设计了一个稳定的闭环控制系统. 需要注意的是,工程中能够获得的模型总有一定的误差,而且系统的参数在运行过程中也可能发生变化,这种误差与参数变化往往使这种对消变得不完全. 所以尽管从计算及仿真的结果来看闭环脉冲传递函数确实符合设计要求,但在实际运行的系统中却可能出现了一对并不重合的单位圆外极点与零点. 它的不良后果十分明显. 首先,$D(z)$的未被对消的单位圆外零点一定会构成闭环脉冲传递函数 $G_{CL}(z)$的一个单位圆外零点,所以 $G_{CL}(z)$具有不希望的非最小相位特性. 其次,从系统的根轨迹图上看,因为这种对消不完全,就会由于这一对单位圆外的零点与极点而出现单位圆外的根轨迹,这就意味着闭环系统有可能变得不稳定. 鉴于这样的原因,如果 $G(z)$有一个不稳定的极点,那么数字控制器 $D(z)$就不应包含与它相同的零点.

但 $D(z)$总是取决于 $G_{CL}(z)$的选择. 设 $G(z)=G'(z)/(z-a)$,$|a| \geqslant 1$. 由式(8.7.22)可得

$$D(z)=\frac{G_{CL}(z)}{\dfrac{G'(z)}{z-a}[1-G_{CL}(z)]}=\frac{(z-a)G_{CL}(z)}{G'(z)[1-G_{CL}(z)]}. \tag{8.7.24}$$

显然,为避免在 $D(z)$中出现这个单位圆外的零点 a,$1-G_{CL}(z)$的分子多项式就必须包含因式$(z-a)$,或说应当有

$$z^r-P(z)=(z-a)X'(z), \tag{8.7.25}$$

其中 $X'(z)$ 为 z 的 $r-1$ 次首1多项式，$X'(z)=z^{r-1}+x_{r-2}z^{r-2}+\cdots+x_0$.

由式(8.7.25)可得

$$P(z)=z^r-(z-a)X'(z). \tag{8.7.26}$$

为保证上式成立，$P(z)$ 和 $X'(z)$ 的系数必须选择得能够满足

$$x_{r-2}=a,\quad x_{r-3}=ax_{r-2},\quad \cdots,\quad x_{l-2}=ax_{l-1},$$
$$x_{l-1}=ax_l+p_l,\quad \cdots,\quad x_0=ax_1+p_1,\quad \cdots,\quad ax_0+p_0=0. \tag{8.7.27}$$

再假设 $G(z)$ 有一个单位圆外的零点. 如果用控制器 $D(z)$ 的不稳定极点与其对消，那么控制器本身将不稳定，从参考输入到控制器输出的脉冲传递函数也不稳定. 这就是说，控制量 $u^*(t)$ 可能要变得很大才会保证 $c^*(t)$ 稳定. 但一个实际系统不可能提供太大的控制能量，控制量太大就会导致执行机构达到上下限. 由于 $u^*(t)$ 在变大的过程中会因为饱和而达不到预期的值，所以也就无法保证 $c^*(t)$ 稳定. 这就是 $G(z)$ 的单位圆外零点不允许用 $D(z)$ 的不稳定极点予以对消的原因. 而 $G(z)$ 的单位圆外零点若未被对消，那么它一定会构成闭环脉冲传递函数 $G_{CL}(z)$ 的一个单位圆外零点(即 $P(z)=0$ 的根). 所以当 $G(z)$ 有一个单位圆外的零点时，为了保证 $D(z)$ 不包含不稳定的极点，就必须在选择 $G_{CL}(z)$ 时，使 $G_{CL}(z)$ 包含这个单位圆外的零点. 就是说，若 $G(z)=G'(z)(z-b)$，$|b|\geqslant 1$，则

$$P(z)=(z-b)X''(z), \tag{8.7.28}$$

其中 $X''(z)$ 为 z 的 $l-1$ 次多项式.

上述对 $G(z)$ 的单位圆外零点和极点的讨论也适用于单位圆上的零点和极点. 因此，除了 $G_{CL}(z)$ 满足最低允许幂次的要求之外，$1-G_{CL}(z)$ 的分子多项式必须包含代表 $G(z)$ 的不稳定极点以及临界稳定极点的因式，而且 $G_{CL}(z)$ 必须包含 $G(z)$ 的单位圆外及单位圆上的零点.

例 8.7.4　已知采样系统的未校正脉冲传递函数为

$$G(z)=\frac{1}{z-2}.$$

试设计串联数字控制器，使闭环系统在有限时间达到稳态值.

解　(i) 选择闭环脉冲传递函数 $G_{CL}(z)$. 设 $G_{CL}(z)=P(z)/z^r$，其中 $P(z)$ 的次数为 l. $G(z)$ 被展开成 z^{-1} 的级数时最高次项为 z^{-1}，所以 $G_{CL}(z)$ 的最高次项亦至少为 z^{-1}，即 $r-l=1$.

(ii) $G(z)$ 有一个不稳定极点2. 按照式(8.7.26)有 $P(z)=z^r-(z-2)X'(z)$，对该式能够选取的最简单的参数为 $r=1,l=0,X'(z)=1$. 于是

$$P(z)=z-(z-2)=2.$$

故

$$G_{CL}(z)=\frac{2}{z}.$$

最终求得数字控制器

$$D(z)=\frac{1}{G(z)}\cdot\frac{P(z)}{z^r-P(z)}=\frac{z-2}{1}\cdot\frac{2}{z-2}=2.$$

本例的数字控制器的阶 $\delta=0$. 用 $G(z)D(z)$ 可以验算,闭环脉冲传递函数为 $G_{CL}(z)=2/z$,它具有最小响应特性,它的单位阶跃响应在一个采样周期后达到稳态值 2. 不过,本例的闭环系统尽管能在最短时间内达到稳态值,但它在稳态并不跟踪输入信号. □

例 8.7.4 所示的系统很简单,计算也不复杂. 不过上述计算方法并没有保证获得稳定的数字控制器. 对多数具有不稳定极点或单位圆外零点的系统,计算不一定很简单. 在这种情况下,有时要多次试选闭环脉冲传递函数 $G_{CL}(z)$ 才可能获得稳定的数字控制器.

另一点需要说明的是,$r=n-m$ 是系统能够达到稳态值的最快时间. 至于特定的系统能否在第 $r=n-m$ 个采样时刻达到稳态值,将与对闭环响应 $c(z)$ 的要求及对数字控制器 $D(z)$ 的限制条件有关,而且还与输入信号类型等等有关.

2. 在典型输入信号下无静态误差的最小时间响应

上述具有最小时间响应的系统在稳态时不一定能跟踪给定的输入信号. 而对一个实际的系统,往往要求它能在典型输入信号下没有静态误差. 下面以具有最小相位特性的系统为例来讨论如何设计没有静态误差的系统.

对图 8.7.7 所示的系统,输入到误差的脉冲传递函数为

$$G_e(z)=\frac{1}{1+G(z)D(z)}=1-G_{CL}(z)=\frac{z^r-P(z)}{z^r}. \tag{8.7.29}$$

所以静态误差应为

$$e_{ss}=\lim_{z\to 1}(z-1)G_e(z)R(z). \tag{8.7.30}$$

单位阶跃、单位斜坡和单位加速度信号的 z 变换可以被表示为

$$R(z)=\frac{Y(z)}{(z-1)^q}, \tag{8.7.31}$$

其中 $Y(z)$ 为确定的、不含 $(z-1)$ 的多项式,$q=1$、2 或 3. 显然,为使静态误差

$$e_{ss}=\lim_{z\to 1}(z-1)\frac{z^r-P(z)}{z^r}\cdot\frac{Y(z)}{(z-1)^q}=0, \tag{8.7.32}$$

$z^r-P(z)$ 必须包含 $(z-1)^q$,即

$$z^r-P(z)=(z-1)^qX(z), \tag{8.7.33}$$

其中 $X(z)$ 为 $r-q$ 次、不含 $(z-1)$ 的多项式.

在单位阶跃输入信号情况下,$q=1$. 若取最低次多项式 $X(z)=1$,即 $r-q=0$,则有 $r=q=1$. 就是说,系统最快在第一步就达到稳态值,或者说,系统最快在第一个采样时刻就能跟踪单位阶跃输入. 单位斜坡信号和单位加速度信号分别对应 $q=2$ 和 $q=3$,按照同样方法可以得出结论,输出响应最快分别在第 2 步和第 3 步到达稳态值. 使系统在典型输入信号作用下产生最小时间响应而且使输出无静态

误差的控制器称为**无静态误差的最小时间响应控制器**,亦称**最小拍控制器**(dead-beat controller).

例 8.7.5 已知在带有零阶保持器的采样控制系统中,连续对象的传递函数为

$$G_{\mathrm{p}}(s)=\frac{10}{s(s+1)},$$

采样周期为 $T=1\mathrm{s}$. 试设计串联数字控制器,使闭环系统在单位斜坡输入下于最短时间内达到稳态值.

解 (i) 计算脉冲传递函数 $G(z)$:

$$G(z)=(1-z^{-1})\times\mathcal{Z}\left[\frac{10}{s^2(s+1)}\right]=\frac{3.6788(z+0.7183)}{(z-1)(z-0.3679)}.$$

(ii) 确定闭环脉冲传递函数 $G_{\mathrm{CL}}(z)$. 设 $G_{\mathrm{CL}}(z)=P(z)/z^r$,其中 $P(z)$ 的次数为 l. 由于 $G(z)$ 被展开成 z^{-1} 的级数时最高次项为 z^{-1} 项,即 $L=1$,所以 $G_{\mathrm{CL}}(z)$ 的最高次项亦至少为 z^{-1} 项. 由式(8.7.23)可知,$r-l=1$.

因为 $G(z)$ 没有单位圆外的极点和零点,除了一个位于1的极点外,其他极点都稳定,所以对 $G_{\mathrm{CL}}(z)$ 的分子多项式没有特殊要求. 而由式(8.7.33)可知,$1-G_{\mathrm{CL}}(z)$ 的分子多项式 $z^r-P(z)$ 只要包含 $(z-1)^2$ 即可跟踪斜坡输入. 取 $X(z)=1$,由

$$z^r-P(z)=(z-1)^2=z^2-2z+1,$$

可得 $r=2$,$P(z)=2z-1$ 以及 $l=1$. 所以最终得到

$$G_{\mathrm{CL}}(z)=\frac{2z-1}{z^2}.$$

(iii) 计算数字控制器 $D(z)$.

$$D(z)=\frac{G_{\mathrm{CL}}(z)}{G(z)[1-G_{\mathrm{CL}}(z)]}=\frac{0.5437(z-0.5)(z-0.3679)}{(z-1)(z+0.7183)}.$$

(iv) 校验. 由

$$G(z)D(z)=\frac{2(z-0.5)}{(z-1)^2},$$

$$1+G(z)D(z)=\frac{z^2}{(z-1)^2},$$

可得

$$G_{\mathrm{CL}}(z)=\frac{G(z)D(z)}{1+G(z)D(z)}=\frac{2z-1}{z^2}.$$

所以该系统在单位斜坡输入下的输出为

$$\begin{aligned}C(z)&=G_{\mathrm{CL}}(z)R(z)=\frac{2z-1}{z^2}\cdot\frac{Tz}{(z-1)^2}=\frac{2z-1}{z(z-1)^2}\\&=2z^{-2}+3z^{-3}+4z^{-4}+5z^{-5}+\cdots.\end{aligned}$$

输出在第2个采样时刻到达稳态值. 图8.7.10表示系统的时间响应,其中"○"表示输出采样值 $c^*(t)$,"×"代表 $u^*(t)$,台阶状点划线表示零阶保持器后的控制

$u(t)$，光滑实曲线表示连续对象的实际输出 $c(t)$. 可以看出，尽管输出采样值很快达到稳态值，但实际输出在采样时刻之间的值与期望的稳态值并不相符，曲线是波动的，或者说具有波纹. □

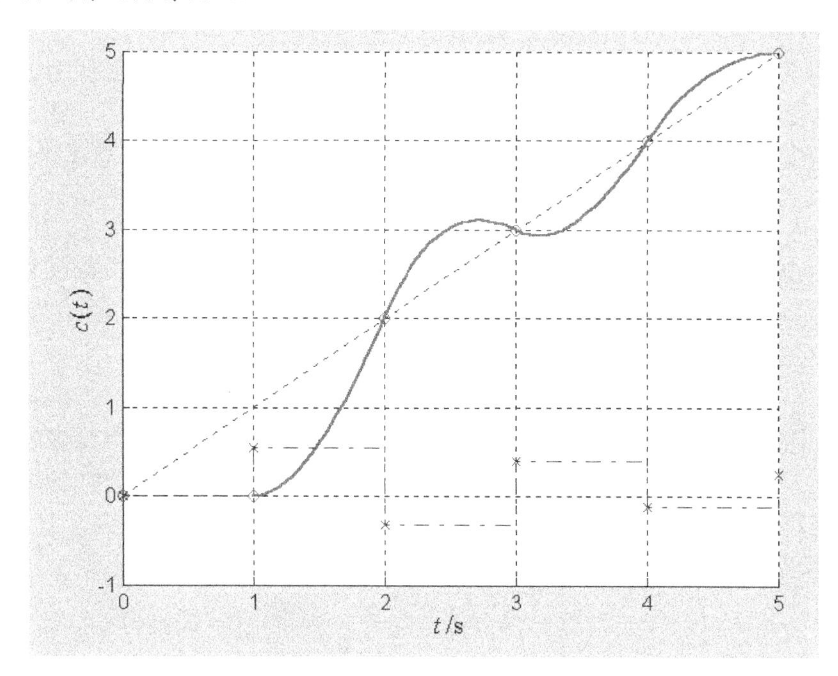

图 8.7.10　例 8.7.5 中时间响应

（"○"：输出采样值 $c^*(t)$；"×"：控制 $u^*(t)$；实线：输出 $c(t)$）

3. 在典型输入信号下无波纹、无静态误差的最小时间响应

图 8.7.10 中的连续输出曲线在采样点之间有波纹. 不过不难推想，在单位斜坡信号输入下，要使输出信号跟踪输入信号而且无波纹就要使输出信号的速度 $\dot{c}(t)$ 恒等于常数 1，加速度 $\ddot{c}(t)$ 恒等于 0. 按照给定的连续对象传递函数可知，系统输出的微分方程为 $\ddot{c}(t)+\dot{c}(t)=10u$. 既然要求达到稳态后 $\dot{c}(t)\equiv1$，$\ddot{c}(t)\equiv0$，则必有 $u(t)=0.1$. 所以对一个在斜坡输入信号作用下的二阶 1 型对象，如果要获得一个无波纹采样控制系统，那么它的控制量在输出采样值达到稳态后必然是一个适当的常数. 但由图 8.7.10 中的控制信号曲线可见，在例 8.7.5 的闭环系统中，控制量 $u^*(t)$ 在输出采样值达到稳态值后仍是波动的，所以输出信号中出现波纹. 另外还可以推论，对这样的对象，输入若为阶跃信号，它的控制量在输出采样值达到稳态值后应为 0，才能保证输出信号跟踪阶跃输入信号，而且在采样时刻之间没有波纹.

综上所述，要使系统在典型输入信号作用下产生无波纹、无静态误差的最小时间响应，系统的控制量必须在输出采样值达到稳态值的同时也达到控制的稳态值.能产生这种控制量的控制器被称为**无波纹最小拍控制器**.

仍讨论图8.7.7所示的系统,令最小相位对象的脉冲传递函数为$G(z)=B(z)/A(z)$,其中分子多项式$B(z)$为z的m次多项式,分母多项式$A(z)$为z的n次多项式.输入$r^*(t)$到控制$u^*(t)$的脉冲传递函数为

$$G_u(z)=\frac{D(z)}{1+G(z)D(z)}=\frac{G_{CL}(z)}{G(z)}=\frac{P(z)}{z^r}\cdot\frac{A(z)}{B(z)}. \tag{8.7.34}$$

要使$u^*(t)$在有限时刻达到稳态值(即$u^*(t)$具有有限时间响应),就是要求

$$U(z)=G_u(z)R(z)=\frac{P(z)A(z)}{z^rB(z)}\cdot\frac{Y(z)}{(z-1)^q} \tag{8.7.35}$$

在展开成z^{-1}的幂级数后,其系数在有限时刻r达到稳态值(零、常数或某个时间函数).$u^*(t)$具有有限时间响应就意味着$G_u(z)$的分母为z^r.由于$B(z)$与$A(z)$之间没有公因式,所以$P(z)$必须能被$B(z)$整除,即

$$P(z)=P_1(z)B(z). \tag{8.7.36}$$

其中,$P_1(z)$是z的$(l-m)$次多项式,$P(z)$的次数l待定.$P(z)$的次数最多可为r,所以$P_1(z)$的次数最多可为$(r-m)$.下面讨论系统在典型信号输入下的稳态误差.

(1) 阶跃信号输入.

阶跃输入下无静态误差即指

$$e_{ss}=\lim_{z\to1}(z-1)[1-G_{CL}(z)]\cdot\frac{z}{z-1}=\lim_{z\to1}[1-G_{CL}(z)]=0. \tag{8.7.37}$$

这相当$\lim\limits_{z\to1}G_{CL}(z)=1$,即

$$\lim_{z\to1}\frac{P_1(z)B(z)}{z^r}=P_1(1)B(1)=1. \tag{8.7.38}$$

最简单的方法是选$P_1(z)=1/B(1)$,即$P(z)=B(z)/B(1)$.此时,据式(8.7.22)可得

$$D(z)=\frac{1}{G(z)}\cdot\frac{P(z)}{z^r-P(z)}=\frac{A(z)}{B(1)\ z^r-B(z)}. \tag{8.7.39}$$

为使$D(z)$能够实现,r应不低于$A(z)$的次数n(即$G(z)$的阶).

这里似乎没有利用最小拍控制条件式(8.7.33).按照该条件,在阶跃输入信号作用下达到无静态误差的最小时间响应必须满足

$$z^r-P(z)=(z-1)X(z). \tag{8.7.40}$$

尽管确定$P(z)$时没有依据该式,但是由$P(z)=B(z)/B(1)$可知,$z^r-P(z)=z^r-B(z)/B(1)$在$z=1$时等于0,这就隐含了“$z^r-P(z)$包含因子$(z-1)$”这一条件.

(2) 斜坡信号输入.

前面已经得出结论,系统跟踪斜坡输入信号应当满足$z^r-P(z)=(z-1)^2X(z)$,即

$$z^r-P_1(z)B(z)=(z-1)^2X(z). \tag{8.7.41}$$

其中$X(z)$是z的$(r-2)$次首1多项式,次数待定.

此时可以从 n 开始逐步增加 r，直到 $P_1(z)$ 的 $(r-m)$ 个系数以及 $X(z)$ 的 $(r-2)$ 个系数有解为止. 解得 $P_1(z)$ 即可构造 $G_{CL}(z)$ 并根据式(8.7.22)计算 $D(z)$.

(3) 抛物线信号输入.

系统跟踪抛物线输入信号应当满足 $z^r-P(z)=(z-1)^3X(z)$，即

$$z^r-P_1(z)B(z)=(z-1)^3X(z). \tag{8.7.42}$$

其中 $X(z)$ 是 z 的 $(r-3)$ 次多项式，次数待定. 求解方法与斜坡输入情况相同，这里不再重复.

例 8.7.6 对例 8.7.5 给定的系统设计串联数字控制器，使闭环系统在单位斜坡输入下于最短时间内达到稳态值，且输出在采样时刻之间无波纹.

解 (i) 根据例 8.7.5 中得到的脉冲传递函数可知，$G(z)$ 的分子多项式 $B(z)=3.6788(z+0.7183)$，次数为 $m=1$，分母多项式 $A(z)=(z-1)(z-0.3679)$，系统的阶为 $n=2$. 闭环脉冲传递函数为 $G_{CL}(z)=P(z)/z^r$，$G_{CL}(z)$ 的最高次项至少为 z^{-1}. $P(z)$ 的次数为 l. 为满足对斜坡输入的跟踪要求，应满足 $z^r-P(z)=(z-1)^2X(z)$.

(ii) 确定系统的最小调整时间.

若取 $r=n=2$，则 $P_1(z)=p_0$ 和 $X(z)=x_0$ 均为零次多项式. 计算

$$\begin{aligned}z^r-P(z)&=z^2-P_1(z)B(z)=z^2-p_0\times3.6788(z+0.7183)\\&=z^2-3.6788p_0z-2.6425,\end{aligned}$$

显然，无论 p_0 取何值，它也不可能包含 $(z-1)^2$.

改取 $r=3$，$P_1(z)=p_1z+p_0$，$X(z)=z+x_0$. 可由

$$z^3-3.6788(z+0.7183)(p_0z+p_1)=(z-1)^2(z+x_0)$$

解得 $x_0=0.5928$，$p_1=0.3825$，$p_0=-0.2243$.

(iii) 计算数字控制器 $D(z)$. 由 $P_1(z)=0.3825z-0.2243$，可得

$$P(z)=P_1(z)B(z)=1.4071(z+0.7183)(z-0.5864),$$

$$G_{CL}(z)=\frac{1.4071z^2+0.1856z-0.5927}{z^3}.$$

由于 $z^r-P(z)=(z-1)^2X(z)$，所以

$$1-G_{CL}(z)=\frac{z^3-P(z)}{z^3}=\frac{(z-1)^2(z+0.5928)}{z^3},$$

$$D(z)=\frac{1}{G(z)}\cdot\frac{P(z)}{z^r-P(z)}=\frac{0.3825(z-0.5864)(z-0.3679)}{(z-1)(z+0.5928)}.$$

(iv) 校验. 由

$$G_u(z)=\frac{P(z)}{z^r}\cdot\frac{A(z)}{B(z)}=\frac{0.3825(z-1)(z-0.3679)(z-0.5864)}{z^3},$$

$$\begin{aligned}U(z)=G_u(z)R(z)&=\frac{0.3825(z-0.3679)(z-0.5864)}{z^2(z-1)}\\&=0.3825z^{-1}+0.0175z^{-2}+0.1z^{-3}+0.1z^{-4}+\cdots\end{aligned}$$

可见,$u^*(t)$在时刻3之后达到稳态值0.1.系统的各种时间响应如图8.7.11所示,其中的符号与图8.7.10相同,输出信号在第3时刻之后便不再出现波纹. □

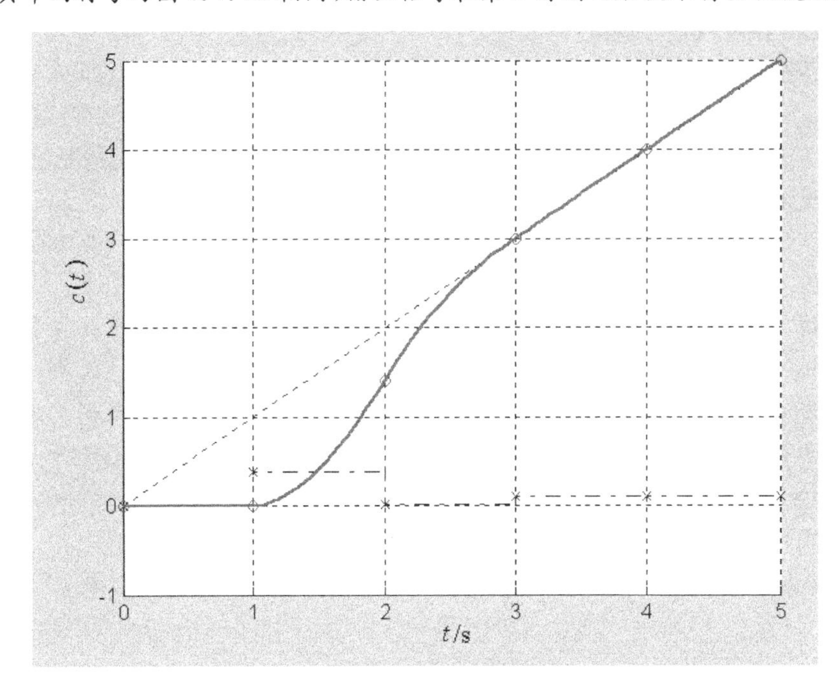

图8.7.11　例8.7.6中时间响应

(“○”: 输出采样值$c^*(t)$;“×”: 控制$u^*(t)$; 实线: 输出$c(t)$)

根据上面的讨论可知,对最小相位系统,可以根据最小拍响应条件式(8.7.33)使闭环系统以最快速度达到稳态值,并跟踪给定的典型输入信号. 如果再同时满足无波纹条件式(8.7.36),那么就不但能获得最小拍响应,而且当输出信号采样值达到稳态值后,输出信号在采样时刻之间没有波纹.

若被控对象具有非最小相位特性,计算就会复杂得多. 这时除了满足上述最小拍响应条件及无波纹条件外,还应满足针对单位圆外开环极点和零点的条件式(8.7.26)和式(8.7.28).

数字控制器的解析设计要求被控对象的数学模型十分准确,模型具有误差就达不到期望的结果. 在确知模型误差很大时,不必考虑设计这种具有特殊时间响应效果的数字控制器. 最小相位系统的数字控制器设计计算不太复杂,如果实际系统参数与给定模型可能相差不大,那么如此设计的控制器仍可以被用作调试阶段的初始控制器. 在这个初始的理想控制器的基础上适当改变参数,虽然不一定能获得完全理想的时间响应,但可能获得比较令人满意的、可以接受的时间响应.

不过,如果模型误差较大,而且模型的非最小相位特性会使计算十分繁冗时,就应考虑采用其他的设计方法. 因为控制器设计方法毕竟具有较强的工程背景,必须适用而且简单. 如果在设计数字控制器时必须进行复杂的计算、而且模型有一定误差,那么改用根轨迹设计方法或频域设计方法,也许可以得到更能适应模型参数变化的控制器.

8.8　小结

本章讨论了采样控制系统. 尽管采样控制系统与连续控制系统在稳定性分析和控制器设计方面有许多类似的地方,但由于采样器和保持器的存在,所以采用的数学工具、描述系统的方式、获得的结论以及使用的计算方法都有很大的区别.

采样控制系统采用的基本数学工具是 z 变换,这是一种非常重要的变换,它在采样系统中的作用与拉普拉斯变换在连续系统中的作用相当. 采样系统中的信号传输关系和时间响应都需要用 z 变换来推导计算.

采样输入信号与采样输出信号之间的传输关系用脉冲传递函数来表示. 脉冲传递函数也被称为 z 传递函数,它是输出采样信号和输入采样信号在零初始条件下的 z 变换之比. 求取脉冲传递函数是采样控制系统分析设计的基础,利用信号之间的传递关系和 z 变换表不难求得闭环采样控制系统的脉冲传递函数. 但是要注意的是,对于具有相同连续对象的采样控制系统,由于采样器位置的不同,可以具有不同的闭环脉冲传递函数. 而且,尽管采样控制系统中的信号总可以用 z 变换表达式来表示,但在个别情况下,也许无法求得某两个信号之间的脉冲传递函数. 当然,这不会妨碍对采样系统中任一点的信号进行研究.

采样控制系统的稳定性分析是要讨论闭环特征多项式的根是否在 z 平面的单位圆内. 对此,存在一些适用于 z 平面的稳定性判别方法来判别闭环采样系统的稳定性,主要有朱里准则和根轨迹方法. 双线性变换可以将 z 平面的单位圆内部映射到 w 平面的左半平面,从而大大丰富了采样控制系统稳定性分析的手段. 经过双线性变换之后,连续系统中所有分析稳定性的方法都可以被改造应用于采样控制系统.

利用信号传递关系求得控制系统中采样信号的 z 变换表达式后,再利用反 z 变换就可以求得该信号在采样时刻的值. 对采样控制系统的时间响应特性可以按照连续系统的方法作相似的讨论,并可以获得一系列与连续系统类似的表达式. 不过,由于采用的是脉冲传递函数,所以尽管许多特性的表达式与连续系统相似,但它们彼此并不相同,甚至存在相当的差别. 另外,与连续系统不同的是,采样控制系统的稳定性与采样周期有关. 采样控制系统与连续系统的另一个特殊差别是,从理论上讲,采样控制系统的时间响应有可能在有限个采样时刻达到它的稳态值. 在采样控制系统中,为了求得采样时刻之间的响应值,可以采用修正的 z 变换.

采样控制系统的校正大体有两种方法. 一种方法是设计等效模拟控制器. 如

果能够将一个采样控制系统近似表示成一个连续系统,就可以直接采用连续控制系统中用于校正设计的图解、计算方法来设计一个模拟信号控制器,然后通过某种方法将所得的模拟信号控制器转换为数字控制器即可.另一种方法是设计数字控制器,但在这种方法中又有两种思路.其一是在 z 平面或 w 平面上借用连续系统中的图解、计算方法直接针对脉冲传递函数进行设计,并直接获得以 z 变量或 w 变量表示的数字控制器.其二是在系统数学模型比较准确的前提下,通过直接计算来配置闭环脉冲传递函数的分子多项式和分母多项式,从而以更准确的方式获得能够给出理想特性的数字控制器.

习题

8.1 利用拉普拉斯变换来计算说明例 8.2.2 中零阶保持器后的信号为单位阶跃信号.

8.2* 试求一阶保持器的频率特性函数.

8.3 求下列函数的 z 变换.

(1) $x(t)=t^4$; (2) $x(t)=t^2\mathrm{e}^{-at}$;

(3) $X(s)=\dfrac{a}{s^2(s+1)}$; (4) $X(s)=\dfrac{ab}{s(s+a)(s+b)}$;

(5) $X(s)=\dfrac{1}{(s+a)(s+b)(s+c)}$.

8.4 求下列函数的反 z 变换(设采样周期为 1s).

(1) $X(z)=\dfrac{z-0.5}{(z-1)(z-1.5)}$; (2) $X(z)=\dfrac{z(z-0.5)}{(z-1)^2(z-1.5)}$;

(3) $X(z)=\dfrac{1+z^{-1}-z^{-2}}{1-z^{-1}}$.

8.5 利用 z 变换求解下列差分方程.

(1) $x(k+2)+3x(k+1)+2x(k)=0$, $x(0)=0$, $x(1)=1$;

(2) $x(k+2)-3x(k+1)+2x(k)=u(k)$, $k\leqslant 0$ 时 $x(0)=0$, $u(k)=\begin{cases}1 & k=0\\ 0 & k\neq 0\end{cases}$.

8.6 证明实数位移定理中的式(8.3.5).

8.7 证明差分定理中的式(8.3.8)与式(8.3.9).

8.8 计算如下二阶系统的单位冲激响应的前 5 项系数.

$$G(z)=\frac{z^2+az}{z^2+2az+b}=\frac{1+az^{-1}}{1+2az^{-1}+b^{-2}}$$

8.9 已知

$$G(s)=\frac{K}{s(s+a)}$$

求脉冲传递函数 $G(z)$.

8.10　已知

$$G(s)=\frac{\omega_0}{s^2+\omega_0^2},$$

求脉冲传递函数 $G(z)$.

8.11　已知采样控制系统如图8.E.1所示，试求闭环系统的脉冲传递函数 $G_{\mathrm{CL}}(z)=C(z)/R(z)$ 和输出信号的 z 变换 $C(z)$.

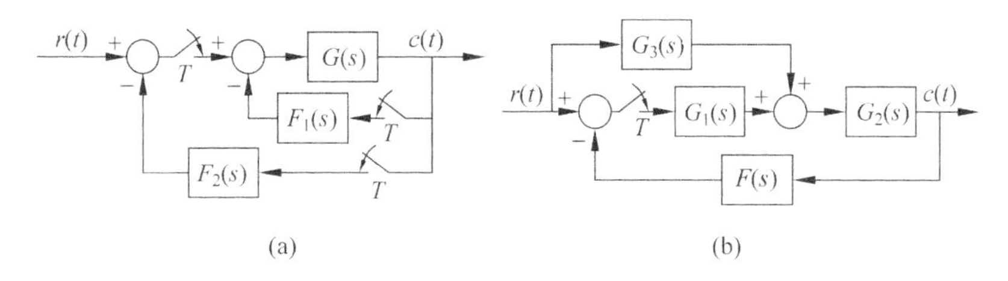

图8.E.1　习题8.11的系统结构图

8.12　在图8.4.6所示的系统中，连续对象的传递函数为

$$G_{\mathrm{p}}(s)=K\frac{s+1}{s},$$

在 z 平面采用根轨迹方法分别对有ZOH和没有ZOH的情况求使闭环稳定的采样周期 T 及控制器增益 K.

8.13　已知单位负反馈控制系统的连续对象传递函数为

$$G_{\mathrm{p}}(s)=\frac{K}{s(s+1)^2},\quad (K>0).$$

在误差信号检测点后加采样器，采样周期分别为0.2s和0.8s. 试分析经采样后的闭环系统稳定性.

8.14* 给定典型二阶连续系统的传递函数

$$G(s)=\frac{\omega_{\mathrm{n}}^2}{s^2+2\zeta\omega_{\mathrm{n}}s+\omega_{\mathrm{n}}^2}.$$

通过计算说明，它的冲激响应在采样时刻的值与如下脉冲传递函数的冲激响应相符：

$$G(z)=\frac{az+b}{z^2-2z\mathrm{e}^{-\zeta\omega_{\mathrm{n}}T}\cos(\omega_{\mathrm{d}}T)+\mathrm{e}^{-2\zeta\omega_{\mathrm{n}}T}},$$

其中

$$a=1-\mathrm{e}^{-\zeta\omega_{\mathrm{n}}T}\left[\cos(\omega_{\mathrm{d}}T)+\frac{\zeta}{\sqrt{1-\zeta^2}}\sin(\omega_{\mathrm{d}}T)\right],$$

$$b=\mathrm{e}^{-2\zeta\omega_{\mathrm{n}}T}-\mathrm{e}^{-\zeta\omega_{\mathrm{n}}T}\left[\cos(\omega_{\mathrm{d}}T)-\frac{\zeta}{\sqrt{1-\zeta^2}}\sin(\omega_{\mathrm{d}}T)\right].$$

8.15* 在图8.4.6所示的系统中，连续对象的传递函数为

$$G(s)=\frac{k}{z(s+a)}.$$

分别在误差检测点与$G(s)$之间有 ZOH 和无 ZOH 的情况下求采样系统的单位阶跃响应，并与连续系统闭环单位阶跃响应进行比较.（计算时可取 $T=0.5\text{s}$，$a=1$，$k=0.6$.）

8.16 给定时间函数 $x(t)=t^2$，根据定义求它的修正的 z 变换.

8.17 在图 8.6.8 所示的闭环采样控制系统中，已知连续对象传递函数为

$$G_{\mathrm{p}}(s)=\frac{a}{s+a},$$

利用修正的 z 变换来表示闭环系统在单位阶跃输入信号作用下的输出值.

8.18 已知被控对象和数字控制器的脉冲传递函数分别为

$$G(z)=\frac{K(1-\mathrm{e}^{-aT})}{z-\mathrm{e}^{-aT}},\quad D(z)=\frac{KTz}{z-1}$$

求该系统的静态速度误差系数 K_{v}.

8.19* 在例 8.7.1 的系统中，将采样周期改为 $T=0.1\text{s}$，重新计算数字控制器. 并通过仿真结果来讨论校正后系统的阶跃响应.

8.20* 在例 8.7.1 的系统中，将采样周期改为 $T=0.05\text{s}$. 用根轨迹方法设计等效模拟校正装置. 采用零极点匹配映射方法求数字控制器 $D(z)$，并与例题 8.7.1 的结果进行比较.

8.21* 在例 8.7.5 的闭环系统中，已经设计了一个数字控制器来保证闭环系统跟踪斜坡输入. 试通过计算输入到控制之间的脉冲传递函数来说明该系统输出采样值达到稳态值后的控制量 $u^*(t)$仍是波动的.

8.22* 对例 8.7.6 所示的采样系统设计一个数字控制器，使闭环系统在单位阶跃输入下于最短时间内达到稳态值，且输出在采样时刻之间无波纹.

8.23* 设采样系统前向通道包含零阶保持器及连续对象

$$G_{\mathrm{p}}(s)=\frac{\beta^2}{s^2+\beta^2}.$$

采用比例微分(PD)控制器进行控制，其中 PD 控制器的脉冲传递函数为

$$D(z)=K_{\mathrm{p}}+K_{\mathrm{d}}\frac{z-1}{z}=\frac{(K_{\mathrm{p}}+K_{\mathrm{d}})z-K_{\mathrm{d}}}{z}.$$

(1) 选择控制器参数，使闭环采样系统稳定；

(2) 设该系统的采样频率较高，PD 控制器的比例增益 $K_{\mathrm{p}}\gg1$，如果取 $K_{\mathrm{p}}=K_{\mathrm{d}}$，问采样周期满足什么条件才能保证闭环稳定？

第9章 线性系统的结构分析

9.1 引言

在第2章中已经说明，描述系统的内部运动需要采用状态向量，状态向量的选取不是惟一的，但不同状态向量之间一定能够用**非奇异线性变换**（或称**坐标变换**）互相联系．比如，两个状态向量 $\boldsymbol{x}$ 和 $\tilde{\boldsymbol{x}}$ 同是描述某个系统内部运动的状态向量，它们之间可以由非奇异线性变换矩阵 $\boldsymbol{T}$ 相互联系，即

$$\boldsymbol{x} = \boldsymbol{T}\tilde{\boldsymbol{x}}. \tag{9.1.1}$$

将以 $\boldsymbol{x}$ 为状态向量的状态空间描述简记为 $\Sigma(\boldsymbol{A},\boldsymbol{B},\boldsymbol{C},\boldsymbol{D})$，将以 $\tilde{\boldsymbol{x}}$ 为状态向量的状态空间描述简记为 $\tilde{\Sigma}(\tilde{\boldsymbol{A}},\tilde{\boldsymbol{B}},\tilde{\boldsymbol{C}},\tilde{\boldsymbol{D}})$，那么两种状态空间描述的诸系数矩阵和状态转移矩阵之间的变换关系是

$$\left.\begin{aligned} \tilde{\boldsymbol{A}} &= \boldsymbol{T}^{-1}\boldsymbol{A}\boldsymbol{T} \\ \tilde{\boldsymbol{B}} &= \boldsymbol{T}^{-1}\boldsymbol{B} \\ \tilde{\boldsymbol{C}} &= \boldsymbol{C}\boldsymbol{T} \\ \tilde{\boldsymbol{D}} &= \boldsymbol{D} \\ \mathrm{e}^{\tilde{\boldsymbol{A}}t} &= \boldsymbol{T}^{-1}\mathrm{e}^{\boldsymbol{A}t}\boldsymbol{T} \end{aligned}\right\}. \tag{9.1.2}$$

满足非奇异线性变换关系的两个描述 $\Sigma(\boldsymbol{A},\boldsymbol{B},\boldsymbol{C},\boldsymbol{D})$ 和 $\tilde{\Sigma}(\tilde{\boldsymbol{A}},\tilde{\boldsymbol{B}},\tilde{\boldsymbol{C}},\tilde{\boldsymbol{D}})$ 的特征多项式相等，即

$$\det(s\boldsymbol{I}-\boldsymbol{A}) = \det(s\boldsymbol{I}-\tilde{\boldsymbol{A}}). \tag{9.1.3}$$

也就是说，矩阵 $\boldsymbol{A}$ 和矩阵 $\tilde{\boldsymbol{A}}$ 的特征值相同，$\Sigma(\boldsymbol{A},\boldsymbol{B},\boldsymbol{C},\boldsymbol{D})$ 和 $\tilde{\Sigma}(\tilde{\boldsymbol{A}},\tilde{\boldsymbol{B}},\tilde{\boldsymbol{C}},\tilde{\boldsymbol{D}})$ 的运动模态相同．它们的传递函数也相等，即

$$\boldsymbol{G}(s) = \boldsymbol{D}+\boldsymbol{C}(s\boldsymbol{I}-\boldsymbol{A})^{-1}\boldsymbol{B} = \tilde{\boldsymbol{D}}+\tilde{\boldsymbol{C}}(s\boldsymbol{I}-\tilde{\boldsymbol{A}})^{-1}\tilde{\boldsymbol{B}}. \tag{9.1.4}$$

在本章9.3节和9.4节的讨论中还将看到，$\Sigma(\boldsymbol{A},\boldsymbol{B},\boldsymbol{C},\boldsymbol{D})$ 和 $\tilde{\Sigma}(\tilde{\boldsymbol{A}},\tilde{\boldsymbol{B}},\tilde{\boldsymbol{C}},\tilde{\boldsymbol{D}})$ 的可控性和可观性也是相同的．

这些结果表明,系统 $\Sigma(\boldsymbol{A},\boldsymbol{B},\boldsymbol{C},\boldsymbol{D})$ 通过非奇异线性变换化为 $\widetilde{\Sigma}(\widetilde{\boldsymbol{A}},\widetilde{\boldsymbol{B}},\widetilde{\boldsymbol{C}},\widetilde{\boldsymbol{D}})$ 后,系统的许多固有特性并没有改变.

采用状态空间法进行系统分析或综合时,经常使用非奇异线性变换.这是因为由一般结构的 $\Sigma(\boldsymbol{A},\boldsymbol{B},\boldsymbol{C},\boldsymbol{D})$ 进行系统分析或综合,常常不太方便.针对特定的分析或综合目标,可以采用非奇异线性变换来获得特定结构的 $\widetilde{\Sigma}(\widetilde{\boldsymbol{A}},\widetilde{\boldsymbol{B}},\widetilde{\boldsymbol{C}},\widetilde{\boldsymbol{D}})$.这种特定结构或者突出了所分析的问题的主要矛盾,或者使分析的方法更加简便,或者使综合的方法一目了然.这种特定结构的 $\widetilde{\Sigma}(\widetilde{\boldsymbol{A}},\widetilde{\boldsymbol{B}},\widetilde{\boldsymbol{C}},\widetilde{\boldsymbol{D}})$ 被称为**规范型**.根据不同特征和用途可以划分为**特征值规范型**、**可控规范型**、**可观规范型**等等.在特征值规范型中,状态系数矩阵 $\widetilde{\boldsymbol{A}}$ 具有规范结构;在可控规范型中,状态系数矩阵和输入系数矩阵对 $(\widetilde{\boldsymbol{A}},\widetilde{\boldsymbol{B}})$ 具有规范结构;而在可观规范型中,状态系数矩阵和输出系数矩阵对 $(\widetilde{\boldsymbol{A}},\widetilde{\boldsymbol{C}})$ 具有规范结构.本章将仔细研究这三种规范型的结构特点,讨论如何运用非奇异线性变换得到所需要的规范型以及规范型间的非奇异线性变换关系.

控制系统的**可控性**和**可观性**(亦称**可观测性**)是状态空间描述方法中的很重要的两个基本概念.这两个概念由卡尔曼(B. E. Kalman)于1960年首先提出.

在经典控制理论中,只限定讨论输入量(控制作用)对输出量的控制,这两个量之间的关系由系统的传递函数确定.只要传递函数不为零,系统输出量就是可控的,所以在经典控制理论中没有涉及可控性问题.另一方面,对于一个实际的物理系统,系统输出量总可以通过检测仪表直接量测,所以也没有必要提出可观性问题.

在状态空间描述中,除了输入量和输出量外,还引入了描述系统内部运动的 n 维状态向量.把状态向量看作系统的被控制量,就产生了状态能否全部被输入量控制以及能否全部由输出量观测的问题.

这里,可以初步提出如下的一些概念:

(1) 一个在初始时刻处于某个给定状态的系统,加上控制输入后,能不能使它在有限时间间隔内被引导到零状态?如果能做到,则称这个给定状态为**可控状态**.

(2) 一个在初始时刻状态为零的系统,加上控制输入后,能不能使它在有限时间间隔内达到希望的状态?如果能做到,则称这个希望状态为**可达状态**.

(3) 一个在初始时刻处于未知状态的系统,能不能根据有限时间间隔内量测到的输出来确定它的初态?如果不能做到,则称这个初始状态为**不可观状态**.

下面给出一个一维的非线性系统,通过它可以说明并非全部状态都是可控状态,同时还说明并非全部状态都是可达状态.

例 9.1.1 图9.1.1所示系统的状态空间是一维的,状态变量是电容器两端的电压 x.图中的二极管 D 是理想二极管,当它两端电压为正向时,电流就按图示的方向流通；当两端电压为负向时，电流为零. 试讨论它的状态可控性和可达性.

解　当电容初始电压 $x(0)$ 为正值时，$x(t)$ 是不可控的. 因为二极管只在控制电压 $u(t)$ 大于电容电压 $x(t)$ 的情况下才导通. 所以，不论控制电压 $u(t)$ 取何值，$x(t)$ 或者维持在初始值 $x(0)$，或者继续升高，而不可能在有限时间间隔 $[0,t_1]$ 内，满足 $x(t_1)=0$.

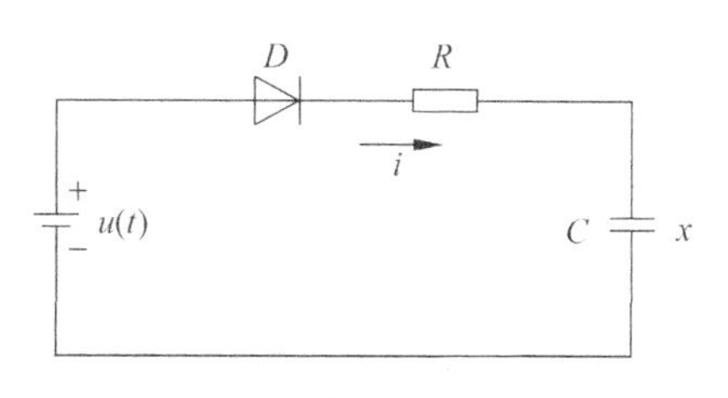

图 9.1.1　例 9.1.1 的电路

当电容初始电压 $x(0)$ 为负值时，$x(t)$ 是可控的. 比如 $x(0)<0$，如果要求 $t_1=5\text{s}$，则可在 $[0,t_1]$ 选择合适的正控制电压 $u(t)=x(0)\mathrm{e}^{-5t/RC}/(\mathrm{e}^{-5t/RC}-1)$，即可使 $t=t_1=5\text{s}$ 时，恰好有 $x(t_1)=0$. 此后在 $t\geqslant t_1$ 时，则令控制电压 $u(t)=0$.

对于可达性，结果正好相反. 所有目标状态 $x(t_1)$ 为正值时，是从零状态可达的；而所有目标状态 $x(t_1)$ 为负值时，是从零状态不可达的.

本例的一维状态空间中，$x>0$ 的状态是不可控的，但它是可达的；$x<0$ 的状态是可控的，但它是不可达的；而 $x=0$ 既是可控的，又是可达的.　□

本章讲述的内容为可控性和可观性的定义及各种判据、可控状态和不可观状态在状态空间的分布、按可控性和按可观性的系统结构分解、可控规范型和可观规范型、传递函数矩阵的零极点对消与可控性和可观性的关系、反馈对可控性和可观性的影响以及传递函数矩阵的状态空间实现.

9.2　特征值规范型

规范型是系统在特定状态空间基下的表现，它把系统某些方面的特性以简洁而集中的方式突出表现在系数矩阵的规范结构上.

本小节讨论特征值规范型. 在本小节中，要说明系统 $\Sigma(\boldsymbol{A},\boldsymbol{B},\boldsymbol{C},\boldsymbol{D})$ 的状态系数矩阵 $\boldsymbol{A}$ 在什么条件下可以被化为对角线规范型或者若尔当规范型，给出变换矩阵的构成方法以及变换矩阵列向量的性质. 另外，还将讨论可控规范型、可观规范型与特征值规范型间的变换关系.

为使若尔当规范型的介绍不过于艰深，引入了循环矩阵的概念. 在下面的叙述中，先从对角线规范型推出矩阵 $\boldsymbol{A}$ 为循环矩阵时的若尔当规范型，然后再深入介绍矩阵 $\boldsymbol{A}$ 为非循环矩阵时的若尔当规范型.

9.2.1　对角线规范型

在线性代数中，定义方矩阵 $\boldsymbol{A}$ 的特征矩阵为 $(\lambda\boldsymbol{I}-\boldsymbol{A})$，其中 λ 为复数变量. 特征矩阵的行列式 $\det(\lambda\boldsymbol{I}-\boldsymbol{A})=\Delta(\lambda)$ 被称为矩阵 $\boldsymbol{A}$ 的特征多项式，特征多项式

$\Delta(\lambda)$的根λ_i被称为矩阵$\boldsymbol{A}$的特征值，而满足$\boldsymbol{A}\boldsymbol{w}_i=\lambda_i\boldsymbol{w}_i$(或$(\lambda_i\boldsymbol{I}-\boldsymbol{A})w_i=0$)的非零向量$\boldsymbol{w}_i$是矩阵$\boldsymbol{A}$的属于特征值$\lambda_i$的特征向量.

定义 9.2.1 系统$\Sigma(\boldsymbol{A},\boldsymbol{B},\boldsymbol{C},\boldsymbol{D})$通过非奇异线性变换$\boldsymbol{T}$化为$\widetilde{\Sigma}(\widetilde{\boldsymbol{A}},\widetilde{\boldsymbol{B}},\widetilde{\boldsymbol{C}},\widetilde{\boldsymbol{D}})$后，若状态系数矩阵$\widetilde{\boldsymbol{A}}$的对角元素为其特征值，其余元素为零，即

$$\widetilde{\boldsymbol{A}}=\boldsymbol{T}^{-1}\boldsymbol{A}\boldsymbol{T}=\begin{bmatrix}\lambda_1 & & & \\ & \lambda_2 & & \\ & & \ddots & \\ & & & \lambda_n\end{bmatrix}=\Lambda. \tag{9.2.1}$$

则称$\widetilde{\Sigma}(\widetilde{\boldsymbol{A}},\widetilde{\boldsymbol{B}},\widetilde{\boldsymbol{C}},\widetilde{\boldsymbol{D}})$为**对角线规范型**. □

设变换矩阵的列向量为$\boldsymbol{w}_i$，即

$$\boldsymbol{T}=[\boldsymbol{w}_1\quad\boldsymbol{w}_2\quad\cdots\quad\boldsymbol{w}_n]. \tag{9.2.2}$$

由变换关系$\boldsymbol{T}\widetilde{\boldsymbol{A}}=\boldsymbol{A}\boldsymbol{T}$可得

$$[\boldsymbol{w}_1\quad\boldsymbol{w}_2\quad\cdots\quad\boldsymbol{w}_n]\begin{bmatrix}\lambda_1 & & & \\ & \lambda_2 & & \\ & & \ddots & \\ & & & \lambda_n\end{bmatrix}=\boldsymbol{A}[\boldsymbol{w}_1\quad\boldsymbol{w}_2\quad\cdots\quad\boldsymbol{w}_n]. \tag{9.2.3}$$

利用分块矩阵的乘法规则，上述等式两边的n个列向量构成n个等式：

$$\lambda_i\boldsymbol{w}_i=\boldsymbol{A}\boldsymbol{w}_i,\quad(i=1,2,\cdots,n), \tag{9.2.4}$$

或写成

$$(\lambda_i\boldsymbol{I}-\boldsymbol{A})\boldsymbol{w}_i=0,\quad(i=1,2,\cdots,n). \tag{9.2.5}$$

显然，变换矩阵$\boldsymbol{T}$的列向量$\boldsymbol{w}_i$就是状态系数矩阵$\boldsymbol{A}$的属于特征值λ_i的特征向量.

综上所述，可以得出如下一般性结论：**系统$\Sigma(\boldsymbol{A},\boldsymbol{B},\boldsymbol{C},\boldsymbol{D})$通过非奇异线性变换化为对角线规范型的充分必要条件是：状态系数矩阵$\boldsymbol{A}$具有n个线性无关的特征向量. 并且变换矩阵$\boldsymbol{T}$就由这n个线性无关的特征向量组成.**

状态系数矩阵$\boldsymbol{A}$具有n个线性无关的特征向量的情况有以下两种：

第一，状态系数矩阵$\boldsymbol{A}$具有n个互不相同的特征值($\lambda_1,\lambda_2,\cdots,\lambda_n$两两相异)；

第二，状态系数矩阵$\boldsymbol{A}$有重特征值，而且，对所有重特征值λ_i，特征矩阵的**降秩数**

$$\gamma_i=n-\text{rank}[\lambda_i\boldsymbol{I}-\boldsymbol{A}] \tag{9.2.6}$$

等于该特征值λ_i的总重数.

在线性代数中业已证明，矩阵$\boldsymbol{A}$的互不相同特征值所对应的特征向量线性无关.

在第一种情况中，矩阵$\boldsymbol{A}$的每一个特征值λ_i都满足$n-\text{rank}[\lambda_i\boldsymbol{I}-\boldsymbol{A}]=1$，所以从式$(\lambda_i\boldsymbol{I}-\boldsymbol{A})\boldsymbol{w}_i=0$只能解出一组线性相关的属于该特征值$\lambda_i$的特征向量. 故

而，特征值两两相异的矩阵 $\boldsymbol{A}$ 可以有 n 个线性无关的特征向量.

在第二种情况中，设矩阵 $\boldsymbol{A}$ 的重特征值 λ_i 的总重数为 μ_i 重，而且特征矩阵的降秩数满足

$$n-\operatorname{rank}[\lambda_i\boldsymbol{I}-\boldsymbol{A}]=\mu_i,\tag{9.2.7}$$

那么，从式 $(\lambda_i\boldsymbol{I}-\boldsymbol{A})\boldsymbol{w}_i=0$ 可以解出 μ_i 个属于该特征值 λ_i 的线性无关特征向量. 这样，矩阵 $\boldsymbol{A}$ 也可以有 n 个线性无关的特征向量.

矩阵 $\boldsymbol{A}$ 的重特征值 λ_i 的总重数 μ_i 被称作 λ_i 的**代数重数**，而特征矩阵的降秩数 γ_i 被称作 λ_i 的**几何重数**，几何重数就是属于重特征值的线性无关特征向量的个数. 式(9.2.7)就相当于：重特征值 λ_i 的几何重数恰好等于它的代数重数.

例 9.2.1　求下述系统的特征值规范型

$$\boldsymbol{A}=\begin{bmatrix}1&0&-1\\0&1&0\\0&0&2\end{bmatrix},\quad \boldsymbol{b}=\begin{bmatrix}0\\0\\1\end{bmatrix},\quad \boldsymbol{c}^{\mathrm{T}}=[1\quad 0\quad 0].$$

解　这是一个单输入单输出系统，输入矩阵退化为列向量 $\boldsymbol{b}$，输出矩阵退化为行向量 $\boldsymbol{c}^{\mathrm{T}}$. 矩阵 $\boldsymbol{A}$ 的特征多项式为 $\Delta(\lambda)=\det(\lambda\boldsymbol{I}-\boldsymbol{A})=(\lambda-1)^2(\lambda-2)$. 它的三个特征值是 $\lambda_1=1,\lambda_2=1,\lambda_3=2$. 重特征值 $\lambda_1=\lambda_2=1$ 所对应的特征矩阵的秩为

$$\operatorname{rank}[\lambda_i\boldsymbol{I}-\boldsymbol{A}]=\operatorname{rank}\begin{bmatrix}0&0&1\\0&0&0\\0&0&-1\end{bmatrix}=1=n-2.$$

由式 $(\lambda_i\boldsymbol{I}-\boldsymbol{A})\boldsymbol{w}_i=0$，可以解出 2 个属于该特征值的线性无关特征向量

$$\boldsymbol{w}_1=\begin{bmatrix}1\\0\\0\end{bmatrix},\quad \boldsymbol{w}_2=\begin{bmatrix}0\\1\\0\end{bmatrix}.$$

属于单特征值 $\lambda_3=2$ 的特征向量是

$$\boldsymbol{w}_3=\begin{bmatrix}-1\\0\\1\end{bmatrix}.$$

以上三个特征向量彼此线性无关，可以构成变换矩阵 $\boldsymbol{T}$ 并求出逆矩阵 $\boldsymbol{T}^{-1}$，即

$$\boldsymbol{T}=\begin{bmatrix}1&0&-1\\0&1&0\\0&0&1\end{bmatrix},\quad \boldsymbol{T}^{-1}=\begin{bmatrix}1&0&1\\0&1&0\\0&0&1\end{bmatrix}.$$

变换后的状态系数矩阵

$$\widetilde{\boldsymbol{A}}=\boldsymbol{T}^{-1}\boldsymbol{A}\boldsymbol{T}=\begin{bmatrix}1&0&0\\0&1&0\\0&0&2\end{bmatrix}$$

是对角线型矩阵. 相应的输入系数矩阵和输出系数矩阵分别为

$$\tilde{\boldsymbol{b}}=\boldsymbol{T}^{-1}\boldsymbol{b}=\begin{bmatrix}1\\0\\1\end{bmatrix},\quad \tilde{\boldsymbol{c}}^{\mathrm{T}}=\boldsymbol{c}^{\mathrm{T}}\boldsymbol{T}=[1\quad 0\quad -1].$$

如果取另外一组特征向量构成变换矩阵并求其逆矩阵，譬如

$$\boldsymbol{T}=[\hat{\boldsymbol{w}}_1\quad \hat{\boldsymbol{w}}_2\quad \hat{\boldsymbol{w}}_3]=\begin{bmatrix}1&0&-2\\1&1&0\\0&0&2\end{bmatrix},\quad \boldsymbol{T}^{-1}=\begin{bmatrix}1&0&1\\-1&1&-1\\0&0&1/2\end{bmatrix}.$$

则变换后的规范型为

$$\widetilde{\boldsymbol{A}}=\begin{bmatrix}1&0&0\\0&1&0\\0&0&2\end{bmatrix},\quad \tilde{\boldsymbol{b}}=\begin{bmatrix}1\\-1\\1/2\end{bmatrix},\quad \tilde{\boldsymbol{c}}^{\mathrm{T}}=[1\quad 0\quad -2].$$

上述两个结果的框图分别如图 9.2.1(a)和(b)所示.

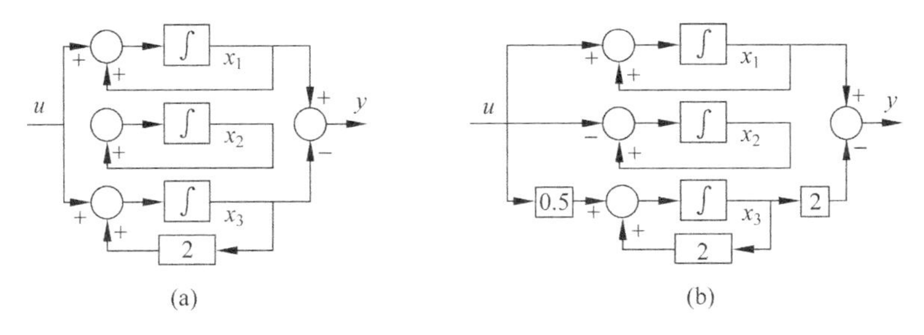

图 9.2.1 例 9.2.1 的对角线规范型 □

可以看出，在求特征向量 $\boldsymbol{w}_i$ 时，由方程 $(\lambda_i\boldsymbol{I}-\boldsymbol{A})\boldsymbol{w}_i=0$ 得到的解向量不是惟一的. 这样，由特征向量构成的变换矩阵 $\boldsymbol{T}$ 也不惟一. 不过变换后的状态系数矩阵 $\widetilde{\boldsymbol{A}}$ 具有惟一的对角线规范型，而变换后的输入系数矩阵 $\widetilde{\boldsymbol{B}}$ 和输出系数矩阵 $\widetilde{\boldsymbol{C}}$ 不是惟一的.

从上例的框图可以看出，对角线规范型的状态变量 x_1,x_2,x_3 之间的耦合被解除了，实现了**状态变量间解耦**(简称为**状态解耦**). 显然，从对角线规范型的状态系数矩阵 $\widetilde{\boldsymbol{A}}$ 的结构也可以得出同样的结论，因为表示状态变量间耦合的非对角线元素都是零.

由于传递函数在非奇异线性变换下是不变的，故而可以利用图 9.2.1(a)来求 $\Sigma(\boldsymbol{A},\boldsymbol{B},\boldsymbol{C})$ 的传递函数

$$\boldsymbol{G}(s)=\widetilde{\boldsymbol{G}}(s)=\tilde{\boldsymbol{c}}^{\mathrm{T}}(s\boldsymbol{I}-\widetilde{\boldsymbol{A}})^{-1}\tilde{\boldsymbol{b}}=\frac{1}{s-1}-\frac{1}{s-2}=\frac{-1}{(s-1)(s-2)}.$$

可以发现，状态系数矩阵的 2 重特征值 $\lambda_1=\lambda_2=1$ 在传递函数 $\boldsymbol{G}(s)$ 中变成了单极点，而另外一个单特征值 $\lambda_3=2$ 仍保留在 $\boldsymbol{G}(s)$ 中. 这种零点和极点相消发生在预解矩阵 $(s\boldsymbol{I}-\boldsymbol{A})^{-1}$ 的计算过程中. 为方便起见，可以采用变换后的状态系数矩

阵$\widetilde{A}$来计算预解矩阵

$$(s\boldsymbol{I}-\boldsymbol{A})^{-1}=(s\boldsymbol{I}-\boldsymbol{T}\widetilde{\boldsymbol{A}}\boldsymbol{T}^{-1})^{-1}=\boldsymbol{T}(s\boldsymbol{I}-\widetilde{\boldsymbol{A}})^{-1}\boldsymbol{T}^{-1}=\boldsymbol{T}\cdot\frac{\operatorname{adj}(s\boldsymbol{I}-\widetilde{\boldsymbol{A}})}{\det(s\boldsymbol{I}-\widetilde{\boldsymbol{A}})}\cdot\boldsymbol{T}^{-1}$$

$$=\frac{1}{(s-1)^2(s-2)}\times\boldsymbol{T}\cdot\begin{bmatrix}(s-1)(s-2)&0&0\\0&(s-1)(s-2)&0\\0&0&(s-1)^2\end{bmatrix}\cdot\boldsymbol{T}^{-1}$$

$$=\frac{1}{(s-1)(s-2)}\times\boldsymbol{T}\cdot\begin{bmatrix}(s-2)&0&0\\0&(s-2)&0\\0&0&(s-1)\end{bmatrix}\cdot\boldsymbol{T}^{-1}.$$

从以上的计算可见，矩阵 $\boldsymbol{A}$ 的特征多项式为

$$\Delta(s)=\det(s\boldsymbol{I}-\boldsymbol{A})=\det(s\boldsymbol{I}-\widetilde{\boldsymbol{A}})=(s-1)^2(s-2),$$

伴随矩阵为

$$\operatorname{adj}(s\boldsymbol{I}-\boldsymbol{A})=\boldsymbol{T}\operatorname{adj}(s\boldsymbol{I}-\widetilde{\boldsymbol{A}})\boldsymbol{T}^{-1}.$$

伴随矩阵的 9 个元素有公因子$(s-1)$，公因子$(s-1)$被提出后，与特征多项式$\Delta(s)=\det(s\boldsymbol{I}-\boldsymbol{A})$的相同因子相消，使得分母被消去一重极点.

在线性代数中讲过，若伴随矩阵 $\operatorname{adj}(s\boldsymbol{I}-\boldsymbol{A})$中有公因子，那么该公因子必定和特征多项式$\Delta(s)=\det(s\boldsymbol{I}-\boldsymbol{A})$的相同因子发生对消，而且消去的必然是特征多项式$\Delta(s)$中该因子的幂次的一部分，而不是特征多项式$\Delta(s)$中该因子的全部. 将特征多项式$\Delta(s)=\det(s\boldsymbol{I}-\boldsymbol{A})$经过这种完全对消后的商式被称为矩阵 $\boldsymbol{A}$ 的**最小多项式**，记为 $\varphi(s)$. 于是，预解矩阵存在零极对消时，有如下两种表示方法：

$$(s\boldsymbol{I}-\boldsymbol{A})^{-1}=\frac{\operatorname{adj}(s\boldsymbol{I}-\boldsymbol{A})}{\det(s\boldsymbol{I}-\boldsymbol{A})}\tag{9.2.8}$$

和

$$(s\boldsymbol{I}-\boldsymbol{A})^{-1}=\frac{\boldsymbol{P}(s)}{\varphi(s)}.\tag{9.2.9}$$

其中，$\boldsymbol{P}(s)$是伴随矩阵 $\operatorname{adj}(s\boldsymbol{I}-\boldsymbol{A})$被消去所有公因子后的 $n\times n$ 阶多项式矩阵.

定义 9.2.2　满足下列四个等价条件之一的矩阵 $\boldsymbol{A}$ 被称为**循环矩阵**：

(1) 矩阵 $\boldsymbol{A}$ 的所有特征值 λ_i 所对应的特征矩阵的降秩数都为 1，即 $n-\operatorname{rank}[\lambda_i\boldsymbol{I}-\boldsymbol{A}]=1$，或者说矩阵 $\boldsymbol{A}$ 的所有特征值 λ_i 的几何重数都为 1；

(2) 矩阵 $\boldsymbol{A}$ 的互不相同的特征值 λ_i 各自只对应一个线性独立的特征向量；

(3) 矩阵 $\boldsymbol{A}$ 的伴随矩阵 $\operatorname{adj}(s\boldsymbol{I}-\boldsymbol{A})$中没有公因子，从而和特征多项式$\Delta(s)=\det(s\boldsymbol{I}-\boldsymbol{A})$没有相同因子可以对消；

(4) 矩阵 $\boldsymbol{A}$ 的特征多项式就是它的最小多项式.　□

显然，特征值两两相异是状态系数矩阵 $\boldsymbol{A}$ 为循环矩阵的充分条件，而不是必要条件.

矩阵 $\boldsymbol{A}$ 具有重特征值 λ_i 时，它可能是循环矩阵，也可能是非循环矩阵，这取决于特征矩阵的降秩数 $n-\mathrm{rank}(\lambda_i\boldsymbol{I}-\boldsymbol{A})$（即几何重数）的大小. 矩阵 $\boldsymbol{A}$ 的所有重特征值的几何重数都为 1 时就是循环矩阵，矩阵 $\boldsymbol{A}$ 的所有重特征值的几何重数当中只要有一个大于 1，就是**非循环矩阵**.

当状态系数矩阵 $\boldsymbol{A}$ 为非循环矩阵时，$\boldsymbol{A}$ 的重特征值 λ_i 所对应的特征矩阵的降秩数 $n-\mathrm{rank}(\lambda_i\boldsymbol{I}-\boldsymbol{A})>1$；而且，由式 $(\lambda_i\boldsymbol{I}-\boldsymbol{A})\boldsymbol{w}_i=0$ 可以解出多个对应于该特征值 λ_i 的线性无关特征向量；另外，该特征值 λ_i 形成的因子 $(s-\lambda_i)$ 会在预解矩阵中产生对消，从而使矩阵 $\boldsymbol{A}$ 的特征多项式不等于最小多项式.

9.2.2 状态运动模态与特征结构

上一小节已经指明，当系统 $\Sigma(\boldsymbol{A},\boldsymbol{B},\boldsymbol{C})$ 的状态系数矩阵 $\boldsymbol{A}$ 具有 n 个线性无关的特征向量 $\boldsymbol{w}_1,\boldsymbol{w}_2,\cdots,\boldsymbol{w}_n$ 时，可以由它们组成非奇异变换矩阵 $\boldsymbol{T}$，从而将系统化为对角线规范型 $\widetilde{\Sigma}(\widetilde{\boldsymbol{A}},\widetilde{\boldsymbol{B}},\widetilde{\boldsymbol{C}})$. 原系统 $\Sigma(\boldsymbol{A},\boldsymbol{B},\boldsymbol{C})$ 和对角线规范型 $\widetilde{\Sigma}(\widetilde{\boldsymbol{A}},\widetilde{\boldsymbol{B}},\widetilde{\boldsymbol{C}})$ 的状态向量之间的关系满足式(9.1.1)，可以展开写成

$$\boldsymbol{x}(t)=\tilde{x}_1(t)\boldsymbol{w}_1+\tilde{x}_2(t)\boldsymbol{w}_2+\cdots+\tilde{x}_n(t)\boldsymbol{w}_n. \tag{9.2.10}$$

这说明，对角线规范型 $\widetilde{\Sigma}(\widetilde{\boldsymbol{A}},\widetilde{\boldsymbol{B}},\widetilde{\boldsymbol{C}})$ 的 n 个状态变量 $\tilde{x}_1(t),\tilde{x}_2(t),\cdots,\tilde{x}_n(t)$ 是原系统 $\Sigma(\boldsymbol{A},\boldsymbol{B},\boldsymbol{C})$ 的状态向量 $\boldsymbol{x}(t)$ 在矩阵 $\boldsymbol{A}$ 的 n 个线性无关特征向量 $\boldsymbol{w}_1,\boldsymbol{w}_2,\cdots,\boldsymbol{w}_n$ 上的分量. 或者说，对角线规范型 $\widetilde{\Sigma}(\widetilde{\boldsymbol{A}},\widetilde{\boldsymbol{B}},\widetilde{\boldsymbol{C}})$ 是系统 $\Sigma(\boldsymbol{A},\boldsymbol{B},\boldsymbol{C})$ 以矩阵 $\boldsymbol{A}$ 的 n 个特征向量 $\boldsymbol{w}_1,\boldsymbol{w}_2,\cdots,\boldsymbol{w}_n$ 为基时的表现.

状态系数矩阵的特征值和特征向量是系统的一种结构特征，我们称之为**特征结构**. 下例表示状态向量 $\boldsymbol{x}(t)$ 的运动与状态系数矩阵 $\boldsymbol{A}$ 的特征结构之间的关系.

例 9.2.2 讨论下述系统状态运动与特征结构间的关系：

$$\dot{\boldsymbol{x}}=\begin{bmatrix}0 & 1\\ -5 & -6\end{bmatrix}\boldsymbol{x}.$$

解 状态系数矩阵的特征值及相应的特征向量为

$$\lambda_1=-5,\quad \lambda_2=-1,\quad \boldsymbol{w}_1=[1\quad -5]^{\mathrm{T}},\quad \boldsymbol{w}_2=[1\quad -1]^{\mathrm{T}},$$

由此可以得到变换矩阵及其逆矩阵

$$\boldsymbol{T}=\begin{bmatrix}1 & 1\\ -5 & -1\end{bmatrix},\quad \boldsymbol{T}^{-1}=\frac{1}{4}\times\begin{bmatrix}-1 & -1\\ 5 & 1\end{bmatrix}.$$

于是，对角线规范型 $\widetilde{\Sigma}(\widetilde{\boldsymbol{A}},\widetilde{\boldsymbol{B}},\widetilde{\boldsymbol{C}})$ 的状态运动为

$$\begin{aligned}\tilde{\boldsymbol{x}}(t)&=\begin{bmatrix}\tilde{x}_1(t)\\ \tilde{x}_2(t)\end{bmatrix}=\begin{bmatrix}\mathrm{e}^{-5t} & 0\\ 0 & \mathrm{e}^{-t}\end{bmatrix}\begin{bmatrix}\tilde{x}_1(0)\\ \tilde{x}_2(0)\end{bmatrix}=\begin{bmatrix}\mathrm{e}^{-5t} & 0\\ 0 & \mathrm{e}^{-t}\end{bmatrix}\times\frac{1}{4}\times\begin{bmatrix}-1 & -1\\ 5 & 1\end{bmatrix}\begin{bmatrix}x_1(0)\\ x_2(0)\end{bmatrix}\\ &=\frac{1}{4}\times\begin{bmatrix}-\mathrm{e}^{-5t}[x_1(0)+x_2(0)]\\ \mathrm{e}^{-t}[5x_1(0)+x_2(0)]\end{bmatrix}.\end{aligned}$$

将其代入式(9.2.10),可得原系统的状态运动

$$\boldsymbol{x}(t)=-\frac{1}{4}[x_1(0)+x_2(0)]\times e^{-5t}\times\begin{bmatrix}1\\-5\end{bmatrix}+\frac{1}{4}\times[5x_1(0)+x_2(0)]\times e^{-t}\times\begin{bmatrix}1\\-1\end{bmatrix}.$$

上式表明,一个特征值 $\lambda_1=-5$ 对应的模态以 e^{-5t} 的衰减速率沿着属于它的特征向量 $\boldsymbol{w}_1=[1\quad -5]^{\mathrm{T}}$ 的方向随时间变化;另一个特征值 $\lambda_2=-1$ 对应的模态以 e^{-t} 的衰减速率沿着属于它的特征向量 $\boldsymbol{w}_2=[1\quad -1]^{\mathrm{T}}$ 的方向随时间变化. 由于 e^{-5t} 比 e^{-t} 的衰减速率快 5 倍,故可以把 $\boldsymbol{w}_1=[1\quad -5]^{\mathrm{T}}$ 称为"快"特征向量,而把 $\boldsymbol{w}_2=[1\quad -1]^{\mathrm{T}}$ 称为"慢"特征向量. 可以看出,随着时间增长,状态运动将沿着"慢"特征向量的方向渐近趋于状态空间原点.

给定系统的初始状态 $x_1(0)=5, x_2(0)=15$,系统状态运动轨线表示在图 9.2.2 中. 该轨线图很好地说明上述结论. 读者可以选取二维状态平面其他象限的一些初始状态,画出相应的轨线.

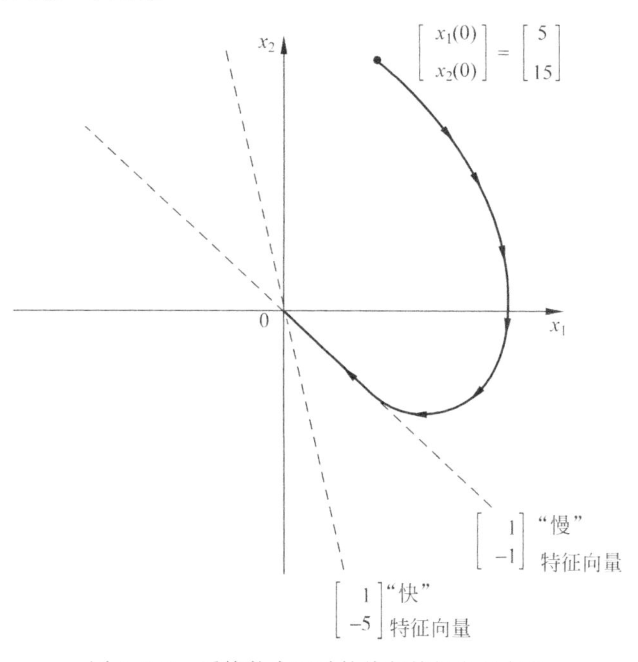

图 9.2.2　系统状态运动轨线与特征向量方向

□

如果初始状态恰好在特征向量方向上,比如 $x_1(0)=1, x_2(0)=-5$,则有

$$x(t)=-\frac{1}{4}\times[x_1(0)+x_2(0)]\times e^{-5t}\times\begin{bmatrix}1\\-5\end{bmatrix}+\frac{1}{4}\times[5x_1(0)+x_2(0)]\times e^{-t}\times\begin{bmatrix}1\\-1\end{bmatrix}$$

$$=e^{-5t}\times\begin{bmatrix}1\\-5\end{bmatrix}.$$

可见,原系统状态运动就只剩下该特征向量所对应的模态,而且状态运动始终沿着该特征向量方向渐近地趋于状态空间原点.

在第2章中曾讨论过多变量系统的模态表示.有的文献中把诸列向量 $e^{\lambda_i t}\boldsymbol{w}_i$ 定义为多变量系统的模态.这样,系统的状态就可以被改写为

$$\boldsymbol{x}(t)=\sum_{i=1}^{n}\tilde{x}_i(0)e^{\lambda_i t}\boldsymbol{w}_i. \tag{9.2.11}$$

注意到,初始状态也满足变换关系,即

$$\boldsymbol{x}(0)=\boldsymbol{T}\tilde{\boldsymbol{x}}(0)=\sum_{i=1}^{n}\tilde{x}_i(0)\boldsymbol{w}_i. \tag{9.2.12}$$

如果初始状态恰好在一个特征向量方向上,譬如 $\boldsymbol{x}(0)=\alpha\boldsymbol{w}_j$,则有 $\tilde{x}_j(0)=\alpha$,而当 $i\neq j$ 时,有 $\tilde{x}_i(0)=0$.于是,由式(9.2.11),可得

$$\boldsymbol{x}(t)=\alpha e^{\lambda_j t}\boldsymbol{w}_j. \tag{9.2.13}$$

可见状态运动只剩下该特征向量所对应的模态,而且状态运动始终保持在该特征向量方向上,其他模态在状态运动 $\boldsymbol{x}(t)$ 中不会出现.所以说,特征结构(或者说特征值和特征向量)决定了系统状态运动的方式.

9.2.3 共轭模态规范型

当状态系数矩阵 $\boldsymbol{A}$ 的特征值出现共轭复数对 $\lambda_i=\sigma\pm j\omega$ 时,它们对应的共轭模态是 $e^{\sigma t}\cos\omega t$ 和 $e^{\sigma t}\sin\omega t$.如果仍然沿用9.2.1小节的方法化对角线规范型,那么在计算特征向量时将出现复数向量,结果 $\tilde{\boldsymbol{A}}$ 也将是复数矩阵.下例将会说明这一点.

例 9.2.3 求下列状态系数矩阵的特征值规范型:

$$\boldsymbol{A}=\begin{bmatrix}0 & 1\\ -5 & -2\end{bmatrix}.$$

解 其特征值为共轭复数对 $\lambda_1=-1+j2$,$\lambda_2=-1-j2$,属于它们的特征向量是复数向量

$$\boldsymbol{w}_1=\begin{bmatrix}1\\ -1+j2\end{bmatrix},\quad \boldsymbol{w}_2=\begin{bmatrix}1\\ -1-j2\end{bmatrix}.$$

此时,化对角线规范型的变换矩阵及其逆矩阵

$$\boldsymbol{T}=\begin{bmatrix}1 & 1\\ -1+j2 & -1-j2\end{bmatrix},\quad \boldsymbol{T}^{-1}=\frac{1}{4}\times\begin{bmatrix}2-j & -j\\ 2+j & j\end{bmatrix}$$

都是复数矩阵,变换后的状态系数矩阵

$$\begin{aligned}\tilde{\boldsymbol{A}}=\boldsymbol{T}^{-1}\boldsymbol{A}\boldsymbol{T}&=\frac{1}{4}\times\begin{bmatrix}2-j & -j\\ 2+j & j\end{bmatrix}\begin{bmatrix}0 & 1\\ -5 & -2\end{bmatrix}\begin{bmatrix}1 & 1\\ -1+j2 & -1-j2\end{bmatrix}\\ &=\frac{1}{4}\times\begin{bmatrix}2-j & -j\\ 2+j & j\end{bmatrix}\begin{bmatrix}-1+j2 & -1-j2\\ -3-j4 & -3+j4\end{bmatrix}=\begin{bmatrix}-1+j2 & 0\\ 0 & -1-j2\end{bmatrix}\end{aligned}$$

也是复数矩阵.而且,变换后的输入系数矩阵 $\widetilde{\boldsymbol{B}}$ 和输出系数矩阵 $\widetilde{\boldsymbol{C}}$ 也可能是复数矩阵. □

利用带复数的状态系数矩阵 $\widetilde{\boldsymbol{A}}$ 来计算矩阵指数 $\exp(\widetilde{\boldsymbol{A}}t)$十分不方便.另外,系统 $\widetilde{\Sigma}(\widetilde{\boldsymbol{A}},\widetilde{\boldsymbol{B}},\widetilde{\boldsymbol{C}})$的系数矩阵是复数,而复数的物理意义不清晰,所以希望避免在系数矩阵中出现复数.

为了便于讨论共轭模态情形,设矩阵 $\boldsymbol{A}$ 是 2×2 维矩阵,它具有共轭特征值 $\lambda_1=\sigma+\mathrm{j}\omega$,$\lambda_2=\sigma-\mathrm{j}\omega$.那么,它所对应的**共轭模态规范型**是

$$\boldsymbol{T}^{-1}\boldsymbol{A}\boldsymbol{T}=\begin{bmatrix}\sigma & \omega\\ -\omega & \sigma\end{bmatrix}=\boldsymbol{\Pi}, \tag{9.2.14}$$

$\boldsymbol{\Pi}$ 又被称为**共轭模态型**矩阵.

设属于一对特征值 $\lambda_i=\sigma\pm\mathrm{j}\omega$ 的特征向量对为 2 维向量 $\boldsymbol{w}_i=\boldsymbol{\alpha}\pm\mathrm{j}\boldsymbol{\beta}$,其中$\boldsymbol{\alpha}$ 和 $\boldsymbol{\beta}$ 都是 2 维实数向量.根据特征向量的定义,有$(\sigma+\mathrm{j}\omega)(\boldsymbol{\alpha}+\mathrm{j}\boldsymbol{\beta})=\boldsymbol{A}(\boldsymbol{\alpha}+\mathrm{j}\boldsymbol{\beta})$.令其实部、虚部分别相等,则有 $\sigma\boldsymbol{\alpha}-\omega\boldsymbol{\beta}=\boldsymbol{A}\boldsymbol{\alpha}$,$\omega\boldsymbol{\alpha}+\sigma\boldsymbol{\beta}=\boldsymbol{A}\boldsymbol{\beta}$.将这两式合并,可以写成矩阵方程

$$[\boldsymbol{\alpha}\quad\boldsymbol{\beta}]\begin{bmatrix}\boldsymbol{\sigma} & \boldsymbol{\omega}\\ -\boldsymbol{\omega} & \boldsymbol{\sigma}\end{bmatrix}=\boldsymbol{A}[\boldsymbol{\alpha}\quad\boldsymbol{\beta}]. \tag{9.2.15}$$

将上式与式(9.2.14)比较可知,化状态系数矩阵 $\boldsymbol{A}$ 为共轭模态规范型的变换矩阵为

$$\boldsymbol{T}=[\boldsymbol{\alpha}\quad\boldsymbol{\beta}]. \tag{9.2.16}$$

上式表明,变换矩阵 $\boldsymbol{T}$ 是以属于特征值对 $\lambda_i=\sigma\pm\mathrm{j}\omega$ 的特征向量对 $\boldsymbol{w}_i=\boldsymbol{\alpha}\pm\mathrm{j}\boldsymbol{\beta}$ 的实部和虚部为列向量构成的矩阵.

读者可以自行推证共轭模态型矩阵 $\boldsymbol{\Pi}$ 的矩阵指数为

$$\mathrm{e}^{\boldsymbol{\Pi}t}=\begin{bmatrix}\mathrm{e}^{\sigma t}\cos\omega t & \mathrm{e}^{\sigma t}\sin\omega t\\ -\mathrm{e}^{\sigma t}\sin\omega t & \mathrm{e}^{\sigma t}\cos\omega t\end{bmatrix}. \tag{9.2.17}$$

它具有共轭模态 $\mathrm{e}^{\sigma t}\cos\omega t$ 和 $\mathrm{e}^{\sigma t}\sin\omega t$.

例 9.2.4　给定状态系数矩阵

$$\boldsymbol{A}=\begin{bmatrix}-2 & 1\\ -17 & -4\end{bmatrix},$$

将其化为共轭模态型,并计算它的矩阵指数.

解　状态系数矩阵 $\boldsymbol{A}$ 的特征多项式为

$$\Delta(s)=\det(s\boldsymbol{I}-\boldsymbol{A})=\begin{bmatrix}s+2 & -1\\ 17 & s+4\end{bmatrix}=s^2+6s+25.$$

它的特征值是 $\lambda_1=-3+\mathrm{j}4$,$\lambda_2=-3-\mathrm{j}4$,属于它们的一对特征向量为

$$\boldsymbol{w}_i=\begin{bmatrix}1\\ -1\pm\mathrm{j}4\end{bmatrix}=\begin{bmatrix}1\\ -1\end{bmatrix}\pm\mathrm{j}\begin{bmatrix}0\\ 4\end{bmatrix}.$$

由式(9.2.16)可以得到化状态系数矩阵 $\boldsymbol{A}$ 为共轭模态型的变换矩阵以及其逆

矩阵

$$\boldsymbol{T}=\begin{bmatrix}1 & 0\\ -1 & 4\end{bmatrix},\quad \boldsymbol{T}^{-1}=\frac{1}{4}\times\begin{bmatrix}4 & 0\\ 1 & 1\end{bmatrix}.$$

状态系数矩阵 $\boldsymbol{A}$ 的共轭模态型为

$$\boldsymbol{\Pi}=\boldsymbol{T}^{-1}\boldsymbol{A}\boldsymbol{T}=\frac{1}{4}\times\begin{bmatrix}4 & 0\\ 1 & 1\end{bmatrix}\begin{bmatrix}-2 & 1\\ -17 & -4\end{bmatrix}\begin{bmatrix}1 & 0\\ -1 & 4\end{bmatrix}=\begin{bmatrix}-3 & 4\\ -4 & -3\end{bmatrix}.$$

状态系数矩阵 $\boldsymbol{A}$ 的矩阵指数为

$$\begin{aligned}\mathrm{e}^{\boldsymbol{A}t}=\boldsymbol{T}\mathrm{e}^{\boldsymbol{\Pi}t}\boldsymbol{T}^{-1}&=\begin{bmatrix}1 & 0\\ -1 & 4\end{bmatrix}\begin{bmatrix}\mathrm{e}^{-3t}\cos4t & \mathrm{e}^{-3t}\sin4t\\ -\mathrm{e}^{-3t}\sin4t & \mathrm{e}^{-3t}\cos4t\end{bmatrix}\times\frac{1}{4}\times\begin{bmatrix}4 & 0\\ 1 & 1\end{bmatrix}\\ &=\frac{\mathrm{e}^{-3t}}{4}\times\begin{bmatrix}4\cos4t+\sin4t & \sin4t\\ -17\sin4t & 4\cos4t-\sin4t\end{bmatrix}.\end{aligned}$$

□

9.2.4 循环矩阵的若尔当规范型

在9.2.1小节中讲过,若状态系数矩阵 $\boldsymbol{A}$ 具有 n 个线性无关的特征向量,则可以经过坐标变换化为对角线规范型;若状态系数矩阵 $\boldsymbol{A}$ 的线性无关特征向量个数少于 n,则无法化为对角线规范型.这种情况相当于状态系数矩阵 $\boldsymbol{A}$ 有重特征值 λ_i,而且它的特征矩阵的降秩数 $n-\operatorname{rank}(\lambda_i\boldsymbol{I}-\boldsymbol{A})$ 小于该特征值的总重数,即不满足式(9.2.7).这时只能将系统化为**若尔当**(Jordan)**规范型**.

若尔当块是一种方矩阵,它具有

$$\boldsymbol{J}_i=\begin{bmatrix}\lambda_i & 1 & & & \\ & \lambda_i & \ddots & & \\ & & \ddots & 1 & \\ & & & \lambda_i & 1\\ & & & & \lambda_i\end{bmatrix}\tag{9.2.18}$$

的形式,其中对角线元素全是特征值 λ_i,对角线上斜线的元素全是1,其余元素都是0.

式(9.2.18)的形式又称为**上若尔当块**,在不引起混淆的地方就直接称为若尔当块.相应地,若尔当块还有**下若尔当块**形式,即

$$\boldsymbol{J}_i=\begin{bmatrix}\lambda_i & & & & \\ 1 & \lambda_i & & & \\ & 1 & \ddots & & \\ & & \ddots & \lambda_i & \\ & & & 1 & \lambda_i\end{bmatrix}.\tag{9.2.19}$$

由若干个若尔当块组成的对角分块矩阵

$$J = \begin{bmatrix} J_1 & & & \\ & J_2 & & \\ & & \ddots & \\ & & & J_p \end{bmatrix} \tag{9.2.20}$$

被称为**若尔当型矩阵**,其中每个分块 J_i 都类似于式(9.2.18)或式(9.2.19)的形式. 例如

$$\begin{bmatrix} i & 1 \\ 0 & i \end{bmatrix},\quad \begin{bmatrix} -3 & 1 & 0 \\ 0 & -3 & 1 \\ 0 & 0 & -3 \end{bmatrix},\quad \begin{bmatrix} -2 & 1 & 0 & 0 \\ 0 & -2 & 1 & 0 \\ 0 & 0 & -2 & 1 \\ 0 & 0 & 0 & -2 \end{bmatrix},\quad \begin{bmatrix} -4 & 0 & 0 \\ 1 & -4 & 0 \\ 0 & 1 & -4 \end{bmatrix}$$

都是若尔当块,而矩阵

$$\left[\begin{array}{cc:c:ccc} -5 & 1 & 0 & 0 & 0 & 0 \\ 0 & -5 & 0 & 0 & 0 & 0 \\ \hdashline 0 & 0 & -3 & 0 & 0 & 0 \\ \hdashline 0 & 0 & 0 & -2 & 1 & 0 \\ 0 & 0 & 0 & 0 & -2 & 1 \\ 0 & 0 & 0 & 0 & 0 & -2 \end{array}\right]$$

是若尔当型矩阵,它是由三个若尔当块组成的 6 阶对角分块矩阵,包括一个特征值为−5 的 2 阶若尔当块,一个特征值为−3 的 1 阶若尔当块和一个特征值为−2 的 3 阶若尔当块.

状态系数矩阵 A 为循环矩阵并且有重特征值时,可以给出如下结论: **当状态系数矩阵 A 为循环矩阵,并且矩阵 A 的特征值为重根,其中 λ_1 为 σ_1 重根、λ_2 为 σ_2 重根、……、λ_p 为 σ_p 重根、$\sigma_1+\sigma_2+\cdots+\sigma_p=n$,而且特征值间还满足两两相异条件 $\lambda_i \neq \lambda_j$,则必可经过坐标变换化为若尔当规范型,即**

$$\widetilde{A} = T^{-1}AT = \begin{bmatrix} J_1 & & & \\ & J_2 & & \\ & & \ddots & \\ & & & J_p \end{bmatrix}, \tag{9.2.21}$$

其中若尔当块 J_i 如式(9.2.18)所示,为 $\sigma_i \times \sigma_i$ 阶方矩阵.

下面推导完成上述变换的坐标变换矩阵 T 应当具有的形式. 按照变换后的若尔当型矩阵 $\widetilde{A}$ 的分块情况,坐标变换矩阵 T 也应有相应的分块,即

$$T = [V_1 \quad V_2 \quad \cdots \quad V_p], \tag{9.2.22}$$

其中第 i 个分块为

$$V_i = [v_{i1} \quad v_{i2} \quad \cdots \quad v_{i\sigma_i}]. \tag{9.2.23}$$

为构造坐标变换矩阵 T,需要研究坐标变换矩阵 T 的每一个列向量的特点. 由变换关系 $AT = T\widetilde{A}$ 可知

$$\boldsymbol{A}[\boldsymbol{V}_1 \quad \cdots \quad \boldsymbol{V}_p] = [\boldsymbol{V}_1 \quad \cdots \quad \boldsymbol{V}_p]\begin{bmatrix} \boldsymbol{J}_1 & & \\ & \ddots & \\ & & \boldsymbol{J}_p \end{bmatrix}. \tag{9.2.24}$$

于是可以得到 p 个等式 $\boldsymbol{A}\boldsymbol{V}_i = \boldsymbol{V}_i\boldsymbol{J}_i$，即

$$\boldsymbol{A}[\boldsymbol{v}_{i1} \quad \boldsymbol{v}_{i2} \quad \cdots \quad \boldsymbol{v}_{i\sigma_i}] = [\boldsymbol{v}_{i1} \quad \boldsymbol{v}_{i2} \quad \cdots \quad \boldsymbol{v}_{i\sigma_i}]\begin{bmatrix} \lambda_i & 1 & & \\ & \lambda_i & \ddots & \\ & & \ddots & 1 \\ & & & \lambda_i \end{bmatrix}, \tag{9.2.25}$$

从而导出递推关系式

$$\left.\begin{aligned} \boldsymbol{A}\boldsymbol{v}_{i1} &= \lambda_i \boldsymbol{v}_{i1} \\ \boldsymbol{A}\boldsymbol{v}_{i2} &= \lambda_i \boldsymbol{v}_{i2} + \boldsymbol{v}_{i1} \\ \boldsymbol{A}\boldsymbol{v}_{i3} &= \lambda_i \boldsymbol{v}_{i3} + \boldsymbol{v}_{i2} \\ &\vdots \\ \boldsymbol{A}\boldsymbol{v}_{i\sigma_i} &= \lambda_i \boldsymbol{v}_{i\sigma_i} + \boldsymbol{v}_{i\sigma_i-1} \end{aligned}\right\}. \tag{9.2.26}$$

式(9.2.26)中第一个等式是 $(\lambda_i\boldsymbol{I}-\boldsymbol{A})\boldsymbol{v}_{i1}=0$，说明坐标变换矩阵 $\boldsymbol{T}$ 中每个分块 $\boldsymbol{V}_i$ 的第一个列向量 $\boldsymbol{v}_{i1}$，就是矩阵 $\boldsymbol{A}$ 的属于特征值 λ_i 的特征向量. 而每个分块 $\boldsymbol{V}_i$ 的后 σ_i-1 个列向量 $\boldsymbol{v}_{i2},\cdots,\boldsymbol{v}_{i\sigma_i}$，都可以由前一个序号的列向量递推而得. 这后 σ_i-1 个列向量被定义为矩阵 $\boldsymbol{A}$ 的属于特征值 λ_i 的**广义特征向量**.

由于状态系数矩阵 $\boldsymbol{A}$ 为循环矩阵，即矩阵 $\boldsymbol{A}$ 的全部 p 个特征值都满足 $\text{rank}[\lambda_i\boldsymbol{I}-\boldsymbol{A}]=n-1$，或者说矩阵 $\boldsymbol{A}$ 的每个特征值都只对应一个线性无关的特征向量，所以，变换后的若尔当型矩阵 $\tilde{\boldsymbol{A}}$ 中，每个特征值都只对应一个若尔当块.

坐标变换矩阵 $\boldsymbol{T}$ 是按照矩阵 $\boldsymbol{A}$ 的相异特征值的数量进行分块的. 每个分块矩阵对应一个特征值，它的第1列是属于该特征值的特征向量，后几列是属于该特征值的广义特征向量.

读者可以自行证明：当变换后的若尔当型矩阵 $\tilde{\boldsymbol{A}}$ 中每一个分块都是下若尔当块时，坐标变换矩阵 $\boldsymbol{T}$ 的列向量也是由矩阵 $\boldsymbol{A}$ 的特征向量和广义特征向量组成. 只不过，坐标变换矩阵 $\boldsymbol{T}$ 的每个分块 $\boldsymbol{V}_i$ 的最后1列 $\boldsymbol{v}_{i\sigma_i}$ 是矩阵 $\boldsymbol{A}$ 的属于特征值 λ_i 的特征向量，而该分块 $\boldsymbol{V}_i$ 的前 σ_i-1 个列向量 $\boldsymbol{v}_{i1},\cdots,\boldsymbol{v}_{i\sigma_i-1}$ 都是由后一个列向量往前递推所得的广义特征向量.

例 9.2.5 将下列状态系数矩阵化为特征值规范型，并求状态系数矩阵 $\boldsymbol{A}$ 的矩阵指数：

$$\boldsymbol{A} = \begin{bmatrix} 0 & 1 & 0 \\ 0 & 0 & 1 \\ -1 & -3 & -3 \end{bmatrix}.$$

解　状态系数矩阵 $\boldsymbol{A}$ 的形式为同伴形，所以能够直接写出它的特征多项式

$$\Delta(s)=\det(s\boldsymbol{I}-\boldsymbol{A})=s^3+3s^2+3s+1=(s+1)^3.$$

它具有三重特征值 $\lambda=-1$，而且

$$\operatorname{rank}[\lambda\boldsymbol{I}-\boldsymbol{A}]=\operatorname{rank}\begin{bmatrix}-1&-1&0\\0&-1&-1\\1&3&2\end{bmatrix}=2=n-1,$$

所以 $\boldsymbol{A}$ 是循环矩阵. 属于三重特征值 $\lambda=-1$ 的特征向量只有一个，即 $\boldsymbol{w}_1=[1\quad -1\quad 1]^{\mathrm{T}}$，由此可以递推出另外两个广义特征向量 $\boldsymbol{w}_2=[0\quad 1\quad -2]^{\mathrm{T}}$ 和 $\boldsymbol{w}_3=[0\quad 0\quad 1]^{\mathrm{T}}$. 由它们三个组成变换矩阵并计算其逆矩阵，可得

$$\boldsymbol{T}_1=\begin{bmatrix}1&0&0\\-1&1&0\\1&-2&1\end{bmatrix},\quad \boldsymbol{T}_1^{-1}=\begin{bmatrix}1&0&0\\1&1&0\\1&2&1\end{bmatrix}.$$

所以状态系数矩阵 $\boldsymbol{A}$ 的特征值规范型为

$$\widetilde{\boldsymbol{A}}_1=\boldsymbol{T}_1^{-1}\boldsymbol{A}\boldsymbol{T}_1=\begin{bmatrix}-1&1&0\\0&-1&1\\0&0&-1\end{bmatrix},$$

它是上若尔当型矩阵.

如果由一个特征向量及两个广义特征向量按逆序组成变换矩阵并计算其逆矩阵，可得

$$\boldsymbol{T}_2=\begin{bmatrix}0&0&1\\0&1&-1\\1&-2&1\end{bmatrix},\quad \boldsymbol{T}_2^{-1}=\begin{bmatrix}1&2&1\\1&1&0\\1&0&0\end{bmatrix}.$$

此时，状态系数矩阵 $\boldsymbol{A}$ 的特征值规范型

$$\widetilde{\boldsymbol{A}}_2=\boldsymbol{T}_2^{-1}\boldsymbol{A}\boldsymbol{T}_2=\begin{bmatrix}-1&0&0\\1&-1&0\\0&1&-1\end{bmatrix}$$

具有下若尔当型矩阵形式.

状态系数矩阵 $\boldsymbol{A}$ 的矩阵指数可以借助特征值规范型的矩阵指数求解，从而得出

$$\mathrm{e}^{\boldsymbol{A}t}=\boldsymbol{T}_1\mathrm{e}^{\widetilde{\boldsymbol{A}}_1t}\boldsymbol{T}_1^{-1}=\begin{bmatrix}1&0&0\\-1&1&0\\1&-2&1\end{bmatrix}\begin{bmatrix}\mathrm{e}^{-t}&t\mathrm{e}^{-t}&\frac{t^2}{2}\mathrm{e}^{-t}\\0&\mathrm{e}^{-t}&t\mathrm{e}^{-t}\\0&0&\mathrm{e}^{-t}\end{bmatrix}\begin{bmatrix}1&0&0\\1&1&0\\1&2&1\end{bmatrix}$$

$$=\begin{bmatrix}\mathrm{e}^{-t}&t\mathrm{e}^{-t}&\frac{t^2}{2}\mathrm{e}^{-t}\\-\mathrm{e}^{-t}&(1-t)\mathrm{e}^{-t}&\left(t-\frac{t^2}{2}\right)\mathrm{e}^{-t}\\\mathrm{e}^{-t}&(t-2)\mathrm{e}^{-t}&\left(1-2t+\frac{t^2}{2}\right)\mathrm{e}^{-t}\end{bmatrix}\begin{bmatrix}1&0&0\\1&1&0\\1&2&1\end{bmatrix}$$

$$
= \mathrm{e}^{-t} \times \begin{bmatrix} \left(1+t+\frac{t^2}{2}\right) & (t+t^2) & \frac{t^2}{2} \\ -\frac{t^2}{2} & (1+t-t^2) & \left(t-\frac{t^2}{2}\right) \\ \left(-t+\frac{t^2}{2}\right) & (-3t+t^2) & \left(1-2t+\frac{t^2}{2}\right) \end{bmatrix},
$$

它含有三个运动模态 e^{-t},$t\mathrm{e}^{-t}$和 $t^2\mathrm{e}^{-t}/2$. □

9.2.5 非循环矩阵的若尔当规范型

如果状态系数矩阵 $\boldsymbol{A}$ 为非循环矩阵,即矩阵 $\boldsymbol{A}$ 的重特征值 λ_i 满足 $n-\mathrm{rank}[\lambda_i\boldsymbol{I}-\boldsymbol{A}]>1$,或者说矩阵 $\boldsymbol{A}$ 的重特征值 λ_i 的几何重数大于 1,那么由式 $(\lambda_i\boldsymbol{I}-\boldsymbol{A})\boldsymbol{w}_i=0$ 可以解出不止一个属于该特征值 λ_i 的线性无关特征向量.这时,变换后的若尔当型矩阵$\widetilde{\boldsymbol{A}}$中,该特征值就可能对应多个若尔当块.

在状态系数矩阵 $\boldsymbol{A}$ 为非循环矩阵时,经坐标变换仍可以化为形如式(9.2.20)的若尔当规范型,其中每个若尔当块是如式(9.2.18)所示的上若尔当块.完成上述变换的坐标变换矩阵 $\boldsymbol{T}$ 具有 $\boldsymbol{T}=[\boldsymbol{V}_1 \quad \boldsymbol{V}_2 \quad \cdots \quad \boldsymbol{V}_p]$的分块形式,其中第 i 个分块为 $\boldsymbol{V}_i=[\boldsymbol{v}_{i1} \quad \boldsymbol{v}_{i2} \quad \cdots \quad \boldsymbol{v}_{i\sigma_i}]$,并且可以导出递推式(9.2.26).其中,第一个等式同样说明坐标变换矩阵 $\boldsymbol{T}$ 中每个分块的第一个列向量就是矩阵 $\boldsymbol{A}$ 的属于特征值 λ_i 的特征向量.不过,如果矩阵 $\boldsymbol{A}$ 的特征值 λ_i 的几何重数为

$$
n-\mathrm{rank}(\lambda_i\boldsymbol{I}-\boldsymbol{A})=\gamma_i, \tag{9.2.27}
$$

则说明重特征值 λ_i 对应有 γ_i 个若尔当块.

对于这种情况,可以得到如下一般结论:**特征值规范型中,相同特征值的若尔当块数目等于该特征值的几何重数 γ_i.而且,这 γ_i 个若尔当块的总阶数应当等于该特征值 λ_i 的总重数,即代数重数 μ_i.**

下面需要解决的问题是,这 γ_i 个若尔当块中,每一个若尔当块究竟有多大?

式(9.2.26)中的第二个等式是$(\lambda_i\boldsymbol{I}-\boldsymbol{A})\boldsymbol{v}_{i2}=-\boldsymbol{v}_{i1}$,将等式两边同时左乘特征矩阵,可得

$$
(\lambda_i\boldsymbol{I}-\boldsymbol{A})^2\boldsymbol{v}_{i2}=-(\lambda_i\boldsymbol{I}-\boldsymbol{A})\boldsymbol{v}_{i1}=0. \tag{9.2.28}
$$

由上式可以求得的线性无关向量$\boldsymbol{v}_{i1}$和$\boldsymbol{v}_{i2}$的总数就等于降秩数 $n-\mathrm{rank}(\lambda_i\boldsymbol{I}-\boldsymbol{A})^2$.而可以求得的线性无关向量$\boldsymbol{v}_{i2}$的数目则等于如下的降秩数

$$
n_{i2}=\mathrm{rank}(\lambda_i\boldsymbol{I}-\boldsymbol{A})-\mathrm{rank}(\lambda_i\boldsymbol{I}-\boldsymbol{A})^2. \tag{9.2.29}
$$

所得的第 2 个列向量$\boldsymbol{v}_{i2}$的数目,就是该重特征值 λ_i 所对应的多个若尔当块中大于或等于二阶的块数.

式(9.2.26)中的第三个等式是$(\lambda_i\boldsymbol{I}-\boldsymbol{A})\boldsymbol{v}_{i3}=-\boldsymbol{v}_{i2}$,将等式两边同时两次左乘特征矩阵,可得

$$(\lambda_i \boldsymbol{I}-\boldsymbol{A})^3 \boldsymbol{v}_{i3}=-(\lambda_i \boldsymbol{I}-\boldsymbol{A})^2 \boldsymbol{v}_{i2}=(\lambda_i \boldsymbol{I}-\boldsymbol{A}) \boldsymbol{v}_{i1}=0. \tag{9.2.30}$$

由上式可以求得的线性无关向量$\boldsymbol{v}_{i1}$、$\boldsymbol{v}_{i2}$和$\boldsymbol{v}_{i3}$的总数等于降秩数 $n-\operatorname{rank}(\lambda_i \boldsymbol{I}-\boldsymbol{A})^3$. 而可以求解出线性无关的向量$\boldsymbol{v}_{i3}$数目等于如下的降秩数

$$n_{i3}=\operatorname{rank}(\lambda_i \boldsymbol{I}-\boldsymbol{A})^2-\operatorname{rank}(\lambda_i \boldsymbol{I}-\boldsymbol{A})^3. \tag{9.2.31}$$

所求得的第 3 个列向量$\boldsymbol{v}_{i3}$的数目，就是该重特征值 λ_i 所对应的多个若尔当块中大于或等于三阶的块数. 依此类推.

综合式(9.2.29)和式(9.2.31)以及类推出的结果，可以得出以下结论：**在若尔当规范型中，确定一个特征值 λ_i 对应多少个若尔当块，以及每一个若尔当块的维数的方法是，计算对应于该特征值的特征矩阵的各次幂的秩，并按升序求出它们的降秩数就是大于或等于某阶的若尔当块数.**

特征矩阵各次幂的降秩数，含有若尔当分块数和每个若尔当块大小的信息. 举例来说，如果通过计算得出 $n=8$，$\operatorname{rank}(\lambda_i \boldsymbol{I}-\boldsymbol{A})=5$，$\operatorname{rank}(\lambda_i \boldsymbol{I}-\boldsymbol{A})^2=3$，$\operatorname{rank}(\lambda_i \boldsymbol{I}-\boldsymbol{A})^3=1$，$\operatorname{rank}(\lambda_i \boldsymbol{I}-\boldsymbol{A})^4=0$，那么就可以知道，在该若尔当规范型中，共分 $8-5=3$ 个若尔当块，大于等于 2 阶的块数为 $5-3=2$ 个，大于等于 3 阶的块数为 $3-1=2$ 个，大于等于 4 阶的块数为 $1-0=1$ 个. 也就是说，该 8 阶若尔当规范型包括一个 4 阶若尔当块、一个 3 阶若尔当块和一个 1 阶若尔当块，没有 2 阶若尔当块.

例 9.2.6　给定 6 阶系统的状态系数矩阵如下：

$$\boldsymbol{A}=\begin{bmatrix} 0 & 1 & 0 & & & \\ 0 & 0 & 1 & & & \\ -8 & -12 & -6 & & & \\ & & & 0 & 1 & \\ & & & -4 & -4 & \\ & & & & & -2 \end{bmatrix},$$

其中未填写数字的位置为 0. 试将其化为特征值规范型.

解　状态系数矩阵 $\boldsymbol{A}$ 具有对角分块形式，它的特征多项式等于全部对角分块矩阵的特征多项式的乘积

$$\det(s\boldsymbol{I}-\boldsymbol{A})=(s^3+6s^2+12s+8)(s^2+4s+4)(s+2)=(s+2)^6.$$

方法一：计算特征矩阵各次幂的降秩数.

通过计算可得

$$\operatorname{rank}(\lambda \boldsymbol{I}-\boldsymbol{A})=\operatorname{rank}\begin{bmatrix} -2 & -1 & 0 & & & \\ 0 & -2 & -1 & & & \\ 8 & 12 & 4 & & & \\ & & & -2 & -1 & \\ & & & 4 & 2 & \\ & & & & & 0 \end{bmatrix}=3,$$

$$\operatorname{rank}(\lambda \boldsymbol{I}-\boldsymbol{A})^2=\operatorname{rank}\begin{bmatrix} 4 & 4 & 1 & & & \\ -8 & -8 & -2 & & & \\ 16 & 16 & 4 & & & \\ & & & 0 & 0 & \\ & & & 0 & 0 & \\ & & & & & 0 \end{bmatrix}=1,$$

$$\operatorname{rank}(\lambda \boldsymbol{I}-\boldsymbol{A})^3=0.$$

$n-\operatorname{rank}(\lambda \boldsymbol{I}-\boldsymbol{A})=3$ 说明特征值 -2 有三个若尔当块(三个1阶以上若尔当块); $\operatorname{rank}(\lambda \boldsymbol{I}-\boldsymbol{A})-\operatorname{rank}(\lambda \boldsymbol{I}-\boldsymbol{A})^2=2$ 说明有两个2阶以上若尔当块; $\operatorname{rank}(\lambda \boldsymbol{I}-\boldsymbol{A})^2-\operatorname{rank}(\lambda \boldsymbol{I}-\boldsymbol{A})^3=1$,说明有一个3阶以上若尔当块; $\operatorname{rank}(\lambda \boldsymbol{I}-\boldsymbol{A})^3=\cdots=0$,说明没有4阶以上的若尔当块. 由此可以得出结论:特征值 -2 有一个3阶若尔当块,一个2阶若尔当块,一个1阶若尔当块. 其特征值规范型为

$$\widetilde{\boldsymbol{A}}=\left[\begin{array}{ccc:cc:c} -2 & 1 & & & & \\ & -2 & 1 & & & \\ & & -2 & & & \\ \hdashline & & & -2 & 1 & \\ & & & & -2 & \\ \hdashline & & & & & -2 \end{array}\right]$$

方法二:用特征向量及广义特征向量构造变换矩阵.

(i) 求特征向量. 由 $(\lambda \boldsymbol{I}-\boldsymbol{A})\boldsymbol{w}=0$,可得三个线性无关解

$$\boldsymbol{w}_{11}=\begin{bmatrix}1\\-2\\4\\0\\0\\0\end{bmatrix},\quad \boldsymbol{w}_{21}=\begin{bmatrix}0\\0\\0\\1\\-2\\0\end{bmatrix},\quad \boldsymbol{w}_{31}=\begin{bmatrix}0\\0\\0\\0\\0\\1\end{bmatrix}.$$

这和前面有三个分块的判断一致.

(ii) 计算广义特征向量. 由 $(\lambda \boldsymbol{I}-\boldsymbol{A})\boldsymbol{w}_{12}=-\boldsymbol{w}_{11}$, $(\lambda \boldsymbol{I}-\boldsymbol{A})\boldsymbol{w}_{13}=-\boldsymbol{w}_{12}$,依次可得

$$\boldsymbol{w}_{12}=\begin{bmatrix}0\\1\\-4\\0\\0\\0\end{bmatrix},\quad \boldsymbol{w}_{13}=\begin{bmatrix}0\\0\\1\\0\\0\\0\end{bmatrix},$$

这里, $\boldsymbol{w}_{12}$ 与 $\boldsymbol{w}_{11}$ 无关, $\boldsymbol{w}_{13}$ 与 $\boldsymbol{w}_{11}$ 和 $\boldsymbol{w}_{12}$ 无关. $\boldsymbol{w}_{11}$、$\boldsymbol{w}_{12}$ 和 $\boldsymbol{w}_{13}$ 对应3阶若尔当块. 由于最大若尔当块是3阶,不可能再递推出下一个向量. 假设事先没判定最大块的阶次,

可以继续进行计算，但会发现$(\lambda \boldsymbol{I}-\boldsymbol{A})\boldsymbol{w}_{14}=-\boldsymbol{w}_{13}$没有解.

由$(\lambda \boldsymbol{I}-\boldsymbol{A})\boldsymbol{w}_{22}=-\boldsymbol{w}_{21}$可得$\boldsymbol{w}_{22}=[0\quad 0\quad 0\quad 0\quad 1\quad 0]^{\mathrm{T}}$，它与以上已经求出的 5 个向量无关. 如果再递推，$(\lambda \boldsymbol{I}-\boldsymbol{A})\boldsymbol{w}_{23}=-\boldsymbol{w}_{22}$无解，所以$\boldsymbol{w}_{21}$和$\boldsymbol{w}_{22}$对应 2 阶若尔当块.

至此，已有 6 个线性无关向量，如果计算正确，$\boldsymbol{w}_{31}$将对应 1 阶若尔当块. 作为验证，可以发现$(\lambda \boldsymbol{I}-\boldsymbol{A})\boldsymbol{w}_{32}=-\boldsymbol{w}_{31}$对$\boldsymbol{w}_{32}$无解.

(iii) 由特征向量和广义特征向量构成变换矩阵及逆矩阵

$$\boldsymbol{T}=[\boldsymbol{w}_{11}\quad \boldsymbol{w}_{12}\quad \cdots\quad \boldsymbol{w}_{16}]=\begin{bmatrix}1 & 0 & 0 & 0 & 0 & 0\\ -2 & 1 & 0 & 0 & 0 & 0\\ 4 & -4 & 1 & 0 & 0 & 0\\ 0 & 0 & 0 & 1 & 0 & 0\\ 0 & 0 & 0 & -2 & 1 & 0\\ 0 & 0 & 0 & 0 & 0 & 1\end{bmatrix},$$

$$\boldsymbol{T}^{-1}=\begin{bmatrix}1 & 0 & 0 & 0 & 0 & 0\\ 2 & 1 & 0 & 0 & 0 & 0\\ 4 & 4 & 1 & 0 & 0 & 0\\ 0 & 0 & 0 & 1 & 0 & 0\\ 0 & 0 & 0 & 2 & 1 & 0\\ 0 & 0 & 0 & 0 & 0 & 1\end{bmatrix}.$$

(iv) 求状态系数矩阵的特征值规范型. 计算$\widetilde{\boldsymbol{A}}=\boldsymbol{T}^{-1}\boldsymbol{A}\boldsymbol{T}$即可得到与前相同的结果.

方法三：利用状态系数矩阵$\boldsymbol{A}$具有的对角分块形式来简化运算.

状态系数矩阵$\boldsymbol{A}$具有三个对角分块：一个 3 阶块、一个 2 阶块和一个 1 阶块. 相应的坐标变换矩阵及其逆矩阵也应该具有三个对角分块. 这样可以分别计算 3 阶块、2 阶块的变换，而 1 阶块不必变换.

状态系数矩阵$\boldsymbol{A}$的 3 阶块为

$$\boldsymbol{A}_1=\begin{bmatrix}0 & 1 & 0\\ 0 & 0 & 1\\ -8 & -12 & -6\end{bmatrix}.$$

它的变换矩阵及其逆矩阵为

$$\boldsymbol{T}_1=\begin{bmatrix}1 & 0 & 0\\ -2 & 1 & 0\\ 4 & -4 & 1\end{bmatrix},\quad \boldsymbol{T}_1^{-1}=\begin{bmatrix}1 & 0 & 0\\ 2 & 1 & 0\\ 4 & 4 & 1\end{bmatrix}.$$

变换后的结果是

$$\boldsymbol{J}_1=\boldsymbol{T}_1^{-1}\boldsymbol{A}_1\boldsymbol{T}_1=\begin{bmatrix}-2 & 1 & 0\\ 0 & -2 & 1\\ 0 & 0 & -2\end{bmatrix}.$$

状态系数矩阵 $\boldsymbol{A}$ 的2阶块为

$$\boldsymbol{A}_2=\begin{bmatrix}0 & 1\\ -4 & -4\end{bmatrix}.$$

它的变换矩阵及其逆矩阵为

$$\boldsymbol{T}_2=\begin{bmatrix}1 & 0\\ -2 & 1\end{bmatrix},\quad \boldsymbol{T}_2^{-1}=\begin{bmatrix}1 & 0\\ 2 & 1\end{bmatrix}.$$

变换后的结果是

$$\boldsymbol{J}_2=\boldsymbol{T}_2^{-1}\boldsymbol{A}_2\boldsymbol{T}_2=\begin{bmatrix}-2 & 1\\ 0 & -2\end{bmatrix}.$$

1阶块不必加以变换.将三块的结果拼合在一起,可得

$$\widetilde{\boldsymbol{A}}=\begin{bmatrix}J_1 & & \\ & J_2 & \\ & & -2\end{bmatrix}=\left[\begin{array}{ccc:cc:c}-2 & 1 & & & & \\ & -2 & 1 & & & \\ & & -2 & & & \\ \hdashline & & & -2 & 1 & \\ & & & & -2 & \\ \hdashline & & & & & -2\end{array}\right].$$

变换矩阵及其逆矩阵也可以拼合,所得形式与前面相同. □

9.2.6 由可控或可观规范型化特征值规范型

在单输入系统的可控规范型 $\Sigma(\boldsymbol{A}_C,\boldsymbol{b}_C,\boldsymbol{C}_C)$ 中,它的状态系数矩阵和输入系数矩阵具有特殊形式

$$\boldsymbol{A}_C=\begin{bmatrix}0 & 1 & & \\ \vdots & & \ddots & \\ 0 & & & 1\\ -\alpha_0 & -\alpha_1 & \cdots & -\alpha_{n-1}\end{bmatrix},\quad \boldsymbol{b}_C=\begin{bmatrix}0\\ \vdots\\ 0\\ 1\end{bmatrix},\tag{9.2.32}$$

其中,α_i 是矩阵 $\boldsymbol{A}_C$ 的特征多项式 $\Delta(s)$ 的系数,即

$$\Delta(s)=\det(s\boldsymbol{I}-\boldsymbol{A}_C)=s^n+\alpha_{n-1}s^{n-1}+\alpha_{n-2}s^{n-2}+\cdots+\alpha_1 s+\alpha_0.\tag{9.2.33}$$

本小节的任务是寻求将可控规范型 $\Sigma(\boldsymbol{A}_C,\boldsymbol{b}_C,\boldsymbol{C}_C)$ 化为特征值规范型 $\widetilde{\Sigma}(\widetilde{\boldsymbol{A}},\widetilde{\boldsymbol{b}},\widetilde{\boldsymbol{C}})$ 的坐标变换矩阵 $\boldsymbol{W}$,即

$$\widetilde{\boldsymbol{A}}=\boldsymbol{W}^{-1}\boldsymbol{A}_C\boldsymbol{W},\tag{9.2.34}$$

其中 $\widetilde{\boldsymbol{A}}$ 是 $\boldsymbol{A}_C$ 的对角线规范型或者若尔当规范型矩阵.

先看简单情况.设矩阵 $\boldsymbol{A}_C$ 具有两两相异的特征值 $\lambda_1,\lambda_2,\cdots,\lambda_n$.变换矩阵 $\boldsymbol{W}=[\boldsymbol{w}_1\quad \boldsymbol{w}_2\quad \cdots\quad \boldsymbol{w}_n]$ 由对应的特征向量组成,它们满足特征方程 $\boldsymbol{A}_C\boldsymbol{w}_i=\lambda_i\boldsymbol{w}_i$.将特征

向量表达成 n 个分量形式 $\boldsymbol{w}_i=[w_{i1} \quad w_{i2} \quad \cdots \quad w_{in}]^{\mathrm{T}}$,并考虑可控规范型系数矩阵 $\boldsymbol{A}_{\mathrm{C}}$ 的特殊形式,则有

$$\begin{bmatrix} 0 & 1 & & \\ \vdots & & \ddots & \\ 0 & & & 1 \\ -\alpha_0 & -\alpha_1 & \cdots & -\alpha_{n-1} \end{bmatrix}\begin{bmatrix} w_{i1} \\ w_{i2} \\ \vdots \\ w_{in} \end{bmatrix}=\lambda_i\begin{bmatrix} w_{i1} \\ w_{i2} \\ \vdots \\ w_{in} \end{bmatrix}. \tag{9.2.35}$$

由上式可以导出方程组

$$\left.\begin{aligned} & w_{i2}=\lambda_i w_{i1} \\ & w_{i3}=\lambda_i w_{i2}=\lambda_i^2 w_{i1} \\ & \quad\vdots \\ & w_{in}=\lambda_i w_{in-1}=\lambda_i^{n-1} w_{i1} \\ & -(\alpha_0 w_{i1}+\alpha_1 w_{i2}+\cdots+\alpha_{n-1} w_{in})=\lambda_i w_{in} \end{aligned}\right\}, \tag{9.2.36}$$

将式(9.2.36)的前 $n-1$ 个等式的结果代入最后一个式子,可得

$$(\alpha_0+\alpha_1\lambda_i+\alpha_2\lambda_i^2+\cdots+\alpha_{n-1}\lambda_i^{n-1}+\lambda_i^n)w_{i1}=0. \tag{9.2.37}$$

注意到,式(9.2.37)的 λ_i 是特征多项式(9.2.33)的根,所以,式(9.2.37)中括号部分为零,故特征向量 $\boldsymbol{w}_i$ 的第一个分量 w_{i1} 可以任意选取. 若取 $w_{i1}=1$,则可得矩阵 $\boldsymbol{A}_{\mathrm{C}}$ 与特征值 λ_i 对应的特征向量 $\boldsymbol{w}_i=[1 \quad \lambda_i \quad \lambda_i^2 \quad \cdots \quad \lambda_i^{n-1}]^{\mathrm{T}}$.

从而,可以得到如下结论: **可控规范型 $\Sigma(\boldsymbol{A}_{\mathrm{C}},\boldsymbol{b}_{\mathrm{C}},\boldsymbol{C}_{\mathrm{C}})$ 中 $\boldsymbol{A}_{\mathrm{C}}$ 的特征值两两相异时,化为特征值规范型 $\widetilde{\Sigma}(\widetilde{\boldsymbol{A}},\widetilde{\boldsymbol{b}},\widetilde{\boldsymbol{C}})$ 的坐标变换矩阵 W 是由特征值组成的范德蒙德**(Vandermonde)**矩阵 $\boldsymbol{F}$,即**

$$\boldsymbol{W}=\boldsymbol{F}=\begin{bmatrix} 1 & 1 & \cdots & 1 \\ \lambda_1 & \lambda_2 & & \lambda_n \\ \vdots & \vdots & & \vdots \\ \lambda_1^{n-1} & \lambda_2^{n-1} & \cdots & \lambda_n^{n-1} \end{bmatrix}. \tag{9.2.38}$$

当矩阵 $\boldsymbol{A}_{\mathrm{C}}$ 的特征值 λ_1 为 r 重根($r<n$),其余为单根时,范德蒙德矩阵为

$$\boldsymbol{F}=\begin{bmatrix} 1 & 0 & 0 & \cdots & 0 & 1 & \cdots & 1 \\ \lambda_1 & 1 & 0 & & \vdots & \lambda_{r+1} & & \lambda_n \\ \lambda_1^2 & 2\lambda_1 & 1 & \ddots & \vdots & \lambda_{r+1}^2 & & \lambda_n^2 \\ \lambda_1^3 & 3\lambda_1^2 & \frac{3\times 2}{2!}\lambda_1 & \ddots & 0 & \lambda_{r+1}^3 & & \lambda_n^3 \\ \vdots & \vdots & \vdots & & 1 & \vdots & & \vdots \\ \vdots & \vdots & \vdots & & \vdots & \vdots & & \vdots \\ \lambda_1^{n-1} & (n-1)\lambda_1^{n-2} & \frac{(n-1)(n-2)}{2!}\lambda_1^{n-3} & \cdots & \frac{(n-1)\cdots(n-r+1)}{(r-1)!}\lambda_1^{n-r} & \lambda_{r+1}^{n-1} & \cdots & \lambda_n^{n-1} \end{bmatrix}. \tag{9.2.39}$$

以上结果说明,可控规范型的特征向量和广义特征向量均由特征值组成. 值

得指出的是,对可控规范型 $\Sigma(\boldsymbol{A}_C,\boldsymbol{b}_C,\boldsymbol{C}_C)$,读者可以自行证明等式 $\mathrm{rank}(\lambda_i\boldsymbol{I}-\boldsymbol{A}_C)=n-1$. 即每一个特征值只能对应一个特征向量,所以在化为若尔当规范型时,不会出现相同特征值对应多个若尔当块的情况.

单输出系统可观规范型 $\Sigma(\boldsymbol{A}_O,\boldsymbol{B}_O,\boldsymbol{c}_O^T)$的状态系数矩阵和输出系数矩阵为

$$\boldsymbol{A}_O=\begin{bmatrix}0 & \cdots & 0 & -\alpha_0\\ 1 & & & -\alpha_1\\ 0 & \ddots & & \vdots\\ & & 1 & -\alpha_{n-1}\end{bmatrix},\quad \boldsymbol{c}_O^T=[0 \quad \cdots \quad 0 \quad 1]. \tag{9.2.40}$$

与式(9.2.32)比较,可以看出 $\boldsymbol{A}_O=\boldsymbol{A}_C^T$,当矩阵 $\boldsymbol{A}_O$ 具有两两相异的特征值时,也可以化为对角线规范型. 设变换矩阵为 $\boldsymbol{Q}$,它满足$\boldsymbol{\Lambda}=\boldsymbol{Q}^{-1}\boldsymbol{A}_O\boldsymbol{Q}$. 对它进行转置,可得

$$\boldsymbol{\Lambda}=\boldsymbol{\Lambda}^T=(\boldsymbol{Q}^{-1}\boldsymbol{A}_O\boldsymbol{Q})^T=\boldsymbol{Q}^T\boldsymbol{A}_C(\boldsymbol{Q}^{-1})^T. \tag{9.2.41}$$

与可控规范型相比较,有 $\boldsymbol{Q}=(\boldsymbol{W}^{-1})^T$.

所以,**可观规范型 $\Sigma(\boldsymbol{A}_O,\boldsymbol{B}_O,\boldsymbol{c}_O^T)$中 $\boldsymbol{A}_O$ 的特征值两两相异时,化为特征值规范型 $\tilde{\Sigma}(\tilde{\boldsymbol{A}}_O,\tilde{\boldsymbol{B}}_O,\tilde{\boldsymbol{c}}_O^T)$的坐标变换矩阵的逆矩阵为范德蒙德矩阵 $\boldsymbol{F}$ 的转置**,即

$$\boldsymbol{Q}^{-1}=\boldsymbol{F}^T=\begin{bmatrix}1 & \lambda_1 & \cdots & \lambda_1^{n-1}\\ 1 & \lambda_2 & \cdots & \lambda_2^{n-1}\\ \vdots & \vdots & & \vdots\\ 1 & \lambda_n & \cdots & \lambda_n^{n-1}\end{bmatrix}. \tag{9.2.42}$$

当矩阵 $\boldsymbol{A}_O$ 有重特征值时,特征值规范型的上若尔当块转置后成为下若尔当块,二者并不相等. 由特征值组成范德蒙矩阵的转置(9.2.39)时,重特征值的特征向量和广义特征向量的次序应当颠倒. 比如对一个6阶的可观规范型,当矩阵 $\boldsymbol{A}_O$ 的特征值包括3重根 λ_1,2重根 λ_2 和单根 λ_3 时,范德蒙德矩阵的转置为

$$\boldsymbol{Q}^{-1}=\boldsymbol{F}^T=\begin{bmatrix}0 & 0 & 1 & 3\lambda_1 & 6\lambda_1^2 & 10\lambda_1^3\\ 0 & 1 & 2\lambda_1 & 3\lambda_1^2 & 4\lambda_1^3 & 5\lambda_1^4\\ 1 & \lambda_1 & \lambda_1^2 & \lambda_1^3 & \lambda_1^4 & \lambda_1^5\\ \hdashline 0 & 1 & 2\lambda_2 & 3\lambda_2^2 & 4\lambda_2^3 & 5\lambda_2^4\\ 1 & \lambda_2 & \lambda_2^2 & \lambda_2^3 & \lambda_2^4 & \lambda_2^5\\ \hdashline 1 & \lambda_3 & \lambda_3^2 & \lambda_3^3 & \lambda_3^4 & \lambda_3^5\end{bmatrix}. \tag{9.2.43}$$

同样应当指出,对可观规范型 $\Sigma(\boldsymbol{A}_O,\boldsymbol{B}_O,\boldsymbol{c}_O^T)$,也有等式 $\mathrm{rank}(\lambda_i\boldsymbol{I}-\boldsymbol{A}_O)=n-1$. 即每一个特征值只能对应一个特征向量,化为若尔当规范型时,不会出现相同特征值对应多个若尔当块的情况.

例 9.2.7 将下列系统化为特征值规范型:

$$\dot{\boldsymbol{x}}=\begin{bmatrix}0 & 0 & 8\\ 1 & 0 & -12\\ 0 & 1 & 6\end{bmatrix}\boldsymbol{x}+\begin{bmatrix}1\\ 0\\ 1\end{bmatrix}u,\quad y=[0 \quad 0 \quad 1]\boldsymbol{x}.$$

解　由系数矩阵对$(\boldsymbol{A},\boldsymbol{c}^{\mathrm{T}})$的特征可以知道系统是可观规范型，直接写出特征方程 $\det(\lambda\boldsymbol{I}-\boldsymbol{A})=\lambda^3-6\lambda^2+12\lambda-8=(\lambda-2)^3=0$，可得三重特征值 $\lambda=2$. 由此可得变换矩阵的逆矩阵及变换矩阵

$$\boldsymbol{Q}^{-1}=\boldsymbol{F}^{\mathrm{T}}=\begin{bmatrix}0&0&1\\0&1&2\lambda\\1&\lambda&\lambda^2\end{bmatrix}=\begin{bmatrix}0&0&1\\0&1&4\\1&-2&4\end{bmatrix},\quad \boldsymbol{Q}=\begin{bmatrix}4&-2&1\\-4&1&0\\1&0&0\end{bmatrix}.$$

变换后的三个系数矩阵分别为

$$\widetilde{\boldsymbol{A}}=\boldsymbol{Q}^{-1}\boldsymbol{A}\boldsymbol{Q}=\begin{bmatrix}0&0&1\\0&1&4\\1&-2&4\end{bmatrix}\begin{bmatrix}0&0&8\\1&0&-12\\0&1&6\end{bmatrix}\begin{bmatrix}4&-2&1\\-4&1&0\\1&0&0\end{bmatrix}=\begin{bmatrix}2&1&0\\0&2&1\\0&0&2\end{bmatrix},$$

$$\widetilde{\boldsymbol{b}}=\boldsymbol{Q}^{-1}\boldsymbol{b}=\begin{bmatrix}0&0&1\\0&1&4\\1&-2&4\end{bmatrix}\begin{bmatrix}1\\0\\0\end{bmatrix}=\begin{bmatrix}0\\0\\1\end{bmatrix},$$

$$\widetilde{\boldsymbol{c}}^{\mathrm{T}}=\boldsymbol{c}^{\mathrm{T}}\quad\boldsymbol{Q}=\begin{bmatrix}0&0&1\end{bmatrix}\begin{bmatrix}4&-2&1\\-4&1&0\\1&0&0\end{bmatrix}=\begin{bmatrix}1&0&0\end{bmatrix}.$$

系统的特征值规范型描述为

$$\dot{\widetilde{\boldsymbol{x}}}=\begin{bmatrix}2&1&0\\0&2&1\\0&0&2\end{bmatrix}\widetilde{\boldsymbol{x}}+\begin{bmatrix}0\\0\\1\end{bmatrix}u,\quad y=\begin{bmatrix}1&0&0\end{bmatrix}\widetilde{\boldsymbol{x}}.$$ □

例 9.2.8　将下列系统方程化为特征值规范型：

$$\dot{\boldsymbol{x}}=\begin{bmatrix}0&1&0\\0&0&1\\2&-1&2\end{bmatrix}\boldsymbol{x}+\begin{bmatrix}0\\0\\1\end{bmatrix}u,\quad y=\begin{bmatrix}1&2&0\end{bmatrix}\boldsymbol{x}.$$

解　本系统是可控规范型，它的特征方程为

$$\det(\lambda\boldsymbol{I}-\boldsymbol{A})=\lambda^3-2\lambda^2+\lambda-2=(\lambda^2+1)(\lambda-2)=0,$$

特征值为 $\lambda_{1,2}=\pm\mathrm{j},\lambda_3=2$. 对应的特征向量为

$$\boldsymbol{w}_{1,2}=\begin{bmatrix}1\\\pm\mathrm{j}\\-1\end{bmatrix}=\begin{bmatrix}1\\0\\-1\end{bmatrix}\pm\mathrm{j}\begin{bmatrix}0\\1\\0\end{bmatrix},\quad \boldsymbol{w}_3=\begin{bmatrix}1\\2\\4\end{bmatrix}.$$

共轭特征值对应一对共轭特征向量. 如果直接利用特征向量构造变换矩阵，其元素是复数，系数矩阵元素也可能出现复数. 为避免这种情况，采用共轭特征向量的实部向量和虚部向量来构造变换矩阵，变换后的系统状态系数矩阵将包含二阶共轭模态块. 变换矩阵及其逆矩阵分别为

$$\boldsymbol{W}=\begin{bmatrix}1&0&1\\0&1&2\\-1&0&4\end{bmatrix},\quad \boldsymbol{W}^{-1}=\frac{1}{5}\times\begin{bmatrix}4&0&-1\\-2&5&-2\\1&0&1\end{bmatrix}.$$

变换后的三个系数矩阵为

$$\widetilde{A}=W^{-1}AW=\frac{1}{5}\begin{bmatrix}4&0&-1\\-2&5&-2\\1&0&1\end{bmatrix}\begin{bmatrix}0&1&0\\0&0&1\\2&-1&2\end{bmatrix}\begin{bmatrix}1&0&1\\0&1&2\\-1&0&4\end{bmatrix}=\left[\begin{array}{cc:c}0&1&0\\-1&0&0\\ \hdashline 0&0&2\end{array}\right],$$

$$\widetilde{b}=W^{-1}b=\frac{1}{5}\begin{bmatrix}4&0&-1\\-2&5&-2\\1&0&1\end{bmatrix}\begin{bmatrix}0\\0\\1\end{bmatrix}=\begin{bmatrix}-0.2\\-0.4\\0.2\end{bmatrix},$$

$$\widetilde{c}^{\mathrm{T}}=c^{\mathrm{T}}W=\begin{bmatrix}1&2&0\end{bmatrix}\begin{bmatrix}1&0&1\\0&1&2\\-1&0&4\end{bmatrix}=\begin{bmatrix}1&2&5\end{bmatrix}.$$

系统的特征值规范型描述为

$$\dot{\widetilde{x}}=\begin{bmatrix}0&1&0\\-1&0&0\\0&0&2\end{bmatrix}\widetilde{x}+\begin{bmatrix}-0.2\\-0.4\\0.2\end{bmatrix}u,\quad y=\begin{bmatrix}1&2&5\end{bmatrix}\widetilde{x}.$$ □

9.3 状态可控性

状态可控性表示控制量(输入量)$\boldsymbol{u}(t)$支配状态向量$\boldsymbol{x}(t)$的能力,状态可观性表示系统输出量$\boldsymbol{y}(t)$反映状态向量$\boldsymbol{x}(t)$的能力.前者回答了控制量$\boldsymbol{u}(t)$能否使状态向量$\boldsymbol{x}(t)$实现希望的状态转移问题,后者回答了能否通过系统输出量$\boldsymbol{y}(t)$的测量值确定状态向量$\boldsymbol{x}(t)$的问题.

本节叙述状态可控性.下面首先从具体例子入手来直观了解实际存在的状态可控性问题,给出状态可控性定义并进行讨论,得到一些基本概念;进而分析可控状态在状态空间的分布,建立可控子空间及其正交补空间的概念;再通过特征值规范型的可控性分析导出状态可控性的模态判据;最后给出判断可控性的代数判据及可控性指数的概念.

9.3.1 状态可控性的示例

状态可控性说明控制量$\boldsymbol{u}(t)$控制状态向量$\boldsymbol{x}(t)$的能力.控制量$\boldsymbol{u}(t)$对某一个状态变量x_i可以进行控制的必要条件是$\boldsymbol{u}(t)$与x_i之间要有联系.比如在对角线规范型系统

$$\left.\begin{aligned}\dot{x}_1&=-3x_1\\\dot{x}_2&=-5x_2+7u\end{aligned}\right\}$$

中,两个状态变量之间没有耦合,状态变量x_1和控制量u既没有直接联系,也没有通过状态变量x_2的间接联系,所以不可以用u控制状态变量x_1;而状态变量

x_2 和控制量 u 有直接联系，可以猜想，u 也许可以控制状态变量 x_2.

又如系统

$$\left.\begin{aligned}\dot{x}_1 &= -3x_1 + x_2 \\ \dot{x}_2 &= -5x_2 + 7u\end{aligned}\right\},$$

其中状态变量 x_1 和控制量 u 之间不存在直接联系，但存在通过状态变量 x_2 的间接联系. 可以猜想，u 也许可以控制 x_1.

不过，控制量 u 和状态变量 x_i 有联系并不表示 u 一定可以控制 x_i，因为当联系通道有两条以上时，各通道的控制作用完全可能相互抵消，在这种情况下，状态变量 x_i 就不可以由控制量 u 控制. 下面先看一个具体例子.

例 9.3.1　在图 9.3.1(a)所示的电路中，控制量是外加电压 $u(t)$，状态变量 x_1 和 x_2 分别是两个电容器上的电压. 为便于数值计算，设电阻值和电容值的乘积 $RC=1/3\text{s}$. 试分析状态和初始状态与控制的关系.

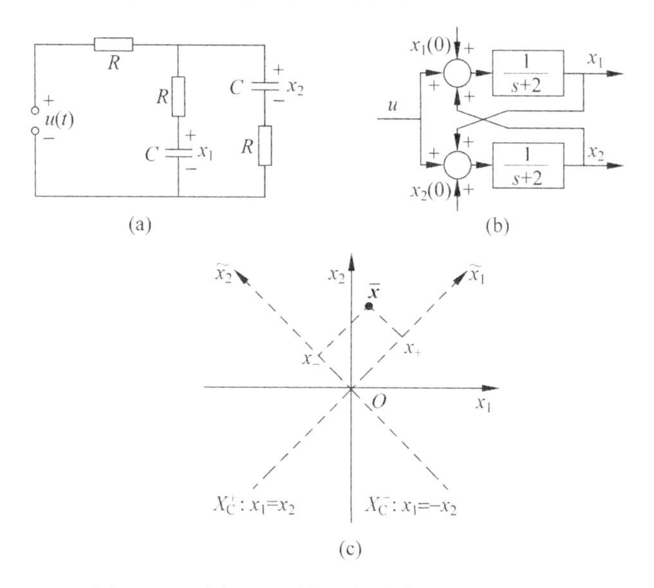

图 9.3.1　例 9.3.1 的电路图、框图和状态空间

解　电阻和电容串联支路的端电压可以写成等式

$$RC\,\dot{x}_1 + x_1 = u - R(C\,\dot{x}_1 + C\,\dot{x}_2),\quad RC\,\dot{x}_2 + x_2 = u - R(C\,\dot{x}_1 + C\,\dot{x}_2),$$

从而有

$$3RC\,\dot{x}_1 + 2x_1 - x_2 = u,\quad 3RC\,\dot{x}_2 + 2x_2 - x_1 = u.$$

将 $RC=1/3\text{s}$ 代入，可得电路状态方程的系数矩阵并计算出状态转移矩阵

$$\boldsymbol{A} = \begin{bmatrix} -2 & 1 \\ 1 & -2 \end{bmatrix},\quad \boldsymbol{b} = \begin{bmatrix} 1 \\ 1 \end{bmatrix},\quad \mathrm{e}^{At} = \frac{1}{2} \times \begin{bmatrix} \mathrm{e}^{-t} + \mathrm{e}^{-3t} & \mathrm{e}^{-t} - \mathrm{e}^{-3t} \\ \mathrm{e}^{-t} - \mathrm{e}^{-3t} & \mathrm{e}^{-t} + \mathrm{e}^{-3t} \end{bmatrix}.$$

状态转移矩阵中含有两个模态 e^{-t} 和 e^{-3t}，它们分别对应矩阵 $\boldsymbol{A}$ 的两个特征值 -1 和 -3.

系统的框图如图9.3.1(b)所示.显然控制量$u(t)$与状态变量x_1和x_2都有联系,而且从u到x_1(或x_2)均有两条信息传递通道.这里感兴趣的问题是这两条通道的作用是否互相抵消.为此,下面详细讨论控制量$u(t)$对状态向量$\boldsymbol{x}=[x_1\quad x_2]^{\mathrm{T}}$的控制能力.通过计算,可以得到如下结果.

(i) 零初态解中的两个分量相等.

状态方程解中的零初态解为

$$\boldsymbol{x}_u(t)=\begin{bmatrix}x_{1u}(t)\\x_{2u}(t)\end{bmatrix}=\int_0^t \mathrm{e}^{\boldsymbol{A}(t-\tau)}\boldsymbol{b}u(\tau)\mathrm{d}\tau$$

$$=\int_0^t\begin{bmatrix}\mathrm{e}^{-(t-\tau)}\\\mathrm{e}^{-(t-\tau)}\end{bmatrix}u(\tau)\mathrm{d}\tau=\begin{bmatrix}1\\1\end{bmatrix}\int_0^t \mathrm{e}^{-(t-\tau)}u(\tau)\mathrm{d}\tau.$$

可见两个分量完全相等.从系统电路原理图9.3.1(a)也可以看出,两条电阻电容支路参数是相同的,所以控制量$u(t)$对电容电压x_1和x_2的控制效果肯定相同.这表明,不论选择什么样的控制量$u(t)$,零初态解始终在向量$[1\quad 1]^{\mathrm{T}}$方向上.图9.3.1(c)代表状态空间,零初态解始终落在直线$x_1=x_2$上,与$u(t)$的选择无关.而且,零初态解中只剩下一个模态e^{-t},不存在另一个模态e^{-3t}.

(ii) 由直线$x_1=x_2$上出发的零输入解始终在直线$x_1=x_2$上.

设在直线$x_1=x_2$上的初态为$x(0)=a[1\quad 1]^{\mathrm{T}}$,其中$a$是任意常数,则状态方程的零输入解为

$$\boldsymbol{x}_1(t)=\mathrm{e}^{\boldsymbol{A}t}\boldsymbol{x}(0)=\frac{1}{2}\times\begin{bmatrix}\mathrm{e}^{-t}+\mathrm{e}^{-3t} & \mathrm{e}^{-t}-\mathrm{e}^{-3t}\\\mathrm{e}^{-t}-\mathrm{e}^{-3t} & \mathrm{e}^{-t}+\mathrm{e}^{-3t}\end{bmatrix}\begin{bmatrix}1\\1\end{bmatrix}a=\begin{bmatrix}1\\1\end{bmatrix}a\mathrm{e}^{-t}.$$

可以看出,直线$x_1=x_2$上出发的零输入解也只剩下一个模态e^{-t},并始终在直线$x_1=x_2$上.

(iii) 由与直线$x_1=x_2$正交的直线$x_1=-x_2$上出发的零输入解始终不会到达直线$x_1=x_2$.

在图9.3.1(c)中,直线$x_1=-x_2$与直线$x_1=x_2$正交,系统初态如果在直线$x_1=-x_2$上,则可以表示为$x(0)=b[1\quad -1]^{\mathrm{T}}$,其中$b$是任意常数.状态方程的零输入解为

$$\boldsymbol{x}_2(t)=\mathrm{e}^{\boldsymbol{A}t}\boldsymbol{x}(0)=\frac{1}{2}\times\begin{bmatrix}\mathrm{e}^{-t}+\mathrm{e}^{-3t} & \mathrm{e}^{-t}-\mathrm{e}^{-3t}\\\mathrm{e}^{-t}-\mathrm{e}^{-3t} & \mathrm{e}^{-t}+\mathrm{e}^{-3t}\end{bmatrix}\begin{bmatrix}1\\-1\end{bmatrix}b=\begin{bmatrix}1\\-1\end{bmatrix}b\mathrm{e}^{-3t}.$$

该结果表明,直线$x_1=-x_2$上出发的零输入解分量,始终在直线$x_1=-x_2$上,不会到达直线$x_1=x_2$,而且只剩下一个模态e^{-3t}.

由以上讨论可知,由于任何控制量只能产生完全相等的状态分量,所以对初态在直线$x_1=x_2$上的情形,总可以找到一个控制$u(t)$使系统状态运动在有限时间内回到状态空间原点.相反,对初态在直线$x_1=-x_2$上的情形,就无法找到一个使状态在有限时间内回到原点的控制$u(t)$.　□

在上例中,二维状态空间被正交分解为两个子空间:对子空间$x_1=x_2$上的每

一个点,都可以找到控制 $u(t)$ 使系统状态运动在有限时间内回到状态空间原点;对子空间 $x_1=x_2$ 的**正交补空间** $x_1=-x_2$ 上的点,都找不到一个控制 $u(t)$ 使系统有限时间的运动末态为原点. 该二维状态空间内的任意初态 $\boldsymbol{x}_0$,都可以被分解为上述两个子空间的投影之和,即 $\boldsymbol{x}_0=\boldsymbol{x}_++\boldsymbol{x}_-$,其中,$\boldsymbol{x}_+$ 是 $\boldsymbol{x}_0$ 在直线 $x_1=x_2$ 上的投影,是可以控制的;$\boldsymbol{x}_-$ 是 $\boldsymbol{x}_0$ 在直线 $x_1=-x_2$ 上的投影,是不可以控制的. 这样,总可以找到一个控制 $\boldsymbol{u}(t)$,使初态 $\boldsymbol{x}_0$ 的 $\boldsymbol{x}_+$ 分量在有限时间内回到零,但不能使 $\boldsymbol{x}_-$ 分量在有限时间内回到零.

进一步对系统做坐标变换可以看得更清楚. 选择新坐标系 $\tilde{\boldsymbol{x}}$ 的两根轴为直线 $x_1=x_2$ 和 $x_1=-x_2$,它们相对原坐标系 $\boldsymbol{x}$ 逆时针转过 45°,坐标变换的关系为

$$\begin{bmatrix} x_1 \\ x_2 \end{bmatrix}=\begin{bmatrix} \cos 45^\circ & -\sin 45^\circ \\ \sin 45^\circ & \cos 45^\circ \end{bmatrix}\begin{bmatrix} \tilde{x}_1 \\ \tilde{x}_2 \end{bmatrix}=\frac{\sqrt{2}}{2}\times\begin{bmatrix} 1 & -1 \\ 1 & 1 \end{bmatrix}\begin{bmatrix} \tilde{x}_1 \\ \tilde{x}_2 \end{bmatrix}.$$

即,$\boldsymbol{x}=\boldsymbol{T}\tilde{\boldsymbol{x}}$ 中的坐标变换矩阵及其逆矩阵分别为

$$\boldsymbol{T}=\frac{\sqrt{2}}{2}\times\begin{bmatrix} 1 & -1 \\ 1 & 1 \end{bmatrix},\quad \boldsymbol{T}^{-1}=\frac{\sqrt{2}}{2}\times\begin{bmatrix} 1 & 1 \\ -1 & 1 \end{bmatrix}.$$

坐标变换后的系数矩阵为

$$\widetilde{\boldsymbol{A}}=\boldsymbol{T}^{-1}\boldsymbol{A}\boldsymbol{T}=\begin{bmatrix} -1 & 0 \\ 0 & -3 \end{bmatrix},\quad \tilde{\boldsymbol{b}}=\boldsymbol{T}^{-1}\boldsymbol{b}=\begin{bmatrix} \sqrt{2} \\ 0 \end{bmatrix}.$$

新坐标下的状态方程为

$$\begin{cases} \dot{\tilde{x}}_1=-\tilde{x}_1+\sqrt{2}u \\ \dot{\tilde{x}}_2=-3\tilde{x}_2 \end{cases}.$$

显然,新状态变量 $\tilde{x}_1$ 和控制 $u(t)$ 有直接联系,可以被控制;而新状态变量 $\tilde{x}_2$ 和控制 $u(t)$ 的联系被切断,不可以被控制. 换一种说法是,模态 e^{-t} 可以由 $u(t)$ 控制;模态 e^{-3t} 不可以由 $u(t)$ 控制. 这点与上例(2)和(3)中对零输入解的分析是一致的.

9.3.2 状态可控性的定义

状态可控性所描述的是状态 $\boldsymbol{x}(t)$ 在控制 $\boldsymbol{u}(t)$ 作用下的转移情况,与输出量 $\boldsymbol{y}(t)$ 无关. 所以只须依据状态方程来讨论即可.

定义 9.3.1 设线性连续时间系统的状态方程为

$$\dot{\boldsymbol{x}}=\boldsymbol{A}(t)\boldsymbol{x}+\boldsymbol{B}(t)\boldsymbol{u}, \tag{9.3.1}$$

$\bar{\boldsymbol{x}}$ 为 n 维状态空间的非零有限点,$[t_0,t_1]$ 为有限时间区间.

(1) 当系统(9.3.1)以 $\bar{\boldsymbol{x}}$ 作为初态时(即 $\boldsymbol{x}(t_0)=\bar{\boldsymbol{x}}$),如果可以在 $[t_0,t_1]$ 上找到控制 $\boldsymbol{u}(t)$,使系统状态在 $t=t_1$ 时到达末态 $\boldsymbol{x}(t_1)=0$,则称 $\bar{\boldsymbol{x}}$ 是系统(9.3.1)在 $[t_0,t_1]$ 上的**可控状态**,并记为 $\boldsymbol{x}_+$. 进一步讲,若可控状态 $\boldsymbol{x}_+$ 充满状态空间,则称

系统(9.3.1)在$[t_0,t_1]$上**状态完全可控**,简称系统**完全可控**.

(2) 若系统(9.3.1)由零初态$\boldsymbol{x}(t_0)=0$出发,如果可以在$[t_0,t_1]$上找到控制$\boldsymbol{u}(t)$,使系统在$t=t_1$时达到末态$\boldsymbol{x}(t_1)=\bar{\boldsymbol{x}}$,则称$\bar{\boldsymbol{x}}$是系统(9.3.1)在$[t_0,t_1]$上的**可达状态**.进一步讲,如果可达状态$\bar{\boldsymbol{x}}$充满状态空间,则称系统在$[t_0,t_1]$上**状态完全可达**,简称系统**完全可达**. □

对状态可控性及可达性的上述定义,可做以下10点解释和讨论:

(1) 定义中的系统为线性连续时间系统,但可以推广到线性离散时间系统.不过,如果要推广到非线性系统,则应当加以修正.为了更具有一般性,上述可控性定义采用了线性时变系统,当然也适用于线性定常系统.

(2) 定义中的状态空间点$\bar{\boldsymbol{x}}$是非零有限点.这里不讨论无穷远点,也不讨论原点.按照可控性的定义,原点是可控状态,但在以后的讨论中也可以把它看作是不可控状态.

(3) 状态可控性定义规定初态$\bar{\boldsymbol{x}}$是状态空间的任意一点,末态(即目标态)为零.从工程角度来看,若把$\boldsymbol{x}(t)$看作误差,由于可控性规定末态为零,所以可控性就相当于调节问题的可实现性.反之,可达性规定初态为零,目标状态取为$\bar{\boldsymbol{x}}$,所以就相当于跟踪问题的可实现性.

(4) 可控(或可达)时间区间$[t_0,t_1]$,是系统状态由规定的初态转移到规定的目标态所需的时间间隔,它是一个有限的时间区间.对时变系统,可控性和初始时间t_0的选择及时间区间$[t_0,t_1]$的大小都有关.所以,定义中强调"在$[t_0,t_1]$上".若可控性和t_0无关,则称**状态一致可控**.定常系统的可控性与初始时间t_0及时间区间$[t_0,t_1]$均无关.定常系统若在某一个时间区间上完全可控,则在任何一个时间区间上都完全可控,所以不必强调"在$[t_0,t_1]$上".可达性与此类同.

(5) 对定义中的控制$\boldsymbol{u}(t)$几乎没有施加限制条件,只要保证方程式(9.3.1)解的存在即可.如果$\boldsymbol{u}(t)$的每个分量以及矩阵$\boldsymbol{A}(t)$,$\boldsymbol{B}(t)$的每个元素都是时间t的分段连续函数,则方程式(9.3.1)存在惟一解.$\boldsymbol{u}(t)$的分段连续性在工程实际中是很容易满足的,所以说对控制$\boldsymbol{u}(t)$几乎没有限制条件.

(6) 在状态可控性分析中,考察重点不是控制$\boldsymbol{u}(t)$如何选择以及将$\boldsymbol{x}(t_0)=\boldsymbol{x}_+$引导到$\boldsymbol{x}(t_1)=0$的轨线是什么,而是可控状态$\boldsymbol{x}_+$在状态空间中如何分布.

可控状态$\boldsymbol{x}_+$充满状态空间X与系统状态完全可控是等价的说法.如果可控状态$\boldsymbol{x}_+$不充满状态空间,就可以把全体可控状态的集合定义为$X_C^+[t_0,t_1]$,它的元素$\boldsymbol{x}_+$就是可控状态.$X_C^+[t_0,t_1]$被称为系统的**可控子空间**.如果$X_C^+=X$,则系统状态完全可控.可以证明,$X_C^+[t_0,t_1]$是状态空间X的线性子空间.

(7) 对系统(9.3.1)做坐标变换,状态空间的原点不变,而状态空间的某一点$\boldsymbol{x}$在变换后成为$\tilde{\boldsymbol{x}}$.如果存在控制$\boldsymbol{u}(t)$在有限时间内将$\boldsymbol{x}$转移到原点,那么使用同样的$\boldsymbol{u}(t)$可以在相同的有限时间内将$\tilde{\boldsymbol{x}}$转移到原点.所以,坐标变换不改变系统的可控性.

(8) 关于可控状态表达式. 如果状态 $\boldsymbol{x}_+$ 是可控状态，那么根据可控性定义，必然存在一个控制 $\boldsymbol{u}(t)$，它在有限时间 $[t_0, t_1]$ 内将 $\boldsymbol{x}_+$ 转移到状态空间原点，即

$$\boldsymbol{x}(t_1) = \boldsymbol{\Phi}(t_1, t_0)\boldsymbol{x}_+ + \int_{t_0}^{t_1} \boldsymbol{\Phi}(t_1, \tau)\boldsymbol{B}(\tau)\boldsymbol{u}(\tau)\mathrm{d}\tau = 0. \tag{9.3.2}$$

从而可以得到**可控状态表达式**

$$\boldsymbol{x}_+ = -\int_{t_0}^{t_1} \boldsymbol{\Phi}(t_0, \tau)\boldsymbol{B}(\tau)\boldsymbol{u}(\tau)\mathrm{d}\tau. \tag{9.3.3}$$

上式表示可控状态与控制间的关系，它表明，对于可控状态 $\boldsymbol{x}_+$，必然可以找到满足上式的一个控制 $\boldsymbol{u}(t)$；将任何一个控制 $\boldsymbol{u}(t)$ 代入上式，所得 n 维向量必定是可控子空间 $X_C^+[t_0, t_1]$ 内的元素. 从式(9.3.3)可以看出，可控性惟一地由系统状态转移矩阵 $\boldsymbol{\Phi}(t, t_0)$ 和输入系数矩阵 $\boldsymbol{B}(t)$ 决定，即可控性惟一地由矩阵对 $(\boldsymbol{A}(t), \boldsymbol{B}(t))$ 决定，所以说可控性是系统的结构性质.

(9) 关于可达状态表达式. 根据定义，若状态空间某个非零有限点 $\bar{\boldsymbol{x}}$ 是可达状态，则应满足

$$\boldsymbol{x}(t_1) = \int_{t_0}^{t_1} \boldsymbol{\Phi}(t_1, \tau)\boldsymbol{B}(\tau)\boldsymbol{u}(\tau)\mathrm{d}\tau = \bar{\boldsymbol{x}}. \tag{9.3.4}$$

可达性也是系统的结构性质，惟一地由矩阵对 $(\boldsymbol{A}(t), \boldsymbol{B}(t))$ 决定.

(10) 关于可控状态 $\boldsymbol{x}_+$ 和可达状态 $\bar{\boldsymbol{x}}$ 的关系. 由式(9.3.2)和式(9.3.4)可以导出可控状态 $\boldsymbol{x}_+$ 和可达状态 $\bar{\boldsymbol{x}}$ 的关系

$$\bar{\boldsymbol{x}} = -\boldsymbol{\Phi}(t_1, t_0)\boldsymbol{x}_+. \tag{9.3.5}$$

式中状态转移矩阵 $\boldsymbol{\Phi}(t_1, t_0)$ 是非奇异的常数矩阵，说明可控状态 $\boldsymbol{x}_+$ 和可达状态 $\bar{\boldsymbol{x}}$ 间存在线性非奇异坐标变换关系，是一一映射的. 对连续时间线性系统，可控性和可达性是等价的. 下文将着重讨论可控性，而较少提及可达性.

9.3.3 可控子空间和可控性的基本判据

在上一小节的第(6)点讨论中已经定义了可控子空间 $X_C^+[t_0, t_1]$，它是全体可控状态的集合，是状态空间 X 的线性子空间. 另外，还可以在状态空间 X 中找出 $X_C^+[t_0, t_1]$ 的**正交补空间**[①]，简称为**正交补**，并记为 $X_C^-[t_0, t_1]$. 可以证明，它也是状态空间 X 的线性子空间. 状态空间 X 可以分解为两个**线性子空间的直和**，即

$$X = X_C^+[t_0, t_1] \oplus X_C^-[t_0, t_1]. \tag{9.3.6}$$

显然，可控子空间的维数与其正交补空间的维数之和就是状态空间的维数. 对二维状态空间，如果坐标 x_1 是可控子空间 $X_C^+[t_0, t_1]$，则与其正交的坐标 x_2 就是正交补 $X_C^-[t_0, t_1]$；对四维状态空间，如果坐标 x_1 与 x_2 构成的平面是可控子空

---

① 正交补空间：在被考虑的线性空间 R 中，有一个线性子空间 R_1. R_1 的正交补空间 $(R_1)^\perp$ 是在 R 中、与 R_1 内所有向量都正交的那些向量的集合. 线性空间 R 可以表示为直和的分解形式 $R = R_1 \oplus (R_1)^\perp$.

间 $X_C^+[t_0,t_1]$，则与该平面正交的、由坐标 x_3 与 x_4 构成的平面就是正交补 $X_C^-[t_0,t_1]$. 式(9.3.6)所示的状态空间分解被称为**按可控性分解**①.

状态空间内任意一点 $\boldsymbol{x}$ 都可以分解成在上述两个子空间的投影向量之和

$$\boldsymbol{x}=\boldsymbol{x}_+ + \boldsymbol{x}_-, \tag{9.3.7}$$

其中，$\boldsymbol{x}_+$ 是状态 $\boldsymbol{x}$ 在可控子空间 $X_C^+[t_0,t_1]$ 上的投影，称为状态 $\boldsymbol{x}$ 的**可控分量**；$\boldsymbol{x}_-$ 是状态 $\boldsymbol{x}$ 在可控子空间的正交补 $X_C^-[t_0,t_1]$ 上的投影，称为状态 $\boldsymbol{x}$ 的**不可控分量**. 可控分量 $\boldsymbol{x}_+$ 是系统的可控状态，如果状态 $\boldsymbol{x}$ 的不可控分量 $\boldsymbol{x}_-$ 不为零，就不可能找到控制使状态 $\boldsymbol{x}$ 在有限时间转移到状态空间原点，也就是说，状态 $\boldsymbol{x}$ 的不可控分量 $\boldsymbol{x}_-$ 若不为零，则状态 $\boldsymbol{x}$ 就是不可控的.

可控子空间和它的正交补只存在一个交点，即状态空间原点. 原点兼有 $\boldsymbol{x}_+$ 和 $\boldsymbol{x}_-$ 的双重性质，所以说它既可控又不可控. 这就是状态可控性定义中不考虑原点的理由.

如果系统状态 $\boldsymbol{x}$ 不完全可控，则状态空间必存在非零的不可控分量 $\boldsymbol{x}_-$. 非零向量 $\boldsymbol{x}_-$ 和可控分量 $\boldsymbol{x}_+$ 分别属于互相正交的两个子空间 $X_C^-[t_0,t_1]$ 和 $X_C^+[t_0,t_1]$. $\boldsymbol{x}_-$ 和 $\boldsymbol{x}_+$ 正交，它们的内积为零，即

$$<\boldsymbol{x}_-,\boldsymbol{x}_+> = \boldsymbol{x}_-^{\mathrm{T}}\boldsymbol{x}_+ = 0. \tag{9.3.8}$$

将可控状态 $\boldsymbol{x}_+$ 表达式(9.3.3)代入上式，则有

$$\boldsymbol{x}_-^{\mathrm{T}}\boldsymbol{x}_+ = -\int_{t_0}^{t_1}\boldsymbol{x}_-^{\mathrm{T}}\boldsymbol{\Phi}(t_0,\tau)\boldsymbol{B}(\tau)\boldsymbol{u}(\tau)\mathrm{d}\tau = 0. \tag{9.3.9}$$

由于 $\boldsymbol{x}_+$ 是状态空间的一个任意可控状态，它带有随意性，从而造成相应控制量 $\boldsymbol{u}(\tau)$ 的随意性，所以式(9.3.9)等价于

$$\boldsymbol{x}_-^{\mathrm{T}}\boldsymbol{\Phi}(t_0,\tau)\boldsymbol{B}(\tau)\boldsymbol{u}(\tau) = 0,\quad \tau\in[t_0,t_1]. \tag{9.3.10}$$

其中，x_-^{T} 是 n 维行向量；$\boldsymbol{\Phi}(t_0,\tau)\boldsymbol{B}(\tau)$ 是 $n\times l$ 维时变函数矩阵. 式(9.3.10)说明了可控子空间的正交补中一点 $\boldsymbol{x}_-$ 的性质，也说明了满足式(9.3.10)的 $\boldsymbol{x}_-$ 必是正交补中的一点.

式(9.3.10)是 $n\times l$ 维时变函数矩阵 $\boldsymbol{\Phi}(t_0,\tau)\boldsymbol{B}(\tau)$ 的行向量的组合表达式，$\boldsymbol{x}_-$ 的分量为其组合系数. 它实际给出了系统在 $[t_0,t_1]$ 上状态完全可控的判据.

状态可控性判据一(基本判据)　系统在 $[t_0,t_1]$ 上状态完全可控的充分必要条件是 $n\times l$ 维时变函数矩阵 $\boldsymbol{\Phi}(t_0,\tau)\boldsymbol{B}(\tau)$ 的 n 个行向量在 $\tau\in[t_0,t_1]$ 上线性无关. □

由于直接判断时变函数矩阵 $\boldsymbol{\Phi}(t_0,\tau)\boldsymbol{B}(\tau)$ 的 n 个行向量在 $\tau\in[t_0,t_1]$ 上线性无关是困难的，所以很少采用基本判据来判断状态完全可控，但基本判据在理论推导中有重要的应用.

---

① 这里所做的是正交分解. 还可以作非正交分解 $X=X_C^+[t_0,t_1]\oplus S$，其中补空间 S 也是状态空间 X 的线性子空间，补空间 S 中的任何一个向量与可控子空间 $X_C^+[t_0,t_1]$ 中的全部向量都线性无关.

可以证明，$n\times l$ 时变函数矩阵 $\boldsymbol{\Phi}(t_0,\tau)\boldsymbol{B}(\tau)$ 的 n 个行向量在 $\tau\in[t_0,t_1]$ 上线性无关等价于**可控性格拉姆矩阵**(Controllability Grammian) $\boldsymbol{G}_{\mathrm{C}}(t_0,t_1)$ 非奇异. 可控性格拉姆矩阵被定义为

$$\boldsymbol{G}_{\mathrm{C}}(t_0,t_1)=\int_{t_0}^{t_1}\boldsymbol{\Phi}(t_0,\tau)\boldsymbol{B}(\tau)\boldsymbol{B}^{\mathrm{T}}(\tau)\boldsymbol{\Phi}^{\mathrm{T}}(t_0,\tau)\mathrm{d}\tau. \tag{9.3.11}$$

从而得出基本判据的另外一种表达形式.

状态可控性判据二　系统在 $[t_0,t_1]$ 上状态完全可控的充分必要条件是可控性格拉姆矩阵 $\boldsymbol{G}_{\mathrm{C}}(t_0,t_1)$ 非奇异. □

可控性格拉姆矩阵 $\boldsymbol{G}_{\mathrm{C}}(t_0,t_1)$ 不仅可以用于判断状态是否完全可控，还可以用于求解控制量. 在可控状态表达式(9.3.3)中，设控制量

$$\boldsymbol{u}(\tau)=\boldsymbol{B}^{\mathrm{T}}(\tau)\boldsymbol{\Phi}^{\mathrm{T}}(t_0,\tau)\bar{\boldsymbol{u}}, \tag{9.3.12}$$

其中 $\bar{\boldsymbol{u}}$ 为常数向量，则可控状态表达式可被写为

$$\boldsymbol{x}_{+}=-\int_{t_0}^{t_1}\boldsymbol{\Phi}(t_0,\tau)\boldsymbol{B}(\tau)\boldsymbol{B}^{\mathrm{T}}(\tau)\boldsymbol{\Phi}^{\mathrm{T}}(t_0,\tau)\mathrm{d}\tau\cdot\bar{\boldsymbol{u}}, \tag{9.3.13}$$

显然，取 $\bar{\boldsymbol{u}}=-\boldsymbol{G}_{\mathrm{C}}^{-1}(t_0,t_1)\boldsymbol{x}_{+}$ 即可满足上式. 所以，引导可控状态 x_{+} 在 $[t_0,t_1]$ 上回零的控制量为

$$\boldsymbol{u}(t)=-\boldsymbol{B}^{\mathrm{T}}(t)\boldsymbol{\Phi}^{\mathrm{T}}(t_0,t)\boldsymbol{G}_{\mathrm{C}}^{-1}(t_0,t_1)\boldsymbol{x}_{+}. \tag{9.3.14}$$

9.3.4　定常系统可控性的特征值规范型判据和模态判据

本小节分析特征值规范型的控制与状态之间的联系，从而得到可控性的特征值规范型判据，并进而得到更一般的可控性模态判据.

例 9.3.2　图 9.3.2 所示的二阶系统的状态方程为

$$\dot{\boldsymbol{x}}=\begin{bmatrix}\lambda_1 & 0\\ 0 & \lambda_2\end{bmatrix}\boldsymbol{x}+\begin{bmatrix}b_1\\ b_2\end{bmatrix}u.$$

设两个特征值互不相同，$\lambda_1\neq\lambda_2$. 试讨论该系统的可控性.

解　该状态系数矩阵是对角线规范型，两个状态变量间不存在耦合，每个状态变量 x_i 与控制 u 的联系是 b_i. 当 b_1 和 b_2 都不为零时，两个状态变量 x_1 和 x_2 都与控制 u 有联系，两个状态变量都是由 u 可控的. 而当 $b_1=0, b_2\neq0$ 时，状态变量 x_1 与控制 u 的联系被完全切断，该系统中存在一个与控制 u 没有联系的孤立部分，孤立部分的状态是 x_1，它是系统的不可控分量，与之对应的模态 $\mathrm{e}^{\lambda_1 t}$ 称为不可控模态. 类似地，当 $b_1\neq0, b_2=0$ 时，x_2 是系统的不可控分量，模态 $\mathrm{e}^{\lambda_2 t}$ 是不可控模态. 如果 $b_1=b_2=0$，则 x_1 和 x_2 都是不可控分量，模态 $\mathrm{e}^{\lambda_1 t}$ 和 $\mathrm{e}^{\lambda_2 t}$ 都是不可控模态.

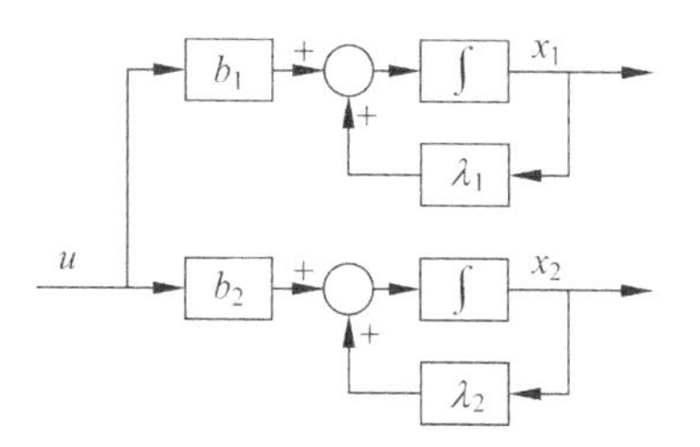

图 9.3.2　例 9.3.2 的二阶对角线规范型系统框图

特例情况是$\lambda_1=\lambda_2=\lambda$，这时，相同的特征值具有两个若尔当块，而模态$e^{\lambda_1 t}=e^{\lambda_2 t}=e^{\lambda t}$是重模态. 当$b_1$和$b_2$中一个为零而另一个不为零时，分析结果与前相似，系统也是不完全可控的，二重模态中一个是可控模态，一个是不可控模态. 值得注意的是，当b_1和b_2都不为零时，系统在这种情况下也是不完全可控的. 这时，状态在控制作用下的分量为

$$\boldsymbol{x}_u(t)=\int_0^t e^{\boldsymbol{A}(t-\tau)}\boldsymbol{b}u(\tau)\mathrm{d}\tau=\int_0^t\begin{bmatrix}b_1 e^{-\lambda(t-\tau)}\\ b_2 e^{-\lambda(t-\tau)}\end{bmatrix}u(\tau)\mathrm{d}\tau$$

$$=\begin{bmatrix}b_1\\ b_2\end{bmatrix}\cdot\int_0^t e^{-\lambda(t-\tau)}u(\tau)\mathrm{d}\tau,$$

可控子空间$X_C^+[t_0,t_1]$为直线$b_2x_2=b_1x_1$，是1维空间. □

例 9.3.3 图 9.3.3 所示的二阶系统状态方程为

$$\dot{\boldsymbol{x}}=\begin{bmatrix}\lambda_1 & 0\\ 1 & \lambda_1\end{bmatrix}\boldsymbol{x}+\begin{bmatrix}b_1\\ b_2\end{bmatrix}u.$$

试讨论该系统的可控性.

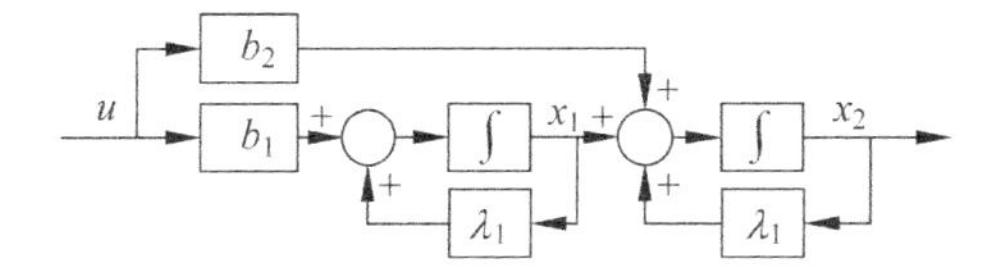

图 9.3.3 例 9.3.3 的下若尔当规范型系统框图

解 该状态系数矩阵为下若尔当规范型，其特点是两个状态变量间为串联结构，对角线下的元素1表达了状态变量x_1到状态变量x_2的耦合. 当$b_1=0,b_2\neq0$时，状态变量x_1和控制u的联系被完全切断，在图 9.3.3 中形成一个与控制u没有联系的孤立部分，孤立部分的状态x_1是系统的不可控分量，模态$te^{\lambda_1 t}$是系统的不可控模态. x_2是系统的可控分量，模态$e^{\lambda_1 t}$是系统的可控模态.

当$b_1=0,b_2=0$时，x_1和x_2都和控制u没有联系，都是系统的不可控分量，模态$e^{\lambda_1 t}$和$te^{\lambda_1 t}$都是不可控模态.

当$b_1\neq0$时，状态变量x_1是可控分量. 即使$b_2=0$，控制u借助状态串联结构仍能通过可控的x_1与状态变量x_2建立间接联系，而且图 9.3.3 中，不存在与控制u没有联系的孤立部分，系统是完全可控的，模态$e^{\lambda_1 t}$和$te^{\lambda_1 t}$都是可控模态. □

由以上分析可以得出如下结论：

(1) 系统的状态可控性取决于状态方程的系数矩阵对$(\boldsymbol{A},\boldsymbol{B})$. 状态系数矩阵$\boldsymbol{A}$由系统结构和参数决定，输入系数矩阵$\boldsymbol{B}$与控制$\boldsymbol{u}$的施加点及其传递增益有关. 因此，状态可控性是系统的结构性质，它取决于系统结构、参数和控制$\boldsymbol{u}$的施加点. 在图 9.3.3 中，控制u在$b_1\neq0$时与状态x_1存在直接联系，又通过状态串联结构与状态x_2发生间接联系，x_1和x_2都可控；而$b_1=0,b_2\neq0$时，控制u只与状态x_2有直接联系，系统的孤立部分和控制u既无直接联系又无间接联系，孤立部

分的状态变量 x_1 不可控. 这一点可以作为从框图判别系统是否存在不可控制部分的依据.(注意,这种判断依据只具有充分性.)

(2) 在状态系数矩阵为对角线规范型而且特征值两两相异情况下,如果输入系数矩阵有全零行,则与全零行对应的状态变量和相应的模态都不可控. 据此可以得到状态可控性的如下判据.

状态可控性判据三(对角线规范型判据) 设系统 $\Sigma(\boldsymbol{A},\boldsymbol{B})$ 具有两两相异的特征值,那么其状态完全可控的充分必要条件是: 该系统的对角线规范型 $\widetilde{\Sigma}(\widetilde{\boldsymbol{A}},\widetilde{\boldsymbol{B}})$ 的输入系数矩阵 $\widetilde{\boldsymbol{B}}$ 没有全零行. □

(3) 在状态系数矩阵 $\boldsymbol{A}$ 有重特征值情况下,可以化为若尔当规范型,每一个若尔当块所对应的一组状态变量具有图 9.3.3 的串联结构. 在该若尔当块为下若尔当块时,序号较大的状态变量受序号较小的状态变量控制. 只要序号最小的状态变量,即该下若尔当块第一行对应的状态变量由 u 可控,则该下若尔当块所对应的一组状态变量都由 u 可控; 而在该若尔当块为上若尔当块时,序号较小的状态变量受序号较大的状态变量控制. 只要序号最大的状态变量,即该上若尔当块最后一行对应的状态变量由 u 可控,则该上若尔当块所对应的一组状态变量都由 u 可控. 据此可以得到状态可控性的如下判据.

状态可控性判据四(若尔当规范型判据) 如果系统 $\Sigma(\boldsymbol{A},\boldsymbol{B})$ 的状态系数矩阵 $\boldsymbol{A}$ 为循环矩阵,在它的若尔当规范型 $\widetilde{\Sigma}(\widetilde{\boldsymbol{A}},\widetilde{\boldsymbol{B}})$ 中,相同特征值只有一个若尔当块. 那么其状态可控的充分必要条件是: 在 $\widetilde{\Sigma}(\widetilde{\boldsymbol{A}},\widetilde{\boldsymbol{B}})$ 的输入系数矩阵 $\widetilde{\boldsymbol{B}}$ 中,与每个上(下)若尔当块末行(首行)对应的行不是全零行. □

状态可控性判据五(非循环矩阵特征值规范型的可控性判据) 如果系统 $\Sigma(\boldsymbol{A},\boldsymbol{B})$ 的状态系数矩阵 $\boldsymbol{A}$ 为非循环矩阵,在它的若尔当规范型 $\widetilde{\Sigma}(\widetilde{\boldsymbol{A}},\widetilde{\boldsymbol{B}})$ 中,相等特征值有多个若尔当块. 那么其状态可控的充分必要条件是: $\widetilde{\Sigma}(\widetilde{\boldsymbol{A}},\widetilde{\boldsymbol{B}})$ 的输入系数矩阵 $\widetilde{\boldsymbol{B}}$ 中,与相同特征值的多个上(下)若尔当块的末行(首行)所对应那些行彼此线性无关. □

(4) 线性定常系统 $\Sigma(\boldsymbol{A},\boldsymbol{B})$ 可以通过坐标变换化为特征值规范型. 对特征值规范型的不同形式,应用以上的判据三至判据五就可以判断 $\Sigma(\boldsymbol{A},\boldsymbol{B})$ 的状态可控性. 当系统状态不完全可控的时候,进一步对若尔当规范型 $\widetilde{\Sigma}(\widetilde{\boldsymbol{A}},\widetilde{\boldsymbol{B}})$ 进行适当的行列变换,还可以确定系统的可控子空间及其正交补空间,从而将系统分解为**可控子系统和不可控子系统**.

在例 9.3.2 的二阶系统中,当 $b_2=0$ 时,本身就是按可控性分解的显式表达式

$$\dot{\boldsymbol{x}}=\begin{bmatrix}\lambda_1 & 0\\ 0 & \lambda_2\end{bmatrix}\boldsymbol{x}+\begin{bmatrix}b_1\\ 0\end{bmatrix}u.$$

其中 x_1 是可控分量,x_2 是不可控分量. $\dot{x}_1=\lambda_1x_1+b_1u$ 是可控子系统,$\dot{x}_2=\lambda_2x_2$ 是不可控子系统.

在例 9.3.3 的二阶系统中,当 $b_1=0,b_2\neq0$ 时,取坐标变换 $\tilde{x}_1=x_2,\tilde{x}_2=x_1$,即

矩阵$\widetilde{A}$和$\widetilde{b}$的第一、二行互换,相应地,矩阵$\widetilde{A}$的第一、二列互换,变换后就得到按可控性分解的显式表达式

$$\begin{bmatrix}\dot{\tilde{x}}_1\\ \dot{\tilde{x}}_2\end{bmatrix}=\begin{bmatrix}\lambda_2 & 1\\ 0 & \lambda_1\end{bmatrix}\begin{bmatrix}\tilde{x}_1\\ \tilde{x}_2\end{bmatrix}+\begin{bmatrix}b_2\\ 0\end{bmatrix}u.$$

这里,$\tilde{x}_1=x_2$ 是可控分量,$\tilde{x}_2=x_1$ 是不可控分量. $\dot{\tilde{x}}_1=\lambda_2\tilde{x}_1+\tilde{x}_2+b_2u$ 是可控子系统,$\dot{\tilde{x}}_2=\lambda_1\tilde{x}_2$ 是不可控子系统.

例 9.3.2 的特例情况是$\lambda_1=\lambda_2=\lambda$,相同特征值具有两个若尔当块. $b_1\neq 0$ 时,取坐标变换 $\tilde{x}_1=x_1/b_1$,$\tilde{x}_2=-b_2x_1/b_1+x_2$,即变换矩阵及其逆矩阵分别是

$$\boldsymbol{T}=\begin{bmatrix}b_1 & 0\\ b_2 & 1\end{bmatrix},\quad \boldsymbol{T}^{-1}=\begin{bmatrix}1/b_1 & 0\\ -b_2/b_1 & 1\end{bmatrix}.$$

变换后就得到可控性分解的显式表达式

$$\begin{bmatrix}\dot{\tilde{x}}_1\\ \dot{\tilde{x}}_2\end{bmatrix}=\begin{bmatrix}\lambda & 0\\ 0 & \lambda\end{bmatrix}\begin{bmatrix}\tilde{x}_1\\ \tilde{x}_2\end{bmatrix}+\begin{bmatrix}1\\ 0\end{bmatrix}u.$$

这里,$\tilde{x}_1=x_1/b_1$ 是可控分量,$\tilde{x}_2=-b_2x_1/b_1+x_2$ 是不可控分量. $\dot{\tilde{x}}_1=\lambda\tilde{x}_1+u$ 是可控子系统,$\dot{\tilde{x}}_2=\lambda\tilde{x}_2$ 是不可控子系统.

例 9.3.4 设系统已经化为上若尔当规范型 $\widetilde{\Sigma}(\widetilde{\boldsymbol{A}},\widetilde{\boldsymbol{B}})$,其系数矩阵为

$$\widetilde{\boldsymbol{A}}=\left[\begin{array}{cc:cc}-4 & 1 & 0 & 0\\ 0 & -4 & 0 & 0\\ \hdashline 0 & 0 & -3 & 1\\ 0 & 0 & 0 & -3\end{array}\right],\quad \widetilde{\boldsymbol{B}}=\left[\begin{array}{cc}0 & 1\\ 2 & 0\\ \hdashline 0 & 0\\ 0 & 4\end{array}\right].$$

试分析系统的状态可控性.

解 两个相异特征值对应两个上若尔当块,矩阵$\widetilde{\boldsymbol{B}}$与各若尔当块末行对应的行都是非零行,根据前面判据三可知,系统状态完全可控. □

如果上例中的输入系数矩阵改为

$$\widetilde{\boldsymbol{B}}=\begin{bmatrix}0 & 0\\ 0 & 0\\ 0 & 4\\ 0 & 0\end{bmatrix},$$

那么,由于矩阵$\widetilde{\boldsymbol{B}}$与特征值$-4$ 的若尔当块对应的前两行都是全零行,所以 x_1,x_2 不可控;矩阵$\widetilde{\boldsymbol{B}}$与特征值$-3$ 的上若尔当块对应的末行是全零行,故 x_4 不可控,而第三行非零,故 x_3 可控. 重新排列状态,将可控分量 x_3 排在前面,不可控分量 x_1,x_2,x_4 排在后面,即对矩阵$\widetilde{\boldsymbol{A}}$做行变换和相应的列变换,对矩阵$\widetilde{\boldsymbol{B}}$只做同样的行变换,可以得到可控性分解的显式表达式

$$\begin{bmatrix}\dot{x}_3\\ \dot{x}_1\\ \dot{x}_2\\ \dot{x}_4\end{bmatrix}=\begin{bmatrix}-3 & 0 & 0 & 1\\ 0 & -4 & 1 & 0\\ 0 & 0 & -4 & 0\\ 0 & 0 & 0 & -3\end{bmatrix}\begin{bmatrix}x_3\\ x_1\\ x_2\\ x_4\end{bmatrix}+\begin{bmatrix}0 & 4\\ 0 & 0\\ 0 & 0\\ 0 & 0\end{bmatrix}\boldsymbol{u}.$$

比较上面的结果，可以总结出**系统可控性分解的一般显式表达式**（**上三角分块规范型**）

$$\left.\begin{aligned}\begin{bmatrix}\dot{\tilde{\boldsymbol{x}}}_1\\ \dot{\tilde{\boldsymbol{x}}}_2\end{bmatrix}&=\begin{bmatrix}\widetilde{\boldsymbol{A}}_{11} & \widetilde{\boldsymbol{A}}_{12}\\ 0 & \widetilde{\boldsymbol{A}}_{22}\end{bmatrix}\begin{bmatrix}\tilde{\boldsymbol{x}}_1\\ \tilde{\boldsymbol{x}}_2\end{bmatrix}+\begin{bmatrix}\widetilde{\boldsymbol{B}}_1\\ 0\end{bmatrix}\boldsymbol{u}\\ \boldsymbol{y}&=\begin{bmatrix}\widetilde{\boldsymbol{C}}_1 & \widetilde{\boldsymbol{C}}_2\end{bmatrix}\begin{bmatrix}\tilde{\boldsymbol{x}}_1\\ \tilde{\boldsymbol{x}}_2\end{bmatrix}\end{aligned}\right\}. \tag{9.3.15}$$

其中分状态 $\tilde{\boldsymbol{x}}_1$ 是可控的，其维数与可控子空间维数一致；分状态 $\tilde{\boldsymbol{x}}_2$ 是不可控的，其维数与可控子空间的正交补空间维数一致，子系统$(\widetilde{\boldsymbol{A}}_{11},\widetilde{\boldsymbol{B}}_1,\widetilde{\boldsymbol{C}}_1)$称为**可控子系统**；子系统$(\widetilde{\boldsymbol{A}}_{22},0,\widetilde{\boldsymbol{C}}_2)$称为**不可控子系统**.

系统按可控性分解的一般显式表达式（上三角分块规范型）的特点是两个分块$\widetilde{\boldsymbol{A}}_{21}=0$ 和$\widetilde{\boldsymbol{B}}_2=0$，其余分块一般不为零，也没有特殊形式. 分块$\widetilde{\boldsymbol{A}}_{12}$不为零，说明不可控子系统到可控子系统有信号传递；而$\widetilde{\boldsymbol{B}}_2=0$ 说明不可控分状态 $\tilde{\boldsymbol{x}}_2$ 和控制 $\boldsymbol{u}$ 没有直接联系；$\widetilde{\boldsymbol{A}}_{21}=0$ 说明可控分状态 $\tilde{\boldsymbol{x}}_1$ 到不可控分状态 $\tilde{\boldsymbol{x}}_2$ 没有信号传递，即不可控分状态 $\tilde{\boldsymbol{x}}_2$ 和控制 $\boldsymbol{u}$ 没有间接联系. 这样，不可控分状态 $\tilde{\boldsymbol{x}}_2$ 形成了与控制 $\boldsymbol{u}$ 毫无联系的孤立部分.

上三角形式的可控性分解系统的结构如图 9.3.4 所示. 可控子系统$(\widetilde{\boldsymbol{A}}_{11},\widetilde{\boldsymbol{B}}_1,\widetilde{\boldsymbol{C}}_1)$包含了系统全部的**可控模态**，分块矩阵$\widetilde{\boldsymbol{A}}_{11}$的特征值所对应的模态都是可控模态；不可控子系统$(\widetilde{\boldsymbol{A}}_{22},0,\widetilde{\boldsymbol{C}}_2)$包含了系统全部的**不可控模态**，分块矩阵$\widetilde{\boldsymbol{A}}_{22}$的特征值所对应的模态都是不可控模态.

系统按可控性分解的显式表达式还有一种下三角分块形式（**下三角分块规范型**）

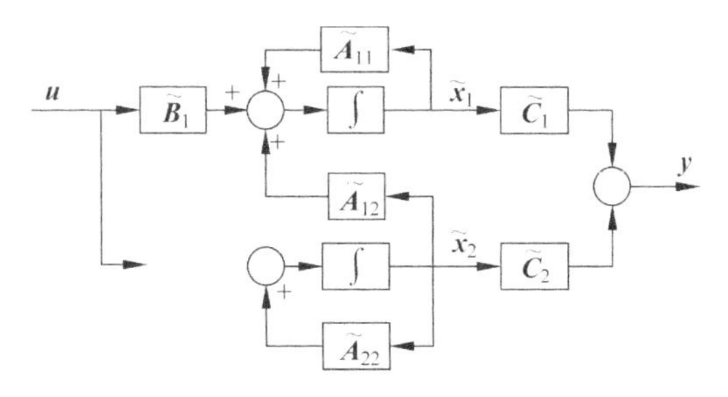

图 9.3.4　系统按可控性分解的上三角分块规范型

$$\left.\begin{aligned}\begin{bmatrix}\dot{\widetilde{\boldsymbol{x}}}_1\\ \dot{\widetilde{\boldsymbol{x}}}_2\end{bmatrix}&=\begin{bmatrix}\widetilde{\boldsymbol{A}}_{11} & 0\\ \widetilde{\boldsymbol{A}}_{21} & \widetilde{\boldsymbol{A}}_{22}\end{bmatrix}\begin{bmatrix}\widetilde{\boldsymbol{x}}_1\\ \widetilde{\boldsymbol{x}}_2\end{bmatrix}+\begin{bmatrix}0\\ \widetilde{\boldsymbol{B}}_2\end{bmatrix}\boldsymbol{u}\\ \boldsymbol{y}&=\begin{bmatrix}\widetilde{\boldsymbol{C}}_1 & \widetilde{\boldsymbol{C}}_2\end{bmatrix}\begin{bmatrix}\widetilde{\boldsymbol{x}}_1\\ \widetilde{\boldsymbol{x}}_2\end{bmatrix}\end{aligned}\right\}. \tag{9.3.16}$$

下三角分块规范型的特点是两个分块$\widetilde{\boldsymbol{A}}_{12}=0$和$\widetilde{\boldsymbol{B}}_1=0$,其余分块一般不为零,也没有特殊形式.请读者自行分析可控分状态和不可控分状态、可控子系统和不可控子系统以及系统信息传递方式.

最后,给出线性定常系统状态可控性的模态判据.

状态可控性判据六(模态判据)　线性定常系统$\Sigma(\boldsymbol{A},\boldsymbol{B})$状态完全可控的充分必要条件是,状态系数矩阵$\boldsymbol{A}$的任意特征值$\lambda$都满足

$$\mathrm{rank}[\boldsymbol{A}-\lambda\boldsymbol{I}\quad \boldsymbol{B}]=n. \tag{9.3.17}$$

证明　先证明**充分性**.这一部分将证明由$\mathrm{rank}[\boldsymbol{A}-\lambda\boldsymbol{I}\quad \boldsymbol{B}]=n$可以导出状态完全可控.反设系统状态不完全可控,则系统按可控性分解后的矩阵对$(\widetilde{\boldsymbol{A}},\widetilde{\boldsymbol{B}})$为

$$\widetilde{\boldsymbol{A}}=\begin{bmatrix}\widetilde{\boldsymbol{A}}_{11} & \widetilde{\boldsymbol{A}}_{12}\\ 0 & \widetilde{\boldsymbol{A}}_{22}\end{bmatrix},\quad \widetilde{\boldsymbol{B}}=\begin{bmatrix}\widetilde{\boldsymbol{B}}_1\\ 0\end{bmatrix}. \tag{9.3.18}$$

对系统$\widetilde{\Sigma}(\widetilde{\boldsymbol{A}},\widetilde{\boldsymbol{B}})$采用模态判据,其判别矩阵为

$$[\widetilde{\boldsymbol{A}}-\lambda\boldsymbol{I}\quad \widetilde{\boldsymbol{B}}]=\begin{bmatrix}\widetilde{\boldsymbol{A}}_{11}-\lambda\boldsymbol{I} & -\widetilde{\boldsymbol{A}}_{12} & \widetilde{\boldsymbol{B}}_1\\ 0 & \widetilde{\boldsymbol{A}}_{22}-\lambda\boldsymbol{I} & 0\end{bmatrix}. \tag{9.3.19}$$

将不可控子系统$\widetilde{\boldsymbol{A}}_{22}$的特征值$\lambda$代入式(9.3.19)并求其秩,显然有$\mathrm{rank}[\widetilde{\boldsymbol{A}}-\lambda\boldsymbol{I}\quad \widetilde{\boldsymbol{B}}]<n$,从而有$\mathrm{rank}[\boldsymbol{A}-\lambda\boldsymbol{I}\quad \boldsymbol{B}]<n$,反设不成立,充分性得证.

再证明**必要性**.本部分要证明由状态完全可控条件可以导出$\mathrm{rank}[\boldsymbol{A}-\lambda\boldsymbol{I}\quad \boldsymbol{B}]=n$.反设矩阵$\boldsymbol{A}$的某个特征值$\lambda$满足$\mathrm{rank}[\widetilde{\boldsymbol{A}}-\lambda\boldsymbol{I}\quad \widetilde{\boldsymbol{B}}]<n$.这说明矩阵$[\boldsymbol{A}-\lambda\boldsymbol{I}\quad \boldsymbol{B}]$的$n$个行向量线性相关,所以存在$n$维非零向量$\boldsymbol{x}_{-}\neq 0$,使

$$\boldsymbol{x}_{-}^{\mathrm{T}}[\boldsymbol{A}-\lambda\boldsymbol{I}\quad \boldsymbol{B}]=0 \tag{9.3.20}$$

成立.由此得出

$$\boldsymbol{x}_{-}^{\mathrm{T}}\boldsymbol{B}=0, \tag{9.3.21}$$

$$\boldsymbol{x}_{-}^{\mathrm{T}}\boldsymbol{A}=\lambda\boldsymbol{x}_{-}^{\mathrm{T}}, \tag{9.3.22}$$

式(9.3.22)表明,向量$\boldsymbol{x}_{-}$是矩阵$\boldsymbol{A}$的属于特征值λ的**左特征向量**.进而可以推出$\boldsymbol{x}_{-}^{\mathrm{T}}\boldsymbol{AB}=\lambda\boldsymbol{x}_{-}^{\mathrm{T}}\boldsymbol{B}=0,\boldsymbol{x}_{-}^{\mathrm{T}}\boldsymbol{A}^2\boldsymbol{B}=\lambda\boldsymbol{x}_{-}^{\mathrm{T}}\boldsymbol{AB}=0,\cdots,\boldsymbol{x}_{-}^{\mathrm{T}}\boldsymbol{A}^{n-1}\boldsymbol{B}=0$.将这$n$个式子合写成矩阵形式

$$\boldsymbol{x}_{-}^{\mathrm{T}}[\boldsymbol{B}\quad \boldsymbol{AB}\quad \cdots\quad \boldsymbol{A}^{n-1}\boldsymbol{B}]=0. \tag{9.3.23}$$

由于它与

$$\boldsymbol{x}_{-}^{\mathrm{T}}\mathrm{e}^{\boldsymbol{A}t}\boldsymbol{B}=0 \tag{9.3.24}$$

等价(其等价性将在下一个小节中证明),所以由可控性基本判据可知系统状态不完全可控,反设不成立,必要性得证. □

满足条件式(9.3.17)的特征值λ如果是单根,则对应一个模态$e^{\lambda t}$;如果是重根,则对应多个模态$e^{\lambda t}, te^{\lambda t}, t^2e^{\lambda t}, \cdots$. 它们都是可控模态.

若不满足条件式(9.3.17)的特征值λ是单根,则$e^{\lambda t}$是不可控模态;但如果是重根,直接判断比较困难,最好先将系统化成若尔当规范型$\widetilde{\Sigma}(\widetilde{\boldsymbol{A}},\widetilde{\boldsymbol{B}})$,然后再确定可控模态和不可控模态.

从模态判据出发,读者可自行证明前述的关于特征值规范型可控性的两个判据.

可以认为,上述的关于特征值规范型的两个判据都是模态判据的具体应用. 模态判据还可以用于非特征值规范型的系统$\Sigma(\boldsymbol{A},\boldsymbol{B})$,从而省去化特征值规范型的步骤.

条件式(9.3.17)的特征值λ可以推广为任意复数,因为非特征值λ不满足特征方程,即$\det(\boldsymbol{A}-\lambda\boldsymbol{I})\neq 0$,所以总能满足条件式(9.3.17).

模态判据用于低阶系统时,计算量不大,但不适于高阶系统. 不过,模态判据的理论意义比较大.

有的文献将模态判据称为"**PBH秩判据**",它和下面提到的"**PBH特征向量判据**"合称"**PBH判据**". 该判据由波波夫(V. M. Popov)和别列维奇(V. Belevitch)提出,并由豪塔斯(M. L. J. Hautus)指出其广泛应用性,因此,以他们三人的姓氏首字母组合命名.

由必要性证明可以得出PBH特征向量判据.

状态可控性判据七(PBH特征向量判据) 系统$\Sigma(\boldsymbol{A},\boldsymbol{B})$状态完全可控的充分必要条件是,对状态系数矩阵$\boldsymbol{A}$不存在与输入系数矩阵$\boldsymbol{B}$的所有列正交的左特征向量$\boldsymbol{x}_-$. 即不存在同时满足式(9.3.21)和式(9.3.22)的非零向量$\boldsymbol{x}_-$. □

9.3.5 定常系统可控性的代数判据

在9.3.3小节曾给出可控性的基本判据. 将它应用于线性定常系统可以表述为:系统$\Sigma(\boldsymbol{A},\boldsymbol{B})$状态完全可控的充分必要条件是$n\times l$时间函数矩阵$e^{\boldsymbol{A}t}\boldsymbol{B}$的$n$个时间函数行向量线性无关,即对

$$\boldsymbol{x}_-^{\mathrm{T}} e^{\boldsymbol{A}t}\boldsymbol{B} = 0 \tag{9.3.25}$$

不存在n维非零向量解$\boldsymbol{x}_-\neq 0$. 由于判别时间函数向量的线性无关性很麻烦,这就限制了基本判据的应用. 本小节的目标是由基本判据出发,找到一个由系数矩阵对$(\boldsymbol{A},\boldsymbol{B})$直接判断状态可控性的方法.

矩阵指数$e^{\boldsymbol{A}t}$的有限项表达式为

$$e^{\boldsymbol{A}t} = a_0(t)\boldsymbol{I} + a_1(t)\boldsymbol{A} + a_2(t)\boldsymbol{A}^2 + \cdots + a_{n-1}(t)\boldsymbol{A}^{n-1}, \tag{9.3.26}$$

式中的标量函数 $a_i(t)$ 都是自变量 t 的多项式. 将上式代入式(9.3.25),可得

$$\boldsymbol{x}_-^{\mathrm{T}}[a_0(t)\boldsymbol{B}+a_1(t)\boldsymbol{AB}+a_2(t)\boldsymbol{A}^2\boldsymbol{B}+\cdots+a_{n-1}(t)\boldsymbol{A}^{n-1}\boldsymbol{B}]=0, \tag{9.3.27}$$

也就是

$$\boldsymbol{x}_-^{\mathrm{T}}[\boldsymbol{B}\quad \boldsymbol{AB}\quad \boldsymbol{A}^2\boldsymbol{B}\quad \cdots\quad \boldsymbol{A}^{n-1}\boldsymbol{B}]\begin{bmatrix} a_0(t)\\ a_1(t)\\ a_2(t)\\ \vdots\\ a_{n-1}(t)\end{bmatrix}=0. \tag{9.3.28}$$

由于矩阵指数 $\mathrm{e}^{\boldsymbol{A}t}$ 的随意性,所以多项式 $a_i(t)$ 具有随意性,故而式(9.3.28)等价于

$$\boldsymbol{x}_-^{\mathrm{T}}[\boldsymbol{B}\quad \boldsymbol{AB}\quad \boldsymbol{A}^2\boldsymbol{B}\quad \cdots\quad \boldsymbol{A}^{n-1}\boldsymbol{B}]=0. \tag{9.3.29}$$

由于不存在 n 维非零向量解 x_-,所以式(9.3.29)说明,$n\times(n\cdot l)$ 维**可控性矩阵**

$$\boldsymbol{Q}_{\mathrm{C}}=[\boldsymbol{B}\quad \boldsymbol{AB}\quad \boldsymbol{A}^2\boldsymbol{B}\quad \cdots\quad \boldsymbol{A}^{n-1}\boldsymbol{B}] \tag{9.3.30}$$

的秩为 n. 从而得出如下判据.

状态可控性判据八(代数判据) 线性定常系统 $\Sigma(\boldsymbol{A},\boldsymbol{B})$ 状态完全可控的充分必要条件是,系统的可控性矩阵 $\boldsymbol{Q}_{\mathrm{C}}$ 的秩为 n. □

代数判据也被称为**秩判据**. 采用计算机辅助计算时不便于进行判秩运算,但是 $\mathrm{rank}\boldsymbol{Q}_{\mathrm{C}}=\mathrm{rank}(\boldsymbol{Q}_{\mathrm{C}}\boldsymbol{Q}_{\mathrm{C}}^{\mathrm{T}})$,$\boldsymbol{Q}_{\mathrm{C}}\boldsymbol{Q}_{\mathrm{C}}^{\mathrm{T}}$ 是 n 阶方矩阵,计算它的行列式是很方便的.

从工程角度来看,系统不完全可控属于"奇异"情况. 在标称参数下的一个不完全可控系统,随着参数值的变化,哪怕是很小的变化,都有可能使系统变成完全可控. 这意味着,随机选取矩阵对 $(\boldsymbol{A},\boldsymbol{B})$ 的元素,则系统完全可控的概率几乎等于1.

例 9.3.5 系统的系数矩阵为

$$\boldsymbol{A}=\begin{bmatrix}-1 & -2 & -2\\ 0 & -1 & 1\\ 1 & 0 & -1\end{bmatrix},\quad \boldsymbol{b}=\begin{bmatrix}2\\0\\1\end{bmatrix},$$

考察系统状态可控性.

解 由系数矩阵可以计算出

$$\boldsymbol{Ab}=\begin{bmatrix}-4\\1\\1\end{bmatrix},\quad \boldsymbol{A}^2\boldsymbol{b}=\begin{bmatrix}0\\0\\-5\end{bmatrix}.$$

则可控性矩阵

$$\boldsymbol{Q}_{\mathrm{C}}=[\boldsymbol{b}\quad \boldsymbol{Ab}\quad \boldsymbol{A}^2\boldsymbol{b}]=\begin{bmatrix}2 & -4 & 0\\ 0 & 1 & 0\\ 1 & 1 & -5\end{bmatrix}$$

的行列式为 -10,即 $\mathrm{rank}\boldsymbol{Q}_{\mathrm{C}}=3=n$,所以系统状态完全可控. □

例 9.3.6 考察例 9.3.1 系统的状态可控性.

解 例 9.3.1 系统的系数矩阵为

$$\boldsymbol{A}=\begin{bmatrix}-2 & 1\\ 1 & -2\end{bmatrix},\quad \boldsymbol{b}=\begin{bmatrix}1\\ 1\end{bmatrix},$$

可控性矩阵

$$\boldsymbol{Q}_{\mathrm{C}}=[\boldsymbol{b}\quad \boldsymbol{A}\boldsymbol{b}]=\begin{bmatrix}1 & -1\\ 1 & -1\end{bmatrix}$$

的两列线性相关,即 $\mathrm{rank}\boldsymbol{Q}_{\mathrm{C}}=1<n$,所以系统状态不完全可控. 这点和例 9.3.1 的分析结果一致. 显然采用秩判据来判断状态可控性比较简便. □

例 9.3.7 系统的系数矩阵为

$$\boldsymbol{A}=\begin{bmatrix}1 & 2 & 3\\ 1 & 4 & 6\\ 2 & 1 & 7\end{bmatrix},\quad \boldsymbol{B}=\begin{bmatrix}1 & 9\\ 0 & 0\\ 2 & 0\end{bmatrix},$$

考察系统状态可控性.

解 系统的可控性矩阵

$$\boldsymbol{Q}_{\mathrm{C}}=[\boldsymbol{B}\quad \boldsymbol{A}\boldsymbol{B}\quad \boldsymbol{A}^2\boldsymbol{B}]=\begin{bmatrix}1 & 9 & 7 & & & \\ 0 & 0 & 13 & * & * & *\\ 2 & 0 & 16 & & & \end{bmatrix},$$

计算到第 3 列就可得出 $\mathrm{rank}\boldsymbol{Q}_{\mathrm{C}}=3=n$,表明系统状态完全可控. 后 3 列已经没有必要计算,所以用"$*$"号标记. 在下文的矩阵或向量中,也常用"$*$"来表示可能不为零的元素或向量. □

根据秩判据,可以得到如下 5 点推论.

推论 9.3.1 在坐标变换下,系统的状态可控性不变. □

系统 $\Sigma(\boldsymbol{A},\boldsymbol{B})$ 经坐标变换矩阵 $\boldsymbol{T}$ 化成 $\widetilde{\Sigma}(\widetilde{\boldsymbol{A}},\widetilde{\boldsymbol{B}})$ 后,可控性矩阵为

$$\begin{aligned}\widetilde{\boldsymbol{Q}}_{\mathrm{C}}&=[\widetilde{\boldsymbol{B}}\quad \widetilde{\boldsymbol{A}}\widetilde{\boldsymbol{B}}\quad \cdots\quad \widetilde{\boldsymbol{A}}^{n-1}\widetilde{\boldsymbol{B}}]\\ &=\boldsymbol{T}^{-1}[\boldsymbol{B}\quad \boldsymbol{A}\boldsymbol{B}\quad \cdots\quad \boldsymbol{A}^{n-1}\boldsymbol{B}]=\boldsymbol{T}^{-1}\boldsymbol{Q}_{\mathrm{C}}.\end{aligned}\tag{9.3.31}$$

由于坐标变换矩阵 $\boldsymbol{T}$ 为非奇异,故有 $\mathrm{rank}\,\widetilde{\boldsymbol{Q}}_{\mathrm{C}}\leqslant\mathrm{rank}\boldsymbol{Q}_{\mathrm{C}}$. 两个可控性矩阵的关系又可以表达为 $\boldsymbol{Q}_{\mathrm{C}}=\boldsymbol{T}\widetilde{\boldsymbol{Q}}_{\mathrm{C}}$,从而得到 $\mathrm{rank}\boldsymbol{Q}_{\mathrm{C}}\leqslant\mathrm{rank}\,\widetilde{\boldsymbol{Q}}_{\mathrm{C}}$. 所以,两个可控性矩阵的秩只能相等,即 $\mathrm{rank}\boldsymbol{Q}_{\mathrm{C}}=\mathrm{rank}\,\widetilde{\boldsymbol{Q}}_{\mathrm{C}}$.

推论 9.3.2 可控子空间 X_{C}^{+} 是以可控性矩阵 $\boldsymbol{Q}_{\mathrm{C}}$ 的列向量为基张成的空间. □

当系统不完全可控时,可控性矩阵 $\mathrm{rank}\boldsymbol{Q}_{\mathrm{C}}=r\leqslant n$,即存在 n 维非零向量 $\boldsymbol{x}_{-}$ 满足 $\boldsymbol{x}_{-}^{\mathrm{T}}\boldsymbol{Q}_{\mathrm{C}}=0$,并同时满足 $\boldsymbol{x}_{-}^{\mathrm{T}}\mathrm{e}^{\boldsymbol{A}t}\boldsymbol{B}=0$. 在 9.3.3 小节中曾指出,非零向量 $\boldsymbol{x}_{-}$ 是可控子空间 X_{C}^{+} 的正交补 X_{C}^{-} 中的点. 同时,正交补 X_{C}^{-} 的任意点 $\boldsymbol{x}_{-}$ 都满足 $\boldsymbol{x}_{-}^{\mathrm{T}}\boldsymbol{Q}_{\mathrm{C}}=0$,即 $\boldsymbol{x}_{-}$ 与可控性矩阵 $\boldsymbol{Q}_{\mathrm{C}}$ 的列向量都正交. 换句话说,可控性矩阵 $\boldsymbol{Q}_{\mathrm{C}}$ 的列向量与正

交补 X_C^- 正交. 这说明可控性矩阵 $\boldsymbol{Q}_C$ 的列向量都是可控子空间 X_C^+ 的点.

如果 $\text{rank}\boldsymbol{Q}_C=r\leqslant n$,则可以从可控性矩阵 $\boldsymbol{Q}_C$ 中找出 r 个线性无关列向量,用这组列向量作为基,可以张成可控子空间 X_C^+,记为

$$X_C^+ = \text{span}\boldsymbol{Q}_C. \tag{9.3.32}$$

这里 span 表示"张成". 显然,可控子空间 X_C^+ 为 r 维. 状态空间可以实现正交分解

$$X = X_C^+ \oplus X_C^-. \tag{9.3.33}$$

推论 9.3.3 可控子空间是零初态解可以达到的子空间. □

这个推论指明,对任意的控制作用 $\boldsymbol{u}(t)$,零初态解始终在可控子空间中运动. 利用矩阵指数 $e^{\boldsymbol{A}t}$ 的有限项表达式(9.3.26),可以将系统状态的零初态解表示为

$$\boldsymbol{x}_u(t) = \int_0^t e^{\boldsymbol{A}(t-\tau)}\boldsymbol{B}\boldsymbol{u}(\tau)d\tau = \int_0^t \left[\sum_{i=0}^{n-1} a_i(t-\tau)\boldsymbol{A}^i\boldsymbol{B}\boldsymbol{u}(\tau)\right]d\tau, \tag{9.3.34}$$

将求和运算与积分运算交换,则有

$$\boldsymbol{x}_u(t) = \sum_{i=0}^{n-1}\boldsymbol{A}^i\boldsymbol{B}\int_0^t a_i(t-\tau)\boldsymbol{u}(\tau)d\tau = \sum_{i=0}^{n-1}\boldsymbol{A}^i\boldsymbol{B}\,\bar{\boldsymbol{u}}_i(t), \tag{9.3.35}$$

其中,$\bar{\boldsymbol{u}}_i(t) = \int_0^t a_i(t-\tau)\boldsymbol{u}(\tau)d\tau$ 是 l 维向量. 当 t 固定时,$\bar{\boldsymbol{u}}_i(t)=\bar{\boldsymbol{u}}_i$ 是 l 维常数向量,将它的 l 个分量看作分块矩阵 $\boldsymbol{A}^i\boldsymbol{B}$ 的列向量组合 $\boldsymbol{A}^i\boldsymbol{B}\,\bar{\boldsymbol{u}}_i$ 的组合系数,则式(9.3.35)说明零初态解 $\boldsymbol{x}_u(t)$在每时每刻都是可控性矩阵 $\boldsymbol{Q}_C$ 的列向量的组合. 即不管取那种控制作用 $\boldsymbol{u}(t)$,状态运动始终在可控子空间 X_C^+ 中.

推论 9.3.4 可控子空间 X_C^+ 是 $\boldsymbol{A}$ 的不变子空间,正交补 X_C^- 是 $\boldsymbol{A}^T$ 的不变子空间. □

可控子空间 X_C^+ 是由可控性矩阵 $\boldsymbol{Q}_C$ 的列向量张成的空间,即 $X_C^+=\text{span}\boldsymbol{Q}_C$. 任意的可控状态 $\boldsymbol{x}_+\in X_C^+$ 都是矩阵 $\boldsymbol{Q}_C$ 的列向量的组合. 根据凯莱-哈密顿定理,$\boldsymbol{A}^n$ 可以由 $\boldsymbol{I},\boldsymbol{A},\boldsymbol{A}^2,\cdots,\boldsymbol{A}^{n-1}$的组合表示,则 $\boldsymbol{A}\boldsymbol{x}_+$必也是矩阵 $\boldsymbol{Q}_C$ 的列向量的组合,即 $\boldsymbol{A}\boldsymbol{x}_+\in X_C^+$. 所以,可控子空间 X_C^+ 是对 $\boldsymbol{A}$ 的**不变子空间**.

矩阵指数 $e^{\boldsymbol{A}t}$也可以由 $\boldsymbol{I},\boldsymbol{A},\boldsymbol{A}^2,\cdots,\boldsymbol{A}^{n-1}$表示,由可控子空间 X_C^+ 出发的零输入解 $e^{\boldsymbol{A}t}\boldsymbol{x}_+$必然始终都在可控子空间 X_C^+ 中. 由于可控子空间 X_C^+ 出发的零输入解和任意控制作用 $\boldsymbol{u}(t)$下的零初态解都在可控子空间 X_C^+ 中,所以可控状态$\boldsymbol{x}_+\in X_C^+$ 能够被引导到状态空间原点.

而正交补 X_C^- 的点 $\boldsymbol{x}_-\in X_C^-$ 与可控子空间 X_C^+ 正交,所以

$$(\boldsymbol{A}^T\boldsymbol{x}_-)^T\boldsymbol{Q}_C = \boldsymbol{x}_-^T\boldsymbol{A}\boldsymbol{Q}_C = 0. \tag{9.3.36}$$

即正交补 X_C^- 是 $\boldsymbol{A}^T$ 的不变子空间,$\boldsymbol{A}^T\boldsymbol{x}_-\in X_C^-$. 读者可以采用反证法自行证明,正交补 X_C^- 出发的零输入解分量 $e^{\boldsymbol{A}t}\boldsymbol{x}_-$永远不会进入可控子空间 X_C^+ 中. 一般情况下,正交补 X_C^- 出发的零输入解 $e^{\boldsymbol{A}t}\boldsymbol{x}_-$也不保证一定在 X_C^- 中. 在例 9.3.1 中,由于 $\boldsymbol{A}=\boldsymbol{A}^T$,才出现特殊效果.

推论 9.3.5(按可控性分解的非正交方法)　当 $\operatorname{rank}\boldsymbol{Q}_C=r\leqslant n$ 时,取坐标变换矩阵

$$\boldsymbol{T}=[\boldsymbol{T}_1\quad \boldsymbol{T}_2]=[\boldsymbol{t}_1\quad \cdots\quad \boldsymbol{t}_r\quad \boldsymbol{t}_{r+1}\quad \cdots\quad \boldsymbol{t}_n]. \tag{9.3.37}$$

其中 $\boldsymbol{T}_1$ 是从可控性矩阵 $\boldsymbol{Q}_C$ 中找出的 r 个线性无关列向量 $\boldsymbol{t}_1,\cdots,\boldsymbol{t}_r$,后一分块矩阵 $\boldsymbol{T}_2$ 是补齐的 $n-r$ 个线性无关向量 $\boldsymbol{t}_{r+1},\cdots,\boldsymbol{t}_n$. 实施坐标变换后,系统按可控性分解为上三角形式(9.3.15). □

从可控性矩阵 $\boldsymbol{Q}_C$ 中可以找出 r 个线性无关列向量 $\boldsymbol{t}_1,\cdots,\boldsymbol{t}_r$ 来作为可控子空间 X_C^+ 的基. 正交补 X_C^- 的基与它们应当正交,寻找一组与向量 $\boldsymbol{t}_1,\cdots,\boldsymbol{t}_r$ 正交的向量较为困难,但寻找一组与向量 $\boldsymbol{t}_1,\cdots,\boldsymbol{t}_r$ 线性无关的 $n-r$ 个向量 $\boldsymbol{t}_{r+1},\cdots,\boldsymbol{t}_n$ 较为容易,所以可以考虑对状态空间实现非正交分解

$$X=X_C^+\oplus S. \tag{9.3.38}$$

空间 S 只是可控子空间 X_C^+ 的补空间,二者不一定正交. 补空间就由后者张成,即 $S=\operatorname{span}(\boldsymbol{t}_{r+1},\cdots,\boldsymbol{t}_n)$.

非正交分解方法的证明: 在系统 $\Sigma(\boldsymbol{A},\boldsymbol{B})$ 的可控性分解的上三角分块形式(9.3.15)中,$\widetilde{\boldsymbol{A}}_{21}=0$ 和 $\widetilde{\boldsymbol{B}}_2=0$,其余块一般不为零,也没有特殊形式. 所以证明要点就是导出 $\widetilde{\boldsymbol{A}}_{21}=0$ 和 $\widetilde{\boldsymbol{B}}_2=0$. 设系统的可控性分解的坐标变换矩阵 $\boldsymbol{T}$ 如式(9.3.37)分块,其逆矩阵为

$$\boldsymbol{T}^{-1}=\begin{bmatrix}\boldsymbol{S}_1^{\mathrm T}\\ \boldsymbol{S}_2^{\mathrm T}\end{bmatrix}=\begin{bmatrix}\boldsymbol{s}_1^{\mathrm T}\\ \vdots\\ \boldsymbol{s}_r^{\mathrm T}\\ \boldsymbol{s}_{r+1}^{\mathrm T}\\ \vdots\\ \boldsymbol{s}_n^{\mathrm T}\end{bmatrix}. \tag{9.3.39}$$

由 $\boldsymbol{T}^{-1}\boldsymbol{T}=\boldsymbol{I}$ 可得 $\boldsymbol{S}_2^{\mathrm T}\boldsymbol{T}_1=0$. $\boldsymbol{T}_1=[\boldsymbol{t}_1\quad\cdots\quad\boldsymbol{t}_r]$ 的 r 个列向量是可控子空间 X_C^+ 的基,所以 $\boldsymbol{S}_2=[\boldsymbol{s}_{r+1}\quad\cdots\quad\boldsymbol{s}_n]$ 的 $n-r$ 个向量都与可控子空间正交,可以看成是正交补 X_C^- 的基. 在推论 9.3.4 中已经指明,可控子空间是 $\boldsymbol{A}$ 的不变子空间,即矩阵 $\boldsymbol{A}\boldsymbol{T}_1=[\boldsymbol{A}\boldsymbol{t}_1\quad\cdots\quad\boldsymbol{A}\boldsymbol{t}_r]$ 的 r 个列向量都是可控子空间的点,从而有

$$\boldsymbol{S}_2^{\mathrm T}\boldsymbol{A}\boldsymbol{T}_1=0. \tag{9.3.40}$$

系统 $\Sigma(\boldsymbol{A},\boldsymbol{B})$ 经坐标变换 $\boldsymbol{T}$ 后的系数矩阵为

$$\boldsymbol{T}^{-1}\boldsymbol{A}\boldsymbol{T}=\begin{bmatrix}\boldsymbol{S}_1^{\mathrm T}\boldsymbol{A}\boldsymbol{T}_1 & \boldsymbol{S}_1^{\mathrm T}\boldsymbol{A}\boldsymbol{T}_2\\ \boldsymbol{S}_2^{\mathrm T}\boldsymbol{A}\boldsymbol{T}_1 & \boldsymbol{S}_2^{\mathrm T}\boldsymbol{A}\boldsymbol{T}_2\end{bmatrix}=\begin{bmatrix}\widetilde{\boldsymbol{A}}_{11} & \widetilde{\boldsymbol{A}}_{12}\\ \widetilde{\boldsymbol{A}}_{21} & \widetilde{\boldsymbol{A}}_{22}\end{bmatrix},\quad \boldsymbol{T}^{-1}\boldsymbol{B}=\begin{bmatrix}\boldsymbol{S}_1^{\mathrm T}\boldsymbol{B}\\ \boldsymbol{S}_2^{\mathrm T}\boldsymbol{B}\end{bmatrix}=\begin{bmatrix}\widetilde{\boldsymbol{B}}_1\\ \widetilde{\boldsymbol{B}}_2\end{bmatrix}. \tag{9.3.41}$$

其中 $\widetilde{\boldsymbol{A}}_{21}=\boldsymbol{S}_2^{\mathrm T}\boldsymbol{A}\boldsymbol{T}_1=0$; 而矩阵 $\boldsymbol{B}$ 的列向量都是可控子空间的点,所以有 $\widetilde{\boldsymbol{B}}_2=\boldsymbol{S}_2^{\mathrm T}\boldsymbol{B}=0$.

□

与秩判据类似,可以给出线性时变系统的可控性判据.

状态可控性判据九(线性时变系统可控性判据) 线性时变系统 $\Sigma[\boldsymbol{A}(t),\boldsymbol{B}(t)]$在$[t_0,t_1]$上状态完全可控的充分必要条件是,对初始时刻 t_0,可以找到末时刻 $t_1\geqslant t_0$,并使

$$\operatorname{rank}[\boldsymbol{M}_0(t_1)\quad \boldsymbol{M}_1(t_1)\quad \cdots\quad \boldsymbol{M}_{n-1}(t_1)]=n, \tag{9.3.42}$$

其中

$$\left.\begin{aligned}
\boldsymbol{M}_0(t)&=\boldsymbol{B}(t)\\
\boldsymbol{M}_1(t)&=-\boldsymbol{A}(t)\boldsymbol{M}_0(t)+\frac{\mathrm{d}}{\mathrm{d}t}\boldsymbol{M}_0(t)\\
\boldsymbol{M}_2(t)&=-\boldsymbol{A}(t)\boldsymbol{M}_1(t)+\frac{\mathrm{d}}{\mathrm{d}t}\boldsymbol{M}_1(t)\\
&\vdots\\
\boldsymbol{M}_{n-1}(t)&=-\boldsymbol{A}(t)\boldsymbol{M}_{n-2}(t)+\frac{\mathrm{d}}{\mathrm{d}t}\boldsymbol{M}_{n-2}(t)
\end{aligned}\right\}. \tag{9.3.43}$$

□

这里要求系数矩阵 $\boldsymbol{A}(t)$和 $\boldsymbol{B}(t)$都对时间 $n-1$ 阶连续可微. 该判据的证明参见郑大钟著《线性系统理论》(第二版),清华大学出版社,2002.10,第 161~162 页.

例 9.3.8 给定线性时变系统系数矩阵如下:

$$\boldsymbol{A}(t)=\begin{bmatrix}t&1&0\\0&2t&0\\0&0&t^2+t\end{bmatrix},\quad \boldsymbol{B}(t)=\begin{bmatrix}1\\1\\1\end{bmatrix},$$

试判断其状态可控性.

解 通过计算可得

$$\boldsymbol{M}_0(t)=\boldsymbol{b}(t)=\begin{bmatrix}1\\1\\1\end{bmatrix},\quad \boldsymbol{M}_1(t)=-\boldsymbol{A}(t)\boldsymbol{M}_0(t)+\frac{\mathrm{d}}{\mathrm{d}t}\boldsymbol{M}_0(t)=-\begin{bmatrix}t+1\\2t\\t^2+t\end{bmatrix},$$

$$\boldsymbol{M}_2(t)=-\boldsymbol{A}(t)\boldsymbol{M}_1(t)+\frac{\mathrm{d}}{\mathrm{d}t}\boldsymbol{M}_1(t)=-\begin{bmatrix}t^2+3t-1\\4t^2-2\\(t^2+t)^2+(2t+1)\end{bmatrix}.$$

若取 $t_1=2$,则有

$$\operatorname{rank}[\boldsymbol{M}_0(t_1)\quad \boldsymbol{M}_1(t_1)\quad \boldsymbol{M}_2(t_1)]=\operatorname{rank}\begin{bmatrix}1&-3&9\\1&-4&14\\1&-6&31\end{bmatrix}=3.$$

所以该系统在$[t_0,t_1]=[0,2]$上状态完全可控. □

9.3.6 定常系统的可控性指数

可控性矩阵 $Q_C=[\boldsymbol{B}\quad \boldsymbol{AB}\quad \cdots\quad \boldsymbol{A}^{n-1}\boldsymbol{B}]$中共有 n 个子块矩阵，在对矩阵 Q_C 判秩时，可以从左至右每增写一个子块就判断一次矩阵 Q_C 的秩. 如果写到第 k 个子块时，矩阵 Q_C 的秩为 p，而且增写下一个子块时，矩阵 Q_C 的秩不再增加，则将序号数 k 记为 $\mu(p)$. 可以证明，若继续增写右方的其余子块，矩阵 Q_C 的秩也不会再增加. $\mu(p)$被称为系统的**可控性指数**，它的定义式为

$$\begin{aligned}\mu(p) &= \min\{k \mid \operatorname{rank}[\boldsymbol{B}\quad \boldsymbol{AB}\quad \cdots\quad \boldsymbol{A}^{k-1}\boldsymbol{B}] \\ &= \operatorname{rank}[\boldsymbol{B}\quad \boldsymbol{AB}\quad \cdots\quad \boldsymbol{A}^{k-1}\boldsymbol{B}\quad \boldsymbol{A}^{k}\boldsymbol{B}] = p\}.\end{aligned} \tag{9.3.44}$$

系统状态完全可控时，可控性指数 $\mu(n)$被简记为 μ. 这一现象说明可控性矩阵 Q_C 中，$\boldsymbol{A}^{\mu}\boldsymbol{B}$ 及其以右的共 $n-\mu$ 个子块对矩阵 Q_C 的秩都没有新的贡献，而且，它们都可以由前 μ 个子块 $\boldsymbol{B},\boldsymbol{AB},\cdots,\boldsymbol{A}^{\mu-1}\boldsymbol{B}$ 组合而成.

定理 9.3.1　系统状态完全可控时，可控性指数 μ 满足不等式

$$\frac{n}{l}\leqslant\mu\leqslant n-\operatorname{rank}\boldsymbol{B}+1, \tag{9.3.45}$$

其中 l 代表输入的维数.

证明　根据可控性指数 μ 的定义，矩阵$[\boldsymbol{B}\quad \boldsymbol{AB}\quad \cdots\quad \boldsymbol{A}^{\mu-1}\boldsymbol{B}]$的列数应大于系统维数，即 $\mu\cdot l>n$，所以不等式(9.3.45)的左边不等号成立.

该矩阵第一子块 $\boldsymbol{B}$ 的线性无关列数为 $\operatorname{rank}\boldsymbol{B}$，其余 $\mu-1$ 个子块中，每个子块内至少有一列与前面的列线性无关，即 $\operatorname{rank}\boldsymbol{B}+\mu-1\leqslant n$，所以等式(9.3.45)的右边不等号成立. □

若矩阵 $\boldsymbol{A}$ 的最小多项式 $\varphi(s)$的次数为 r，则由最小多项式定义 $\varphi(\boldsymbol{A})=0$ 可知，$\boldsymbol{A}^{r}$ 能够由 $\boldsymbol{I},\boldsymbol{A},\cdots,\boldsymbol{A}^{r-1}$组合而成，所以有 $\mu\leqslant r$. 于是，不等式(9.3.45)可以改写为

$$\frac{n}{l}\leqslant\mu\leqslant\min(r,n-\operatorname{rank}\boldsymbol{B}+1). \tag{9.3.46}$$

可控性指数 μ 及 $\mu(p)$也是坐标变换下的不变量. 可控性指数是一个表示系统可控性程度的量，可控性指数越小的系统越便于控制. 关于这一点，可参见 9.5.2 小节离散时间系统可达性指数的讨论.

设完全可控的多输入系统的状态维数为 n，输入维数为 l，而且输入系数矩阵满秩，即 $\operatorname{rank}\boldsymbol{B}=l$. 那么可以将可控性矩阵中的一部分写为

$$\begin{aligned}[\boldsymbol{B}\quad \boldsymbol{AB}\quad \cdots\quad \boldsymbol{A}^{\mu-1}\boldsymbol{B}] = [&\boldsymbol{b}_1,\boldsymbol{b}_2,\cdots,\boldsymbol{b}_l,\boldsymbol{Ab}_1,\boldsymbol{Ab}_2,\cdots,\boldsymbol{Ab}_l,\boldsymbol{A}^2\boldsymbol{b}_1,\boldsymbol{A}^2\boldsymbol{b}_2,\cdots,\boldsymbol{A}^2\boldsymbol{b}_l,\cdots,\\ &\boldsymbol{A}^{\mu-1}\boldsymbol{b}_1,\boldsymbol{A}^{\mu-1}\boldsymbol{b}_2,\cdots,\boldsymbol{A}^{\mu-1}\boldsymbol{b}_l]\end{aligned} \tag{9.3.47}$$

并在上式中找出 n 个线性无关列向量，并排列成

$$[\boldsymbol{b}_1,\boldsymbol{Ab}_1,\boldsymbol{A}^2\boldsymbol{b}_1,\cdots,\boldsymbol{A}^{\mu_1-1}\boldsymbol{b}_1,\boldsymbol{b}_2,\boldsymbol{Ab}_2,\boldsymbol{A}^2\boldsymbol{b}_2,\cdots,\boldsymbol{A}^{\mu_2-1}\boldsymbol{b}_2,\cdots,\boldsymbol{b}_l,\boldsymbol{Ab}_l,\boldsymbol{A}^2\boldsymbol{b}_l,\cdots,\boldsymbol{A}^{\mu_l-1}\boldsymbol{b}_l]$$

的形式，其中 $\mu_1+\mu_2+\cdots+\mu_l=n$，$\{\mu_1,\mu_2,\cdots,\mu_l\}$被称为系统的**可控性指数集**. 于

是,可控性指数 μ 满足关系式

$$\mu=\max\{\mu_1,\mu_2,\cdots,\mu_l\}. \tag{9.3.48}$$

例 9.3.9 试计算下述系统的可控性指数:

$$\boldsymbol{A}=\begin{bmatrix}1&2&3\\1&4&6\\2&1&7\end{bmatrix},\quad \boldsymbol{B}=\begin{bmatrix}1&9\\0&0\\2&0\end{bmatrix}.$$

解 计算可控性矩阵并判秩,可得

$$\boldsymbol{Q}_{\mathrm{C}}=[\boldsymbol{B}\quad \boldsymbol{AB}\quad \boldsymbol{A}^2\boldsymbol{B}]=\begin{bmatrix}1&9&7&&&\\0&0&13&*&*&*\\2&0&16&&&\end{bmatrix}.$$

这表明系统状态完全可控,可控性指数集为 $\{\mu_1=2,\mu_2=1\}$,可控性指数为 $\mu=\max\{\mu_1=2,\mu_2=1\}=2$. □

9.4 状态可观性

状态可观性亦称状态可观测性,它表示输出量 $\boldsymbol{y}(t)$ 反映状态向量 $\boldsymbol{x}(t)$ 的能力,回答能否通过输出量的量测值来确定状态向量的问题.

通常,系统的输出量 $\boldsymbol{y}(t)$ 和控制量 $\boldsymbol{u}(t)$ 都可以直接加以量测,而在反映系统运动的状态向量 $\boldsymbol{x}(t)$ 的各个分量中,除了那些直接作为输出的以外,往往是不能直接量测的. 为了更好地了解系统运动过程以及达到更好的控制效果,常常需要这些状态变量的信息. 通过状态可观性分析就可以判定能否通过间接测量手段获知状态变量. 如果系统是可观的,那么就能够通过一段有限时间间隔内 $\boldsymbol{y}(t)$ 和 $\boldsymbol{u}(t)$ 的量测值来确定各状态变量在这段时间的初值或终值,进而计算各状态变量随时间变化的规律.

本节先从具体示例入手,直观了解实际存在的状态可观性问题,给出状态可观性定义并进行讨论,得到一些基本概念;进而分析不可观状态在状态空间的分布,建立不可观子空间及其正交补空间的概念;再通过特征值规范型的可观性分析导出状态可观性的模态判据;最后给出判断可观性的代数判据及可观性指数的概念.

9.4.1 状态可观性的示例

既然状态可观性是输出量反映状态向量的能力,那么一个状态变量 x_i 由输出量可以观测的必要条件就是 x_i 与输出量 $\boldsymbol{y}(t)$ 要有联系. 比如在对角线规范型系统 $\dot{x}_1=-3x_1,\dot{x}_2=-5x_2,y=x_1$ 中,两个状态变量之间不存在耦合,输出量 y 就是第一个状态变量 x_1,所以能够通过输出量 y 观测状态变量 x_1;而另一个状态变量

x_2 和输出量 y 既没有直接联系，也没有通过可观状态变量 x_1 的间接联系，显然不能通过输出量 y 来观测状态变量 x_2.

又如系统 $\dot{x}_1=-3x_1+x_2$，$\dot{x}_2=-5x_2$，$y=x_1$，其中输出量 y 就是状态变量 x_1，所以能够通过输出量 y 观测状态变量 x_1；状态变量 x_2 和输出量 y 没有直接联系，但通过可观状态变量 x_1 和输出量 y 有间接联系. 可以猜想，也许能够由输出量 y 观测状态变量 x_2.

需要讨论的问题是，状态变量 x_i 和输出量 $\boldsymbol{y}$ 有联系是否就一定可以被观测？直观地设想一下：当联系通道有两条以上时，各通道的传递作用很可能相互抵消，这样就可能使状态变量 x_i 无法由输出量 $\boldsymbol{y}$ 加以观测. 下面先看一个具体示例.

例 9.4.1　在图 9.4.1(a)所示电路中，状态变量 x_1 和 x_2 分别是流过两个电感的电流，输出量 y 是 1Ω 电阻上的电压，试分析其状态可观性.

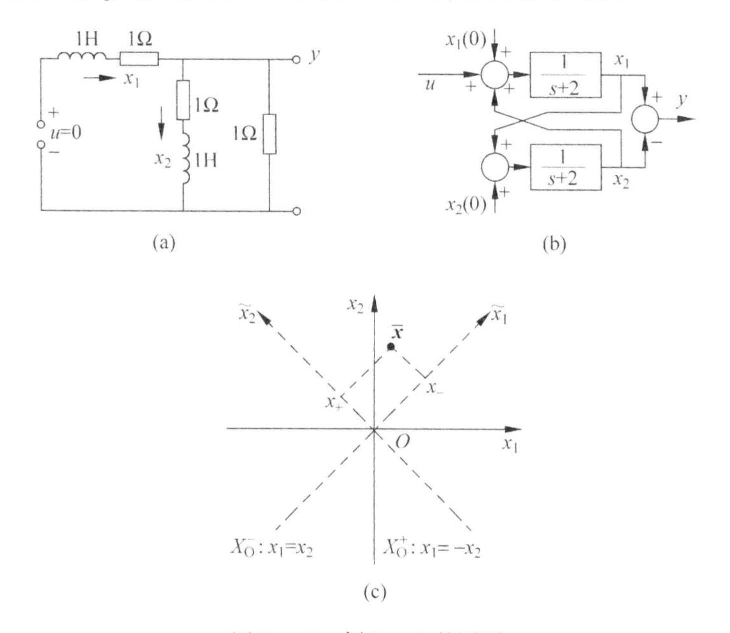

图 9.4.1　例 9.4.1 的图形

解　由图 9.4.1(a)的电路可以写出状态方程和输出方程

$$\begin{cases}\dot{\boldsymbol{x}}=\begin{bmatrix}-2 & 1\\ 1 & -2\end{bmatrix}\boldsymbol{x}+\begin{bmatrix}1\\0\end{bmatrix}u,\\ y=\begin{bmatrix}1 & -1\end{bmatrix}\boldsymbol{x}\end{cases}$$

其状态转移矩阵是

$$\mathrm{e}^{\boldsymbol{A}t}=\frac{1}{2}\times\begin{bmatrix}\mathrm{e}^{-t}+\mathrm{e}^{-3t} & \mathrm{e}^{-t}-\mathrm{e}^{-3t}\\ \mathrm{e}^{-t}-\mathrm{e}^{-3t} & \mathrm{e}^{-t}+\mathrm{e}^{-3t}\end{bmatrix}.$$

系统的框图如图 9.4.1(b)所示，状态运动的零输入响应应为 $\boldsymbol{x}(t)=\mathrm{e}^{\boldsymbol{A}t}\boldsymbol{x}_0$，相应的输出是

$$y(t)=\boldsymbol{C}\mathrm{e}^{\boldsymbol{A}t}\boldsymbol{x}_0=\begin{bmatrix}\mathrm{e}^{-3t} & -\mathrm{e}^{-3t}\end{bmatrix}\begin{bmatrix}x_1(0)\\x_2(0)\end{bmatrix}=[x_1(0)-x_2(0)]\cdot\mathrm{e}^{-3t}.$$

显然,两个状态变量 x_1、x_2 和输出量 y 都有联系. 由图 9.4.1(b)可以看出,两个状态变量初值 $x_1(0)$、$x_2(0)$和输出量 y 的联系通道各有两条. 为研究两条通道的作用是否彼此抵消,需要详细讨论输出量反映两个状态变量的能力.

(i) 输出量 $y(t)$反映的只是两个状态变量初值之差.

从输出量表达式可以看出,输出量只包含两个状态变量初值之差 $x_1(0)-x_2(0)$ 的信息,而不是两个状态各自的信息. 注意,这个结论不是简单地由 $y=x_1-x_2$ 得出的. 当两个状态变量初值相等时,输出量恒为零,这时由输出只知道两个状态变量初值相等,而无法分辨出两个状态变量的具体初值. 就是说,由输出量恒为零的条件只能确定状态向量初值位于状态空间的一条直线 $x_1=x_2$ 上,如图 9.4.1(c)所示.

当两个状态变量初值大小相等、方向相反时,譬如 $\boldsymbol{x}(0)=a[1\quad -1]^{\mathrm{T}}$,则输出 $y(t)=2ax_1(0)\mathrm{e}^{-3t}$. 这时由输出可以确定两个状态变量初值. 但是,这种确定是有条件的,即状态变量初值必须满足 $x_1(0)=-x_2(0)$. 或者说,状态变量初值在图 9.4.1(c)的直线 $x_1=-x_2$ 上时才能够由输出确定初值.

(ii) 以状态空间内任意一点作为状态变量初值时,由输出不能确定该初值.

在图 9.4.1(c)中,状态空间内任意一点 $\bar{\boldsymbol{x}}$ 都可以分解为在互相正交的两条直线 $x_1=x_2$ 与 $x_1=-x_2$ 上的投影之和,即 $\bar{\boldsymbol{x}}=\boldsymbol{x}_++\boldsymbol{x}_-$,其中 $\boldsymbol{x}_+$ 是点 $\bar{\boldsymbol{x}}$ 在直线$x_1=-x_2$ 上的投影; $\boldsymbol{x}_-$ 是点 $\bar{\boldsymbol{x}}$ 在直线 $x_1=x_2$ 上的投影. 令初值 $\boldsymbol{x}(0)=\bar{\boldsymbol{x}}$,则它的输出响应也由两部分组成,即 $y(t)=y_++y_-$,其中 $y_+=\boldsymbol{C}\mathrm{e}^{\boldsymbol{A}t}\boldsymbol{x}_+\equiv y(t)$,$y_-=\boldsymbol{C}\mathrm{e}^{\boldsymbol{A}t}\boldsymbol{x}_-\equiv 0$. 于是,如果要由输出 $y(t)$确定状态初值 $\boldsymbol{x}(0)=\bar{\boldsymbol{x}}$,那么所得结果是一条直线,即图 9.4.1(c)中通过点 $\bar{\boldsymbol{x}}$ 和点 $\boldsymbol{x}_+$ 的直线.

(iii) 关于最小范数解.

图 9.4.1(c)中通过点 $\bar{\boldsymbol{x}}$ 和点 $\boldsymbol{x}_+$ 的直线上有一点距原点最近,就是点 $\boldsymbol{x}_+$. 这样,由输出量 $y(t)$确定状态初值 $\boldsymbol{x}(0)$的一组解中,可以惟一确定其**最小范数解** $\boldsymbol{x}_+$. 并且这一组解可以由最小范数解 $\boldsymbol{x}_+$ 和使 $y(t)\equiv 0$ 的任何一个解 $\boldsymbol{x}_-$ 做向量叠加而得.

(iv) 对系统做坐标变换可以突出状态可观性.

以图 9.4.1(c)中的直线 $x_1=x_2$ 与 $x_1=-x_2$ 作为新坐标 $\tilde{x}_1$ 和 $\tilde{x}_2$,它们与原坐标 x_1 和 x_2 的关系是逆时针转过 45°,坐标变换的关系为

$$\begin{bmatrix}x_1\\x_2\end{bmatrix}=\begin{bmatrix}\cos45^\circ & -\sin45^\circ\\ \sin45^\circ & \cos45^\circ\end{bmatrix}\begin{bmatrix}\tilde{x}_1\\ \tilde{x}_2\end{bmatrix}=\frac{\sqrt{2}}{2}\begin{bmatrix}1 & -1\\1 & 1\end{bmatrix}\begin{bmatrix}\tilde{x}_1\\ \tilde{x}_2\end{bmatrix}.$$

即 $\boldsymbol{x}=\boldsymbol{T}\tilde{\boldsymbol{x}}$ 中的坐标变换矩阵及其逆矩阵分别为

$$\boldsymbol{T}=\frac{\sqrt{2}}{2}\times\begin{bmatrix}1 & -1\\1 & 1\end{bmatrix},\quad \boldsymbol{T}^{-1}=\frac{\sqrt{2}}{2}\times\begin{bmatrix}1 & 1\\-1 & 1\end{bmatrix}.$$

坐标变换后的系数矩阵为

$$\widetilde{A} = T^{-1}AT = \begin{bmatrix} -1 & 0 \\ 0 & -3 \end{bmatrix}, \quad \tilde{c}^{\mathrm{T}} = c^{\mathrm{T}}T = \begin{bmatrix} 0 & -\sqrt{2} \end{bmatrix}.$$

即新坐标下的状态方程和输出方程为

$$\dot{\tilde{x}} = \begin{bmatrix} -1 & 0 \\ 0 & -3 \end{bmatrix} \tilde{x}, \quad y = \begin{bmatrix} 0 & -\sqrt{2} \end{bmatrix} \tilde{x}.$$

显然,新状态变量 $\tilde{x}_1$ 和输出量 $y(t)$既没有直接联系,也没有通过状态变量 $\tilde{x}_2$ 的间接联系,所以不能被观测;而新状态变量 $\tilde{x}_2$ 和输出量 $y(t)$有直接联系,可以被观测.换一种说法是,模态 e^{-3t}可以由输出量 $y(t)$观测;模态 e^{-t}不可以由输出量$y(t)$观测.这点与前述(i)中对输出量的求解分析是一致的. □

9.4.2 状态可观性的定义

研究状态可观性问题时,只考察输出量 $\boldsymbol{y}(t)$反映状态向量 $\boldsymbol{x}(t)$的能力,而与系统的外加输入 $\boldsymbol{u}(t)$无关.

定义 9.4.1 设线性连续时间系统的状态方程和输出方程为

$$\left.\begin{aligned} \dot{\boldsymbol{x}} &= \boldsymbol{A}(t)\boldsymbol{x} \\ \boldsymbol{y} &= \boldsymbol{C}(t)\boldsymbol{x} \end{aligned}\right\}. \tag{9.4.1}$$

$\bar{\boldsymbol{x}}$是 n 维状态空间的非零有限点,$[t_0,t_1]$为有限时间区间.

(1) 设系统(9.4.1)的初态为 $\boldsymbol{x}(t_0)=\bar{\boldsymbol{x}}$,系统的输出响应在$[t_0,t_1]$内始终有 $\boldsymbol{y}(t)\equiv 0$,则称 $\bar{\boldsymbol{x}}$是系统(9.4.1)在$[t_0,t_1]$上的**不可观状态**,并记为 $\boldsymbol{x}_-$.进一步讲,若状态空间不存在不可观状态,则称系统(9.4.1)在$[t_0,t_1]$上**状态完全可观**,简称系统**完全可观**.

(2) 设系统(9.4.1)的末态为 $\boldsymbol{x}(t_1)=\bar{\boldsymbol{x}}$,系统的输出响应在$[t_0,t_1]$内始终有 $\boldsymbol{y}(t)\equiv 0$,则称 $\bar{\boldsymbol{x}}$是系统(9.4.1)在$[t_0,t_1]$上的**不可重构状态**.进一步讲,若状态空间不存在不可重构状态,则称系统(9.4.1)在$[t_0,t_1]$上**状态完全可重构**,简称系统**完全可重构**. □

对**状态可观性**和**可重构性**的上述定义有以下 8 点解释和讨论:

(1) 定义中的系统为线性连续时间系统,但可以推广到线性离散时间系统.如果要推广到非线性系统,则应当加以修正.为了更具有一般性,可观性定义采用线性时变系统,当然可以用于线性定常系统.

(2) 定义中的点 $\bar{\boldsymbol{x}}$是状态空间中的非零有限点.这里不讨论无穷远点,对原点则特殊对待.按照上述定义,原点是不可观状态;但在以后的讨论中也把它看作是可观状态.

(3) 定义中规定了不可观状态的条件是在$[t_0,t_1]$上有 $\boldsymbol{y}(t)\equiv 0$,即 $\boldsymbol{y}(t)$不反映

不可观状态的信息. 反之. 可观状态在 $\boldsymbol{y}(t)$ 中会有所反映，即在 $[t_0, t_1]$ 上输出不恒等于零. 但定义并没有说可以由输出 $\boldsymbol{y}(t)$ 惟一加以确定.

(4) 可观(或可重构)时间区间 $[t_0, t_1]$ 是由系统输出来确定初态(或末态)所需的时间间隔，是一个有限的时间区间. 对时变系统，可观性和初始时间 t_0 的选择及时间区间 $[t_0, t_1]$ 的大小都有关. 所以，在定义中强调“在 $[t_0, t_1]$ 上”. 若可观性和 t_0 无关，则称**状态一致可观**. 定常系统可观性与初始时间 t_0 及时间区间 $[t_0, t_1]$ 均无关. 定常系统若在某一个时间区间上完全可观，则在任何一个时间区间上都完全可观，所以不必强调“在 $[t_0, t_1]$ 上”. 可重构性的情况与此类同.

(5) 引入确定性外部输入不影响状态可观性.

设系统引入确定性外部输入 $\boldsymbol{w}(t)$，函数形式是已知的分段连续函数. 则状态方程变成

$$\dot{\boldsymbol{x}} = \boldsymbol{A}(t)\boldsymbol{x} + \boldsymbol{w}(t), \tag{9.4.2}$$

输出方程不变. 引入外部输入 $\boldsymbol{w}(t)$ 后的输出响应为

$$\boldsymbol{y}(t) = \boldsymbol{C}(t)\boldsymbol{\Phi}(t, t_0)\boldsymbol{x}(t_0) + \boldsymbol{C}(t)\int_{t_0}^{t}\boldsymbol{\Phi}(t, \tau)\boldsymbol{w}(\tau)\mathrm{d}\tau, \tag{9.4.3}$$

经移项后，可以化为

$$\boldsymbol{y}(t) - \boldsymbol{C}(t)\int_{t_0}^{t}\boldsymbol{\Phi}(t, \tau)\boldsymbol{w}(\tau)\mathrm{d}\tau = \boldsymbol{C}(t)\boldsymbol{\Phi}(t, t_0)\boldsymbol{x}(t_0). \tag{9.4.4}$$

上式等号左端的两项都是已知的，可以看成是等效输出 $\tilde{\boldsymbol{y}}(t)$，于是则有

$$\tilde{\boldsymbol{y}}(t) = \boldsymbol{C}(t)\boldsymbol{\Phi}(t, t_0)\boldsymbol{x}(t_0). \tag{9.4.5}$$

显然和未引入外部输入时的输出形式

$$\boldsymbol{y}(t) = \boldsymbol{C}(t)\boldsymbol{\Phi}(t, t_0)\boldsymbol{x}(t_0) \tag{9.4.6}$$

一样. 所以系统引入外部输入 $\boldsymbol{w}(t)$ 后，状态可观性不变.

(6) 可观性是描述输出反映状态初值的能力，可重构性是描述输出反映状态终值的能力. 状态初值和终值间满足 $\boldsymbol{x}(t_1) = \boldsymbol{\Phi}(t_1, t_0)\boldsymbol{x}(t_0)$，由于线性连续时间系统的状态转移矩阵 $\boldsymbol{\Phi}(t_1, t_0)$ 永远是非奇异的，所以对线性连续时间系统来说，可观性和可重构性等价. 但对线性离散时间系统来说，由于状态转移矩阵可能非奇异，所以它的可观性和可重构性并不等价(参见 9.6 节离散时间系统的讨论).

(7) 在状态可观性分析中，考察重点并不是如何根据输出确定状态初值，而是不可观测状态 $\boldsymbol{x}_{-}$ 在状态空间中如何分布.

状态完全可观的等价定义如下.

定义 9.4.2 如果根据系统(9.4.1)在 $[t_0, t_1]$ 上的输出 $\boldsymbol{y}(t)$ 可以惟一确定初态 $\boldsymbol{x}(t_0) = \bar{\boldsymbol{x}}$，则称系统(9.4.1)在 $[t_0, t_1]$ 上是状态完全可观的. □

(8) 假设对系统(9.4.1)做坐标变换，状态空间的原点不变，状态空间的某一点变换前后分别是 $\boldsymbol{x}$ 和 $\tilde{x}$. 那么，如果根据输出可以确定 $\boldsymbol{x}$，使用“同样的”的方法必可以确定 $\tilde{x}$. 所以，坐标变换不改变系统的可观性.

9.4.3 不可观子空间和可观性基本判据

在上一个小节中已经定义了不可观状态. 从而可以定义不可观子空间. 全体不可观状态的集合被称为**不可观子空间**,记为 $X_O^-[t_0,t_1]$,它是状态空间 X 的线性子空间. 另外还可以在状态空间 X 中找出 $X_O^-[t_0,t_1]$的**正交补空间**,简称为**正交补**,并记为 $X_O^+[t_0,t_1]$. 可以证明,它也是状态空间 X 的线性子空间. 所以状态空间 X 可以分解为两个**线性子空间的直和**,即

$$X = X_O^+[t_0,t_1] \oplus X_O^-[t_0,t_1]. \tag{9.4.7}$$

显然,不可观子空间的维数与其正交补空间的维数之和就是状态空间的维数. 以2维状态空间为例,如果坐标 x_1 构成不可观子空间 $X_O^-[t_0,t_1]$,则与其正交的坐标 x_2 就是正交补 $X_O^+[t_0,t_1]$; 以4维状态空间为例,如果坐标 x_1 与 x_2 形成的平面是不可观子空间 $X_O^-[t_0,t_1]$,则与该平面正交的、坐标 x_3 与 x_4 构成的平面就是正交补 $X_O^+[t_0,t_1]$. 式(9.4.7)所示的状态空间分解被称为**按可观性分解**.

状态空间任意一点 $\boldsymbol{x}$ 都可以分解成向上述两个子空间的投影向量之和

$$\boldsymbol{x} = \boldsymbol{x}_+ + \boldsymbol{x}_-, \tag{9.4.8}$$

其中,$\boldsymbol{x}_-$ 是状态 $\boldsymbol{x}$ 在不可观子空间 $X_O^-[t_0,t_1]$上的投影,称为状态 $\boldsymbol{x}$ 的**不可观分量**; $\boldsymbol{x}_+$ 是状态 $\boldsymbol{x}$ 在不可观子空间正交补 $X_O^+[t_0,t_1]$上的投影,称为状态 $\boldsymbol{x}$ 的**可观分量**,而且二者正交.

不可观子空间及其正交补只存在一个交点,就是状态空间原点. 原点兼有 $\boldsymbol{x}_+$ 和 $\boldsymbol{x}_-$ 的双重性质,既可观又不可观,这就是状态可观性定义中不包括原点的原因.

两维状态空间情况下的分解如图 9.4.2 所示. 纵轴是不可观子空间,纵轴的点都是不可观状态,它们的输出响应始终为零. 横轴是正交补 $X_O^+[t_0,t_1]$.

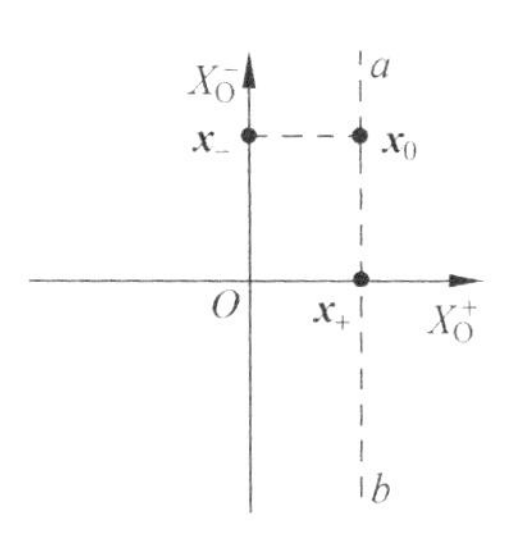

图 9.4.2 两维状态空间的分解

显然,以图 9.4.2 的纵虚线 ab 上的所有点作为系统初态所得到的输出响应 $y(t)$,都与以状态 $\boldsymbol{x}_+$ 为初态所得到的输出响应是一样的. 这样,由同一测量值 $y(t)$所能确定的初态有无穷多个,其中 $\boldsymbol{x}_+$ 具有范数最小的性质,也就是说,$\boldsymbol{x}_+$ 是这些初态解中距离状态空间原点最近的一个. 如果由测量值 $y(t)$确定具有范数最小性质的初态 $\boldsymbol{x}_+$,那么解是惟一的. 这样把子空间 $X_O^+[t_0,t_1]$叫做"可观"子空间也是合理的,于是 $\boldsymbol{x}_+$ 就是"可观"状态,这里的"可观"是建立在最小范数解的意义之上的.

下面讨论系统不可观状态的性质,从而得出状态可观性的基本判据. 系统(9.4.1)的输出响应是

$$\boldsymbol{y}(t)=\boldsymbol{C}(t)\boldsymbol{\Phi}(t,t_0)\boldsymbol{x}(t_0). \tag{9.4.9}$$

根据不可观状态 $\boldsymbol{x}_-$ 的定义,有

$$\boldsymbol{C}(\tau)\boldsymbol{\Phi}(\tau,t_0)\boldsymbol{x}_-\equiv 0,\quad (\tau\in[t_0,t_1]). \tag{9.4.10}$$

满足式(9.4.10)的非零 n 维向量 $\boldsymbol{x}_-$ 都是系统在$[t_0,t_1]$上的不可观状态. 如果 $n\times m$ 维时变函数矩阵 $\boldsymbol{C}(\tau)\boldsymbol{\Phi}(\tau,t_0)$ 的各列向量在$[t_0,t_1]$上彼此线性无关,式(9.4.10)的解就为 $\boldsymbol{x}_-=0$,即状态空间中不存在不可观状态. 于是得出如下判据.

状态可观性判据一(基本判据) 系统(9.4.1)在$[t_0,t_1]$上状态完全可观的充分必要条件是 $n\times m$ 维时变函数矩阵 $\boldsymbol{C}(\tau)\boldsymbol{\Phi}(\tau,t_0)$ 的各列向量在 $\tau\in[t_0,t_1]$上线性无关. □

由于直接判定时变函数矩阵 $\boldsymbol{C}(\tau)\boldsymbol{\Phi}(\tau,t_0)$ 的 n 个列向量在 $\tau\in[t_0,t_1]$上线性无关比较困难,所以很少采用基本判据来判断系统是否状态完全可观,但基本判据在理论推导中有重要的应用.

可以证明,$n\times m$ 维时变函数矩阵 $\boldsymbol{C}(\tau)\boldsymbol{\Phi}(\tau,t_0)$ 的 n 个列向量在 $\tau\in[t_0,t_1]$上线性无关等价于**可观性格拉姆矩阵**(Observability Gramming)$\boldsymbol{G}_{\mathrm{O}}(t_0,t_1)$非奇异. 可观性格拉姆矩阵的定义为

$$\boldsymbol{G}_{\mathrm{O}}(\tau,t_0)=\int_{t_0}^{t_1}\boldsymbol{\Phi}^{\mathrm{T}}(\tau,t_0)\boldsymbol{C}^{\mathrm{T}}(\tau)\boldsymbol{C}(\tau)\boldsymbol{\Phi}(\tau,t_0)\mathrm{d}\tau. \tag{9.4.11}$$

利用该矩阵可以得出基本判据的另外一种表达形式.

状态可观性判据二 系统在$[t_0,t_1]$上状态完全可观的充分必要条件是可观性格拉姆矩阵 $\boldsymbol{G}_{\mathrm{O}}(t_0,t_1)$非奇异. □

可观性格拉姆矩阵 $\boldsymbol{G}_{\mathrm{O}}(t_0,t_1)$不仅可以用于判断状态完全可观,还可以用于求解状态初值. 在状态完全可观的输出表达式(9.4.9)的等号两边都左乘$\boldsymbol{\Phi}^{\mathrm{T}}(\tau,t_0)\boldsymbol{C}^{\mathrm{T}}(\tau)$,并在时间区间$[t_0,t_1]$上积分,则有

$$\int_{t_0}^{t_1}\boldsymbol{\Phi}^{\mathrm{T}}(\tau,t_0)\boldsymbol{C}^{\mathrm{T}}(\tau)\boldsymbol{y}(\tau)\mathrm{d}\tau=\boldsymbol{G}_{\mathrm{O}}(\tau,t_0)\boldsymbol{x}(t_0). \tag{9.4.12}$$

从而得到**可观状态表达式**

$$\boldsymbol{x}(t_0)=\boldsymbol{G}_{\mathrm{O}}^{-1}(t_0,t_1)\int_{t_0}^{t_1}\boldsymbol{\Phi}^{\mathrm{T}}(\tau,t_0)\boldsymbol{C}^{\mathrm{T}}(\tau)\boldsymbol{y}(\tau)\mathrm{d}\tau. \tag{9.4.13}$$

这是系统的初态惟一解. 状态完全可观时,可以根据式(9.4.13)惟一确定初态. 这就很好地解释了 9.4.2 节第(6)点讨论中的状态完全可观的等价定义.

当系统状态不完全可观时,可观性格拉姆矩阵 $\boldsymbol{G}_{\mathrm{O}}(t_0,t_1)$奇异. 删去它的线性相关行,留下全部 r 个线性无关的 n 维行向量后可构成矩阵 $\boldsymbol{E}$. 同时在式(9.4.12)等号左端的 n 维向量删去相应的行,剩下的 r 维向量记做 $\boldsymbol{h}$,则式(9.4.12)被简化为 $\boldsymbol{E}\boldsymbol{x}(t_0)=\boldsymbol{h}$. 因为矩阵 $\boldsymbol{E}$ 是行满秩的,所以初态的最小范数解可以记为

$$\boldsymbol{x}_+=\boldsymbol{E}^{\mathrm{T}}(\boldsymbol{E}\boldsymbol{E}^{\mathrm{T}})^{-1}\boldsymbol{h}. \tag{9.4.14}$$

对于每个 $\boldsymbol{x}_+$,可以加上任意的不可观状态 $\boldsymbol{x}_-$ 组成不同的初态 $\boldsymbol{x}_0$,它们对应的输出都是 $\boldsymbol{y}(t)$. 所以,状态不完全可观时,由输出不能惟一确定初态 $\boldsymbol{x}_0$,只能在

最小范数意义下惟一确定 $\boldsymbol{x}_+$.

式(9.4.14)中的 $\boldsymbol{E}^{\mathrm{T}}(\boldsymbol{E}\boldsymbol{E}^{\mathrm{T}})^{-1}$ 是矩阵 $\boldsymbol{E}$ 的**伪逆**,通常记为 $\boldsymbol{E}^+=\boldsymbol{E}^{\mathrm{T}}(\boldsymbol{E}\boldsymbol{E}^{\mathrm{T}})^{-1}$.

9.4.4　定常系统可观性的特征值规范型判据和模态判据

本小节通过分析特征值规范型的状态与输出间的联系来获得可观性的特征值规范型判据,进而得到更一般的可观性模态判据,并加以证明.

图 9.4.3 的 3 阶特征值规范型系统的状态空间表达式如下:

$$\left.\begin{aligned}\dot{\boldsymbol{x}} &= \begin{bmatrix}\lambda_1 & 0 & 0\\ 0 & \lambda_2 & 0\\ 0 & 0 & \lambda_3\end{bmatrix}\boldsymbol{x}\\ \boldsymbol{y} &= \begin{bmatrix}c_{11} & c_{12} & c_{13}\\ c_{21} & c_{22} & c_{23}\end{bmatrix}\boldsymbol{x}\end{aligned}\right\}. \tag{9.4.15}$$

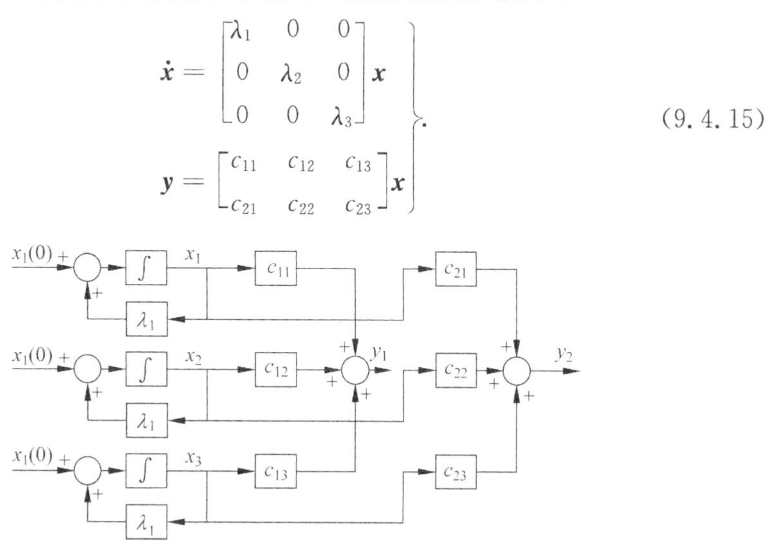

图 9.4.3　3 阶特征值规范型

设三个特征值互不相同. 因为状态系数矩阵为对角线规范型,所以三个状态变量间不存在耦合,每个状态变量 x_i 与两个输出变量 y_1、y_2 都有各自的直接联系通道 c_{1i} 与 c_{2i}.

如果输出系数矩阵的某列全为零,比如说,第一列的 $c_{11}=c_{21}=0$,则状态变量 x_1 与两个输出变量 y_1、y_2 的直接联系通道都被切断,从而形成与输出量没有联系的孤立部分,孤立部分的状态是 x_1,它就是系统的**不可观分量**,与之对应的模态 $\mathrm{e}^{\lambda_1 t}$ 在输出量中不会出现,称为**不可观模态**.

系统(9.4.15)的输出为

$$\boldsymbol{y}(t) = \begin{bmatrix}c_{11} & c_{12} & c_{13}\\ c_{21} & c_{22} & c_{23}\end{bmatrix}\begin{bmatrix}\mathrm{e}^{\lambda_1 t}x_1(0)\\ \mathrm{e}^{\lambda_2 t}x_2(0)\\ \mathrm{e}^{\lambda_3 t}x_3(0)\end{bmatrix}. \tag{9.4.16}$$

当 $c_{11}=c_{21}=0$ 时,输出量 y_1 和 y_2 都不包含 $\mathrm{e}^{\lambda_1 t}x_1(0)$ 项,模态 $\mathrm{e}^{\lambda_1 t}$ 和状态变量 x_1 的初值 $x_1(0)$ 都不可能由输出量加以观测. 综上所述,可以得到对角线规范型的可观

测性判据如下：

状态可观性判据三(对角线规范型可观性判据) 系统 $\Sigma(\boldsymbol{A},\boldsymbol{C})$的特征值两两相异时，可化为对角线规范型 $\widetilde{\Sigma}(\widetilde{\boldsymbol{A}},\widetilde{\boldsymbol{C}})$. 系统状态完全可观的充分必要条件是，对角线规范型输出系数矩阵$\widetilde{\boldsymbol{C}}$不存在全零列. 如果第 i 列是全零列，则状态变量 $\tilde{x}_i$ 不可观，特征值 λ_i 所对应的模态 $\mathrm{e}^{\lambda_i t}$是不可观模态. □

下面再考察另一种特征值规范型

$$\left.\begin{aligned}\dot{\boldsymbol{x}} &= \begin{bmatrix}\lambda & 1 & 0\\ 0 & \lambda & 1\\ 0 & 0 & \lambda\end{bmatrix}\boldsymbol{x}\\ \boldsymbol{y} &= \begin{bmatrix}c_{11} & c_{12} & c_{13}\\ c_{21} & c_{22} & c_{23}\end{bmatrix}\boldsymbol{x}\end{aligned}\right\}. \tag{9.4.17}$$

这里的状态系数矩阵 $\boldsymbol{A}$ 是循环矩阵，即等特征值 λ 只对应一个若尔当块. 式(9.4.17)的状态系数矩阵 $\boldsymbol{A}$ 是 3 阶上若尔当块，对角线上的元素是等特征值 λ. 对角线上斜线的两个"1"表明三个状态间有联系，而且信号由高序号状态变量向低序号状态变量传递，如果最低序号的 x_1 可观测，则三个状态变量都可观测. 最低序号 x_1 可观的条件是输出系数矩阵的第一列不为零.

该系统的输出为

$$\boldsymbol{y}(t) = \begin{bmatrix}c_{11} & c_{12} & c_{13}\\ c_{21} & c_{22} & c_{23}\end{bmatrix}\begin{bmatrix}\mathrm{e}^{\lambda t}x_1(0) + t\mathrm{e}^{\lambda t}x_2(0) + 0.5t^2\mathrm{e}^{\lambda t}x_3(0)\\ \mathrm{e}^{\lambda t}x_2(0) + t\mathrm{e}^{\lambda t}x_3(0)\\ \mathrm{e}^{\lambda t}x_3(0)\end{bmatrix}, \tag{9.4.18}$$

当输出系数矩阵的第一列为零但第二列不为零时，由式(9.4.18)可知，输出量 y_1 和 y_2 都不包含 $0.5t^2\mathrm{e}^{\lambda t}x_3(0)$项，模态 $0.5t^2\mathrm{e}^{\lambda t}$和状态变量初值$x_3(0)$不可能由输出量加以观测；当输出系数矩阵的第一列和第二列都为零但第三列不为零时，由式(9.4.18)可知，输出量 y_1 和 y_2 都不包含 $0.5t^2\mathrm{e}^{\lambda t}x_3(0)$和 $t\mathrm{e}^{\lambda t}x_2(0)$两项，两个模态 $0.5t^2\mathrm{e}^{\lambda t}$和$t\mathrm{e}^{\lambda t}$以及状态变量初值$x_3(0)$和 $x_2(0)$都不可能由输出量加以观测；显然，如果输出系数矩阵为全零，三个状态都不可观测，三个模态也都不可观测.

在下若尔当块中，对角线上的元素是相同的特征值 λ. 对角线下斜线的"1"表明诸状态间有联系，而且信号由低序号状态变量向高序号状态变量传递，如果最高序号的状态变量可观测，则其余状态变量都可观测. 最高序号状态变量可观的条件是输出系数矩阵中与下若尔当块最后一列对应的列不为零.

综上所述，可以得到如下的循环矩阵特征值规范型的可观性判据.

状态可观性判据四(循环矩阵特征值规范型的可观性判据) 系统 $\Sigma(\boldsymbol{A},\boldsymbol{C})$状态系数矩阵 $\boldsymbol{A}$ 为循环矩阵并化为特征值规范型$\widetilde{\Sigma}(\widetilde{\boldsymbol{A}},\widetilde{\boldsymbol{C}})$时，相同特征值仅有一个若尔当块. 系统 $\Sigma(\boldsymbol{A},\boldsymbol{C})$状态完全可观的充分必要条件是：规范型输出系数矩阵$\widetilde{\boldsymbol{C}}$中与每个上若尔当块首列对应的那些列不是全零列；或者规范型输出系数矩阵$\widetilde{\boldsymbol{C}}$

中与每个下若尔当块末列对应的那些列不是全零列. □

最后讨论状态系数矩阵 $\boldsymbol{A}$ 是非循环矩阵情况，即相同特征值 λ 可能对应多个若尔当块的情况. 以系统(9.4.15)为例，设前两个特征值相等 $\lambda_1=\lambda_2=\lambda$，它具有两个若尔当块，这时模态 $\mathrm{e}^{\lambda_1 t}=\mathrm{e}^{\lambda_2 t}=\mathrm{e}^{\lambda t}$ 是重模态，系统输出为

$$\boldsymbol{y}(t)=\begin{bmatrix}\mathrm{e}^{\lambda t}[c_{11}x_1(0)+c_{12}x_2(0)]+c_{13}\mathrm{e}^{\lambda_3 t}x_3(0)\\ \mathrm{e}^{\lambda t}[c_{21}x_1(0)+c_{22}x_2(0)]+c_{23}\mathrm{e}^{\lambda_3 t}x_3(0)\end{bmatrix}. \tag{9.4.19}$$

即使输出系数矩阵的前两列不全为零，系统也未必完全可观. 设输出系数矩阵的前两列线性相关，比如 $2c_{11}=c_{21}=2, 2c_{12}=c_{22}=4, c_{13}=c_{23}=1$，那么系统输出为

$$\boldsymbol{y}(t)=\begin{bmatrix}\mathrm{e}^{\lambda t}[x_1(0)+2x_2(0)]+\mathrm{e}^{\lambda_3 t}x_3(0)\\ \mathrm{e}^{\lambda t}[2x_1(0)+4x_2(0)]+\mathrm{e}^{\lambda_3 t}x_3(0)\end{bmatrix}. \tag{9.4.20}$$

显然，输出只包含 $x_1(0)+2x_2(0)$ 和 $x_3(0)$ 的信息，而没有与 $x_1(0)+2x_2(0)$ 正交的 $2x_1(0)-x_2(0)$ 的信息. 这就是说，$2x_1-x_2$ 是 1 维不可观子空间，系统只有 2 维状态可观测. 综上所述，可以得到如下非循环矩阵特征值规范型的可观性判据.

状态可观性判据五(非循环矩阵特征值规范型的可观性判据)　系统 $\Sigma(\boldsymbol{A},\boldsymbol{C})$ 状态系数矩阵 $\boldsymbol{A}$ 为非循环矩阵并化为特征值规范型 $\widetilde{\Sigma}(\widetilde{\boldsymbol{A}},\widetilde{\boldsymbol{C}})$ 时，在矩阵 $\widetilde{\boldsymbol{A}}$ 中，相同特征值可能有多个若尔当块. 系统 $\Sigma(\boldsymbol{A},\boldsymbol{C})$ 状态完全可观的充分必要条件是：规范型输出系数矩阵 $\widetilde{\boldsymbol{C}}$ 中与该相同特征值的所有上若尔当块首列对应的那些列彼此线性无关；或者规范型输出系数矩阵 $\widetilde{\boldsymbol{C}}$ 中与该相同特征值的所有下若尔当块末列对应的那些列彼此线性无关. □

因为单列的线性无关就是该列为非全零列，所以这个结论涵盖了前面的两个结论.

例 9.4.2　设两个系统已经化为下若尔当规范型 $\widetilde{\Sigma}(\widetilde{\boldsymbol{A}},\widetilde{\boldsymbol{C}})$，其状态系数矩阵为

$$\widetilde{\boldsymbol{A}}=\left[\begin{array}{cc:cc}-4&0&0&0\\1&-4&0&0\\ \hdashline 0&0&-3&0\\0&0&1&-3\end{array}\right],$$

输出系数矩阵分别为

$$\widetilde{\boldsymbol{C}}_1=\left[\begin{array}{cc:cc}0&-2&0&0\\-1&0&-1&-4\end{array}\right],\quad \widetilde{\boldsymbol{C}}_2=\left[\begin{array}{cc:cc}0&0&0&0\\0&0&4&0\end{array}\right].$$

试分析两个系统的可观性.

解　(i) 矩阵 $\widetilde{\boldsymbol{C}}_1$ 中与两个相异特征值的下若尔当块末列所对应的两个列都是非零列，所以系统状态完全可观.

(ii) 由于矩阵 $\widetilde{\boldsymbol{C}}_2$ 中与特征值 -4 的下若尔当块对应的两列都是全零列，所以 x_1 和 x_2 不可观，模态 e^{-4t} 和 $t\mathrm{e}^{-4t}$ 是不可观模态；而与特征值 -3 的下若尔当块对

应的末列是全零列,所以 x_4 不可观测,但第三列非零,所以 x_3 可观. 模态 e^{-3t} 是可观模态,$t\mathrm{e}^{-3t}$ 是不可观模态. 重新排列状态,将可观分量 x_3 排在前面,不可观分量 x_1,x_2,x_4 排在后面,对矩阵 $\widetilde{\boldsymbol{A}}$ 做行变换和相应的列变换,对矩阵 $\widetilde{\boldsymbol{C}}$ 只做同样的列变换,可得到**按可观性分解的显式表达式**

$$\begin{bmatrix}\dot{x}_3\\ \dot{x}_1\\ \dot{x}_2\\ \dot{x}_4\end{bmatrix}=\begin{bmatrix}-3 & 0 & 0 & 0\\ 0 & -4 & 0 & 0\\ 0 & 1 & -4 & 0\\ 1 & 0 & 0 & -3\end{bmatrix}\begin{bmatrix}x_3\\ x_1\\ x_2\\ x_4\end{bmatrix},\quad \begin{bmatrix}y_1\\ y_2\end{bmatrix}=\begin{bmatrix}0 & 0 & 0 & 0\\ -4 & 0 & 0 & 0\end{bmatrix}\begin{bmatrix}x_3\\ x_1\\ x_2\\ x_4\end{bmatrix}. \qquad \square$$

系统**按可观性分解的下三角规范型**为

$$\left.\begin{aligned}\begin{bmatrix}\dot{\tilde{\boldsymbol{x}}}_1\\ \dot{\tilde{\boldsymbol{x}}}_2\end{bmatrix}&=\begin{bmatrix}\widetilde{\boldsymbol{A}}_{11} & 0\\ \widetilde{\boldsymbol{A}}_{21} & \widetilde{\boldsymbol{A}}_{22}\end{bmatrix}\begin{bmatrix}\tilde{\boldsymbol{x}}_1\\ \tilde{\boldsymbol{x}}_2\end{bmatrix}+\begin{bmatrix}\widetilde{\boldsymbol{B}}_1\\ \widetilde{\boldsymbol{B}}_2\end{bmatrix}\boldsymbol{u}\\ \boldsymbol{y}&=\begin{bmatrix}\widetilde{\boldsymbol{C}}_1 & 0\end{bmatrix}\begin{bmatrix}\tilde{\boldsymbol{x}}_1\\ \tilde{\boldsymbol{x}}_2\end{bmatrix}\end{aligned}\right\}. \tag{9.4.21}$$

其中,分状态 $\tilde{\boldsymbol{x}}_1$ 是可观的,其维数与不可观子空间正交补的维数一致;分状态 $\tilde{\boldsymbol{x}}_2$ 是不可观的,其维数与不可观子空间的维数一致,子系统($\widetilde{\boldsymbol{A}}_{11},\widetilde{\boldsymbol{B}}_1,\widetilde{\boldsymbol{C}}_1$)称为**可观子系统**;子系统($\widetilde{\boldsymbol{A}}_{22},\widetilde{\boldsymbol{B}}_2,0$)称为**不可观子系统**. 在系统按可观性分解的下三角分块表达式(9.4.21)中,两个分块 $\widetilde{\boldsymbol{A}}_{12}=0$ 和 $\widetilde{\boldsymbol{C}}_2=0$,其余分块一般不为零,也没有特殊形式. 分块 $\widetilde{\boldsymbol{A}}_{21}$ 不为零说明可观子系统到不可观子系统有信息传递;而 $\widetilde{\boldsymbol{C}}_2=0$ 说明不可观分状态 $\tilde{\boldsymbol{x}}_2$ 和输出没有直接联系;$\widetilde{\boldsymbol{A}}_{12}=0$ 说明不可观分状态 $\tilde{\boldsymbol{x}}_2$ 到可观分状态 $\tilde{\boldsymbol{x}}_1$ 没有信息传递,它和输出没有间接联系. 这样,不可观分状态 $\tilde{\boldsymbol{x}}_2$ 形成了一个与输出没有任何联系的孤立部分. 按可观性分解的下三角分块规范型可用图 9.4.4 表示.

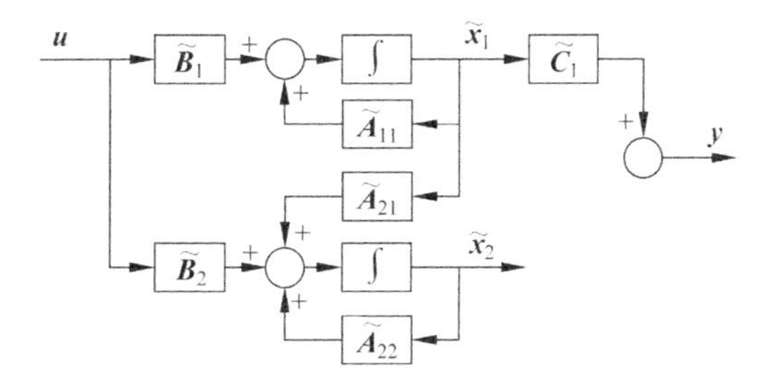

图 9.4.4 系统按可观性分解的下三角分块规范型

可观子系统($\widetilde{\boldsymbol{A}}_{11},\widetilde{\boldsymbol{B}}_1,\widetilde{\boldsymbol{C}}_1$)包含了系统的全部**可观模态**,分块矩阵 $\widetilde{\boldsymbol{A}}_{11}$ 的特征值就对应这些可观模态;不可观子系统($\widetilde{\boldsymbol{A}}_{22},\widetilde{\boldsymbol{B}}_2,0$)包含了系统的全部**不可观模态**,分块矩阵 $\widetilde{\boldsymbol{A}}_{22}$ 的特征值对应这些不可观模态.

系统按可观性分解还有一种**上三角分块规范型**

$$\left.\begin{aligned}\begin{bmatrix}\dot{\tilde{\boldsymbol{x}}}_1\\ \dot{\tilde{\boldsymbol{x}}}_2\end{bmatrix}&=\begin{bmatrix}\tilde{\boldsymbol{A}}_{11} & \tilde{\boldsymbol{A}}_{12}\\ 0 & \tilde{\boldsymbol{A}}_{22}\end{bmatrix}\begin{bmatrix}\tilde{\boldsymbol{x}}_1\\ \tilde{\boldsymbol{x}}_2\end{bmatrix}+\begin{bmatrix}\tilde{\boldsymbol{B}}_1\\ \tilde{\boldsymbol{B}}_2\end{bmatrix}\boldsymbol{u}\\ \boldsymbol{y}&=\begin{bmatrix}0 & \tilde{\boldsymbol{C}}_2\end{bmatrix}\begin{bmatrix}\tilde{\boldsymbol{x}}_1\\ \tilde{\boldsymbol{x}}_2\end{bmatrix}\end{aligned}\right\}. \tag{9.4.22}$$

上三角分块规范型的特点是两个分块$\tilde{\boldsymbol{A}}_{21}=0$ 和$\tilde{\boldsymbol{C}}_1=0$,其余分块一般不为零,也没有特殊形式. 请读者自行分析可观分状态和不可观分状态、可观子系统和不可观子系统以及系统信号传递方式.

最后,给出线性定常系统状态可观性的模态判据.

状态可观性判据六(模态判据)　线性定常系统 $\Sigma(\boldsymbol{A},\boldsymbol{C})$状态完全可观的充分必要条件是: 状态系数矩阵 $\boldsymbol{A}$ 的任意特征值λ 都满足

$$\operatorname{rank}\begin{bmatrix}\boldsymbol{A}-\lambda\boldsymbol{I}\\ \boldsymbol{C}\end{bmatrix}=n. \tag{9.4.23}$$

□

满足条件式(9.4.23)的特征值λ 如果是单根,则对应一个模态 $e^{\lambda t}$; 如果是重根,则对应多个模态 $e^{\lambda t}$,$te^{\lambda t}$,$t^2e^{\lambda t}$,…. 它们都是可观模态.

不满足条件式(9.4.23)的特征值λ 如果是单根,$e^{\lambda t}$是不可观模态; 如果是重根,直接判断较困难,最好将系统先化成若尔当规范型 $\Sigma(\tilde{\boldsymbol{A}},\tilde{\boldsymbol{B}})$,再确定可观模态和不可观模态.

从模态判据出发,读者可自行证明前述的关于特征值规范型可观性的三个判据. 可以认为,前述的关于特征值规范型的三个判据都是模态判据的具体应用. 模态判据还可以用于非特征值规范型的系统 $\Sigma(\boldsymbol{A},\boldsymbol{C})$,从而省去化特征值规范型的步骤.

判据中的特征值λ 可以扩充为任意复数,因为非特征值λ 不满足特征方程,即 $\det(\boldsymbol{A}-\lambda\boldsymbol{I})\neq0$,从而满足条件式(9.4.23).

模态判据用于低阶系统时,计算量不大,但模态判据不适于高阶系统. 模态判据具有较高的理论意义.

9.4.5　定常系统可观性的代数判据

仿照 9.3.5 小节可控性代数判据的推导,可以定义系统的**可观性矩阵**

$$\boldsymbol{Q}_{\mathrm{O}}=\begin{bmatrix}\boldsymbol{C}\\ \boldsymbol{CA}\\ \boldsymbol{CA}^2\\ \vdots\\ \boldsymbol{CA}^{n-1}\end{bmatrix}. \tag{9.4.24}$$

从而得出状态可观性的代数判据.

状态可观性判据七(代数判据) 线性定常系统$\Sigma(\boldsymbol{A},\boldsymbol{C})$状态完全可观的充分必要条件是：系统的可观性矩阵的秩为n,即

$$\operatorname{rank}\boldsymbol{Q}_{\mathrm{O}} = n. \tag{9.4.25}$$

□

可观性的代数判据又称**秩判据**.可观性矩阵$\boldsymbol{Q}_{\mathrm{O}}$的维数为$(n \cdot m)\times n$,采用计算机辅助计算时不便进行判秩运算,但由于$\operatorname{rank}\boldsymbol{Q}_{\mathrm{O}}=\operatorname{rank}(\boldsymbol{Q}_{\mathrm{O}}^{\mathrm{T}}\boldsymbol{Q}_{\mathrm{O}})$,后者是$n$阶方矩阵,所以一般通过计算后者的行列式来判秩.

从工程实际角度来看,系统不完全可观属于“奇异”情况,通常标称参数下的一个不完全可观系统,随着参数值的变化,哪怕是很小的变化,都可以使系统变成完全可观的.这意味着,随机选取矩阵对$(\boldsymbol{A},\boldsymbol{C})$的元素,系统完全可观的概率几乎等于1.

例9.4.3 考察如下系统状态可观性:

$$\boldsymbol{A}=\begin{bmatrix}-1 & -2 & -2\\ 0 & -1 & 1\\ 1 & 0 & -1\end{bmatrix},\quad \boldsymbol{c}^{\mathrm{T}}=\begin{bmatrix}2 & 0 & 1\end{bmatrix}.$$

解 由给定系数矩阵可以计算出$\boldsymbol{c}^{\mathrm{T}}\boldsymbol{A}=\begin{bmatrix}-1 & -4 & -5\end{bmatrix}$,$\boldsymbol{c}^{\mathrm{T}}\boldsymbol{A}^2=\begin{bmatrix}-4 & 6 & 3\end{bmatrix}$.所以可观性矩阵为

$$\boldsymbol{Q}_{\mathrm{O}}=\begin{bmatrix}\boldsymbol{c}^{\mathrm{T}}\\ \boldsymbol{c}^{\mathrm{T}}\boldsymbol{A}\\ \boldsymbol{c}^{\mathrm{T}}\boldsymbol{A}^2\end{bmatrix}=\begin{bmatrix}2 & 0 & 1\\ -1 & -4 & -5\\ -4 & 6 & 3\end{bmatrix},$$

它的行列式之值是8,即$\operatorname{rank}\boldsymbol{Q}_{\mathrm{O}}=3=n$,表明系统是状态完全可观. □

例9.4.4 考察例9.4.1系统的状态可观性.

解 例9.4.1系统的系数矩阵为

$$\boldsymbol{A}=\begin{bmatrix}-2 & 1\\ 1 & -2\end{bmatrix},\quad \boldsymbol{c}^{\mathrm{T}}=\begin{bmatrix}1 & -1\end{bmatrix},$$

可观性矩阵

$$\boldsymbol{Q}_{\mathrm{O}}=\begin{bmatrix}\boldsymbol{c}^{\mathrm{T}}\\ \boldsymbol{c}^{\mathrm{T}}\boldsymbol{A}\end{bmatrix}=\begin{bmatrix}1 & -1\\ -3 & 3\end{bmatrix}$$

的两行线性相关,即$\operatorname{rank}\boldsymbol{Q}_{\mathrm{O}}=1<n$,表明系统是状态不完全可观的,可观测子系统为1维,这点和例9.4.1的分析结果一致.显然采用秩判据来判断状态可观性十分简便. □

例9.4.5 考察如下系统状态可观性:

$$\boldsymbol{A}=\begin{bmatrix}1 & 2 & 3\\ 1 & 4 & 6\\ 2 & 1 & 7\end{bmatrix},\quad \boldsymbol{C}=\begin{bmatrix}1 & 0 & 2\\ 9 & 0 & 0\end{bmatrix}.$$

解 系统的可观性矩阵为

$$Q_O=\begin{bmatrix}C\\CA\\CA^2\end{bmatrix}=\begin{bmatrix}1&0&2\\9&0&0\\5&4&17\\&*&\\&*&\\&*&\end{bmatrix},$$

计算到第 3 行就可得出 $\mathrm{rank}Q_O=3=n$ 的结论,表明系统状态完全可观,没有必要再计算后 3 行. □

对秩判据还有以下 5 点推论.

推论 9.4.1　在坐标变换下,系统状态可观性不变. □

系统 $\Sigma(A,C)$ 经坐标变换矩阵 T 化成 $\widetilde{\Sigma}(\widetilde{A},\widetilde{C})$,后者的可观性矩阵为

$$\widetilde{Q}_O=\begin{bmatrix}\widetilde{C}\\\widetilde{C}\widetilde{A}\\\vdots\\\widetilde{C}\widetilde{A}^{n-1}\end{bmatrix},\tag{9.4.26}$$

坐标变换前后的两个可观性矩阵的关系是

$$\widetilde{Q}_O=\begin{bmatrix}\widetilde{C}\\\widetilde{C}\widetilde{A}\\\vdots\\\widetilde{C}\widetilde{A}^{n-1}\end{bmatrix}=\begin{bmatrix}C\\CA\\\vdots\\CA^{n-1}\end{bmatrix}\cdot T=Q_OT.\tag{9.4.27}$$

由于坐标变换矩阵 T 非奇异,则必然有 $\mathrm{rank}Q_O=\mathrm{rank}\widetilde{Q}_O$.

推论 9.4.2　不可观子空间的正交补 X_O^+ 是以可观性矩阵 Q_O 的行向量转置为基张成的空间. □

当系统不完全可观时,可观性矩阵 $\mathrm{rank}Q_O=r\leqslant n$,即存在 n 维非零向量 x_- 满足 $Q_Ox_-=0$,也同时满足 $C\mathrm{e}^{At}x_-=0$. 在 9.4.3 小节曾指出,非零向量 x_- 是不可观子空间 X_O^- 中的点. 不可观子空间 X_O^- 的任意点 x_- 都满足 $Q_Ox_-=0$,即 x_- 与可观性矩阵 Q_O 的所有行向量都正交. 换句话说,可观性矩阵 Q_O 的行向量与不可观子空间 X_O^- 正交. 这说明可观性矩阵 Q_O 的行向量都是不可观子空间正交补 X_O^+ 中的点. 如果 $\mathrm{rank}Q_O=r\leqslant n$,可以从可观性矩阵 Q_O 中找出 r 个线性无关的行向量,用这组行向量转置作为基,可以张成不可观子空间正交补 X_O^+,即

$$X_O^+=\mathrm{span}Q_O^{\mathrm{T}}.\tag{9.4.28}$$

状态空间可以实现不可观子空间及其正交补空间的正交分解,即按可观性分解

$$X=X_O^-\oplus X_O^+.\tag{9.4.29}$$

推论 9.4.3　不可观子空间的正交补 X_O^+ 是在最小范数意义下可以由输出确

定状态初值的子空间. □

当系统状态不完全可观时,可观性格拉姆矩阵 $\boldsymbol{G}_{\mathrm{O}}(t_0,t_1)$ 奇异. 删去 $\boldsymbol{G}_{\mathrm{O}}(t_0,t_1)$ 的线性相关行以及式(9.4.12)等号左端的 n 维向量中的相应行,式(9.4.12)就被简化为 $\boldsymbol{Ex}(t_0)=\boldsymbol{h}$,其中矩阵 $\boldsymbol{E}$ 是行满秩的. 初值的最小范数解为式(9.4.14),即 $\boldsymbol{x}_+=\boldsymbol{E}^{\mathrm{T}}(\boldsymbol{EE}^{\mathrm{T}})^{-1}\boldsymbol{h}$. 其中 $\boldsymbol{x}_+$ 是不可观子空间正交补 X_{O}^{+} 中的点. 当系统状态完全可观时,有初态惟一解的表达式(9.4.13).

推论 9.4.4 不可观子空间 X_{O}^{-} 是 $\boldsymbol{A}$ 的不变子空间,正交补 X_{O}^{+} 是 $\boldsymbol{A}^{\mathrm{T}}$ 的不变子空间. 从不可观子空间 X_{O}^{-} 出发的零输入响应始终在 X_{O}^{-} 中. □

不可观子空间 X_{O}^{-} 是与可观性矩阵 $\boldsymbol{Q}_{\mathrm{O}}$ 的所有行向量正交的子空间. 任意 $\boldsymbol{x}_-\in X_{\mathrm{O}}^{-}$ 都与可观性矩阵 $\boldsymbol{Q}_{\mathrm{O}}$ 的行向量正交. 根据凯莱-哈密顿定理,$\boldsymbol{A}^n$ 可以由 $\boldsymbol{I}$, $\boldsymbol{A},\boldsymbol{A}^2,\cdots,\boldsymbol{A}^{n-1}$ 的组合表示,则 $\boldsymbol{Q}_{\mathrm{O}}\boldsymbol{A}$ 必也是可观性矩阵 $\boldsymbol{Q}_{\mathrm{O}}$ 的行向量的组合,于是 $\boldsymbol{Q}_{\mathrm{O}}\boldsymbol{Ax}_-=0$,从而有 $\boldsymbol{Ax}_-\in X_{\mathrm{O}}^{-}$. 所以,不可观子空间 X_{O}^{-} 是 $\boldsymbol{A}$ 的不变子空间.

$\mathrm{e}^{\boldsymbol{A}t}$ 也可以由 $\boldsymbol{I},\boldsymbol{A},\boldsymbol{A}^2,\cdots,\boldsymbol{A}^{n-1}$ 的组合表示,由不可观子空间 X_{O}^{-} 出发的零输入解分量 $\mathrm{e}^{\boldsymbol{A}t}\boldsymbol{x}_-$ 必然每时每刻都在不可观子空间 X_{O}^{-} 中,它们引起的输出 $\boldsymbol{C}\mathrm{e}^{\boldsymbol{A}t}\boldsymbol{x}_-$ 始终为零.

不可观子空间的正交补 X_{O}^{+} 是由可观性矩阵 $\boldsymbol{Q}_{\mathrm{O}}$ 的行向量张成的,正交补 X_{O}^{+} 中所有点 $\boldsymbol{x}_+$ 都与不可观子空间 X_{O}^{-} 正交,于是有 $\boldsymbol{x}_+^{\mathrm{T}}(\boldsymbol{Ax}_-)=(\boldsymbol{A}^{\mathrm{T}}\boldsymbol{x}_+)^{\mathrm{T}}\boldsymbol{x}_-=0$.

可见 $\boldsymbol{A}^{\mathrm{T}}\boldsymbol{x}_+\in X_{\mathrm{O}}^{+}$,即正交补 X_{O}^{+} 是 $\boldsymbol{A}^{\mathrm{T}}$ 的不变子空间. 读者可以采用反证法自行证明,正交补 X_{O}^{+} 出发的零输入解分量 $\mathrm{e}^{\boldsymbol{A}t}\boldsymbol{x}_+$ 永远不会进入不可观子空间 X_{O}^{-}.

推论 9.4.5(按可观性分解的非正交方法) 当 $\mathrm{rank}\boldsymbol{Q}_{\mathrm{O}}=r\leqslant n$ 时,取坐标变换矩阵的逆为

$$\boldsymbol{T}^{-1}=\begin{bmatrix}\boldsymbol{T}_1^{\mathrm{T}}\\\boldsymbol{T}_2^{\mathrm{T}}\end{bmatrix}=\begin{bmatrix}\boldsymbol{t}_1^{\mathrm{T}}\\\vdots\\\boldsymbol{t}_r^{\mathrm{T}}\\\boldsymbol{t}_{r+1}^{\mathrm{T}}\\\vdots\\\boldsymbol{t}_n^{\mathrm{T}}\end{bmatrix},\tag{9.4.30}$$

其中,$\boldsymbol{T}_1^{\mathrm{T}}$ 是从可观性矩阵 $\boldsymbol{Q}_{\mathrm{O}}$ 中找出的 r 个线性无关行向量 $\boldsymbol{t}_1^{\mathrm{T}},\cdots,\boldsymbol{t}_r^{\mathrm{T}}$; $\boldsymbol{T}_2^{\mathrm{T}}$ 是补齐的线性无关的 $n-r$ 个行向量 $\boldsymbol{t}_{r+1}^{\mathrm{T}},\cdots,\boldsymbol{t}_n^{\mathrm{T}}$. 实施坐标变换后,系统按可观性分解成为下三角分块形式(9.4.21). □

从可观性矩阵 $\boldsymbol{Q}_{\mathrm{O}}$ 中找出的 r 个线性无关行向量 $\boldsymbol{t}_1^{\mathrm{T}},\cdots,\boldsymbol{t}_r^{\mathrm{T}}$,用这组行向量作为基,可以张成不可观子空间正交补空间 X_{O}^{+},不可观子空间的基与它们应当正交. 寻找一组与行向量 $\boldsymbol{t}_1^{\mathrm{T}},\cdots,\boldsymbol{t}_r^{\mathrm{T}}$ 正交的行向量较为困难,但寻找与其线性无关的 $n-r$ 个行向量 $\boldsymbol{t}_{r+1}^{\mathrm{T}},\cdots,\boldsymbol{t}_n^{\mathrm{T}}$ 较为容易,所以可以考虑对状态空间实现非正交分解

$$X=X_{\mathrm{O}}^{+}\oplus S.\tag{9.4.31}$$

空间 S 不一定是不可观子空间,它只是 X_{O}^{+} 的补空间,二者未必正交. X_{O}^{+} 的补空

间就由后者张成，即 $S=\mathrm{span}(\boldsymbol{t}_{r+1},\cdots,\boldsymbol{t}_n)$.

非正交分解方法的证明：系统 $\Sigma(\boldsymbol{A},\boldsymbol{C})$ 按可观性分解的下三角分块形式(9.4.21)的特点是两个分块 $\widetilde{\boldsymbol{A}}_{12}=0$ 和 $\widetilde{\boldsymbol{C}}_2=0$，其余分块一般不为零，也没有特殊形式. 设上述坐标变换逆矩阵 $\boldsymbol{T}^{-1}$ 所对应的坐标变换矩阵为

$$\boldsymbol{T}=[\boldsymbol{S}_1\quad \boldsymbol{S}_2]=[\boldsymbol{s}_1\quad \cdots\quad \boldsymbol{s}_r\quad \boldsymbol{s}_{r+1}\quad \cdots\quad \boldsymbol{s}_n]. \tag{9.4.32}$$

由 $\boldsymbol{T}^{-1}\boldsymbol{T}=\boldsymbol{I}$ 可得 $\boldsymbol{T}_1^{\mathrm{T}}\boldsymbol{S}_2=0$. $\boldsymbol{T}_1^{\mathrm{T}}$ 的 r 个线性无关行向量 $\boldsymbol{t}_1^{\mathrm{T}},\cdots,\boldsymbol{t}_r^{\mathrm{T}}$ 是不可观子空间正交补 X_{O}^{+} 的基，而 $\boldsymbol{S}_2=[\boldsymbol{s}_{r+1},\cdots,\boldsymbol{s}_n]$ 的 $n-r$ 个列向量都与 X_{O}^{+} 正交，可以看成是不可观子空间 X_{O}^{-} 的基.

在推论 9.4.4 中指明，不可观子空间 X_{O}^{-} 是 $\boldsymbol{A}$ 的不变子空间，即矩阵 $\boldsymbol{A}\boldsymbol{S}_2=[\boldsymbol{A}\boldsymbol{s}_{r+1},\cdots,\boldsymbol{A}\boldsymbol{s}_n]$ 的 $n-r$ 个列向量都是不可观子空间的点，从而有

$$\boldsymbol{T}_1^{\mathrm{T}}\boldsymbol{A}\boldsymbol{S}_2=0. \tag{9.4.33}$$

系统 $\Sigma(\boldsymbol{A},\boldsymbol{C})$ 经坐标变换 $\boldsymbol{T}$ 后的系数矩阵为

$$\boldsymbol{T}^{-1}\boldsymbol{A}\boldsymbol{T}=\begin{bmatrix}\boldsymbol{T}_1^{\mathrm{T}}\boldsymbol{A}\boldsymbol{S}_1 & \boldsymbol{T}_1^{\mathrm{T}}\boldsymbol{A}\boldsymbol{S}_2\\ \boldsymbol{T}_2^{\mathrm{T}}\boldsymbol{A}\boldsymbol{S}_1 & \boldsymbol{T}_2^{\mathrm{T}}\boldsymbol{A}\boldsymbol{S}_2\end{bmatrix}=\begin{bmatrix}\widetilde{\boldsymbol{A}}_{11} & \widetilde{\boldsymbol{A}}_{12}\\ \widetilde{\boldsymbol{A}}_{21} & \widetilde{\boldsymbol{A}}_{22}\end{bmatrix},\quad \boldsymbol{C}\boldsymbol{T}=[\boldsymbol{C}\boldsymbol{S}_1\quad \boldsymbol{C}\boldsymbol{S}_2]=[\widetilde{\boldsymbol{C}}_1\quad \widetilde{\boldsymbol{C}}_2]. \tag{9.4.34}$$

其中 $\widetilde{\boldsymbol{A}}_{12}=\boldsymbol{T}_1^{\mathrm{T}}\boldsymbol{A}\boldsymbol{S}_2=0$；而矩阵 $\boldsymbol{C}$ 的行向量都是不可观子空间正交补 X_{O}^{+} 的点，所以有 $\widetilde{\boldsymbol{C}}_2=\boldsymbol{C}\boldsymbol{S}_2=0$. □

仿照线性时变系统的可控性判据，可以写出如下线性时变系统的可观性判据.

状态可观性判据八(线性时变系统可观性判据)　设线性时变系统 $\Sigma[\boldsymbol{A}(t),\boldsymbol{C}(t)]$ 的系数矩阵 $\boldsymbol{A}(t)$ 和 $\boldsymbol{C}(t)$ 都对时间 $n-1$ 阶连续可微. 定义一组函数矩阵

$$\left.\begin{aligned}\boldsymbol{N}_0(t)&=\boldsymbol{C}(t)\\ \boldsymbol{N}_1(t)&=\boldsymbol{N}_0(t)\boldsymbol{A}(t)+\frac{\mathrm{d}}{\mathrm{d}t}\boldsymbol{N}_0(t)\\ \boldsymbol{N}_2(t)&=\boldsymbol{N}_1(t)\boldsymbol{A}(t)+\frac{\mathrm{d}}{\mathrm{d}t}\boldsymbol{N}_1(t)\\ &\ \ \vdots\\ \boldsymbol{N}_{n-1}(t)&=\boldsymbol{N}_{n-2}(t)\boldsymbol{A}(t)+\frac{\mathrm{d}}{\mathrm{d}t}\boldsymbol{N}_{n-2}(t)\end{aligned}\right\}, \tag{9.4.35}$$

则线性时变系统 $\Sigma[\boldsymbol{A}(t),\boldsymbol{C}(t)]$ 在 $[t_0,t_1]$ 上状态完全可观的充分必要条件为：对初始时刻 t_0，可以找到末时刻 $t_1\geqslant t_0$，而且

$$\mathrm{rank}\begin{bmatrix}\boldsymbol{N}_0(t_1)\\ \boldsymbol{N}_1(t_1)\\ \vdots\\ \boldsymbol{N}_{n-1}(t_1)\end{bmatrix}=n. \tag{9.4.36}$$

□

例 9.4.6 给定线性时变系统的系数矩阵如下,试判断其状态可观性:

$$\boldsymbol{A}(t)=\begin{bmatrix}t & 1 & 0\\ 0 & 2t & 0\\ 0 & 0 & t^2+t\end{bmatrix},\quad \boldsymbol{c}^{\mathrm{T}}(t)=[1\quad 1\quad 1].$$

解 计算

$$\begin{aligned}
&\boldsymbol{N}_0(t)=\boldsymbol{c}^{\mathrm{T}}=[1\quad 1\quad 1],\\
&\boldsymbol{N}_1(t)=\boldsymbol{N}_0(t)\boldsymbol{A}(t)+\frac{\mathrm{d}}{\mathrm{d}t}N_0(t)=[t\quad 1+2t\quad t^2+t],\\
&\boldsymbol{N}_2(t)=\boldsymbol{N}_1(t)\boldsymbol{A}(t)+\frac{\mathrm{d}}{\mathrm{d}t}\boldsymbol{N}_1(t)\\
&\qquad=[t^2+1\quad 4t^2+3t+2\quad (t^2+t)^2+(2t+1)].
\end{aligned}$$

可以找到 $t_1=2$ 使

$$\operatorname{rank}\begin{bmatrix}\boldsymbol{N}_0(t_1)\\ \boldsymbol{N}_1(t_1)\\ \boldsymbol{N}_2(t_1)\end{bmatrix}=\operatorname{rank}\begin{bmatrix}1 & 1 & 1\\ 2 & 5 & 6\\ 5 & 24 & 41\end{bmatrix}=3.$$

所以系统在[0,2]上状态完全可观. □

9.4.6 定常系统的可观性指数

在可观性矩阵

$$\boldsymbol{Q}_{\mathrm{O}}=\begin{bmatrix}\boldsymbol{C}\\ \boldsymbol{CA}\\ \boldsymbol{CA}^2\\ \vdots\\ \boldsymbol{CA}^{n-1}\end{bmatrix}\tag{9.4.37}$$

中共有 n 个子分块矩阵,在对矩阵 $\boldsymbol{Q}_{\mathrm{O}}$ 判秩时,可以从上至下每增写一个子块就判断一次矩阵 $\boldsymbol{Q}_{\mathrm{O}}$ 的秩. 如果写到第 k 个子块时,矩阵 $\boldsymbol{Q}_{\mathrm{O}}$ 的秩为 p,而且增写下一个子块时,矩阵 $\boldsymbol{Q}_{\mathrm{O}}$ 的秩不再增加,就将这个数 k 记为 $\nu(p)$. 可以证明: 若继续增写下方的其余子块,矩阵 $\boldsymbol{Q}_{\mathrm{O}}$ 的秩也不会再增加. $\nu(p)$ 被称为系统的**可观性指数**. 可观性指数的定义为

$$\nu(p)=\min\left\{k\ \middle|\ \operatorname{rank}\begin{bmatrix}\boldsymbol{C}\\ \boldsymbol{CA}\\ \vdots\\ \boldsymbol{CA}^{k-1}\end{bmatrix}=\operatorname{rank}\begin{bmatrix}\boldsymbol{C}\\ \boldsymbol{CA}\\ \vdots\\ \boldsymbol{CA}^{k-1}\\ \boldsymbol{CA}^{k}\end{bmatrix}=p\right\}.\tag{9.4.38}$$

系统状态完全可观时,可观性指数 $\nu(n)$ 被简记为 ν. 这说明在可观性矩阵中,$\boldsymbol{CA}^{\nu}$ 及其下方的共 $n-\nu$ 个子块对矩阵 $\boldsymbol{Q}_{\mathrm{O}}$ 的秩都没有新的贡献,而且,它们都可以

由前 ν 个子块 $\boldsymbol{C},\boldsymbol{CA},\cdots,\boldsymbol{CA}^{\nu-1}$ 组合而成.

定理 9.4.1　系统状态完全可控时,可观性指数 ν 满足不等式:

$$\frac{n}{m}\leqslant\nu\leqslant n-\mathrm{rank}\boldsymbol{C}+1. \tag{9.4.39}$$

其中 m 是输出的维数.

证明　由可观性指数 ν 的定义可知,矩阵

$$\boldsymbol{Q}_{\mathrm{O}\nu}=\begin{bmatrix}\boldsymbol{C}\\ \boldsymbol{CA}\\ \vdots\\ \boldsymbol{CA}^{\nu-1}\end{bmatrix} \tag{9.4.40}$$

的行数应大于系统维数,即 $\nu\cdot m>n$,故不等式(9.4.39)的左不等号成立.

该矩阵第一子块 $\boldsymbol{C}$ 的线性无关行的个数为 $\mathrm{rank}\boldsymbol{C}$,其余 $\nu-1$ 个子块中,每个子块中至少有一行与前面的行线性无关,否则该子块及其下方的子块均不应该在式(9.4.40)的矩阵中出现,即 $\mathrm{rank}\boldsymbol{C}+\nu-1\leqslant n$,由此可知不等式(9.4.39)右边的不等号成立. □

若矩阵 $\boldsymbol{A}$ 的最小多项式 $\varphi(s)$ 的次数为 r,由最小多项式定义 $\varphi(\boldsymbol{A})=0$ 可知,$\boldsymbol{A}^r$ 可由 $\boldsymbol{I},\boldsymbol{A},\cdots,\boldsymbol{A}^{r-1}$ 组合而成,所以有 $\nu\leqslant r$. 从而不等式(9.4.39)可以改为

$$\frac{n}{m}\leqslant\nu\leqslant\min(r,n-\mathrm{rank}\boldsymbol{C}+1). \tag{9.4.41}$$

可观性指数 ν 及 $\nu(p)$ 也是坐标变换下的不变量. 可观性指数是一个表示系统可观性程度的量,可观性指数越小的系统越便于观测.

对完全可观的多输入系统,设状态维数为 n,输出维数为 m,且输出系数矩阵满秩,即 $\mathrm{rank}\boldsymbol{C}=m$. 则可观性矩阵(9.4.40)可以被改写为

$$\boldsymbol{Q}_{\mathrm{O}\nu}=\begin{bmatrix}\boldsymbol{c}_1^{\mathrm{T}}\\ \vdots\\ \boldsymbol{c}_m^{\mathrm{T}}\\ \hdashline \boldsymbol{c}_1^{\mathrm{T}}\boldsymbol{A}\\ \vdots\\ \boldsymbol{c}_m^{\mathrm{T}}\boldsymbol{A}\\ \hdashline \vdots\\ \hdashline \boldsymbol{c}_1^{\mathrm{T}}\boldsymbol{A}^{\nu-1}\\ \vdots\\ \boldsymbol{c}_m^{\mathrm{T}}\boldsymbol{A}^{\nu-1}\end{bmatrix}, \tag{9.4.42}$$

其中 $\boldsymbol{c}_i^{\mathrm{T}}$ 为矩阵 $\boldsymbol{C}$ 的第 i 行. 在式(9.4.42)中,从上至下依次搜索出 $\boldsymbol{Q}_{\mathrm{O}\nu}$ 中的 n 个线性无关行向量,并重新排列为

$$Q_{O\nu}=\begin{bmatrix} c_1^T \\ c_1^T A \\ \vdots \\ c_1^T A^{\nu_1-1} \\ \hdashline c_2^T \\ c_2^T A \\ \vdots \\ c_2^T A^{\nu_2-1} \\ \hdashline \vdots \\ \hdashline c_m^T \\ c_m^T A \\ \vdots \\ c_m^T A^{\nu_m-1} \end{bmatrix}, \tag{9.4.43}$$

其中,$\nu_1+\nu_2+\cdots+\nu_m=n$. $\{\nu_1,\nu_2,\cdots,\nu_m\}$为系统的**可观性指数集**,可观性指数$\nu$满足关系式

$$\nu=\max\{\nu_1,\nu_2,\cdots,\nu_m\}. \tag{9.4.44}$$

例 9.4.7 系统的系数矩阵为

$$A=\begin{bmatrix} 1 & 1 & 2 \\ 2 & 4 & 1 \\ 3 & 6 & 7 \end{bmatrix},\quad C=\begin{bmatrix} 1 & 0 & 2 \\ 9 & 0 & 0 \end{bmatrix}.$$

试计算系统的可观性指数.

解 可观性矩阵为

$$Q_O=\begin{bmatrix} C \\ CA \\ CA^2 \end{bmatrix}=\begin{bmatrix} 1 & 0 & 2 \\ 9 & 0 & 0 \\ 7 & 13 & 16 \\ & * & \\ & * & \\ & * & \end{bmatrix}.$$

因为前三行线性无关,所以不必计算后三行的数值.这表明,系统状态完全可观,而且可观性指数集为$\{\nu_1=2,\nu_2=1\}$,可观性指数为$\nu=\max\{\nu_1=2,\nu_2=1\}=2$. □

9.5 对偶原理

从状态可控性和状态可观性的讨论中,可以感觉到状态可控性和状态可观性具有某种类似的现象,这种类似现象反映了状态可控性和状态可观性之间具有某种内在关系.本节从状态可控性基本判据与状态可观性基本判据的比较出发来揭示这种内在关系,并讨论这种关系在控制理论中的应用.

9.5.1　对偶系统与对偶原理

系统 $\Sigma(A,B,C)$ 的状态可控性基本判据是时变矩阵 $\boldsymbol{\Phi}(t_0,\tau)\boldsymbol{B}(\tau)$ 的行线性无关，将其转置，则相当时变矩阵 $\boldsymbol{B}^{\mathrm{T}}(\tau)\boldsymbol{\Phi}^{\mathrm{T}}(t_0,\tau)$ 的列线性无关. 后者和状态可观性的基本判据(即 $\boldsymbol{C}(\tau)\boldsymbol{\Phi}(\tau,t_0)$ 列线性无关)形式极为类似，只是输出系数矩阵 $\boldsymbol{C}(\tau)$ 被换成输入系数矩阵 $\boldsymbol{B}(\tau)$ 的转置，状态转移矩阵 $\boldsymbol{\Phi}(\tau,t_0)$ 被换成它本身的转置的逆，即 $[\boldsymbol{\Phi}^{\mathrm{T}}(\tau,t_0)]^{-1}=\boldsymbol{\Phi}^{\mathrm{T}}(t_0,\tau)$. 同样，状态可观性的基本判据是时变矩阵 $\boldsymbol{C}(\tau)\boldsymbol{\Phi}(\tau,t_0)$ 的列线性无关，将其转置，就相当 $\boldsymbol{\Phi}^{\mathrm{T}}(\tau,t_0)\boldsymbol{C}^{\mathrm{T}}(\tau)$ 的行线性无关. 后者和状态可控性的基本判据(即 $\boldsymbol{\Phi}(t_0,\tau)\boldsymbol{B}(\tau)$ 的列线性无关)也极为类似，只是输入系数矩阵 $\boldsymbol{B}(\tau)$ 被换成输出系数矩阵 $\boldsymbol{C}(\tau)$ 的转置，状态转移矩阵 $\boldsymbol{\Phi}(t_0,\tau)$ 被换成它本身的转置的逆 $\boldsymbol{\Phi}^{\mathrm{T}}(\tau,t_0)$.

比较状态可控性基本判据与状态可观性基本判据可以发现，如果有两个系统 Σ 和 Σ^*，Σ 的输入系数矩阵等于 Σ^* 的输出系数矩阵的转置，Σ 的输出系数矩阵等于 Σ^* 的输入系数矩阵的转置，Σ 的状态转移矩阵等于 Σ^* 的状态转移矩阵的转置的逆，那么，系统 Σ 的状态可控性必定等价于系统 Σ^* 的状态可观性，系统 Σ 的状态可观性必定等价于系统 Σ^* 的状态可控性. 满足上述关系的两个系统 Σ 和 Σ^* 互为**对偶系统**.

设系统 Σ 的状态空间表达式为

$$\left.\begin{aligned}\dot{\boldsymbol{x}}&=\boldsymbol{A}(t)\boldsymbol{x}+\boldsymbol{B}(t)\boldsymbol{u}\\ \boldsymbol{y}&=\boldsymbol{C}(t)\boldsymbol{x}\end{aligned}\right\},\tag{9.5.1}$$

其框图如图 9.5.1(a)所示. 该系统的状态转移矩阵 $\boldsymbol{\Phi}(t,t_0)$ 满足如下矩阵方程

$$\left.\begin{aligned}\dot{\boldsymbol{\Phi}}(t,t_0)&=\boldsymbol{A}(t)\boldsymbol{\Phi}(t,t_0)\\ \boldsymbol{\Phi}(t_0,t_0)&=\boldsymbol{I}\end{aligned}\right\},\tag{9.5.2}$$

系统 Σ 的对偶系统 Σ^* 可以按照如下关系确定：Σ^* 的输入系数矩阵为 $\boldsymbol{C}^{\mathrm{T}}(t)$；输出系数矩阵为 $\boldsymbol{B}^{\mathrm{T}}(t)$. 据此写出 Σ^* 的系统方程

$$\left.\begin{aligned}\dot{\boldsymbol{z}}&=\boldsymbol{A}^*(t)\boldsymbol{z}+\boldsymbol{C}^{\mathrm{T}}(t)\boldsymbol{v}\\ \boldsymbol{w}&=\boldsymbol{B}^{\mathrm{T}}(t)\boldsymbol{z}\end{aligned}\right\},\tag{9.5.3}$$

其中，$\boldsymbol{z}$ 是 n 维状态向量，$\boldsymbol{v}$ 是 m 维输入向量，$\boldsymbol{w}$ 是 l 维输出向量，状态系数矩阵 $\boldsymbol{A}^*(t)$ 则有待确定. 这里的 n 维行向量 $\boldsymbol{z}^{\mathrm{T}}$ 被称为系统 Σ 的状态向量 $\boldsymbol{x}$ 的**协状态向量**.

系统 Σ 的状态转移矩阵的转置的逆为 $[\boldsymbol{\Phi}^{\mathrm{T}}(t,t_0)]^{-1}$，它的导数为

$$\begin{aligned}\frac{\mathrm{d}}{\mathrm{d}t}\{[\boldsymbol{\Phi}^{\mathrm{T}}(t,t_0)]^{-1}\}&=\left\{\frac{\mathrm{d}}{\mathrm{d}t}[\boldsymbol{\Phi}^{-1}(t,t_0)]\right\}^{\mathrm{T}}=\{-\boldsymbol{\Phi}^{-1}(t,t_0)\dot{\boldsymbol{\Phi}}(t,t_0)\boldsymbol{\Phi}^{-1}(t,t_0)\}^{\mathrm{T}}\\ &=\{-\boldsymbol{\Phi}^{-1}(t,t_0)\boldsymbol{A}(t)\boldsymbol{\Phi}(t,t_0)\boldsymbol{\Phi}^{-1}(t,t_0)\}^{\mathrm{T}}\\ &=\{-\boldsymbol{\Phi}^{-1}(t,t_0)\boldsymbol{A}(t)\}^{\mathrm{T}}=-\boldsymbol{A}^{\mathrm{T}}(t)[\boldsymbol{\Phi}^{\mathrm{T}}(t,t_0)]^{-1}.\end{aligned}\tag{9.5.4}$$

由$\boldsymbol{\Phi}(t_0,t_0)=\boldsymbol{I}$可知,$[\boldsymbol{\Phi}^{\mathrm{T}}(t_0,t_0)]^{-1}=\boldsymbol{I}$,所以矩阵$[\boldsymbol{\Phi}^{\mathrm{T}}(t,t_0)]^{-1}$是状态转移矩阵,所对应的系统的状态系数矩阵为$-\boldsymbol{A}^{\mathrm{T}}(t)$.

于是,对偶系统Σ^*的完整表达式应为

$$\left.\begin{aligned}\dot{\boldsymbol{z}}&=-\boldsymbol{A}^{\mathrm{T}}(t)\boldsymbol{z}+\boldsymbol{C}^{\mathrm{T}}(t)\boldsymbol{v}\\ \boldsymbol{w}&=\boldsymbol{B}^{\mathrm{T}}(t)\boldsymbol{z}\end{aligned}\right\},\tag{9.5.5}$$

其框图如图9.5.1(b)所示.

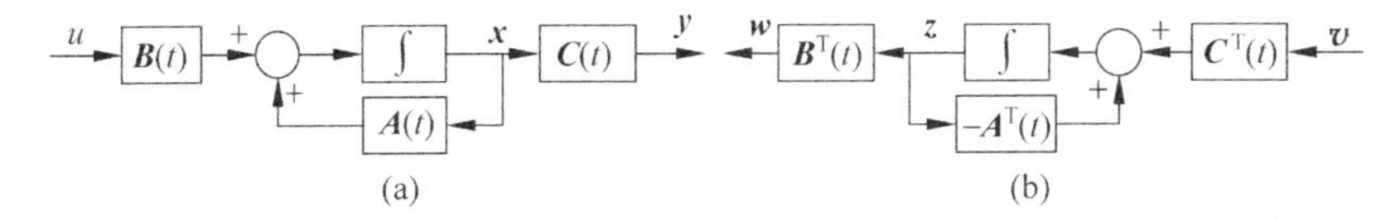

图9.5.1　对偶系统的框图

比较框图9.5.1的(a)和(b),同时比较对偶系统表达式(9.5.2)和式(9.5.5),可以看出对偶系统的以下特点.

(1) 在框图中,积分器和$\boldsymbol{A}(t)$、$\boldsymbol{B}(t)$、$\boldsymbol{C}(t)$所在框的位置不变,但对偶系统的每个矩阵都被转置.

(2) 在框图中,控制输入端与系统输出端互相交换,而且信号传递方向相反,即框图中的所有箭头都要反向.

(3) 在框图中,求和点变成分支点,分支点变成求和点.

(4) 状态系数矩阵$\boldsymbol{A}(t)$除转置外,还需要冠以负号,即对偶为$-\boldsymbol{A}^{\mathrm{T}}(t)$. 这等价于状态转移矩阵$\boldsymbol{\Phi}(t,t_0)$与它的逆转置矩阵$[\boldsymbol{\Phi}^{\mathrm{T}}(t,t_0)]^{-1}$对偶,后者等于$\boldsymbol{\Phi}^{\mathrm{T}}(t_0,t)$. 这一关系说明状态从时间$t_0$到时间$t$的转移对偶为从时间$t$到时间$t_0$的转移,即时间的逆转.

如果系统是线性定常系统,还有以下两条特点:

(5) 对偶系统的特征值间相差一个负号,即,如果λ是系统Σ的特征值,则$-\lambda$必是系统Σ^*的特征值. 由于对偶系统的特征多项式为

$$\begin{aligned}\Delta^*(s)&=\det[s\boldsymbol{I}-(-\boldsymbol{A}^{\mathrm{T}})]=\det[-(-s\boldsymbol{I}-\boldsymbol{A})]\\&=(-1)^n\det(-s\boldsymbol{I}-\boldsymbol{A}).\end{aligned}\tag{9.5.6}$$

所以对偶系统的特征值异号可以表达为特征多项式间满足

$$\Delta^*(s)=(-1)^n\Delta(-s),\tag{9.5.7}$$

(6) 对偶系统的传递函数矩阵为

$$\begin{aligned}\boldsymbol{G}^*(s)&=\boldsymbol{B}^{\mathrm{T}}(s\boldsymbol{I}+\boldsymbol{A}^{\mathrm{T}})^{-1}\boldsymbol{C}^{\mathrm{T}}=-[\boldsymbol{C}(-s\boldsymbol{I}-\boldsymbol{A})^{-1}\boldsymbol{B}]^{\mathrm{T}}\\&=-\boldsymbol{G}^{\mathrm{T}}(-s).\end{aligned}\tag{9.5.8}$$

以上两条中,频域变量s前符号的改变也表示了时间的逆转.

下面推导系统Σ的状态向量$\boldsymbol{x}$、输入向量$\boldsymbol{u}$、输出向量$\boldsymbol{y}$与对偶系统Σ^*的状态向量$\boldsymbol{z}$、输入向量$\boldsymbol{v}$、输出向量$\boldsymbol{w}$之间满足的对偶关系式.

协状态$\boldsymbol{z}^{\mathrm{T}}$和状态$\boldsymbol{x}$的乘积是一个标量,这个乘积对时间的导数为

$$\frac{\mathrm{d}}{\mathrm{d}t}(\boldsymbol{z}^{\mathrm{T}}\boldsymbol{x}) = \dot{\boldsymbol{z}}^{\mathrm{T}}\boldsymbol{x} + \boldsymbol{z}^{\mathrm{T}}\dot{\boldsymbol{x}} = -\boldsymbol{z}^{\mathrm{T}}\boldsymbol{A}(t)\boldsymbol{x} + \boldsymbol{v}^{\mathrm{T}}\boldsymbol{C}(t)\boldsymbol{x} + \boldsymbol{z}^{\mathrm{T}}\boldsymbol{A}(t)\boldsymbol{x} + \boldsymbol{z}^{\mathrm{T}}\boldsymbol{B}(t)\boldsymbol{u}$$
$$= \boldsymbol{v}^{\mathrm{T}}\boldsymbol{y} + \boldsymbol{w}^{\mathrm{T}}\boldsymbol{u}, \tag{9.5.9}$$

对上式积分，可得

$$\boldsymbol{z}^{\mathrm{T}}\boldsymbol{x} - \boldsymbol{z}^{\mathrm{T}}(0)\boldsymbol{x}(0) = \int_0^t \boldsymbol{v}^{\mathrm{T}}(t)\boldsymbol{y}(t)\mathrm{d}t + \int_0^t \boldsymbol{w}^{\mathrm{T}}(t)\boldsymbol{u}(t)\mathrm{d}t, \tag{9.5.10}$$

式(9.5.10)被称之为**对偶关系式**，它描述了对偶系统的六个向量间的关系.

最后，给出卡尔曼提出的对偶原理.

定理 9.5.1(对偶原理)　系统 $\Sigma[\boldsymbol{A}(t),\boldsymbol{B}(t),\boldsymbol{C}(t)]$ 的状态 $\boldsymbol{x}$ 的可控性(或可观性)等价于对偶系统 $\Sigma^*[-\boldsymbol{A}^{\mathrm{T}}(t),\boldsymbol{C}^{\mathrm{T}}(t),\boldsymbol{B}^{\mathrm{T}}(t)]$ 的协状态 $\boldsymbol{z}$ 的可观性(或可控性). □

对偶原理揭示了状态可控性与可观性之间的内在联系，说明了他们之间的对偶性. 这样，系统的可观性问题可以转化为可控性问题来解决；同样，系统的可控性问题可以转化为可观性问题而获得解答. 这点在控制理论研究上具有重要意义，它使得系统状态观测及估计问题与状态控制问题互相转化、互相借鉴，比如，最优估计问题就是借鉴了最优控制的结论而获得解答.

还要说明一点. 在目前的许多教科书中，线性定常系统的对偶系统的状态系数矩阵不采用 $-\boldsymbol{A}^{\mathrm{T}}$，而是采用 $\boldsymbol{A}^{\mathrm{T}}$，所以状态转移矩阵 $\boldsymbol{\Phi}(t,t_0)$ 不需求逆，只要进行转置就行，即取消了时间的逆转. 此时，系统和它的对偶系统的特征多项式之间满足

$$\Delta^*(s) = \Delta(s). \tag{9.5.11}$$

传递函数矩阵之间满足

$$\boldsymbol{G}^*(s) = \boldsymbol{G}^{\mathrm{T}}(s). \tag{9.5.12}$$

9.5.2　对偶原理的应用

应用对偶原理可以将 9.3 节状态可控性的各种结果变换为可观性的相应结果，为便于比较把它们列于表 9.5.1 中. 对表 9.5.1 有如下几点说明：

(1) 第 3 项定常系统代数判据中，可控性矩阵

$$\boldsymbol{Q}_{\mathrm{C}} = [\boldsymbol{B} \quad \boldsymbol{A}\boldsymbol{B} \quad \cdots \quad \boldsymbol{A}^{n-1}\boldsymbol{B}] \tag{9.5.13}$$

的对偶矩阵为

$$\boldsymbol{Q}_{\mathrm{O}}^{\mathrm{T}} = [\boldsymbol{C}^{\mathrm{T}} \quad \boldsymbol{A}^{\mathrm{T}}\boldsymbol{C}^{\mathrm{T}} \quad \cdots \quad (\boldsymbol{A}^{\mathrm{T}})^{n-1}\boldsymbol{C}^{\mathrm{T}}], \tag{9.5.14}$$

其转置就是可观性矩阵

$$\boldsymbol{Q}_{\mathrm{O}} = \begin{bmatrix} \boldsymbol{C} \\ \boldsymbol{C}\boldsymbol{A} \\ \vdots \\ \boldsymbol{C}\boldsymbol{A}^{n-1} \end{bmatrix}. \tag{9.5.15}$$

表 9.5.1 对偶原理在结构分析中的应用

	可 控 性	可 观 性
1. 基本判据	$\boldsymbol{\Phi}(t_0,\tau)\boldsymbol{B}(\tau)$的行线性无关,$\tau\in[t_0,t_1]$	$\boldsymbol{C}(\tau)\boldsymbol{\Phi}(\tau,t_0)$的列线性无关,$\tau\in[t_0,t_1]$
2. 格拉姆矩阵	$\boldsymbol{G}_{\mathrm{C}}(t_0,t_1)=\int_{t_0}^{t_1}\boldsymbol{\Phi}(t_0,\tau)\boldsymbol{B}(\tau)\boldsymbol{B}^{\mathrm{T}}(\tau)\boldsymbol{\Phi}^{\mathrm{T}}(t_0,\tau)\mathrm{d}\tau$ 当格拉姆矩阵非奇异时,允许控制 $\boldsymbol{u}(\tau)=-\boldsymbol{B}^{\mathrm{T}}(\tau)\boldsymbol{\Phi}^{\mathrm{T}}(t_0,\tau)\boldsymbol{G}_{\mathrm{C}}^{-1}(t_0,t_1)\boldsymbol{x}_0$	$\boldsymbol{G}_{\mathrm{O}}(t_0,t_1)=\int_{t_0}^{t_1}\boldsymbol{\Phi}^{\mathrm{T}}(\tau,t_0)\boldsymbol{C}^{\mathrm{T}}(\tau)\boldsymbol{C}(\tau)\boldsymbol{\Phi}(\tau,t_0)\mathrm{d}\tau$ 当格拉姆矩阵非奇异时,初态 $\boldsymbol{x}_0=\boldsymbol{G}_{\mathrm{O}}^{-1}(t_0,t_1)\int_{t_0}^{t_1}\boldsymbol{\Phi}^{\mathrm{T}}(\tau,t_0)\boldsymbol{C}^{\mathrm{T}}(\tau)\boldsymbol{y}(\tau)\mathrm{d}\tau$
3. 定常系统代数判据	$\boldsymbol{Q}_{\mathrm{C}}=[\boldsymbol{B}\quad \boldsymbol{AB}\quad\cdots\quad \boldsymbol{A}^{n-1}\boldsymbol{B}]$满秩	$\boldsymbol{Q}_{\mathrm{O}}=\begin{bmatrix}\boldsymbol{C}\\ \boldsymbol{CA}\\ \vdots\\ \boldsymbol{CA}^{n-1}\end{bmatrix}$满秩
4. 定常系统指数	$\frac{n}{l}\leqslant\mu_n\leqslant n-\mathrm{rank}\boldsymbol{B}+1$	$\frac{n}{m}\leqslant v_n\leqslant n-\mathrm{rank}\boldsymbol{C}+1$
5. 定常系统子空间基底	$X_{\mathrm{C}}^{+}=\mathrm{span}\boldsymbol{Q}_{\mathrm{C}}$ 对 $\boldsymbol{A}$ 不变,X_{C}^{-} 对 $\boldsymbol{A}^{\mathrm{T}}$ 不变	$X_{\mathrm{O}}^{+}=\mathrm{span}\boldsymbol{Q}_{\mathrm{O}}^{\mathrm{T}}$ 对 $\boldsymbol{A}^{\mathrm{T}}$ 不变,X_{O}^{-} 对 $\boldsymbol{A}$ 不变
6. 坐标变换	$\boldsymbol{T}^{-1}\boldsymbol{Q}_{\mathrm{C}}=\widetilde{\boldsymbol{Q}}_{\mathrm{C}}$,$\mathrm{rank}\boldsymbol{Q}_{\mathrm{C}}=\mathrm{rank}\,\widetilde{\boldsymbol{Q}}_{\mathrm{C}}$	$\boldsymbol{Q}_{\mathrm{O}}\boldsymbol{T}=\widetilde{\boldsymbol{Q}}_{\mathrm{O}}$,$\mathrm{rank}\boldsymbol{Q}_{\mathrm{O}}=\mathrm{rank}\,\widetilde{\boldsymbol{Q}}_{\mathrm{O}}$
7. 定常系统模态判据	$\mathrm{rank}[\boldsymbol{A}-\lambda\boldsymbol{I}\quad \boldsymbol{B}]=n$	$\mathrm{rank}\begin{bmatrix}\boldsymbol{A}-\lambda\boldsymbol{I}\\ \boldsymbol{C}\end{bmatrix}=n$
8. 定常系统特征值规范型判据	(1) 对角线规范型 $\boldsymbol{A}=\begin{bmatrix}\lambda_1 & & \\ & \ddots & \\ & & \lambda_n\end{bmatrix}$, $\boldsymbol{B}=\begin{bmatrix}\boldsymbol{b}_1^{\mathrm{T}}\\ \vdots\\ \boldsymbol{b}_n^{\mathrm{T}}\end{bmatrix}$, $\boldsymbol{B}$ 中没有全零行 $\boldsymbol{b}_i^{\mathrm{T}}$ (2) 若尔当规范型 $\boldsymbol{A}=\begin{bmatrix}\boldsymbol{J}_1 & & \\ & \ddots & \\ & & \boldsymbol{J}_p\end{bmatrix}$, $\boldsymbol{B}=\begin{bmatrix}\boldsymbol{B}_1\\ \vdots\\ \boldsymbol{B}_p\end{bmatrix}$ (i) $\boldsymbol{J}_i$ 为上若尔当块时,诸 $\boldsymbol{B}_i$ 末行线性无关 (ii) $\boldsymbol{J}_i$ 为下若尔当块时,诸 $\boldsymbol{B}_i$ 首行线性无关	(1) 对角线规范型 $\boldsymbol{A}=\begin{bmatrix}\lambda_1 & & \\ & \ddots & \\ & & \lambda_n\end{bmatrix}$, $\boldsymbol{C}=[\boldsymbol{c}_1\quad\cdots\quad \boldsymbol{c}_n]$, $\boldsymbol{C}$ 中没有全零列 $\boldsymbol{c}_i$ (2) 若尔当规范型 $\boldsymbol{A}=\begin{bmatrix}\boldsymbol{J}_1 & & \\ & \ddots & \\ & & \boldsymbol{J}_p\end{bmatrix}$, $\boldsymbol{C}=[\boldsymbol{C}_1\quad\cdots\quad \boldsymbol{C}_p]$ (i) $\boldsymbol{J}_i$ 为上若尔当块时,诸 $\boldsymbol{C}_i$ 首列线性无关 (ii) $\boldsymbol{J}_i$ 为下若尔当块时,诸 $\boldsymbol{C}_i$ 末列线性无关

续表

	可　控　性	可　观　性
9. 定常系统频域判据	$(s\boldsymbol{I}-\boldsymbol{A})^{-1}\boldsymbol{B}$ 的行线性无关	$\boldsymbol{C}(s\boldsymbol{I}-\boldsymbol{A})^{-1}$ 的列线性无关
10. 定常系统规范型	(1) 单输入系统第一可控规范型：$\boldsymbol{T}_1=\boldsymbol{Q}_C$， $\boldsymbol{A}_1=\begin{bmatrix}0 & \cdots & 0 & -\alpha_0\\ 1 & & & \vdots\\ & \ddots & & -\alpha_{n-2}\\ & & 1 & -\alpha_{n-1}\end{bmatrix}$，$\boldsymbol{b}_1=\begin{bmatrix}1\\0\\ \vdots\\0\end{bmatrix}$， $\boldsymbol{C}_1=[\boldsymbol{Cb}\quad \boldsymbol{CAb}\quad \cdots\quad \boldsymbol{CA}^{n-1}\boldsymbol{b}]$ (2) 单输入系统第二可控规范型 $\boldsymbol{T}_2=[\boldsymbol{A}^{n-1}\boldsymbol{b}\quad \cdots\quad \boldsymbol{Ab}\quad \boldsymbol{b}]\cdot\begin{bmatrix}1 & & & \\ \alpha_{n-1} & \ddots & & \\ \vdots & \ddots & \ddots & \\ \alpha_1 & \cdots & \alpha_{n-1} & 1\end{bmatrix}$ $=[\boldsymbol{P}_{n-1}\boldsymbol{b}\quad \cdots\quad \boldsymbol{P}_1\boldsymbol{b}\quad \boldsymbol{b}]$， $\boldsymbol{A}_2=\begin{bmatrix}0 & 1 & & \\ \vdots & & \ddots & \\ 0 & & & 1\\ -\alpha_0 & \cdots & -\alpha_{n-2} & -\alpha_{n-1}\end{bmatrix}$，$\boldsymbol{b}_2=\begin{bmatrix}0\\ \vdots\\0\\1\end{bmatrix}$， $\boldsymbol{C}_2=[\boldsymbol{CP}_{n-1}\boldsymbol{b}\quad \cdots\quad \boldsymbol{CPb}\quad \boldsymbol{Cb}]$	(1) 单输出系统第一可观规范型：$\boldsymbol{T}_1^{-1}=\boldsymbol{Q}_O$， $\boldsymbol{A}_1=\begin{bmatrix}0 & 1 & & \\ \vdots & & \ddots & \\ 0 & & & 1\\ -\alpha_0 & \cdots & -\alpha_{n-2} & -\alpha_{n-1}\end{bmatrix}$，$\boldsymbol{B}_1=\begin{bmatrix}\boldsymbol{c}^T\boldsymbol{B}\\ \boldsymbol{c}^T\boldsymbol{AB}\\ \vdots\\ \boldsymbol{c}^T\boldsymbol{A}^{n-1}\boldsymbol{B}\end{bmatrix}$， $\boldsymbol{c}_1^T=[1\quad 0\quad \cdots\quad 0]$ (2) 单输出系统第二可观规范型 $\boldsymbol{T}_2^{-1}=\begin{bmatrix}1 & \alpha_{n-1} & \cdots & \alpha_1\\ & \ddots & \ddots & \vdots\\ & & \ddots & \alpha_{n-1}\\ & & & 1\end{bmatrix}\cdot\begin{bmatrix}\boldsymbol{c}^T\boldsymbol{A}^{n-1}\\ \vdots\\ \boldsymbol{c}^T\boldsymbol{A}\\ \boldsymbol{c}^T\end{bmatrix}=\begin{bmatrix}\boldsymbol{c}^T\boldsymbol{P}_{n-1}\\ \vdots\\ \boldsymbol{c}^T\boldsymbol{P}_1\\ \boldsymbol{c}^T\end{bmatrix}$， $\boldsymbol{A}_2=\begin{bmatrix}0 & \cdots & 0 & -\alpha_0\\ 1 & & & \vdots\\ & \ddots & & -\alpha_{n-2}\\ & & 1 & -\alpha_{n-1}\end{bmatrix}$，$\boldsymbol{B}_2=\begin{bmatrix}\boldsymbol{c}^T\boldsymbol{P}_{n-1}\boldsymbol{B}\\ \vdots\\ \boldsymbol{c}^T\boldsymbol{P}_1\boldsymbol{B}\\ \boldsymbol{c}^T\boldsymbol{B}\end{bmatrix}$， $\boldsymbol{c}_2^T=[0\quad \cdots\quad 0\quad 1]$
11. 定常系统结构分解	$\boldsymbol{T}=[\boldsymbol{Q}_C$ 的线性无关列　补齐的线性无关列$]$ $\tilde{\boldsymbol{A}}=\begin{bmatrix}\tilde{\boldsymbol{A}}_{11} & \tilde{\boldsymbol{A}}_{12}\\ 0 & \tilde{\boldsymbol{A}}_{22}\end{bmatrix}$，$\tilde{\boldsymbol{B}}=\begin{bmatrix}\tilde{\boldsymbol{B}}_1\\ 0\end{bmatrix}$， $\tilde{\boldsymbol{x}}_1$ 为可控分量，$(\tilde{\boldsymbol{A}}_{11},\tilde{\boldsymbol{B}}_1,\tilde{\boldsymbol{C}}_1)$为可控子系统	$\boldsymbol{T}^{-1}=\begin{bmatrix}\boldsymbol{Q}_O\text{ 的线性无关行}\\ \text{补齐的线性无关行}\end{bmatrix}$ $\tilde{\boldsymbol{A}}=\begin{bmatrix}\tilde{\boldsymbol{A}}_{11} & 0\\ \tilde{\boldsymbol{A}}_{21} & \tilde{\boldsymbol{A}}_{22}\end{bmatrix}$，$\tilde{\boldsymbol{C}}=[\tilde{\boldsymbol{C}}_1\quad 0]$， $\tilde{\boldsymbol{x}}_2$ 为不可观分量，$(\tilde{\boldsymbol{A}}_{22},\tilde{\boldsymbol{B}}_2,0)$为不可观子系统

(2) 第8项特征值规范型判据中,上约当矩阵的转置是下约当矩阵,即

$$\begin{bmatrix} \lambda & 1 & & \\ & \lambda & \ddots & \\ & & \ddots & 1 \\ & & & \lambda \end{bmatrix}^{\mathrm{T}} = \begin{bmatrix} \lambda & & & \\ 1 & \lambda & & \\ & \ddots & \ddots & \\ & & 1 & \lambda \end{bmatrix}. \tag{9.5.16}$$

在可控性判据中,$\boldsymbol{J}_i$ 若为上若尔当块,输入系数分块矩阵 $\boldsymbol{B}_i$ 末行线性无关表明状态完全可控. 利用对偶关系可知,在可观性判据中,$\boldsymbol{J}_i$ 若为下若尔当块,则输出系数分块矩阵 $\boldsymbol{C}_i$ 末列线性无关表明状态完全可观. 反之亦然.

(3) 第10项定常规范型的变换矩阵中,可控规范型的状态系数矩阵 $\boldsymbol{A}_{\mathrm{C1}}$ 和可观规范型的状态系数矩阵 $\boldsymbol{A}_{\mathrm{O1}}$ 的对偶关系为转置关系,所以有

$$\boldsymbol{A}_{\mathrm{C1}}^{\mathrm{T}} = (\boldsymbol{Q}_{\mathrm{C}}^{-1}\boldsymbol{A}\boldsymbol{Q}_{\mathrm{C}})^{\mathrm{T}} = \boldsymbol{Q}_{\mathrm{C}}^{\mathrm{T}}\boldsymbol{A}^{\mathrm{T}}(\boldsymbol{Q}_{\mathrm{C}}^{-1})^{\mathrm{T}} = \boldsymbol{A}_{\mathrm{O1}}. \tag{9.5.17}$$

故而,可观规范型的变换矩阵的逆矩阵才是可观性矩阵

$$\boldsymbol{T}_1^{-1} = \boldsymbol{Q}_{\mathrm{O}}. \tag{9.5.18}$$

9.6 线性定常离散时间系统的结构分析

线性定常离散时间系统 $\Sigma_T(\boldsymbol{G},\boldsymbol{H},\boldsymbol{C})$ 的状态空间表达式如下:

$$\left.\begin{aligned} \boldsymbol{x}(k+1) &= \boldsymbol{G}\boldsymbol{x}(k) + \boldsymbol{H}\boldsymbol{u}(k) \\ \boldsymbol{y}(k) &= \boldsymbol{C}\boldsymbol{x}(k) \end{aligned}\right\}. \tag{9.6.1}$$

通过递推可以得到状态解

$$\boldsymbol{x}(k) = \boldsymbol{G}^k\boldsymbol{x}(0) + [\boldsymbol{H} \quad \boldsymbol{G}\boldsymbol{H} \quad \cdots \quad \boldsymbol{G}^{k-1}\boldsymbol{H}]\begin{bmatrix} \boldsymbol{u}(k-1) \\ \boldsymbol{u}(k-2) \\ \vdots \\ \boldsymbol{u}(0) \end{bmatrix}. \tag{9.6.2}$$

9.6.1 离散时间系统的可控性和可达性判据

离散时间系统的可控性和可达性概念与连续时间系统相类似. 但是需要指出,连续系统的可控性和可达性完全一致,而离散系统的可控性与可达性在特殊情况下不完全一致.

离散时间系统的特征多项式是 $\det(z\boldsymbol{I}-\boldsymbol{G})=0$,根据凯莱一哈密顿定理,系统矩阵的 n 次幂 $\boldsymbol{G}^n$ 可以由 $\boldsymbol{I},\boldsymbol{G},\cdots,\boldsymbol{G}^{n-1}$ 组合而成. 状态解递推到第 n 步即可,令 $k=n$,并以零初始状态 $\boldsymbol{x}(0)=0$ 代入式(9.6.2)即得可达状态表达式

$$\boldsymbol{x}(n) = [\boldsymbol{H} \quad \boldsymbol{G}\boldsymbol{H} \quad \cdots \quad \boldsymbol{G}^{n-1}\boldsymbol{H}]\begin{bmatrix} \boldsymbol{u}(n-1) \\ \boldsymbol{u}(n-2) \\ \vdots \\ \boldsymbol{u}(0) \end{bmatrix} = \boldsymbol{Q}_{\mathrm{C}}\begin{bmatrix} \boldsymbol{u}(n-1) \\ \boldsymbol{u}(n-2) \\ \vdots \\ \boldsymbol{u}(0) \end{bmatrix}. \tag{9.6.3}$$

其中矩阵

$$Q_C = [H \quad GH \quad \cdots \quad G^{n-1}H] \tag{9.6.4}$$

被称为**可达性矩阵**.

可达性是研究从零初始状态到任意非零状态 $\boldsymbol{x}(n)$的转移能力问题. 由式(9.6.3)可以看出,能够找到控制序列 $\boldsymbol{u}(0),\cdots,\boldsymbol{u}(n-1)$的充分必要条件是 $\boldsymbol{Q}_C$ 满秩. 由此可得如下判据.

可达性判据(秩判据) 线性定常离散时间系统状态完全可达的充分必要条件是可达性矩阵满秩,即

$$\text{rank}\boldsymbol{Q}_C = n. \tag{9.6.5}$$

□

可控性是研究任意非零初始状态 $\boldsymbol{x}(0)$到零状态的转移能力问题. 令 $k=n$,并以末态 $\boldsymbol{x}(n)=0$ 代入式(9.6.2)即得

$$-\boldsymbol{G}^n\boldsymbol{x}(0) = [\boldsymbol{H} \quad \boldsymbol{GH} \quad \cdots \quad \boldsymbol{G}^{n-1}\boldsymbol{H}]\begin{bmatrix} \boldsymbol{u}(n-1) \\ \boldsymbol{u}(n-2) \\ \vdots \\ \boldsymbol{u}(0) \end{bmatrix} = \boldsymbol{Q}_C\begin{bmatrix} \boldsymbol{u}(n-1) \\ \boldsymbol{u}(n-2) \\ \vdots \\ \boldsymbol{u}(0) \end{bmatrix}. \tag{9.6.6}$$

如能从上式求得控制序列 $\boldsymbol{u}(0),\cdots,\boldsymbol{u}(n-1)$,则 $\boldsymbol{x}(0)$可控,可用 $\boldsymbol{x}_+$来标记.

在离散系统中,可控性的判断变得比较复杂,因为在式(9.6.6)中 $\boldsymbol{G}^n\boldsymbol{x}(0)$项是否为状态空间的全映射将会影响可控性的判断.

当状态系数矩阵非奇异时,即 $\det\boldsymbol{G}\neq 0$,则 $\det\boldsymbol{G}^n\neq 0$,这时,$\boldsymbol{Q}_C$ 满秩与求得控制序列 $\boldsymbol{u}(0),\cdots,\boldsymbol{u}(n-1)$等价. 但当状态系数矩阵奇异时,即 $\det\boldsymbol{G}=0$,则 $\det\boldsymbol{G}^n=0$,$\boldsymbol{G}^n\boldsymbol{x}(0)$的 n 个分量不独立,即 n 维状态空间被映射为小于 n 维的 $\boldsymbol{G}^n\boldsymbol{x}(0)$空间. 它的极端情况是 $\boldsymbol{G}^n=0$,任意的初始状态 $\boldsymbol{x}(0)$映射为 $\boldsymbol{G}^n\boldsymbol{x}(0)=0$ 一点,故而不管 $\boldsymbol{Q}_C$ 是否满秩,都可以找到控制序列 $\boldsymbol{u}(0)=\cdots=\boldsymbol{u}(n-1)=0$. 所以,$\boldsymbol{Q}_C$ 满秩只是完全可控的充分条件而非必要条件.

可控性判据一(可控性充分条件) 线性定常离散时间系统状态完全可控的充分条件是

$$\text{rank}\boldsymbol{Q}_C = n. \tag{9.6.7}$$

□

可控性判据二(可控性充分必要条件) 线性定常离散时间系统状态完全可控的充分必要条件是

$$\text{rank}\boldsymbol{Q}_C = \text{rank}[\boldsymbol{G}^n \quad \boldsymbol{Q}_C]. \tag{9.6.8}$$

□

综上所述,线性定常离散时间系统的可控性与可达性并不等价. 当状态系数矩阵奇异时,存在可控但不可达的系统.

通常情况下,在离散时间系统中对可达性的讨论比较多.线性定常连续时间系统的可控性讨论结果可以被推广到离散时间系统的可达性.

9.6.2 可达性指数

可达性矩阵(9.6.4)中共有 n 个子分块矩阵,在对矩阵 $\boldsymbol{Q}_{\mathrm{C}}$ 判秩时,可以从左至右每增写一个子块就判断一次矩阵 $\boldsymbol{Q}_{\mathrm{C}}$ 的秩.如果写到第 k 个子块时矩阵 $\boldsymbol{Q}_{\mathrm{C}}$ 的秩为 r,而且增写下一个子块时矩阵 $\boldsymbol{Q}_{\mathrm{C}}$ 的秩不再增加,就可以证明,继续增写右方的子块时,矩阵 $\boldsymbol{Q}_{\mathrm{C}}$ 的秩也不会再增加.这个数 k 被称为系统的**可达性指数**,并被记为 $\mu(r)$,它的定义为

$$\begin{aligned}\mu(r) &= \min\{k \mid \operatorname{rank}[\boldsymbol{H}\ \boldsymbol{G}\boldsymbol{H}\ \cdots\ \boldsymbol{G}^{k-1}\boldsymbol{H}] \\ &= \operatorname{rank}[\boldsymbol{H}\ \boldsymbol{G}\boldsymbol{H}\ \cdots\ \boldsymbol{G}^{k-1}\boldsymbol{H}\ \boldsymbol{G}^{k}\boldsymbol{H}] = r\}\end{aligned} \tag{9.6.9}$$

当系统的状态完全可达时,该系统的可达性指数简记为 μ,说明在可达性矩阵 $\boldsymbol{Q}_{\mathrm{C}}=[\boldsymbol{H}\quad \boldsymbol{G}\boldsymbol{H}\quad \cdots\quad \boldsymbol{G}^{n-1}\boldsymbol{H}]$中,$\boldsymbol{G}^{\mu}\boldsymbol{H}$ 及其以右的共 $n-\mu$ 个子块可以由前 μ 个子块 $\boldsymbol{H},\boldsymbol{G}\boldsymbol{H},\cdots,\boldsymbol{G}^{\mu-1}\boldsymbol{H}$ 组合而成.这样,从控制的观点看,在可达状态表达式(9.6.3)中,后 $n-\mu$ 步的控制序列就成为多余的控制,从而可以被修改为

$$\boldsymbol{x}(\mu) = [\boldsymbol{H}\quad \boldsymbol{G}\boldsymbol{H}\quad \cdots\quad \boldsymbol{G}^{\mu-1}\boldsymbol{H}]\begin{bmatrix}\boldsymbol{u}(\mu-1)\\ \boldsymbol{u}(\mu-2)\\ \vdots\\ \boldsymbol{u}(0)\end{bmatrix}. \tag{9.6.10}$$

于是,完全可达的系统可以在最多 μ 步内达到目标.类似地,从任意初态出发,也可以在最多 μ 步内控制回零.

可达性指数 μ 可以作为比较不同系统受控制能力的一个指标.

例 9.6.1 二阶系统的系数矩阵为

$$\boldsymbol{G} = \begin{bmatrix}0.5 & 0\\ 0 & 0.5\end{bmatrix},\quad \boldsymbol{H} = \begin{bmatrix}1 & 0\\ 0 & 2\end{bmatrix},$$

试讨论其可达性和可控性.

解 系统的可达性矩阵

$$\boldsymbol{Q}_{\mathrm{C}} = \begin{bmatrix}1 & 0 & 0.5 & 0\\ 0 & 2 & 0 & 1\end{bmatrix}$$

满秩,所以系统状态是完全可达的,也是完全可控的.系统的特征值为 0.5 的二重根,在复数平面的单位圆内,所以系统渐近稳定,没有控制加入就可以自动回零,但回零时间间隔将趋向无穷.

若取目标状态 $\bar{\boldsymbol{x}}=[a\quad b]^{\mathrm{T}}$ 代入可达状态表达式,则有

$$\begin{bmatrix} a \\ b \end{bmatrix} = \begin{bmatrix} 1 & 0 & 0.5 & 0 \\ 0 & 2 & 0 & 1 \end{bmatrix} \begin{bmatrix} u_1(1) \\ u_2(1) \\ u_1(0) \\ u_2(0) \end{bmatrix}.$$

(i) 划去 $\boldsymbol{Q}_{\mathrm{C}}$ 的第 2、3 两列，即令 $u_2(1)=u_1(0)=0$，则上式成为

$$\begin{bmatrix} a \\ b \end{bmatrix} = \begin{bmatrix} 1 & 0 \\ 0 & 1 \end{bmatrix} \begin{bmatrix} u_1(1) \\ u_2(0) \end{bmatrix}.$$

由此可以解出 $u_1(1)=a, u_2(0)=b$，两步就可达目标状态，即

$$\boldsymbol{x}(1) = \begin{bmatrix} 0 \\ 2b \end{bmatrix}, \quad \boldsymbol{x}(2) = \begin{bmatrix} a \\ b \end{bmatrix}.$$

(ii) 划去 $\boldsymbol{Q}_{\mathrm{C}}$ 的第 1、2 两列，即令 $u_1(1)=u_2(1)=0$，则由可达状态表达式可解出 $u_1(0)=a, u_2(0)=b/2$，所以一步即可达目标状态

$$\boldsymbol{x}(1) = \begin{bmatrix} a \\ b \end{bmatrix}.$$

显然该系统的可达性指数 $\mu=1$.

当系统状态完全可控时，对任意初态最多 n 步（或 μ 步）回零，本例令 $\boldsymbol{x}(0)=\boldsymbol{x}_+=[1 \quad 4]^{\mathrm{T}}$ 即可以验证. 在本例中，状态系数矩阵 $\boldsymbol{G}$ 为等特征值 0.5 的两个若尔当块，输入至少有两个分量才可以使状态完全可达. 如果输入矩阵改为单列，状态将不完全可达. □

下面再看一个状态系数矩阵奇异的例子.

例 9.6.2　二阶系统的状态系数矩阵和输入系数矩阵为

$$\boldsymbol{G} = \begin{bmatrix} 0 & 1 \\ 0 & 0 \end{bmatrix}, \quad \boldsymbol{h} = \begin{bmatrix} 1 \\ 0 \end{bmatrix},$$

试讨论其可达性和可控性.

解　系统的可达性判别矩阵

$$\boldsymbol{Q}_{\mathrm{C}} = [\boldsymbol{h} \quad \boldsymbol{G}\boldsymbol{h}] = \begin{bmatrix} 1 & 0 \\ 0 & 0 \end{bmatrix}$$

的秩为 1，状态不完全可达. 但是 $[\boldsymbol{Q}_{\mathrm{C}} \quad \boldsymbol{G}^2]$ 的秩也为 1，故状态完全可控.

(i) 不加控制，即取 $u(k)=0$，则对任意初态 $\boldsymbol{x}_+=[a \quad b]^{\mathrm{T}}$，有

$$\boldsymbol{x}(1) = \begin{bmatrix} 0 & 1 \\ 0 & 0 \end{bmatrix} \boldsymbol{x}_+ = \begin{bmatrix} 0 & 1 \\ 0 & 0 \end{bmatrix} \begin{bmatrix} a \\ b \end{bmatrix} = \begin{bmatrix} b \\ 0 \end{bmatrix}, \quad \boldsymbol{x}(2) = \begin{bmatrix} 0 & 1 \\ 0 & 0 \end{bmatrix} \begin{bmatrix} b \\ 0 \end{bmatrix} = \begin{bmatrix} 0 \\ 0 \end{bmatrix}.$$

可见系统的状态在第二步回到原点. 由于系统的特征值为 0 的二重根，所以状态可以两步自动回零，系统具有无穷大的稳定裕度. 而一般渐近稳定系统在 $k \to \infty$ 时才自动回零.

(ii) 系统的可达性指数 $\mu(1)=1$，所以状态也可一步回零. 令任意初始状态 $\boldsymbol{x}(0)=\boldsymbol{x}_+=[a \quad b]^{\mathrm{T}}$，则状态解的第一步为

$$x(1)=\begin{bmatrix}0 & 1\\0 & 0\end{bmatrix}\begin{bmatrix}a\\b\end{bmatrix}+\begin{bmatrix}1\\0\end{bmatrix}u(0).$$

如果取 $u(0)=-b$，则有 $\boldsymbol{x}(1)=[0\quad 0]^{\mathrm{T}}$，状态一步即回到原点.

本系统不是完全可达的，由零初态出发不能达到任意目标状态. 显然，状态的第一个分量可以达到任意目标值，因为由零初态出发，取控制 $u(0)=a$，就可以一步达到目标态 $\boldsymbol{x}(1)=\bar{\boldsymbol{x}}=[a\quad 0]^{\mathrm{T}}$. 但状态的第二个分量是无法控制的，只能永远停留在原点. □

9.6.3 离散时间系统的可观性和可重构性判据

对式(9.6.1)的 n 阶离散时间系统 $\Sigma_T(\boldsymbol{G},\boldsymbol{H},\boldsymbol{C})$，当输入 $\boldsymbol{u}(k)=0$ 时，系统的 n 步输出值为

$$\begin{bmatrix}\boldsymbol{y}(0)\\\boldsymbol{y}(1)\\\vdots\\\boldsymbol{y}(n-1)\end{bmatrix}=\boldsymbol{C}\cdot\begin{bmatrix}\boldsymbol{x}(0)\\\boldsymbol{x}(1)\\\vdots\\\boldsymbol{x}(n-1)\end{bmatrix}=\boldsymbol{C}\cdot\begin{bmatrix}\boldsymbol{x}(0)\\G\boldsymbol{x}(0)\\\vdots\\G^{n-1}\boldsymbol{x}(0)\end{bmatrix}=\begin{bmatrix}\boldsymbol{C}\\\boldsymbol{CG}\\\vdots\\\boldsymbol{CG}^{n-1}\end{bmatrix}\cdot\boldsymbol{x}(0)=\boldsymbol{Q}_{\mathrm{O}}\boldsymbol{x}(0).\tag{9.6.11}$$

其中的矩阵

$$\boldsymbol{Q}_{\mathrm{O}}=\begin{bmatrix}\boldsymbol{C}\\\boldsymbol{CG}\\\vdots\\\boldsymbol{CG}^{n-1}\end{bmatrix}\tag{9.6.12}$$

是系统状态**可观性矩阵**. 显然，当可观性矩阵 $\boldsymbol{Q}_{\mathrm{O}}$ 满秩时，可以根据系统的 n 步输出序列 $\boldsymbol{y}(0),\boldsymbol{y}(1),\cdots,\boldsymbol{y}(n-1)$ 惟一地确定初态 $\boldsymbol{x}(0)$.

可观性判据 线性定常离散时间系统状态完全可观的充分必要条件是可观性矩阵 $\boldsymbol{Q}_{\mathrm{O}}$ 满秩，即

$$\mathrm{rank}\boldsymbol{Q}_{\mathrm{O}}=n.\tag{9.6.13}$$

□

离散时间系统状态可观性与状态可达性是对偶的. 仿照对偶关系，由式(9.6.9)可以得到系统的**可观性指数**

$$v(r)=\min\left\{k\left|\ \mathrm{rank}\begin{bmatrix}\boldsymbol{C}\\\boldsymbol{CG}\\\vdots\\\boldsymbol{CG}^{k-1}\end{bmatrix}=\mathrm{rank}\begin{bmatrix}\boldsymbol{C}\\\boldsymbol{CG}\\\vdots\\\boldsymbol{CG}^{k-1}\\\boldsymbol{CG}^{k}\end{bmatrix}=r\right.\right\}.\tag{9.6.14}$$

在系统完全可观时，可观性指数被简记为 v，说明可观性矩阵式(9.6.12)中，$\boldsymbol{CG}^v$ 及其下方的共 $n-v$ 个子块可以由前 v 个子块 $\boldsymbol{C},\boldsymbol{CG},\cdots,\boldsymbol{CG}^{v-1}$ 组合而成.从确定任意初态 $\boldsymbol{x}(0)$ 的角度看，后 $n-v$ 步的输出序列就成为多余的输出，即式(9.6.11)可以被改写为

$$\begin{bmatrix} \boldsymbol{y}(0) \\ \boldsymbol{y}(1) \\ \vdots \\ \boldsymbol{y}(v-1) \end{bmatrix} = \boldsymbol{C} \cdot \begin{bmatrix} \boldsymbol{x}(0) \\ \boldsymbol{x}(1) \\ \vdots \\ \boldsymbol{x}(v-1) \end{bmatrix} = \begin{bmatrix} \boldsymbol{C} \\ \boldsymbol{CG} \\ \vdots \\ \boldsymbol{CG}^{v-1} \end{bmatrix} \cdot \boldsymbol{x}(0) = \boldsymbol{Q}_v \boldsymbol{x}(0). \tag{9.6.15}$$

其中，$\boldsymbol{Q}_v$ 是由 $\boldsymbol{Q}_{\mathrm{O}}$ 的前 v 行构成的矩阵.于是，完全可观的系统可以根据最多 v 步内的输出序列惟一地确定初态.

离散时间系统状态可达性与状态可观性对偶，状态可控性与状态可重构性对偶.若根据系统 n 步输出序列 $\boldsymbol{y}(0),\boldsymbol{y}(1),\cdots,\boldsymbol{y}(n-1)$ 可以惟一地确定系统末态 $\boldsymbol{x}(n)$，则称系统状态完全**可重构**.显然，当系统完全可观时，系统状态必然完全可重构.即可观性矩阵 $\boldsymbol{Q}_{\mathrm{O}}$ 满秩是系统状态完全可重构的充分条件，而不是必要条件.

一个极端的例子是系统矩阵 $\boldsymbol{G}$ 为零矩阵，该系统状态是完全可重构的，因为不管输出矩阵 $\boldsymbol{C}$ 是什么，也不管可观性矩阵 $\boldsymbol{Q}_{\mathrm{O}}$ 是否满秩，都可以确定末态 $\boldsymbol{x}(n)=0$.

系统状态完全可重构的充分必要条件可以仿照状态可控性的充分必要条件采用对偶关系获得.

可重构性判据　线性定常离散时间系统状态完全可重构的充分必要条件是

$$\mathrm{rank}\boldsymbol{Q}_{\mathrm{O}} = \mathrm{rank}\begin{bmatrix} \boldsymbol{G}^n \\ \boldsymbol{Q}_{\mathrm{O}} \end{bmatrix}. \tag{9.6.16}$$

□

9.6.4　连续时间系统离散化后保持可达和可观的条件

一个完全可达和完全可观的连续时间系统 $\Sigma(\boldsymbol{A},\boldsymbol{B},\boldsymbol{C})$ 经离散化后成为离散时间系统 $\Sigma_T(\boldsymbol{G},\boldsymbol{H},\boldsymbol{C})$，该离散时间系统是否仍然保持完全可达和完全可观的结构性质在计算机控制中是一个十分重要的问题.关于 $\Sigma(\boldsymbol{A},\boldsymbol{B},\boldsymbol{C})$ 与 $\Sigma_T(\boldsymbol{G},\boldsymbol{H},\boldsymbol{C})$ 之间的可达性和可观性，可以有如下一些对应关系：

(1) 如果连续时间系统 $\Sigma(\boldsymbol{A},\boldsymbol{B},\boldsymbol{C})$ 是不完全可达的(或不完全可观的)，则将其离散化后的离散时间系统 $\Sigma_T(\boldsymbol{G},\boldsymbol{H},\boldsymbol{C})$ 仍然是不完全可达的(或不完全可观的).

(2) 如果连续时间系统 $\Sigma(\boldsymbol{A},\boldsymbol{B},\boldsymbol{C})$ 是完全可达的(或完全可观的)，则将其离散化后的离散时间系统 $\Sigma_T(\boldsymbol{G},\boldsymbol{H},\boldsymbol{C})$ 不一定是完全可达的(或完全可观的).

(3) 连续时间系统 $\Sigma(\boldsymbol{A},\boldsymbol{B},\boldsymbol{C})$ 在离散化以后成为离散时间系统 $\Sigma_T(\boldsymbol{G},\boldsymbol{H},\boldsymbol{C})$，该离散时间系统是否保持完全可达和完全可观的结构性质，惟一地取决于采样周期 T

的选择.如果采样周期 T 选择得不合适,会失去连续信号中的有用信息.一个很直观的例子是:如果连续信号是正弦信号,而采样周期恰巧取为正弦信号的周期值,那么得到的采样信号是常数或者是零,从而失去正弦信号中的绝大部分信息.

下面通过一个示例来理解上述对应关系.

例 9.6.3 设连续时间系统的系数矩阵为

$$\boldsymbol{A}=\begin{bmatrix}0 & 1\\ -1 & 0\end{bmatrix},\quad \boldsymbol{b}=\begin{bmatrix}1\\ 0\end{bmatrix},\quad \boldsymbol{c}^{\mathrm{T}}=\begin{bmatrix}0 & 1\end{bmatrix}.$$

试考察离散化后系统的可达性和可观性.

解 连续系统的可达性矩阵和可观性矩阵为

$$\boldsymbol{Q}_{\mathrm{C}}=\begin{bmatrix}\boldsymbol{b} & \boldsymbol{A}\boldsymbol{b}\end{bmatrix}=\begin{bmatrix}1 & 0\\ 0 & -1\end{bmatrix},\quad \boldsymbol{Q}_{\mathrm{O}}=\begin{bmatrix}\boldsymbol{c}^{\mathrm{T}}\\ \boldsymbol{c}^{\mathrm{T}}\boldsymbol{A}\end{bmatrix}=\begin{bmatrix}0 & 1\\ -1 & 0\end{bmatrix}.$$

由于 $\mathrm{rank}\boldsymbol{Q}_{\mathrm{C}}=2$,$\mathrm{rank}\boldsymbol{Q}_{\mathrm{O}}=2$,所以连续时间系统 $\Sigma(\boldsymbol{A},\boldsymbol{b},\boldsymbol{c}^{\mathrm{T}})$ 状态完全可达且完全可观.

将连续时间系统 $\Sigma(\boldsymbol{A},\boldsymbol{b},\boldsymbol{c}^{\mathrm{T}})$ 离散化后成为离散时间系统 $\Sigma_T(\boldsymbol{G},\boldsymbol{h},\boldsymbol{c}^{\mathrm{T}})$ 时,

$$\mathrm{e}^{\boldsymbol{A}t}=\mathcal{L}^{-1}(s\boldsymbol{I}-\boldsymbol{A})^{-1}=\mathcal{L}^{-1}\begin{bmatrix}s & -1\\ 1 & s\end{bmatrix}^{-1}$$

$$=\mathcal{L}^{-1}\begin{bmatrix}\dfrac{s}{s^2+1} & \dfrac{1}{s^2+1}\\ \dfrac{-1}{s^2+1} & \dfrac{s}{s^2+1}\end{bmatrix}^{-1}=\begin{bmatrix}\cos t & \sin t\\ -\sin t & \cos t\end{bmatrix},$$

$$\boldsymbol{G}=\mathrm{e}^{\boldsymbol{A}T}=\mathrm{e}^{\boldsymbol{A}t}\big|_{t=T}=\begin{bmatrix}\cos T & \sin T\\ -\sin T & \cos T\end{bmatrix},$$

$$\boldsymbol{h}=\int_0^T \mathrm{e}^{\boldsymbol{A}\tau}\mathrm{d}\tau\cdot\boldsymbol{b}=\begin{bmatrix}\sin T\\ \cos T-1\end{bmatrix},\quad \boldsymbol{c}^{\mathrm{T}}=\begin{bmatrix}0 & 1\end{bmatrix}.$$

离散系统的可达性矩阵和可观性矩阵分别为

$$\boldsymbol{Q}_{\mathrm{C}}=\begin{bmatrix}\boldsymbol{h} & \boldsymbol{G}\boldsymbol{h}\end{bmatrix}=\begin{bmatrix}\sin T & -\sin T+2\cos T\sin T\\ \cos T-1 & \cos^2 T-\sin^2 T-\cos T\end{bmatrix},$$

$$\boldsymbol{Q}_{\mathrm{O}}=\begin{bmatrix}\boldsymbol{c}^{\mathrm{T}}\\ \boldsymbol{c}^{\mathrm{T}}\boldsymbol{G}\end{bmatrix}=\begin{bmatrix}0 & 1\\ -\sin T & \cos T\end{bmatrix}.$$

它们的行列式分别为 $\det\boldsymbol{Q}_{\mathrm{C}}=2\sin T(\cos T-1)$,$\det\boldsymbol{Q}_{\mathrm{O}}=\sin T$.

显然这两个矩阵是否满秩,惟一地取决于采样周期 T 的大小.当 $T=k\pi$ 时,两个判别矩阵均降秩;而 $T\neq k\pi$ 时,两个判别矩阵均满秩.这说明,连续时间系统 $\Sigma(\boldsymbol{A},\boldsymbol{b},\boldsymbol{c}^{\mathrm{T}})$ 离散化后的离散时间系统 $\Sigma_T(\boldsymbol{G},\boldsymbol{h},\boldsymbol{c}^{\mathrm{T}})$ 保持完全可达和完全可观是有条件的. □

下面不加证明地给出有关定理.

定理 9.6.1 线性定常连续时间系统经离散化后的离散时间系统保持完全可达和完全可观的充分条件是:对状态系数矩阵 $\boldsymbol{A}$ 的特征值中所有实部相等的根,

即符合 $\mathrm{Re}(\lambda_i-\lambda_j)=0$ 的根 λ_i 和 λ_j，其虚部应当满足

$$\mathrm{Im}(\lambda_i-\lambda_j)\neq\frac{2k\pi}{T},\quad (k=\pm1,\pm2,\cdots),\tag{9.6.17}$$

□

注意，状态系数矩阵 $\boldsymbol{A}$ 的特征值中所有实部相等的根都要两两相判，例如系统矩阵 $\boldsymbol{A}$ 有 $-3\pm\mathrm{j}$ 和 $-3\pm\mathrm{j}2$ 这样 4 个实部相等的特征值，则采样周期 T 的选择应满足 6 个不等式：

$$T\neq\frac{2k\pi}{1-(-1)},\quad T\neq\frac{2k\pi}{1-(-2)},\quad T\neq\frac{2k\pi}{1-2},\quad T\neq\frac{2k\pi}{-1-(-2)},$$

$$T\neq\frac{2k\pi}{-1-2},\quad T\neq\frac{2k\pi}{2-(-2)}.$$

剔除无意义的和重复的不等式后，采样周期 T 的选择条件为

$$T\neq k\pi,\quad T\neq\frac{2}{3}k\pi,\quad T\neq\frac{1}{2}k\pi,\quad (k=1,2,\cdots).$$

这里需要说明，当特征值 λ_i 和 λ_j 是实根时，不论它们是相等还是不相等，采样周期 T 的选择都不受限制. 只有当特征值有实部相等的复数根时，采样周期 T 的选择才受到式(9.6.17)的限制. 在上面的例 9.6.3 中，状态系数矩阵 $\boldsymbol{A}$ 有两个实部相等的根 $\lambda_1=\mathrm{j}$ 和 $\lambda_2=-\mathrm{j}$. 将其代入式(9.6.15)可知，当 $T\neq k\pi$ 时，能使 $\Sigma_T(\boldsymbol{G},\boldsymbol{H},\boldsymbol{C})$ 保持完全可达和完全可观，这与例题中的分析结果是一致的.

9.6.5 单输入系统可达性矩阵行列式的值与可达程度

线性定常离散时间系统的可达状态表达式为式(9.6.3). 在输入为标量的情况下，可以将输入系数矩阵简记为向量 $\boldsymbol{h}$. 当可达性矩阵 $\boldsymbol{Q}_\mathrm{C}=[\boldsymbol{h}\quad \boldsymbol{G}\boldsymbol{h}\quad\cdots\quad \boldsymbol{G}^{n-1}\boldsymbol{h}]$ 非奇异时，给定目标状态 $\boldsymbol{x}(n)$ 就可以解出控制序列

$$\begin{bmatrix}u(n-1)\\u(n-2)\\\vdots\\u(0)\end{bmatrix}=\boldsymbol{Q}_\mathrm{C}^{-1}\boldsymbol{x}(n).\tag{9.6.18}$$

其中，可达性矩阵 $\boldsymbol{Q}_\mathrm{C}$ 的行列式值的大小，对解出的控制序列 $u(0),u(1),\cdots,u(n-1)$ 的大小有很大影响，即对控制的能量大小有很大影响. 下面通过一个示例来说明这个问题.

例 9.6.4　设单输入离散系统的系数矩阵为

$$\boldsymbol{G}=\begin{bmatrix}\lambda_1&0\\0&\lambda_2\end{bmatrix},\quad \boldsymbol{h}=\begin{bmatrix}1\\a\end{bmatrix}.$$

讨论不同特征值及输入系数对系统可达性的影响.

解　可达性矩阵的行列式为

$$\det \boldsymbol{Q}_{\mathrm{C}}=\det\begin{bmatrix}1 & \lambda_1\\ a & a\lambda_2\end{bmatrix}=a(\lambda_2-\lambda_1),$$

可达性矩阵的逆矩阵为

$$\boldsymbol{Q}_{\mathrm{C}}^{-1}=\frac{1}{a(\lambda_2-\lambda_1)}\times\begin{bmatrix}a\lambda_2 & -\lambda_1\\ -a & 1\end{bmatrix}.$$

显然,当特征值 λ_2 与 λ_1 不相等且 a 不为零时,其行列式不为零,系统状态完全可达,可以解出控制序列;否则,不能解出控制序列.

如果目标状态为 $\boldsymbol{x}(2)=[x_1\quad x_2]^{\mathrm{T}}$,则控制序列的解为

$$\begin{bmatrix}u(1)\\ u(0)\end{bmatrix}=\boldsymbol{Q}_{\mathrm{C}}^{-1}\boldsymbol{x}(2)=\frac{1}{a(\lambda_2-\lambda_1)}\times\begin{bmatrix}a\lambda_2x_1-\lambda_1x_2\\ -ax_1+x_2\end{bmatrix}.$$

(1) 令特征值 $\lambda_1=0.1$、$\lambda_2=0.2$.

(i) 设目标状态为 $\boldsymbol{x}(2)=[0\quad 1]^{\mathrm{T}}$. 这时控制序列的解为

$$\begin{bmatrix}u(1)\\ u(0)\end{bmatrix}=\boldsymbol{Q}_{\mathrm{C}}^{-1}\boldsymbol{x}(2)=\frac{1}{a(\lambda_2-\lambda_1)}\times\begin{bmatrix}-\lambda_1\\ 1\end{bmatrix}=\frac{1}{0.1a}\times\begin{bmatrix}-0.1\\ 1\end{bmatrix}.$$

系数 a 取不同值时,可达性矩阵的行列式与控制序列的解如下表所示:

a	1	0.1	0.01	10^{-3}
$\det\boldsymbol{Q}_{\mathrm{C}}$	0.1	0.01	10^{-3}	10^{-4}
$\begin{bmatrix}u(1)\\ u(0)\end{bmatrix}$	$\begin{bmatrix}-1\\ 10\end{bmatrix}$	$\begin{bmatrix}-10\\ 100\end{bmatrix}$	$\begin{bmatrix}-100\\ 10^3\end{bmatrix}$	$\begin{bmatrix}-10^3\\ 10^4\end{bmatrix}$

显然,$\det\boldsymbol{Q}_{\mathrm{C}}$ 与系数 a 成正比例,而需要的控制幅值与系数 a 成反比例.

(ii) 设目标状态为 $\boldsymbol{x}(2)=[1\quad 0]^{\mathrm{T}}$. 这时控制序列的解为

$$\begin{bmatrix}u(1)\\ u(0)\end{bmatrix}=\boldsymbol{Q}_{\mathrm{C}}^{-1}\boldsymbol{x}(2)=\frac{1}{a(\lambda_2-\lambda_1)}\times\begin{bmatrix}a\lambda_2\\ -a\end{bmatrix}=\frac{1}{0.1}\times\begin{bmatrix}\lambda_2\\ -1\end{bmatrix}=\begin{bmatrix}2\\ -10\end{bmatrix}.$$

此时,不论系数 a 取何值,控制序列的解是固定的,这是由于

$$\boldsymbol{Q}_{\mathrm{C}}\cdot\begin{bmatrix}u(1)\\ u(0)\end{bmatrix}=\begin{bmatrix}1 & \lambda_1\\ a & a\lambda_2\end{bmatrix}\begin{bmatrix}2\\ -10\end{bmatrix}=\begin{bmatrix}1\\ 0\end{bmatrix}=\boldsymbol{x}(2),$$

它与系数 a 无关. 即使 $a=0$,系统不完全可达,但由于目标状态取为 $\boldsymbol{x}(2)=[1\quad 0]^{\mathrm{T}}$,与 $\boldsymbol{h}=[1\quad 0]^{\mathrm{T}}$ 方向一致,目标状态在可达子空间里,所以 $\boldsymbol{x}(2)=[1\quad 0]^{\mathrm{T}}$ 仍是可达的.

(iii) 设目标状态为 $\boldsymbol{x}(2)=[1\quad 1]^{\mathrm{T}}$. 这时控制序列的解为

$$\begin{bmatrix}u(1)\\ u(0)\end{bmatrix}=\boldsymbol{Q}_{\mathrm{C}}^{-1}\boldsymbol{x}(2)=\frac{1}{a(\lambda_2-\lambda_1)}\times\begin{bmatrix}a\lambda_2-\lambda_1\\ -a+1\end{bmatrix}=\frac{1}{0.1a}\times\begin{bmatrix}a\lambda_2-\lambda_1\\ -a+1\end{bmatrix}.$$

系数 a 取不同值时,可达性矩阵的行列式与控制序列的解如下表所示:

a	1	0.1	0.01	10^{-3}
$\det\boldsymbol{Q}_C$	0.1	0.01	10^{-3}	10^{-4}
$\begin{bmatrix}u(1)\\u(0)\end{bmatrix}$	$\begin{bmatrix}0.1\\0\end{bmatrix}$	$\begin{bmatrix}-8\\90\end{bmatrix}$	$\begin{bmatrix}-98\\990\end{bmatrix}$	$\begin{bmatrix}-998\\9990\end{bmatrix}$

除系数 $a=1$ 外，与(i)的结果相差不多，也是 $\det\boldsymbol{Q}_C$ 越小，需要的控制幅值越大.

(2) 令输入系数矩阵的两个元素都为 1，即 $\boldsymbol{h}=[1\quad 1]^T$；特征值 $\lambda_1=0.1$、$\lambda_2=\beta\lambda_1=0.1\beta$. 这时可达性矩阵的行列式为

$$\det\boldsymbol{Q}_C=\det\begin{bmatrix}1 & \lambda_1\\1 & \lambda_2\end{bmatrix}=(\lambda_2-\lambda_1)=0.1(\beta-1),$$

可达性矩阵的逆矩阵为

$$\boldsymbol{Q}_C^{-1}=\frac{1}{\lambda_2-\lambda_1}\times\begin{bmatrix}\lambda_2 & -\lambda_1\\-1 & 1\end{bmatrix}=\frac{10}{\beta-1}\times\begin{bmatrix}0.1\beta & -0.1\\-1 & 1\end{bmatrix}.$$

显然，当特征值 λ_2 与 λ_1 不相等，即 $\beta\neq1$ 时，其行列式不为零，系统状态完全可达，可以解出控制序列，否则，不能解出控制序列.

如果目标状态为 $\boldsymbol{x}(2)=[x_1\quad x_2]^T$，则控制序列的解为

$$\begin{bmatrix}u(1)\\u(0)\end{bmatrix}=\boldsymbol{Q}_C^{-1}\boldsymbol{x}(2)=\frac{1}{\lambda_2-\lambda_1}\times\begin{bmatrix}\lambda_2x_1-\lambda_1x_2\\-x_1+x_2\end{bmatrix}=\frac{10}{\beta-1}\times\begin{bmatrix}0.1\beta x_1-0.1x_2\\-x_1+x_2\end{bmatrix}.$$

(i) 设目标状态为 $\boldsymbol{x}(2)=[0\quad 1]^T$. 这时控制序列的解为

$$\begin{bmatrix}u(1)\\u(0)\end{bmatrix}=\frac{10}{\beta-1}\times\begin{bmatrix}-0.1\\1\end{bmatrix}.$$

系数 β 取不同值时，可达性矩阵的行列式与控制序列的解如下表所示：

β	0.5	0.8	0.9	0.99	1	1.01	1.1	1.2	1.5
$\det\boldsymbol{Q}_C$	-0.05	-0.02	-0.01	-10^{-3}	0	10^{-3}	0.01	0.02	0.05
$\begin{bmatrix}u(1)\\u(0)\end{bmatrix}$	$\begin{bmatrix}2\\-20\end{bmatrix}$	$\begin{bmatrix}5\\-50\end{bmatrix}$	$\begin{bmatrix}10\\-10^2\end{bmatrix}$	$\begin{bmatrix}10^2\\-10^3\end{bmatrix}$	$\begin{bmatrix}\infty\\\infty\end{bmatrix}$	$\begin{bmatrix}-10^2\\10^3\end{bmatrix}$	$\begin{bmatrix}-10\\100\end{bmatrix}$	$\begin{bmatrix}-5\\50\end{bmatrix}$	$\begin{bmatrix}-2\\20\end{bmatrix}$

显然，β 越接近 1，$\det\boldsymbol{Q}_C$ 绝对值越小，则需要的控制幅值越大.

(ii) 设目标状态为 $\boldsymbol{x}(2)=[1\quad 0]^T$. 这时控制序列的解为

$$\begin{bmatrix}u(1)\\u(0)\end{bmatrix}=\frac{10}{\beta-1}\times\begin{bmatrix}0.1\beta\\-1\end{bmatrix}.$$

系数 β 取不同值时，可达性矩阵的行列式与控制序列的解如下表所示：

β	0.5	0.8	0.9	0.99	1	1.01	1.1	1.2	1.5
$\det\boldsymbol{Q}_C$	-0.05	-0.02	-0.01	-10^{-3}	0	10^{-3}	0.01	0.02	0.05
$\begin{bmatrix}u(1)\\u(0)\end{bmatrix}$	$\begin{bmatrix}-1\\20\end{bmatrix}$	$\begin{bmatrix}-4\\50\end{bmatrix}$	$\begin{bmatrix}-9\\100\end{bmatrix}$	$\begin{bmatrix}-99\\10^3\end{bmatrix}$	$\begin{bmatrix}\infty\\\infty\end{bmatrix}$	$\begin{bmatrix}101\\-10^3\end{bmatrix}$	$\begin{bmatrix}11\\-10^2\end{bmatrix}$	$\begin{bmatrix}6\\-50\end{bmatrix}$	$\begin{bmatrix}3\\-20\end{bmatrix}$

显然,β越接近1,$\det \boldsymbol{Q}_C$绝对值越小,则需要的控制幅值越大.

(iii) 设目标状态为$\boldsymbol{x}(2)=[1 \quad 1]^T$.这时控制序列的解为

$$\begin{bmatrix} u(1) \\ u(0) \end{bmatrix} = \frac{10}{\beta-1} \times \begin{bmatrix} 0.1\beta-0.1 \\ 0 \end{bmatrix} = \begin{bmatrix} 1 \\ 0 \end{bmatrix}.$$

所以无论系数β取何值,控制序列的解都是固定的.这是由于目标状态与$\boldsymbol{h}=[1 \quad 1]^T$方向一致.在这种情况下,还可以取控制$u(0)=1$,一步达到目标

$$\boldsymbol{x}(1) = \boldsymbol{h}u(0) = \begin{bmatrix} 1 \\ 1 \end{bmatrix}.$$

也就是说,即使$\beta=1$,系统不完全可达,但由于目标状态在可达子空间里,所以$\boldsymbol{x}(1)=[1 \quad 1]^T$和$\boldsymbol{x}(2)=[1 \quad 1]^T$都是可达的. □

9.7 系统的结构分解

结构分解的实质是以明显的形式,将不完全可控或(和)不完全可观的系统分解为四部分:不可控且不可观部分、可控但不可观部分、不可控但可观部分、可控且可观部分.下文称这种分解为标准分解.该标准分解亦被称为卡尔曼分解.系统结构分解的目的是更深入地了解系统的结构特性,并更深入地揭示状态空间描述和输入输出描述间的关系.本节着重讨论系统结构分解的形式和途径,以及标准分解的条件.

9.7.1 线性定常系统按可控性分解

线性定常系统按可控性分解的直观方法是,先将系统化为特征值规范型,以便于区分可控分量和不可控分量,进而进行相应的行列变换,将系统可控部分和不可控部分区分开.在例9.3.4曾经演示过这一方法.

式(9.3.15)是不完全可控系统按可控性分解的**上三角分块规范型**,现重写如下

$$\left.\begin{aligned} \begin{bmatrix} \dot{\tilde{\boldsymbol{x}}}_1 \\ \dot{\tilde{\boldsymbol{x}}}_2 \end{bmatrix} &= \begin{bmatrix} \widetilde{\boldsymbol{A}}_{11} & \widetilde{\boldsymbol{A}}_{12} \\ 0 & \widetilde{\boldsymbol{A}}_{22} \end{bmatrix} \begin{bmatrix} \boldsymbol{x}_1 \\ \boldsymbol{x}_2 \end{bmatrix} + \begin{bmatrix} \widetilde{\boldsymbol{B}}_1 \\ 0 \end{bmatrix} u \\ \boldsymbol{y} &= [\widetilde{\boldsymbol{C}}_1 \quad \widetilde{\boldsymbol{C}}_2] \begin{bmatrix} \boldsymbol{x}_1 \\ \boldsymbol{x}_2 \end{bmatrix} \end{aligned}\right\}. \tag{9.7.1}$$

其中,$\tilde{\boldsymbol{x}}_1 \in X_C^+$是$k$维可控分状态,$\tilde{\boldsymbol{x}}_2 \in S$是$n-k$维不可控分状态.式(9.7.1)表明,一个不完全可控的系统可以显式地分为可控部分和不可控部分.

k维可控部分

$$\left.\begin{aligned}\dot{\tilde{\boldsymbol{x}}}_1&=\widetilde{\boldsymbol{A}}_{11}\tilde{\boldsymbol{x}}_1+\widetilde{\boldsymbol{A}}_{12}\tilde{\boldsymbol{x}}_2+\widetilde{\boldsymbol{B}}_1\boldsymbol{u}\\ \boldsymbol{y}_1&=\widetilde{\boldsymbol{C}}_1\tilde{\boldsymbol{x}}_1\end{aligned}\right\}\tag{9.7.2}$$

是系统的一个子系统，称为**可控子系统**，它具有 k 个可控模态；而 $n-k$ 维不可控部分

$$\left.\begin{aligned}\dot{\tilde{\boldsymbol{x}}}_2&=\widetilde{\boldsymbol{A}}_{22}\tilde{\boldsymbol{x}}_2\\ \boldsymbol{y}_2&=\widetilde{\boldsymbol{C}}_2\tilde{\boldsymbol{x}}_2\end{aligned}\right\}\tag{9.7.3}$$

称为**不可控子系统**，它具有 $n-k$ 个不可控模态.

按可控性分解的一般形式(9.7.1)的特点是具有两个为零的分块矩阵，$\widetilde{\boldsymbol{B}}_2=0$ 表明从控制输入 $\boldsymbol{u}$ 到分状态 $\tilde{\boldsymbol{x}}_2$ 的直接联系被切断，$\widetilde{\boldsymbol{A}}_{21}=0$ 表明从控制输入 $\boldsymbol{u}$ 通过可控分状态 $\tilde{\boldsymbol{x}}_1$ 到分状态 $\tilde{\boldsymbol{x}}_2$ 的间接联系也被切断. 从而分状态 $\tilde{\boldsymbol{x}}_2$ 与控制输入 $\boldsymbol{u}$ 没有任何联系，所以分状态 $\tilde{\boldsymbol{x}}_2$ 是不可控的.

在 9.3.3 小节中，讨论了状态空间按正交分解的形式 $X=X_C^+\oplus X_C^-$. 不过，正交补空间 X_C^- 的基很难寻找，所以采用状态空间的一般分解形式 $X=X_C^+\oplus S$，其中可控子空间 X_C^+ 由 $\boldsymbol{Q}_C$ 的列向量张成，而补空间 S 的基与 $\boldsymbol{Q}_C$ 的列向量无关即可.

线性定常系统按可控性分解的一般方法如下. 设不完全可控系统的可控性矩阵的秩 $\operatorname{rank}\boldsymbol{Q}_C=k<n$，那么，从 $\boldsymbol{Q}_C$ 中选出 k 个线性无关的列向量 $\boldsymbol{t}_1,\cdots,\boldsymbol{t}_k$ 可以张成可控子空间 X_C^+. 再另选 $n-k$ 个线性无关列向量 $\boldsymbol{t}_{k+1},\cdots,\boldsymbol{t}_n$ 张成补空间 S，即可构成坐标变换矩阵

$$\boldsymbol{T}=[\boldsymbol{t}_1\ \cdots\ \boldsymbol{t}_k\ \ \boldsymbol{t}_{k+1}\ \cdots\ \boldsymbol{t}_n].\tag{9.7.4}$$

将其逆矩阵表示为

$$\boldsymbol{T}^{-1}=\begin{bmatrix}\boldsymbol{l}_1^{\mathrm{T}}\\ \vdots\\ \boldsymbol{l}_k^{\mathrm{T}}\\ \boldsymbol{l}_{k+1}^{\mathrm{T}}\\ \vdots\\ \boldsymbol{l}_n^{\mathrm{T}}\end{bmatrix}.\tag{9.7.5}$$

则坐标变换矩阵式(9.7.4)及其逆矩阵式(9.7.5)具有以下三点性质.

(1) $\boldsymbol{l}_i^{\mathrm{T}}\boldsymbol{t}_j=0,i=k+1,\cdots,n,j=1,2,\cdots,k.$　　(9.7.6)

因为 $\boldsymbol{t}_1,\cdots,\boldsymbol{t}_k$ 是可控性矩阵的列向量，故而是可控子空间 X_C^+ 的元素. 展开 $\boldsymbol{T}^{-1}\boldsymbol{T}=0$，就可以得到 $\boldsymbol{l}_i^{\mathrm{T}}\boldsymbol{t}_j=0$ 的结论. 这个性质说明 $\boldsymbol{l}_{k+1},\cdots,\boldsymbol{l}_n$ 是 X_C^+ 的正交补空间的元素.

(2) $\boldsymbol{l}_i^{\mathrm{T}}\boldsymbol{A}\boldsymbol{t}_j=0,i=k+1,\cdots,n,j=1,2,\cdots,k.$　　(9.7.7)

向量 $\boldsymbol{t}_1,\cdots,\boldsymbol{t}_k$ 是可控子空间 X_C^+ 的元素，而可控子空间 X_C^+ 是 $\boldsymbol{A}$ 的不变子空间，所以 $\boldsymbol{A}\boldsymbol{t}_1,\cdots,\boldsymbol{A}\boldsymbol{t}_k$ 也是可控子空间 X_C^+ 的元素，从而式(9.7.7)成立. 这个性质说明，变换后的状态系数矩阵 $\widetilde{\boldsymbol{A}}=\boldsymbol{T}^{-1}\boldsymbol{A}\boldsymbol{T}$ 中，第 $k+1$ 行至第 n 行、第1列至第 k 列的元素为零，即式(9.7.1)中分块矩阵 $\widetilde{\boldsymbol{A}}_{21}=0$.

(3) $\boldsymbol{l}_i^{\mathrm{T}}\boldsymbol{B}=0, i=k+1,\cdots,n.$ (9.7.8)

这是因为矩阵 $\boldsymbol{B}$ 的列是 $\boldsymbol{Q}_C$ 中的列向量，所以也是 $\boldsymbol{t}_1,\cdots,\boldsymbol{t}_k$ 的线性组合，故而式(9.7.8)成立. 这个性质说明，变换后的输入系数矩阵 $\widetilde{\boldsymbol{B}}=\boldsymbol{T}^{-1}\boldsymbol{B}$ 中，第 $k+1$ 行至第 n 行为零，即式(9.7.1)中分块矩阵 $\widetilde{\boldsymbol{B}}_2=0$.

不完全可控的系统按可控性分解还存在另外一种**下三角分块规范型**

$$\left.\begin{aligned}\begin{bmatrix}\dot{\boldsymbol{x}}_1\\ \dot{\boldsymbol{x}}_2\end{bmatrix}&=\begin{bmatrix}\widetilde{\boldsymbol{A}}_{11} & 0\\ \widetilde{\boldsymbol{A}}_{21} & \widetilde{\boldsymbol{A}}_{22}\end{bmatrix}\begin{bmatrix}\boldsymbol{x}_1\\ \boldsymbol{x}_2\end{bmatrix}+\begin{bmatrix}0\\ \widetilde{\boldsymbol{B}}_2\end{bmatrix}\boldsymbol{u}\\ \boldsymbol{y}&=\begin{bmatrix}\widetilde{\boldsymbol{C}}_1 & \widetilde{\boldsymbol{C}}_2\end{bmatrix}\begin{bmatrix}\boldsymbol{x}_1\\ \boldsymbol{x}_2\end{bmatrix}\end{aligned}\right\}. \tag{9.7.9}$$

其中，$\tilde{\boldsymbol{x}}_2\in X_C^+$ 是 k 维可控分状态，$\tilde{\boldsymbol{x}}_1\in S$ 是 $n-k$ 维不可控分状态. k 维可控子系统为

$$\left.\begin{aligned}\dot{\tilde{\boldsymbol{x}}}_2&=\widetilde{\boldsymbol{A}}_{21}\tilde{\boldsymbol{x}}_1+\widetilde{\boldsymbol{A}}_{22}\tilde{\boldsymbol{x}}_2+\widetilde{\boldsymbol{B}}_2\boldsymbol{u}\\ \boldsymbol{y}_2&=\widetilde{\boldsymbol{C}}_2\tilde{\boldsymbol{x}}_2\end{aligned}\right\}, \tag{9.7.10}$$

$n-k$ 维不可控子系统为

$$\left.\begin{aligned}\dot{\tilde{\boldsymbol{x}}}_1&=\widetilde{\boldsymbol{A}}_{11}\tilde{\boldsymbol{x}}_1\\ \boldsymbol{y}_1&=\widetilde{\boldsymbol{C}}_1\tilde{\boldsymbol{x}}_1\end{aligned}\right\}. \tag{9.7.11}$$

按可控性分解的下三角分块规范型(9.7.9)的特点是具有两个为零的分块矩阵，$\widetilde{\boldsymbol{B}}_1=0$ 表明从控制输入 $\boldsymbol{u}$ 到分状态 $\tilde{\boldsymbol{x}}_1$ 的直接联系被切断，$\widetilde{\boldsymbol{A}}_{12}=0$ 表明从控制输入 $\boldsymbol{u}$ 通过可控分状态 $\tilde{\boldsymbol{x}}_2$ 到分状态 $\tilde{\boldsymbol{x}}_1$ 的间接联系也被切断. 从而分状态 $\tilde{\boldsymbol{x}}_1$ 与控制输入 $\boldsymbol{u}$ 没有任何联系，故而分状态 $\tilde{\boldsymbol{x}}_1$ 是不可控的.

根据以上讨论很容易得出以下结论：**线性定常系统 $\Sigma(\boldsymbol{A},\boldsymbol{B},\boldsymbol{C})$ 经过坐标变换化为可控性分解规范型(9.7.1)和(9.7.9)的充分必要条件是系统状态不完全可控.**

值得注意的是，对线性时变系统，状态不完全可控只是时变系统 $\Sigma[\boldsymbol{A}(t),\boldsymbol{B}(t),\boldsymbol{C}(t)]$ 经过坐标变换化为按可控规范型的必要条件，因为迄今为止，对时变系统没有找到分解的方法.

例 9.7.1 已知系统系数矩阵

$$A=\begin{bmatrix}-2 & 2 & -1\\ 0 & -2 & 0\\ 1 & -4 & 0\end{bmatrix},\quad b=\begin{bmatrix}0\\0\\1\end{bmatrix},\quad c^{\mathrm{T}}=[1\quad -1\quad 1].$$

试判断它的可控性,如果不完全可控,则找出它的可控子系统.

解　系统可控性矩阵为

$$Q_{\mathrm{C}}=[b\quad Ab\quad A^2b]=\begin{bmatrix}0 & -1 & 2\\ 0 & 0 & 0\\ 1 & 0 & -1\end{bmatrix}.$$

因为 $\mathrm{rank}Q_{\mathrm{C}}=2<3$,所以系统不完全可控.从可控性矩阵中选出线性无关的前两列,再添加线性无关的第三列构成坐标变换矩阵,则变换矩阵与它的逆矩阵为

$$T=\begin{bmatrix}0 & -1 & 0\\ 0 & 0 & 1\\ 1 & 0 & 0\end{bmatrix},\quad T^{-1}=\begin{bmatrix}0 & 0 & 1\\ -1 & 0 & 0\\ 0 & 1 & 0\end{bmatrix}.$$

坐标变换后规范型的系数矩阵

$$\widetilde{A}=T^{-1}AT=\begin{bmatrix}0 & 0 & 1\\ -1 & 0 & 0\\ 0 & 1 & 0\end{bmatrix}\begin{bmatrix}-2 & 2 & -1\\ 0 & -2 & 0\\ 1 & -4 & 0\end{bmatrix}\begin{bmatrix}0 & -1 & 0\\ 0 & 0 & 1\\ 1 & 0 & 0\end{bmatrix}=\begin{bmatrix}0 & -1 & -4\\ 1 & -2 & -2\\ 0 & 0 & -2\end{bmatrix},$$

$$\widetilde{b}=T^{-1}b=\begin{bmatrix}0 & 0 & 1\\ -1 & 0 & 0\\ 0 & 1 & 0\end{bmatrix}\begin{bmatrix}0\\0\\1\end{bmatrix}=\begin{bmatrix}1\\0\\0\end{bmatrix},$$

$$\widetilde{c}^{\mathrm{T}}=c^{\mathrm{T}}T=[1\quad -1\quad 1]\begin{bmatrix}0 & -1 & 0\\ 0 & 0 & 1\\ 1 & 0 & 0\end{bmatrix}=[1\quad -1\quad -1].$$

可控子系统为

$$\begin{cases}\begin{bmatrix}\dot{\widetilde{x}}_1\\ \dot{\widetilde{x}}_2\end{bmatrix}=\begin{bmatrix}0 & -1\\ 1 & -2\end{bmatrix}\begin{bmatrix}\widetilde{x}_1\\ \widetilde{x}_2\end{bmatrix}+\begin{bmatrix}-4\\ -2\end{bmatrix}\widetilde{x}_3+\begin{bmatrix}1\\0\end{bmatrix}u\\ y_1=[1\quad -1]\begin{bmatrix}\widetilde{x}_1\\ \widetilde{x}_2\end{bmatrix}\end{cases}.$$

由于$\widetilde{x}=T^{-1}x$,所以可控子系统状态变量与原系统状态的关系为 $\widetilde{x}_1=x_3$,$\widetilde{x}_2=-x_1$.即原系统的第一个和第三个状态变量是可控分量.

不可控子系统为

$$\begin{cases}\dot{\widetilde{x}}_3=-2\,\widetilde{x}_3\\ y_2=-\widetilde{x}_3\end{cases}.$$

不可控子系统状态变量与原系统状态的关系为 $\widetilde{x}_3=x_2$,即原系统的第二个状态变量是不可控分量.

如果重新排列上述坐标变换矩阵的列向量，将从可控性矩阵选出的线性无关两列排在后两列，而将添加的线性无关列作为第一列，构成新的坐标变换矩阵，则有

$$\boldsymbol{T}=\begin{bmatrix}0&0&-1\\1&0&0\\0&1&0\end{bmatrix},\quad \boldsymbol{T}^{-1}=\begin{bmatrix}0&1&0\\0&0&1\\-1&0&0\end{bmatrix}.$$

坐标变换后的系数矩阵为下三角分块规范型系数矩阵为

$$\widetilde{\boldsymbol{A}}=\boldsymbol{T}^{-1}\boldsymbol{A}\boldsymbol{T}=\begin{bmatrix}-2&0&0\\-4&0&-1\\-2&1&-2\end{bmatrix},\quad \widetilde{\boldsymbol{b}}=\boldsymbol{T}^{-1}\boldsymbol{b}=\begin{bmatrix}0\\1\\0\end{bmatrix},$$

$$\widetilde{\boldsymbol{c}}^{\mathrm{T}}=\boldsymbol{c}^{\mathrm{T}}\boldsymbol{T}=\begin{bmatrix}-1&1&-1\end{bmatrix}.$$

可控子系统为

$$\begin{cases}\begin{bmatrix}\dot{\tilde{x}}_2\\\dot{\tilde{x}}_3\end{bmatrix}=\begin{bmatrix}0&-1\\1&-2\end{bmatrix}\begin{bmatrix}\tilde{x}_2\\\tilde{x}_3\end{bmatrix}+\begin{bmatrix}-4\\-2\end{bmatrix}\tilde{x}_3+\begin{bmatrix}1\\0\end{bmatrix}u\\ y_2=\begin{bmatrix}1&-1\end{bmatrix}\begin{bmatrix}\tilde{x}_2\\\tilde{x}_3\end{bmatrix}\end{cases}.$$

由于$\tilde{\boldsymbol{x}}=\boldsymbol{T}^{-1}\boldsymbol{x}$，所以可控子系统状态变量与原系统状态的关系为 $\tilde{x}_2=x_3$，$\tilde{x}_3=-x_1$. 即原系统的第一个和第三个状态变量是可控分量.

不可控子系统为

$$\begin{cases}\dot{\tilde{x}}_1=-2\tilde{x}_1\\ y_1=-\tilde{x}_1\end{cases}.$$

不可控子系统状态变量与原系统状态的关系为 $\tilde{x}_1=x_2$，仍然表明原系统的第二个状态变量是不可控分量. □

9.7.2　线性定常系统按可观性分解

线性定常系统按可观性分解的直观方法是，先将系统化为特征值规范型以便区分可观分量和不可观分量，再进行相应的行列变换，将系统可观部分和不可观部分区分开，如例 9.4.2 所示.

式(9.4.22)是不完全可观系统按可观性分解的下三角分块规范型，现重写如下：

$$\left.\begin{aligned}\begin{bmatrix}\dot{\boldsymbol{x}}_1\\\dot{\boldsymbol{x}}_2\end{bmatrix}&=\begin{bmatrix}\widetilde{\boldsymbol{A}}_{11}&0\\\widetilde{\boldsymbol{A}}_{21}&\widetilde{\boldsymbol{A}}_{22}\end{bmatrix}\begin{bmatrix}\boldsymbol{x}_1\\\boldsymbol{x}_2\end{bmatrix}+\begin{bmatrix}\widetilde{\boldsymbol{B}}_1\\\widetilde{\boldsymbol{B}}_2\end{bmatrix}\boldsymbol{u}\\ \boldsymbol{y}&=\begin{bmatrix}\widetilde{\boldsymbol{C}}_1&0\end{bmatrix}\begin{bmatrix}\boldsymbol{x}_1\\\boldsymbol{x}_2\end{bmatrix}\end{aligned}\right\}. \tag{9.7.12}$$

其中，$\tilde{x}_1 \in X_O^+$ 是 k 维可观分状态，$\tilde{x}_2 \in S$ 是 $n-k$ 维不可观分状态. 式(9.7.12)表明，一个不完全可观的系统可以显式地分为可观部分和不可观部分.

k 维可观部分

$$\left.\begin{aligned} \dot{\tilde{\boldsymbol{x}}}_1 &= \widetilde{\boldsymbol{A}}_{11}\tilde{\boldsymbol{x}}_1 + \widetilde{\boldsymbol{B}}_1\boldsymbol{u} \\ \boldsymbol{y}_1 &= \widetilde{\boldsymbol{C}}_1\tilde{\boldsymbol{x}}_1 \end{aligned}\right\} \tag{9.7.13}$$

是一个子系统，被称为**可观子系统**，它具有 k 个可观模态. 而 $n-k$ 维不可观部分

$$\left.\begin{aligned} \dot{\tilde{\boldsymbol{x}}}_2 &= \widetilde{\boldsymbol{A}}_{21}\tilde{\boldsymbol{x}}_1 + \widetilde{\boldsymbol{A}}_{22}\tilde{\boldsymbol{x}}_2 + \widetilde{\boldsymbol{B}}_2\boldsymbol{u} \\ \boldsymbol{y}_2 &= 0 \end{aligned}\right\} \tag{9.7.14}$$

被称为**不可观子系统**，具有 $n-k$ 个不可观模态.

按可观性分解的下三角分块规范型(9.7.12)的特点是具有两个为零的分块矩阵，$\widetilde{\boldsymbol{C}}_2=0$ 表明从分状态$\tilde{\boldsymbol{x}}_2$ 到系统输出 $\boldsymbol{y}$ 的直接联系被切断，$\widetilde{\boldsymbol{A}}_{12}=0$ 表明分状态$\tilde{\boldsymbol{x}}_2$ 通过可观分状态$\tilde{\boldsymbol{x}}_1$ 到系统输出 $\boldsymbol{y}$ 的间接联系也被切断. 从而分状态$\tilde{\boldsymbol{x}}_2$ 与系统输出 $\boldsymbol{y}$ 没有任何联系，所以分状态$\tilde{\boldsymbol{x}}_2$ 是不可观的.

在 9.4.3 小节中，讨论了状态空间按可观性正交分解的形式 $X=X_O^+ \oplus X_O^-$. 不过，不可观子空间 X_O^- 的基很难找，所以采用状态空间的一般分解形式 $X=X_O^+ \oplus S$，其中正交补空间 X_O^+ 由可观测性矩阵 $\boldsymbol{Q}_O$ 行向量张成，而子空间 S 的基与$\boldsymbol{Q}_O$ 行向量无关即可.

系统按可观性分解的一般方法如下. 对不完全可观系统 $\Sigma(\boldsymbol{A},\boldsymbol{B},\boldsymbol{C})$，可观性矩阵的秩 $\mathrm{rank}\boldsymbol{Q}_O=k<n$，从 $\boldsymbol{Q}_O$ 中选出 k 个线性无关的行向量 $\boldsymbol{l}_1^{\mathrm{T}},\cdots,\boldsymbol{l}_k^{\mathrm{T}}$ 张成正交补空间 X_O^+，再另选 $n-k$ 个线性无关行向量 $\boldsymbol{l}_{k+1}^{\mathrm{T}},\cdots,\boldsymbol{l}_n^{\mathrm{T}}$ 张成子空间 S，子空间 S 的元素也是不可观的，从而构成坐标变换矩阵的逆矩阵

$$\boldsymbol{T}^{-1} = \begin{bmatrix} \boldsymbol{l}_1^{\mathrm{T}} \\ \vdots \\ \boldsymbol{l}_k^{\mathrm{T}} \\ \boldsymbol{l}_{k+1}^{\mathrm{T}} \\ \vdots \\ \boldsymbol{l}_n^{\mathrm{T}} \end{bmatrix}, \tag{9.7.15}$$

它的逆就是坐标变换矩阵

$$\boldsymbol{T} = [\boldsymbol{t}_1 \quad \cdots \quad \boldsymbol{t}_k \quad \boldsymbol{t}_{k+1} \quad \cdots \quad \boldsymbol{t}_n]. \tag{9.7.16}$$

坐标变换矩阵(9.7.16)及其逆矩阵(9.7.15)具有以下 3 个性质：

(1) $\boldsymbol{l}_i^{\mathrm{T}}\boldsymbol{t}_j=0, i=1,2,\cdots,k, j=k+1,\cdots,n.$　　(9.7.17)

$\boldsymbol{l}_1^{\mathrm{T}},\cdots,\boldsymbol{l}_k^{\mathrm{T}}$是可观性矩阵的行向量，也就是正交补空间 X_O^+ 的元素，展开 $\boldsymbol{T}^{-1}\boldsymbol{T}=\boldsymbol{I}$，就可以得到 $\boldsymbol{l}_i^{\mathrm{T}}\boldsymbol{t}_j=0$ 的结论. 这个性质说明 $\boldsymbol{t}_{k+1},\cdots,\boldsymbol{t}_n$ 与正交补空间 X_O^+ 正交，故而是不可观子空间 X_O^- 的元素.

(2) $\boldsymbol{l}_i^{\mathrm{T}}\boldsymbol{A}\boldsymbol{t}_j=0, i=1,2,\cdots,k, j=k+1,\cdots,n.$ (9.7.18)

由于 $\boldsymbol{t}_{k+1},\cdots,\boldsymbol{t}_n$ 是不可观子空间 X_{O}^{-} 的元素,而不可观子空间 X_{O}^{-} 是 $\boldsymbol{A}$ 的不变子空间,所以 $\boldsymbol{A}\boldsymbol{t}_{k+1},\cdots,\boldsymbol{A}\boldsymbol{t}_n$ 也是不可观子空间 X_{O}^{-} 的元素,从而式(9.7.18)成立. 这个性质说明,变换后的状态系数矩阵 $\widetilde{\boldsymbol{A}}=\boldsymbol{T}^{-1}\boldsymbol{A}\boldsymbol{T}$ 中,第1行至第 k 行、第 $k+1$ 列至第 n 列的元素为零,即式(9.7.12)中分块矩阵 $\widetilde{\boldsymbol{A}}_{12}=0$.

(3) $\boldsymbol{C}\boldsymbol{t}_i=0, i=k+1,\cdots,n.$ (9.7.19)

这是因为矩阵 $\boldsymbol{C}$ 的行是 $\boldsymbol{Q}_{\mathrm{O}}$ 中的行,所以它也是 $\boldsymbol{l}_1^{\mathrm{T}},\cdots,\boldsymbol{l}_k^{\mathrm{T}}$ 的线性组合. 从而式(9.7.19)成立. 这个性质说明,变换后的输入系数矩阵 $\widetilde{\boldsymbol{C}}=\boldsymbol{C}\boldsymbol{T}$ 中,第 $k+1$ 列至第 n 列为零,即式(9.7.12)中分块矩阵 $\widetilde{\boldsymbol{C}}_2=0$.

不完全可观的系统按可观性分解还有一种上三角分块规范型

$$\left.\begin{aligned}\begin{bmatrix}\dot{\tilde{\boldsymbol{x}}}_1\\ \dot{\tilde{\boldsymbol{x}}}_2\end{bmatrix}&=\begin{bmatrix}\widetilde{\boldsymbol{A}}_{11} & \widetilde{\boldsymbol{A}}_{12}\\ 0 & \widetilde{\boldsymbol{A}}_{22}\end{bmatrix}\begin{bmatrix}\boldsymbol{x}_1\\ \boldsymbol{x}_2\end{bmatrix}+\begin{bmatrix}\widetilde{\boldsymbol{B}}_1\\ \widetilde{\boldsymbol{B}}_2\end{bmatrix}\boldsymbol{u}\\ \boldsymbol{y}&=\begin{bmatrix}0 & \widetilde{\boldsymbol{C}}_2\end{bmatrix}\begin{bmatrix}\boldsymbol{x}_1\\ \boldsymbol{x}_2\end{bmatrix}\end{aligned}\right\}. \tag{9.7.20}$$

其中,$\tilde{\boldsymbol{x}}_2\in X_{\mathrm{O}}^{+}$ 是 k 维可观分状态,$\tilde{\boldsymbol{x}}_1\in S$ 是 $n-k$ 维不可观分状态,k 维可观子系统为

$$\left.\begin{aligned}\dot{\tilde{\boldsymbol{x}}}_2&=\widetilde{\boldsymbol{A}}_{22}\tilde{\boldsymbol{x}}_2+\widetilde{\boldsymbol{B}}_2\boldsymbol{u}\\ \boldsymbol{y}_2&=\widetilde{\boldsymbol{C}}_2\tilde{\boldsymbol{x}}_2\end{aligned}\right\}, \tag{9.7.21}$$

$n-k$ 维不可观子系统为

$$\left.\begin{aligned}\dot{\tilde{\boldsymbol{x}}}_1&=\widetilde{\boldsymbol{A}}_{11}\tilde{\boldsymbol{x}}_1+\widetilde{\boldsymbol{A}}_{12}\tilde{\boldsymbol{x}}_2+\widetilde{\boldsymbol{B}}_1\boldsymbol{u}\\ \boldsymbol{y}_1&=0\end{aligned}\right\}. \tag{9.7.22}$$

按可观性分解的上三角分块规范型(9.7.20)的特点是具有两个为零的分块矩阵,$\widetilde{\boldsymbol{C}}_1=0$ 表明,从分状态 $\tilde{\boldsymbol{x}}_1$ 到系统输出 $\boldsymbol{y}$ 的直接联系被切断;$\widetilde{\boldsymbol{A}}_{21}=0$ 表明,分状态 $\tilde{\boldsymbol{x}}_1$ 通过可观分状态 $\tilde{\boldsymbol{x}}_2$ 到系统输出 $\boldsymbol{y}$ 的间接联系也被切断. 从而分状态 $\tilde{\boldsymbol{x}}_1$ 与系统输出 $\boldsymbol{y}$ 没有任何联系,所以分状态 $\tilde{\boldsymbol{x}}_1$ 是不可观的.

根据以上的讨论很容易得出以下结论: **线性定常系统 $\Sigma(\boldsymbol{A},\boldsymbol{B},\boldsymbol{C})$ 经过坐标变换化为按可观性分解规范型(9.7.12)和(9.7.20)的充分必要条件是系统状态不完全可观.**

例 9.7.2 已知系统系数矩阵

$$\boldsymbol{A}=\begin{bmatrix}1 & 2 & -1\\ 0 & 1 & 0\\ 1 & -4 & 3\end{bmatrix},\quad \boldsymbol{b}=\begin{bmatrix}0\\ 0\\ 1\end{bmatrix},\quad \boldsymbol{c}^{\mathrm{T}}=\begin{bmatrix}1 & -1 & 1\end{bmatrix}.$$

试判断它的可观性,如果不完全可观,则求出它的可观子系统.

解 系统的可观性矩阵为

$$Q_O=\begin{bmatrix}\boldsymbol{c}^T\\ \boldsymbol{c}^T\boldsymbol{A}\\ \boldsymbol{c}^T\boldsymbol{A}^2\end{bmatrix}=\begin{bmatrix}1&-1&1\\2&-3&2\\4&-7&4\end{bmatrix}.$$

由于 $\mathrm{rank}\boldsymbol{Q}_O=2<3$,所以系统不完全可观.从可观性矩阵中选出线性无关的前两行,再添加线性无关的第三行构成坐标变换阵的逆矩阵,则有

$$\boldsymbol{T}^{-1}=\begin{bmatrix}1&-1&1\\2&-3&2\\0&0&1\end{bmatrix},\quad \boldsymbol{T}=\begin{bmatrix}3&-1&-1\\2&-1&0\\0&0&1\end{bmatrix}.$$

坐标变换后规范型的系数矩阵为

$$\widetilde{\boldsymbol{A}}=\boldsymbol{T}^{-1}\boldsymbol{A}\boldsymbol{T}=\begin{bmatrix}1&-1&1\\2&3&2\\0&0&1\end{bmatrix}\begin{bmatrix}1&2&-1\\0&1&0\\1&-4&3\end{bmatrix}\begin{bmatrix}3&-1&-1\\2&-1&0\\0&0&1\end{bmatrix}=\begin{bmatrix}0&1&0\\-2&3&0\\-5&3&2\end{bmatrix},$$

$$\tilde{\boldsymbol{b}}=\boldsymbol{T}^{-1}\boldsymbol{b}=\begin{bmatrix}1&-1&1\\2&3&2\\0&0&1\end{bmatrix}\begin{bmatrix}0\\0\\1\end{bmatrix}=\begin{bmatrix}1\\2\\1\end{bmatrix},$$

$$\tilde{\boldsymbol{c}}^T=\boldsymbol{c}^T\boldsymbol{T}=[1\quad -1\quad 1]\begin{bmatrix}3&-1&-1\\2&-1&0\\0&0&1\end{bmatrix}=[1\quad 0\quad 0].$$

可观子系统为

$$\begin{cases}\begin{bmatrix}\dot{\tilde{x}}_1\\ \dot{\tilde{x}}_2\end{bmatrix}=\begin{bmatrix}0&1\\-2&-3\end{bmatrix}\begin{bmatrix}\tilde{x}_1\\ \tilde{x}_2\end{bmatrix}+\begin{bmatrix}1\\2\end{bmatrix}u\\ y_1=[1\quad 0]\begin{bmatrix}\tilde{x}_1\\ \tilde{x}_2\end{bmatrix}\end{cases},$$

由于$\tilde{\boldsymbol{x}}=\boldsymbol{T}^{-1}\boldsymbol{x}$,所以可观子系统状态变量与原系统状态的关系为 $\tilde{x}_1=x_1-x_2+x_3$, $\tilde{x}_2=2x_1-3x_2+2x_3$.不可观子系统为

$$\begin{cases}\dot{\tilde{x}}_3=2\tilde{x}_3+[-5\quad 3]\begin{bmatrix}\tilde{x}_1\\ \tilde{x}_2\end{bmatrix}+u\\ y_2=0\end{cases},$$

不可观子系统状态变量与原系统状态的关系为 $\tilde{x}_3=x_3$.

若采用另一种坐标变换阵及其逆矩阵

$$\boldsymbol{T}^{-1}=\begin{bmatrix}0&0&1\\1&-1&1\\2&-3&2\end{bmatrix},\quad \boldsymbol{T}=\begin{bmatrix}-1&3&-1\\0&2&-1\\1&0&0\end{bmatrix},$$

则坐标变换后上三角分块规范型的系数矩阵为

$$\widetilde{\boldsymbol{A}}=\boldsymbol{T}^{-1}\boldsymbol{A}\boldsymbol{T}=\begin{bmatrix}2 & -5 & 3\\0 & 0 & 1\\0 & -2 & 3\end{bmatrix},\quad \widetilde{\boldsymbol{b}}=\boldsymbol{T}^{-1}\boldsymbol{b}=\begin{bmatrix}1\\1\\2\end{bmatrix},\quad \widetilde{\boldsymbol{c}}^{\mathrm{T}}=\boldsymbol{c}^{\mathrm{T}}\boldsymbol{T}=[0\quad 1\quad 0].$$

可观子系统为

$$\begin{cases}\begin{bmatrix}\dot{\widetilde{x}}_2\\ \dot{\widetilde{x}}_3\end{bmatrix}=\begin{bmatrix}0 & 1\\-2 & -3\end{bmatrix}\begin{bmatrix}\widetilde{x}_2\\ \widetilde{x}_3\end{bmatrix}+\begin{bmatrix}1\\2\end{bmatrix}u\\ y_2=[1\quad 0]\begin{bmatrix}\widetilde{x}_2\\ \widetilde{x}_3\end{bmatrix}\end{cases},$$

由于$\widetilde{\boldsymbol{x}}=\boldsymbol{T}^{-1}\boldsymbol{x}$,所以可观子系统状态变量与原系统状态的关系为 $\widetilde{x}_2=x_1-x_2+x_3$,$\widetilde{x}_3=2x_1-3x_2+2x_3$. 不可观子系统为

$$\begin{cases}\dot{\widetilde{x}}_1=2\widetilde{x}_1+[-5\quad 3]\begin{bmatrix}\widetilde{x}_2\\ \widetilde{x}_3\end{bmatrix}+u\\ y_1=0\end{cases},$$

不可观子系统状态变量与原系统状态的关系为 $\widetilde{x}_1=x_3$. □

9.7.3 线性定常系统结构的标准分解

对系统先进行可控性分解,再进行可观性分解,能够得到它的规范型,这个过程可以被描述为

$$\Sigma(\boldsymbol{A},\boldsymbol{B},\boldsymbol{C})\xrightarrow{\text{可控性分解}}\begin{bmatrix}* & *\\0 & *\end{bmatrix}\begin{bmatrix}*\\0\end{bmatrix}$$

$$[*\quad *]$$

$$\xrightarrow{\text{可观性分解}}\begin{bmatrix}\widetilde{\boldsymbol{A}}_{11} & 0 & \widetilde{\boldsymbol{A}}_{13} & 0\\ \widetilde{\boldsymbol{A}}_{21} & \widetilde{\boldsymbol{A}}_{22} & \widetilde{\boldsymbol{A}}_{23} & \widetilde{\boldsymbol{A}}_{24}\\ & & \widetilde{\boldsymbol{A}}_{33} & 0\\ & & \widetilde{\boldsymbol{A}}_{43} & \widetilde{\boldsymbol{A}}_{44}\end{bmatrix}\begin{bmatrix}\widetilde{\boldsymbol{B}}_1\\ \widetilde{\boldsymbol{B}}_2\\ 0\\ 0\end{bmatrix}\cdot[\widetilde{\boldsymbol{C}}_1\quad 0\quad \widetilde{\boldsymbol{C}}_3\quad 0]. \tag{9.7.23}$$

式中的“$*$”代表可能非零的矩阵块. 标准分解后的分状态$\widetilde{\boldsymbol{x}}_1$ 可控又可观,$\widetilde{\boldsymbol{x}}_2$ 可控但不可观,$\widetilde{\boldsymbol{x}}_3$ 不可控但可观,$\widetilde{\boldsymbol{x}}_4$ 既不可控又不可观. 式(9.7.23)的结构分解可以用图 9.7.1 表示,其中 Σ_i 代表$\dot{\widetilde{\boldsymbol{x}}}_i=\widetilde{\boldsymbol{A}}_{ii}\widetilde{\boldsymbol{x}}_i$,$\Sigma_i$ 的输出为$\widetilde{\boldsymbol{x}}_i$.

由图 9.7.1 可以看出,系统明显地被分解为四个部分: 其中 Σ_1 是可控又可观的子系统,它与控制输入 $\boldsymbol{u}$、输出 $\boldsymbol{y}$ 都有直接的信号传递通道,控制输入 $\boldsymbol{u}$ 的信号

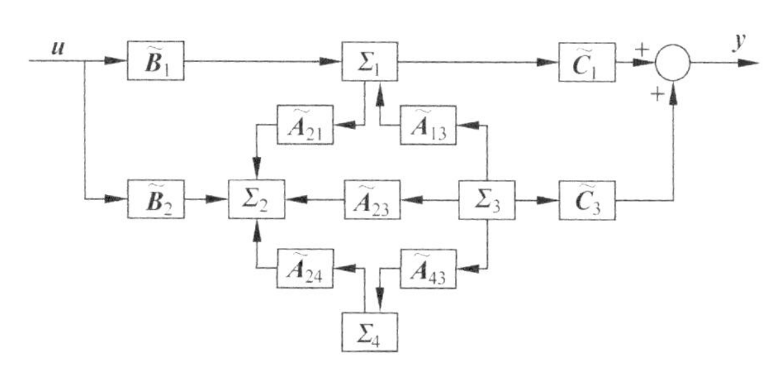

图 9.7.1　系统结构标准分解示意图

可以传入，分状态$\tilde{\boldsymbol{x}}_1$ 的信号可以传到输出端；Σ_2 是可控但不可观的子系统，这个子系统的特点是只有控制输入 $\boldsymbol{u}$ 和其他三部分信息的传入通道，但分状态$\tilde{\boldsymbol{x}}_2$ 的信息无法传到输出端；Σ_3 是不可控但可观的子系统，这个子系统的特点是分状态$\tilde{\boldsymbol{x}}_3$ 的信号可以传到输出端和其他三部分，但没有信号传入通道；Σ_4 是不可控又不可观的子系统，它有信号传入通道，但是来自不可控的 Σ_3，有信号传出通道，但是去向不可观的 Σ_2，这样它与控制输入 $\boldsymbol{u}$、输出 $\boldsymbol{y}$ 都没有信号传递通道.

计算该系统的传递函数矩阵可以得到

$$\boldsymbol{G}(s) = \boldsymbol{C}(s\boldsymbol{I}_n - \boldsymbol{A})^{-1}\boldsymbol{B} = \tilde{\boldsymbol{C}}_1(s\boldsymbol{I}_{n_1} - \tilde{\boldsymbol{A}}_{11})^{-1}\tilde{\boldsymbol{B}}_1. \tag{9.7.24}$$

其中 n_1 是子系统 Σ_1 的维数. 可见**传递函数矩阵只反映系统可控又可观部分** Σ_1，这一性质被称为**卡尔曼-吉尔伯特定理**.

这表明，传递函数矩阵是系统的一种不完全描述，只有在系统状态完全可控又完全可观时，传递函数矩阵才是系统的完全描述. 而状态空间描述不仅可以反映系统的可控又可观部分，而且还可以反映出系统可控但不可观、不可控但可观、不可控又不可观的三个部分. 所以，状态空间描述较之传递函数矩阵描述(又称输入输出描述)更全面、更完善，这是状态空间描述的优点之一.

计算传递函数矩阵时，系统维数由 n 下降到可控又可观部分的 n_1 维，肯定产生了零点和极点的对消(简称零极对消)，其他三个不可控或(和)不可观部分的极点均被消去. 这进一步说明状态空间描述方法较输入输出描述方法更加全面.

系统 $\Sigma(\boldsymbol{A},\boldsymbol{B},\boldsymbol{C})$经坐标变换化为规范型$\tilde{\Sigma}(\tilde{\boldsymbol{A}},\tilde{\boldsymbol{B}},\tilde{\boldsymbol{C}})$后，有 $\boldsymbol{CB}=\boldsymbol{CTT}^{-1}\boldsymbol{B}=\tilde{\boldsymbol{C}}\tilde{\boldsymbol{B}}$，$\boldsymbol{CAB}=\boldsymbol{CTT}^{-1}\boldsymbol{ATT}^{-1}\boldsymbol{B}=\tilde{\boldsymbol{C}}\tilde{\boldsymbol{A}}\tilde{\boldsymbol{B}}$，依此类推，有

$$\boldsymbol{CA}^i\boldsymbol{B} = \tilde{\boldsymbol{C}}\tilde{\boldsymbol{A}}^i\tilde{\boldsymbol{B}}, \quad (i = 0,1,2,\cdots), \tag{9.7.25}$$

另外，根据

$$\tilde{\boldsymbol{C}}\tilde{\boldsymbol{B}} = [\tilde{\boldsymbol{C}}_1 \quad \tilde{\boldsymbol{C}}_2 \quad 0 \quad 0]\begin{bmatrix}\tilde{\boldsymbol{B}}_1\\ 0\\ \tilde{\boldsymbol{B}}_3\\ 0\end{bmatrix} = \tilde{\boldsymbol{C}}_1\tilde{\boldsymbol{B}}_1, \tag{9.7.26}$$

$$\widetilde{C}\widetilde{A}\widetilde{B}=[\widetilde{C}_1\quad 0\quad \widetilde{C}_3\quad 0]\begin{bmatrix}\widetilde{A}_{11} & 0 & \widetilde{A}_{13} & 0\\ \widetilde{A}_{21} & \widetilde{A}_{22} & \widetilde{A}_{23} & \widetilde{A}_{24}\\ & & \widetilde{A}_{33} & 0\\ & & \widetilde{A}_{43} & \widetilde{A}_{44}\end{bmatrix}\begin{bmatrix}\widetilde{B}_1\\ \widetilde{B}_2\\ 0\\ 0\end{bmatrix}=\widetilde{C}_1\widetilde{A}_{11}\widetilde{B}_1, \tag{9.7.27}$$

$$\widetilde{C}\widetilde{A}^2\widetilde{B}=\widetilde{C}_1\widetilde{A}_{11}^2\widetilde{B}_1, \tag{9.7.28}$$

等等,可得

$$CA^iB=\widetilde{C}\widetilde{A}^i\widetilde{B}=\widetilde{C}_1\widetilde{A}_{11}^i\widetilde{B}_1,\quad (i=0,1,2,\cdots), \tag{9.7.29}$$

从而可以推论

$$Q_OQ_C=\begin{bmatrix}\widetilde{C}\widetilde{B} & \widetilde{C}\widetilde{A}\widetilde{B} & \cdots & \widetilde{C}\widetilde{A}^{n-1}\widetilde{B}\\ \widetilde{C}\widetilde{A}\widetilde{B} & \widetilde{C}\widetilde{A}^2\widetilde{B} & & \vdots\\ \vdots & \vdots & & \vdots\\ \widetilde{C}\widetilde{A}^{n-1}\widetilde{B} & \cdots & \cdots & \widetilde{C}\widetilde{A}^{2n-2}\widetilde{B}\end{bmatrix}=\begin{bmatrix}Q_{O1}Q_{C1} & *\\ * & *\end{bmatrix}. \tag{9.7.30}$$

标准分解的另一种步骤是先对系统进行可观性分解,再进行可控性分解.它的过程可以被描述为

$$\Sigma(A,B,C)\xrightarrow{\text{可观性分解}}\begin{bmatrix}* & 0\\ * & *\end{bmatrix}\begin{bmatrix}*\\ *\end{bmatrix}$$
$$[*\quad 0]$$

$$\xrightarrow{\text{可控性分解}}\begin{bmatrix}\widetilde{A}_{11} & \widetilde{A}_{12} & & \\ 0 & \widetilde{A}_{22} & & \\ \widetilde{A}_{31} & \widetilde{A}_{32} & \widetilde{A}_{33} & \widetilde{A}_{34}\\ 0 & \widetilde{A}_{42} & 0 & \widetilde{A}_{44}\end{bmatrix}\begin{bmatrix}\widetilde{B}_1\\ 0\\ \widetilde{B}_3\\ 0\end{bmatrix}\cdot[\widetilde{C}_1\quad \widetilde{C}_2\quad 0\quad 0]. \tag{9.7.31}$$

分解后的状态$\tilde{x}_1$既可控又可观,$\tilde{x}_2$不可控但可观,$\tilde{x}_3$可控但不可观,$\tilde{x}_4$既不可控又不可观.式(9.7.31)的结构分解也可以用与图9.7.1类似的形式表示.

采用特征值规范型及行列变换方法可以直接对系统进行标准分解.

例9.7.3 已知8维系统的状态方程为

$$
\begin{bmatrix}\dot{x}_1\\ \dot{x}_2\\ \dot{x}_3\\ \dot{x}_4\\ \dot{x}_5\\ \dot{x}_6\\ \dot{x}_7\\ \dot{x}_8\end{bmatrix}=\begin{bmatrix}-3 & 1 & & & & & & \\ 0 & -3 & & & & & & \\ & & -4 & 1 & & & & \\ & & 0 & -4 & & & & \\ & & & & -1 & 1 & & \\ & & & & 0 & -1 & & \\ & & & & & & -5 & 1\\ & & & & & & 0 & -5\end{bmatrix}\begin{bmatrix}x_1\\ x_2\\ x_3\\ x_4\\ x_5\\ x_6\\ x_7\\ x_8\end{bmatrix}+\begin{bmatrix}1 & 3\\ 5 & 7\\ 4 & 3\\ 0 & 0\\ 1 & 6\\ 0 & 0\\ 9 & 2\\ 0 & 0\end{bmatrix}\boldsymbol{u},
$$

$$
\boldsymbol{y}=\begin{bmatrix}3 & 4 & 0 & 5 & 0 & 0 & 3 & 6\\ 1 & 1 & 0 & 2 & 0 & 0 & 7 & 1\end{bmatrix}\begin{bmatrix}x_1\\ \vdots\\ x_8\end{bmatrix}.
$$

试分析各个状态变量的可控性和可观性，写出它的标准分解规范型，并求出系统的传递函数.

解　(i) 根据特征值规范型的可控性和可观性判据，可以判定各状态分量的可控性和可观性：

可控变量：x_1, x_2, x_3, x_5, x_7；

不可控变量：x_4, x_6, x_8；

可观变量：x_1, x_2, x_4, x_7, x_8；

不可观变量：x_3, x_5, x_6.

(ii) 为写成标准分解形式，可以将它们分成如下四组：

可控又可观的变量：x_1, x_2, x_7；

可控但不可观的变量：x_3, x_5；

不可控但可观的变量：x_4, x_8；

不可控且不可观的变量：x_6.

将状态变量重新排序，状态方程可以化为

$$
\begin{bmatrix}\dot{x}_1\\ \dot{x}_2\\ \dot{x}_7\\ \dot{x}_3\\ \dot{x}_5\\ \dot{x}_4\\ \dot{x}_8\\ \dot{x}_6\end{bmatrix}=\left[\begin{array}{ccc|cc|cc|c}-3 & 1 & 0 & & & 0 & 0 & \\ 0 & -3 & 0 & & & 0 & 0 & \\ 0 & 0 & -5 & & & 0 & 1 & \\ \hline & & & -4 & 0 & 1 & 0 & 0\\ & & & 0 & -1 & 0 & 0 & 1\\ \hline & & & & & -4 & 0 & \\ & & & & & 0 & -5 & \\ \hline & & & & & & & -1\end{array}\right]\begin{bmatrix}x_1\\ x_2\\ x_7\\ x_3\\ x_5\\ x_4\\ x_8\\ x_6\end{bmatrix}+\left[\begin{array}{cc}1 & 3\\ 5 & 7\\ 9 & 2\\ \hline 4 & 3\\ 1 & 6\\ \hline 0 & 0\\ 0 & 0\\ \hline 0 & 0\end{array}\right]\boldsymbol{u}.
$$

$$
\boldsymbol{y}=\left[\begin{array}{ccc|cc|cc|c}3 & 4 & 3 & 0 & 0 & 5 & 6 & 0\\ 1 & 1 & 7 & 0 & 0 & 2 & 1 & 0\end{array}\right]\boldsymbol{x}.
$$

(iii) 计算传递函数矩阵.3维可控又可观部分的传递函数矩阵就是系统的传递函数矩阵,即

$$
\begin{aligned}
\boldsymbol{G}(s) &= \boldsymbol{C}(s\boldsymbol{I}-\boldsymbol{A})^{-1}\boldsymbol{B} = \widetilde{\boldsymbol{C}}_1(s\boldsymbol{I}-\widetilde{\boldsymbol{A}}_{11})^{-1}\widetilde{\boldsymbol{B}}_1 \\
&= \begin{bmatrix} 3 & 4 & 3 \\ 1 & 1 & 7 \end{bmatrix} \begin{bmatrix} s+3 & -1 & 0 \\ 0 & s+3 & 0 \\ 0 & 0 & s+5 \end{bmatrix}^{-1} \begin{bmatrix} 1 & 3 \\ 5 & 7 \\ 9 & 2 \end{bmatrix} \\
&= \frac{1}{(s+3)^2(s+5)} \times \begin{bmatrix} 3s^2+24s+45 & 4s^2+35s+75 & 3s^2+18s+27 \\ s^2+8s+15 & s^2+9s+20 & 7s^2+42s+63 \end{bmatrix} \begin{bmatrix} 1 & 3 \\ 5 & 7 \\ 9 & 2 \end{bmatrix} \\
&= \frac{1}{(s+3)^2(s+5)} \times \begin{bmatrix} 50s^2+361s+663 & 43s^2+353s+714 \\ 69s^2+431s+682 & 24s^2+171s+311 \end{bmatrix}
\end{aligned}
$$

□

值得注意的是,对于个别的例子可能无法实现标准分解,下面给的就是这样一个示例.

例 9.7.4 给定4维系统

$$
\boldsymbol{A} = \begin{bmatrix} -2 & 1 & 0 & 0 \\ 0 & -2 & a & 0 \\ 0 & 0 & -2 & 1 \\ 0 & 0 & 0 & -2 \end{bmatrix}, \quad \boldsymbol{B} = \begin{bmatrix} 1 & 1 \\ 1 & 2 \\ 0 & 0 \\ 0 & 0 \end{bmatrix}, \quad \boldsymbol{c}^{\mathrm{T}} = [1 \quad 0 \quad 1 \quad 0].
$$

其中,矩阵 $\boldsymbol{A}$ 的元素 a 为0或1,试将该状态空间表达式化为标准分解形式.

解 (1) 如果 $a=0$,那么系统已经按可控性分解.该系统的可观测性矩阵

$$
\mathrm{rank}\boldsymbol{Q}_{\mathrm{O}} = \begin{bmatrix} \boldsymbol{c}^{\mathrm{T}} \\ \boldsymbol{c}^{\mathrm{T}}\boldsymbol{A} \\ \boldsymbol{c}^{\mathrm{T}}\boldsymbol{A}^2 \\ \boldsymbol{c}^{\mathrm{T}}\boldsymbol{A}^3 \end{bmatrix} = \begin{bmatrix} 1 & 0 & 1 & 0 \\ -2 & 1 & -2 & 1 \\ 4 & -4 & 4 & -4 \\ -8 & 12 & -8 & 12 \end{bmatrix} = 2.
$$

所以系统应当具有可观部分和不可观部分.但是,可控子系统和不可控子系统都是两维可观的,无法在现有的可控部分和不可控部分中分解出可观和不可观部分,即无法进行正确的标准分解.

(2) 如果 $a=1$,则有

$$
\mathrm{rank}\boldsymbol{Q}_{\mathrm{O}} = \mathrm{rank}\begin{bmatrix} \boldsymbol{c}^{\mathrm{T}} \\ \boldsymbol{c}^{\mathrm{T}}\boldsymbol{A} \\ \boldsymbol{c}^{\mathrm{T}}\boldsymbol{A}^2 \\ \boldsymbol{c}^{\mathrm{T}}\boldsymbol{A}^3 \end{bmatrix} = \begin{bmatrix} 1 & 0 & 1 & 0 \\ -2 & 1 & -2 & 1 \\ 4 & -4 & 5 & -4 \\ -8 & 12 & -14 & 13 \end{bmatrix} = 4.
$$

这时可以认为系统已经具有正确的标准分解形式. □

上例表明,若矩阵 $\boldsymbol{A}$ 为非循环矩阵、同一个特征根对应多个若尔当块,那么有的系统将无法进行标准分解.具体地说,**当系统已经按可控性分解后,可控子系统与不可控子系统的可观维数之和大于系统总的可观维数时,将无法实现标准分**

解. 或者说,当系统已经按可观性分解后,可观子系统与不可观子系统的可控维数之和大于系统总的可控维数时,将无法实现标准分解.

9.8 可控规范型和可观规范型

规范型是系统在一组特定状态空间基底下导出的标准形式,规范型也称为标准型. 比如对角线规范型就是系统以 n 个线性无关特征向量为状态空间基底的系统描述. 若尔当规范型则是以 n 个特征向量和广义特征向量为状态空间基底时的描述.

如果系统是状态完全可控的,那么,从可控性矩阵 $\boldsymbol{Q}_{\mathrm{C}}$ 中挑出 n 个线性无关的列向量,以它们或者它们的线性组合为状态空间基底,就可以导出可控规范型. 类似地,如果系统是状态完全可观的,那么,从可观性矩阵 $\boldsymbol{Q}_{\mathrm{O}}$ 中挑出 n 个线性无关的行向量,以它们或者它们的线性组合为状态空间基底,就可以导出可观规范型.

研究规范型无论是对系统的分析还是对系统的综合,都有十分重要的意义. 规范型使系统的某些特征表现得更充分、更明显、更直接,规范型中各系数矩阵的元素往往有十分简洁的形式,给系统的分析或综合带来极大的方便,而且使方法具有规范性. 对规范型的综合设计比较方便,有时甚至一目了然,而且规范型的综合设计方法是标准的,便于使用计算机进行辅助设计计算. 所以在采用状态空间方法综合设计系统时,常常采用非奇异线性变换将系统化为特定的规范型,再对规范型进行综合设计,最后将结果反变换到原系统上.

研究规范型就是要了解规范型的系数矩阵具有什么样的特定结构,并学会构造将系统化为规范型所需要的坐标变换矩阵.

9.8.1 单输入系统的两种可控规范型

单输入系统 $\Sigma(\boldsymbol{A},\boldsymbol{b},\boldsymbol{C})$ 的控制输入维数 $l=1$,为强调系统为单输入,将输入系数矩阵写成列向量 $\boldsymbol{b}$. 若系统状态完全可控,则它的 $n\times n$ 可控性矩阵 $\boldsymbol{Q}_{\mathrm{C}}=[\boldsymbol{b}\quad \boldsymbol{A}\boldsymbol{b}\quad \cdots\quad \boldsymbol{A}^{n-1}\boldsymbol{b}]$ 非奇异,其中 n 个列向量彼此线性无关. 对单输入系统,通常采用两种可控规范型.

选择 $\boldsymbol{Q}_{\mathrm{C}}$ 的 n 个列向量为状态空间基底,可以得到变换矩阵

$$\boldsymbol{T}_1=\boldsymbol{Q}_{\mathrm{C}}=[\boldsymbol{b}\quad \boldsymbol{A}\boldsymbol{b}\quad \cdots\quad \boldsymbol{A}^{n-1}\boldsymbol{b}]. \tag{9.8.1}$$

从而导出**第一可控规范型** $\Sigma_{\mathrm{C1}}(\boldsymbol{A}_{\mathrm{C1}},\boldsymbol{b}_{\mathrm{C1}},\boldsymbol{C}_{\mathrm{C1}})$.

下面推导 Σ_{C1} 具有什么样的特定结构形式. 为使推导过程书写简洁,将单位矩阵表示为

$$\boldsymbol{I}=[\boldsymbol{e}_1\quad \boldsymbol{e}_2\quad \cdots\quad \boldsymbol{e}_n], \tag{9.8.2}$$

其中 $\boldsymbol{e}_i$ 是单位矩阵 $\boldsymbol{I}$ 的第 i 列.

系统 $\Sigma(\boldsymbol{A},\boldsymbol{b},\boldsymbol{C})$ 和规范型 $\Sigma_{C1}(\boldsymbol{A}_{C1},\boldsymbol{b}_{C1},\boldsymbol{C}_{C1})$ 是坐标变换关系，两者的系数矩阵间满足

$$\left.\begin{aligned}\boldsymbol{b} &= \boldsymbol{T}_1\boldsymbol{b}_{C1}\\ \boldsymbol{A}\boldsymbol{T}_1 &= \boldsymbol{T}_1\boldsymbol{A}_{C1}\\ \boldsymbol{C}\boldsymbol{T}_1 &= \boldsymbol{C}_{C1}\end{aligned}\right\}. \tag{9.8.3}$$

式(9.8.1)表明，向量 $\boldsymbol{b}$ 是变换矩阵 $\boldsymbol{T}_1$ 的第1列，即 $\boldsymbol{b}=\boldsymbol{T}_1\boldsymbol{e}_1$. 将它与式(9.8.3)的第一个式子比较，可以得出规范型的输入系数矩阵为

$$\boldsymbol{b}_{C1} = \boldsymbol{e}_1 = \begin{bmatrix}1\\0\\\vdots\\0\end{bmatrix}. \tag{9.8.4}$$

再来观察状态系数矩阵. 由式(9.8.1)可以得到

$$\boldsymbol{A}\boldsymbol{T}_1 = \boldsymbol{A}[\boldsymbol{b}\quad \boldsymbol{A}\boldsymbol{b}\quad \cdots\quad \boldsymbol{A}^{n-1}\boldsymbol{b}] = [\boldsymbol{A}\boldsymbol{b}\quad \boldsymbol{A}^2\boldsymbol{b}\quad \cdots\quad \boldsymbol{A}^n\boldsymbol{b}]. \tag{9.8.5}$$

可见，矩阵 $\boldsymbol{A}\boldsymbol{T}_1$ 的第1列 $\boldsymbol{A}\boldsymbol{b}$ 是变换矩阵 $\boldsymbol{T}_1$ 的第2列，但由式(9.8.3)的第二式可知，它也是矩阵 $\boldsymbol{T}_1\boldsymbol{A}_{C1}$ 的第1列，即 $\boldsymbol{T}_1\boldsymbol{A}_{C1}\boldsymbol{e}_1=\boldsymbol{A}\boldsymbol{T}_1\boldsymbol{e}_1=\boldsymbol{T}_1\boldsymbol{e}_2$，所以 $\boldsymbol{A}_{C1}\boldsymbol{e}_1=\boldsymbol{e}_2$，故而规范型状态系数矩阵 $\boldsymbol{A}_{C1}$ 的第1列就是单位矩阵第2列 $\boldsymbol{e}_2$.

由式(9.8.5)还可知，矩阵 $\boldsymbol{A}\boldsymbol{T}_1$ 的第2列 $\boldsymbol{A}^2\boldsymbol{b}$ 是变换矩阵 $\boldsymbol{T}_1$ 的第3列，再对照式(9.8.3)的第二式可知，它又是矩阵 $\boldsymbol{T}_1\boldsymbol{A}_{C1}$ 的第2列，即 $\boldsymbol{T}_1\boldsymbol{A}_{C1}\boldsymbol{e}_2=\boldsymbol{A}\boldsymbol{T}_1\boldsymbol{e}_2=\boldsymbol{T}_1\boldsymbol{e}_3$，所以 $\boldsymbol{A}_{C1}\boldsymbol{e}_2=\boldsymbol{e}_3$，故而规范型状态系数矩阵 $\boldsymbol{A}_{C1}$ 的第2列就是单位矩阵第3列 $\boldsymbol{e}_3$.

以此类推，可得规范型状态系数矩阵 $\boldsymbol{A}_{C1}$ 的前 $n-1$ 列

$$\left.\begin{aligned}\boldsymbol{A}_{C1}\boldsymbol{e}_1 &= \boldsymbol{e}_2\\ \boldsymbol{A}_{C1}\boldsymbol{e}_2 &= \boldsymbol{e}_3\\ &\vdots\\ \boldsymbol{A}_{C1}\boldsymbol{e}_{n-1} &= \boldsymbol{e}_n\end{aligned}\right\}. \tag{9.8.6}$$

矩阵 $\boldsymbol{A}\boldsymbol{T}_1$ 的第 n 列 $\boldsymbol{A}^n\boldsymbol{b}$ 不再是变换矩阵 $\boldsymbol{T}_1$ 的列. 但由凯莱－哈密顿定理，可得

$$\boldsymbol{A}^n = -(\alpha_{n-1}\boldsymbol{A}^{n-1} + \alpha_{n-2}\boldsymbol{A}^{n-2} + \cdots + \alpha_1\boldsymbol{A} + \alpha_0\boldsymbol{I}), \tag{9.8.7}$$

其中 $\alpha_0,\alpha_1,\alpha_2,\cdots,\alpha_{n-1}$ 是矩阵 $\boldsymbol{A}$ 的特征多项式的系数. 于是 $\boldsymbol{T}_1\boldsymbol{A}_{C1}=\boldsymbol{A}\boldsymbol{T}_1$ 的第 n 列 $\boldsymbol{A}^n\boldsymbol{b}$ 可以写为

$$\begin{aligned}\boldsymbol{A}^n\boldsymbol{b} &= -(\alpha_{n-1}\boldsymbol{A}^{n-1}\boldsymbol{b} + \alpha_{n-2}\boldsymbol{A}^{n-2}\boldsymbol{b} + \cdots + \alpha_1\boldsymbol{A}\boldsymbol{b} + \alpha_0\boldsymbol{b})\\ &= -\boldsymbol{T}_1(\alpha_{n-1}\boldsymbol{e}_n + \alpha_{n-2}\boldsymbol{e}_{n-1} + \cdots + \alpha_1\boldsymbol{e}_2 + \alpha_0\boldsymbol{e}_1).\end{aligned} \tag{9.8.8}$$

根据 $\boldsymbol{T}_1\boldsymbol{A}_{C1}\boldsymbol{e}_n=\boldsymbol{A}\boldsymbol{T}_1\boldsymbol{e}_n=\boldsymbol{A}^n\boldsymbol{b}$，可以得出规范型的状态系数矩阵 $\boldsymbol{A}_{C1}$ 的第 n 列为

$$\boldsymbol{A}_{C1}\boldsymbol{e}_n = -(\alpha_{n-1}\boldsymbol{e}_n + \alpha_{n-2}\boldsymbol{e}_{n-1} + \cdots + \alpha_1\boldsymbol{e}_2 + \alpha_0\boldsymbol{e}_1) = \begin{bmatrix}-\alpha_0\\-\alpha_1\\\vdots\\-\alpha_{n-1}\end{bmatrix}. \tag{9.8.9}$$

规范型的输出系数矩阵 $\boldsymbol{C}_{C1}=\boldsymbol{C}\boldsymbol{T}_1$ 没有特殊的形式. 综合式(9.8.3)、式(9.8.4)、式(9.8.6)和式(9.8.9)的结果，可知单输入系统 $\Sigma(\boldsymbol{A},\boldsymbol{b},\boldsymbol{C})$ 经过坐标变换矩阵 $\boldsymbol{T}_1$ 变换后，所得第一可控规范型 $\Sigma_{C1}(\boldsymbol{A}_{C1},\boldsymbol{b}_{C1},\boldsymbol{C}_{C1})$ 的特定形式为

$$\boldsymbol{A}_{C1}=\begin{bmatrix}0 & \cdots & 0 & -\alpha_0\\ 1 & & & -\alpha_1\\ & \ddots & & \vdots\\ & & 1 & -\alpha_{n-1}\end{bmatrix},\quad \boldsymbol{b}_{C1}=\begin{bmatrix}1\\0\\\vdots\\0\end{bmatrix},\quad \boldsymbol{C}_{C1}=[\boldsymbol{Cb}\quad \boldsymbol{CAb}\quad \cdots\quad \boldsymbol{CA}^{n-1}\boldsymbol{b}].\tag{9.8.10}$$

单输入系统第一可控规范型的框图如图 9.8.1 所示. 图中主通道是积分器串联形式，状态变量是每个积分器的输出，其编号次序沿信号传递方向递增. 反馈通道是矩阵 $\boldsymbol{A}$ 的特征多项式的 n 个系数 α_i. 为简单起见，图 9.8.1 中没有画出状态到输出的结构，所以不包含输出系数矩阵 $\boldsymbol{C}_{C1}$.

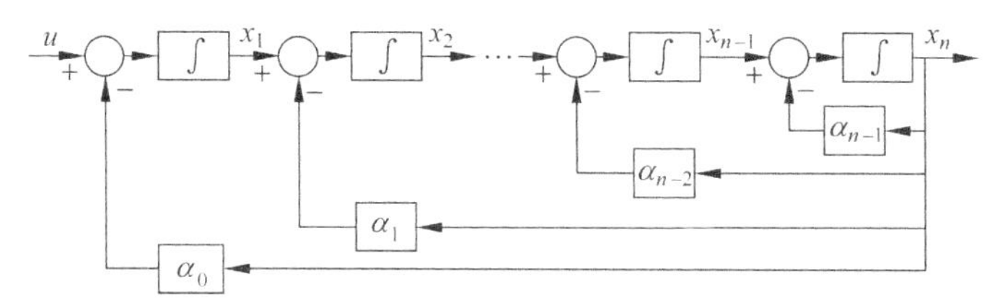

图 9.8.1　第一可控规范型的结构框图

第一可控规范型 $\Sigma_{C1}(\boldsymbol{A}_{C1},\boldsymbol{b}_{C1},\boldsymbol{C}_{C1})$ 中的系数矩阵对 $(\boldsymbol{A}_{C1},\boldsymbol{b}_{C1})$ 具有规范结构，矩阵 $\boldsymbol{b}_{C1}$ 的第一个元素 1 和矩阵 $\boldsymbol{A}_{C1}$ 对角线下斜线的 $n-1$ 个元素 1 表示规范型具有积分器串联的链式结构，而且控制输入 u 位于积分器串联链的链首，表明由 u 可以控制所有状态. 矩阵 $\boldsymbol{A}_{C1}$ 的最后一列由系统特征多项式系数反号按升幂排列，是系统的极点特征. 而系统的零点特征则集中在输出系数矩阵 $\boldsymbol{C}_{C1}$ 中. 系统 $\Sigma(\boldsymbol{A},\boldsymbol{b},\boldsymbol{C})$ 的传递函数矩阵为

$$\begin{aligned}\boldsymbol{G}(s)&=\boldsymbol{C}(s\boldsymbol{I}-\boldsymbol{A})^{-1}\boldsymbol{b}\\&=\frac{1}{\det(s\boldsymbol{I}-\boldsymbol{A})}\times[p_0(s)\boldsymbol{Cb}+p_1(s)\boldsymbol{CAb}+\cdots\\&\quad+p_{n-1}(s)\boldsymbol{CA}^{n-1}\boldsymbol{b}],\end{aligned}\tag{9.8.11}$$

其中，多项式 $p_i(s)$ 的递推关系将在后面给出.

为使推导第二可控规范型过程的符号简洁，下面先给出预解矩阵 $(s\boldsymbol{I}-\boldsymbol{A})^{-1}$ 的递推算法. 预解矩阵是矩阵 $(s\boldsymbol{I}-\boldsymbol{A})$ 的逆矩阵，按照逆矩阵的计算公式，有

$$(s\boldsymbol{I}-\boldsymbol{A})^{-1}=\frac{\operatorname{adj}(s\boldsymbol{I}-\boldsymbol{A})}{\det(s\boldsymbol{I}-\boldsymbol{A})}=\frac{1}{\Delta(s)}\boldsymbol{P}(s).\tag{9.8.12}$$

其中分母是矩阵 $\boldsymbol{A}$ 的特征多项式，即 $\Delta(s)=s^n+\alpha_{n-1}s^{n-1}+\cdots+\alpha_1 s+\alpha_0$，$\boldsymbol{P}(s)$ 是 s 的 $n\times n$ 阶多项式矩阵，它可以被表示成

$$\boldsymbol{P}(s)=\boldsymbol{P}_{n-1}s^{n-1}+\boldsymbol{P}_{n-2}s^{n-2}+\cdots+\boldsymbol{P}_1 s+\boldsymbol{P}_0.\tag{9.8.13}$$

式(9.8.13)中的矩阵 $\boldsymbol{P}_i$ 是 $n\times n$ 阶系数矩阵. 按照俄国数学家**法捷耶娃**(B. H. Фаддеева)提供的方法,它们满足以下递推关系式:

$$\left.\begin{aligned}
&\boldsymbol{P}_{n-1}=\boldsymbol{I}\\
&\boldsymbol{P}_{n-2}=\boldsymbol{A}\boldsymbol{P}_{n-1}+\alpha_{n-1}\boldsymbol{I}=\boldsymbol{A}+\alpha_{n-1}\boldsymbol{I}\\
&\boldsymbol{P}_{n-3}=\boldsymbol{A}\boldsymbol{P}_{n-2}+\alpha_{n-2}\boldsymbol{I}=\boldsymbol{A}^2+\alpha_{n-1}\boldsymbol{A}+\alpha_{n-2}\boldsymbol{I}\\
&\vdots\\
&\boldsymbol{P}_0=\boldsymbol{A}\boldsymbol{P}_1+\alpha_1\boldsymbol{I}=\boldsymbol{A}^{n-1}+\alpha_{n-1}\boldsymbol{A}^{n-2}+\cdots+\alpha_2\boldsymbol{A}+\alpha_1\boldsymbol{I}=\sum_{i=0}^{n-1}\alpha_{1+i}\boldsymbol{A}^i\\
&0=\boldsymbol{A}\boldsymbol{P}_0+\alpha_0\boldsymbol{I}=\sum_{i=0}^{n}\alpha_i\boldsymbol{A}^i=\Delta(\boldsymbol{A})
\end{aligned}\right\}. \tag{9.8.14}$$

同时特征多项式系数满足递推关系

$$\left.\begin{aligned}
&\alpha_{n-1}=-\operatorname{tr}\boldsymbol{A}\\
&\alpha_{n-2}=-\frac{1}{2}\operatorname{tr}\boldsymbol{A}\boldsymbol{P}_{n-2}\\
&\alpha_{n-3}=-\frac{1}{3}\operatorname{tr}\boldsymbol{A}\boldsymbol{P}_{n-3}\\
&\vdots\\
&\alpha_0=-\frac{1}{n}\operatorname{tr}\boldsymbol{A}\boldsymbol{P}_0
\end{aligned}\right\}. \tag{9.8.15}$$

其中,符号"tr"表示方矩阵求迹运算,即将方矩阵的全部对角线元素求和. 交替使用式(9.8.14)和式(9.8.15)两个递推式,就可以求出预解矩阵$(s\boldsymbol{I}-\boldsymbol{A})^{-1}$的分子分母的全部系数.

另一种方法是将 $\boldsymbol{P}(s)$表示成

$$\boldsymbol{P}(s)=p_{n-1}(s)\boldsymbol{A}^{n-1}+p_{n-2}(s)\boldsymbol{A}^{n-2}+\cdots+p_1(s)\boldsymbol{A}+p_0(s)\boldsymbol{I}. \tag{9.8.16}$$

其中的 $p_i(s)$是 s 的多项式,它们具有递推关系

$$\left.\begin{aligned}
&p_{n-1}(s)=1\\
&p_{n-2}(s)=sp_{n-1}(s)+\alpha_{n-1}\\
&p_{n-3}(s)=sp_{n-2}(s)+\alpha_{n-2}\\
&\vdots\\
&p_0(s)=sp_1(s)+\alpha_1\\
&\Delta(s)=sp_0(s)+\alpha_0
\end{aligned}\right\}. \tag{9.8.17}$$

如果状态空间的基底取为可控性矩阵 $\boldsymbol{Q}_{\mathrm{C}}$ 的列向量的某种特定组合(当然组合后的 n 个列向量仍应当彼此线性无关),则可以推导出在第二章出现过的那种可控规范型,称之为**第二可控规范型**. 这时的变换矩阵 $\boldsymbol{T}_2$ 为

$$\boldsymbol{T}_2=[\boldsymbol{A}^{n-1}\boldsymbol{b}\quad\cdots\quad\boldsymbol{A}\boldsymbol{b}\quad\boldsymbol{b}]\begin{bmatrix}1&0&\cdots&0\\ \alpha_{n-1}&\ddots&\ddots&\vdots\\ \vdots&\ddots&\ddots&0\\ \alpha_1&\cdots&\alpha_{n-1}&1\end{bmatrix}$$

$$=\left[\sum_{i=0}^{n-1}\alpha_{1+i}\boldsymbol{A}^i\boldsymbol{b}\quad \sum_{i=0}^{n-2}\alpha_{2+i}\boldsymbol{A}^i\boldsymbol{b}\quad\cdots\quad \boldsymbol{A}^2\boldsymbol{b}+\alpha_{n-1}\boldsymbol{A}\boldsymbol{b}+\alpha_{n-2}\boldsymbol{b}\quad \boldsymbol{A}\boldsymbol{b}+\alpha_{n-1}\boldsymbol{b}\quad \boldsymbol{b}\right]$$

$$=[\boldsymbol{P}_0\boldsymbol{b}\quad \boldsymbol{P}_1\boldsymbol{b}\quad\cdots\quad \boldsymbol{P}_{n-3}\boldsymbol{b}\quad \boldsymbol{P}_{n-2}\boldsymbol{b}\quad \boldsymbol{b}]. \tag{9.8.18}$$

其中系数矩阵 $\boldsymbol{P}_i$ 满足递推关系式(9.8.14).

由式(9.8.18)可知 $\boldsymbol{T}_2\boldsymbol{e}_n=\boldsymbol{b}$,按变换关系有 $\boldsymbol{T}_2\boldsymbol{b}_{C2}=\boldsymbol{b}$,所以 $\boldsymbol{T}_2\boldsymbol{b}_{C2}=\boldsymbol{T}_2\boldsymbol{e}_n$,故而

$$\boldsymbol{b}_{C2}=\boldsymbol{e}_n=\begin{bmatrix}0\\ \vdots\\ 0\\ 1\end{bmatrix}. \tag{9.8.19}$$

由 $\boldsymbol{T}_2\boldsymbol{A}_{C2}=\boldsymbol{A}\boldsymbol{T}_2$ 的最后一列开始,往前逐列计算,可以得出 $\boldsymbol{A}_{C2}$ 的诸列向量.将矩阵 $\boldsymbol{A}$ 左乘式(9.8.18)的两边,即得

$$\boldsymbol{A}\boldsymbol{T}_2=[\boldsymbol{A}\boldsymbol{P}_0\boldsymbol{b}\quad \boldsymbol{A}\boldsymbol{P}_1\boldsymbol{b}\quad\cdots\quad \boldsymbol{A}\boldsymbol{P}_{n-3}\boldsymbol{b}\quad \boldsymbol{A}\boldsymbol{P}_{n-2}\boldsymbol{b}\quad \boldsymbol{A}\boldsymbol{b}]. \tag{9.8.20}$$

因为矩阵 $\boldsymbol{A}\boldsymbol{T}_2$ 的最后一列 $\boldsymbol{A}\boldsymbol{b}$ 就是矩阵 $\boldsymbol{T}_2\boldsymbol{A}_{C2}$ 的最后一列,于是有

$$\begin{aligned}\boldsymbol{T}_2\boldsymbol{A}_{C2}\boldsymbol{e}_n&=\boldsymbol{A}\boldsymbol{T}_2\boldsymbol{e}_n=\boldsymbol{A}\boldsymbol{b}=(\boldsymbol{A}\boldsymbol{b}+\alpha_{n-1}\boldsymbol{b})-\alpha_{n-1}\boldsymbol{b}=\boldsymbol{P}_{n-2}\boldsymbol{b}-\alpha_{n-1}\boldsymbol{b}\\&=\boldsymbol{T}_2(\boldsymbol{e}_{n-1}-\alpha_{n-1}\boldsymbol{e}_n).\end{aligned} \tag{9.8.21}$$

这表明,$\boldsymbol{A}_{C2}$ 的最后一列的规范形式为

$$\boldsymbol{A}_{C2}\boldsymbol{e}_n=\boldsymbol{e}_{n-1}-\alpha_{n-1}\boldsymbol{e}_n=\begin{bmatrix}0\\ \vdots\\ 0\\ 1\\ -\alpha_{n-1}\end{bmatrix}. \tag{9.8.22}$$

同样,矩阵 $\boldsymbol{A}\boldsymbol{T}_2$ 的第 $n-1$ 列 $\boldsymbol{A}\boldsymbol{P}_{n-2}\boldsymbol{b}$ 就是矩阵 $\boldsymbol{T}_2\boldsymbol{A}_{C2}$ 的第 $n-1$ 列,即 $\boldsymbol{A}\boldsymbol{T}_2\boldsymbol{e}_{n-1}=\boldsymbol{T}_2\boldsymbol{A}_{C2}\boldsymbol{e}_{n-1}$,而

$$\begin{aligned}\boldsymbol{A}\boldsymbol{T}_2\boldsymbol{e}_{n-1}&=\boldsymbol{A}\boldsymbol{P}_{n-2}\boldsymbol{b}=(\boldsymbol{A}\boldsymbol{P}_{n-2}\boldsymbol{b}+\alpha_{n-2}\boldsymbol{b})-\alpha_{n-2}\boldsymbol{b}=\boldsymbol{P}_{n-3}\boldsymbol{b}-\alpha_{n-2}\boldsymbol{b}\\&=\boldsymbol{T}_2(\boldsymbol{e}_{n-2}-\alpha_{n-2}\boldsymbol{e}_n).\end{aligned} \tag{9.8.23}$$

所以 $\boldsymbol{A}_{C2}$ 的第 $n-1$ 列的规范形式为

$$\boldsymbol{A}_{C2}\boldsymbol{e}_{n-1}=\boldsymbol{e}_{n-2}-\alpha_{n-2}\boldsymbol{e}_n. \tag{9.8.24}$$

依此类推,直至矩阵 $\boldsymbol{A}\boldsymbol{T}_2$ 的第 2 列,可以得出 $\boldsymbol{A}_{C2}$ 的第 n 列至第 2 列的规范形式

$$\left.\begin{aligned}\boldsymbol{A}_{C2}\boldsymbol{e}_n&=\boldsymbol{e}_{n-1}-\alpha_{n-1}\boldsymbol{e}_n\\ \boldsymbol{A}_{C2}\boldsymbol{e}_{n-1}&=\boldsymbol{e}_{n-2}-\alpha_{n-2}\boldsymbol{e}_n\\ &\vdots\\ \boldsymbol{A}_{C2}\boldsymbol{e}_2&=\boldsymbol{e}_1-\alpha_1\boldsymbol{e}_n\end{aligned}\right\}. \tag{9.8.25}$$

最后根据凯莱—哈密顿定理式(9.8.7)可以导出 $\boldsymbol{T}_2\boldsymbol{A}_{C2}=\boldsymbol{A}\boldsymbol{T}_2$ 第 1 列是

$$\begin{aligned}\boldsymbol{T}_2\boldsymbol{A}_{C2}\boldsymbol{e}_1&=\boldsymbol{A}\boldsymbol{T}_2\boldsymbol{e}_1=\boldsymbol{A}\boldsymbol{P}_0\boldsymbol{b}=(\boldsymbol{A}\boldsymbol{P}_0\boldsymbol{b}+\alpha_0\boldsymbol{b})-\alpha_0\boldsymbol{b}\\&=-\boldsymbol{T}_2\alpha_0\boldsymbol{e}_n.\end{aligned} \tag{9.8.26}$$

所以有

$$\boldsymbol{A}_{C2}\boldsymbol{e}_1=-\alpha_0\boldsymbol{e}_n=\begin{bmatrix}0\\ \vdots\\ 0\\ -\alpha_0\end{bmatrix}. \tag{9.8.27}$$

综合式(9.8.19)、式(9.8.25)和式(9.8.27)的结果,可知系统经过线性非奇异线性变换成为第二可控规范型 $\Sigma_{C2}(\boldsymbol{A}_{C2},\boldsymbol{b}_{C2},\boldsymbol{C}_{C2})$后,它的特定结构形式为

$$\boldsymbol{A}_{C2}=\left[\begin{array}{c|ccc}0 & 1 & & \\ \vdots & & \ddots & \\ 0 & & & 1\\ \hline -\alpha_0 & -\alpha_1 & \cdots & -\alpha_{n-1}\end{array}\right],\quad \boldsymbol{b}_{C2}=\begin{bmatrix}0\\ \vdots\\ 0\\ 1\end{bmatrix},$$

$$\boldsymbol{C}_{C2}=\boldsymbol{C}\boldsymbol{T}_2=[\boldsymbol{C}\boldsymbol{P}_0\boldsymbol{b}\quad\cdots\quad\boldsymbol{C}\boldsymbol{P}_{n-2}\boldsymbol{b}\quad\boldsymbol{b}]. \tag{9.8.28}$$

单输入系统 $\Sigma(\boldsymbol{A},\boldsymbol{b},\boldsymbol{C})$的第二可控规范型的方框图如图9.8.2所示.图中主通道是积分器串联形式,状态变量是每个积分器的输出,其编号次序与第一可控规范不同,是沿信号传递方向逐个递减.反馈通道的联结方式也与第一可控规范型不同,但各个反馈通道仍是矩阵 $\boldsymbol{A}$ 的特征多项式的 n 个系数 α_i.输出系数矩阵 $\boldsymbol{C}_{C2}$以$\boldsymbol{\beta}_i=\boldsymbol{C}\boldsymbol{P}_i\boldsymbol{b}$ 的形式反映在图9.8.2中.图中进入求和单元的信号均进行相加运算,所以没有标记加号.

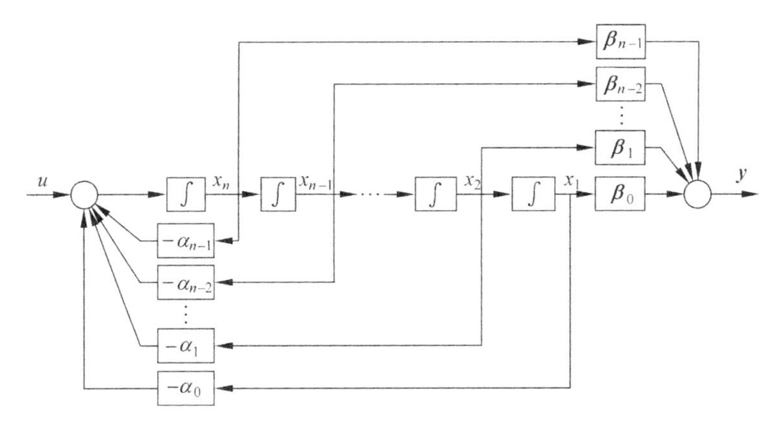

图9.8.2 第二可控规范型的结构方框图

第二可控规范型 $\Sigma_{C2}(\boldsymbol{A}_{C2},\boldsymbol{b}_{C2},\boldsymbol{C}_{C2})$中系数矩阵对$(\boldsymbol{A}_{C2},\boldsymbol{b}_{C2})$具有规范结构,矩阵 $\boldsymbol{b}_{C2}$的最后一个元素1和矩阵 $\boldsymbol{A}_{C2}$对角线上斜线的 $n-1$ 个元素1表示规范型具有积分器串联的链式结构;而且控制输入 u 位于积分器串联链的链首,说明由 u 可以控制所有状态;矩阵 $\boldsymbol{A}_{C2}$的最后一行由系统特征多项式系数反号按升幂排列,代表系统的极点特征;而系统的零点特征集中在输出系数矩阵 $\boldsymbol{C}_{C2}$中.系统 $\Sigma(\boldsymbol{A},\boldsymbol{b},\boldsymbol{C})$的传递函数矩阵为

$$
\begin{aligned}
\boldsymbol{G}(s) &= \boldsymbol{C}(s\boldsymbol{I}-\boldsymbol{A})^{-1}\boldsymbol{b} \\
&= \frac{1}{\det(s\boldsymbol{I}-\boldsymbol{A})} \times (\boldsymbol{C}\boldsymbol{b}s^{n-1} + \boldsymbol{C}\boldsymbol{P}_{n-2}\boldsymbol{b}s^{n-2} + \cdots + \boldsymbol{C}\boldsymbol{P}_0\boldsymbol{b}), \quad (9.8.29)
\end{aligned}
$$

其中，$n\times n$ 常数矩阵 $\boldsymbol{P}_i$ 满足递推关系式(9.8.14). 由式(9.8.29)与输出系数矩阵 $\boldsymbol{C}_{C2}$ 对照可知，规范型输出系数矩阵 $\boldsymbol{C}_{C2}$ 的元素是传递函数矩阵 $\boldsymbol{G}(s)$ 分子多项式系数矩阵按升幂排列的结果.

例 9.8.1　已知系统系数矩阵

$$
\boldsymbol{A} = \begin{bmatrix} 2 & 0 & 0 \\ 0 & 4 & 1 \\ 0 & 0 & 4 \end{bmatrix}, \quad \boldsymbol{b} = \begin{bmatrix} 1 \\ 0 \\ 1 \end{bmatrix}, \quad \boldsymbol{C} = \begin{bmatrix} 1 & 1 & 0 \\ 0 & 1 & 1 \end{bmatrix}.
$$

试判断它的可控性. 如果完全可控将它化为可控规范型.

解　(i) 由若尔当型可控性判据可知系统状态完全可控. 另外，从系统可控性矩阵

$$
\boldsymbol{Q}_C = [\boldsymbol{b} \quad \boldsymbol{A}\boldsymbol{b} \quad \boldsymbol{A}^2\boldsymbol{b}] = \begin{bmatrix} 1 & 2 & 4 \\ 0 & 1 & 8 \\ 1 & 4 & 16 \end{bmatrix},
$$

也可以看出 $\text{rank}\boldsymbol{Q}_C = 3$.

(ii) 化为可控规范型. 系统的特征多项式为

$$
\Delta(s) = \det(s\boldsymbol{I}-\boldsymbol{A}) = (s-2)(s-4)^2 = s^3 - 10s^2 + 32s - 32.
$$

构造变换矩阵并求逆矩阵，可得

$$
\boldsymbol{T}_1 = \boldsymbol{Q}_C = \begin{bmatrix} 1 & 2 & 4 \\ 0 & 1 & 8 \\ 1 & 4 & 16 \end{bmatrix}, \quad \boldsymbol{T}_1^{-1} = \frac{1}{4} \times \begin{bmatrix} 16 & 16 & -12 \\ -8 & -12 & 8 \\ 1 & 2 & -1 \end{bmatrix};
$$

$$
\boldsymbol{T}_2 = \begin{bmatrix} 4 & 2 & 1 \\ 8 & 1 & 0 \\ 16 & 4 & 1 \end{bmatrix} \begin{bmatrix} 1 & 0 & 0 \\ -10 & 1 & 0 \\ 32 & -10 & 1 \end{bmatrix} = \begin{bmatrix} 16 & -8 & 1 \\ -2 & 1 & 0 \\ 8 & -6 & 1 \end{bmatrix}, \quad \boldsymbol{T}_2^{-1} = \frac{1}{4} \times \begin{bmatrix} 1 & 2 & -1 \\ 2 & 8 & -2 \\ 4 & 32 & 0 \end{bmatrix}.
$$

所以第一可控规范型是

$$
\boldsymbol{A}_{C1} = \boldsymbol{T}_1^{-1}\boldsymbol{A}\boldsymbol{T}_1 = \begin{bmatrix} 0 & 0 & 32 \\ 1 & 0 & -32 \\ 0 & 1 & 10 \end{bmatrix}, \quad \boldsymbol{b}_{C1} = \boldsymbol{T}_1^{-1}\boldsymbol{b} = \begin{bmatrix} 1 \\ 0 \\ 0 \end{bmatrix},
$$

$$
\boldsymbol{C}_{C1} = \boldsymbol{C}\boldsymbol{T}_1 = \begin{bmatrix} 1 & 3 & 12 \\ 1 & 5 & 24 \end{bmatrix}.
$$

第二可控规范型是

$$
\boldsymbol{A}_{C2} = \boldsymbol{T}_2^{-1}\boldsymbol{A}\boldsymbol{T}_2 = \begin{bmatrix} 0 & 1 & 0 \\ 0 & 0 & 1 \\ 32 & -32 & 10 \end{bmatrix}, \quad \boldsymbol{b}_{C2} = \boldsymbol{T}_2^{-1}\boldsymbol{b} = \begin{bmatrix} 0 \\ 0 \\ 1 \end{bmatrix},
$$

$$C_{C2}=CT_2=\begin{bmatrix}14 & -7 & 1\\ 6 & -5 & 1\end{bmatrix}.$$

系统的传递函数为

$$\begin{aligned}G(s)&=C(sI-A)^{-1}b\\&=\frac{1}{s^3-10s^2+32s-32}\times\left\{\begin{bmatrix}1\\1\end{bmatrix}s^2-\begin{bmatrix}7\\5\end{bmatrix}s+\begin{bmatrix}14\\6\end{bmatrix}\right\}.\end{aligned}$$

可以验证,第二可控规范型的输出系数矩阵 C_{C2} 的元素正是传递函数矩阵的分子多项式按升幂排列的结果.

对第一可控规范型,可以通过式(9.8.11)来计算分子多项式矩阵.第一可控规范型的输出系数矩阵为

$$C_{C1}=\begin{bmatrix}1 & 3 & 12\\ 1 & 5 & 24\end{bmatrix}=[Cb \quad CAb \quad CA^2b].$$

由递推关系式(9.8.17)得

$$p_1(s)=s+\alpha_2=s-10,\quad p_0(s)=sp_1(s)+\alpha_1=s^2-10s+32,$$

从而算得传递函数的分子多项式矩阵

$$\begin{aligned}p_0(s)Cb+p_1(s)CAb+CA^2b&=\begin{bmatrix}1\\1\end{bmatrix}\times(s^2-10s+32)\\&\quad+\begin{bmatrix}3\\5\end{bmatrix}\times(s-10)+\begin{bmatrix}12\\24\end{bmatrix}\\&=\begin{bmatrix}1\\1\end{bmatrix}s^2-\begin{bmatrix}7\\5\end{bmatrix}s+\begin{bmatrix}14\\6\end{bmatrix}.\end{aligned}$$

□

在上例中可以发现,可控性矩阵的逆矩阵(即 T_1^{-1})的最后一行

$$l^{\mathrm{T}}=[0 \quad \cdots \quad 0 \quad 1]Q_{\mathrm{C}}^{-1}=\frac{1}{4}\times[1 \quad 2 \quad -1]$$

正是 T_2^{-1} 的第一行,它右乘矩阵 A 就是 T_2^{-1} 的第二行,再右乘矩阵 A 就是 T_2^{-1} 的第三行.可以证明,这个结果具有普遍性.即化第二可控规范型的变换阵的逆矩阵可以被记为

$$T_2^{-1}=\begin{bmatrix}l^{\mathrm{T}}\\ l^{\mathrm{T}}A\\ \vdots\\ l^{\mathrm{T}}A^{n-1}\end{bmatrix}. \tag{9.8.30}$$

9.8.2 采用矩阵行列初等变换求可控规范型

为了便于使用计算机计算可控规范型,本小节介绍如何采用矩阵行列初等变换方法来求单输入系统第二可控规范型.线性非奇异变换矩阵 T_2 的作用是对诸系数矩阵进行变换,从而将原系统化为规范型.其中矩阵 T_2^{-1} 左乘系数矩阵 A 和

$\boldsymbol{b}$,就相当于对$(\boldsymbol{A},\boldsymbol{b})$做行变换；而矩阵 $\boldsymbol{T}_2$ 右乘系数矩阵 $\boldsymbol{A}$ 和 $\boldsymbol{C}$,就相当于对$(\boldsymbol{A},\boldsymbol{C})$做列变换.这种行变换和相应的列变换可以由一系列行或列的初等变换完成.为此将诸系数矩阵$(\boldsymbol{A},\boldsymbol{b},\boldsymbol{C})$和两个单位矩阵行列对齐排好形成阵列

$$\begin{array}{c|c|c} & \boldsymbol{I} & \\ \hline \boldsymbol{I} & \boldsymbol{A} & \boldsymbol{b} \\ \hline & \boldsymbol{C} & \end{array},\tag{9.8.31}$$

对两条横线之间的矩阵同做行变换；同时对两条竖线之间的矩阵做相应列变换；或者先做列变换后再做相应行变换.经过一系列初等变换后的结果是

$$\begin{array}{c|c|c} & \boldsymbol{T}_2 & \\ \hline \boldsymbol{T}_2^{-1} & \boldsymbol{T}_2^{-1}\boldsymbol{A}\boldsymbol{T}_2 & \boldsymbol{T}_2^{-1}\boldsymbol{b} \\ \hline & \boldsymbol{C}\boldsymbol{T}_2 & \end{array}.\tag{9.8.32}$$

这样既得到系数矩阵的变换结果,又得到了变换矩阵 $\boldsymbol{T}_2$ 及其逆矩阵 $\boldsymbol{T}_2^{-1}$.

初等行变换和相应的列变换包括三种形式：

(1) 第 i 行乘以系数 γ 加到第 j 行；第 j 列乘以系数$(-1/\gamma)$加到第 i 列；

(2) 第 i 行乘以系数 γ；第 i 列乘以系数$(1/\gamma)$；

(3) 第 i 行和第 j 行互换,第 i 列和第 j 列互换.

为书写简便起见,以下对矩阵的非零和非 1 元素采用符号"$*$"表示.同时,式(9.8.31)中的两个单位矩阵所在的分块,暂时不再写出.

下面是用初等变换化第二可控规范型的步骤：

第一步：采用主元消去法做行变换,使式(9.8.31)中的 n 维列向量 $\boldsymbol{b}$ 化成最后一行为 1、其余元素为 0 的形式,而且相应的列变换不会破坏 $\boldsymbol{b}$ 所在的列,所得结果是

$$\begin{array}{c|cc} \boldsymbol{A}_1 & \boldsymbol{a}_1 & 0_{n-1} \\ \hline * & * & 1 \\ * & * & \end{array},\tag{9.8.33}$$

其中,$\boldsymbol{A}_1$ 为 $n-1$ 维方矩阵、$\boldsymbol{a}_1$ 是 $n-1$ 维列向量、0_{n-1}是 $n-1$ 维零向量.

第二步：在上步结果式(9.8.33)中保持实线的右下方不动,继续采用主元消去法,将 $n-1$ 维列向量 $\boldsymbol{a}_1$ 化为最后一行为 1、其余元素为 0 的形式,而且相应的列变换不会破坏 $\boldsymbol{a}_1$ 所在的列及以右的列,所得结果是

$$\begin{array}{c|ccc} \boldsymbol{A}_2 & \boldsymbol{a}_2 & 0_{n-2} & 0_{n-2} \\ \hline * & * & 1 & 0 \\ * & * & * & 1 \\ * & * & * & \end{array},\tag{9.8.34}$$

其中,$\boldsymbol{A}_2$ 为 $n-2$ 维方矩阵、$\boldsymbol{a}_2$ 是 $n-2$ 维列向量、0_{n-2}是 $n-2$ 维零向量.

第三步：在上步结果式(9.8.34)中保持实线的右下方不动.按上述方法化 $n-2$

维列向量 $\boldsymbol{a}_2$.

依次类推,逐列左移、逐行上移.若系统不完全可控,做到某一列时,$n-i$ 维列向量 $\boldsymbol{a}_i$ 是零向量,则不再进行下去.结果是状态前 $n-i$ 维不可控,后 i 维可控,即

$$\begin{array}{c|ccccc}
\boldsymbol{A}_i & 0_{n-i} & & \cdots & & 0_{n-i} \\
\hline
* & * & 1 & & 0 & 0 \\
\vdots & \vdots & & \ddots & & \vdots \\
\vdots & * & * & & 1 & 0 \\
\vdots & * & * & \cdots & * & 1 \\
* & * & * & \cdots & * &
\end{array}, \tag{9.8.35}$$

其中,$\boldsymbol{A}_i$ 为 $n-i$ 维方矩阵、0_{n-i} 是 $n-i$ 维零向量.值得注意的是,式(9.8.35)中的前 n 行为系数矩阵对 $(\widetilde{\boldsymbol{A}},\widetilde{\boldsymbol{b}})$,具有系统按可控性分解的下三角规范形式.

若系统完全可控,则可以往上做到第1行,最终得到

$$\begin{array}{cccc:c}
* & 1 & 0 & \cdots & 0 \\
\vdots & \ddots & \ddots & \ddots & \vdots \\
* & * & \ddots & 1 & 0 \\
* & * & \cdots & * & 1 \\
\hdashline
* & * & \cdots & * &
\end{array}. \tag{9.8.36}$$

第四步:采用列变换把每一行元素1以左的非零元素都化为零.在完全可控情况下,对式(9.8.36)由第1行开始,从上往下逐行做,做到第 $n-1$ 行为止,保留第 n 行的非零元素.做相应的行变换时不会破坏先前列变换的结果.在不完全可控情况下,对式(9.8.35)可以由第 $n-i+1$ 开始.

对完全可控情况,最后结果为

$$\begin{array}{cccc:c}
0 & 1 & & 0 & 0 \\
\vdots & & \ddots & & \vdots \\
0 & 0 & & 1 & 0 \\
* & * & \cdots & * & 1 \\
\hdashline
* & * & \cdots & * &
\end{array}. \tag{9.8.37}$$

它代表第二可控规范型的三个系数矩阵.

例 9.8.2 已知系统

$$\boldsymbol{A}=\begin{bmatrix}2 & 0 & 0\\ 0 & 4 & 1\\ 0 & 0 & 4\end{bmatrix},\quad \boldsymbol{b}=\begin{bmatrix}1\\ 0\\ 1\end{bmatrix},\quad \boldsymbol{c}^{\mathrm{T}}=\begin{bmatrix}1 & 1 & 0\end{bmatrix},$$

采用初等变换方法将其化为第二可控规范型.

解 (i) 按式(9.8.31)形式将矩阵 $\boldsymbol{I}$、$\boldsymbol{A}$、$\boldsymbol{b}$、$\boldsymbol{c}^{\mathrm{T}}$ 行列对齐

$$
\begin{array}{ccc|ccc|c}
 & & & 1 & 0 & 0 & \\
 & & & 0 & 1 & 0 & \\
 & & & 0 & 0 & 1 & \\
\hline
1 & 0 & 0 & 2 & 0 & 0 & 1 \\
0 & 1 & 0 & 0 & 4 & 1 & 0 \\
0 & 0 & 1 & 0 & 0 & 4 & 1 \\
\hline
 & & & 1 & 1 & 0 &
\end{array}
$$

(ii) 将 3 维列向量$[1\quad 0\quad 1]^{\mathrm{T}}$化为单位向量$[0\quad 0\quad 1]^{\mathrm{T}}$：将第 3 行乘(−1)加到第 1 行，同时第 1 列乘 1 加到第 3 列，得

$$
\begin{array}{cccccccc}
 & & & 1 & 0 & 1 & \\
 & & & 0 & 1 & 0 & \\
 & & & 0 & 0 & 1 & \\
1 & 0 & -1 & 2 & 0 & -2 & 0 \\
0 & 1 & 0 & 0 & 4 & 1 & 0 \\
\cline{6-7}
0 & 0 & 1 & 0 & 0 & \multicolumn{1}{|c}{4} & 1 \\
 & & & 1 & 1 & \multicolumn{1}{|c}{1} &
\end{array}
$$

至此，完成输入系数矩阵 $\boldsymbol{b}$ 的变换.

(iii) 将 2 维列向量$[-2\quad 1]^{\mathrm{T}}$化为单位向量$[0\quad 1]^{\mathrm{T}}$：第 2 行乘 2 加到第 1 行，同时第 1 列乘(−2)加到第 2 列，得

$$
\begin{array}{ccccccc}
 & & & 1 & -2 & 1 & \\
 & & & 0 & 1 & 0 & \\
 & & & 0 & 0 & 1 & \\
1 & 2 & -1 & 2 & 4 & 0 & 0 \\
\cline{5-7}
0 & 1 & 0 & 0 & \multicolumn{1}{|c}{4} & 1 & 0 \\
0 & 0 & 1 & 0 & \multicolumn{1}{|c}{0} & 4 & 1 \\
 & & & 1 & \multicolumn{1}{|c}{-1} & 1 &
\end{array}
$$

(iv) 将标量 4 化为单位 1：第 1 行除以 4，同时第 1 列乘以 4，得

$$
\begin{array}{ccc|cccc}
 & & & 4 & -2 & 1 & \\
 & & & 0 & 1 & 0 & \\
 & & & 0 & 0 & 1 & \\
\cline{4-7}
1/4 & 1/2 & -1/4 & 2 & 1 & 0 & 0 \\
0 & 1 & 0 & 0 & 4 & 1 & 0 \\
0 & 0 & 1 & 0 & 0 & 4 & 1 \\
 & & & 4 & -1 & 1 &
\end{array}
$$

至此，矩阵 $\boldsymbol{A}$ 的对角线上斜线的 1 已经完成，下面的任务是化元素 1 以左的元素为零.

(v) 将第1行元素1以左的元素2化为0：第2列乘以(−2)加到第1列，同时第1行乘以2加到第2行，得

$$
\begin{array}{ccc|cccc}
 & & & 8 & -2 & 1 & \\
 & & & -2 & 1 & 0 & \\
 & & & 0 & 0 & 1 & \\
\hline
1/4 & 1/2 & -1/4 & 0 & 1 & 0 & 0 \\
1/2 & 2 & -1/2 & -8 & 6 & 1 & 0 \\
0 & 0 & 1 & 0 & 0 & 4 & 1 \\
 & & & 6 & -1 & 1 &
\end{array}
$$

(vi) 将第2行元素1以左的元素6化为0：第3列乘以(−6)加到第2列，同时第2行乘以6加到第3行，得

$$
\begin{array}{ccc|cccc}
 & & & 8 & -8 & 1 & \\
 & & & -2 & 1 & 0 & \\
 & & & 0 & -6 & 1 & \\
\hline
1/4 & 1/2 & -1/4 & 0 & 1 & 0 & 0 \\
1/2 & 2 & -1/2 & -8 & 0 & 1 & 0 \\
3 & 12 & -2 & -48 & -24 & 10 & 1 \\
 & & & 6 & -7 & 1 &
\end{array}
$$

(vii) 将第2行元素1以左的元素(−8)化为0：第3列乘以8加到第1列，同时第1行乘以(−8)加到第3行，得

$$
\begin{array}{ccc|cccc}
 & & & 16 & -8 & 1 & \\
 & & & -2 & 1 & 0 & \\
 & & & 8 & -6 & 1 & \\
\hline
1/4 & 1/2 & -1/4 & 0 & 1 & 0 & 0 \\
1/2 & 2 & -1/2 & 0 & 0 & 1 & 0 \\
1 & 8 & 0 & 32 & -32 & 10 & 1 \\
 & & & 14 & -7 & 1 &
\end{array}
$$

至此，一系列变换都已完成，规范型的结果是

$$
\boldsymbol{A}_{\mathrm{C2}}=\begin{bmatrix}0 & 1 & 0\\ 0 & 0 & 1\\ 32 & -32 & 10\end{bmatrix},\quad \boldsymbol{b}_{\mathrm{C2}}=\boldsymbol{T}_2^{-1}\boldsymbol{b}=\begin{bmatrix}0\\0\\1\end{bmatrix},\quad \boldsymbol{c}_{\mathrm{C2}}^{\mathrm{T}}=[14\quad -7\quad 1].
$$

变换矩阵及其逆矩阵为

$$
\boldsymbol{T}_2=\begin{bmatrix}16 & -8 & 1\\ -2 & 1 & 0\\ 8 & -6 & 1\end{bmatrix},\quad \boldsymbol{T}_2^{-1}=\frac{1}{4}\times\begin{bmatrix}1 & 2 & -1\\ 2 & 8 & -2\\ 4 & 32 & 0\end{bmatrix}. \qquad \square
$$

采用初等变换化第二可控规范型的过程由两种基本运算组成. 一是化列向量为单位矩阵最后一列$[0 \quad \cdots \quad 0 \quad 1]^{\mathrm{T}}$的形式；一是化元素 1 以左诸元素为零. 这样的重复运算很适合计算机编程.

系统化第一可控规范型也可以采用初等变换的方法. 请读者自行确定算法的步骤.

9.8.3 单输出系统的两种可观规范型

单输出量系统$\Sigma(\boldsymbol{A},\boldsymbol{B},\boldsymbol{c}^{\mathrm{T}})$,为强调输出维数$m=1$,将输出系数矩阵写成行向量$\boldsymbol{c}^{\mathrm{T}}$的形式,输入维数不限. 系统的可观性矩阵

$$\boldsymbol{Q}_{\mathrm{O}}=\begin{bmatrix}\boldsymbol{c}^{\mathrm{T}}\\ \boldsymbol{c}^{\mathrm{T}}\boldsymbol{A}\\ \vdots\\ \boldsymbol{c}^{\mathrm{T}}\boldsymbol{A}^{n-1}\end{bmatrix} \tag{9.8.38}$$

是$n\times n$维矩阵,它的n个行向量彼此线性无关. 以$\boldsymbol{Q}_{\mathrm{O}}$作为变换矩阵$\boldsymbol{M}_1$,它的逆矩阵

$$\boldsymbol{M}_1^{-1}=\boldsymbol{Q}_{\mathrm{O}}=\begin{bmatrix}\boldsymbol{c}^{\mathrm{T}}\\ \boldsymbol{c}^{\mathrm{T}}\boldsymbol{A}\\ \vdots\\ \boldsymbol{c}^{\mathrm{T}}\boldsymbol{A}^{n-1}\end{bmatrix}, \tag{9.8.39}$$

可以导出**第一可观规范型**

$$\boldsymbol{A}_{\mathrm{O1}}=\begin{bmatrix}0 & 1 & & \\ \vdots & & \ddots & \\ 0 & & & 1\\ -\alpha_0 & -\alpha_1 & \cdots & -\alpha_{n-1}\end{bmatrix},\quad \boldsymbol{B}_{\mathrm{O1}}=\begin{bmatrix}\boldsymbol{c}^{\mathrm{T}}\boldsymbol{B}\\ \boldsymbol{c}^{\mathrm{T}}\boldsymbol{A}\boldsymbol{B}\\ \vdots\\ \boldsymbol{c}^{\mathrm{T}}\boldsymbol{A}^{n-1}\boldsymbol{B}\end{bmatrix},\quad \boldsymbol{c}_{\mathrm{O1}}^{\mathrm{T}}=[1 \quad \cdots \quad 0 \quad 0]. \tag{9.8.40}$$

显然,由系数矩阵对$(\boldsymbol{A}_{\mathrm{O1}},\boldsymbol{c}_{\mathrm{O1}}^{\mathrm{T}})$的规范结构可知,矩阵$\boldsymbol{c}_{\mathrm{O1}}^{\mathrm{T}}$的第一个元素 1 和矩阵$\boldsymbol{A}_{\mathrm{O1}}$对角线上斜线的$n-1$个元素 1 表示规范型具有积分器串联的链式结构,状态变量是每个积分器的输出,其编号次序是沿信号传递方向逐个递减；而且输出量y位于积分器串联链的链尾,说明由输出量y可以观测全部状态；反馈通道由矩阵$\boldsymbol{A}$的特征多项式的n个系数α_i反号构成；系统的零点特征集中在输入系数矩阵$\boldsymbol{B}_{\mathrm{O1}}$中. 系统$\Sigma(\boldsymbol{A},\boldsymbol{B},\boldsymbol{c}^{\mathrm{T}})$的传递函数矩阵为

$$\begin{aligned}\boldsymbol{G}(s)&=\boldsymbol{c}^{\mathrm{T}}(s\boldsymbol{I}-\boldsymbol{A})^{-1}\boldsymbol{B}\\ &=\frac{1}{\det(s\boldsymbol{I}-\boldsymbol{A})}\times[p_0(s)\boldsymbol{c}^{\mathrm{T}}\boldsymbol{B}+p_1(s)\boldsymbol{c}^{\mathrm{T}}\boldsymbol{A}\boldsymbol{B}+\cdots\\ &\quad+p_{n-1}(s)\boldsymbol{c}^{\mathrm{T}}\boldsymbol{A}^{n-1}\boldsymbol{B}],\end{aligned} \tag{9.8.41}$$

其中,多项式 $p_i(s)$ 满足递推关系(9.8.17).

按照与化第二可控规范型的变换矩阵式(9.8.30)的对偶关系,可以构造化第二可观规范型的变换矩阵 $\boldsymbol{M}_2$

$$\boldsymbol{M}_2 = [\boldsymbol{l} \quad \boldsymbol{A}\boldsymbol{l} \quad \cdots \quad \boldsymbol{A}^{n-1}\boldsymbol{l}], \tag{9.8.42}$$

其中列向量 $\boldsymbol{l}$ 是可观性矩阵 $\boldsymbol{Q}_{\mathrm{O}}$ 的逆矩阵的第 n 列,即

$$\boldsymbol{l} = \boldsymbol{Q}_{\mathrm{O}}^{-1}\begin{bmatrix} 0 \\ 0 \\ \vdots \\ 1 \end{bmatrix}. \tag{9.8.43}$$

可以证明,变换矩阵 $\boldsymbol{M}_2$ 的逆矩阵为

$$\boldsymbol{M}_2^{-1} = \begin{bmatrix} 1 & \alpha_{n-1} & \cdots & \alpha_1 \\ & 1 & \ddots & \vdots \\ & & \ddots & \alpha_{n-1} \\ & & & 1 \end{bmatrix}\begin{bmatrix} \boldsymbol{c}^{\mathrm{T}}\boldsymbol{A}^{n-1} \\ \vdots \\ \boldsymbol{c}^{\mathrm{T}}\boldsymbol{A} \\ \boldsymbol{c}^{\mathrm{T}} \end{bmatrix} = \begin{bmatrix} \boldsymbol{c}^{\mathrm{T}}\boldsymbol{P}_0 \\ \vdots \\ \boldsymbol{c}^{\mathrm{T}}\boldsymbol{P}_{n-2} \\ \boldsymbol{c}^{\mathrm{T}}\boldsymbol{P}_{n-1} \end{bmatrix}, \tag{9.8.44}$$

其中,系数矩阵 $\boldsymbol{P}_i$ 满足递推关系式(9.8.14).据此可以导出**第二可观规范型**:

$$\boldsymbol{A}_{\mathrm{O2}} = \begin{bmatrix} 0 & \cdots & 0 & -\alpha_0 \\ 1 & & & -\alpha_1 \\ & \ddots & & \vdots \\ & & 1 & -\alpha_{n-1} \end{bmatrix}, \quad \boldsymbol{B}_{\mathrm{O2}} = \begin{bmatrix} \boldsymbol{c}^{\mathrm{T}}\boldsymbol{P}_0\boldsymbol{B} \\ \boldsymbol{c}^{\mathrm{T}}\boldsymbol{P}_1\boldsymbol{B} \\ \vdots \\ \boldsymbol{c}^{\mathrm{T}}\boldsymbol{B} \end{bmatrix}, \quad \boldsymbol{c}_{\mathrm{O2}}^{\mathrm{T}} = [0 \quad \cdots \quad 0 \quad 1]. \tag{9.8.45}$$

显然,由系数矩阵对$(\boldsymbol{A}_{\mathrm{O2}},\boldsymbol{c}_{\mathrm{O2}}^{\mathrm{T}})$的规范结构可知,矩阵 $\boldsymbol{c}_{\mathrm{O2}}^{\mathrm{T}}$ 的最后一个元素 1 和矩阵 $\boldsymbol{A}_{\mathrm{O2}}$对角线下斜线的 $n-1$ 个元素 1 表示规范型具有积分器串联的链式结构,状态变量是每个积分器的输出,其编号次序是沿信息传递方向逐个递增;而且输出量 y 位于积分器串联链的链尾,说明由输出量 y 可以观测全部状态;反馈通道由矩阵 $\boldsymbol{A}$ 的特征多项式的 n 个系数 α_i 反号构成;系统的零点特征集中在输入系数矩阵 $\boldsymbol{B}_{\mathrm{O2}}$之中,$\boldsymbol{\beta}_i^{\mathrm{T}}=\boldsymbol{c}^{\mathrm{T}}\boldsymbol{P}_i\boldsymbol{B}$ 是 $\boldsymbol{B}_{\mathrm{O2}}$的行向量.所有进入求和节点的信号都进行加法运算.第二可观规范型的结构如图 9.8.3 所示.

系统 $\Sigma(\boldsymbol{A},\boldsymbol{B},\boldsymbol{c}^{\mathrm{T}})$的传递函数矩阵为

$$\begin{aligned}\boldsymbol{G}(s) &= \boldsymbol{c}^{\mathrm{T}}(s\boldsymbol{I}-\boldsymbol{A})^{-1}\boldsymbol{B} \\ &= \frac{1}{\det(s\boldsymbol{I}-\boldsymbol{A})}\times[\boldsymbol{c}^{\mathrm{T}}\boldsymbol{B}s^{n-1}+\boldsymbol{c}^{\mathrm{T}}\boldsymbol{P}_{n-2}\boldsymbol{B}s^{n-2}+\cdots+\boldsymbol{c}^{\mathrm{T}}\boldsymbol{P}_0\boldsymbol{B}],\end{aligned} \tag{9.8.46}$$

其中,$n\times n$ 维常数矩阵 $\boldsymbol{P}_i$ 满足递推关系式(9.8.14).由式(9.8.46)与输入系数矩阵 $\boldsymbol{B}_{\mathrm{O2}}$对照可知,规范型输入系数矩阵 $\boldsymbol{B}_{\mathrm{O2}}$的元素是传递函数矩阵 $\boldsymbol{G}(s)$分子多项式系数矩阵按 s 升幂排列的结果.

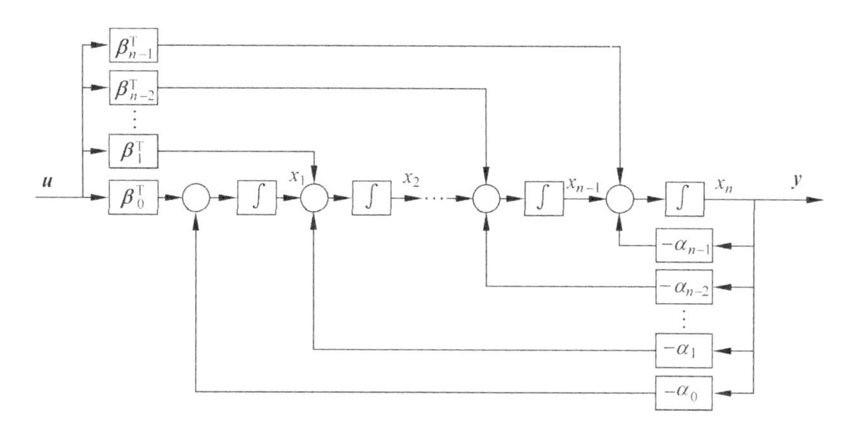

图 9.8.3　第二可观规范型的结构

例 9.8.3　已知系统系数矩阵

$$\boldsymbol{A}=\begin{bmatrix}2&0&0\\0&4&1\\0&0&4\end{bmatrix},\quad \boldsymbol{B}=\begin{bmatrix}1&0\\1&0\\0&4\end{bmatrix},\quad \boldsymbol{c}^{\mathrm{T}}=[1\quad 1\quad 0],$$

试判断它的可观性. 如果完全可观将它化为可观规范型.

解　(i) 由若尔当型可观性判据,可知系统状态完全可观. 另外从系统可观性矩阵

$$\boldsymbol{Q}_{\mathrm{O}}=\begin{bmatrix}\boldsymbol{c}^{\mathrm{T}}\\\boldsymbol{c}^{\mathrm{T}}\boldsymbol{A}\\\boldsymbol{c}^{\mathrm{T}}\boldsymbol{A}^{2}\end{bmatrix}=\begin{bmatrix}1&1&0\\2&4&1\\4&16&8\end{bmatrix}$$

也可以看出 $\mathrm{rank}\boldsymbol{Q}_{\mathrm{O}}=3$.

(ii) 化为可观规范型. 系统的特征多项式为

$$\Delta(s)=\det(s\boldsymbol{I}-\boldsymbol{A})=(s-2)(s-4)^{2}=s^{3}-10s^{2}+32s-32.$$

构造第一变换矩阵的逆矩阵,并求变换矩阵

$$\boldsymbol{M}_{1}^{-1}=\boldsymbol{Q}_{\mathrm{O}}=\begin{bmatrix}1&1&0\\2&4&1\\4&16&8\end{bmatrix},\quad \boldsymbol{M}_{1}=\boldsymbol{Q}_{\mathrm{O}}^{-1}=\frac{1}{4}\times\begin{bmatrix}16&-8&1\\-12&8&-1\\16&-12&2\end{bmatrix};$$

取列向量

$$\boldsymbol{l}=\boldsymbol{Q}_{\mathrm{O}}^{-1}\begin{bmatrix}0\\0\\1\end{bmatrix}=\frac{1}{4}\times\begin{bmatrix}1\\-1\\2\end{bmatrix},$$

则第二变换矩阵及其逆矩阵为

$$\boldsymbol{M}_{2}=[\boldsymbol{l}\quad \boldsymbol{A}\boldsymbol{l}\quad \boldsymbol{A}^{2}\boldsymbol{l}]=\frac{1}{4}\times\begin{bmatrix}1&2&4\\-1&-2&0\\2&8&32\end{bmatrix},\quad \boldsymbol{M}_{2}^{-1}=\begin{bmatrix}16&8&-2\\-8&-6&1\\1&1&0\end{bmatrix}.$$

所以,第一可观规范型是

$$\boldsymbol{A}_{O1}=\boldsymbol{M}_1^{-1}\boldsymbol{A}\boldsymbol{M}_1=\begin{bmatrix}0&1&0\\0&0&1\\32&-32&10\end{bmatrix},\quad \boldsymbol{B}_{O1}=\boldsymbol{M}_1^{-1}\boldsymbol{B}=\begin{bmatrix}2&0\\6&4\\20&32\end{bmatrix},$$

$$\boldsymbol{c}_{O1}^{\mathrm{T}}=\boldsymbol{c}^{\mathrm{T}}\boldsymbol{M}_1=[1\quad 0\quad 0].$$

第二可观规范型是

$$\boldsymbol{A}_{O2}=\boldsymbol{M}_2^{-1}\boldsymbol{A}\boldsymbol{M}_2=\begin{bmatrix}0&0&32\\1&0&-32\\0&1&10\end{bmatrix},\quad \boldsymbol{B}_{O2}=\boldsymbol{M}_2^{-1}\boldsymbol{B}=\begin{bmatrix}24&-8\\-14&4\\2&0\end{bmatrix},$$

$$\boldsymbol{c}_{O2}^{\mathrm{T}}=\boldsymbol{c}^{\mathrm{T}}\boldsymbol{M}_2=[0\quad 0\quad 1].$$

系统的传递函数为

$$\begin{aligned}\boldsymbol{G}(s)&=\boldsymbol{c}^{\mathrm{T}}(s\boldsymbol{I}-\boldsymbol{A})^{-1}\boldsymbol{B}\\&=\frac{1}{s^3-10s^2+32s-32}\times\{[2\quad 0]s^2+[-14\quad 4]s+[24\quad -8]\}.\end{aligned}$$

可见,第二可观规范型的输入系数向量 $\boldsymbol{B}_{O2}$ 的元素正是传递函数分子多项式按升幂排列的系数.

由第一可观规范型可以得到相同的结果. 第一可观规范型的输入系数矩阵为

$$\boldsymbol{B}_{O1}=\begin{bmatrix}2&0\\6&4\\20&32\end{bmatrix}=\begin{bmatrix}\boldsymbol{c}^{\mathrm{T}}\boldsymbol{B}\\\boldsymbol{c}^{\mathrm{T}}\boldsymbol{A}\boldsymbol{B}\\\boldsymbol{c}^{\mathrm{T}}\boldsymbol{A}^2\boldsymbol{B}\end{bmatrix}.$$

由递推关系式(9.8.18)可得

$$p_1(s)=s+\alpha_2=s-10,\quad p_0(s)=sp_1(s)+\alpha_1=s^2-10s+32,$$

从而计算出传递函数分子多项式

$$\begin{aligned}p_0(s)\boldsymbol{c}^{\mathrm{T}}\boldsymbol{B}+p_1(s)\boldsymbol{c}^{\mathrm{T}}\boldsymbol{A}\boldsymbol{B}+\boldsymbol{c}^{\mathrm{T}}\boldsymbol{A}^2\boldsymbol{B}&=[2\quad 0]\times(s^2-10s+32)\\&\quad+[6\quad 4]\times(s-10)+[20\quad 32]\\&=[2\quad 0]s^2+[-14\quad 4]s+[24\quad -8].\end{aligned}$$ □

9.8.4 多输入系统的可控规范型

多输入系统 $\Sigma(\boldsymbol{A},\boldsymbol{B},\boldsymbol{C})$ 的可控性矩阵 Q_C 是 $n\times(n\cdot l)$ 矩阵,当状态完全可控时,其秩为 n. 从可控性矩阵 Q_C 挑选 n 个线性无关列向量的方案很多,这使得多输入系统的可控规范型具有多种形式. 本小节只介绍常用的两种规范型.

1. 挑选 n 个线性无关列向量的两种方案

为了从矩阵 Q_C 挑选出 n 个线性无关的列,通常采用格栅来进行,可以有两种方案. 为简化表示,下面以状态维数 $n=7$ 和输入维数 $l=4$,$\boldsymbol{B}=[\boldsymbol{b}_1\quad \boldsymbol{b}_2\quad \boldsymbol{b}_3\quad \boldsymbol{b}_4]$的情

况为例进行讨论.

方案一(列选择方案)：对系数矩阵对$(\boldsymbol{A},\boldsymbol{B})$，画出如图 9.8.4 所示的格栅，纵向 $n=7$ 行，横向 $l=4$ 列.

	$\boldsymbol{b}_1$	$\boldsymbol{b}_2$	$\boldsymbol{b}_3$	$\boldsymbol{b}_4$
$\boldsymbol{A}^0$	*1	*4		*7
$\boldsymbol{A}^1$	*2	*5		
$\boldsymbol{A}^2$	*3	*6		
$\boldsymbol{A}^3$				
$\boldsymbol{A}^4$				
$\boldsymbol{A}^5$				
$\boldsymbol{A}^6$				

图 9.8.4　列选择方案

先选定非零列向量 $\boldsymbol{b}_1$，并在图 9.8.4 表示它的 $\boldsymbol{A}^0\boldsymbol{b}_1$ 格内记上“*”(“*”号右的数字表示选择顺序号). 而后按格栅的列方向挑选，如果列向量 $\boldsymbol{A}^1\boldsymbol{b}_1$ 与已选出的 $\boldsymbol{b}_1$ 线性无关，就在 $\boldsymbol{A}^1\boldsymbol{b}_1$ 格内记上“*”；依次类推，当列向量 $\boldsymbol{A}^{v_1}\boldsymbol{b}_1$ 与已选定的 $\boldsymbol{b}_1$，$\boldsymbol{A}\boldsymbol{b}_1,\cdots,\boldsymbol{A}^{v_1-1}\boldsymbol{b}_1$ 线性相关时，就让该格空着，而且该列以后的向量也必然相关，对应的都是空格. 继续做格栅的第二列挑选，凡是与已选定的向量组线性无关，就在该格内记上“*”，否则就让它空着，继续下一列挑选. 显然，当 $v_1+v_2+\cdots+v_l=n$ 时就可以停止挑选，并得到与可控性有关的指数集$\{v_1,v_2,\cdots,v_l\}$. 图 9.8.4 所示的列选择方案中，$v_1=3,v_2=3,v_3=0,v_4=1$.

方案二(行选择方案)：同样，对系数矩阵对$(\boldsymbol{A},\boldsymbol{B})$，先做出如图 9.8.5 的格栅. 在格栅中按行挑选相应的列向量，与已选行线性无关时在该格内记上“*”，相关时让该格空着. 与列选择方案不同的是，每行都应挑选到最后一格，而不管该行中间是否有相关的空格，对于同一列的上一行已经是空格，则本行不必挑选该格，让它空着. 这样也得到一个指数集$\{\mu_1,\mu_2,\cdots,\mu_l\}$. 图 9.8.5 所示的列选择方案中，$\mu_1=3,\mu_2=2,\mu_3=0,\mu_4=2$.

	$\boldsymbol{b}_1$	$\boldsymbol{b}_2$	$\boldsymbol{b}_3$	$\boldsymbol{b}_4$
$\boldsymbol{A}^0$	*1	*2		*3
$\boldsymbol{A}^1$	*4	*5		*6
$\boldsymbol{A}^2$	*7			
$\boldsymbol{A}^3$				
$\boldsymbol{A}^4$				
$\boldsymbol{A}^5$				
$\boldsymbol{A}^6$				

图 9.8.5　行选择方案

2. 多输入系统的第二可控规范型

对完全可控的多变量系统 $\Sigma(\boldsymbol{A},\boldsymbol{B},\boldsymbol{C})$，不失一般性，可设 $\mathrm{rank}\boldsymbol{B}=l$. 因为如果

rank$\boldsymbol{B}<l$,说明存在 $\mu_i=0$ 的情况,标号 i 的输入分量对可控性毫无贡献,就可以将该输入分量删去.按行选择方案确定的指数集$\{\mu_1,\mu_2,\cdots,\mu_l\}$又称为**克罗内克尔**(Kronecker)**常数**.它实际就是可控指数集,其中最大的一个就是9.3.6节定义的可控性指数 μ.

定义常数

$$\sigma_i=\sum_{j=1}^{i}\mu_j,\quad (i=1,2,\cdots,l). \tag{9.8.47}$$

并令 $\sigma_0=0$,而 $\sigma_l=n$.

从矩阵 $\boldsymbol{Q}_C$ 中按行选择方案挑选出 n 个线性无关列向量,并排成如下非奇异方矩阵

$$\boldsymbol{Q}=[\boldsymbol{b}_1\quad \boldsymbol{A}\boldsymbol{b}_1\quad \cdots\quad \boldsymbol{A}^{\mu_1-1}\boldsymbol{b}_1\quad \cdots\quad \boldsymbol{b}_l\quad \boldsymbol{A}\boldsymbol{b}_l\quad \cdots\quad \boldsymbol{A}^{\mu_l-1}\boldsymbol{b}_l], \tag{9.8.48}$$

需要指出的是,矩阵 $\boldsymbol{Q}$ 的列并不按行选择的先后顺序排列!

记矩阵 $\boldsymbol{Q}$ 的逆矩阵的第 i 行为

$$\boldsymbol{l}_i^{\mathrm{T}}=\boldsymbol{e}_i^{\mathrm{T}}\boldsymbol{Q}^{-1}. \tag{9.8.49}$$

设将系统 $\Sigma(\boldsymbol{A},\boldsymbol{B},\boldsymbol{C})$ 化为第二可控规范型的变换矩阵为 $\boldsymbol{T}$,则它的逆矩阵 $\boldsymbol{T}^{-1}$ 由 l 个分块矩阵组成

$$\boldsymbol{T}^{-1}=\begin{bmatrix}\boldsymbol{T}_1\\ \boldsymbol{T}_2\\ \vdots\\ \boldsymbol{T}_l\end{bmatrix},\quad \boldsymbol{T}_i=\begin{bmatrix}\boldsymbol{l}_{\sigma_i}^{\mathrm{T}}\\ \boldsymbol{l}_{\sigma_i}^{\mathrm{T}}\boldsymbol{A}\\ \vdots\\ \boldsymbol{l}_{\sigma_i}^{\mathrm{T}}\boldsymbol{A}^{\mu_i-1}\end{bmatrix}. \tag{9.8.50}$$

其中每个分块 $\boldsymbol{T}_i$ 类似于单输入系统变换矩阵式(9.8.30).

变换后的第二可控规范型的系数矩阵对$(\boldsymbol{A}_{C2},\boldsymbol{B}_{C2})$为

$$\boldsymbol{A}_{C2}=\begin{bmatrix}\boldsymbol{A}_{11} & \cdots & \boldsymbol{A}_{1l}\\ \vdots & & \vdots\\ \boldsymbol{A}_{l1} & \cdots & \boldsymbol{A}_{ll}\end{bmatrix},\quad \boldsymbol{B}_{C2}=\begin{bmatrix}\boldsymbol{B}_1\\ \vdots\\ \boldsymbol{B}_l\end{bmatrix}. \tag{9.8.51}$$

其中,规范型状态系数矩阵 $\boldsymbol{A}_{C2}$ 的 $\mu_i\times\mu_i$ 维对角分块为

$$\boldsymbol{A}_{ii}=\left[\begin{array}{c|ccc}0 & & & \\ \vdots & & \boldsymbol{I}_{\mu_i-1} & \\ 0 & & & \\ \hline * & * & \cdots & *\end{array}\right], \tag{9.8.52}$$

显然,对角分块类似于单输入第二可控规范型的状态系数矩阵.规范型状态系数矩阵 $\boldsymbol{A}_{C2}$ 的 $\mu_i\times\mu_j$ 维非对角分块只有末行为适当的实数,其余行均为零,即

$$\boldsymbol{A}_{ij}=\left[\begin{array}{ccc}0 & \cdots & 0\\ \vdots & & \vdots\\ 0 & \cdots & 0\\ \hline * & \cdots & *\end{array}\right],\quad (i\neq j). \tag{9.8.53}$$

规范型输入系数矩阵 $\boldsymbol{B}_{C2}$ 的 $\mu_i \times l$ 维分块矩阵为

$$\boldsymbol{B}_i = \begin{bmatrix} 0 & \cdots & 0 & 0 & 0 & \cdots & 0 \\ \vdots & & \vdots & \vdots & \vdots & & \vdots \\ 0 & \cdots & 0 & 0 & 0 & \cdots & 0 \\ 0 & \cdots & 0 & 1 & * & \cdots & * \end{bmatrix}. \tag{9.8.54}$$

↑ 第 i 列

上述各式中的“ * ”号表示可能非零的实数. 规范型的输出系数矩阵 $\boldsymbol{C}_{C2}$ 无特殊形式.

福尔勃(P. Falb)和沃洛维奇(W. A. Wolovich)证明了这种规范型的传递函数矩阵为

$$\boldsymbol{G}(s) = \boldsymbol{C}_{C2}(s\boldsymbol{I} - \boldsymbol{A}_{C2})^{-1}\boldsymbol{B}_{C2} = \boldsymbol{C}_{C2}\boldsymbol{S}(s)\boldsymbol{M}_C^{-1}(s)\,\hat{\boldsymbol{B}}_C, \tag{9.8.55}$$

其中,$\boldsymbol{C}_{C2}$ 就是规范型的输出系数矩阵; $n \times l$ 阶多项式矩阵 $\boldsymbol{S}(s)$ 由 l 个分块矩阵组成:

$$\boldsymbol{S}(s) = \begin{bmatrix} \boldsymbol{S}_1(s) \\ \vdots \\ \boldsymbol{S}_l(s) \end{bmatrix}, \quad \boldsymbol{S}_i(s) = \begin{bmatrix} 0 & \cdots & 0 & 1 & 0 & \cdots & 0 \\ & & & s & & & \\ \vdots & & \vdots & s^2 & \vdots & & \vdots \\ & & & \vdots & & & \\ 0 & \cdots & 0 & s^{\mu_i - 1} & 0 & \cdots & 0 \end{bmatrix}. \tag{9.8.56}$$

↑ 第 i 列

$l \times l$ 维多项式矩阵 $\boldsymbol{M}_C(s)$ 为

$$\boldsymbol{M}_C(s) = \begin{bmatrix} s^{\mu_1} & & \\ & \ddots & \\ & & s^{\mu_l} \end{bmatrix} - \hat{\boldsymbol{A}}_C\boldsymbol{S}(s). \tag{9.8.57}$$

而 $l \times n$ 阶矩阵 $\hat{\boldsymbol{A}}_C$ 和 $l \times l$ 阶矩阵 $\hat{\boldsymbol{B}}_C$ 分别由规范型系数矩阵 $\boldsymbol{A}_{C2}$ 和 $\boldsymbol{B}_{C2}$ 中“ * ”号表示的 l 行组成

$$\hat{\boldsymbol{A}}_C = \begin{bmatrix} * & \cdots & * \\ \vdots & & \vdots \\ * & \cdots & * \end{bmatrix}, \quad \hat{\boldsymbol{B}}_C = \begin{bmatrix} 1 & * & \cdots & * \\ & 1 & & \vdots \\ & & \ddots & * \\ & & & 1 \end{bmatrix}. \tag{9.8.58}$$

例 9.8.4　给定系统的系数矩阵

$$\boldsymbol{A} = \begin{bmatrix} 0 & 0 & 0 & 1 \\ 1 & 0 & 0 & -2 \\ -22 & -11 & -4 & 0 \\ -23 & -6 & 0 & -6 \end{bmatrix}, \quad \boldsymbol{B} = \begin{bmatrix} 0 & 0 \\ 0 & 0 \\ 0 & 1 \\ 1 & 3 \end{bmatrix}, \quad \boldsymbol{C} = \begin{bmatrix} 0 & 0 & 0 & 1 \\ 0 & 0 & 1 & 0 \end{bmatrix},$$

求它的可控规范型.

解 (i) 构造系统的可控性矩阵

$$Q_C=\left[\begin{array}{cc:cc:cc:cc}0&0&1&3&-6&-18&25&750\\0&0&-2&-6&13&39&-36&-168\\0&1&0&-4&0&16&-11&-97\\1&3&6&-18&25&75&-99&-270\end{array}\right].$$

(ii) 构造变换矩阵.按行选择方案,挑选出4个线性无关的列向量是 $\boldsymbol{b}_1,\boldsymbol{A}\boldsymbol{b}_1$,$\boldsymbol{A}^2\boldsymbol{b}_1,\boldsymbol{b}_2$,可见可控指数集为 $\mu_1=3,\mu_2=1$.用这4个线性无关的列向量组成变换矩阵 $\boldsymbol{Q}$ 并求逆.因为 $l=2$,所以只要求出逆矩阵的两行(第 $\sigma_1=3$ 行和第 $\sigma_2=4$ 行)即可.逆矩阵

$$\boldsymbol{Q}^{-1}=\begin{bmatrix}0&1&-6&0\\0&-2&13&0\\0&0&0&1\\1&-6&25&3\end{bmatrix}^{-1}=\begin{bmatrix}*&*&*&*\\*&*&*&*\\2&1&0&0\\0&0&1&0\end{bmatrix}$$

中的元素“*”表示与后面的运算无关的数值.由逆矩阵 $\boldsymbol{Q}^{-1}$ 第 $\sigma_1=3$ 行 $\boldsymbol{l}_3=[2\ \ 1\ \ 0\ \ 0]$、第 $\sigma_2=4$ 行 $\boldsymbol{l}_4=[0\ \ 0\ \ 1\ \ 0]$ 以及系统状态系数矩阵 $\boldsymbol{A}$ 组成变换矩阵的逆矩阵,于是

$$\boldsymbol{T}^{-1}=\begin{bmatrix}\boldsymbol{l}_3^{\mathrm{T}}\\\boldsymbol{l}_3^{\mathrm{T}}\boldsymbol{A}\\\boldsymbol{l}_3^{\mathrm{T}}\boldsymbol{A}^2\\\boldsymbol{l}_4^{\mathrm{T}}\end{bmatrix}=\begin{bmatrix}2&1&0&0\\1&0&0&0\\0&0&0&1\\0&0&1&0\end{bmatrix},\quad \boldsymbol{T}=\begin{bmatrix}0&1&0&0\\1&-2&0&0\\0&0&0&1\\0&0&1&0\end{bmatrix}.$$

(iii) 第二可控规范型的系数矩阵是

$$\boldsymbol{A}_{C2}=\boldsymbol{T}^{-1}\boldsymbol{A}\boldsymbol{T}=\left[\begin{array}{ccc:c}0&1&0&0\\0&0&1&0\\-6&-11&-6&0\\\hdashline-11&0&0&-4\end{array}\right],\quad \boldsymbol{B}_{C2}=\boldsymbol{T}^{-1}\boldsymbol{B}=\left[\begin{array}{cc}0&0\\0&0\\1&3\\\hdashline0&1\end{array}\right],$$

$$\boldsymbol{C}_{C2}=\boldsymbol{C}\boldsymbol{T}=\left[\begin{array}{ccc:c}0&0&1&0\\0&0&0&1\end{array}\right].$$

(iv) 按式(9.8.55)计算传递函数矩阵,可得

$$\begin{aligned}\boldsymbol{G}(s)&=\boldsymbol{C}_{C2}\boldsymbol{S}(s)\boldsymbol{M}_C^{-1}(s)\hat{\boldsymbol{B}}_C\\&=\begin{bmatrix}0&0&1&0\\0&0&0&1\end{bmatrix}\begin{bmatrix}1&0\\s&0\\s^2&0\\0&1\end{bmatrix}\boldsymbol{M}_C^{-1}(s)\begin{bmatrix}1&3\\0&1\end{bmatrix}\\&=\begin{bmatrix}s^2&0\\0&1\end{bmatrix}\boldsymbol{M}_C^{-1}(s)\begin{bmatrix}1&3\\0&1\end{bmatrix}\end{aligned}$$

其中

$$\boldsymbol{M}_{\mathrm{C}}(s)=\begin{bmatrix} s^3 & 0 \\ 0 & s \end{bmatrix}-\hat{\boldsymbol{A}}_{\mathrm{C}}\boldsymbol{S}(s)$$

$$=\begin{bmatrix} s^3 & 0 \\ 0 & s \end{bmatrix}-\begin{bmatrix} -6 & -11 & -6 & 0 \\ -11 & 0 & 0 & -4 \end{bmatrix}\begin{bmatrix} 1 & 0 \\ s & 0 \\ s^2 & 0 \\ 0 & 1 \end{bmatrix}$$

$$=\begin{bmatrix} s^3+6s^2+11s+6 & 0 \\ 11 & s-4 \end{bmatrix}$$

所以，传递函数矩阵为

$$\boldsymbol{G}(s)=\begin{bmatrix} s^2 & 0 \\ 0 & 1 \end{bmatrix}\begin{bmatrix} s^3+6s^2+11s+6 & 0 \\ 11 & s-4 \end{bmatrix}^{-1}\begin{bmatrix} 1 & 3 \\ 0 & 1 \end{bmatrix}$$

$$=\frac{1}{s^4+10s^3+35s^2+50s+24}\times\begin{bmatrix} s^3+4s^2 & 3s^3+12s^2 \\ -11 & s^3+6s^2+11s-27 \end{bmatrix}\qquad\square$$

读者可以用法捷耶娃法计算预解矩阵$(s\boldsymbol{I}-\boldsymbol{A}_{\mathrm{C2}})^{-1}$，然后核对传递函数矩阵的正确性. 并可以比较两个方法的计算量大小.

3. 多输入系统的第一可控规范型

对完全可控的多变量系统 $\Sigma(\boldsymbol{A},\boldsymbol{B},\boldsymbol{C})$，可以按列选择方案确定指数集 $\{v_1,v_2,\cdots,v_r\}$. 不失一般性，设 $r\leqslant l$，并设指数集的 r 个指数都不为零，因为如果某个指数为零，譬如 $v_2=0$，可以把矩阵 $\boldsymbol{B}$ 的第 2 列移为最后一列，重新定义矩阵 $\boldsymbol{B}$ 的列号，相应地把控制输入 $\boldsymbol{u}$ 的分量也重新排序.

用按列选择方案确定的 n 个线性无关列向量组成变换矩阵

$$\boldsymbol{T}=[\boldsymbol{b}_1\quad \boldsymbol{A}\boldsymbol{b}_1\quad \cdots\quad \boldsymbol{A}^{v_1-1}\boldsymbol{b}_1\quad \cdots\quad \boldsymbol{b}_r\quad \boldsymbol{A}\boldsymbol{b}_r\quad \cdots\quad \boldsymbol{A}^{v_r-1}\boldsymbol{b}_r]. \tag{9.8.59}$$

就可以将系统化为第一可控规范型，它的系数矩阵对$(\boldsymbol{A}_{\mathrm{C1}},\boldsymbol{B}_{\mathrm{C1}})$具有规范结构

$$\boldsymbol{A}_{\mathrm{C1}}=\begin{bmatrix} \boldsymbol{A}_{11} & \cdots & \boldsymbol{A}_{1r} \\ & \ddots & \vdots \\ & & \boldsymbol{A}_{rr} \end{bmatrix},\quad \boldsymbol{B}_{\mathrm{C1}}=\left[\begin{array}{ccc|c} \boldsymbol{b}_1 & & & * \\ & \ddots & & * \\ & & \boldsymbol{b}_r & * \end{array}\right]. \tag{9.8.60}$$

其中，$\boldsymbol{A}_{\mathrm{C1}}$是上三角分块结构，对角分块是 $v_i\times v_i$维矩阵，与单输入量第一可控规范型的状态系数矩阵结构类似，其形式为

$$\boldsymbol{A}_{ii}=\left[\begin{array}{ccc|c} 0 & \cdots & 0 & * \\ \hline & & & * \\ & \boldsymbol{I}_{v_i-1} & & \vdots \\ & & & * \end{array}\right]. \tag{9.8.61}$$

非对角分块有两种情况：对角线下分块 $\boldsymbol{A}_{ij}\,(i>j)$都是零矩阵，对角线上分块 $\boldsymbol{A}_{ij}\,(i<j)$是 $v_i\times v_j$维矩阵，只有最后一列是适当的实数，其余列为零，其形式为

$$\boldsymbol{A}_{ij}=\begin{bmatrix}0 & \cdots & 0 & \vdots & * \\ \vdots & & \vdots & \vdots & \vdots \\ 0 & \cdots & 0 & \vdots & *\end{bmatrix}, \tag{9.8.62}$$

而输入系数矩阵 $\boldsymbol{B}_{C1}$ 具有规范结构，其中，$\boldsymbol{b}_i$ 是 v_i 维单位矩阵的第一列向量

$$\boldsymbol{b}_i=\begin{bmatrix}1\\0\\\vdots\\0\end{bmatrix}=\boldsymbol{e}_1. \tag{9.8.63}$$

矩阵 $\boldsymbol{B}_{C1}$ 的第 $r+1$ 列至第 l 列没有特殊形式. 输出系数矩阵 $\boldsymbol{C}_{C1}$ 也没有特殊形式.

多变量系统的可控规范型还有其他多种形式，比较常用的有旺纳姆(Wonham)规范型①和横山隆一(Yakoyama)规范型②等.

9.8.5 多输出系统的可观规范型

依照对偶原理，可以写出多输出系统 $\Sigma(\boldsymbol{A},\boldsymbol{B},\boldsymbol{C})$ 的可观规范型.

1. 多输出系统的第一可观规范型

完全可观的多变量系统 $\Sigma(\boldsymbol{A},\boldsymbol{B},\boldsymbol{C})$ 的 $(m\cdot n)\times n$ 阶可观性矩阵为

$$\boldsymbol{Q}_{O}=\begin{bmatrix}\boldsymbol{c}_1^{T}\\\vdots\\\boldsymbol{c}_m^{T}\\\hline \boldsymbol{c}_1^{T}\boldsymbol{A}\\\vdots\\\boldsymbol{c}_m^{T}\boldsymbol{A}\\\hline\vdots\\\hline\boldsymbol{c}_1^{T}\boldsymbol{A}^{n-1}\\\vdots\\\boldsymbol{c}_m^{T}\boldsymbol{A}^{n-1}\end{bmatrix}, \tag{9.8.64}$$

其中 $\boldsymbol{c}_i^{T}$ 是矩阵 $\boldsymbol{C}$ 的第 i 行. 在 $\boldsymbol{Q}_{O}$ 的 $m\cdot n$ 个行向量中，按列选择方案确定指数集 $\{v_1,v_2,\cdots,v_r\}$. 不失一般性，设 $r\leqslant m$，并设指数集的 r 个指数都不为零，因为如果某个指数为零，譬如 $v_2=0$，则把矩阵 $\boldsymbol{C}$ 的第2行移为最后一行，并重新定义矩阵 $\boldsymbol{C}$ 的行号，相应地也将输出 $\boldsymbol{y}$ 的分量重新排序.

用按列选择方案确定的 n 个无关行向量构成变换矩阵的逆矩阵

---

① 参见郑大钟编著的《线性系统理论》(第2版)，清华大学出版社，2002年，第191页

② 参见王照林等编著的《现代控制理论基础》，国防工业出版社，1981年，第148页

$$
\boldsymbol{M}^{-1}=\begin{bmatrix}
\boldsymbol{c}_1^{\mathrm{T}} \\
\boldsymbol{c}_1^{\mathrm{T}}\boldsymbol{A} \\
\vdots \\
\boldsymbol{c}_1^{\mathrm{T}}\boldsymbol{A}^{v_1-1} \\
\hdashline
\vdots \\
\hdashline
\boldsymbol{c}_r^{\mathrm{T}} \\
\boldsymbol{c}_r^{\mathrm{T}}\boldsymbol{A} \\
\vdots \\
\boldsymbol{c}_r^{\mathrm{T}}\boldsymbol{A}^{v_r-1}
\end{bmatrix}. \tag{9.8.65}
$$

规范型的系数矩阵对($\boldsymbol{A}_{\mathrm{O1}}$,$\boldsymbol{C}_{\mathrm{O1}}$)具有规范形式

$$
\boldsymbol{A}_{\mathrm{O1}}=\begin{bmatrix}
\boldsymbol{A}_{11} & & \\
\vdots & \ddots & \\
\boldsymbol{A}_{r1} & \cdots & \boldsymbol{A}_{rr}
\end{bmatrix},\quad
\boldsymbol{C}_{\mathrm{O1}}=\begin{bmatrix}
\boldsymbol{h}_1^{\mathrm{T}} & & \\
& \ddots & \\
& & \boldsymbol{h}_r^{\mathrm{T}} \\
\hdashline
& * &
\end{bmatrix}. \tag{9.8.66}
$$

其中,$\boldsymbol{A}_{\mathrm{O1}}$是下三角分块结构,对角分块是 $v_i\times v_i$维矩阵

$$
\boldsymbol{A}_{ii}=\left[\begin{array}{c:ccc}
0 & & & \\
\vdots & & \boldsymbol{I}_{v_i-1} & \\
0 & & & \\
\hdashline
* & * & \cdots & *
\end{array}\right], \tag{9.8.67}
$$

这与单输出系统的第一可观规范型的状态系数矩阵结构类似. 非对角分块有两种情况: 对角线上分块 $\boldsymbol{A}_{ij}(i<j)$都是零矩阵,对角线下分块 $\boldsymbol{A}_{ij}(i>j)$是 $v_i\times v_j$维矩阵,只有最后一行是适当的实数,其余行为零,其形式为

$$
\boldsymbol{A}_{ij}=\begin{bmatrix}
0 & \cdots & 0 \\
\vdots & & \vdots \\
0 & \cdots & 0 \\
\hdashline
* & \cdots & *
\end{bmatrix}, \tag{9.8.68}
$$

而式(9.8.66)中的输出系数矩阵$\boldsymbol{C}_{\mathrm{O1}}$具有规范结构,其中,$\boldsymbol{h}_i^{\mathrm{T}}$ 是v_i维单位矩阵第一行向量

$$
\boldsymbol{h}_i^{\mathrm{T}}=[1\quad 0\quad \cdots\quad 0]=\boldsymbol{e}_i^{\mathrm{T}}, \tag{9.8.69}
$$

输出矩阵$\boldsymbol{C}_{\mathrm{O1}}$的第 $r+1$ 行至第 m 行没有特殊形式. 输入系数矩阵 $\boldsymbol{B}_{\mathrm{O1}}$也没有特殊形式.

2. 多输出系统的第二可观规范型

依照对偶原理,第二可观规范型可以由第二可控规范型式(9.8.51)写出,即

$$
\boldsymbol{A}_{\mathrm{O2}}=\boldsymbol{A}_{\mathrm{C2}}^{\mathrm{T}},\boldsymbol{C}_{\mathrm{O2}}=\boldsymbol{B}_{\mathrm{C2}}^{\mathrm{T}}. \tag{9.8.70}
$$

为节约篇幅,这里不再赘述.

例 9.8.5 5阶系统的系数矩阵如下：

$$\boldsymbol{A}=\begin{bmatrix}0&1&0&0&1\\0&0&0&0&-1\\0&0&0&0&1\\0&0&1&0&-1\\1&1&0&0&0\end{bmatrix},\quad \boldsymbol{B}=\begin{bmatrix}1&0\\0&0\\0&1\\0&1\\0&0\end{bmatrix},\quad \boldsymbol{C}=\begin{bmatrix}0&1&0&0&0\\0&0&-1&1&0\end{bmatrix}.$$

将其化为可观规范型,并求传递函数矩阵.

解 (i) 构造系统的可观性矩阵

$$\boldsymbol{Q}_{\mathrm{O}}=\begin{bmatrix}\boldsymbol{C}\\\boldsymbol{CA}\\\boldsymbol{CA}^2\\\boldsymbol{CA}^3\\\boldsymbol{CA}^4\end{bmatrix}=\begin{bmatrix}0&1&0&0&0\\0&0&-1&1&0\\0&0&0&0&-1\\0&0&1&0&-2\\-1&-1&0&0&0\\-2&-2&0&0&1\\0&-1&0&0&0\\1&-1&0&0&0\\0&0&0&0&1\\0&1&0&0&2\end{bmatrix}.$$

(ii) 构造变换矩阵.按行选择方案,在 $\boldsymbol{Q}_{\mathrm{O}}$ 中由上往下逐行选出5个线性无关的行,即第1,2,3,4,5行,可见指数集为 $\mu_1=3,\mu_2=2$.令输出系数矩阵为

$$\boldsymbol{C}=\begin{bmatrix}\boldsymbol{c}_1^{\mathrm{T}}\\\boldsymbol{c}_2^{\mathrm{T}}\end{bmatrix}.$$

将 $\boldsymbol{c}_1^{\mathrm{T}},\boldsymbol{c}_1^{\mathrm{T}}\boldsymbol{A},\boldsymbol{c}_1^{\mathrm{T}}\boldsymbol{A}^2,\boldsymbol{c}_2^{\mathrm{T}},\boldsymbol{c}_2^{\mathrm{T}}\boldsymbol{A}$ 五个行向量排成矩阵 $\boldsymbol{Q}$,并求逆矩阵的第 $\mu_1=3$ 列和第 $\mu_1+\mu_2=5$ 列,可得

$$\boldsymbol{Q}^{-1}=\begin{bmatrix}0&1&0&0&0\\0&0&0&0&-1\\-1&-1&0&0&0\\0&0&-1&1&0\\0&0&1&0&-2\end{bmatrix}^{-1}=\begin{bmatrix}*&*&-1&*&0\\*&*&0&*&0\\*&*&0&*&1\\*&*&0&*&1\\*&*&0&*&0\end{bmatrix}.$$

于是,变换矩阵为

$$\boldsymbol{M}=[\boldsymbol{l}_3\quad \boldsymbol{l}_3\boldsymbol{A}\quad \boldsymbol{l}_3\boldsymbol{A}^2\quad \boldsymbol{l}_5\quad \boldsymbol{l}_5\boldsymbol{A}]=\begin{bmatrix}-1&0&-1&0&0\\0&0&1&0&0\\0&0&-1&1&0\\0&0&1&1&1\\0&-1&0&0&0\end{bmatrix},$$

其逆矩阵为

$$
\boldsymbol{M}^{-1}=\begin{bmatrix}-1 & -1 & 0 & 0 & 0\\ 0 & 0 & 0 & 0 & -1\\ 0 & 1 & 0 & 0 & 0\\ 0 & 1 & -1 & 0 & 0\\ 0 & -2 & 0 & 1 & 0\end{bmatrix}.
$$

(iii) 计算第二可观规范型. 系统经非奇异线性变换后可以化为第二可观规范型

$$
\boldsymbol{A}_{O2}=\boldsymbol{M}^{-1}\boldsymbol{A}\boldsymbol{M}=\left[\begin{array}{ccc:cc}0 & 0 & -1 & 0 & 0\\ 1 & 0 & 0 & 0 & 0\\ 0 & 1 & 0 & 0 & 0\\ \hdashline 0 & 0 & 0 & 0 & 0\\ 0 & 0 & -1 & 1 & 0\end{array}\right],\quad \boldsymbol{B}_{O2}=\boldsymbol{M}^{-1}\boldsymbol{B}=\left[\begin{array}{cc}-1 & 0\\ 0 & 0\\ 0 & 0\\ \hdashline 0 & 1\\ 0 & 0\end{array}\right],
$$

$$
\boldsymbol{C}_{O2}=\boldsymbol{C}\boldsymbol{M}=\left[\begin{array}{ccc:cc}0 & 0 & 1 & 0 & 0\\ 0 & 0 & 2 & 0 & 1\end{array}\right].
$$

(iv) 传递函数矩阵. 依照对偶原理,由式(9.8.55)可以对偶地写出第二可观规范型的传递函数矩阵

$$
\begin{aligned}
\boldsymbol{G}(s)&=\boldsymbol{C}_{O2}(s\boldsymbol{I}-\boldsymbol{A}_{O2})^{-1}\boldsymbol{B}_{O2}=\hat{\boldsymbol{C}}_{O}\boldsymbol{M}_{O}^{-1}(s)\boldsymbol{S}(s)\boldsymbol{B}_{O2}\\
&=\begin{bmatrix}1 & 0\\ 2 & 1\end{bmatrix}\times\boldsymbol{M}_{O}^{-1}(s)\times\begin{bmatrix}1 & s & s^{2} & 0 & 0\\ 0 & 0 & 0 & 1 & s\end{bmatrix}\begin{bmatrix}-1 & 0\\ 0 & 0\\ 0 & 0\\ 0 & 1\\ 0 & 0\end{bmatrix}\\
&=\begin{bmatrix}1 & 0\\ 2 & 1\end{bmatrix}\times M_{O}^{-1}(s)\times\begin{bmatrix}-1 & 0\\ 0 & 1\end{bmatrix}
\end{aligned}
$$

其中

$$
\begin{aligned}
\boldsymbol{M}_{O}(s)&=\begin{bmatrix}s^{3} & 0\\ 0 & s^{2}\end{bmatrix}-\boldsymbol{S}(s)\,\hat{\boldsymbol{A}}_{O}=\begin{bmatrix}s^{3} & 0\\ 0 & s^{2}\end{bmatrix}-\begin{bmatrix}1 & s & s^{2} & 0 & 0\\ 0 & 0 & 0 & 1 & s\end{bmatrix}\begin{bmatrix}-1 & 0\\ 0 & 0\\ 0 & 0\\ 0 & 0\\ -1 & 0\end{bmatrix}\\
&=\begin{bmatrix}s^{3}+1 & 0\\ s & s^{2}\end{bmatrix}
\end{aligned}
$$

所以,传递函数矩阵为

$$
\boldsymbol{G}(s)=\begin{bmatrix}1 & 0\\ 2 & 1\end{bmatrix}\begin{bmatrix}s^{3}+1 & 0\\ s & s^{2}\end{bmatrix}^{-1}\begin{bmatrix}-1 & 0\\ 0 & 1\end{bmatrix}=\frac{1}{s^{5}+s^{2}}\times\begin{bmatrix}-s^{2} & 0\\ -2s^{2}+s & s^{3}+1\end{bmatrix}.\quad\square
$$

9.9 传递函数矩阵中的零极点对消

在结构分解一节的式(9.7.24)中，系统传递函数矩阵 $\boldsymbol{C}(s\boldsymbol{I}_n-\boldsymbol{A})^{-1}\boldsymbol{B}$ 的分母是 n 次多项式；而系统可控又可观部分的传递函数矩阵 $\widetilde{\boldsymbol{C}}_1(s\boldsymbol{I}_{n_1}-\widetilde{\boldsymbol{A}}_{11})^{-1}\widetilde{\boldsymbol{B}}_1$ 的分母是 n_1 次多项式；且 $n_1\leqslant n$. 当 n_1 小于 n 时，表明系统存在不可控或(和)不可观部分，所以式(9.7.24)表明，在传递函数矩阵的计算过程中，发生了零点和极点的对消，被消去的是系统不可控或(和)不可观部分的极点，保留下来的是系统可控又可观部分的极点. 这样就产生了一个问题：系统如果是状态完全可控又完全可观的，传递函数矩阵是否还会产生零点和极点的对消. 本节将讨论这些问题. 下文将零点和极点的对消简称为**零极点对消**，或**零极对消**.

9.9.1 单输入单输出系统的零极点对消

针对单输入单输出系统 $\Sigma(\boldsymbol{A},\boldsymbol{b},\boldsymbol{c}^{\mathrm{T}})$ 的传递函数中零极点对消的各种形式，可以分如下几点讨论.

1. $\boldsymbol{c}^{\mathrm{T}}(s\boldsymbol{I}-\boldsymbol{A})^{-1}\boldsymbol{b}$ 中的零极点对消

在对系统做非奇异线性变换时，传递函数并不改变. 所以，不失一般性，这里讨论特征值规范型.

先看对角线规范型. 设

$$\boldsymbol{A}=\begin{bmatrix}\lambda_1 & & & \\ & \lambda_2 & & \\ & & \ddots & \\ & & & \lambda_n\end{bmatrix},\quad \boldsymbol{b}=\begin{bmatrix}b_1\\ b_2\\ \vdots\\ b_n\end{bmatrix},\quad \boldsymbol{c}^{\mathrm{T}}=\begin{bmatrix}c_1 & c_2 & \cdots & c_n\end{bmatrix}. \tag{9.9.1}$$

其中，特征值 $\{\lambda_1,\lambda_2,\cdots,\lambda_n\}$ 两两相异，规范型(9.9.1)的传递函数是

$$\boldsymbol{G}(s)=\boldsymbol{c}^{\mathrm{T}}(s\boldsymbol{I}-\boldsymbol{A})^{-1}\boldsymbol{b}=\sum_{i=1}^{n}\frac{b_ic_i}{s-\lambda_i}. \tag{9.9.2}$$

如果在传递函数式(9.9.2)中存在零极点对消，比方说消去极点 λ_1，则相当于 $b_1c_1=0$. 而 $b_1=0$ 说明模态 $\mathrm{e}^{\lambda_1 t}$ 不可控，$c_1=0$ 说明模态 $\mathrm{e}^{\lambda_1 t}$ 不可观. 又因为系统(9.9.1)状态完全可控的充分必要条件是 $b_i\neq0$，状态完全可观的充分必要条件是 $c_i\neq0$. 所以 $b_ic_i\neq0$ 是传递函数式(9.9.2)中不存在零极点对消的充分必要条件.

再看若尔当规范型. 设相同特征值只对应一个若尔当块(即矩阵 $\boldsymbol{A}$ 为循环矩阵). 为简单起见，假定 4 阶系统有 3 重特征值 λ_1 和单特征值 λ_2，规范型的系数矩阵是

$$\boldsymbol{A}=\begin{bmatrix}\lambda_1 & 1 & 0 & 0\\ 0 & \lambda_1 & 1 & 0\\ 0 & 0 & \lambda_1 & 0\\ 0 & 0 & 0 & \lambda_2\end{bmatrix},\quad \boldsymbol{b}=\begin{bmatrix}b_1\\ b_2\\ b_3\\ b_4\end{bmatrix},\quad \boldsymbol{c}^{\mathrm{T}}=\begin{bmatrix}c_1 & c_2 & c_3 & c_4\end{bmatrix}. \tag{9.9.3}$$

系统(9.9.3)状态完全可控的充分必要条件是 $b_3\neq 0$ 和 $b_4\neq 0$，状态完全可观的充分必要条件是 $c_1\neq 0$ 和 $c_4\neq 0$.

该系统的传递函数是

$$\boldsymbol{G}(s)=\frac{b_1c_1+b_2c_2+b_3c_3}{s-\lambda_1}+\frac{b_2c_3+b_3c_2}{(s-\lambda_1)^2}+\frac{b_3c_1}{(s-\lambda_1)^3}+\frac{b_4c_4}{s-\lambda_2}. \tag{9.9.4}$$

所以，传递函数没有零极点对消的充分必要条件是 $b_3c_1\neq 0$ 和 $b_4c_4\neq 0$.

由以上论述可以得出如下结论：**单输入单输出线性定常系统状态完全可控且完全可观的充分必要条件是：其传递函数 $\boldsymbol{c}^{\mathrm{T}}(s\boldsymbol{I}-\boldsymbol{A})^{-1}\boldsymbol{b}$ 中不存在零极点对消.**

2. $(s\boldsymbol{I}-\boldsymbol{A})^{-1}$ 中的零极点对消

预解矩阵 $(s\boldsymbol{I}-\boldsymbol{A})^{-1}$ 的分母 $\det(s\boldsymbol{I}-\boldsymbol{A})$ 是矩阵 $\boldsymbol{A}$ 的特征多项式，它是 s 的 n 次多项式，预解矩阵的分子是伴随矩阵 $\mathrm{adj}(s\boldsymbol{I}-\boldsymbol{A})$，它是 $n\times n$ 维的、s 的次数小于 n 的多项式矩阵. 如果分子多项式矩阵诸元素有公因子(即矩阵 $\boldsymbol{A}$ 是非循环矩阵)，则可以与分母特征多项式的相同因子对消. 分子的全部公因子与分母完全对消后，预解矩阵可以表达为

$$(s\boldsymbol{I}-\boldsymbol{A})^{-1}=\frac{1}{\varphi(s)}\boldsymbol{P}(s), \tag{9.9.5}$$

其中：分母 $\varphi(s)=s^r+\alpha_{r-1}s^{r-1}+\cdots+\alpha_1s+\alpha_0\ (r\leqslant n)$ 被称为矩阵 $\boldsymbol{A}$ 的最小多项式；分子 $\boldsymbol{P}(s)=\boldsymbol{A}^{r-1}+p_{r-2}(s)\boldsymbol{A}^{r-2}+\cdots+p_1(s)\boldsymbol{A}+p_0\boldsymbol{I}$ 是 $n\times n$ 维多项式矩阵，$p_i(s)$ 是 s 的 i 次多项式，它们满足如下递推关系

$$\left.\begin{aligned}&p_{r-1}(s)=1\\ &p_{r-2}(s)=sp_{r-1}(s)+\alpha_{r-1}=s+\alpha_{r-1}\\ &\quad\vdots\\ &p_0(s)=sp_1(s)+\alpha_1=s^{r-1}+\alpha_{r-1}s^{r-2}+\cdots+\alpha_2s+\alpha_1\\ &\varphi(s)=sp_0(s)+\alpha_0\end{aligned}\right\}. \tag{9.9.6}$$

而且分子多项式矩阵 $\boldsymbol{P}(s)$ 和矩阵 $\boldsymbol{A}$ 的矩阵乘法可以交换，即 $\boldsymbol{AP}(s)=\boldsymbol{P}(s)\boldsymbol{A}$.

当系数矩阵 $\boldsymbol{A}$ 为循环矩阵时，在系统的若尔当规范型中，同一个特征值对应一个若尔当块，预解矩阵中就不存在零极点对消，最小多项式就是特征多项式.

当系数矩阵 $\boldsymbol{A}$ 为非循环矩阵时，在系统的若尔当规范型中，同一个特征值对应多个若尔当块，预解矩阵中必然有零极点对消，所以最小多项式的次数 r 必定小于特征多项式的次数 n.

根据特征值规范型的可控性和可观性判据，如果单输入系统的状态系数矩阵

$\boldsymbol{A}$为非循环矩阵,则状态必然不完全可控;如果单输出系统的状态系数矩阵$\boldsymbol{A}$为非循环矩阵,则状态必然不完全可观.

综上所述可知,**如果单输入单输出系统的传递函数的零极点对消出现在预解矩阵$(s\boldsymbol{I}-\boldsymbol{A})^{-1}$中,则该系统必然是不完全可控且不完全可观的.**

3. $(s\boldsymbol{I}-\boldsymbol{A})^{-1}\boldsymbol{b}$中的零极点对消

状态可控性是系统的结构性质,与系数矩阵对$(\boldsymbol{A},\boldsymbol{B})$有关.$(s\boldsymbol{I}-\boldsymbol{A})^{-1}\boldsymbol{b}$是从控制输入$u$到状态$\boldsymbol{x}$的传递函数矩阵,直观地看,$(s\boldsymbol{I}-\boldsymbol{A})^{-1}\boldsymbol{b}$中的零极点对消应与状态可控性有关.

先看对角线规范型式(9.9.1)的情况.这时控制输入u到状态$\boldsymbol{x}$的传递函数矩阵是

$$(s\boldsymbol{I}-\boldsymbol{A})^{-1}\boldsymbol{b}=\begin{bmatrix}\dfrac{1}{s-\lambda_1} & & \\ & \ddots & \\ & & \dfrac{1}{s-\lambda_n}\end{bmatrix}\begin{bmatrix}b_1\\ \vdots\\ b_n\end{bmatrix}=\begin{bmatrix}\dfrac{b_1}{s-\lambda_1}\\ \vdots\\ \dfrac{b_n}{s-\lambda_n}\end{bmatrix}. \tag{9.9.7}$$

系统(9.9.7)状态不完全可控的充分必要条件是某个系数$b_i=0$.如果$b_1=0$,则传递函数矩阵$(s\boldsymbol{I}-\boldsymbol{A})^{-1}\boldsymbol{b}$中就不存在$b_1/(s-\lambda_1)$项,即该极点$\lambda_1$已被相应的零点对消.

再看4阶若尔当规范型式(9.9.3)的情况.这时有

$$(s\boldsymbol{I}-\boldsymbol{A})^{-1}b=\begin{bmatrix}\dfrac{b_1}{s-\lambda_1}+\dfrac{b_2}{(s-\lambda_1)^2}+\dfrac{b_3}{2(s-\lambda_1)^3}\\ \dfrac{b_2}{s-\lambda_1}+\dfrac{b_3}{(s-\lambda_1)^2}\\ \dfrac{b_3}{s-\lambda_1}\\ \dfrac{b_4}{s-\lambda_2}\end{bmatrix}. \tag{9.9.8}$$

系统(9.9.3)状态不完全可控的充分必要条件是$b_3=0$或$b_4=0$.如果$b_3=0$,则传递函数矩阵$(s\boldsymbol{I}-\boldsymbol{A})^{-1}\boldsymbol{b}$中就不存在$b_3/(s-\lambda_1)^3$项,即特征多项式的3重极点$\lambda_1$被相应的零点对消掉1重.进一步,如果$b_2$也为零,则3重极点$\lambda_1$被相应的零点对消掉2重.

综上所述可知,**单输入系统状态完全可控的充分必要条件是:其传递函数矩阵$(s\boldsymbol{I}-\boldsymbol{A})^{-1}\boldsymbol{b}$中不存在零极点对消.**

4. 在$\boldsymbol{c}^{\mathrm{T}}(s\boldsymbol{I}-\boldsymbol{A})^{-1}$中的零极点对消

按照与第3点的对偶关系可以得出如下结论,**单输出系统状态完全可观的充**

分必要条件是：其传递函数矩阵 $\boldsymbol{c}^{\mathrm{T}}(s\boldsymbol{I}-\boldsymbol{A})^{-1}$ 中不存在零极点对消.

例 9.9.1　给定系统框图如图 9.9.1 所示，试分析系统的可控性和可观性，并计算系统中的零极点对消情况.

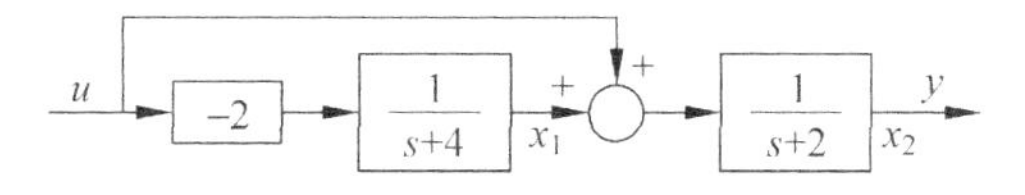

图 9.9.1　例 9.9.1 的框图

解　(i) 列写状态方程和输出方程. 按图中选择的状态，可以列出拉普拉斯变换表达式 $(s+4)x_1=-2u$，$(s+2)x_2=x_1+u$. 经整理，可得

$$\dot{x}_1=-4x_1-2u,\quad \dot{x}_2=x_1-2x_2+u,\quad y=x_2,$$

所以系统的系数矩阵为

$$\boldsymbol{A}=\begin{bmatrix}-4 & 0\\ 1 & -2\end{bmatrix},\quad \boldsymbol{b}=\begin{bmatrix}-2\\ 1\end{bmatrix},\quad \boldsymbol{c}^{\mathrm{T}}=[0\quad 1].$$

(ii) 可控性和可观性分析. 系统的可控性和可观性矩阵为

$$\boldsymbol{Q}_{\mathrm{C}}=\begin{bmatrix}-2 & 8\\ 1 & -4\end{bmatrix},\quad \boldsymbol{Q}_{\mathrm{O}}=\begin{bmatrix}0 & 1\\ 1 & -2\end{bmatrix}.$$

因为 $\mathrm{rank}\boldsymbol{Q}_{\mathrm{C}}=1$，所以系统状态不完全可控；但 $\mathrm{rank}\boldsymbol{Q}_{\mathrm{O}}=2$，故系统状态完全可观.

(iii) 系统传递函数中的因子对消情况. 由图 9.9.1 计算传递函数，可得

$$G(s)=\left(1+\frac{-2}{s+4}\right)\times\frac{1}{s+2}=\frac{s+2}{s+4}\times\frac{1}{s+2}=\frac{1}{s+4},$$

可见并联支路产生零点因子 $(s+2)$，与后面的极点因子 $(s+2)$ 对消.

(iv) 由 u 到 $\boldsymbol{x}$ 的传递函数矩阵 $(s\boldsymbol{I}-\boldsymbol{A})^{-1}\boldsymbol{b}$ 中的因子对消情况. 计算

$$\begin{aligned}(s\boldsymbol{I}-\boldsymbol{A})^{-1}\boldsymbol{b}&=\frac{1}{(s+2)(s+4)}\times\begin{bmatrix}s+2 & 0\\ 1 & s+4\end{bmatrix}\begin{bmatrix}-2\\ 1\end{bmatrix}\\ &=\frac{1}{(s+2)(s+4)}\times\begin{bmatrix}-2(s+2)\\ s+2\end{bmatrix}\end{aligned}$$

可知，它的两行线性相关，存在公因子 $(s+2)$. 本例的系统状态不完全可控，所以在 $(s\boldsymbol{I}-\boldsymbol{A})^{-1}\boldsymbol{b}$ 中出现了零极对消. 在框图中，这种对消就表现为零点因子 $(s+2)$ 在前，极点因子 $(s+2)$ 在后. 该零点阻断了输入和状态 x_2 的联系，不可控极点 (-2) 被称为**输入解耦零点**.

(v) 由初态 $\boldsymbol{x}(0)$ 到 y 的传递函数矩阵 $\boldsymbol{c}^{\mathrm{T}}(s\boldsymbol{I}-\boldsymbol{A})^{-1}$ 中的因子对消情况. 计算

$$\begin{aligned}\boldsymbol{c}^{\mathrm{T}}(s\boldsymbol{I}-\boldsymbol{A})^{-1}&=[0\quad 1]\times\frac{1}{(s+2)(s+4)}\times\begin{bmatrix}s+2 & 0\\ 1 & s+4\end{bmatrix}\\ &=\frac{1}{(s+2)(s+4)}\times[1\quad s+4]\end{aligned}$$

可知，它的两列线性无关，没有公因子. 本例的系统状态完全可观，所以 $\boldsymbol{c}^{\mathrm{T}}(s\boldsymbol{I}-$

$\boldsymbol{A})^{-1}$中不存在零极对消. □

例 9.9.2 给定系统框图如图 9.9.2 所示,试分析系统的可控性和可观性.

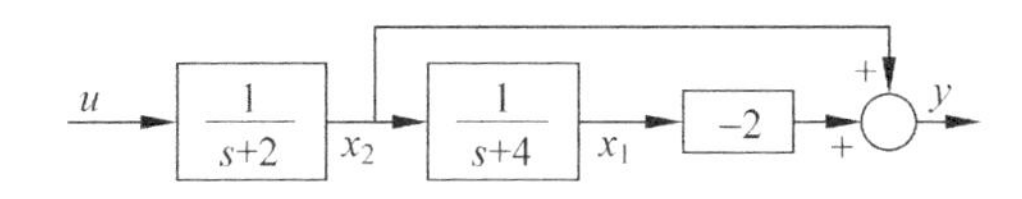

图 9.9.2 例 9.9.2 的框图

解 (i) 按图中选择的状态,采用类似上例的方法,可以求得系统系数矩阵

$$\boldsymbol{A}=\begin{bmatrix}-4 & 1\\ 0 & -2\end{bmatrix},\quad \boldsymbol{b}=\begin{bmatrix}0\\1\end{bmatrix},\quad \boldsymbol{c}^{\mathrm{T}}=\begin{bmatrix}-2 & 1\end{bmatrix}.$$

系统的可控性和可观性矩阵分别为

$$\boldsymbol{Q}_{\mathrm{C}}=\begin{bmatrix}0 & 1\\ 1 & -2\end{bmatrix},\quad \boldsymbol{Q}_{\mathrm{O}}=\begin{bmatrix}-2 & 1\\ 8 & -4\end{bmatrix},$$

由 $\mathrm{rank}\boldsymbol{Q}_{\mathrm{C}}=2$ 可知系统状态完全可控,但 $\mathrm{rank}\boldsymbol{Q}_{\mathrm{O}}=1$,所以系统状态不完全可观.

(ii) 传递函数

$$G(s)=\frac{1}{s+2}\cdot\left(1-\frac{2}{s+4}\right)=\frac{1}{s+4}$$

中存在因子对消,被消去的因子为$(s+2)$.

(iii) 从初态$\boldsymbol{x}(0)$到 y 的传递函数矩阵

$$\begin{aligned}\boldsymbol{c}^{\mathrm{T}}(s\boldsymbol{I}-\boldsymbol{A})^{-1}&=\begin{bmatrix}-2 & 1\end{bmatrix}\times\frac{1}{(s+2)(s+4)}\times\begin{bmatrix}s+2 & 1\\ 0 & s+4\end{bmatrix}\\&=\frac{1}{(s+2)(s+4)}\times\begin{bmatrix}-2(s+2) & s+2\end{bmatrix}\end{aligned}$$

两列线性相关,有公因子,存在对消. 本例的系统状态不完全可观,所以$\boldsymbol{c}^{\mathrm{T}}(s\boldsymbol{I}-\boldsymbol{A})^{-1}$中存在零极对消. 在框图中,这种对消表现为极点因子$(s+2)$在前,零点因子$(s+2)$在后,该零点阻断了模态信息 e^{-2t}向输出的传递. 不可观极点(-2)被称为**输出解耦零点**.

(iv) 从 u 到 $\boldsymbol{x}$ 的传递函数矩阵

$$(s\boldsymbol{I}-\boldsymbol{A})^{-1}\boldsymbol{b}=\frac{1}{(s+2)(s+4)}\times\begin{bmatrix}1\\ s+4\end{bmatrix}$$

的两行线性无关,无公因子,不存在对消. 本例的系统状态完全可控,所以$(s\boldsymbol{I}-\boldsymbol{A})^{-1}\boldsymbol{b}$中没有零极对消. □

9.9.2 多输入多输出系统的零极点对消

系统的状态系数矩阵 $\boldsymbol{A}$ 为循环矩阵时,结论和单变量系统一样,可以有如下三条:

(1) 传递函数矩阵 $C(sI-A)^{-1}B$ 没有零极点对消是系统完全可控且完全可观的充分必要条件;

(2) 传递函数矩阵 $(sI-A)^{-1}B$ 没有零极点对消是系统完全可控的充分必要条件;

(3) 传递函数矩阵 $C(sI-A)^{-1}$ 没有零极点对消是系统完全可观的充分必要条件.

本书不对上述三条结论做全面的证明,下面仅以结论 (2) 为例说明 $(sI-A)^{-1}B$ 没有零极点对消是系统完全可控的充分必要条件. 不失一般性,设系统具有特征值规范型的形式,当特征值为单根时,系统的系数矩阵为

$$A=\begin{bmatrix}\lambda_1 & & & \\ & \lambda_2 & & \\ & & \ddots & \\ & & & \lambda_n\end{bmatrix},\quad B=\begin{bmatrix}b_1^T\\ b_2^T\\ \vdots\\ b_n^T\end{bmatrix},\quad C=\begin{bmatrix}c_1 & c_2 & \cdots & c_n\end{bmatrix}. \tag{9.9.9}$$

其中,行向量 b_i^T 表示 B 的行,列向量 c_i 表示 C 的列. 由输入到状态的传递函数矩阵为

$$(sI-A)^{-1}B=\begin{bmatrix}\frac{1}{s-\lambda_1} & & \\ & \ddots & \\ & & \frac{1}{s-\lambda_n}\end{bmatrix}\begin{bmatrix}b_1^T\\ \vdots\\ b_n^T\end{bmatrix}=\begin{bmatrix}\frac{b_1^T}{s-\lambda_1}\\ \vdots\\ \frac{b_n^T}{s-\lambda_n}\end{bmatrix}, \tag{9.9.10}$$

若行向量 $b_i^T=0$,则表明消去了因子 $s-\lambda_i$,状态分量 x_i 必不可控.

再看特征值为重根的情况,设系统方程为

$$A=\begin{bmatrix}\lambda_1 & 1 & 0 & 0\\ 0 & \lambda_1 & 1 & 0\\ 0 & 0 & \lambda_1 & 0\\ 0 & 0 & 0 & \lambda_2\end{bmatrix},\quad B=\begin{bmatrix}b_1^T\\ b_2^T\\ \vdots\\ b_n^T\end{bmatrix},\quad C=\begin{bmatrix}c_1 & c_2 & \cdots & c_n\end{bmatrix}. \tag{9.9.11}$$

此时,由输入到状态的传递函数矩阵为

$$(sI-A)^{-1}B=\begin{bmatrix}\frac{b_1^T}{s-\lambda_1}+\frac{b_2^T}{(s-\lambda_1)^2}+\frac{b_3^T}{2(s-\lambda_1)^3}\\ \frac{b_2^T}{s-\lambda_1}+\frac{b_3^T}{(s-\lambda_1)^2}\\ \frac{b_3^T}{s-\lambda_1}\\ \frac{b_4^T}{s-\lambda_2}\end{bmatrix}. \tag{9.9.12}$$

如果行向量 $b_3^T=0$,则传递函数矩阵 $(sI-A)^{-1}B$ 中第 3 行为全零行,状态分

量 x_3 就不可控,即特征多项式的3重极点 λ_1 被相应的零点对消掉1重.进一步,如果行向量 $\boldsymbol{b}_2^{\mathrm{T}}$ 也为零,则传递函数矩阵 $(s\boldsymbol{I}-\boldsymbol{A})^{-1}\boldsymbol{B}$ 中第2、3两行都是全零行,两个状态分量 x_2 和 x_3 都不可控,即特征多项式的3重极点 λ_1 被相应的零点对消掉2重.

对于状态系数矩阵 $\boldsymbol{A}$ 为非循环矩阵情况,将单输入单输出系统的上述结论推广到多输入多输出系统时,条件应当改动;而且这些条件不具有充分性,只是必要条件而已.下面采用数值示例方法来说明这一点.

例 9.9.3 给定系统

$$\boldsymbol{A}=\begin{bmatrix}1&3&2\\0&4&2\\0&0&1\end{bmatrix},\quad \boldsymbol{B}=\begin{bmatrix}0&1\\0&0\\1&0\end{bmatrix},\quad \boldsymbol{C}=\begin{bmatrix}1&0&0\\0&0&1\end{bmatrix}.$$

讨论系统中的零极点对消情形.

解 容易验证,该系统的可控性矩阵和可观性矩阵

$$\boldsymbol{Q}_{\mathrm{C}}=[\boldsymbol{B}\quad \boldsymbol{AB}\quad \boldsymbol{A}^2\boldsymbol{B}]=\begin{bmatrix}0&1&2&*&*&*\\0&0&2&*&*&*\\1&0&1&*&*&*\end{bmatrix},$$

$$\boldsymbol{Q}_{\mathrm{O}}=\begin{bmatrix}\boldsymbol{C}\\\boldsymbol{CA}\\\boldsymbol{CA}^2\end{bmatrix}=\begin{bmatrix}1&0&0\\0&0&1\\1&3&2\\*&*&*\\*&*&*\\*&*&*\end{bmatrix}$$

均满秩,所以状态完全可控且完全可观.状态系数矩阵 $\boldsymbol{A}$ 的特征多项式和伴随矩阵为

$$\Delta(s)=\det(s\boldsymbol{I}-\boldsymbol{A})=(s-1)^2(s-4),$$

$$\operatorname{adj}(s\boldsymbol{I}-\boldsymbol{A})=\begin{bmatrix}(s-1)(s-4)&3(s-1)&2(s-1)\\0&(s-1)^2&2(s-1)\\0&0&(s-1)(s-4)\end{bmatrix},$$

显然,伴随矩阵的公因子 $(s-1)$ 可以将特征多项式的因子 $(s-1)^2$ 消掉1重,可见状态系数矩阵 $\boldsymbol{A}$ 为非循环矩阵.系统的预解矩阵为

$$(s\boldsymbol{I}-\boldsymbol{A})^{-1}=\frac{\operatorname{adj}(s\boldsymbol{I}-\boldsymbol{A})}{\det(s\boldsymbol{I}-\boldsymbol{A})}=\frac{1}{\varphi(s)}\times\boldsymbol{P}(s)$$

$$=\frac{1}{(s-1)(s-4)}\times\begin{bmatrix}s-4&3&2\\0&s-1&2\\0&0&s-4\end{bmatrix},$$

传递函数矩阵

$$G(s)=\frac{1}{\varphi(s)}\times CP(s)B=\frac{1}{(s-1)(s-4)}\times\begin{bmatrix}2 & s-4\\ s-4 & 0\end{bmatrix}$$

中不存在进一步的零极点对消. □

从上例可以看出,虽然系统的状态完全可控且完全可观,但是,传递函数矩阵 $G(s)=C(sI-A)^{-1}B$ 中存在零极点对消,而且对消发生在预解矩阵中. 若将传递函数矩阵写成 $G(s)=CP(s)B/\varphi(s)$ 的形式,就不存在零极点对消. 这就提供一种想法: 利用后一种形式下的零极点对消作为系统状态可控和可观性的判别条件.

例 9.9.4　给定系统

$$A=\begin{bmatrix}1 & 3 & 2\\ 0 & 4 & 2\\ 0 & 0 & 1\end{bmatrix},\quad B=\begin{bmatrix}0 & 1\\ 1 & 0\\ 0 & 0\end{bmatrix},\quad C=\begin{bmatrix}1 & 0 & 0\\ 0 & 1 & 0\end{bmatrix},$$

讨论该系统的零极点对消情况.

解　系统的预解矩阵仍然是

$$(sI-A)^{-1}=\frac{1}{\varphi(s)}\times P(s)=\frac{1}{(s-1)(s-4)}\times\begin{bmatrix}s-4 & 3 & 2\\ 0 & s-1 & 2\\ 0 & 0 & s-4\end{bmatrix},$$

状态系数矩阵 A 为非循环矩阵. 系统的传递函数矩阵为

$$G(s)=\frac{1}{\varphi(s)}\times CP(s)B=\frac{1}{(s-1)(s-4)}\times\begin{bmatrix}3 & s-4\\ s-1 & 0\end{bmatrix}.$$

其中不存在进一步的零极点对消.

但系统的可控性矩阵

$$Q_C=\begin{bmatrix}0 & 1 & 3 & 1 & 15 & 1\\ 1 & 0 & 4 & 0 & 16 & 0\\ 0 & 0 & 0 & 0 & 0 & 0\end{bmatrix}$$

有一个全零行,可控性矩阵的秩为 2,状态不完全可控,可控子空间为 2 维. 而且通过计算可以得知,控制分量 u_1 可以控制两维状态空间,控制分量 u_2 可以控制一维状态空间.

由输入到状态的传递函数矩阵

$$\frac{1}{\varphi(s)}\times P(s)B=\frac{1}{(s-1)(s-4)}\times\begin{bmatrix}3 & s-4\\ s-1 & 0\\ 0 & 0\end{bmatrix}$$

中也不存在进一步的零极点对消. 显然,将 $P(s)B/\varphi(s)$ 是否有零极点对消作为状态可控性的判别不具有充分性.

系统的可观性矩阵

$$Q_O = \begin{bmatrix} 1 & 0 & 0 \\ 0 & 1 & 0 \\ 1 & 3 & 2 \\ 0 & 4 & 2 \\ 1 & 15 & 10 \\ 0 & 16 & 10 \end{bmatrix}$$

的秩为3,状态完全可观测.而且输出分量 y_1 可以观测两维,输出分量 y_2 可以观测两维.由状态到输出的传递函数矩阵

$$\frac{1}{\varphi(s)} \times \boldsymbol{CP}(s) = \frac{1}{(s-1)(s-4)} \times \begin{bmatrix} s-4 & 3 & 2 \\ 0 & s-1 & 12 \end{bmatrix}$$

中也不存在进一步的零极点对消. □

于是,对非循环矩阵 $\boldsymbol{A}$ 情况,设它的最小多项式为 $\varphi(s)$,预解矩阵为 $(s\boldsymbol{I}-\boldsymbol{A})^{-1}=\boldsymbol{P}(s)/\varphi(s)$,则可以得到如下结论:

(1) 传递函数矩阵 $\boldsymbol{CP}(s)\boldsymbol{B}/\varphi(s)$ 中不存在零极点对消是系统完全可控且完全可观的必要条件;

(2) 传递函数矩阵 $\boldsymbol{P}(s)\boldsymbol{B}/\varphi(s)$ 中不存在零极点对消是系统完全可控的必要条件;

(3) 传递函数矩阵 $\boldsymbol{CP}(s)/\varphi(s)$ 中不存在零极点对消是系统完全可观的必要条件.

这些结论只能在有零极点对消时断定系统状态不完全可控或(和)不完全可观,而不能因为不存在零极点对消而断定系统状态完全可控或(和)完全可观,这是非循环矩阵情况下判断的局限性.

本书不全面证明这些结论,下面仅采用反证法证明第(3)条结论.待证的命题是:若系统完全可观,则传递函数矩阵 $\boldsymbol{CP}(s)/\varphi(s)$ 中不存在零极点对消.

现反设传递函数矩阵 $\boldsymbol{CP}(s)/\varphi(s)$ 中存在零极点对消,对消因子为 $s-\sigma$,那么 σ 是最小多项式的根,$\varphi(\sigma)=0$.同时,σ 又是分子多项式矩阵的根,所以 $\boldsymbol{CP}(\sigma)=0$.注意到 $\boldsymbol{AP}(s)=\boldsymbol{P}(s)\boldsymbol{A}$,则可得到

$$\left.\begin{aligned} &\boldsymbol{CP}(\sigma) = 0 \\ &\boldsymbol{CAP}(\sigma) = \boldsymbol{CP}(\sigma)\boldsymbol{A} = 0 \\ &\qquad\vdots \\ &\boldsymbol{CA}^{n-1}\boldsymbol{P}(\sigma) = \boldsymbol{CP}(\sigma)\boldsymbol{A}^{n-1} = 0 \end{aligned}\right\}, \tag{9.9.13}$$

进而可得

$$\begin{bmatrix} \boldsymbol{C} \\ \boldsymbol{CA} \\ \vdots \\ \boldsymbol{CA}^{n-1} \end{bmatrix} \times \boldsymbol{P}(\sigma) = \boldsymbol{Q}_O\boldsymbol{P}(\sigma) = 0. \tag{9.9.14}$$

既然 $\varphi(s)$是最小多项式,$\boldsymbol{P}(s)$和 $\varphi(s)$之间中就不存在对消,所以$\boldsymbol{P}(\sigma)\neq 0$. 这说明存在非零列向量 $\boldsymbol{x}_-$,使 $\boldsymbol{Q}_O\boldsymbol{x}_-=0$,即 $\mathrm{rank}\boldsymbol{Q}_O<n$,故系统不完全可观,这与给定条件矛盾,所以反设不成立,结论得证.

其余两条读者可自行证明.

9.9.3 状态可控性和可观性的频域判据

本小节给出由传递函数矩阵判断状态可控或可观的充分必要条件,即状态可控性或可观性的频域判据.

9.3.2 小节给出的状态完全可控的基本判据是: $n\times l$ 维时变函数矩阵$\boldsymbol{\Phi}(t_0,\tau)\boldsymbol{B}(\tau)$的 n 个行向量在 $\tau\in[t_0,t_1]$上线性无关. 把该判据应用到线性定常系统就是: $n\times l$ 维时变函数矩阵 $e^{\boldsymbol{A}t}\boldsymbol{B}$ 的 n 个行向量线性无关. 对后者做拉普拉斯变换,就导出状态可控性的频域判据:

状态可控性判据九(频域判据)　线性定常系统状态完全可控的充分必要条件是: 控制 $\boldsymbol{u}$ 到状态 $\boldsymbol{x}$ 的传递函数矩阵$(s\boldsymbol{I}-\boldsymbol{A})^{-1}\boldsymbol{B}$ 中的 $\boldsymbol{n}$ 个行向量是线性无关. □

例如,在例 9.3.1 的系统中系数矩阵是

$$\boldsymbol{A}=\begin{bmatrix}-2 & 1\\ 1 & -2\end{bmatrix},\quad \boldsymbol{b}=\begin{bmatrix}1\\1\end{bmatrix}.$$

则控制 $\boldsymbol{u}$ 到状态 $\boldsymbol{x}$ 的传递函数矩阵

$$(s\boldsymbol{I}-\boldsymbol{A})^{-1}\boldsymbol{b}=\frac{1}{(s+1)(s+3)}\times\begin{bmatrix}s+3\\s+3\end{bmatrix}.$$

它的两个行彼此线性相关,状态不完全可控. $(s\boldsymbol{I}-\boldsymbol{A})^{-1}\boldsymbol{b}$ 对任意 s 的秩均为 1,该系统的可控子空间维数为 1. 这和例 9.3.1 的结论一致.

如果上例中的输入系数矩阵为 $\boldsymbol{b}=[1\quad 0]^{\mathrm{T}}$,则控制 u 到状态 $\boldsymbol{x}$ 的传递函数矩阵为

$$(s\boldsymbol{I}-\boldsymbol{A})^{-1}\boldsymbol{b}=\frac{1}{(s+1)(s+3)}\times\begin{bmatrix}s+2\\1\end{bmatrix}.$$

它的两个行彼此线性无关,状态完全可控. 系统的可控性矩阵

$$\boldsymbol{Q}_C=[\boldsymbol{b}\quad \boldsymbol{A}\boldsymbol{b}]=\begin{bmatrix}1 & -2\\0 & 1\end{bmatrix}$$

的秩为 2,也说明状态是完全可控的.

按照对偶原理,可以得出状态可观性的频域判据.

状态可观性判据九(频域判据)　线性定常系统状态完全可观的充分必要条件是: 初态 $\boldsymbol{x}_0$ 到输出 $\boldsymbol{y}$ 的传递函数矩阵$\boldsymbol{C}(s\boldsymbol{I}-\boldsymbol{A})^{-1}$的 n 个列向量线性无关. □

9.9.4 输出可控性和输入可观性

输出可控性描述了控制输入 $\boldsymbol{u}$ 对输出 $\boldsymbol{y}$ 的支配能力. 输出可控性可以按照与状态可控性类似的方式来定义.

考察直接传输矩阵 $\boldsymbol{D}\neq 0$ 的系统 $\Sigma(\boldsymbol{A},\boldsymbol{B},\boldsymbol{C},\boldsymbol{D})$

$$\left.\begin{aligned}\dot{\boldsymbol{x}} &= \boldsymbol{Ax}+\boldsymbol{Bu}\\ \boldsymbol{y} &= \boldsymbol{Cx}+\boldsymbol{Du}\end{aligned}\right\}. \tag{9.9.15}$$

如果对于 t_0 时刻的任意输出初值 $\boldsymbol{y}(t_0)=\boldsymbol{y}_0$,可以在 $[t_0,t_1]$ 上找到无约束控制$\boldsymbol{u}(t)$,使系统输出在 $t=t_1$时到达末态 $\boldsymbol{y}(t_1)=0$,则称系统在$[t_0,t_1]$上**输出完全可控**.

任选使式(9.9.15)有解的控制输入 $\boldsymbol{u}(t)$,则输出量为

$$\boldsymbol{y}(t)=\boldsymbol{C}\mathrm{e}^{\boldsymbol{A}t}\boldsymbol{x}_0+\boldsymbol{C}\int_0^t \mathrm{e}^{\boldsymbol{A}(t-\tau)}\boldsymbol{Bu}(\tau)\mathrm{d}\tau+\boldsymbol{Du}(t), \tag{9.9.16}$$

它在 m 维输出空间中形成输出可控子空间,即输出响应 $\boldsymbol{y}(t)$在任选控制输入 $\boldsymbol{u}(t)$ 的作用下可以达到的子空间. 由此可以导出输出可控性的基本判据.

输出可控性判据一(基本判据) 线性定常系统输出完全可控的充分必要条件是: $m\times l$ 维时变函数矩阵 $\boldsymbol{C}\mathrm{e}^{\boldsymbol{A}t}\boldsymbol{B}+\boldsymbol{D}$ 的 m 个行向量线性无关. □

对其做拉普拉斯变换,就可以导出输出可控性的频域判据.

输出可控性判据二(频域判据) 线性定常系统输出完全可控的充分必要条件是: 控制 $\boldsymbol{u}$ 到输出 $\boldsymbol{y}$ 的传递函数矩阵 $\boldsymbol{C}(s\boldsymbol{I}-\boldsymbol{A})^{-1}\boldsymbol{B}+\boldsymbol{D}$ 的 m 个行向量线性无关. □

另外还可以得出输出可控性的代数判据.

输出可控性判据三(代数判据) 线性定常系统输出量完全可控的充分必要条件是: $m\times(l\cdot(n+1))$维**输出可控性矩阵** $\boldsymbol{P}$ 是行满秩的,即

$$\mathrm{rank}\boldsymbol{P}=\mathrm{rank}[\boldsymbol{CB}\quad \boldsymbol{CAB}\quad \cdots\quad \boldsymbol{CA}^{n-1}\boldsymbol{B}\quad \boldsymbol{D}]=m. \tag{9.9.17}$$

□

虽然输出可控性是仿照状态可控性概念定义并讨论的,但是应当指出,输出可控性和状态可控性这两个概念既不等价,也不存在一种可控性隐含另一种可控性的结论.

为推导简单起见,设系统的传输矩阵 $\boldsymbol{D}=0$,于是,输出可控性矩阵与状态可控性矩阵满足关系

$$\boldsymbol{P}=\boldsymbol{CQ}_{\mathrm{C}}, \tag{9.9.18}$$

通常,系统的维数满足 $m<n$,对式 (9.9.18) 所示的矩阵乘积,存在如下不等式

$$\mathrm{rank}\boldsymbol{C}+\mathrm{rank}\boldsymbol{Q}_{\mathrm{C}}-n\leqslant \mathrm{rank}\boldsymbol{P}\leqslant \min\{\mathrm{rank}\boldsymbol{C},\mathrm{rank}\boldsymbol{Q}_{\mathrm{C}}\}. \tag{9.9.19}$$

当状态完全可控,$\boldsymbol{Q}_{\mathrm{C}}$ 满秩时,有 $\mathrm{rank}\boldsymbol{P}=\mathrm{rank}\boldsymbol{C}$,所以输出是否可控取决于输出系数矩阵 $\boldsymbol{C}$. 当状态不完全可控,$\boldsymbol{Q}_{\mathrm{C}}$ 不满秩时,输出是否可控不仅取决于输出系数矩阵 $\boldsymbol{C}$,而要看矩阵 $\boldsymbol{CQ}_{\mathrm{C}}$ 有多少无关的行向量. 下面用两个示例来演示这些情况.

例 9.9.5　给定状态完全可控系统的状态方程

$$\dot{\boldsymbol{x}}=\begin{bmatrix}0&1\\0&0\end{bmatrix}\boldsymbol{x}+\begin{bmatrix}0\\1\end{bmatrix}u,$$

分别讨论系统具有如下输出方程时的输出可控性

(1) $\boldsymbol{y}=\begin{bmatrix}1&0\\0&1\end{bmatrix}\boldsymbol{x}$;　(2) $\boldsymbol{y}=\begin{bmatrix}1&0\\2&0\end{bmatrix}\boldsymbol{x}$;　(3) $\boldsymbol{y}=\begin{bmatrix}1&0\\2&0\end{bmatrix}\boldsymbol{x}+\begin{bmatrix}0\\1\end{bmatrix}\boldsymbol{u}$.

解　所给状态方程是第二可控规范型,也是单若尔当块规范型,若尔当块末行所对应的输入系数矩阵 $\boldsymbol{b}$ 的元素非零,所以状态完全可控. 且

$$(s\boldsymbol{I}-\boldsymbol{A})^{-1}\boldsymbol{B}=\frac{1}{s^2}\begin{bmatrix}1\\s\end{bmatrix}$$

的两个行线性无关.

(1) 输出方程为

$$\boldsymbol{y}=\begin{bmatrix}1&0\\0&1\end{bmatrix}\boldsymbol{x}$$

时,由于输出矩阵 $\boldsymbol{C}$ 是单位矩阵,输出显然是完全可控的,输出可控性矩阵就是状态可控性矩阵. 传递函数矩阵

$$\boldsymbol{G}(s)=\boldsymbol{C}(s\boldsymbol{I}-\boldsymbol{A})^{-1}\boldsymbol{B}=\frac{1}{s^2}\begin{bmatrix}1\\s\end{bmatrix}$$

的两个行线性无关.

(2) 输出方程为

$$\boldsymbol{y}=\begin{bmatrix}1&0\\2&0\end{bmatrix}\boldsymbol{x}$$

时,输出可控性矩阵

$$\boldsymbol{P}=\begin{bmatrix}0&1\\0&2\end{bmatrix}$$

的秩为 1,输出不完全可控. 传递函数矩阵

$$\boldsymbol{G}(s)=\boldsymbol{C}(s\boldsymbol{I}-\boldsymbol{A})^{-1}\boldsymbol{B}=\frac{1}{s^2}\begin{bmatrix}1\\2\end{bmatrix}$$

的两个行线性相关. $y_1=2y_2$ 子空间是输出可控子空间,正交补空间为 $2\boldsymbol{y}_1=-\boldsymbol{y}_2$.

(3) 输出方程为

$$\boldsymbol{y}=\begin{bmatrix}1&0\\2&0\end{bmatrix}\boldsymbol{x}+\begin{bmatrix}0\\1\end{bmatrix}\boldsymbol{u}$$

时,增加了直接传输矩阵,输出可控性矩阵

$$\boldsymbol{P}=\begin{bmatrix}0&1&0\\0&2&1\end{bmatrix}$$

的秩为 2,输出完全可控. 传递函数矩阵

$$\boldsymbol{G}(s)=\boldsymbol{C}(s\boldsymbol{I}-\boldsymbol{A})^{-1}\boldsymbol{B}+\boldsymbol{D}=\frac{1}{s^2}\begin{bmatrix}1\\2s^2+1\end{bmatrix}$$

的两个行线性无关. □

例 9.9.6 例 9.3.1 的系统是状态不完全可控的系统，其状态方程是

$$\dot{\boldsymbol{x}}=\begin{bmatrix}-2 & 1\\ 1 & -2\end{bmatrix}\boldsymbol{x}+\begin{bmatrix}1\\1\end{bmatrix}u.$$

分别讨论系统具有如下输出方程时的输出可控性

(1) $y=[1\quad 0]\boldsymbol{x}$;　(2) $y=[1\quad -1]\boldsymbol{x}$;　(3) $y=[1\quad -1]\boldsymbol{x}+u$.

解 系统的状态不完全可控，可控子空间 $x_1=x_2$ 为 1 维，其正交补空间为 $x_1=-x_2$.

(1) 输出方程为 $y=[1\quad 0]\boldsymbol{x}$ 时，输出可控性矩阵

$$\boldsymbol{p}^{\mathrm{T}}=[\boldsymbol{c}^{\mathrm{T}}\boldsymbol{b}\quad \boldsymbol{c}^{\mathrm{T}}\boldsymbol{A}\boldsymbol{b}]=[1\quad 1]$$

满秩，输出完全可控. 传递函数矩阵

$$\boldsymbol{G}(s)=\boldsymbol{c}^{\mathrm{T}}(s\boldsymbol{I}-\boldsymbol{A})^{-1}\boldsymbol{b}=\frac{1}{s+1}$$

是非零标量，相当于行线性无关.

(2) 输出方程为 $y=[1\quad -1]\boldsymbol{x}$ 时，输出可控性矩阵

$$\boldsymbol{p}^{\mathrm{T}}=[\boldsymbol{c}^{\mathrm{T}}\boldsymbol{b}\quad \boldsymbol{c}^{\mathrm{T}}\boldsymbol{A}\boldsymbol{b}]=[0\quad 0]$$

为零矩阵，输出完全不可控. 传递函数也为零. 此时的输出系数矩阵 $\boldsymbol{c}^{\mathrm{T}}=[1\quad -1]$，恰好属于状态可控子空间的正交补空间 $x_1=-x_2$，从输出观测到的是状态不可控部分，当然不可以由输入加以控制.

(3) 当输出方程增加传输矩阵，成为 $y=[1\quad -1]\boldsymbol{x}+u$ 时，输出可控性矩阵

$$\boldsymbol{p}^{\mathrm{T}}=[0\quad 0\quad 1]$$

的秩为 1，输出完全可控. 从传递函数

$$\boldsymbol{G}(s)=\boldsymbol{c}^{\mathrm{T}}(s\boldsymbol{I}-\boldsymbol{A})^{-1}\boldsymbol{b}+d=1$$

也可以看出，输出必然是可控的. □

按对偶原理，可以定义**输入可观性**. 线性定常系统输入完全可观的充分必要条件如下：

1. 基本判据 $m\times l$ 维时变函数矩阵 $\boldsymbol{C}\mathrm{e}^{\boldsymbol{A}t}\boldsymbol{B}+\boldsymbol{D}$ 的 l 个列向量线性无关. □

2. 频域判据 控制 $\boldsymbol{u}$ 到输出 $\boldsymbol{y}$ 的传递函数矩阵 $\boldsymbol{C}(s\boldsymbol{I}-\boldsymbol{A})^{-1}\boldsymbol{B}+\boldsymbol{D}$ 的 l 个列向量线性无关. □

3. 代数判据 $(m\cdot(n+1))\times l$ 维**输入可观性矩阵** $\boldsymbol{P}$ 列满秩，即

$$\mathrm{rank}P=\mathrm{rank}\begin{bmatrix}\boldsymbol{CB}\\ \boldsymbol{CAB}\\ \vdots\\ \boldsymbol{CA}^{n-1}\boldsymbol{B}\\ \boldsymbol{D}\end{bmatrix}=l.\tag{9.9.20}$$

□

9.10 传递函数矩阵的状态空间实现

在状态空间法中，无论分析还是综合，都是以系统的状态空间描述 $\Sigma(\boldsymbol{A},\boldsymbol{B},\boldsymbol{C},\boldsymbol{D})$为基础的. 因此获得状态方程和输出方程是研究实际系统的首要问题. 对一些结构和参数都很明了的系统，可以借助对系统物理过程进行深入的研究，直接建立系统的状态方程和输出方程，并通过理论计算或实验测定的方法确定方程系数矩阵各个元素的数值. 但是，在许多实际系统中，物理过程很复杂，尽管能够了解它的输入输出关系，但系统结构和参数基本上是未知的. 对这样的系统，可以形象地把它比喻为没有打开的"黑箱". 要想通过分析的方法建立这类系统的方程是很困难的，甚至是不可能的. 一个可行的办法是，先采用实验方法确定其输入输出间的关系，比如说确定它的传递函数矩阵. 然后，根据传递函数矩阵再确定系统的状态方程和输出方程. 由系统传递函数矩阵或冲激响应函数矩阵来建立与其输入输出特性等价的状态空间描述. 这就是所谓的实现问题，所求到的状态空间描述，叫做传递函数矩阵的一个实现. 实现问题是控制理论和控制工程中的一个基本问题.

9.10.1 实现和最小实现

给定系统传递函数矩阵 $\boldsymbol{G}(s)$，实现问题就是，寻找一个假想的结构 $\Sigma(\boldsymbol{A},\boldsymbol{B},\boldsymbol{C},\boldsymbol{D})$，使其满足

$$\boldsymbol{G}(s)=\boldsymbol{C}(s\boldsymbol{I}-\boldsymbol{A})^{-1}\boldsymbol{B}+\boldsymbol{D}, \tag{9.10.1}$$

即假想的结构 $\Sigma(\boldsymbol{A},\boldsymbol{B},\boldsymbol{C},\boldsymbol{D})$与给定的"黑箱"在外部特性上一致. $\Sigma(\boldsymbol{A},\boldsymbol{B},\boldsymbol{C},\boldsymbol{D})$叫做传递函数矩阵 $\boldsymbol{G}(s)$的一个**实现**. 可以想象，传递函数矩阵 $\boldsymbol{G}(s)$的实现不是惟一的.

首先讨论解决实现问题的前提条件. 考虑到物理可实现性，传递函数矩阵 $\boldsymbol{G}(s)$应当是真有理分式矩阵，即它的每一个元素 $g_{ij}(s)$都应当是真有理分式，其分子多项式的次数应当小于或等于分母多项式的次数，而且分子、分母多项式的系数都是有理数. 满足以上条件的传递函数矩阵 $\boldsymbol{G}(s)$被称为**物理可实现**的.

不失一般性，本节假设传递函数矩阵 $\boldsymbol{G}(s)$是严格真有理分式矩阵. 因为非严格真有理分式矩阵$\bar{\boldsymbol{G}}(s)$总可以被写成两部分之和，即

$$\bar{\boldsymbol{G}}(s)=\boldsymbol{G}(s)+\lim_{s\to\infty}\bar{\boldsymbol{G}}(s). \tag{9.10.2}$$

其中，$\boldsymbol{G}(s)$是严格真有理分式矩阵，而另一部分，根据式 (9.10.1) 可得

$$\boldsymbol{D}=\lim_{s\to\infty}\bar{\boldsymbol{G}}(s). \tag{9.10.3}$$

实现 $\Sigma(\boldsymbol{A},\boldsymbol{B},\boldsymbol{C},\boldsymbol{D})$中的传输系数矩阵 $\boldsymbol{D}$ 就由上式先行确定. 其他三个系数矩阵由

严格真有理分式矩阵 $\boldsymbol{G}(s)$确定.

对严格真有理分式矩阵 $\boldsymbol{G}(s)$，总可以找到一个实现 $\Sigma(\boldsymbol{A},\boldsymbol{B},\boldsymbol{C})$，它满足

$$\boldsymbol{G}(s)=\boldsymbol{C}(s\boldsymbol{I}-\boldsymbol{A})^{-1}\boldsymbol{B}. \tag{9.10.4}$$

不过，对给定传递函数矩阵 $\boldsymbol{G}(s)$，可以找到各种各样的实现 $\Sigma(\boldsymbol{A},\boldsymbol{B},\boldsymbol{C})$. 如果找到的实现中，矩阵对$(\boldsymbol{A},\boldsymbol{B})$是完全可控的，就称为**可控性实现**；如果矩阵对$(\boldsymbol{A},\boldsymbol{C})$是完全可观的，就称为**可观性实现**；若状态系数矩阵是若尔当规范型，就称为**若尔当型实现**，又称为**并联型实现**；此外还有**串联型实现**等等.

在各种各样的实现中，最感兴趣的实现是状态系数矩阵阶次最低的实现，称之为**最小实现**. 显然，最小实现的结构最简单，按最小实现模拟给定传递函数矩阵 $\boldsymbol{G}(s)$是最方便、最经济的.

究竟什么样的实现才是最小实现呢? 显然，一个实现若不是“完全可控又可观”的，则一定不会是最小实现. 因为对它可以进行结构分解，获得其可控又可观的部分. 这个可控又可观部分的传递函数矩阵仍然是 $\boldsymbol{G}(s)$，但它的维数更低.

如果传递函数矩阵 $\boldsymbol{G}(s)$的完全可控又可观的实现是 $\Sigma(\boldsymbol{A},\boldsymbol{B},\boldsymbol{C})$，并设其维数为 n，那么首先要讨论的是，$\Sigma(\boldsymbol{A},\boldsymbol{B},\boldsymbol{C})$是不是 $\boldsymbol{G}(s)$的最小实现.

反设 $\boldsymbol{G}(s)$存在维数更低的实现$\widetilde{\Sigma}(\widetilde{\boldsymbol{A}},\widetilde{\boldsymbol{B}},\widetilde{\boldsymbol{C}})$，其维数

$$\tilde{n}<n. \tag{9.10.5}$$

显然，它们具有相同的传递函数矩阵

$$\boldsymbol{G}(s)=\boldsymbol{C}(s\boldsymbol{I}-\boldsymbol{A})^{-1}\boldsymbol{B}=\widetilde{\boldsymbol{C}}(s\boldsymbol{I}-\widetilde{\boldsymbol{A}})^{-1}\widetilde{\boldsymbol{B}}. \tag{9.10.6}$$

由于预解矩阵可以被表示成无穷级数

$$(s\boldsymbol{I}-\boldsymbol{A})^{-1}=\sum_{i=1}^{\infty}\boldsymbol{A}^{i-1}s^{-i}. \tag{9.10.7}$$

所以由式(9.10.6)可知，传递函数矩阵 $\boldsymbol{G}(s)$的不同实现 $\Sigma(\boldsymbol{A},\boldsymbol{B},\boldsymbol{C})$和$\widetilde{\Sigma}(\widetilde{\boldsymbol{A}},\widetilde{\boldsymbol{B}},\widetilde{\boldsymbol{C}})$的系数矩阵应当满足

$$\boldsymbol{C}\boldsymbol{A}^{i}\boldsymbol{B}=\widetilde{\boldsymbol{C}}\widetilde{\boldsymbol{A}}^{i}\widetilde{\boldsymbol{B}},\quad(i=1,2,3,\cdots). \tag{9.10.8}$$

重复利用式(9.10.8)的 $i=2n-2$ 个等式，可以得到$(m\cdot n)\times(n\cdot l)$维矩阵等式

$$\boldsymbol{Q}=\begin{bmatrix}\boldsymbol{C}\\ \boldsymbol{C}\boldsymbol{A}\\ \vdots\\ \boldsymbol{C}\boldsymbol{A}^{n-1}\end{bmatrix}\begin{bmatrix}\boldsymbol{B} & \boldsymbol{A}\boldsymbol{B} & \cdots & \boldsymbol{A}^{n-1}\boldsymbol{B}\end{bmatrix}=\begin{bmatrix}\widetilde{\boldsymbol{C}}\\ \widetilde{\boldsymbol{C}}\widetilde{\boldsymbol{A}}\\ \vdots\\ \widetilde{\boldsymbol{C}}\widetilde{\boldsymbol{A}}^{n-1}\end{bmatrix}\begin{bmatrix}\widetilde{\boldsymbol{B}} & \widetilde{\boldsymbol{A}}\widetilde{\boldsymbol{B}} & \cdots & \widetilde{\boldsymbol{A}}^{n-1}\widetilde{\boldsymbol{B}}\end{bmatrix}. \tag{9.10.9}$$

该式中第二个等号右边的两个矩阵的秩均小于或等于$\tilde{n}$，所以其乘积矩阵 $\boldsymbol{Q}$ 的秩也小于或等于$\tilde{n}$. 而两个等号中间的两个矩阵分别是可控又可观实现 $\Sigma(\boldsymbol{A},\boldsymbol{B},\boldsymbol{C})$的可观性矩阵和可控性矩阵，它们的秩都是 n，其乘积矩阵 $\boldsymbol{Q}$ 的秩也应当是 n. 这就

与不等式 (9.10.5) 矛盾. 从而说明, $\boldsymbol{G}(s)$ 不可能存在维数更低的实现 $\widetilde{\Sigma}(\widetilde{\boldsymbol{A}},\widetilde{\boldsymbol{B}},\widetilde{\boldsymbol{C}})$. 于是得到如下结论:

$\Sigma(\boldsymbol{A},\boldsymbol{B},\boldsymbol{C})$ 是传递函数矩阵 $\boldsymbol{G}(s)$ 的最小实现的充分必要条件是: 实现 $\Sigma(\boldsymbol{A},\boldsymbol{B},\boldsymbol{C})$ 是既可控又可观的.

$\boldsymbol{G}(s)$ 的最小实现不是惟一的. 既然 $\boldsymbol{G}(s)$ 的各种最小实现的维数相同, 而且都是可控又可观的, 那么第二个需要讨论的问题是它们之间存在什么样的关系.

设 $\Sigma(\boldsymbol{A},\boldsymbol{B},\boldsymbol{C})$ 和 $\widetilde{\Sigma}(\widetilde{\boldsymbol{A}},\widetilde{\boldsymbol{B}},\widetilde{\boldsymbol{C}})$ 都是 $\boldsymbol{G}(s)$ 的 n 维最小实现, 它们都是既可控又可观的. 其可控性矩阵 $\boldsymbol{Q}_{\mathrm{C}}$ 和 $\widetilde{\boldsymbol{Q}}_{\mathrm{C}}$、可观性矩阵 $\boldsymbol{Q}_{\mathrm{O}}$ 和 $\widetilde{\boldsymbol{Q}}_{\mathrm{O}}$ 的秩都是 n. 构造 $n\times n$ 阶非奇异方矩阵 $\boldsymbol{Q}_{\mathrm{O}}^{\mathrm{T}}\boldsymbol{Q}_{\mathrm{O}}$ 和 $\boldsymbol{Q}_{\mathrm{C}}\boldsymbol{Q}_{\mathrm{C}}^{\mathrm{T}}$. 式 (9.10.9) 所示的 $(m\cdot n)\times(n\cdot l)$ 维矩阵等式就相当于

$$\boldsymbol{Q}=\boldsymbol{Q}_{\mathrm{O}}\boldsymbol{Q}_{\mathrm{C}}=\widetilde{\boldsymbol{Q}}_{\mathrm{O}}\widetilde{\boldsymbol{Q}}_{\mathrm{C}}. \tag{9.10.10}$$

据此, 可以写出两个实现的可控性矩阵和可观性矩阵之间的关系:

$$\left.\begin{aligned}\boldsymbol{Q}_{\mathrm{C}}&=(\boldsymbol{Q}_{\mathrm{O}}^{\mathrm{T}}\boldsymbol{Q}_{\mathrm{O}})^{-1}\boldsymbol{Q}_{\mathrm{O}}^{\mathrm{T}}\boldsymbol{Q}_{\mathrm{O}}\boldsymbol{Q}_{\mathrm{C}}=[(\boldsymbol{Q}_{\mathrm{O}}^{\mathrm{T}}\boldsymbol{Q}_{\mathrm{O}})^{-1}\boldsymbol{Q}_{\mathrm{O}}^{\mathrm{T}}\widetilde{\boldsymbol{Q}}_{\mathrm{O}}]\widetilde{\boldsymbol{Q}}_{\mathrm{C}}\\ \boldsymbol{Q}_{\mathrm{O}}&=\boldsymbol{Q}_{\mathrm{O}}\boldsymbol{Q}_{\mathrm{C}}\boldsymbol{Q}_{\mathrm{C}}^{\mathrm{T}}(\boldsymbol{Q}_{\mathrm{C}}\boldsymbol{Q}_{\mathrm{C}}^{\mathrm{T}})^{-1}=\widetilde{\boldsymbol{Q}}_{\mathrm{O}}[\widetilde{\boldsymbol{Q}}_{\mathrm{C}}\boldsymbol{Q}_{\mathrm{C}}^{\mathrm{T}}(\boldsymbol{Q}_{\mathrm{C}}\boldsymbol{Q}_{\mathrm{C}}^{\mathrm{T}})^{-1}]\end{aligned}\right\}. \tag{9.10.11}$$

取 $n\times n$ 阶变换矩阵

$$\boldsymbol{T}=(\boldsymbol{Q}_{\mathrm{O}}^{\mathrm{T}}\boldsymbol{Q}_{\mathrm{O}})^{-1}\boldsymbol{Q}_{\mathrm{O}}^{\mathrm{T}}\widetilde{\boldsymbol{Q}}_{\mathrm{O}}, \tag{9.10.12}$$

不难验证它的逆矩阵为

$$\boldsymbol{T}^{-1}=\widetilde{\boldsymbol{Q}}_{\mathrm{C}}\boldsymbol{Q}_{\mathrm{C}}^{\mathrm{T}}(\boldsymbol{Q}_{\mathrm{C}}\boldsymbol{Q}_{\mathrm{C}}^{\mathrm{T}})^{-1}. \tag{9.10.13}$$

所以, 式 (9.10.11) 的变换关系相当于

$$\left.\begin{aligned}\widetilde{\boldsymbol{Q}}_{\mathrm{C}}&=\boldsymbol{T}^{-1}\boldsymbol{Q}_{\mathrm{C}}\\ \widetilde{\boldsymbol{Q}}_{\mathrm{O}}&=\boldsymbol{Q}_{\mathrm{O}}\boldsymbol{T}\end{aligned}\right\}. \tag{9.10.14}$$

进一步, 利用式 (9.10.8), 可以证明

$$\boldsymbol{Q}_{\mathrm{O}}\boldsymbol{A}\boldsymbol{Q}_{\mathrm{C}}=\widetilde{\boldsymbol{Q}}_{\mathrm{O}}\widetilde{\boldsymbol{A}}\widetilde{\boldsymbol{Q}}_{\mathrm{C}}. \tag{9.10.15}$$

成立. 将其左乘满秩矩阵 $\boldsymbol{Q}_{\mathrm{O}}^{\mathrm{T}}$, 右乘满秩矩阵 $\boldsymbol{Q}_{\mathrm{C}}^{\mathrm{T}}$, 则有

$$\boldsymbol{Q}_{\mathrm{O}}^{\mathrm{T}}\boldsymbol{Q}_{\mathrm{O}}\boldsymbol{A}\boldsymbol{Q}_{\mathrm{C}}\boldsymbol{Q}_{\mathrm{C}}^{\mathrm{T}}=\boldsymbol{Q}_{\mathrm{O}}^{\mathrm{T}}\widetilde{\boldsymbol{Q}}_{\mathrm{O}}\widetilde{\boldsymbol{A}}\widetilde{\boldsymbol{Q}}_{\mathrm{C}}\boldsymbol{Q}_{\mathrm{C}}^{\mathrm{T}}. \tag{9.10.16}$$

由于方矩阵 $\boldsymbol{Q}_{\mathrm{O}}^{\mathrm{T}}\boldsymbol{Q}_{\mathrm{O}}$ 和 $\boldsymbol{Q}_{\mathrm{C}}\boldsymbol{Q}_{\mathrm{C}}^{\mathrm{T}}$ 都是非奇异矩阵, 所以

$$\boldsymbol{A}=(\boldsymbol{Q}_{\mathrm{O}}^{\mathrm{T}}\boldsymbol{Q}_{\mathrm{O}})^{-1}\boldsymbol{Q}_{\mathrm{O}}^{\mathrm{T}}\widetilde{\boldsymbol{Q}}_{\mathrm{O}}\widetilde{\boldsymbol{A}}\widetilde{\boldsymbol{Q}}_{\mathrm{C}}\boldsymbol{Q}_{\mathrm{C}}^{\mathrm{T}}(\boldsymbol{Q}_{\mathrm{C}}\boldsymbol{Q}_{\mathrm{C}}^{\mathrm{T}})^{-1}=\boldsymbol{T}\widetilde{\boldsymbol{A}}\boldsymbol{T}^{-1} \tag{9.10.17}$$

成立. 即两个实现的状态系数矩阵具有非奇异线性变换关系. 由式 (9.10.14) 不难导出 $\widetilde{\boldsymbol{B}}=\boldsymbol{T}^{-1}\boldsymbol{B}$ 和 $\widetilde{\boldsymbol{C}}=\boldsymbol{C}\boldsymbol{T}$. 这说明 $\boldsymbol{G}(s)$ 的两个最小实现 $\Sigma(\boldsymbol{A},\boldsymbol{B},\boldsymbol{C})$ 和 $\widetilde{\Sigma}(\widetilde{\boldsymbol{A}},\widetilde{\boldsymbol{B}},\widetilde{\boldsymbol{C}})$ 之间是非奇异线性变换关系. 于是得到如下结论:

传递函数矩阵 $\boldsymbol{G}(s)$ 的最小实现之间必然是非奇异线性变换关系. 变换矩阵及其逆矩阵如式(9.10.12)和式(9.10.13)所示.

以上两个结论表明：如果传递函数矩阵 $\boldsymbol{G}(s)$ 的真实结构是可控又可观的，那么，与所找到的最小实现之间必然存在非奇异线性变换关系；如果 $\boldsymbol{G}(s)$ 的真实结构不是可控又可观的，那么，其可控又可观部分与所找到的最小实现之间必然存在非奇异线性变换关系. 这就说明了采用最小实现代替 $\boldsymbol{G}(s)$ 的真实结构的可信程度.

一般地说，$\boldsymbol{G}(s)$ 的非最小实现之间不存在非奇异线性变换关系，况且它们的维数都不一定相同. $\boldsymbol{G}(s)$ 的实现的不惟一性说明：仅从未知结构的输入输出特性(比如 $\boldsymbol{G}(s)$)出发，可以构造出无穷多个在外特性上与 $\boldsymbol{G}(s)$ 一致的假想结构，通常它们之间不存在非奇异线性变换关系，所以不能对未知结构作出确定的描述. 这就是控制理论中有名的**结构不确定原理**. 这个原理突出地说明了采用外特性描述系统结构的局限性，也表明了状态空间描述的优越性.

9.10.2　标量传递函数的实现

已知标量系统的传递函数为

$$G(s)=\frac{R(s)}{\Delta(s)}=\frac{\beta_{n-1}s^{n-1}+\cdots+\beta_0}{s^n+\alpha_{n-1}s^{n-1}+\cdots+\alpha_0}. \tag{9.10.18}$$

根据9.8.1小节中的讨论，可以直接写出系统的第二**可控规范型实现**

$$\boldsymbol{A}_{C2}=\begin{bmatrix}0 & 1 & & \\ \vdots & & \ddots & \\ 0 & & & 1\\ -\alpha_0 & -\alpha_1 & \cdots & -\alpha_{n-1}\end{bmatrix},\quad \boldsymbol{b}_{C2}=\begin{bmatrix}0\\ \vdots\\ 0\\ 1\end{bmatrix},\quad \boldsymbol{c}_{C2}^{\mathrm{T}}=[\beta_0\quad \beta_1\quad \cdots\quad \beta_{n-1}]. \tag{9.10.19}$$

根据9.8.3小节中的讨论，还可以直接写出系统的第二**可观规范型实现**

$$\boldsymbol{A}_{O2}=\begin{bmatrix}0 & \cdots & 0 & -\alpha_0\\ 1 & & & -\alpha_1\\ & \ddots & & \vdots\\ & & 1 & -\alpha_{n-1}\end{bmatrix},\quad \boldsymbol{b}_{O2}=\begin{bmatrix}\beta_0\\ \beta_1\\ \vdots\\ \beta_{n-1}\end{bmatrix},\quad \boldsymbol{c}_{O2}^{\mathrm{T}}=[0\quad \cdots\quad 0\quad 1]. \tag{9.10.20}$$

下面介绍一种并联形实现，又称**若尔当规范型实现**. 对式(9.10.18)所示的传递函数 $G(s)$，可以求出它的极点 $\lambda_1,\lambda_2,\cdots,\lambda_r$，并假设 λ_i 的重数是 p_i，且 $p_1+p_2+\cdots+p_r=n$. 用部分分式法可以将 $G(s)$ 化为

$$G(s)=\sum_{i=1}^{r}g_i(s)=\sum_{i=1}^{r}\left[\sum_{j=1}^{p_i}\frac{k_{ij}}{(s-\lambda_i)^j}\right]. \tag{9.10.21}$$

所以，$G(s)$可以被看成 r 个子传递函数 $g_i(s)$的和. 下面采用的方法是先分别构造 $g_i(s)$的实现，然后把它们并联成 $G(s)$的实现.

先讨论 $g_1(s)$的实现. $g_1(s)$可以被写成

$$g_1(s)=\sum_{j=1}^{p_1}\frac{k_{1j}}{(s-\lambda_1)^j}=\frac{k_{11}}{s-\lambda_1}+\frac{k_{12}}{(s-\lambda_1)^2}+\cdots+\frac{k_{1p_1}}{(s-\lambda_1)^{p_1}}$$
$$=\frac{1}{s-\lambda_1}\times\left\{k_{11}+\frac{1}{s-\lambda_1}\times\left[k_{12}+\frac{1}{s-\lambda_1}\times(k_{13}+\cdots)\right]\right\},\tag{9.10.22}$$

它所对应的结构图如图 9.10.1 所示，其状态分量为 $x_1,x_2,\cdots,x_{p_1-1},x_{p_1}$，所有进入求和节点的信号都进行加法运算.

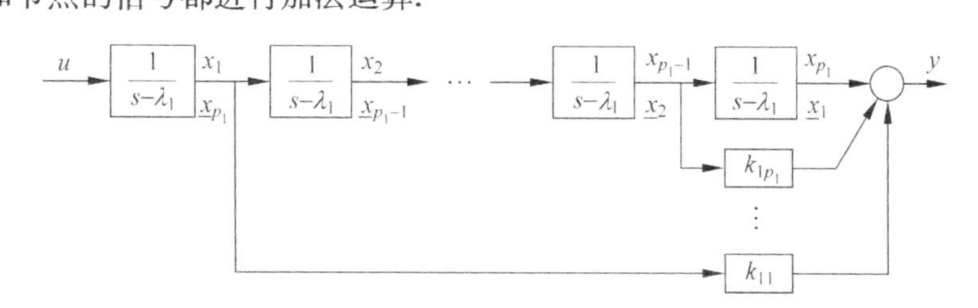

图 9.10.1　$g_1(s)$的结构

图 9.10.1 中若取状态 $x_1,x_2,\cdots,x_{p_1}$，则对应的 p_1 阶实现为

$$\boldsymbol{A}_1=\begin{bmatrix}\lambda_1 & & & \\ 1 & \lambda_1 & & \\ & \ddots & \ddots & \\ & & 1 & \lambda_1\end{bmatrix},\quad \boldsymbol{b}_1=\begin{bmatrix}1\\0\\\vdots\\0\end{bmatrix},\quad \boldsymbol{c}_1^{\mathrm{T}}=\begin{bmatrix}k_{11} & k_{12} & \cdots & k_{1p_1}\end{bmatrix},\tag{9.10.23}$$

其中，状态系数矩阵 $\boldsymbol{A}_1$ 为下若尔当规范型，$\boldsymbol{b}_1$ 为单位矩阵的第一列，$\boldsymbol{c}_1^{\mathrm{T}}$ 为部分分式 (9.10.22)中的分子系数.

但若取$\underline{x}_1,\underline{x}_2,\cdots,\underline{x}_{p_1-1},\underline{x}_{p_1}$为状态分量，则对应的 p_1 阶实现为

$$\boldsymbol{A}_1=\begin{bmatrix}\lambda_1 & 1 & & \\ & \lambda_1 & \ddots & \\ & & \ddots & 1\\ & & & \lambda_1\end{bmatrix},\quad \boldsymbol{b}_1=\begin{bmatrix}0\\\vdots\\0\\1\end{bmatrix},\quad \boldsymbol{c}_1^{\mathrm{T}}=\begin{bmatrix}k_{1,p_1} & k_{1,p_1-1} & \cdots & k_{11}\end{bmatrix}.\tag{9.10.24}$$

其中状态系数矩阵 $\boldsymbol{A}_1$ 为上若尔当规范型，$\boldsymbol{b}_1$ 为单位矩阵的最后一列，输出系数矩阵 $\boldsymbol{c}_1^{\mathrm{T}}$ 仍为部分分式 (9.10.22) 的分子系数，但排列顺序与式(9.10.23) 相反.

按照同样的方法，可以得出 r 个子传递函数 $g_i(s)$的实现$(\boldsymbol{A}_i,\boldsymbol{b}_i,\boldsymbol{c}_i^{\mathrm{T}})$. 将它们并联写出，就可以得到 $G(s)$的实现

$$A=\begin{bmatrix}A_1 & & \\ & \ddots & \\ & & A_r\end{bmatrix},\quad b=\begin{bmatrix}b_1\\ \vdots\\ b_r\end{bmatrix},\quad c^{\mathrm{T}}=[c_1^{\mathrm{T}}\quad\cdots\quad c_r^{\mathrm{T}}].\tag{9.10.25}$$

其中,A_i是 p_i 阶若尔当型分块矩阵; b_i 是 p_i 维向量$[0\ \cdots\ 0\ 1]^{\mathrm{T}}$或$[1\ 0\ \cdots\ 0]^{\mathrm{T}}$; p_i 维向量 c_i^{T} 的元素是由部分分式(9.10.22)所得到的分子数值确定.

例 9.10.1　给定传递函数

$$G(s)=\frac{4s^2+17s+16}{s^3+7s^2+16s+12},$$

求其可控实现、可观实现和若尔当型实现.

解　(1) 直接写出传递函数的第二可控规范型实现为

$$A=\begin{bmatrix}0 & 1 & 0\\ 0 & 0 & 1\\ -12 & -16 & -7\end{bmatrix},\quad b=\begin{bmatrix}0\\0\\1\end{bmatrix},\quad c^{\mathrm{T}}=[16\quad 17\quad 4].$$

(2) 直接写出传递函数的第二可观规范型实现为

$$A=\begin{bmatrix}0 & 0 & -12\\ 1 & 0 & -16\\ 0 & 1 & -7\end{bmatrix},\quad b=\begin{bmatrix}16\\17\\4\end{bmatrix},\quad c^{\mathrm{T}}=[0\quad 0\quad 1].$$

(3) 求若尔当型实现.传递函数分母多项式的根包括二重根-2和单根-3,所以传递函数的部分分式为

$$G(s)=\frac{4s^2+17s+16}{s^3+7s^2+16s+12}=\frac{k_{11}}{s+2}+\frac{k_{12}}{(s+2)^2}+\frac{k_2}{s+3}.$$

用待定系数方法,可以得到

$$k_2=\lim_{s\to-3}(s+3)G(s)=1,\quad k_{12}=\lim_{s\to-2}(s+2)^2G(s)=-2,$$

因为$\lim\limits_{s\to\infty}sG(s)=4=k_{11}+k_2$,故

$$k_{11}=3.$$

因而传递函数的若尔当型实现为

$$A=\begin{bmatrix}-2 & 1 & 0\\ 0 & -2 & 0\\ 0 & 0 & -3\end{bmatrix},\quad b=\begin{bmatrix}0\\1\\1\end{bmatrix},\quad c^{\mathrm{T}}=[-2\quad 3\quad 1].$$ □

按照上述方法求若尔当型实现时,如果传递函数 $G(s)$的极点为共轭复数对,则系数矩阵$(A_i,b_i,c_i^{\mathrm{T}})$中就会出现复数元素,这不便于分析和仿真,应予以避免.办法是对于一对共轭复数极点 $\sigma\pm\mathrm{j}\omega$,取相应的部分分式为二阶形式,即

$$g_1(s)=\frac{\alpha s+\beta}{(s-\sigma)^2+\omega^2}.\tag{9.10.26}$$

其中,α 和 β 是待定系数.则式(9.10.26)对应的实现为

$$A_i=\begin{bmatrix}\sigma & \omega\\ -\omega & \sigma\end{bmatrix},\quad b=\begin{bmatrix}0\\1\end{bmatrix},\quad c^{\mathrm{T}}=\begin{bmatrix}\dfrac{-\alpha\sigma-\beta}{\omega} & \alpha\end{bmatrix},\tag{9.10.27}$$

或者是它的对偶形式.

例 9.10.2　给定传递函数

$$G(s)=\frac{s^2+s+2}{s^3+2s^2+2s},$$

求其可控实现、可观实现和若尔当型实现.

解　(1) 直接写出传递函数的第二可控规范型实现为

$$\boldsymbol{A}=\begin{bmatrix}0&1&0\\0&0&1\\0&2&2\end{bmatrix},\quad \boldsymbol{b}=\begin{bmatrix}0\\0\\1\end{bmatrix},\quad \boldsymbol{c}^{\mathrm{T}}=[2\quad 1\quad 1].$$

(2) 直接写出传递函数的第二可观测规范型实现为

$$\boldsymbol{A}=\begin{bmatrix}0&0&0\\1&0&2\\0&1&2\end{bmatrix},\quad \boldsymbol{b}=\begin{bmatrix}2\\1\\1\end{bmatrix},\quad \boldsymbol{c}^{\mathrm{T}}=[0\quad 0\quad 1].$$

(3) 求若尔当型实现. 传递函数分母多项式的根分别是 0 和共轭复数根 $-1\pm\mathrm{j}$,所以传递函数的部分分式为

$$G(s)=\frac{s^2+s+2}{s^3+2s^2+2s}=\frac{\beta_1}{s}+\frac{\alpha_2 s+\beta_2}{(s+1)^2+1}.$$

用待定系数方法可以求得 $\beta_1=\lim\limits_{s\to 0}sG(s)=1$. 因为 $\lim\limits_{s\to\infty}sG(s)=1=\beta_1+\alpha_2$,故 $\alpha_2=0$. 又

$$G(s)=\frac{s^2+s+2}{s^3+2s^2+2s}=\frac{1}{s}+\frac{\beta_2}{(s+1)^2+1}=\frac{s^2+2s+2+\beta_2 s}{s(s^2+2s+2)},$$

故 $\beta_2=-1$. 所以传递函数的若尔当型实现为

$$\boldsymbol{A}=\begin{bmatrix}0&0&0\\0&-1&1\\0&-1&-1\end{bmatrix},\quad \boldsymbol{b}=\begin{bmatrix}1\\0\\1\end{bmatrix},\quad \boldsymbol{c}^{\mathrm{T}}=[1\quad -1\quad 0].$$ □

9.10.3　传递函数矩阵的实现

如果传递函数矩阵 $\boldsymbol{G}(s)$ 是 $m\times l$ 维严格真有理分式矩阵,直观地看,可以按标量传递函数实现的方法去构造每个元素的实现,然后恰当地组合起来,就是 $\boldsymbol{G}(s)$ 的实现.

比如对 2×2 维传递函数矩阵

$$\boldsymbol{G}(s)=\begin{bmatrix}g_1(s)&g_2(s)\\g_3(s)&g_4(s)\end{bmatrix}.\tag{9.10.28}$$

可以构造每个元素 $g_i(s)$ 的 r_i 维实现 $(\boldsymbol{A}_i,\boldsymbol{b}_i,\boldsymbol{c}_i^{\mathrm{T}})$,再按每个元素对应的输入和输出分量将它们组合为

$$\boldsymbol{A}=\begin{bmatrix}\boldsymbol{A}_1 & & & \\ & \boldsymbol{A}_2 & & \\ & & \boldsymbol{A}_3 & \\ & & & \boldsymbol{A}_4\end{bmatrix},\quad \boldsymbol{B}=\begin{bmatrix}\boldsymbol{b}_1 & 0 \\ 0 & \boldsymbol{b}_2 \\ \boldsymbol{b}_3 & 0 \\ 0 & \boldsymbol{b}_4\end{bmatrix},\quad \boldsymbol{C}=\begin{bmatrix}\boldsymbol{c}_1^{\mathrm{T}} & \boldsymbol{c}_2^{\mathrm{T}} & 0 & 0 \\ 0 & 0 & \boldsymbol{c}_3^{\mathrm{T}} & \boldsymbol{c}_4^{\mathrm{T}}\end{bmatrix}. \tag{9.10.29}$$

对 $\boldsymbol{G}(s)$ 的实现式(9.10.29)进行可控可观分解,其可控又可观部分就是 $\boldsymbol{G}(s)$ 的最小实现.

然而问题在于,这种直观方法得到的实现维数太高,不便应用.它的维数高达

$$\sum_{i=1}^{m\cdot l} r_i=(m\cdot l)\times\bar{r}, \tag{9.10.30}$$

其中 r_i 为 $\boldsymbol{G}(s)$ 每个元素分母的次数,$\bar{r}$ 为 $\boldsymbol{G}(s)$ 诸元素分母的平均次数.$\boldsymbol{G}(s)$ 诸元素有相同分母时,状态系数矩阵 $\boldsymbol{A}$ 将包含多个具有相同特征值的若尔当块(即 $\boldsymbol{A}$ 为非循环矩阵).

为实用起见,需要维数较低的实现.下面先介绍维数较低的可控实现和可观实现.

设传递函数矩阵 $\boldsymbol{G}(s)$ 有如下形式:

$$\begin{aligned}\boldsymbol{G}(s)&=\frac{1}{\varphi(s)}\cdot\boldsymbol{R}(s)\\&=\frac{1}{s^r+\alpha_{r-1}s^{r-1}+\cdots+\alpha_0}\times(\boldsymbol{R}_{r-1}s^{r-1}+\cdots+\boldsymbol{R}_0),\end{aligned} \tag{9.10.31}$$

其中,$\varphi(s)$ 是诸元素的公分母,次数为 r.分子的系数矩阵 $\boldsymbol{R}_i$ 是 $m\times l$ 维常数矩阵.于是可以直接写出 $(r\cdot l)$ 维的**可控实现**

$$\boldsymbol{A}_{\mathrm{C}}=\begin{bmatrix}0 & \boldsymbol{I}_l & & \\ \vdots & & \ddots & \\ 0 & & & \boldsymbol{I}_l \\ -\alpha_0\boldsymbol{I}_l & \cdots & \cdots & -\alpha_{r-1}\boldsymbol{I}_l\end{bmatrix},\quad \boldsymbol{B}_{\mathrm{C}}=\begin{bmatrix}0\\ \vdots\\ 0\\ \boldsymbol{I}_l\end{bmatrix},\quad \boldsymbol{C}_{\mathrm{C}}=\begin{bmatrix}\boldsymbol{R}_0 & \cdots & \boldsymbol{R}_{r-1}\end{bmatrix}. \tag{9.10.32}$$

其中,$\boldsymbol{I}_l$ 是 l 维单位矩阵.显然,当 $l=1$ 时,它就是单输入系统的第二可控规范型.

式(9.10.32)所示系统的 $(r\cdot l)\times(r\cdot l\cdot l)$ 可控性矩阵为

$$\boldsymbol{Q}_{\mathrm{C}}=\begin{bmatrix}\boldsymbol{B}_{\mathrm{C}} & \boldsymbol{A}_{\mathrm{C}}\boldsymbol{B}_{\mathrm{C}} & \cdots & \boldsymbol{A}_{\mathrm{C}}^{r-1}\boldsymbol{B}_{\mathrm{C}} & \boldsymbol{A}_{\mathrm{C}}^{r}\boldsymbol{B}_{\mathrm{C}} & \cdots & \boldsymbol{A}_{\mathrm{C}}^{rl-1}\boldsymbol{B}_{\mathrm{C}}\end{bmatrix}$$

$$=\Bigg[\underbrace{\begin{matrix} & & & \boldsymbol{I}_l \\ & & \cdot^{\cdot^{\cdot}} & * \\ & & & \\ & \boldsymbol{I}_l & \cdot^{\cdot^{\cdot}} & \vdots \\ \boldsymbol{I}_l & * & \cdots & *\end{matrix}}_{r\cdot l\text{列}}\quad\underbrace{\begin{matrix} \\ \\ *\cdots * \\ \\ \\ \end{matrix}}_{(l-1)\cdot r\cdot l\text{列}}\Bigg], \tag{9.10.33}$$

它的前$(r\cdot l)$列满秩,系统式(9.10.32)是完全可控的.

下面验证式(9.10.32)是传递函数矩阵式(9.10.31)的一个实现.设系统式(9.10.32)的由输入$\boldsymbol{u}$到状态$\boldsymbol{x}$的传递函数矩阵是

$$\boldsymbol{V}(s)=(s\boldsymbol{I}_{rl}-\boldsymbol{A}_C)^{-1}\boldsymbol{B}_C=\begin{bmatrix}\boldsymbol{V}_1(s)\\ \vdots\\ \boldsymbol{V}_r(s)\end{bmatrix}. \tag{9.10.34}$$

其中,$\boldsymbol{V}_i(s)$是$l\times l$维多项式分式矩阵.由此可以导出

$$(s\boldsymbol{I}_{rl}-\boldsymbol{A}_C)\boldsymbol{V}(s)=\boldsymbol{B}_C\quad 或\quad s\boldsymbol{V}(s)=\boldsymbol{A}_C\boldsymbol{V}(s)+\boldsymbol{B}_C. \tag{9.10.35}$$

再考虑到系统式(9.10.32)的系数矩阵对$(\boldsymbol{A}_C,\boldsymbol{B}_C)$的规范结构形式,可以从上式导出递推关系式

$$\left.\begin{aligned}\boldsymbol{V}_2(s)&=s\boldsymbol{V}_1(s)\\ \boldsymbol{V}_3(s)&=s\boldsymbol{V}_2(s)=s^2\boldsymbol{V}_1(s)\\ &\vdots\\ \boldsymbol{V}_r(s)&=s\boldsymbol{V}_{r-1}(s)=s^{r-1}\boldsymbol{V}_1(s)\end{aligned}\right\} \tag{9.10.36}$$

以及

$$s\boldsymbol{V}_r(s)=-\alpha_0\boldsymbol{V}_1(s)-\alpha_1\boldsymbol{V}_2(s)-\cdots-\alpha_{r-1}\boldsymbol{V}_r(s)+\boldsymbol{I}_l. \tag{9.10.37}$$

将式(9.10.36)代入上式并移项,可得

$$(s^r+\alpha_{r-1}s^{r-1}+\cdots+\alpha_0)\boldsymbol{V}_1(s)=\varphi(s)\boldsymbol{V}_1(s)=\boldsymbol{I}_l, \tag{9.10.38}$$

也就是

$$\boldsymbol{V}_1(s)=\frac{1}{\varphi(s)}\times\boldsymbol{I}_l. \tag{9.10.39}$$

再将它代入式(9.10.36),可得

$$\boldsymbol{V}_i(s)=\frac{s^{i-1}}{\varphi(s)}\times\boldsymbol{I}_l,\quad (i=1,2,\cdots,r). \tag{9.10.40}$$

于是,就可以得到系统式(9.10.32)的传递函数矩阵

$$\begin{aligned}\boldsymbol{G}(s)&=\boldsymbol{C}_C(s\boldsymbol{I}_{rl}-\boldsymbol{A}_C)^{-1}\boldsymbol{B}_C=[\boldsymbol{R}_0\quad\cdots\quad\boldsymbol{R}_{r-1}]\begin{bmatrix}\boldsymbol{V}_1(s)\\ \vdots\\ \boldsymbol{V}_r(s)\end{bmatrix}\\ &=\boldsymbol{R}_0\boldsymbol{V}_1(s)+\cdots+\boldsymbol{R}_{r-2}\boldsymbol{V}_{r-1}(s)+\boldsymbol{R}_{r-1}\boldsymbol{V}_r(s)\\ &=\frac{1}{\varphi(s)}\times[\boldsymbol{R}_0+\cdots+\boldsymbol{R}_{r-2}s^{r-2}+\boldsymbol{R}_{r-1}s^{r-1}].\end{aligned} \tag{9.10.41}$$

这说明状态系数矩阵$\boldsymbol{A}_C$的最小多项式是s的r次多项式.

以上已经说明式(9.10.32)所示的$(\boldsymbol{A}_C,\boldsymbol{B}_C,\boldsymbol{C}_C)$是传递函数矩阵$\boldsymbol{G}(s)$的一个可控实现.对实现式(9.10.32)再做可观性分解,就可以得到一个最小实现.

类似地,由传递函数矩阵式(9.10.31)可以直接写出$r\cdot m$维的一个**可观实现**

$$A_O=\begin{bmatrix}0 & \cdots & 0 & -\alpha_0 I_m\\ I_m & & & \vdots\\ & \ddots & & \vdots\\ & & I_m & -\alpha_{r-1}I_m\end{bmatrix},\quad B_O=\begin{bmatrix}R_0\\ \vdots\\ R_{r-2}\\ R_{r-1}\end{bmatrix},\quad C_O=[0\ \cdots\ 0\ \ I_m].\tag{9.10.42}$$

显然,当 $m=1$ 时,它就是单输出系统的第二可观规范型.对实现式(9.10.42)再做可控性分解,也可以得到最小实现.

应当注意,一般地说 $m\neq l$,可控实现式(9.10.32)与可观实现式(9.10.42)的维数是不同的.所以在计算时,可以比较输入维数与输出维数的大小,选择其中维数较低的一个实现.

传递函数矩阵 $G(s)$ 的可控实现和可观实现还有一种能够使维数降低的构造方法.当 $l<m$ 时,选择可控实现,将 $G(s)$ 按列取最小公分母 $\varphi_i(s)$,分子写成 m 维列向量 $g_i(s)$,每个列对应一个输入分量 u_i,即

$$G(s)=\left[\frac{g_1(s)}{\varphi_1(s)}\ \frac{g_2(s)}{\varphi_2(s)}\ \cdots\ \frac{g_l(s)}{\varphi_l(s)}\right],\tag{9.10.43}$$

显然,$\varphi_i(s)$ 的次数 r_i 小于或等于式(9.10.31)中 $\varphi(s)$ 的次数 r.可以分别构造每列传递函数向量 $g_i(s)/\varphi_i(s)$ 的可控实现 (A_i,b_i,C_i),它们是 r_i 维单输入多输出的可控实现.将 l 个子实现恰当地组合,就是传递函数矩阵 $G(s)$ 的可控实现

$$A_C=\begin{bmatrix}A_1 & & \\ & \ddots & \\ & & A_l\end{bmatrix},\quad B_C=\begin{bmatrix}b_1 & & \\ & \ddots & \\ & & b_l\end{bmatrix},\quad C_C=[C_1\ \cdots\ C_l].\tag{9.10.44}$$

这种可控实现的维数为

$$\sum_{i=1}^{l} r_i\leqslant r\cdot l.\tag{9.10.45}$$

显然,这种实现是完全可控的,因为每个输入分量 u_i 可以控制 r_i 维状态.对实现式(9.10.44)再做可观性分解,就可以得到最小实现.

当 $l>m$ 时,选择可观实现,将 $G(s)$ 按行取最小公分母 $\varphi_i(s)$,将分子写成 l 维行向量 $g_i^{\mathrm{T}}(s)$,每行对应一个输出分量 y_i,即

$$G(s)=\begin{bmatrix}\dfrac{g_1^{\mathrm{T}}(s)}{\varphi_1(s)}\\ \dfrac{g_2^{\mathrm{T}}(s)}{\varphi_2(s)}\\ \vdots\\ \dfrac{g_m^{\mathrm{T}}(s)}{\varphi_m(s)}\end{bmatrix},\tag{9.10.46}$$

显然 $\varphi_i(s)$ 的次数 r_i 小于或等于式(9.10.31)中 $\varphi(s)$ 的次数 r.可以分别构造每行

传递函数向量 $\boldsymbol{g}_i^{\mathrm{T}}(s)/\varphi_i(s)$ 的可观实现 $(\boldsymbol{A}_i,\boldsymbol{B}_i,\boldsymbol{c}_i^{\mathrm{T}})$，它们是 r_i 维多输入单输出系统的可观实现. 将 m 个子实现恰当地组合，就是传递函数矩阵 $\boldsymbol{G}(s)$ 的可观实现

$$\boldsymbol{A}_{\mathrm{O}}=\begin{bmatrix}\boldsymbol{A}_1 & & \\ & \ddots & \\ & & \boldsymbol{A}_m\end{bmatrix},\quad \boldsymbol{B}_{\mathrm{O}}=\begin{bmatrix}\boldsymbol{B}_1\\ \vdots \\ \boldsymbol{B}_m\end{bmatrix},\quad \boldsymbol{C}_{\mathrm{O}}=\begin{bmatrix}\boldsymbol{c}_1^{\mathrm{T}} & & \\ & \ddots & \\ & & \boldsymbol{c}_m^{\mathrm{T}}\end{bmatrix}. \tag{9.10.47}$$

这种可控实现的维数为

$$\sum_{i=1}^{m} r_i \leqslant r\cdot m. \tag{9.10.48}$$

显然，这种实现是完全可观的，因为每个输出分量 y_i 可以观测 r_i 维状态. 对实现式(9.10.47)再做可控性分解，就可以得到一个最小实现.

例 9.10.3　给定传递函数矩阵

$$\boldsymbol{G}(s)=\begin{bmatrix}\dfrac{1}{s^2} & 0\\ \dfrac{1}{s^2-s} & \dfrac{1}{1-s}\end{bmatrix},$$

求它的可控实现或者可观实现，并进一步求出它的最小实现.

解　由于传递函数矩阵 $\boldsymbol{G}(s)$ 诸元的最小公分母的次数为 3，输入维数为 2，一般可控实现的维数为 6. 输出维数也为 2，一般可观实现的维数也为 6. 如果先求各矩阵元素的实现，则总实现将是 $2+2+1=5$ 维. 这些实现的维数都比较高. 采用按列(或按行)取最小公分母的方法，$\boldsymbol{G}(s)$ 可以化为

$$\boldsymbol{G}(s)=\left[\frac{1}{s^2(s-1)}\times\begin{bmatrix}s-1\\ s\end{bmatrix}\quad \frac{1}{s-1}\times\begin{bmatrix}0\\ -1\end{bmatrix}\right]\quad 或\quad \boldsymbol{G}(s)=\begin{bmatrix}\dfrac{1}{s^2}\times[1\quad 0]\\ \dfrac{1}{s(s-1)}\times[1\quad -s]\end{bmatrix}$$

两列或两行的两个最小公分母次数之和都为 4，所以按列写出的可控实现和按行写出的可观实现都是 4 维.

(1) 列写 $\boldsymbol{G}(s)$ 的可控实现. $\boldsymbol{G}(s)$ 的两列所对应的可控实现分别是

$$\boldsymbol{A}_1=\begin{bmatrix}0&1&0\\0&0&1\\0&0&1\end{bmatrix},\quad \boldsymbol{b}_1=\begin{bmatrix}0\\0\\1\end{bmatrix},\quad \boldsymbol{C}_1=\begin{bmatrix}-1&1&0\\0&1&0\end{bmatrix},$$

$$A_2=1,\quad B_2=1,\quad c_2=\begin{bmatrix}0\\-1\end{bmatrix},$$

所以 $\boldsymbol{G}(s)$ 的 4 维可控实现是

$$\boldsymbol{A}_{\mathrm{C}}=\left[\begin{array}{ccc|c}0&1&0&0\\0&0&1&0\\0&0&1&0\\ \hline 0&0&0&1\end{array}\right],\quad \boldsymbol{B}_{\mathrm{C}}=\left[\begin{array}{cc}0&0\\0&0\\1&0\\ \hline 0&1\end{array}\right],\quad \boldsymbol{C}_{\mathrm{C}}=\left[\begin{array}{ccc|c}-1&1&0&0\\0&1&0&-1\end{array}\right],$$

它的可观性矩阵为

$$\boldsymbol{Q}_{\mathrm{O}}=\begin{bmatrix}\boldsymbol{C}_{\mathrm{C}}\\ \boldsymbol{C}_{\mathrm{C}}\boldsymbol{A}_{\mathrm{C}}\\ \boldsymbol{C}_{\mathrm{C}}\boldsymbol{A}_{\mathrm{C}}^{2}\\ \boldsymbol{C}_{\mathrm{C}}\boldsymbol{A}_{\mathrm{C}}^{3}\end{bmatrix}=\begin{bmatrix}-1 & 1 & 0 & 0\\ 0 & 1 & 0 & -1\\ 0 & -1 & 1 & 0\\ 0 & 0 & 1 & -1\\ 0 & 0 & 0 & 0\\ 0 & 0 & 1 & -1\\ 0 & 0 & 0 & 0\\ 0 & 0 & 1 & -1\end{bmatrix}.$$

因为 $\mathrm{rank}\boldsymbol{Q}_{\mathrm{O}}=3$,所以该可控实现不完全可观测.必须对其进行可观分解才能得到最小实现.

(2) 求最小实现.取可观性矩阵的前三个线性无关行,再补充一个与它们线性无关的行,构成按可观分解坐标变换矩阵的逆矩阵 $\boldsymbol{T}^{-1}$,再求逆得出坐标变换矩阵 $\boldsymbol{T}$,即

$$\boldsymbol{T}^{-1}=\begin{bmatrix}-1 & 1 & 0 & 0\\ 0 & 1 & 0 & -1\\ 0 & -1 & 1 & 0\\ 0 & 0 & 0 & 1\end{bmatrix},\quad \boldsymbol{T}=\begin{bmatrix}-1 & 1 & 0 & 1\\ 0 & 1 & 0 & 1\\ 0 & 1 & 1 & 1\\ 0 & 0 & 0 & 1\end{bmatrix}.$$

变换后的系数矩阵为

$$\widetilde{\boldsymbol{A}}_{\mathrm{C}}=\boldsymbol{T}^{-1}\boldsymbol{A}_{\mathrm{C}}\boldsymbol{T}=\left[\begin{array}{ccc:c}0 & 0 & 1 & 0\\ 0 & 1 & 1 & 0\\ 0 & 0 & 0 & 0\\ \hdashline 0 & 0 & 0 & 1\end{array}\right],\quad \widetilde{\boldsymbol{B}}_{\mathrm{C}}=\boldsymbol{T}^{-1}\boldsymbol{B}_{\mathrm{C}}=\left[\begin{array}{cc}0 & 0\\ 0 & -1\\ 1 & 0\\ \hdashline 0 & 1\end{array}\right],$$

$$\widetilde{\boldsymbol{C}}_{\mathrm{C}}=\boldsymbol{C}_{\mathrm{C}}\boldsymbol{T}=\left[\begin{array}{ccc:c}1 & 0 & 0 & 0\\ 0 & 1 & 0 & 0\end{array}\right].$$

其可控又可观的前3维子系统就是 $\boldsymbol{G}(s)$ 的最小实现:

$$\boldsymbol{A}=\begin{bmatrix}0 & 0 & 1\\ 0 & 1 & 1\\ 0 & 0 & 0\end{bmatrix},\quad \boldsymbol{B}=\begin{bmatrix}0 & 0\\ 0 & -1\\ 1 & 0\end{bmatrix},\quad \boldsymbol{C}=\begin{bmatrix}1 & 0 & 0\\ 0 & 1 & 0\end{bmatrix}.$$

(3) 校核传递函数矩阵.先计算预解矩阵

$$(s\boldsymbol{I}-\boldsymbol{A})^{-1}=\frac{1}{s^{2}(s-1)}\times(\boldsymbol{P}_{2}s^{2}+\boldsymbol{P}_{1}s+\boldsymbol{P}_{0}).$$

记特征多项式 $s^{2}(s-1)=s^{3}+\alpha_{2}s^{2}+\alpha_{1}s+\alpha_{0}$,则其系数为 $\alpha_{2}=-1,\alpha_{1}=\alpha_{0}=0$.然后用递推公式计算分子系数矩阵

$$P_2=I,\quad P_1=AP_2+\alpha_2 I=\begin{bmatrix}-1&0&1\\0&0&1\\0&0&-1\end{bmatrix},\quad P_0=AP_1+\alpha_1 I=\begin{bmatrix}0&0&-1\\0&0&0\\0&0&0\end{bmatrix}.$$

所以传递函数矩阵为

$$\begin{aligned}C(sI-A)^{-1}B&=\frac{1}{s^2(s-1)}\times(CP_2Bs^2+CP_1Bs+CP_0B)\\&=\frac{1}{s^2(s-1)}\times\left(\begin{bmatrix}0&0\\0&-1\end{bmatrix}s^2+\begin{bmatrix}1&0\\1&0\end{bmatrix}s+\begin{bmatrix}-1&0\\0&0\end{bmatrix}\right)\\&=\frac{1}{s^2(s-1)}\times\begin{bmatrix}s-1&0\\s&-s^2\end{bmatrix}.\end{aligned}$$

□

9.10.4　利用汉克尔矩阵寻找最小实现

上一小节的方法是先求出传递函数矩阵 $G(s)$的一个实现,再通过可控可观分解方法来获得它的一个最小实现.本小节介绍另外一种由 $G(s)$的参数直接寻找最小实现的方法.它的基本思路是,先确定最小实现的维数,再确定最小实现.

首先,将 $G(s)$的诸元素借助多项式长除法展开成 s 的降幂无穷级数,有

$$G(s)=\frac{1}{\varphi(s)}R(s)=M_0s^{-1}+M_1s^{-2}+M_2s^{-3}+\cdots.\qquad(9.10.49)$$

其中,$m\times l$ 维系数矩阵 M_i 称为**马尔可夫**(Markov)**参数矩阵**.如果找到最小实现 $\Sigma(A,B,C)$,那么它的传递函数矩阵可以记为

$$G(s)=C(sI-A)^{-1}B=CBs^{-1}+CABs^{-2}+\cdots,\qquad(9.10.50)$$

将其与式(9.10.49)加以比较,可见(A,B,C)应当满足

$$CA^iB=M_i,\quad(i=0,1,2,\cdots).\qquad(9.10.51)$$

另外,在写成 $G(s)=R(s)/\varphi(s)$时无零极点对消的条件下,r 次多项式 $\varphi(s)$是 $G(s)$的最小公分母,也是最小实现 $\Sigma(A,B,C)$中状态系数矩阵 A 的最小多项式.马尔可夫参数矩阵 M_i 不反映零极点对消,所以 $G(s)$分子分母同乘因子后,参数矩阵 M_i 不变.下面将设法从参数矩阵 M_i 中找出维数 n 的信息.

最小实现 $\Sigma(A,B,C)$一定是既可控又可观的,设其维数为 n,这是一个未知待求的数,并设 $\varphi(s)$是矩阵 A 的 r 次最小多项式.由凯莱—哈密顿定理可知 $\varphi(A)=0$,也即矩阵 A^r 及更高次幂可以由 $I,A,\cdots,A^{r-1}$组合而成.该实现的可观性矩阵 Q_O 和可控性矩阵 Q_C 的秩为

$$\operatorname{rank}Q_C=\operatorname{rank}[B\ \ AB\ \ \cdots\ \ A^{r-1}B]=n,\quad \operatorname{rank}Q_O=\operatorname{rank}\begin{bmatrix}C\\CA\\\vdots\\CA^{r-1}\end{bmatrix}=n.\qquad(9.10.52)$$

可观性矩阵 Q_O 和可控性矩阵 Q_C 的乘积是

$$Q_OQ_C=\begin{bmatrix} C \\ CA \\ \vdots \\ CA^{r-1} \end{bmatrix}[B \quad AB \quad \cdots \quad A^{r-1}B].$$

$$=\begin{bmatrix} CB & CAB & \cdots & CA^{r-1}B \\ CAB & CA^2B & \cdots & CA^rB \\ \vdots & \vdots & & \vdots \\ CA^{r-1}B & CA^rB & \cdots & CA^{2r-2}B \end{bmatrix}. \tag{9.10.53}$$

由线性代数知识可知,矩阵乘积的秩满足不等式

$$\mathrm{rank}Q_O+\mathrm{rank}Q_C-n\leqslant \mathrm{rank}Q_OQ_C\leqslant \min\{\mathrm{rank}Q_O,\mathrm{rank}Q_C\}. \tag{9.10.54}$$

同时参考式(9.10.52) 可以得出

$$\mathrm{rank}Q_OQ_C=n. \tag{9.10.55}$$

式(9.10.53) 表明,矩阵 Q_OQ_C 可以由马尔可夫参数矩阵构成. 于是定义

$$H_0=\begin{bmatrix} M_0 & M_1 & \cdots & M_{r-1} \\ M_1 & M_2 & \cdots & M_r \\ \vdots & \vdots & \ddots & \vdots \\ M_{r-1} & M_r & \cdots & M_{2r-2} \end{bmatrix}, \tag{9.10.56}$$

为**零阶汉克尔**(Hankel)**矩阵**. 由 $H_0=Q_OQ_C$ 和式(9.10.55) 可得 $\mathrm{rank}H_0=n$,所以最小实现的维数就是零阶汉克尔矩阵的秩. 如果找到与零阶汉克尔矩阵的秩相同维数的实现,就是最小实现.

类似地可以构造**一阶汉克尔矩阵**

$$H_1=\begin{bmatrix} M_1 & M_2 & \cdots & M_r \\ M_2 & M_3 & \cdots & M_{r+1} \\ \vdots & \vdots & \ddots & \vdots \\ M_r & M_{r+1} & \cdots & M_{2r-1} \end{bmatrix}. \tag{9.10.57}$$

由式(9.10.57) 和式(9.10.51) 可以得到

$$H_1=\begin{bmatrix} C \\ CA \\ \vdots \\ CA^{r-1} \end{bmatrix}\cdot A\cdot[B \quad AB \quad \cdots \quad A^{r-1}B]=Q_OAQ_C. \tag{9.10.58}$$

它表明一阶汉克尔矩阵与最小实现 $\Sigma(A,B,C)$的关系. 由汉克尔矩阵 H_0 和 H_1 经过恰当的初等变换就可以求出最小实现 $\Sigma(A,B,C)$.

对于秩为 n 的$(r\cdot m)\times n$ 维可观性矩阵 Q_O,必然存在能将矩阵 Q_O 的前 n 行化为单位矩阵的行变换矩阵 L,即

$$\boldsymbol{L}\boldsymbol{Q}_{\mathrm{O}}=\boldsymbol{L}\cdot\begin{bmatrix}\boldsymbol{C}\\\boldsymbol{C}\boldsymbol{A}\\\vdots\\\boldsymbol{C}\boldsymbol{A}^{r-1}\end{bmatrix}=\begin{bmatrix}\boldsymbol{I}_n\\0\end{bmatrix}.\qquad(9.10.59)$$

对于秩为 n 的 $n\times(r\cdot l)$ 阶可控性矩阵 $\boldsymbol{Q}_{\mathrm{C}}$，必然存在能将矩阵 $\boldsymbol{Q}_{\mathrm{C}}$ 的前 n 列化为单位矩阵的列变换矩阵 $\boldsymbol{R}$，即

$$\boldsymbol{Q}_{\mathrm{C}}\boldsymbol{R}=[\boldsymbol{B}\quad\boldsymbol{A}\boldsymbol{B}\quad\cdots\quad\boldsymbol{A}^{r-1}\boldsymbol{B}]\cdot\boldsymbol{R}=[\boldsymbol{I}_n\quad 0].\qquad(9.10.60)$$

将零阶汉克尔矩阵 $\boldsymbol{H}_0$ 左乘行变换矩阵 $\boldsymbol{L}$，则有

$$\boldsymbol{L}\boldsymbol{H}_0=\boldsymbol{L}\boldsymbol{Q}_{\mathrm{O}}\boldsymbol{Q}_{\mathrm{C}}=\begin{bmatrix}\boldsymbol{I}_n\\0\end{bmatrix}[\boldsymbol{B}\quad\boldsymbol{A}\boldsymbol{B}\quad\cdots\quad\boldsymbol{A}^{r-1}\boldsymbol{B}]=\begin{bmatrix}\boldsymbol{B}&*\\0&0\end{bmatrix}.\qquad(9.10.61)$$

此处"∗"代表$[\boldsymbol{A}\boldsymbol{B}\quad\cdots\quad\boldsymbol{A}^{r-1}\boldsymbol{B}]$. 上式说明矩阵 $\boldsymbol{L}\boldsymbol{H}_0$ 的前 n 行前 l 列就是最小实现的输入系数矩阵 $\boldsymbol{B}$，所以可得

$$\boldsymbol{B}=\begin{bmatrix}\boldsymbol{I}_n\\0\end{bmatrix}\cdot\boldsymbol{L}\boldsymbol{H}_0\cdot[\boldsymbol{I}_l\quad 0].\qquad(9.10.62)$$

同样，将零阶汉克尔矩阵 $\boldsymbol{H}_0$ 右乘式(9.10.60) 所示的列变换矩阵 $\boldsymbol{R}$，则有

$$\boldsymbol{H}_0\boldsymbol{R}=\boldsymbol{Q}_{\mathrm{O}}\boldsymbol{Q}_{\mathrm{C}}\boldsymbol{R}=\begin{bmatrix}\boldsymbol{C}\\\boldsymbol{C}\boldsymbol{A}\\\vdots\\\boldsymbol{C}\boldsymbol{A}^{r-1}\end{bmatrix}[\boldsymbol{I}_n\quad 0]=\begin{bmatrix}\boldsymbol{C}&0\\ *&0\end{bmatrix},\qquad(9.10.63)$$

此处"∗"代表

$$\begin{bmatrix}\boldsymbol{C}\boldsymbol{A}\\\vdots\\\boldsymbol{C}\boldsymbol{A}^{r-1}\end{bmatrix}.$$

上式说明矩阵 $\boldsymbol{H}_0\boldsymbol{R}$ 的前 m 行前 n 列就是最小实现的输入系数矩阵 $\boldsymbol{C}$，所以可得

$$\boldsymbol{C}=\begin{bmatrix}\boldsymbol{I}_m\\0\end{bmatrix}\cdot\boldsymbol{H}_0\boldsymbol{R}\cdot[\boldsymbol{I}_n\quad 0].\qquad(9.10.64)$$

如果对零阶汉克尔矩阵 $\boldsymbol{H}_0$ 左乘式(9.10.59) 中的行变换矩阵 $\boldsymbol{L}$ 同时并右乘式(9.10.60) 的列变换矩阵 $\boldsymbol{R}$，则有

$$\boldsymbol{L}\boldsymbol{H}_0\boldsymbol{R}=\boldsymbol{L}\boldsymbol{Q}_{\mathrm{O}}\boldsymbol{Q}_{\mathrm{C}}\boldsymbol{R}=\begin{bmatrix}\boldsymbol{I}_n\\0\end{bmatrix}[\boldsymbol{I}_n\quad 0]=\begin{bmatrix}\boldsymbol{I}_n&0\\0&0\end{bmatrix}.\qquad(9.10.65)$$

因此，采用初等变换将零阶汉克尔矩阵 $\boldsymbol{H}_0$ 化为式(9.10.65) 时，就可以得到行变换矩阵 $\boldsymbol{L}$ 和列变换矩阵 $\boldsymbol{R}$.

一阶汉克尔矩阵为 $\boldsymbol{H}_1=\boldsymbol{Q}_{\mathrm{O}}\boldsymbol{A}\boldsymbol{Q}_{\mathrm{C}}$，同样左乘行变换矩阵 $\boldsymbol{L}$ 并右乘列变换矩阵 $\boldsymbol{R}$，则有

$$\boldsymbol{L}\boldsymbol{H}_1\boldsymbol{R}=\begin{bmatrix}\boldsymbol{I}_n\\0\end{bmatrix}\cdot\boldsymbol{A}\cdot[\boldsymbol{I}_n\quad 0]=\begin{bmatrix}\boldsymbol{A}&0\\0&0\end{bmatrix}.\qquad(9.10.66)$$

上式表明,矩阵 $\boldsymbol{LH}_1\boldsymbol{R}$ 的前 n 行前 n 列就是最小实现的状态系数矩阵 $\boldsymbol{A}$,所以可得

$$\boldsymbol{A} = [\boldsymbol{I}_n \quad 0]\cdot \boldsymbol{LH}_1\boldsymbol{R}\cdot \begin{bmatrix}\boldsymbol{I}_n\\ 0\end{bmatrix}, \tag{9.10.67}$$

综上所述,由传递函数矩阵 $\boldsymbol{G}(s)$ 直接寻找最小实现的步骤如下:

(1) 确定 $\boldsymbol{G}(s)$ 最小公分母的次数 r.(只需要确定次数,不需要计算最小公分母 $\varphi(s)$.)

(2) 将 $\boldsymbol{G}(s)$ 每个元素用长除法展成 s 降幂级数,一直写到 s^{-2r} 次项,从而得到 $2r$ 个马尔可夫参数矩阵 $\boldsymbol{M}_0, \boldsymbol{M}_1, \cdots, \boldsymbol{M}_{2r-1}$.

(3) 由这 $2r$ 个马尔可夫参数矩阵构造出两个 $(r\cdot m)\times(r\cdot l)$ 阶汉克尔矩阵

$$\boldsymbol{H}_0 = \begin{bmatrix}\boldsymbol{M}_0 & \cdots & \boldsymbol{M}_{r-1}\\ \vdots & & \vdots\\ \boldsymbol{M}_{r-1} & \cdots & \boldsymbol{M}_{2r-2}\end{bmatrix},\quad \boldsymbol{H}_1 = \begin{bmatrix}\boldsymbol{M}_1 & \cdots & \boldsymbol{M}_r\\ \vdots & & \vdots\\ \boldsymbol{M}_r & \cdots & \boldsymbol{M}_{2r-1}\end{bmatrix}.$$

(4) 采用高斯消元法确定最小实现 $\Sigma(\boldsymbol{A},\boldsymbol{B},\boldsymbol{C})$.

第一步是进行行变换和列变换.将零阶汉克尔矩阵 $\boldsymbol{H}$ 和两个单位矩阵按照

$$\begin{matrix}\boldsymbol{I}_{r\cdot m} & \boldsymbol{H}_0\\ & \boldsymbol{I}_{r\cdot l}\end{matrix}$$

的方式按行按列对齐排列,对它的前 $r\cdot m$ 行(即 $\boldsymbol{I}_{r\cdot m} \quad \boldsymbol{H}_0$)做行变换(即左乘 $\boldsymbol{L}$);对后 $r\cdot l$ 列,即

$$\begin{matrix}\boldsymbol{H}_0\\ \boldsymbol{I}_{r\cdot l}\end{matrix}$$

做列变换(即右乘 $\boldsymbol{R}$),从而得到

$$\begin{matrix}\boldsymbol{L} & \boldsymbol{LH}_0\boldsymbol{R}\\ & \boldsymbol{R}\end{matrix},$$

变换的目标是将零阶汉克尔矩阵 $\boldsymbol{H}_0$ 化成式(9.10.65)的形式,即矩阵 $\boldsymbol{LH}_0\boldsymbol{R}$ 的前 n 行 n 列为单位矩阵,其余元素为零.

具体做法是,将矩阵 $\boldsymbol{H}_0$ 的第1行第1列元素化为1,然后采用行变换将第1列其他元素都化为0,采用列变换将第1行其他元素都化为0;将矩阵 $\boldsymbol{H}_0$ 的第2行第2列元素化为1,然后采用行变换将第2列大于2的行元素都化为0,采用列变换将第2行大于2的列元素都化为0.如果某个对角元素为0,则从同列或者同行中,把非0元素调到该位置.如此继续下去,最后将矩阵 $\boldsymbol{H}_0$ 的第 n 行第 n 列元素化为1,然后采用行变换将第 n 列大于 n 的行元素都化为0,采用列变换将第 n 行大于 n 的列元素都化为0.这时,矩阵 $\boldsymbol{LH}_0\boldsymbol{R}$ 除了上述 n 个对角元素为1外,其他元素都为0.停止初等变换后,即可得到最小实现的维数 n、行变换矩阵 $\boldsymbol{L}$ 和列变换矩阵 $\boldsymbol{R}$.(注:不要求变换矩阵 $\boldsymbol{L}$ 和 $\boldsymbol{R}$ 具有互逆性,也就是说,上述过程中的行变换和列变换可以按照需要独立地做.)

第二步是获得最小实现.三个系数矩阵分别按下述公式求取:

$$A=[I_n\quad 0]\cdot LH_1R\cdot\begin{bmatrix}I_n\\0\end{bmatrix},\quad B=[I_n\quad 0]\cdot LH_0\cdot\begin{bmatrix}I_l\\0\end{bmatrix},$$

$$C=[I_m\quad 0]\cdot H_0R\cdot\begin{bmatrix}I_n\\0\end{bmatrix}.$$

(5) 校核所得结果. 计算实现 $\Sigma(A,B,C)$ 的传递函数矩阵 $C(sI-A)^{-1}B=G(s)$，验证系数矩阵对 (A,B) 的可控性，验证系数矩阵对 (C,A) 的可观性，以便确认 (A,B,C) 是最小实现.

例 9.10.4 求下列传递函数矩阵的最小实现：

$$G(s)=\frac{2}{s^2+3s+1}\times\begin{bmatrix}s+1&1\\1&s+2\end{bmatrix}.$$

解 (i) $G(s)$ 诸元的公分母的次数 $r=2$.

(ii) 对 $G(s)$ 诸元做长除，写到 s^{-4} 次项为止. 为减少长除法的次数，对 $1/(s^2+3s+1)$ 除到 s^{-5} 次为止，这样很容易得到 $s/(s^2+3s+1)$ 的结果. 长除过程如下：

$$\begin{array}{r|l}
 & s^{-2}-3s^{-3}+8s^{-4}-21s^{-5}\\
s^2+3s+1 & 1\\
 & \underline{1+3s^{-1}+s^{-2}}\\
 & -3s^{-1}-s^{-2}\\
 & \underline{-3s^{-1}-9s^{-2}-3s^{-3}}\\
 & 8s^{-2}+3s^{-3}\\
 & \underline{8s^{-2}+24s^{-3}+8s^{-4}}\\
 & -21s^{-3}-8s^{-4}
\end{array}$$

根据上述结果写出诸元的降幂级数：

$$\frac{1}{s^2+3s+1}=s^{-2}-3s^{-3}+8s^{-4}+\cdots;$$

$$\frac{s+1}{s^2+3s+1}=\frac{s}{s^2+3s+1}+\frac{1}{s^2+3s+1}=s^{-1}-2s^{-2}+5s^{-3}-13s^{-4}+\cdots;$$

$$\frac{s+2}{s^2+3s+1}=\frac{s}{s^2+3s+1}+\frac{2}{s^2+3s+1}=s^{-1}-s^{-2}+2s^{-3}-5s^{-4}+\cdots.$$

从而得到

$$G(s)=\begin{bmatrix}1&0\\0&1\end{bmatrix}s^{-1}+\begin{bmatrix}-2&1\\1&-1\end{bmatrix}s^{-2}+\begin{bmatrix}5&-3\\-3&2\end{bmatrix}s^{-3}+\begin{bmatrix}-13&8\\8&-5\end{bmatrix}s^{-4}+\cdots.$$

(iii) 构造汉克尔矩阵

$$H_0=\begin{bmatrix}1&0&-2&1\\0&1&1&-1\\-2&1&5&-3\\1&-1&-3&2\end{bmatrix},\quad H_1=\begin{bmatrix}-2&1&5&-3\\1&-1&-3&2\\5&-3&-13&8\\-3&2&8&-5\end{bmatrix}.$$

零阶汉克尔矩阵的秩为 2.

(iv) 对$[\boldsymbol{I}\quad \boldsymbol{H}_0\quad \boldsymbol{H}_1]$做行变换,获得$[\boldsymbol{L}\quad \boldsymbol{LH}_0\quad \boldsymbol{LH}_1]$,其中$\boldsymbol{LH}_0$前两列对角线以下元素都为0.具体做法是,第一行乘以2加到第三行、第一行乘以(−1)加到第四行、第二行乘以(−1)加到第三行、第二行本身加到第四行,结果是

$$\boldsymbol{L}=\begin{bmatrix}1&0&0&0\\0&1&0&0\\2&-1&1&0\\-1&1&0&1\end{bmatrix},\quad \boldsymbol{LH}_0=\begin{bmatrix}1&0&-2&1\\0&1&1&-1\\0&0&0&0\\0&0&0&0\end{bmatrix},$$

$$\boldsymbol{LH}_1=\begin{bmatrix}-2&1&5&-3\\1&-1&-3&2\\0&0&0&0\\0&0&0&0\end{bmatrix}.$$

再对$\boldsymbol{LH}_0$做列变换,使$\boldsymbol{LH}_0$前两行两列成为单位矩阵.本例所需的列变换矩阵恰巧为$\boldsymbol{R}=\boldsymbol{L}^{\mathrm{T}}$.于是可得

$$\boldsymbol{R}=\begin{bmatrix}1&0&2&-1\\0&1&-1&1\\0&0&1&0\\0&0&0&1\end{bmatrix},\quad \boldsymbol{H}_0\boldsymbol{R}=[\boldsymbol{LH}_0]^{\mathrm{T}}=\begin{bmatrix}1&0&0&0\\0&1&0&0\\-2&1&0&0\\1&-1&0&0\end{bmatrix},$$

$$\boldsymbol{LH}_1\boldsymbol{R}=\begin{bmatrix}-2&1&0&0\\1&-1&0&0\\0&0&0&0\\0&0&0&0\end{bmatrix}.$$

(v) 最小实现是

$$\boldsymbol{A}=[\boldsymbol{I}_n\quad 0]\cdot\boldsymbol{LH}_1\boldsymbol{R}\cdot\begin{bmatrix}\boldsymbol{I}_n\\0\end{bmatrix}=\begin{bmatrix}-2&1\\1&-1\end{bmatrix},$$

$$\boldsymbol{B}=[\boldsymbol{I}_n\quad 0]\cdot\boldsymbol{LH}_0\cdot\begin{bmatrix}\boldsymbol{I}_l\\0\end{bmatrix}=\begin{bmatrix}1&0\\0&1\end{bmatrix},$$

$$\boldsymbol{C}=[\boldsymbol{I}_m\quad 0]\cdot\boldsymbol{H}_0\boldsymbol{R}\cdot\begin{bmatrix}\boldsymbol{I}_n\\0\end{bmatrix}=\begin{bmatrix}1&0\\0&1\end{bmatrix}.$$

(vi) 校核.由于系数矩阵$\boldsymbol{B}$和$\boldsymbol{C}$都是单位矩阵,显然系统$\Sigma(\boldsymbol{A},\boldsymbol{B},\boldsymbol{C})$是完全可控和可观的.其传递函数矩阵是

$$\boldsymbol{C}(s\boldsymbol{I}-\boldsymbol{A})^{-1}\boldsymbol{B}=(s\boldsymbol{I}-\boldsymbol{A})^{-1}=\begin{bmatrix}s+2&-1\\-1&s+1\end{bmatrix}^{-1}$$

$$=\frac{1}{s^2+3s+1}\times\begin{bmatrix}s+1&1\\1&s+2\end{bmatrix}=\boldsymbol{G}(s).$$

所以,$\Sigma(\boldsymbol{A},\boldsymbol{B},\boldsymbol{C})$是$\boldsymbol{G}(s)$的一个最小实现. □

例 9.10.5　求下列传递函数矩阵的最小实现:

$$G(s)=\frac{1}{s+1}\times\begin{bmatrix}1&0\\0&1\end{bmatrix}.$$

解　(i) $G(s)$诸元的公分母为$(s+1)$，次数$r=1$.

(ii) 将$G(s)$诸元展成降幂级数.

$$\frac{1}{s+1}=s^{-1}-s^{-2}+\cdots;$$

(iii) 构造汉克尔矩阵

$$H_0=\begin{bmatrix}1&0\\0&1\end{bmatrix},\quad H_1=\begin{bmatrix}-1&0\\0&-1\end{bmatrix}.$$

由于零阶汉克尔矩阵H_0是二阶单位矩阵，所以最小实现为二维，而且也无需再计算行变换矩阵和列变换矩阵.

(iv) 最小实现是

$$A=H_1=\begin{bmatrix}-1&0\\0&-1\end{bmatrix},\quad B=H_0=\begin{bmatrix}1&0\\0&1\end{bmatrix},\quad C=H_0=\begin{bmatrix}1&0\\0&1\end{bmatrix}.$$

(v) 校核. 显然系统$\Sigma(A,B,C)$是完全可控又可观的. 传递函数矩阵是

$$C(sI-A)^{-1}B=(sI-A)^{-1}=\begin{bmatrix}s+1&0\\0&s+1\end{bmatrix}^{-1}$$

$$=\frac{1}{(s+1)^2}\times\begin{bmatrix}s+1&0\\0&s+1\end{bmatrix}=\frac{1}{s+1}\times\begin{bmatrix}1&0\\0&1\end{bmatrix}.$$

所以，$\Sigma(A,B,C)$是$G(s)$的一个最小实现. 本例最小实现$\Sigma(A,B,C)$的状态系数矩阵A为非循环矩阵，所以预解矩阵$(sI-A)^{-1}$中发生零极点对消. $\Sigma(A,B,C)$的特征多项式中的二重极点被消掉一重，最小多项式为 1 次多项式，就是$G(s)$的公分母. □

9.11　反馈控制系统的可控性和可观性

本书上册已经详细讨论过反馈控制问题，那里所指的反馈是量测输出的反馈，更确切地说，是给定输入与量测输出之差的反馈. 今后将这种反馈称之为**输出反馈**，它有别于下面将要提到的状态反馈.

反馈控制是系统综合的重要手段，本节主要讨论反馈控制对系统结构特性(可控性和可观性)的影响，也就是讨论反馈前后状态可控性和可观性是否改变. 而反馈控制的各种综合目标和设计方法则是第 10 章的内容.

9.11.1　状态反馈和输出反馈

图 9.11.1 是二阶单输入单输出被控对象输出反馈的例子. 这时闭环系统只有放大倍数k和位置反馈系数d可以调整，由根轨迹法可知，闭环极点只能沿着

根轨迹变动. 因此,闭环极点不能任意配置,闭环所能达到的动态性能指标是受对象制约的.

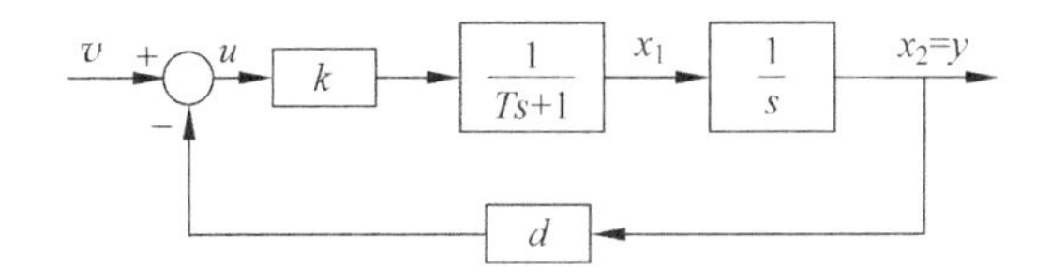

图 9.11.1 二阶系统位置输出反馈结构图

为改善闭环系统的快速性和阻尼特性,通常需要利用系统的中间变量 x_1 构成速度反馈,如图 9.11.2 所示. 调整速度反馈系数 d_1,可以改变系统的阻尼系数. 在此基础上,调整放大倍数 k 和位置反馈系数 d,又可以改变系统响应时间. 从理论上说,这样的调整可以将图 9.11.2 所示系统的闭环极点配置在复数平面的任意位置,或者说闭环极点可以任意配置. 从状态空间观点来看,图 9.11.2 的反馈变量 x_1 和 $x_2=y$ 就是二阶受控系统的两个状态变量. 这种把受控系统的全部状态变量用于反馈控制的方式,称为**状态反馈**.

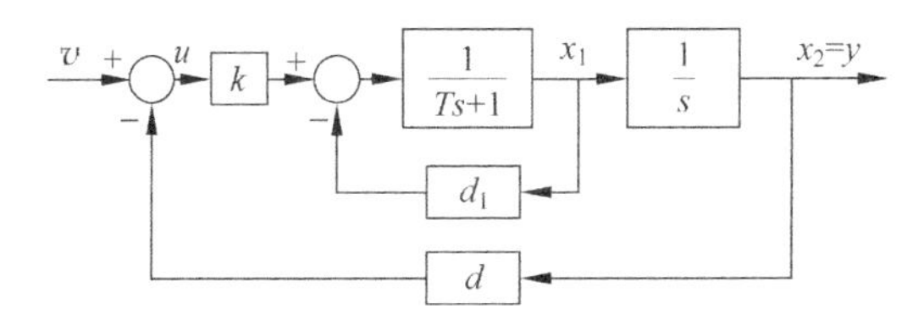

图 9.11.2 二阶系统位置输出反馈及速度反馈结构图

状态反馈和输出反馈是两种常见的反馈控制方式. 以上两个框图说明,状态反馈控制有可能获得比输出反馈控制更好的效果,甚至做到闭环极点的任意配置.

设受控对象 $\Sigma(\boldsymbol{A},\boldsymbol{B},\boldsymbol{C})$ 的状态空间描述为

$$\left.\begin{aligned}\dot{\boldsymbol{x}}&=\boldsymbol{A}\boldsymbol{x}+\boldsymbol{B}\boldsymbol{u}\\ \boldsymbol{y}&=\boldsymbol{C}\boldsymbol{x}\end{aligned}\right\}, \tag{9.11.1}$$

输出反馈是线性反馈律,控制输入 $\boldsymbol{u}$ 等于给定输入量线性变换 $\boldsymbol{R}\boldsymbol{v}$ 与输出量的线性组合 $\boldsymbol{L}\boldsymbol{y}$ 之差,即

$$\boldsymbol{u}=\boldsymbol{R}\boldsymbol{v}-\boldsymbol{L}\boldsymbol{y}. \tag{9.11.2}$$

其中,**输出反馈矩阵** $\boldsymbol{L}$ 是 $l\times m$ 常数矩阵; **输入变换矩阵** $\boldsymbol{R}$ 是 $l\times l$ 非奇异常数矩阵. 把输出反馈控制律式(9.11.2)代入受控系统式(9.11.1),可以得到闭环系统的描述

$$\left.\begin{aligned}\dot{\boldsymbol{x}}&=(\boldsymbol{A}-\boldsymbol{B}\boldsymbol{L}\boldsymbol{C})\boldsymbol{x}+\boldsymbol{B}\boldsymbol{R}\boldsymbol{v}\\ \boldsymbol{y}&=\boldsymbol{C}\boldsymbol{x}\end{aligned}\right\}. \tag{9.11.3}$$

它的框图如图 9.11.3 所示.

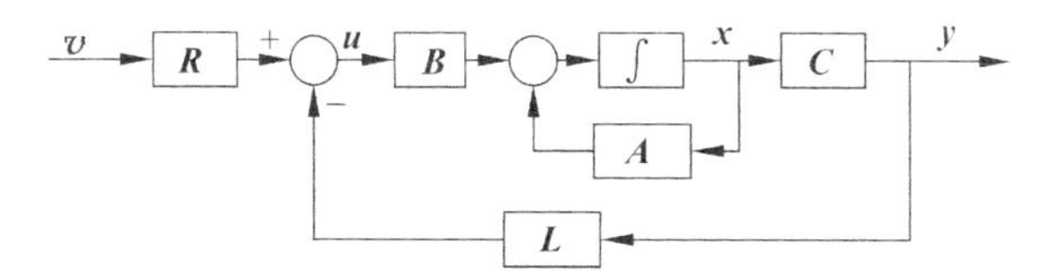

图 9.11.3　输出反馈控制系统示意图

输出反馈控制律式(9.11.2)也可以看成是对受控对象 $\Sigma(\boldsymbol{A},\boldsymbol{B},\boldsymbol{C})$ 的一种变换,称为 $\{\boldsymbol{L},\boldsymbol{R}\}$ 变换. 由式 (9.11.3) 可知,受控对象 $\Sigma(\boldsymbol{A},\boldsymbol{B},\boldsymbol{C})$ 通过 $\{\boldsymbol{L},\boldsymbol{R}\}$ 变换,构成闭环系统 $\Sigma_{L,R}(\boldsymbol{A}-\boldsymbol{BLC},\boldsymbol{BR},\boldsymbol{C})$. 闭环系统的传递函数矩阵为

$$\boldsymbol{G}_{L,R}(s)=\boldsymbol{C}(s\boldsymbol{I}-\boldsymbol{A}+\boldsymbol{BLC})^{-1}\boldsymbol{BR}. \tag{9.11.4}$$

它和受控对象 $\Sigma(\boldsymbol{A},\boldsymbol{B},\boldsymbol{C})$ 的传递函数矩阵 $\boldsymbol{G}(s)=\boldsymbol{C}(s\boldsymbol{I}-\boldsymbol{A})^{-1}\boldsymbol{B}$ 的关系是

$$\boldsymbol{G}_{L,R}(s)=\boldsymbol{G}(s)[\boldsymbol{I}-\boldsymbol{LG}(s)]^{-1}\boldsymbol{R}. \tag{9.11.5}$$

由式 (9.11.4) 可知,输出反馈控制不增加系统的阶数,保持状态变量的个数不变,但是可以改变系统的极点.

状态反馈也是线性反馈律. 构成状态反馈的前提条件是能够获得受控系统的全部状态. 对于受控对象 $\Sigma(\boldsymbol{A},\boldsymbol{B},\boldsymbol{C})$,状态反馈控制律是控制输入 $\boldsymbol{u}$ 等于给定输入量线性变换 $\boldsymbol{Rv}$ 与状态的线性组合 $\boldsymbol{Fx}$ 之差:

$$\boldsymbol{u}=\boldsymbol{Rv}-\boldsymbol{Fx}. \tag{9.11.6}$$

其中,**状态反馈矩阵** $\boldsymbol{F}$ 是 $l\times n$ 常数矩阵. 把状态反馈控制律式(9.11.6) 代入受控系统式(9.11.1) 中,可以得到闭环系统的描述

$$\left.\begin{aligned}\dot{\boldsymbol{x}}&=(\boldsymbol{A}-\boldsymbol{BF})\boldsymbol{x}+\boldsymbol{BRv}\\ \boldsymbol{y}&=\boldsymbol{Cx}\end{aligned}\right\}, \tag{9.11.7}$$

其框图如图 9.11.4 所示.

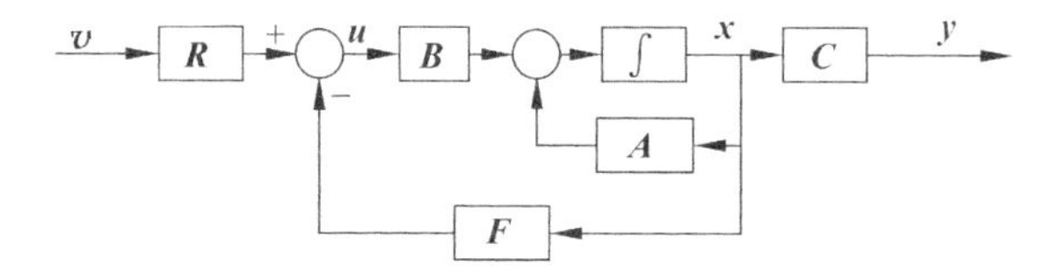

图 9.11.4　状态反馈控制系统示意图

状态反馈控制律式(9.11.6) 也可以看成是对受控对象 $\Sigma(\boldsymbol{A},\boldsymbol{B},\boldsymbol{C})$ 的一种变换,称为 $\{\boldsymbol{F},\boldsymbol{R}\}$ 变换. 由式 (9.11.7) 可知,受控对象 $\Sigma(\boldsymbol{A},\boldsymbol{B},\boldsymbol{C})$ 通过 $\{\boldsymbol{F},\boldsymbol{R}\}$ 变换,构成闭环系统 $\Sigma_{F,R}(\boldsymbol{A}-\boldsymbol{BF},\boldsymbol{BR},\boldsymbol{C})$. 闭环系统的传递函数矩阵为

$$\boldsymbol{G}_{F,R}(s)=\boldsymbol{C}(s\boldsymbol{I}-\boldsymbol{A}+\boldsymbol{BF})^{-1}\boldsymbol{BR}. \tag{9.11.8}$$

可以看出,状态反馈控制不增加系统的阶数,保持状态变量的个数不变,可以改变系统的极点,这个特点与输出反馈一致.

比较两种控制规律式(9.11.2)和式(9.11.6)可以看出,在满足

$$\boldsymbol{F}=\boldsymbol{LC} \tag{9.11.9}$$

时,状态反馈和输出反馈的控制效果是一样的.凡是输出反馈 $\boldsymbol{L}$ 能达到的控制效果,只要取 $\boldsymbol{F}=\boldsymbol{LC}$,就可以用状态反馈实现.不过,已知矩阵 $\boldsymbol{F}$ 和 $\boldsymbol{C}$,在式(9.11.9)中不一定能够解出矩阵 $\boldsymbol{L}$,即状态反馈能达到的控制效果,输出反馈未必能实现.这说明状态反馈有可能获得比输出反馈更多的控制效果.

对于某些综合任务来说,并不需要输入变换,这时可令输入变换矩阵 $\boldsymbol{R}=\boldsymbol{I}$,对受控对象(又称开环系统)$\Sigma$ 做$\{\boldsymbol{F},\boldsymbol{I}\}$变换,构成的闭环系统可简单记为 Σ_F.如果对系统 Σ_F 再做$\{-\boldsymbol{F},\boldsymbol{I}\}$变换,显然,再构成的闭环系统就是原来的开环系统 Σ.这样,Σ 和 Σ_F 可以看作是互为对方的闭环系统,这种观点对于理解一些问题很必要.

如果对系统进行坐标变换,变换矩阵为 $\boldsymbol{T}$,坐标变换前后的状态关系是 $\tilde{\boldsymbol{x}}=\boldsymbol{T}^{-1}\boldsymbol{x}$,则反馈控制 $\boldsymbol{u}=\boldsymbol{RV}-\boldsymbol{Fx}=\boldsymbol{RV}-\boldsymbol{FT}\tilde{\boldsymbol{x}}=\boldsymbol{RV}-\tilde{\boldsymbol{F}}\tilde{\boldsymbol{x}}$,可见坐标变换前后状态反馈矩阵间的关系为

$$\tilde{\boldsymbol{F}}=\boldsymbol{FT}. \tag{9.11.10}$$

图 9.11.5 表示了坐标变换后的状态反馈控制,由图可以看出,$\boldsymbol{F}=\tilde{\boldsymbol{F}}\boldsymbol{T}^{-1}$.这与式(9.11.10)一致.

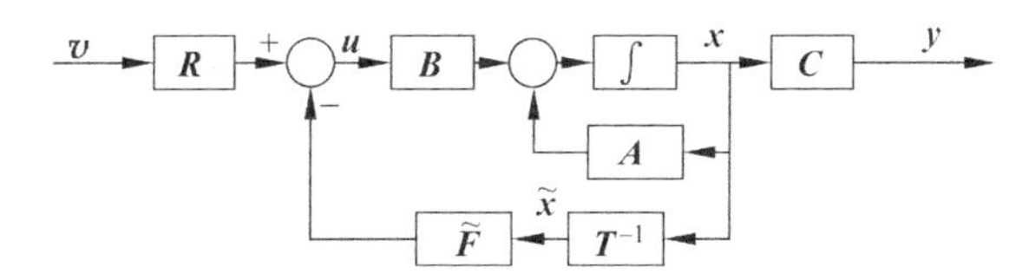

图 9.11.5 坐标变换后的状态反馈控制

同样,可以导出坐标变换前后输出反馈矩阵是相同的,即

$$\tilde{\boldsymbol{L}}=\boldsymbol{L}. \tag{9.11.11}$$

为一般描述的受控对象 $\Sigma(\boldsymbol{A},\boldsymbol{B},\boldsymbol{C})$ 寻找完成综合目标 Σ_F 的状态反馈矩阵 $\boldsymbol{F}$ 可能是困难的,所以可以考虑采用坐标变换矩阵 $\boldsymbol{T}$ 将 Σ 变换为规范型 $\tilde{\Sigma}$.对规范型 $\tilde{\Sigma}$ 寻找完成同样综合目标的状态反馈矩阵 $\tilde{\boldsymbol{F}}$ 一般比较容易,甚至一目了然.由反馈矩阵 $\tilde{\boldsymbol{F}}$ 和变换矩阵 $\boldsymbol{T}$,就可以确定受控对象 Σ 的状态反馈矩阵 $\boldsymbol{F}$.上述利用规范型完成特定综合或分析目标的构想可以用图 9.11.6 表示.这是综合问题常用的规范方法.

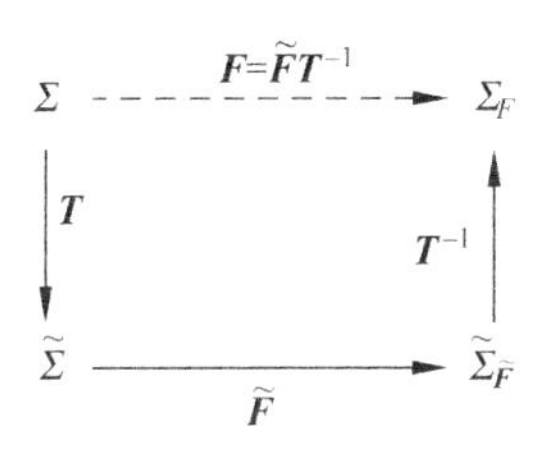

图 9.11.6 综合问题常用的规范方法

9.11.2 反馈控制对可控性和可观性的影响

不失一般性，本节的讨论均假定传输系数矩阵 $\boldsymbol{D}=0$，而且输入变换矩阵 $\boldsymbol{R}$ 非奇异.

1. 状态反馈、输出反馈对状态可控性的影响

闭环系统 $\Sigma_{F,R}(\boldsymbol{A}-\boldsymbol{BF},\boldsymbol{BR},\boldsymbol{C})$ 的可控性模态判据中采用的判别矩阵可以被写为

$$[\lambda\boldsymbol{I}-\boldsymbol{A}+\boldsymbol{BF}\quad \boldsymbol{BR}]=[\lambda\boldsymbol{I}-\boldsymbol{A}\quad \boldsymbol{B}]\begin{bmatrix}\boldsymbol{I}_n & 0\\ \boldsymbol{F} & \boldsymbol{R}\end{bmatrix}=[\lambda\boldsymbol{I}-\boldsymbol{A}\quad \boldsymbol{B}]\boldsymbol{S}. \tag{9.11.12}$$

由于上式中的矩阵 $\boldsymbol{S}$ 是非奇异方矩阵，所以有

$$\operatorname{rank}[\lambda\boldsymbol{I}-\boldsymbol{A}+\boldsymbol{BF}\quad \boldsymbol{BR}]=\operatorname{rank}[\lambda\boldsymbol{I}-\boldsymbol{A}\quad \boldsymbol{B}]. \tag{9.11.13}$$

式 (9.11.13) 两边分别是闭环系统 $\Sigma_{F,R}$ 和受控对象 Σ 的可控性模态判据的判别矩阵. 该式说明：

(1) 状态反馈保持了反馈输入端口对状态的可控性.

(2) 使式 (9.11.13) 降秩的 λ 值，既是受控对象 Σ 的特征值，也是闭环系统 $\Sigma_{F,R}$ 的特征值，这个特征值 λ 所对应的模态 $e^{\lambda t}$，既是受控对象 Σ 的不可控模态，也是闭环系统 $\Sigma_{F,R}$ 的不可控模态. 即系统的不可控模态是状态反馈控制变换下的不变量. 状态反馈只能改变系统的可控模态.

(3) 状态反馈不改变可控子空间.

如果将以上状态反馈对可控性影响讨论中的矩阵 $\boldsymbol{F}$ 用矩阵 $\boldsymbol{LC}$ 替代，可以得出输出反馈不改变可控性的同样结论：输出反馈保持了反馈输入端对状态的可控性；系统的不可控模态是输出反馈变换下的不变量.

另外还可以证明，状态反馈和输出反馈均不改变可控性指数的大小.

两种反馈对可控性影响的结论可以合并为：**将反馈信号连接到控制输入端，不会改变该控制输入端对状态的可控性；系统的不可控模态是该变换下的不变量.**

值得注意的是，将反馈信号连接到某个控制输入端虽不改变该控制输入端对状态的可控性，但可能改变其他输入端对状态的可控性，9.11.3 节就要利用这一性质.

2. 输出反馈对可观性的影响

闭环系统 $\Sigma_{L,R}(\boldsymbol{A}-\boldsymbol{BLC},\boldsymbol{BR},\boldsymbol{C})$ 的可观性模态判据中采用的判别矩阵可以被写为

$$\begin{bmatrix}\lambda \boldsymbol{I}-\boldsymbol{A}+\boldsymbol{BLC}\\ \boldsymbol{C}\end{bmatrix}=\begin{bmatrix}\boldsymbol{I}_n & \boldsymbol{BL}\\ 0 & \boldsymbol{I}_{m\cdot m}\end{bmatrix}\begin{bmatrix}\lambda \boldsymbol{I}-\boldsymbol{A}\\ \boldsymbol{C}\end{bmatrix}=\boldsymbol{P}\cdot\begin{bmatrix}\lambda \boldsymbol{I}-\boldsymbol{A}\\ \boldsymbol{C}\end{bmatrix}. \quad (9.11.14)$$

由于上式中的矩阵 $\boldsymbol{P}$ 是非奇异方矩阵,所以有

$$\operatorname{rank}\begin{bmatrix}\lambda \boldsymbol{I}-\boldsymbol{A}+\boldsymbol{BLC}\\ \boldsymbol{C}\end{bmatrix}=\operatorname{rank}\begin{bmatrix}\lambda \boldsymbol{I}-\boldsymbol{A}\\ \boldsymbol{C}\end{bmatrix}. \quad (9.11.15)$$

式(9.11.15)两边分别是闭环系统 $\Sigma_{L,R}$ 和受控对象 Σ 的可观性模态判据的判别矩阵. 该式说明:

(1) 反馈引自输出端时,仍保持该输出端对状态的可观性.

(2) 系统的不可观模态是输出反馈变换下的不变量,输出反馈只能改变系统的可观模态.

(3) 输出反馈不改变不可观子空间及可观性指数的大小.

应当强调,因为在式(9.11.14)中无法用矩阵 $\boldsymbol{F}$ 代替矩阵 $\boldsymbol{LC}$,所以状态反馈不具有上述性质. 如下反例也说明了这点.

例 9.11.1 受控对象的系数矩阵是

$$\boldsymbol{A}=\begin{bmatrix}0 & 1\\ -2 & -3\end{bmatrix},\quad \boldsymbol{b}=\begin{bmatrix}0\\ 1\end{bmatrix},\quad \boldsymbol{c}^{\mathrm{T}}=\begin{bmatrix}3 & 1\end{bmatrix},$$

试讨论状态反馈对可控性和可观性的影响.

解 可以验证受控对象 Σ 是状态完全可控又可观的,它的传递函数是

$$G(s)=\frac{s+3}{s^2+3s+2}=\frac{s+3}{(s+1)(s+2)}.$$

设状态反馈向量 $\boldsymbol{f}^{\mathrm{T}}=[7\quad 3]$,标量输入变换系数 $R=1$,则闭环系统的状态系数矩阵为

$$\boldsymbol{A}-\boldsymbol{b}\boldsymbol{f}^{\mathrm{T}}=\begin{bmatrix}0 & 1\\ -2 & -3\end{bmatrix}-\begin{bmatrix}0 & 0\\ 7 & 3\end{bmatrix}=\begin{bmatrix}0 & 1\\ -9 & -6\end{bmatrix},$$

闭环传递函数矩阵是

$$G_F(s)=\frac{s+3}{s^2+6s+9}=\frac{s+3}{(s+3)^2}=\frac{1}{s+3},$$

其中发生了零极点对消,闭环系统的可观性矩阵为

$$\boldsymbol{Q}_{\mathrm{O},F}=\begin{bmatrix}\boldsymbol{c}^{\mathrm{T}}\\ \boldsymbol{c}^{\mathrm{T}}(\boldsymbol{A}-\boldsymbol{b}\boldsymbol{f}^{\mathrm{T}})\end{bmatrix}=\begin{bmatrix}3 & 1\\ -9 & -3\end{bmatrix},$$

其秩为1,闭环系统状态不完全可观.

上述状态反馈配置的闭环极点恰好等于开环的零点,对消掉的极点就对应闭环不可观模态. 如果状态反馈配置的闭环极点不等于开环零点,就不发生对消,可观性就得以保留. 比如,取状态反馈向量 $\boldsymbol{f}^{\mathrm{T}}=[18\quad 6]$,输入变换系数仍为 $R=1$,则闭环的状态系数矩阵为

$$A-bf^{\mathrm{T}}=\begin{bmatrix}0 & 1\\ -2 & -3\end{bmatrix}-\begin{bmatrix}0 & 0\\ 18 & 6\end{bmatrix}=\begin{bmatrix}0 & 1\\ -20 & -9\end{bmatrix},$$

闭环的传递函数矩阵是

$$G_F(s)=\frac{s+3}{s^2+9s+20}=\frac{s+3}{(s+4)(s+5)},$$

其中不发生零极点对消,闭环系统的可观性矩阵为

$$Q_{O,F}=\begin{bmatrix}c^{\mathrm{T}}\\ c^{\mathrm{T}}(A-bf^{\mathrm{T}})\end{bmatrix}=\begin{bmatrix}3 & 1\\ -20 & -6\end{bmatrix},$$

其秩为 2,闭环系统状态完全可观. □

3. 第二可控规范型是状态反馈变换下的不变量

单输入系统第二可控规范型的系数矩阵对(A_C,B_C)为

$$A_C=\begin{bmatrix}0 & 1 & & \\ \vdots & & \ddots & \\ 0 & & & 1\\ * & * & \cdots & *\end{bmatrix},\quad b_C=\begin{bmatrix}0\\ \vdots\\ 0\\ 1\end{bmatrix},\tag{9.11.16}$$

其中“ * ”代表适当的实数. 由于是单输入系统,所以状态反馈矩阵是行向量 $f^{\mathrm{T}}=[* \quad \cdots \quad *]$,而 $n\times n$ 维矩阵

$$b_Cf^{\mathrm{T}}=\begin{bmatrix}0 & \cdots & \cdots & 0\\ \vdots & & & \vdots\\ 0 & \cdots & \cdots & 0\\ * & * & \cdots & *\end{bmatrix}\tag{9.11.17}$$

中只是最后一行为适当的实数,其余行全为零,它只改变闭环状态系数矩阵 $A_C-b_Cf^{\mathrm{T}}$ 的最后一行. 设输入变换系数 $R=1$,则 $bR=b$. 所以,单输入系统第二可控规范型经$\{F,I\}$变换后,仍然是第二可控规范型.

9.11.3 化完全可控的多输入系统为对单一输入分量完全可控的系统

这里规定的综合目标是,通过状态反馈控制把一个完全可控的多输入受控对象 $\Sigma(A,B)$化为对某个输入分量(比如 u_1)完全可控. 具体地讲,设受控系统 $\Sigma(A,B)$的输入系数矩阵为 $B=[b_1 \quad b_2 \quad \cdots \quad b_l]$,选择状态反馈矩阵 F,使闭环系统 $\Sigma_F(A-BF,b_1)$完全可控,即一个输入分量 u_1 可以控制全部状态变量.

对于一般描述的 $\Sigma(A,B)$,寻找完成上述综合目标的状态反馈矩阵 F 是比较困难的,所以可以考虑采用规范型$\widetilde{\Sigma}(\widetilde{A},\widetilde{B})$来进行综合. 对规范型$\widetilde{\Sigma}$寻找完成同样综合目标的状态反馈矩阵$\widetilde{F}$一般比较容易,再由矩阵$\widetilde{F}$和变换矩阵 T,就很容易确

定完成原受控系统 Σ 综合目标的状态反馈矩阵 $\boldsymbol{F}=\widetilde{\boldsymbol{F}}\boldsymbol{T}^{-1}$.

为完成上述综合目标,可以采用上三角分块的多输入系统的第一可控规范型. 在受控系统 Σ 的 $n\cdot l$ 列可控性矩阵

$$\boldsymbol{Q}_{\mathrm{C}}=[\boldsymbol{b}_1\quad\cdots\quad\boldsymbol{b}_l\quad\boldsymbol{A}\boldsymbol{b}_1\quad\cdots\quad\boldsymbol{A}\boldsymbol{b}_l\quad\cdots\quad\boldsymbol{A}^{n-1}\boldsymbol{b}_1\quad\cdots\quad\boldsymbol{A}^{n-1}\boldsymbol{b}_l]\tag{9.11.18}$$

中,按列选择方式选出如下 n 个线性无关列矢量

$$\begin{aligned}
&\boldsymbol{b}_1,\boldsymbol{A}\boldsymbol{b}_1,\boldsymbol{A}^2\boldsymbol{b}_1,\cdots,\boldsymbol{A}^{v_1-1}\boldsymbol{b}_1;\ \text{且}\ \boldsymbol{A}^{v_1}\boldsymbol{b}_1=\sum_{i=0}^{v_1-1}-\alpha_{1i}\boldsymbol{A}^i\boldsymbol{b}_1;\\
&\boldsymbol{b}_2,\boldsymbol{A}\boldsymbol{b}_2,\boldsymbol{A}^2\boldsymbol{b}_2,\cdots,\boldsymbol{A}^{v_2-1}\boldsymbol{b}_2;\ \text{且}\ \boldsymbol{A}^{v_2}\boldsymbol{b}_2=\sum_{i=0}^{v_2-1}-\alpha_{2i}\boldsymbol{A}^i\boldsymbol{b}_2+\sum_{i=0}^{v_1-1}-\gamma_{1i2}\boldsymbol{A}^i\boldsymbol{b}_1;\\
&\qquad\qquad\vdots\\
&\boldsymbol{b}_r,\boldsymbol{A}\boldsymbol{b}_r,\boldsymbol{A}^2\boldsymbol{b}_r,\cdots,\boldsymbol{A}^{v_r-1}\boldsymbol{b}_r.
\end{aligned}$$

上式中的可控性指数 v_i 满足 $\sum\limits_{i=1}^{r}v_i=n$,而且 $r\leqslant l$. 于是变换矩阵为

$$\boldsymbol{T}=[\boldsymbol{b}_1\quad\boldsymbol{A}\boldsymbol{b}_1\quad\cdots\quad\boldsymbol{A}^{v_1-1}\boldsymbol{b}_1\quad\boldsymbol{b}_2\quad\boldsymbol{A}\boldsymbol{b}_2\quad\cdots\quad\boldsymbol{A}^{v_2-1}\boldsymbol{b}_2\quad\cdots\quad\boldsymbol{b}_r\quad\cdots\quad\boldsymbol{A}^{v_r-1}\boldsymbol{b}_r].\tag{9.11.19}$$

设 $r=3<l$,则规范型 $\widetilde{\Sigma}(\widetilde{\boldsymbol{A}},\widetilde{\boldsymbol{B}})$ 的两个系数矩阵为

$$\widetilde{\boldsymbol{A}}=\left[\begin{array}{cccc:cccc:cccc}
 & & & * & & & & \Delta & & & & \Delta\\
1 & & & \vdots & & & & \vdots & & & & \vdots\\
 & \ddots & & \vdots & & & & \vdots & & & & \vdots\\
 & & 1 & * & & & & \Delta & & & & \Delta\\
\hdashline
 & & & Z & & & & * & & & & \Delta\\
 & & & & 1 & & & \vdots & & & & \vdots\\
 & & & & & \ddots & & \vdots & & & & \vdots\\
 & & & & & & 1 & * & & & & \Delta\\
\hdashline
 & & & & & & & Z & & & & *\\
 & & & & & & & & 1 & & & \vdots\\
 & & & & & & & & & \ddots & & \vdots\\
 & & & & & & & & & & 1 & *
\end{array}\right],\ \widetilde{\boldsymbol{B}}=\left[\begin{array}{cccc}
1 & & & \#\\
0 & & & \#\\
\vdots & & & \vdots\\
0 & & & \#\\
\hdashline
 & 1 & & \#\\
 & 0 & & \#\\
 & \vdots & & \vdots\\
 & 0 & & \#\\
\hdashline
 & & 1 & \#\\
 & & 0 & \#\\
 & & \vdots & \vdots\\
 & & 0 & \#
\end{array}\right].\tag{9.11.20}$$

其中两个元素 $Z=0$,符号“ $*$ ”代表($-\alpha_{ij}$),符号“Δ”代表($-\gamma_{ikj}$),“#”代表任意 $l-r$ 阶行向量.

为了简单和直观,设 $r=l=3$、$n=7$、$v_1=v_2=2$、$v_3=3$,$*=-\alpha_{ij}$ 和 $\Delta=-\gamma_{ikj}$ 都是 1. 此时,规范型的结构如图 9.11.7 中实线所示. 图中进入加法节点的信号进行加法运算.

图 9.11.7 所示结构的特点是:

(1) 有断续的 $r=3$ 条短积分链;

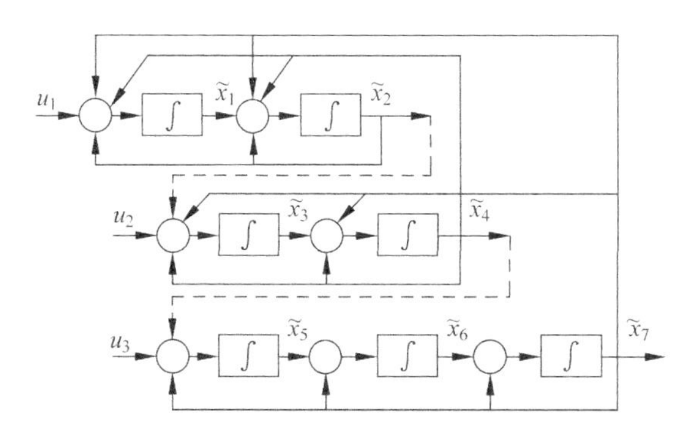

图 9.11.7　上三角分块的多输入系统的第一可控规范型

(2) 用 $r=3$ 个输入分量(u_1,u_2,u_3)就可以控制 $n=7$ 个状态；

(3) 分量 u_1 可以控制第一条短积分链上的状态 $\tilde{x}_1 \sim \tilde{x}_{v_1}$，$v_1=2$，对后两条积分链上状态都不能加以控制；

(4) 分量 u_2 可以控制第二条短积分链上的状态 $\tilde{x}_{v_1+1} \sim \tilde{x}_{v_1+v_2}$，$v_2=2$，以及前一条短积分链 $\tilde{x}_1 \sim \tilde{x}_{v_1}$ 中的某些状态(通过反馈系数 $\Delta=-\gamma_{ikj}$)，而对最后一条积分链上状态都不能加以控制；

(5) 分量 u_3 可以控制第三条短积分链上的状态 $\tilde{x}_{v_1+v_2+1} \sim \tilde{x}_n$，$v_3=3$，以及前两条短积分链 $\tilde{x}_1 \sim \tilde{x}_{v_1+v_2}$ 中某些状态(通过反馈系数 $\Delta=-\gamma_{ikj}$).

如果想实现分量 u_1 对全部状态的控制，在图 9.11.7 中需要增加两条控制线，图中以虚线表示. 一条是将状态 $\tilde{x}_2$ 与控制分量 u_2 加以连接，一条是将状态 $\tilde{x}_4$ 与控制分量 u_3 加以连接，从而形成从控制分量 u_1 起连接全部状态的长积分链. 上述控制规律即为

$$\left.\begin{aligned} u_2 &= \tilde{x}_2 \\ u_3 &= \tilde{x}_4 \end{aligned}\right\}, \tag{9.11.21}$$

或者被表示为

$$\widetilde{\boldsymbol{F}} = -\begin{bmatrix} 0 & 0 & 0 & 0 & 0 & 0 & 0 \\ 0 & 1 & 0 & 0 & 0 & 0 & 0 \\ 0 & 0 & 0 & 1 & 0 & 0 & 0 \end{bmatrix}. \tag{9.11.22}$$

计算 $\widetilde{\boldsymbol{A}}-\widetilde{\boldsymbol{B}}\widetilde{\boldsymbol{F}}$ 可知，这等于要将规范型式(9.11.20)的状态系数矩阵 $\widetilde{\boldsymbol{A}}$ 中的两个元素 $Z=0$ 都换成 $Z=1$. 于是，状态系数矩阵的对角线下斜线出现了 $n-1$ 个 1，整个系统构成一条长积分链，从而实现 u_1 对全部 n 个状态的控制. 上述控制律可以写成更一般的形式

$$\left.\begin{aligned} u_2 &= \tilde{x}_{v_1} \\ u_3 &= \tilde{x}_{v_1+v_2} \end{aligned}\right\}, \tag{9.11.23}$$

也就是说，式(9.11.22)中状态反馈矩阵 $\widetilde{\boldsymbol{F}}$ 的第一行为全零行；第二行的第 v_1 列元

素为-1,其余全为零;第三行的第v_1+v_2列元素为-1,其余全为零.即在$r=3$的情况下,有

$$\widetilde{F}=-[0 \ \cdots \ 0 \ \underset{\substack{\uparrow \\ \text{第}v_1\text{列}}}{e_2} \ 0 \ \cdots \ 0 \ \underset{\substack{\uparrow \\ \text{第}v_1+v_2\text{列}}}{e_3} \ 0 \ \cdots \ \underset{\substack{\uparrow \\ \text{第}v_1+v_2+v_3\text{列}}}{0}] \tag{9.11.24}$$

将上述结果推广到一般维数的规范型式(9.8.51),状态反馈矩阵$\widetilde{F}$的一般形式可以被表示为第1行为全零行,非零元素-1出现的位置为:第2行的第v_1列,第3行的第v_1+v_2列,…,直到第r行的第$v_1+v_2+\cdots+v_{r-1}$列.最后的v_r个列为全零列.除了这些-1的位置外,其余元素都为零.即

$$\widetilde{F}=-[\underbrace{0 \ \cdots \ 0 \ e_2}_{v_1\text{列}} \ \underbrace{0 \ \cdots \ 0 \ e_3}_{v_2\text{列}} \ \cdots \ \underbrace{0 \ \cdots \ 0 \ e_r}_{v_{r-1}\text{列}} \ \underbrace{0 \ \cdots \ 0}_{v_r\text{列}}], \tag{9.11.25}$$

其中,“0”均表示该列为零向量.

根据前面对坐标变换和状态反馈的关系的讨论可知,原受控对象$\Sigma(\boldsymbol{A},\boldsymbol{B})$可以通过状态反馈$\boldsymbol{F}$化为由第一个输入分量$u_1$可以控制全部状态的闭环形式,相应的状态反馈矩阵$\boldsymbol{F}$为

$$\boldsymbol{F}=\widetilde{\boldsymbol{F}}\boldsymbol{T}^{-1}. \tag{9.11.26}$$

显然,状态反馈矩阵$\boldsymbol{F}$的第一行仍是全零行,这表明状态反馈没有引向第一个输入端口u_1.

在计算$\boldsymbol{F}=\widetilde{\boldsymbol{F}}\boldsymbol{T}^{-1}$时,由于矩阵$\widetilde{\boldsymbol{F}}$的特殊形态,逆矩阵$\boldsymbol{T}^{-1}$可以按照简化方式进行计算,即只须计算它的第$v_1$行、第$v_1+v_2$行、……、第$v_1+v_2+\cdots+v_{r-1}$行即可,这总共包括$r-1$行.

下面讨论反馈控制前后,系统可控性的变化.

(1) 控制输入$\boldsymbol{u}$作为整体,反馈前后对$\boldsymbol{x}$的可控性没有变化.

(2) 反馈前由r个输入分量$u_1,u_2,\cdots,u_r(r\leqslant l)$,就可以控制全部$n$维状态,其他输入分量$u_{r+1},\cdots,u_n$是多余的.

(3) 在反馈前,第一个输入分量u_1可以控制v_1维状态,而反馈后可以控制全部n维状态,它对状态的可控性发生了变化.

(4) 应当注意,状态反馈$\boldsymbol{F}$并没有加到u_1上(矩阵$\boldsymbol{F}$的第一行为全零),只加到$u_2,u_3,\cdots,u_r$共$r-1$个输入分量上.

(5) 反馈也没有加到多余的输入分量$u_{r+1},\cdots,u_n$上.

由上述讨论可以看出,如果把u_1看做第一个输入端口,而把其他$u_2,\cdots,u_l$看做第二个端口,则向第二端口的状态反馈控制改变了第一端口的可控性.

下面把这点结论写成一般的结果.在开环系统

$$\dot{\boldsymbol{x}}=\boldsymbol{A}\boldsymbol{x}+\boldsymbol{B}\boldsymbol{u}+\boldsymbol{N}\boldsymbol{w} \tag{9.11.27}$$

中,输入端口 $\boldsymbol{u}$ 引入状态反馈控制 $\boldsymbol{u}=-\boldsymbol{F}\boldsymbol{x}$ 后,闭环系统

$$\dot{\boldsymbol{x}}=(\boldsymbol{A}-\boldsymbol{B}\boldsymbol{F})\boldsymbol{x}+\boldsymbol{N}\boldsymbol{w} \tag{9.11.28}$$

和开环系统式(9.11.27)的另一个输入端口 $\boldsymbol{w}$ 对状态 $\boldsymbol{x}$ 的可控性可能会改变.

这种控制思想对抗干扰控制有积极意义.如果受控系统式(9.11.27)的另一个输入 $\boldsymbol{w}$ 是系统的外加干扰,通过状态反馈控制 $\boldsymbol{u}=-\boldsymbol{F}\boldsymbol{x}$ 得到闭环系统式(9.11.28),且使外扰 $\boldsymbol{w}$ 对状态 $\boldsymbol{x}$ 完全不可控,就能消除外扰 $\boldsymbol{w}$ 对闭环系统状态 $\boldsymbol{x}$ 的影响.

例 9.11.2　开环受控系统 $\Sigma(\boldsymbol{A},\boldsymbol{B})$ 的系数矩阵为

$$\boldsymbol{A}=\begin{bmatrix}1 & 0\\ 0 & 1\end{bmatrix},\quad \boldsymbol{B}=\begin{bmatrix}1 & 1\\ 0 & 1\end{bmatrix}.$$

试求状态反馈矩阵,使闭环系统由第一个输入分量完全可控.

解　(i) 判断可控性.系统可控性矩阵为

$$\boldsymbol{Q}_{\mathrm{C}}=\begin{bmatrix}1 & 1 & 1 & 1\\ 0 & 1 & 0 & 1\end{bmatrix},$$

其秩为2,状态完全可控,可以实现综合目标.对第一个输入分量而言,可控性矩阵为

$$\boldsymbol{Q}_{\mathrm{C1}}=[\boldsymbol{b}_1\quad \boldsymbol{A}\boldsymbol{b}_1]=\begin{bmatrix}1 & 1\\ 0 & 0\end{bmatrix},$$

所以由 u_1 可以控制1维状态.对第二个输入分量而言,可控性矩阵为

$$\boldsymbol{Q}_{\mathrm{C2}}=[\boldsymbol{b}_2\quad \boldsymbol{A}\boldsymbol{b}_2]=\begin{bmatrix}1 & 1\\ 1 & 1\end{bmatrix},$$

所以由 u_2 可以控制1维状态.

(ii) 构造变换阵 $\boldsymbol{T}$,确定参数 v_i 和 r.

$\boldsymbol{b}_1=[1\quad 0]^{\mathrm{T}}\neq 0$,$\boldsymbol{A}\boldsymbol{b}_1=[1\quad 0]^{\mathrm{T}}$ 与 $\boldsymbol{b}_1$ 相关,所以 $v_1=1$.

$\boldsymbol{b}_2=[1\quad 1]^{\mathrm{T}}$ 与 $\boldsymbol{b}_1$ 无关,所以 $v_2=1$,且 $r=l=2$.

化系统为多输入可控规范型的变换矩阵是

$$\boldsymbol{T}=[\boldsymbol{b}_1\quad \boldsymbol{b}_2]=\begin{bmatrix}1 & 1\\ 0 & 1\end{bmatrix},$$

规范型系数矩阵及在规范型下实现综合目标的状态反馈矩阵分别为

$$\widetilde{\boldsymbol{A}}=\begin{bmatrix}1 & 0\\ 0 & 1\end{bmatrix},\quad \widetilde{\boldsymbol{B}}=\begin{bmatrix}1 & 0\\ 0 & 1\end{bmatrix},\quad \widetilde{\boldsymbol{F}}=\begin{bmatrix}0 & 0\\ -1 & 0\end{bmatrix}.$$

(iii) 求逆矩阵 $\boldsymbol{T}^{-1}$ 的第 v_1 行.

$$\boldsymbol{T}^{-1}=\begin{bmatrix}1 & -1\\ * & *\end{bmatrix},$$

(iv) 使受控系统 $\Sigma(\boldsymbol{A},\boldsymbol{B})$ 实现综合目标的状态反馈矩阵为

$$\boldsymbol{F}=\widetilde{\boldsymbol{F}}\boldsymbol{T}^{-1}=\begin{bmatrix}0 & 0\\ -1 & 0\end{bmatrix}\begin{bmatrix}1 & -1\\ * & *\end{bmatrix}=\begin{bmatrix}0 & 0\\ -1 & 1\end{bmatrix}.$$

(v) 校核.

$$\boldsymbol{BF}=\begin{bmatrix}1 & 1\\0 & 1\end{bmatrix}\begin{bmatrix}0 & 0\\-1 & 1\end{bmatrix}=\begin{bmatrix}-1 & 1\\-1 & 1\end{bmatrix},\quad \boldsymbol{A}-\boldsymbol{BF}=\begin{bmatrix}2 & -1\\1 & 0\end{bmatrix},\quad \boldsymbol{B}=\begin{bmatrix}1 & 1\\0 & 1\end{bmatrix}.$$

由第一个输入分量 u_1 的可控性矩阵为

$$\boldsymbol{Q}_{\mathrm{C1}}=[\boldsymbol{b}_1\quad(\boldsymbol{A}-\boldsymbol{BF})\boldsymbol{b}_1]=\begin{bmatrix}1 & 2\\0 & 1\end{bmatrix},$$

其秩为2,闭环状态由第一个输入分量完全可控.而由第二个输入分量 u_2 的可控性矩阵为

$$\boldsymbol{Q}_{\mathrm{C2}}=[\boldsymbol{b}_2\quad(\boldsymbol{A}-\boldsymbol{BF})\boldsymbol{b}_2]=\begin{bmatrix}1 & 1\\1 & 1\end{bmatrix},$$

其秩为1,由第二个输入分量 u_2 仍是可控1维状态.因为 $\boldsymbol{F}$ 阵第一行为零,只反馈到 u_2,所以 u_2 的可控性不变.但是 u_1 的可控性已经改变. □

上例中实际的逆矩阵为

$$\boldsymbol{T}^{-1}=\begin{bmatrix}1 & -1\\0 & 1\end{bmatrix},$$

不过这里不需要计算第二行.

9.12　小结

系统的结构分析是深入了解系统以至改造系统必不可少的内容.本章从三个方面论述了系统结构.

第一是状态空间描述的规范结构,即规范型.它把系统某些方面的特性加以突出,以简洁而集中的方式表现在系数矩阵 $\boldsymbol{A},\boldsymbol{B},\boldsymbol{C}$ 的规范结构中.本章介绍了五类规范型:特征值规范型、按可控性分解规范型、按可观性分解规范型、可控规范型和可观规范型.应当掌握的内容是:这些规范型的结构特点;如何通过坐标变换方法得到这些规范型;以及规范型的输出输入关系,即传递函数矩阵.

第二是可控性和可观性.这两个概念是状态空间描述中的重要概念,应当从多个侧面弄清这些概念是什么、研究了什么问题以及如何去研究.应当掌握判定状态可控性和状态可观性的四个判据(基本判据、代数判据、模态判据和频域判据),并理解可控性和可观性与传递函数矩阵零极点对消的关系.通过状态空间的可控性分解和可观性分解,产生了可控子空间和不可观子空间的概念,构成相应子空间的基就可以对系统进行结构分解.

第三是实现与最小实现.它解决由系统传递函数矩阵出发,寻找一个与之外特性一致的假想结构(即实现)来代替系统真实结构的问题.这一部分研究了结构最简单的最小实现及其性质,解决了假想结构的可信程度.实现的最直观形式是

各种规范型实现.

本章最后还讨论了反馈控制对可控性可观性的影响.

在 9.9.4 小节里还给出了输出可控性和输入可观性的概念及判据.

习题

9.1　判断下列系统的状态可控性和可观性:

(1) $\boldsymbol{A}=\begin{bmatrix}1 & 0\\ -1 & 2\end{bmatrix}$,　$\boldsymbol{b}=\begin{bmatrix}1\\ 0\end{bmatrix}$,　$\boldsymbol{c}^{\mathrm{T}}=[0\quad 1]$;

(2) $\boldsymbol{A}=\begin{bmatrix}-3 & 1 & 0\\ 0 & -3 & 0\\ 0 & 0 & -1\end{bmatrix}$,　$\boldsymbol{B}=\begin{bmatrix}1 & -1\\ 0 & 0\\ 3 & 0\end{bmatrix}$,　$\boldsymbol{C}=\begin{bmatrix}1 & 0 & 0\\ 0 & 0 & 1\end{bmatrix}$;

(3) $\boldsymbol{A}=\begin{bmatrix}-2 & 2 & -1\\ 0 & -2 & 0\\ 1 & -4 & 0\end{bmatrix}$,　$\boldsymbol{b}=\begin{bmatrix}0\\ 0\\ 1\end{bmatrix}$,　$\boldsymbol{c}^{\mathrm{T}}=[1\quad -1\quad 1]$;

(4) $\boldsymbol{A}$ 矩阵与(3)同,$\boldsymbol{b}=\begin{bmatrix}0\\ 1\\ 1\end{bmatrix}$,　$\boldsymbol{c}^{\mathrm{T}}=[1\quad 0\quad 0]$;

(5) $\boldsymbol{A}=\begin{bmatrix}-5 & 0 & 0\\ 0 & -5 & 0\\ 0 & 0 & 1\end{bmatrix}$,　$\boldsymbol{b}=\begin{bmatrix}1\\ 3\\ 2\end{bmatrix}$,　$\boldsymbol{C}=\begin{bmatrix}1 & 2 & 3\\ 2 & 4 & 0\end{bmatrix}$;

(6) $\boldsymbol{A}$ 矩阵与(5)同,$\boldsymbol{B}=\begin{bmatrix}1 & 3\\ 3 & 9\\ 2 & 0\end{bmatrix}$,　$\boldsymbol{C}=\begin{bmatrix}1 & 2 & 3\\ 0 & 1 & 6\end{bmatrix}$;

(7) $\boldsymbol{A}=\begin{bmatrix}-2 & 0 & 0 & 0\\ 0 & -5 & 1 & 0\\ 0 & 0 & -5 & 1\\ 0 & 0 & 0 & -5\end{bmatrix}$,　$\boldsymbol{b}=\begin{bmatrix}2\\ 0\\ 0\\ 1\end{bmatrix}$,　$\boldsymbol{c}^{\mathrm{T}}=[1\quad 1\quad 0\quad 0]$;

(8) $\boldsymbol{A}=\begin{bmatrix}-2 & 0 & 0 & 0\\ 0 & -5 & 0 & 0\\ 0 & 1 & -5 & 0\\ 0 & 0 & 1 & -5\end{bmatrix}$,　$\boldsymbol{b}=\begin{bmatrix}1\\ 2\\ 0\\ 0\end{bmatrix}$,　$\boldsymbol{c}^{\mathrm{T}}=[1\quad 0\quad 1\quad 0]$.

9.2　给定系统

$$\dot{\boldsymbol{x}}=\begin{bmatrix}a & 1\\ -1 & b\end{bmatrix}\boldsymbol{x}+\begin{bmatrix}b\\ -1\end{bmatrix}u,$$

求系统状态完全可控时,系数 a 和 b 的关系.

9.3 (1) 给定系统

$$\dot{\boldsymbol{x}}=\begin{bmatrix}a & 1\\0 & b\end{bmatrix}\boldsymbol{x}+\begin{bmatrix}1\\1\end{bmatrix}u,\quad y=[1\quad -1]\boldsymbol{x},$$

求系统状态完全可控和可观时,参数 a 和 b 之值.

(2) 给定系统

$$\boldsymbol{A}=\begin{bmatrix}1 & 0 & -1\\0 & 1 & 0\\0 & 0 & 2\end{bmatrix},\quad \boldsymbol{b}=\begin{bmatrix}a\\b\\c\end{bmatrix},$$

证明在该系统中,无论参数 a、b 和 c 取何值,系统都不是状态完全可控的.

9.4 判定下列系统可控子空间和不可观子空间的维数:

(1) $\boldsymbol{A}=\begin{bmatrix}0 & 1 & 0\\0 & 0 & 1\\-24 & -26 & -9\end{bmatrix},\quad \boldsymbol{b}=\begin{bmatrix}0\\0\\1\end{bmatrix},\quad \boldsymbol{c}^{\mathrm{T}}=[2\quad 1\quad 0]$;

(2) $\boldsymbol{A}=\begin{bmatrix}-2 & 2 & -1\\0 & -2 & 0\\1 & -4 & 0\end{bmatrix},\quad \boldsymbol{b}=\begin{bmatrix}0\\0\\1\end{bmatrix},\quad \boldsymbol{c}^{\mathrm{T}}=[1\quad -1\quad 1]$.

9.5 证明单输入系统的第二可控规范型是完全可控的.

9.6 如果定义 $\boldsymbol{Q}_{\mathrm{C}}(k)=[\boldsymbol{B}\quad \boldsymbol{AB}\quad \cdots\quad \boldsymbol{A}^{k-1}\boldsymbol{B}]$,则可控性矩阵为 $\boldsymbol{Q}_{\mathrm{C}}=\boldsymbol{Q}_{\mathrm{C}}(n)$. 试证明:当 $k>n$ 时,有 $\mathrm{rank}\boldsymbol{Q}_{\mathrm{C}}(k)=\mathrm{rank}\boldsymbol{Q}_{\mathrm{C}}$.

9.7 证明系统状态完全可控的必要条件是 $\mathrm{rank}[\boldsymbol{A}\quad \boldsymbol{B}]=n$.

9.8 给定系统

$$\begin{bmatrix}\dot{x}_1\\\dot{x}_2\\\dot{x}_3\end{bmatrix}=\begin{bmatrix}0 & 2 & -1\\3 & 0 & 1\\0 & 0 & 2\end{bmatrix}\begin{bmatrix}x_1\\x_2\\x_3\end{bmatrix}+\begin{bmatrix}1 & 0\\2 & 1\\0 & 2\end{bmatrix}\begin{bmatrix}u_1\\u_2\end{bmatrix},$$

$$\begin{bmatrix}y_1\\y_2\end{bmatrix}=\begin{bmatrix}0 & -2 & 1\\0 & 0 & 1\end{bmatrix}\begin{bmatrix}x_1\\x_2\\x_3\end{bmatrix}.$$

(1) 系统状态是否完全可控?

(2) 分析仅由 u_1 和仅由 u_2 可控的子空间维数.

(3) 系统状态是否完全可观?

(4) 分析仅由 y_1 和仅由 y_2 不可观的子空间维数.

9.9 对下述系统重复题 9.8 的要求:

$$\boldsymbol{A}=\begin{bmatrix}3 & 0 & -2\\1 & 2 & -1\\0 & 0 & 1\end{bmatrix},\quad \boldsymbol{B}=\begin{bmatrix}1 & 1\\1 & 0\\1 & 1\end{bmatrix},\quad \boldsymbol{C}=\begin{bmatrix}1 & 0 & 0\\1 & 1 & 1\end{bmatrix}.$$

9.10 如果某一系统的初态 $\boldsymbol{x}(0)=\bar{\boldsymbol{x}}$ 是不可控的(或者是可观的),则其自由

响应 $e^{At}\bar{x}$ 在全部时间内仍是不可控(或者是可观)的. 这个结论对吗? 请用下述系统验证你的结论:

$$A=\begin{bmatrix}-1 & 1\\ 0 & -2\end{bmatrix},\quad b=\begin{bmatrix}1\\0\end{bmatrix},\quad c^{\mathrm{T}}=[0\quad 1].$$

9.11　证明可控性指标 μ 满足不等式 $\frac{n}{l}\leqslant\mu\leqslant n-\mathrm{rank}\boldsymbol{B}+1$. 这里定义

$$\mu=\min\{k\mid \mathrm{rank}[\boldsymbol{B}\quad \boldsymbol{AB}\quad \boldsymbol{A}^2\boldsymbol{B}\quad \cdots\quad \boldsymbol{A}^{k-1}\boldsymbol{B}]=n\}.$$

9.12　仿题 9.11 自行定义可观性指标 v,并推证出它应满足的不等式.

9.13　写出题 9.6 和题 9.7 的对偶形式,即对状态可观性写出类似结论(不必证明).

9.14　给定两个串联的子系统 Σ_1 和 Σ_2 如下:

$$\Sigma_1: \boldsymbol{A}_1=\begin{bmatrix}0 & 1\\ -3 & -4\end{bmatrix},\quad \boldsymbol{b}_1=\begin{bmatrix}0\\1\end{bmatrix},\quad \boldsymbol{c}_1^{\mathrm{T}}=[2\quad 1];$$

$$\Sigma_2: A_2=-2,\quad B_2=1,\quad C_2=1.$$

(1) 求串联系统的状态空间描述;

(2) 判断 Σ_1、Σ_2 和串联系统的状态可控性以及状态可观性;

(3) 求串联后系统的传递函数,并结合(2)的结果加以讨论.

9.15　给定两个并联的子系统 Σ_1 和 Σ_2 如下:

Σ_1: 如题 10.14 所示;

$$\Sigma_2: A_2=-1,\quad B_2=1,\quad C_2=1.$$

(1) 求并联系统的状态空间描述;

(2) 判断 Σ_1、Σ_2 和并联系统的状态可控性以及状态可观性;

(3) 求并联系统的传递函数,并结合 (2) 的结果加以讨论.

9.16　判断下列系统的可控性,若完全可控则将系统化为可控规范型; 若不完全可控则将系统按可控性分解.

(1) $\boldsymbol{A}=\begin{bmatrix}-1 & 0\\ 0 & -2\end{bmatrix},\quad \boldsymbol{b}=\begin{bmatrix}1\\1\end{bmatrix};$

(2) $\boldsymbol{A}=\begin{bmatrix}-1 & 0\\ 1 & -2\end{bmatrix},\quad \boldsymbol{b}=\begin{bmatrix}1\\1\end{bmatrix};$

(3) $\boldsymbol{A}=\begin{bmatrix}2 & 0 & 0\\ 0 & 4 & 1\\ 0 & 0 & 4\end{bmatrix},\quad \boldsymbol{b}=\begin{bmatrix}1\\0\\1\end{bmatrix},\quad \boldsymbol{c}^{\mathrm{T}}=[1\quad 1\quad 0];$

(4) $\boldsymbol{A}=\begin{bmatrix}1 & 0 & 0\\ 2 & 2 & 3\\ -1 & 0 & 1\end{bmatrix},\quad \boldsymbol{b}=\begin{bmatrix}1\\2\\-2\end{bmatrix}.$

9.17　判断下列系统的可观性. 若完全可观则将系统化为可观规范型; 若不

完全可观则将系统按可观性分解.

(1) $\boldsymbol{A}=\begin{bmatrix}1 & 0\\ -2 & 4\end{bmatrix}$, $\boldsymbol{c}^{\mathrm{T}}=[-1\quad 1]$;

(2) $\boldsymbol{A}=\begin{bmatrix}-2 & 2\\ 0 & 24\end{bmatrix}$, $\boldsymbol{c}^{\mathrm{T}}=[1\quad 1]$;

(3) $\boldsymbol{A}=\begin{bmatrix}1 & 2 & 0\\ 3 & -1 & 1\\ 0 & 2 & 0\end{bmatrix}$, $\boldsymbol{b}=\begin{bmatrix}2\\ 1\\ 2\end{bmatrix}$, $\boldsymbol{c}^{\mathrm{T}}=[0\quad 0\quad 1]$.

9.18　给定系统

$$\dot{\boldsymbol{x}}=\begin{bmatrix}1 & 2 & -1\\ 0 & 1 & 0\\ 1 & -4 & 3\end{bmatrix}\boldsymbol{x}+\begin{bmatrix}0\\ 0\\ 1\end{bmatrix}u.$$

$$y=[1\quad -1\quad 1]\boldsymbol{x}$$

(1) 找出其可控子系统;

(2) 找出其可观子系统.

9.19　对系统

$$\begin{bmatrix}\dot{x}_1\\ \dot{x}_2\\ \dot{x}_3\end{bmatrix}=\begin{bmatrix}1 & 0 & 0\\ 2 & 2 & 3\\ -2 & 0 & 1\end{bmatrix}\begin{bmatrix}x_1\\ x_2\\ x_3\end{bmatrix}+\begin{bmatrix}1\\ 2\\ -2\end{bmatrix}u$$

$$y=[1\quad 1\quad 2]\begin{bmatrix}x_1\\ x_2\\ x_3\end{bmatrix}$$

进行 $\tilde{\boldsymbol{x}}=\boldsymbol{T}^{-1}\boldsymbol{x}$ 变换.

(1) 找出可控可观的状态变量 $\tilde{\boldsymbol{x}}_i$,表示为 x_1、x_2 和 x_3 的组合形式;

(2) 找出不可控但可观的状态变量 $\tilde{\boldsymbol{x}}_i$,表示为 x_1、x_2 和 x_3 的组合形式.

9.20　给定系统

$$\boldsymbol{A}=\begin{bmatrix}-1 & 0 & 0 & 0\\ 2 & -3 & 0 & 0\\ 1 & 0 & -2 & 0\\ 4 & -1 & 2 & -4\end{bmatrix},\quad \boldsymbol{b}=\begin{bmatrix}0\\ 0\\ 1\\ 2\end{bmatrix},\quad \boldsymbol{c}^{\mathrm{T}}=[3\quad 0\quad 1\quad 0].$$

(1) 分别找出属于可控可观、可控不可观、不可控但可观、不可控不可观部分的状态变量;

(2) 写出系统的传递函数.

9.21　证明单输入单输出系统 $\Sigma(\boldsymbol{A},\boldsymbol{b},\boldsymbol{c}^{\mathrm{T}})$ 的传递函数与复变量 s 无关的条件是

$$\boldsymbol{c}^{\mathrm{T}}\boldsymbol{A}^i\boldsymbol{b}=0,\quad (i=0,1,2,\cdots,n-1),$$

并证明满足上述条件时,系统不可能是完全可控又可观的.

9.22　证明在题 9.21 中,若 $\boldsymbol{c}^{\mathrm{T}}\boldsymbol{A}^{i}\boldsymbol{b}=0(i=0,1,2,\cdots,n-2)$ 但 $\boldsymbol{c}^{\mathrm{T}}\boldsymbol{A}^{n-1}\boldsymbol{b}\neq 0$,则系统完全可控又可观.

9.23　设系统的传递函数是

$$G(s)=\frac{s+a}{s^3+7s^2+14s+8}$$

(1) a 取什么值时,系统状态不是完全可控可观的?

(2) 取 $a=1$,试选择一组状态变量将系统状态空间描述写成完全可控但不完全可观的,或写成不完全可控但完全可观的.

9.24　试写出两个满足下列条件的 2 维状态完全可控又可观的子系统 Σ_1 和 Σ_2 及它们的传递函数 $\boldsymbol{G}_1(s)$ 和 $\boldsymbol{G}_2(s)$:

(1) 串联后四个状态不完全可控;

(2) 串联后四个状态不完全可观.

9.25　试写出一个 3 维状态完全可控又可观的系统 $\Sigma(\boldsymbol{A},\boldsymbol{B},\boldsymbol{C})$,使它的传递函数矩阵的最小公分母是 $\varphi(s)=s^2+3s+2$.

9.26　判断题 9.1 各系统的输出可控性.

9.27　将下列标量微分方程化为状态空间描述:

(1) $\dddot{y}+2\ddot{y}+3\dot{y}+4y=5u+6\dot{u}+7\ddot{u}$;

(2) $\ddot{y}+3\dot{y}=-\dot{u}$;

(3) $\ddot{y}=0$.

9.28　求下列标量传递函数的状态空间实现:

(1) $G(s)=\dfrac{5s+1}{s^3+2s^2+3s+4}$;

(2) $G(s)=\dfrac{5}{s^2+4}$;

(3) $G(s)=\dfrac{2s+2}{s^3+6s^2+11s+6}$.

9.29　题 9.28 所得的实现是最小实现吗?若不是,求其最小实现.

9.30　给定传递函数矩阵

$$\boldsymbol{G}(s)=\begin{bmatrix}\dfrac{s+2}{(s+1)^2} & \dfrac{1}{s+2}\\ \dfrac{1}{s+2} & \dfrac{1}{(s+1)(s+2)}\end{bmatrix},$$

(1) 求其可控性实现;

(2) 求其可观性实现;

(3) 求其最小实现.

9.31　对下述传递函数矩阵重复题 9.30 的要求:

$$G(s)=\begin{bmatrix}\dfrac{s+3}{(s+1)(s+2)} & \dfrac{1}{s+1}\\ \dfrac{1}{s+1} & \dfrac{2s}{(s+1)(s+2)}\end{bmatrix}.$$

9.32 求下列传递函数矩阵的最小实现:

$$G(s)=\begin{bmatrix}\dfrac{1}{s(s+1)} & \dfrac{2}{s+1}\\ \dfrac{2}{s+1} & \dfrac{1}{s+1}\end{bmatrix}.$$

9.33 求下列传递函数矩阵的实现,并判断是否是最小实现.若不是,求其最小实现.

(1) $G(s)=\begin{bmatrix}\dfrac{1}{s+1} & \dfrac{1}{s^2+3s+2}\end{bmatrix}$;

(2) $G(s)=\begin{bmatrix}\dfrac{1}{s+1}\\ \dfrac{1}{s^2+3s+2}\end{bmatrix}$;

(3) 注意到(1)和(2)的传递函数向量是互为转置的,试比较讨论二者的最小实现.

9.34 系统$\Sigma(A,b,c^{\mathrm{T}},d)$中系数矩阵$A$是非奇异的,其标量传递函数为$G(s)$.试证明$G(1/s)$的实现之一是

$$\tilde{\Sigma}:\begin{cases}\dot{x}=A^{-1}x\pm A^{-1}bu\\ y=\mp c^{\mathrm{T}}A^{-1}x+(d-c^{\mathrm{T}}A^{-1}b)u\end{cases}.$$

第10章 线性定常系统的综合

10.1　闭环系统的极点配置

控制系统的特性及其品质指标在很大程度上由闭环系统的零点和极点位置所决定. 比如，系统的响应通常是模态 $\exp(\lambda t)$ 函数的组合，极点 λ 决定了函数形式，即响应的各种模态. 而零点和极点在复数平面中的分布状况决定了响应表达式中该函数前的系数大小. 这样，一组零点和极点的分布就对应了一个系统的响应.

极点配置问题就是通过对状态反馈矩阵的选择，使闭环系统极点被配置在所期望的位置上，从而达到一定性能指标的要求.

所期望的一组闭环极点被称为**期望极点组**，它的选取涉及到如何确定综合目标. 一般地说，这是一个复杂的问题，是一个工程实践与理论结合的问题. 这里仅仅提出几条应予注意的地方.

(1) 对 n 维系统，应当指定而且只应当指定 n 个期望的极点；

(2) 期望极点可以是实数，也可以是按共轭对出现的复数；

(3) 确定期望极点的位置，需要考虑极点和零点在复数平面上的分布，从工程实际出发加以解决.

本节要解决两方面的问题：一是在理论上要讨论满足什么条件才可以做到闭环极点的任意配置；二是在方法上要解决如何综合状态反馈矩阵使闭环极点被配置在期望的位置上. 按照先易后难的次序，在10.1.1节中讨论单输入系统的极点配置，在10.1.2节中叙述多输入系统的一种极点配置方法. 以此为基础，在10.1.3节中给出极点配置定理并加以讨论. 然后，在10.1.4节中叙述系统可镇定的条件. 最后，在10.1.5节中叙述稳态误差和反馈矩阵、输入变换矩阵的关系.

10.1.1　单输入系统的极点配置

在9.11节中曾说明状态反馈不能改变系统的不可控模态. 因此，系统通过状态反馈可以任意配置闭环极点的必要条件是：受控系统 $\Sigma(\boldsymbol{A},\boldsymbol{b},\boldsymbol{C})$是状态完全可控的. 下面通过对状态反馈闭环极点配置方法的阐述来说明上述条件也是闭环极点配置的充分条件.

在这一小节中先叙述单输入系统的闭环极点配置方法.

方法一：解联立方程求状态反馈矩阵的诸元素.

当受控系统 $\Sigma(\boldsymbol{A},\boldsymbol{b},\boldsymbol{C})$的阶次较低时可以采用这种方法. 该方法比较直观，尤其适用于笔算.

首先将给定的期望闭环动态性能转化为闭环的 n 个期望极点$\{\lambda_i^*\}$，它们应当是实极点或复数共轭极点对，其等价形式是**期望闭环特征多项式**

$$\Delta^*(s)=\prod_{i=1}^{n}(s-\lambda_i^*)=s^n+\alpha_{n-1}^*s^{n-1}+\cdots+\alpha_0^*. \tag{10.1.1}$$

设控制律为线性状态反馈律

$$u=Rv-\boldsymbol{f}^{\mathrm{T}}\boldsymbol{x}, \tag{10.1.2}$$

其中：v 为1维参考输入；$\boldsymbol{x}$ 为 n 维受控系统状态；R 为标量输入变换系数；$\boldsymbol{f}^{\mathrm{T}}$ 为 $1\times n$ 维状态反馈系数矩阵，是待求的量，共有 n 个未知数，可以记为

$$\boldsymbol{f}^{\mathrm{T}}=[f_1\quad\cdots\quad f_{n-1}\quad f_n]. \tag{10.1.3}$$

受控系统 $\Sigma(\boldsymbol{A},\boldsymbol{b},\boldsymbol{C})$在控制律 (10.1.2) 的作用下，闭环系统 $\Sigma_{F,R}(\boldsymbol{A}-\boldsymbol{b}\boldsymbol{f}^{\mathrm{T}},\boldsymbol{b}R,\boldsymbol{C})$的状态方程是

$$\dot{x}=(\boldsymbol{A}-\boldsymbol{b}\boldsymbol{f}^{\mathrm{T}})\boldsymbol{x}+\boldsymbol{b}Rv, \tag{10.1.4}$$

由此可以得到闭环特征多项式

$$\Delta_F(s)=\det(s\boldsymbol{I}-\boldsymbol{A}+\boldsymbol{b}\boldsymbol{f}^{\mathrm{T}})=g(s,f_1,f_2,\cdots,f_n). \tag{10.1.5}$$

要将闭环极点配置在期望的位置，可令式(10.1.5)与式(10.1.1) 相等，即 $\Delta_F(s)=\Delta^*(s)$. 利用两个多项式对应系数相等，可以得到 n 个联立的代数方程. 解这个代数方程组就可以求出未知数 $f_1,f_2,\cdots,f_n$.

在下面方法二的叙述将要指明：当受控系统 $\Sigma(\boldsymbol{A},\boldsymbol{b},\boldsymbol{C})$完全可控的时候，这个解是惟一的.

方法二：通过第二可控规范型求解.

受控系统 $\Sigma(\boldsymbol{A},\boldsymbol{b},\boldsymbol{C})$在控制律 (10.1.2) 的作用下，或者说在$\{\boldsymbol{f}^{\mathrm{T}},R\}$变换下，成为闭环系统 $\Sigma_{F,R}(\boldsymbol{A}-\boldsymbol{b}\boldsymbol{f}^{\mathrm{T}},\boldsymbol{b}R,\boldsymbol{C})$. 综合的目标则是如何选取状态反馈矩阵 $\boldsymbol{f}^{\mathrm{T}}$ 使闭环极点被配置在期望的位置上.

对于一般的受控系统 $\Sigma(\boldsymbol{A},\boldsymbol{b},\boldsymbol{C})$，很难看出如何选取矩阵 $\boldsymbol{f}^{\mathrm{T}}$. 如果先将受控系统 $\Sigma(\boldsymbol{A},\boldsymbol{b},\boldsymbol{C})$经坐标变换 $\boldsymbol{T}$ 化为第二可控规范型$\widetilde{\Sigma}(\widetilde{\boldsymbol{A}},\widetilde{\boldsymbol{b}},\widetilde{\boldsymbol{C}})$，从规范型$\widetilde{\Sigma}(\widetilde{\boldsymbol{A}},\widetilde{\boldsymbol{b}},\widetilde{\boldsymbol{C}})$选取状态$\tilde{\boldsymbol{x}}$的反馈矩阵$\widetilde{\boldsymbol{f}}^{\mathrm{T}}$ 就很直观. 换句话说，寻找$\widetilde{\Sigma}(\widetilde{\boldsymbol{A}},\widetilde{\boldsymbol{b}},\widetilde{\boldsymbol{C}})$的变换$\{\widetilde{\boldsymbol{f}}^{\mathrm{T}},R\}$比较

方便. 将变换$\{\widetilde{\boldsymbol{f}}^{\mathrm{T}},R\}$再经坐标反变换$\boldsymbol{T}^{-1}$即可求出原系统的变换$\{\boldsymbol{f}^{\mathrm{T}},R\}$. $\Sigma(\boldsymbol{A},\boldsymbol{b},\boldsymbol{C})$、$\Sigma_{F,R}(\boldsymbol{A}-\boldsymbol{b}\boldsymbol{f}^{\mathrm{T}},\boldsymbol{b}R,\boldsymbol{C})$、$\widetilde{\Sigma}(\widetilde{\boldsymbol{A}},\widetilde{\boldsymbol{b}},\widetilde{\boldsymbol{C}})$、$\widetilde{\Sigma}_{\widetilde{F},R}(\widetilde{\boldsymbol{A}}-\widetilde{\boldsymbol{b}}\widetilde{\boldsymbol{f}}^{\mathrm{T}},\widetilde{\boldsymbol{b}}R,\widetilde{\boldsymbol{C}})$的关系可用图 10.1.1 来表示.

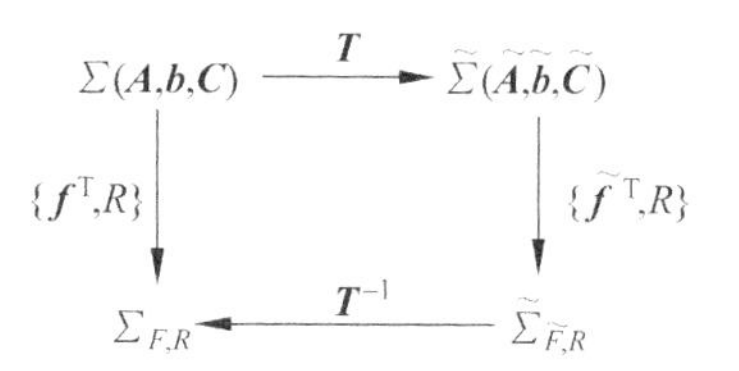

图 10.1.1　系统变换关系图

设单输入量系统$\Sigma(\boldsymbol{A},\boldsymbol{b})$是完全可控的. 通过坐标变换$\boldsymbol{T}$可以将它化为第二可控规范型$\widetilde{\Sigma}(\widetilde{\boldsymbol{A}},\widetilde{\boldsymbol{b}})$

$$\widetilde{\boldsymbol{A}}=\left[\begin{array}{c:ccc} 0 & & & \\ \vdots & & \boldsymbol{I}_{n-1} & \\ 0 & & & \\ \hdashline -\alpha_0 & -\alpha_1 & \cdots & -\alpha_{n-1} \end{array}\right],\quad \widetilde{\boldsymbol{b}}=\begin{bmatrix}0\\ \vdots\\ 0\\ 1\end{bmatrix}. \tag{10.1.6}$$

在图 10.1.2 中,实线部分是可控规范型$\widetilde{\Sigma}(\widetilde{\boldsymbol{A}},\widetilde{\boldsymbol{b}})$的结构. 虚线部分表示线性状态反馈$\widetilde{\boldsymbol{f}}^{\mathrm{T}}$的结构,$\widetilde{\Sigma}(\widetilde{\boldsymbol{A}},\widetilde{\boldsymbol{b}})$的每一个状态变量$\widetilde{x}_i$各自经过一个放大器$-\widetilde{f}_{n-i+1}$反馈到输入端,并与参考输入$v$经输入变换$R$后的信号求和,生成系统$\widetilde{\Sigma}(\widetilde{\boldsymbol{A}},\widetilde{\boldsymbol{b}})$的控制输入信号$u$. 图中所有进入求和节点的信号都进行加法运算.

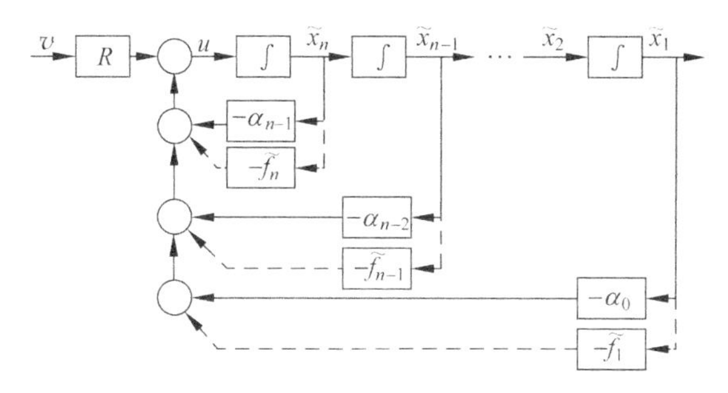

图 10.1.2　第二可控规范型状态反馈结构图

由图 10.1.2 可以看出,$\widetilde{\Sigma}(\widetilde{\boldsymbol{A}},\widetilde{\boldsymbol{b}})$结构中的放大器$-\alpha_{n-i}$和反馈结构中的$-\widetilde{f}_{n-i+1}$可以合并为一个放大器$-(\alpha_{n-i}+\widetilde{f}_{n-i+1})$,所以闭环系统$\widetilde{\Sigma}_{\widetilde{F},R}(\widetilde{\boldsymbol{A}}-\widetilde{\boldsymbol{b}}\widetilde{\boldsymbol{f}}^{\mathrm{T}},\widetilde{\boldsymbol{b}}R)$仍是可控规范型. 其系数矩阵为

$$\widetilde{\boldsymbol{A}}-\widetilde{\boldsymbol{b}}\widetilde{\boldsymbol{f}}^{\mathrm{T}}=\left[\begin{array}{c:ccc} 0 & & & \\ \vdots & & \boldsymbol{I}_{n-1} & \\ 0 & & & \\ \hdashline -(\alpha_0+\widetilde{f}_1) & -(\alpha_1+\widetilde{f}_2) & \cdots & -(\alpha_{n-1}+\widetilde{f}_n) \end{array}\right], \tag{10.1.7}$$

闭环系统$\widetilde{\Sigma}_{\widetilde{F},R}(\widetilde{\boldsymbol{A}}-\widetilde{\boldsymbol{b}}\widetilde{\boldsymbol{f}}^{\mathrm{T}},\widetilde{\boldsymbol{b}}R)$的特征多项式为

$$\begin{aligned}\Delta_F(s)&=\det(s\boldsymbol{I}-\widetilde{\boldsymbol{A}}+\widetilde{\boldsymbol{b}}\widetilde{\boldsymbol{f}}^{\mathrm{T}})\\ &=s^n+(\alpha_{n-1}+\widetilde{f}_n)s^{n-1}+\cdots+(\alpha_1+\widetilde{f}_2)s+(\alpha_0+\widetilde{f}_1).\end{aligned} \tag{10.1.8}$$

它也是$\Sigma_{F,R}(\boldsymbol{A}-\boldsymbol{b}\boldsymbol{f}^{\mathrm{T}},\boldsymbol{b}R)$的特征多项式.

令式(10.1.8)与期望的闭环特征多项式(10.1.1)相等,可以解得

$$\tilde{f}_i=\alpha_{i-1}^*-\alpha_{i-1},(i=1,2,\cdots,n),\tag{10.1.9}$$

故而,可控规范型$\tilde{\Sigma}(\tilde{\boldsymbol{A}},\tilde{\boldsymbol{b}})$的状态反馈矩阵是

$$\tilde{\boldsymbol{f}}^{\mathrm{T}}=[\alpha_0^*-\alpha_0\quad \alpha_1^*-\alpha_1\quad \cdots\quad \alpha_{n-1}^*-\alpha_{n-1}],\tag{10.1.10}$$

原受控系统$\Sigma(\boldsymbol{A},\boldsymbol{b})$的状态$\boldsymbol{x}$经坐标变换$\boldsymbol{T}$化成可控规范型$\tilde{\boldsymbol{x}}$的状态,即$\tilde{\boldsymbol{x}}=\boldsymbol{T}^{-1}\boldsymbol{x}$.把它代入到可控规范型$\tilde{\Sigma}(\tilde{\boldsymbol{A}},\tilde{\boldsymbol{b}})$的线性反馈律中,则有

$$u=Rv-\tilde{\boldsymbol{f}}^{\mathrm{T}}\tilde{\boldsymbol{x}}=Rv-\tilde{\boldsymbol{f}}^{\mathrm{T}}\boldsymbol{T}^{-1}\boldsymbol{x}\tag{10.1.11}$$

与原受控系统$\Sigma(\boldsymbol{A},\boldsymbol{b})$的线性反馈律式(10.1.2)相对照,可得

$$\boldsymbol{f}^{\mathrm{T}}=\tilde{\boldsymbol{f}}^{\mathrm{T}}\boldsymbol{T}^{-1}.\tag{10.1.12}$$

上述关系被表示在图10.1.3的结构图中.

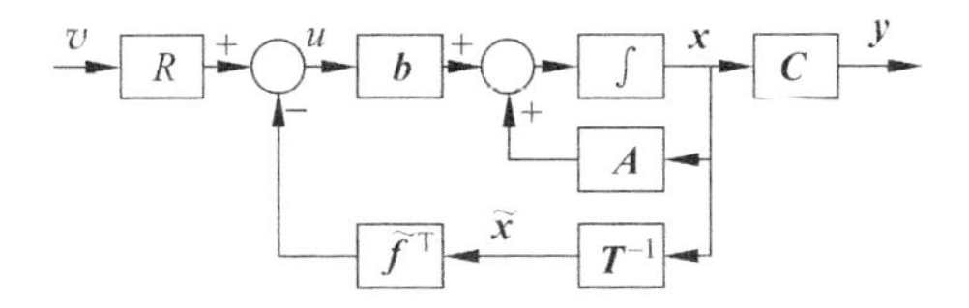

图10.1.3　规范型法求状态反馈的结构图

综上所述,可将**单输入系统极点配置的规范型算法**归纳如下:

(1) 判断$\Sigma(\boldsymbol{A},\boldsymbol{b})$的完全可控性,确定能否完成预定的闭环极点配置综合目标.

(2) 由给定的动态指标或闭环极点要求确定期望闭环特征多项式

$$\Delta^*(s)=\prod_{i=1}^{n}(s-\lambda_i^*)=s^n+\alpha_{n-1}^*s^{n-1}+\cdots+\alpha_0^*$$

的n个系数α_i^*.

(3) 计算开环系统$\Sigma(\boldsymbol{A},\boldsymbol{b})$的特征多项式系数$\alpha_i$.

(4) 按式(10.1.10)确定可控规范型$\tilde{\Sigma}(\tilde{\boldsymbol{A}},\tilde{\boldsymbol{b}})$的状态反馈$\tilde{\boldsymbol{f}}^{\mathrm{T}}$的诸元素$\tilde{f}_i$.

(5) 计算将$\Sigma(\boldsymbol{A},\boldsymbol{b})$化为第二可控规范型$\tilde{\Sigma}(\tilde{\boldsymbol{A}},\tilde{\boldsymbol{b}})$的变换矩阵的逆矩阵$\boldsymbol{T}^{-1}$,它可由$\tilde{\boldsymbol{A}}\boldsymbol{T}^{-1}=\boldsymbol{T}^{-1}\boldsymbol{A}$和$\tilde{\boldsymbol{b}}=\boldsymbol{T}^{-1}\boldsymbol{b}$联立求解获得,或者按第9章叙述的变换矩阵

$$\boldsymbol{T}=[\boldsymbol{A}^{n-1}\boldsymbol{b}\quad\cdots\quad\boldsymbol{A}\boldsymbol{b}\quad\boldsymbol{b}]\begin{bmatrix}1&0&\cdots&0\\\alpha_{n-1}&\ddots&\ddots&\vdots\\\vdots&\ddots&\ddots&0\\\alpha_1&\cdots&\alpha_{n-1}&1\end{bmatrix}\tag{10.1.13}$$

来求逆矩阵获得$\boldsymbol{T}^{-1}$.

(6) 计算对$\Sigma(\boldsymbol{A},\boldsymbol{b})$完成闭环极点配置所需的状态反馈矩阵$\boldsymbol{f}^{\mathrm{T}}=\tilde{\boldsymbol{f}}^{\mathrm{T}}\boldsymbol{T}^{-1}$.

(7) 单输入系统的输入变换矩阵R是标量,可由综合指标中对系统静态误差

的具体要求确定.

方法三：单输入系统极点配置的改进算法.

改进算法的步骤如下：

(1) 计算 $\Sigma(\boldsymbol{A},\boldsymbol{b})$的可控性矩阵 $\boldsymbol{Q}_{\mathrm{C}}$，判断 $\Sigma(\boldsymbol{A},\boldsymbol{b})$的完全可控性，确定能否完成预定的闭环极点配置综合目标.

(2) 确定期望的闭环特征多项式 $\Delta^*(s)=s^n+\alpha_{n-1}^*s^{n-1}+\cdots+\alpha_0^*$ 的 n 个系数 α_i^*.

(3) 求可控性矩阵的逆矩阵 $\boldsymbol{Q}_{\mathrm{C}}^{-1}$的最后一行

$$\boldsymbol{z}^{\mathrm{T}}=[0\quad\cdots\quad 0\quad 1]\boldsymbol{Q}_{\mathrm{C}}^{-1}. \tag{10.1.14}$$

(4) 计算完成闭环极点配置任务的状态反馈矩阵

$$\boldsymbol{f}^{\mathrm{T}}=-\boldsymbol{z}^{\mathrm{T}}\Delta^*(\boldsymbol{A}). \tag{10.1.15}$$

式中，$\Delta^*(\boldsymbol{A})$是将期望闭环特征多项式 $\Delta^*(s)$的复变量 s 换为矩阵 $\boldsymbol{A}$ 所得的矩阵.

改进算法与方法二相比，不需要计算开环特征多项式 (10.1.11)，而且对 $n\times n$ 维矩阵求逆时只要计算逆矩阵的最后一行；但是改进算法增加了矩阵的自乘运算. 总之，系统 $\Sigma(\boldsymbol{A},\boldsymbol{b})$的阶次 n 越大，改进算法比方法二节省的计算量越多. 式 (10.1.15) 也被称为**阿克曼**(Ackermann)**公式**.

下面证明方法三的正确性. 先设变换矩阵的逆矩阵为

$$\boldsymbol{T}^{-1}=\begin{bmatrix}\boldsymbol{z}^{\mathrm{T}}\\ \boldsymbol{z}^{\mathrm{T}}\boldsymbol{A}\\ \vdots\\ \boldsymbol{z}^{\mathrm{T}}\boldsymbol{A}^{n-1}\end{bmatrix}. \tag{10.1.16}$$

则由式 (10.1.12) 并利用凯莱-哈密顿定理可得

$$\begin{aligned}\boldsymbol{f}^{\mathrm{T}}&=\tilde{\boldsymbol{f}}^{\mathrm{T}}\boldsymbol{T}^{-1}=[\alpha_0^*-\alpha_0\quad\cdots\quad\alpha_{n-1}^*-\alpha_{n-1}]\begin{bmatrix}\boldsymbol{z}^{\mathrm{T}}\\ \boldsymbol{z}^{\mathrm{T}}\boldsymbol{A}\\ \vdots\\ \boldsymbol{z}^{\mathrm{T}}\boldsymbol{A}^{n-1}\end{bmatrix}\\ &=\boldsymbol{z}^{\mathrm{T}}[\alpha_0^*\boldsymbol{I}+\alpha_1^*\boldsymbol{A}+\cdots+\alpha_{n-1}^*\boldsymbol{A}^{n-1}]-\boldsymbol{z}^{\mathrm{T}}[\alpha_0\boldsymbol{I}+\alpha_1\boldsymbol{A}+\cdots+\alpha_{n-1}\boldsymbol{A}^{n-1}]\\ &=\boldsymbol{z}^{\mathrm{T}}[\alpha_0^*\boldsymbol{I}+\alpha_1^*\boldsymbol{A}+\cdots+\alpha_{n-1}^*\boldsymbol{A}^{n-1}]+\boldsymbol{z}^{\mathrm{T}}\boldsymbol{A}^n-\boldsymbol{z}^{\mathrm{T}}[\alpha_0\boldsymbol{I}+\alpha_1\boldsymbol{A}+\cdots+\alpha_{n-1}\boldsymbol{A}^{n-1}+\boldsymbol{A}^n]\\ &=\boldsymbol{z}^{\mathrm{T}}\Delta^*(\boldsymbol{A}).\end{aligned} \tag{10.1.17}$$

这说明式 (10.1.15) 正确. 下面再证明式 (10.1.16) 的假设也正确.

根据向量 $\boldsymbol{z}^{\mathrm{T}}$ 的定义式 (10.1.14) 可知，它应当满足等式

$$\boldsymbol{Q}_{\mathrm{C}}^{-1}\boldsymbol{Q}_{\mathrm{C}}=\begin{bmatrix}*\\ \vdots\\ *\\ \boldsymbol{z}^{\mathrm{T}}\end{bmatrix}[\boldsymbol{b}\quad\boldsymbol{A}\boldsymbol{b}\quad\cdots\quad\boldsymbol{A}^{n-1}\boldsymbol{b}]=\boldsymbol{I}, \tag{10.1.18}$$

所以有

$$z^{\mathrm{T}}\boldsymbol{b}=z^{\mathrm{T}}\boldsymbol{A}\boldsymbol{b}=\cdots=z^{\mathrm{T}}\boldsymbol{A}^{n-2}\boldsymbol{b}=0, z^{\mathrm{T}}\boldsymbol{A}^{n-1}\boldsymbol{b}=1. \tag{10.1.19}$$

变换矩阵 $\boldsymbol{T}$ 的形式为式 (10.1.13). 其逆矩阵为式 (10.1.16),利用式 (10.1.19) 可得它们的乘积

$$\boldsymbol{T}^{-1}\boldsymbol{T}=\begin{bmatrix} z^{\mathrm{T}} \\ \vdots \\ z^{\mathrm{T}}\boldsymbol{A}^{n-1} \end{bmatrix}\begin{bmatrix}\boldsymbol{A}^{n-1}\boldsymbol{b} & \cdots & \boldsymbol{A}\boldsymbol{b} & \boldsymbol{b}\end{bmatrix}\begin{bmatrix} 1 & 0 & \cdots & 0 \\ \alpha_{n-1} & \ddots & \ddots & \vdots \\ \vdots & \ddots & \ddots & 0 \\ \alpha_1 & \cdots & \alpha_{n-1} & 1 \end{bmatrix}$$

$$=\begin{bmatrix} 1 & 0 & \cdots & 0 \\ z^{\mathrm{T}}\boldsymbol{A}^{n}\boldsymbol{b} & 1 & \ddots & \vdots \\ \vdots & \ddots & \ddots & 0 \\ z^{\mathrm{T}}\boldsymbol{A}^{2n-2}\boldsymbol{b} & \cdots & z^{\mathrm{T}}\boldsymbol{A}^{n}\boldsymbol{b} & 1 \end{bmatrix}\begin{bmatrix} 1 & & & 0 \\ \alpha_{n-1} & \ddots & & \\ \vdots & \ddots & \ddots & \\ \alpha_1 & \cdots & \alpha_{n-1} & 1 \end{bmatrix}. \tag{10.1.20}$$

两个下三角矩阵相乘,结果仍是下三角矩阵,即

$$\boldsymbol{T}^{-1}\boldsymbol{T}=\begin{bmatrix} 1 & 0 & \cdots & 0 \\ z^{\mathrm{T}}\boldsymbol{A}^{n}\boldsymbol{b}+\alpha_{n-1} & 1 & \ddots & \vdots \\ \vdots & \ddots & \ddots & 0 \\ * & \cdots & z^{\mathrm{T}}\boldsymbol{A}^{n}\boldsymbol{b}+\alpha_{n-1} & 1 \end{bmatrix}. \tag{10.1.21}$$

其中对角线元素都是 1,“ * ”代表可能非零的元.

将式 (10.1.19) 代入式(10.1.21)对角线下第一条斜线的元素,可得

$$\begin{aligned} z^{\mathrm{T}}\boldsymbol{A}^{n}\boldsymbol{b}+\alpha_{n-1} &= (-\alpha_{n-1}z^{\mathrm{T}}\boldsymbol{A}^{n-1}\boldsymbol{b}-\cdots-\alpha_0 z^{\mathrm{T}}\boldsymbol{b})+\alpha_{n-1} \\ &= -\alpha_{n-1}+\alpha_{n-1}=0, \end{aligned} \tag{10.1.22}$$

而且证明了

$$z^{\mathrm{T}}\boldsymbol{A}^{n}\boldsymbol{b}=-\alpha_{n-1}. \tag{10.1.23}$$

将式(10.1.19)和式(10.1.23) 代入对角线下第二条斜线的元素,可得

$$\begin{aligned} z^{\mathrm{T}}\boldsymbol{A}^{n+1}\boldsymbol{b}+\alpha_{n-1}z^{\mathrm{T}}\boldsymbol{A}^{n}\boldsymbol{b}+\alpha_{n-2} &= z^{\mathrm{T}}\boldsymbol{A}^{n+1}\boldsymbol{b}-\alpha_{n-1}^2+\alpha_{n-2} \\ &= -\alpha_{n-1}z^{\mathrm{T}}\boldsymbol{A}^{n}\boldsymbol{b}-\alpha_{n-2}z^{\mathrm{T}}\boldsymbol{A}^{n-1}\boldsymbol{b}-\cdots \\ &\quad -\alpha_0 z^{\mathrm{T}}\boldsymbol{A}\boldsymbol{b}-\alpha_{n-1}^2+\alpha_{n-2} \\ &= \alpha_{n-1}^2-\alpha_{n-2}-\alpha_{n-1}^2+\alpha_{n-2}=0, \end{aligned} \tag{10.1.24}$$

同时可得出

$$z^{\mathrm{T}}\boldsymbol{A}^{n+1}\boldsymbol{b}=\alpha_{n-1}^2-\alpha_{n-2}. \tag{10.1.25}$$

依此类推,对角线下的各条斜线的元素都是零,从而证明 $\boldsymbol{T}^{-1}\boldsymbol{T}=\boldsymbol{I}$. 同样也可以证明 $\boldsymbol{T}\boldsymbol{T}^{-1}=\boldsymbol{I}$,所以式 (10.1.16) 的假设正确.

例 10.1.1 开环受控系统 $\Sigma(\boldsymbol{A},\boldsymbol{b})$的系数矩阵如下

$$\boldsymbol{A}=\begin{bmatrix} -2 & -3 \\ 4 & -9 \end{bmatrix}, \quad \boldsymbol{b}=\begin{bmatrix} 3 \\ 1 \end{bmatrix}.$$

试求状态反馈矩阵,使闭环系统极点被配置在 $\lambda_{1,2}^*=-1\pm \mathrm{j}2$.

解 (1) 判断可控性. 受控系统 $\Sigma(\boldsymbol{A},\boldsymbol{b})$的可控性矩阵

$$Q_C=[b\quad Ab]=\begin{bmatrix}3&-9\\1&3\end{bmatrix}$$

的秩为2,状态完全可控,可以实现综合目标.

(2) 确定闭环系统的期望多项式.由闭环期望极点$\lambda_{1,2}^*=-1\pm j2$可以得出闭环系统的期望多项式

$$\Delta^*(s)=(s-\lambda_1^*)(s-\lambda_2^*)=s^2+2s+5.$$

故$\alpha_1^*=2,\alpha_0^*=5$.

(3) 确定极点配置的状态反馈矩阵.对单输入系统,状态反馈矩阵退化为行向量f^T.本例中分别采用三种方法综合状态反馈矩阵.

方法一:设$f^T=[f_1\quad f_2]$,可得闭环系统特征多项式

$$\begin{aligned}\Delta_F(s)&=\det(sI-A+bf^T)=\det\begin{bmatrix}s+2+3f_1&3+3f_2\\-4+f_1&s+9+f_2\end{bmatrix}\\&=s^2+(11+3f_1+f_2)s+(30+24f_1+14f_2).\end{aligned}$$

令$\Delta^*(s)=\Delta_F(s)$,使s的同次幂系数相等,得

$$11+3f_1+f_2=2,\quad 30+24f_1+14f_2=5.$$

由此可以解得$f_1=-5.6$和$f_2=7.8$,实现闭环极点配置的状态反馈为

$$f^T=[f_1\quad f_2]=[-5.6\quad 7.8].$$

方法二:采用规范型的方法.计算开环受控系统$\Sigma(A,b)$的特征多项式

$$\Delta(s)=\det(sI-A)=\det\begin{bmatrix}s+2&3\\-4&s+9\end{bmatrix}=s^2+11s+30,$$

故$\alpha_1=11,\alpha_0=30$.

将$\Sigma(A,b)$化为第二种可控规范型的变换矩阵为

$$T=[Ab\quad b]\begin{bmatrix}1&0\\\alpha_1&1\end{bmatrix}=\begin{bmatrix}-9&3\\3&1\end{bmatrix}\begin{bmatrix}1&0\\11&1\end{bmatrix}=\begin{bmatrix}24&3\\14&1\end{bmatrix},$$

其逆矩阵为

$$T^{-1}=\frac{1}{18}\times\begin{bmatrix}-1&3\\14&-24\end{bmatrix}.$$

所以,受控系统$\Sigma(A,b)$实现闭环极点配置的状态反馈矩阵为

$$\begin{aligned}f^T&=[\alpha_0^*-\alpha_0\quad \alpha_1^*-\alpha_1]T^{-1}\\&=[5-30\quad 2-11]\times\frac{1}{18}\times\begin{bmatrix}-1&3\\14&-24\end{bmatrix}\\&=[-5.6\quad 7.8].\end{aligned}$$

方法三:采用改进算法.取可控性矩阵逆矩阵的最后一行

$$z^T=[0\quad 1]Q_C^{-1}=[0\quad 1]\begin{bmatrix}3&-9\\1&3\end{bmatrix}^{-1}=\frac{1}{18}\times[-1\quad 3],$$

将开环状态系数矩阵代入期望特征多项式

$$\Delta^*(\boldsymbol{A}) = \boldsymbol{A}^2 + 2\boldsymbol{A} + 5\boldsymbol{I} = \begin{bmatrix} -8 & 33 \\ -44 & 69 \end{bmatrix} + 2 \times \begin{bmatrix} -2 & -3 \\ 4 & -9 \end{bmatrix} + 5 \times \begin{bmatrix} 1 & 0 \\ 0 & 1 \end{bmatrix}$$

$$= \begin{bmatrix} -7 & 27 \\ -36 & 56 \end{bmatrix}.$$

所以,实现闭环极点配置的状态反馈矩阵为

$$\boldsymbol{f}^{\mathrm{T}} = \boldsymbol{z}^{\mathrm{T}} \Delta^*(\boldsymbol{A}) = \frac{1}{18} \times [-1 \quad 3] \begin{bmatrix} -7 & 27 \\ -36 & 56 \end{bmatrix} = [-5.6 \quad 7.8].$$

三种方法的结果是一样的. □

例 10.1.2 给定图 10.1.4 所示的受控系统,设计状态反馈,使闭环系统满足下列指标:输出响应的超调量 $\sigma \leqslant 5\%$、峰值时间 $t_{\mathrm{p}} \leqslant 0.5\mathrm{s}$.

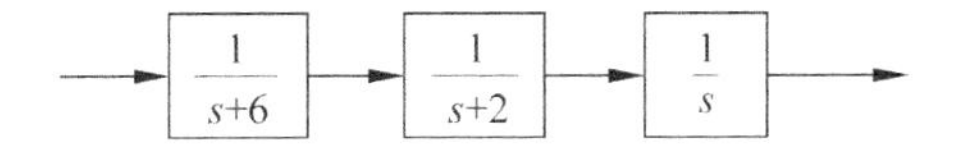

图 10.1.4 例 10.1.2 系统结构图

解 (1) 将给定综合指标转换为相应的期望极点. 由于不存在开环零点,故闭环系统的动态性能完全由闭环极点决定. 期望极点数 $n=3$,应选择一对主导极点和一个远方极点,并使后者对闭环系统性能的影响很小,以便将系统近似看作只具有主导极点对的二阶系统. 令主导极点对为

$$\lambda_{1,2} = -\zeta\omega_{\mathrm{n}} \pm \mathrm{j}\sqrt{1-\zeta^2}\,\omega_{\mathrm{n}},$$

其中 ζ 和 ω_{n} 是二阶系统的阻尼系数和无阻尼自振频率. 利用二阶模型的超调量和峰值时间的公式

$$\sigma = \mathrm{e}^{\frac{-\zeta\pi}{\sqrt{1-\zeta^2}}} \leqslant 5\%, \quad t_{\mathrm{p}} = \frac{\pi}{\omega_{\mathrm{n}}\sqrt{1-\zeta^2}} \leqslant 0.5,$$

可得 $\zeta \geqslant 0.707$,$\omega_{\mathrm{n}} \geqslant 9$ 弧度/秒. 为计算方便,取 $\zeta = 0.707$,$\omega_{\mathrm{n}} = 10$. 此时的主导极点对为

$$\lambda_{1,2} = -\zeta\omega_{\mathrm{n}} \pm \mathrm{j}\sqrt{1-\zeta^2}\,\omega_{\mathrm{n}} = -7.07 \pm \mathrm{j}7.07,$$

第三个极点 λ_3 应选择得使其和原点距离远大于主导极点和原点的距离 $|\lambda_1| = \omega_{\mathrm{n}}$. 取 $|\lambda_3| = 10|\lambda_1|$,则 $\lambda_3 = -100$. 于是期望特征多项式为

$$\Delta^*(s) = (s+100)(s^2 + 2\zeta\omega_{\mathrm{n}}s + \omega_{\mathrm{n}}^2) = (s+100)(s^2 + 14.14s + 100)$$

$$= s^3 + 114.14s^2 + 1514s + 10000.$$

(2) 确定开环系统的状态空间表达式. 给定开环系统的一个实现为

$$\boldsymbol{A} = \begin{bmatrix} 0 & 1 & 0 \\ 0 & -2 & 1 \\ 0 & 0 & -6 \end{bmatrix}, \quad \boldsymbol{b} = \begin{bmatrix} 0 \\ 0 \\ 1 \end{bmatrix}, \quad \boldsymbol{c}^{\mathrm{T}} = [1 \quad 0 \quad 0].$$

开环系统 $\Sigma(\boldsymbol{A}, \boldsymbol{b}, \boldsymbol{c}^{\mathrm{T}})$ 的特征多项式为

$$\Delta(s) = \det(s\boldsymbol{I} - \boldsymbol{A}) = s^3 + 18s^2 + 72s.$$

(3) 利用等价关系，计算化第二可控规范型的坐标变换阵 $\boldsymbol{T}$ 的逆矩阵. 可控规范型 $\widetilde{\Sigma}(\widetilde{\boldsymbol{A}},\widetilde{\boldsymbol{b}},\widetilde{\boldsymbol{c}}^{\mathrm{T}})$ 如下：

$$\widetilde{\boldsymbol{A}}=\begin{bmatrix}0 & 1 & 0\\ 0 & 0 & 1\\ 0 & -72 & -18\end{bmatrix},\quad \widetilde{\boldsymbol{b}}=\begin{bmatrix}0\\0\\1\end{bmatrix},\quad \widetilde{\boldsymbol{c}}^{\mathrm{T}}=\begin{bmatrix}1 & 0 & 0\end{bmatrix},$$

令变换阵的逆矩阵为

$$\boldsymbol{T}^{-1}=\begin{bmatrix}t_{11} & t_{12} & t_{13}\\ t_{21} & t_{22} & t_{23}\\ t_{31} & t_{32} & t_{33}\end{bmatrix}.$$

由 $\widetilde{\boldsymbol{b}}=\boldsymbol{T}^{-1}\boldsymbol{b}$ 可知，$t_{13}=0, t_{23}=0, t_{33}=1$；由 $\boldsymbol{c}^{\mathrm{T}}=\widetilde{\boldsymbol{c}}^{\mathrm{T}}\boldsymbol{T}^{-1}$ 可知，$t_{11}=1, t_{12}=0$；又由 $\widetilde{\boldsymbol{A}}\boldsymbol{T}^{-1}=\boldsymbol{T}^{-1}\boldsymbol{A}$ 可得

$$\begin{bmatrix}0 & 1 & 0\\ 0 & 0 & 1\\ 0 & -72 & -18\end{bmatrix}\begin{bmatrix}1 & 0 & 0\\ t_{21} & t_{22} & 0\\ t_{31} & t_{32} & 1\end{bmatrix}=\begin{bmatrix}1 & 0 & 0\\ t_{21} & t_{22} & 0\\ t_{31} & t_{32} & 1\end{bmatrix}\begin{bmatrix}0 & 1 & 0\\ 0 & -12 & 1\\ 0 & 0 & -6\end{bmatrix}.$$

解得 $t_{21}=0, t_{22}=1, t_{31}=0, t_{32}=-12$，即

$$\boldsymbol{T}^{-1}=\begin{bmatrix}1 & 0 & 0\\ 0 & 1 & 0\\ 0 & -12 & 1\end{bmatrix}.$$

(4) 由开环特征多项式和闭环期望特征多项式的系数之差，确定可控规范型 $\widetilde{\Sigma}(\widetilde{\boldsymbol{A}},\widetilde{\boldsymbol{b}},\widetilde{\boldsymbol{c}}^{\mathrm{T}})$ 的状态反馈矩阵.

$$\widetilde{\boldsymbol{f}}^{\mathrm{T}}=[0-10000\quad 72-1514\quad 18-114.14]=-[10000\quad 1442\quad 96.14]$$

(5) 做反坐标变换，确定原开环系统的状态反馈矩阵.

$$\begin{aligned}\boldsymbol{f}^{\mathrm{T}}&=\widetilde{\boldsymbol{f}}^{\mathrm{T}}\boldsymbol{T}^{-1}=-[10000\quad 1442\quad 96.14]\begin{bmatrix}1 & 0 & 0\\ 0 & 1 & 0\\ 0 & -12 & 1\end{bmatrix}\\ &=-[10000\quad 288.32\quad 96.14].\end{aligned}$$

□

10.1.2 多输入系统极点配置的一种方法

多输入系统极点配置的方法很多，这里介绍其中的一种. 该方法分两步进行.

第一步通过特定的状态反馈矩阵将多输入量系统化为由单个输入(比如由第一输入分量)完全可控的系统，综合方法在 9.11.3 节中已叙述过.

第二步对已化成的单输入完全可控系统，按期望的极点要求选择它的状态反馈矩阵，综合方法在 10.1.1 节中可以找到.

这样，将两步所选择的两个状态反馈矩阵加以恰当地组合，可以得出为多输

入系统完成极点配置任务的状态反馈矩阵.

参看图10.1.5将多输入系统$\Sigma(\boldsymbol{A},\boldsymbol{B})$闭环极点配置的综合步骤总结如下:

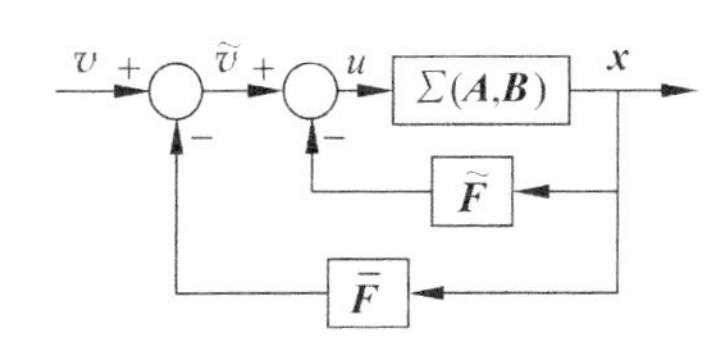

图10.1.5 多输入系统两步状态反馈示意图

(1) 检查$\Sigma(\boldsymbol{A},\boldsymbol{B})$的可控性. 如果它的状态完全可控,则可以任意配置闭环极点.

(2) 完全可控的$\Sigma(\boldsymbol{A},\boldsymbol{B})$,按照9.11.3小节叙述的方法构造变换矩阵$\boldsymbol{T}$和状态反馈矩阵$\hat{\boldsymbol{F}}$. 并令$\tilde{\boldsymbol{F}}=\hat{\boldsymbol{F}}\boldsymbol{T}^{-1}$,则在控制律$\boldsymbol{u}=\tilde{\boldsymbol{v}}-\tilde{\boldsymbol{F}}\boldsymbol{x}$作用下的闭环系统$\dot{\boldsymbol{x}}=(\boldsymbol{A}-\boldsymbol{B}\tilde{\boldsymbol{F}})\boldsymbol{x}+\boldsymbol{B}\tilde{\boldsymbol{v}}$成为状态由第一个输入分量$\tilde{v}_1$完全可控. 即单输入系统$(\boldsymbol{A}-\boldsymbol{B}\tilde{\boldsymbol{F}},\boldsymbol{b}_1)$状态完全可控. 其中$\boldsymbol{b}_1$是矩阵$\boldsymbol{B}$的第一个列向量.

(3) 对单输入系统$\dot{\boldsymbol{x}}=(\boldsymbol{A}-\boldsymbol{B}\tilde{\boldsymbol{F}})\boldsymbol{x}+\boldsymbol{b}_1\tilde{v}_1$进行极点配置,使其满足性能指标要求. 可以选择控制规律$\tilde{v}_1=v_1-\boldsymbol{f}_1^{\mathrm{T}}\boldsymbol{x}$,使得闭环系统$\dot{\boldsymbol{x}}=(\boldsymbol{A}-\boldsymbol{B}\tilde{\boldsymbol{F}}-\boldsymbol{b}_1\boldsymbol{f}_1^{\mathrm{T}})\boldsymbol{x}+\boldsymbol{b}_1v_1$的极点都被配置在期望的位置上,其中$\boldsymbol{f}_1^{\mathrm{T}}$是$n$维行向量,$\tilde{v}_1$是$n$维列向量$\tilde{\boldsymbol{v}}$的第一个分量,$v_1$是$n$维列向量$\boldsymbol{v}$的第一个分量.

如果把$\boldsymbol{f}_1^{\mathrm{T}}$扩展写为$l\times n$维矩阵,即

$$\bar{\boldsymbol{F}}=\begin{bmatrix}\boldsymbol{f}_1^{\mathrm{T}}\\0\\\vdots\\0\end{bmatrix},\tag{10.1.26}$$

则有$\boldsymbol{B}\bar{\boldsymbol{F}}=\boldsymbol{b}_1\boldsymbol{f}_1^{\mathrm{T}}$. 那么上述控制规律$\tilde{v}_1=v_1-\boldsymbol{f}_1^{\mathrm{T}}\boldsymbol{x}$可以扩展写为$\tilde{\boldsymbol{v}}=\boldsymbol{v}-\bar{\boldsymbol{F}}\boldsymbol{x}$,闭环方程可以写成$\dot{\boldsymbol{x}}=(\boldsymbol{A}-\boldsymbol{B}\tilde{\boldsymbol{F}}-\boldsymbol{B}\bar{\boldsymbol{F}})\boldsymbol{x}+\boldsymbol{B}\boldsymbol{v}$. 此时,闭环系统的全部极点都在期望的位置上.

(4) 将两步的状态反馈矩阵$\tilde{\boldsymbol{F}}$和$\bar{\boldsymbol{F}}$相加,就是使原多输入系统$\Sigma(\boldsymbol{A},\boldsymbol{B})$实现闭环极点配置的状态反馈矩阵,即

$$\boldsymbol{F}=\bar{\boldsymbol{F}}+\tilde{\boldsymbol{F}}=\begin{bmatrix}\boldsymbol{f}_1^{\mathrm{T}}\\0\\\vdots\\0\end{bmatrix}+\hat{\boldsymbol{F}}\boldsymbol{T}^{-1}.\tag{10.1.27}$$

例 10.1.3 给定多输入系统$\Sigma(\boldsymbol{A},\boldsymbol{B})$的系数矩阵如下:

$$\boldsymbol{A}=\begin{bmatrix}1&0\\0&1\end{bmatrix},\quad \boldsymbol{B}=\begin{bmatrix}1&1\\0&1\end{bmatrix}.$$

试求状态反馈阵$\boldsymbol{F}$使闭环极点为-1和-2.

解 (1) 该系统是状态完全可控的. 当采用控制策略(计算过程参见例9.11.2)

$$\boldsymbol{u}=\tilde{\boldsymbol{v}}-\tilde{\boldsymbol{F}}\boldsymbol{x}=\tilde{\boldsymbol{v}}-\begin{bmatrix}0&0\\-1&1\end{bmatrix}\boldsymbol{x}$$

时,闭环系统 $\Sigma_{\widetilde{F}}=(\boldsymbol{A}-\boldsymbol{B}\widetilde{\boldsymbol{F}},\boldsymbol{B})$ 为

$$\dot{\boldsymbol{x}}=\begin{bmatrix}2 & -1\\1 & 0\end{bmatrix}\boldsymbol{x}+\begin{bmatrix}1 & 1\\0 & 1\end{bmatrix}\widetilde{\boldsymbol{v}},$$

它对第一个输入分量 $\widetilde{v}_1$ 完全可控.

(2) 对 $\Sigma_{\widetilde{F}}$ 采用控制策略

$$\widetilde{\boldsymbol{v}}=\boldsymbol{v}-\overline{\boldsymbol{F}}\boldsymbol{x}=\boldsymbol{v}-\begin{bmatrix}f_1 & f_2\\0 & 0\end{bmatrix}\boldsymbol{x},$$

可以任意配置闭环的极点. 闭环状态系数矩阵是

$$\boldsymbol{A}-\boldsymbol{B}\widetilde{\boldsymbol{F}}-\boldsymbol{B}\overline{\boldsymbol{F}}=\begin{bmatrix}2-f_1 & -f_2-1\\1 & 0\end{bmatrix},$$

其特征多项式为

$$\begin{aligned}\Delta_F(s)&=\det(s\boldsymbol{I}-\boldsymbol{A}+\boldsymbol{B}\widetilde{\boldsymbol{F}}+\boldsymbol{B}\overline{\boldsymbol{F}})=\det\begin{bmatrix}s-2+f_1 & 1+f_2\\-1 & s\end{bmatrix}\\&=s^2+(-2+f_1)s+1+f_2.\end{aligned}$$

由期望极点 -1 和 -2,可得期望的特征多项式

$$\Delta^*(s)=(s+1)(s+2)=s^2+3s+2.$$

令 $\Delta_F(s)=\Delta^*(s)$,可得 $f_1=5,f_2=1$,即

$$\overline{\boldsymbol{F}}=\begin{bmatrix}5 & 1\\0 & 0\end{bmatrix}.$$

(3) 总反馈矩阵为

$$\boldsymbol{F}=\widetilde{\boldsymbol{F}}+\overline{\boldsymbol{F}}=\begin{bmatrix}0 & 0\\-1 & 1\end{bmatrix}+\begin{bmatrix}5 & 1\\0 & 0\end{bmatrix}=\begin{bmatrix}5 & 1\\-1 & 1\end{bmatrix}.$$

显然,实现对第一个输入可控的反馈阵 $\widetilde{\boldsymbol{F}}$ 的第一行肯定是全零行,而实现单输入极点配置的反馈 $\overline{\boldsymbol{F}}$ 仅在第一行可能为非零数值.

(4) 校核. 闭环系统 $\Sigma_F(\boldsymbol{A}-\boldsymbol{B}\boldsymbol{F},\boldsymbol{B})$ 的状态系数矩阵为

$$\boldsymbol{A}-\boldsymbol{B}\boldsymbol{F}=\begin{bmatrix}1 & 0\\0 & 1\end{bmatrix}-\begin{bmatrix}1 & 1\\0 & 1\end{bmatrix}\begin{bmatrix}5 & 1\\-1 & 1\end{bmatrix}=\begin{bmatrix}-3 & -2\\1 & 0\end{bmatrix},$$

其特征多项式

$$\Delta_F(s)=\det(s\boldsymbol{I}-\boldsymbol{A}+\boldsymbol{B}\boldsymbol{F})=\det\begin{bmatrix}s+3 & 2\\-1 & s\end{bmatrix}=s^2+3s+2=\Delta^*(s).$$

可见,闭环极点为 -1 和 -2.

(5) 多输入系统闭环极点配置状态反馈矩阵的不惟一性讨论. 设原系统的状态反馈矩阵为

$$\boldsymbol{F}=\begin{bmatrix}f_{11} & f_{12}\\f_{21} & f_{22}\end{bmatrix},$$

则闭环特征多项式为

$$\begin{aligned}\Delta_F(s) &= \det(s\boldsymbol{I}-\boldsymbol{A}+\boldsymbol{BF})\\ &= s^2+(f_{11}+f_{21}+f_{22}-2)s+(f_{11}f_{22}-f_{12}f_{21}-f_{11}-f_{21}-f_{22}+1),\end{aligned}$$

令 $\Delta_F(s)=\Delta^*(s)$,可以得出

$$\begin{cases} f_{11}+f_{21}+f_{22}=5 \\ f_{11}f_{22}-f_{12}f_{21}=6 \end{cases}.$$

显然其解并不惟一.令 $f_{11}=5$,$f_{21}=-1$,就得到(3)中的解 $f_{12}=1$ 和 $f_{22}=1$. □

10.1.3 闭环极点配置定理

根据10.1.1小节和10.1.2小节的叙述,可以有如下定理.

定理10.1.1(闭环极点配置定理) 对线性定常系统,状态反馈闭环系统 $\Sigma_F(\boldsymbol{A}-\boldsymbol{BF},\boldsymbol{B},\boldsymbol{C})$ 可以任意配置极点,也就是说,使

$$\det(s\boldsymbol{I}-\boldsymbol{A}+\boldsymbol{BF})=\prod_{i=1}^{n}(s-\lambda_i^*) \tag{10.1.28}$$

成立的充分必要条件是:开环系统 $\Sigma(\boldsymbol{A},\boldsymbol{B})$ 状态完全可控.其中 λ_i^* $(i=1,2,\cdots,n)$ 为任意一组期望的极点,它们或为实数,或为按共轭对出现的复数. □

关于闭环极点配置,需要说明如下几点:

(1) 定理10.1.1说明开环系统 $\Sigma(\boldsymbol{A},\boldsymbol{B})$ 状态完全可控与闭环极点可以任意配置 n 个极点是完全等价的.

(2) 显然,当开环系统 $\Sigma(\boldsymbol{A},\boldsymbol{B})$ 不完全可控时,闭环不能任意配置 n 个极点.在第9章中曾介绍过,状态反馈不改变不可控极点.如果期望配置的 n 个极点中包含有全部不可控极点,那么这一组闭环极点就可以由状态反馈进行配置.也就是说,状态反馈可以任意配置闭环极点的个数与开环系统 $\Sigma(\boldsymbol{A},\boldsymbol{B})$ 的可控子空间维数相同.

(3) 单输入系统的状态反馈矩阵退化为一个 n 维行向量 $\boldsymbol{f}^{\mathrm{T}}$,它有 n 个元素可以选择,恰好可以调整 n 个极点.当给定 n 个极点时,实现闭环极点配置的反馈 $\boldsymbol{f}^{\mathrm{T}}$ 是惟一的.

这一点在开环系统为第二可控规范型(10.1.6)时看得更清楚.由它的闭环极点配置的状态反馈表示式(10.1.10)可以看出:状态反馈矩阵 $\tilde{\boldsymbol{f}}^{\mathrm{T}}$ 的每一个元素调整闭环特征多项式的一个系数,使该系数和期望特征多项式相应系数相等,从而将闭环极点配置到期望的位置.状态反馈向量 $\tilde{\boldsymbol{f}}^{\mathrm{T}}$ 有 n 个元素,闭环特征多项式有 n 个系数待调整.所以实现闭环极点配置的状态反馈是惟一的.

(4) 多输入系统的状态反馈矩阵是一个 $l\times n$ 维矩阵 $\boldsymbol{F}$,它有 $n\cdot l$ 个元素可以选择,而闭环特征多项式只有 n 个系数待调整.所以实现闭环极点配置的状态反馈矩阵是不惟一的.例10.1.3最后的讨论也表明了这点.

(5) 单输入单输出系统由状态反馈进行闭环极点配置的时候并不改变系统传

递函数的零点,除非故意配置极点与零点对消.

在第二可控规范型$\tilde{\Sigma}(\tilde{\boldsymbol{A}},\tilde{\boldsymbol{b}},\tilde{\boldsymbol{c}}^{\mathrm{T}})$的结构中,传递函数 $G(s)$ 的分子多项式是由输出系数矩阵$\tilde{\boldsymbol{c}}^{\mathrm{T}}$ 决定的. 若$\tilde{\boldsymbol{c}}^{\mathrm{T}}=[\beta_0 \quad \beta_1 \quad \cdots \quad \beta_{n-1}]$,则 $G(s)$ 的分子多项式是 $\beta_{n-1}s^{n-1}+\cdots+\beta_1 s+\beta_0$. 而经过状态反馈$\tilde{\boldsymbol{f}}^{\mathrm{T}}$ 的闭环系统$\tilde{\Sigma}_F(\tilde{\boldsymbol{A}}-\tilde{\boldsymbol{b}}\tilde{\boldsymbol{f}}^{\mathrm{T}},\tilde{\boldsymbol{b}},\tilde{\boldsymbol{c}}^{\mathrm{T}})$仍是第二可控规范型,且输出系数矩阵$\tilde{\boldsymbol{c}}^{\mathrm{T}}$ 并不改变,所以传递函数的零点不变.

如果在配置闭环极点的同时,产生了极点和零点的对消,闭环系统传递函数的零点当然会发生变化,而且在极点和零点对消中所消去的极点应当是闭环不可观极点.

(6) 多输入多输出系统由状态反馈进行闭环极点配置的同时,传递函数矩阵每个元的零点可能会改变. 请看下面的例子.

例 10.1.4　受控系统的系数矩阵和状态反馈矩阵为

$$\boldsymbol{A}=\begin{bmatrix}7 & 15 & -15\\ 0 & -1 & 0\\ 6 & 12 & -12\end{bmatrix},\ \boldsymbol{B}=\begin{bmatrix}1 & 0\\ 0 & 1\\ 1 & 1\end{bmatrix},\ \boldsymbol{C}=\begin{bmatrix}1 & 0 & 1\\ 0 & 1 & 0\end{bmatrix},\ \boldsymbol{F}=\begin{bmatrix}6 & 15 & -15\\ 0 & -3 & 0\end{bmatrix}.$$

试观察状态反馈后传递函数矩阵每个元的零点的变化.

解　给定系统的传递函数为

$$\boldsymbol{G}(s)=\begin{bmatrix}\dfrac{2(s-2)}{(s+2)(s+3)} & \dfrac{(s-2)(s+8)}{(s+1)(s+2)(s+3)}\\ 0 & \dfrac{1}{s+1}\end{bmatrix},$$

在它的元素中出现了两个零点 2 和-8. 闭环系统的状态系数矩阵为

$$\boldsymbol{A}-\boldsymbol{BF}=\begin{bmatrix}1 & 0 & 0\\ 0 & 2 & 0\\ 0 & 0 & 3\end{bmatrix}.$$

闭环系统的传递函数矩阵是

$$\boldsymbol{G}_F(s)=\begin{bmatrix}\dfrac{2(s-2)}{(s-1)(s-3)} & \dfrac{1}{s-3}\\ 0 & \dfrac{1}{s-2}\end{bmatrix}.$$

它元素中只有一个零点 2,开环传递函数矩阵元素中的零点-8 不复存在.　□

在闭环传递函数 $\boldsymbol{G}_F(s)$中,有的元素零点不变,有的元素零点改变. 这说明引入状态反馈后传递函数矩阵元素的零点是否改变是一个复杂的问题. 到目前尚未找到一个明确的规律,该问题还有待进一步研究.

应当指出,多输入多输出系统的零点定义有多种形式,使得问题更为复杂. 如果把传递函数矩阵各元素的公共零点定义为系统的零点,就可以说: 引入状态反馈将不改变系统的零点.

(7) 传递函数矩阵的每个元素中,分母多项式和分子多项式的 s 幂次之差在引入状态反馈变换前后是一个不变量. 从例 10.1.4 也可看出这一点.

在输入输出维数相等的情况下(即 $m=l$),这个性质对多输入多输出系统利用 $\{\boldsymbol{F},\boldsymbol{R}\}$ 变换进行输入输出解耦控制有重要意义.

(8) 完全可控的系统不能靠引入输出反馈控制律 $\boldsymbol{u}=\boldsymbol{v}-\boldsymbol{L}\boldsymbol{y}$ 来任意配置闭环系统的极点.

这一点用单输入单输出系统就可以说明. 这时,输出反馈系数 L 是一个标量,相当一个反馈放大系数. 由第 6 章根轨迹法可知,改变反馈放大系数 L 时,闭环极点变化的轨迹只能是以开环极点为始点、开环零点或无限远点为终点的一组根轨迹. 所以闭环极点不能在复数平面上任意配置.

如果要任意配置闭环极点,系统中必须加校正网络. 即通过增加开环零极点的途径来实现闭环极点的任意配置. 这就要在输出反馈的同时加入补偿器. 这点将在第 10.4 节中叙述.

10.1.4 镇定问题

受控系统 $\Sigma(\boldsymbol{A},\boldsymbol{B},\boldsymbol{C})$ 通过状态反馈(或者输出反馈)使闭环系统在李雅普诺夫意义下渐近稳定被称为**镇定问题**. 如果可以通过反馈使闭环系统渐近稳定,则称系统 $\Sigma(\boldsymbol{A},\boldsymbol{B},\boldsymbol{C})$ 是**状态反馈可镇定**的或者**输出反馈可镇定**的.

镇定问题是闭环极点配置问题的一个特殊情况. 镇定问题只要求闭环极点被配置在复数平面的左半平面内,不必配置到具体指定的位置. 换句话说,镇定只要求闭环极点都具有负实部. 下面从系统 $\Sigma(\boldsymbol{A},\boldsymbol{B})$ 的可控性结构分解形式看一下实现镇定的可能性.

不完全可控的系统 $\Sigma(\boldsymbol{A},\boldsymbol{B})$ 具有可控性结构分解的上三角分块形式:

$$\boldsymbol{A}=\begin{bmatrix}\boldsymbol{A}_{11} & \boldsymbol{A}_{12}\\ 0 & \boldsymbol{A}_{22}\end{bmatrix},\quad \boldsymbol{B}=\begin{bmatrix}\boldsymbol{B}_1\\ 0\end{bmatrix}. \tag{10.1.29}$$

其中,$(\boldsymbol{A}_{11},\boldsymbol{B}_1)$ 是系统的可控部分; $(\boldsymbol{A}_{22},0)$ 是系统的不可控部分.

将系统的状态反馈矩阵也写成相应的分块形式 $\boldsymbol{F}=[\boldsymbol{F}_1\quad \boldsymbol{F}_2]$. 则闭环系统的状态系数矩阵

$$\boldsymbol{A}-\boldsymbol{B}\boldsymbol{F}=\begin{bmatrix}\boldsymbol{A}_{11}-\boldsymbol{B}_1\boldsymbol{F}_1 & \boldsymbol{A}_{12}-\boldsymbol{B}_1\boldsymbol{F}_2\\ 0 & \boldsymbol{A}_{22}\end{bmatrix} \tag{10.1.30}$$

也是上三角分块矩阵. 在其特征多项式

$$\begin{aligned}\Delta_F(s)&=\det(s\boldsymbol{I}-\boldsymbol{A}+\boldsymbol{B}\boldsymbol{F})\\ &=\det(s\boldsymbol{I}-\boldsymbol{A}_{11}+\boldsymbol{B}_1\boldsymbol{F}_1)\cdot\det(s\boldsymbol{I}-\boldsymbol{A}_{22})\end{aligned} \tag{10.1.31}$$

中,可控部分 $\det(s\boldsymbol{I}-\boldsymbol{A}_{11}+\boldsymbol{B}_1\boldsymbol{F}_1)$ 可以通过闭环极点配置方法使闭环极点具有负的实部; 而不可控部分 $\det(s\boldsymbol{I}-\boldsymbol{A}_{22})$ 是状态反馈 $\boldsymbol{F}=[\boldsymbol{F}_1\quad \boldsymbol{F}_2]$ 不能加以改变的. 要实现可镇定,必须也只须要求系统 $\Sigma(\boldsymbol{A},\boldsymbol{B})$ 的不可控部分 $(\boldsymbol{A}_{22},0)$ 的极点具有负

实部. 对此可以总结为如下定理：

定理 10.1.2 线性定常系统 $\Sigma(\boldsymbol{A},\boldsymbol{B})$状态反馈可镇定的充分必要条件是：$\Sigma(\boldsymbol{A},\boldsymbol{B})$的不可控部分渐近稳定. □

完全可控的系统一定是可镇定的，而可镇定的系统不一定是完全可控的. 状态反馈可镇定问题的具体解法和闭环极点配置方法很类似. 这里不再详细叙述.

第9章中还曾介绍过：输出反馈保持了系统的可控性和可观测性. 即输出反馈不能改变系统的不可控模态和不可观测模态. 所以对输出反馈镇定问题有如下定理：

定理 10.1.3 线性定常系统 $\Sigma(\boldsymbol{A},\boldsymbol{B},\boldsymbol{C})$输出反馈可镇定的条件是：

(1) 系统可控但不可观、不可控但可观和既不可控又不可观的三部分都是渐近稳定的；

(2) 系统可控又可观的部分是可镇定的. □

设系统 $\Sigma(\boldsymbol{A},\boldsymbol{B},\boldsymbol{C})$的标准分解形式为

$$\boldsymbol{A}=\begin{bmatrix}\boldsymbol{A}_{11} & 0 & \boldsymbol{A}_{13} & 0\\ \boldsymbol{A}_{21} & \boldsymbol{A}_{22} & \boldsymbol{A}_{23} & \boldsymbol{A}_{24}\\ 0 & 0 & \boldsymbol{A}_{33} & 0\\ 0 & 0 & \boldsymbol{A}_{43} & \boldsymbol{A}_{44}\end{bmatrix},\quad \boldsymbol{B}=\begin{bmatrix}\boldsymbol{B}_1\\ \boldsymbol{B}_2\\ 0\\ 0\end{bmatrix},\quad \boldsymbol{C}=\begin{bmatrix}\boldsymbol{C}_1 & 0 & \boldsymbol{C}_3 & 0\end{bmatrix}. \tag{10.1.32}$$

其中，$(\boldsymbol{A}_{11},\boldsymbol{B}_1,\boldsymbol{C}_1)$是系统可控又可观的部分；$(\boldsymbol{A}_{22},\boldsymbol{B}_2,0)$是系统可控但不可观的部分；$(\boldsymbol{A}_{33},0,\boldsymbol{C}_3)$是系统不可控但可观的部分；$(\boldsymbol{A}_{44},0,0)$是系统不可控又不可观的部分.

设输出反馈矩阵为 $\boldsymbol{L}$，控制律是 $\boldsymbol{u}=\boldsymbol{v}-\boldsymbol{L}\boldsymbol{y}$. 则闭环系统的状态系数矩阵是

$$\boldsymbol{A}-\boldsymbol{BLC}=\begin{bmatrix}\boldsymbol{A}_{11}-\boldsymbol{B}_1\boldsymbol{L}\boldsymbol{C}_1 & 0 & \boldsymbol{A}_{13}-\boldsymbol{B}_1\boldsymbol{L}\boldsymbol{C}_3 & 0\\ \boldsymbol{A}_{21}-\boldsymbol{B}_2\boldsymbol{L}\boldsymbol{C}_1 & \boldsymbol{A}_{22} & \boldsymbol{A}_{23}-\boldsymbol{B}_2\boldsymbol{L}\boldsymbol{C}_3 & \boldsymbol{A}_{24}\\ 0 & 0 & \boldsymbol{A}_{33} & 0\\ 0 & 0 & \boldsymbol{A}_{43} & \boldsymbol{A}_{44}\end{bmatrix}. \tag{10.1.33}$$

它的特征多项式是

$$\begin{aligned}\Delta_L(s)&=\det(s\boldsymbol{I}-\boldsymbol{A}+\boldsymbol{BLC})\\ &=\det(s\boldsymbol{I}-\boldsymbol{A}_{11}+\boldsymbol{B}_1\boldsymbol{L}\boldsymbol{C}_1)\cdot\det(s\boldsymbol{I}-\boldsymbol{A}_{22})\\ &\quad\cdot\det(s\boldsymbol{I}-\boldsymbol{A}_{33})\cdot\det(s\boldsymbol{I}-\boldsymbol{A}_{44}).\end{aligned} \tag{10.1.34}$$

显然，系统可镇定的条件是 $\boldsymbol{A}_{22},\boldsymbol{A}_{33},\boldsymbol{A}_{44}$ 渐近稳定，而且 $\boldsymbol{A}_{11}-\boldsymbol{B}_1\boldsymbol{L}\boldsymbol{C}_1$ 也渐近稳定. 后者就是定理中的条件 (2)：系统可控又可观的部分是可镇定的.

例 10.1.5 已知双输入单输出系统的系数矩阵为

$$\boldsymbol{A}=\begin{bmatrix}0 & 0 & 5\\ 1 & 0 & -1\\ 0 & 1 & -3\end{bmatrix},\quad \boldsymbol{B}=\begin{bmatrix}-2 & 0\\ 1 & -2\\ 0 & 1\end{bmatrix},\quad \boldsymbol{c}^{\mathrm{T}}=\begin{bmatrix}0 & 0 & 1\end{bmatrix}.$$

检查其可控性、可观性及输出反馈可镇定性.

解 (1) 检查系统的可观性. 系统的矩阵对$(\boldsymbol{A},\boldsymbol{c}^{\mathrm{T}})$为单输出系统可观规范型,所以系统是完全可观的.

(2) 检查系统由每个输入分量u_1和u_2的可控性.

$$\boldsymbol{Q}_{\mathrm{C1}}=[\boldsymbol{b}_1\quad \boldsymbol{A}\boldsymbol{b}_1\quad \boldsymbol{A}^2\boldsymbol{b}_1]=\begin{bmatrix}-2 & 0 & 5\\ 1 & -2 & -1\\ 0 & 1 & -5\end{bmatrix},$$

$$\boldsymbol{Q}_{\mathrm{C2}}=[\boldsymbol{b}_2\quad \boldsymbol{A}\boldsymbol{b}_2\quad \boldsymbol{A}^2\boldsymbol{b}_2]=\begin{bmatrix}0 & 5 & -25\\ -2 & -1 & 10\\ 1 & -5 & 14\end{bmatrix},$$

两者都是非奇异矩阵. 所以由每个输入分量看,系统都是独立可控的.

(3) 检查输出反馈可镇定性. 系统的特征多项式为$\Delta(s)=s^3+3s^2+s-5$. 显然系统是不稳定的. 采用输出反馈控制策略$\boldsymbol{u}=\boldsymbol{v}-\boldsymbol{l}y$,其中$\boldsymbol{l}=[l_1\quad l_2]^{\mathrm{T}}$. 则闭环系统$\Sigma_L(\boldsymbol{A}-\boldsymbol{B}\boldsymbol{l}\boldsymbol{c}^{\mathrm{T}},\boldsymbol{B},\boldsymbol{c}^{\mathrm{T}})$的状态系数矩阵为

$$\boldsymbol{A}-\boldsymbol{B}\boldsymbol{l}\boldsymbol{c}^{\mathrm{T}}=\begin{bmatrix}0 & 0 & 5\\ 1 & 0 & -1\\ 0 & 1 & -3\end{bmatrix}-\begin{bmatrix}-2 & 0\\ 1 & -2\\ 0 & 1\end{bmatrix}\begin{bmatrix}l_1\\ l_2\end{bmatrix}[0\quad 0\quad 1]$$

$$=\begin{bmatrix}0 & 0 & 5+2l_1\\ 1 & 0 & -l_1+2l_2-1\\ 0 & 1 & -l_2-3\end{bmatrix},$$

闭环特征多项式为

$$\Delta_L(s)=s^3+(3+l_2)s^2+(1+l_1-2l_2)s-2l_1-5.$$

如果选择输出反馈的两个增益系数为$l_1=-3$和$l_2=-2$,则闭环特征多项式变为

$$\Delta_L(s)=s^3+s^2+2s+1.$$

应用劳斯判据可知,闭环系统渐近稳定. 此时,闭环的三个极点是$s_1=-0.57$和$s_{2,3}=-0.22\pm \mathrm{j}1.3$. 所以,系统是输出反馈可镇定的. □

对上例可做如下几点说明.

说明1: 不管怎样选择l_1和l_2,都不可能使闭环特征多项式

$$\Delta_L(s)=s^3+(3+l_2)s^2+(1+l_1-2l_2)s+(-2l_1-5)$$

的三个系数为任意值. 所以,本例中的输出反馈不能任意配置闭环极点.

说明2: 如果只反馈到第一个输入端,即$l_2=0$. 则闭环特征多项式为

$$\Delta_L(s)=s^3+3s^2+(1+l_1)s+(-2l_1-5),$$

显然找不到合适的实数l_1使$(1+l_1)$和$(-2l_1-5)$均为正数. 所以闭环系统不可能镇定.

说明3: 如果只反馈到第二个输入端,即$l_1=0$. 则闭环特征多项式为

$$\Delta_L(s)=s^3+(3+l_2)s^2+(1-2l_2)s-5,$$

常数项为负,闭环系统也不可能镇定.

10.1.5　输入变换和稳态特性

单输入单输出受控系统 $\Sigma(\boldsymbol{A},\boldsymbol{b},\boldsymbol{c}^{\mathrm{T}})$ 的传递函数是 $G(s)=\boldsymbol{c}^{\mathrm{T}}(s\boldsymbol{I}-\boldsymbol{A})^{-1}\boldsymbol{b}$. 当输入 u 为单位阶跃函数,即 $u(t)=1(t)$ 时,它的跟踪误差为

$$
\begin{aligned}
e_{ss} &= \lim_{t\to\infty}[1(t)-y(t)] = \lim_{s\to 0} s\times\left[\frac{1}{s}-\frac{G(s)}{s}\right] \\
&= 1-G(0) = 1-\boldsymbol{c}^{\mathrm{T}}(-\boldsymbol{A})^{-1}\boldsymbol{b}.
\end{aligned}
\tag{10.1.35}
$$

当受控系统 $\Sigma(\boldsymbol{A},\boldsymbol{b},\boldsymbol{c}^{\mathrm{T}})$ 只采用状态反馈控制律 $u=v-\boldsymbol{f}^{\mathrm{T}}\boldsymbol{x}$ 时,按照与上式相同的推导过程可知,在单位阶跃输入(参考输入 $v(t)=1(t)$)下,闭环系统 $\Sigma_F(\boldsymbol{A}-\boldsymbol{b}\boldsymbol{f}^{\mathrm{T}},\boldsymbol{b},\boldsymbol{c}^{\mathrm{T}})$ 的跟踪误差是

$$
e_{ss} = 1-\boldsymbol{c}^{\mathrm{T}}(-\boldsymbol{A}+\boldsymbol{b}\boldsymbol{f}^{\mathrm{T}})^{-1}\boldsymbol{b}. \tag{10.1.36}
$$

其中,状态反馈向量 $\boldsymbol{f}^{\mathrm{T}}$ 是 n 维行向量,它的 n 个元素由配置 n 个闭环极点的要求而惟一确定,所以跟踪误差也就惟一确定,没有调整的余地.

对受控系统 $\Sigma(\boldsymbol{A},\boldsymbol{b},\boldsymbol{c}^{\mathrm{T}})$ 采用**输入变换**和状态反馈控制律 $u=Rv-\boldsymbol{f}^{\mathrm{T}}\boldsymbol{x}$ 时,闭环系统是 $\Sigma_{F,R}(\boldsymbol{A}-\boldsymbol{b}\boldsymbol{f}^{\mathrm{T}},\boldsymbol{b}R,\boldsymbol{c}^{\mathrm{T}})$,传递函数为 $G_{F,R}(s)=\boldsymbol{c}^{\mathrm{T}}(s\boldsymbol{I}-\boldsymbol{A}+\boldsymbol{b}\boldsymbol{f}^{\mathrm{T}})^{-1}\boldsymbol{b}R$. 此时,对单位阶跃输入的跟踪误差为

$$
e_{ss'} = 1-\boldsymbol{c}^{\mathrm{T}}(-\boldsymbol{A}+\boldsymbol{b}\boldsymbol{f}^{\mathrm{T}})^{-1}\boldsymbol{b}R, \tag{10.1.37}
$$

可见,跟踪误差可以由输入变换系数 R 来加以调整.

利用闭环传递函数的有理分式形式,这个跟踪误差还可以被表示成

$$
e_{ss} = 1-\frac{\beta_0}{\alpha_0^*}\times R. \tag{10.1.38}
$$

其中,α_0^* 是闭环期望特征多项式的常数项;β_0 是闭环传递函数分子多项式的常数项,也是开环传递函数分子多项式的常数项.

例 10.1.6　已知受控系统 $\Sigma(\boldsymbol{A},\boldsymbol{b},\boldsymbol{c}^{\mathrm{T}})$ 的系数矩阵为

$$
\boldsymbol{A}=\begin{bmatrix}-2 & -3\\ 4 & -9\end{bmatrix},\quad \boldsymbol{b}=\begin{bmatrix}3\\1\end{bmatrix},\quad \boldsymbol{c}^{\mathrm{T}}=\begin{bmatrix}1 & 1\end{bmatrix}.
$$

设计状态反馈 $\boldsymbol{f}^{\mathrm{T}}$ 和输入变换系数 R,使闭环极点为 $-0.1\pm \mathrm{j}2$,并使稳态误差 $|e_{ss}|\leqslant 0.1$.

解　(1) 可以计算出满足极点配置的反馈为 $\boldsymbol{f}^{\mathrm{T}}=[-6.96\quad 10.07]$,而期望特征多项式 $\Delta^*(s)=s^2+0.2s+4.01$ 的常数项是 $\alpha_0^*=4.01$.

(2) 将系统 $\Sigma(\boldsymbol{A},\boldsymbol{b},\boldsymbol{c}^{\mathrm{T}})$ 化为第二可控标准型 $\widetilde{\Sigma}(\widetilde{\boldsymbol{A}},\widetilde{\boldsymbol{b}},\widetilde{\boldsymbol{c}}^{\mathrm{T}})$ 的变换矩阵为

$$
\boldsymbol{T}=\begin{bmatrix}24 & 3\\ 14 & 1\end{bmatrix}.
$$

第二可控标准型$\widetilde{\Sigma}$的输出系数向量为

$$\widetilde{\boldsymbol{c}}^{\mathrm{T}}=\boldsymbol{c}^{\mathrm{T}}\boldsymbol{T}=[1\quad 1]\begin{bmatrix}24 & 3\\14 & 1\end{bmatrix}=[38\quad 4].$$

即传递函数的分子多项式是 $4s+38$,其常数项为 $\beta_0=38$.

(3) 跟踪误差由式 $e_{ss}=1-\beta_0R/\alpha_0^*$ 确定,所以由

$$|e_{ss}|=\left|1-\frac{\beta_0}{\alpha_0^*}\times R\right|=\left|1-\frac{38}{4.01}\times R\right|\leqslant 0.1$$

可以解得输入变换系数 $0.095\leqslant R\leqslant 0.116$.

选择状态反馈 $\boldsymbol{f}^{\mathrm{T}}=[-6.96\quad 10.07]$和输入变换系数 $r=0.1$,可以使闭环极点为 $-0.1\pm\mathrm{j}2$,而且稳态跟踪误差

$$e_{ss}=\left|1-\frac{38}{4.01}\times 0.1\right|=0.095<0.1.$$ □

例 10.1.7 已知受控系统的系数矩阵为

$$\boldsymbol{A}=\begin{bmatrix}0 & 1\\-3 & -4\end{bmatrix},\quad \boldsymbol{b}=\begin{bmatrix}0\\1\end{bmatrix},\quad \boldsymbol{c}^{\mathrm{T}}=[3\quad 2].$$

设计状态反馈使闭环极点为 -4 和 -5,并讨论闭环稳态性质.

解 (1) 开环传递函数为

$$G_{\mathrm{open}}(s)=\frac{2s+3}{s^2+4s+3},$$

开环极点为 -1 和 -3,传递函数分子分母无相消,所以系统状态可控又可观.

(2) 要求闭环极点为 -4 和 -5,即期望特征多项式 $\Delta^*(s)=s^2+9s+20$. 给定系统是可控规范型,故而状态反馈矩阵为

$$\boldsymbol{f}^{\mathrm{T}}=[20-3\quad 9-4]=[17\quad 5].$$

闭环系统状态系数矩阵为

$$\boldsymbol{A}-\boldsymbol{b}\boldsymbol{f}^{\mathrm{T}}=\begin{bmatrix}0 & 1\\-20 & -9\end{bmatrix},$$

闭环传递函数为

$$G_F(s)=\frac{2s+3}{s^2+9s+20}.$$

(3) 稳态特性讨论. 当输入为单位阶跃信号 $1(t)$时,输出稳态值为

$$y(\infty)=\lim_{t\to\infty}y(t)=\lim_{s\to 0}sG(s)\times\frac{1}{s}=G(0).$$

因为对开环系统传递函数有

$$y(\infty)=\frac{3}{3}=1,$$

可见开环系统稳态无差.

根据闭环传递函数 $G_F(s)$ 可知，状态反馈在改善闭环系统动态特性的同时，产生稳态误差

$$y_F(\infty)=\frac{3}{20}.$$

稳态误差要靠输入变换 R 来调节. 令 $R=20/3$，则闭环传递函数变为

$$G_{F,R}(s)=\frac{20}{3}\times\frac{2s+3}{s^2+9s+20},$$

$$y_{F,R}(\infty)=G_{F,R}(0)=\frac{20}{20}=1.$$

此时，闭环系统不再出现稳态误差.

一般情况下，在无输入变换时，闭环系统输出稳态值为

$$y_F(\infty)=G_F(0)=\boldsymbol{c}^{\mathrm{T}}\left(-\boldsymbol{A}+\boldsymbol{b}\boldsymbol{f}^{\mathrm{T}}\right)^{-1}\boldsymbol{b},$$

状态反馈矩阵 $\boldsymbol{f}^{\mathrm{T}}$ 导致闭环系统输出稳态值 $y_F(\infty)$ 发生改变. 而加入输入变换 R 后，闭环系统输出稳态值为

$$y_{F,R}(\infty)=G_{F,R}(0)=\boldsymbol{c}^{\mathrm{T}}(-\boldsymbol{A}+\boldsymbol{b}\boldsymbol{f}^{\mathrm{T}})^{-1}\boldsymbol{b}R,$$

可以靠 R 调节误差.

(4) 结构图变换. 本例的综合结果表示在图 10.1.6(a)中. 图 10.1.6 中进入加法节点的信号都进行加法运算. 图 10.1.6(a)的控制律为

$$u=\frac{20}{3}\times v-17x_1-5x_2.$$

为便于实现，可做结构图变换. 变换后的结构图如图 10.1.6(b) 所示，其中控制律为

$$u=\frac{20}{3}\left(v-\frac{51}{20}x_1-\frac{3}{4}x_2\right).\qquad\square$$

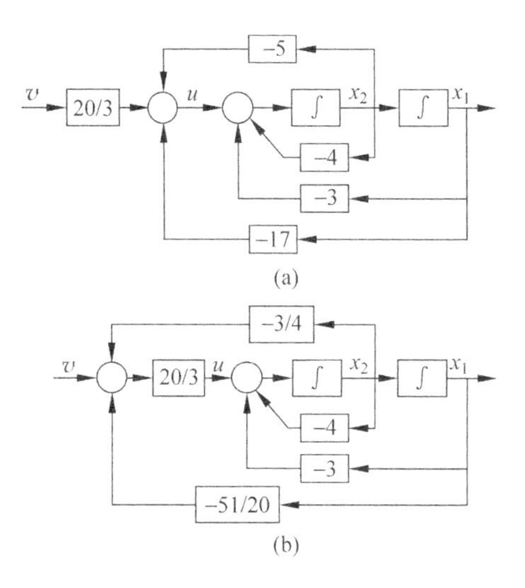

图 10.1.6　控制律的结构图变换

10.2　多输入系统极点配置方法与特征结构配置

本节讨论多输入系统的极点配置方法. 相比单输入系统情形，多输入系统的极点配置在研究思路与计算方法上都要复杂一些. 10.2.1 节中将介绍三种多输入系统的极点配置方法. 第一种方法在 10.1.2 节已经介绍，后两种方法比较具有实用价值. 10.2.2 节引出特征结构配置的概念，并探讨完全可控系统的特征结构配置方法. 10.2.3 节指明不可控极点的特征向量是可以配置的，并探讨不完全可控系统的特征结构配置方法.

10.2.1 多输入系统的极点配置方法

方法一：先将系统化为对单输入完全可控的系统，而后对单输入系统进行极点配置，将两个状态反馈矩阵恰当地组合起来，就是完成多输入系统极点配置的状态反馈矩阵. 这一点在10.1.2节中已经讲过，这里不再赘述.

方法二：借助多输入系统的第二可控规范型.

对完全可控的多输入系统$\Sigma(\boldsymbol{A},\boldsymbol{B})$，可以采用行选择方案从可控性矩阵$\boldsymbol{Q}_{\mathrm{C}}$中找出$n$个线性无关的列向量.

假设系统状态数$n=9$，输入数$l=3$，行选择方案的可控性指数集为$\mu_1=3$、$\mu_2=2$、$\mu_3=4$，就可以构造9×9维矩阵

$$\boldsymbol{E}=\left[\boldsymbol{b}_1\quad \boldsymbol{A}\boldsymbol{b}_1\quad \boldsymbol{A}^2\boldsymbol{b}_1 \,\vdots\, \boldsymbol{b}_2\quad \boldsymbol{A}\boldsymbol{b}_2 \,\vdots\, \boldsymbol{b}_3\quad \boldsymbol{A}\boldsymbol{b}_3\quad \boldsymbol{A}^2\boldsymbol{b}_3\quad \boldsymbol{A}^3\boldsymbol{b}_3\right]. \tag{10.2.1}$$

该矩阵分为三块，它的逆矩阵也分为三块，将其每一块的末行(第三行、第五行、第九行)分别用$\boldsymbol{e}_{13}$、$\boldsymbol{e}_{22}$、$\boldsymbol{e}_{34}$表示，那么利用这三个行向量可以得到第二可控规范型的变换矩阵的逆矩阵

$$\boldsymbol{T}^{-1}=\begin{bmatrix} \boldsymbol{e}_{13} \\ \boldsymbol{e}_{13}\boldsymbol{A} \\ \boldsymbol{e}_{13}\boldsymbol{A}^2 \\ \hdashline \boldsymbol{e}_{22} \\ \boldsymbol{e}_{22}\boldsymbol{A} \\ \hdashline \boldsymbol{e}_{34} \\ \boldsymbol{e}_{34}\boldsymbol{A} \\ \boldsymbol{e}_{34}\boldsymbol{A}^2 \\ \boldsymbol{e}_{34}\boldsymbol{A}^3 \end{bmatrix}. \tag{10.2.2}$$

从而得到规范型的矩阵对

$$\boldsymbol{A}_{\mathrm{C}}=\boldsymbol{T}^{-1}\boldsymbol{A}\boldsymbol{T}$$

$$=\left[\begin{array}{ccc:cc:cccc} 0 & 1 & 0 & & & & & & \\ 0 & 0 & 1 & & & & & & \\ -\alpha_{10} & -\alpha_{11} & -\alpha_{12} & \beta_{14} & \beta_{15} & \beta_{16} & \beta_{17} & \beta_{18} & \beta_{19} \\ \hdashline & & & 0 & 1 & & & & \\ \beta_{21} & \beta_{22} & \beta_{23} & -\alpha_{20} & -\alpha_{21} & \beta_{26} & \beta_{27} & \beta_{28} & \beta_{29} \\ \hdashline & & & & & 0 & 1 & 0 & 0 \\ & & & & & 0 & 0 & 1 & 0 \\ & & & & & 0 & 0 & 0 & 1 \\ \beta_{31} & \beta_{32} & \beta_{33} & \beta_{34} & \beta_{35} & -\alpha_{30} & -\alpha_{31} & -\alpha_{32} & -\alpha_{33} \end{array}\right],$$

$$B_C = T^{-1}B = \left[\begin{array}{c:c:c} 0 & & \\ 0 & & \\ 1 & \gamma & \\ \hdashline & 0 & \\ & 1 & \\ \hdashline & & 0 \\ & & 0 \\ & & 0 \\ & & 1 \end{array}\right]. \tag{10.2.3}$$

其中,未写出的元素均为零.

注意,规范型的输入系数矩阵 B_C 的非零行共有 $l=3$ 行. 如果可控性指数满足 $\mu_1 \geqslant \mu_2 \geqslant \mu_3$,则 B_C 的三个非零行是

$$\begin{bmatrix} 1 & * & * \\ 0 & 1 & * \\ 0 & 0 & 1 \end{bmatrix};$$

如果可控性指数满足 $\mu_1 \leqslant \mu_2 \leqslant \mu_3$,则 B_C 的三个非零行是

$$\begin{bmatrix} 1 & 0 & 0 \\ 0 & 1 & 0 \\ 0 & 0 & 1 \end{bmatrix}.$$

本例中可控性指数满足 $\mu_1 > \mu_2$,$\mu_1 < \mu_3$ 和 $\mu_2 < \mu_3$,所以 B_C 的三个非零行是

$$\begin{bmatrix} 1 & \gamma & 0 \\ 0 & 1 & 0 \\ 0 & 0 & 1 \end{bmatrix}.$$

如果按照第二可控规范型 (10.2.3) 的 A_C 的三个分块将期望闭环特征值分成三组,每组大小与该分块的维数一致,计算出这三个子特征多项式

$$\Delta_1^*(s) = s^3 + \alpha_{12}^* s^2 + \alpha_{11}^* s + \alpha_{10}^*,$$

$$\Delta_2^*(s) = s^2 + \alpha_{21}^* s + \alpha_{20}^*,$$

$$\Delta_3^*(s) = s^4 + \alpha_{33}^* s^3 + \alpha_{32}^* s^2 + \alpha_{31}^* s + \alpha_{30}^*,$$

则期望的闭环特征多项式为

$$\Delta^*(s) = \Delta_1^*(s) \cdot \Delta_2^*(s) \cdot \Delta_3^*(s). \tag{10.2.4}$$

对第二可控规范型 (10.2.3) 选择状态反馈矩阵

$$F_C = \left[\begin{array}{ccc:cc:cccc} \alpha_{10}^* - \alpha_{10} & \alpha_{11}^* - \alpha_{11} & \alpha_{12}^* - \alpha_{12} & \beta_{14} - \gamma(\alpha_{20}^* - \alpha_{20}) & \beta_{15} - \gamma(\alpha_{21}^* - \alpha_{21}) & \beta_{16} - \gamma\beta_{26} & \beta_{17} - \gamma\beta_{27} & \beta_{18} - \gamma\beta_{28} & \beta_{19} - \gamma\beta_{29} \\ 0 & 0 & 0 & \alpha_{20}^* - \alpha_{20} & \alpha_{21}^* - \alpha_{21} & \beta_{26} & \beta_{27} & \beta_{28} & \beta_{29} \\ 0 & 0 & 0 & 0 & 0 & \alpha_{30}^* - \alpha_{30} & \alpha_{31}^* - \alpha_{31} & \alpha_{32}^* - \alpha_{32} & \alpha_{33}^* - \alpha_{33} \end{array}\right], \tag{10.2.5}$$

可使闭环状态系数矩阵成为

$$A_C - B_C F_C = \left[\begin{array}{ccc:cc:cccc} 0 & 1 & 0 & & & & & & \\ 0 & 0 & 1 & & & & & & \\ -\alpha_{10}^* & -\alpha_{11}^* & -\alpha_{12}^* & & & & & & \\ \hdashline & & & 0 & 1 & & & & \\ \beta_{21} & \beta_{22} & \beta_{23} & -\alpha_{20}^* & -\alpha_{21}^* & & & & \\ \hdashline & & & & & 0 & 1 & 0 & 0 \\ & & & & & 0 & 0 & 1 & 0 \\ & & & & & 0 & 0 & 0 & 1 \\ \beta_{31} & \beta_{32} & \beta_{33} & \beta_{34} & \beta_{35} & -\alpha_{30}^* & -\alpha_{31}^* & -\alpha_{32}^* & -\alpha_{33}^* \end{array}\right]. \tag{10.2.6}$$

显然,闭环极点已经被配置到期望的位置,闭环特征多项式为

$$\begin{aligned} \Delta_F(s) &= \det(\boldsymbol{A}-\boldsymbol{BF}) = \det(\boldsymbol{A}_C - \boldsymbol{B}_C\boldsymbol{F}_C) \\ &= \Delta_1^*(s)\cdot\Delta_2^*(s)\cdot\Delta_3^*(s). \end{aligned} \tag{10.2.7}$$

原系统的相应状态反馈矩阵为 $\boldsymbol{F}=\boldsymbol{F}_C\boldsymbol{T}^{-1}$,

上述办法有两个优点.一是计算过程规范化,主要计算量为求变换矩阵的逆矩阵 $\boldsymbol{T}^{-1}$和导出第二可控规范型(10.2.2);二是选择形如式(10.2.5)所示的状态反馈矩阵,它保持了状态系数矩阵的分块数和每块大小,这样使得状态反馈矩阵诸元素相对比较小,闭环零输入响应的幅度也较小.

选择其他形式的状态反馈矩阵,可能改变状态系数矩阵的分块形式.比如,按下述分组计算两个子特征多项式

$$\Delta_{1a}^*(s) = s^5 + \alpha_{14}^* s^4 + \alpha_{13}^* s^3 + \alpha_{12}^* s^2 + \alpha_{11}^* s + \alpha_{10}^*;$$

$$\Delta_{2a}^*(s) = s^4 + \alpha_{23}^* s^3 + \alpha_{22}^* s^2 + \alpha_{21}^* s + \alpha_{20}^*;$$

则期望闭环特征多项式为

$$\Delta^*(s) = \Delta_{1a}^*(s)\cdot\Delta_{2a}^*(s). \tag{10.2.8}$$

对第二可控规范型(10.2.3),选择状态反馈矩阵

$$\boldsymbol{F}_C = \left[\begin{array}{ccc:cc:cccc} -\alpha_{10}-\gamma(\alpha_{10}^*+\beta_{21}) & -\alpha_{11}-\gamma(\alpha_{11}^*+\beta_{22}) & -\alpha_{12}-\gamma(\alpha_{12}^*+\beta_{23}) & \beta_{14}-1-\gamma(\alpha_{13}^*-\alpha_{20}) & \beta_{15}-\gamma(\alpha_{14}^*-\alpha_{21}) & \beta_{16}-\gamma\beta_{26} & \beta_{17}-\gamma\beta_{27} & \beta_{18}-\gamma\beta_{28} & \beta_{19}-\gamma\beta_{29} \\ \alpha_{10}^*+\beta_{21} & \alpha_{11}^*+\beta_{22} & \alpha_{12}^*+\beta_{23} & \alpha_{13}^*-\alpha_{20} & \alpha_{14}^*-\alpha_{21} & \beta_{26} & \beta_{27} & \beta_{28} & \beta_{29} \\ 0 & 0 & 0 & 0 & 0 & \alpha_{20}^*-\alpha_{30} & \alpha_{21}^*-\alpha_{31} & \alpha_{22}^*-\alpha_{32} & \alpha_{23}^*-\alpha_{33} \end{array}\right], \tag{10.2.9}$$

则闭环状态系数矩阵成为

$$
A_C - B_C F_C = \begin{bmatrix}
0 & 1 & 0 & 0 & 0 & & & & \\
0 & 0 & 1 & 0 & 0 & & & & \\
0 & 0 & 0 & 1 & 0 & & & & \\
0 & 0 & 0 & 0 & 1 & & & & \\
-\alpha_{10}^* & -\alpha_{11}^* & -\alpha_{12}^* & -\alpha_{13}^* & -\alpha_{14}^* & & & & \\
 & & & & & 0 & 1 & 0 & 0 \\
 & & & & & 0 & 0 & 1 & 0 \\
 & & & & & 0 & 0 & 0 & 1 \\
\beta_{31} & \beta_{32} & \beta_{33} & \beta_{34} & \beta_{35} & -\alpha_{20}^* & -\alpha_{21}^* & -\alpha_{22}^* & -\alpha_{23}^*
\end{bmatrix}. \tag{10.2.10}
$$

显然,状态系数矩阵的分块发生变化,三阶块和二阶块合并为一个五阶块,四阶块保持不变.这种变化是可以预先设计的,它可以在式(10.2.8)特征多项式分组时确定.这些不同的状态反馈,对系统性能的影响请参看下例.

例 10.2.1[①] 多输入系统的系数矩阵对为

$$
A = \left[\begin{array}{ccc:cc}
0 & 1 & 0 & & \\
0 & 0 & 1 & & \\
2 & 0 & 0 & & \\
\hdashline
 & & & 0 & 1 \\
 & & & -1 & -2
\end{array}\right], \quad B = \left[\begin{array}{c:c}
0 & \\
0 & \\
1 & \\
\hdashline
 & 0 \\
 & 1
\end{array}\right],
$$

其中未标出的元素均为 0.试设计状态反馈,使 5 个闭环极点为 $\lambda_i^* = -1, -2 \pm j, -1 \pm j2$.

解 (1) 所给系统已经是规范型,所以状态完全可控,可以任意配置闭环极点.

(2) 期望特征多项式为

$$
\begin{aligned}
\Delta^*(s) &= (s+1)(s^2+4s+5)(s^2+2s+5) \\
&= s^5 + 7s^4 + 24s^3 + 48s^2 + 55s + 25.
\end{aligned}
$$

则闭环状态系数矩阵为一个五阶块,可按式(10.2.9)取状态反馈矩阵

$$
F_1 = \left[\begin{array}{ccc:cc}
2 & 0 & 0 & -1 & 0 \\
25 & 55 & 48 & 24-1 & 7-2
\end{array}\right] = \left[\begin{array}{ccc:cc}
2 & 0 & 0 & -1 & 0 \\
25 & 55 & 48 & 23 & 5
\end{array}\right],
$$

可以得到只有一个分块的闭环状态系数矩阵

$$
A - BF_1 = \begin{bmatrix}
0 & 1 & 0 & 0 & 0 \\
0 & 0 & 1 & 0 & 0 \\
0 & 0 & 0 & 1 & 0 \\
0 & 0 & 0 & 0 & 1 \\
-25 & -55 & -48 & -24 & -7
\end{bmatrix}.
$$

---

① 本例题取自[美]陈啟宗.线性系统理论与设计.王纪文,杜正秋,毛剑琴译.科学出版社,1988 年,第 272 页。

(3) 若期望特征多项式写为

$$\begin{aligned}\Delta^*(s) &= (s+1)(s^2+4s+5)(s^2+2s+5)\\ &= (s^3+5s^2+9s+5)(s^2+2s+5),\end{aligned}$$

则闭环状态系数矩阵分成两个分块,一个三阶块,一个二阶块,可按式(10.2.5)取状态反馈矩阵

$$\boldsymbol{F}_2 = \begin{bmatrix} 5+2 & 9+0 & 5+0 & 0 & 0 \\ 0 & 0 & 0 & 5-1 & 2-2 \end{bmatrix} = \begin{bmatrix} 7 & 9 & 5 & 0 & 0 \\ 0 & 0 & 0 & 4 & 0 \end{bmatrix},$$

则得到保持两个分块的闭环状态系数矩阵为

$$\boldsymbol{A}-\boldsymbol{B}\boldsymbol{F}_2 = \begin{bmatrix} 0 & 1 & 0 & & \\ 0 & 0 & 1 & & \\ -5 & -9 & -5 & & \\ & & & 0 & 1 \\ & & & -5 & -2 \end{bmatrix}.$$

(4) 讨论. 状态反馈矩阵 $\boldsymbol{F}_1$ 使闭环状态系数矩阵为单块,状态反馈矩阵 $\boldsymbol{F}_2$ 使闭环状态系数矩阵保持原来两块的大小. 显然,矩阵 $\boldsymbol{F}_1$ 的元素的绝对值(增益)大于矩阵 $\boldsymbol{F}_2$ 的元素的绝对值. 若大多数特征值绝对值大于1,闭环状态系数矩阵分块阶次越高,则相应的状态反馈矩阵元素的增益越大.

在初态 $\boldsymbol{x}(0)=[2\quad 1\quad 0\quad -1\quad -1]^{\mathrm{T}}$ 的作用下,两种反馈情况下的零输入响应可参见图10.2.1,其上图为反馈矩阵为 $\boldsymbol{F}_1$ 的情况,下图为反馈矩阵为 $\boldsymbol{F}_2$ 的情况. 可见,$\boldsymbol{F}_1$ 反馈的零输入响应的最大幅值约为 $\boldsymbol{F}_2$ 反馈的零输入响应的最大幅值的三倍.

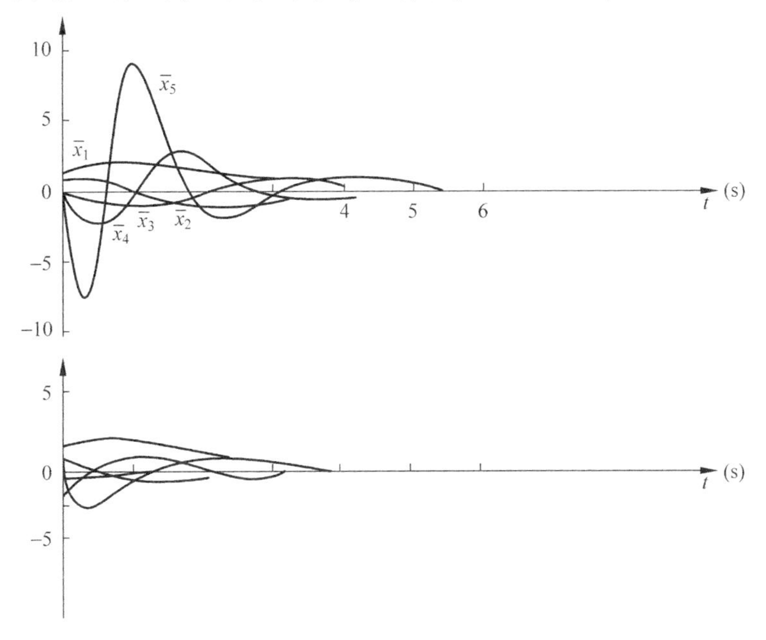

图10.2.1 两种反馈情况下零输入响应的比较 □

因此,为了使状态反馈矩阵元素增益小,并且得到较小的闭环响应幅值,闭环后状态系数矩阵每个分块维数应当尽可能地小.

状态反馈可以增加闭环后状态系数矩阵分块的维数,但不可能使维数减小,即只可能使多个分块合并为一块,而不能把一块拆成多个分块.

所以,引入状态反馈矩阵时,应当尽可能地保持闭环后状态系数矩阵各个分块的维数;同时,期望极点组中绝对值大的极点要被安排在维数较大的分块中.显然,方法一不满足这一条,而方法二是按此方式叙述的.

例 10.2.2　多输入系统 $\Sigma(\boldsymbol{A},\boldsymbol{B})$ 的系数矩阵对为

$$\boldsymbol{A}=\begin{bmatrix}1&1&0&0\\0&2&0&0\\1&0&0&0\\0&1&0&0\end{bmatrix},\quad \boldsymbol{B}=\begin{bmatrix}1&2\\1&0\\0&0\\0&0\end{bmatrix}.$$

试设计状态反馈矩阵,使 4 个闭环极点被配置在 $-1,-1,-2,-2$.

解　从可控性矩阵 $\boldsymbol{Q}_{\mathrm{C}}$ 中,采用行选择方案可以找出 4 个线性无关的列向量:

$$\boldsymbol{b}_1=\begin{bmatrix}1\\1\\0\\0\end{bmatrix},\quad \boldsymbol{A}\boldsymbol{b}_1=\begin{bmatrix}2\\2\\1\\1\end{bmatrix},\quad \boldsymbol{b}_2=\begin{bmatrix}2\\0\\0\\0\end{bmatrix},\quad \boldsymbol{A}\boldsymbol{b}_2=\begin{bmatrix}2\\0\\2\\0\end{bmatrix},$$

可见,可控性指数集为 $\mu_1=2,\mu_2=2$. 按式 (10.2.1) 构成矩阵

$$\boldsymbol{E}=\begin{bmatrix}1&2&2&2\\1&2&0&0\\0&1&0&2\\0&1&0&0\end{bmatrix}.$$

计算其逆矩阵的第 2 和第 4 行

$$\boldsymbol{e}_{12}^{\mathrm{T}}=\begin{bmatrix}0&0&0&1\end{bmatrix},\quad \boldsymbol{e}_{22}^{\mathrm{T}}=\begin{bmatrix}0&0&0.5&-0.5\end{bmatrix}.$$

再按式 (10.2.2) 构造变换矩阵的逆矩阵并计算其变换矩阵

$$\boldsymbol{T}^{-1}=\begin{bmatrix}\boldsymbol{e}_{12}^{\mathrm{T}}\\\boldsymbol{e}_{12}^{\mathrm{T}}\boldsymbol{A}\\\boldsymbol{e}_{22}^{\mathrm{T}}\\\boldsymbol{e}_{22}^{\mathrm{T}}\boldsymbol{A}\end{bmatrix}=\frac{1}{2}\times\begin{bmatrix}0&0&0&2\\0&2&0&0\\0&0&1&-1\\1&-1&0&0\end{bmatrix},\quad \boldsymbol{T}=\begin{bmatrix}0&1&0&2\\0&1&0&0\\1&0&2&0\\1&0&0&0\end{bmatrix}.$$

可得矩阵的规范型

$$\boldsymbol{A}_{\mathrm{C}}=\boldsymbol{T}^{-1}\boldsymbol{A}\boldsymbol{T}=\begin{bmatrix}0&1&0&0\\0&2&0&0\\0&0&0&1\\0&-0.5&0&1\end{bmatrix},\quad \boldsymbol{B}_{\mathrm{C}}=\begin{bmatrix}0&0\\1&0\\0&0\\0&1\end{bmatrix}.$$

系统的开环特征多项式为

$$\Delta(s)=(s^2-2s)(s^2-s)=s^2(s-1)(s-2).$$

将期望极点分成相同的各自包含−1和−2的两组，即期望特征多项式为

$$\Delta^*(s)=(s^2+3s+2)^2.$$

按式(10.2.5)构成反馈矩阵

$$\boldsymbol{F}_C=\begin{bmatrix}\alpha_{10}^*-\alpha_{10} & \alpha_{11}^*-\alpha_{11} & 0 & 0\\ 0 & 0 & \alpha_{20}^*-\alpha_{20} & \alpha_{21}^*-\alpha_{21}\end{bmatrix}$$

$$=\begin{bmatrix}2-0 & 3-(-2) & 0 & 0\\ 0 & 0 & 2-0 & 3-(-1)\end{bmatrix}=\begin{bmatrix}2 & 5 & 0 & 0\\ 0 & 0 & 2 & 4\end{bmatrix}.$$

于是规范型的闭环状态系数矩阵成为

$$\boldsymbol{A}_C-\boldsymbol{B}_C\boldsymbol{F}_C=\begin{bmatrix}0 & 1 & 0 & 0\\ -2 & -3 & 0 & 0\\ 0 & 0 & 0 & 1\\ 0 & -0.5 & -2 & -3\end{bmatrix},$$

显然，它的特征多项式 $\det(\boldsymbol{A}_C-\boldsymbol{B}_C\boldsymbol{F}_C)=(s^2+3s+2)^2$ 与期望特征多项式相同. 如此可以得到系统 $\Sigma(\boldsymbol{A},\boldsymbol{B})$ 的状态反馈矩阵

$$\boldsymbol{F}=\boldsymbol{F}_C\boldsymbol{T}^{-1}=\begin{bmatrix}0 & 5 & 0 & 2\\ 2 & -2 & 1 & -1\end{bmatrix}.$$ □

方法三：解西尔维斯特(Sylvester)方程.

本方法的附加条件是，对多输入系统 $\Sigma(\boldsymbol{A},\boldsymbol{B})$，所取的一组期望闭环极点 $\{\lambda_1^*,\lambda_2^*,\cdots,\lambda_n^*\}$ 应不同于开环状态系数矩阵 $\boldsymbol{A}$ 的特征值，即

$$\lambda_i^*\neq\lambda(\boldsymbol{A}),\quad (i=1,2,\cdots,n).\tag{10.2.11}$$

本方法的具体算法如下：

第一步：选择 $n\times n$ 维矩阵 $\boldsymbol{M}$，它的 n 个极点为期望极点 $\{\lambda_1^*,\lambda_2^*,\cdots,\lambda_n^*\}$.

由 n 个期望闭环极点可以导出期望的特征多项式

$$\Delta^*(s)=\prod_{i=1}^{n}(s-\lambda_i^*)=s^n+\alpha_{n-1}^*s^{n-1}+\cdots+\alpha_1^*s+\alpha_0^*.\tag{10.2.12}$$

基于此，选择一个 $n\times n$ 维变换矩阵 $\boldsymbol{H}$，按下式构造矩阵 $\boldsymbol{M}$：

$$\boldsymbol{M}=\boldsymbol{H}\begin{bmatrix}0 & 1 & & 0\\ \vdots & & \ddots & \\ 0 & 0 & & 1\\ -\alpha_0^* & -\alpha_1^* & \cdots & -\alpha_{n-1}^*\end{bmatrix}\boldsymbol{H}^{-1},\tag{10.2.13}$$

第二步：选择 $l\times n$ 维矩阵 $\bar{\boldsymbol{F}}$，使 $(\bar{\boldsymbol{F}},\boldsymbol{M})$ 完全可观测. 通常几乎随意选择矩阵 $\bar{\boldsymbol{F}}$，即可使 $(\bar{\boldsymbol{F}},\boldsymbol{M})$ 完全可观，而使 $(\bar{\boldsymbol{F}},\boldsymbol{M})$ 不完全可观的可能性极小.

第三步：由给定的 $\boldsymbol{A},\boldsymbol{B},\boldsymbol{M}$ 和 $\bar{\boldsymbol{F}}$，求解**西尔维斯特方程**

$$\boldsymbol{AT}-\boldsymbol{TM}=\boldsymbol{B}\bar{\boldsymbol{F}},\tag{10.2.14}$$

得出惟一的非奇异解矩阵 $\boldsymbol{T}$.

第四步：求矩阵 $\boldsymbol{T}$ 的逆矩阵 $\boldsymbol{T}^{-1}$，并令状态反馈矩阵为

$$\boldsymbol{F}=\bar{\boldsymbol{F}}\boldsymbol{T}^{-1}, \tag{10.2.15}$$

则闭环状态系数矩阵 $\boldsymbol{A}-\boldsymbol{B}\boldsymbol{F}$ 与矩阵 $\boldsymbol{M}$ 有相同的特征值.

说明 1：由西尔维斯特方程（10.2.14）得出 $\boldsymbol{AT}-\boldsymbol{TM}=\boldsymbol{B}\bar{\boldsymbol{F}}$ 后，右乘逆矩阵 $\boldsymbol{T}^{-1}$ 可得 $\boldsymbol{A}-\boldsymbol{B}\bar{\boldsymbol{F}}\boldsymbol{T}^{-1}=\boldsymbol{TMT}^{-1}$. 这说明，取反馈矩阵 $\boldsymbol{F}=\bar{\boldsymbol{F}}\boldsymbol{T}^{-1}$ 后，闭环状态系数矩阵 $\boldsymbol{A}-\boldsymbol{BF}$ 与矩阵 $\boldsymbol{M}$ 是代数等价的，从而完成闭环极点配置.

说明 2：本算法还可以采用直接计算方法. 将目标矩阵取为闭环期望矩阵，即 $\boldsymbol{M}=\boldsymbol{A}-\boldsymbol{BF}$，这样变换矩阵 $\boldsymbol{T}$ 就是单位矩阵. 这时的矩阵 $\bar{\boldsymbol{F}}$ 就是待求的状态反馈矩阵 $\boldsymbol{F}$. 根据 $\boldsymbol{A},\boldsymbol{B},\boldsymbol{M}=\boldsymbol{A}-\boldsymbol{BF}$ 可以采取直接计算的方法，即 $-\boldsymbol{BF}=\boldsymbol{M}-\boldsymbol{A}$. 从而计算出状态反馈矩阵 $\boldsymbol{F}$. 如此算出的 $\boldsymbol{F}$ 几乎总能使 $(\boldsymbol{M},\boldsymbol{F})$ 可观，而使 $(\boldsymbol{M},\boldsymbol{F})$ 不可观的可能性极小.

说明 3：西尔维斯特方程（10.2.14）有惟一解矩阵 $\boldsymbol{T}$ 的条件是，矩阵 $\boldsymbol{A}$ 和 $\boldsymbol{M}$ 没有公共特征值. 如果矩阵 $\boldsymbol{A}$ 和 $\boldsymbol{M}$ 有公共特征值，解矩阵 $\boldsymbol{T}$ 可能存在，也可能不存在.

说明 4：下面的定理保证该算法的正确性.

引理 10.2.1　如果 λ 是矩阵 $\boldsymbol{M}$ 的特征值，则对任意多项式 $f(s)$，$f(\lambda)$ 必是 $f(\boldsymbol{M})$ 的特征值.

证明　设 $\boldsymbol{v}$ 为矩阵 $\boldsymbol{M}$ 属于特征值 λ 的特征向量，即 $\boldsymbol{Mv}=\lambda\boldsymbol{v}$. 可以推导出

$$\boldsymbol{M}^2\boldsymbol{v}=\boldsymbol{M}\lambda\boldsymbol{v}=\lambda\boldsymbol{Mv}=\lambda^2\boldsymbol{v},\quad \boldsymbol{M}^3\boldsymbol{v}=\lambda^3\boldsymbol{v},\cdots,$$

于是有 $f(\boldsymbol{M})\boldsymbol{v}=f(\lambda)\boldsymbol{v}$.　□

定理 10.2.1（方法三的依据）　如果矩阵 $\boldsymbol{A}$ 和 $\boldsymbol{M}$ 没有公共特征值，西尔维斯特方程 $\boldsymbol{AT}-\boldsymbol{TM}=\boldsymbol{B}\bar{\boldsymbol{F}}$ 存在一个非奇异解矩阵 $\boldsymbol{T}$ 的必要条件是：$(\boldsymbol{A},\boldsymbol{B})$ 完全可控，$(\bar{\boldsymbol{F}},\boldsymbol{M})$ 完全可观. 在单输入系统情况下，这也是充分条件.　□

证明　矩阵 $\boldsymbol{A}$ 的特征多项式为

$$\Delta_A(s)=s^n+\alpha_{n-1}s^{n-1}+\alpha_{n-2}s^{n-2}+\cdots+\alpha_1 s+\alpha_0. \tag{10.2.16}$$

而式（10.2.12）和式（10.2.13）表明 λ_i^* 是矩阵 $\boldsymbol{M}$ 的特征值，根据引理 10.2.1 可知 $\Delta_A(\lambda_i^*)$ 必是 $\Delta_A(\boldsymbol{M})$ 的特征值，于是

$$\det\Delta_A(\boldsymbol{M})=\prod_{i=1}^{n}\Delta_A(\lambda_i^*) \tag{10.2.17}$$

成立. 又由于矩阵 $\boldsymbol{A}$ 和 $\boldsymbol{M}$ 没有公共特征值，可知 $\Delta_A(\lambda_i^*)\neq 0$，即矩阵 $\Delta_A(\boldsymbol{M})$ 非奇异.

将 $\boldsymbol{AT}=\boldsymbol{TM}+\boldsymbol{B}\bar{\boldsymbol{F}}$ 代入 $\boldsymbol{A}^2\boldsymbol{T}-\boldsymbol{TM}^2$，可得

$$\begin{aligned}\boldsymbol{A}^2\boldsymbol{T}-\boldsymbol{TM}^2&=\boldsymbol{A}(\boldsymbol{TM}+\boldsymbol{B}\bar{\boldsymbol{F}})-\boldsymbol{TM}^2\\&=(\boldsymbol{AT}-\boldsymbol{TM})\boldsymbol{M}+\boldsymbol{AB}\bar{\boldsymbol{F}}=\boldsymbol{B}\bar{\boldsymbol{F}}\boldsymbol{M}+\boldsymbol{AB}\bar{\boldsymbol{F}},\end{aligned} \tag{10.2.18}$$

依此类推，可以得到 $n+1$ 个等式：

$$
\left.\begin{aligned}
&\boldsymbol{IT}-\boldsymbol{TI}=0\\
&\boldsymbol{AT}-\boldsymbol{TM}=\boldsymbol{B}\bar{\boldsymbol{F}}\\
&\boldsymbol{A}^2\boldsymbol{T}-\boldsymbol{TM}^2=\boldsymbol{AB}\bar{\boldsymbol{F}}+\boldsymbol{B}\bar{\boldsymbol{F}}\boldsymbol{M}\\
&\boldsymbol{A}^3\boldsymbol{T}-\boldsymbol{TM}^3=\boldsymbol{A}^2\boldsymbol{B}\bar{\boldsymbol{F}}+\boldsymbol{AB}\bar{\boldsymbol{F}}\boldsymbol{M}+\boldsymbol{B}\bar{\boldsymbol{F}}\boldsymbol{M}^2\\
&\qquad\vdots\\
&\boldsymbol{A}^n\boldsymbol{T}-\boldsymbol{TM}^n=\boldsymbol{A}^{n-1}\boldsymbol{B}\bar{\boldsymbol{F}}+\boldsymbol{A}^{n-2}\boldsymbol{B}\bar{\boldsymbol{F}}\boldsymbol{M}+\boldsymbol{A}^{n-3}\boldsymbol{B}\bar{\boldsymbol{F}}\boldsymbol{M}^2+\cdots+\boldsymbol{AB}\bar{\boldsymbol{F}}\boldsymbol{M}^{n-2}+\boldsymbol{B}\bar{\boldsymbol{F}}\boldsymbol{M}^{n-1}
\end{aligned}\right\}. \tag{10.2.19}
$$

将等式组(10.2.19)的各等式分别乘以特征多项式(10.2.16)的系数,即,第一个等式乘以 α_0,第二个等式乘以 α_1,…,第 n 个等式乘以 α_{n-1},最后一个等式乘以1,而后相加,即得

$$
\Delta_A(\boldsymbol{A})\boldsymbol{T}-\boldsymbol{T}\Delta_A(\boldsymbol{M})=[\boldsymbol{B}\quad \boldsymbol{AB}\quad \cdots\quad \boldsymbol{A}^{n-1}\boldsymbol{B}]\begin{bmatrix}\alpha_1\boldsymbol{I}&\alpha_2\boldsymbol{I}&\cdots&\alpha_{n-1}\boldsymbol{I}&\boldsymbol{I}\\ \alpha_2\boldsymbol{I}&\alpha_3\boldsymbol{I}&\iddots&\boldsymbol{I}&0\\ \vdots&\iddots&\iddots&\iddots&\vdots\\ \alpha_{n-1}\boldsymbol{I}&\boldsymbol{I}&\iddots&0&0\\ \boldsymbol{I}&0&\cdots&0&0\end{bmatrix}\begin{bmatrix}\bar{\boldsymbol{F}}\\ \bar{\boldsymbol{F}}\boldsymbol{M}\\ \vdots\\ \bar{\boldsymbol{F}}\boldsymbol{M}^{n-1}\end{bmatrix}
$$

$$
=\boldsymbol{Q}_{\mathrm{C}}(\boldsymbol{A},\boldsymbol{B})\Omega(\alpha)\boldsymbol{Q}_{\mathrm{O}}(\bar{\boldsymbol{F}},\boldsymbol{M}). \tag{10.2.20}
$$

由凯莱-哈密顿定理 $\Delta_A(\boldsymbol{A})=0$,可以推出

$$
T=-\boldsymbol{Q}_{\mathrm{C}}(\boldsymbol{A},\boldsymbol{B})\Omega(\alpha)\boldsymbol{Q}_{\mathrm{O}}(\bar{\boldsymbol{F}},\boldsymbol{M})[\Delta_A(\boldsymbol{M})]^{-1}. \tag{10.2.21}
$$

所以,解矩阵 $\boldsymbol{T}$ 非奇异的必要条件是,$(\boldsymbol{A},\boldsymbol{B})$ 完全可控,$(\bar{\boldsymbol{F}},\boldsymbol{M})$ 完全可观.

在单输入情况下,等式(10.2.21)右端的矩阵都是 n 阶方阵,所以条件具有充分性. □

例 10.2.3 给定 $n=5,l=2$ 的多输入系统

$$
\dot{\boldsymbol{x}}=\begin{bmatrix}0&1&0&0&0\\0&0&1&0&0\\3&1&0&1&2\\0&0&0&0&1\\5&7&8&-1&-4\end{bmatrix}\boldsymbol{x}+\begin{bmatrix}0&0\\0&0\\1&2\\0&0\\0&1\end{bmatrix}\boldsymbol{u},
$$

并指定5个期望极点 $\lambda_1^*=-1,\lambda_{2,3}^*=-2\pm \mathrm{j},\lambda_{4,5}^*=-1\pm \mathrm{j}2$,试综合极点配置的状态反馈矩阵.

解 给定系统的状态方程已经是第二可控规范型,系统完全可控,所以存在完成极点配置任务的状态反馈矩阵.下面采用方法二和方法三进行计算.

(1) 方法二.第二可控规范型分块数为2,两块的维数分别是3和2,开环系统的两个子特征多项式为 $\Delta_1(s)=s^3-s-3,\Delta_2(s)=s^3+4s+1$.为使反馈后状态系数矩阵的分块状况不变,将5个期望极点相应分成 $\{\lambda_1^*,\lambda_2^*,\lambda_3^*\}$ 和 $\{\lambda_4^*,\lambda_5^*\}$ 两组,两个子特征多项式分别为

$$
\Delta_1^*(s)=(s+1)(s^2+4s+5)=s^3+5s^2+9s+5,\Delta_2^*(s)=s^2+2s+5.
$$

按式(10.2.5)取状态反馈矩阵

$$F=\left[\begin{array}{ccc|cc}\alpha_{10}^*-\alpha_{10} & \alpha_{11}^*-\alpha_{11} & \alpha_{12}^*-\alpha_{12} & \beta_{14}-\gamma(\alpha_{20}^*-\alpha_{20}) & \beta_{15}-\gamma(\alpha_{21}^*-\alpha_{21})\\ 0 & 0 & 0 & \alpha_{20}^*-\alpha_{20} & \alpha_{21}^*-\alpha_{21}\end{array}\right]$$

$$=\left[\begin{array}{ccc|cc}8 & 10 & 5 & -7 & 6\\ 0 & 0 & 0 & 4 & -2\end{array}\right],$$

则闭环状态系数矩阵为

$$A-BF=\left[\begin{array}{ccc|cc}0 & 1 & 0 & 0 & 0\\ 0 & 0 & 1 & 0 & 0\\ -5 & -9 & -5 & 0 & 0\\ \hline 0 & 0 & 0 & 0 & 1\\ 5 & 7 & 8 & -5 & -2\end{array}\right].$$

显然,它的特征多项式为

$$\Delta_F(s)=\det(A-BF)=(s^3+5s^2+9s+5)(s^2+2s+5).$$

这说明计算出的状态反馈矩阵 F 可以实现期望的极点配置.

(2) 方法三.这实际上是直接计算方法.

第一步:由两个子特征多项式

$$\Delta_1^*(s)=(s+1)(s^2+4s+5)=s^3+5s^2+9s+5,\quad \Delta_2^*(s)=s^2+2s+5.$$

选取目标矩阵为

$$M=\left[\begin{array}{ccc|cc}0 & 1 & 0 & 0 & 0\\ 0 & 0 & 1 & 0 & 0\\ -5 & -9 & -5 & 0 & 0\\ \hline 0 & 0 & 0 & 0 & 1\\ 5 & 7 & 8 & -5 & -2\end{array}\right]=A-BF,$$

这时,变换矩阵 T 为单位矩阵.

第二步:选取矩阵 $\bar{F}$,这实际就是待求的状态反馈矩阵 F.

以下步骤采取直接计算的方法:根据 $A,B,M=A-BF$,由 $-BF=M-A$,可得

$$\begin{bmatrix}0 & 0\\ 0 & 0\\ -1 & -2\\ 0 & 0\\ 0 & -1\end{bmatrix}F=\begin{bmatrix}0 & 0 & 0 & 0 & 0\\ 0 & 0 & 0 & 0 & 0\\ -8 & -10 & -5 & -1 & -2\\ 0 & 0 & 0 & 0 & 0\\ 0 & 0 & 0 & -4 & 2\end{bmatrix}.$$

从而计算出状态反馈矩阵

$$F=\begin{bmatrix}8 & 10 & 5 & -7 & 6\\ 0 & 0 & 0 & 4 & -2\end{bmatrix}.$$

这与前述结果一致.

验证(M,F)的可观测性.可观测性矩阵

$$\begin{bmatrix} F \\ FM \\ FM^2 \\ FM^3 \\ FM^4 \end{bmatrix} = \begin{bmatrix} 8 & 10 & 5 & -7 & 6 \\ 0 & 0 & 0 & 4 & -2 \\ 5 & 5 & 32 & -30 & 19 \\ -10 & -14 & -16 & 10 & 0 \\ -65 & -150 & -3 & -95 & -68 \\ * & \cdots & \cdots & \cdots & * \\ \vdots & & & & \vdots \\ * & \cdots & \cdots & \cdots & * \end{bmatrix}$$

的秩为 5,所以$(\boldsymbol{M},\boldsymbol{F})$完全可观. □

10.2.2 特征结构配置

上一小节讨论了多输入系统极点配置的三种方法. 读者可能已经发现,对于一个状态反馈极点配置问题,可以得到不同的状态反馈矩阵. 这表明了多输入系统状态反馈极点配置问题的解具有不惟一性. 如果想得到惟一解,可以考虑**特征结构配置**.

一个系统的**特征结构**包含了与系统有关的三个方面:

(1) 状态系数矩阵的特征值;

(2) 状态系数矩阵的特征值的代数重数和几何重数;

(3) 状态系数矩阵的特征向量和广义特征向量.

在 9.2.2 小节中详细讨论了状态运动模态与特征结构,阐明了特征结构如何决定系统状态运动的方式. 下面先从多输入系统极点配置的方法二入手,阐明特征结构配置.

设受控系统 $\Sigma(\boldsymbol{A},\boldsymbol{B})$通过坐标变换 $\boldsymbol{T}$ 可以化为第二可控规范型 $\Sigma_C(\boldsymbol{A}_C,\boldsymbol{B}_C)$,其形式如式 (10.2.3) 所示.

如果按照 $\boldsymbol{A}_C$ 的三个分块数将期望闭环特征值也分成三组,每组大小与分块维数 3,2,4 一致,则式 (10.2.4) 的三个子特征多项式可以重写为

$$\left.\begin{aligned} \Delta_1^*(s) &= (s-\lambda_1^*)(s-\lambda_2^*)(s-\lambda_3^*) = s^3+\alpha_{12}^*s^2+\alpha_{11}^*s+\alpha_{10}^* \\ \Delta_2^*(s) &= (s-\lambda_4^*)(s-\lambda_5^*) = s^2+\alpha_{21}^*s+\alpha_{20}^* \\ \Delta_3^*(s) &= (s-\lambda_6^*)(s-\lambda_7^*)(s-\lambda_8^*)(s-\lambda_9^*) = s^4+\alpha_{33}^*s^3+\alpha_{32}^*s^2+\alpha_{31}^*s+\alpha_{30}^* \end{aligned}\right\}. \tag{10.2.22}$$

此时,闭环状态系数矩阵 $\boldsymbol{A}_C-\boldsymbol{B}_C\boldsymbol{F}_C$ 的结构是式 (10.2.6). $\boldsymbol{A}_C-\boldsymbol{B}_C\boldsymbol{F}_C$ 的九个特征向量都由各自的特征值组成,用这九个特征向量$\boldsymbol{v}_i$ 构成矩阵

$$\boldsymbol{W} = [\boldsymbol{v}_1 \quad \boldsymbol{v}_2 \quad \boldsymbol{v}_3 \quad \boldsymbol{v}_4 \quad \boldsymbol{v}_5 \quad \boldsymbol{v}_6 \quad \boldsymbol{v}_7 \quad \boldsymbol{v}_8 \quad \boldsymbol{v}_9], \tag{10.2.23}$$

则该矩阵为

$$
\boldsymbol{W}=\left[\begin{array}{ccc|cc|cccc}
1 & 1 & 1 & & & & & & \\
\lambda_1^* & \lambda_2^* & \lambda_3^* & & & & & & \\
(\lambda_1^*)^2 & (\lambda_2^*)^2 & (\lambda_3^*)^2 & & & & & & \\
\hline
 & & & 1 & 1 & & & & \\
 & & & \lambda_4^* & \lambda_5^* & & & & \\
\hline
 & & & & & 1 & 1 & 1 & 1 \\
 & & & & & \lambda_6^* & \lambda_7^* & \lambda_8^* & \lambda_9^* \\
 & & & & & (\lambda_6^*)^2 & (\lambda_7^*)^2 & (\lambda_8^*)^2 & (\lambda_9^*)^2 \\
 & & & & & (\lambda_6^*)^3 & (\lambda_7^*)^3 & (\lambda_8^*)^3 & (\lambda_9^*)^3
\end{array}\right]. \tag{10.2.24}
$$

如果按照式 (10.2.8) 进行分组,可以将 5 阶组和 4 阶组的两个子特征多项式重写为

$$
\left.\begin{aligned}
\Delta_{1a}^*(s) &= \prod_{i=1}^{5}(s-\lambda_i^*) = s^5+\alpha_{14}^*s^4+\alpha_{13}^*s^3+\alpha_{12}^*s^2+\alpha_{11}^*s+\alpha_{10}^* \\
\Delta_{2a}^*(s) &= \prod_{i=6}^{9}(s-\lambda_i^*) = s^4+\alpha_{33}^*s^3+\alpha_{32}^*s^2+\alpha_{31}^*s+\alpha_{30}^*
\end{aligned}\right\}, \tag{10.2.25}
$$

这时,状态系数矩阵 $\boldsymbol{A}_C-\boldsymbol{B}_C\boldsymbol{F}_C$ 的结构是式 (10.2.10). $\boldsymbol{A}_C-\boldsymbol{B}_C\boldsymbol{F}_C$ 的九个特征向量构成矩阵

$$
\boldsymbol{W}=\left[\begin{array}{ccccc|cccc}
1 & 1 & 1 & 1 & 1 & & & & \\
\lambda_1^* & \lambda_2^* & \lambda_3^* & \lambda_4^* & \lambda_5^* & & & & \\
(\lambda_1^*)^2 & (\lambda_2^*)^2 & (\lambda_3^*)^2 & (\lambda_4^*)^2 & (\lambda_5^*)^2 & & & & \\
(\lambda_1^*)^3 & (\lambda_2^*)^3 & (\lambda_3^*)^3 & (\lambda_4^*)^3 & (\lambda_5^*)^3 & & & & \\
(\lambda_1^*)^4 & (\lambda_2^*)^4 & (\lambda_3^*)^4 & (\lambda_4^*)^4 & (\lambda_5^*)^4 & & & & \\
\hline
 & & & & & 1 & 1 & 1 & 1 \\
 & & & & & \lambda_6^* & \lambda_7^* & \lambda_8^* & \lambda_9^* \\
 & & & & & (\lambda_6^*)^2 & (\lambda_7^*)^2 & (\lambda_8^*)^2 & (\lambda_9^*)^2 \\
 & & & & & (\lambda_6^*)^3 & (\lambda_7^*)^3 & (\lambda_8^*)^3 & (\lambda_9^*)^3
\end{array}\right]. \tag{10.2.26}
$$

显然,规范型结构 $\boldsymbol{A}_C-\boldsymbol{B}_C\boldsymbol{F}_C$ 的特征向量 $\boldsymbol{v}_i$ 是确定的值,从而闭环 $\boldsymbol{A}-\boldsymbol{B}\boldsymbol{F}$ 的特征向量也是确定的值,而且满足变换关系 $\boldsymbol{T}^{-1}\boldsymbol{v}_i$. 如果综合目标选定了规范型 $\boldsymbol{A}_C-\boldsymbol{B}_C\boldsymbol{F}_C$ 的结构及相应的特征值,则特征向量也随之而定. 换句话说,选定了规范型 $\boldsymbol{A}_C-\boldsymbol{B}_C\boldsymbol{F}_C$ 的结构就是选定了特征结构. 这时,状态反馈矩阵 F_C 的解是惟一的,即闭环 $\boldsymbol{A}-\boldsymbol{B}\boldsymbol{F}$ 的解 $\boldsymbol{F}=\boldsymbol{F}_C\boldsymbol{T}^{-1}$ 是惟一的.

这种规范型配置方法可以看作是一类特征结构配置.

上一小节方法三中解西尔维斯特方程式(10.2.14)方法也可以用于特征结构配置.西尔维斯特方程式(10.2.14)可以改写为

$$\boldsymbol{T}^{-1}(\boldsymbol{A}-\boldsymbol{BF})\boldsymbol{T}=\boldsymbol{M}, \tag{10.2.27}$$

将式(10.2.26)的矩阵 $\boldsymbol{M}$ 看成是闭环状态系数矩阵 $\boldsymbol{A}-\boldsymbol{BF}$ 的特征值规范型,则矩阵 $\boldsymbol{T}$ 就是闭环矩阵 $\boldsymbol{A}-\boldsymbol{BF}$ 化为特征值规范型的变换矩阵,而矩阵 $\boldsymbol{T}$ 是由矩阵 $\boldsymbol{A}-\boldsymbol{BF}$ 的特征向量和广义特征向量按序构成的.

根据综合目标将期望特征值分组,即取定特征值规范型和若尔当分块 $\boldsymbol{J}_i$ 为

$$\boldsymbol{M}=\begin{bmatrix}\boldsymbol{J}_1 & & & \\ & \boldsymbol{J}_2 & & \\ & & \ddots & \\ & & & \boldsymbol{J}_p\end{bmatrix}, \tag{10.2.28}$$

$$\boldsymbol{J}_i=\begin{bmatrix}\lambda_i^* & 1 & & \\ & \lambda_i^* & \ddots & \\ & & \ddots & 1 \\ & & & \lambda_i^*\end{bmatrix}. \tag{10.2.29}$$

如果矩阵 $\boldsymbol{M}$ 为循环矩阵,则式(10.2.28)中不同若尔当分块的特征值不同;如果矩阵 $\boldsymbol{M}$ 为非循环矩阵,则式(10.2.28)中相同特征值的分块数应当等于该特征值的几何重数 γ_i,相同特征值的各分块维数之和应当等于该特征值的代数重数,即总重数 μ_i.

按照式(10.2.28)的分块及其相应维数,可以构成变换矩阵

$$\boldsymbol{T}=[\boldsymbol{V}_1\quad \boldsymbol{V}_2\quad \cdots\quad \boldsymbol{V}_p]. \tag{10.2.30}$$

其中,$\boldsymbol{V}_i(i=1,2,\cdots,p)$是分块矩阵,其维数与若尔当分块 $\boldsymbol{J}_i$ 的维数一致.实际上,式(10.2.30)中的分块矩阵 $\boldsymbol{V}_i$ 的第一个列向量是属于特征值 λ_i^* 的特征向量 $\boldsymbol{v}_{i1}$,它满足

$$(\boldsymbol{A}-\boldsymbol{BF})\boldsymbol{v}_{i1}=\lambda_i^*\boldsymbol{v}_{i1}; \tag{10.2.31}$$

而其后的列向量都是属于特征值 λ_i^* 的广义特征向量,可以依序递推

$$(\boldsymbol{A}-\boldsymbol{BF})\boldsymbol{v}_{i2}=-\lambda_i^*\boldsymbol{v}_{i1},(\boldsymbol{A}-\boldsymbol{BF})\boldsymbol{v}_{i3}=-\lambda_i^*\boldsymbol{v}_{i2},\cdots, \tag{10.2.32}$$

变换矩阵式(10.2.30)中列向量的选择应满足:

(1) n 个列向量彼此线性无关,即矩阵 $\boldsymbol{T}$ 非奇异;

(2) 如果特征值是实数,对应的特征向量是实数向量;

(3) 如果两个特征值是共轭复数对,对应的两个特征向量是共轭复数向量对;

(4) 属于特征值 λ^* 的特征向量 $\boldsymbol{v}$ 应当在特征向量可配置子空间中选择.

上述条件(4)是指,对完全可控的受控系统 $\Sigma(\boldsymbol{A},\boldsymbol{B})$ 可以任意配置闭环极点,但特征向量是不能任意配置的,必须在一定的空间内选取.

对于期望特征值 λ^*,包含所有允许的可配置特征向量的子空间被称为期望特征值 λ^* 的**特征向量可配置子空间**,记为 $R(\lambda^*,\boldsymbol{A},\boldsymbol{B})$.特征向量可配置子空间

$R(\lambda^*,\boldsymbol{A},\boldsymbol{B})$的性质如下：

性质 1　特征向量可配置子空间 $R(\lambda^*,\boldsymbol{A},\boldsymbol{B})$是矩阵 $\boldsymbol{H}=(\boldsymbol{B}\boldsymbol{B}^+-\boldsymbol{I}_n)(\boldsymbol{A}-\lambda^*\boldsymbol{I}_n)$的右零空间.　□

性质 1 中的 $\boldsymbol{B}^+=(\boldsymbol{B}^{\mathrm{T}}\boldsymbol{B})^{-1}\boldsymbol{B}^{\mathrm{T}}$ 是矩阵 $\boldsymbol{B}$ 的**伪逆**，满足 $\boldsymbol{B}\boldsymbol{B}^+\boldsymbol{B}=\boldsymbol{B}$.

特征值 λ^* 和对应的特征向量 $\boldsymbol{v}$ 同时满足 $(\boldsymbol{A}-\boldsymbol{B}\boldsymbol{F})\boldsymbol{v}=\lambda^*\boldsymbol{v}$，该式可以被改写为

$$\boldsymbol{B}\boldsymbol{F}\boldsymbol{v}=(\boldsymbol{A}-\lambda^*\boldsymbol{I}_n)\boldsymbol{v}. \tag{10.2.33}$$

将式 (10.2.33) 左乘 $\boldsymbol{B}\boldsymbol{B}^+$，可得

$$\boldsymbol{B}\boldsymbol{F}\boldsymbol{v}=\boldsymbol{B}\boldsymbol{B}^+(\boldsymbol{A}-\lambda^*\boldsymbol{I}_n)\boldsymbol{v}. \tag{10.2.34}$$

比较式(10.2.33)和式(10.2.34)，可得

$$\boldsymbol{B}\boldsymbol{B}^+(\boldsymbol{A}-\lambda^*\boldsymbol{I}_n)\boldsymbol{v}=(\boldsymbol{A}-\lambda^*\boldsymbol{I}_n)\boldsymbol{v}. \tag{10.2.35}$$

将式 (10.2.35) 改写为

$$(\boldsymbol{B}\boldsymbol{B}^+-\boldsymbol{I}_n)(\boldsymbol{A}-\lambda^*\boldsymbol{I}_n)\boldsymbol{v}=0. \tag{10.2.36}$$

显然，特征向量 $\boldsymbol{v}$ 与矩阵 $\boldsymbol{H}=(\boldsymbol{B}\boldsymbol{B}^+-\boldsymbol{I}_n)(\boldsymbol{A}-\lambda^*\boldsymbol{I}_n)$的 n 个行向量都正交，换句话说，期望特征值 λ^* 的特征向量可配置子空间 $R(\lambda^*,\boldsymbol{A},\boldsymbol{B})$是矩阵 $\boldsymbol{H}=(\boldsymbol{B}\boldsymbol{B}^+-\boldsymbol{I}_n)\times(\boldsymbol{A}-\lambda^*\boldsymbol{I}_n)$的**右零空间**.

性质 2　特征向量 $\boldsymbol{v}$ 属于特征向量可配置子空间 $R(\lambda^*,\boldsymbol{A},\boldsymbol{B})$等价于向量 $(\boldsymbol{A}-\lambda^*\boldsymbol{I}_n)\boldsymbol{v}$ 属于输入系数矩阵 $\boldsymbol{B}$ 张成的空间 $\mathrm{span}(\boldsymbol{B})$.　□

由 $(\boldsymbol{B}\boldsymbol{B}^+-\boldsymbol{I}_n)\boldsymbol{B}=\boldsymbol{B}\boldsymbol{B}^+\boldsymbol{B}-\boldsymbol{B}=0$ 可以看出矩阵 $(\boldsymbol{B}\boldsymbol{B}^+-\boldsymbol{I}_n)$的 n 个行向量与矩阵 $\boldsymbol{B}$ 的所有列向量都正交，而式 (10.2.36) 说明矩阵 $(\boldsymbol{B}\boldsymbol{B}^+-\boldsymbol{I}_n)$的 n 个行向量与列向量 $(\boldsymbol{A}-\lambda^*\boldsymbol{I}_n)\boldsymbol{v}$ 正交. 所以，向量 $(\boldsymbol{A}-\lambda^*\boldsymbol{I}_n)\boldsymbol{v}$ 属于输入系数矩阵 $\boldsymbol{B}$ 张成的空间 $\mathrm{span}(\boldsymbol{B})$.

于是，依据西尔维斯特方程式(10.2.27)的**特征结构配置算法**可以叙述如下：

第一步：检查受控系统 $\Sigma(\boldsymbol{A},\boldsymbol{B})$的可控性，并选定期望特征值及其重数.

根据综合目标将期望特征值 λ_i^* 分组，即取定闭环特征值规范型为式(10.2.28)和式(10.2.29).

第二步：计算输入系数矩阵 $\boldsymbol{B}$ 的伪逆 $\boldsymbol{B}^+=(\boldsymbol{B}^{\mathrm{T}}\boldsymbol{B})^{-1}\boldsymbol{B}^{\mathrm{T}}$.

一般情况下，$\mathrm{rank}\boldsymbol{B}=l$，所以矩阵 $\boldsymbol{B}$ 的伪逆存在.

第三步：计算特征向量可配置子空间 $R(\lambda^*,\boldsymbol{A},\boldsymbol{B})$.

对每个期望特征值 λ_i^* 计算矩阵 $\boldsymbol{H}=(\boldsymbol{B}\boldsymbol{B}^+-\boldsymbol{I}_n)(\boldsymbol{A}-\lambda^*\boldsymbol{I}_n)$，确定其特征向量可配置子空间 $R(\lambda^*,\boldsymbol{A},\boldsymbol{B})$的维数. 并按式 (10.2.36)，即按 $(\boldsymbol{B}\boldsymbol{B}^+-\boldsymbol{I}_n)(\boldsymbol{A}-\lambda^*\boldsymbol{I}_n)\times\boldsymbol{v}=0$ 确定每个特征向量可配置子空间 $R(\lambda^*,\boldsymbol{A},\boldsymbol{B})$的基.

第四步：选定特征向量，构成变换矩阵 $\boldsymbol{T}$.

按照特征向量彼此线性无关的原则，确定式 (10.2.30) 中的分块矩阵 $\boldsymbol{V}_i$ 的第一列向量，即特征向量 $\boldsymbol{v}_{i1}$. 若期望的若尔当分块 $\boldsymbol{J}_i$ 为 1 维，则分块矩阵 $\boldsymbol{V}_i=\boldsymbol{v}_{i1}$ 也是 1 维；若期望的若尔当分块 $\boldsymbol{J}_i$ 维数大于 1，则分块矩阵 $\boldsymbol{V}_i$ 从第 2 列开始都是

广义特征向量$\boldsymbol{v}_{ij}(j\geqslant 2)$,可以按

$$(\boldsymbol{BB}^{+}-\boldsymbol{I}_n)[(\boldsymbol{A}-\lambda_i^*\boldsymbol{I}_n)\boldsymbol{v}_{ij}+\boldsymbol{v}_{i(j-1)}]=0 \tag{10.2.37}$$

递推获得$\boldsymbol{v}_{ij}$.

当期望特征值λ_i^*出现共轭复数对$\lambda_{1,2}^*=\sigma\pm j\omega$时,对应的特征向量是共轭复数向量对$\boldsymbol{v}_{1,2}=\boldsymbol{v}_{11}\pm j\boldsymbol{v}_{22}$.为避免复数运算,变换矩阵中的两个共轭特征向量可以用它们的实部向量和虚部向量$\boldsymbol{v}_{11}$和$\boldsymbol{v}_{22}$代替,同时特征值规范型的2阶子块用模态块

$$\begin{bmatrix}\sigma & \omega\\ -\omega & \sigma\end{bmatrix}$$

代替.

第五步:求解状态反馈矩阵.

由式(10.2.27)可以得出$\boldsymbol{A}-\boldsymbol{BF}=\boldsymbol{TMT}^{-1}$,从而状态反馈矩阵为

$$\boldsymbol{F}=\boldsymbol{B}^{+}(\boldsymbol{A}-\boldsymbol{TMT}^{-1}). \tag{10.2.38}$$

第六步:验算闭环的特征值和特征向量.

例 10.2.4 以下述系统参数为例进行不同的特征结构配置:

$$\boldsymbol{A}=\begin{bmatrix}0&1&0\\0&0&1\\0&0&1\end{bmatrix},\quad \boldsymbol{B}=\begin{bmatrix}0&0\\0&1\\1&0\end{bmatrix}.$$

解 系统的可控性矩阵

$$\boldsymbol{Q}_{\mathrm{C}}=\begin{bmatrix}0&0&0&1&&\\0&1&1&0&*&*\\1&0&1&0&&\end{bmatrix}$$

的秩为3,系统完全可控,可以进行特征结构配置.

开环系统的特征多项式为

$$\Delta(s)=s^3-s^2=s^2(s-1),$$

特征值为二重根0和单根1.

由于$\boldsymbol{B}^{\mathrm{T}}\boldsymbol{B}=\boldsymbol{I}_2$,所以输入系数矩阵$\boldsymbol{B}$的伪逆为

$$\boldsymbol{B}^{+}=(\boldsymbol{B}^{\mathrm{T}}\boldsymbol{B})^{-1}\boldsymbol{B}^{\mathrm{T}}=\boldsymbol{B}^{\mathrm{T}}=\begin{bmatrix}0&0&1\\0&1&0\end{bmatrix}.$$

计算

$$(\boldsymbol{BB}^{+}-\boldsymbol{I}_n)(\boldsymbol{A}-\lambda^*\boldsymbol{I}_n)=\begin{bmatrix}-1&0&0\\0&0&0\\0&0&0\end{bmatrix}\begin{bmatrix}-\lambda^*&1&0\\0&-\lambda^*&1\\0&0&1-\lambda^*\end{bmatrix}=\begin{bmatrix}\lambda^*&-1&0\\0&0&0\\0&0&0\end{bmatrix}.$$

λ^*的特征向量可配置子空间为2维.

情况1:取闭环期望极点为三个单根$-1,-2,-3$,则闭环特征值规范型为

$$M=\begin{bmatrix}-1 & & \\ & -2 & \\ & & -3\end{bmatrix}.$$

对 $\lambda_1^*=-1$ 有

$$(BB^+-I_n)(A+I_n)v_1=\begin{bmatrix}-1 & -1 & 0\\ 0 & 0 & 0\\ 0 & 0 & 0\end{bmatrix}v_1=0,\quad v_1=\begin{bmatrix}1\\ -1\\ 0\end{bmatrix},$$

$\lambda_1^*=-1$ 的特征向量可配置子空间为 2 维，v_1 是在其中任选的向量.

对 $\lambda_2^*=-2$ 有

$$(BB^+-I_n)(A+2I_n)v_2=\begin{bmatrix}-2 & -1 & 0\\ 0 & 0 & 0\\ 0 & 0 & 0\end{bmatrix}v_2=0,\quad v_2=\begin{bmatrix}1\\ -2\\ 0\end{bmatrix},$$

$\lambda_2^*=-2$ 的特征向量可配置子空间为 2 维，v_2 的选择应当与已选的 v_1 线性无关.

对 $\lambda_3^*=-3$ 有

$$(BB^+-I_n)(A+3I_n)v_3=\begin{bmatrix}-3 & -1 & 0\\ 0 & 0 & 0\\ 0 & 0 & 0\end{bmatrix}v_3=0,\quad v_3=\begin{bmatrix}0\\ 0\\ 1\end{bmatrix},$$

$\lambda_3^*=-3$ 的特征向量可配置子空间为 2 维，v_3 的选择应当与已选的 v_1、v_2 线性无关. 譬如说，不能选为 $[1\quad -3\quad 0]$，因为它与 v_1、v_2 线性相关.

将三个线性无关的向量组成变换矩阵并求逆矩阵，可得

$$T=\begin{bmatrix}1 & 1 & 0\\ -1 & -2 & 0\\ 0 & 0 & 1\end{bmatrix},\quad T^{-1}=\begin{bmatrix}2 & 1 & 0\\ -1 & -1 & 0\\ 0 & 0 & 1\end{bmatrix}.$$

计算

$$\begin{aligned}BF&=A-TMT^{-1}\\ &=\begin{bmatrix}0 & 1 & 0\\ 0 & 0 & 1\\ 0 & 0 & 1\end{bmatrix}-\begin{bmatrix}1 & 1 & 0\\ -1 & -2 & 0\\ 0 & 0 & 1\end{bmatrix}\begin{bmatrix}-1 & & \\ & -2 & \\ & & -3\end{bmatrix}\begin{bmatrix}2 & 1 & 0\\ -1 & -1 & 0\\ 0 & 0 & 1\end{bmatrix}\\ &=\begin{bmatrix}0 & 0 & 0\\ 2 & 3 & 1\\ 0 & 0 & 4\end{bmatrix},\end{aligned}$$

从而求得反馈矩阵

$$F=B^+(BF)=\begin{bmatrix}0 & 0 & 1\\ 0 & 1 & 0\end{bmatrix}\begin{bmatrix}0 & 0 & 0\\ 2 & 3 & 1\\ 0 & 0 & 4\end{bmatrix}=\begin{bmatrix}0 & 0 & 4\\ 2 & 3 & 1\end{bmatrix}.$$

通过验算可知，闭环状态系数矩阵为

$$\boldsymbol{A}-\boldsymbol{BF}=\begin{bmatrix}0&1&0\\-2&-3&0\\0&0&-3\end{bmatrix},$$

按两个分块来计算特征多项式,可得

$$\Delta_F(s)=\det(s\boldsymbol{I}-\boldsymbol{A}+\boldsymbol{BF})=(s^2+3s+2)(s+3)=(s+1)(s+2)(s+3),$$

它表明已经实现了极点配置.下面的计算表明,变换矩阵 $\boldsymbol{T}$ 的3个列确为特征向量:

$$(\boldsymbol{A}-\boldsymbol{BF})\boldsymbol{v}_1=\begin{bmatrix}0&1&0\\-2&-3&0\\0&0&-3\end{bmatrix}\begin{bmatrix}1\\-1\\0\end{bmatrix}=(-1)\begin{bmatrix}1\\-1\\0\end{bmatrix}=\lambda_1^*\boldsymbol{v}_1;$$

$$(\boldsymbol{A}-\boldsymbol{BF})\boldsymbol{v}_2=\begin{bmatrix}0&1&0\\-2&-3&0\\0&0&-3\end{bmatrix}\begin{bmatrix}1\\-2\\0\end{bmatrix}=(-2)\begin{bmatrix}1\\-2\\0\end{bmatrix}=\lambda_2^*\boldsymbol{v}_2;$$

$$(\boldsymbol{A}-\boldsymbol{BF})\boldsymbol{v}_3=\begin{bmatrix}0&1&0\\-2&-3&0\\0&0&-3\end{bmatrix}\begin{bmatrix}0\\0\\1\end{bmatrix}=(-3)\begin{bmatrix}0\\0\\1\end{bmatrix}=\lambda_3^*\boldsymbol{v}_3;$$

显然,状态反馈实现了特征结构配置.

如果在各自的可配置空间中选择另外三个无关的向量

$$\boldsymbol{v}_1=\begin{bmatrix}1\\-1\\0\end{bmatrix},\quad \boldsymbol{v}_2=\begin{bmatrix}0\\0\\1\end{bmatrix},\quad \boldsymbol{v}_3=\begin{bmatrix}1\\-3\\0\end{bmatrix}$$

组成变换矩阵并求逆矩阵,可得

$$\boldsymbol{T}=\begin{bmatrix}1&0&1\\-1&0&-3\\0&1&0\end{bmatrix},\quad \boldsymbol{T}^{-1}=\frac{1}{2}\begin{bmatrix}3&1&0\\0&0&2\\-1&-1&0\end{bmatrix}.$$

计算

$$\boldsymbol{BF}=\boldsymbol{A}-\boldsymbol{TMT}^{-1}=\begin{bmatrix}0&0&0\\3&4&1\\0&0&3\end{bmatrix},$$

就可以求得另一个反馈矩阵

$$\boldsymbol{F}=\boldsymbol{B}^{+}(\boldsymbol{BF})=\begin{bmatrix}0&0&1\\0&1&0\end{bmatrix}\begin{bmatrix}0&0&0\\3&4&1\\0&0&3\end{bmatrix}=\begin{bmatrix}0&0&3\\3&4&1\end{bmatrix}.$$

经验算可得闭环状态系数矩阵

$$\boldsymbol{A}-\boldsymbol{BF}=\begin{bmatrix}0&1&0\\-3&-4&0\\0&0&-2\end{bmatrix},$$

其特征多项式为

$$\Delta_F(s) = \det(s\boldsymbol{I} - \boldsymbol{A} + \boldsymbol{BF}) = (s^2 + 4s + 3)(s + 2)$$
$$= (s+3)(s+1)(s+2),$$

它同样表明已经实现了极点配置. 下面的计算也可以表明,该变换矩阵 $\boldsymbol{T}$ 的列也是特征向量

$$(\boldsymbol{A} - \boldsymbol{BF})\boldsymbol{v}_1 = \begin{bmatrix} 0 & 1 & 0 \\ -3 & -4 & 0 \\ 0 & 0 & -2 \end{bmatrix}\begin{bmatrix} 1 \\ -1 \\ 0 \end{bmatrix} = (-1) \times \begin{bmatrix} 1 \\ -1 \\ 0 \end{bmatrix} = \lambda_1^* \boldsymbol{v}_1,$$

$$(\boldsymbol{A} - \boldsymbol{BF})\boldsymbol{v}_2 = \begin{bmatrix} 0 & 1 & 0 \\ -3 & -4 & 0 \\ 0 & 0 & -2 \end{bmatrix}\begin{bmatrix} 0 \\ 0 \\ 1 \end{bmatrix} = (-2) \times \begin{bmatrix} 0 \\ 0 \\ 1 \end{bmatrix} = \lambda_2^* \boldsymbol{v}_2,$$

$$(\boldsymbol{A} - \boldsymbol{BF})\boldsymbol{v}_3 = \begin{bmatrix} 0 & 1 & 0 \\ -3 & -4 & 0 \\ 0 & 0 & -2 \end{bmatrix}\begin{bmatrix} 1 \\ -3 \\ 0 \end{bmatrix} = (-3) \times \begin{bmatrix} 1 \\ -3 \\ 0 \end{bmatrix} = \lambda_3^* \boldsymbol{v}_3,$$

显然,这里采用另一个状态反馈实现了另一组特征结构配置.

情况 2: 取闭环期望的特征值为单根-3 和两重根-1,而且-1 的几何重数也是 2,则闭环特征值规范型为

$$\boldsymbol{M} = \begin{bmatrix} -1 & & \\ & -1 & \\ & & -3 \end{bmatrix}.$$

$\lambda_{1,2}^* = -1$ 有两重根且几何重数也为 2,所以有两个特征向量

$$(\boldsymbol{BB}^+ - \boldsymbol{I}_n)(\boldsymbol{A} + \boldsymbol{I}_n)\boldsymbol{v}_i = \begin{bmatrix} -1 & -1 & 0 \\ 0 & 0 & 0 \\ 0 & 0 & 0 \end{bmatrix}\boldsymbol{v}_i = 0, \quad \boldsymbol{v}_1 = \begin{bmatrix} 1 \\ -1 \\ 0 \end{bmatrix}, \quad \boldsymbol{v}_2 = \begin{bmatrix} 0 \\ 0 \\ 1 \end{bmatrix}$$

$\lambda_{1,2}^* = -1$ 的特征向量可配置子空间为 2 维,所选择的$\boldsymbol{v}_1$ 与$\boldsymbol{v}_2$ 应当线性无关.

对 $\lambda_3^* = -3$,有

$$(\boldsymbol{BB}^+ - \boldsymbol{I}_n)(\boldsymbol{A} + 3\boldsymbol{I}_n)\boldsymbol{v}_3 = \begin{bmatrix} -3 & -1 & 0 \\ 0 & 0 & 0 \\ 0 & 0 & 0 \end{bmatrix}\boldsymbol{v}_3 = 0, \quad \boldsymbol{v}_3 = \begin{bmatrix} 1 \\ -3 \\ 0 \end{bmatrix},$$

$\lambda_3^* = -3$ 的特征向量可配置子空间为 2 维,在其中选择的$\boldsymbol{v}_3$ 应当与$\boldsymbol{v}_1$、$\boldsymbol{v}_2$ 线性无关.

将三个无关的向量组成变换矩阵并求逆矩阵,可得

$$\boldsymbol{T} = \begin{bmatrix} 1 & 0 & 1 \\ -1 & 0 & -3 \\ 0 & 1 & 0 \end{bmatrix}, \quad \boldsymbol{T}^{-1} = \frac{1}{2} \times \begin{bmatrix} 3 & 1 & 0 \\ 0 & 0 & 2 \\ -1 & -1 & 0 \end{bmatrix}.$$

计算

$$A-BF=TMT^{-1}=\frac{1}{2}\times\begin{bmatrix}1&0&1\\-1&0&-3\\0&1&0\end{bmatrix}\begin{bmatrix}-1&0&0\\0&-1&0\\0&0&-3\end{bmatrix}\begin{bmatrix}3&1&0\\0&0&2\\-1&-1&0\end{bmatrix}$$

$$=\begin{bmatrix}0&1&0\\-3&-4&0\\0&0&-1\end{bmatrix},$$

$$BF=A-(A-BF)=\begin{bmatrix}0&1&0\\0&0&1\\0&0&1\end{bmatrix}-\begin{bmatrix}0&1&0\\-3&-4&0\\0&0&-1\end{bmatrix}=\begin{bmatrix}0&0&0\\3&4&1\\0&0&2\end{bmatrix}.$$

从而求出状态反馈矩阵

$$F=B^{+}(BF)=\begin{bmatrix}0&0&1\\0&1&0\end{bmatrix}\begin{bmatrix}0&0&0\\3&4&1\\0&0&2\end{bmatrix}=\begin{bmatrix}0&0&2\\3&4&1\end{bmatrix}.$$

验算结果如下：闭环状态系数矩阵为

$$A-BF=\begin{bmatrix}0&1&0\\-3&-4&0\\0&0&-1\end{bmatrix},$$

特征多项式为

$$\Delta_F(s)=\det(sI-A+BF)=(s^2+4s+3)(s+1)=(s+3)(s+1)^2,$$

极点配置已经实现.下面的验算表明,变换矩阵 T 的列正是特征向量：

$$(A-BF)v_1=\begin{bmatrix}0&1&0\\-3&-4&0\\0&0&-1\end{bmatrix}\begin{bmatrix}1\\-1\\0\end{bmatrix}=(-1)\times\begin{bmatrix}1\\-1\\0\end{bmatrix}=\lambda_1^* v_1;$$

$$(A-BF)v_2=\begin{bmatrix}0&1&0\\-3&-4&0\\0&0&-1\end{bmatrix}\begin{bmatrix}0\\0\\1\end{bmatrix}=(-1)\times\begin{bmatrix}0\\0\\1\end{bmatrix}=\lambda_2^* v_2;$$

$$(A-BF)v_3=\begin{bmatrix}0&1&0\\-3&-4&0\\0&0&-1\end{bmatrix}\begin{bmatrix}1\\-3\\0\end{bmatrix}=(-3)\times\begin{bmatrix}1\\-3\\0\end{bmatrix}=\lambda_3^* v_3;$$

显然,也实现了特征结构配置.

情况3：取闭环期望的特征值为单根-3,两重根-1,但-1的几何重数为1.此时的闭环特征值规范型为

$$M=\begin{bmatrix}-1&1&\\&-1&\\&&-3\end{bmatrix}.$$

$\lambda_{1,2}^*=-1$ 有两重根且几何重数为1,则有1个特征向量和1个广义特征向量.特征

向量仍取为

$$\boldsymbol{v}_{11}=\begin{bmatrix}1\\-1\\0\end{bmatrix},$$

而广义特征向量满足

$$(\boldsymbol{B}\boldsymbol{B}^{+}-\boldsymbol{I}_n)[(\boldsymbol{A}+\boldsymbol{I}_n)\boldsymbol{v}_{12}+\boldsymbol{v}_{11}]=\begin{bmatrix}-1&0&0\\0&0&0\\0&0&0\end{bmatrix}\times\left(\begin{bmatrix}1&1&0\\0&1&1\\0&0&2\end{bmatrix}\boldsymbol{v}_{12}+\begin{bmatrix}1\\-1\\0\end{bmatrix}\right)$$
$$=0.$$

即

$$\begin{bmatrix}-1&-1&0\\0&0&0\\0&0&0\end{bmatrix}\boldsymbol{v}_{12}=\begin{bmatrix}-1\\0\\0\end{bmatrix},\quad \boldsymbol{v}_{12}=\begin{bmatrix}1\\0\\0\end{bmatrix},$$

这里选择的$\boldsymbol{v}_{12}$与$\boldsymbol{v}_{11}$应当线性无关.

对$\lambda_3^*=-3$,有

$$(\boldsymbol{B}\boldsymbol{B}^{+}-\boldsymbol{I}_n)(\boldsymbol{A}+3\boldsymbol{I}_n)\boldsymbol{v}_3=\begin{bmatrix}-3&-1&0\\0&0&0\\0&0&0\end{bmatrix}\boldsymbol{v}_3=0,\quad \boldsymbol{v}_3=\begin{bmatrix}0\\0\\1\end{bmatrix},$$

$\boldsymbol{v}_3$ 的选择应当与$\boldsymbol{v}_{11}$、$\boldsymbol{v}_{12}$线性无关,不能选为$[1\quad -3\quad 0]$,因为它与$\boldsymbol{v}_{11}$、$\boldsymbol{v}_{12}$线性相关.

将三个线性无关的向量组成变换矩阵并求逆矩阵,可得

$$\boldsymbol{T}=\begin{bmatrix}1&1&0\\-1&0&0\\0&0&1\end{bmatrix},\quad \boldsymbol{T}^{-1}=\begin{bmatrix}0&-1&0\\1&1&0\\0&0&1\end{bmatrix}.$$

计算

$$\boldsymbol{A}-\boldsymbol{B}\boldsymbol{F}=\boldsymbol{T}\boldsymbol{M}\boldsymbol{T}^{-1}=\begin{bmatrix}1&1&0\\-1&0&0\\0&0&1\end{bmatrix}\begin{bmatrix}-1&1&0\\0&-1&0\\0&0&-3\end{bmatrix}\begin{bmatrix}0&-1&0\\1&1&0\\0&0&1\end{bmatrix}$$
$$=\begin{bmatrix}0&1&0\\-1&-2&0\\0&0&-3\end{bmatrix},$$

$$\boldsymbol{B}\boldsymbol{F}=\boldsymbol{A}-(\boldsymbol{A}-\boldsymbol{B}\boldsymbol{F})=\begin{bmatrix}0&1&0\\0&0&1\\0&0&1\end{bmatrix}-\begin{bmatrix}0&1&0\\-1&-2&0\\0&0&-3\end{bmatrix}=\begin{bmatrix}0&0&0\\1&2&1\\0&0&4\end{bmatrix}.$$

从而求得反馈矩阵

$$F=B^{+}(BF)=\begin{bmatrix}0&0&1\\0&1&0\end{bmatrix}\begin{bmatrix}0&0&0\\1&2&1\\0&0&4\end{bmatrix}=\begin{bmatrix}0&0&4\\1&2&1\end{bmatrix}.$$

验算结果如下：闭环状态系数矩阵为

$$A-BF=\begin{bmatrix}0&1&0\\-1&-2&0\\0&0&-3\end{bmatrix},$$

特征多项式为

$$\Delta_F(s)=\det(sI-A+BF)=(s^2+2s+1)(s+3)=(s+1)^2(s+3),$$

这表明已经实现了极点配置. 下面验算表明，变换矩阵 T 的列是特征向量或广义特征向量：

$$(A-BF)\,v_{11}=\begin{bmatrix}0&1&0\\-1&-2&0\\0&0&-3\end{bmatrix}\begin{bmatrix}1\\-1\\0\end{bmatrix}=(-1)\times\begin{bmatrix}1\\-1\\0\end{bmatrix}=\lambda_{1,2}^{*}\,v_{11};$$

$$(\lambda_{1,2}^{*}I_3-A+BF)\,v_{12}=\begin{bmatrix}-1&-1&0\\1&1&0\\0&0&2\end{bmatrix}\begin{bmatrix}1\\0\\0\end{bmatrix}=\begin{bmatrix}-1\\1\\0\end{bmatrix}=-v_{11};$$

$$(A-BF)\,v_3=\begin{bmatrix}0&1&0\\-1&-2&0\\0&0&-3\end{bmatrix}\begin{bmatrix}0\\0\\1\end{bmatrix}=(-3)\times\begin{bmatrix}0\\0\\1\end{bmatrix}=\lambda_3^{*}\,v_3;$$

显然，也已完成了特征结构配置.　□

10.2.3　不完全可控系统的特征结构配置

当受控系统 $\Sigma(A,B)$ 不完全可控时，在 9.11.2 小节中指明，开环系统 $\Sigma(A,B)$ 的不可控极点 λ_- 也是闭环系统 $\Sigma(A-BF,B)$ 的不可控极点. 或者说不可控极点 λ_- 是状态反馈变换下的不变量. 由可控性模态判据可知，存在行向量 $w^{\mathrm T}\neq 0$ 分别满足

$$w^{\mathrm T}[\lambda_- I-A\quad B]=0;\quad w^{\mathrm T}[\lambda_- I-A+BF\quad B]=0.\tag{10.2.39}$$

从而可以得出

$$w^{\mathrm T}(\lambda_- I-A)=0;\quad w^{\mathrm T}B=0;\quad w^{\mathrm T}(\lambda_- I-A+BF)=0.\tag{10.2.40}$$

仿照特征向量 v 的定义 $(\lambda_- I-A)v=0$，将非零行向量 $w^{\mathrm T}$ 称为矩阵 A 的属于特征值 λ_- 的**左特征向量**；而特征向量 v 可以相应地被称为**右特征向量**，在不致引起混淆的地方则仍然叫做特征向量. $w^{\mathrm T}$ 同时也是矩阵 $A-BF$ 的属于特征值 λ_- 的左特征向量；而 v 未必是矩阵 $A-BF$ 的属于特征值 λ_- 的右特征向量.

由式 (10.2.40) 可以看出，不可控极点 λ_- 和属于它的左特征向量 $w^{\mathrm T}$ 都是状

态反馈变换下的不变量；而且 $w^{\mathrm{T}}B=0$ 表明，不可控极点 λ_- 的左特征向量 w^{T} 属于矩阵 B 的**左零空间**.

如果矩阵 A 的特征值两两相异，例如三阶矩阵 A 有三个相异的特征值 λ_1、λ_2、λ_3，就会对应三个右特征向量为 v_1、v_2、v_3，而且还会对应三个左特征向量 w_1^{T}、w_2^{T}、w_3^{T}. 变换矩阵 $T=[v_1\quad v_2\quad v_3]$ 可以将矩阵 A 化为对角规范型 Λ. 设其逆矩阵 T^{-1} 的三个行向量为 h_1^{T}、h_2^{T}、h_3^{T}，那么由 $T^{-1}A=\Lambda T^{-1}$ 可得

$$\begin{bmatrix} h_1^{\mathrm{T}} \\ h_2^{\mathrm{T}} \\ h_3^{\mathrm{T}} \end{bmatrix} A = \begin{bmatrix} \lambda_1 & & \\ & \lambda_2 & \\ & & \lambda_3 \end{bmatrix} \begin{bmatrix} h_1^{\mathrm{T}} \\ h_2^{\mathrm{T}} \\ h_3^{\mathrm{T}} \end{bmatrix}, \tag{10.2.41}$$

即 $h_i^{\mathrm{T}}A=\lambda_i h_i^{\mathrm{T}}$，$(i=1,2,3)$. 这说明变换矩阵的逆矩阵 T^{-1} 的三个行向量就是三个左特征向量 w_1^{T}、w_2^{T}、w_3^{T}. 同时系统 $\Sigma(A,B)$ 的状态解是

$$x(t) = \sum_{i=1}^{3} \mathrm{e}^{\lambda_i t} v_i w_i^{\mathrm{T}} x(0). \tag{10.2.42}$$

综上所述，如果矩阵 A 的特征值两两相异，则化对角规范型的变换矩阵 T 由右特征向量 v_i 构成，其逆矩阵 T^{-1} 由左特征向量 w_i^{T} 构成，二者满足

$$\left.\begin{aligned} w_i^{\mathrm{T}} v_i &= 1 \\ w_i^{\mathrm{T}} v_j &= 0, \quad (i \neq j) \end{aligned}\right\}. \tag{10.2.43}$$

而且在状态解 $x(t)$ 中，模态 $\exp(\lambda_i t)$ 的系数矩阵就是 $v_i w_i^{\mathrm{T}}$.

下面给出有一个不可控极点的特征结构配置的示例，说明不可控极点的右特征向量是可以配置的. 同时说明通过配置特征结构可以尽量减少靠近虚轴的不可控极点的影响.

例 10.2.5　受控系统 $\Sigma(A,B,C)$ 的系数矩阵为

$$A = \begin{bmatrix} -1.25 & 0.75 & -0.75 \\ 1 & -1.5 & -0.75 \\ 1 & -1 & -1.25 \end{bmatrix}, \quad B = \begin{bmatrix} 1 & 0 \\ 0 & 1 \\ 0 & 1 \end{bmatrix}, \quad C = \begin{bmatrix} 1 & 0 & 0 \\ 0 & 0 & 1 \end{bmatrix}.$$

开环极点为 -1.25，-2.25，-0.5. 设期望的闭环极点为 $\lambda_1^*=-5$，$\lambda_2^*=-6$，$\lambda_3^*=-0.5$. 希望通过合理的状态反馈获得期望的闭环极点配置，并使衰减最慢的模态 $\exp(-0.5t)$ 对输出 $y(t)$ 的影响最小.

解　(1) 受控系统分析. 对开环极点 -1.25，可控性模态判别矩阵

$$[\lambda I - A \quad B] = \begin{bmatrix} 0 & -0.75 & 0.75 & 1 & 0 \\ -1 & 0.25 & 0.75 & 0 & 1 \\ -1 & 1 & 0 & 0 & 1 \end{bmatrix}$$

的秩为 3，所以极点 -1.25 是可控的.

对开环极点 -2.25，可控性模态判别矩阵

$$[\lambda I - A \quad B] = \begin{bmatrix} -1 & -0.75 & 0.75 & 1 & 0 \\ -1 & 0.75 & 0.75 & 0 & 1 \\ -1 & 1 & -1 & 0 & 1 \end{bmatrix}$$

的秩为3,所以极点-2.25是可控的.

对开环极点-0.5,可控性模态判别矩阵

$$[\lambda \boldsymbol{I}-\boldsymbol{A}\quad \boldsymbol{B}]=\begin{bmatrix}0.75 & -0.75 & 0.75 & 1 & 0\\ -1 & 1 & 0.75 & 0 & 1\\ -1 & 1 & 0.75 & 0 & 1\end{bmatrix}$$

的秩为2,所以极点-0.5是不可控的.

期望的闭环极点组为$\lambda_1^*=-5$、$\lambda_2^*=-6$、$\lambda_3^*=-0.5$包含了不可控极点,所以是能够配置的.

属于开环极点$-1.25,-2.25,-0.5$的三个右特征向量分别为$[1\quad 1\quad 1]^{\mathrm{T}}$、$[0\quad 1\quad 1]^{\mathrm{T}}$、$[1\quad 1\quad 0]^{\mathrm{T}}$;属于极点$-0.5$的左特征向量$\boldsymbol{w}^{\mathrm{T}}$满足

$$\boldsymbol{w}^{\mathrm{T}}(\lambda \boldsymbol{I}-\boldsymbol{A})=\boldsymbol{w}^{\mathrm{T}}\times\begin{bmatrix}0.75 & -0.75 & 0.75\\ -1 & 1 & 0.75\\ -1 & 1 & 0.75\end{bmatrix}=0,\quad \boldsymbol{w}^{\mathrm{T}}=[0\quad 1\quad -1].$$

极点-0.5与另外两个闭环极点相比更靠近虚轴,对系统的响应不利,应使衰减最慢的模态$\exp(-0.5t)$在输出响应中的比重尽可能小.

(2) 计算特征向量的可配置子空间.输入系数矩阵的伪逆为

$$\boldsymbol{B}^{+}=(\boldsymbol{B}^{\mathrm{T}}\boldsymbol{B})^{-1}\boldsymbol{B}^{\mathrm{T}}=\begin{bmatrix}1 & 0\\ 0 & 2\end{bmatrix}^{-1}\begin{bmatrix}1 & 0 & 0\\ 0 & 1 & 1\end{bmatrix}=\frac{1}{2}\times\begin{bmatrix}1 & 0 & 0\\ 0 & 1 & 1\end{bmatrix},$$

所以

$$\boldsymbol{B}\boldsymbol{B}^{+}-\boldsymbol{I}_3=\frac{1}{2}\times\begin{bmatrix}0 & 0 & 0\\ 0 & -1 & 1\\ 0 & 1 & -1\end{bmatrix}.$$

对闭环期望极点$\lambda_1^*=-5$,矩阵

$$\boldsymbol{H}=(\boldsymbol{B}\boldsymbol{B}^{+}-\boldsymbol{I}_3)(\boldsymbol{A}+5\boldsymbol{I}_3)=\begin{bmatrix}0 & 0 & 0\\ 0 & -2.25 & 2.25\\ 0 & 2.25 & -2.25\end{bmatrix}$$

的秩为1,所以极点$\lambda_1^*=-5$的特征向量可配置子空间为2维.

对闭环期望极点$\lambda_2^*=-6$,矩阵

$$\boldsymbol{H}=(\boldsymbol{B}\boldsymbol{B}^{+}-\boldsymbol{I}_3)(\boldsymbol{A}+6\boldsymbol{I}_3)=\begin{bmatrix}0 & 0 & 0\\ 0 & -2.75 & 2.75\\ 0 & 2.75 & -2.75\end{bmatrix}$$

的秩为1,所以极点$\lambda_2^*=-6$的特征向量可配置子空间为2维.

对闭环期望极点$\lambda_3^*=-0.5$,矩阵

$$\boldsymbol{H}=(\boldsymbol{B}\boldsymbol{B}^{+}-\boldsymbol{I}_3)(\boldsymbol{A}+0.5\boldsymbol{I}_3)=\begin{bmatrix}0 & 0 & 0\\ 0 & 0 & 0\\ 0 & 0 & 0\end{bmatrix}$$

的秩为 0，所以极点 $\lambda_3^*=-0.5$ 的特征向量可配置子空间为 3 维，即可以任意选择.

(3) 确定闭环特征向量. 开环极点 $\lambda_3^*=-0.5$ 的左特征向量 $\boldsymbol{w}_3^{\mathrm{T}}=[0\ \ 1\ \ -1]$ 应当保留，它与右特征向量 $\boldsymbol{v}_3$ 应当正交，即满足 $\boldsymbol{w}_3^{\mathrm{T}}\boldsymbol{v}_3=1$. 同时，为使模态 $\exp(-0.5t)$ 在输出 $\boldsymbol{y}(t)$ 中的比重最小，应使输出响应中模态 $\exp(-0.5t)$ 的系数矩阵为 $\boldsymbol{C}\boldsymbol{v}_3\boldsymbol{w}_3^{\mathrm{T}}$ 的范数最小. 模态 $\exp(-0.5t)$ 的系数矩阵不包含矩阵 $\boldsymbol{B}$，是因为不可控模态不可能由输入激励. 设属于 $\lambda_3^*=-0.5$ 的右特征向量为 $\boldsymbol{v}_3=[\alpha\ \ \beta\ \ \gamma]^{\mathrm{T}}$，输出响应中模态 $\exp(-0.5t)$ 的系数矩阵则为

$$\boldsymbol{C}\boldsymbol{v}_3\boldsymbol{w}_3^{\mathrm{T}}=\begin{bmatrix}0 & \alpha & -\alpha\\ 0 & \gamma & -\gamma\end{bmatrix}.$$

显然，当 $\alpha=\gamma=0$ 时，该系数矩阵的范数最小. 又由 $\boldsymbol{w}_3^{\mathrm{T}}\boldsymbol{v}_3=1$，可以确定属于极点 $\lambda_3^*=-0.5$ 的一个右特征向量 $\boldsymbol{v}_3=[0\ \ 1\ \ 0]^{\mathrm{T}}$.

依次从各自的可配置子空间中选出另外两个右特征向量

$$\boldsymbol{v}_1=\begin{bmatrix}1\\0\\0\end{bmatrix} \text{ 和 } \boldsymbol{v}_2=\begin{bmatrix}0\\1\\1\end{bmatrix}$$

构成变换矩阵并求其逆矩阵，可得

$$\boldsymbol{T}=\begin{bmatrix}1 & 0 & 0\\ 0 & 1 & 1\\ 0 & 1 & 0\end{bmatrix},\quad \boldsymbol{T}^{-1}=\begin{bmatrix}1 & 0 & 0\\ 0 & 0 & 1\\ 0 & 1 & -1\end{bmatrix}.$$

显然，逆矩阵 $\boldsymbol{T}^{-1}$ 的第三行就是属于 $\lambda_3^*=-0.5$ 的左特征向量 $\boldsymbol{w}_3^{\mathrm{T}}=[0\ \ 1\ \ -1]$.

(4) 求解状态反馈矩阵. 计算

$$\begin{aligned}\boldsymbol{A}-\boldsymbol{B}\boldsymbol{F}=\boldsymbol{T}\boldsymbol{M}\boldsymbol{T}^{-1}&=\begin{bmatrix}1 & 0 & 0\\ 0 & 1 & 1\\ 0 & 1 & 0\end{bmatrix}\begin{bmatrix}-5 & 0 & 0\\ 0 & -6 & 0\\ 0 & 0 & -0.5\end{bmatrix}\begin{bmatrix}1 & 0 & 0\\ 0 & 0 & 1\\ 0 & 1 & -1\end{bmatrix}\\ &=\begin{bmatrix}-5 & 0 & 0\\ 0 & -0.5 & -5.5\\ 0 & 0 & -6\end{bmatrix},\end{aligned}$$

$$\begin{aligned}\boldsymbol{B}\boldsymbol{F}=\boldsymbol{A}-(\boldsymbol{A}-\boldsymbol{B}\boldsymbol{F})&=\begin{bmatrix}-1.25 & 0.75 & -0.75\\ 0 & -1.5 & -0.75\\ 0 & -1 & -1.25\end{bmatrix}-\begin{bmatrix}-5 & 0 & 0\\ 0 & -0.5 & -5.5\\ 0 & 0 & -6\end{bmatrix}\\ &=\begin{bmatrix}3.75 & 0.75 & -0.75\\ 0 & 1 & 4.75\\ 0 & -1 & 4.75\end{bmatrix},\end{aligned}$$

从而求出反馈矩阵

$$F = B^{+}(BF) = \begin{bmatrix} 1 & 0 & 0 \\ 0 & 1/2 & 1/2 \end{bmatrix} \begin{bmatrix} 3.75 & 0.75 & -0.75 \\ 0 & 1 & 4.75 \\ 0 & -1 & 4.75 \end{bmatrix}$$

$$= \begin{bmatrix} 3.75 & 0.75 & -0.75 \\ 0 & 0 & 4.75 \end{bmatrix}.$$

(5) 验算. 闭环状态系数矩阵为

$$A - BF = \begin{bmatrix} -5 & 0 & 0 \\ 0 & -0.5 & -5.5 \\ 0 & 0 & -6 \end{bmatrix},$$

显然,实现了极点 $\lambda_1^* = -5, \lambda_2^* = -6, \lambda_3^* = -0.5$ 的配置.

下面的计算表明变换矩阵 T 的列是特征向量:

$$(A - BF)v_1 = \begin{bmatrix} -5 & 0 & 0 \\ 0 & -0.5 & -5.5 \\ 0 & 0 & -6 \end{bmatrix} \begin{bmatrix} 1 \\ 0 \\ 0 \end{bmatrix} = (-5) \times \begin{bmatrix} 1 \\ 0 \\ 0 \end{bmatrix} = \lambda_1^* v_1,$$

$$(A - BF)v_2 = \begin{bmatrix} -5 & 0 & 0 \\ 0 & -0.5 & -5.5 \\ 0 & 0 & -6 \end{bmatrix} \begin{bmatrix} 0 \\ 1 \\ 1 \end{bmatrix} = (-6) \times \begin{bmatrix} 0 \\ 1 \\ 1 \end{bmatrix} = \lambda_2^* v_2,$$

$$(A - BF)v_3 = \begin{bmatrix} -5 & 0 & 0 \\ 0 & -0.5 & -5.5 \\ 0 & 0 & -6 \end{bmatrix} \begin{bmatrix} 0 \\ 1 \\ 0 \end{bmatrix} = (-0.5) \times \begin{bmatrix} 0 \\ 1 \\ 0 \end{bmatrix} = \lambda_3^* v_3,$$

显然,状态反馈也已经完成了特征结构配置.

再利用逆矩阵

$$T^{-1} = \begin{bmatrix} 1 & 0 & 0 \\ 0 & 0 & 1 \\ 0 & 1 & -1 \end{bmatrix}$$

的前两行进行如下计算:

$$w_1^{\mathrm{T}}(A - BF) = [1 \quad 0 \quad 0] \begin{bmatrix} -5 & 0 & 0 \\ 0 & -0.5 & -5.5 \\ 0 & 0 & -6 \end{bmatrix}$$

$$= (-5) \times [1 \quad 0 \quad 0] = \lambda_1^* w_1^{\mathrm{T}},$$

$$w_2^{\mathrm{T}}(A - BF) = [0 \quad 0 \quad 1] \begin{bmatrix} -5 & 0 & 0 \\ 0 & -0.5 & -5.5 \\ 0 & 0 & -6 \end{bmatrix}$$

$$= (-6) \times [0 \quad 0 \quad 1] = \lambda_2^* w_2^{\mathrm{T}},$$

可知它们是左特征向量. T^{-1} 第三行是属于开环特征值 -0.5 的左特征向量,也是属于闭环特征值 $\lambda_3^* = -0.5$ 的左特征向量 $w_3^{\mathrm{T}} = [0 \quad 1 \quad -1]$. □

这个例子表明,可以利用状态反馈控制将离复平面虚轴较近的两个可控极点 -1.25 和 -2.25 移动到离虚轴更远的 -5 和 -6,从而提高响应的快速性. 但是不可控极点 -0.5 是不可移动的,靠对其特征向量的配置,能使其对应的模态在输出响应中的比重尽可能小。

10.3　闭环系统的解耦

解耦控制又称互不影响控制、一对一控制. 最早的工作是由**吉尔伯特**(E. G. Gilbert)完成的,当时称为**摩根**(Mogran)**问题**. 本节采用逆系统方法叙述解耦问题.

解耦问题是多输入多输出线性定常系统综合理论中的一个重要组成部分. 一般多输入多输出受控系统的每个输入分量与各个输出分量都互相关联,即一个输入分量可以控制多个输出分量,反之,一个输出分量可以受多个输入分量控制. 这种现象被称为**耦合**. **解耦问题**是寻找合适的控制规律使闭环系统实现一个输出分量仅仅受一个输入分量控制,而且不同的输出分量受不同的输入分量控制.

实现解耦的方法分成两大类: 一类被称为时域方法,一类被称为频域方法. 前者又分为代数方法和几何方法.

10.3.1　系统的可解耦性

设多输入多输出受控系统 $\Sigma(\boldsymbol{A},\boldsymbol{B},\boldsymbol{C})$ 是线性定常系统,它的状态方程和输出方程为

$$\left.\begin{aligned}\dot{\boldsymbol{x}} &= \boldsymbol{A}\boldsymbol{x}+\boldsymbol{B}\boldsymbol{u}\\ \boldsymbol{y} &= \boldsymbol{C}\boldsymbol{x}\end{aligned}\right\},\qquad(10.3.1)$$

其中,$\boldsymbol{x}$ 是 n 维状态向量,$\boldsymbol{u}$ 是 l 维控制向量,$\boldsymbol{y}$ 是 m 维输出向量. 各系数矩阵具有相应的维数.

时域的解耦方法引入以下三条限制条件:

(1) 输入和输出维数相等 $m=l$,$m\leqslant n$,且满足 $\mathrm{rank}\boldsymbol{B}=\mathrm{rank}\boldsymbol{C}=m$,即输入系数矩阵 $\boldsymbol{B}$ 的列向量线性无关,输出系数矩阵 $\boldsymbol{C}$ 的行向量线性无关.

如果矩阵 $\boldsymbol{B}$ 的列(或矩阵 $\boldsymbol{C}$ 的行)向量线性相关,就说明控制向量 $\boldsymbol{u}$(或输出向量 $\boldsymbol{y}$)的各分量彼此之间不独立,某几个分量可由其余分量的线性组合表示. 这样,可以划去矩阵 $\boldsymbol{B}$ 中与其他列相关的几列(或划去矩阵 $\boldsymbol{C}$ 中与其他行相关的几行),同时删去不独立的几个控制(或输出)分量,以保证条件(1)成立.

(2) 控制律采用输入变换和状态反馈相结合的方案,即

$$\boldsymbol{u}=\boldsymbol{R}\boldsymbol{v}-\boldsymbol{F}\boldsymbol{x}\qquad(10.3.2)$$

其中,$\boldsymbol{v}$ 是 $m=l$ 维参考输入向量; $\boldsymbol{R}$ 是 $m\times m$ 维输入变换矩阵; $\boldsymbol{F}$ 是 $m\times n$ 维状

态反馈矩阵. 控制律式(10.3.2) 可以被简记为矩阵对$\{\boldsymbol{F},\boldsymbol{R}\}$,又称$\{\boldsymbol{F},\boldsymbol{R}\}$变换. 对受控系统$\Sigma(\boldsymbol{A},\boldsymbol{B},\boldsymbol{C})$采用输入变换和状态反馈矩阵对变换的控制律后,得到的闭环系统状态方程和输出方程为

$$\left.\begin{aligned}\dot{\boldsymbol{x}} &= (\boldsymbol{A}-\boldsymbol{BF})\boldsymbol{x}+\boldsymbol{BRv}\\ \boldsymbol{y} &= \boldsymbol{Cx}\end{aligned}\right\}, \tag{10.3.3}$$

简记为$\Sigma_{F,R}(\boldsymbol{A}-\boldsymbol{BF},\boldsymbol{BR},\boldsymbol{C})$.

(3) 输入变换矩阵$\boldsymbol{R}$是$m\times m$维非奇异矩阵,即$\det\boldsymbol{R}\neq 0$.

如果$\boldsymbol{R}$是奇异矩阵,则闭环输入系数矩阵$\boldsymbol{BR}$的秩将小于m,参考输入向量$\boldsymbol{v}$中将有不独立分量. 这样不符合限制条件 (1).

对受控系统 (10.3.1) 采用控制律 (10.3.2),可以得到闭环系统 (10.3.3),它的传递函数矩阵为

$$\boldsymbol{G}_{F,R}(s) = \boldsymbol{C}(s\boldsymbol{I}-\boldsymbol{A}+\boldsymbol{BF})^{-1}\boldsymbol{BR}. \tag{10.3.4}$$

若存在控制律$\{\boldsymbol{F},\boldsymbol{R}\}$使闭环系统$\Sigma_{F,R}(\boldsymbol{A}-\boldsymbol{BF},\boldsymbol{BR},\boldsymbol{C})$的传递函数矩阵为对角矩阵. 即

$$\boldsymbol{G}_{F,R}(s) = \mathrm{diag}\{g_{11}(s),g_{22}(s),\cdots,g_{mm}(s)\}. \tag{10.3.5}$$

则称受控系统$\Sigma(\boldsymbol{A},\boldsymbol{B},\boldsymbol{C})$是变换$\{\boldsymbol{F},\boldsymbol{R}\}$**可解耦**的. 由此看出,在频域中解耦问题的描述比较简单,而在时域中解耦问题的描述未必简单. 这也正是时域解耦方法的困难所在.

由式(10.3.5)还可以看出,解耦后的多输入多输出闭环系统实现一对一的控制,不同序号的输入输出相互间实现了解耦,系统的外特性变成了m个单输入单输出系统. 这样使系统的分析和进一步的控制变得很简单.

值得指出的是,实现解耦控制的变换$\{\boldsymbol{F},\boldsymbol{R}\}$并不惟一,这对于实现闭环动态指标是有利的. 本节要解决的问题是,寻找通过变换$\{\boldsymbol{F},\boldsymbol{R}\}$实现解耦的判据,并说明如何给定闭环指标以便于控制律$\{\boldsymbol{F},\boldsymbol{R}\}$的求解.

10.3.2 用逆系统方法实现闭环解耦

受控系统$\Sigma(\boldsymbol{A},\boldsymbol{B},\boldsymbol{C})$的传递函数矩阵是$\boldsymbol{G}(s)$. **逆系统方法**的简单设想是: 在受控系统前串联原系统的一个逆系统,该逆系统的传递函数矩阵是$\boldsymbol{G}^{-1}(s)$,则串联后总的传递函数矩阵变成单位矩阵. 这是最理想的解耦控制效果,但逆系统$\boldsymbol{G}^{-1}(s)$通常是物理上不可实现的,这种简单设想行不通. 本节介绍"α阶积分逆系统"[①]来代替简单设想的逆系统.

如果受控系统$\Sigma(\boldsymbol{A},\boldsymbol{B},\boldsymbol{C})$的传递函数矩阵$\boldsymbol{G}(s)$的逆矩阵存在,可以考虑采用前馈串联补偿器$\boldsymbol{G}_\alpha(s)$,其结构如图 10.3.1 所示.

---

① 李春文,冯元琨. 逆系统方法及应用. 清华大学学报 1986 年第 2 期.

设

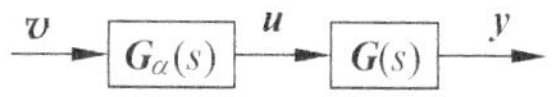

$$G_\alpha(s) = G^{-1}(s)G_L^*(s), \qquad (10.3.6)$$

其中，$G_L^*(s)$是希望的对角线型闭环传递函数矩阵.

为便于讨论α阶积分逆系统的概念，设

v → $G_\alpha(s)$ → u → $G(s)$ → y

图10.3.1　α阶积分逆系统串联补偿器

$$G_L^*(s) = \begin{bmatrix} \frac{1}{s^{\alpha_1}} & & & \\ & \frac{1}{s^{\alpha_2}} & & \\ & & \ddots & \\ & & & \frac{1}{s^{\alpha_m}} \end{bmatrix}. \qquad (10.3.7)$$

也就是说，要求输入$\boldsymbol{v}$的分量和输出$\boldsymbol{y}$的分量之间满足

$$v_i(t) = y_i^{(\alpha_i)}(t), \quad (i = 1,2,\cdots,m). \qquad (10.3.8)$$

在如此实现输入输出解耦的情形中，输出分量$y_i(t)$是输入分量$v_i(t)$对时间的α_i阶积分，$G_\alpha(s)$则被称为系统$G(s)$的α**阶积分逆系统**. 将式(10.3.8)写成向量形式，就得到

$$\boldsymbol{v} = \boldsymbol{y}^\alpha = \begin{bmatrix} y_1^{(\alpha_1)} \\ \vdots \\ y_m^{(\alpha_m)} \end{bmatrix}. \qquad (10.3.9)$$

逆系统方法建议采用输入变换和状态反馈相结合的方式来实现α阶积分逆系统. 即受控系统$\Sigma(\boldsymbol{A},\boldsymbol{B},\boldsymbol{C})$采用控制律式(10.3.2)实现闭环输入与输出之间的解耦控制. 在实现解耦的闭环系统中，输入分量$v_i(t)$是输出分量$y_i(t)$的α_i阶导数.

下面采用输出方程求导的方法获得输入$\boldsymbol{v}$的表达式，并从中求解控制律式(10.3.2).

受控系统$\Sigma(\boldsymbol{A},\boldsymbol{B},\boldsymbol{C})$的输出方程中的第$i$个方程是

$$y_i = \boldsymbol{c}_i^{\mathrm{T}}\boldsymbol{x}, \qquad (10.3.10)$$

其中y_i是输出量$\boldsymbol{y}$的第i个分量，$\boldsymbol{c}_i^{\mathrm{T}}$是输出系数矩阵$\boldsymbol{C}$的第$i$个行向量.

将式(10.3.10)对时间t求导，并用式(10.3.1)中的状态方程代入，则有

$$\dot{y}_i = \boldsymbol{c}_i^{\mathrm{T}}\dot{\boldsymbol{x}} = \boldsymbol{c}_i^{\mathrm{T}}\boldsymbol{A}\boldsymbol{x} + \boldsymbol{c}_i^{\mathrm{T}}\boldsymbol{B}\boldsymbol{u},$$

如果行向量$\boldsymbol{c}_i^{\mathrm{T}}\boldsymbol{B} \neq 0$，则上式显含控制$\boldsymbol{u}$. 于是令$\alpha_i = 1$，并停止求导运算. 否则(即$\boldsymbol{c}_i^{\mathrm{T}}\boldsymbol{B} = 0$)，就将上式再对时间$t$求导，得到

$$\ddot{y}_i = \boldsymbol{c}_i^{\mathrm{T}}\boldsymbol{A}\dot{\boldsymbol{x}} = \boldsymbol{c}_i^{\mathrm{T}}\boldsymbol{A}^2\boldsymbol{x} + \boldsymbol{c}_i^{\mathrm{T}}\boldsymbol{A}\boldsymbol{B}\boldsymbol{u},$$

如果行向量$\boldsymbol{c}_i^{\mathrm{T}}\boldsymbol{A}\boldsymbol{B} \neq 0$，则上式显含$\boldsymbol{u}$. 于是令$\alpha_i = 2$，并停止求导运算. 否则就将上式再对时间求导，直至行向量$\boldsymbol{c}_i^{\mathrm{T}}\boldsymbol{A}^{\alpha_i-1}\boldsymbol{B} \neq 0$为止. 这时$y_i$对时间$t$的$\alpha_i$阶导数是

$$y_i^{(\alpha_i)} = \boldsymbol{c}_i^{\mathrm{T}}\boldsymbol{A}^{\alpha_i}\boldsymbol{x} + \boldsymbol{c}_i^{\mathrm{T}}\boldsymbol{A}^{\alpha_i-1}\boldsymbol{B}\boldsymbol{u}. \qquad (10.3.11)$$

一个特殊的情况是，y_i对时间的n次求导中，始终有$\boldsymbol{c}_i^{\mathrm{T}}\boldsymbol{A}^r\boldsymbol{B} = 0, (r = 0,1,2,\cdots,n-1)$. 在10.3.3节中将会知道，这时$\Sigma(\boldsymbol{A},\boldsymbol{B},\boldsymbol{C})$的传递函数矩阵的第$i$行为全零行，即$y_i \equiv 0$.

在上述的求导过程中可以得到 m 个常数 α_i，它们被称为**解耦阶常数**，亦称**可解耦性指数**. 解耦阶常数 α_i 的定义式为

$$\alpha_i = \min\{k \mid \boldsymbol{c}_i^{\mathrm{T}}\boldsymbol{A}^{k-1}\boldsymbol{B} \neq 0, 1 \leqslant k \leqslant n\}. \tag{10.3.12}$$

如果受控系统 $\Sigma(\boldsymbol{A},\boldsymbol{B},\boldsymbol{C})$ 的 m 个解耦阶常数 α_i 均已求出，则式 (10.3.11) 可以被写成向量形式

$$\boldsymbol{y}^{(\alpha)} = \begin{bmatrix} y_1^{(\alpha_1)} \\ \vdots \\ y_m^{(\alpha_m)} \end{bmatrix} = \begin{bmatrix} \boldsymbol{c}_1^{\mathrm{T}}\boldsymbol{A}^{\alpha_1} \\ \vdots \\ \boldsymbol{c}_m^{\mathrm{T}}\boldsymbol{A}^{\alpha_m} \end{bmatrix}\boldsymbol{x} + \begin{bmatrix} \boldsymbol{c}_1^{\mathrm{T}}\boldsymbol{A}^{\alpha_1-1}\boldsymbol{B} \\ \vdots \\ \boldsymbol{c}_m^{\mathrm{T}}\boldsymbol{A}^{\alpha_m-1}\boldsymbol{B} \end{bmatrix}\boldsymbol{u} = \boldsymbol{L}\boldsymbol{x} + \boldsymbol{D}_0\boldsymbol{u}, \tag{10.3.13}$$

其中，

$$\boldsymbol{L} = \begin{bmatrix} \boldsymbol{c}_1^{\mathrm{T}}\boldsymbol{A}^{\alpha_1} \\ \vdots \\ \boldsymbol{c}_m^{\mathrm{T}}\boldsymbol{A}^{\alpha_m} \end{bmatrix} \tag{10.3.14}$$

为 $m\times n$ 维矩阵；而

$$\boldsymbol{D}_0 = \begin{bmatrix} \boldsymbol{d}_1^{\mathrm{T}} \\ \vdots \\ \boldsymbol{d}_m^{\mathrm{T}} \end{bmatrix} = \begin{bmatrix} \boldsymbol{c}_1^{\mathrm{T}}\boldsymbol{A}^{\alpha_1-1}\boldsymbol{B} \\ \vdots \\ \boldsymbol{c}_m^{\mathrm{T}}\boldsymbol{A}^{\alpha_m-1}\boldsymbol{B} \end{bmatrix} \tag{10.3.15}$$

为 $m\times m$ 维方矩阵，被称为**可解耦性矩阵**.

当可解耦性矩阵 $\boldsymbol{D}_0$ 非奇异时，将解耦控制的要求 $v=y^{(\alpha)}$ 代入式 (10.3.13) 可以解出输入变换和状态反馈控制规律

$$\boldsymbol{u} = \boldsymbol{D}_0^{-1}\boldsymbol{v} - \boldsymbol{D}_0^{-1}\boldsymbol{L}\boldsymbol{x}. \tag{10.3.16}$$

与控制律式(10.3.2) 相比较可知，输入变换和状态反馈矩阵对 $\{\boldsymbol{F},\boldsymbol{R}\}$ 应为

$$\left.\begin{aligned} \boldsymbol{R} &= \boldsymbol{D}_0^{-1} \\ \boldsymbol{F} &= \boldsymbol{D}_0^{-1}\boldsymbol{L} \end{aligned}\right\}. \tag{10.3.17}$$

记期望闭环传递函数矩阵 $\boldsymbol{G}_L^*(s)$ 各元的分母多项式为

$$\Delta_i^*(s) = s^{\alpha_i}, \tag{10.3.18}$$

则可记

$$\boldsymbol{L} = \begin{bmatrix} \boldsymbol{c}_1^{\mathrm{T}}\boldsymbol{A}^{\alpha_1} \\ \vdots \\ \boldsymbol{c}_m^{\mathrm{T}}\boldsymbol{A}^{\alpha_m} \end{bmatrix} = \begin{bmatrix} \boldsymbol{c}_1^{\mathrm{T}}\Delta_1^*(\boldsymbol{A}) \\ \vdots \\ \boldsymbol{c}_m^{\mathrm{T}}\Delta_m^*(\boldsymbol{A}) \end{bmatrix}. \tag{10.3.19}$$

受控系统 $\Sigma(\boldsymbol{A},\boldsymbol{B},\boldsymbol{C})$ 采用由输入变换和状态反馈矩阵对 $\{\boldsymbol{F},\boldsymbol{R}\}=\{\boldsymbol{D}_0^{-1}\boldsymbol{L}, \boldsymbol{D}_0^{-1}\}$ 构成的控制律后，闭环系统 $\Sigma_{F,R}(\boldsymbol{A}-\boldsymbol{B}\boldsymbol{D}_0^{-1}\boldsymbol{L},\boldsymbol{B}\boldsymbol{D}_0^{-1},\boldsymbol{C})$ 实现解耦控制，该闭环系统被称为 **α 阶积分型解耦系统**，其传递函数矩阵与式 (10.3.7) 相同. 该系统成为 m 个单输入单输出子系统，子系统的特征多项式为式 (10.3.18).

综上所述，可以得出受控系统 $\Sigma(\boldsymbol{A},\boldsymbol{B},\boldsymbol{C})$ 的可解耦判据以及化为 α 阶积分型解耦系统的方法.

定理 10.3.1(可解耦性判据)　受控系统 $\Sigma(\boldsymbol{A},\boldsymbol{B},\boldsymbol{C})$能通过矩阵对$\{\boldsymbol{F},\boldsymbol{R}\}$实现解耦的充分必要条件是,可解耦性矩阵 $\boldsymbol{D}_0$ 非奇异. □

推论　当$\Sigma(\boldsymbol{A},\boldsymbol{B},\boldsymbol{C})$可以解耦时,取式(10.3.17)所示的矩阵对$\{\boldsymbol{F},\boldsymbol{R}\}$构成的闭环系统 $\Sigma_{F,R}(\boldsymbol{A}-\boldsymbol{B}\boldsymbol{D}_0^{-1}\boldsymbol{L},\boldsymbol{B}\boldsymbol{D}_0^{-1},\boldsymbol{C})$必是 α 阶积分型解耦系统. □

10.3.3　解耦阶常数的性质

本小节讨论解耦阶常数 α_i 的性质,以及如何由传递函数矩阵 $\boldsymbol{G}(s)$求取常数 α_i.

(1) 解耦阶常数 $\alpha_i<n$,且有

$$\sum_{i=1}^{m}\alpha_i \leqslant n. \tag{10.3.20}$$

预解矩阵的级数表达式为

$$(s\boldsymbol{I}-\boldsymbol{A})^{-1}=\frac{1}{s}\times\boldsymbol{I}+\frac{1}{s^2}\times\boldsymbol{A}+\frac{1}{s^3}\times\boldsymbol{A}^2+\cdots, \tag{10.3.21}$$

设 $\boldsymbol{g}_i^{\mathrm{T}}(s)$是开环传递函数矩阵 $\boldsymbol{G}(s)$的第 i 行,即

$$y_i(s)=\boldsymbol{g}_i^{\mathrm{T}}(s)\boldsymbol{u}(s)=\boldsymbol{c}_i^{\mathrm{T}}(s\boldsymbol{I}-\boldsymbol{A})^{-1}\boldsymbol{B}\boldsymbol{u}(s). \tag{10.3.22}$$

则 $\boldsymbol{g}_i^{\mathrm{T}}(s)$可以被表示为

$$\boldsymbol{g}_i^{\mathrm{T}}(s)=\frac{1}{s}\times\boldsymbol{c}_i^{\mathrm{T}}\boldsymbol{B}+\frac{1}{s^2}\times\boldsymbol{c}_i^{\mathrm{T}}\boldsymbol{A}\boldsymbol{B}+\cdots+\frac{1}{s^{\alpha_i}}\times\boldsymbol{c}_i^{\mathrm{T}}\boldsymbol{A}^{\alpha_i-1}\boldsymbol{B}+\cdots. \tag{10.3.23}$$

若 $\boldsymbol{g}_i^{\mathrm{T}}(s)=0$,则有 $\boldsymbol{c}_i^{\mathrm{T}}\boldsymbol{B}=\cdots=\boldsymbol{c}_i^{\mathrm{T}}\boldsymbol{A}^{n-1}\boldsymbol{B}=0$. 根据凯莱-哈密顿定理可以推出 $\boldsymbol{c}_i^{\mathrm{T}}\boldsymbol{A}^n\boldsymbol{B}=\cdots=0$,即继续求导时,相应的行向量恒为零. 从另一角度来看,$\boldsymbol{g}_i^{\mathrm{T}}(s)=0$ 相当 $y_i\equiv 0$,这说明 y_i 不受控制.

(2) 解耦阶常数 α_i 是$\{\boldsymbol{F},\boldsymbol{R}\}$变换下的不变量,$\boldsymbol{D}_0$ 的系数行向量 $\boldsymbol{d}_i^{\mathrm{T}}=\boldsymbol{c}_i^{\mathrm{T}}\boldsymbol{A}^{\alpha_i-1}\boldsymbol{B}$ 是$\{\boldsymbol{F},\boldsymbol{I}\}$变换下的不变量,但在$\{\boldsymbol{F},\boldsymbol{R}\}$变换下,满足变换关系.

为便于叙述,把受控系统 $\Sigma(\boldsymbol{A},\boldsymbol{B},\boldsymbol{C})$的第 i 个解耦阶常数记为 α_i,而将经矩阵对$\{\boldsymbol{F},\boldsymbol{R}\}$变换的闭环系统 $\Sigma_{F,R}(\boldsymbol{A}-\boldsymbol{B}\boldsymbol{D}_0^{-1}\boldsymbol{L},\boldsymbol{B}\boldsymbol{D}_0^{-1},\boldsymbol{C})$的第 i 个解耦阶常数暂时记为 β_i,即

$$\beta_i=\min\{k\mid \boldsymbol{c}_i^{\mathrm{T}}(\boldsymbol{A}-\boldsymbol{B}\boldsymbol{F})^{k-1}\boldsymbol{B}\boldsymbol{R}\neq 0,1\leqslant k\leqslant n\}. \tag{10.3.24}$$

如果 $\alpha_i=1$,则有 $\boldsymbol{c}_i^{\mathrm{T}}\boldsymbol{B}\neq 0$,而且由于输入变换矩阵 $\boldsymbol{R}$ 为非奇异矩阵,所以有 $\boldsymbol{c}_i^{\mathrm{T}}\boldsymbol{B}\boldsymbol{R}\neq 0$,即 $\beta_i=1=\alpha_i$;

如果 $\alpha_i=2$,则有 $\boldsymbol{c}_i^{\mathrm{T}}\boldsymbol{B}=0$ 和 $\boldsymbol{c}_i^{\mathrm{T}}\boldsymbol{A}\boldsymbol{B}\neq 0$,所以有 $\boldsymbol{c}_i^{\mathrm{T}}\boldsymbol{B}\boldsymbol{R}=0$ 和

$$\begin{aligned}\boldsymbol{c}_i^{\mathrm{T}}(\boldsymbol{A}-\boldsymbol{B}\boldsymbol{F})\boldsymbol{B}\boldsymbol{R}&=\boldsymbol{c}_i^{\mathrm{T}}\boldsymbol{A}\boldsymbol{B}\boldsymbol{R}-\boldsymbol{c}_i^{\mathrm{T}}\boldsymbol{B}\boldsymbol{F}\boldsymbol{B}\boldsymbol{R}\\&=\boldsymbol{c}_i^{\mathrm{T}}\boldsymbol{A}\boldsymbol{B}\boldsymbol{R}\neq 0,\end{aligned}$$

即 $\beta_i=2=\alpha_i$;

如果 $\alpha_i=3$,则有 $\boldsymbol{c}_i^{\mathrm{T}}\boldsymbol{B}=0$,$\boldsymbol{c}_i^{\mathrm{T}}\boldsymbol{A}\boldsymbol{B}=0$ 和 $\boldsymbol{c}_i^{\mathrm{T}}\boldsymbol{A}^2\boldsymbol{B}\neq 0$,所以有 $\boldsymbol{c}_i^{\mathrm{T}}\boldsymbol{B}\boldsymbol{R}=0$,$\boldsymbol{c}_i^{\mathrm{T}}\boldsymbol{A}\boldsymbol{B}\boldsymbol{R}=0$ 和 $\boldsymbol{c}_i^{\mathrm{T}}(\boldsymbol{A}-\boldsymbol{B}\boldsymbol{F})\boldsymbol{B}\boldsymbol{R}=0$. 又由于$(\boldsymbol{A}-\boldsymbol{B}\boldsymbol{F})^2=\boldsymbol{A}^2+\boldsymbol{B}\boldsymbol{F}\boldsymbol{B}\boldsymbol{F}-\boldsymbol{A}\boldsymbol{B}\boldsymbol{F}-\boldsymbol{B}\boldsymbol{F}\boldsymbol{A}$,所以

$$
\begin{aligned}
\boldsymbol{c}_i^{\mathrm{T}}(\boldsymbol{A}-\boldsymbol{BF})^2\boldsymbol{BR} &= \boldsymbol{c}_i^{\mathrm{T}}\boldsymbol{A}^2\boldsymbol{BR}+\boldsymbol{c}_i^{\mathrm{T}}\boldsymbol{BFBFBR}-\boldsymbol{c}_i^{\mathrm{T}}\boldsymbol{ABFBR}-\boldsymbol{c}_i^{\mathrm{T}}\boldsymbol{BFABR} \\
&= \boldsymbol{c}_i^{\mathrm{T}}\boldsymbol{A}^2\boldsymbol{BR}\neq 0,
\end{aligned}
$$

即 $\beta_i=3=\alpha_i$;

依此类推,不管矩阵对$\{\boldsymbol{F},\boldsymbol{R}\}$取什么值,只要矩阵 $\boldsymbol{R}$ 是非奇异矩阵,都有

$$
\left.\begin{aligned}
\beta_i &= \alpha_i \\
\boldsymbol{c}_i^{\mathrm{T}}(\boldsymbol{A}-\boldsymbol{BF})^{\beta_i-1}\boldsymbol{BR} &= \boldsymbol{c}_i^{\mathrm{T}}\boldsymbol{A}^{\alpha_i-1}\boldsymbol{BR}
\end{aligned}\right\}. \tag{10.3.25}
$$

因为解耦阶常数是$\{\boldsymbol{F},\boldsymbol{R}\}$变换下的不变量,所以今后将受控系统和闭环系统的解耦阶常数统一记为 α_i. $\boldsymbol{c}_i^{\mathrm{T}}(\boldsymbol{A}-\boldsymbol{BF})^{\alpha_i-1}\boldsymbol{BR}$ 是$\{\boldsymbol{F},\boldsymbol{R}\}$变换后的可解耦性矩阵的行向量,它和解耦前的可解耦性矩阵的行向量 $\boldsymbol{d}_i^{\mathrm{T}}=\boldsymbol{c}_i^{\mathrm{T}}\boldsymbol{A}^{\alpha_i-1}\boldsymbol{B}$ 具有变换关系,但在$\{\boldsymbol{F},\boldsymbol{I}\}$变换下是一个不变量.

(3) 解耦阶常数 α_i 是 $\boldsymbol{g}_i^{\mathrm{T}}(s)$诸元素的分母多项式与分子多项式的 s 幂次之差的最小值. 而行向量 $\boldsymbol{d}_i^{\mathrm{T}}=\boldsymbol{c}_i^{\mathrm{T}}\boldsymbol{A}^{\alpha_i-1}\boldsymbol{B}$ 是由 $\boldsymbol{g}_i^{\mathrm{T}}(s)$的各元素分子多项式中 s 的最高幂次的系数构成的行向量. 这里的 $\boldsymbol{g}_i^{\mathrm{T}}(s)$是传递函数矩阵 $\boldsymbol{G}(s)$第 i 行.

受控系统 $\Sigma(\boldsymbol{A},\boldsymbol{B},\boldsymbol{C})$的传递函数矩阵为 $\boldsymbol{G}(s)$,它的第 i 行 $\boldsymbol{g}_i^{\mathrm{T}}(s)$的表达式为式(10.3.23). 按照 α_i 的定义,有 $\boldsymbol{c}_i^{\mathrm{T}}\boldsymbol{B}=0,\boldsymbol{c}_i^{\mathrm{T}}\boldsymbol{AB}=0,\cdots,\boldsymbol{c}_i^{\mathrm{T}}\boldsymbol{A}^{\alpha_i-2}\boldsymbol{B}=0$. 从而式(10.3.23)可以被改写为

$$
\boldsymbol{g}_i^{\mathrm{T}}(s)=\frac{1}{s^{\alpha_i}}\times\boldsymbol{c}_i^{\mathrm{T}}\boldsymbol{A}^{\alpha_i-1}\boldsymbol{B}+\frac{1}{s^{\alpha_i+1}}\times\boldsymbol{c}_i^{\mathrm{T}}\boldsymbol{A}^{\alpha_i}\boldsymbol{B}+\cdots. \tag{10.3.26}
$$

上式说明 $\boldsymbol{g}_i^{\mathrm{T}}(s)$的分母多项式与分子多项式的 s 幂次的差的最小值是 α_i; $\boldsymbol{g}_i^{\mathrm{T}}(s)$的分子多项式的 s 最高幂次的系数行向量是 $\boldsymbol{d}_i^{\mathrm{T}}=\boldsymbol{c}_i^{\mathrm{T}}\boldsymbol{A}^{\alpha_i-1}\boldsymbol{B}$.

一般情况下,$\boldsymbol{g}_i^{\mathrm{T}}(s)$分母最高幂次是 n,则分子最高幂次是 $n-\alpha_i$. 不过,由于可能会出现零极对消,所以最高幂次也可能会降低.

(4) 解耦阶常数 α_i 是控制输入 $\boldsymbol{u}$ 到输出分量 y_i 的可控性指数.

输出分量 y_i 的输出可控性矩阵为 $\boldsymbol{Q}_i=[\boldsymbol{c}_i^{\mathrm{T}}\boldsymbol{B}\quad \boldsymbol{c}_i^{\mathrm{T}}\boldsymbol{AB}\quad\cdots\quad \boldsymbol{c}_i^{\mathrm{T}}\boldsymbol{A}^{n-1}\boldsymbol{B}]$. 其秩为1时,$y_i$ 由输入 $\boldsymbol{u}$ 可控. 解耦阶常数 α_i 的定义是 $\boldsymbol{c}_i^{\mathrm{T}}\boldsymbol{B}=0,\boldsymbol{c}_i^{\mathrm{T}}\boldsymbol{AB}=0,\cdots,\boldsymbol{c}_i^{\mathrm{T}}\boldsymbol{A}^{\alpha_i-2}\boldsymbol{B}=0$,而 $\boldsymbol{c}_i^{\mathrm{T}}\boldsymbol{A}^{\alpha_i-1}\boldsymbol{B}\neq0$. 所以解耦阶常数 α_i 是控制输入 $\boldsymbol{u}$ 到输出分量 y_i 的可控性指数. 并且,状态反馈不改变该可控性指数.

当给定受控系统 $\Sigma(\boldsymbol{A},\boldsymbol{B},\boldsymbol{C})$具有状态空间表达式时,则可以按照定义式(10.3.12)计算解耦阶常数 α_i 和行向量 $\boldsymbol{d}_i^{\mathrm{T}}=\boldsymbol{c}_i^{\mathrm{T}}\boldsymbol{A}^{\alpha_i-1}\boldsymbol{B}$. 但如果给定受控系统的传递函数矩阵 $\boldsymbol{G}(s)$,则由性质(3)计算解耦阶常数 α_i 和行向量 $\boldsymbol{d}_i^{\mathrm{T}}$ 比较方便.

例 10.3.1 已知受控系统的系数矩阵为

$$
\boldsymbol{A}=\begin{bmatrix}0&0&0\\0&0&1\\-1&-2&-3\end{bmatrix},\quad \boldsymbol{B}=\begin{bmatrix}1&0\\0&0\\0&1\end{bmatrix},\quad \boldsymbol{C}=\begin{bmatrix}1&1&0\\0&0&1\end{bmatrix},
$$

试寻求$\{\boldsymbol{F},\boldsymbol{R}\}$变换实现闭环积分型解耦.

解 (1) 经验算可知,该系统状态完全可控且完全可观.

(2) 计算解耦阶常数 α_i.

$$\boldsymbol{c}_1^{\mathrm{T}}\boldsymbol{B}=\begin{bmatrix}1 & 1 & 0\end{bmatrix}\begin{bmatrix}1 & 0\\0 & 0\\0 & 1\end{bmatrix}=\begin{bmatrix}1 & 0\end{bmatrix},\quad \alpha_1=1,\quad \boldsymbol{d}_1^{\mathrm{T}}=\begin{bmatrix}1 & 0\end{bmatrix},$$

$$\boldsymbol{c}_2^{\mathrm{T}}\boldsymbol{B}=\begin{bmatrix}0 & 0 & 1\end{bmatrix}\begin{bmatrix}1 & 0\\0 & 0\\0 & 1\end{bmatrix}=\begin{bmatrix}0 & 1\end{bmatrix},\quad \alpha_2=1,\quad \boldsymbol{d}_2^{\mathrm{T}}=\begin{bmatrix}0 & 1\end{bmatrix}.$$

由于可解耦性矩阵

$$\boldsymbol{D}_0=\begin{bmatrix}\boldsymbol{d}_1^{\mathrm{T}}\\\boldsymbol{d}_2^{\mathrm{T}}\end{bmatrix}=\begin{bmatrix}1 & 0\\0 & 1\end{bmatrix}$$

非奇异,所以可以用$\{\boldsymbol{F},\boldsymbol{R}\}$变换实现解耦.

(3) 计算$\{\boldsymbol{F},\boldsymbol{R}\}$变换.

$$\boldsymbol{L}=\begin{bmatrix}\boldsymbol{c}_1^{\mathrm{T}}\boldsymbol{A}\\\boldsymbol{c}_2^{\mathrm{T}}\boldsymbol{A}\end{bmatrix}=\begin{bmatrix}0 & 0 & 1\\-1 & -2 & -3\end{bmatrix},\quad \boldsymbol{D}_0=\begin{bmatrix}1 & 0\\0 & 1\end{bmatrix}=\boldsymbol{D}_0^{-1};$$

状态反馈和输入变换为

$$\boldsymbol{F}=\boldsymbol{D}_0^{-1}\boldsymbol{L}=\begin{bmatrix}0 & 0 & 1\\-1 & -2 & -3\end{bmatrix},\quad \boldsymbol{R}=\boldsymbol{D}_0^{-1}=\boldsymbol{I}_2.$$

(4) 校核.

$$\boldsymbol{A}-\boldsymbol{BF}=\boldsymbol{A}-\begin{bmatrix}0 & 0 & 1\\0 & 0 & 0\\-1 & -2 & -3\end{bmatrix}=\begin{bmatrix}0 & 0 & -1\\0 & 0 & 1\\0 & 0 & 0\end{bmatrix},$$

$$(s\boldsymbol{I}-\boldsymbol{A}+\boldsymbol{BF})^{-1}=\frac{1}{s^3}\times\begin{bmatrix}s^2 & 0 & s\\0 & s^2 & -s\\0 & 0 & s^2\end{bmatrix}=\frac{1}{s^2}\times\begin{bmatrix}s & 0 & 1\\0 & s & -1\\0 & 0 & s\end{bmatrix},$$

$$\boldsymbol{G}_{F,R}(s)=\boldsymbol{C}(s\boldsymbol{I}-\boldsymbol{A}+\boldsymbol{BF})^{-1}\boldsymbol{BR}=\frac{1}{s^2}\times\begin{bmatrix}s & 0\\0 & s\end{bmatrix}=\begin{bmatrix}\frac{1}{s} & 0\\0 & \frac{1}{s}\end{bmatrix}.$$

解耦控制得以实现.

说明1:解耦阶常数 α_i 也可以由传递函数矩阵求得.开环传递函数矩阵为

$$\boldsymbol{G}_{\mathrm{Open}}(s)=\boldsymbol{C}(s\boldsymbol{I}-\boldsymbol{A})^{-1}\boldsymbol{B}=\frac{1}{s^3+3s^2+2s}\times\begin{bmatrix}s^2+3s+1 & s\\-s & s^2\end{bmatrix},$$

其第一行分母分子的幂次差的最小值为1,故 $\alpha_1=1$,分子最高次幂为2,故 $\boldsymbol{d}_1^{\mathrm{T}}=[1\quad 0]$;第二行分母分子的幂次差的最小值也为1,故 $\alpha_2=1$,分子最高次幂为2,故 $\boldsymbol{d}_2^{\mathrm{T}}=[0\quad 1]$.

说明2：参量的不变性讨论. 闭环解耦阶常数也为$\alpha_1=1,\alpha_2=1$,与开环系统相同. 行向量$\boldsymbol{d}_1^{\mathrm{T}}$和$\boldsymbol{d}_2^{\mathrm{T}}$对矩阵$\boldsymbol{R}$具有变换关系,但本例题的$\boldsymbol{R}$为单位矩阵,所以也不变.

说明3：模态分析. 下表为系统的可控性、可观性分析.

	开环系统	闭环系统
由u_1的可控性	$Q_{C1}=\begin{bmatrix}1&0&0\\0&0&-1\\0&-1&3\end{bmatrix}$,三维可控状态	$\begin{bmatrix}1&0&0\\0&0&0\\0&0&0\end{bmatrix}$,一维可控状态
由u_2的可控性	$Q_{C2}=\begin{bmatrix}0&0&0\\0&1&-3\\1&-3&-7\end{bmatrix}$,两维可控状态	$\begin{bmatrix}0&-1&0\\0&1&0\\1&0&0\end{bmatrix}$,两维可控状态
由y_1的可观性	$Q_{O1}=\begin{bmatrix}1&1&0\\0&0&1\\-1&-2&-3\end{bmatrix}$,三维可观状态	$\begin{bmatrix}1&1&0\\0&0&0\\0&0&0\end{bmatrix}$,一维可观状态
由y_2的可观性	$Q_{O2}=\begin{bmatrix}0&0&1\\-1&-2&-3\\3&6&7\end{bmatrix}$,两维可观状态	$\begin{bmatrix}0&0&1\\0&0&0\\0&0&0\end{bmatrix}$,一维可观状态

由上表可见：

(i) 尽管状态反馈$\boldsymbol{F}$不改变系统状态的可控性,但对单个输入的可控性可能发生变化. 譬如对u_1而言,可控状态由三维变为一维；对u_2而言,可控状态维数不变.

(ii) 状态反馈$\boldsymbol{F}$改变了状态的可观性. 对总输出而言,可观状态的维数由三维变为两维. 由各单个输出可观的状态维数也发生变化：对y_1而言,可观状态由三维变为一维；对y_2而言,可观状态由两维变为一维. □

10.3.4　具有期望闭环极点的解耦系统

在10.3.2节中叙述过,受控系统$\Sigma(\boldsymbol{A},\boldsymbol{B},\boldsymbol{C})$经矩阵对$\{\boldsymbol{F},\boldsymbol{R}\}$控制后的闭环系统$\Sigma_{F,R}(\boldsymbol{A}-\boldsymbol{BF},\boldsymbol{BR},\boldsymbol{C})$被变换成积分型解耦系统. 其中关键的一步就是对输出方程求导运算得出式(10.3.11),并令参考输入$\boldsymbol{v}$的第i个分量为$v_i=y_i^{(\alpha_i)}$. 这样,闭环系统第i个子系统的传递函数就具有α_i个积分器串联的形式

$$y_i(s)=\frac{1}{s^{\alpha_i}}\times v_i(s). \tag{10.3.27}$$

但是,子系统是积分器串联形式的解耦结果,不可能满足动态要求.

为此,可以对第i个子系统提出极点配置要求. 若希望配置α_i个极点,则输出表达式应当是

$$y_i(s)=\frac{1}{\Delta_i^*(s)}\times v_i(s)=\frac{1}{s^{\alpha_i}+\beta_{i(\alpha_i-1)}s^{\alpha_i-1}+\cdots+\beta_{i0}}\times v_i(s).\tag{10.3.28}$$

也就是说,参考输入的第 i 个分量应为

$$v_i=y_i^{(\alpha_i)}+\beta_{i(\alpha_i-1)}y_i^{(\alpha_i-1)}+\cdots+\beta_{i0}y_i.\tag{10.3.29}$$

依照式 (10.3.11) 的推导过程,把 $y_i^{(\alpha_i)},y_i^{(\alpha_i-1)},\cdots,y_i$ 代入式 (10.3.29) 可得

$$v_i=\boldsymbol{c}_i^{\mathrm{T}}\boldsymbol{A}^{\alpha_i}\boldsymbol{x}+\beta_{i(\alpha_i-1)}\boldsymbol{c}_i^{\mathrm{T}}\boldsymbol{A}^{\alpha_i-1}\boldsymbol{x}+\cdots+\beta_{i0}\boldsymbol{c}_i^{\mathrm{T}}\boldsymbol{x}+\boldsymbol{c}_i^{\mathrm{T}}\boldsymbol{A}^{\alpha_i-1}\boldsymbol{B}\boldsymbol{u},\tag{10.3.30}$$

依旧写成向量形式,有

$$\boldsymbol{v}=\boldsymbol{L}\boldsymbol{x}+\boldsymbol{D}_0\boldsymbol{u},\tag{10.3.31}$$

其中,可解耦性矩阵 $\boldsymbol{D}_0$ 仍具式 (10.3.15) 的形式,而矩阵

$$\boldsymbol{L}=\begin{bmatrix}\boldsymbol{c}_1^{\mathrm{T}}\boldsymbol{A}^{\alpha_1}+\beta_{1(\alpha_1-1)}\boldsymbol{c}_1^{\mathrm{T}}\boldsymbol{A}^{\alpha_1-1}+\cdots+\beta_{10}\boldsymbol{c}_1^{\mathrm{T}}\\ \vdots\\ \boldsymbol{c}_m^{\mathrm{T}}\boldsymbol{A}^{\alpha_m}+\beta_{m(\alpha_m-1)}\boldsymbol{c}_i^{\mathrm{T}}\boldsymbol{A}^{\alpha_m-1}+\cdots+\beta_{m0}\boldsymbol{c}_m^{\mathrm{T}}\end{bmatrix}=\begin{bmatrix}\boldsymbol{c}_1^{\mathrm{T}}\Delta_1^*(\boldsymbol{A})\\ \vdots\\ \boldsymbol{c}_m^{\mathrm{T}}\Delta_m^*(\boldsymbol{A})\end{bmatrix}.\tag{10.3.32}$$

其中

$$\Delta_i^*(s)=s^{\alpha_i}+\beta_{i(\alpha_i-1)}s^{\alpha_i-1}+\cdots+\beta_{i0}\tag{10.3.33}$$

是第 i 个闭环子系统的希望特征多项式.

当受控系统 $\Sigma(\boldsymbol{A},\boldsymbol{B},\boldsymbol{C})$ 可用矩阵对 $\{\boldsymbol{F},\boldsymbol{R}\}$ 解耦时,可解耦性矩阵 $\boldsymbol{D}_0$ 非奇异,从式 (10.3.31) 可以解出控制律 $\boldsymbol{u}=\boldsymbol{D}_0^{-1}\boldsymbol{v}-\boldsymbol{D}_0^{-1}\boldsymbol{L}\boldsymbol{x}$. 于是可以得到以下定理:

定理 10.3.2(α 阶极点配置定理) 受控系统 $\Sigma(\boldsymbol{A},\boldsymbol{B},\boldsymbol{C})$ 可以由矩阵对 $\{\boldsymbol{F},\boldsymbol{R}\}$ 实现解耦时,分别取 $\boldsymbol{R}=\boldsymbol{D}_0^{-1}$ 和 $\boldsymbol{F}=\boldsymbol{D}_0^{-1}\boldsymbol{L}$,则闭环系统 $\Sigma_{F,R}(\boldsymbol{A}-\boldsymbol{B}\boldsymbol{F},\boldsymbol{B}\boldsymbol{R},\boldsymbol{C})$ 可以实现 α 阶极点配置. 可配置的极点总数是 $\alpha_1+\alpha_2+\cdots+\alpha_m\leqslant n$. 其中 $\boldsymbol{D}_0$ 是式 (10.3.15) 所示的可解耦性矩阵,矩阵 $\boldsymbol{L}$ 是由各子系统的闭环希望特征多项式 (10.3.33) 和状态系数矩阵 $\boldsymbol{A}$、输出系数矩阵 $\boldsymbol{C}$ 的诸行向量按式 (10.3.32) 构成的 $m\times n$ 维矩阵.

□

例 10.3.2 受控系统 $\Sigma(\boldsymbol{A},\boldsymbol{B},\boldsymbol{C})$ 同例 12.3.1. 讨论解耦极点配置问题.

解 (1) 设定期望极点. 由于 $\alpha_1=\alpha_2=1,\alpha_1+\alpha_2=2$,所以只能配置两个期望极点. 设闭环传递函数矩阵为

$$\boldsymbol{G}_{R,F}^*(s)=\mathrm{diag}\left\{\frac{1}{s+\beta_{10}}\quad\frac{1}{s+\beta_{20}}\right\}.$$

即,两个期望特征多项式为

$$\Delta_1^*(s)=s+\beta_{10};\quad\Delta_2^*(s)=s+\beta_{20}.$$

(2) 求 $\{\boldsymbol{F},\boldsymbol{R}\}$. 由于 $\boldsymbol{D}_0=\boldsymbol{I}_2$,故输入变换矩阵 $\boldsymbol{R}=\boldsymbol{I}_2$. 计算

$$\boldsymbol{c}_1^{\mathrm{T}}=[1\quad1\quad0],\quad\boldsymbol{c}_1^{\mathrm{T}}\boldsymbol{A}=[0\quad0\quad1];$$

$$\boldsymbol{c}_2^{\mathrm{T}}=[0\quad0\quad1],\quad\boldsymbol{c}_2^{\mathrm{T}}\boldsymbol{A}=[-1\quad-2\quad-3];$$

$$\boldsymbol{F}=\boldsymbol{D}_0^{-1}\boldsymbol{L}=\boldsymbol{I}_2\times\begin{bmatrix}\boldsymbol{c}_1^{\mathrm{T}}\Delta_1^*(\boldsymbol{A})\\ \boldsymbol{c}_2^{\mathrm{T}}\Delta_2^*(\boldsymbol{A})\end{bmatrix}=\begin{bmatrix}\boldsymbol{c}_1^{\mathrm{T}}\boldsymbol{A}+\beta_{10}\boldsymbol{c}_1^{\mathrm{T}}\\ \boldsymbol{c}_2^{\mathrm{T}}\boldsymbol{A}+\beta_{20}\boldsymbol{c}_2^{\mathrm{T}}\end{bmatrix}=\begin{bmatrix}\beta_{10}&\beta_{10}&1\\ -1&-2&\beta_{20}-3\end{bmatrix}.$$

(3) 校核及可控可观性讨论. 闭环系统系数矩阵为

$$A-BF=\begin{bmatrix}-\beta_{10} & -\beta_{10} & -1\\ 0 & 0 & 1\\ 0 & 0 & \beta_{20}\end{bmatrix},\quad BR=B=\begin{bmatrix}1 & 0\\ 0 & 0\\ 0 & 1\end{bmatrix},\quad C=\begin{bmatrix}1 & 1 & 0\\ 0 & 0 & 1\end{bmatrix}.$$

$A-BF$ 的预解矩阵

$$(sI-A+BF)^{-1}=\frac{1}{s(s+\beta_{10})(s+\beta_{20})}\times\begin{bmatrix}s(s+\beta_{20}) & -\beta_{10}(s+\beta_{20}) & -(s+\beta_{10})\\ 0 & (s+\beta_{10})(s+\beta_{20}) & s+\beta_{10}\\ 0 & 0 & s(s+\beta_{10})\end{bmatrix}$$

中不存在零极点对消.

(i) 计算状态至输出的传递函数矩阵

$$C(sI-A+BF)^{-1}=\frac{1}{s(s+\beta_{10})(s+\beta_{20})}\times\begin{bmatrix}s(s+\beta_{20}) & s(s+\beta_{20}) & 0\\ 0 & 0 & s(s+\beta_{10})\end{bmatrix}$$

第一行有零极点对消,消去 s 和 $s+\beta_{20}$,剩下 $-\beta_{10}$ 是由 y_1 可观测的极点. 第二行有零极点对消,消去 s 和 $s+\beta_{10}$,剩下 $-\beta_{20}$ 是由 y_2 可观测的极点. 而极点 0 是由 y_1 和 y_2 都不可观测的. 状态反馈 F 改变了可观性,可观性矩阵的维数由 3 变为 2.

(ii) 计算输入至状态的传递函数矩阵

$$(sI-A+BF)^{-1}BR=\frac{1}{s(s+\beta_{10})(s+\beta_{20})}\times\begin{bmatrix}s(s+\beta_{20}) & -(s+\beta_{10})\\ 0 & s+\beta_{10}\\ 0 & s(s+\beta_{10})\end{bmatrix}.$$

第一列有零极点对消,消去 s 和 $(s+\beta_{20})$,剩下 $-\beta_{10}$ 是由 u_1 可控的极点. 第二列有零极点对消,消去 $(s+\beta_{10})$,所以 0 和 $-\beta_{20}$ 是由 u_2 可控的极点. 状态反馈 F 可能改变单个输入的可控性,u_1 对状态的可控性由三维变为一维,u_2 的可控状态维数未变.

(iii) 输入至输出传递函数矩阵为

$$C(sI-A+BF)^{-1}BR=\frac{1}{s(s+\beta_{10})(s+\beta_{20})}\times\begin{bmatrix}s(s+\beta_{20}) & 0\\ 0 & s(s+\beta_{10})\end{bmatrix}$$

$$=\mathrm{diag}\left\{\frac{1}{s+\beta_{10}}\quad\frac{1}{s+\beta_{20}}\right\}.$$

(iv) 三维可控又可观的系统 $\Sigma(A,B,C)$,由于 $\alpha_1+\alpha_2=2$,所以只能配置两个极点,反馈后第三个极点 $s=0$ 被消去.

(v) α_i 是 $\{F,R\}$ 下的不变量,$\alpha_1=\alpha_2=1$,$G_{F,R}^{*}(s)$ 的分子都设为 1,分母只能是一次多项式,所以只能配两个极点. □

10.3.5 解耦系统的零点

α 阶极点配置方法只能配置解耦系统的 $\alpha_1+\alpha_2+\cdots+\alpha_m\leqslant n$ 个极点,这个数值可能少于系统阶数 n. 比如,例 10.3.2 中的三阶系统是完全可控的,通过状态反馈本来可以配置三个闭环极点，但按上小节的配置方法只配置了两个极点 $-\beta_{10}$ 和 $-\beta_{20}$. 系统中原有的一个等于零的极点没有改变，并和闭环传递函数矩阵分子中的相同零点对消. 例 10.3.2 通过具体的状态反馈改变了系统的可观性，原来单独由 y_2 不可观的模态变成了由 y_1 和 y_2 都不可观的模态. 需要考虑的问题是：是否可以配置这第三个极点，从而避免它被零点对消？经研究发现，对于某一类特定的系统是可以做到的.

设受控系统 $\Sigma(\boldsymbol{A},\boldsymbol{B},\boldsymbol{C})$ 是多变量的第二可控规范型，它的传递函数矩阵 $\boldsymbol{G}(s)$ 的第 i 行 $\boldsymbol{g}_i^{\mathrm{T}}(s)$ 的分子多项式有公因子 $n_i(s)$，这时 $\boldsymbol{G}(s)$ 可以被写成

$$\boldsymbol{G}(s)=\boldsymbol{N}(s)\,\widetilde{\boldsymbol{G}}(s). \tag{10.3.34}$$

其中

$$\boldsymbol{N}(s)=\begin{bmatrix} n_1(s) & & \\ & \ddots & \\ & & n_m(s) \end{bmatrix}; \tag{10.3.35}$$

$\widetilde{\boldsymbol{G}}(s)$ 可以被看成是新系统 $\widetilde{\Sigma}(\boldsymbol{A},\boldsymbol{B},\widetilde{\boldsymbol{C}})$ 的传递函数矩阵. 在多变量的第二可控规范型条件下，新系统和原系统的差别只是输出系数矩阵 $\widetilde{\boldsymbol{C}}$ 不相同. 如果新系统 $\widetilde{\Sigma}(\boldsymbol{A},\boldsymbol{B},\widetilde{\boldsymbol{C}})$ 可以用矩阵对 $\{\boldsymbol{F},\boldsymbol{R}\}$ 控制律实现闭环解耦，即 $\widetilde{\boldsymbol{G}}_{F,R}(s)$ 是对角线矩阵，那么原系统采用矩阵对 $\{\boldsymbol{F},\boldsymbol{R}\}$，就可以使闭环传递函数矩阵为

$$\boldsymbol{G}_{F,R}(s)=\boldsymbol{N}(s)\,\widetilde{\boldsymbol{G}}_{F,R}(s). \tag{10.3.36}$$

这样不仅实现了解耦，而且子系统的传递函数的分子多项式将原系统传递函数 $\boldsymbol{G}(s)$ 的相应行 $\boldsymbol{g}_i^{\mathrm{T}}(s)$ 的分子多项式的公因子 $n_i(s)$ 保留为自己的零点多项式. 上述关系可以用图 10.3.2 表示.

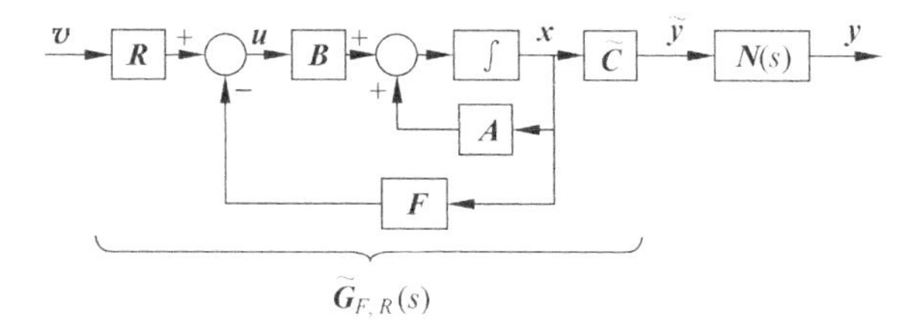

图 10.3.2　提取行零点多项式后的解耦系统

定理 10.3.3　受控系统 $\Sigma(\boldsymbol{A},\boldsymbol{B},\boldsymbol{C})$ 可以由矩阵对 $\{\boldsymbol{F},\boldsymbol{R}\}$ 实现解耦，并使第 i 个子系统传递函数分子为 $n_i(s)$ 的充分必要条件是：

(1) 原受控系统传递函数矩阵 $\boldsymbol{G}(s)$ 的第 i 行有零点多项式 $n_i(s)$；

(2) 新系统 $\widetilde{\Sigma}(\boldsymbol{A},\boldsymbol{B},\widetilde{\boldsymbol{C}})$ 可以由 $\{\boldsymbol{F},\boldsymbol{R}\}$ 解耦. □

对受控系统 $\Sigma(\boldsymbol{A},\boldsymbol{B},\boldsymbol{C})$ 采用这种保留传递函数矩阵各行零点的解耦控制方法，就能够使可配置的闭环极点数目等于新系统 $\widetilde{\Sigma}(\boldsymbol{A},\boldsymbol{B},\widetilde{\boldsymbol{C}})$ 可以由 $\{\boldsymbol{F},\boldsymbol{R}\}$ 配置极

点的数目.这个数目通常是原系统$\Sigma(\boldsymbol{A},\boldsymbol{B},\boldsymbol{C})$的诸解耦阶常数$\alpha_i$之和加上诸行零点多项式$n_i(s)$的零点数目之和.至于如何确定新系统$\widetilde{\Sigma}(\boldsymbol{A},\boldsymbol{B},\widetilde{\boldsymbol{C}})$的输出系数矩阵$\widetilde{\boldsymbol{C}}$,例10.3.3对简单情况做了叙述,复杂的情况可以通过化$\Sigma(\boldsymbol{A},\boldsymbol{B},\boldsymbol{C})$为多输入系统第二可控规范型来确定.

9.8.4节介绍了多输入系统的第二可控规范型,式(9.8.51)给出了规范型$\Sigma_{\mathrm{C}}(\boldsymbol{A}_{\mathrm{C}},\boldsymbol{B}_{\mathrm{C}},\boldsymbol{C}_{\mathrm{C}})$的传递函数矩阵为

$$\boldsymbol{G}(s)=\boldsymbol{C}_{\mathrm{C}}(s\boldsymbol{I}-\boldsymbol{A}_{\mathrm{C}})^{-1}\boldsymbol{B}_{\mathrm{C}}=\boldsymbol{C}_{\mathrm{C}}\boldsymbol{S}(s)\boldsymbol{M}_{\mathrm{C}}^{-1}(s)\hat{\boldsymbol{B}}_{\mathrm{C}}. \tag{10.3.37}$$

于是,式(10.3.36)成为

$$\boldsymbol{C}_{\mathrm{C}}\boldsymbol{S}(s)\boldsymbol{M}_{\mathrm{C}}^{-1}(s)\hat{\boldsymbol{B}}_{\mathrm{C}}=\begin{bmatrix}n_1(s) & & \\ & \ddots & \\ & & n_m(s)\end{bmatrix}\widetilde{\boldsymbol{C}}\boldsymbol{S}(s)\boldsymbol{M}_{\mathrm{C}}^{-1}(s)\hat{\boldsymbol{B}}_{\mathrm{C}}, \tag{10.3.38}$$

其中:$m\times m$维矩阵$\boldsymbol{M}_{\mathrm{C}}^{-1}(s)\hat{\boldsymbol{B}}_{\mathrm{C}}$为非奇异方阵,可右乘其逆消去;$n\times m$维矩阵$\boldsymbol{S}(s)$不是方阵,所以由上式得到$m$个多项式等式

$$\boldsymbol{c}_i^{\mathrm{T}}\boldsymbol{S}(s)=n_i(s)\tilde{\boldsymbol{c}}_i^{\mathrm{T}}\boldsymbol{S}(s),\quad(i=1,2,\cdots,m). \tag{10.3.39}$$

在每个多项式等式中,$\tilde{\boldsymbol{c}}_i^{\mathrm{T}}$有$n$个未知数;每个多项式的次数是零点多项式$n_i(s)$的幂次$\delta\{n_i(s)\}$与多项式矩阵$\boldsymbol{S}(s)$的次数$\max(\mu_i)-1$之和,即$\delta\{n_i(s)\}+\max(\mu_i)-1$,这里的$\mu_i$是可控性指数.系数等式的总个数为

$$\sum_{i=1}^{m}\delta\{n_i(s)\}+m\times\max(\mu_i)-m\geqslant\sum_{i=1}^{m}\delta\{n_i(s)\}+n-m\geqslant n. \tag{10.3.40}$$

所以,输出系数矩阵$\widetilde{\boldsymbol{C}}$可能有多个解.

一个特殊情形是$n_i(s)=1$,即传递函数矩阵中该行没有可提取的公因子,此时输出矩阵行向量保持不变,即$\tilde{\boldsymbol{c}}_i^{\mathrm{T}}=\boldsymbol{c}_i^{\mathrm{T}}$.

例10.3.3 受控系统$\Sigma(\boldsymbol{A},\boldsymbol{B},\boldsymbol{C})$同例12.3.2.试寻找矩阵对$\{\boldsymbol{F},\boldsymbol{R}\}$使其解耦,并在极点配置的同时,保留相应的零点.

解 (1)计算开环传递函数$\boldsymbol{G}(s)$,并确定其行向量的分子多项式.受控系统的传递函数矩阵为

$$\boldsymbol{G}(s)=\boldsymbol{C}(s\boldsymbol{I}-\boldsymbol{A})^{-1}\boldsymbol{B}=\frac{1}{s(s+1)(s+2)}\times\begin{bmatrix}s^2+3s+1 & s\\ -s & s^2\end{bmatrix},$$

它的第二行$\boldsymbol{g}_2^{\mathrm{T}}(s)$的分子多项式有可与特征多项式的极点对消的公因子$s$,所以由$y_2$不能观测全部状态.由其可观性矩阵$\boldsymbol{Q}_{\mathrm{O2}}$降秩也可证明这一点:

$$\mathrm{rank}\boldsymbol{Q}_{\mathrm{O2}}=\mathrm{rank}\begin{bmatrix}\boldsymbol{c}_2^{\mathrm{T}}\\ \boldsymbol{c}_2^{\mathrm{T}}\boldsymbol{A}\\ \boldsymbol{c}_2^{\mathrm{T}}\boldsymbol{A}^2\end{bmatrix}=\mathrm{rank}\begin{bmatrix}0 & 0 & 1\\ -1 & -2 & -3\\ 3 & 6 & 7\end{bmatrix}=2.$$

所以由y_2可观测两维状态.

(2)提取$\boldsymbol{G}(s)$各行向量的分子公因式,进行系统的串联分解.

$$G(s) = N(s)\,\widetilde{G}(s) = \begin{bmatrix} 1 & 0 \\ 0 & s \end{bmatrix} \times \frac{1}{s(s+2)(s+1)} \times \begin{bmatrix} s^2+3s+1 & s \\ -1 & s \end{bmatrix}$$

确定系统$\widetilde{\Sigma}(A,B,\widetilde{C})$的输出矩阵$\widetilde{C}$. 设$\widetilde{\Sigma}(A,B,\widetilde{C})$的输出为$\widetilde{y}$,则与原系统输出 y 的关系为

$$y(s) = N(s)\,\widetilde{y}(s),$$

即

$$y_1 = \widetilde{y}_1 = x_1 + x_2,$$

$$y_2 = \frac{\mathrm{d}}{\mathrm{d}t}\widetilde{y}_2 = x_3 = \dot{x}_2, \quad \text{即}\ \widetilde{y}_2 = x_2$$

从而得到$\widetilde{\Sigma}(A,B,\widetilde{C})$的输出矩阵

$$\widetilde{C} = \begin{bmatrix} \widetilde{c}_1^{\mathrm{T}} \\ \widetilde{c}_2^{\mathrm{T}} \end{bmatrix} = \begin{bmatrix} 1 & 1 & 0 \\ 0 & 1 & 0 \end{bmatrix}.$$

(3) 确定$\widetilde{\Sigma}(A,B,\widetilde{C})$的可解耦性.

$$\widetilde{c}_1^{\mathrm{T}} = [1 \quad 1 \quad 0], \quad \widetilde{c}_1^{\mathrm{T}}B = [1 \quad 0] \neq 0, \quad \widetilde{\alpha}_1 = 1; \quad \widetilde{d}_1^{\mathrm{T}} = [1 \quad 0]$$

$$\widetilde{c}_2^{\mathrm{T}} = [0 \quad 1 \quad 0], \quad \widetilde{c}_2^{\mathrm{T}}B = [0 \quad 0], \quad \widetilde{c}_2^{\mathrm{T}}AB = [0 \quad 1] \neq 0,$$

$$\widetilde{\alpha}_2 = 2; \quad \widetilde{d}_2^{\mathrm{T}} = [0 \quad 1]$$

可解耦性矩阵

$$\widetilde{D}_0 = \begin{bmatrix} \widetilde{d}_1^{\mathrm{T}} \\ \widetilde{d}_2^{\mathrm{T}} \end{bmatrix} = \begin{bmatrix} 1 & 0 \\ 0 & 1 \end{bmatrix}$$

非奇异,可以实现$\{F,R\}$解耦.

(4) 确定闭环期望传递函数

$$G_{F,R}^*(s) = \mathrm{diag}\left\{\frac{1}{s+\beta_{10}} \quad \frac{1}{s^2+\beta_{21}s+\beta_{20}}\right\}$$

(5) 求解实现闭环解耦及极点配置的 F 和 R. 输入变换阵为

$$R = (\widetilde{D}_0)^{-1} = \begin{bmatrix} 1 & 0 \\ 0 & 1 \end{bmatrix}.$$

由闭环期望传递函数阵的形式,可得矩阵

$$L = \begin{bmatrix} \widetilde{c}_1^{\mathrm{T}}A + \beta_{10}\,\widetilde{c}_1^{\mathrm{T}} \\ \widetilde{c}_2^{\mathrm{T}}A^2 + \beta_{21}\,\widetilde{c}_2^{\mathrm{T}}A + \beta_{20}\,\widetilde{c}_2^{\mathrm{T}} \end{bmatrix} = \begin{bmatrix} \beta_{10} & \beta_{10} & 1 \\ -1 & \beta_{20}-2 & \beta_{21}-3 \end{bmatrix},$$

所以状态反馈矩阵为

$$F = (\widetilde{D}_0)^{-1}L = \begin{bmatrix} \beta_{10} & \beta_{10} & 1 \\ -1 & \beta_{20}-2 & \beta_{21}-3 \end{bmatrix}.$$

(6) 闭环系统 $\Sigma_{F,R}(A-BF,BR,C)$的校核. 闭环系统系数矩阵为

$$A-BF = \begin{bmatrix} -\beta_{10} & -\beta_{10} & -1 \\ 0 & 0 & 1 \\ 0 & -\beta_{20} & -\beta_{21} \end{bmatrix}, \quad BR = \begin{bmatrix} 1 & 0 \\ 0 & 0 \\ 0 & 1 \end{bmatrix}.$$

记 $A-BF$ 的特征多项式为 $\Delta_{F,R}(s)=(s+\beta_{10})(s^2+\beta_{21}s+\beta_{20})$，则闭环传递函数矩阵为

$$G_{F,R}(s)=C(sI-A+BF)^{-1}B$$

$$=\begin{bmatrix}1&1&0\\0&0&1\end{bmatrix}\times\frac{1}{\Delta_{F,R}(s)}\times\begin{bmatrix}s^2+\beta_{21}s+\beta_{20}&\beta_{20}-\beta_{10}(s+\beta_{21})&-(s+\beta_{10})\\0&(s+\beta_{10})(s+\beta_{21})&s+\beta_{10}\\0&-\beta_{20}(s+l_1)&s(s+\beta_{10})\end{bmatrix}$$

$$\times\begin{bmatrix}1&0\\0&0\\0&1\end{bmatrix}=\begin{bmatrix}1&1&0\\0&0&1\end{bmatrix}\times\frac{1}{\Delta_{F,R}(s)}\times\begin{bmatrix}s^2+\beta_{21}s+\beta_{20}&-(s+\beta_{10})\\0&s+\beta_{10}\\0&s(s+\beta_{10})\end{bmatrix}$$

$$=\mathrm{diag}\left\{\frac{1}{s+\beta_{10}}\quad\frac{s}{s^2+\beta_{21}s+\beta_{20}}\right\}.$$

可见闭环系统实现了解耦，可以配置全部三个闭环极点，同时保留了第二行的零点. □

10.3.6 带输入补偿器的解耦控制

前几节中指出，采用 $\{F,R\}$ 变换控制策略实现解耦控制的充分必要条件是可解耦性矩阵 D_0 非奇异. 如果可解耦性矩阵 D_0 奇异，就可以考虑采用**带输入补偿器的解耦控制**方案[①].

(1) 对每个输出方程分别求导 α_i 次，得到

$$y^{(\alpha)}=\begin{bmatrix}c_1^{\mathrm T}A^{\alpha_1}\\\vdots\\c_m^{\mathrm T}A^{\alpha_m}\end{bmatrix}x+\begin{bmatrix}c_1^{\mathrm T}A^{\alpha_1-1}B\\\vdots\\c_m^{\mathrm T}A^{\alpha_m-1}B\end{bmatrix}u=L_0x+D_0u. \tag{10.3.41}$$

如果可解耦性矩阵 D_0 奇异，就设它的秩为

$$\mathrm{rank}D_0=\mathrm{rank}\begin{bmatrix}c_1^{\mathrm T}A^{\alpha_1-1}B\\\vdots\\c_m^{\mathrm T}A^{\alpha_m-1}B\end{bmatrix}=m_1<m. \tag{10.3.42}$$

选择 $m\times m$ 维列变换阵 K，使矩阵 D_0 的前 m_1 列满秩、后 $m-m_1$ 列为零. 即

$$D_0K=[E_1\quad 0]. \tag{10.3.43}$$

由于存在等式

$$D_0KK^{-1}u=[E_1\quad 0]\begin{bmatrix}u_1\\\bar u_1\end{bmatrix}, \tag{10.3.44}$$

则有

$$K^{-1}u=\begin{bmatrix}u_1\\\bar u_1\end{bmatrix}. \tag{10.3.45}$$

① 杜继宏，晏勇，李春文. 可解耦性矩阵 D_0 奇异时的解耦控制算法. 控制与决策，1999.2

其中，$\boldsymbol{u}_1$ 和 $\bar{\boldsymbol{u}}_1$ 分别为输入向量 $\boldsymbol{u}$ 经变换后的前 m_1 维分向量和后 $m-m_1$ 维分向量. 另外，$\boldsymbol{Bu}$ 可以被改写为

$$\boldsymbol{BKK}^{-1}\boldsymbol{u}=[\boldsymbol{B}_1\quad \bar{\boldsymbol{B}}_1]\begin{bmatrix}\boldsymbol{u}_1\\ \bar{\boldsymbol{u}}_1\end{bmatrix},\tag{10.3.46}$$

从而得到

$$\boldsymbol{BK}=[\boldsymbol{B}_1\quad \bar{\boldsymbol{B}}_1],\tag{10.3.47}$$

其中，$\boldsymbol{B}_1$ 和 $\bar{\boldsymbol{B}}_1$ 分别为输入系数矩阵 $\boldsymbol{B}$ 经变换后的前 m_1 列和后 $m-m_1$ 列. 于是，式 (10.3.43) 可以被表示为

$$[\boldsymbol{E}_1\quad 0]=\boldsymbol{D}_0\boldsymbol{K}=\begin{bmatrix}\boldsymbol{c}_1^{\mathrm{T}}\boldsymbol{A}^{\alpha_1-1}\boldsymbol{B}\\ \vdots\\ \boldsymbol{c}_m^{\mathrm{T}}\boldsymbol{A}^{\alpha_m-1}\boldsymbol{B}\end{bmatrix}\boldsymbol{K}=\begin{bmatrix}\boldsymbol{c}_1^{\mathrm{T}}\boldsymbol{A}^{\alpha_1-1}\boldsymbol{B}_1 & \boldsymbol{c}_1^{\mathrm{T}}\boldsymbol{A}^{\alpha_1-1}\bar{\boldsymbol{B}}_1\\ \vdots & \vdots\\ \boldsymbol{c}_m^{\mathrm{T}}\boldsymbol{A}^{\alpha_m-1}\boldsymbol{B}_1 & \boldsymbol{c}_m^{\mathrm{T}}\boldsymbol{A}^{\alpha_m-1}\bar{\boldsymbol{B}}_1\end{bmatrix}.\tag{10.3.48}$$

其中

$$\boldsymbol{E}_1=\begin{bmatrix}\boldsymbol{c}_1^{\mathrm{T}}\boldsymbol{A}^{\alpha_1-1}\boldsymbol{B}_1\\ \vdots\\ \boldsymbol{c}_m^{\mathrm{T}}\boldsymbol{A}^{\alpha_m-1}\boldsymbol{B}_1\end{bmatrix},\quad \begin{bmatrix}\boldsymbol{c}_1^{\mathrm{T}}\boldsymbol{A}^{\alpha_1-1}\bar{\boldsymbol{B}}_1\\ \vdots\\ \boldsymbol{c}_m^{\mathrm{T}}\boldsymbol{A}^{\alpha_m-1}\bar{\boldsymbol{B}}_1\end{bmatrix}=0.\tag{10.3.49}$$

根据式 (10.3.41) 可以得到

$$\boldsymbol{y}^{(\alpha)}=\boldsymbol{L}_0\boldsymbol{x}+\boldsymbol{D}_0\boldsymbol{u}=\begin{bmatrix}\boldsymbol{c}_1^{\mathrm{T}}\boldsymbol{A}^{\alpha_1-1}\\ \vdots\\ \boldsymbol{c}_m^{\mathrm{T}}\boldsymbol{A}^{\alpha_m-1}\end{bmatrix}\boldsymbol{x}+[\boldsymbol{E}_1\quad 0]\begin{bmatrix}\boldsymbol{u}_1\\ \bar{\boldsymbol{u}}_1\end{bmatrix}=\begin{bmatrix}\boldsymbol{c}_1^{\mathrm{T}}\boldsymbol{A}^{\alpha_1-1}\\ \vdots\\ \boldsymbol{c}_m^{\mathrm{T}}\boldsymbol{A}^{\alpha_m-1}\end{bmatrix}\boldsymbol{x}+\boldsymbol{E}_1\boldsymbol{u}_1.\tag{10.3.50}$$

(2) 将式 (10.3.50) 再对时间求导，可得

$$\begin{aligned}\boldsymbol{y}^{(\alpha+1)}&=\begin{bmatrix}\boldsymbol{c}_1^{\mathrm{T}}\boldsymbol{A}^{\alpha_1}\\ \vdots\\ \boldsymbol{c}_m^{\mathrm{T}}\boldsymbol{A}^{\alpha_m}\end{bmatrix}\dot{\boldsymbol{x}}+\boldsymbol{E}_1\dot{\boldsymbol{u}}_1\\
&=\begin{bmatrix}\boldsymbol{c}_1^{\mathrm{T}}\boldsymbol{A}^{\alpha_1+1}\\ \vdots\\ \boldsymbol{c}_m^{\mathrm{T}}\boldsymbol{A}^{\alpha_m+1}\end{bmatrix}\boldsymbol{x}+\begin{bmatrix}\boldsymbol{c}_1^{\mathrm{T}}\boldsymbol{A}^{\alpha_1}\boldsymbol{B}_1 & \boldsymbol{c}_1^{\mathrm{T}}\boldsymbol{A}^{\alpha_1}\bar{\boldsymbol{B}}_1\\ \vdots & \vdots\\ \boldsymbol{c}_m^{\mathrm{T}}\boldsymbol{A}^{\alpha_m}\boldsymbol{B}_1 & \boldsymbol{c}_m^{\mathrm{T}}\boldsymbol{A}^{\alpha_m}\bar{\boldsymbol{B}}_1\end{bmatrix}\begin{bmatrix}\boldsymbol{u}_1\\ \bar{\boldsymbol{u}}_1\end{bmatrix}+\boldsymbol{E}_1\dot{\boldsymbol{u}}_1\\
&=\begin{bmatrix}\boldsymbol{c}_1^{\mathrm{T}}\boldsymbol{A}^{\alpha_1+1} & \boldsymbol{c}_1^{\mathrm{T}}\boldsymbol{A}^{\alpha_1}\boldsymbol{B}_1\\ \vdots & \vdots\\ \boldsymbol{c}_m^{\mathrm{T}}\boldsymbol{A}^{\alpha_m+1} & \boldsymbol{c}_m^{\mathrm{T}}\boldsymbol{A}^{\alpha_m}\boldsymbol{B}_1\end{bmatrix}\begin{bmatrix}\boldsymbol{x}\\ \boldsymbol{u}_1\end{bmatrix}+\begin{bmatrix}\boldsymbol{c}_1^{\mathrm{T}}\boldsymbol{A}^{\alpha_1-1}\boldsymbol{B}_1 & \boldsymbol{c}_1^{\mathrm{T}}\boldsymbol{A}^{\alpha_1}\bar{\boldsymbol{B}}\\ \vdots & \vdots\\ \boldsymbol{c}_m^{\mathrm{T}}\boldsymbol{A}^{\alpha_m-1}\boldsymbol{B}_1 & \boldsymbol{c}_m^{\mathrm{T}}\boldsymbol{A}^{\alpha_m}\bar{\boldsymbol{B}}\end{bmatrix}\begin{bmatrix}\dot{\boldsymbol{u}}_1\\ \bar{\boldsymbol{u}}_1\end{bmatrix}\\
&=\boldsymbol{L}_1\begin{bmatrix}\boldsymbol{x}\\ \boldsymbol{u}_1\end{bmatrix}+\boldsymbol{D}_1\begin{bmatrix}\dot{\boldsymbol{u}}_1\\ \bar{\boldsymbol{u}}_1\end{bmatrix}.\end{aligned}\tag{10.3.51}$$

其中

$$
\boldsymbol{L}_1=\begin{bmatrix} \boldsymbol{c}_1^{\mathrm{T}}\boldsymbol{A}^{\alpha_1+1} & \boldsymbol{c}_1^{\mathrm{T}}\boldsymbol{A}^{\alpha_1}\boldsymbol{B}_1 \\ \vdots & \vdots \\ \boldsymbol{c}_m^{\mathrm{T}}\boldsymbol{A}^{\alpha_m+1} & \boldsymbol{c}_m^{\mathrm{T}}\boldsymbol{A}^{\alpha_m}\boldsymbol{B}_1 \end{bmatrix}, \tag{10.3.52}
$$

$$
\boldsymbol{D}_1=\begin{bmatrix} \boldsymbol{c}_1^{\mathrm{T}}\boldsymbol{A}^{\alpha_1-1}\boldsymbol{B}_1 & \boldsymbol{c}_1^{\mathrm{T}}\boldsymbol{A}^{\alpha_1}\bar{\boldsymbol{B}} \\ \vdots & \vdots \\ \boldsymbol{c}_m^{\mathrm{T}}\boldsymbol{A}^{\alpha_m-1}\boldsymbol{B}_1 & \boldsymbol{c}_m^{\mathrm{T}}\boldsymbol{A}^{\alpha_m}\bar{\boldsymbol{B}} \end{bmatrix}. \tag{10.3.53}
$$

如果 $\det\boldsymbol{D}_1\neq0$,则由 $\boldsymbol{y}^{(\alpha+1)}=\boldsymbol{v}$ 可解得

$$
\begin{bmatrix} \dot{\boldsymbol{u}}_1 \\ \bar{\boldsymbol{u}}_1 \end{bmatrix}=\boldsymbol{D}_1^{-1}\boldsymbol{L}_1\times\begin{bmatrix} \boldsymbol{x} \\ \boldsymbol{u}_1 \end{bmatrix}+\boldsymbol{D}_1^{-1}\boldsymbol{v}=\boldsymbol{F}\times\begin{bmatrix} \boldsymbol{x} \\ \boldsymbol{u}_1 \end{bmatrix}+\boldsymbol{R}\boldsymbol{v}. \tag{10.3.54}
$$

(3) 若 $\det\boldsymbol{D}_1=0$,则仿照以上步骤对 $\boldsymbol{D}_1$ 继续做列变换.

式(10.3.54)是**带输入串联补偿器的扩展状态反馈**,其实现框图如图10.3.3所示.

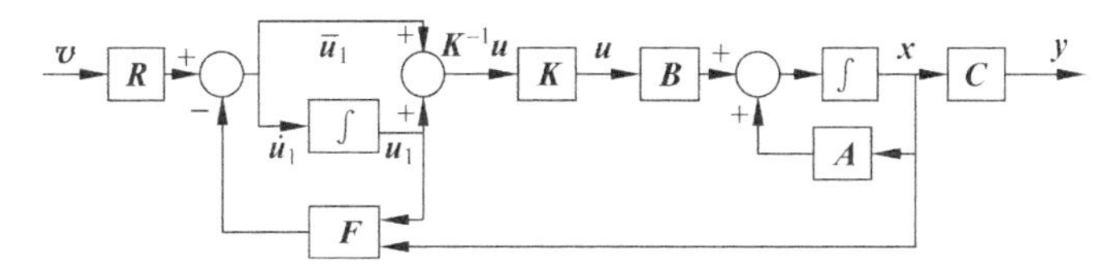

图10.3.3 带输入串联补偿器的扩展状态反馈

带输入串联补偿器的扩展状态反馈控制扩大了解耦控制的应用范围.串联补偿器的维数为 $m_1<m$ 维,闭环系统的维数提高 m_1 维.可配置极点数为 $\sum_{i=1}^{m}(\alpha_i+1)$,比以前的方法增加 m 个,其中 m_1 个为串联补偿器的极点,所以实际增加的配置极点数为 $m-m_1$.

10.4 状态观测器

在10.1节中叙述了完全可控系统 $\Sigma(\boldsymbol{A},\boldsymbol{B},\boldsymbol{C})$ 可以通过状态反馈任意配置闭环极点.在10.3节中介绍了利用输入变换和状态反馈矩阵对 $\{\boldsymbol{F},\boldsymbol{R}\}$ 可以实现闭环系统的解耦控制和部分极点的任意配置.以后还会讲到,由状态反馈能够实现闭环系统在二次型指标下的最优控制.这些都是状态反馈的重要应用.为了实现状态反馈,需要获得系统的所有状态.但是系统的所有状态不一定都能直接测量,这就造成了状态反馈在物理实现上的困难.为了克服这个困难,提出了状态重构问题.

状态重构问题的核心,就是重新构造一个系统 Σ_G,它利用原系统可直接测量的变量(如输出向量 $\boldsymbol{y}$ 和输入向量 $\boldsymbol{u}$)作为输入信号,它的输出信号 $\hat{\boldsymbol{x}}(t)$ 在一定的

指标下和原系统 $\Sigma(\boldsymbol{A},\boldsymbol{B},\boldsymbol{C})$ 的状态向量 $\boldsymbol{x}(t)$ 等价. 通常把 $\hat{\boldsymbol{x}}(t)$ 叫做状态 $\boldsymbol{x}(t)$ 的**重构状态**或**估计状态**,而把实现状态重构的系统 Σ_G 叫做**状态观测器**. 状态 $\boldsymbol{x}(t)$ 和重构状态 $\hat{\boldsymbol{x}}(t)$ 间的等价性指标常常采用渐近等价指标,即

$$\lim_{t\to\infty}\tilde{\boldsymbol{x}}(t)=\lim_{t\to\infty}[\boldsymbol{x}(t)-\hat{\boldsymbol{x}}(t)]=0, \tag{10.4.1}$$

其中,$\tilde{\boldsymbol{x}}(t)=\boldsymbol{x}(t)-\hat{\boldsymbol{x}}(t)$ 被称为**观测误差**. 渐近指标式(10.4.1) 说明重构状态 $\hat{\boldsymbol{x}}(t)$ 是状态 $\boldsymbol{x}(t)$ 的渐近估计. 当然,希望观测误差 $\tilde{\boldsymbol{x}}(t)$ 的衰减速率可以调整. 满足指标式(10.4.1) 的观测器又称为**指数式观测器**.

如果观测器 Σ_G 的维数与原系统 $\Sigma(\boldsymbol{A},\boldsymbol{B},\boldsymbol{C})$ 的维数一样,就把它叫做**全维观测器**; 如果 Σ_G 的维数小于 $\Sigma(\boldsymbol{A},\boldsymbol{B},\boldsymbol{C})$ 的维数,就叫做**降维观测器**. 显然,从结构上讲,降维观测器比全维观测器更加简单.

还有一类观测器叫做 $\boldsymbol{Fx}$ **观测器**,其中矩阵 $\boldsymbol{F}$ 是状态反馈矩阵,这是一个在观测器设计之前已知的矩阵. $\boldsymbol{Fx}$ 观测器的重构值 $\boldsymbol{w}(t)$ 满足指标

$$\lim_{t\to\infty}[\boldsymbol{Fx}(t)-\boldsymbol{w}(t)]=0, \tag{10.4.2}$$

$\boldsymbol{w}(t)$ 的维数为 l,与输入维数一致.

10.4.1　全维观测器

现将受控系统 $\Sigma(\boldsymbol{A},\boldsymbol{B},\boldsymbol{C})$ 的状态方程和输出方程重写如下

$$\left.\begin{aligned}\dot{\boldsymbol{x}}&=\boldsymbol{Ax}+\boldsymbol{Bu}\\ \boldsymbol{y}&=\boldsymbol{Cx}\end{aligned}\right\}. \tag{10.4.3}$$

设 $(\boldsymbol{A},\boldsymbol{C})$ 完全可观,输入向量 $\boldsymbol{u}(t)$ 和输出向量 $\boldsymbol{y}(t)$ 都可以直接测量.

由方程式(10.4.3) 可知,状态 $\boldsymbol{x}(t)$ 位于输入 $\boldsymbol{u}(t)$ 与输出 $\boldsymbol{y}(t)$ 的信息传递通道,所以状态 $\boldsymbol{x}(t)$ 和输入 $\boldsymbol{u}(t)$ 及输出 $\boldsymbol{y}(t)$ 之间有着某种关系,重构状态就要设法找出这种关系,并且能方便地加以实现.

状态重构的可能方法有以下几种:

第一种方法: 若 $(\boldsymbol{A},\boldsymbol{C})$ 完全可观,则可以在一段时间 $[t_0,t_\alpha]$ 内,由输入 $\boldsymbol{u}(t)$ 和输出 $\boldsymbol{y}(t)$ 的测量值确定出状态初值 $\boldsymbol{x}(t_0)$. 当 $\boldsymbol{u}(t)\equiv0$ 时,状态初值 $\boldsymbol{x}(t_0)$ 的表达式较为简洁,即

$$\boldsymbol{x}(t_0)=\left[\int_{t_0}^{t_\alpha}\mathrm{e}^{\boldsymbol{A}^{\mathrm{T}}(\tau-t_0)}\boldsymbol{C}^{\mathrm{T}}\boldsymbol{C}\mathrm{e}^{\boldsymbol{A}(\tau-t_0)}\mathrm{d}\tau\right]^{-1}\int_{t_0}^{t_\alpha}\mathrm{e}^{\boldsymbol{A}^{\mathrm{T}}(\tau-t_0)}\boldsymbol{C}^{\mathrm{T}}\boldsymbol{y}(\tau)\mathrm{d}\tau. \tag{10.4.4}$$

进一步,由 $\boldsymbol{x}(t)=\mathrm{e}^{\boldsymbol{A}(t-t_0)}\boldsymbol{x}(t_0)$ 求出状态向量 $\boldsymbol{x}(t)$. 显然这个状态向量计算方案有两个缺点: 一是计算量太大,二是不具有实时性,所以不便于实际应用.

第二种方法: 考虑对输出 $\boldsymbol{y}(t)$ 的微分运算方案. 利用输出方程进行微分运算,可以得到

$$\left.\begin{aligned}
\boldsymbol{y} &= \boldsymbol{C}\boldsymbol{x} \\
\dot{\boldsymbol{y}} &= \boldsymbol{C}\dot{\boldsymbol{x}} = \boldsymbol{C}\boldsymbol{A}\boldsymbol{x} + \boldsymbol{C}\boldsymbol{B}\boldsymbol{u} \\
\ddot{\boldsymbol{y}} &= \boldsymbol{C}\ddot{\boldsymbol{x}} = \boldsymbol{C}\boldsymbol{A}^2\boldsymbol{x} + \boldsymbol{C}\boldsymbol{A}\boldsymbol{B}\boldsymbol{u} + \boldsymbol{C}\boldsymbol{B}\dot{\boldsymbol{u}} \\
&\ \vdots \\
\boldsymbol{y}^{(n-1)} &= \boldsymbol{C}\boldsymbol{A}^{n-1}\boldsymbol{x} + \boldsymbol{C}\boldsymbol{A}^{n-2}\boldsymbol{B}\boldsymbol{u} + \boldsymbol{C}\boldsymbol{A}^{n-3}\boldsymbol{B}\dot{\boldsymbol{u}} + \cdots + \boldsymbol{C}\boldsymbol{B}\boldsymbol{u}^{(n-2)}
\end{aligned}\right\}, \tag{10.4.5}$$

写成矩阵形式,可得

$$\begin{bmatrix} \boldsymbol{y} \\ \dot{\boldsymbol{y}} - \boldsymbol{C}\boldsymbol{B}\boldsymbol{u} \\ \vdots \\ \boldsymbol{y}^{n-1} - \boldsymbol{C}\boldsymbol{A}^{n-2}\boldsymbol{B}\boldsymbol{u} - \boldsymbol{C}\boldsymbol{A}^{n-3}\boldsymbol{B}\dot{\boldsymbol{u}} - \cdots - \boldsymbol{C}\boldsymbol{B}\boldsymbol{u}^{(n-2)} \end{bmatrix} = \begin{bmatrix} \boldsymbol{C} \\ \boldsymbol{C}\boldsymbol{A} \\ \\ \boldsymbol{C}\boldsymbol{A}^{n-1} \end{bmatrix} \boldsymbol{x} = \boldsymbol{Q}_{\mathrm{O}}\boldsymbol{x}. \tag{10.4.6}$$

因为$(\boldsymbol{A},\boldsymbol{C})$完全可观测,所以可观测性矩阵 $\boldsymbol{Q}_{\mathrm{O}}$ 秩为 n. 从矩阵 $\boldsymbol{Q}_{\mathrm{O}}$ 中选择 n 个线性无关的行组成 $n\times n$ 维非奇异方矩阵 $\boldsymbol{Q}$,相应地,在上述等式左端取出与 $\boldsymbol{Q}$ 的行相对应的那些元组成 n 维向量 $\tilde{\boldsymbol{y}}(t)$,就可解出状态 $\boldsymbol{x}(t)$,即

$$\boldsymbol{x}(t) = \boldsymbol{Q}^{-1}\tilde{\boldsymbol{y}}(t).$$

其中,n 维向量 $\tilde{\boldsymbol{y}}(t)$ 由输出和输入的测量值及其各阶导数组成. 这样可以惟一地确定状态 $\boldsymbol{x}(t)$. 但是这种方案采用大量的微分运算,实际应用时,会将输入 $\boldsymbol{u}(t)$ 和输出 $\boldsymbol{y}(t)$ 的测量值中混有的高频干扰影响增大,以致观测器无法正常工作.

第三种方法: 为了克服微分器的缺欠,很自然会想到采用积分器. 积分器可以克服高频干扰的影响.

构造与 $\Sigma(\boldsymbol{A},\boldsymbol{B},\boldsymbol{C})$ 结构相同的系统 $\Sigma^*(\boldsymbol{A}^*,\boldsymbol{B}^*,\boldsymbol{C}^*)$,令 $\boldsymbol{A}^*=\boldsymbol{A}$、$\boldsymbol{B}^*=\boldsymbol{B}$、$\boldsymbol{C}^*=\boldsymbol{C}$,而且让 $\Sigma^*(\boldsymbol{A}^*,\boldsymbol{B}^*,\boldsymbol{C}^*)$ 和 $\Sigma(\boldsymbol{A},\boldsymbol{B},\boldsymbol{C})$ 具有同样的输入 $\boldsymbol{u}(t)$. $\Sigma^*(\boldsymbol{A}^*,\boldsymbol{B}^*,\boldsymbol{C}^*)$ 的重构状态是 $\boldsymbol{x}^*(t)$,输出是 $\boldsymbol{y}^*(t)$,即 $\Sigma^*(\boldsymbol{A}^*,\boldsymbol{B}^*,\boldsymbol{C}^*)$ 的状态方程和输出方程是

$$\left.\begin{aligned}
\dot{\boldsymbol{x}}^* &= \boldsymbol{A}^*\boldsymbol{x}^* + \boldsymbol{B}^*\boldsymbol{u} \\
\boldsymbol{y}^* &= \boldsymbol{C}^*\boldsymbol{x}^*
\end{aligned}\right\}. \tag{10.4.7}$$

将 $\Sigma(\boldsymbol{A},\boldsymbol{B},\boldsymbol{C})$ 和 $\Sigma^*(\boldsymbol{A}^*,\boldsymbol{B}^*,\boldsymbol{C}^*)$ 的方程相减,可得

$$\left.\begin{aligned}
\dot{\boldsymbol{x}} - \dot{\boldsymbol{x}}^* &= \boldsymbol{A}(\boldsymbol{x} - \boldsymbol{x}^*) \\
\boldsymbol{y} - \boldsymbol{y}^* &= \boldsymbol{C}(\boldsymbol{x} - \boldsymbol{x}^*)
\end{aligned}\right\}. \tag{10.4.8}$$

从式 (10.4.8) 可以看出,如果 $\Sigma(\boldsymbol{A},\boldsymbol{B},\boldsymbol{C})$ 和 $\Sigma^*(\boldsymbol{A}^*,\boldsymbol{B}^*,\boldsymbol{C}^*)$ 的初值相等,即 $\boldsymbol{x}^*(0)=\boldsymbol{x}(0)$,则重构状态 $\boldsymbol{x}^*(t)$ 与状态 $\boldsymbol{x}(t)$ 完全相同.

但是,$\boldsymbol{x}^*(0)=\boldsymbol{x}(0)$ 是相当苛刻的条件,通常情况下 $\boldsymbol{x}^*(0)\neq\boldsymbol{x}(0)$. 令观测误差 $\tilde{\boldsymbol{x}}(t)=\boldsymbol{x}(t)-\boldsymbol{x}^*(t)$,$\tilde{\boldsymbol{x}}_0=\boldsymbol{x}(0)-\boldsymbol{x}^*(0)$,则有

$$\tilde{\boldsymbol{x}}(t) = \mathrm{e}^{\boldsymbol{A}t}\tilde{\boldsymbol{x}}_0. \tag{10.4.9}$$

如果 $\boldsymbol{A}$ 是渐近稳定矩阵,当时间足够长时(严格说应当是 $t\to\infty$ 时),观测误差 $\tilde{\boldsymbol{x}}(t)$

趋于零，$x^*(t)$可以复现 $x(t)$，从而实现状态重构. 但是观测误差衰减的快慢完全取决于矩阵 A 的特征值. 矩阵 A 是受控系统 $\Sigma(A,B,C)$ 的状态系数矩阵，是给定的、无法改变的. 如果矩阵 A 不是渐近稳定的，观测误差就不可能衰减到零，也就不能复现 $x(t)$，从而无法实现状态重构.

第四种方法：对上述方案加以修改，用观测误差$\tilde{x}(t)=x(t)-x^*(t)$进行反馈，以加快观测误差的衰减速度. 由于无法获得误差 $x-x^*$，所以用 $y-y^*=C(x-x^*)$来代替误差. 其结构如图 10.4.1 所示.

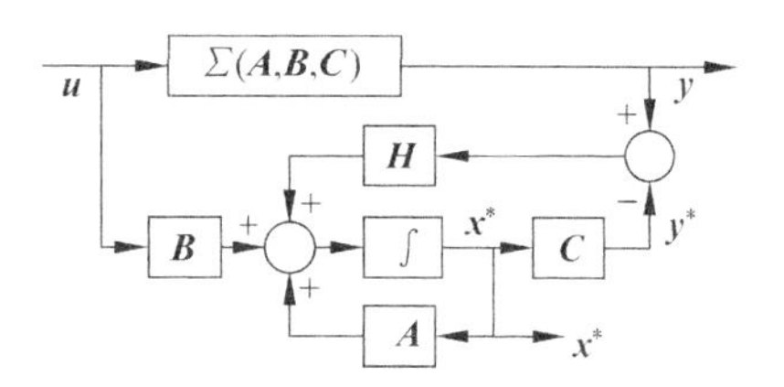

图 10.4.1　基本观测器示意图

根据图 10.4.1 可以写出重构状态 x^* 的方程

$$\begin{aligned}\dot{x}^* &= Ax^* + Bu + H(y-y^*) \\ &= (A-HC)x^* + Bu + Hy,\end{aligned}\tag{10.4.10}$$

由式 (10.4.3) 减去式 (10.4.10)，得

$$\dot{x}-\dot{x}^* = (A-HC)(x-x^*).\tag{10.4.11}$$

式 (10.4.11) 说明，只要 $A-HC$ 是渐近稳定矩阵，$x^*(t)$就是 $x(t)$的重构状态 $\hat{x}(t)$，即满足渐近等价指标式(10.4.1). 由于观测误差的衰减速度由矩阵 $A-HC$ 的特征值决定，所以可以通过选择**观测误差反馈矩阵** H 来调整矩阵 $A-HC$ 的特征值大小，从而达到合适的观测误差衰减速度.

像图 10.4.1 那样结构的观测器被称为**基本观测器**. 基本观测器的方程是

$$\dot{\hat{x}} = (A-HC)\hat{x} + Bu + Hy,\tag{10.4.12}$$

它的维数为 n，所以基本观测器是全维观测器中最基本的一个. 基本观测器的输出就是重构状态$\hat{x}(t)$本身. 基本观测器式(10.4.12) 具有双重输入 $Bu+Hy$，即原系统的输入和原系统的输出量乘反馈阵. 输出至求和点的反馈矩阵 H 应当使矩阵 $A-HC$渐近稳定且具有要求的观测误差衰减速率.

以 $z=T\hat{x}$对基本观测器式(10.4.12) 做坐标变换，则有

$$\left.\begin{aligned}\dot{z} &= Ez + Mu + Ny \\ \hat{x} &= T^{-1}z\end{aligned}\right\},\tag{10.4.13}$$

其中，$E=T^{-1}(A-HC)T$，$M=T^{-1}B$，$N=T^{-1}H$. 显然，变换后的式(10.4.13) 仍是观测器，而且是一个全维观测器. 全维观测器式(10.4.13) 可以被看成是原系统 $\Sigma(A,B,C)$经坐标变换 T 变换成系统 $\Sigma(T^{-1}AT,T^{-1}B,CT)$后，新系统的基本观测器.

下面给出对基本观测器式(10.4.12) 进行任意极点配置的条件.

在受控系统 $\Sigma(A,B,C)$中，矩阵对(A,C)完全可观意味着对偶系统中矩阵对$(A^{\mathrm{T}},C^{\mathrm{T}})$完全可控. 由定理 10.1.1 可知，采用状态反馈 H^{T} 可以任意配置闭环的

极点,也就是闭环 $\boldsymbol{A}^{\mathrm{T}}-\boldsymbol{C}^{\mathrm{T}}\boldsymbol{H}^{\mathrm{T}}$ 的特征值可以任意配置.矩阵 $\boldsymbol{A}^{\mathrm{T}}-\boldsymbol{C}^{\mathrm{T}}\boldsymbol{H}^{\mathrm{T}}$ 的特征值等同于它的转置矩阵 $\boldsymbol{A}-\boldsymbol{HC}$ 的特征值.由此可知,基本观测器式(10.4.12)可以任意配置极点的充分必要条件是矩阵对$(\boldsymbol{A},\boldsymbol{C})$完全可观.完全可观系统的基本观测器的极点配置设计可以仿照完全可控系统的状态反馈极点配置方法进行.

图 10.4.2(a) 表示基本观测器的框图.如果在基本观测器的框图中,保留所有方框位置不变,但使信号传递方向全部反向、求和点与分支点互换、所有矩阵加以转置,则可得到与基本观测器对偶的系统框图,如图 10.4.2(b) 所示.在图 10.4.2 中,所有进入求和节点的信号都进行加法运算.

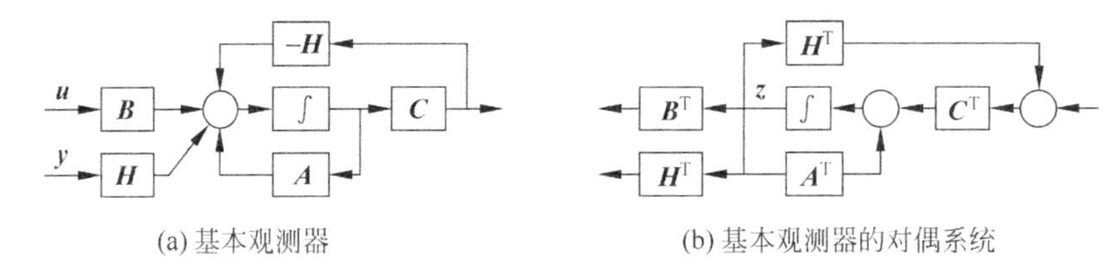

(a) 基本观测器　　(b) 基本观测器的对偶系统

图 10.4.2　基本观测器及其对偶系统

从加快观测误差 $\boldsymbol{x}(t)-\hat{\boldsymbol{x}}(t)$ 的衰减速率的角度来看,希望观测器在复数平面左半平面的极点尽量远离虚轴,这就希望观测器应当有足够宽的频带.另一方面,观测器的输入(原系统的输出 $\boldsymbol{y}(t)$)中不可避免地混有高频干扰,为了减小重构状态中的高频分量,希望观测器的频带应当尽可能地窄.显然,在观测器的设计中,快速性和抗干扰性的要求是一对矛盾,只能根据具体的工程实际加以折衷.

和状态反馈极点配置算法相类似,单输出系统基本观测器极点配置算法,也可以通过第二可观规范性来求解.设将完全可观的受控系统 $\Sigma(\boldsymbol{A},\boldsymbol{B},\boldsymbol{c}^{\mathrm{T}})$ 化为第二可观规范性的变换矩阵为 $\boldsymbol{T}$,受控系统 $\Sigma(\boldsymbol{A},\boldsymbol{B},\boldsymbol{c}^{\mathrm{T}})$ 的特征多项式 $\Delta(s)$ 和极点配置后的期望特征多项式 $\Delta^*(s)$ 分别为

$$\Delta(s)=s^n+\alpha_{n-1}s^{n-1}+\cdots+\alpha_1 s+\alpha_0, \tag{10.4.14}$$

$$\Delta^*(s)=s^n+\alpha_{n-1}^*s^{n-1}+\cdots+\alpha_1^* s+\alpha_0^*. \tag{10.4.15}$$

对单输出系统,观测误差输出反馈矩阵蜕化为一个系数列向量,可按

$$\boldsymbol{h}=\boldsymbol{T}\cdot\begin{bmatrix}\alpha_0^*-\alpha_0\\ \alpha_1^*-\alpha_1\\ \vdots\\ \alpha_{n-1}^*-\alpha_{n-1}\end{bmatrix}. \tag{10.4.16}$$

计算.

对单输出系统观测误差输出反馈系数向量也存在改进算法

$$\boldsymbol{h}=\Delta^*(\boldsymbol{A})\cdot\boldsymbol{g}, \tag{10.4.17}$$

其中,$\Delta^*(\boldsymbol{A})$是期望特征多项式 $\Delta^*(s)$ 的复变量 s 用状态系数矩阵 $\boldsymbol{A}$ 替代;列向量 $\boldsymbol{g}$ 是可观测性矩阵的逆矩阵 $\boldsymbol{Q}_{\mathrm{O}}^{-1}$ 的最后一列,即

$$g = Q_O^{-1} \cdot \begin{bmatrix} 0 \\ \vdots \\ 0 \\ 1 \end{bmatrix}. \tag{10.4.18}$$

例 10.4.1　已知受控系统的系数矩阵为

$$A = \begin{bmatrix} -2 & 1 \\ 0 & -1 \end{bmatrix}, \quad b = \begin{bmatrix} 0 \\ 1 \end{bmatrix}, \quad c^{T} = [1 \quad 0].$$

设计观测器 Σ_G,使观测器极点为两重根-3.

解　(1) 判断可观性. 可观性矩阵

$$Q_O = \begin{bmatrix} c^{T} \\ c^{T}A \end{bmatrix} = \begin{bmatrix} 1 & 0 \\ -2 & 1 \end{bmatrix}$$

的秩为 2,系统完全可观,所以观测器极点可以任意配置.

(2) 由期望极点确定期望特征多项式

$$\Delta^{*}(s) = (s+3)^{2} = s^{2} + 6s + 9.$$

(3) 确定观测误差输出反馈系数向量. 令 $h = [a \quad b]^{T}$,则

$$A - hc^{T} = \begin{bmatrix} -2 & 1 \\ 0 & -1 \end{bmatrix} - \begin{bmatrix} a \\ b \end{bmatrix} [1 \quad 0] = \begin{bmatrix} -2-a & 1 \\ -b & -1 \end{bmatrix}.$$

观测器的特征多项式

$$\det(sI - A + hc^{T}) = s^{2} + (3+a)s + (2+a+b),$$

令 $\det(sI - A + hc^{T}) = \Delta^{*}(s)$,可以解出

$$h = \begin{bmatrix} a \\ b \end{bmatrix} = \begin{bmatrix} 3 \\ 4 \end{bmatrix}.$$

(4) 写出观测器方程,并指明状态观测值. 观测器方程为

$$\dot{\hat{x}} = (A - hc^{T})\hat{x} + bu + hy = \begin{bmatrix} -5 & 1 \\ -4 & -1 \end{bmatrix} \hat{x} + \begin{bmatrix} 0 \\ 1 \end{bmatrix} u + \begin{bmatrix} 3 \\ 4 \end{bmatrix} y$$

其中,$\hat{x}_1$ 是 x_1 的观测值,$\hat{x}_2$ 是 x_2 的观测值.

(5) 讨论观测器的输出反馈 h 对观测误差的影响. 观测误差的表达式为

$$\tilde{x}(t) = e^{(A-hc^{T})t}\,\tilde{x}(0),$$

其拉普拉斯变换为

$$\begin{aligned} \tilde{x}(s) &= (sI - A + hc^{T})^{-1}\,\tilde{x}(0) \\ &= \frac{1}{s^{2} + (3+a)s + (2+a+b)} \times \begin{bmatrix} s+1 & 1 \\ -b & s+2+a \end{bmatrix} \times \tilde{x}(0). \end{aligned}$$

设观测误差初值为 $\tilde{x}(0) = [0.5 \quad 0]^{T}$,则有

$$\tilde{x}(s) = \frac{1}{(s-\lambda^{*})^{2}} \times \begin{bmatrix} 0.5(s+1) \\ -0.5b \end{bmatrix}.$$

当观测器极点为-3 时,$h = [3 \quad 4]^{T}$,观测误差的响应为

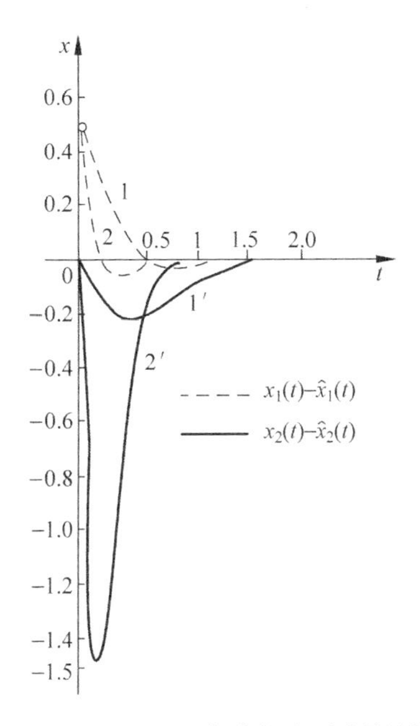

图 10.4.3　$\boldsymbol{h}$ 的元素增大对观测误差的初态响应的影响

$$\tilde{\boldsymbol{x}}(t)=\begin{bmatrix}(0.5-t)\mathrm{e}^{-3t}\\ -2t\mathrm{e}^{-3t}\end{bmatrix};$$

当观测器极点为-10时,$\boldsymbol{h}=[17\quad 81]^{\mathrm{T}}$,观测误差的响应为

$$\tilde{\boldsymbol{x}}(t)=\begin{bmatrix}(0.5-4.5t)\mathrm{e}^{-10t}\\ -40.5t\mathrm{e}^{-10t}\end{bmatrix}.$$

可见,极点向左移动时,$\boldsymbol{h}$ 的元素变大,误差的衰减速度加快.

图 10.4.3 表示上述两种情况下观测误差的两个分量的初态响应,图中的曲线 1 和 1′表示极点为-3的情况,曲线 2 和 2′表示极点为-10的情形. 由图 10.4.3 可以看出,当观测误差输出反馈系数向量 $\boldsymbol{h}$ 的元素增大时,会使逼近速度加快,但超调也明显增大. □

例 10.4.2　已知受控系统 $\Sigma(\boldsymbol{A},\boldsymbol{b},\boldsymbol{c}^{\mathrm{T}})$ 的系数矩阵为

$$\boldsymbol{A}=\begin{bmatrix}1 & 0 & 0\\ 3 & -1 & 1\\ 0 & 2 & 0\end{bmatrix},\quad \boldsymbol{b}=\begin{bmatrix}2\\ 1\\ 1\end{bmatrix},\quad \boldsymbol{c}^{\mathrm{T}}=[0\quad 0\quad 1].$$

设计观测器,使极点为-3、-4和-5.

解　(1) 判断可观性. 可观性矩阵

$$\boldsymbol{Q}_{\mathrm{O}}=\begin{bmatrix}\boldsymbol{c}^{\mathrm{T}}\\ \boldsymbol{c}^{\mathrm{T}}\boldsymbol{A}\\ \boldsymbol{c}^{\mathrm{T}}\boldsymbol{A}^2\end{bmatrix}=\begin{bmatrix}0 & 0 & 1\\ 0 & 2 & 0\\ 6 & -2 & 2\end{bmatrix}$$

满秩,状态完全可观测,可以任意配置观测器的极点.

(2) 由期望极点可知期望特征多项式为

$$\Delta^*(s)=(s+3)(s+4)(s+5)=s^3+12s^2+47s+60.$$

(3) 确定化第二可观规范型的变换阵. 受控系统 $\Sigma(\boldsymbol{A},\boldsymbol{b},\boldsymbol{c}^{\mathrm{T}})$ 的特征多项式为

$$\Delta(s)=\det(s\boldsymbol{I}-\boldsymbol{A})=s^3-3s+2$$

化第二可观规范型的变换阵的逆矩阵为

$$\boldsymbol{T}^{-1}=\begin{bmatrix}1 & a_1 & a_2\\ 0 & 1 & a_1\\ 0 & 0 & 1\end{bmatrix}\begin{bmatrix}\boldsymbol{c}^{\mathrm{T}}\boldsymbol{A}^2\\ \boldsymbol{c}^{\mathrm{T}}\boldsymbol{A}\\ \boldsymbol{c}^{\mathrm{T}}\end{bmatrix}=\begin{bmatrix}1 & 0 & -3\\ 0 & 1 & 0\\ 0 & 0 & 1\end{bmatrix}\begin{bmatrix}6 & -2 & 2\\ 0 & 2 & 0\\ 0 & 0 & 1\end{bmatrix}=\begin{bmatrix}6 & -2 & -1\\ 0 & 2 & 0\\ 0 & 0 & 1\end{bmatrix},$$

所以变换矩阵为

$$\boldsymbol{T}=\frac{1}{6}\times\begin{bmatrix}1&1&1\\0&3&0\\0&0&6\end{bmatrix}.$$

(4) 在规范型下的反馈系数向量$\tilde{\boldsymbol{h}}$为

$$\tilde{\boldsymbol{h}}=\begin{bmatrix}a_0^*-a_0\\a_1^*-a_1\\a_2^*-a_2\end{bmatrix}=\begin{bmatrix}60-2\\47+3\\12-0\end{bmatrix}=\begin{bmatrix}58\\50\\12\end{bmatrix}.$$

(5) 原系统下的反馈系数向量 $\boldsymbol{h}$ 为

$$\boldsymbol{h}=\boldsymbol{T}\tilde{\boldsymbol{h}}=\frac{1}{6}\times\begin{bmatrix}1&1&1\\0&3&0\\0&0&6\end{bmatrix}\times\begin{bmatrix}58\\50\\12\end{bmatrix}=\begin{bmatrix}20\\25\\12\end{bmatrix}.$$

(6) 观测器的状态方程为

$$\dot{\hat{\boldsymbol{x}}}=(\boldsymbol{A}-\boldsymbol{h}\boldsymbol{c}^{\mathrm{T}})\hat{\boldsymbol{x}}+\boldsymbol{b}u+\boldsymbol{h}y=\begin{bmatrix}1&0&-20\\3&-1&-24\\0&2&-12\end{bmatrix}\hat{\boldsymbol{x}}+\begin{bmatrix}2\\1\\1\end{bmatrix}u+\begin{bmatrix}20\\25\\12\end{bmatrix}y,$$

其中$\hat{\boldsymbol{x}}$是 $\boldsymbol{x}$ 的观测值.

(7) 校核. 观测器的特征方程为

$$\begin{aligned}\Delta_H(s)&=\det(s\boldsymbol{I}-\boldsymbol{A}+\boldsymbol{h}\boldsymbol{c}^{\mathrm{T}})=\det\begin{bmatrix}s-1&0&20\\-3&s+1&24\\0&-2&s+12\end{bmatrix}\\&=(s+12)(s^2-1)+2(24s-24+60)\\&=s^2+12s^2+47s+60=\Delta^*(s)\end{aligned}$$

满足题中提出的要求. □

10.4.2 系统引入观测器后的频域性质

受控系统 $\Sigma(\boldsymbol{A},\boldsymbol{B},\boldsymbol{C})$引入观测器 Σ_G 后的框图可见图 10.4.4,图中所有进入求和节点的信号都进行加法运算,$\boldsymbol{x}_0$ 和$\hat{\boldsymbol{x}}_0$ 分别代表受控系统和观测器的初值.

受控系统 $\Sigma(\boldsymbol{A},\boldsymbol{B},\boldsymbol{C})$的状态向量的拉普拉斯变换表达式是

$$\boldsymbol{x}(s)=(s\boldsymbol{I}-\boldsymbol{A})^{-1}\boldsymbol{x}_0+(s\boldsymbol{I}-\boldsymbol{A})^{-1}\boldsymbol{B}u(s). \tag{10.4.19}$$

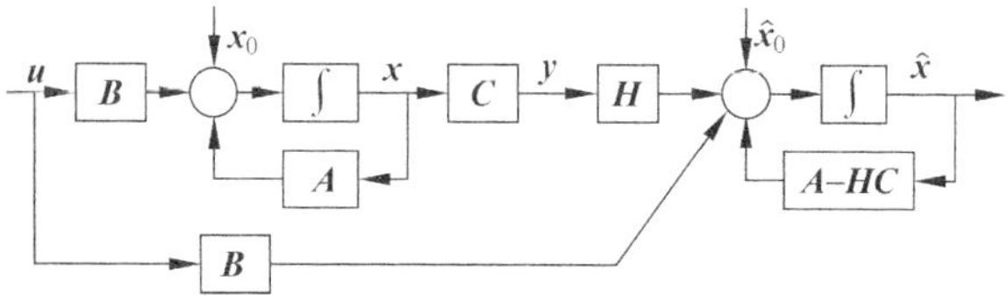

图 10.4.4　引入观测器后的系统框图

其基本观测器式(10.4.12)的重构状态向量拉普拉斯变换结果是

$$\hat{\boldsymbol{x}}(s)=(s\boldsymbol{I}-\boldsymbol{A}+\boldsymbol{HC})^{-1}\{\boldsymbol{Bu}(s)+\boldsymbol{Hy}(s)+\hat{\boldsymbol{x}}_0\}. \tag{10.4.20}$$

基本观测器有两个输入量,一个是 $\boldsymbol{u}(s)$,另一个是 $\boldsymbol{y}(s)=\boldsymbol{Cx}(s)$,把式(10.4.19)代入 $\boldsymbol{y}(s)=\boldsymbol{Cx}(s)$,可得

$$\boldsymbol{y}(s)=\boldsymbol{C}(s\boldsymbol{I}-\boldsymbol{A})^{-1}\boldsymbol{x}_0+\boldsymbol{C}(s\boldsymbol{I}-\boldsymbol{A})^{-1}\boldsymbol{Bu}(s). \tag{10.4.21}$$

将观测误差的初值 $\tilde{\boldsymbol{x}}_0=\boldsymbol{x}_0-\hat{\boldsymbol{x}}_0$ 和式(10.4.21)代入式(10.4.20),可得

$$\begin{aligned}\hat{\boldsymbol{x}}(s)=&(s\boldsymbol{I}-\boldsymbol{A}+\boldsymbol{HC})^{-1}\{\boldsymbol{HC}(s\boldsymbol{I}-\boldsymbol{A})^{-1}\boldsymbol{Bu}(s)+\boldsymbol{Bu}(s)\\&+\boldsymbol{HC}(s\boldsymbol{I}-\boldsymbol{A})^{-1}\boldsymbol{x}_0+(\boldsymbol{x}_0-\tilde{\boldsymbol{x}}_0)\},\end{aligned} \tag{10.4.22}$$

令 $\boldsymbol{E}(s)=(s\boldsymbol{I}-\boldsymbol{A}+\boldsymbol{HC})$ 并利用

$$\boldsymbol{HC}(s\boldsymbol{I}-\boldsymbol{A})^{-1}+\boldsymbol{I}=(s\boldsymbol{I}-\boldsymbol{A}+\boldsymbol{HC})(s\boldsymbol{I}-\boldsymbol{A})^{-1}, \tag{10.4.23}$$

则式(10.4.22)可以被改写为

$$\hat{\boldsymbol{x}}(s)=\boldsymbol{E}^{-1}(s)\{\boldsymbol{E}(s)(s\boldsymbol{I}-\boldsymbol{A})^{-1}\boldsymbol{Bu}(s)+\boldsymbol{E}(s)(s\boldsymbol{I}-\boldsymbol{A})^{-1}\boldsymbol{x}_0-\tilde{\boldsymbol{x}}_0\}. \tag{10.4.24}$$

式(10.4.23)中存在 $\boldsymbol{E}(s)=(s\boldsymbol{I}-\boldsymbol{A}+\boldsymbol{HC})$ 和 $\boldsymbol{E}^{-1}(s)=(s\boldsymbol{I}-\boldsymbol{A}+\boldsymbol{HC})^{-1}$ 的对消,对消后的结果是

$$\begin{aligned}\hat{\boldsymbol{x}}(s)&=(s\boldsymbol{I}-\boldsymbol{A})^{-1}\boldsymbol{Bu}(s)+(s\boldsymbol{I}-\boldsymbol{A})^{-1}\boldsymbol{x}_0+\boldsymbol{E}^{-1}(s)\,\tilde{\boldsymbol{x}}_0\\&=\boldsymbol{x}(s)+(s\boldsymbol{I}-\boldsymbol{A}+\boldsymbol{HC})^{-1}\,\tilde{\boldsymbol{x}}_0.\end{aligned} \tag{10.4.25}$$

由式(10.4.25)可以看出,当 $\tilde{\boldsymbol{x}}_0=0$,即 $\hat{\boldsymbol{x}}_0=\boldsymbol{x}_0$ 时,有 $\hat{\boldsymbol{x}}(s)=\boldsymbol{x}(s)$,也就是 $\hat{\boldsymbol{x}}(t)=\boldsymbol{x}(t)$. 这时,重构状态就是系统状态本身,是完全的复现.

在推导过程中,系统输入量 $\boldsymbol{u}(t)$ 到重构状态 $\hat{\boldsymbol{x}}(t)$ 的传递函数矩阵中发生了 $(s\boldsymbol{I}-\boldsymbol{A}+\boldsymbol{HC})^{-1}$ 和 $(s\boldsymbol{I}-\boldsymbol{A}+\boldsymbol{HC})$ 的对消,即所谓的零点和极点的对消,观测器的 n 个极点被消去. 由于观测器的输出是重构状态 $\hat{\boldsymbol{x}}(t)$ 本身,所以观测器的状态必然完全可观. 故而在零点和极点对消中,由受控系统 Σ 和观测器 Σ_G 构成的复合系统所失去的是观测器状态的可控性. 也就是说,重构状态 $\hat{\boldsymbol{x}}(t)$ 由控制输入 $\boldsymbol{u}(t)$ 是完全不可控的.

从图 10.4.4 可以看出,由于观测器 Σ_G 有两个输入($\boldsymbol{u}$ 和 $\boldsymbol{y}$),在输入 $\boldsymbol{u}(t)$ 到重构状态 $\hat{\boldsymbol{x}}(t)$ 的传递中有一段是两个支路的并联,就是在这段并联支路中零点与观测器极点产生对消. 在式(10.4.25)的推导过程中,对应该并联支路的两项 $\boldsymbol{Bu}(s)$ 和 $\boldsymbol{HC}(s\boldsymbol{I}-\boldsymbol{A})^{-1}\boldsymbol{Bu}(s)$ 相加合并为 $(s\boldsymbol{I}-\boldsymbol{A}+\boldsymbol{HC})(s\boldsymbol{I}-\boldsymbol{A})^{-1}\boldsymbol{Bu}(s)$. 所产生的 $(s\boldsymbol{I}-\boldsymbol{A}+\boldsymbol{HC})$ 就代表与观测器极点对消的零点.

重构状态 $\hat{\boldsymbol{x}}(t)$ 对输入量 $\boldsymbol{u}(t)$ 而言是完全不可控的,所以就不能通过改变控制输入 $\boldsymbol{u}$ 来减少观测误差或加快其衰减过程,而只能通过调整观测误差输出反馈矩阵 $\boldsymbol{H}$ 来调整矩阵 $(\boldsymbol{A}-\boldsymbol{HC})$ 的特征值,从而达到加快观测误差衰减过程的目的.

10.4.3 降维观测器

设受控系统 $\Sigma(\boldsymbol{A},\boldsymbol{B},\boldsymbol{C})$完全可观，且 $\text{rank}\boldsymbol{C}=m$，即输出系数矩阵 $\boldsymbol{C}$ 的 m 行彼此线性无关. $\text{rank}\boldsymbol{C}=m$ 这一条件并不苛求，一般的系统都可满足. 如果输出系数矩阵 $\boldsymbol{C}$ 的秩小于 m，说明矩阵 $\boldsymbol{C}$ 中 m 个行向量彼此相关，某些行可以是其他行的线性组合. 由输出方程 $\boldsymbol{y}=\boldsymbol{C}\boldsymbol{x}$ 可知，输出向量 $\boldsymbol{y}$ 中的某些分量不独立，可以由 $\boldsymbol{y}$ 的其他分量的线性组合来表示. 于是，可以从 $\boldsymbol{y}$ 中剔除这些不独立的分量，并在输出系数矩阵 $\boldsymbol{C}$ 中剔除相应的行. 这样处理以后，就可以保证输出系数矩阵 $\boldsymbol{C}$ 的行向量彼此独立.

完全可观系统 $\Sigma(\boldsymbol{A},\boldsymbol{B},\boldsymbol{C})$的量测输出 $\boldsymbol{y}(t)$包含有全部状态分量的信息. 如果其中某些状态分量可以被表示为各输出分量的简单线性组合，那么就不必构造新的系统来重构这些状态分量. 这样，要求重构的状态分量个数将小于 n，也就是说观测器的维数将下降. 这就是降维观测器的基本出发点.

可以设想，既然完全可观系统 $\Sigma(\boldsymbol{A},\boldsymbol{B},\boldsymbol{C})$有 m 个彼此独立的输出分量，那么就应当能够组合出 m 个状态分量，需要重构的只是剩下的 $n-m$ 个状态分量. 一个特殊的情况是，如果输出系数矩阵为 $\boldsymbol{C}=[\boldsymbol{I}_m \quad 0]$，则说明 $\boldsymbol{y}=[x_1 \quad \cdots \quad x_m]^{\mathrm{T}}$，所以只需要重构 $n-m$ 个分量 $x_{m+1},\cdots,x_n$.

照此思路做坐标变换，使前 m 个状态分量等于系统的观测器输出，则有

$$\tilde{\boldsymbol{x}}=\begin{bmatrix}\tilde{\boldsymbol{x}}_1\\ \tilde{\boldsymbol{x}}_2\end{bmatrix}=\begin{bmatrix}\boldsymbol{y}\\ \tilde{\boldsymbol{x}}_2\end{bmatrix}=\begin{bmatrix}\boldsymbol{C}\boldsymbol{x}\\ \tilde{\boldsymbol{x}}_2\end{bmatrix}=\begin{bmatrix}\boldsymbol{C}\\ \boldsymbol{G}\end{bmatrix}\boldsymbol{x}=\boldsymbol{T}^{-1}\boldsymbol{x}. \tag{10.4.26}$$

可见，在逆矩阵

$$\boldsymbol{T}^{-1}=\begin{bmatrix}\boldsymbol{C}\\ \boldsymbol{G}\end{bmatrix} \tag{10.4.27}$$

中，$\boldsymbol{C}$ 是系统 $\Sigma(\boldsymbol{A},\boldsymbol{B},\boldsymbol{C})$的输出系数矩阵，秩为 m；$\boldsymbol{G}$ 为$(n-m)\times n$ 维矩阵，由使矩阵 $\boldsymbol{T}^{-1}$非奇异而任意选择的 $n-m$ 个行向量组成. $\boldsymbol{G}$ 是不惟一的，实际选择时最好选择较为简单的矩阵. 例如，设系统 $\Sigma(\boldsymbol{A},\boldsymbol{B},\boldsymbol{C})$已经做过适当的行和列变换，其输出系数矩阵的分块形式是 $\boldsymbol{C}=[\boldsymbol{C}_1 \quad \boldsymbol{C}_2]$，其中方阵 $\boldsymbol{C}_1$ 的秩为 m，于是就可以取矩阵 $\boldsymbol{G}=[0 \quad \boldsymbol{I}_{n-m}]$. 所以式 (10.4.27) 所示的逆矩阵成为

$$\boldsymbol{T}^{-1}=\begin{bmatrix}\boldsymbol{C}_1 & \boldsymbol{C}_2\\ 0 & \boldsymbol{I}_{n-m}\end{bmatrix}, \tag{10.4.28}$$

可以证明，这时的变换矩阵是

$$\boldsymbol{T}=\begin{bmatrix}\boldsymbol{C}_1^{-1} & -\boldsymbol{C}_1^{-1}\boldsymbol{C}_2\\ 0 & \boldsymbol{I}_{n-m}\end{bmatrix}. \tag{10.4.29}$$

输出系数矩阵经过坐标变换式(10.4.29)变换后的结果是

$$\widetilde{C}=CT=[C_1 \quad C_2]\begin{bmatrix}C_1^{-1} & -C_1^{-1}C_2\\ 0 & I_{n-m}\end{bmatrix}=[I_m \quad 0]. \tag{10.4.30}$$

输出方程成为

$$y=\widetilde{C}x=[I_m \quad 0]\begin{bmatrix}\tilde{x}_1\\ \tilde{x}_2\end{bmatrix}=\tilde{x}_1, \tag{10.4.31}$$

其 m 维分状态$\tilde{x}_1$ 就等于输出 y. 因此只要重构 $n-m$ 维分状态$\tilde{x}_2$ 就可以完成重构状态的任务,故而观测器的维数是 $n-m$. 一般情况下,降维观测器的最小维数是 $n-\text{rank}C$.

下面叙述降维观测器的设计方法.

完全可观测的受控系统 $\Sigma(A,B,C)$满足 $\text{rank}C=m$,则经过式 (10.4.27) 的坐标变换可以化为$\widetilde{\Sigma}(\widetilde{A},\widetilde{B},\widetilde{C})$,即

$$\left.\begin{aligned}\dot{\tilde{x}}&=\widetilde{A}\,\tilde{x}+\widetilde{B}u=\begin{bmatrix}\widetilde{A}_{11} & \widetilde{A}_{12}\\ \widetilde{A}_{21} & \widetilde{A}_{22}\end{bmatrix}\begin{bmatrix}\tilde{x}_1\\ \tilde{x}_2\end{bmatrix}+\begin{bmatrix}\widetilde{B}_1\\ \widetilde{B}_2\end{bmatrix}u\\ y&=\tilde{x}_1\end{aligned}\right\}. \tag{10.4.32}$$

$\widetilde{\Sigma}$被分解为两个子系统. 子系统$\widetilde{\Sigma}_1$为

$$\left.\begin{aligned}\dot{\tilde{x}}&=\widetilde{A}_{11}\,\tilde{x}_1+\widetilde{A}_{12}\,\tilde{x}_2+\widetilde{B}_1u\\ y&=\tilde{x}_1\end{aligned}\right\}, \tag{10.4.33}$$

由此可以推出

$$\eta=\widetilde{A}_{12}\,\tilde{x}_2=\dot{y}-\widetilde{A}_{11}y-\widetilde{B}_1u, \tag{10.4.34}$$

它表示由子系统$\widetilde{\Sigma}_2$ 到子系统$\widetilde{\Sigma}_1$ 的耦合,所以将$\eta=\widetilde{A}_{12}\tilde{x}_2$ 定义为子系统$\widetilde{\Sigma}_2$ 的输出. 子系统$\widetilde{\Sigma}_2$ 的状态方程为$\dot{\tilde{x}}_2=\widetilde{A}_{21}\tilde{x}_1+\widetilde{A}_{22}\tilde{x}_2+\widetilde{B}_2u$,代入$\tilde{x}_1=y$,所以$\widetilde{\Sigma}_2$ 可以被表示为

$$\left.\begin{aligned}\dot{\tilde{x}}_2&=\widetilde{A}_{22}\,\tilde{x}_2+\widetilde{B}_2u+\widetilde{A}_{21}y\\ \eta&=\widetilde{A}_{12}\,\tilde{x}_2\end{aligned}\right\}. \tag{10.4.35}$$

坐标变换不改变系统的可观性,所以$\widetilde{\Sigma}$也是完全可观的. $\widetilde{\Sigma}$的状态$\tilde{x}$中,分状态$\tilde{x}_1$ 就是输出量 y,分状态$\tilde{x}_2$ 的信息也被包含在输出量 y 中. 子系统$\widetilde{\Sigma}_2$ 到子系统$\widetilde{\Sigma}_1$ 的耦合η是中间变量,而且子系统$\widetilde{\Sigma}_2$ 只有这条通道将信号传递到子系统$\widetilde{\Sigma}_1$,从而传递到输出量 y. 显然,中间变量η必定包含分状态$\tilde{x}_2$ 的全部信息,即由η可以完全观测$\tilde{x}_2$,也就是说矩阵对$(\widetilde{A}_{22},\widetilde{A}_{12})$是完全可观的.

为了重构$\tilde{x}_2$,需要对式(10.4.35) 所示的子系统$\widetilde{\Sigma}_2$ 设计基本观测器

$$\dot{z}=(\widetilde{A}_{22}-\widetilde{H}\widetilde{A}_{12})z+(\widetilde{B}_2u+\widetilde{A}_{21}y)+\widetilde{H}\eta. \tag{10.4.36}$$

将$\boldsymbol{\eta}$的表达式 (10.4.34) 代入上式,可得

$$
\begin{aligned}
\dot{\boldsymbol{z}} &= (\widetilde{\boldsymbol{A}}_{22}-\widetilde{\boldsymbol{H}}\widetilde{\boldsymbol{A}}_{12})\boldsymbol{z}+(\widetilde{\boldsymbol{B}}_2\boldsymbol{u}+\widetilde{\boldsymbol{A}}_{21}\boldsymbol{y})+\widetilde{\boldsymbol{H}}(\dot{\boldsymbol{y}}-\widetilde{\boldsymbol{A}}_{11}\boldsymbol{y}-\widetilde{\boldsymbol{B}}_1\boldsymbol{u}) \\
&= (\widetilde{\boldsymbol{A}}_{22}-\widetilde{\boldsymbol{H}}\widetilde{\boldsymbol{A}}_{12})\boldsymbol{z}+(\widetilde{\boldsymbol{B}}_2-\widetilde{\boldsymbol{H}}\widetilde{\boldsymbol{B}}_1)\boldsymbol{u}+(\widetilde{\boldsymbol{A}}_{21}-\widetilde{\boldsymbol{H}}\widetilde{\boldsymbol{A}}_{11})\boldsymbol{y}+\widetilde{\boldsymbol{H}}\dot{\boldsymbol{y}}.
\end{aligned}
\tag{10.4.37}
$$

其中 z 是 $n-m$ 维分状态 $\tilde{\boldsymbol{x}}_2$ 的重构状态；矩阵$\widetilde{\boldsymbol{H}}$是$(n-m)\times m$ 维. 通过矩阵$\widetilde{\boldsymbol{H}}$的选择可以任意配置$(\widetilde{\boldsymbol{A}}_{22}-\widetilde{\boldsymbol{H}}\widetilde{\boldsymbol{A}}_{12})$的特征值.

但是式 (10.4.37) 的右端有输出量的导数$\dot{\boldsymbol{y}}$,这将把输出量 $\boldsymbol{y}$ 中的高频噪声放大,严重时观测器 (10.4.37) 将不能正常工作. 为避免噪声的影响,采用变换

$$\tilde{z}=z-\widetilde{\boldsymbol{H}}\boldsymbol{y} \tag{10.4.38}$$

代入式 (10.4.37),可得

$$
\left.\begin{aligned}
\dot{\tilde{z}} &= (\widetilde{\boldsymbol{A}}_{22}-\widetilde{\boldsymbol{H}}\widetilde{\boldsymbol{A}}_{12})(\tilde{z}+\widetilde{\boldsymbol{H}}\boldsymbol{y})+(\widetilde{\boldsymbol{B}}_2-\widetilde{\boldsymbol{H}}\widetilde{\boldsymbol{B}}_1)\boldsymbol{u}+(\widetilde{\boldsymbol{A}}_{21}-\widetilde{\boldsymbol{H}}\widetilde{\boldsymbol{A}}_{11})\boldsymbol{y} \\
z &= \tilde{z}+\widetilde{\boldsymbol{H}}\boldsymbol{y}
\end{aligned}\right\}.
\tag{10.4.39}
$$

这就是系统 $\Sigma(\boldsymbol{A},\boldsymbol{B},\boldsymbol{C})$的降维观测器方程,其中 $\boldsymbol{y}=\tilde{\boldsymbol{x}}_1$,$\tilde{\boldsymbol{x}}_2$ 的重构值是 z,而不是$\tilde{z}$. 对它们做坐标变换,就可以得到原系统的状态重构值

$$\hat{\boldsymbol{x}}=\boldsymbol{T}\cdot\begin{bmatrix}\boldsymbol{y}\\ z\end{bmatrix}=\boldsymbol{T}\cdot\begin{bmatrix}\boldsymbol{y}\\ \tilde{z}+\widetilde{\boldsymbol{H}}\boldsymbol{y}\end{bmatrix}. \tag{10.4.40}$$

降维观测器的框图如图 10.4.5 所示.

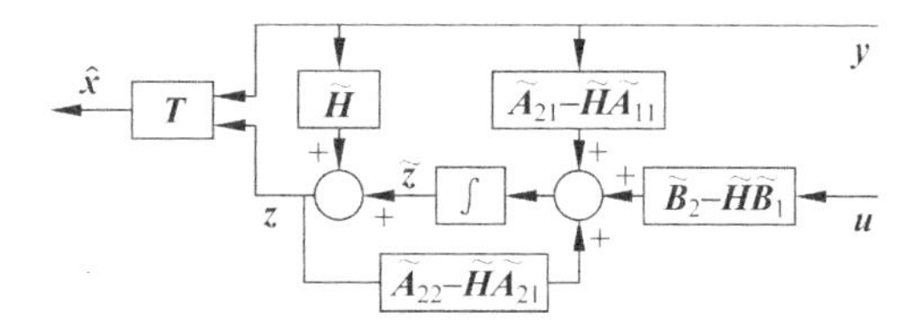

图 10.4.5 降维观测器

综上所述,降维观测器的设计步骤为:

(1) 判断 $\Sigma(\boldsymbol{A},\boldsymbol{B},\boldsymbol{C})$的可观性.

(2) 对 $\Sigma(\boldsymbol{A},\boldsymbol{B},\boldsymbol{C})$做坐标变换,变换矩阵的逆矩阵 $\boldsymbol{T}^{-1}$的前 m 行就是秩为 m 的输出系数矩阵$\boldsymbol{C}$,添加后 $n-m$ 行使 $\boldsymbol{T}^{-1}$非奇异. 坐标变换后的系统$\widetilde{\Sigma}$按输出分解形式分解成两个子系统.

(3) 对式 (10.4.35) 所示的第二个子系统$\widetilde{\Sigma}_2$ 设计基本观测器,并代入中间变量$\boldsymbol{\eta}$的表达式 (10.4.34).

(4) 对设计好的式(10.4.37) 引入变换式(10.4.38),以消除输出量导数$\dot{\boldsymbol{y}}$的不利影响.

(5) 做反变换得到状态重构值.

例 10.4.3 已知受控系统 $\Sigma(\boldsymbol{A},\boldsymbol{b},\boldsymbol{c}^{\mathrm{T}})$ 的系数矩阵为

$$\boldsymbol{A}=\begin{bmatrix}4 & 4 & 4\\ -11 & -12 & -12\\ 13 & 14 & 13\end{bmatrix},\quad \boldsymbol{b}=\begin{bmatrix}1\\ -1\\ 0\end{bmatrix},\quad \boldsymbol{c}^{\mathrm{T}}=[1\quad 1\quad 1].$$

设计降维观测器,使极点为 -3 和 -4.

解 (1) 判断状态可观性. 可观性矩阵

$$\boldsymbol{Q}_{\mathrm{O}}=\begin{bmatrix}\boldsymbol{c}^{\mathrm{T}}\\ \boldsymbol{c}^{\mathrm{T}}\boldsymbol{A}\\ \boldsymbol{c}^{\mathrm{T}}\boldsymbol{A}^2\end{bmatrix}=\begin{bmatrix}1 & 1 & 1\\ 6 & 6 & 5\\ 23 & 22 & 17\end{bmatrix}$$

满秩,系统 $\Sigma(\boldsymbol{A},\boldsymbol{b},\boldsymbol{c}^{\mathrm{T}})$ 完全可观,可以设计观测器.

(2) 确定 $\Sigma(\boldsymbol{A},\boldsymbol{b},\boldsymbol{c}^{\mathrm{T}})$ 的输出分解形式. 取变换阵及其逆矩阵为

$$\boldsymbol{T}^{-1}=\begin{bmatrix}\boldsymbol{c}^{\mathrm{T}}\\ \boldsymbol{G}\end{bmatrix}=\begin{bmatrix}1 & 1 & 1\\ 0 & 1 & 0\\ 0 & 0 & 1\end{bmatrix},\quad \boldsymbol{T}=\begin{bmatrix}1 & -1 & -1\\ 0 & 1 & 0\\ 0 & 0 & 1\end{bmatrix}.$$

变换结果为

$$\begin{bmatrix}x_1\\ x_2\\ x_3\end{bmatrix}=\boldsymbol{T}\begin{bmatrix}\tilde{x}_1\\ \tilde{x}_2\\ \tilde{x}_3\end{bmatrix}=\begin{bmatrix}\tilde{x}_1-\tilde{x}_2-\tilde{x}_3\\ \tilde{x}_2\\ \tilde{x}_3\end{bmatrix},\quad \widetilde{\boldsymbol{A}}=\boldsymbol{T}^{-1}\boldsymbol{A}\boldsymbol{T}=\left[\begin{array}{c:cc}6 & 0 & -1\\ \hdashline -1 & -1 & -1\\ 3 & 9 & 0\end{array}\right],$$

$$\tilde{\boldsymbol{b}}=\boldsymbol{T}^{-1}\boldsymbol{b}=\left[\begin{array}{c}0\\ \hdashline -1\\ 0\end{array}\right],\quad \tilde{\boldsymbol{c}}^{\mathrm{T}}=\boldsymbol{c}^{\mathrm{T}}\boldsymbol{T}=\left[\begin{array}{c:cc}1 & 0 & 0\end{array}\right].$$

其中,$\tilde{x}_1=y$ 不必重构.

(3) 确定包含应重构状态 $\tilde{x}_2$ 和 $\tilde{x}_3$ 的子系统 $\widetilde{\Sigma}_2$. $\widetilde{\Sigma}_2$ 的方程为

$$\begin{cases}\begin{bmatrix}\dot{\tilde{x}}_2\\ \dot{\tilde{x}}_3\end{bmatrix}=\begin{bmatrix}-1 & -1\\ 9 & 0\end{bmatrix}\begin{bmatrix}\tilde{x}_2\\ \tilde{x}_3\end{bmatrix}+\begin{bmatrix}-1\\ 0\end{bmatrix}u+\begin{bmatrix}-1\\ 3\end{bmatrix}y\\ \eta=[0\quad -1]\begin{bmatrix}\tilde{x}_2\\ \tilde{x}_3\end{bmatrix}=\dot{y}-6y\end{cases},$$

其中,状态 $\tilde{x}_2$ 和 $\tilde{x}_3$ 由中间变量 η 完全可观. $\widetilde{\Sigma}_2$ 的特征多项式为

$$\Delta_2(s)=\det\begin{bmatrix}s+1 & 1\\ -9 & s\end{bmatrix}=s^2+s+9.$$

其极点实部为 -0.5. 而观测器的期望极点为 -3 和 -4,位于 $\widetilde{\Sigma}_2$ 极点的左边,是合理的.

(4) 由期望极点计算期望特征多项式

$$\Delta^*(s)=(s+3)(s+4)=s^2+7s+12.$$

(5) 确定子系统 $\widetilde{\Sigma}_2$ 的基本观测器. 设 $\tilde{\boldsymbol{h}}=[\tilde{h}_1\quad \tilde{h}_2]^{\mathrm{T}}$,则观测器特征多项式为

$$\Delta_H(s)=\det\left\{\begin{bmatrix}s+1 & 1\\ -9 & s\end{bmatrix}-\begin{bmatrix}\tilde{h}_1\\ \tilde{h}_2\end{bmatrix}\begin{bmatrix}0 & -1\end{bmatrix}\right\}=\det\begin{bmatrix}s+1 & 1-\tilde{h}_1\\ -9 & s-\tilde{h}_2\end{bmatrix}$$

$$=s^2+(1-\tilde{h}_2)s+(9-\tilde{h}_2-9\tilde{h}_1).$$

令 $\Delta_H(s)=\Delta^*(s)$，得

$$\tilde{\boldsymbol{h}}=\begin{bmatrix}1/3\\ -6\end{bmatrix}.$$

所以$\tilde{\Sigma}_2$ 的基本观测器方程为

$$\begin{bmatrix}\dot{z}_2\\ \dot{z}_3\end{bmatrix}=\begin{bmatrix}-1 & -\frac{2}{3}\\ 9 & -6\end{bmatrix}\begin{bmatrix}z_2\\ z_3\end{bmatrix}+\begin{bmatrix}-1\\ 0\end{bmatrix}u+\left\{\begin{bmatrix}-1\\ 3\end{bmatrix}-6\times\begin{bmatrix}\frac{1}{3}\\ -6\end{bmatrix}\right\}y+\begin{bmatrix}\frac{1}{3}\\ -6\end{bmatrix}\dot{y}.$$

(6) 将输出 y 的导数项移到等号左边，$\tilde{\Sigma}_2$ 的观测器方程变为

$$\frac{\mathrm{d}}{\mathrm{d}t}\begin{bmatrix}z_2-\frac{1}{3}y\\ z_3+6y\end{bmatrix}=\begin{bmatrix}-1 & -\frac{2}{3}\\ 9 & -6\end{bmatrix}\begin{bmatrix}z_2\\ z_3\end{bmatrix}+\begin{bmatrix}-1\\ 0\end{bmatrix}u+\begin{bmatrix}-3\\ 39\end{bmatrix}y.$$

其中，z_2 和 z_3 是状态 $\tilde{x}_2$ 和 $\tilde{x}_3$ 的重构值.

(7) 确定原系统的重构状态. 由变换关系

$$\begin{bmatrix}x_1\\ x_2\\ x_3\end{bmatrix}=\begin{bmatrix}\tilde{x}_1-\tilde{x}_2-\tilde{x}_3\\ \tilde{x}_2\\ \tilde{x}_3\end{bmatrix},$$

可知原系统的重构状态$\hat{\boldsymbol{x}}$为

$$\begin{bmatrix}\hat{x}_1\\ \hat{x}_2\\ \hat{x}_3\end{bmatrix}=\begin{bmatrix}y-z_2-z_3\\ z_2\\ z_3\end{bmatrix}.$$ □

10.5 带有观测器的反馈控制系统

观测器理论的建立解决了受控系统的状态重构问题，使状态反馈成为一种能够实现的控制方式. 本节将讨论带有观测器的重构状态反馈系统与直接状态反馈系统之间的相同点和不同点. 并且进一步指明带有观测器的重构状态反馈系统和带补偿器的输出反馈系统之间的等价关系.

10.5.1 闭环系统结构及其极点可分离性

设状态完全可控又完全可观的受控系统 $\Sigma(\boldsymbol{A},\boldsymbol{B},\boldsymbol{C})$ 的状态方程和输出方程为

$$\left.\begin{aligned}\dot{\boldsymbol{x}}&=\boldsymbol{A}\boldsymbol{x}+\boldsymbol{B}\boldsymbol{u}\\ \boldsymbol{y}&=\boldsymbol{C}\boldsymbol{x}\end{aligned}\right\},\tag{10.5.1}$$

引入状态反馈控制律

$$\boldsymbol{u} = \boldsymbol{v} - \boldsymbol{F}\boldsymbol{x} \tag{10.5.2}$$

后，构成直接状态反馈的闭环系统 Σ_F

$$\left.\begin{aligned} \dot{\boldsymbol{x}} &= (\boldsymbol{A} - \boldsymbol{BF})\boldsymbol{x} + \boldsymbol{B}\boldsymbol{v} \\ \boldsymbol{y} &= \boldsymbol{C}\boldsymbol{x} \end{aligned}\right\}. \tag{10.5.3}$$

显然，直接状态反馈控制系统 Σ_F 与受控系统 Σ 的维数相同，都是 n 维.

当受控系统 Σ 的状态 $\boldsymbol{x}$ 不能或不完全能直接测量时，就要引入状态观测器重新构造状态. 观测器的输出是重构状态 $\hat{\boldsymbol{x}}$，重构状态反馈控制律为

$$\boldsymbol{u} = \boldsymbol{v} - \boldsymbol{F}\hat{\boldsymbol{x}} \tag{10.5.4}$$

设状态观测器是全维的基本观测器 Σ_G，即

$$\dot{\hat{\boldsymbol{x}}} = (\boldsymbol{A} - \boldsymbol{HC})\hat{\boldsymbol{x}} + \boldsymbol{Bu} + \boldsymbol{Hy}. \tag{10.5.5}$$

将式(10.5.1)和式(10.5.5)合并，并以式(10.5.4)代入，就可以得出重构状态反馈控制系统 $\Sigma_{F,H}$ 的状态方程和输出方程

$$\left.\begin{aligned} \begin{bmatrix} \dot{\boldsymbol{x}} \\ \dot{\hat{\boldsymbol{x}}} \end{bmatrix} &= \begin{bmatrix} \boldsymbol{A} & -\boldsymbol{BF} \\ \boldsymbol{HC} & \boldsymbol{A} - \boldsymbol{BF} - \boldsymbol{HC} \end{bmatrix} \begin{bmatrix} \boldsymbol{x} \\ \hat{\boldsymbol{x}} \end{bmatrix} + \begin{bmatrix} \boldsymbol{B} \\ \boldsymbol{B} \end{bmatrix} \boldsymbol{v} \\ \boldsymbol{y} &= \begin{bmatrix} \boldsymbol{C} & 0 \end{bmatrix} \begin{bmatrix} \boldsymbol{x} \\ \hat{\boldsymbol{x}} \end{bmatrix} \end{aligned}\right\}. \tag{10.5.6}$$

显然，重构状态反馈控制系统 $\Sigma_{F,H}$ 的维数是受控系统 Σ 的维数加上观测器 Σ_G 的维数，即 $2n$ 维.

带有观测器的重构状态反馈控制系统 $\Sigma_{F,H}$ 的结构如图 10.5.1 所示.

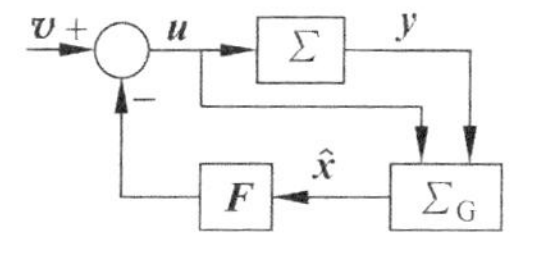

图 10.5.1 重构状态反馈控制系统 Σ_{GF} 的结构

为了看清闭环系统 $\Sigma_{F,H}$ 的极点状况，对方程式(10.5.6)做如下的坐标变换：

$$\begin{bmatrix} \boldsymbol{x} \\ \tilde{\boldsymbol{x}} \end{bmatrix} = \begin{bmatrix} \boldsymbol{x} \\ \boldsymbol{x} - \hat{\boldsymbol{x}} \end{bmatrix} = \begin{bmatrix} \boldsymbol{I}_n & 0 \\ \boldsymbol{I}_n & -\boldsymbol{I}_n \end{bmatrix} \begin{bmatrix} \boldsymbol{x} \\ \hat{\boldsymbol{x}} \end{bmatrix}. \tag{10.5.7}$$

其中 $\tilde{\boldsymbol{x}} = \boldsymbol{x} - \hat{\boldsymbol{x}}$ 是观测误差向量，变换后的状态方程和输出方程是

$$\left.\begin{aligned} \begin{bmatrix} \dot{\boldsymbol{x}} \\ \dot{\tilde{\boldsymbol{x}}} \end{bmatrix} &= \begin{bmatrix} \boldsymbol{A} - \boldsymbol{BF} & \boldsymbol{BF} \\ 0 & \boldsymbol{A} - \boldsymbol{HC} \end{bmatrix} \begin{bmatrix} \boldsymbol{x} \\ \tilde{\boldsymbol{x}} \end{bmatrix} + \begin{bmatrix} \boldsymbol{B} \\ 0 \end{bmatrix} \boldsymbol{v} \\ \boldsymbol{y} &= \begin{bmatrix} \boldsymbol{C} & 0 \end{bmatrix} \begin{bmatrix} \boldsymbol{x} \\ \tilde{\boldsymbol{x}} \end{bmatrix} \end{aligned}\right\}. \tag{10.5.8}$$

其结构图如图 10.5.2 所示.

由式 (10.5.8) 和图 10.5.2 都可以看出，带观测器的重构状态反馈系统 $\Sigma_{F,H}$ 有 $2n$ 个极点，它们被分为两部分：一部分是直接状态反馈 Σ_F 的特征多项式

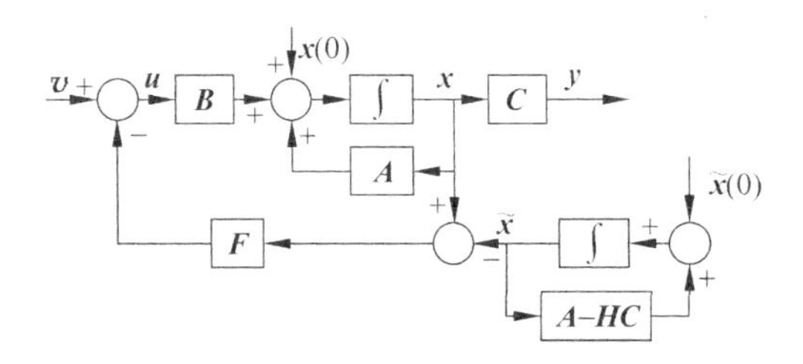

图 10.5.2 重构状态反馈控制系统的可分离性

$\det(s\boldsymbol{I}-\boldsymbol{A}+\boldsymbol{BF})$的 n 个根，它们与观测误差反馈系数矩阵 $\boldsymbol{H}$ 无关；另一部分是观测器 Σ_G 的特征多项式 $\det(s\boldsymbol{I}-\boldsymbol{A}+\boldsymbol{HC})$的 n 个根，它们与状态反馈系数矩阵 $\boldsymbol{F}$ 无关. 这一特性被称为重构状态反馈控制系统的极点**可分离性**.

由图 10.5.2 和按可控性分解的上三角分块形式式(10.5.8) 还可以看出：$(\boldsymbol{A}-\boldsymbol{BF})$部分的极点是由参考输入向量 $\boldsymbol{v}$ 完全可控的；另一部分$(\boldsymbol{A}-\boldsymbol{HC})$的极点就是观测器的极点，它们是由参考输入向量$\boldsymbol{v}$不可控的.

极点可分离性是一个很好的特性. 利用可分离性可以分别设计受控系统状态的控制与观测问题. 方法是先按闭环动态要求，确定$(\boldsymbol{A}-\boldsymbol{BF})$的极点，从而设计出状态反馈系数矩阵 $\boldsymbol{F}$；然后再按重构误差$\tilde{\boldsymbol{x}}(t)$的衰减速度要求，确定$(\boldsymbol{A}-\boldsymbol{HC})$的极点，从而设计出观测误差反馈矩阵 $\boldsymbol{H}$.

观测器部分$(\boldsymbol{A}-\boldsymbol{HC})$是渐近稳定的，重构状态反馈闭环系统 $\Sigma_{F,H}$的不可控分状态$\tilde{\boldsymbol{x}}(t)$是渐近稳定的，当时间足够长时，观测误差$\tilde{\boldsymbol{x}}(t)$趋于零，而且衰减速率可以用矩阵 $\boldsymbol{H}$ 来调整. 由此可知，应当把$(\boldsymbol{A}-\boldsymbol{HC})$极点设计得比$(\boldsymbol{A}-\boldsymbol{BF})$极点具有更负的实部，以使$\tilde{\boldsymbol{x}}(t)$尽快衰减到零.

由图 10.5.2 还可以看出，当$\tilde{\boldsymbol{x}}(t)$为零时，带有观测器的反馈系统 $\Sigma_{F,H}$就是直接状态反馈系统 Σ_F.

值得指出，如果状态观测器不采用基本观测器式(10.5.5)，而采用降维观测器

$$\dot{\boldsymbol{z}}=\boldsymbol{Ez}+\boldsymbol{Gu}+\boldsymbol{Hy},\tag{10.5.9}$$

则控制律式(10.5.4)应当修改为

$$\boldsymbol{u}=\boldsymbol{v}-\boldsymbol{F}_1\boldsymbol{z}-\boldsymbol{F}_2\boldsymbol{y}=\boldsymbol{v}-\begin{bmatrix}\boldsymbol{F}_1 & \boldsymbol{F}_2\end{bmatrix}\begin{bmatrix}\boldsymbol{z}\\ \boldsymbol{y}\end{bmatrix}.\tag{10.5.10}$$

它既包含了部分重构状态反馈 $\boldsymbol{F}_1\boldsymbol{z}$，也包含了输出反馈 $\boldsymbol{F}_2\boldsymbol{y}$. 在这种情况下，可分离性的推导与采用基本观测器式(10.5.5)的过程相类似.

10.5.2 闭环传递函数矩阵的零极点对消

对受控系统 $\Sigma(\boldsymbol{A},\boldsymbol{B},\boldsymbol{C})$直接采用状态反馈可以获得直接状态反馈闭环系统 Σ_F，Σ_F 的传递函数矩阵为

$$\boldsymbol{G}_F(s)=\boldsymbol{C}(s\boldsymbol{I}-\boldsymbol{A}+\boldsymbol{BF})^{-1}\boldsymbol{B},\tag{10.5.11}$$

而重构状态反馈闭环系统 $\Sigma_{F,H}$ 的传递函数矩阵是

$$\boldsymbol{G}_{F,H}(s) = [\boldsymbol{C} \quad 0]\begin{bmatrix} s\boldsymbol{I}-\boldsymbol{A}+\boldsymbol{BF} & \boldsymbol{BF} \\ 0 & s\boldsymbol{I}-\boldsymbol{A}+\boldsymbol{HC} \end{bmatrix}^{-1}\begin{bmatrix} \boldsymbol{B} \\ 0 \end{bmatrix}. \quad (10.5.12)$$

读者可以自行证明

$$\boldsymbol{G}_{F,H}(s) = \boldsymbol{G}_F(s). \quad (10.5.13)$$

等式 (10.5.13) 说明：$2n$ 维的 $\Sigma_{F,H}$ 的传递函数矩阵 $\boldsymbol{G}_{F,H}(s)$ 中发生了零极点对消，观测器的 $(\boldsymbol{A}-\boldsymbol{HC})$ 的 n 个极点被闭环系统的 n 个零点所对消. 这是由于对参考输入向量 $\boldsymbol{v}$ 而言，闭环系统 $\Sigma_{F,H}$ 中这 n 个极点是不可控的，所以必然会在由参考输入 $\boldsymbol{v}$ 到输出 $\boldsymbol{y}$ 的传递函数矩阵中被零点对消. 这些被对消的极点都是渐近稳定的，所以对消不会影响闭环系统的正常工作.

应当指出，这种对消是引入观测器的必然产物. 在 10.4.2 小节中曾叙述过，由输入 $\boldsymbol{u}$ 到重构状态 $\hat{\boldsymbol{x}}$ 的传递函数矩阵中，有 n 个零点和 n 个极点相同，会消去 $(\boldsymbol{A}-\boldsymbol{HC})$ 的极点，造成重构状态 $\hat{\boldsymbol{x}}$ 由输入 $\boldsymbol{u}$ 不可控. 当采用线性反馈律式(10.5.4)形成闭环后，上述 n 个开环系统的零点仍然与观测器的 n 个极点重合.

10.5.3 重构状态反馈和带补偿器的输出反馈的等价性

在许多工程实际问题中，只关心系统输入到输出之间的传递特性. 只要两个系统的传递特性一致就认为两个系统是等价的. 本小节将说明，从传递特性的一致性来看，重构状态反馈系统和几种带补偿器的输出反馈系统等价.

在图 10.5.1 的重构状态反馈系统结构图中，受控系统 $\Sigma(\boldsymbol{A},\boldsymbol{B},\boldsymbol{C})$ 的传递函数矩阵是

$$\boldsymbol{G}_0(s) = \boldsymbol{C}(s\boldsymbol{I}-\boldsymbol{A})^{-1}\boldsymbol{B}, \quad (10.5.14)$$

由式 (10.5.5) 可知，重构状态反馈量 $\boldsymbol{F}\hat{\boldsymbol{x}}$ 的拉普拉斯变换式为

$$\boldsymbol{F}\hat{\boldsymbol{x}}(s) = \boldsymbol{F}(s\boldsymbol{I}-\boldsymbol{A}+\boldsymbol{HC})^{-1}[\boldsymbol{Bu}(s)+\boldsymbol{Hy}(s)]. \quad (10.5.15)$$

令

$$\boldsymbol{G}_1(s) = \boldsymbol{F}(s\boldsymbol{I}-\boldsymbol{A}+\boldsymbol{HC})^{-1}\boldsymbol{B}, \quad (10.5.16)$$

$$\boldsymbol{G}_2(s) = \boldsymbol{F}(s\boldsymbol{I}-\boldsymbol{A}+\boldsymbol{HC})^{-1}\boldsymbol{H}, \quad (10.5.17)$$

就可以将图 10.5.1 所示的重构状态反馈系统 $\Sigma_{F,H}$ 的传递关系表示成图 10.5.3(a)的形式.

图 10.5.3(a)的传递关系再经过结构图等效变换，可以变换成图 10.5.3(b)或者图 10.5.3(c)的形式，相应的传递函数分别是

$$\boldsymbol{G}_3(s) = [\boldsymbol{I}+\boldsymbol{G}_1(s)]^{-1}, \quad (10.5.18)$$

$$\boldsymbol{G}_4(s) = \boldsymbol{G}_3(s)\boldsymbol{G}_2(s). \quad (10.5.19)$$

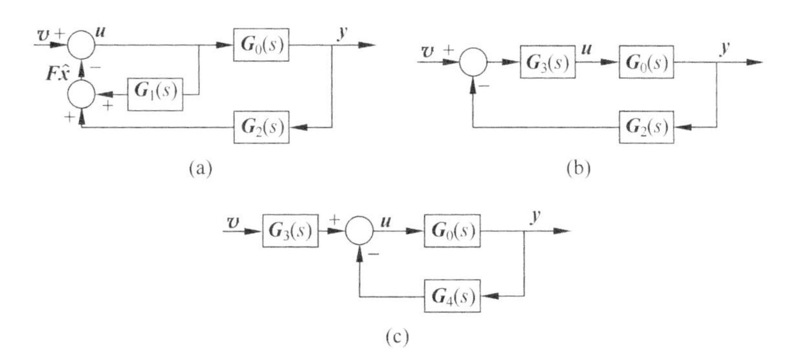

图 10.5.3　重构状态反馈控制系统结构图及其等价变换

图 10.5.3(b)的结构是带反馈补偿器 $\boldsymbol{G}_2(s)$ 和串联补偿器 $\boldsymbol{G}_3(s)$ 的输出反馈控制方式. 图 10.5.3(c) 的结构是带反馈补偿器 $\boldsymbol{G}_4(s)$ 的输出反馈与带串联补偿器 $\boldsymbol{G}_3(s)$ 的输入顺馈相结合控制方式. 它们和图 10.5.1 所示的重构状态反馈控制结构都在闭环输入至输出的传递特性一致意义下等价.

进一步由式 (10.5.16) 并利用恒等式 $\boldsymbol{Y}(\boldsymbol{I}+\boldsymbol{XY})^{-1}=(\boldsymbol{I}+\boldsymbol{YX})^{-1}\boldsymbol{Y}$ 可得

$$\begin{aligned}\boldsymbol{G}_1(s) &= \boldsymbol{F}(s\boldsymbol{I}-\boldsymbol{A}+\boldsymbol{HC})^{-1}\boldsymbol{B}\\ &= \boldsymbol{F}(s\boldsymbol{I}-\boldsymbol{A}+\boldsymbol{HC}+\boldsymbol{BF}-\boldsymbol{BF})^{-1}\boldsymbol{B}\\ &= \boldsymbol{F}\{(s\boldsymbol{I}-\boldsymbol{A}+\boldsymbol{HC}+\boldsymbol{BF})[\boldsymbol{I}-(s\boldsymbol{I}-\boldsymbol{A}+\boldsymbol{HC}+\boldsymbol{BF})^{-1}\boldsymbol{BF}]\}^{-1}\boldsymbol{B}\\ &= \boldsymbol{F}[\boldsymbol{I}-(s\boldsymbol{I}-\boldsymbol{A}+\boldsymbol{HC}+\boldsymbol{BF})^{-1}\boldsymbol{BF}]^{-1}(s\boldsymbol{I}-\boldsymbol{A}+\boldsymbol{HC}+\boldsymbol{BF})^{-1}\boldsymbol{B}\\ &= [\boldsymbol{I}-\boldsymbol{F}(s\boldsymbol{I}-\boldsymbol{A}+\boldsymbol{HC}+\boldsymbol{BF})^{-1}\boldsymbol{B}]^{-1}\boldsymbol{F}(s\boldsymbol{I}-\boldsymbol{A}+\boldsymbol{HC}+\boldsymbol{BF})^{-1}\boldsymbol{B}.\end{aligned} \tag{10.5.20}$$

令 $\boldsymbol{Z}(s)=\boldsymbol{F}(s\boldsymbol{I}-\boldsymbol{A}+\boldsymbol{HC}+\boldsymbol{BF})^{-1}\boldsymbol{B}$,则有

$$\begin{aligned}\boldsymbol{I}+\boldsymbol{G}_1(s) &= \boldsymbol{I}+[\boldsymbol{I}-\boldsymbol{Z}(s)]^{-1}\boldsymbol{Z}(s)\\ &= [\boldsymbol{I}-\boldsymbol{Z}(s)]^{-1}[\boldsymbol{I}-\boldsymbol{Z}(s)+\boldsymbol{Z}(s)]\\ &= [\boldsymbol{I}-\boldsymbol{Z}(s)]^{-1},\end{aligned} \tag{10.5.21}$$

根据式(10.5.18)可知,$\boldsymbol{G}_3(s)=\boldsymbol{I}-\boldsymbol{Z}(s)$,即

$$\boldsymbol{G}_3(s) = \boldsymbol{I}-\boldsymbol{F}(s\boldsymbol{I}-\boldsymbol{A}+\boldsymbol{BF}+\boldsymbol{HC})^{-1}\boldsymbol{B}, \tag{10.5.22}$$

按与式 (10.5.20) 类似的方法可以得到

$$\begin{aligned}\boldsymbol{G}_2(s) &= [\boldsymbol{I}-\boldsymbol{F}(s\boldsymbol{I}-\boldsymbol{A}+\boldsymbol{HC}+\boldsymbol{BF})^{-1}\boldsymbol{B}]^{-1}\boldsymbol{F}(s\boldsymbol{I}-\boldsymbol{A}+\boldsymbol{HC}+\boldsymbol{BF})^{-1}\boldsymbol{H}.\\ &= \boldsymbol{G}_3^{-1}(s)\boldsymbol{F}(s\boldsymbol{I}-\boldsymbol{A}+\boldsymbol{HC}+\boldsymbol{BF})^{-1}\boldsymbol{H}.\end{aligned} \tag{10.5.23}$$

再根据 $\boldsymbol{G}_4(s)=\boldsymbol{G}_3(s)\boldsymbol{G}_2(s)$ 即得

$$\boldsymbol{G}_4(s) = \boldsymbol{F}(s\boldsymbol{I}-\boldsymbol{A}+\boldsymbol{BF}+\boldsymbol{HC})^{-1}\boldsymbol{H}. \tag{10.5.24}$$

得到了 $\boldsymbol{G}_1(s)$,$\boldsymbol{G}_2(s)$,$\boldsymbol{G}_3(s)$ 和 $\boldsymbol{G}_4(s)$ 的具体形式,就可以直接采用图 10.5.3 所示的带补偿器输出反馈控制的规范化设计方法. 它们都可以按图 10.5.1 的重构状态反馈控制方式设计矩阵 $\boldsymbol{F}$ 和 $\boldsymbol{H}$,然后利用式 (10.5.16),式(10.5.17),式(10.5.22)和式(10.5.24) 转化为图 10.5.3 所示的某种控制结构方式. 这种规范化的设计方

法很适于计算机辅助设计.

10.6 有外扰时控制系统的综合

前面几节在讨论线性定系统综合时都没有考虑系统的外部扰动,而外部扰动总是难以避免的.因此有必要讨论存在外部扰动时控制系统的综合问题.

这里所说的**外部扰动**(简称外扰)是从系统外部作用到系统上的扰动,而且是一种确定性扰动,具有确定的函数形式,如阶跃函数、斜坡函数、正弦函数等等.随机噪声形式的外扰不是本书讨论的范围.许多系统都存在着**确定性外扰**.例如,雷达天线受阵风的扰动,正常航行船体受海浪造成的纵摇或横摇扰动,飞行体在大气中受到气浪的扰动等等.这些外扰都具有确定的函数形式,可以通过分析或者辨识的手段来获得这些函数形式.

在系统综合设计中,可以把确定性外扰看成是另外一个系统的输出,产生外扰的另一个系统与原受控系统是串联关系.只要外扰的函数形式确定了,就可以按实现的方法确定外扰模型.

控制系统有外扰时的综合目标是,消除扰动对受控系统的状态或输出的影响,至少要消除扰动对静态的影响,以保证系统的静态准确度.采用的方法是状态反馈、扰动量的顺馈或者是带状态观测器和扰动重构值的反馈,也就是带补偿器的输出反馈.

本节将给出调节器问题的描述,获得闭环系统实现静态无差的条件,并给出扰动量可以量测时以及不可量测时的综合方法.

10.6.1 调节器问题

恒值调节问题和随动跟踪问题是传统控制理论与控制工程研究的重要内容之一,图10.6.1是描述它们的框图.

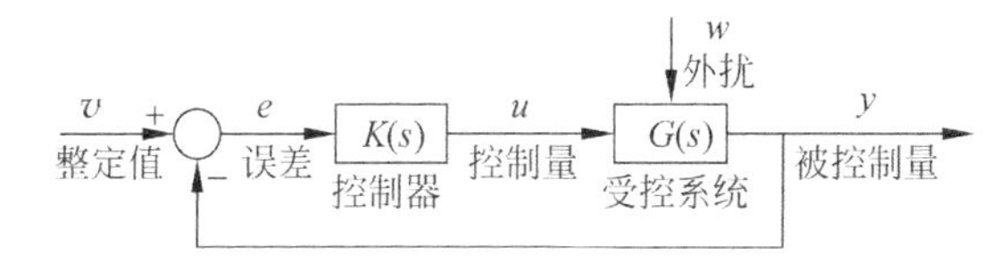

图10.6.1 控制系统框图

在图10.6.1中,$G(s)$是单输入单输出受控系统的传递函数;$K(s)$是控制器的传递函数;输出y是被控制量;参考输入v是被控制量的整定值,或称设定值;$e=v-y$是误差输出;u是加在受控对象上的控制输入;w是作用于受控对象的外扰.

问题的统一提法是：设计控制器 $K(s)$，使闭环系统稳定且具有满意的动态性能，输出 y 不受扰动 w 的影响并且达到稳态无差，即

$$\lim_{t\to\infty} e(t) = \lim_{t\to\infty}[v(t) - y(t)] = 0 \tag{10.6.1}$$

或稳态误差尽可能地小.

如果 $v=0$，就是保证被控制量 y 不受扰动 w 的影响，称为**恒值调节问题**.

如果 $w=0$，就是要求被控制量 y 跟随整定值 v 变化，保证无差或误差较小，称为**随动跟踪问题**.

在随动跟踪问题中，整定量 v 是系统的外部输入，也具有确定性的函数形式. 它与外扰 w 的形式类似. 如果把 v 和 w 统一看成外扰，则随动跟踪问题与恒值调节问题的要求是一致的，统称为调节器问题. 这时对闭环除了要求动态性能外，最关心的是误差在稳态是否为零. 这样，就可以把误差 e 视为系统的输出量. 在满足式 (10.6.1) 时，称调节器输出为稳态无差的.

经典控制理论中主要研究单输入单输出系统的调节器问题. 本节要用状态空间法研究多输入多输出系统的调节器问题. 多输入多输出系统的调节器问题也可以用图 10.6.1 来描述. 只要把各变量都看作向量，把各个传递函数看成传递函数矩阵即可.

为了用状态空间法研究调节器问题，首先要建立调节器的状态空间描述. 为此先看一个双容积水槽液面调节的例子.

在图 10.6.2(a) 中，有两个串联的水槽：水槽 A 和 B. 输入 u 是水槽 B 的自动调节阀开度，f 是外界对水槽 A 的液面的干扰. 设两水槽 A 和 B 的液面高度分别是 x_1 和 x_2. 其中水槽 A 的液面高度 x_1 是被控制量，它的整定值是 v. 图 10.6.2(b)

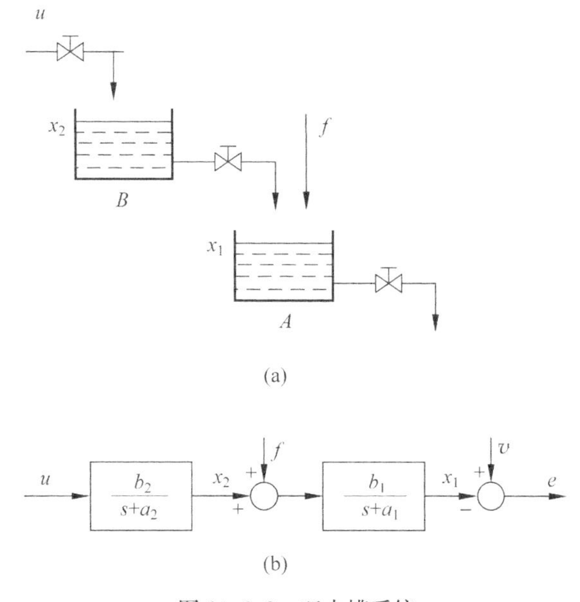

图 10.6.2　双水槽系统

是双容积水槽的框图,由该图可以定出状态方程和输出方程:

$$\left.\begin{aligned}\dot{x}_1 &= -a_1x_1+b_1x_2+b_1f\\ \dot{x}_2 &= -a_2x_2+b_2u\\ e &= v-x_1\end{aligned}\right\}. \tag{10.6.2}$$

其中 a_1、a_2、b_1、b_2 分别是水槽的相应参数; $e=v-x_1$ 是水槽 A 的液面整定值和实际值之差,是系统的输出量.

设外扰 f 是角频率为 ω 的正弦函数,它可以被看成系统

$$\left.\begin{aligned}\dot{w}_1 &= \omega w_2\\ \dot{w}_2 &= -\omega w_1\\ f &= w_1\end{aligned}\right\} \tag{10.6.3}$$

的输出. 设整定值是阶跃函数 $v(t)=1(t)$,它可以被看成是系统

$$\left.\begin{aligned}\dot{w}_3 &= 0\\ v &= w_3\end{aligned}\right\} \tag{10.6.4}$$

的输出. 将系统的状态向量取为两水槽的液面高度 $\boldsymbol{x}=[x_1 \quad x_2]^{\mathrm{T}}$,将整定值和外扰统一取为外扰向量 $\boldsymbol{w}=[w_1 \quad w_2 \quad w_3]^{\mathrm{T}}$. 则受控系统式(10.6.2),扰动模型式(10.6.3)和式(10.6.4) 可以写成如下标准形式

$$\left.\begin{aligned}\dot{\boldsymbol{x}} &= \boldsymbol{Ax}+\boldsymbol{Bu}+\boldsymbol{Nw}\\ \dot{\boldsymbol{w}} &= \boldsymbol{Mw}\\ \boldsymbol{e} &= \boldsymbol{Cx}+\boldsymbol{Dw}\end{aligned}\right\}. \tag{10.6.5}$$

其中,系数矩阵分别是

$$\boldsymbol{A}=\begin{bmatrix}-a_1 & b_1\\ 0 & -a_2\end{bmatrix},\quad \boldsymbol{b}=\begin{bmatrix}0\\ b_2\end{bmatrix},\quad \boldsymbol{M}=\begin{bmatrix}0 & \omega & 0\\ -\omega & 0 & 0\\ 0 & 0 & 0\end{bmatrix},$$

$$\boldsymbol{N}=\begin{bmatrix}b_1 & 0 & 0\\ 0 & 0 & 0\end{bmatrix},\quad \boldsymbol{c}^{\mathrm{T}}=[-1 \quad 0],\quad \boldsymbol{d}^{\mathrm{T}}=[0 \quad 0 \quad 1].$$

有外扰的系统式(10.6.5)可简记为 $\Sigma(\boldsymbol{A},\boldsymbol{B},\boldsymbol{N},\boldsymbol{M},\boldsymbol{C},\boldsymbol{D})$. 它有三个式子,其中第一个式子是受控系统的状态方程,又称**装置方程**; 第二个式子是受控系统的**外扰模型**; 第三个式子是受控系统的**误差输出方程**. 各向量的维数约定如下: 状态 $\boldsymbol{x}$ 为 n 维; 外扰状态 $\boldsymbol{w}$ 为 p 维; 控制输入 $\boldsymbol{u}$ 为 l 维; 误差输出 $\boldsymbol{e}$ 为 m 维; 各系数矩阵具有相应的维数. $\boldsymbol{Nw}$ 称为**装置扰动**; $\boldsymbol{Dw}$ 称为**量测扰动**,量测扰动位于输出方程之中,所以有时也被称为**输出扰动**.

典型的外扰有如下几种:

(1) 阶跃函数: 外扰模型系数矩阵为 $M=0$,状态方程为 $\dot{w}=0$,传递函数是 $w(s)=w(0)/s$,外扰函数 $w(t)=w(0)$;

(2) 斜坡函数: 外扰模型系数矩阵、状态方程、传递函数、外扰函数分别是

$$\boldsymbol{M}=\begin{bmatrix}0&1\\0&0\end{bmatrix},\quad \begin{cases}\dot{w}_1=w_2\\ \dot{w}_2=0\end{cases},\quad \boldsymbol{W}(s)=\frac{1}{s^2}\begin{bmatrix}s&1\\0&s\end{bmatrix},\quad \begin{cases}w_1(t)=w_1(0)+w_2(0)t\\ w_2(t)=w_2(0)\end{cases};$$

(3) 正弦函数：外扰模型系数矩阵、状态方程、传递函数、外扰函数分别是

$$\boldsymbol{M}=\begin{bmatrix}0&\omega\\-\omega&0\end{bmatrix},\quad \dot{\boldsymbol{w}}=\begin{bmatrix}0&\omega\\-\omega&0\end{bmatrix}\boldsymbol{w},\quad \boldsymbol{W}(s)=\frac{1}{s^2+\omega^2}\times\begin{bmatrix}s&\omega\\-\omega&s\end{bmatrix},$$

$$\begin{cases}w_1(t)=w_1(0)\cos\omega t+w_2(0)\sin\omega t\\ w_2(t)=w_2(0)\cos\omega t-w_1(0)\sin\omega t\end{cases};$$

调节器综合问题的提法是：设计一个带补偿器(又称调节器)Σ_c 的误差输出反馈，即

$$\left.\begin{aligned}\dot{\boldsymbol{x}}_c&=\boldsymbol{A}_c\boldsymbol{x}_c+\boldsymbol{H}\boldsymbol{e}\\ \boldsymbol{u}&=-\boldsymbol{F}_c\boldsymbol{x}_c-\boldsymbol{F}_e\boldsymbol{e}\end{aligned}\right\},\tag{10.6.6}$$

其中，$\boldsymbol{x}_c$ 是 q 维补偿器状态，各系数矩阵具有相应的维数. 受控系统 $\Sigma(\boldsymbol{A},\boldsymbol{B},\boldsymbol{N},\boldsymbol{C},\boldsymbol{D})$ 在补偿器 Σ_c 的作用下，使得闭环系统渐近稳定，且稳态误差为零，即

$$\lim_{t\to\infty}\boldsymbol{e}(t)=0.\tag{10.6.7}$$

以上控制方案可以用图 10.6.3 所示的框图来表示.

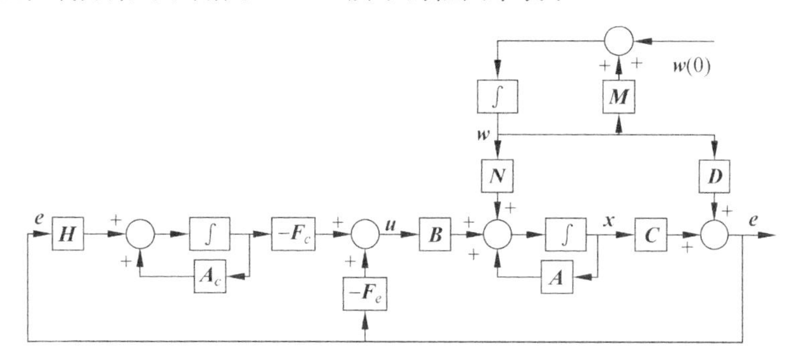

图 10.6.3 带补偿器的误差输出反馈控制系统

这时闭环系统 Σ_L 的状态方程和误差输出方程可以被写成

$$\left.\begin{aligned}\dot{\boldsymbol{x}}_L&=\boldsymbol{A}_L\boldsymbol{x}_L+\boldsymbol{N}_L\boldsymbol{w}\\ \boldsymbol{e}&=\boldsymbol{C}_L\boldsymbol{x}_L+\boldsymbol{D}_L\boldsymbol{w}\end{aligned}\right\},\tag{10.6.8}$$

其中：

$$\boldsymbol{x}_L=\begin{bmatrix}\boldsymbol{x}\\ \boldsymbol{x}_c\end{bmatrix},\quad \boldsymbol{A}_L=\begin{bmatrix}\boldsymbol{A}-\boldsymbol{B}\boldsymbol{F}_e\boldsymbol{C}&-\boldsymbol{B}\boldsymbol{F}_c\\ \boldsymbol{H}\boldsymbol{C}&\boldsymbol{A}_c\end{bmatrix},\quad \boldsymbol{N}_L=\begin{bmatrix}\boldsymbol{N}-\boldsymbol{B}\boldsymbol{F}_e\boldsymbol{D}\\ \boldsymbol{H}\boldsymbol{D}\end{bmatrix},$$

$$\boldsymbol{C}_L=[\boldsymbol{C}\quad 0],\quad \boldsymbol{D}_L=\boldsymbol{D}.$$

闭环系统 Σ_L 及外扰模型可以用图 10.6.4 的框图表示.

调节器问题的三条基本假设是：

(1) 受控系统 $\Sigma(\boldsymbol{A},\boldsymbol{B},\boldsymbol{N},\boldsymbol{C},\boldsymbol{D})$的状态 $\boldsymbol{x}$ 完全可控且完全可观. 这是保证闭环系统任意配置极点的条件，这样才能使闭环系统渐近稳定而且具有满意的动态性能.

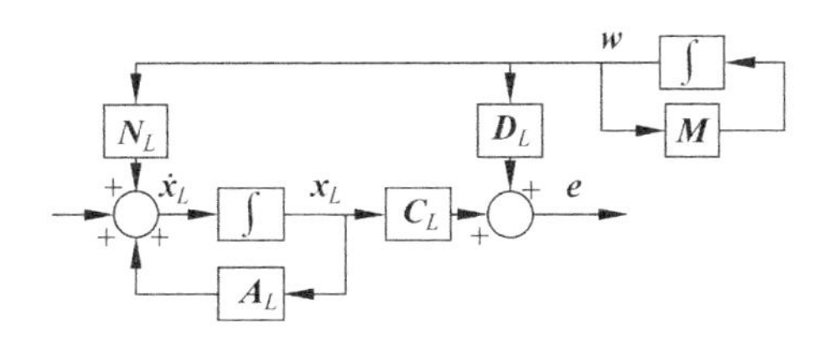

图 10.6.4 闭环系统 Σ_L 及外扰模型框图

(2) 外扰模型系数矩阵 $\boldsymbol{M}$ 的特征值都具有非负的实部,即外扰模型不是渐近稳定的.如果外扰有渐近稳定的模态,这些模态在稳态为零,对系统的稳态输出没有影响,则可以剔除这些模态.

(3) 误差输出方程中系数矩阵 $\boldsymbol{C}$ 的秩是 m.输出的诸分量之间应当彼此独立,否则可以剔除非独立的输出分量.

10.6.2 闭环系统稳态无差的判据

设计闭环系统的首要任务是保证渐近稳定,也就是说,状态 $\boldsymbol{x}_L$ 的自由分量 $\exp(\boldsymbol{A}_L t)\boldsymbol{x}_L(0)$ 的稳态值为零.讨论稳态是否无差只需考虑由外扰 $\boldsymbol{w}(t)$ 引起的强制分量 $\bar{\boldsymbol{x}}_L(t)$ 对误差的影响就足够了.设强制分量 $\bar{\boldsymbol{x}}_L(t)$ 是外扰向量 $\boldsymbol{w}(t)$ 诸分量的线性组合,即

$$\bar{\boldsymbol{x}}_L(t) = -\boldsymbol{P}\boldsymbol{w}(t), \tag{10.6.9}$$

其中,矩阵 $\boldsymbol{P}$ 是 $(n+q)\times p$ 维矩阵,误差输出的静态值是

$$\lim_{t\to\infty}\boldsymbol{e}(t) = \boldsymbol{D}\lim_{t\to\infty}\boldsymbol{w}(t) + \boldsymbol{C}_L\lim_{t\to\infty}\bar{\boldsymbol{x}}_L(t) = (\boldsymbol{D}-\boldsymbol{C}_L\boldsymbol{P})\lim_{t\to\infty}\boldsymbol{w}(t). \tag{10.6.10}$$

由于外扰 $\boldsymbol{w}(t)$ 的随意性,且其稳态值是非零的任意向量,所以,稳态无差的条件等价于

$$\boldsymbol{D}-\boldsymbol{C}_L\boldsymbol{P} = 0. \tag{10.6.11}$$

下面再探讨矩阵 $\boldsymbol{P}$ 应满足的条件.在表示闭环系统的图 10.6.4 中,对最左边的求和点可以写出如下等式:

$$\boldsymbol{N}_L\boldsymbol{w}(t) + \boldsymbol{A}_L\bar{\boldsymbol{x}}_L(t) = \dot{\bar{\boldsymbol{x}}}_L(t), \tag{10.6.12}$$

将式 (10.6.9) 代入上式,可得

$$\boldsymbol{N}_L\boldsymbol{w}(t) - \boldsymbol{A}_L\boldsymbol{P}\boldsymbol{w}(t) = -\boldsymbol{P}\dot{\boldsymbol{w}}(t) = -\boldsymbol{P}\boldsymbol{M}\boldsymbol{w}(t), \tag{10.6.13}$$

考虑到外部扰动 $\boldsymbol{w}(t)$ 的随意性,必有 $\boldsymbol{N}_L-\boldsymbol{A}_L\boldsymbol{P}=-\boldsymbol{P}\boldsymbol{M}$.也就是说,矩阵 $\boldsymbol{P}$ 应满足

$$\boldsymbol{A}_L\boldsymbol{P}-\boldsymbol{P}\boldsymbol{M} = \boldsymbol{N}_L. \tag{10.6.14}$$

式 (10.6.14) 被称为**矩阵西尔维斯特代数方程**,其存在惟一矩阵解 $\boldsymbol{P}$ 的充分必要条件是闭环状态系数矩阵 $\boldsymbol{A}_L$ 与外扰模型系数矩阵 $\boldsymbol{M}$ 的特征值互不相同[①].

① 须田信英等.自动控制中的矩阵理论.曹长修译.科学出版社,1979年,第365页.

由 10.6.1 小节的假设 (2) 可知，外扰模型系数矩阵 $\boldsymbol{M}$ 的特征值都位于复平面的右半部或虚轴上. 所以，只要将闭环系统的状态系数矩阵 $\boldsymbol{A}_L$ 设计成渐近稳定矩阵，使其特征值都位于复平面的左半部，则矩阵方程式(10.6.14) 就存在惟一矩阵解 $\boldsymbol{P}$.

综合以上分析，可知闭环系统实现稳态无差的判据如下：

定理 10.6.1　在闭环系统式(10.6.8) 中，如果状态系数矩阵 $\boldsymbol{A}_L$ 渐近稳定，则实现稳态无差 $\boldsymbol{e}(\infty)=0$ 的充分必要条件是 $\boldsymbol{D}-\boldsymbol{C}_L\boldsymbol{P}=0$. 其中矩阵 $\boldsymbol{P}$ 是西尔维斯特代数方程式(10.6.14) 的惟一矩阵解. □

该判据提供了判别闭环系统是否稳态无差的方法. 判据中有两个条件：一是 $\boldsymbol{A}_L\boldsymbol{P}-\boldsymbol{P}\boldsymbol{M}=\boldsymbol{N}_L$，称为**装置条件**；一是 $\boldsymbol{D}-\boldsymbol{C}_L\boldsymbol{P}=0$，称为**输出条件**. 判据还有一个前提，即闭环系统应当渐近稳定. 从稳态误差的定义可知，这个要求是合理的. 判据的两个条件中引入了一个矩阵 $\boldsymbol{P}$，由它的定义式 (10.6.9) 可以知道，矩阵 $\boldsymbol{P}$ 是 p 维外扰状态空间到 $n+q$ 维闭环状态空间的一个线性变换，它把外扰状态轨线 $\boldsymbol{w}(t)$ 变换为系统稳态时的状态轨线 $\bar{\boldsymbol{x}}_L(t)$. 这样也提供了在状态方程输入函数模型已知的情况下，求解状态方程强制分量的一种方法. 这种解法不用做积分，只要解矩阵代数方程式(10.6.14) 即可.

例 10.6.1　给定闭环系统 Σ_L 状态方程及外扰模型

$$\begin{cases}\dot{\boldsymbol{x}}_L=\boldsymbol{A}_L\boldsymbol{x}_L+\boldsymbol{N}_L\boldsymbol{w}\\ \dot{\boldsymbol{w}}=\boldsymbol{M}\boldsymbol{w}\end{cases},$$

其中的各系数矩阵为

$$\boldsymbol{A}_L=\begin{bmatrix}0&0\\-2&-3\end{bmatrix},\quad \boldsymbol{N}_L=\begin{bmatrix}0&0\\-1&-3\end{bmatrix},\quad \boldsymbol{M}=\begin{bmatrix}0&1\\-1&0\end{bmatrix}.$$

求 $\boldsymbol{w}(0)=[0\quad 1]^{\mathrm{T}}$ 时，系统 Σ_L 适合 $\boldsymbol{w}(t)$ 的一个强迫解 $\bar{\boldsymbol{x}}_L(t)$.

解　(1) 适合要求的强迫解 $\bar{\boldsymbol{x}}_L(t)$ 为

$$\bar{\boldsymbol{x}}_L(t)=\int_0^t \mathrm{e}^{\boldsymbol{A}_L(t-\tau)}\boldsymbol{N}_L\boldsymbol{w}(\tau)\mathrm{d}\tau=\int_0^t \mathrm{e}^{\boldsymbol{A}_L(t-\tau)}\boldsymbol{N}_L\mathrm{e}^{\boldsymbol{M}\tau}\boldsymbol{w}(0)\mathrm{d}\tau,\quad (t>T),$$

式中，T 是足够长的时间值. 不过，上式计算很繁，下面采用定理 10.6.1 提供的方法.

$\boldsymbol{A}_L$ 的特征多项式为

$$\det(s\boldsymbol{I}-\boldsymbol{A}_L)=s^2+3s+2,$$

所以 $\boldsymbol{A}_L$ 的特征值为 -1 和 -2. 外扰模型系数矩阵 $\boldsymbol{M}$ 的特征多项式为

$$\det(s\boldsymbol{I}-\boldsymbol{M})=s^2+1,$$

所以 $\boldsymbol{M}$ 的特征值为 $\pm$j. 故而，矩阵方程 $\boldsymbol{A}_L\boldsymbol{P}-\boldsymbol{P}\boldsymbol{M}=\boldsymbol{N}_L$ 有惟一解 $\boldsymbol{P}$. 由

$$\begin{bmatrix}0&1\\-2&-3\end{bmatrix}\times\boldsymbol{P}-\boldsymbol{P}\times\begin{bmatrix}0&1\\-1&0\end{bmatrix}=\begin{bmatrix}0&1\\-1&-3\end{bmatrix}$$

可以解得

$$\boldsymbol{P}=\begin{bmatrix}1 & 0\\0 & 1\end{bmatrix}.$$

由外扰模型 $\boldsymbol{M}$ 和初态 $\boldsymbol{w}(0)$，可得外扰 $\boldsymbol{w}$ 的解为

$$\boldsymbol{w}(t)=\mathrm{e}^{\boldsymbol{M}t}\boldsymbol{w}(0)=\begin{bmatrix}* & \sin t\\ * & \cos t\end{bmatrix}\begin{bmatrix}0\\1\end{bmatrix}=\begin{bmatrix}\sin t\\ \cos t\end{bmatrix},$$

其中 $*$ 代表某些与以后计算无关的数或函数. 所以，状态的强迫解为

$$\bar{\boldsymbol{x}}_L(t)=-\boldsymbol{P}\boldsymbol{w}(t)=\begin{bmatrix}-\sin t\\ -\cos t\end{bmatrix}.$$

(2) 校核. 将 $\bar{\boldsymbol{x}}_L(t)$ 代入原方程右端，得

$$\boldsymbol{A}_L\bar{\boldsymbol{x}}_L+\boldsymbol{N}_L\boldsymbol{w}=\begin{bmatrix}0 & 1\\-2 & -3\end{bmatrix}\begin{bmatrix}-\sin t\\ -\cos t\end{bmatrix}+\begin{bmatrix}0 & 0\\-1 & -3\end{bmatrix}\begin{bmatrix}\sin t\\ \cos t\end{bmatrix}=\begin{bmatrix}-\cos t\\ \sin t\end{bmatrix}=\frac{\mathrm{d}}{\mathrm{d}t}\bar{\boldsymbol{x}}_L(t).$$

所以，$\bar{\boldsymbol{x}}_L(t)$ 是原方程的一个强迫解. □

例 10.6.2 给定闭环系统状态方程和误差输出方程

$$\dot{\boldsymbol{x}}_L=\begin{bmatrix}0 & 1\\-1 & -2\end{bmatrix}\boldsymbol{x}_L+\begin{bmatrix}-1\\1\end{bmatrix}w,\quad e=\begin{bmatrix}1 & 0\end{bmatrix}\boldsymbol{x}_L+w,$$

其中外部输入 w 是常值输入，试判别系统能否实现输出静态无差.

解 外部输入是常值，其方程 $\dot{w}=Mw$ 中，模型矩阵 $M=0$，且

$$\boldsymbol{A}_L=\begin{bmatrix}0 & 1\\-1 & -2\end{bmatrix},\quad \boldsymbol{c}_L^{\mathrm{T}}=\begin{bmatrix}1 & 0\end{bmatrix},\quad d_L=1,\quad \boldsymbol{n}_L=\begin{bmatrix}-1\\1\end{bmatrix}.$$

$\boldsymbol{A}_L$ 的特征值是两重根 -1，故闭环渐近稳定. 矩阵方程 $\boldsymbol{A}_L\boldsymbol{P}-\boldsymbol{P}\boldsymbol{M}=\boldsymbol{n}_L$ 中的变换矩阵 $\boldsymbol{P}$ 退化为变换向量 $\boldsymbol{p}$，它有惟一解

$$\boldsymbol{p}=\boldsymbol{A}_L^{-1}\boldsymbol{n}_L=\begin{bmatrix}0 & 1\\-1 & -2\end{bmatrix}^{-1}\begin{bmatrix}-1\\1\end{bmatrix}=\begin{bmatrix}1\\-1\end{bmatrix}.$$

而且

$$\boldsymbol{c}_L^{\mathrm{T}}\boldsymbol{p}=\begin{bmatrix}1 & 0\end{bmatrix}\begin{bmatrix}1\\-1\end{bmatrix}=1=d_L.$$

所以，该系统能够实现输出稳态无差.

说明：对计算结果可以验证如下. 输出 e 的拉普拉斯变换式

$$e(s)=[d_L+\boldsymbol{c}_L^{\mathrm{T}}(s\boldsymbol{I}-\boldsymbol{A}_L)^{-1}\boldsymbol{n}_L]w(s)$$

所以，稳态误差

$$\begin{aligned}e(\infty)&=\lim_{s\to0}s\times[d_L+\boldsymbol{c}_L^{\mathrm{T}}(s\boldsymbol{I}-\boldsymbol{A}_L)^{-1}\boldsymbol{n}_L]\times\frac{1}{s}\\&=d_L+\lim_{s\to0}\left\{\begin{bmatrix}1 & 0\end{bmatrix}\times\frac{1}{s^2+2s+1}\times\begin{bmatrix}s+2 & 1\\-1 & s\end{bmatrix}\times\begin{bmatrix}-1\\1\end{bmatrix}\right\}\\&=1+\begin{bmatrix}1 & 0\end{bmatrix}\begin{bmatrix}2 & 1\\-1 & 0\end{bmatrix}\begin{bmatrix}-1\\1\end{bmatrix}=0\end{aligned}$$

满足输出调节要求. 即该系统由 w 到 e 的稳态增益

$$d_L - \boldsymbol{c}_L^{\mathrm{T}}\boldsymbol{A}_L^{-1}\boldsymbol{n}_L = 0. \qquad \square$$

10.6.3　外扰状态可直接测量时的系统综合方法

设受控系统 $\Sigma(\boldsymbol{A},\boldsymbol{B},\boldsymbol{N},\boldsymbol{C},\boldsymbol{D})$ 上作用有外扰 $\boldsymbol{w}$,系统的装置方程、外扰模型、误差输出方程如式(10.6.5) 所示. 如果把系统状态 $\boldsymbol{x}$ 和外扰状态 $\boldsymbol{w}$ 合并为一个向量可以得出系统的增广形式 $\tilde{\Sigma}$,即

$$\left.\begin{aligned}\begin{bmatrix}\dot{\boldsymbol{x}}\\\dot{\boldsymbol{w}}\end{bmatrix}&=\begin{bmatrix}\boldsymbol{A}&\boldsymbol{N}\\0&\boldsymbol{M}\end{bmatrix}\begin{bmatrix}\boldsymbol{x}\\\boldsymbol{w}\end{bmatrix}+\begin{bmatrix}\boldsymbol{B}\\0\end{bmatrix}\boldsymbol{u}\\\boldsymbol{e}&=\begin{bmatrix}\boldsymbol{C}&\boldsymbol{D}\end{bmatrix}\begin{bmatrix}\boldsymbol{x}\\\boldsymbol{w}\end{bmatrix}\end{aligned}\right\}. \tag{10.6.15}$$

如果原系统 Σ 的状态 $\boldsymbol{x}$ 和外扰状态 $\boldsymbol{w}$ 均可以直接测量,则可以对增广系统 $\tilde{\Sigma}$ 采用状态反馈控制律

$$\boldsymbol{u}=-\begin{bmatrix}\boldsymbol{F}_x&\boldsymbol{F}_w\end{bmatrix}\begin{bmatrix}\boldsymbol{x}\\\boldsymbol{w}\end{bmatrix}=-\boldsymbol{F}_x\boldsymbol{x}-\boldsymbol{F}_w\boldsymbol{w}. \tag{10.6.16}$$

这是状态反馈控制加扰动顺馈补偿的控制方案. 闭环系统的状态方程是

$$\left.\begin{aligned}\begin{bmatrix}\dot{\boldsymbol{x}}\\\dot{\boldsymbol{w}}\end{bmatrix}&=\begin{bmatrix}\boldsymbol{A}-\boldsymbol{B}\boldsymbol{F}_x&\boldsymbol{N}-\boldsymbol{B}\boldsymbol{F}_w\\0&\boldsymbol{M}\end{bmatrix}\begin{bmatrix}\boldsymbol{x}\\\boldsymbol{w}\end{bmatrix}\\\boldsymbol{e}&=\begin{bmatrix}\boldsymbol{C}&\boldsymbol{D}\end{bmatrix}\begin{bmatrix}\boldsymbol{x}\\\boldsymbol{w}\end{bmatrix}\end{aligned}\right\}. \tag{10.6.17}$$

闭环系统的框图如图 10.6.5 所示. 图内补偿通道中的伺服补偿器 $\boldsymbol{F}_w$ 就是所谓的扰动顺馈系数矩阵.

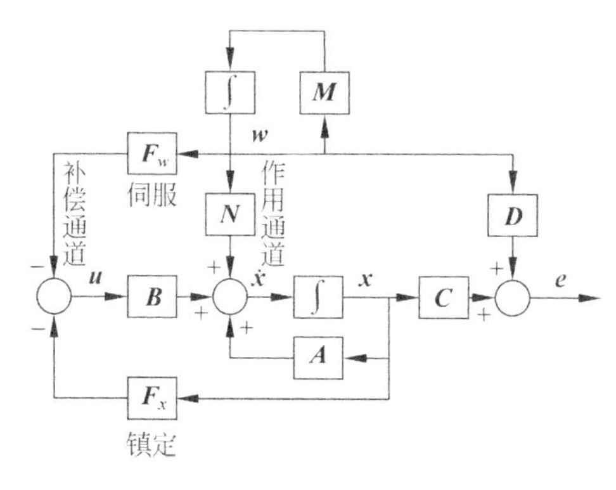

图 10.6.5　状态反馈控制加扰动顺馈补偿的闭环系统框图

选择的控制律是增广系统 $\tilde{\Sigma}$ 的“全状态反馈”,即原系统 Σ 的状态反馈控制加扰动顺馈补偿控制. 符合“**双通道原理**”,扰动 $\boldsymbol{w}$ 通过**作用通道**加到系统上,从而影

响系统输出，**补偿通道**则是给系统的一种“反作用”，借以抵消扰动的影响.

下面分几种情况来讨论.

第一种情况：$\boldsymbol{D}=0$，这表示只存在装置扰动.

全状态反馈矩阵 $\boldsymbol{F}_x$ 和 $\boldsymbol{F}_w$ 的设计原则分别是：状态反馈矩阵 $\boldsymbol{F}_x$ 保证闭环系统渐近稳定，而且使闭环系统具有满意的动态性能. 这点可以通过闭环矩阵 $\boldsymbol{A}-\boldsymbol{B}\boldsymbol{F}_x$ 的特征值配置来完成. 矩阵 $\boldsymbol{F}_x$ 被称为**镇定矩阵**. 扰动补偿矩阵 $\boldsymbol{F}_w$ 的作用是使输出 $\boldsymbol{e}$ 不受扰动 $\boldsymbol{w}$ 的影响. 矩阵 $\boldsymbol{F}_w$ 被称为**伺服矩阵**，它形成外扰顺馈补偿通道.

如果选择伺服矩阵 $\boldsymbol{F}_w$，使得

$$\boldsymbol{B}\boldsymbol{F}_w=\boldsymbol{N}. \tag{10.6.18}$$

则在图 10.6.5 中可以看出，扰动 $\boldsymbol{w}$ 通过通道 $\boldsymbol{N}$ 对系统的作用被通道 $-\boldsymbol{B}\boldsymbol{F}_w$ 的作用完全抵消，这时状态 $\boldsymbol{x}$ 和输出 $\boldsymbol{e}$ 无论稳态还是动态过程都不受扰动 $\boldsymbol{w}$ 的影响. 即实现了所谓的“**对外扰的不变性**”. 显然，系统 Σ 实现对外扰的不变性的条件是：

定理 10.6.2　对有外扰的受控系统 $\Sigma(\boldsymbol{A},\boldsymbol{B},\boldsymbol{C},\boldsymbol{N})$，实现状态对外扰的不变性的充分必要条件是：$(\boldsymbol{A},\boldsymbol{B})$完全可控和

$$\operatorname{rank}\boldsymbol{B}=\operatorname{rank}[\boldsymbol{B}\quad\boldsymbol{N}]. \tag{10.6.19}$$

□

但是这个条件过于苛刻，所以希望获得某种更宽松的条件.

一般系统只要求输出 $\boldsymbol{e}=\boldsymbol{C}\boldsymbol{x}$ 不受扰动 $\boldsymbol{w}$ 的影响，而不一定要求状态 $\boldsymbol{x}$ 不受扰动 $\boldsymbol{w}$ 的影响. 一种极端情况是，状态 $\boldsymbol{x}$ 受扰动影响，但是闭环系统矩阵对$(\boldsymbol{A}-\boldsymbol{B}\boldsymbol{F}_x,\boldsymbol{C})$完全不可观，输出 $\boldsymbol{e}$ 中将不会有状态 $\boldsymbol{x}$ 的信息，从而扰动 $\boldsymbol{w}$ 对状态 $\boldsymbol{x}$ 的影响不会反映到输出 $\boldsymbol{e}$ 中，不过，这时 $\boldsymbol{e}\equiv 0$，对实际系统意义不大.

另外一种极端情况是，闭环系统矩阵对$(\boldsymbol{A}-\boldsymbol{B}\boldsymbol{F}_x,\boldsymbol{N}-\boldsymbol{B}\boldsymbol{F}_w)$完全不可控，那么扰动 $\boldsymbol{w}$ 对状态 $\boldsymbol{x}$ 毫无影响，从而对输出 $\boldsymbol{e}$ 也毫无影响.

受这两种极端情况的启发，很容易得出一般情况下输出 $\boldsymbol{e}$ 不受扰动 $\boldsymbol{w}$ 影响的条件. 即闭环系统状态由外扰 $\boldsymbol{w}$ 可控的部分对输出 $\boldsymbol{e}$ 是不可观的. 换句话说，闭环输出方程系数矩阵 $\boldsymbol{C}$ 的诸行向量与由 $\boldsymbol{w}$ 到 $\boldsymbol{x}$ 的可控子空间正交. 满足此条件时，由外扰 $\boldsymbol{w}$ 引起的输出 $\boldsymbol{e}$ 为零，或者说外扰 $\boldsymbol{w}$ 到输出 $\boldsymbol{e}$ 的传递函数矩阵为零，即

$$\begin{aligned}\boldsymbol{G}_{w\to e}(s)&=\boldsymbol{C}_L(s\boldsymbol{I}-\boldsymbol{A}_L)^{-1}\boldsymbol{B}_L=\boldsymbol{C}(s\boldsymbol{I}-\boldsymbol{A}+\boldsymbol{B}\boldsymbol{F}_x)^{-1}(\boldsymbol{N}-\boldsymbol{B}\boldsymbol{F}_w)\\&=\sum_{i=0}^{\infty}\frac{1}{s^{i+1}}\cdot\boldsymbol{C}(\boldsymbol{A}-\boldsymbol{B}\boldsymbol{F}_x)^i(\boldsymbol{N}-\boldsymbol{B}\boldsymbol{F}_w)=0.\end{aligned} \tag{10.6.20}$$

定理 10.6.3　对只存在装置扰动的受控系统 $\Sigma(\boldsymbol{A},\boldsymbol{B},\boldsymbol{C},\boldsymbol{N})$，实现输出对外扰的不变性的充分必要条件是

$$\boldsymbol{C}[(\boldsymbol{N}-\boldsymbol{B}\boldsymbol{F}_w)\quad\boldsymbol{A}_L(\boldsymbol{N}-\boldsymbol{B}\boldsymbol{F}_w)\quad\cdots\quad\boldsymbol{A}_L^{n-1}(\boldsymbol{N}-\boldsymbol{B}\boldsymbol{F}_w)]=0. \tag{10.6.21}$$

其中，$\boldsymbol{A}_L=\boldsymbol{A}-\boldsymbol{B}\boldsymbol{F}_x$ 为闭环状态系数矩阵. □

上式可以被改写为

$$[\boldsymbol{CB}\quad \boldsymbol{CA}_L\boldsymbol{B}\quad \cdots\quad \boldsymbol{CA}_L^{n-1}\boldsymbol{B}]\boldsymbol{F}_w=[\boldsymbol{CN}\quad \boldsymbol{CA}_L\boldsymbol{N}\quad \cdots\quad \boldsymbol{CA}_L^{n-1}\boldsymbol{N}],\qquad(10.6.22)$$

其中等号左端位于矩阵 $\boldsymbol{F}_w$ 前的矩阵是控制 $\boldsymbol{u}$ 对输出 $\boldsymbol{e}$ 的输出可控性矩阵；等号右端是外扰 $\boldsymbol{w}$ 对输出 $\boldsymbol{e}$ 的输出可控性矩阵. 若选择 $\boldsymbol{F}_w$ 满足式 (10.6.22)，就可以实现输出 $\boldsymbol{e}$ 对外扰 $\boldsymbol{w}$ 的不变性.

值得注意的是，实现输出 $\boldsymbol{e}$ 对外扰 $\boldsymbol{w}$ 的不变性与 $\boldsymbol{w}(t)$的函数形式无关，只与外扰 $\boldsymbol{w}$ 的输入形式(即矩阵 $\boldsymbol{N}$)有关. 这是按条件式(10.6.22) 设计矩阵 $\boldsymbol{F}_w$ 方法的最大优越性.

如果闭环外扰 $\boldsymbol{w}$ 对输出 $\boldsymbol{e}$ 的输出可控性矩阵为全零矩阵，即式 (10.6.22) 等式右端为零，则有 $\boldsymbol{F}_w=0$，即只需要状态反馈控制，无须外扰顺馈补偿.

所以，实现 $\boldsymbol{F}_w=0$ 的条件是

$$\boldsymbol{CN}=\boldsymbol{CA}_L\boldsymbol{N}=\cdots=\boldsymbol{CA}_L^{n-1}\boldsymbol{N}=0,\qquad(10.6.23)$$

即闭环由外扰 $\boldsymbol{w}$ 到输出 $\boldsymbol{e}$ 的传递函数矩阵为零.

它的基本思想是只采用状态反馈 $\boldsymbol{u}=-\boldsymbol{Fx}$. 首先，它保证闭环渐近稳定和具有满意的动态品质；其次，它改变系统由外扰 $\boldsymbol{w}$ 到输出 $\boldsymbol{e}$ 的可控性，也改变系统 $\boldsymbol{x}$ 到输出 $\boldsymbol{e}$ 的可观性，使得由外扰 $\boldsymbol{w}$ 可控的状态子空间变得由输出 $\boldsymbol{e}$ 不可观测，从而实现输出 $\boldsymbol{e}$ 对外扰 $\boldsymbol{w}$ 的不变性.

第二种情况：$\boldsymbol{D}\neq 0$，这表示两种扰动同时存在.

控制规律仍采用式(10.6.16)，$\boldsymbol{F}_x$ 和 $\boldsymbol{F}_w$ 分别是镇定矩阵和伺服矩阵. 镇定矩阵 $\boldsymbol{F}_x$ 的设计原则仍是使闭环 $\boldsymbol{A}_L=\boldsymbol{A}-\boldsymbol{BF}_x$ 为渐近稳定且具有满意的闭环动态响应过程.

为使闭环系统实现输出误差稳态值为零，矩阵 $\boldsymbol{F}_w$ 的设计方法可以由实现稳态无差的装置条件 $\boldsymbol{A}_L\boldsymbol{P}-\boldsymbol{PM}=\boldsymbol{N}_L$ 推出. 这时的 $\boldsymbol{P}$ 是 $n\times p$ 维矩阵，它满足等式

$$(\boldsymbol{A}-\boldsymbol{BF}_x)\boldsymbol{P}-\boldsymbol{PM}=\boldsymbol{N}-\boldsymbol{BF}_w,\qquad(10.6.24)$$

由此可以导出条件

$$\boldsymbol{N}=\boldsymbol{AP}-\boldsymbol{PM}+\boldsymbol{B}(\boldsymbol{F}_w-\boldsymbol{F}_x\boldsymbol{P}).\qquad(10.6.25)$$

这个结果表明：在镇定矩阵 $\boldsymbol{F}_x$ 已被确定的基础上，求解矩阵代数方程式(10.6.25)可以获得伺服矩阵 $\boldsymbol{F}_w$. 综上所述，镇定矩阵 $\boldsymbol{F}_x$ 和伺服矩阵 $\boldsymbol{F}_w$ 的综合步骤如下：

第一步：判断矩阵对$(\boldsymbol{A},\boldsymbol{B})$的完全可控性.

第二步：解矩阵代数方程组

$$\left.\begin{aligned}\boldsymbol{N}&=\boldsymbol{AP}-\boldsymbol{PM}+\boldsymbol{BQ}\\ \boldsymbol{D}&=\boldsymbol{CP}\end{aligned}\right\},\qquad(10.6.26)$$

得出 $n\times p$ 维矩阵 $\boldsymbol{P}$ 和 $l\times p$ 维矩阵 $\boldsymbol{Q}$.

第三步：设计镇定矩阵 $\boldsymbol{F}_x$，使闭环状态系数矩阵 $\boldsymbol{A}_L=\boldsymbol{A}-\boldsymbol{BF}_x$ 渐近稳定，为其配置希望的极点并使闭环系统有满意的动态响应过程.

第四步：取伺服矩阵为

$$F_w = Q + F_x P. \tag{10.6.27}$$

第五步：校核所得结果.

例 10.6.3 受控系统 $\Sigma(\boldsymbol{A},\boldsymbol{B},\boldsymbol{C},\boldsymbol{N})$ 的受扰模型为

$$\begin{cases} \dot{\boldsymbol{x}} = \boldsymbol{A}\boldsymbol{x} + \boldsymbol{b}u + \boldsymbol{n}w \\ e = \boldsymbol{c}^{\mathrm{T}}\boldsymbol{x} \end{cases},$$

外扰 w 是标量，各系数矩阵为

$$\boldsymbol{A} = \begin{bmatrix} -3 & 5 \\ -4 & 0 \end{bmatrix};\quad \boldsymbol{b} = \begin{bmatrix} 0 \\ 1 \end{bmatrix};\quad \boldsymbol{c}^{\mathrm{T}} = [2 \quad 1];\quad \boldsymbol{n} = \begin{bmatrix} -5 \\ 10 \end{bmatrix}.$$

寻找合适的控制律，使闭环渐近稳定，而且使输出 e 不受扰动 w 的影响.

解 本例属于不存在量测扰动的情况.

(1) 检验可控性. 控制输入 u 对状态 $\boldsymbol{x}$ 的可控性矩阵为

$$\boldsymbol{Q}_{\mathrm{C1}} = [\boldsymbol{b} \quad \boldsymbol{A}\boldsymbol{b}] = \begin{bmatrix} 0 & 5 \\ 1 & 0 \end{bmatrix},$$

它的秩为 2，所以状态 $\boldsymbol{x}$ 由控制输入 u 是完全可控的. 外扰 w 对状态 $\boldsymbol{x}$ 的可控性矩阵为

$$\boldsymbol{Q}_{\mathrm{C2}} = [\boldsymbol{n} \quad \boldsymbol{A}\boldsymbol{n}] = \begin{bmatrix} -5 & 65 \\ 10 & 20 \end{bmatrix},$$

它的秩为 2，所以状态 $\boldsymbol{x}$ 由外扰输入是完全可控的，即状态的两个分量都受 w 的影响. 又因为 $\boldsymbol{C}\boldsymbol{Q}_{\mathrm{C2}} \neq 0$，所以输出 e 也受外扰 w 的影响.

(2) 先尝试只用扰动补偿的方法，即 $\boldsymbol{F}_x = 0$.

伺服矩阵成为标量 f_w，它应满足等式 $\boldsymbol{n} - \boldsymbol{b}f_w = 0$，即 f_w 有解的条件是 $\mathrm{rank}\boldsymbol{b} = \mathrm{rank}[\boldsymbol{b} \quad \boldsymbol{n}]$. 根据

$$\boldsymbol{b} = \begin{bmatrix} 0 \\ 1 \end{bmatrix};\quad [\boldsymbol{b} \quad \boldsymbol{n}] = \begin{bmatrix} 0 & -5 \\ 1 & 10 \end{bmatrix}$$

可见，矩阵 $\boldsymbol{f}_w$ 无解.

(3) 再采用只进行状态反馈的方法，即 $f_w = 0$.

按照定理 10.6.3，应使闭环系统扰动 w 对输出 e 的输出可控性矩阵为零. 设状态反馈系数为向量 $\boldsymbol{f}_x^{\mathrm{T}} = [k_1 \quad k_2]$，它应满足

$$\boldsymbol{c}^{\mathrm{T}}(\boldsymbol{A} - \boldsymbol{b}\boldsymbol{f}_x^{\mathrm{T}})^i \boldsymbol{n} = 0,\quad (i = 0,1,2,\cdots,n-1).$$

即满足

$$\begin{cases} \boldsymbol{c}^{\mathrm{T}}\boldsymbol{n} = 0 \\ \boldsymbol{c}^{\mathrm{T}}(\boldsymbol{A} - \boldsymbol{b}\boldsymbol{f}_x^{\mathrm{T}})\boldsymbol{n} = 0 \end{cases}.$$

其中：

$$\boldsymbol{c}^{\mathrm{T}}\boldsymbol{n} = [2 \quad 1]\begin{bmatrix} -5 \\ 10 \end{bmatrix} = 0;$$

$$\boldsymbol{c}^{\mathrm{T}}(\boldsymbol{A}-\boldsymbol{b}\boldsymbol{f}_x^{\mathrm{T}})\boldsymbol{n}=[2\quad 1]\times\left\{\begin{bmatrix}-3 & 5\\ -4 & 0\end{bmatrix}-\begin{bmatrix}0\\ 1\end{bmatrix}[k_1\quad k_2]\right\}\times\begin{bmatrix}-5\\ 10\end{bmatrix}$$

$$=[2\quad 1]\times\begin{bmatrix}-3 & 5\\ -4-k_1 & -k_2\end{bmatrix}\times\begin{bmatrix}-5\\ 10\end{bmatrix}$$

$$=[-10-k_1\quad 10-k_2]\times\begin{bmatrix}-5\\ 10\end{bmatrix}$$

$$=150+5k_1-10k_2=0.$$

即

$$30+k_1-2k_2=0. \tag{10.6.28}$$

同时,反馈向量 $\boldsymbol{f}_x^{\mathrm{T}}$ 应使闭环系统渐近稳定. 系统的闭环特征多项式为

$$\det(s\boldsymbol{I}-\boldsymbol{A}+\boldsymbol{b}\boldsymbol{f}_x^{\mathrm{T}})=\det\begin{bmatrix}s+3 & -5\\ 4+k_1 & s+k_2\end{bmatrix}=s^2+(3+k_2)s+(20+5k_1+3k_2).$$

为保证其极点具有负的实部,则要求一次项和常数项系数大于零:

$$k_2>-3; \tag{10.6.29}$$

$$20+5k_1+3k_2>0. \tag{10.6.30}$$

取 $k_1=0, k_2=15$ 即可满足式(10.6.28)、式(10.6.29)和式(10.6.30). 此时的闭环特征多项式为

$$s^2+18s+65=(s+5)(s+13),$$

表明闭环系统渐近稳定.

(4) 校核. 闭环系统的预解矩阵是

$$(s\boldsymbol{I}-\boldsymbol{A}+\boldsymbol{b}\boldsymbol{f}_x^{\mathrm{T}})^{-1}=\begin{bmatrix}s+3 & -5\\ 4 & s+15\end{bmatrix}^{-1}=\frac{1}{s^2+18s+65}\times\begin{bmatrix}s+15 & 5\\ -4 & s+3\end{bmatrix}.$$

外扰 w 至输出 $\boldsymbol{e}$ 的传递函数为

$$\boldsymbol{c}^{\mathrm{T}}(s\boldsymbol{I}-\boldsymbol{A}+\boldsymbol{b}\boldsymbol{f}_x^{\mathrm{T}})^{-1}\boldsymbol{n}=[2\quad 1]\times\frac{1}{s^2+18s+65}\times\begin{bmatrix}s+15 & 5\\ -4 & s+3\end{bmatrix}\times\begin{bmatrix}-5\\ 10\end{bmatrix}$$

$$=\frac{1}{s^2+18s+65}\times[2\quad 1]\times\begin{bmatrix}-5s-25\\ 10s+50\end{bmatrix}=0.$$

说明外扰 w 对输出 e 没有影响,从而实现了输出对外扰的不变性.

(5) 采用解矩阵方程式(10.6.26) 的方法.

方程中的变换矩阵 $\boldsymbol{P}$ 在本例中变为变换向量 $\boldsymbol{p}$. 由输出条件 $\boldsymbol{c}^{\mathrm{T}}\boldsymbol{p}=[2\quad 1]\boldsymbol{p}=0$ 可知,变换向量 $\boldsymbol{p}$ 的形式为

$$\boldsymbol{p}=\begin{bmatrix}a\\ -2a\end{bmatrix},$$

其中 a 为待定系数. 将变换向量 $\boldsymbol{p}$ 代入式 (10.6.24) 所示的装置条件,可得

$$\begin{bmatrix}-5\\ 10\end{bmatrix}=\begin{bmatrix}-3 & 5\\ -4 & 0\end{bmatrix}\begin{bmatrix}a\\ -2a\end{bmatrix}-\begin{bmatrix}a\\ -2a\end{bmatrix}M+\begin{bmatrix}0\\ 1\end{bmatrix}Q.$$

并设外扰 $w(t)$ 为常值外扰，则外扰模型 $M=0$. 由上式可以解出

$$\begin{cases} a=\dfrac{5}{13} \\ Q=\dfrac{150}{13} \end{cases}.$$

由 $f_w=Q+f_x^{\mathrm{T}}p$ 可以确定镇定矩阵 $f_x^{\mathrm{T}}=[k_1\quad k_2]$和伺服系数 f_w 的关系是

$$13f_w+5k_1-10k_2=150,$$

其中 k_1 和 k_2 应满足闭环渐稳条件式(10.6.29)和式(10.6.30).

当然，代入 $f_w=k_1=0$ 可得 $k_2=-15$. 与 (2) 中的结果一致. □

例 10.6.4 外扰为常值的受控系统为

$$\begin{cases} \dot{\boldsymbol{x}}=\begin{bmatrix}1 & 0\\0 & 1\end{bmatrix}\boldsymbol{x}+\begin{bmatrix}1 & 0\\0 & 1\end{bmatrix}\boldsymbol{u}+\begin{bmatrix}1\\2\end{bmatrix}w \\ \dot{\boldsymbol{w}}=0 \\ \boldsymbol{e}=\begin{bmatrix}1 & 0\\0 & 1\end{bmatrix}\boldsymbol{x}+\begin{bmatrix}1\\1\end{bmatrix}w \end{cases}.$$

设计状态反馈和扰动顺馈补偿控制律，使闭环极点为二重根-1，且实现输出稳态无差.

解 本例属于两种扰动都存在的情况.

(1) 输入系数矩阵为单位矩阵. 所以，对控制 u 而言，状态 $\boldsymbol{x}$ 完全可控.

(2) 设计状态反馈矩阵，即镇定补偿器 $\boldsymbol{F}_x$. $\boldsymbol{F}_x$ 应满足闭环镇定、极点为二重根-1的要求. 通过极点配置计算可得

$$\boldsymbol{F}_x=\begin{bmatrix}2 & 0\\0 & 2\end{bmatrix},$$

此时有

$$\boldsymbol{A}-\boldsymbol{B}\boldsymbol{F}_x=\begin{bmatrix}-1 & 0\\0 & -1\end{bmatrix}.$$

(3) 设计扰动顺馈矩阵，即伺服补偿器. 因为扰动为 1 维，所以由标量扰动到状态向量的变换矩阵 $\boldsymbol{P}$ 退化为变换向量 $\boldsymbol{p}$，伺服补偿器矩阵则退化为系数向量 $\boldsymbol{f}_w$. 由实现静态无差 $e(\infty)=0$ 的输出条件 $\boldsymbol{C}\boldsymbol{p}=\boldsymbol{d}$，即

$$\begin{bmatrix}1 & 0\\0 & 1\end{bmatrix}\times\boldsymbol{p}=\begin{bmatrix}1\\1\end{bmatrix},$$

可得 $\boldsymbol{p}=[1\quad 1]^{\mathrm{T}}$. 由实现静态无差 $e(\infty)=0$ 的装置条件 $\boldsymbol{A}\boldsymbol{p}-\boldsymbol{p}\boldsymbol{M}+\boldsymbol{B}\boldsymbol{q}=\boldsymbol{n}$，即

$$\begin{bmatrix}1 & 0\\0 & 1\end{bmatrix}\times\boldsymbol{p}-\boldsymbol{p}\times 0+\begin{bmatrix}1 & 0\\0 & 1\end{bmatrix}\times\boldsymbol{q}=\begin{bmatrix}1\\2\end{bmatrix},$$

可得 $\boldsymbol{q}=[0\quad 1]^{\mathrm{T}}$. 则顺馈补偿系数向量为

$$\boldsymbol{f}_w=\boldsymbol{q}+\boldsymbol{F}_x\boldsymbol{p}=\begin{bmatrix}0\\1\end{bmatrix}+\begin{bmatrix}2 & 0\\0 & 2\end{bmatrix}\begin{bmatrix}1\\1\end{bmatrix}=\begin{bmatrix}2\\3\end{bmatrix}.$$

(4) 状态反馈和扰动顺馈补偿控制律为

$$\boldsymbol{u}=-\boldsymbol{F}_x\boldsymbol{x}-\boldsymbol{f}_w w=-\begin{bmatrix}2&0\\0&2\end{bmatrix}\boldsymbol{x}-\begin{bmatrix}2\\3\end{bmatrix}w.$$

(5) 校核. 系统的闭环方程为

$$\begin{cases}\dot{\boldsymbol{x}}=\begin{bmatrix}-1&0\\0&-1\end{bmatrix}\boldsymbol{x}+\begin{bmatrix}-1\\-1\end{bmatrix}w\\ \dot{w}=0\\ \boldsymbol{e}=\begin{bmatrix}1&0\\0&1\end{bmatrix}\boldsymbol{x}+\begin{bmatrix}1\\1\end{bmatrix}w\end{cases}.$$

其稳态增益为

$$\boldsymbol{d}_L-\boldsymbol{C}_L\boldsymbol{A}_L^{-1}\boldsymbol{n}_L=\begin{bmatrix}1\\1\end{bmatrix}-\begin{bmatrix}1&0\\0&1\end{bmatrix}\begin{bmatrix}-1&0\\0&-1\end{bmatrix}\begin{bmatrix}-1\\-1\end{bmatrix}=0,$$

所以系统对常值外扰实现了输出调节静态无差.

(6) 讨论.

(i) 闭环两个状态之间是解耦的. 常值扰动的强迫分量为

$$\begin{cases}\bar{x}_1=-w\\ \bar{x}_2=-w\end{cases},$$

与变换系数向量 $\boldsymbol{p}$ 结果一致.

$$\boldsymbol{n}-\boldsymbol{B}\boldsymbol{f}_w=\begin{bmatrix}1\\2\end{bmatrix}-\begin{bmatrix}1&0\\0&1\end{bmatrix}\begin{bmatrix}2\\3\end{bmatrix}=\begin{bmatrix}-1\\-1\end{bmatrix},$$

因为同时存在装置扰动和量测扰动,所以控制效果不能完全补偿装置扰动对系统的影响,控制作用中的一部分要被用来在稳态抵消输出扰动的影响,以便实现静态无差 $e(\infty)=0$.

(ii) 量测扰动系数 $\boldsymbol{d}=0$,只存在装置扰动 $\boldsymbol{n}w$ 的情况. 此时对系统进行综合,所得的极点配置状态反馈矩阵仍为

$$\boldsymbol{F}_x=\begin{bmatrix}2&0\\0&2\end{bmatrix},$$

但扰动补偿器 $\boldsymbol{f}_w$ 的设计应做如下修改. 由于 $\boldsymbol{d}=0$,所以由输出条件 $\boldsymbol{Cp}=\boldsymbol{d}$ 可知变换系数向量 $\boldsymbol{p}=0$,而且由 $\boldsymbol{q}=\boldsymbol{f}_w-\boldsymbol{F}_x\boldsymbol{p}$ 可得 $\boldsymbol{q}=\boldsymbol{f}_w$. 故而装置条件退化为 $\boldsymbol{B}\boldsymbol{f}_w=\boldsymbol{n}$. 这样就实现了输出对扰动的不变性. 这时的闭环方程为

$$\dot{\boldsymbol{x}}=(\boldsymbol{A}-\boldsymbol{B}\boldsymbol{F}_x)\boldsymbol{x}=\begin{bmatrix}1&0\\0&1\end{bmatrix}\boldsymbol{x},\quad \boldsymbol{e}=\boldsymbol{C}\boldsymbol{x}=\begin{bmatrix}1&0\\0&1\end{bmatrix}\boldsymbol{x}.$$

□

10.6.4 外扰状态观测器与内模原理

当外扰 $w(t)$不能量测时,有两种解决途径：一是满足条件式(10.6.23),让补偿矩阵 $\boldsymbol{F}_w=0$,即只采用状态反馈控制,无须外扰顺馈补偿；二是引入**外扰观测**

器，采用外扰观测值$\hat{w}(t)$代替外扰$w(t)$进行顺馈补偿，实现稳态不变性.

当系统的状态$\boldsymbol{x}$和外扰状态$\boldsymbol{w}$都不可直接量测时，不能采用直接状态反馈控制律式(10.6.16)来综合系统.应当考虑采用重构状态反馈的控制律

$$\boldsymbol{u}=-\begin{bmatrix}\boldsymbol{F}_x & \boldsymbol{F}_w\end{bmatrix}\begin{bmatrix}\hat{\boldsymbol{x}}\\ \hat{\boldsymbol{w}}\end{bmatrix}=-\boldsymbol{F}_x\hat{\boldsymbol{x}}-\boldsymbol{F}_w\hat{\boldsymbol{w}}. \tag{10.6.31}$$

当受控系统的矩阵对$(\boldsymbol{A},\boldsymbol{C})$完全可观时，可以构造状态$\boldsymbol{x}$的观测器，重构系统的状态$\hat{\boldsymbol{x}}$.而外扰观测器是否存在的矩阵判断条件较繁.从物理意义上来看，外扰状态$\boldsymbol{w}$应当由输出$\boldsymbol{e}(t)$完全可观，否则，外扰$\boldsymbol{w}$的不可观分量在输出$\boldsymbol{e}(t)$中的影响恒为零，就完全可以把这些不可观分量从外扰状态$\boldsymbol{w}$中剔除，而不影响问题的讨论.所以，不失一般性，在本小节中设式(10.6.15)所代表的增广系统$\tilde{\Sigma}$是完全可观的.

将重构状态$\hat{\boldsymbol{x}}$和重构外扰状态$\hat{\boldsymbol{w}}$看成一个$q=n+p$维重构状态向量

$$\boldsymbol{x}_C=\begin{bmatrix}\hat{\boldsymbol{x}}\\ \hat{\boldsymbol{w}}\end{bmatrix}, \tag{10.6.32}$$

对式(10.6.15)的增广系统$\tilde{\Sigma}$，它的基本观测器方程为

$$\dot{\boldsymbol{x}}_C=\begin{bmatrix}\boldsymbol{A}-\boldsymbol{H}_1\boldsymbol{C} & \boldsymbol{N}-\boldsymbol{H}_1\boldsymbol{D}\\ -\boldsymbol{H}_2\boldsymbol{C} & \boldsymbol{M}-\boldsymbol{H}_2\boldsymbol{D}\end{bmatrix}\boldsymbol{x}_C+\begin{bmatrix}\boldsymbol{B}\\ 0\end{bmatrix}\boldsymbol{u}+\begin{bmatrix}\boldsymbol{H}_1\\ \boldsymbol{H}_2\end{bmatrix}\boldsymbol{e}. \tag{10.6.33}$$

其中

$$\boldsymbol{H}=\begin{bmatrix}\boldsymbol{H}_1\\ \boldsymbol{H}_2\end{bmatrix} \tag{10.6.34}$$

是增广系统$\tilde{\Sigma}$的基本观测器的观测误差反馈矩阵.

将重构状态反馈控制律式(10.6.31)代入式(10.6.33)，可得$q=n+p$维输出$\boldsymbol{e}$的反馈补偿器方程

$$\dot{\boldsymbol{x}}_C=\begin{bmatrix}\boldsymbol{A}-\boldsymbol{H}_1\boldsymbol{C}-\boldsymbol{B}\boldsymbol{F}_x & \boldsymbol{N}-\boldsymbol{H}_1\boldsymbol{D}-\boldsymbol{B}\boldsymbol{F}_w\\ -\boldsymbol{H}_2\boldsymbol{C} & \boldsymbol{M}-\boldsymbol{H}_2\boldsymbol{D}\end{bmatrix}\boldsymbol{x}_C+\begin{bmatrix}\boldsymbol{H}_1\\ \boldsymbol{H}_2\end{bmatrix}\boldsymbol{e}. \tag{10.6.35}$$

控制律式(10.6.31)还可以被写为

$$\boldsymbol{u}=-\boldsymbol{F}_x\hat{\boldsymbol{x}}-\boldsymbol{F}_w\hat{\boldsymbol{w}}=-\boldsymbol{F}_C\boldsymbol{x}_C, \tag{10.6.36}$$

其中

$$\boldsymbol{F}_C=\begin{bmatrix}\boldsymbol{F}_x & \boldsymbol{F}_w\end{bmatrix}. \tag{10.6.37}$$

如果采用降维观测器，控制律中还要增加输出反馈项，即

$$\boldsymbol{u}=-\boldsymbol{F}_C\boldsymbol{x}_C-\boldsymbol{F}_e\boldsymbol{e}. \tag{10.6.38}$$

这时$\boldsymbol{x}_C$的维数满足不等式$n+p\geqslant q\geqslant n+p-m$.

按照增广系统$\tilde{\Sigma}$的方程式(10.6.15)、基本观测器方程式(10.6.33)和重构状态反馈控制律式(10.6.31)可以画出闭环系统的方框图，如图10.6.6所示.

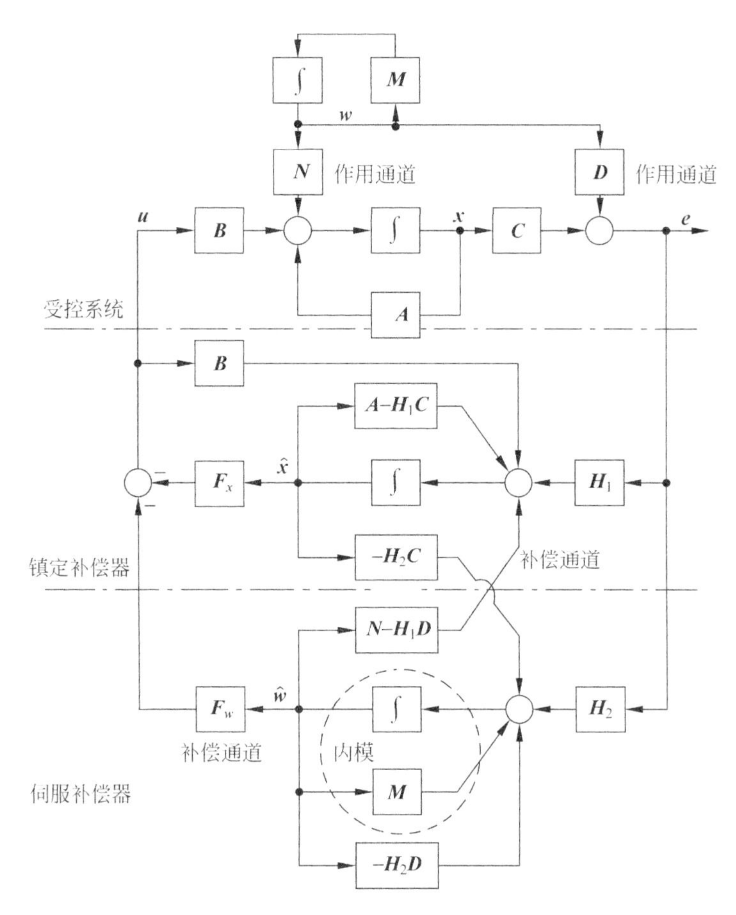

图 10.6.6　带补偿器的输出反馈闭环系统框图

可以证明,受控系统 Σ 在输出补偿器式(10.6.35) 和重构状态反馈律式(10.6.36)的作用下,可以实现闭环输出 $\boldsymbol{e}$ 静态无差. 具体证明留在本小节的最后去做. 直观地看,由可分离性原理得知,镇定矩阵 $\boldsymbol{F}_x$ 和伺服矩阵 $\boldsymbol{F}_w$ 可以按 10.6.3 小节的方法设计. 不同的是,在 10.6.3 小节中反馈量是状态 $\boldsymbol{x}$ 和外扰状态 $\boldsymbol{w}$ 本身,而这里的反馈量是重构状态$\hat{\boldsymbol{x}}$和重构外扰状态$\hat{\boldsymbol{w}}$. 然而由$\lim\limits_{t\to\infty}[\boldsymbol{x}(t)-\hat{\boldsymbol{x}}(t)]=0$、$\lim\limits_{t\to\infty}[\boldsymbol{w}(t)-\hat{\boldsymbol{w}}(t)]=0$ 可知,重构状态$\hat{\boldsymbol{x}}$和重构外扰状态$\hat{\boldsymbol{w}}$与原状态 $\boldsymbol{x}$ 和外扰状态 $\boldsymbol{w}$ 之间是没有稳态误差,可以推想输出 $\boldsymbol{e}$ 也会实现无稳态误差.

$n+p$ 维观测器式(10.6.33) 的维数较高,可以分别设计 n 维状态观测器和 p 维外扰观测器

$$\left.\begin{aligned}\dot{\hat{\boldsymbol{x}}}&=(\boldsymbol{A}-\boldsymbol{H}_1\boldsymbol{C})\,\hat{\boldsymbol{x}}+\boldsymbol{B}\boldsymbol{u}+\boldsymbol{N}\boldsymbol{w}+\boldsymbol{H}_1(\boldsymbol{e}-\boldsymbol{D}\boldsymbol{w})\\\dot{\hat{\boldsymbol{w}}}&=(\boldsymbol{M}-\boldsymbol{H}_2\boldsymbol{D})\,\hat{\boldsymbol{w}}+\boldsymbol{H}_2(\boldsymbol{e}-\boldsymbol{C}\boldsymbol{x})\end{aligned}\right\}. \tag{10.6.39}$$

在上述方程中,用观测值 $\hat{\boldsymbol{w}}$ 代替扰动 $\boldsymbol{w}$,用观测值$\hat{\boldsymbol{x}}$代替状态 $\boldsymbol{x}$,与方程

式(10.6.33)完全一致.值得注意的是:这种分组设计观测器的思想,也可以应用于高阶系统的观测器设计,从而将高阶观测器简化成为几组低阶观测器来设计.

由图10.6.6可以看出闭环系统具有以下结构特点:

(1) 符合双通道原理.外扰对受控系统的影响存在着作用通道,即 $\boldsymbol{Nw}$ 和 $\boldsymbol{Dw}$.所以,反馈控制形成了相应的补偿通道 $-\boldsymbol{BF}_w\hat{\boldsymbol{w}}$ 和 $(\boldsymbol{N}-\boldsymbol{H}_1\boldsymbol{D})\hat{\boldsymbol{w}}$.它们都已经被标注在图10.6.6中.如果只存在装置扰动(即 $\boldsymbol{D}=0$),且有 $\boldsymbol{N}=\boldsymbol{BF}_w$ 及 $\hat{\boldsymbol{w}}(\infty)=\boldsymbol{w}(\infty)$,则可以保证扰动作用 $\boldsymbol{Nw}$ 和补偿作用 $-\boldsymbol{BF}_w\hat{\boldsymbol{w}}$ 相互抵消.如果还存在量测扰动(即 $\boldsymbol{D}\neq 0$),则 $-\boldsymbol{H}_1\boldsymbol{D}\hat{\boldsymbol{w}}$ 可以补偿 $\boldsymbol{H}_1\boldsymbol{Dw}$ 对重构状态 $\hat{\boldsymbol{x}}$ 的影响,使重构状态 $\hat{\boldsymbol{x}}$ 中没有外扰的影响,从而使输出 $\boldsymbol{e}$ 中没有外扰的影响.闭环系统有扰动作用通道,又有重构扰动的补偿通道,符合双通道原理.

(2) 符合**内模原理**.在补偿器的结构中嵌入一个扰动的模型,称为**内模**,也已被标注在图10.6.6中.若想实现对扰动的静态补偿,在补偿器中必须有一个扰动的内模存在.

(3) 具有镇定补偿器.补偿器在结构上可以分成两部分:镇定补偿器和伺服补偿器.**镇定补偿器**是状态 $\boldsymbol{x}$ 的观测器,重构状态 $\hat{\boldsymbol{x}}$ 由镇定矩阵 $\boldsymbol{F}_x$ 反馈到控制输入端.它的功能是使闭环系统渐近稳定并配置极点,以保证闭环系统具有满意的动态性能.

(4) 具有伺服补偿器.**伺服补偿器**是外扰 $\boldsymbol{w}$ 的观测器,又称**外扰观测器**.重构外扰状态 $\hat{\boldsymbol{w}}$ 由伺服矩阵 $\boldsymbol{F}_w$ 反馈到控制输入端.它的功能是对外扰作用进行补偿,以实现闭环系统的稳态无差.扰动内模和补偿通道都包含在伺服补偿器的结构中.

下面给出闭环稳态无差的证明.

镇定矩阵 $\boldsymbol{F}_x$ 和伺服矩阵 $\boldsymbol{F}_w$ 是按10.6.3小节的方法设计的,它们必满足条件

$$\left.\begin{aligned}\boldsymbol{AP}-\boldsymbol{PM}+\boldsymbol{B}(\boldsymbol{F}_w-\boldsymbol{F}_x\boldsymbol{P})&=\boldsymbol{N}\\ \boldsymbol{CP}&=\boldsymbol{D}\end{aligned}\right\}. \tag{10.6.40}$$

其中矩阵 $\boldsymbol{P}$ 为 $n\times p$ 维.观测器式(10.6.33)为 q 维,由于采用基本观测器,则有 $q=n+p$.

令 $q\times p$ 维矩阵

$$\boldsymbol{S}=\begin{bmatrix}\boldsymbol{P}\\ -\boldsymbol{I}_p\end{bmatrix}, \tag{10.6.41}$$

令 $l\times q$ 阶反馈矩阵为 $\boldsymbol{F}_C=[\boldsymbol{F}_x\quad \boldsymbol{F}_w]$,则上述条件化为

$$\left.\begin{aligned}\boldsymbol{AP}-\boldsymbol{PM}-\boldsymbol{BF}_C\boldsymbol{S}&=\boldsymbol{N}\\ \boldsymbol{CP}&=\boldsymbol{D}\end{aligned}\right\}. \tag{10.6.42}$$

如果把补偿器式(10.6.35)中的状态系数矩阵记为 $\boldsymbol{A}_C$,则有

$$\boldsymbol{A}_C\boldsymbol{S}-\boldsymbol{S}\boldsymbol{M}=\begin{bmatrix}\boldsymbol{A}-\boldsymbol{H}_1\boldsymbol{C}-\boldsymbol{B}\boldsymbol{F}_x & \boldsymbol{N}-\boldsymbol{H}_1\boldsymbol{D}-\boldsymbol{B}\boldsymbol{F}_w\\ -\boldsymbol{H}_2\boldsymbol{C} & \boldsymbol{M}-\boldsymbol{H}_2\boldsymbol{D}\end{bmatrix}\begin{bmatrix}\boldsymbol{P}\\ -\boldsymbol{I}_p\end{bmatrix}-\begin{bmatrix}\boldsymbol{P}\\ -\boldsymbol{I}_p\end{bmatrix}\boldsymbol{M}$$

$$=\begin{bmatrix}\boldsymbol{A}\boldsymbol{P}-\boldsymbol{H}_1\boldsymbol{C}\boldsymbol{P}-\boldsymbol{B}\boldsymbol{F}_x\boldsymbol{P}-\boldsymbol{N}+\boldsymbol{H}_1\boldsymbol{D}+\boldsymbol{B}\boldsymbol{F}_w-\boldsymbol{P}\boldsymbol{M}\\ -\boldsymbol{H}_2\boldsymbol{C}\boldsymbol{P}-\boldsymbol{M}+\boldsymbol{H}_2\boldsymbol{D}+\boldsymbol{M}\end{bmatrix}=0. \quad (10.6.43)$$

综上所述,本设计满足关系式

$$\left.\begin{aligned}&\boldsymbol{A}\boldsymbol{P}-\boldsymbol{P}\boldsymbol{M}-\boldsymbol{B}\boldsymbol{F}_C\boldsymbol{S}=\boldsymbol{N}\\ &\boldsymbol{A}_C\boldsymbol{S}-\boldsymbol{S}\boldsymbol{M}=0\\ &\boldsymbol{C}\boldsymbol{P}=\boldsymbol{D}\end{aligned}\right\}. \quad (10.6.44)$$

其中第二个式子 $\boldsymbol{A}_C\boldsymbol{S}-\boldsymbol{S}\boldsymbol{M}=0$ 就是内模原理的数学表达式. 其中矩阵 $\boldsymbol{S}$ 为 $q\times p$ 维,可以看成是由 p 维外扰状态空间到 q 维补偿器状态空间的一个线性变换. 外扰状态系数矩阵 $\boldsymbol{M}$ 通过这个变换 $\boldsymbol{S}$,嵌入到补偿器的状态系数矩阵 $\boldsymbol{A}_C$ 之中. 比如只存在装置扰动($\boldsymbol{D}=0$)时,则由输出条件 $\boldsymbol{C}\boldsymbol{P}=D$ 可以解出 $\boldsymbol{P}=0$,代入装置条件,则有

$$\boldsymbol{A}_C\boldsymbol{S}-\boldsymbol{S}\boldsymbol{M}=\boldsymbol{A}_C\times\begin{bmatrix}0\\ -\boldsymbol{I}_p\end{bmatrix}-\begin{bmatrix}0\\ -\boldsymbol{I}_p\end{bmatrix}\times\boldsymbol{M}=0. \quad (10.6.45)$$

如果补偿器模型也分成相应的四个分块,则上式说明 $\boldsymbol{A}_C$ 必须具有

$$\boldsymbol{A}_C=\begin{bmatrix}* & 0\\ * & \boldsymbol{M}\end{bmatrix} \quad (10.6.46)$$

的形式. 其中“ * ”部分为省略部分,不需要表示.

对有外扰的受控系统

$$\left.\begin{aligned}&\dot{\boldsymbol{x}}=\boldsymbol{A}\boldsymbol{x}+\boldsymbol{B}\boldsymbol{u}+\boldsymbol{N}\boldsymbol{w}\\ &\dot{\boldsymbol{w}}=\boldsymbol{M}\boldsymbol{w}\\ &\boldsymbol{e}=\boldsymbol{C}\boldsymbol{x}+\boldsymbol{D}\boldsymbol{w}\end{aligned}\right\}, \quad (10.6.47)$$

存在一个带补偿器输出反馈

$$\left.\begin{aligned}&\dot{\boldsymbol{x}}_C=\boldsymbol{A}_C\boldsymbol{x}_C+\boldsymbol{H}\boldsymbol{e}\\ &\boldsymbol{u}=-\boldsymbol{F}_C\boldsymbol{x}_C-\boldsymbol{F}_e\boldsymbol{e}\end{aligned}\right\} \quad (10.6.48)$$

实现静态无差的条件就是式(10.6.44)有解. 根据可分离性原理,它和存在镇定矩阵 $\boldsymbol{F}_x$ 和伺服矩阵 $\boldsymbol{F}_w$ 的条件式(10.6.26)等价.

下面证明条件式(10.6.44)与实现闭环静态无差的条件式(10.6.11)和式(10.6.14)等价.

有外扰的受控系统为式(10.6.47),带补偿器输出反馈设计为式(10.6.48),考虑到按降维观测器设计补偿器的可能,此时补偿器的维数为 $q\leqslant n+p$. 由于降维观测器不重构全部状态,所以反馈输入应包括误差输出的信息,即 $\boldsymbol{u}=-\boldsymbol{F}_C\boldsymbol{x}_C-\boldsymbol{F}_e\boldsymbol{e}$. 这时的闭环方程为

$$\left.\begin{aligned}&\dot{\boldsymbol{x}}_L=\boldsymbol{A}_L\boldsymbol{x}_L+\boldsymbol{N}_L\boldsymbol{w}\\ &\boldsymbol{e}=\boldsymbol{C}_L\boldsymbol{x}_L+\boldsymbol{D}_L\boldsymbol{w}\end{aligned}\right\}. \quad (10.6.49)$$

其中：

$$\boldsymbol{x}_L=\begin{bmatrix}\boldsymbol{x}\\ \boldsymbol{x}_C\end{bmatrix},\quad \boldsymbol{A}_L=\begin{bmatrix}\boldsymbol{A}-\boldsymbol{BF}_e\boldsymbol{C} & -\boldsymbol{BF}_C\\ \boldsymbol{HC} & \boldsymbol{A}_C\end{bmatrix},$$

$$\boldsymbol{N}_L=\begin{bmatrix}\boldsymbol{N}-\boldsymbol{BF}_C\boldsymbol{D}\\ \boldsymbol{HD}\end{bmatrix},\quad \boldsymbol{C}_L=[\boldsymbol{C}\quad 0],\quad \boldsymbol{D}_L=\boldsymbol{D}.$$

闭环系统的维数为 $q+n$.

设$(q+n)\times p$ 维矩阵

$$\boldsymbol{Z}=\begin{bmatrix}\boldsymbol{P}\\ \boldsymbol{S}\end{bmatrix}. \tag{10.6.50}$$

其中矩阵 $\boldsymbol{P}$ 和 $\boldsymbol{S}$ 是条件式(10.6.44) 中的解,则可以得到

$$\boldsymbol{C}_L\boldsymbol{Z}=[\boldsymbol{C}\quad 0]\begin{bmatrix}\boldsymbol{P}\\ \boldsymbol{S}\end{bmatrix}=\boldsymbol{CP}=\boldsymbol{D}; \tag{10.6.51}$$

$$\begin{aligned}\boldsymbol{A}_L\boldsymbol{Z}-\boldsymbol{ZM}&=\begin{bmatrix}\boldsymbol{A}-\boldsymbol{BF}_e\boldsymbol{C} & -\boldsymbol{BF}_C\\ \boldsymbol{HC} & \boldsymbol{A}_C\end{bmatrix}\begin{bmatrix}\boldsymbol{P}\\ \boldsymbol{S}\end{bmatrix}-\begin{bmatrix}\boldsymbol{P}\\ \boldsymbol{S}\end{bmatrix}\cdot\boldsymbol{M}\\ &=\begin{bmatrix}\boldsymbol{AP}-\boldsymbol{BF}_e\boldsymbol{CP}-\boldsymbol{BF}_C\boldsymbol{S}-\boldsymbol{PM}\\ \boldsymbol{HCP}+\boldsymbol{A}_C\boldsymbol{S}-\boldsymbol{SM}\end{bmatrix}\\ &=\begin{bmatrix}\boldsymbol{N}-\boldsymbol{BF}_e\boldsymbol{D}\\ \boldsymbol{HD}\end{bmatrix}=\boldsymbol{N}_L.\end{aligned} \tag{10.6.52}$$

这两个结果实际就是式 (10.6.11) 和式(10.6.14). 说明满足条件式(10.6.44) 的设计可以实现闭环静态无差. 于是有结论如下：

定理 10.6.4 对完全可控且完全可观的受外扰的受控系统式(10.6.47) 采用补偿器和反馈律式(10.6.48) 实现闭环稳态无差的充分必要条件是对式 (10.6.44) 存在矩阵解 $\boldsymbol{P}$ 和 $\boldsymbol{S}$. □

例 10.6.5 外扰为常值的受控系统同例 10.6.4,

$$\begin{cases}\dot{\boldsymbol{x}}=\begin{bmatrix}1 & 0\\ 0 & 1\end{bmatrix}\boldsymbol{x}+\begin{bmatrix}1 & 0\\ 0 & 1\end{bmatrix}\boldsymbol{u}+\begin{bmatrix}1\\ 2\end{bmatrix}w\\ \dot{w}=0\\ \boldsymbol{e}=\begin{bmatrix}1 & 0\\ 0 & 1\end{bmatrix}\boldsymbol{x}+\begin{bmatrix}1\\ 1\end{bmatrix}w\end{cases},$$

设计带动态补偿器的输出反馈调节器实现输出静态无差.

解 (1) 输入系数矩阵 $\boldsymbol{B}$ 和输出系数矩阵 $\boldsymbol{C}$ 均为单位矩阵. 所以,系统状态 $\boldsymbol{x}$ 由控制 $\boldsymbol{u}$ 完全可控,由输出 $\boldsymbol{y}$ 完全可观.

(2) 例 10.6.4 已经设计出状态反馈矩阵和扰动顺馈向量

$$\boldsymbol{F}_x=\begin{bmatrix}2 & 0\\ 0 & 2\end{bmatrix},\quad \boldsymbol{f}_w=\begin{bmatrix}2\\ 3\end{bmatrix}.$$

(3) 由于输出系数矩阵 $\boldsymbol{C}$ 是单位矩阵,所以输出方程化为

$$x = e - \begin{bmatrix}1\\1\end{bmatrix}w,$$

状态 x 可以不必重构，只需重构外扰$\hat{w}$即可. 于是状态观测值可以表示为

$$\hat{x} = e - \begin{bmatrix}1\\1\end{bmatrix}\hat{w},$$

控制律为

$$\begin{cases}u_1 = -2\hat{x}_1 - 2\hat{w} = -2(e_1 - \hat{w}) - 2\hat{w} = -2e_1\\ u_2 = -2\hat{x}_2 - 3\hat{w} = -2(e_2 - \hat{w}) - 3\hat{w} = -2e_1 - \hat{w}\end{cases}.$$

(4) 设计外扰观测器. 复合系统方程为

$$\begin{bmatrix}\dot{x}_1\\ \dot{x}_2\\ \dot{w}\end{bmatrix} = \begin{bmatrix}1 & 0 & 1\\ 0 & 1 & 2\\ 0 & 0 & 0\end{bmatrix}\begin{bmatrix}x_1\\ x_2\\ w\end{bmatrix} + \begin{bmatrix}1 & 0\\ 0 & 1\\ 0 & 0\end{bmatrix}\begin{bmatrix}u_1\\ u_2\end{bmatrix};$$

$$\begin{bmatrix}e_1\\ e_2\end{bmatrix} = \begin{bmatrix}1 & 0 & 1\\ 0 & 1 & 1\end{bmatrix}\begin{bmatrix}x_1\\ x_2\\ w\end{bmatrix}.$$

它是完全可观的. 可以构造降维观测器重构外扰$\hat{w}$.

对复合系统按输出进行结构分解，取变换阵

$$T^{-1} = \begin{bmatrix}C\\ *\end{bmatrix} = \begin{bmatrix}1 & 0 & 1\\ 0 & 1 & 1\\ 0 & 0 & 1\end{bmatrix},\quad T = \begin{bmatrix}1 & 0 & -1\\ 0 & 1 & -1\\ 0 & 0 & 1\end{bmatrix}$$

变换后的状态方程与输出方程为

$$\begin{cases}\dot{\tilde{x}} = \tilde{A}\,\tilde{x} + \tilde{B}u\\ e = \tilde{C}\,\tilde{x}\end{cases},$$

式中

$$\tilde{x} = T^{-1}\times\begin{bmatrix}x_1\\ x_2\\ w\end{bmatrix} = \begin{bmatrix}x_1 + w\\ x_2 + w\\ w\end{bmatrix} = \begin{bmatrix}e_1\\ e_2\\ w\end{bmatrix},\quad \tilde{A} = T^{-1}\times\begin{bmatrix}1 & 0 & 1\\ 0 & 1 & 2\\ 0 & 0 & 0\end{bmatrix}\times T = \begin{bmatrix}1 & 0 & 0\\ 0 & 1 & 1\\ 0 & 0 & 0\end{bmatrix},$$

$$\tilde{B} = T^{-1}\times\begin{bmatrix}1 & 0\\ 0 & 1\\ 0 & 0\end{bmatrix} = \begin{bmatrix}1 & 0\\ 0 & 1\\ 0 & 0\end{bmatrix},\quad \tilde{C} = \begin{bmatrix}1 & 0 & 1\\ 0 & 1 & 1\end{bmatrix}\times T = \begin{bmatrix}1 & 0 & 0\\ 0 & 1 & 0\end{bmatrix}.$$

即

$$\begin{cases}\dot{\tilde{x}}_1 = \tilde{x}_1 + u_1\\ \dot{\tilde{x}}_2 = \tilde{x}_2 + \tilde{x}_3 + u_2.\\ \dot{\tilde{x}}_3 = 0\end{cases}\qquad(10.6.53)$$

由式(10.6.53)的第二个方程得 $w=\tilde{x}_3=\dot{\tilde{x}}_2-\tilde{x}_2-u_2$，代入 $\tilde{x}_2=e_2$ 及 $u_2=-2e_2-\hat{w}$，可得 $w=\tilde{x}_3=\dot{e}_2+e_2+\hat{w}$.

设计式(10.6.53)中第三个方程的基本观测器，极点配置在闭环系统矩阵 $\boldsymbol{A}-\boldsymbol{BF}_x$ 极点-1的左边，取为-5. 则第三个方程的基本观测器为

$$\dot{\hat{w}}=-5\hat{w}+5\tilde{x}_3=-5\hat{w}+5\dot{e}_2+5e_2+5\hat{w},$$

将输出量导数项移到等号左边，并令 $q=\hat{w}-5e_2$，则上式化为 $\dot{q}=5e_2$. 同时控制律化为

$$\begin{cases}u_1=-2e_1\\ u_2=-2e_2-\hat{w}=-7e_2-q\end{cases},$$

所以线性多变量调节器的解为

$$\begin{cases}\dot{q}=5e_2\\ u_1=-2e_1\\ u_2=-7e_2-q\end{cases}.$$

(5) 闭环的校核：将上述调节器结果代入开环方程，有

$$\begin{aligned}\dot{\boldsymbol{x}}&=\begin{bmatrix}1&0\\0&1\end{bmatrix}\boldsymbol{x}+\begin{bmatrix}1&0\\0&1\end{bmatrix}\boldsymbol{u}+\begin{bmatrix}1\\2\end{bmatrix}w\\ &=\begin{bmatrix}1&0\\0&1\end{bmatrix}\boldsymbol{x}+\begin{bmatrix}1&0\\0&1\end{bmatrix}\begin{bmatrix}-2(x_1+w)\\-7(x_2+w)-q\end{bmatrix}+\begin{bmatrix}1\\2\end{bmatrix}w\\ &=\begin{bmatrix}-1&0\\0&-6\end{bmatrix}\boldsymbol{x}+\begin{bmatrix}-1\\-5\end{bmatrix}w+\begin{bmatrix}0\\-1\end{bmatrix}q.\end{aligned}$$

则包括调节器状态 q 的闭环方程是

$$\begin{bmatrix}\dot{\boldsymbol{x}}\\ \dot{q}\end{bmatrix}=\begin{bmatrix}-1&0&0\\0&-6&-1\\0&5&0\end{bmatrix}\begin{bmatrix}\boldsymbol{x}\\ q\end{bmatrix}+\begin{bmatrix}-1\\-5\\5\end{bmatrix}w;$$

$$\boldsymbol{e}=\begin{bmatrix}1&0&0\\0&1&0\end{bmatrix}\begin{bmatrix}\boldsymbol{x}\\ q\end{bmatrix}+\begin{bmatrix}1\\1\end{bmatrix}w.$$

由稳态判据的装置条件 $\boldsymbol{A}_L\boldsymbol{p}-\boldsymbol{p}M=\boldsymbol{n}_L$ 及 $M=0$ 可得

$$\boldsymbol{p}=\boldsymbol{A}_L^{-1}\boldsymbol{n}_L=\begin{bmatrix}-1&0&0\\0&-6&-1\\0&5&0\end{bmatrix}^{-1}\begin{bmatrix}-1\\-5\\5\end{bmatrix}=\begin{bmatrix}-1&0&0\\0&0&\frac{1}{5}\\0&-1&-\frac{6}{5}\end{bmatrix}\begin{bmatrix}-1\\-5\\5\end{bmatrix}=\begin{bmatrix}1\\1\\0\end{bmatrix}.$$

而输出条件

$$\boldsymbol{C}_L\boldsymbol{p}=\begin{bmatrix}1&0&0\\0&1&0\end{bmatrix}\begin{bmatrix}1\\1\\0\end{bmatrix}=\begin{bmatrix}1\\1\end{bmatrix}=\boldsymbol{d}_L$$

也得到满足. 所以,上述线性多变量调节器的解可以使闭环系统实现稳态无差. 而且闭环的三个极点为 -1, -1 和 -5,分别是两个状态反馈极点配置结果和一个降维观测器极点配置的结果. □

10.7　鲁棒调节器

10.6 节叙述的外扰补偿方法都假定受控系统模型精确已知. 如果受控系统的参数,即系数矩阵 $\boldsymbol{A},\boldsymbol{B},\boldsymbol{C},\boldsymbol{N},\boldsymbol{D}$ 的元素有某些变化,就会造成重构外扰状态 $\hat{\boldsymbol{w}}$ 不准确,导致补偿不完全,使得扰动补偿和稳态无差无法实现.

本节将讨论在受控系统矩阵参数变动的情况下,闭环稳定性、稳态无差性质有何变化,以及如何保证不改变这些性质.

先看稳定性. 如果闭环系统 Σ_L 是由式 (10.6.8) 描述的,那么显然,闭环状态系数矩阵 $\boldsymbol{A}_L$ 的稳定性与矩阵参数集 $\{*\}=\{\boldsymbol{A},\boldsymbol{B},\boldsymbol{C},\boldsymbol{F}_e,\boldsymbol{F}_c,\boldsymbol{H}\}$ 有关. 当矩阵参数集 $\{*\}$ 发生变化时,需要考察参数变化后的闭环矩阵 $\boldsymbol{A}_L$ 是否渐近稳定. 若仍是渐近稳定的,则称闭环系统是**鲁棒稳定**的,或称闭环渐近稳定具有**鲁棒性**(Robustness).

由于闭环系统 Σ_L 的特征多项式 $\det(s\boldsymbol{I}-\boldsymbol{A}_L)$ 的系数随矩阵参数 $\{*\}$ 的变化连续变化,而闭环系数矩阵 $\boldsymbol{A}_L$ 的特征根又是其特征多项式系数的连续函数,所以 $\boldsymbol{A}_L$ 的特征根随矩阵参数 $\{*\}$ 的变化连续变化. 如果 $\boldsymbol{A}_L$ 渐近稳定,其特征根位于复数平面的左半面,并距虚轴有一段距离. 那么,由于 $\boldsymbol{A}_L$ 的特征根随矩阵参数 $\{*\}$ 的微小变化而连续变化,但是仍保持在复数平面的左半平面,故而说,闭环系统渐近稳定具有鲁棒性.

进一步,当闭环系统 Σ_L 实现对扰动补偿、达到稳态无差时,如果在矩阵参数发生波动的条件下,闭环系统仍旧保持有这种稳态无差性质,则称闭环系统对扰动补偿或稳态无差性质具有鲁棒性. 这时,所设计的伺服补偿器被称为**鲁棒调节器**. 不过,10.6 节中的伺服补偿器设计对一些矩阵参数的依赖性太大,它所实现的稳态无差不具有鲁棒性. 本节的任务是寻找一种简便的结构来构造伺服调节器,使它对系统的系数矩阵依赖性减少,从而具有鲁棒性.

当然,鲁棒性还可以用来描述系统其他性质或综合目标在参数波动条件下的保有性. 例如,闭环系统的镇定设计就具有鲁棒性; 极点配置设计中如果不严格要求闭环极点的位置不变,它的鲁棒性就会比较好; 观测器设计中重构状态 $\hat{\boldsymbol{x}}$ 和状态 $\boldsymbol{x}$ 的渐近相等指标不具有鲁棒性; 解耦控制的鲁棒性最差,矩阵参数稍有变化,输出输入间的耦合就会产生.

在本节中,为便于理解,先叙述常值扰动下的鲁棒调节器,并对它进行频域分析,然后推广到一般扰动下的鲁棒调节器.

10.7.1　常值扰动下的鲁棒调节器

常值扰动模型的系数矩阵 $\boldsymbol{M}=0$,这时的扰动 $\boldsymbol{w}$ 是 p 维常数向量.

在传统的控制方法中,当单输入单输出系统存在常值干扰 w,而且在系统输出量跟随常值给定量 v 的情况下,为使闭环系统达到稳态无差,通常采用 PI 调节器. PI 调节器的控制信号为

$$u(t)=K_{\mathrm{P}}e(t)+K_{\mathrm{I}}\int e(t)\mathrm{d}t. \tag{10.7.1}$$

它对误差 e 实行比例积分控制,如图 10.7.1 所示.

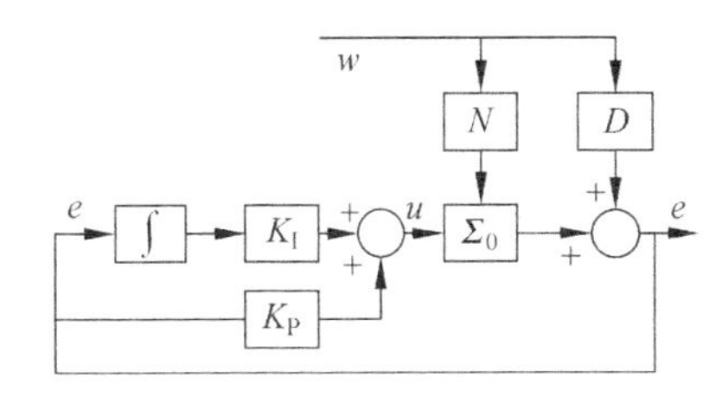

图 10.7.1　PI 调节器控制框图

在图 10.7.1 中,当系统处于稳态时,为了抵消常值干扰 w 的影响,并且保证输出为常值(即 $e(\infty)=0$ 静态无差),控制作用 u 也应当为常值. 由于 PI 调节器中有积分作用,故有可能在误差 $e(\infty)=0$ 的条件下维持控制作用 u 在稳态为常值. 只要调节器系数 K_{I} 和 K_{P} 的设计使闭环渐近稳定并有一定稳定裕量,系统就能正常工作,且稳态无差. 并且,稳态无差具有鲁棒性. 这里,具有鲁棒性的设计关键是在误差 e 的后面串入积分器作为控制器的一部分. 积分器在稳态时的特点是,积分器输入若为零,则输出为常值; 若输入为常值,则输出为斜坡函数; 若输入为斜坡函数,则输出为加速度函数等等.

积分器是常值扰动 $\dot{w}=0$ 的内模,构成补偿通道,以抵消常值扰动的作用. 符合双通道原理.

把这种思想应用到多输入多输出系统上,可以让 m 维误差向量 $\boldsymbol{e}$ 的每一个分量 e_i 后面都串入一个积分器,它们在为补偿常值外扰而生成常值静态控制作用 $\boldsymbol{u}$ 的同时,让误差稳态值 $\boldsymbol{e}(\infty)$ 的每一个分量都为零.

现在考察受常值扰动的状态完全可控的受控系统

$$\left.\begin{aligned}\dot{\boldsymbol{x}}&=\boldsymbol{A}\boldsymbol{x}+\boldsymbol{B}\boldsymbol{u}+\boldsymbol{N}\boldsymbol{w}\\\dot{\boldsymbol{w}}&=0\\\boldsymbol{e}&=\boldsymbol{C}\boldsymbol{x}+\boldsymbol{D}\boldsymbol{w}\end{aligned}\right\}. \tag{10.7.2}$$

按照上述分析,在控制 $\boldsymbol{u}$ 中应有误差 $\boldsymbol{e}$ 的积分项. 设

$$\boldsymbol{q}(t)=\int\boldsymbol{e}(t)\mathrm{d}t=\int[\boldsymbol{C}\boldsymbol{x}(t)+\boldsymbol{D}\boldsymbol{w}(t)]\mathrm{d}t, \tag{10.7.3}$$

则可得 m 维积分模型

$$\dot{\boldsymbol{q}}=\boldsymbol{e}=\boldsymbol{C}\boldsymbol{x}+\boldsymbol{D}\boldsymbol{w}. \tag{10.7.4}$$

引入积分器后的系统被称为增广系统,其方程是

$$\left.\begin{aligned}\begin{bmatrix}\dot{\boldsymbol{x}}\\ \dot{\boldsymbol{q}}\end{bmatrix}&=\begin{bmatrix}\boldsymbol{A} & 0\\ \boldsymbol{C} & 0\end{bmatrix}\begin{bmatrix}\boldsymbol{x}\\ \boldsymbol{q}\end{bmatrix}+\begin{bmatrix}\boldsymbol{B}\\ 0\end{bmatrix}\boldsymbol{u}+\begin{bmatrix}\boldsymbol{N}\\ \boldsymbol{D}\end{bmatrix}\boldsymbol{w}\\ \boldsymbol{e}&=\begin{bmatrix}\boldsymbol{C} & 0\end{bmatrix}\begin{bmatrix}\boldsymbol{x}\\ \boldsymbol{q}\end{bmatrix}+\boldsymbol{D}\boldsymbol{w}\end{aligned}\right\}. \tag{10.7.5}$$

增广系统的线性状态反馈律为

$$\boldsymbol{u}=-\boldsymbol{F}_x\boldsymbol{x}-\boldsymbol{F}_q\boldsymbol{q}=-\begin{bmatrix}\boldsymbol{F}_x & \boldsymbol{F}_q\end{bmatrix}\begin{bmatrix}\boldsymbol{x}\\ \boldsymbol{q}\end{bmatrix}, \tag{10.7.6}$$

控制作用 $\boldsymbol{u}$ 中包含有误差的积分项 $\boldsymbol{F}_q\boldsymbol{q}$. 式 (10.7.6) 中 $\boldsymbol{F}_x$ 是 $l\times n$ 维矩阵,$\boldsymbol{F}_q$ 是 $l\times m$ 维矩阵. 对增广系统式(10.7.5) 采用状态反馈式(10.7.6) 后,闭环系统渐近稳定且具有满意动态性能的条件是 $n+m$ 维增广系统式(10.7.5) 状态完全可控.

增广系统的可控性矩阵为:

$$\begin{aligned}\widetilde{\boldsymbol{Q}}_{\mathrm{C}}&=\begin{bmatrix}\boldsymbol{B} & \boldsymbol{AB} & \boldsymbol{A}^2\boldsymbol{B} & \cdots & \boldsymbol{A}^{n+m-1}\boldsymbol{B}\\ 0 & \boldsymbol{CB} & \boldsymbol{CAB} & \cdots & \boldsymbol{CA}^{n+m-2}\boldsymbol{B}\end{bmatrix}=\begin{bmatrix}\boldsymbol{B} & \boldsymbol{AQ}_2\\ 0 & \boldsymbol{CQ}_2\end{bmatrix}\\ &=\begin{bmatrix}\boldsymbol{A} & \boldsymbol{B}\\ \boldsymbol{C} & 0\end{bmatrix}\begin{bmatrix}0 & \boldsymbol{Q}_2\\ \boldsymbol{I}_l & 0\end{bmatrix}.\end{aligned} \tag{10.7.7}$$

其中 $\boldsymbol{Q}_2=\begin{bmatrix}\boldsymbol{B} & \boldsymbol{AB} & \cdots & \boldsymbol{A}^{n+m-2}\boldsymbol{B}\end{bmatrix}$是$n\times((n+m-1)\cdot l)$矩阵. 由于受控系统中矩阵对$(\boldsymbol{A},\boldsymbol{B})$完全可控,所以 $\mathrm{rank}\boldsymbol{Q}_2=n$.

显然,在式 (10.7.7) 中保证 $\mathrm{rank}\,\widetilde{\boldsymbol{Q}}_{\mathrm{C}}=n+m$ 的充分必要条件是

$$\mathrm{rank}\begin{bmatrix}\boldsymbol{A} & \boldsymbol{B}\\ \boldsymbol{C} & 0\end{bmatrix}=n+m. \tag{10.7.8}$$

只要这个条件满足,增广系统式(10.7.5) 就可以通过状态反馈式 (10.7.6) 使闭环渐近稳定且具有任意极点. 注意到 $n+m$ 是式 (10.7.8) 中判别矩阵的行数,所以,式 (10.7.8) 成立的前提条件是判别矩阵的列数 $n+l$ 不得小于行数 $n+m$,也就是要求 $l\geqslant m$. 在本节所叙述的方法中,都要求系统的控制向量维数 l 不得少于误差向量的维数 m. 即控制量个数一定要大于或等于被调量个数.

下面考察闭环系统能否实现稳态无差. 这时的闭环方程是

$$\left.\begin{aligned}\begin{bmatrix}\dot{\boldsymbol{x}}\\ \dot{\boldsymbol{q}}\end{bmatrix}&=\boldsymbol{A}_L\begin{bmatrix}\boldsymbol{x}\\ \boldsymbol{q}\end{bmatrix}+\boldsymbol{N}_L\boldsymbol{w}\\ \boldsymbol{e}&=\boldsymbol{C}_L\begin{bmatrix}\boldsymbol{x}\\ \boldsymbol{q}\end{bmatrix}+\boldsymbol{D}_L\boldsymbol{w}\end{aligned}\right\}. \tag{10.7.9}$$

其中,

$$\boldsymbol{A}_L=\begin{bmatrix}\boldsymbol{A}-\boldsymbol{BF}_x & -\boldsymbol{BF}_q\\ \boldsymbol{C} & 0\end{bmatrix},\quad \boldsymbol{N}_L=\begin{bmatrix}\boldsymbol{N}\\ \boldsymbol{D}\end{bmatrix},\quad \boldsymbol{C}_L=\begin{bmatrix}\boldsymbol{C} & 0\end{bmatrix},\quad \boldsymbol{D}_L=\boldsymbol{D}.$$

由于是常值扰动,扰动模型矩阵 $\boldsymbol{M}=0$,西尔维斯特方程 $\boldsymbol{A}_L\boldsymbol{P}-\boldsymbol{PM}=\boldsymbol{N}_L$ 就简

化为$A_LP=N_L$. 只要闭环渐近稳定就有$\det A_L\neq 0$,该方程就存在惟一解P. 于是只须验证输出条件$C_LP=D$是否满足即可.

由$A_LP=N_L$可以写出

$$\begin{bmatrix} A-BF_x & -BF_q \\ C & 0 \end{bmatrix} P=\begin{bmatrix} N \\ D \end{bmatrix}, \tag{10.7.10}$$

其第二行就是输出条件$C_LP=D$,所以闭环系统式(10.7.9)实现了稳态无差. 综上所述,实现稳态无差的充分必要条件是闭环渐近稳定,而且闭环渐近稳定在所有矩阵参数波动时具有鲁棒性,那么稳态无差也同样具有鲁棒性. 于是有如下结论.

定理 10.7.1　设在式(10.7.2)所示的有外扰的受控系统$\Sigma(A,B,C,N,D)$中,(A,B)完全可控. 当外扰为常值时,存在鲁棒调节器的充分必要条件是

$$\text{rank}\begin{bmatrix} A & B \\ C & 0 \end{bmatrix}=n+m, \tag{10.7.11}$$

而且,实现稳态无差的鲁棒调节器是

$$\left.\begin{aligned} \dot{q}&=e=Cx+Dw \\ u&=-F_xx-F_qq \end{aligned}\right\}. \tag{10.7.12}$$

当受控系统状态不可直接测量时,可以由它的重构状态替代. □

图10.7.2表示一个控制系统的框图,它带有抗常值扰动的鲁棒调节器. 图中所有进入加法节点的信号进行加法运算.

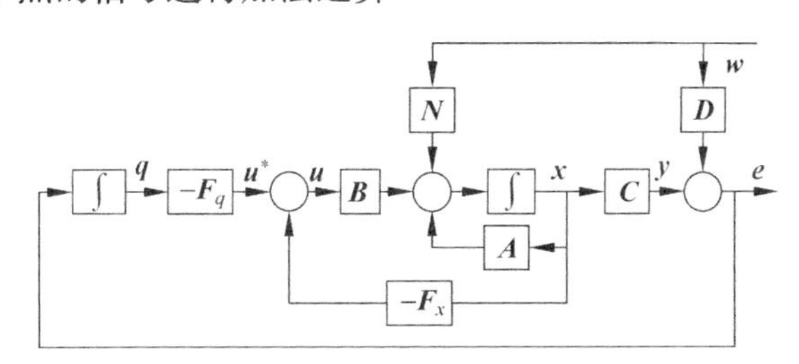

图 10.7.2　常值扰动下的鲁棒调节器结构

在鲁棒调节器式(10.7.12)中,状态反馈矩阵F_x和F_q只要能使闭环渐近稳定即可,在必要时,也可以考虑满足闭环的动态性能要求.

例 10.7.1　设受控系统

$$\begin{cases} \dot{x}=\begin{bmatrix} 1 & 1 \\ 0 & 2 \end{bmatrix}x+\begin{bmatrix} 1 & 2 \\ 1 & 0 \end{bmatrix}u+\begin{bmatrix} 1 \\ -1 \end{bmatrix}w \\ e=\begin{bmatrix} 1 & 0 \\ 0 & 1 \end{bmatrix}x+\begin{bmatrix} 1 \\ 2 \end{bmatrix}w \end{cases}$$

中,扰动w是阶跃函数. 求鲁棒调节器,且使闭环极点为$-1,-1,-2,-2$.

解　(1) 判断鲁棒调节器的存在性. 输入维数和误差维数均为2,且

$$\text{rank}\begin{bmatrix}A & B\\ C & 0\end{bmatrix}=\text{rank}\begin{bmatrix}1&1&1&2\\0&2&1&0\\1&0&0&0\\0&1&0&0\end{bmatrix}=4=n+m,$$

所以存在鲁棒调节器.

(2) 设计伺服补偿器. 取误差输出的积分向量为 $\boldsymbol{q}$,即 $\dot{\boldsymbol{q}}=\boldsymbol{e}$.

(3) 设计镇定矩阵 $\boldsymbol{F}_x$ 和 $\boldsymbol{F}_q$. 闭环极点为 $-1,-1,-2,-2$,则希望特征多项式是

$$\Delta^*(s)=(s+1)^2(s+2)^2=s^4+6s^3+13s^2+12s+4.$$

取状态反馈规律为 $\boldsymbol{u}=-\boldsymbol{F}_x\boldsymbol{x}-\boldsymbol{F}_q\boldsymbol{q}$,则闭环系统的状态系数矩阵为

$$\boldsymbol{A}_L=\begin{bmatrix}\boldsymbol{A}-\boldsymbol{B}\boldsymbol{F}_x & -\boldsymbol{B}\boldsymbol{F}_q\\ \boldsymbol{C} & 0\end{bmatrix}.$$

在例 10.2.2 中,已经采用多输入系统极点配置方法得到反馈矩阵

$$\boldsymbol{F}_x=\begin{bmatrix}0&5\\2&-2\end{bmatrix},\quad \boldsymbol{F}_q=\begin{bmatrix}0&2\\1&-1\end{bmatrix}.$$

(4) 可实现的控制. 由于输出系数矩阵 $\boldsymbol{C}$ 是单位矩阵,即 $\boldsymbol{e}=\boldsymbol{x}$,故不必重构状态 $\boldsymbol{x}$. 可以直接取控制输入为 $\boldsymbol{u}=-\boldsymbol{F}_x\boldsymbol{e}-\boldsymbol{F}_q\boldsymbol{q}$,即

$$u_1=-5e_2-2q_2,\quad u_2=-2e_1+2e_2-q_2+q_2.$$ □

10.7.2 鲁棒调节器的频域性质

受控系统 $\Sigma(\boldsymbol{A},\boldsymbol{B},\boldsymbol{C})$ 带有常值扰动 $\boldsymbol{w}$ 时,设计有鲁棒调节器式(10.7.12)的闭环系统框图如图 10.7.2 所示. 下面分析它的频域关系. 图 10.7.2 中已标清各个变量,它们的拉普拉斯变换式之间的关系为

$$\left.\begin{aligned}&\boldsymbol{y}(s)=\boldsymbol{C}(s\boldsymbol{I}-\boldsymbol{A}+\boldsymbol{B}\boldsymbol{F}_x)^{-1}\boldsymbol{N}\boldsymbol{w}(s)+\boldsymbol{C}(s\boldsymbol{I}-\boldsymbol{A}+\boldsymbol{B}\boldsymbol{F}_x)^{-1}\boldsymbol{B}\boldsymbol{u}^*(s)\\&\boldsymbol{u}^*(s)=-\frac{1}{s}\times\boldsymbol{F}_q\boldsymbol{e}(s)\\&\boldsymbol{e}(s)=\boldsymbol{D}\boldsymbol{w}(s)+\boldsymbol{y}(s)\end{aligned}\right\}.\tag{10.7.13}$$

为书写简单,令

$$\boldsymbol{C}(s\boldsymbol{I}-\boldsymbol{A}+\boldsymbol{B}\boldsymbol{F}_x)^{-1}\boldsymbol{N}=\frac{1}{\varphi(s)}\times\boldsymbol{R}_w(s),\tag{10.7.14}$$

$$\boldsymbol{C}(s\boldsymbol{I}-\boldsymbol{A}+\boldsymbol{B}\boldsymbol{F}_x)^{-1}\boldsymbol{B}=\frac{1}{\varphi(s)}\times\boldsymbol{R}_u(s).\tag{10.7.15}$$

其中 $\varphi(s)$ 是受控系统 $\Sigma(\boldsymbol{A},\boldsymbol{B},\boldsymbol{C})$ 经状态反馈 $\boldsymbol{F}_x$ 形成内环闭环后的状态系数矩阵 $\boldsymbol{A}-\boldsymbol{B}\boldsymbol{F}_x$ 的最小多项式; $\boldsymbol{R}_u(s)$ 是 $m\times l$ 维多项式矩阵,是从控制输入 $\boldsymbol{u}$ 至输出 $\boldsymbol{y}$ 的传递函数矩阵中提取公分母多项式 $\varphi(s)$ 后的分子多项式; $\boldsymbol{R}_w(s)$ 是 $m\times p$ 维多项式矩阵,是从扰动输入 $\boldsymbol{w}$ 至输出量 $\boldsymbol{y}$ 的传递函数矩阵中提取公分母多项式 $\varphi(s)$ 后

的分子多项式. 在 $\boldsymbol{R}_u(s)$ 和 $\boldsymbol{R}_w(s)$ 的各元中，s 的幂次都不超过最小多项式 $\varphi(s)$ 的幂次.

由式 (10.7.13) 可以推出

$$\boldsymbol{e}(s)=\left[\boldsymbol{D}+\frac{1}{\varphi(s)}\times\boldsymbol{R}_w(s)\right]\times\boldsymbol{w}(s)-\frac{1}{\varphi(s)}\times\boldsymbol{R}_u(s)\times\frac{1}{s}\times\boldsymbol{F}_q\boldsymbol{e}(s). \tag{10.7.16}$$

上式两边同乘以分母最大公因子 $s\varphi(s)$，经整理可得

$$[s\varphi(s)\boldsymbol{I}_m+\boldsymbol{R}_u(s)\boldsymbol{F}_q]\boldsymbol{e}(s)=s[\varphi(s)\boldsymbol{D}+\boldsymbol{R}_w(s)]\boldsymbol{w}(s). \tag{10.7.17}$$

再令

$$[s\varphi(s)\boldsymbol{I}_m+\boldsymbol{R}_u(s)\boldsymbol{F}_q]^{-1}=\frac{1}{\psi(s)}\times\boldsymbol{M}(s), \tag{10.7.18}$$

则有

$$\boldsymbol{e}(s)=\frac{1}{\psi(s)}\times\boldsymbol{M}(s)\times s[\varphi(s)\boldsymbol{D}+\boldsymbol{R}_w(s)]\boldsymbol{w}(s). \tag{10.7.19}$$

显然多项式 $\psi(s)$ 是外环闭环后系统从扰动 $\boldsymbol{w}$ 到误差输出 $\boldsymbol{e}$ 的传递函数矩阵的分母多项式，也就是外环闭环系统的最小多项式. 由于鲁棒调节器的设计首先满足外环闭环渐近稳定，所以 $\psi(s)$ 不会与分子因子 s 发生零点极点对消. 就是说，在式 (10.7.19) 中，在代入扰动 $\boldsymbol{w}$ 的具体函数之前保留有分子因子 s，即扰动 $\boldsymbol{w}$ 到误差输出 $\boldsymbol{e}$ 的传递函数矩阵中有值为零的公共零点. 这个公共零点是引入积分型鲁棒调节器式(10.7.12) 的必然产物. 鲁棒调节器的拉普拉斯变换式

$$\boldsymbol{q}(s)=\frac{1}{s}\times\boldsymbol{e}(s) \tag{10.7.20}$$

中有值为零的极点，在外环闭环后，它成为外环闭环系统传递函数矩阵中值为零的公共零点.

设常值扰动向量为 $\boldsymbol{w}_0$，则扰动的拉普拉斯变换是 $\boldsymbol{w}(s)=\boldsymbol{w}_0/s$. 将它代入式 (10.7.19)，扰动模型中等于零的极点与扰动 $\boldsymbol{w}$ 到误差输出 $\boldsymbol{e}$ 的传递函数矩阵中等于零的零点发生对消，有

$$\boldsymbol{e}(s)=\frac{1}{\psi(s)}\times\boldsymbol{M}(s)\times[\varphi(s)\boldsymbol{D}+\boldsymbol{R}_w(s)]\boldsymbol{w}_0, \tag{10.7.21}$$

这时，误差 $\boldsymbol{e}(t)$ 的稳态值可由拉普拉斯变换终值定理求出，即 $\boldsymbol{e}(t)=\lim\limits_{s\to\infty}s\boldsymbol{e}(s)=0$，从而实现稳态无差.

由以上分析可以清楚地看出鲁棒调节器的频域性质：引入 $\boldsymbol{I}_m/s$ 的伺服补偿器，由于伺服补偿器是串联在系统误差输出 $\boldsymbol{e}$ 和外扰 $\boldsymbol{w}$ 作用点之间，这样，在闭环系统从外扰到误差输出的传递函数矩阵中就产生了和伺服补偿器极点相同的零点. 如果伺服补偿器的极点和外扰模型的极点一样，则在误差 $\boldsymbol{e}$ 的拉普拉斯变换式(10.7.19)中会产生零点极点对消，从而保证闭环系统的稳态无差.

在扰动 $\boldsymbol{w}$ 到误差输出 $\boldsymbol{e}$ 的传递函数矩阵中形成的零点与外扰极点对消，说明

由误差输出 $\boldsymbol{e}$ 不可观测外扰状态 $\boldsymbol{w}$，即外扰极点是不可观的. 显然，闭环渐近稳定以及将伺服补偿器设计成扰动 $\boldsymbol{w}$ 的内模是实现系统稳态无差的两大关键.

利用这个性质，可以设计系统在有其他扰动时的鲁棒调节器.

10.7.3 鲁棒调节器的构造

设受控系统 $\Sigma(\boldsymbol{A},\boldsymbol{B},\boldsymbol{C})$ 和外扰模型为

$$\left.\begin{aligned}\dot{\boldsymbol{x}} &= \boldsymbol{A}\boldsymbol{x}+\boldsymbol{B}\boldsymbol{u}+\boldsymbol{N}\boldsymbol{w}\\ \dot{\boldsymbol{w}} &= \boldsymbol{M}\boldsymbol{w}\\ \boldsymbol{e} &= \boldsymbol{C}\boldsymbol{x}+\boldsymbol{D}\boldsymbol{w}\end{aligned}\right\}; \tag{10.7.22}$$

由误差输出 $\boldsymbol{e}$ 驱动的伺服补偿器 Σ_q 为

$$\dot{\boldsymbol{q}} = \boldsymbol{A}_q\boldsymbol{q}+\boldsymbol{B}_q\boldsymbol{e}; \tag{10.7.23}$$

线性反馈控制规律为

$$\boldsymbol{u} = -\boldsymbol{F}_x\boldsymbol{x}-\boldsymbol{F}_q\boldsymbol{q}. \tag{10.7.24}$$

设扰动模型 $\boldsymbol{M}$ 的预解矩阵为

$$(s\boldsymbol{I}_p-\boldsymbol{M})^{-1} = \frac{1}{\varphi_M(s)}\cdot\boldsymbol{P}(s), \tag{10.7.25}$$

其中，外扰的最小多项式为

$$\varphi_M(s) = s^r+\alpha_{r-1}s^{r-1}+\cdots+\alpha_0,\quad (r\leqslant p). \tag{10.7.26}$$

由 10.7.2 小节的分析可知，伺服补偿器式(10.7.23) 的传递函数矩阵应当是 $\boldsymbol{I}_m/\varphi_M(s)$. 也就是说，伺服补偿器要构造出数量与误差输出 $\boldsymbol{e}$ 维数相同的子系统，每个子系统的传递函数是 $1/\varphi_M(s)$. 即伺服补偿器的结构应为

$$\dot{\boldsymbol{q}} = \begin{bmatrix}\boldsymbol{R} & & & \\ & \boldsymbol{R} & & \\ & & \ddots & \\ & & & \boldsymbol{R}\end{bmatrix}\boldsymbol{q}+\begin{bmatrix}\boldsymbol{b} & & & \\ & \boldsymbol{b} & & \\ & & \ddots & \\ & & & \boldsymbol{b}\end{bmatrix}\boldsymbol{e}, \tag{10.7.27}$$

其中 $r\times r$ 维方阵 $\boldsymbol{R}$ 和 r 维向量 $\boldsymbol{b}$ 应当构成扰动的内模

$$[1\quad 0\quad \cdots\quad 0]\times(s\boldsymbol{I}-\boldsymbol{R})^{-1}\boldsymbol{b} = \frac{1}{\varphi_M(s)}. \tag{10.7.28}$$

每个子系统 $\dot{\boldsymbol{q}}_i=\boldsymbol{R}\boldsymbol{q}_i+\boldsymbol{b}e_i$ 的矩阵对 $(\boldsymbol{R},\boldsymbol{b})$ 可以按第二可控规范来实现，即

$$\boldsymbol{R} = \begin{bmatrix}0 & 1 & & \\ \vdots & \ddots & \ddots & \\ 0 & \cdots & 0 & 1\\ -\alpha_0 & -\alpha_1 & \cdots & -\alpha_{r-1}\end{bmatrix},\quad \boldsymbol{b} = \begin{bmatrix}0\\ \vdots\\ 0\\ 1\end{bmatrix}. \tag{10.7.29}$$

伺服补偿器式(10.7.23) 中状态系数矩阵 $\boldsymbol{A}_q$ 的维数是 $(m\cdot r)\times(m\cdot r)$. 在控制律式(10.7.24) 中反馈矩阵 $\boldsymbol{F}_x$ 仍是 $l\times n$ 维，而 $\boldsymbol{F}_q$ 是 $l\times(m\cdot r)$维. 若选择

$\boldsymbol{F}_x$ 和 $\boldsymbol{F}_q$ 使闭环渐近稳定且具有满意的动态性能，那么，按照 10.7.2 小节的频域分析，闭环系统必定可以实现稳态无差.

受控系统 $\Sigma(\boldsymbol{A},\boldsymbol{B},\boldsymbol{C})$ 和伺服补偿器式(10.7.23) 的增广方程是

$$\begin{bmatrix} \dot{\boldsymbol{x}} \\ \dot{\boldsymbol{q}} \end{bmatrix} = \begin{bmatrix} \boldsymbol{A} & 0 \\ \boldsymbol{B}_q\boldsymbol{C} & \boldsymbol{A}_q \end{bmatrix} \begin{bmatrix} \boldsymbol{x} \\ \boldsymbol{q} \end{bmatrix} + \begin{bmatrix} \boldsymbol{B} \\ 0 \end{bmatrix} \boldsymbol{u} + \begin{bmatrix} \boldsymbol{N} \\ \boldsymbol{B}_q\boldsymbol{D} \end{bmatrix} \boldsymbol{w}. \tag{10.7.30}$$

设计 $\boldsymbol{F}_x$ 和 $\boldsymbol{F}_q$ 使闭环渐近稳定且具有满意动态性能(可以任意配置极点)的充分必要条件是，增广系统式(10.7.30) 的状态完全可控. 判断增广系统式(10.7.30) 是否可控的模态判据是对 $\boldsymbol{A}$ 和 $\boldsymbol{A}_q$ 的所有特征值都有：

$$\operatorname{rank}\begin{bmatrix} \boldsymbol{A}-\lambda\boldsymbol{I}_n & 0 & \boldsymbol{B} \\ \boldsymbol{B}_q\boldsymbol{C} & \boldsymbol{A}_q-\lambda\boldsymbol{I}_{m\cdot r} & 0 \end{bmatrix} = n+m\cdot r. \tag{10.7.31}$$

将伺服补偿器 Σ_q 的特殊形式式(10.7.27) 和式(10.7.29) 代入式 (10.7.31)，并且由于

$$\boldsymbol{A}_q-\lambda\boldsymbol{I}_{m\cdot r} = \begin{bmatrix} -\lambda & 1 & & & & & & & \\ & -\lambda & \ddots & & & & & & \\ & & \ddots & 1 & & & & & \\ -\alpha_0 & -\alpha_1 & \cdots & -\alpha_{r-1}-\lambda & & & & & \\ & & & & \ddots & & & & \\ & & & & & -\lambda & 1 & & \\ & & & & & & -\lambda & \ddots & \\ & & & & & & & \ddots & 1 \\ & & & & & -\alpha_0 & -\alpha_1 & \cdots & -\alpha_{r-1}-\lambda \end{bmatrix},$$

$$\boldsymbol{B}_q\boldsymbol{C} = \begin{bmatrix} 0 \\ \vdots \\ 0 \\ \boldsymbol{c}_1^{\mathrm{T}} \\ \vdots \\ 0 \\ \vdots \\ 0 \\ \boldsymbol{c}_m^{\mathrm{T}} \end{bmatrix}, \tag{10.7.32}$$

可见，在 $\boldsymbol{A}_q-\lambda\boldsymbol{I}_{m\cdot r}$ 中，每个对角分块的前 $r-1$ 行线性无关，但第 r 行与它们线性相关，可化为零行，所以 $\boldsymbol{A}_q-\lambda\boldsymbol{I}_{m\cdot r}$ 共有 $m(r-1)$ 个线性无关行. 而且 $\boldsymbol{B}_q\boldsymbol{C}$ 的非零行就是矩阵 $\boldsymbol{C}$ 的行 $\boldsymbol{c}_i^{\mathrm{T}}$. 则可以推导出式(10.7.31) 的等价形式

$$\operatorname{rank}\begin{bmatrix} \boldsymbol{A}-\lambda\boldsymbol{I}_n & \boldsymbol{B} \\ \boldsymbol{C} & 0 \end{bmatrix} = n+m. \tag{10.7.33}$$

上式对 $\boldsymbol{M}$ 的所有特征值 λ 都成立. 式 (10.7.33) 是任何扰动作用下受控系统 $\Sigma(\boldsymbol{A},\boldsymbol{B},\boldsymbol{C})$ 存在鲁棒调节器的充分必要条件. 在 10.7.1 小节中,条件式 (10.7.8) 是它在 $\boldsymbol{M}=0$ 时的特例.

定理 10.7.2　设有外扰的受控系统是状态完全可控且完全可观的,若对外扰模型系数矩阵 $\boldsymbol{M}$ 的所有极点满足式 (10.7.33),则必存在使闭环稳态无差而且具有鲁棒性的调节器 Σ_q. □

综上所述,可以得出构造鲁棒调节器的步骤如下:

(1) 检查受控系统 $\Sigma(\boldsymbol{A},\boldsymbol{B},\boldsymbol{C})$ 的可控性;

(2) 计算外扰模型系数矩阵 $\boldsymbol{M}$ 的最小多项式 $\varphi_M(s)$;

(3) 利用式 (10.7.33) 判断是否存在鲁棒调节器;

(4) 按照外扰最小多项式 $\varphi_M(s)$ 构造 m 个单输入第二可控规范型式(10.7.29),获得伺服补偿器 Σ_C;

(5) 按渐近稳定及动态性能的极点配置要求确定反馈矩阵 $\boldsymbol{F}_x$ 和 $\boldsymbol{F}_q$;

(6) 当系统状态 $\boldsymbol{x}$ 不可直接量测且矩阵对 $(\boldsymbol{A},\boldsymbol{C})$ 可观时,构造状态 $\boldsymbol{x}$ 的观测器,用重构状态 $\hat{\boldsymbol{x}}$ 代替状态 $\boldsymbol{x}$ 来构成重构状态反馈;

(7) 画框图并给予必要的化简,以便寻找具体的物理实现.

例 10.7.2　已知受控系统的受扰模型为

$$\dot{x}_1 = x_2 + \frac{1}{2}w_1,\quad \dot{x}_2 = x_1 + x_2 + u + \frac{1}{5}w_3,\quad e = x_1 + w_2 + 2w_3.$$

式中 $w_1=\sin t, w_2=\cos t, w_3=1(t)$. 设计鲁棒调节器,使闭环极点的实部均小于或等于 -0.5.

解　(1) 判定系统的可控性及可观性. 从系统 $\Sigma(\boldsymbol{A},\boldsymbol{b},\boldsymbol{c}^{\mathrm{T}})$ 的系数矩阵

$$\boldsymbol{A}=\begin{bmatrix}0 & 1\\ 1 & 1\end{bmatrix},\quad \boldsymbol{b}=\begin{bmatrix}0\\ 1\end{bmatrix},\quad \boldsymbol{c}^{\mathrm{T}}=\begin{bmatrix}1 & 0\end{bmatrix},$$

容易看出 $(\boldsymbol{A},\boldsymbol{b})$ 是第二可控规范型, $(\boldsymbol{A},\boldsymbol{c}^{\mathrm{T}})$ 是第二种可观测规范型,所以系统 Σ 是完全可控又完全可观的.

(2) 确定外扰模型 $\boldsymbol{M}$. 外扰函数有正弦、余弦、常值三种形式,它们的拉普拉斯变换式分别是

$$w_1(s)=\frac{1}{s^2+1},\quad w_2(s)=\frac{s}{s^2+1},\quad w_3(s)=\frac{1}{s}.$$

所以外扰的最小多项式为

$$\varphi_M(s)=s(s^2+1)=s^3+s,$$

外扰系统的状态方程可以写成

$$\begin{bmatrix}\dot{w}_1\\ \dot{w}_2\\ \dot{w}_3\end{bmatrix}=\begin{bmatrix}0 & 1 & 0\\ -1 & 0 & 0\\ 0 & 0 & 0\end{bmatrix}\begin{bmatrix}w_1\\ w_2\\ w_3\end{bmatrix}.$$

所以,与外扰有关的各系数矩阵应当为

$$\boldsymbol{M}=\begin{bmatrix}0&1&0\\-1&0&0\\0&0&0\end{bmatrix},\quad \boldsymbol{N}=\begin{bmatrix}0.5&0&0\\0&0&0.2\end{bmatrix},\quad \boldsymbol{d}^{\mathrm{T}}=[0\quad 1\quad 2].$$

(3) 判断是否存在鲁棒调节器. 由定理10.7.2的判断条件可知,对外扰极点$\lambda=0$和$\lambda=\pm \mathrm{j}$均有

$$\operatorname{rank}\begin{bmatrix}\boldsymbol{A}-\lambda\boldsymbol{I}&\boldsymbol{B}\\\boldsymbol{C}&0\end{bmatrix}=\operatorname{rank}\begin{bmatrix}-\lambda&1&0\\1&1-\lambda&1\\1&0&0\end{bmatrix}=3=n+m,$$

所以存在鲁棒调节器.

(4) 设计伺服补偿器. 为实现鲁棒调节,在每个误差输出分量后面应串接一个外扰模型最小多项式的可控实现. 本例$m=1$,外扰最小多项式次数$r=3$,所以伺服调节器为$m\cdot r=3$维. 误差驱动的伺服补偿器方程为

$$\dot{\boldsymbol{q}}=\boldsymbol{A}_q\boldsymbol{q}+\boldsymbol{b}_q e=\begin{bmatrix}0&1&0\\0&0&1\\0&-1&0\end{bmatrix}\boldsymbol{q}+\begin{bmatrix}0\\0\\1\end{bmatrix}e.$$

(5) 确定闭环的期望特征多项式. 复合系统

$$\begin{bmatrix}\dot{\boldsymbol{x}}\\\dot{\boldsymbol{q}}\end{bmatrix}=\begin{bmatrix}0&1&0&0&0\\1&1&0&0&0\\0&0&0&1&0\\0&0&0&0&1\\1&0&0&-1&0\end{bmatrix}\begin{bmatrix}\boldsymbol{x}\\\boldsymbol{q}\end{bmatrix}+\begin{bmatrix}0\\1\\0\\0\\0\end{bmatrix}u+\begin{bmatrix}0.5&0&0\\0&0&0.2\\0&0&0\\0&0&0\\0&1&2\end{bmatrix}\boldsymbol{w}$$

完全可控,可以配置5个极点. 取闭环极点为$-1,-0.5\pm\mathrm{j},-2\pm\mathrm{j}$,它们的实部均小于或等于$-0.5$. 期望特征多项式为

$$\begin{aligned}\Delta^*(s)&=(s+1)\left(s^2+s+\frac{5}{4}\right)(s^2+4s+5)\\&=s^5+6s^4+\frac{61}{4}s^3+\frac{81}{4}s^2+\frac{65}{4}s+\frac{25}{4}.\end{aligned}$$

(6) 确定复合系统的线性反馈律. 令复合系统的状态反馈为

$$\tilde{\boldsymbol{f}}^{\mathrm{T}}=[\boldsymbol{f}_x^{\mathrm{T}}\quad \boldsymbol{f}_q^{\mathrm{T}}]=[f_{11}\quad f_{12}\quad f_{21}\quad f_{22}\quad f_{23}],$$

则闭环系统$\Sigma_L(\boldsymbol{A}_L,\boldsymbol{N}_L)$的方程为

$$\begin{bmatrix}\dot{\boldsymbol{x}}\\\dot{\boldsymbol{q}}\end{bmatrix}=\begin{bmatrix}\boldsymbol{A}-\boldsymbol{b}\boldsymbol{f}_x^{\mathrm{T}}&-\boldsymbol{b}\boldsymbol{f}_q^{\mathrm{T}}\\\boldsymbol{b}_q\boldsymbol{c}^{\mathrm{T}}&\boldsymbol{A}_q\end{bmatrix}\begin{bmatrix}\boldsymbol{x}\\\boldsymbol{q}\end{bmatrix}+\begin{bmatrix}\boldsymbol{N}\\\boldsymbol{b}_q\boldsymbol{d}^{\mathrm{T}}\end{bmatrix}\boldsymbol{w}$$

其中

$$\boldsymbol{A}_L=\begin{bmatrix}0 & 1 & 0 & 0 & 0\\ 1-f_{11} & 1-f_{12} & -f_{21} & -f_{22} & -f_{23}\\ 0 & 0 & 0 & 1 & 0\\ 0 & 0 & 0 & 0 & 1\\ 1 & 0 & 0 & -1 & 0\end{bmatrix}.$$

所以,闭环特征多项式

$$\begin{aligned}\Delta_F(s)&=\det(s\boldsymbol{I}-\boldsymbol{A}_L)\\&=s^5-(1-f_{12})s^4+f_{11}s^3-(1-f_{12}-f_{23})s^2-(1-f_{11}-f_{22})s+f_{21}.\end{aligned}$$

令 $\Delta_F(s)=\Delta^*(s)$,则有

$$\boldsymbol{f}_x^{\mathrm{T}}=\begin{bmatrix}\frac{61}{4} & 7\end{bmatrix},\quad \boldsymbol{f}_q^{\mathrm{T}}=\begin{bmatrix}\frac{25}{4} & 2 & \frac{57}{4}\end{bmatrix}.$$

(7) 对 $\Sigma(\boldsymbol{A},\boldsymbol{b},\boldsymbol{c}^{\mathrm{T}})$ 构造基本观测器重构状态 $\hat{x}_1$ 和 $\hat{x}_2$. 令基本观测器的反馈系数为 $\boldsymbol{h}^{\mathrm{T}}=[6\quad 10]^{\mathrm{T}}$,则有

$$\begin{aligned}\dot{\hat{\boldsymbol{x}}}&=\left\{\begin{bmatrix}0 & 1\\ 1 & 1\end{bmatrix}-\begin{bmatrix}6\\ 10\end{bmatrix}\begin{bmatrix}1 & 0\end{bmatrix}\right\}\hat{\boldsymbol{x}}+\begin{bmatrix}0\\ 1\end{bmatrix}u+\begin{bmatrix}6\\ 10\end{bmatrix}e\\&=\begin{bmatrix}-6 & 1\\ -9 & 1\end{bmatrix}\hat{\boldsymbol{x}}+\begin{bmatrix}0\\ 1\end{bmatrix}u+\begin{bmatrix}6\\ 10\end{bmatrix}e\end{aligned}$$

其极点为重根−3,均小于闭环 5 个极点的实部.

(8) 画出全部结构图. 在前述结果中,令

$$\boldsymbol{x}=\begin{bmatrix}x_1\\ x_2\end{bmatrix},\quad \boldsymbol{w}=\begin{bmatrix}w_1\\ w_2\\ w_3\end{bmatrix},\quad \hat{\boldsymbol{x}}=\begin{bmatrix}\hat{x}_1\\ \hat{x}_2\end{bmatrix},\quad \boldsymbol{q}=\begin{bmatrix}q_1\\ q_2\\ q_3\end{bmatrix}.$$

就可以画出图 10.7.3 所示的结构图,图中所有进入求和节点的信号都进行加法运算.

(9) 仿真结果. 对结构图进行仿真研究. 取初值 $\boldsymbol{x}(0)=[2\quad 0]^{\mathrm{T}}$,$\hat{\boldsymbol{x}}(0)=\boldsymbol{q}(0)=0$. 仿真结果表明,大约在外扰正余弦函数的两个周期,即大约 2 秒后进入稳态,并实现误差输出 $\boldsymbol{e}=0$,即 $x_1(t)=-2-\cos t$.

仿真中,还进一步验证了调节器的鲁棒性. 为此令系统矩阵 $\boldsymbol{A}$ 的一个元素有摄动,即

$$\boldsymbol{A}(\varepsilon)=\begin{bmatrix}0 & 1\\ 1+\varepsilon & 1\end{bmatrix}.$$

式中,摄动 ε 取值由 0 至 1,$1+\varepsilon$ 的变动最大增加 1 倍. 仿真结果表明,误差 $e(t)$ 的稳态值均为零. 误差绝对值 $|e|$ 的最大值及其发生时间与摄动的关系如下表所示.

波动值 ε	0	0.2	0.5	1.0
$\lvert e\rvert_{\max}$	3.1	3.07	3.03	2.95
发生时间(s)	0.9	0.85	0.9	0.95

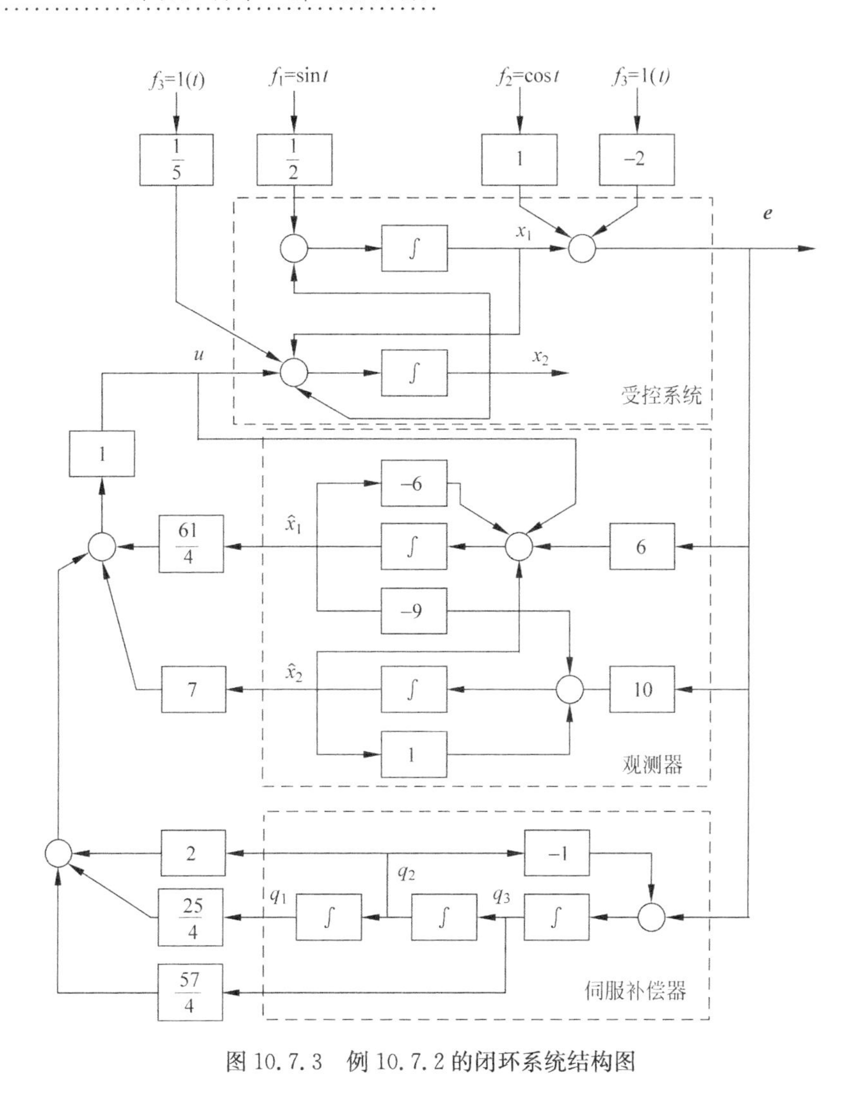

图 10.7.3 例 10.7.2 的闭环系统结构图 □

10.8 小结

利用状态空间描述综合线性定常系统的主要特点是综合方法的规范化. 综合方法的规范化很适于计算机编程运算,使得计算机辅助设计成为可能. 本章所涉及的综合问题,目前都有软件实现.

本章讨论了综合问题中极点配置问题、特征结构配置问题、镇定问题、解耦问题、观测器问题、对外扰的不变性问题以及鲁棒调节器问题. 第 12 章中还将叙述最优控制问题. 其中较为基本的是极点配置、镇定和观测器三个问题,应当熟悉这三个问题所涉及的基本概念、基本方法和基本运算.

学习本章,对每个综合问题应当明确以下诸点:

(1) 综合的目标是什么?

(2) 采用什么样的控制律来达到这个综合目标?

(3) 在什么条件下可以实现这个综合目标?

(4) 实现综合目标的设计方法是什么?

(5) 采用该设计方法所得的解是否惟一?

综合问题带有工程设计的性质. 工程设计的要求是多种多样的,应当参考本章所述的各种综合问题的思路,灵活应用到具体的工程设计问题中.

习题

10.1　已知系统的开环传递函数是

$$G_{OP}(s)=\frac{20}{s^3+4s^2+3s}.$$

写出状态方程;计算状态反馈矩阵,使闭环极点为-5和$-2\pm j2$;并画出反馈系统结构图.

10.2　已知系统状态方程

$$\dot{\boldsymbol{x}}=\begin{bmatrix}1 & 1\\0 & 1\end{bmatrix}\boldsymbol{x}+\begin{bmatrix}1\\1\end{bmatrix}u.$$

计算状态反馈矩阵,使闭环极点为-2和-3,并画出反馈系统结构图.

10.3　已知系统状态方程

$$\dot{\boldsymbol{x}}=\begin{bmatrix}0 & 1 & 0\\0 & -1 & 1\\0 & -1 & 10\end{bmatrix}\boldsymbol{x}+\begin{bmatrix}0\\0\\10\end{bmatrix}u.$$

计算状态反馈矩阵,使闭环极点为-10和$-1\pm j\sqrt{3}$.

10.4　已知系统状态方程

$$\dot{\boldsymbol{x}}=\begin{bmatrix}1 & 0\\0 & 1\end{bmatrix}\boldsymbol{x}+\begin{bmatrix}1 & 1\\0 & 1\end{bmatrix}\boldsymbol{u}.$$

计算状态反馈矩阵,使闭环极点为-1和-2,并画出反馈系统结构图.

10.5　系统状态方程

$$\dot{\boldsymbol{x}}=\begin{bmatrix}1 & 1 & 0\\0 & 1 & 0\\0 & 0 & 2\end{bmatrix}\boldsymbol{x}+\begin{bmatrix}0 & 0\\1 & 0\\0 & -2\end{bmatrix}\boldsymbol{u}.$$

计算状态反馈矩阵,使闭环极点为-2和$-1\pm j2$.

10.6　已知受控系统是由下列三个传递函数串联而成:

$$G_1(s)=\frac{0.1}{0.1s+1},\quad G_2(s)=\frac{0.5}{0.5s+1},\quad G_3(s)=\frac{1}{s}$$

以三个传递函数输出量为状态变量列写状态方程;并计算状态反馈矩阵,使闭环极点为-3和$-2\pm j2$；并画出反馈系统结构图.

10.7　试判别下列系统的状态反馈可镇定性. 如果可镇定，求状态反馈矩阵的全解.

(1) $\boldsymbol{A}=\begin{bmatrix}-1 & 0 & 0\\ 0 & 0 & 1\\ 0 & 1 & 3\end{bmatrix}$，$\boldsymbol{b}=\begin{bmatrix}0\\0\\1\end{bmatrix}$；

(2) $\boldsymbol{A}=\begin{bmatrix}1 & 0 & -1\\ 0 & -2 & 0\\ -1 & 0 & 2\end{bmatrix}$，$\boldsymbol{b}=\begin{bmatrix}0\\0\\1\end{bmatrix}$.

10.8　单输入双输出系统系数矩阵为

$$\boldsymbol{A}=\begin{bmatrix}0 & 1 & 0\\ 0 & 0 & -1\\ -1 & 0 & 0\end{bmatrix},\quad \boldsymbol{b}=\begin{bmatrix}0\\1\\0\end{bmatrix},\quad \boldsymbol{C}=\begin{bmatrix}1 & 0 & 0\\ 0 & 0 & 1\end{bmatrix}$$

(1) 验证$\boldsymbol{A}$为非稳定矩阵，$(\boldsymbol{A},\boldsymbol{b})$完全可控，$(\boldsymbol{A},\boldsymbol{C})$完全可观测；

(2) 证明采用输出反馈$u=[h_1\quad h_2]\boldsymbol{y}$，不能使闭环系统渐近稳定.

10.9　双输入单输出系统系数矩阵为

$$\boldsymbol{A}=\begin{bmatrix}0 & 0 & 5\\ 1 & 0 & -1\\ 0 & 1 & 3\end{bmatrix},\quad \boldsymbol{B}=\begin{bmatrix}-2 & 0\\ 1 & -4\\ 0 & 2\end{bmatrix},\quad \boldsymbol{c}^{\mathrm{T}}=[0\quad 0\quad 1]$$

(1) 验证$\boldsymbol{A}$为非稳定矩阵，$(\boldsymbol{A},\boldsymbol{B})$完全可控，$(\boldsymbol{A},\boldsymbol{c}^{\mathrm{T}})$完全可观测；

(2) 设计输出反馈$\boldsymbol{u}=[h_1\quad h_2]^{\mathrm{T}}y$，使闭环系统渐近稳定；

(3) 利用(2)的结果说明，采用输出反馈不能任意配置闭环极点.

10.10　双输入单输出系统系数矩阵为

$$\boldsymbol{A}=\begin{bmatrix}0 & 0 & 5\\ 1 & 0 & -1\\ 0 & 1 & -3\end{bmatrix},\quad \boldsymbol{B}=\begin{bmatrix}-2 & 0\\ 1 & -2\\ 0 & 1\end{bmatrix},\quad \boldsymbol{c}^{\mathrm{T}}=[0\quad 0\quad 1].$$

(1) 核实系统状态完全可观测，且对每一个输入分量均可控；

(2) 采用输出反馈$\boldsymbol{u}=[h_1\quad h_2]^{\mathrm{T}}y$，使闭环系统具有渐近稳定的特征多项式

$$\Delta^*(s)=s^3+s^2+2s+1.$$

10.11　给定系统状态方程

$$\dot{\boldsymbol{x}}=\begin{bmatrix}1 & 1 & 0\\ 0 & 1 & 0\\ 0 & 0 & 2\end{bmatrix}\boldsymbol{x}+\begin{bmatrix}0 & 0\\ 1 & 0\\ 0 & -1\end{bmatrix}\boldsymbol{u}.$$

(1) 综合状态反馈矩阵$\hat{\boldsymbol{F}}$使闭环第一个输入分量对全部状态可控；

(2) 综合状态反馈矩阵$\boldsymbol{F}$，使闭环极点为-2和$-1\pm j2$.

10.12　已知受控系统的传递函数为

$$G_0(s)=\frac{10}{s(s+2)^2}.$$

设计状态反馈加输入变换控制律 $u=Rv-\boldsymbol{f}^{\mathrm{T}}\boldsymbol{x}$,使闭环极点为$-1$、$-2$和$-3$,且闭环静态放大倍数为1.

10.13 给定受控系统系数矩阵如下

$$\boldsymbol{A}=\begin{bmatrix}1&0\\0&0\end{bmatrix},\quad \boldsymbol{b}=\begin{bmatrix}1\\1\end{bmatrix},\quad \boldsymbol{c}^{\mathrm{T}}=[2\quad -1].$$

设计受控系统的基本观测器,使观测器极点为-1两重根.

10.14 给定受控系统系数矩阵如下

$$\boldsymbol{A}=\begin{bmatrix}0&1\\-2&-3\end{bmatrix},\quad \boldsymbol{b}=\begin{bmatrix}0\\1\end{bmatrix},\quad \boldsymbol{c}^{\mathrm{T}}=[2\quad 0].$$

设计受控系统的基本观测器,使观测器极点为-10两重根.

10.15 已知受控系统的传递函数为

$$G_0(s)=\frac{1}{s(s+1)}.$$

设计状态观测器,使观测器极点为-8和-10.

10.16 设计下列系统的降维观测器,并使极点为给定值.

(1) $\boldsymbol{A}=\begin{bmatrix}-1&0\\1&-2\end{bmatrix},\boldsymbol{b}=\begin{bmatrix}1\\0\end{bmatrix},\boldsymbol{c}^{\mathrm{T}}=[0\quad 1],\lambda=-3$;

(2) $\boldsymbol{A}=\begin{bmatrix}2&1&1\\1&-1&1\\0&0&0\end{bmatrix},\boldsymbol{b}=\begin{bmatrix}1\\0\\0\end{bmatrix},\boldsymbol{c}^{\mathrm{T}}=[1\quad 0\quad 0],\lambda=-1,-2$;

(3) $\boldsymbol{A}=\begin{bmatrix}0&1&0\\0&0&1\\-6&-11&-6\end{bmatrix},\boldsymbol{b}=\begin{bmatrix}0\\0\\1\end{bmatrix},\boldsymbol{C}=\begin{bmatrix}1&0&0\\0&1&0\end{bmatrix},\lambda=-5$.

10.17 已知受控系统 $\Sigma(\boldsymbol{A},\boldsymbol{b},\boldsymbol{c}^{\mathrm{T}})$ 系数矩阵如下

$$\boldsymbol{A}=\begin{bmatrix}0&1\\0&0\end{bmatrix},\quad \boldsymbol{b}=\begin{bmatrix}0\\1\end{bmatrix},\quad \boldsymbol{c}^{\mathrm{T}}=[1\quad 0]$$

(1) 试构造观测器,使观测器极点为$-\gamma$和-2γ;

(2) 将向量$[u\quad y]^{\mathrm{T}}$看作观测器的输入量,重构状态$\hat{\boldsymbol{x}}$看作输出量,求传递函数矩阵 $\boldsymbol{G}_\gamma(s)$(γ作为一个参变量看待);

(3) 当极点 $\gamma\to\infty$时,称极宽频带观测器,极宽频带观测器的传递函数矩阵 $\boldsymbol{G}_\infty(s)=\lim\limits_{\gamma\to\infty}\boldsymbol{G}_\gamma(s)$. 问此时观测器完成什么运算? 从受控系统 $\Sigma(\boldsymbol{A},\boldsymbol{b},\boldsymbol{c}^{\mathrm{T}})$ 的观点看,这种运算合理吗?

(4) 如果受控系统 $\Sigma(\boldsymbol{A},\boldsymbol{b},\boldsymbol{c}^{\mathrm{T}})$ 的输出量 y 混有高频噪声,结果在(3)中观测器的输入端信号是 $y(t)+0.001\sin 10^6 t$ 而不是 $y(t)$,试求这时的状态重构值$\hat{\boldsymbol{x}}(t)$;

(5) 如果把 (4) 中的信号作用到 (1) 的观测器上,问 γ 取多大时,可以将高频噪声基本滤除?

(6) 比较 (4)、(5) 的结果,你有何结论?

10.18 伺服电机的输入为电枢电压、输出是轴转角,其传递函数为

$$G_0(s)=\frac{50}{s(s+2)}.$$

(1) 采用降维观测器重构转速值,观测器极点为-15;

(2) 采用状态反馈,使闭环传递函数为 $50/(s^2+10s+50)$(阻尼比 $\zeta=0.707$);

(3) 作出全部结构的方框图.

10.19 三积分受控对象的传递函数是 $1/s^3$,

(1) 设计全状态反馈矩阵,使闭环系统极点为-3 和$-0.5\pm \mathrm{j}\sqrt{1.5}$;

(2) 设计降维观测器,极点均为-5;

(3) 由以上结果求出系统的反馈校正及串联校正的传递函数.

10.20 给定系统

$$\dot{\boldsymbol{x}}=\begin{bmatrix}0 & 1\\ -1 & 0\end{bmatrix}\boldsymbol{x}+\begin{bmatrix}1\\ 0\end{bmatrix}\boldsymbol{u},$$

$$y=\begin{bmatrix}0 & 1\end{bmatrix}\boldsymbol{x}.$$

(1) 证实其极点在复数平面虚轴上(由于无阻尼,故称之谐波振荡器);

(2) 证实采用纯输出反馈不能镇定;

(3) 设计一个输出激励的二阶动态补偿器,使闭环极点为-1、-2、-3 和-3.

10.21 已知受控系统的传递函数矩阵是

$$\boldsymbol{G}(s)=\begin{bmatrix}\dfrac{1}{s+1} & \dfrac{1}{s+2}\\ \dfrac{1}{s(s+1)} & \dfrac{1}{s}\end{bmatrix}.$$

试求前馈补偿器 $\boldsymbol{G}_r(s)$使系统解耦,且使已解耦的两个子系统极点分别是-1 两重根和-2 两重根.

10.22 已知受控系统的系数矩阵为

$$\boldsymbol{A}=\begin{bmatrix}-1 & 0 & 0\\ 0 & -2 & -3\\ 1 & 0 & 1\end{bmatrix},\quad \boldsymbol{B}=\begin{bmatrix}1 & 0\\ 0 & 1\\ 0 & -1\end{bmatrix},\quad \boldsymbol{C}=\begin{bmatrix}1 & 0 & 0\\ 0 & 1 & 1\end{bmatrix},$$

是否存在状态反馈加输入变换$\{\boldsymbol{F},\boldsymbol{R}\}$控制律使闭环系统解耦?

10.23 已知受控系统系数矩阵如下:

$$\boldsymbol{A}=\begin{bmatrix}-1 & -2 & -3\\ 0 & 4 & 1\\ 1 & 0 & -1\end{bmatrix},\quad \boldsymbol{B}=\begin{bmatrix}2 & 3\\ 1 & 4\\ 0 & 7\end{bmatrix},\quad \boldsymbol{C}=\begin{bmatrix}1 & 0 & 3\\ 4 & 2 & 0\end{bmatrix}.$$

(1) 试判断可以采用$\{\boldsymbol{F},\boldsymbol{R}\}$控制律实现闭环解耦.

(2) 求一个$\{\boldsymbol{F},\boldsymbol{R}\}$变换,使闭环系统为积分型解耦系统.

(3) 在(2)中,闭环传递函数矩阵是否产生零点极点对消?

10.24　已知受控系统系数矩阵如下:

$$\boldsymbol{A}=\begin{bmatrix}0&1&0&0\\3&0&0&2\\0&0&0&1\\0&-2&0&0\end{bmatrix},\quad \boldsymbol{B}=\begin{bmatrix}0&0\\1&0\\0&0\\0&1\end{bmatrix},\quad \boldsymbol{C}=\begin{bmatrix}1&0&0&0\\0&0&1&0\end{bmatrix}.$$

(1) 可否采用$\{\boldsymbol{F},\boldsymbol{R}\}$控制律实现闭环解耦?

(2) 如果可以,利用$\{\boldsymbol{F},\boldsymbol{R}\}$控制律解耦时,闭环系统的每个解耦子系统可以配置几个极点?

(3) 求一个$\{\boldsymbol{F},\boldsymbol{R}\}$控制律使闭环系统解耦,且每一个子系统的极点都为$-1$.

10.25　试判断题 10.21 的前馈补偿器$\boldsymbol{G}_r(s)$是否可以由$\{\boldsymbol{F},\boldsymbol{R}\}$变换来实现,即传递函数矩阵的最小实现$\Sigma(\boldsymbol{A},\boldsymbol{B},\boldsymbol{C})$是否可以由$\{\boldsymbol{F},\boldsymbol{R}\}$变换实现解耦.

10.26　已知受控系统系数矩阵如下

$$\boldsymbol{A}=\begin{bmatrix}0&1&0\\1&1&1\\1&0&0\end{bmatrix},\quad \boldsymbol{B}=\begin{bmatrix}0&1\\1&0\\0&-1\end{bmatrix},\quad \boldsymbol{C}=\begin{bmatrix}1&0&1\\0&1&0\end{bmatrix}.$$

(1) 检查可否采用$\{\boldsymbol{F},\boldsymbol{R}\}$控制律实现闭环解耦?如果可以解耦,闭环系统的每个解耦子系统可以配置几个极点?是否产生零点极点对消?

(2) 自行指定闭环系统极点,求相应的$\{\boldsymbol{F},\boldsymbol{R}\}$控制律使之解耦.

(3) 对下述系统重复以上要求

$$\boldsymbol{A}=\begin{bmatrix}1&0&1\\0&1&1\\1&1&0\end{bmatrix},\quad \boldsymbol{B}=\begin{bmatrix}1&0\\0&1\\1&1\end{bmatrix},\quad \boldsymbol{C}=\begin{bmatrix}1&1&0\\0&1&1\end{bmatrix}.$$

10.27　两个串联储液槽系统方程如下:

$$\dot{\boldsymbol{x}}=\begin{bmatrix}-2&1\\2&-4\end{bmatrix}\boldsymbol{x}+\begin{bmatrix}1&0\\0&2\end{bmatrix}\boldsymbol{u},\quad \boldsymbol{y}=\begin{bmatrix}1&0\\0&1\end{bmatrix}\boldsymbol{x}.$$

试求一个控制规律,使u_1和u_2对两个液面高度y_1和y_2实现解耦控制,并使闭环极点为μ_1和μ_2.

10.28　卫星在地球赤道平面上作圆周运动,其线性化方程为

$$\dot{\boldsymbol{x}}=\begin{bmatrix}0&1&0&0\\3\omega^2&0&0&2\omega^2\\0&0&0&1\\0&-2\omega^2&0&0\end{bmatrix}\boldsymbol{x}+\begin{bmatrix}0&0\\1&0\\0&0\\0&1\end{bmatrix}\begin{bmatrix}u_r\\u_\theta\end{bmatrix};$$

$$\begin{bmatrix}y_r\\y_\theta\end{bmatrix}=\begin{bmatrix}1&0&0&0\\0&0&1&0\end{bmatrix}\boldsymbol{x}.$$

其中,ω是角速度,输入输出量的下标r和θ分别表示卫星的切线和矢径两个方向.

(1) 求系统传递函数矩阵,证实切线和矢径两个方向是耦合的;

(2) 由系统传递函数矩阵求解耦阶常数、可解耦性矩阵的行向量,说明系统是可以$\{\boldsymbol{F},\boldsymbol{R}\}$变换解耦的;

(3) 求出积分型解耦系统的$\{\boldsymbol{F},\boldsymbol{R}\}$变换;

(4) 按(3)的结果进一步求状态反馈矩阵$\bar{\boldsymbol{F}}$,使闭环保持解耦,且极点均为-1.

10.29　受控系统$\Sigma(\boldsymbol{A},\boldsymbol{B},\boldsymbol{C})$的传递函数矩阵$\boldsymbol{G}(s)$是方阵,定义$\lim\limits_{s\to 0}\boldsymbol{G}(s)=\boldsymbol{G}(0)$为系统静态增益矩阵.如果系统是渐近稳定的,且静态增益矩阵$\boldsymbol{G}(0)$为对角化非奇异矩阵,则称系统是静态解耦的.

(1) 试证明:存在$\{\boldsymbol{F},\boldsymbol{R}\}$变换使闭环系统实现静态解耦的充分必要条件是,开环系统可镇定,且有

$$\operatorname{rank}\begin{bmatrix}\boldsymbol{A} & \boldsymbol{C}\\ \boldsymbol{B} & 0\end{bmatrix}\neq 0.$$

(2) 试求题10.22实现静态解耦的$\{\boldsymbol{F},\boldsymbol{R}\}$变换.

10.30　受扰系统的方程是

$$\dot{\boldsymbol{x}}=\boldsymbol{A}\boldsymbol{x}+\boldsymbol{B}\boldsymbol{w},$$
$$\boldsymbol{y}=\boldsymbol{C}\boldsymbol{x}+\boldsymbol{D}\boldsymbol{w}.$$

其中$\boldsymbol{w}$是p维常值外扰.试证明:状态$\boldsymbol{x}$和外扰$\boldsymbol{w}$由输出$\boldsymbol{y}$可观测的充分必要条件是$(\boldsymbol{A},\boldsymbol{C})$可观测且

$$\operatorname{rank}\begin{bmatrix}\boldsymbol{A} & \boldsymbol{C}\\ \boldsymbol{B} & \boldsymbol{D}\end{bmatrix}=n+p.$$

10.31　受扰系统的方程是

$$\dot{\boldsymbol{x}}=\boldsymbol{A}\boldsymbol{x}+\boldsymbol{B}\boldsymbol{w}_1;$$
$$\boldsymbol{y}=\boldsymbol{C}\boldsymbol{x}+\boldsymbol{w}_2.$$

其中$\boldsymbol{w}_1$和$\boldsymbol{w}_2$分别是p维和m维不能测量的常值外扰,已知$(\boldsymbol{A},\boldsymbol{C})$完全可观测.

(1) 写出将$\boldsymbol{w}_1$和$\boldsymbol{w}_2$扩展为状态向量的增广方程,并直观估计增广系统的完全可观测性,说明仅仅用测量到的$\boldsymbol{y}(t)$能惟一确定$\boldsymbol{w}_1$和$\boldsymbol{w}_2$吗?

(2) 写出增广系统的可观测矩阵,判断其是否满秩,从而证实(1)中的判断.

(3) 如果不满秩,试找出不可观测的增广状态.

10.32　控制系统的状态方程如下:

$$\dot{x}_1=x_2+w_1;$$
$$\dot{x}_2=-6x_1-5x_2+w_2.$$

当外部输入w_1和w_2分别是阶跃函数和斜坡函数时,求状态分量适合外扰的强迫解.

10.33　控制系统的状态空间描述是

$$\dot{\boldsymbol{x}}=\begin{bmatrix}-1 & 0\\ 0 & -1\end{bmatrix}\boldsymbol{x}+\begin{bmatrix}-1\\ -1\end{bmatrix}w;$$

$$\boldsymbol{e}=\begin{bmatrix}1 & 0\\ 0 & 1\end{bmatrix}\boldsymbol{x}+\begin{bmatrix}1\\ 1\end{bmatrix}\boldsymbol{w}.$$

当外扰 w 为常值时,试判断系统能否实现稳态无差($\boldsymbol{e}(\infty)=0$)?

10.34　控制系统的状态方程、外扰模型和输出方程是

$$\dot{\boldsymbol{x}}=\begin{bmatrix}0 & 1\\ -6 & -5\end{bmatrix}\boldsymbol{x}+\begin{bmatrix}0 & 1\\ 1 & 0\end{bmatrix}\boldsymbol{w};$$

$$\dot{\boldsymbol{w}}=\begin{bmatrix}0 & 1\\ 0 & 0\end{bmatrix}\boldsymbol{w};$$

$$\boldsymbol{e}=\begin{bmatrix}-6 & -5\\ 0 & 6\end{bmatrix}\boldsymbol{x}+\begin{bmatrix}1 & 5\\ 0 & 0\end{bmatrix}\boldsymbol{w}.$$

试判断系统是否实现稳态无差($\boldsymbol{e}(\infty)=0$)?

10.35　受控系统和外扰模型是

$$\dot{\boldsymbol{x}}=\begin{bmatrix}0 & 1\\ 0 & 0\end{bmatrix}\boldsymbol{x}+\begin{bmatrix}0\\ 1\end{bmatrix}u+\begin{bmatrix}0 & 1\\ 0 & -2\end{bmatrix}\boldsymbol{w};$$

$$\dot{\boldsymbol{w}}=\begin{bmatrix}0 & 1\\ 0 & 0\end{bmatrix}\boldsymbol{w};$$

$$\boldsymbol{e}=\begin{bmatrix}6 & 5\\ 0 & 6\end{bmatrix}\boldsymbol{x}+\begin{bmatrix}-1 & 0\\ 0 & 5\end{bmatrix}\boldsymbol{w}.$$

(1) 设计线性反馈与顺馈控制器 $u=-\boldsymbol{f}_x^{\mathrm{T}}\boldsymbol{x}-\boldsymbol{f}_w^{\mathrm{T}}\boldsymbol{w}$ 使闭环极点等于-2和-3,并且使闭环稳态无差;

(2) 当上述系统只有装置扰动,即输出方程改为

$$\boldsymbol{e}=\begin{bmatrix}6 & 5\\ 0 & 6\end{bmatrix}\boldsymbol{x}$$

时,是否还能使闭环稳态无差?

10.36　受控系统的状态空间描述是

$$\dot{\boldsymbol{x}}=\begin{bmatrix}0 & 1\\ 0 & 0\end{bmatrix}\boldsymbol{x}+\begin{bmatrix}0\\ 1\end{bmatrix}u+\begin{bmatrix}1\\ -2\end{bmatrix}w;$$

$$y=\begin{bmatrix}6 & 3\end{bmatrix}\boldsymbol{x}.$$

试选择状态反馈控制律 $u=-\boldsymbol{f}^{\mathrm{T}}\boldsymbol{x}$,使闭环输出 $y(t)$不受扰动 $w(t)$的影响,即实现 w 到 y 的传递函数为零.

10.37　单输入单输出系统上作用有外扰 $\boldsymbol{w}$,外扰模型如下所述,试求伺服补偿器的方程,并画出结构图.

$$(1)\ \dot{\boldsymbol{w}}=\begin{bmatrix}0&1&0\\-1&0&0\\0&0&0\end{bmatrix}\boldsymbol{w};\qquad (2)\ \dot{\boldsymbol{w}}=\begin{bmatrix}0&0&0&0\\0&1&1&0\\0&0&1&0\\0&0&0&0\end{bmatrix}\boldsymbol{w}.$$

10.38 受控系统的状态空间描述是

$$\dot{\boldsymbol{x}}=\begin{bmatrix}1&1\\0&2\end{bmatrix}\boldsymbol{x}+\begin{bmatrix}1&2\\1&0\end{bmatrix}\boldsymbol{u}+\begin{bmatrix}1&0\\-1&0\end{bmatrix}\boldsymbol{w};$$

$$\boldsymbol{e}=\begin{bmatrix}1&0\\0&1\end{bmatrix}\boldsymbol{x}+\begin{bmatrix}0&1\\0&2\end{bmatrix}\boldsymbol{w}.$$

外扰 $\boldsymbol{w}(t)$ 为阶跃函数.求该系统的鲁棒调节器,使闭环极点为 -1、-1、-2 和 -2.

10.39 受控系统和外扰模型为

$$\dot{\boldsymbol{x}}=\begin{bmatrix}3&0\\1&0\end{bmatrix}\boldsymbol{x}+\begin{bmatrix}0&1\\1&0\end{bmatrix}\boldsymbol{u}+\begin{bmatrix}1&-1\\0&1\end{bmatrix}\boldsymbol{w};$$

$$\dot{\boldsymbol{w}}=\begin{bmatrix}0&1\\-1&0\end{bmatrix}\boldsymbol{w};$$

$$\boldsymbol{e}=\begin{bmatrix}0&1\\1&0\end{bmatrix}\boldsymbol{x}.$$

问是否存在鲁棒调节器?如果存在,请设计伺服补偿器.

10.40 对习题10.27两个串联储液槽系统,如果存在常值外扰 w,试设计鲁棒调节器,使闭环极点均为 -4.

10.41 生产库存控制系统如下

$$\dot{\boldsymbol{x}}=\begin{bmatrix}-a&0\\1&0\end{bmatrix}\boldsymbol{x}+\begin{bmatrix}a\\0\end{bmatrix}u+\begin{bmatrix}0\\-1\end{bmatrix}w;$$

$$\boldsymbol{y}=\begin{bmatrix}1&0\\0&1\end{bmatrix}\boldsymbol{x}+\begin{bmatrix}-1\\0\end{bmatrix}w.$$

其中,$x_1(t)$ 是实际的生产率,$x_2(t)$ 是库存量与给定常值的偏差;$\boldsymbol{u}(t)$ 是控制要求,即生产率要求;a 是满足第一个状态方程 $\dot{x}_1=a(u-x_1)$ 的正常数,说明实际生产率达到要求生产率有一个过渡过程;输出第一个分量 $y_1=x_1-u$ 是生产率误差,而 $y_2=x_2$;w 是销售速率,可以经过调查获知.

当销售速率 w 是阶跃扰动时,请设计由实际生产率、库存量误差和销售速率确定的控制策略 $u=-\boldsymbol{f}_x^{\mathrm{T}}\boldsymbol{x}-f_w w$,使闭环极点为 $-a$ 重根,且达到生产率、库存量输出稳态无差为零.

第11章 李雅普诺夫稳定性分析

11.1 引言

稳定性是系统的结构特性. 稳定性是控制理论研究的重要课题之一. 可运行的系统几乎都被设计成稳定系统,不稳定系统是不能付之应用的. 在本书上册第 3 章"线性控制系统的运动"中曾提及李雅普诺夫(A. M. Ляпунов)的稳定性定义以及第一方法和第二方法. 在那里主要叙述了第一方法. 本章将系统地叙述李雅普诺夫稳定性的基本概念,给出第二方法的基本定理,并叙述第二方法在线性控制系统中的应用以及为非线性系统构造李雅普诺夫函数的方法.

本节主要介绍有关稳定性的一般概念. 11.2 节从分析运动过程能量的变化导出李雅普诺夫函数,进而给出李雅普诺夫第二方法的核心定理,即稳定性的基本定理以及相关定理. 11.3 节讨论平衡状态的吸引域. 11.4 节叙述李雅普诺夫第二方法在线性系统中的应用. 11.5 节则讨论构造非线性系统李雅普诺夫函数的方法.

11.1.1 运动稳定性和平衡状态

现在考虑一个不受外部作用的自治系统,描述系统动态特性的状态方程式是

$$\dot{\boldsymbol{x}} = \boldsymbol{f}(\boldsymbol{x},t), \tag{11.1.1}$$

其中 $\boldsymbol{x}=[x_1,x_2,\cdots,x_n]^{\mathrm{T}}$ 是 n 维状态向量; 方程右端函数 $\boldsymbol{f}(\boldsymbol{x},t)$是 n 维函数向量,$\boldsymbol{f}(\boldsymbol{x},t)$的诸元是以状态分量 $x_1,x_2,\cdots,x_n$ 为自变量的有界、连续可微的单值函数.

方程式(11.1.1)的解可以被表示为

$$\boldsymbol{x}(t) = \boldsymbol{\varphi}(t;\boldsymbol{x}_0,t_0). \tag{11.1.2}$$

它依赖于 $t=t_0$ 时的初始值 $\boldsymbol{x}_0=\boldsymbol{\varphi}(t_0;\boldsymbol{x}_0,t_0)$. 此解可视为系统(11.1.1)在 n 维空间由初始状态 x_0 出发所画出的一条轨迹,称为系统的运动.

在系统式(11.1.1)中,如果存在所有时间 t 都满足 $\dot{\boldsymbol{x}}=0$ 的解 $\boldsymbol{x}_e$,则将 $\boldsymbol{x}_e$ 称为系统的**平衡状态**,又称为方程式(11.1.1)的零解. 显然,平衡状态满足

$$\boldsymbol{f}(\boldsymbol{x}_e, t)=0. \tag{11.1.3}$$

非线性系统可能存在不止一个平衡状态,它们都是式(11.1.3)的解. 而对于线性定常系统 $\dot{\boldsymbol{x}}=\boldsymbol{A}\boldsymbol{x}$,其平衡状态的方程是 $\boldsymbol{A}\boldsymbol{x}_e=0$. 当 $\boldsymbol{A}$ 是非奇异矩阵时,线性定常系统 $\dot{\boldsymbol{x}}=\boldsymbol{A}\boldsymbol{x}$ 存在惟一的平衡状态 $\boldsymbol{x}_e=0$. 反之,当 $\boldsymbol{A}$ 是奇异矩阵时,系统将会有无限多个平衡状态.

如果平衡状态彼此间是孤立的,也就是说,在某一个平衡状态的充分小的邻域内不存在其他平衡状态,则称该平衡状态为**孤立平衡状态**. 对于孤立平衡状态,总可以经过适当的平移坐标变换,将它变换到状态空间原点. 所以在下文的稳定性讨论中,经常以原点作为平衡状态来讨论系统的稳定性.

在上册第3章中叙述过运动稳定性的概念. **运动稳定性**所研究的是系统式(11.1.1)在任何一个解 $\boldsymbol{\varphi}(t;\boldsymbol{x}_0,t_0)$ 附近的行为. 如果初值 $\boldsymbol{x}_0$ 稍有偏离,解曲线当然也产生偏离. 运动稳定性则研究当时间 t 充分大时,解曲线是否会“回到”这个解的无限小的邻域之中.

运动稳定性可以转化为平衡状态 $\boldsymbol{x}_e=0$ 的稳定性. 现在考虑式(11.1.1)的解 $\boldsymbol{\varphi}(t;\boldsymbol{x}_0,t_0)$ 的稳定性. 当初值发生偏离时,解曲线为 $\boldsymbol{x}(t)$,则其偏差 $\boldsymbol{e}=\boldsymbol{x}-\boldsymbol{\varphi}$. 于是有

$$\begin{aligned}\dot{\boldsymbol{e}} &= \dot{\boldsymbol{x}}-\dot{\varphi}=\boldsymbol{f}(\boldsymbol{x},t)-\boldsymbol{f}(\varphi,t)=\boldsymbol{f}(\boldsymbol{e}+\varphi,t)-\boldsymbol{f}(\varphi,t)\\ &=\bar{\boldsymbol{f}}(\boldsymbol{e},t).\end{aligned} \tag{11.1.4}$$

当 $\boldsymbol{e}\equiv 0$ 时,有 $\boldsymbol{x}\equiv\boldsymbol{\varphi}$, $\dot{\boldsymbol{e}}=0$,即 $\bar{\boldsymbol{f}}(0,t)=0$. 也就是说,$\boldsymbol{e}_e=0$ 是系统 $\dot{\boldsymbol{e}}=\bar{\boldsymbol{f}}(\boldsymbol{e},t)$ 的平衡状态. 这样 $\dot{\boldsymbol{x}}=\boldsymbol{f}(\boldsymbol{x},t)$ 关于运动 $\boldsymbol{\varphi}(t;\boldsymbol{x}_0,t_0)$ 的稳定性问题,就可以化为 $\dot{\boldsymbol{e}}=\bar{\boldsymbol{f}}(\boldsymbol{e},t)$ 关于平衡状态 $\boldsymbol{e}_e=0$ 的稳定性问题. 所以,在本章中只叙述系统(11.1.1)在平衡状态 $\boldsymbol{x}_e=0$ 的稳定性问题.

由于用非奇异矩阵 $\boldsymbol{A}$ 描述的线性定常系统 $\dot{\boldsymbol{x}}=\boldsymbol{A}\boldsymbol{x}$ 只有惟一的孤立平衡状态 $\boldsymbol{x}_e=0$,所以“平衡状态的稳定性”和“系统的稳定性”完全一致. 而当系统有不止一个孤立平衡状态时,则存在这种情况:它的运动关于某一个平衡状态是稳定的,而对于其他平衡状态是不稳定的,这时就不存在所谓的“系统的稳定性”. 比如单摆的阻尼运动,对于摆球在下方的平衡状态来说是稳定的;而对于摆球在上方的另一个平衡状态,显然是不稳定的,稍有外力,摆球就会离开上方的平衡状态,并趋向于下方的平衡状态.

11.1.2 李雅普诺夫稳定性

稳定性问题就是在没有外部作用时,系统式(11.1.1)的运动 $\boldsymbol{\varphi}(t;\boldsymbol{x}_0,t_0)$ 能否趋向于平衡状态 $\boldsymbol{x}_e=0$ 的问题.

在考察运动关于平衡状态的稳定性时，可以选取运动与平衡状态间的距离作为衡量运动趋近于平衡状态的尺度. 在 n 维状态空间里，此距离是差向量 $\boldsymbol{\varphi}(t;\boldsymbol{x}_0,t_0)-\boldsymbol{x}_e$ 的某种范数. 按照这个差向量的范数在 $t\to\infty$ 时是无界、有界以及趋向于零，能够分别将平衡状态定义为**不稳定**、**稳定**以及**渐近稳定**. 在本章中均采用欧几里得范数，对于向量 $\boldsymbol{x}=(x_1,x_2,\cdots,x_n)^{\mathrm{T}}$，它的欧几里得范数为 $\|\boldsymbol{x}\|=\sqrt{x_1^2+x_2^2+\cdots+x_n^2}$. 不过，运动是否稳定与范数的选择无关，所以也可以选择其他形式的范数.

定义 11.1.1　设 $\boldsymbol{x}_e$ 是系统式(11.1.1)的孤立平衡状态. 如果对于每个实数 $\varepsilon>0$，都存在另一个实数 $\delta(\varepsilon,t_0)>0$，使得从满足不等式

$$\|\boldsymbol{x}_0-\boldsymbol{x}_e\|\leqslant\delta(\varepsilon,t_0) \tag{11.1.5}$$

的任意初始状态 $\boldsymbol{x}_0$ 出发的状态运动 $\boldsymbol{\varphi}(t;\boldsymbol{x}_0,t_0)$ 对所有时间 $t>t_0$ 都满足

$$\|\boldsymbol{\varphi}(t;\boldsymbol{x}_0,t_0)-\boldsymbol{x}_e\|\leqslant\varepsilon. \tag{11.1.6}$$

则称 $\boldsymbol{x}_e$ 是在**李雅普诺夫意义下稳定**的. □

在上述定义中，如果 $\delta(\varepsilon,t_0)$ 与初始时刻 t_0 的选择无关，则称平衡状态 $\boldsymbol{x}_e$ 是**一致稳定**的.

在几何上，不等式(11.1.5)表示初始状态 $\boldsymbol{x}_0$ 位于状态空间中以 $\boldsymbol{x}_e$ 为球心，以 $\delta(\varepsilon,t_0)$ 为半径的"球域"内，该"球域"可以被记为 $S(\delta)$. 不等式(11.1.6)表示状态运动 $\boldsymbol{\varphi}(t;\boldsymbol{x}_0,t_0)$ 始终处于状态空间中以 $\boldsymbol{x}_e$ 为球心，以 ε 为半径的"球域"内，该"球域"则被记为 $S(\varepsilon)$. 运动稳定的几何含义就是：对应于每个域 $S(\varepsilon)$ 都存在一个域 $S(\delta)$，使得由域 $S(\delta)$ 内任何一点 $\boldsymbol{x}_0$ 出发的状态运动 $\boldsymbol{\varphi}(t;\boldsymbol{x}_0,t_0)$ 的轨迹，在任何时刻都不会超出域 $S(\varepsilon)$ 的边界. 域 $S(\delta)$ 和域 $S(\varepsilon)$ 可以是状态空间内任何有界的、以平衡状态 $\boldsymbol{x}_e$ 为内点的封闭域. 二维空间内稳定运动的几何解释可以用图 11.1.1 表示.

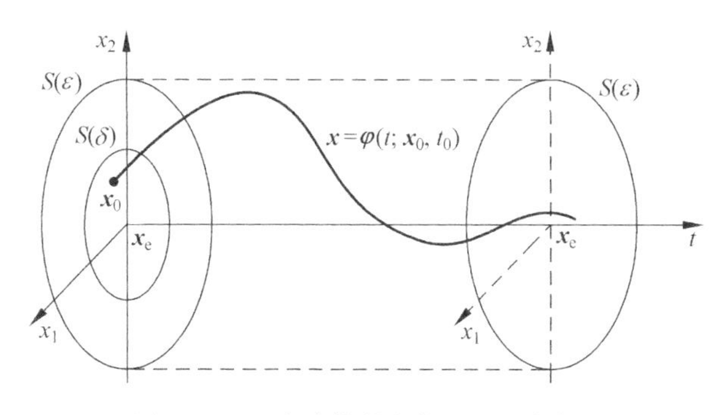

图 11.1.1　李雅普诺夫意义下的稳定性

进一步讲，如果孤立平衡状态 $\boldsymbol{x}_e$ 不仅是稳定的，而且当时间趋向无穷时，状态运动 $\boldsymbol{\varphi}(t;\boldsymbol{x}_0,t_0)$ 无限趋近平衡状态 $\boldsymbol{x}_e$，则称平衡状态 $\boldsymbol{x}_e$ 是**渐近稳定**的.

工程上通常认为渐近稳定性比稳定性更为重要. 这是因为，通常希望系统最终"停留"在平衡状态 $\boldsymbol{x}_e$. 如果 $\boldsymbol{x}_e$ 是稳定的平衡状态但不是渐近稳定的平衡状态，

则系统可能“停滞”在 $\boldsymbol{x}_e$ 附近的封闭域内：它或者处于与 $\boldsymbol{x}_e$ 相近的某个状态，或者“围绕”$\boldsymbol{x}_e$ 运动不息. 只有当 $\boldsymbol{x}_e$ 为渐近稳定的平衡状态时，才能保证系统最终到达这一所希望的状态.

域 $S(\delta)$被称为渐近稳定平衡状态 $\boldsymbol{x}_e$ 的一个吸引域(attraction domain). **吸引域**是状态空间的一部分. 在状态空间中，如果存在一个渐近稳定的平衡状态，那么起源于某些初始状态的运动一定是渐近稳定的，即运动时间充分长以后，这些运动都充分地趋近于该平衡状态. 吸引域就是这样一些初始状态的集合. 或者说，凡是从吸引域内出发的运动最终一定趋于平衡状态.

如果吸引域充满状态空间，则 $\boldsymbol{x}_e$ 被称为**全局渐近稳定**的平衡状态，或被称为**大范围渐近稳定**的平衡状态. 如果 $\boldsymbol{x}_e$ 是全局渐近稳定的平衡状态，那么很显然，$\boldsymbol{x}_e$ 是系统的惟一平衡状态.

对于线性系统，如果 $\boldsymbol{x}_e$ 是渐近稳定的孤立平衡状态，那么 $\boldsymbol{x}_e$ 一定是全局渐近稳定的平衡状态. 这时平衡状态的渐近稳定性与系统的渐近稳定性等价.

在工程问题中，总是希望系统全局渐近稳定. 如果平衡状态不是全局渐近稳定的，则希望知道从什么范围内出发的运动能够收敛到平衡状态，或者说希望确定该平衡状态的最大吸引域. 不过，确定最大吸引域常常是困难的，通常只能得到一个相对较大的吸引域.

最后再规定不稳定的定义.

定义 11.1.2　设 $\boldsymbol{x}_e$ 是系统式(11.1.1)的孤立平衡状态. 如果对某个实数 $\varepsilon>0$ 和任意实数 $\delta>0$，不管 δ 多么小，在 $S(\delta)$内总会存在一个状态 $\boldsymbol{x}_0$，以使从 $\boldsymbol{x}_0$ 出发的轨迹将离开 $S(\varepsilon)$，那么称该孤立平衡状态是**不稳定**的. □

图 11.1.2 是二阶系统稳定性的几何解释. 可以认为图 11.1.2 是图 11.1.1 在 x_1-x_2 平面上的投影.

图 11.1.2(a)、(b)表示平衡状态是渐近稳定的，因为当时间 t 充分大以后，系统的状态运动轨迹$\boldsymbol{\varphi}(t;\boldsymbol{x}_0,t_0)$无限趋近于平衡状态 $\boldsymbol{x}_e$. 图 11.1.2(c)表示平衡状态是稳定的但不是渐近稳定的，因为系统的状态运动轨迹$\boldsymbol{\varphi}(t;\boldsymbol{x}_0,t_0)$始终在 $S(\varepsilon)$内，但并不趋向于 $\boldsymbol{x}_e$.

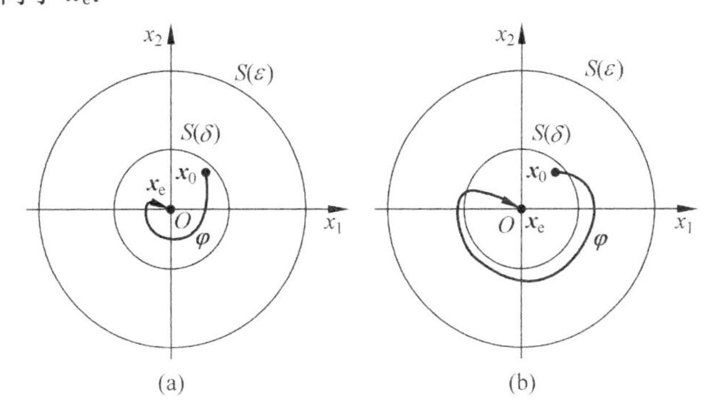

图 11.1.2　二阶系统稳定性的几何解释

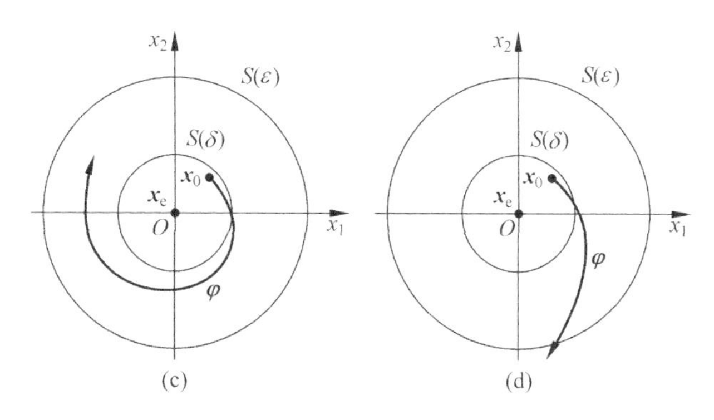

图 11.1.2(续)

图 11.1.2(d)表示平衡状态是不稳定的，因为无论把 δ 规定的多么小，从 $S(\delta)$ 内部出发的运动总要逸出 $S(\varepsilon)$，惟一的例外是出发于点 $\boldsymbol{x}_e$ 本身的运动. 但这意味着要规定 $\delta=0$，与稳定性定义中要求的 $\delta>0$ 不符合.

11.1.3　李雅普诺夫第一方法

俄国力学家李雅普诺夫在 1892 年的论文《运动稳定性的一般问题》中，首先提出运动稳定性的一般理论，他把由常微分方程组描述的动力学系统的稳定性分析方法区分为本质上不同的两种方法，现在分别被称为李雅普诺夫第一方法和第二方法.

李雅普诺夫第一方法又被称**李雅普诺夫间接方法**，属于局部稳定性的分析方法. 本书上册已经给出了几个基本定理，这一节主要讨论该方法的具体应用步骤，并以几个示例来演示它的应用过程.

李雅普诺夫第一方法的基本思路是：将非线性系统运动方程在平衡状态附近进行泰勒展开，舍去高次项，导出一次近似的线性化系统，再根据线性化系统特征值在复平面上的分布来推断非线性系统在平衡状态附近的稳定性.

设一个不受外部作用的系统由非线性方程

$$\dot{\boldsymbol{x}} = \boldsymbol{f}(\boldsymbol{x}) \tag{11.1.7}$$

来描述，其中 $\boldsymbol{x}$ 是 n 维状态向量，$\boldsymbol{f}(\boldsymbol{x})$ 是 n 维函数向量，$\boldsymbol{f}(\boldsymbol{x})$ 的每一个元素都是 $x_1, x_2, \cdots, x_n$ 的连续可微函数.

将非线性函数向量 $\boldsymbol{f}(\boldsymbol{x})$ 在系统式(11.1.7)的平衡状态 $\boldsymbol{x}_e$ 附近做泰勒展开，则有

$$\boldsymbol{f}(\boldsymbol{x}) = \left.\frac{\partial \boldsymbol{f}}{\partial \boldsymbol{x}}\right|_{\boldsymbol{x}=\boldsymbol{x}_e} \boldsymbol{y} + \boldsymbol{g}(\boldsymbol{x}_e, \boldsymbol{y}), \tag{11.1.8}$$

其中 $\boldsymbol{y}=\boldsymbol{x}-\boldsymbol{x}_e$ 是 n 维偏差向量，$\boldsymbol{g}(\boldsymbol{x}_e, \boldsymbol{y})$ 是泰勒级数中次数等于或大于二的高次项，而

$$
\frac{\partial \boldsymbol{f}}{\partial \boldsymbol{x}}=\begin{bmatrix}\frac{\partial f_1}{\partial x_1} & \frac{\partial f_1}{\partial x_2} & \cdots & \frac{\partial f_1}{\partial x_n}\\ \frac{\partial f_2}{\partial x_1} & \frac{\partial f_2}{\partial x_2} & \cdots & \frac{\partial f_2}{\partial x_n}\\ \vdots & \vdots & \ddots & \vdots\\ \frac{\partial f_n}{\partial x_1} & \frac{\partial f_n}{\partial x_2} & \cdots & \frac{\partial f_n}{\partial x_n}\end{bmatrix} \tag{11.1.9}
$$

被称为方程式(11.1.7)的**雅可比矩阵**(Jacobian).将系统在 $\boldsymbol{x}=\boldsymbol{x}_e$ 点的雅可比矩阵记做

$$
\boldsymbol{A}=\left.\frac{\partial \boldsymbol{f}}{\partial \boldsymbol{x}}\right|_{\boldsymbol{x}=\boldsymbol{x}_e}, \tag{11.1.10}
$$

这里 $\boldsymbol{A}$ 是 $n\times n$ 常数矩阵.将式(11.1.8)代入非线性系统式(11.1.7)并忽略高次项,可以得出非线性系统式(11.1.7)的一次近似线性化数学模型

$$
\dot{\boldsymbol{y}}=\boldsymbol{A}\boldsymbol{y}. \tag{11.1.11}
$$

它的平衡状态为 $\boldsymbol{y}_e=0$,对应于 $\boldsymbol{x}=\boldsymbol{x}_e$.

一次近似的线性化数学模型式(11.1.11)的稳定性与状态系数矩阵 $\boldsymbol{A}$ 的特征值密切相关.李雅普诺夫证明了:当矩阵 $\boldsymbol{A}$ 的特征值都具有负实部,即线性化系统式(11.1.11)渐近稳定时,原非线性系统式(11.1.7)在平衡状态附近也是渐近稳定的;当矩阵 $\boldsymbol{A}$ 包含有正实部的特征值,即线性化系统式(11.1.11)不稳定时,原非线性系统式(11.1.7)在平衡状态附近也不稳定;当矩阵 $\boldsymbol{A}$ 除实部为负特征值外还具有至少一个实部为零的特征值时,非线性系统式(11.1.7)在平衡状态附近是否稳定无法由此加以判断,必须通过对被舍弃的高次项进行分析才能确定.

注意,线性化的方法只能得到平衡状态附近的局部稳定性的结论,无法得到全局稳定性的结论.

上册第3章叙述过的关于线性系统稳定性的各种判据,都可视为李雅普诺夫第一方法在线性系统中的应用.

例 11.1.1　判断下列两个非线性系统的稳定性:

$$
(1)\begin{cases}\dot{x}_1=-x_1+x_2+x_2^2\\ \dot{x}_2=-2x_2+x_1^4\end{cases};\qquad (2)\begin{cases}\dot{x}_1=-x_1+x_1x_2\\ \dot{x}_2=-x_2+2x_1-x_1^2\end{cases}.
$$

解　(1) 判断第一个系统的稳定性.

令 $\dot{x}_1=0$ 和 $\dot{x}_2=0$,可以得到该系统的平衡状态 $x_1=0,x_2=0$,它是系统惟一的平衡状态.在平衡状态(原点)附近将系统线性化,就可以获得线性化系统的状态系数矩阵

$$
\boldsymbol{A}=\left.\frac{\partial \boldsymbol{f}}{\partial \boldsymbol{x}}\right|_{\boldsymbol{x}=0}=\begin{bmatrix}\frac{\partial f_1}{\partial x_1} & \frac{\partial f_1}{\partial x_2}\\ \frac{\partial f_2}{\partial x_1} & \frac{\partial f_2}{\partial x_2}\end{bmatrix}_{\boldsymbol{x}=0}=\begin{bmatrix}-1 & 1+2x_2\\ 4x_1^3 & -2\end{bmatrix}_{\boldsymbol{x}=0}=\begin{bmatrix}-1 & 1\\ 0 & -2\end{bmatrix}.
$$

它的两个特征根−1、−2 均为负实数,所以原点是局部渐近稳定的平衡状态.

(2) 确定第二个系统的稳定性.

先确定系统的平衡状态.使第一个方程右端函数为零,即$-x_1+x_1x_2=x_1(x_2-1)=0$,可以得出两个解$x_1=0$和$x_2=1$,再分别代入第二个方程,可以得到两个平衡状态:

$$\boldsymbol{x}_{e1}=\begin{bmatrix}0\\0\end{bmatrix};\quad \boldsymbol{x}_{e2}=\begin{bmatrix}1\\1\end{bmatrix}.$$

系统的雅可比矩阵为

$$\frac{\partial \boldsymbol{f}}{\partial \boldsymbol{x}}=\begin{bmatrix}\dfrac{\partial f_1}{\partial x_1} & \dfrac{\partial f_1}{\partial x_2}\\ \dfrac{\partial f_2}{\partial x_1} & \dfrac{\partial f_2}{\partial x_2}\end{bmatrix}=\begin{bmatrix}-1+x_2 & x_1\\ 2-2x_1 & -1\end{bmatrix}.$$

将第一个平衡状态代入雅可比矩阵,可得

$$\boldsymbol{A}_1=\begin{bmatrix}-1+x_2 & x_1\\ 2-2x_1 & -1\end{bmatrix}_{\boldsymbol{x}=0}=\begin{bmatrix}-1 & 0\\ 2 & -1\end{bmatrix},$$

其特征值为两重根−1,所以$\boldsymbol{x}_{e1}=0$是局部渐近稳定平衡状态.由于系统存在第二个平衡状态$\boldsymbol{x}_{e2}=[1\quad 1]^{\mathrm{T}}$,所以平衡状态$\boldsymbol{x}_{e1}=0$不可能是全局渐近稳定的.

再用第二个平衡状态代入雅可比矩阵,可得

$$\boldsymbol{A}_2=\begin{bmatrix}-1+x_2 & x_1\\ 2-2x_1 & -1\end{bmatrix}_{x_1=1,x_2=1}=\begin{bmatrix}0 & 1\\ 0 & -1\end{bmatrix},$$

它的两个特征值为 0、−1.由于存在等于 0 的特征值,所以平衡状态$\boldsymbol{x}_{e2}=[1\quad 1]^{\mathrm{T}}$的稳定性无法由线性化方法判断,该系统的高次项将起决定作用. □

例 11.1.2 设非线性系统可用方程组

$$\begin{cases}\dot{x}_1=x_2\\ \dot{x}_2=-\alpha\sin x_1-\beta x_2+\gamma u\end{cases}$$

来描述,其中系数α,β,γ均大于零,输入为常数.试判断其平衡状态的稳定性.

解 该非线性系统描绘的是一个由非线性弹簧$\alpha\sin x_1$和线性阻尼器$\beta\dot{x}_1$构成的系统.令方程右端函数为零,可以求出其平衡状态

$$\boldsymbol{x}_e=\begin{bmatrix}\arcsin\dfrac{\gamma u}{\alpha}\\ 0\end{bmatrix}.$$

显然,控制的取值范围是$-\alpha/\gamma\leqslant u\leqslant\alpha/\gamma$,在反正弦函数的主值范围$[-\pi/2,\pi/2]$内,即在区间$-\pi/2\leqslant x_1\leqslant\pi/2$内有一个平衡状态,而在该区间外周期性地存在多个平衡状态

$$\boldsymbol{x}_e=\begin{bmatrix}n\pi+(-1)^n\arcsin\dfrac{\gamma u}{\alpha}\\ 0\end{bmatrix}.$$

对该系统做偏差向量置换,令

$$\begin{cases} y_1 = x_1 - \arcsin\dfrac{\gamma u}{\alpha}, \\ y_2 = x_2 \end{cases}$$

可以得到新的状态方程

$$\begin{cases} \dot{y}_1 = y_2 \\ \dot{y}_2 = -\alpha\sin\left(y_1 + \arcsin\dfrac{\gamma u}{\alpha}\right) - \beta y_2 + \gamma u \end{cases}$$

其雅可比矩阵为

$$\boldsymbol{A} = \frac{\partial \boldsymbol{f}}{\partial \boldsymbol{y}}\bigg|_{\boldsymbol{y}=0} = \begin{bmatrix} \dfrac{\partial f_1}{\partial y_1} & \dfrac{\partial f_1}{\partial y_2} \\ \dfrac{\partial f_2}{\partial y_1} & \dfrac{\partial f_2}{\partial y_2} \end{bmatrix}_{\boldsymbol{y}=0}$$

$$= \begin{bmatrix} 0 & 1 \\ -\alpha\cos\left(y_1 + \arcsin\dfrac{\gamma u}{\alpha}\right) & -\beta \end{bmatrix}_{y=0}$$

$$= \begin{bmatrix} 0 & 1 \\ -\alpha\cos\left(\arcsin\dfrac{\gamma u}{\alpha}\right) & -\beta \end{bmatrix}.$$

一次近似后的线性化系统的特征多项式为

$$\det(s\boldsymbol{I} - \boldsymbol{A}) = s^2 + \beta s + \alpha\cos\left(\arcsin\frac{\gamma u}{\alpha}\right).$$

显然,在$-\pi/2 \leqslant x_1 \leqslant \pi/2$的平衡状态,$\cos[\arcsin(\gamma u/\alpha)] > 0$,线性化系统的两个特征值都具有负实部,是渐近稳定的,所以原来的非线性系统在平衡状态附近也是渐近稳定的.而在$\pi/2 \leqslant x_1 \leqslant 3\pi/2$的平衡状态,有$\cos[\arcsin(\gamma u/\alpha)] < 0$,线性化系统是不稳定的,所以原来的非线性系统在这些平衡状态附近也是不稳定的.可见,系统在x_1坐标轴上的多个平衡状态中,渐近稳定的平衡状态与不稳定的平衡状态是交替出现的. □

11.1.4　二次型函数的定号性和西尔维斯特判据

本小节叙述与李雅普诺夫稳定性有关的二次型函数定号性及其判据的预备知识,熟悉这部分内容的读者可以跳过不读.

单值标量函数$f(\boldsymbol{x}) = f(x_1, x_2, \cdots, x_n)$的$n$个自变量可以被看作是$n$维状态空间的点.对函数$f(\boldsymbol{x})$的正负性可以作如下定义.

如果对于状态空间任意的非零点$\boldsymbol{x}$,都有函数$f(\boldsymbol{x})$大于零,而且仅当$\boldsymbol{x}=0$时,才有$f(\boldsymbol{x})=0$.则称函数$f(\boldsymbol{x})$是**正定**的,记为$f(\boldsymbol{x})>0$.

如果对于状态空间任意的非零点$\boldsymbol{x}$,都有函数$f(\boldsymbol{x})$大于或等于零,而且当$\boldsymbol{x}=0$

时,有 $f(\boldsymbol{x})=0$. 则称函数 $f(\boldsymbol{x})$是**正半定**的,记为 $f(\boldsymbol{x})\geqslant 0$.

如果函数 $-f(\boldsymbol{x})$是正定的,则称函数 $f(\boldsymbol{x})$是**负定**的,记为 $f(\boldsymbol{x})<0$. 即对于状态空间任意的非零点 $\boldsymbol{x}$,都有函数 $f(\boldsymbol{x})$小于零,而且仅当 $\boldsymbol{x}=0$ 时,才有 $f(\boldsymbol{x})=0$.

如果函数 $-f(\boldsymbol{x})$是正半定的,则称函数 $f(\boldsymbol{x})$是**负半定**的,记为 $f(\boldsymbol{x})\leqslant 0$. 即对于状态空间任意的非零点 $\boldsymbol{x}$,都有函数 $f(\boldsymbol{x})$小于等于零,而且当 $\boldsymbol{x}=0$ 时,有 $f(\boldsymbol{x})=0$.

如果对于状态空间非零点 $\boldsymbol{x}$, $f(\boldsymbol{x})$或为正值、或为负值、或为零,则称函数 $f(\boldsymbol{x})$是**不定**的.

二次型函数是一类特殊的函数,它的定号性对于讨论李雅普诺夫稳定性有重要作用.

二次型函数 $Q(\boldsymbol{x})$可以被表示为

$$Q(\boldsymbol{x}) = \sum_{i=1,j=1}^{n} p_{ij}x_i x_j = \boldsymbol{x}^{\mathrm{T}}\boldsymbol{P}\boldsymbol{x}, \tag{11.1.12}$$

其中 $\boldsymbol{P}$ 为 $n\times n$ 实对称矩阵,即

$$\boldsymbol{P} = \begin{bmatrix} p_{11} & p_{12} & \cdots & p_{1n} \\ p_{21} & p_{22} & \cdots & p_{2n} \\ \vdots & \vdots & \ddots & \vdots \\ p_{n1} & p_{n2} & \cdots & p_{nn} \end{bmatrix} \tag{11.1.13}$$

中 $p_{ij}=p_{ji}(i,j=1,2,\cdots,n)$. 对称矩阵 $\boldsymbol{P}$ 被称为二次型函数 $Q(\boldsymbol{x})$的**加权矩阵**. 如果对称矩阵 $\boldsymbol{P}$ 的秩为 r,则称二次型函数 $Q(\boldsymbol{x})$的秩为 r.

二次型函数 $Q(\boldsymbol{x})$与它的加权矩阵 $\boldsymbol{P}$ 是一一对应的. 这样,就可以把二次型函数 $Q(\boldsymbol{x})$的定号性扩展到它的加权矩阵 $\boldsymbol{P}$ 的定号性.

二次型函数 $Q(\boldsymbol{x})=\boldsymbol{x}^{\mathrm{T}}\boldsymbol{P}\boldsymbol{x}$ 的正定性、正半定性、负定性、负半定性,等价于它的加权矩阵 $\boldsymbol{P}$ 的正定性、正半定性、负定性和负半定性,且分别记为 $\boldsymbol{P}>0$、$\boldsymbol{P}\geqslant 0$、$\boldsymbol{P}<0$ 和 $\boldsymbol{P}\leqslant 0$.

简单的二次型函数可以通过直接观察来判断它的定号性. 例如,二次型 $Q(\boldsymbol{x})=x_1^2+x_2^2$ 显然是正定的. 又如二次型 $V(\boldsymbol{x})=(x_1+x_2)^2$ 是正半定的,因为不仅在 $x_1=x_2=0$ 点有 $V(\boldsymbol{x})=0$,而且在 $x_1=-x_2$ 点也有 $V(\boldsymbol{x})=0$,所以该函数满足 $V(\boldsymbol{x})\geqslant 0$,而不是 $V(\boldsymbol{x})>0$. 再如,$W(\boldsymbol{x})=-x_2^2$ 是负半定的. 因为不但在 $x_1=x_2=0$ 点有 $W(\boldsymbol{x})=0$,而且在 $x_2=0$、$x_1\neq 0$ 的点也有 $W(\boldsymbol{x})=0$,所以该函数只满足 $W(\boldsymbol{x})\leqslant 0$,而不是 $W(\boldsymbol{x})<0$.

复杂的二次型函数可以借助对称矩阵定号性的西尔维斯特(Sylvester)判据来判定.

定理 11.1.1(西尔维斯特判据) 式(11.1.13)所示的实对称矩阵 $\boldsymbol{P}$ 为正定的充分必要条件是矩阵 $\boldsymbol{P}$ 的各阶主子式均大于零,即

$$\Delta_1 = p_{11} > 0, \quad \Delta_2 = \det\begin{bmatrix} p_{11} & p_{12} \\ p_{21} & p_{22} \end{bmatrix} > 0,$$

$$\Delta_3 = \det\begin{bmatrix} p_{11} & p_{12} & p_{13} \\ p_{21} & p_{22} & p_{23} \\ p_{31} & p_{32} & p_{33} \end{bmatrix} > 0, \quad \cdots,$$

$$\Delta_n = \det\boldsymbol{P} > 0. \tag{11.1.14}$$

实对称矩阵 $\boldsymbol{P}$ 为负定的充分必要条件是矩阵 $\boldsymbol{P}$ 的各阶主子式满足

$$\left.\begin{aligned} &\Delta_i > 0(i\text{ 为偶数}) \\ &\Delta_i < 0(i\text{ 为奇数}) \end{aligned}\right\} \quad (i = 1,2,\cdots,n), \tag{11.1.15}$$

实对称矩阵 $\boldsymbol{P}$ 为正半定的充分必要条件是矩阵 $\boldsymbol{P}$ 的前 $n-1$ 阶主子式非负，而矩阵 $\boldsymbol{P}$ 的行列式为零. 即

$$\Delta_1 \geqslant 0, \quad \Delta_2 \geqslant 0, \quad \cdots, \quad \Delta_{n-1} \geqslant 0, \quad \Delta_n = \det\boldsymbol{P} = 0. \tag{11.1.16}$$

实对称矩阵 $\boldsymbol{P}$ 为负半定的充分必要条件是矩阵 $\boldsymbol{P}$ 的各阶主子式满足

$$\left.\begin{aligned} &\left.\begin{aligned} &\Delta_i \geqslant 0(i\text{ 为偶数}) \\ &\Delta_i \leqslant 0(i\text{ 为奇数}) \end{aligned}\right\} \quad (i = 1,2,\cdots,n-1) \\ &\Delta_n = \det\boldsymbol{P} = 0 \end{aligned}\right\}. \tag{11.1.17}$$

□

11.2 李雅普诺夫第二方法

采用**李雅普诺夫第二方法**不必求解常微分方程组就能够提供运动的稳定性信息，所以被称为**李雅普诺夫直接方法**. 因为求解非线性微分方程组是很困难的，故而第二方法在被用于非线性系统时更显出它的优越性.

11.2.1 李雅普诺夫函数

如果一个没有外部输入的自治系统的某一个平衡状态是渐近稳定的，那么在这个平衡状态附近，随着系统的运动，它所储存的能量就会随着时间的推移而减少，在达到该平衡状态时它的能量为最小. 所以，如果能够找到一个描述系统能量的函数，就可以讨论系统的能量函数随时间的变化来研究平衡状态的稳定性. 可以认为，李雅普诺夫第二方法是受到这样的物理概念的启发而建立起来的.

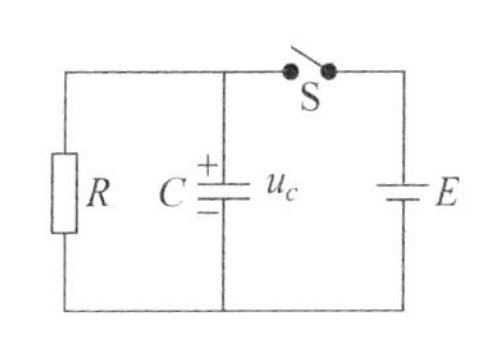

图 11.2.1 例 11.2.1 的 RC 电路

例 11.2.1 一个一阶 RC 电路如图 11.2.1 所示. 开关 S 闭合时电容器充电，然后打开开关. 试讨论该电路的稳定性.

解 以电容器上的电压作为状态 x，即 $x=u_c$，可以得到运动方程

$$RC\,\dot{x} + x = 0.$$

它的解为 $x(t)=x(0)\exp(-t/RC)$. 显然，平衡状态 $x_e=0$ 是渐近稳定的.

现在从能量观点来考察这个系统. 电容器两极板之间储存的电场能为

$$V=\frac{1}{2}Cu_c^2=\frac{1}{2}Cx^2=\frac{1}{2}Cx^2(0)\mathrm{e}^{-2t/RC}>0,$$

它始终取正值. 但电场能随时间的变化率为

$$\dot{V}=-\frac{2}{RC}V<0,$$

它始终取负值. 这表明本系统的运动是电容器电荷的放电过程，电场能随时间的变化率为负，电场能随时间而衰减，在到达系统的平衡状态 $x_e=0$ 时能量为零，运动最终将停止在该平衡状态. 由此可以判断平衡状态 $x_e=0$ 是渐近稳定的. □

采用能量法研究平衡状态稳定性所遇到的主要困难在于有时不容易为一个系统找到它的能量函数，有时甚至根本找不到这样的能量函数. 现在假设能够为所研究的某个系统找到一个函数 $V(\boldsymbol{x})$，它在平衡状态附近具有和能量函数一样的性质，即 $V(\boldsymbol{x})$ 正定、$\dot{V}(\boldsymbol{x})$ 负定，那么，人们感兴趣的是：能不能将这样一个函数看作广义能量函数，并用它来判断系统在该平衡状态的稳定性？李雅普诺夫稳定性的基本定理回答了这个问题.

11.2.2 李雅普诺夫稳定性基本定理

定理 11.2.1 给定一个没有外部输入的定常系统[①]的运动方程和平衡状态

$$\dot{\boldsymbol{x}}=\boldsymbol{f}(\boldsymbol{x}),\quad \boldsymbol{x}_e=0. \tag{11.2.1}$$

假设对该系统可以找到单值标量函数 $V(\boldsymbol{x})$，而且 $V(\boldsymbol{x})$ 对各状态分量均具有一阶连续偏导数. 如果 $V(\boldsymbol{x})$ 及其对时间的导函数 $\dot{V}(\boldsymbol{x})$ 满足下列条件：

(1) $V(\boldsymbol{x})$ 是正定的，即 $\boldsymbol{x}=0$ 时 $V(0)=0$，$\boldsymbol{x}\neq0$ 时 $V(\boldsymbol{x})>0$；

(2) $\dot{V}(\boldsymbol{x})$ 是负定的，

则 $\boldsymbol{x}_e=0$ 是局部渐近稳定的平衡状态. 并称 $V(\boldsymbol{x})$ 是该系统的一个李雅普诺夫函数. 进一步，如果 $V(\boldsymbol{x})$ 还满足

(3) $\lim\limits_{\|x\|\to\infty}V(\boldsymbol{x})=\infty$, (11.2.2)

则 $\boldsymbol{x}_e=0$ 是全局渐近稳定的平衡状态. □

定理 11.2.1 也被称为李雅普诺夫稳定性的基本定理. 基本定理给出了判断平衡状态(原点)渐近稳定的充分条件. 如果在原点附近找到满足上述条件的李雅普诺夫函数 $V(\boldsymbol{x})$，则说明原点是渐近稳定的. 但是，如果找不到满足上述条件的

---

① 一般的时变系统动态方程式为 $\dot{\boldsymbol{x}}=\boldsymbol{f}(\boldsymbol{x},t)$，时变函数 $V(\boldsymbol{x},t)$ 正定性的定义在数学上较为复杂，为避免引入复杂的数学推导和计算，这里取为定常系统. 对时变系统感兴趣的读者，可以参阅郑大钟编著的《线性系统理论》(第二版，清华大学出版社，2002.10)，第五章有关内容.

李雅普诺夫函数 $V(\boldsymbol{x})$，并不能认定原点不是渐近稳定的，也不能认定原点是不稳定的. 这时应当参照下一小节的定理来进行判断. 另外，基本定理本身并没有指明寻找李雅普诺夫函数的方法.

获得李雅普诺夫函数 $V(\boldsymbol{x})$后，可以按照如下过程计算它的导函数

$$\dot{V}(\boldsymbol{x})=\frac{\mathrm{d}}{\mathrm{d}t}V(\boldsymbol{x})=\sum_{i=1}^{n}\frac{\partial V}{\partial x_i}\frac{\partial x_i}{\partial t}=\begin{bmatrix}\frac{\partial V}{\partial x_1} & \cdots & \frac{\partial V}{\partial x_n}\end{bmatrix}\begin{bmatrix}\dot{x}_1\\ \vdots \\ \dot{x}_n\end{bmatrix}$$

$$=\frac{\partial V(\boldsymbol{x})}{\partial \boldsymbol{x}^{\mathrm{T}}}\boldsymbol{f}(\boldsymbol{x}),\tag{11.2.3}$$

上式表明计算 $\dot{V}(\boldsymbol{x})$要依赖系统方程. 导函数 $\dot{V}(\boldsymbol{x})$的负定与否是方程解曲线上的性质，所以在判断稳定性时，$\dot{V}(\boldsymbol{x})$必须在解曲线上小于零.

将李雅普诺夫函数 $V(\boldsymbol{x})$看作广义能量函数，则导函数 $\dot{V}(\boldsymbol{x})$就是广义功率函数. $\dot{V}<0$ 说明解曲线上的运动是消耗功率的过程，运动将持续到能量消耗尽，即 $V=0$同时 $\dot{V}=0$ 为止，也就是到达状态空间的原点.

如果对某个系统找到了一个李雅普诺夫函数 $V(\boldsymbol{x})$，它在状态空间包含原点某个范围内满足基本定理条件(1)和(2)，就可以判断原点是渐近稳定的. 但是，不能由此断定在该范围内出发的运动都一定收敛到原点. 确定一个系统的最大吸引域是困难的，在 11.3 节中将尝试确定一个保守的吸引域范围.

李雅普诺夫函数是满足基本定理条件(1)和(2)的一个标量函数，通常不是惟一的. 在许多情况下，李雅普诺夫函数可以被取为二次型函数，即 $V(\boldsymbol{x})=\boldsymbol{x}^{\mathrm{T}}\boldsymbol{P}\boldsymbol{x}$ 的形式. 其中 $\boldsymbol{P}$ 是二次型的加权矩阵，它是对称矩阵，矩阵元素可以是时变的，也可以是定常的，因系统而异.

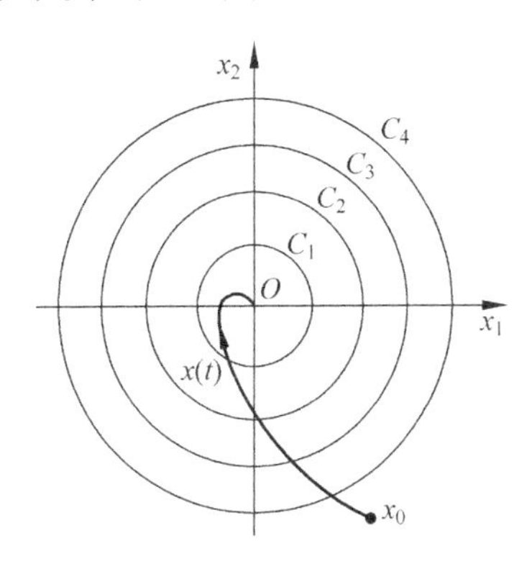

图 11.2.2　稳定性基本定理的几何解释

对于二阶系统，很容易给出基本定理的直观几何解释. 在 x_1-x_2 平面上画出一族同心圆 $x_1^2+x_2^2=C_k^2(k=1,2,\cdots)$，其中 C_k 是常数且满足 $C_{k+1}>C_k>0$，如图 11.2.2 所示.

$V(\boldsymbol{x})=x_1^2+x_2^2$ 是对应正定矩阵 $\boldsymbol{P}=\boldsymbol{I}$ 的二次型函数，它表示从状态 $\boldsymbol{x}$ 到原点的距离的平方，即使将矩阵 $\boldsymbol{P}$ 取为其他正定矩阵，$V(\boldsymbol{x})$也是 $\boldsymbol{x}$ 的某种范数，仍然可以认为它是状态点 $\boldsymbol{x}$ 到原点的距离的某种度量. 条件“$\dot{V}(\boldsymbol{x})<0$ 为负定”说明状态的运动轨迹点与原点间的距离越来越小，或者说状态的运动轨迹总是由外向内穿过同心圆族的各个圆周而趋向原点，从而可知原点是渐近稳定的平衡状态.

对于高阶系统，如果能构造出函数 $V(\boldsymbol{x})=C_k^2$ 而且 $C_{k+1}>C_k>0$，则表示状态

空间有一族包围原点的封闭曲面(称为等 V 面),标号为 k 的曲面包围所有标号小于 k 的曲面. 条件"$\dot{V}(\boldsymbol{x})<0$ 为负定"就说明状态的运动轨迹总是由外向内穿过所遇到每一个等 V 面而趋向原点. 从而可知原点是渐近稳定的平衡状态.

李雅普诺夫提出基本定理时,只提出了渐近稳定的充分条件(1)和(2). 如果条件(1)和(2)在包含原点的某一范围内成立,就可以判断原点是局部渐近稳定的. 而且在条件(1)和(2)成立的范围内必然可以找到一个吸引域,从该吸引域内出发的运动都趋向原点. 但是由该吸引域外出发的运动是否趋向原点,它没有提供任何信息;而且对于该范围以外是否存在别的平衡状态也没有提供信息.

基本定理的全局渐近稳定条件(3)是卡尔曼后来提出的. 在满足条件(1)、(2)、(3)时,原点就是全局渐近稳定的平衡状态. 也就是说,从状态空间任何一点出发的状态运动,最终都趋向原点. 全局渐近稳定也就表明原点是状态空间中惟一的平衡状态.

例 11.2.2　给定系统方程

$$\begin{cases}\dot{x}_1=-4x_2-x_1^3\\ \dot{x}_2=3x_1-x_2^3\end{cases},$$

试采用李雅普诺夫第二方法判断该系统在原点的稳定性.

解　(i) 首先确定系统的平衡状态. 求解 $-4x_2-x_1^3=0$ 和 $3x_1-x_2^3=0$,可以得到 $x_1=0$ 和 $x_2=0$,所以原点是平衡状态.

(ii) 采用第一方法判断稳定性. 在原点附近将系统线性化,可以得到线性化后的状态方程和状态系数矩阵

$$\begin{cases}\dot{x}_1=-4x_2\\ \dot{x}_2=3x_1\end{cases},\quad \boldsymbol{A}=\begin{bmatrix}0&-4\\3&0\end{bmatrix}.$$

线性化系统的特征多项式为 $\varphi(s)=\det(sI-A)=s^2+12$,它的特征根为 $\lambda_{1,2}=\pm \mathrm{j}2\sqrt{3}$,所以线性化系统在原点稳定,但不是渐近稳定. 对于例中给定的非线性系统,它的原点究竟是渐近稳定、稳定还是不稳定将取决于该系统的高次项,不能用第一方法确定.

(iii) 采用第二方法判断稳定性. 设 $V(\boldsymbol{x})=ax_1^2+bx_2^2$,其中 $a>0,b>0$,所以 $V(\boldsymbol{x})>0$. 它的导函数为

$$\begin{aligned}\dot{V}(\boldsymbol{x})&=2ax_1\dot{x}_1+2bx_2\dot{x}_2=2ax_1(-4x_2-x_1^3)+2bx_2(3x_1-x_2^3)\\&=-8ax_1x_2+6bx_1x_2-2ax_1^4-2bx_2^4.\end{aligned}$$

令 $-8ax_1x_2+6bx_1x_2=0$,可以解出 $4a=3b$. 于是,选取正定函数 $V(\boldsymbol{x})=3x_1^2+4x_2^2$,则有 $\dot{V}(\boldsymbol{x})=-6x_1^4-8x_2^4<0$,而且当 $\|\boldsymbol{x}\|\to\infty$ 时,$\lim V(\boldsymbol{x})=\infty$. 所以原点 $\boldsymbol{x}_e=0$ 是全局渐近稳定的平衡状态. □

11.2.3 其他稳定性和不稳定性定理

定理 11.2.2 一个没有外部输入的定常系统的运动方程和平衡状态如式(11.2.1)所示. 假设可以找到单值标量函数 $V(\boldsymbol{x})$，而且 $V(\boldsymbol{x})$ 对各状态分量均有一阶连续偏导数. 如果函数 $V(\boldsymbol{x})$ 及其对时间的导数 $\dot{V}(\boldsymbol{x})$ 满足下列条件：

(1) $V(\boldsymbol{x})>0$，即 $V(\boldsymbol{x})$ 是正定的；

(2) $\dot{V}(\boldsymbol{x})\leqslant 0$，即 $\dot{V}(\boldsymbol{x})$ 是负半定的，

则 $\boldsymbol{x}_e=0$ 是局部稳定的平衡状态. 如果函数 $V(\boldsymbol{x})$ 及其对时间的导数 $\dot{V}(\boldsymbol{x})$ 满足下列条件：

(1*) $V(\boldsymbol{x})>0$，即 $V(\boldsymbol{x})$ 是正定的；

(2*) $\dot{V}(\boldsymbol{x})>0$，即 $\dot{V}(\boldsymbol{x})$ 也是正定的，

则 $\boldsymbol{x}_e=0$ 是局部不稳定的平衡状态. □

对于二阶系统，上述定理的几何解释如图 11.2.3 所示. 在图 11.2.3 中均按 $V(\boldsymbol{x})=C_k^2$ 画有一族等 V 同心圆，图 11.2.3(a)对应于稳定情况，图 11.2.3(b)对应于不稳定情况. 对这两种情况都具有正定的函数 $V(\boldsymbol{x})>0$. 但在图 11.2.3(a)中 $\dot{V}(\boldsymbol{x})\leqslant 0$，状态运动轨迹或者是由外向内穿过诸同心圆(对应 $\dot{V}(\boldsymbol{x})<0$)，或者是沿某个同心圆周运动(对应 $\dot{V}(\boldsymbol{x})=0$)，因此状态运动轨迹与原点的距离最终将小于某一数值，从而原点是稳定的平衡状态. 在图 11.2.3(b)中 $\dot{V}(\boldsymbol{x})>0$，状态运动轨迹由内向外穿过诸同心圆运动，因此状态运动轨迹与原点的距离将越来越大，从而原点是不稳定的平衡状态.

例 11.2.3 考察下列线性系统的稳定性：

$$\dot{\boldsymbol{x}}=\begin{bmatrix}0 & 1\\ -1 & -1\end{bmatrix}\boldsymbol{x}.$$

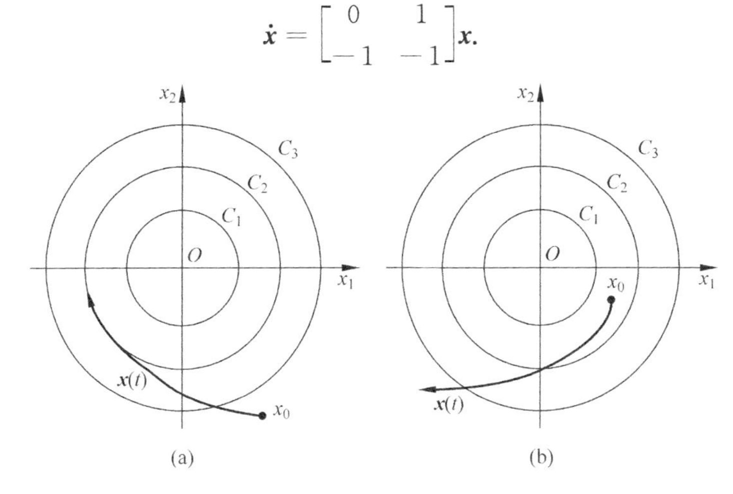

图 11.2.3 稳定和不稳定的几何解释

解 显然，原点是系统的平衡状态. 在采用第一方法来分析时，可以分别得到系统的特征多项式和特征值

$$\varphi(s)=s^2+s+1;\quad \lambda_{1,2}=-\frac{1}{2}\pm \mathrm{j}\frac{\sqrt{3}}{2}.$$

从而证明原点是渐近稳定的平衡状态.

下面采用第二方法来分析. 试取正定的函数 $V(\boldsymbol{x})=2x_1^2+x_2^2>0$，它的导函数 $\dot{V}(\boldsymbol{x})=2x_1x_2-2x_2^2$ 是不定的，不能提供关于稳定性的信息.

再试取正定的函数 $V(\boldsymbol{x})=x_1^2+x_2^2>0$，它的导函数 $\dot{V}(\boldsymbol{x})=-2x_2^2$ 是负半定的. 所以至少可以断定原点是稳定的平衡状态，但它没有指明原点是否为渐近稳定的平衡状态.

重新试取正定的函数

$$V(\boldsymbol{x})=\begin{bmatrix}x_1 & x_2\end{bmatrix}\begin{bmatrix}3 & 1\\1 & 2\end{bmatrix}\begin{bmatrix}x_1\\x_2\end{bmatrix}=3x_1^2+2x_2^2+2x_1x_2,$$

它的导函数 $\dot{V}(\boldsymbol{x})=-2x_1^2-2x_2^2<0$ 是负定的，所以原点是渐近稳定的平衡状态. 并且，李雅普诺夫函数满足

$$\lim_{\|x\|\to\infty}V(\boldsymbol{x})=\infty,$$

所以原点是全局渐近稳定的平衡状态. □

在稳定性的基本定理中，要求李雅普诺夫函数 $V(\boldsymbol{x})$的变化率 $\dot{V}(\boldsymbol{x})$为负定这个条件在许多场合常常是构造函数 $V(\boldsymbol{x})$的困难所在. 而定理 11.2.2 判断稳定性的条件中仅仅要求导函数 $\dot{V}(\boldsymbol{x})$为负半定，就宽松得多. 所以，能否在后者的基础上附加一些条件来判断渐近稳定性，就成为一个很有意义的问题.

为此，这里先比较图 11.2.2 和图 11.2.3(a). 前者的状态运动轨迹都穿过诸同心圆周，后者的状态运动轨迹可能穿过诸同心圆周，也可能沿着某个圆周运动. 如果在 $\dot{V}(\boldsymbol{x})$为负半定时，状态运动轨迹或者是穿过同心圆周，或者虽与某个同心圆相切，但并不永远沿该圆周运动，最终它将穿过该圆周，如图 11.2.4 所示. 那么状态运动轨迹最终仍然可以趋于圆心的平衡状态，从而保证平衡状态是渐近稳定的. 在图 11.2.4 中，状态运动轨迹与 $V(x)=C_2^2$ 这个圆周在 A 点相交，在该点导函数 $\dot{V}(\boldsymbol{x})=0$，但除该点之外，始终有导函数 $\dot{V}(\boldsymbol{x})<0$，所以状态运动轨迹在 A 后仍然进入$V(x)=C_2^2$ 圆周之内并继续向内穿过其他同心圆. 由此可以得出以下结论.

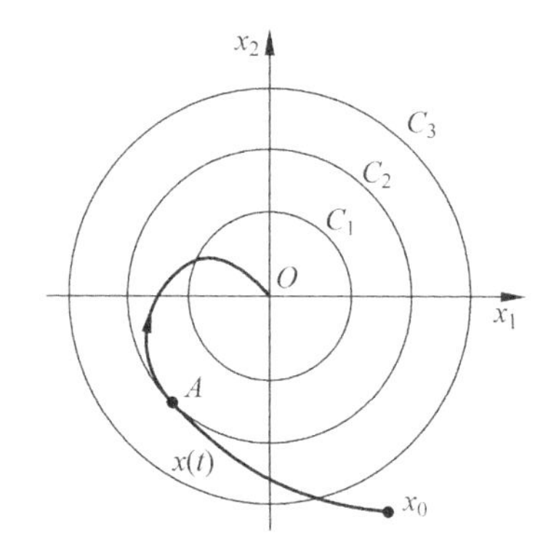

图 11.2.4 渐近稳定的另一种情形

定理 11.2.3 一个没有外部输入的定常系统的运动方程和平衡状态如式(11.2.1)所示. 假设可以找到单值标量函数 $V(\boldsymbol{x})$,而且 $V(\boldsymbol{x})$ 对各状态分量均有一阶连续偏导数. 如果李雅普诺夫函数 $V(\boldsymbol{x})$ 及其对时间的导数 $\dot{V}(\boldsymbol{x})$ 满足下列条件:

(1) $V(\boldsymbol{x})>0$,即 $V(\boldsymbol{x})$ 是正定的;

(2) $\dot{V}(\boldsymbol{x})\leqslant 0$,即 $\dot{V}(\boldsymbol{x})$ 是负半定的;

(3) 但是 $\dot{V}(\boldsymbol{x})$ 在方程式(11.2.1)的非零状态运动轨迹上不恒为零,

则 $\boldsymbol{x}_e=0$ 是局部渐近稳定的平衡状态. □

例 11.2.4 考察例 11.2.3 中的线性系统的稳定性.

解 例 11.2.3 中的线性系统为

$$\begin{cases}\dot{x}_1 = x_2\\ \dot{x}_2 = -x_1 - x_2\end{cases}.$$

它的平衡状态为 $\boldsymbol{x}_e=0$. 取李雅普诺夫函数为 $V(\boldsymbol{x})=x_1^2+x_2^2$,所以 $V(\boldsymbol{x})>0$.

$V(\boldsymbol{x})$ 的导函数 $\dot{V}(\boldsymbol{x})=2x_1x_2+2x_2(-x_1-x_2)=-2x_2^2\leqslant 0$. 因为 $\dot{V}(\boldsymbol{x})$ 是负半定函数,所以需要进一步判断 $\dot{V}(\boldsymbol{x})$ 在解曲线上是否恒等于零.

为此,不妨设 $\dot{V}(x)\equiv 0$,它与条件 $x_2\equiv 0$、x_1 为任意数值等价. 由 $x_2\equiv 0$ 可知 $x_2=0$ 和 $\dot{x}_2=0$. 以 $x_2=0$ 和 $\dot{x}_2=0$ 代入系统的微分方程可得 $x_1=0$ 和 $\dot{x}_1=0$. 这表明 $\dot{V}(\boldsymbol{x})=0$ 只能发生在平衡状态 $\boldsymbol{x}_e=0$,而在任何解曲线上 $\dot{V}(\boldsymbol{x})$ 都不恒等于零. 所以,平衡状态 $\boldsymbol{x}_e=0$ 是渐近稳定的. □

例 11.2.5 考察如下非线性系统平衡状态的稳定性:

$$\begin{cases}\dot{x}_1 = x_2\\ \dot{x}_2 = -(1+x_2)^2x_2 - x_1\end{cases}.$$

解 令微分方程等于零可知,原点是它的平衡状态. 选择正定的函数 $V(\boldsymbol{x})=x_1^2+x_2^2$,可以计算它的导函数

$$\dot{V}(\boldsymbol{x}) = 2x_1x_2 + 2x_2[-(1+x_2)^2x_2 - x_1] = -2(1+x_2)^2x_2^2 \leqslant 0.$$

显然,当 $x_2=0$ 或 $x_2=-1$ 时,对任意的 x_1 都有 $\dot{V}(\boldsymbol{x})=0$,而对其他的点则有 $\dot{V}(\boldsymbol{x})<0$,所以 $\dot{V}(\boldsymbol{x})$ 是负半定的. 在这种情况下就需要判断 $\dot{V}(\boldsymbol{x})$ 是否在解曲线上恒等于零. 设 $\dot{V}(x)\equiv 0$. 这时存在两种情况:(1) $x_2\equiv 0$ 及 x_1 为任意值;(2) $x_2\equiv -1$ 及 x_1 为任意值.

先看第一种情况. $x_2\equiv 0$ 意味着 $x_2=0$ 和 $\dot{x}_2=0$,将 $x_2=0$ 和 $\dot{x}_2=0$ 其代入系统的方程可以得到 $\dot{x}_1=0$. 这表明 $\dot{V}(x)=0$ 在平衡状态 $\boldsymbol{x}_e=0$ 成立,但该状态不是非零状态解.

再看第二种情况. $x_2 \equiv -1$ 意味着 $x_2=-1$ 和 $\dot{x}_2=0$,将 $x_2=-1$ 代入方程 $\dot{x}_1=x_2$ 可以得到 $\dot{x}_1=-1$;将 $x_2=-1$ 和 $\dot{x}_2=0$ 代入 $\dot{x}_2=-(1+x_2)^2x_2-x_1$ 可以得到 $x_1=0$. 显然这两个结果是互相矛盾的,这说明 $x_2 \equiv -1$ 不是一条解曲线.

综上所述,$\dot{V}(\boldsymbol{x})$不可能在非零解曲线上恒等于零. 所以,$\boldsymbol{x}_e=0$ 是渐近稳定的平衡状态. □

11.2.4 离散系统的李雅普诺夫稳定性定理

一个不受外部作用的定常离散时间系统状态方程和平衡状态可以被表示为

$$\left.\begin{aligned} \boldsymbol{x}(k+1) &= \boldsymbol{f}[\boldsymbol{x}(k)] \\ \boldsymbol{x}_e &= 0 \end{aligned}\right\}. \tag{11.2.4}$$

离散系统的李雅普诺夫稳定性的基本定理如下.

定理 11.2.4　对一个定常离散时间自治系统(11.2.4),如果可以找到单值标量函数 $V[\boldsymbol{x}(k)]$,而且 $V[\boldsymbol{x}(k)]$及其对时间的差分 $\Delta V[\boldsymbol{x}(k)]=V[\boldsymbol{x}(k+1)]-V[\boldsymbol{x}(k)]$满足下列条件:

(1) $V[\boldsymbol{x}(k)]$是正定的,

(2) $\Delta V[\boldsymbol{x}(k)]$是负定的,

则 $\boldsymbol{x}_e=0$ 是局部渐近稳定的平衡状态. $V[\boldsymbol{x}(k)]$被称为系统(11.2.4)的一个李雅普诺夫函数. 如果 $V[\boldsymbol{x}(k)]$还满足

(3) $$\lim_{\|\boldsymbol{x}(k)\| \to \infty} V[\boldsymbol{x}(k)]=\infty, \tag{11.2.5}$$

则 $\boldsymbol{x}_e=0$ 是全局渐近稳定的平衡状态. □

离散系统基本定理 11.2.4 与连续系统基本定理 11.2.2 的差别在于,连续系统使用的是李雅普诺夫的导函数,而离散系统由于不存在导数,所以只能使用李雅普诺夫函数的差分 $\Delta V[\boldsymbol{x}(k)]$. 与此相仿,将连续系统的其他稳定性定理推广到离散系统时,也要在定理中做相应的修改,这里不再赘述.

11.3 吸引域

李雅普诺夫稳定性定理只给出了平衡状态的渐近稳定性结论,但在平衡状态渐近稳定时,它没有说明从什么范围内的初始状态出发的运动能够最终趋向该平衡状态. 不过,从应用角度而言,仅仅知道平衡状态渐近稳定是不够的,最好能够知道在多大范围内出发的运动能够最终趋于该平衡状态. 在 11.1.2 小节中已经指出,**吸引域**是以平衡状态为内点的状态空间的一部分. 当初始状态位于吸引域内时,起源于这些初始状态的运动一定是渐近稳定的,即运动时间充分长以后,从这些初始状态出发的运动都充分地趋近于平衡状态.

上一节已经指出,如果李雅普诺夫函数在状态空间包含原点的某个范围内满足基本定理条件(1)和(2),就可以判断该原点是渐近稳定的. 但是,不能由此断定该范围就是该平衡状态的吸引域. 确定最大吸引域是困难的,不过在许多情况下,可以尝试寻找一个保守的吸引域范围.

估计一个吸引域的方法有多种,这里介绍一种比较直观和易于理解的方法. 首先要确定李雅普诺夫函数 $V(\boldsymbol{x})$ 满足基本定理条件(1)和(2)的、包含原点的范围 S,然后在该范围的边界上寻找函数 $V(\boldsymbol{x})$ 最小值 $V_{\min}$,则 $V(\boldsymbol{x})\leqslant V_{\min}$ 就是一个保守的吸引域估计范围.

例 11.3.1　考察如下非线性系统在原点附近的吸引域:

$$\begin{cases}\dot{x}_1=-\dfrac{1}{2}x_1+x_2\\[2mm]\dot{x}_2=(x_1^2+x_2^2)x_1-\dfrac{1}{2}x_2\end{cases}.$$

解　(i) 首先确认原点是系统的平衡状态. 将 $x_1=x_2=0$ 代入方程,有 $\dot{x}_1=\dot{x}_2=0$. 所以 $\boldsymbol{x}_e=0$ 是该系统的一个平衡状态.

(ii) 判断该平衡状态的稳定性. 选一个李雅普诺夫函数

$$V(\boldsymbol{x})=x_1^2+2x_1x_2+3x_2^2=(x_1+x_2)^2+2x_2^2>0.$$

它的导函数为

$$\begin{aligned}\dot{V}(\boldsymbol{x})&=2(x_1+x_2)(\dot{x}_1+\dot{x}_2)+4x_2\dot{x}_2\\&=2(x_1+x_2)\dot{x}_1+(2x_1+6x_2)\dot{x}_2\\&=2(x_1+x_2)\left[-\frac{1}{2}x_1+x_2\right]+2(x_1+3x_2)\left[(x_1^2+x_2^2)x_1-\frac{1}{2}x_2\right]\\&=(x_1^2+x_2^2)[2x_1(x_1+3x_2)-1].\end{aligned}$$

显然,$\dot{V}(\boldsymbol{x})$ 在 $2x_1(x_1+3x_2)<1$ 的范围(图 11.3.1 中的虚线)内为负定,而且原点为该范围的内点,所以原点是局部渐近稳定的.

(iii) 确定一个吸引域的保守估计. 为此,先要在 $\dot{V}=0$ 边界上寻找 V 的最小值 $V_{\min}$. 由 $\dot{V}(\boldsymbol{x})=0$,即 $2x_1(x_1+3x_2)=1$,可以解得

$$x_2=\frac{1}{3}\left(\frac{1}{2x_1}-x_1\right).$$

以此代入李雅普诺夫函数,可将曲线 $\dot{V}(\boldsymbol{x})=0$ 上的李雅普诺夫函数表示为

$$\begin{aligned}V(\boldsymbol{x})&=x_1^2+2x_1\left[\frac{1}{3}\left(\frac{1}{2x_1}-x_1\right)\right]+3\left[\frac{1}{3}\left(\frac{1}{2x_1}-x_1\right)\right]^2\\&=\frac{2}{3}x_1^2+\frac{1}{12x_1^2}.\end{aligned}$$

使上式对 x_1 的导数为零,即

$$\frac{\mathrm{d}V}{\mathrm{d}x_1}=\frac{4}{3}x_1+\frac{1}{12}\cdot\frac{-2}{x_1^3}=\frac{4}{3}x_1-\frac{1}{6x_1^3}=0,$$

可得

$$x_1^2=\frac{1}{2\sqrt{2}},\quad V_{\min}=\frac{\sqrt{2}}{3}.$$

$V(\boldsymbol{x})=V_{\min}$必然在 $\dot{V}<0$ 的区域内，$V(\boldsymbol{x})<V_{\min}$就是一个估计的吸引域. 因此，本例的一个吸引域为

$$x_1^2-2x_1x_2+3x_2^2<\frac{\sqrt{2}}{3}.$$

该吸引域的边界如图 11.3.1 中的椭圆点划线所示. 而图中的实线则是通过仿真所得的准确吸引域边界. □

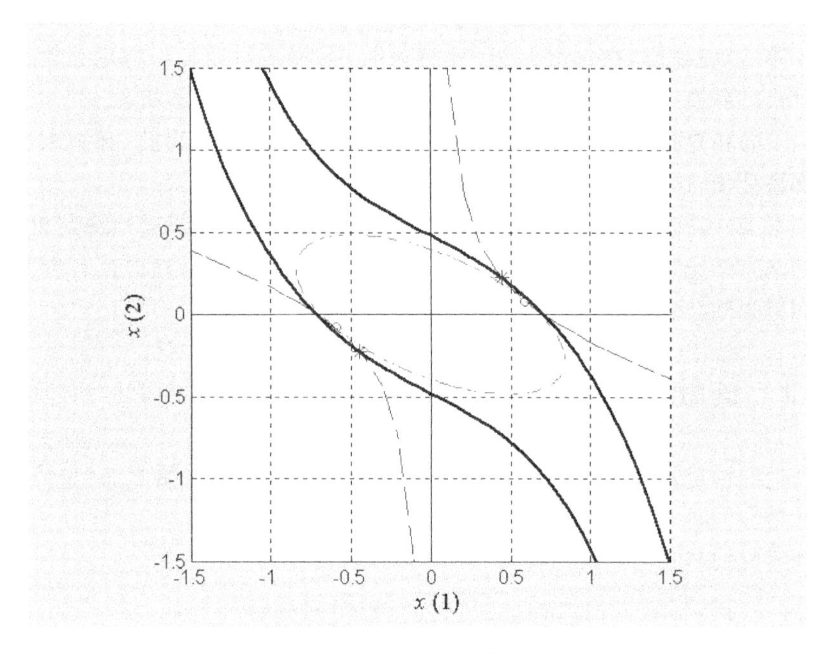

图 11.3.1　例 11.3.1 的稳定范围

在例 11.3.1 的系统中，如果令 $\dot{x}_1=0$ 和 $\dot{x}_2=0$，可以发现该系统实际有 3 个平衡状态，它们分别是(0,0)，$(\sqrt{5}/5,\sqrt{5}/10)$，$(-\sqrt{5}/5,-\sqrt{5}/10)$，既然存在三个平衡状态，原点当然不是全局渐近稳定的. 在这些平衡点对系统线性化，采用相平面分析方法可以知道：原点是渐近稳定的平衡状态，而$(\sqrt{5}/5,\sqrt{5}/10)$和$(-\sqrt{5}/5,-\sqrt{5}/10)$都是鞍点. 图 11.3.1 中也用“*”号标记出了这两个鞍点，它们正好在准确的吸引域边界上.

采用不同的李雅普诺夫函数，采用不同的估计方法，可以得到不同的吸引域. 如果能够对一个平衡状态寻找几个不同的吸引域，这些吸引域就会有一个并集. 显然，当一个初始状态在这个并集内时，从这个初始状态出发的运动轨迹就一定

会趋向于该平衡状态.所以,尽管很难寻找一个平衡状态的最大吸引域,但是可以采用这种方法获得一个比较大的吸引域.

11.4 李雅普诺夫方法在线性定常系统中的应用

设一个不受外部作用的线性定常系统状态方程为

$$\dot{\boldsymbol{x}} = \boldsymbol{A}\boldsymbol{x}. \tag{11.4.1}$$

在第3章和第9章的9.2.2小节曾经指出,系统式(11.4.1)的运动可以被表示为它的诸模态的组合,而模态则惟一地依赖于状态系数矩阵 $\boldsymbol{A}$ 的特征值.如果矩阵 $\boldsymbol{A}$ 的特征值都具有负实部,则在时间 t 趋于无穷大时,系统式(11.4.1)的所有模态都趋于零.也就是说,在时间 t 趋于无穷大时,系统式(11.4.1)的运动轨迹将趋于原点.所以,状态空间原点是系统式(11.4.1)的渐近稳定平衡状态.

以上分析是按照李雅普诺夫第一方法的思路进行的.为此,必须求出矩阵 $\boldsymbol{A}$ 的全部特征值,这对于高阶系统有时是困难的.

在本节中,将采用李雅普诺夫第二方法对线性定常系统进行稳定性分析.所导出的基本结论将比第3章中叙述的劳思和霍尔维茨稳定判据具有更宽的适用范围和更强的功能,而且无须计算系统的特征多项式.

11.4.1 连续系统的李雅普诺夫方程

由于线性定常系统式(11.4.1)的渐近稳定性和惟一平衡状态(原点)的渐近稳定性是一回事,所以在本节的文字叙述中就不再加以区分.

为系统式(11.4.1)选取函数

$$V(\boldsymbol{x}) = \boldsymbol{x}^{\mathrm{T}}\boldsymbol{P}\boldsymbol{x}, \tag{11.4.2}$$

其中 $n\times n$ 阶对称加权矩阵 $\boldsymbol{P}>0$,它是一个正定矩阵. $V(\boldsymbol{x})$的导函数为

$$\begin{aligned}\dot{V}(\boldsymbol{x}) &= \dot{\boldsymbol{x}}^{\mathrm{T}}\boldsymbol{P}\boldsymbol{x} + \boldsymbol{x}^{\mathrm{T}}\boldsymbol{P}\dot{\boldsymbol{x}} = \boldsymbol{x}^{\mathrm{T}}(\boldsymbol{A}^{\mathrm{T}}\boldsymbol{P} + \boldsymbol{P}\boldsymbol{A})\boldsymbol{x} \\ &= -\boldsymbol{x}^{\mathrm{T}}\boldsymbol{Q}\boldsymbol{x},\end{aligned} \tag{11.4.3}$$

式中

$$\boldsymbol{A}^{\mathrm{T}}\boldsymbol{P} + \boldsymbol{P}\boldsymbol{A} = -\boldsymbol{Q}. \tag{11.4.4}$$

该矩阵方程被称为**连续系统的李雅普诺夫方程**.如果 $n\times n$ 阶对称权矩阵 $\boldsymbol{Q}>0$,即 $\boldsymbol{Q}$ 为正定矩阵,则由李雅普诺夫基本定理可知,原点是渐近稳定的.由此可以得到如下定理.

定理 11.4.1 对以式(11.4.1)表示的不受外部作用的线性定常系统,它的平衡状态 $\boldsymbol{x}_{\mathrm{e}}=0$ 全局渐近稳定平衡的充分必要条件是:对任意一个给定的正定矩阵 $\boldsymbol{Q}$,矩阵方程式(11.4.4)有正定解矩阵 $\boldsymbol{P}$.

证明 这个定理的充分性由李雅普诺夫稳定性基本定理可直接推出,不需要

单独证明.

证明其必要性就是要证明：如果系统是渐近稳定的，那么对一个给定的正定矩阵 $\boldsymbol{Q}$，矩阵方程式(11.4.4)有正定解矩阵 $\boldsymbol{P}$.

首先求式(11.4.4)的一个解. 如果系统(11.4.1)是渐近稳定的，那么在时间 t 趋于无穷时，系统的状态转移矩阵 $\exp(\boldsymbol{A}t)$ 必定趋向于零. 构造 $n\times n$ 维时变函数矩阵

$$\boldsymbol{E}(t)=\mathrm{e}^{\boldsymbol{A}^{\mathrm{T}}t}\boldsymbol{Q}\,\mathrm{e}^{\boldsymbol{A}t}. \tag{11.4.5}$$

它满足 $\boldsymbol{E}(0)=\boldsymbol{Q}$ 和 $\boldsymbol{E}(\infty)=0$，而且它是矩阵微分方程

$$\dot{\boldsymbol{E}}=\boldsymbol{A}^{\mathrm{T}}\boldsymbol{E}+\boldsymbol{E}\boldsymbol{A},\quad \boldsymbol{E}(0)=\boldsymbol{Q} \tag{11.4.6}$$

的解矩阵. 关于这一点，只要将式(11.4.5)代入矩阵微分方程式(11.4.6)即可验证.

将矩阵微分方程式(11.4.6)两边从 $t=0$ 到 $t=\infty$ 积分，可得

$$\boldsymbol{E}(\infty)-\boldsymbol{E}(0)=\boldsymbol{A}^{\mathrm{T}}\int_0^{\infty}\boldsymbol{E}(t)\mathrm{d}t+\int_0^{\infty}\boldsymbol{E}(t)\mathrm{d}t\boldsymbol{A}. \tag{11.4.7}$$

令

$$\boldsymbol{P}=\int_0^{\infty}\boldsymbol{E}(t)\mathrm{d}t=\int_0^{\infty}\mathrm{e}^{\boldsymbol{A}^{\mathrm{T}}t}\boldsymbol{Q}\mathrm{e}^{\boldsymbol{A}t}\mathrm{d}t, \tag{11.4.8}$$

显然，它满足李雅普诺夫方程式(11.4.4).

下面需要证明矩阵 $\boldsymbol{P}$ 的正定性，该证明将分存在性、对称性、正定性三个步骤来进行.

先证明矩阵 $\boldsymbol{P}$ 的存在性，即证明积分式(11.4.8)是收敛的. 时变矩阵 $\boldsymbol{E}(t)$ 的每个元素 $e_{ij}(t)$ 是 $\exp(\lambda_i t)\exp(\lambda_j t)$ 的组合，其中 $i,j=1,2,\cdots,n$. 因为状态转移矩阵 $\exp(\boldsymbol{A}t)$ 随着时间增大必定趋向于零，所以 $e_{ij}(t)$ 的广义积分是收敛的，故而矩阵 $\boldsymbol{P}$ 存在.

然后证明矩阵 $\boldsymbol{P}$ 的对称性，即证明 $\boldsymbol{P}^{\mathrm{T}}=\boldsymbol{P}$. 由于给定的矩阵 $\boldsymbol{Q}$ 是正定的，所以

$$\boldsymbol{P}^{\mathrm{T}}=\int_0^{\infty}(\mathrm{e}^{\boldsymbol{A}^{\mathrm{T}}t}\boldsymbol{Q}\mathrm{e}^{\boldsymbol{A}t})^{\mathrm{T}}\mathrm{d}t=\int_0^{\infty}\mathrm{e}^{\boldsymbol{A}^{\mathrm{T}}t}\boldsymbol{Q}^{\mathrm{T}}\mathrm{e}^{\boldsymbol{A}t}\mathrm{d}t=\int_0^{\infty}\mathrm{e}^{\boldsymbol{A}^{\mathrm{T}}t}\boldsymbol{Q}\mathrm{e}^{\boldsymbol{A}t}\mathrm{d}t=\boldsymbol{P}. \tag{11.4.9}$$

最后证明矩阵 $\boldsymbol{P}$ 的正定性. 将任意的非零向量 $\boldsymbol{x}_0\neq 0$ 看做初始状态，于是 $\boldsymbol{x}(t)=\mathrm{e}^{\boldsymbol{A}t}\boldsymbol{x}_0$. 则

$$\boldsymbol{x}_0^{\mathrm{T}}\boldsymbol{P}\boldsymbol{x}_0=\int_0^{\infty}\boldsymbol{x}_0^{\mathrm{T}}\mathrm{e}^{\boldsymbol{A}^{\mathrm{T}}t}\boldsymbol{Q}\,\mathrm{e}^{\boldsymbol{A}t}\boldsymbol{x}_0\mathrm{d}t=\int_0^{\infty}\boldsymbol{x}^{\mathrm{T}}(t)\boldsymbol{Q}\boldsymbol{x}(t)\mathrm{d}t. \tag{11.4.10}$$

由于转移矩阵 $\exp(\boldsymbol{A}t)$ 非奇异，所以与 $\boldsymbol{x}_0\neq 0$ 对应的 $\boldsymbol{x}(t)=\exp(\boldsymbol{A}t)\boldsymbol{x}_0$ 也是非零向量. 又由于矩阵 $\boldsymbol{Q}$ 正定，所以式(11.4.10)中的被积函数是正定的二次型函数，在积分区间[0,∞)上都取正值. 因此，式(11.4.10)的积分结果为正，从而证明矩阵 $\boldsymbol{P}$ 是正定的. 至此，必要性证明完毕. □

在该定理中已经隐含了线性定常系统的李雅普诺夫函数 $V(\boldsymbol{x})=\boldsymbol{x}^{\mathrm{T}}\boldsymbol{P}\boldsymbol{x}$ 以及它的导函数 $\dot{V}(x)=-x^{\mathrm{T}}\boldsymbol{Q}x$，而且该定理表明，在系统渐近稳定时，矩阵 $\boldsymbol{P}$ 可以由

式(11.4.8)描述.

李雅普诺夫方程式(11.4.4)有解的条件是矩阵 $\boldsymbol{A}$ 既没有纯虚数的特征值,也没有正负号彼此相反的特征值. 所以,如果李雅普诺夫方程式(11.4.4)无解,说明系统可能是稳定的,矩阵 $\boldsymbol{A}$ 具有纯虚数特征值; 或者可能是不稳定的,矩阵 $\boldsymbol{A}$ 具有符号相反的特征值.

李雅普诺夫方程中的给定矩阵 $\boldsymbol{Q}$ 可以任意选取. 但为了计算方便,常取单位矩阵 $\boldsymbol{Q}=\boldsymbol{I}$,这时矩阵方程化为

$$\boldsymbol{A}^{\mathrm{T}}\boldsymbol{P}+\boldsymbol{P}\boldsymbol{A}=-\boldsymbol{I}. \tag{11.4.11}$$

对渐近稳定的线性定常系统,给定正定矩阵 $\boldsymbol{Q}$,可以根据李雅普诺夫方程式(11.4.4)获得正定矩阵 $\boldsymbol{P}$,从而获得一个李雅普诺夫函数. 不过,若取矩阵 $\boldsymbol{P}=\boldsymbol{I}$,而由矩阵方程 $\boldsymbol{A}^{\mathrm{T}}+\boldsymbol{A}=-\boldsymbol{Q}$ 计算 $\boldsymbol{Q}$,那么即使对于渐近稳定的线性定常系统,也不能保证 $\boldsymbol{Q}$ 正定. 所以,矩阵 $\boldsymbol{A}^{\mathrm{T}}+\boldsymbol{A}$ 负定只是线性定常系统 $\dot{\boldsymbol{x}}=\boldsymbol{A}x$ 渐近稳定的充分条件。

例 11.4.1 利用线性系统的李雅普诺夫方程来考察例 11.2.3 中的系统的稳定性.

解 系统的状态方程为

$$\dot{\boldsymbol{x}}=\begin{bmatrix}0 & 1\\ -1 & -1\end{bmatrix}\boldsymbol{x}.$$

以

$$\boldsymbol{P}=\begin{bmatrix}a & b\\ b & c\end{bmatrix},\quad \boldsymbol{Q}=2\boldsymbol{I}$$

代入李雅普诺夫方程可得

$$\begin{bmatrix}0 & -1\\ 1 & -1\end{bmatrix}\begin{bmatrix}a & b\\ b & c\end{bmatrix}+\begin{bmatrix}a & b\\ b & c\end{bmatrix}\begin{bmatrix}0 & 1\\ -1 & -1\end{bmatrix}=\begin{bmatrix}-2 & 0\\ 0 & -2\end{bmatrix}.$$

使左右两边矩阵对应元素相等可以得到联立方程

$$\begin{cases}-2b=-2\\ a-b-c=0,\\ 2b-2c=-2\end{cases}$$

它的解为 $a=3,b=1,c=2$,于是对称矩阵为

$$\boldsymbol{P}=\begin{bmatrix}3 & 1\\ 1 & 2\end{bmatrix}.$$

计算它的各阶主子式可知,$\Delta_1=3>0,\Delta_2=\det\boldsymbol{P}=6-1=5>0$,所以对称矩阵 $\boldsymbol{P}$ 是正定的,故而系统原点是渐近稳定的. □

如果线性系统的状态系数矩阵 $\boldsymbol{A}$ 的所有特征值实部都小于一个负常数 $-\sigma$,则矩阵 $\boldsymbol{A}+\sigma\boldsymbol{I}$ 的所有特征值都具有负实部,这样,我们可以将定理 11.4.1 加以推广而得到如下推论.

推论 11.4.1　系统式(11.4.1)的所有特征值的实部都小于负常数$-\sigma$的充分必要条件是：对任意一个给定的正定矩阵$\boldsymbol{Q}$,矩阵方程

$$\boldsymbol{A}^{\mathrm{T}}\boldsymbol{P}+\boldsymbol{P}\boldsymbol{A}+2\sigma\boldsymbol{P}=-\boldsymbol{Q} \tag{11.4.12}$$

有正定解矩阵$\boldsymbol{P}$. □

利用这个推论可以评价系统运动的品质,特别是系统响应的快速性.

11.4.2　离散系统的李雅普诺夫方程

对于不受外部作用的线性定常离散时间系统

$$\boldsymbol{x}(k+1)=\boldsymbol{G}\boldsymbol{x}(k), \tag{11.4.13}$$

可以得到如下的定理.

定理 11.4.2　线性定常离散时间系统式(11.4.13)的平衡状态$\boldsymbol{x}_{\mathrm{e}}=0$全局渐近稳定的充分必要条件是：对任意一个给定的正定矩阵$\boldsymbol{Q}$,矩阵方程

$$\boldsymbol{G}^{\mathrm{T}}\boldsymbol{P}\boldsymbol{G}-\boldsymbol{P}=-\boldsymbol{Q} \tag{11.4.14}$$

有正定解矩阵$\boldsymbol{P}$. □

矩阵方程式(11.4.14)被称为**离散系统的李雅普诺夫方程**. 它的推导十分简单,由$V[\boldsymbol{x}(k)]=\boldsymbol{x}^{\mathrm{T}}(k)\boldsymbol{P}\boldsymbol{x}(k)$很容易得到

$$\begin{aligned}\Delta V[\boldsymbol{x}(k)]&=\boldsymbol{x}^{\mathrm{T}}(k+1)\boldsymbol{P}\boldsymbol{x}(k+1)-\boldsymbol{x}^{\mathrm{T}}(k)\boldsymbol{P}\boldsymbol{x}(k)\\&=[\boldsymbol{G}\boldsymbol{x}(k)]^{\mathrm{T}}\boldsymbol{P}[\boldsymbol{G}\boldsymbol{x}(k)]-\boldsymbol{x}^{\mathrm{T}}\boldsymbol{P}\boldsymbol{x}(k)\\&=\boldsymbol{x}^{\mathrm{T}}(k)[\boldsymbol{G}^{\mathrm{T}}\boldsymbol{P}\boldsymbol{G}-\boldsymbol{P}]\boldsymbol{x}(k)=-\boldsymbol{x}^{\mathrm{T}}(k)\boldsymbol{Q}\boldsymbol{x}(k),\end{aligned} \tag{11.4.15}$$

从而得到离散线性系统的李雅普诺夫方程. 与连续系统相似,也可以得到如下推论.

推论 11.4.2　系统式(11.4.13)的所有特征值的模都小于常数ρ的充分必要条件是：对任意一个给定的正定矩阵$\boldsymbol{Q}$,矩阵方程

$$\rho^{2}\boldsymbol{G}^{\mathrm{T}}\boldsymbol{P}\boldsymbol{G}-\boldsymbol{P}=-\boldsymbol{Q} \tag{11.4.16}$$

有正定解矩阵$\boldsymbol{P}$. □

11.4.3　系统响应快速性的估计

李雅普诺夫第二方法在控制系统中的应用不仅仅限于稳定性分析,它还可以被用来研究线性系统或非线性系统的自由运动趋向原点速度的快慢,即系统自由响应的快速性.

在 11.2 节曾提到,李雅普诺夫函数$V(\boldsymbol{x})$可以被看做是状态$\boldsymbol{x}$到系统平衡状态的距离的尺度,而$\dot{V}(\boldsymbol{x})<0$则表明李雅普诺夫函数$V(\boldsymbol{x})$沿着解曲线随时间增长而逐渐减少. 一般情况下,为分析计算方便,对平衡状态不等于零的系统总是通过坐标变换将平衡状态变换到原点,所以$\dot{V}(\boldsymbol{x})<0$就表明状态$\boldsymbol{x}$到原点的距离随

时间增长逐渐缩短,状态 $\boldsymbol{x}$ 最终将趋于原点,系统在原点是渐近稳定的. 这样,导函数 $\dot{V}(\boldsymbol{x})$就可以度量状态 $\boldsymbol{x}$ 趋向原点的速度. 定义

$$\eta = -\frac{\dot{V}(\boldsymbol{x})}{V(\boldsymbol{x})}. \tag{11.4.17}$$

显然,对于渐近稳定的系统,η 在所有时间上都取正值. η 越大,说明渐近稳定运动 $\boldsymbol{x}(t)$趋于原点的速度越快. 方程式(11.4.17)的解为

$$V(\boldsymbol{x}) = V(\boldsymbol{x}_0)\exp\left(-\int_{t_0}^{t}\eta \mathrm{d}t\right), \tag{11.4.18}$$

其中 $\boldsymbol{x}_0$、t_0 分别是系统的初始状态和初始时刻. 式(11.4.18)表示当 $\boldsymbol{x}(t)$由初始状态 $\boldsymbol{x}_0$ 出发沿运动轨迹变化时李雅普诺夫函数 $V(\boldsymbol{x})$的变化规律. 根据定义,η 是时间 t 的函数,所以式(11.4.18)的计算不很方便,因此下面采用 η 的极小值来估计系统的运动速度.

定义 η 的极小值

$$\eta_{\mathrm{m}} = \min\left[-\frac{\dot{V}(\boldsymbol{x})}{V(\boldsymbol{x})}\right], \tag{11.4.19}$$

则 $\eta_{\mathrm{m}} \leqslant \eta$,它是一个正常数. 将其代入式(11.4.18),可以推导出

$$V(\boldsymbol{x}) \leqslant V(\boldsymbol{x}_0)\exp\left(-\int_{t_0}^{t}\eta_{\mathrm{m}} \mathrm{d}t\right) = V(\boldsymbol{x}_0)\mathrm{e}^{-\eta_{\mathrm{m}}(t-t_0)}. \tag{11.4.20}$$

显然,η_{m}给出了李雅普诺夫函数 $V(\boldsymbol{x})$以多快速度趋于零的一种估计. 由于李雅普诺夫函数 $V(\boldsymbol{x})$常常取为状态 $\boldsymbol{x}$ 的二次型,所以 η_{m}也给出了状态 $\boldsymbol{x}$ 趋于原点快慢的估计. 倒数 $1/\eta_{\mathrm{m}}$是表征李雅普诺夫函数 $V(\boldsymbol{x})$变化的最大时间常数,故而 $t-t_0$ 就给出了系统由 $V(\boldsymbol{x}_0)$变化到 $V(\boldsymbol{x})$所需时间的最长估计值.

值得注意的是 η_{m}依赖于李雅普诺夫函数的选取. 在对应于不同李雅普诺夫函数的诸 η_{m}中选择最大的一个来作为系统自由响应最慢速度的估计值,就可以估计运动所需的最长时间.

对于线性定常系统,可以由李雅普诺夫方程 $\boldsymbol{A}^{\mathrm{T}}\boldsymbol{P}+\boldsymbol{P}\boldsymbol{A}=-\boldsymbol{Q}$ 中的矩阵 $\boldsymbol{Q}$ 和 $\boldsymbol{P}$ 来确定 η_{m}. 计算 η_{m}等价于在约束条件 $\boldsymbol{x}^{\mathrm{T}}\boldsymbol{P}\boldsymbol{x}=1$ 下求 $\eta=\boldsymbol{x}^{\mathrm{T}}\boldsymbol{Q}\boldsymbol{x}$ 极小值. 为此写出增广函数

$$L = \boldsymbol{x}^{\mathrm{T}}\boldsymbol{Q}\boldsymbol{x} + \mu(\boldsymbol{x}^{\mathrm{T}}\boldsymbol{P}\boldsymbol{x} - 1), \tag{11.4.21}$$

并令其对 $\boldsymbol{x}$ 的偏导数等于零,即

$$\frac{\partial L}{\partial \boldsymbol{x}} = 2\boldsymbol{Q}\boldsymbol{x} + 2\mu\boldsymbol{P}\boldsymbol{x} = 2(\boldsymbol{Q}+\mu\boldsymbol{P})\boldsymbol{x} = 0. \tag{11.4.22}$$

设 $\boldsymbol{x}_{\mathrm{m}}$ 是一个驻点,那么

$$(\boldsymbol{Q}+\mu\boldsymbol{P})\boldsymbol{x}_{\min} = 0. \tag{11.4.23}$$

将上式左乘 $\boldsymbol{x}_{\mathrm{m}}^{\mathrm{T}}$,即得

$$\begin{aligned}\boldsymbol{x}_{\mathrm{m}}^{\mathrm{T}}(\boldsymbol{Q}+\mu\boldsymbol{P})\boldsymbol{x}_{\mathrm{m}} &= \boldsymbol{x}_{\mathrm{m}}^{\mathrm{T}}\boldsymbol{Q}\boldsymbol{x}_{\mathrm{m}} + \mu\boldsymbol{x}_{\mathrm{m}}^{\mathrm{T}}\boldsymbol{P}\boldsymbol{x}_{\mathrm{m}} \\ &= \boldsymbol{x}_{\mathrm{m}}^{\mathrm{T}}\boldsymbol{Q}\boldsymbol{x}_{\mathrm{m}} + \mu = 0.\end{aligned} \tag{11.4.24}$$

由此可得 $\boldsymbol{x}_{\mathrm{m}}^{\mathrm{T}}\boldsymbol{Q}\boldsymbol{x}_{\mathrm{m}}=-\mu$,这是一个正数,它是与驻点 $\boldsymbol{x}_{\mathrm{m}}$ 对应的一个极值.

令 $-\mu=\lambda$,可将式(11.4.23)改写为

$$(\boldsymbol{Q}-\lambda\boldsymbol{P})\boldsymbol{x}_{\mathrm{m}}=(\boldsymbol{Q}\boldsymbol{P}^{-1}-\lambda\boldsymbol{I})\boldsymbol{P}\boldsymbol{x}_{\mathrm{m}}=(\boldsymbol{Q}\boldsymbol{P}^{-1}-\lambda\boldsymbol{I})\boldsymbol{w}_{\mathrm{m}}=0, \tag{11.4.25}$$

其中 $\boldsymbol{w}_{\mathrm{m}}=\boldsymbol{P}\boldsymbol{x}_{\mathrm{m}}$. 显然,$\lambda$ 是 $\boldsymbol{Q}\boldsymbol{P}^{-1}$ 的一个特征值. 因为 η_{m} 为极小值,是 λ 中的最小者,所以 η_{m} 就是 $\boldsymbol{Q}\boldsymbol{P}^{-1}$ 的一个最小特征值.

例 11.4.2　采用李雅普诺夫函数估计下列系统自由响应的最大时间常数:

$$\dot{\boldsymbol{x}}=\begin{bmatrix}0 & 1\\ -1 & -1\end{bmatrix}\boldsymbol{x}.$$

解　系统特征方程 $|s\boldsymbol{I}-\boldsymbol{A}|=s^2+s+1$. 这是一个阻尼系数 $\zeta=0.5$、无阻尼自然振荡频率 $\omega_{\mathrm{n}}=1$ 的二阶系统. 这个系统曾在例 11.4.1 中讨论过. 对给定的正定矩阵 $\boldsymbol{Q}=2\boldsymbol{I}$,由李雅普诺夫方程 $\boldsymbol{A}^{\mathrm{T}}\boldsymbol{P}+\boldsymbol{P}\boldsymbol{A}=-\boldsymbol{Q}$ 已经解出正定矩阵

$$\boldsymbol{P}=\begin{bmatrix}3 & 1\\ 1 & 2\end{bmatrix}.$$

下面采用两种方法确定 η_{m}:

(1) 极值法. 由矩阵 $\boldsymbol{Q}$ 和 $\boldsymbol{P}$ 可以得出李雅普诺夫函数及其导函数分别为

$$V(\boldsymbol{x})=\boldsymbol{x}^{\mathrm{T}}\boldsymbol{P}\boldsymbol{x}=3x_1^2+2x_2^2+2x_1x_2,$$

$$\dot{V}(\boldsymbol{x})=-\boldsymbol{x}^{\mathrm{T}}\boldsymbol{Q}\boldsymbol{x}=-2(x_1^2+x_2^2).$$

所以

$$\eta=-\frac{\dot{V}(\boldsymbol{x})}{V(\boldsymbol{x})}=\frac{-2x_1^2-2x_2^2}{3x_1^2+2x_2^2+2x_1x_2}.$$

η 的最小值 η_{m} 可以通过令上式导数为零求出. 由 $\mathrm{d}\eta/\mathrm{d}x_1=0$ 可以得到

$$x_1^2-x_1x_2-x_2^2=0,$$

其解为 $x_1=\pm1.168x_2$. 由 $\mathrm{d}\eta/\mathrm{d}x_2=0$ 可以得到同样结果. 将 $x_1=1.168x_2$ 代入 η 的表达式,得 $\eta_{\mathrm{m1}}=0.553$; 将 $x_1=-1.168x_2$ 代入 η 的表达式,得 $\eta_{\mathrm{m2}}=1.447>\eta_{\mathrm{m1}}$. 所以,$\eta_{\mathrm{m}}=\eta_{\mathrm{m1}}=0.553$.

(2) 求矩阵 $\boldsymbol{Q}\boldsymbol{P}^{-1}$ 的最小特征值的方法. 由于矩阵 $\boldsymbol{Q}=2\boldsymbol{I}$,所以 $\boldsymbol{Q}\boldsymbol{P}^{-1}$ 的特征值就是 $2\boldsymbol{P}^{-1}$ 的特征值,也就是矩阵 $\boldsymbol{P}$ 特征值的倒数的 2 倍. 矩阵 $\boldsymbol{P}$ 的两个特征值为 3.618 和 1.382. 取其中的最大值求倒数并乘以 2,得 $\eta_{\mathrm{m}}=2/3.618=0.553$.

两种方法的答案是一致的. 据此可以估计李雅普诺夫函数 $V(\boldsymbol{x})$ 收敛的时间常数的上限为 $1/\eta_{\mathrm{m}}=1.809\mathrm{s}$. 考虑到 $V(\boldsymbol{x})$ 包含状态变量的平方,所以可以认为系统自由响应时间常数的上限估计是 $T_{\mathrm{M}}=2/\eta_{\mathrm{m}}=3.618\mathrm{s}$. □

上例的实际时间响应为衰减振荡,其幅值包络线按指数函数 $\exp(-\zeta\omega_{\mathrm{n}}t)$ 衰减. 若不考虑名义上的时间常数 $1/\omega_{\mathrm{n}}$,而按振幅衰减速率考虑,那么系统的实际时间常数应为 $T=1/\zeta\omega_{\mathrm{n}}=2\mathrm{s}$. 可见按照本节所示方法求得的时间常数是对系统实际时间响应速度的一个保守估计. 取不同的李雅普诺夫函数,会获得不同的估计值,

其中可能包含比本例数值更好地描述实际响应速度的估计.

11.4.4 参数的优化设计

在线性系统中,常常使用各种积分指标来评价系统的控制品质,如误差绝对值积分(IAE)指标$\int_0^\infty |e(t)| \mathrm{d}t$、误差平方积分(ISE)指标$\int_0^\infty e^2(t)\mathrm{d}t$等等.本小节讨论在二次型积分品质指标最小意义下,如何利用李雅普诺夫方法使系统参数最优.

设线性系统状态方程为

$$\dot{\boldsymbol{x}} = \boldsymbol{A}(\alpha)\boldsymbol{x}. \tag{11.4.26}$$

其中状态系数矩阵$\boldsymbol{A}(\alpha)$的某些元素依赖于可选参数α.参数α的选择原则是使二次型积分品质指标

$$J = \int_0^\infty \boldsymbol{x}^{\mathrm{T}}\boldsymbol{Q}\boldsymbol{x}\,\mathrm{d}t \tag{11.4.27}$$

达到最小.其中$\boldsymbol{Q}$为正定或半正定矩阵.

用李雅普诺夫方法解决这类问题是很有效的.矩阵$\boldsymbol{A}(\alpha)$所描述的系统应当是渐近稳定的.这样,由指标J中给定的正定或半正定矩阵$\boldsymbol{Q}$可以通过求解李雅普诺夫方程$\boldsymbol{A}^{\mathrm{T}}(\alpha)\boldsymbol{P}+\boldsymbol{P}\boldsymbol{A}(\alpha)=-\boldsymbol{Q}$来获得正定的、含有参数$\alpha$的矩阵$\boldsymbol{P}(\alpha)$.在这种情况下,李雅普诺夫函数及其导函数分别为$V(\boldsymbol{x})=\boldsymbol{x}^{\mathrm{T}}\boldsymbol{P}\boldsymbol{x}$和$\dot{V}(\boldsymbol{x})=-\boldsymbol{x}^{\mathrm{T}}\boldsymbol{Q}\boldsymbol{x}$.于是,指标式(11.4.27)可以化为

$$\begin{aligned} J &= \int_0^\infty \boldsymbol{x}^{\mathrm{T}}\boldsymbol{Q}\boldsymbol{x}\,\mathrm{d}t = \int_0^\infty -\dot{V}(t)\mathrm{d}t = -V(t)\Big|_{t=0}^{t=\infty} \\ &= \boldsymbol{x}^{\mathrm{T}}(0)\boldsymbol{P}(\alpha)\boldsymbol{x}(0) - \boldsymbol{x}^{\mathrm{T}}(\infty)\boldsymbol{P}(\alpha)\boldsymbol{x}(\infty). \end{aligned} \tag{11.4.28}$$

由于系统是渐近稳定的,$\boldsymbol{x}(\infty)=0$,所以指标成为

$$J = V(\boldsymbol{x})\big|_{t=0} = \boldsymbol{x}^{\mathrm{T}}(0)\boldsymbol{P}(\alpha)\boldsymbol{x}(0). \tag{11.4.29}$$

于是,问题转化为选择什么样的参数α使上式为最小,也就是函数J的求极值问题.

该极值问题的必要条件是

$$\frac{\partial J}{\partial \alpha} = 0, \tag{11.4.30}$$

充分必要条件是

$$\frac{\partial J}{\partial \alpha} = 0; \quad \frac{\partial^2 J}{\partial^2 \alpha} > 0. \tag{11.4.31}$$

由式(11.4.29)可以看出,参数最优值与初始状态$\boldsymbol{x}(0)$有关.在特殊情况下,例如$\boldsymbol{x}(0)$只包含一个非零的分量,而其余分量均为零,则参数最优值也可以与初始状态$\boldsymbol{x}(0)$无关.

例 11.4.3 给定图11.4.1所示二阶系统,其中ζ为阻尼系数,输入y_{r}为阶跃

函数. 已知 $t=0$ 时的初始条件为 $\dot{y}(0)=0$、而 $y(0)$ 是不确知的. 取系统的性能指标为 $J=\int_0^{\infty}(e^2+\beta\dot{e}^2)\mathrm{d}t$，其中误差 $e=y_{\mathrm{r}}-y$，$\beta\geqslant 0$ 为给定的加权系数. 问阻尼系数 ζ 为多大时指标达到最小.

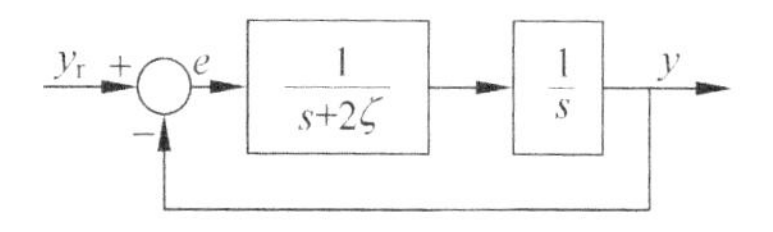

图 11.4.1　例 11.4.3 的控制系统

解　(i) 列写状态方程并计算二次型积分指标. 选取状态 $x_1=e=y_{\mathrm{r}}-y$ 和 $x_2=\dot{e}=-\dot{y}$，则状态方程为

$$\begin{bmatrix}\dot{x}_1\\ \dot{x}_2\end{bmatrix}=\begin{bmatrix}0 & 1\\ -1 & -2\zeta\end{bmatrix}\begin{bmatrix}x_1\\ x_2\end{bmatrix},$$

它的初始条件是：$x_1(0)$ 可以取任意值，$x_2(0)=0$. 系统的二次型指标为

$$J=\int_0^{\infty}(e^2+\beta\dot{e}^2)\mathrm{d}t=\int_0^{\infty}(x_1^2+\beta x_2^2)\mathrm{d}t=\int_0^{\infty}[x_1\quad x_2]\begin{bmatrix}1 & 0\\ 0 & \beta\end{bmatrix}\begin{bmatrix}x_1\\ x_2\end{bmatrix}\mathrm{d}t.$$

所以加权矩阵

$$\boldsymbol{Q}=\begin{bmatrix}1 & 0\\ 0 & \beta\end{bmatrix}.$$

在 $\beta\neq 0$ 时为正定矩阵，而 $\beta=0$ 时为正半定矩阵.

(ii) 求指标的最小值. 首先由李雅普诺夫方程求矩阵 $\boldsymbol{P}(\zeta)$，根据 $\boldsymbol{A}^{\mathrm{T}}(\zeta)\boldsymbol{P}(\zeta)+\boldsymbol{P}(\zeta)\boldsymbol{A}(\zeta)=-\boldsymbol{Q}$ 可以解得

$$\boldsymbol{P}(\zeta)=\begin{bmatrix}\zeta+\dfrac{1+\beta}{4\zeta} & \dfrac{1}{2}\\ \dfrac{1}{2} & \dfrac{1+\beta}{4\zeta}\end{bmatrix}.$$

由此可以写出李雅普诺夫函数

$$V(x,\zeta)=\boldsymbol{x}^{\mathrm{T}}\boldsymbol{P}(\zeta)\boldsymbol{x}=\zeta x_1^2+\frac{1+\beta}{4\zeta}(x_1^2+x_2^2)+x_1x_2.$$

再根据式(11.4.29)并考虑到初始条件 $x_2(0)=0$，可以将该指标改写为

$$J=V(\boldsymbol{x},\zeta)\Big|_{\substack{x_1=x_1(0)\\ x_2=0}}=\left(\zeta+\frac{1+\beta}{4\zeta}\right)x_1^2(0)$$

令 $\partial J/\partial\zeta=0$，就可以求出使指标最小的阻尼系数 ζ 的最优值，即

$$\zeta=\frac{\sqrt{1+\beta}}{2}.$$

(iii) 讨论. 当 $\beta=0$ 时，指标化为误差平方积分(IAE)指标，此时阻尼系数最优值 $\zeta=0.5$. 当 $\beta=1$ 时，阻尼比最优值 $\zeta=0.707$. 这些都和第 3 章中得出的结果一致. □

11.5 李雅普诺夫方法在非线性系统中的应用

与线性系统相比,分析非线性系统的稳定性要复杂得多,其原因如下.第一,非线性特性具有多样性和复杂性;第二,非线性系统的平衡状态可能不止一个,而且可能有的平衡状态是稳定的,有的是不稳定的;第三,李雅普诺夫第二方法的几个定理都只提供充分条件,在简单情况下,可以参照系统的能量函数来选取李雅普诺夫函数,或者将李雅普诺夫函数取为二次型函数,但在复杂情况下,往往会因找不到满足定理条件的李雅普诺夫函数而不能对系统稳定性做出判定.这就促使人们研究各种构成李雅普诺夫函数和判定系统渐近稳定性的实用方法.迄今为止,已经创立了一系列构成李雅普诺夫函数的方法.但是这些方法大都分别适应一类特定情况,目前还没有适用于一切情况的通用方法,也谈不上是“最优”的方法.

本节叙述构造李雅普诺夫函数的众多方法中的两种,即克拉索夫斯基方法和变量梯度法.

11.5.1 克拉索夫斯基方法

为了判定非线性系统稳定性,克拉索夫斯基(A. A. Красовский)提出一种可能的李雅普诺夫函数形式.对于一个不受外部作用的非线性定常系统

$$\dot{\boldsymbol{x}} = \boldsymbol{f}(\boldsymbol{x}), \tag{11.5.1}$$

如果 $\boldsymbol{f}(0)=0$,那么状态空间原点是平衡状态,即 $\boldsymbol{x}_e=0$.克拉索夫斯基方法采用方程式(11.5.1)右端函数的范数作为候选李雅普诺夫函数,即

$$V(\boldsymbol{x}) = \boldsymbol{f}^{\mathrm{T}}(\boldsymbol{x})\boldsymbol{f}(\boldsymbol{x}) = \|\boldsymbol{f}(\boldsymbol{x})\|. \tag{11.5.2}$$

由上述函数 $V(\boldsymbol{x})$ 可以看出,当 $\boldsymbol{x}=0$ 时,$\boldsymbol{f}(0)=0$,即 $V(0)=0$;如果系统在所讨论的范围内只有一个平衡状态 $\boldsymbol{x}_e=0$,则当 $\boldsymbol{x}\neq 0$ 时,$\boldsymbol{f}(x)\neq 0$,其范数必然大于零,即 $V(\boldsymbol{x})>0$.所以函数 $V(\boldsymbol{x})$ 是正定的.

计算 $V(\boldsymbol{x})$ 的导函数,可以得到

$$\dot{V}(\boldsymbol{x}) = \dot{\boldsymbol{f}}^{\mathrm{T}}(\boldsymbol{x})\boldsymbol{f}(\boldsymbol{x}) + \boldsymbol{f}^{\mathrm{T}}(\boldsymbol{x})\dot{\boldsymbol{f}}(\boldsymbol{x}). \tag{11.5.3}$$

而式(11.5.1)右端函数的导数是

$$\dot{\boldsymbol{f}}(\boldsymbol{x}) = \frac{\partial \boldsymbol{f}(\boldsymbol{x})}{\partial \boldsymbol{x}^{\mathrm{T}}}\dot{\boldsymbol{x}} = \boldsymbol{F}(\boldsymbol{x})\dot{\boldsymbol{x}}, \tag{11.5.4}$$

其中

$$F(x)=\frac{\partial f(x)}{\partial x^{\mathrm{T}}}=\begin{bmatrix}\frac{\partial f_1}{\partial x_1} & \frac{\partial f_1}{\partial x_2} & \cdots & \frac{\partial f_1}{\partial x_n}\\ \frac{\partial f_2}{\partial x_1} & \frac{\partial f_2}{\partial x_2} & \cdots & \frac{\partial f_2}{\partial x_n}\\ \vdots & \vdots & \ddots & \vdots\\ \frac{\partial f_n}{\partial x_1} & \frac{\partial f_n}{\partial x_2} & \cdots & \frac{\partial f_n}{\partial x_n}\end{bmatrix} \tag{11.5.5}$$

是系统式(11.5.1)的雅可比矩阵.将其代入式(11.5.3),可得

$$\dot{V}(x)=f^{\mathrm{T}}(x)\left[F^{\mathrm{T}}(x)+F(x)\right]f(x). \tag{11.5.6}$$

前面已经说明,当 $x=0$ 时,$f(0)=0$,这时满足“在考察的范围内只有一个平衡态 $x_e=0$”的条件;当 $x\neq 0$ 时,$f(x)\neq 0$.在式(11.5.6)中,函数 $\dot{V}(x)$ 是二次型函数,所以 $\dot{V}(x)$ 的负定性和 $F^{\mathrm{T}}(x)+F(x)$ 的负定性等价.

定理 11.5.1(克拉索夫斯基定理)　设不受外部作用的非线性定常系统式(11.5.1)在所讨论的范围内具有惟一平衡状态 $x_e=0$,那么在该范围内,当 $F^{\mathrm{T}}(x)+F(x)$ 负定时,$x_e=0$ 是渐近稳定的平衡状态.进一步讲,如果在全状态空间 $F^{\mathrm{T}}(x)+F(x)$ 均负定,且当 $\|x\|\to\infty$ 时,有 $\|f(x)\|\to\infty$,则 $x_e=0$ 是全局渐近稳定的平衡状态. □

克拉索夫斯基定理提供的只是渐近稳定的充分条件,适合于在所考虑范围内只存在一个平衡状态的情况.但如果 $F^{\mathrm{T}}(x)+F(x)$ 不是负定的,并不能就此判定系统不是渐近稳定的.

如果雅可比矩阵 $F(x)$ 本身就是对称矩阵,定理条件可以简化为只判断是否满足 $F(x)<0$.

如果判定矩阵 $F^{\mathrm{T}}(x)+F(x)$ 是负定的,取单位矩阵 I 的列向量 $e_i\neq 0$,则有 $e_i^{\mathrm{T}}[F^{\mathrm{T}}+F]e_i<0$,由此可以推断,雅可比矩阵 $F(x)$ 的所有对角元素都为负值.所以,判定矩阵 $F^{\mathrm{T}}(x)+F(x)$ 为负定的必要条件是方程右端函数 $f(x)$ 的每个分量 $f_i(x)$ 必须包含 x_i,且偏导数 $\partial f_i(x)/\partial x_i$ 必须为负值.这样,在判定系统式(11.5.1)的稳定性时,首先应当观察方程右端函数 $f(x)$ 的每个分量 $f_i(x)$ 是否满足上述条件,如不满足,则不必尝试采用克拉索夫斯基方法.

对非零的 n 维向量 $z\neq 0$,$z^{\mathrm{T}}F(x)z$ 是标量,它与它的转置 $z^{\mathrm{T}}F^{\mathrm{T}}(x)z$ 必定相等.所以有

$$z^{\mathrm{T}}\left[F^{\mathrm{T}}(x)+F(x)\right]z=z^{\mathrm{T}}F^{\mathrm{T}}(x)z+z^{\mathrm{T}}F(x)z=2z^{\mathrm{T}}F(x)z. \tag{11.5.7}$$

显然,当 $F^{\mathrm{T}}(x)+F(x)$ 负定时,有 $z^{\mathrm{T}}F(x)\neq 0$ 和 $F(x)z\neq 0$.这就意味着 $F(x)$ 在 $x\neq 0$ 时非奇异,即 $\det[F(x)]\neq 0$.

而且,当 $x\neq 0$ 时,根据 $\det[F(x)]\neq 0$ 很容易推断 $f(x)\neq 0$.所以,当 $F^{\mathrm{T}}(x)+F(x)$ 在状态空间中包含原点的某个范围内负定时,该范围内不会存在另外的平衡状态.

例 11.5.1　采用克拉索夫斯基方法证明系统

$$\begin{cases}\dot{x}_1 = -5x_1 + x_2 \\ \dot{x}_2 = x_1 - x_2 - x_2^3\end{cases}$$

的平衡状态 $\boldsymbol{x}_e=0$ 是全局渐近稳定的.

解　根据系统的微分方程可知 $\boldsymbol{x}_e=0$ 是系统的平衡状态.

为判断是否可以采用克拉索夫斯基方法,首先求系统方程的偏导数$\partial f_i(\boldsymbol{x})/\partial x_i$. 因为

$$\frac{\partial f_1(\boldsymbol{x})}{\partial x_1} = -5 < 0, \quad \frac{\partial f_2(\boldsymbol{x})}{\partial x_2} = -1 - 3x_2^2 < 0,$$

这两个偏导数均为负值,故而可以尝试应用克拉索夫斯基方法.

然后求出另外两个偏导数构成雅可比矩阵

$$\boldsymbol{F}(\boldsymbol{x}) = \frac{\partial \boldsymbol{f}(\boldsymbol{x})}{\partial \boldsymbol{x}} = \begin{bmatrix} -5 & 1 \\ 1 & -1-3x_2^2 \end{bmatrix}.$$

因为这是一个对称矩阵,所以能够直接被用来作为判别矩阵. 它的第一主子式 $\Delta_1=-5<0$,行列式 $\Delta_2=\det\boldsymbol{F}=15x_2^2+4>0$,这表明 $\boldsymbol{F}(\boldsymbol{x})$ 是负定的. 进一步,当 $\|\boldsymbol{x}\|\to\infty$ 时,李雅普诺夫函数 $V(\boldsymbol{x})=\|\boldsymbol{f}(\boldsymbol{x})\|=(-5x_1+x_2)^2+(x_1-x_2-x_2^3)^2\to\infty$,所以原点是全局渐近稳定的. □

例 11.5.2　采用克拉索夫斯基方法证明系统

$$\begin{cases}\dot{x}_1 = -5x_1 + x_2^2 \\ \dot{x}_2 = x_1 - x_2 - x_2^3\end{cases}$$

的平衡状态 $\boldsymbol{x}_e=0$ 是全局渐近稳定的.

解　$\boldsymbol{x}_e=0$ 是系统的平衡状态. 首先计算构成雅可比矩阵对角元素的两个偏导数$\partial f_i(\boldsymbol{x})/\partial x_i$,它们的表达式分别为

$$\frac{\partial f_1(\boldsymbol{x})}{\partial x_1} = -5 < 0, \quad \frac{\partial f_2(\boldsymbol{x})}{\partial x_2} = -1 - 3x_2^2 < 0.$$

这两个值与例 11.5.1 相同,均为负值,所以可以尝试应用克拉索夫斯基方法.

然后求出另外两个偏导数来构成雅可比矩阵

$$\boldsymbol{F}(\boldsymbol{x}) = \begin{bmatrix} -5 & 2x_2 \\ 1 & -1-3x_2^2 \end{bmatrix}.$$

这是一个非对称矩阵,所以要与其转置相加来得到判别矩阵

$$\boldsymbol{F}(x) + \boldsymbol{F}^{\mathrm{T}}(x) = \begin{bmatrix} -10 & 1+2x_2 \\ 1+2x_2 & -2-6x_2^2 \end{bmatrix}.$$

它的第一主子式和行列式分别为

$$\Delta_1 = -10 < 0,$$

$$\begin{aligned}\Delta_2 = \det\boldsymbol{F} &= 56x_2^2 + 19 - 4x_2 = 56\left(x_2^2 - \frac{1}{14}x_2\right) + 19 \\ &= 56\left(x_2 - \frac{1}{28}\right)^2 + 19 - \left(\frac{1}{28}\right)^2 > 0.\end{aligned}$$

这表明判别矩阵是负定的. 进一步,当 $\|\boldsymbol{x}\| \to \infty$ 时,李雅普诺夫函数

$$V(\boldsymbol{x}) = \|\boldsymbol{f}(\boldsymbol{x})\| = (-5x_1 + x_2^2)^2 + (x_1 - x_2 - x_2^3)^2 \to \infty,$$

所以原点是全局渐近稳定的. □

在将克拉索夫斯基定理应用到线性定常系统 $\dot{\boldsymbol{x}} = \boldsymbol{A}\boldsymbol{x}$ 时可以发现,当 $\boldsymbol{A}^{\mathrm{T}} + \boldsymbol{A}$ 负定时,原点是渐近稳定的平衡状态.

在将非线性系统的定理推广应用于线性系统时,非线性系统应用中的充分条件常常在线性系统应用中转化为充分必要条件. 但是,应用克拉索夫斯基定理时应当注意,判别矩阵 $\boldsymbol{A}^{\mathrm{T}} + \boldsymbol{A}$ 负定仍然只是平衡状态渐近稳定的充分条件,而不是必要条件. 下面给出的示例可以说明这种情况.

例 11.5.3　试说明对一个没有外部作用的线性定常系统

$$\dot{\boldsymbol{x}} = \begin{bmatrix} 0 & 1 \\ -6 & -5 \end{bmatrix}\boldsymbol{x},$$

$\boldsymbol{A}^{\mathrm{T}} + \boldsymbol{A}$ 负定不是判定平衡状态渐近稳定的必要条件.

解　该线性系统的状态系数矩阵具有特征值−2、−3,它们都具有负实部,所以该系统是渐近稳定的. 但是由矩阵

$$\boldsymbol{A}^{\mathrm{T}} + \boldsymbol{A} = \begin{bmatrix} 0 & -5 \\ -5 & -10 \end{bmatrix}$$

可知,它的第一主子式为零,可见 $\boldsymbol{A}^{\mathrm{T}} + \boldsymbol{A}$ 并非负定. 这说明条件 $\boldsymbol{A}^{\mathrm{T}} + \boldsymbol{A}$ 负定对判定平衡状态渐近稳定不具有必要性. □

11.5.2　变量梯度法

舒尔茨(D. G. Schultz)和吉布森(J. E. Gibson)于 1962 年提出的变量梯度法为构造李雅普诺夫函数提供了一种比较实用的方法. 它的特点是采用逆向思维的构造思路,先根据 $\dot{V}(\boldsymbol{x}) < 0$ 找出李雅普诺夫函数的导函数,然后在此基础上再计算函数 $V(\boldsymbol{x})$,如果 $V(\boldsymbol{x})$ 是正定的,就能成功获得所需要的李雅普诺夫函数.

变量梯度法可以用于讨论非线性定常系统式(11.5.1)的稳定性. 设候选的李雅普诺夫函数 $V(\boldsymbol{x})$ 是 $\boldsymbol{x}$ 的显函数,但不显含 t,即 $\partial V(\boldsymbol{x})/\partial t = 0$. 李雅普诺夫函数 $V(\boldsymbol{x})$ 具有方向导数,即单值的**梯度向量** grad$V$,grad$V$ 被定义为 n 维向量

$$\text{grad}V=\begin{bmatrix}\dfrac{\partial V}{\partial x_1}\\\dfrac{\partial V}{\partial x_2}\\\vdots\\\dfrac{\partial V}{\partial x_n}\end{bmatrix}=\begin{bmatrix}\nabla_1\\\nabla_2\\\vdots\\\nabla_n\end{bmatrix}. \tag{11.5.8}$$

舒尔茨和吉布森建议,先将梯度向量 grad$V$ 设为某种形式,并由此求出符合要求的李雅普诺夫函数 $V(\boldsymbol{x})$和导函数 $\dot{V}(\boldsymbol{x})$.

由

$$\dot{V}(\boldsymbol{x})=\frac{\mathrm{d}V}{\mathrm{d}t}=\begin{bmatrix}\dfrac{\partial V}{\partial x_1}&\dfrac{\partial V}{\partial x_2}&\cdots&\dfrac{\partial V}{\partial x_n}\end{bmatrix}\begin{bmatrix}\dot{x}_1\\\dot{x}_2\\\vdots\\\dot{x}_n\end{bmatrix}=[\text{grad}V]^{\mathrm{T}}\dot{\boldsymbol{x}} \tag{11.5.9}$$

可知,李雅普诺夫函数 $V(\boldsymbol{x})$可由梯度向量 grad$V$ 做线积分求得,即

$$\begin{aligned}V(\boldsymbol{x})&=V(\boldsymbol{x})-V(0)=\int_{V(0)}^{V(\boldsymbol{x})}\mathrm{d}V(\boldsymbol{x})=\int_0^{\boldsymbol{x}}[\text{grad}V]^{\mathrm{T}}\mathrm{d}\boldsymbol{x}\\&=\int_0^{\boldsymbol{x}}\sum_{i=1}^{n}\nabla_i\mathrm{d}x_i.\end{aligned} \tag{11.5.10}$$

这是一个沿解曲线的线积分,线积分结果与路径有关. 对梯度向量 grad$V$ 施加一些限制可以做到使积分结果与路径无关. 该限制条件要求梯度向量的雅可比矩阵

$$\frac{\partial}{\partial\boldsymbol{x}^{\mathrm{T}}}(\text{grad}V)=\begin{bmatrix}\dfrac{\partial\nabla_1}{\partial x_1}&\dfrac{\partial\nabla_1}{\partial x_2}&\cdots&\dfrac{\partial\nabla_1}{\partial x_n}\\\dfrac{\partial\nabla_2}{\partial x_1}&\dfrac{\partial\nabla_2}{\partial x_2}&\cdots&\dfrac{\partial\nabla_2}{\partial x_n}\\\vdots&\vdots&\ddots&\vdots\\\dfrac{\partial\nabla_n}{\partial x_1}&\dfrac{\partial\nabla_n}{\partial x_2}&\cdots&\dfrac{\partial\nabla_n}{\partial x_n}\end{bmatrix} \tag{11.5.11}$$

是对称阵,即

$$\frac{\partial\nabla_i}{\partial x_j}=\frac{\partial\nabla_j}{\partial x_i};\quad i\neq j;\quad i,j=1,2,\cdots,n. \tag{11.5.12}$$

在场论中,这一条件就是梯度向量的**旋度**为零,记为 rot(grad$V$)=0.

当条件式(11.5.12)满足时,线积分式(11.5.10)的积分路径可以任意选择. 依次沿各个坐标轴方向分别积分是一条方便的路径,即

$$\begin{aligned}V(x)=&\int_0^{x_1(x_2=x_3=\cdots=x_n=0)}\nabla_1\mathrm{d}x_1+\int_0^{x_2(x_1=x_1,\,x_3=\cdots=x_n=0)}\nabla_2\mathrm{d}x_2+\cdots\\&+\int_0^{x_n(x_1=x_1,x_2=x_2,\cdots,x_{n-1}=x_{n-1})}\nabla_n\mathrm{d}x_n.\end{aligned} \tag{11.5.13}$$

采用变量梯度法构造李雅普诺夫函数的实施方案可以总结如下：

第一步，将李雅普诺夫函数的梯度向量设为

$$\text{grad}V=\begin{bmatrix}a_{11}x_1+a_{12}x_2+\cdots+a_{1n}x_n\\ \vdots\\ a_{n1}x_1+a_{n2}x_2+\cdots+a_{nn}x_n\end{bmatrix}=\boldsymbol{A}(\boldsymbol{x})\boldsymbol{x}. \tag{11.5.14}$$

其中待定系数 a_{ij} 可以是常数，也可以是状态分量 $\boldsymbol{x}_i$ 的函数.

第二步，由梯度向量构造导函数，并由 $\dot{V}(\boldsymbol{x})=(\text{grad}V)^{\mathrm{T}}\dot{\boldsymbol{x}}<0$ 来确定部分待定系数或待定系数间应当满足的关系.

第三步，由限制条件式(11.5.12)来确定部分待定系数或待定系数间应当满足的关系.

第四步，按式(11.5.13)进行积分求出李雅普诺夫函数 $V(\boldsymbol{x})$，并由 $V(\boldsymbol{x})>0$ 来确定其余待定系数.

第五步，确定原点的渐近稳定性. 如果在 $\|\boldsymbol{x}\|\to\infty$ 时，$V(\boldsymbol{x})\to\infty$，则原点是全局渐近稳定的；否则，是局部渐近稳定的.

例 11.5.4　采用变量梯度法研究系统

$$\begin{cases}\dot{x}_1=-x_1+2x_1^2x_2\\ \dot{x}_2=-x_2\end{cases}$$

在平衡状态 $\boldsymbol{x}_e=0$ 的渐近稳定性.

解　(i) 确定平衡态. 由系统方程可知，当 $\boldsymbol{x}=0$ 时，有 $\dot{\boldsymbol{x}}=0$，所以 $\boldsymbol{x}_e=0$ 是系统的平衡状态.

(ii) 设定梯度向量. 设

$$\text{grad}V(\boldsymbol{x})=\begin{bmatrix}\nabla_1\\ \nabla_2\end{bmatrix}=\begin{bmatrix}a_{11}x_1+a_{12}x_2\\ a_{21}x_1+a_{22}x_2\end{bmatrix}.$$

(iii) 计算导函数 $\dot{V}(\boldsymbol{x})$.

$$\begin{aligned}\dot{V}(\boldsymbol{x})&=(\text{grad}V(\boldsymbol{x}))^{\mathrm{T}}\dot{\boldsymbol{x}}=(a_{11}x_1+a_{12}x_2)\,\dot{x}_1+(a_{21}x+a_{22}x_2)\,\dot{x}_2\\ &=(a_{11}x_1+a_{12}x_2)(-x_1+2x_1^2x_2)+(a_{21}x+a_{22}x_2)(-x_2)\\ &=-a_{11}x_1^2(1-2x_1x_2)-a_{22}x_2^2-(a_{12}+a_{21})x_1x_2+2a_{12}x_1^2x_2^2\end{aligned}$$

(iv) 在 $\dot{V}(\boldsymbol{x})$ 表达式中，可选取 $a_{12}=a_{21}=0$，显然它们满足限制条件式(11.5.11). 此时可以看出，若取

$$a_{11}>0,\quad a_{22}>0,\quad x_1x_2<\frac{1}{2},$$

则可以保证 $\dot{V}(\boldsymbol{x})<0$. 不妨取 $a_{11}=1$，$a_{22}=2$. 另外也可以看到，平衡态 $\boldsymbol{x}_e=0$ 是范围 $x_1x_2<0.5$ 的内点.

(v) 计算函数 $V(\boldsymbol{x})$. 对梯度向量

$$\mathrm{grad}V(\boldsymbol{x}) = \begin{bmatrix} \nabla_1 \\ \nabla_2 \end{bmatrix} = \begin{bmatrix} x_1 \\ 2x_2 \end{bmatrix}$$

按坐标积分,可以得到函数

$$V(\boldsymbol{x}) = \int_0^{x_1} x_1 \mathrm{d}x_1 + 2\int_0^{x_2} 2x_2 \mathrm{d}x_2 = \frac{1}{2}x_1^2 + x_2^2.$$

因为 $V(\boldsymbol{x})>0$,所以 $\boldsymbol{x}_e=0$ 是局部渐近稳定平衡状态. 李雅普诺夫函数存在的范围是 $x_1x_2<0.5$. □

对例 11.5.4 可以做两点说明. 第一点,本例得出了局部渐近稳定的结论,李雅普诺夫函数的存在范围与计算过程中人为取定的待定系数有关,会因待定系数的选取不同而不同. 第二点,研究非线性系统稳定性的方法不是惟一的. 本例题也可以采用克拉索夫斯基方法. 此时,雅可比矩阵为

$$\boldsymbol{F} = \begin{bmatrix} -1 & 2x_1^2 \\ 0 & -1 \end{bmatrix}.$$

因为它是非对称矩阵,所以应将它与它的转置相加来获得判别矩阵

$$\boldsymbol{F} + \boldsymbol{F}^{\mathrm{T}} = \begin{bmatrix} -2 & 2x_1^2 \\ 2x_1^2 & -2 \end{bmatrix}.$$

分别计算 $\boldsymbol{F}+\boldsymbol{F}^{\mathrm{T}}$ 的第一主子式和行列式可得 $\Delta_1=-2<0, \Delta_2=4-4x_1^4>0$. 这表明在范围 $|x_1|<1$ 内,$\boldsymbol{F}+\boldsymbol{F}^{\mathrm{T}}$ 是负定的,所以,原点是局部渐近稳定的.

如果采用李雅普诺夫第一方法,就可以求得系统在原点的雅可比矩阵

$$\boldsymbol{A} = \boldsymbol{F}(x)\big|_{x=0} = \begin{bmatrix} -1 & 0 \\ 0 & -1 \end{bmatrix}.$$

显然,线性系统是渐近稳定的,所以原系统在原点附近是渐近稳定的.

例 11.5.5 采用变量梯度法研究系统

$$\begin{cases} \dot{x}_1 = x_2 \\ \dot{x}_2 = -x_2 - x_1^3 \end{cases}$$

在平衡状态 $\boldsymbol{x}_e=0$ 的渐近稳定性.

解 (i) 确定系统的平衡状态. 当 $\boldsymbol{x}=0$ 时,有 $\dot{\boldsymbol{x}}=0$,所以 $\boldsymbol{x}_e=0$ 是系统的平衡状态.

(ii) 设定梯度向量. 令

$$\mathrm{grad}V(\boldsymbol{x}) = \begin{bmatrix} \nabla_1 \\ \nabla_2 \end{bmatrix} = \begin{bmatrix} a_{11}x_1 + a_{12}x_2 \\ a_{21}x_1 + a_{22}x_2 \end{bmatrix}.$$

(iii) 计算导函数 $\dot{V}(\boldsymbol{x})$.

$$\begin{aligned} \dot{V}(\boldsymbol{x}) &= (\mathrm{grad}V)^{\mathrm{T}}\dot{\boldsymbol{x}} \\ &= (a_{11}x_1 + a_{12}x_2)\,\dot{x}_1 + (a_{21}x_1 + a_{22}x_2)\,\dot{x}_2 \\ &= (a_{11}x_1 + a_{12}x_2)x_2 + (a_{21}x_1 + a_{22}x_2)(-x_2 - x_1^3) \\ &= x_1x_2(a_{11} - a_{21} - a_{22}x_1^2) + x_2^2(a_{12} - a_{22}) - a_{21}x_1^4. \end{aligned}$$

显然，在满足 $a_{11}-a_{21}-a_{22}x_1^2=0, a_{12}-a_{22}<0, a_{21}>0$ 时，可以保证 $\dot{V}(\boldsymbol{x})<0$.

(iv) 在 $\dot{V}(\boldsymbol{x})$表达式中，可取 $a_{12}=a_{21}>0$，显然它们满足限制条件式(11.5.11). 由此可以得出 $a_{22}>a_{21}>0$，而且 $a_{11}=a_{21}+a_{22}x_1^2$.

(v) 计算函数 $V(\boldsymbol{x})$. 根据所得的梯度向量按坐标积分可得

$$
\begin{aligned}
V(\boldsymbol{x}) &= \int_0^{x_1(x_2=0)} \nabla_1 \mathrm{d}x_1 + \int_0^{x_2(x_1=x_1)} \nabla_2 \mathrm{d}x_2 \\
&= \int_0^{x_1} a_{11}x_1 \mathrm{d}x_1 + \int_0^{x_2} (a_{21}x_1 + a_{22}x_2)\mathrm{d}x_2.
\end{aligned}
$$

由于 $a_{11}=a_{21}+a_{22}x_1^2=a_{12}+a_{22}x_1^2$，所以

$$
\begin{aligned}
V(\boldsymbol{x}) &= \int_0^{x_1} (a_{12}x_1 + a_{22}x_1^3)\mathrm{d}x_1 + \int_0^{x_2} (a_{12}x_1 + a_{22}x_2)\mathrm{d}x_2 \\
&= \frac{1}{2}a_{12}x_1^2 + a_{12}x_1x_2 + \frac{1}{2}a_{22}x_2^2\ \frac{1}{4}a_{22}x_1^4 \\
&= \frac{1}{2}a_{12}\begin{bmatrix} x_1 & x_2 \end{bmatrix}\begin{bmatrix} 1 & 1 \\ 1 & a_{22}/a_{12} \end{bmatrix}\begin{bmatrix} x_1 \\ x_2 \end{bmatrix}\frac{1}{4}a_{22}x_1^4.
\end{aligned}
$$

由于 $a_{22}>a_{21}>0$，故函数 $V(\boldsymbol{x})$是正定的. 而且 $V(\boldsymbol{x})$满足 $\lim\limits_{\|x\|\to\infty} V(\boldsymbol{x})=\infty$，原点是全局渐近稳定的平衡状态. □

在例 11.5.5 中，如果采用克拉索夫斯基方法，则因为雅可比矩阵

$$
\boldsymbol{F} = \begin{bmatrix} 0 & 1 \\ -3\boldsymbol{x}_1^2 & -1 \end{bmatrix}
$$

的一个对角元素为零，所以无法进行稳定性判别.

如果采用李雅普诺夫第一方法，那么系统在原点的雅可比矩阵为

$$
\boldsymbol{A} = \boldsymbol{F}(\boldsymbol{x})\ |_{x=0} = \begin{bmatrix} 0 & 1 \\ 0 & -1 \end{bmatrix},
$$

线性系统的特征值为 0、−1，所以原非线性系统在原点附近的稳定性则要由高次项确定.

关于变量梯度法的应用范围需要补充说明一点. 尽管对该方法的讨论是针对定常系统进行的，上述推导过程对时变系统不一定正确，但仍然可以借用该方法来寻找时变系统的李雅普诺夫函数，而且可以将梯度向量中的系数设置成时间的函数. 不过应当注意，利用这样求得的函数 $V(\boldsymbol{x})$来判断原点稳定性时，由于这时求得的 $\dot{V}(\boldsymbol{x})$常常与$[\mathrm{grad}V]^{\mathrm{T}}\dot{\boldsymbol{x}}$不一致，不能想当然地认为$[\mathrm{grad}V]^{\mathrm{T}}\dot{\boldsymbol{x}}$就是$\dot{V}(\boldsymbol{x})$，而是应当重新计算它对时间的导数 $\dot{V}(\boldsymbol{x})$，并根据 $\dot{V}(\boldsymbol{x})$是否小于零来进行判断.

11.6　小结

本章叙述的基本概念有运动、平衡状态、运动稳定性、平衡状态稳定性、稳定、渐近稳定、不稳定、全局渐近稳定、局部渐近稳定、吸引域、函数的定号性(正定、负

定、正半定、负半定、不定).

本章叙述了李雅普诺夫第一方法和第二方法,重点是后者.叙述了判断原点渐近稳定的基本定理11.2.1和11.2.3,以及判断原点稳定和不稳定的定理11.2.2.上述定理给出的都是充分条件,并不具有必要性.它们适用于非线性系统,当然也适用于线性系统.

对于线性系统可以通过解李雅普诺夫方程来判断原点是否渐近稳定(定理11.4.1和定理11.4.2).这些条件是充分必要的.

为了判断非线性系统平衡状态的稳定性,本章提供了一些构造李雅普诺夫函数的方法.一般建议先取简单的二次型函数进行尝试,或者按照克拉索夫斯基方法中建议的取右端函数范数的方法,如果仍无法判断,最后可以试一试变量梯度法.

习题

11.1 判断下列函数的定号性.

(1) $V(x)=x_1^2+3x_2^2+x_3^2+2x_1x_2-5x_2x_3-2x_1x_3$;

(2) $V(x)=-x_1^2-3x_2^2-11x_3^2+2x_1x_2-x_2x_3-2x_1x_3$;

(3) $V(x)=x_1^2+4x_1x_2+5x_2^2+2x_2x_3+x_3^2$;

(4) $V(x)=8.2x_1^2+6.8x_2^2+3x_3^2+4.8x_1x_3$;

(5) $V(x)=x_1^2+\dfrac{x_2^2}{1+x_2^2}$.

11.2 确定使下列二次型函数为正定时,待定常数 a、b、c 的取值范围.

(1) $V(x)=x_1^2+x_2^2+ax_3^2+2x_1x_2+2x_2x_3-2x_1x_3$;

(2) $V(x)=ax_1^2+bx_2^2+cx_3^2+2x_1x_2-4x_2x_3-2x_1x_3$.

11.3 试证明:

(1) 对任意 $m\times n$ 阶矩阵 $\boldsymbol{C}$,$\boldsymbol{C}^{\mathrm{T}}\boldsymbol{C}$ 必为正半定;

(2) 对任意非奇异方矩阵 $\boldsymbol{A}$,$\boldsymbol{A}^{\mathrm{T}}\boldsymbol{A}$ 必为正定;

(3) 若 $\boldsymbol{A}$ 为正定矩阵,则其逆矩阵 $\boldsymbol{A}^{-1}$ 必为正定矩阵;

(4) 若 $\boldsymbol{A}$ 为正定矩阵,则 $\boldsymbol{A}$ 的特征值均为正实数.

11.4 利用李雅普诺夫第二方法判定下列系统在原点的稳定性.

(1) $\dot{\boldsymbol{x}}=\begin{bmatrix}-1 & 1\\ 2 & -3\end{bmatrix}\boldsymbol{x}$; (2) $\dot{\boldsymbol{x}}=\begin{bmatrix}0 & 1\\ -3 & -5\end{bmatrix}\boldsymbol{x}$;

(3) $\begin{cases}\dot{x}_1=-x_1+x_2+2x_1(x_1^2+x_2^2)\\ \dot{x}_2=-x_1-x_2+2x_2(x_1^2+x_2^2)\end{cases}$; (4) $\begin{cases}\dot{x}_1=-x_2+ax_1^3\\ \dot{x}_2=x_1+ax_2^3\end{cases}$;

(5) $\begin{cases}\dot{x}_1=x_2\\ \dot{x}_2=-g(x_1)-x_2\end{cases}$,当 $x_1=0$ 时,$g(x_1)=0$;当 $x_1\neq0$ 时,$\dfrac{g(x_1)}{x_1}>0$;

(6) $\dot{\boldsymbol{x}}=\begin{bmatrix}0 & 1\\ -k/m & -f/m\end{bmatrix}\boldsymbol{x}$，其中 k 为弹簧系数、f 为粘性阻尼系数、x_1 为质量 m 的位移.

11.5　利用李雅普诺夫第二方法证明当 $a>0$、$b>0$ 时系统

$$\begin{cases}\dot{x}_1 = x_2\\ \dot{x}_2 = -ax_1 - bx_1^2x_2\end{cases}$$

在原点是全局渐近稳定的.

11.6　利用李雅普诺夫第二方法讨论系统

$$\dot{\boldsymbol{x}}=\begin{bmatrix}0 & 1\\ -\omega_n^2 & -2\zeta\omega_n\end{bmatrix}\boldsymbol{x}$$

的原点在如下参数组合时的稳定性：(a) $\zeta>0,\omega_n>0$；(b) $\zeta=0,\omega_n>0$；(c) ζ 和 ω_n 不同号.

11.7　给定系统

$$\dot{\boldsymbol{x}}=\begin{bmatrix}0 & 1 & 0\\ 0 & -2 & 1\\ -k & 0 & -1\end{bmatrix}\boldsymbol{x},$$

解李雅普诺夫方程，求使原点渐近稳定的 k 值范围.

11.8　给定系统

$$\begin{cases}\dot{x}_1 = ax_1 + x_2\\ \dot{x}_2 = x_1 - x_2 + bx_2^5\end{cases},$$

试用克拉索夫斯基方法确定系统原点为全局渐近稳定时参数 a 和 b 的取值范围：

11.9　给定系统

$$\begin{cases}\dot{x}_1 = -x_1 + 2x_1^2x_2\\ \dot{x}_2 = -x_2\end{cases},$$

试用变量梯度法确定能够判断该系统原点渐近稳定的一个李雅普诺夫函数：

11.10　给定系统

$$\begin{cases}\dot{x}_1 = -2x_1 + 2x_2^4\\ \dot{x}_2 = -x_2\end{cases},$$

试分别采用(1)李雅普诺夫第一方法；(2)克拉索夫斯基方法；(3)变量梯度法；(4)$V(\boldsymbol{x})=x_1^2+x_2^2$ 来判断该系统原点的稳定性，并比较所得的四种结果.

11.11　通过求解离散李雅普诺夫方程来确定下列离散系统平衡状态的稳定性：

(1) $\boldsymbol{x}(k+1)=\begin{bmatrix}0.8 & -0.4\\ 1.2 & 0.2\end{bmatrix}\boldsymbol{x}(k)$；

(2) $\boldsymbol{x}(k+1)=\begin{bmatrix}0.368 & -0.632\\ 0.632 & 0.632\end{bmatrix}\boldsymbol{x}(k)$；

(3) $\boldsymbol{x}(k+1)=\begin{bmatrix}1 & 4 & 0\\ -3 & -2 & -3\\ 2 & 0 & 0\end{bmatrix}\boldsymbol{x}(k)$.

11.12 设系统 $\boldsymbol{x}(k+1)=\boldsymbol{G}\boldsymbol{x}(k)$ 为连续系统 $\dot{\boldsymbol{x}}=\boldsymbol{A}\boldsymbol{x}$ 的离散化系统. 试证明，当连续系统 $\dot{\boldsymbol{x}}=\boldsymbol{A}\boldsymbol{x}$ 的原点为渐近稳定时，该离散化系统的原点必是渐近稳定的.

11.13 已知系统的方程式 $\ddot{y}+K_1\dot{y}+K_2(\dot{y})^5+y=0$，试分析原点在下列情况下的稳定性：

(1) $K_1>0, K_2>0$； (2) $K_1<0, K_2<0$；

(3) $K_1>0, K_2<0$； (4) $K_1<0, K_2>0$.

11.14 给定系统

$$\dot{\boldsymbol{x}}=\begin{bmatrix}0 & 1\\ -2 & -2\end{bmatrix}\boldsymbol{x},$$

估计该系统从 $V(\boldsymbol{x})=2$ 上一点到达 $V(\boldsymbol{x})=0.01$ 所需的时间上限.

11.15* 给定系统

$$\begin{cases}\dot{x}_1=-x_1+x_2+x_1^2x_2\\ \dot{x}_2=-x_1-x_2+kx_1x_2^2\end{cases},$$

其中 k 为一正常数，为使

$$V(\boldsymbol{x})=\frac{1+k}{2}(x_1^2+x_2^2)+(1-k)x_1x_2$$

成为系统的一个李雅普诺夫函数，试确定 k 的取值范围. 又令 $k=3$，试确定原点渐近稳定的一个吸引域.

11.16* 采用变量梯度法讨论下列时变系统的原点的稳定性：

$$\begin{cases}\dot{x}_1=x_2,\\ \dot{x}_2=-\dfrac{1}{t+1}x_1-10x_2, \quad (t\geqslant 0).\end{cases}$$

第12章 最优控制

12.1 引言

在控制系统的校正设计中，为了保证系统能够较好地运行，需要使闭环控制系统满足某些给定的数量性能指标，譬如稳定性指标(相角裕度和增益裕度)、响应快速性指标(增益穿越频率、频带宽度、闭环主导极点的阻尼系数)以及稳态精度指标(各种静态误差系数). 不过，给定了一系列数量指标后，受控闭环系统的响应不一定完全令人满意，譬如在整个振荡的调节过程中，某些时刻的误差太大或者误差衰减速度太慢. 为此，需要反复修改这些数量指标并重新设计.

于是，人们提出了一些用来表示系统优良程度的性能指标，譬如平方误差积分(ISE)指标 $\left(\int_0^\infty e^2\mathrm{d}t\right)$、时间加权平方误差积分(ITSE)指标 $\left(\int_0^\infty te^2\mathrm{d}t\right)$ 等等. 这里，表示系统性能的指标不再是某几个数量，而是某种函数表达式. 设计系统的方法则是选择系统的参数以使这样的指标达到极小值.

随着技术的发展和生产的需要，对生产过程的要求也在逐渐提高. 所以除了要求闭环系统稳定、安全地运行外，还会提出一些附加的要求，譬如过渡过程的时间尽量短、运动过程中消耗的能量尽量少、生产成本尽量低而收益尽量大等等. 这些附加的要求也都是表示系统性能的指标，它们可以用某种比前述误差积分指标更为复杂的函数形式来描述. 下文将这些表示系统性能的指标称为**性能指标**或**目标函数**. 因为不同的控制函数产生不同的系统响应，所以选择适当的控制函数或反馈控制律，就可能使受控系统的性能指标达到极值. 这就是所谓的**最优控制问题**.

在第二次世界大战及其后的一段时间内，经典控制理论已经发展得十分完善. 不过，经典控制理论主要解决单输入单输出线性时不变系统的问题，它利用表示系统输入输出关系的传递函数来描述系统，采用工程的概念和方法来对系统进行分析与设计，而且它所涉及的参数选择是一个反复调试的过程. 在解决时变系统、非线性系统、多变量系统的问题以及需要满足高精度、低成本、快速性的要求时，就会发现经典控制理论的局限性. 于是，状态空间方法逐渐成为控制理论研究中的一种重要表达形式. 最优控制就是在状态空间方法的基础上、由于空间技术的迫切需要而发展起来的.

自20世纪50年代中期，美国的**贝尔曼**(R. E. Bellman)和苏联的**加姆克列利策**(Р. В. Гамкрелидзе)及**博尔强斯基**(В. Г. Болтянский)研究了最短时间问题，证明了理论解的存在性和惟一性. 他们发现该问题的核心是**变分法**. 然而，古典变分理论只能解决一类简单的最优控制问题，因为它只对允许控制属于开集的问题有效. 在实际问题中，更多遇到的却是允许控制属于闭集的一类最优控制问题. 譬如，控制变量的幅值、控制变量的变化速度在一定范围内变化. 苏联的**庞特里亚金**(Л. С. Понтрягин)等人于1956至1958年间提出了解决约束最优问题的**极大值原理**(在最优控制中被称为**极小值原理**)，并于1962年和加姆克列利策及博尔强斯基一道给出了证明. 极大值原理能够解决更广范围的最优控制问题，是最优控制中的一种主要方法. 另外，在一些复杂的问题中，根本无法显式求解最优控制问题中的微分方程，采用数值解法就变得不可避免. 考虑到这种需要，也由于计算机的功能日益强大，贝尔曼于1957年提出**动态规划**方法. 动态规划方法的核心是贝尔曼**最优化原理**，它将多阶段决策问题转化为一系列的一段决策问题. 动态规划方法不仅是一种可供选择的求解最优控制问题的方法，而且也具有重要的理论价值.

本章主要讨论古典变分法和极大值原理在最优控制中的应用. 在12.2节中先介绍最优控制的数学描述，接着在12.3节中介绍泛函与变分的基本概念. 在读者获得泛函和变分的基本知识后，12.4节介绍应用古典变分理论求解最优控制问题的原理和方法. 在12.5节中先分析古典变分方法求解最优控制问题的局限性，然后介绍极小值原理，通过示例方法来讨论极小值原理应用中的一些典型问题，并在12.6节中给出极小值原理的一种证明方法. 最后，在12.7节中讨论线性二次型最优调节器的概念及其设计方法.

12.2　最优控制问题

12.2.1　几个示例

下面先通过几个示例来说明什么是最优控制.

例12.2.1　图12.2.1表示飞船的月球软着陆问题. 图中的飞船质量为M，这包括飞船本身的质量及所携带燃料的质量. 月球的重力加速度为常数g. 在时刻t_0，飞船距离月球表面的高度为h_0. 飞船在时刻t_f到达月球表面，着陆过程所需的

时间为 t_0 到 t_f. 为了飞船及其携带装备的安全,希望飞船达到月球表面时的速度 $v(t_f)$ 为零. 飞船仅受月球重力作用时会加速撞击月球表面,所以在时刻 t_0 启动发动机,以产生一个与月球重力方向相反的推力 F 来保证飞船到达月球表面时的速度为零. 由于飞船本身只能携带有限的燃料,而且希望飞船携带尽量少的燃料,所以要求飞船在着陆过程中消耗的燃料最少. 试用数学方法描述飞船的软着陆问题.

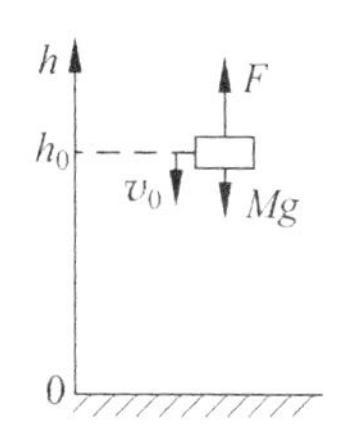

图 12.2.1 飞船的软着陆问题

解 首先列写飞船的运动方程. 假设推力和燃料的消耗率成正比,那么,由于飞船质量的变化只能是燃料质量的变化,所以燃料的消耗速率与质量的减少速率在数量上相等. 于是推力 $F=-k\dot{M}$,其中 k 是一个表示推力的系数. 根据牛顿定律,飞船的运动应满足微分方程

$$M\ddot{h} = F - Mg = -k\dot{M} - Mg. \tag{12.2.1}$$

下面讨论对运动的其他制约条件. 在飞船的初始时刻和终端时刻,应有

$$\left.\begin{array}{l} h(t_0) = h_0, v(t_0) = \dot{h}(t_0) = v_0 \\ h(t_f) = 0, v(t_f) = \dot{h}(t_f) = 0 \end{array}\right\}. \tag{12.2.2}$$

由于设备的物理限制,燃料的消耗速率也受到一定的限制,这里不妨假设

$$-a \leqslant \frac{\mathrm{d}M}{\mathrm{d}t} \leqslant 0. \tag{12.2.3}$$

在理想情况下,最好在飞船着陆时,飞船上的燃料完全用光,不过,如此精确计算燃料量相当困难,所以对飞船着陆时的质量没有限制.

最后讨论所要达到的目标. 控制作用所要达到的目标是使飞船在着陆过程中消耗的燃料最少,为此必须表示出燃料的消耗量. 由于燃料消耗率与飞船质量下降率在数量上相等,符号相反,所以飞船消耗的燃料可以表示为

$$J = \int_{t_0}^{t_f} \left[-\frac{\mathrm{d}M}{\mathrm{d}t}\right] \mathrm{d}t = M_0 - M_f. \tag{12.2.4}$$

这样,就可以将飞船软着陆问题归结为如下的数学问题：寻找合适的推力 F,以便在满足飞船运动的微分方程式(12.2.1)、初始时刻和终端时刻的位置和速度表达式(12.2.2)、飞船质量变化率限制表达式(12.2.3)的条件下使式(12.2.4)中的性能指标 J 取极小值. □

例 12.2.2 图 12.2.2 示意性地表示一个化工生产过程. 图中,1、2、3、4 是反应器,C_{Ai} 和 C_{Bi} 表示进入反应器 i 的反应物 A 和 B 的浓度,C_{Ci} 表示反应器 i 中的生成物 C 的浓度,D_i 表示进入反应器 i 的催化剂 D 的浓度,并且假设最初投入反应的原料浓度 C_{A0} 和 C_{B1} 以及催化剂浓度 D_1、D_3 和 D_4 不变. T_i 和 P_i 分别表示反应器 i 中的反应温度和压力,它们是生产过程中可以由操作人员加以控制的量. 对

该生产过程进行控制的最终目标是使生产效率最高.试描述与该生产过程相应的最优控制问题.

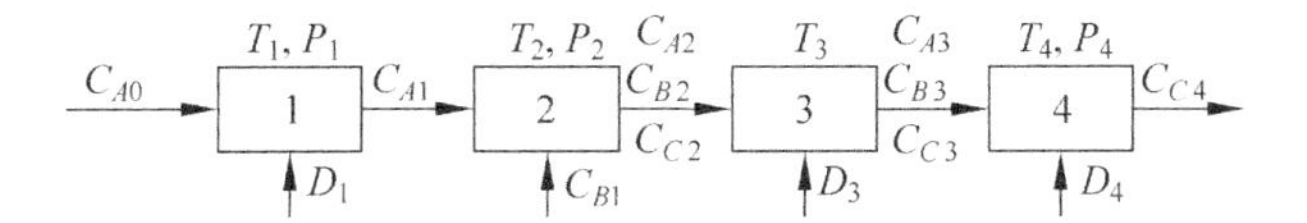

图 12.2.2　化工生产过程示意图

解　化学反应过程一般是比较复杂的过程,不太容易采用简单的数学方法来精确表示.不过,经过一定简化,总可以用某种方法来表示每个反应器的出口产物浓度.譬如

$$\begin{cases} C_{A(i)} = f_i(C_{A(i-1)}, C_{B(i-1)}, C_{C(i-1)}, D_i, T_i, P_i) \\ C_{B(i)} = g_i(C_{A(i-1)}, C_{B(i-1)}, C_{C(i-1)}, D_i, T_i, P_i), \quad (i = 1,2,3,4). \\ C_{C(i)} = h_i(C_{A(i-1)}, C_{B(i-1)}, C_{C(i-1)}, D_i, T_i, P_i) \end{cases} \tag{12.2.5}$$

这里,f, g 和 h 表示某种函数关系.每个反应器的生产成本可以表示为

$$\Phi_{C(i)}(C_{A(i-1)}, C_{B(i-1)}, C_{C(i-1)}, D_i, T_i, P_i), \quad (i = 1,2,3,4).$$

第四个反应器出口产物是最终产品,它的价格为 $V(C_{C4})$.

所以,该化工生产问题可以被描述为:在保持 C_{A0}、C_{B1}、D_1、D_3 和 D_4 不变并满足动态系统运动方程式(12.2.5)的前提下,寻找合适的温度和压力 T_i 和 $P_i(i=1,2,3,4)$,以使总效益

$$J = V(C_{C(4)}) - \sum_{i=1}^{4} \Phi_{C(i)}$$

取极大值.　□

例 12.2.3　图 12.2.3 示意性地表示空对空导弹拦截问题.假设我方导弹(拦截器 L)和敌方导弹(目标 M)在同一水平面内运动.假设导弹推力与其速度方向一致,导弹的飞行方向与其对称轴一致.还假设目标以常速、常航向飞行.控制的目的是使拦截器在最终时刻尽可能接近目标并尽可能节省控制能量.试用数学方法描述该空对空导弹拦截问题.

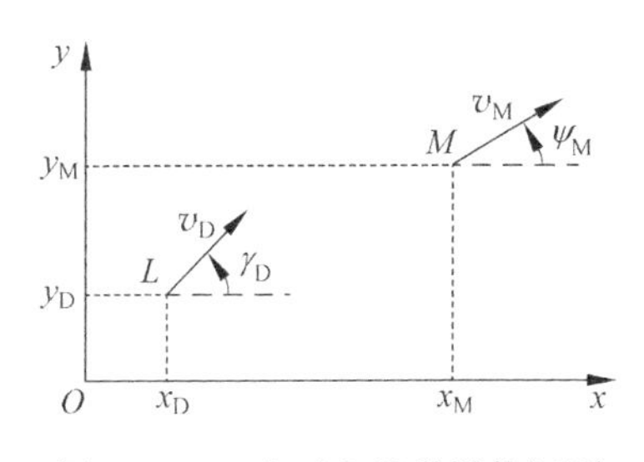

图 12.2.3　空对空导弹拦截问题

解　设 x_M 和 y_M 是目标在平面内的位置,v_M 是目标的线速度,ψ_M 是目标运动方向与 x 轴之间的夹角,则目标的运动方程为

$$\dot{x}_M = v_M \cos\psi_M, \dot{y}_M = v_M \sin\psi_M, \dot{v}_M = 0.$$

设 m 为导弹的质量,x_D 和 y_D 是导弹在平面内的位置,v_D 是导弹的线速度,γ_D 是导弹速度与 x 轴之间的夹角.设 F 表示导弹的侧向控制力.另一个控制量是 β,它表示推进剂的秒流量,于是,纵向推力为 $C\beta$,其中 C 可视为常数.设导弹的阻力

因子为

$$K_D = \frac{1}{2}C_0\rho S,$$

其中 C_0 表示零升力阻力系数，可以被看作常数；ρ 是大气密度，也可以被看作常数；S 是导弹的参考面积. 将 F 和 β 看作两个独立的控制量时，导弹的运动方程为

$$\dot{x}_D=v_D\cos\gamma_D,\ \dot{y}_D=v_D\sin\gamma_D,\ \dot{v}_D=\frac{1}{m}(C\beta-K_D v_D^2),\ \dot{\gamma}_D=\frac{1}{v_D}\cdot\frac{F}{m},\ \dot{m}=-\beta,$$

令 $x=x_M-x_D$，$y=y_M-y_D$，分别取状态变量和控制变量

$$\boldsymbol{x}^T=[x_1\quad x_2\quad x_3\quad x_4\quad x_5\quad x_6]=[x\quad y\quad v_D\quad \gamma_D\quad m\quad v_M],$$

$$\boldsymbol{u}^T=[u_1\quad u_2]=[\beta\quad F].$$

则可得状态方程

$$\left.\begin{aligned}
\dot{x}_1 &= x_6\cos\varphi_M - x_3\cos x_4\\
\dot{x}_2 &= x_6\sin\varphi_M - x_3\sin x_4\\
\dot{x}_3 &= \frac{1}{x_5}(Cu_1 - K_D x_3^2)\\
\dot{x}_4 &= \frac{u_2}{x_3x_5}\\
\dot{x}_5 &= -u_1\\
\dot{x}_6 &= 0
\end{aligned}\right\},\tag{12.2.6}$$

取性能指标

$$J=\boldsymbol{x}^T(t_f)\boldsymbol{S}\boldsymbol{x}(t_f)+\int_{t_0}^{t_f}\boldsymbol{u}^T(t)\boldsymbol{R}(t)\boldsymbol{u}(t)\mathrm{d}t,\tag{12.2.7}$$

其中

$$\boldsymbol{S}=\mathrm{diag}[s_1\quad s_2\quad 0\quad 0\quad 0\quad 0],\quad \boldsymbol{R}(t)=\mathrm{diag}[r_1(t)\quad r_1(t)],$$

可见，J 中的第一项是导弹与目标之间距离在终端时刻 t_f 的一种度量，第二项则表示控制过程所消耗的能量. 显然，如果使 J 达到最小，就能使导弹在终端时刻尽可能地接近目标，并同时在控制过程中尽可能地少消耗能量.

所以，空对空导弹拦截问题就是对由式(12.2.6)所示的系统，从已知初始状态 $\boldsymbol{x}(t_0)=\boldsymbol{x}_0$ 出发，选择适当控制律 $\beta(t)$、$F(t)(t_0\leqslant t\leqslant t_f)$，使性能指标式(12.2.7)取极小值. □

例 12.2.4　雷达跟踪问题. 为使雷达跟踪目标，必须不断调节雷达天线的方向，以使其几何轴线与视线(雷达与被跟踪目标的连线)相一致. 设目标只在某一平面内运动，雷达天线能环绕垂直于此平面的轴线旋转. 对雷达跟踪的要求是：雷达天线跟踪目标的旋转运动在尽可能短的时间内完成；为避免部件损坏，旋转过程中的能量损耗应尽可能地小；而且，旋转过程中所消耗的控制能量应尽可能地小. 试用数学方法描述该雷达跟踪问题.

解　设 φ 是雷达天线几何轴线与视线的偏差角，I 是雷达天线绕垂直轴的转

动惯量，β是阻尼系数，$M(t)$是使天线旋转的外加控制力矩. 于是，雷达天线的运动方程为

$$I\ddot{\varphi}+\beta\dot{\varphi}=M.$$

其中，控制力矩所受的限制为

$$|M(t)|\leqslant k.$$

在$M(t)$的控制下，天线从初始状态$\varphi(t_0)=\varphi_0,\dot{\varphi}(t_0)=\dot{\varphi}_0$运动到终端状态$\varphi(t_f)=\varphi_f,\dot{\varphi}(t_f)=0$.

引进状态变量$x_1=\varphi,x_2=\dot{\varphi}$，令控制$u=M(t)$，则可得到状态方程

$$\left.\begin{aligned}\dot{x}_1&=x_2\\ \dot{x}_2&=\frac{u-\beta x_2}{I}\end{aligned}\right\},\tag{12.2.8}$$

按题意，有初始和终端条件

$$x_1(t_0)=\varphi_0,x_2(t_0)=\dot{\varphi}_0,x_1(t_f)=\varphi_f,x_2(t_f)=0,\tag{12.2.9}$$

以及对控制的约束

$$|u(t)|\leqslant k.\tag{12.2.10}$$

旋转所需的时间为$\int_{t_0}^{t_f}\mathrm{d}t=t_f-t_0$，旋转过程中的能量损耗为$\int_{t_0}^{t_f}\dot{\varphi}^2\mathrm{d}t=\int_{t_0}^{t_f}x_2^2\mathrm{d}t$，旋转过程中消耗的控制能量为$\int_{t_0}^{t_f}|M(t)|\mathrm{d}t=\int_{t_0}^{t_f}|u(t)|\mathrm{d}t$，故而综合性能指标可以取为

$$J=\int_{t_0}^{t_f}(a_1+a_2x_2^2+a_3|u(t)|)\mathrm{d}t.\tag{12.2.11}$$

所以，雷达跟踪问题就是选择适当的控制量$u(t)$，以使由式(12.2.8)所示的系统在满足初始和终端条件式(12.2.9)以及控制约束式(12.2.10)的情况下，能够保证性能指标式(12.2.11)达到最小值. □

12.2.2 最优控制问题的数学描述

从前面的示例可以看出，最优控制问题中存在如下共同的数学概念.

描述和解决最优控制问题首先要建立**被控系统的数学模型**. 一个集总参数系统可以用状态方程

$$\dot{\boldsymbol{x}}=\boldsymbol{f}[\boldsymbol{x}(t),\boldsymbol{u}(t),t]\tag{12.2.12}$$

来表示. 其中$\boldsymbol{x}(t)$是n维状态向量，$\boldsymbol{u}(t)$是r维控制向量；$\boldsymbol{f}$是$\boldsymbol{x}(t)$，$\boldsymbol{u}(t)$和t的n维函数向量. 对于线性定常系统，可以表示为状态空间形式

$$\dot{\boldsymbol{x}}(t)=\boldsymbol{A}\boldsymbol{x}(t)+\boldsymbol{B}\boldsymbol{u}(t).\tag{12.2.13}$$

系统式(12.2.12)或系统式(12.2.13)在控制$\boldsymbol{u}(t)$的作用下，会从一个状态转移到另一个状态，或者说从n维状态空间中的一个点转移到另一个点. 最优控制

中的初始状态(简称**初态**)$\boldsymbol{x}(t_0)=\boldsymbol{x}_0$ 通常是已知的,最终的状态(简称**末态**)$\boldsymbol{x}(t_f)$ 则是控制过程所要达到的目标.这个目标可能是状态空间内的一个给定点,这样的问题被称为**固定终端问题**;这个目标也可能为任意值,这样的问题被称为**自由终端问题**;这个目标还可能是一个事先规定的范围,即一个集合.对末态范围的约束可以采用末态约束方程

$$\boldsymbol{g}[\boldsymbol{x}(t_f),t_f]=0 \tag{12.2.14}$$

或不等式

$$\boldsymbol{h}[\boldsymbol{x}(t_f),t_f]\leqslant 0 \tag{12.2.15}$$

来表示.它们规定了状态空间的一个集合.满足末态约束条件的状态集合被称为**目标集**,记为 M.可以看出,固定终端问题的目标集是一个点.

至于终端时刻 t_f,它可能是给定的,也可能是有待选择的自由量.

在有些系统中,初态也可能是未定的,这时的初态集合可以采用初态约束来表示.

在实际问题中,大多数控制量都会因为实际物理系统的客观条件限制而只能在一定范围内取值.这种限制通常可以采用不等式

$$\boldsymbol{u}_{\min}\leqslant\boldsymbol{u}(t)\leqslant\boldsymbol{u}_{\max} \tag{12.2.16}$$

或

$$|u_i|\leqslant a,\quad (i=1,2,\cdots,r) \tag{12.2.17}$$

来表示,也可以采用其他限制控制量大小的描述方式来表示.由这些控制约束条件所规定的点集被称为**控制域**,记为 U.

凡在闭区间 $[t_0,t_f]$ 上有定义、且在控制域 U 内取值的每一个控制函数 $\boldsymbol{u}(t)$ 均被称为**允许控制**.通常假设允许控制 $\boldsymbol{u}(t)$ 是一个有界连续函数或分段连续函数.

能使受控对象从给定初态转移到所要求的末态的控制律很多,但就所关心的特定性能而言,采用不同的控制律,最终的控制效果是不同的.这种评价控制效果好坏或控制品质优劣的函数被称为**性能指标**或**目标函数**,它是控制 $\boldsymbol{u}(t)$ 的函数,记为 $J[\boldsymbol{u}(t)]$,简记为 J.在不同控制问题中,性能指标的形式可以不同,但都应能够切实反映所关心的控制质量.不过,由于设计人员的着眼点不同,即使对同一个问题,其性能指标也可以不同.通常情况下,可以取

$$J[\boldsymbol{u}(t)]=\theta[\boldsymbol{x}(t_f),t_f]+\int_{t_0}^{t_f}L[\boldsymbol{x}(t),\boldsymbol{u}(t),t]\mathrm{d}t \tag{12.2.18}$$

作为系统的性能指标.其中左边第一项 $\theta[\boldsymbol{x}(t_f),t_f]$ 被称为终端性能指标,它代表对末态控制效果的度量.如果性能指标中只包含第一项,就称为**末值型性能指标**.第二项是对标量函数 $L[\boldsymbol{x}(t),\boldsymbol{u}(t),t]$ 的积分,它代表对控制过程的效果的度量.如果性能指标中只包含第二项,就被称为**积分型性能指标**.所以,式(12.2.18)的指标被称为**混合型性能指标**.

一个具体问题中的性能指标可能只是混合型性能指标中的一部分,函数 L 和 θ 的形式也各不相同,譬如最短时间控制问题的性能指标为

$$J=\int_{t_0}^{t_f}\mathrm{d}t=t_f-t_0,\tag{12.2.19}$$

线性调节器问题的性能指标为

$$J=\int_{t_0}^{t_f}(\boldsymbol{x}^{\mathrm{T}}\boldsymbol{Q}\boldsymbol{x}+\boldsymbol{u}^{\mathrm{T}}\boldsymbol{R}\boldsymbol{u})\mathrm{d}t,\tag{12.2.20}$$

跟踪问题的性能指标为

$$J=\int_{t_0}^{t_f}[(\boldsymbol{x}-\boldsymbol{x}_r)^{\mathrm{T}}\boldsymbol{Q}(\boldsymbol{x}-\boldsymbol{x}_r)+\boldsymbol{u}^{\mathrm{T}}\boldsymbol{R}\boldsymbol{u}]\mathrm{d}t,\tag{12.2.21}$$

最少燃料问题的性能指标为

$$J=\int_{t_0}^{t_f}\|\boldsymbol{u}(t)\|\mathrm{d}t,\tag{12.2.22}$$

终端控制问题的性能指标为

$$J=S[\boldsymbol{x}_f,\boldsymbol{u}_f],\tag{12.2.23}$$

等等.

所以,最优控制问题的数学描述一般应当是:给定受控系统的状态方程式(12.2.12)、初始状态 $\boldsymbol{x}(t_0)$ 和目标集 M,寻求一个允许控制 $\boldsymbol{u}(t)\in U,t\in[t_0,t_f]$,使受控系统从给定初始状态 $\boldsymbol{x}(t_0)$ 出发,在终端时刻 t_f 转移到目标集 M,并使性能指标 $J[\boldsymbol{u}(t)]$ 取极小值.

如果一个最优控制问题有解,则**最优控制**函数被记为 $\boldsymbol{u}^*(t)$. 最优控制也被称为**极值控制**. 最优控制作用下的状态轨线被称为**最优轨线**或**极值轨线**,记为 $\boldsymbol{x}^*(t)$. 由 $\boldsymbol{u}^*(t)$ 和 $\boldsymbol{x}^*(t)$ 所确定的性能指标被称为**最优性能指标**,记为 J^*.

12.3 泛函和变分法

在对上述最优控制问题进行研究时发现,最优控制问题本质上是一个变分学问题. 在这类问题中,是要对一个数学表达式求极值,但被求极值的表达式不是通常意义上的函数,而是一种被称为泛函的表达式. 求泛函极值的方法就是变分法. 变分法是作为函数极值问题的推广而发展起来的一个数学分支.

12.3.1 泛函

为理解泛函的概念,先观察几个示例.

例 12.3.1 设 $y(x)=x$ 和 $y(x)=\cos x$,分别计算定积分 $J=\int_0^1 y(x)\mathrm{d}x$ 的数值.

解 当 $y(x)=x$ 时,

$$J=\int_0^1 y(x)\mathrm{d}x=\int_0^1 x\mathrm{d}x=0.5x^2\Big|_0^1=0.5.$$

当 $y(x)=\cos x$ 时，

$$J=\int_0^1 y(x)\mathrm{d}x=\int_0^1 \cos x\mathrm{d}x=\sin x\Big|_0^1=\sin 1.$$ □

例 12.3.2　给定如图 12.3.1 所示的两点 A 和 B，试求连接这两点的曲线的长度.

解　设 $y(x)$ 表示连接 A 和 B 的一条曲线，该曲线上的任意微元段 Δl 可以采用 $\Delta l^2=\Delta x^2+\Delta y^2$ 来表示，若 $y(x)$ 连续可微，则当 $\Delta x\to 0$ 时有

$$\mathrm{d}l=\sqrt{\mathrm{d}x^2+\mathrm{d}y^2}=\sqrt{1+\left(\frac{\mathrm{d}y}{\mathrm{d}x}\right)^2}\mathrm{d}x=\sqrt{1+(\dot{y})^2}\mathrm{d}x,$$

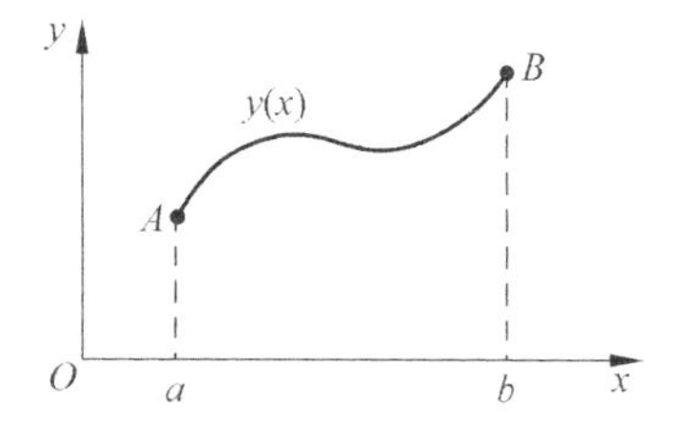

图 12.3.1　连接两点之间的曲线

所以该曲线的长度为

$$J=\int_a^b \mathrm{d}l=\int_a^b \sqrt{1+(\dot{y})^2}\mathrm{d}x.$$ □

在以上两例中都可以看出，只要 $y(x)$ 是一个使上述积分运算能够进行的给定函数，就会得到一个实数 J，就是说，它们规定了实数 J 和函数 $y(x)$ 的对应关系.

定义 12.3.1　对于某类函数集合中的每一个函数 $y(x)$，通过一个函数关系都有一个确定的实数 J 与之对应，就称该函数关系为 $y(x)$ 的**泛函**，记为

$$J=J[y(x)]. \tag{12.3.1}$$ □

简单地讲，泛函是定义在函数集上的、取实数值的函数，或说泛函是函数的实值函数. 在现代抽象空间理论中，泛函往往泛指抽象空间或其子集上的实值函数，并不一定要求泛函的定义域是函数集. 但在本书中只限于讨论定义域为函数集的情况.

约翰·伯努利(Johann Bernoulli)在 1696 年提出这样一个问题：儿童滑梯做成什么形状才能使滑下滑梯所用的时间最短. 在不考虑摩擦力和空气阻力的情况下将这个问题进行数学抽象，就会得到所谓的“**最速降线**”问题，或称“**捷线**”问题. 例 12.3.3 讨论该问题中下落时间的表示方法.

例 12.3.3　如图 12.3.2 所示，在垂直平面中有两个点 O 和 B，设一个质点的质量为 m，它仅在重力作用下沿一条连接 O 和 B 的光滑曲线做下降运动，求从 O 运动到 B 所需的时间.

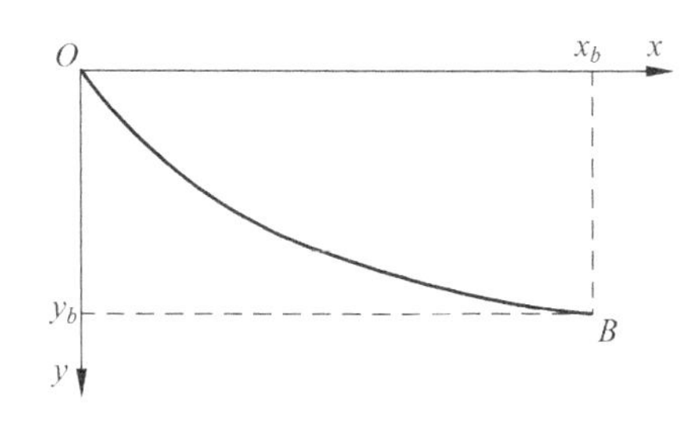

图 12.3.2　例 12.3.3 的曲线图

解　设质点在下落前处于静止状态，曲线 OB 用函数 $y(x)$ 表示. 根据能量守恒定律，可以得到

$$\frac{1}{2}mV^2=mgy,$$

由此解得

$$V^2 = 2gy.$$

根据速度的定义,可以得到

$$V^2 = \frac{\mathrm{d}l^2}{\mathrm{d}t^2} = \frac{\mathrm{d}x^2 + \mathrm{d}y^2}{\mathrm{d}t^2} = \frac{\mathrm{d}x^2 + (\dot{y}\mathrm{d}x)^2}{\mathrm{d}t^2} = \frac{(1+\dot{y}^2)\mathrm{d}x^2}{\mathrm{d}t^2}.$$

由上两式可得$(1+\dot{y}^2)\mathrm{d}x^2/\mathrm{d}t^2 = 2gy$. 于是

$$\mathrm{d}t = \frac{1}{\sqrt{2g}}\sqrt{\frac{1+\dot{y}^2}{y}}\mathrm{d}x.$$

所以从O运动到B所需的时间为

$$T = \frac{1}{\sqrt{2g}}\int_0^{x_b}\sqrt{\frac{1+\dot{y}^2}{y}}\mathrm{d}x.$$

□

捷线问题就是求上例中泛函T的极小值.

在例12.3.2的求曲线长度的问题中可以发现,曲线必须具有适当的形状,或者说函数$y(x)$必须满足一定的要求. 譬如说它必须通过点A和B,这是问题本身所要求的; 另外,它必须是连续可微的,否则就无法采用例中的泛函表达式来表示曲线的长度. 也许,为求解该问题,它还要满足其他的要求. 满足特定泛函所涉及的问题本身以及求解方法的函数被称为泛函的**允许函数类**.

线性泛函在泛函分析中具有重要的作用,下面给出线性泛函的定义.

定义 12.3.2 设c是系数域内的任意常数. 如果泛函$J[y(x)]$满足

$$J[y_1(x) + y_2(x)] = J[y_1(x)] + J[y_2(x)], \tag{12.3.2}$$

$$J[cy(x)] = cJ[y(x)]. \tag{12.3.3}$$

则称$J[y(x)]$是**线性泛函**. □

12.3.2 泛函的变分

求函数的极值需要求函数对自变量的导数,而导数则是函数的增量与自变量的增量之比在自变量增量趋于零时的极限. 将这些概念在泛函问题中加以推广,就得到变分与变分法的一系列概念和方法. **变分法**就是一般地论述泛函极值问题的一种数学方法.

设$y(x)$和$y_0(x)$是允许函数类中的两个函数,则**函数的变分**被定义为

$$\delta y(x) = y(x) - y_0(x). \tag{12.3.4}$$

可见,函数$y(x)$的变分$\delta y(x)$仍然是x的函数. 如果$y(x)$和$y_0(x)$都是x的可微函数,则有

$$\frac{\mathrm{d}}{\mathrm{d}t}\delta y(x) = \frac{\mathrm{d}}{\mathrm{d}t}[y(x) - y_0(x)] = \dot{y}(x) - \dot{y}_0(x) = \delta\dot{y}. \tag{12.3.5}$$

即函数变分的导数等于函数导数的变分,这是函数变分的一个重要性质.

函数自变量的增量可以看作自变量在数轴上变化的距离，所以变分可以被看作两个函数之间的距离，不过，这种距离的表示不像自变量的增量那样直观，因为它不是一个简单的数.

设 x 的取值范围为 $a\leqslant x\leqslant b$，那么可以定义

$$d_0(y,y_0)=\max_{a\leqslant x\leqslant b}|y(x)-y_0(x)| \tag{12.3.6}$$

为函数 $y(x)$的零阶距离；定义

$$d_1(y,y_0)=\max_{a\leqslant x\leqslant b}|\dot{y}(x)-\dot{y}_0(x)|+d_0(y,y_0) \tag{12.3.7}$$

为函数 $y(x)$的一阶距离，等等.

当函数由 $y_0(x)$变为 $y(x)$时，泛函的增量为

$$\Delta J[y(x)]=J[y(x)+\delta y(x)]-J[y(x)]. \tag{12.3.8}$$

由此可以定义**泛函的连续性**. 譬如，对于任意给定的 $\varepsilon>0$，存在 $\delta>0$，对满足 $d_0(y,y_0)<\delta$ 的任意函数 $y(x)$，都使 $\Delta J[y(x)]<\varepsilon$ 成立，则称 $J[y(x)]$在 $y_0(x)$ 具有零阶连续性. 同样，利用距离的概念可以定义 $y_0(x)$的零阶邻域等等. 这里不再叙述关于邻域的定义，而在下文直接引用邻域的概念.

根据函数的变分，利用线性连续泛函的概念，就可以定义泛函的变分.

定义 12.3.3　如果泛函 $J[y(x)]$的增量可以被表示为

$$\begin{aligned}\Delta J[y(x)]&=J[y(x)+\delta y(x)]-J[y(x)]\\&=L[y(x),\delta y(x)]+\gamma[y(x),\delta y(x)]\end{aligned} \tag{12.3.9}$$

其中 $L[y(x),\delta y(x)]$是 $\delta y(x)$的线性连续泛函，$\gamma[y(x),\delta y(x)]$是 $\delta y(x)$的高阶无穷小，则称 $L[y(x),\delta y(x)]$是**泛函** $J[y(x)]$**的变分**，记为

$$\delta J=L[y(x),\delta y(x)]. \tag{12.3.10}$$

□

式(12.3.10)所示的变分是泛函的一阶变分，不过，本书不讨论二阶以上的变分，故而以后直接将一阶变分称为变分. 如果泛函 $J[y(x)]$具有变分，则称该**泛函可微**.

利用定义来求泛函的变分并不方便，为此介绍如下引理.

引理 12.3.1　泛函 $J[y(x)]$的变分为

$$\delta J=\frac{\partial}{\partial\alpha}J[y(x)+\alpha\delta(x)]\Big|_{\alpha=0}. \tag{12.3.11}$$

证明　令 $y(x)$的变分为 $\alpha\delta y(x)$，按照定义有

$$\begin{aligned}\Delta J&=J[y(x)+\alpha\delta y(x)]-J[y(x)]\\&=L[y(x),\alpha\delta y(x)]+\gamma[y(x),\alpha\delta y(x)],\end{aligned} \tag{12.3.12}$$

其中 $L[y(x),\alpha\delta y(x)]$是 $\alpha\delta y(x)$的线性泛函，所以

$$L[y(x),\alpha\delta y(x)]=\alpha L[y(x),\delta y(x)]. \tag{12.3.13}$$

而 $\gamma[y(x),\alpha\delta y(x)]$是 $\alpha\delta y(x)$的高阶无穷小，所以

$$\lim_{\alpha\to0}\frac{\gamma[y(x),\alpha\delta y(x)]}{\alpha}=\lim_{\alpha\to0}\frac{\gamma[y(x),\alpha\delta y(x)]}{\alpha\delta y(x)}\cdot\delta y(x)=0. \tag{12.3.14}$$

按照偏微分的定义并利用 $\Delta\alpha=\alpha-0=\alpha$,可得

$$\begin{aligned}\frac{\partial}{\partial\alpha}J[y(x)+\alpha\delta y(x)]\Big|_{\alpha=0}&=\lim_{\Delta\alpha\to0}\frac{\Delta J}{\Delta\alpha}\\&=\lim_{\alpha\to0}\frac{L[y(x),\alpha\delta y(x)]+\gamma[y(x),\alpha\delta y(x)]}{\alpha}\\&=L[y(x),\delta y(x)]=\delta J.\end{aligned}$$

□

该引理将求泛函变分的问题转化为求函数导数的问题,极大地方便了泛函变分的计算.

例 12.3.4 求泛函 $J=\int_0^1 x^2(t)\mathrm{d}t$ 的变分.

解 (i) 按照定义,则有

$$\begin{aligned}\Delta J&=\int_0^1[x(t)+\delta x]^2\mathrm{d}t-\int_0^1 x^2(t)\mathrm{d}t=\int_0^1[2x(t)\delta x+(\delta x)^2]\mathrm{d}t\\&=\int_0^1 2x(t)\delta x\,\mathrm{d}t+\int_0^1(\delta x)^2\mathrm{d}t,\end{aligned}$$

所以 $\delta J=\int_0^1 2x(t)\delta x\,\mathrm{d}t$.

(ii) 利用引理 12.3.1,则有

$$\begin{aligned}\delta J&=\frac{\partial}{\partial\alpha}J[x+\alpha\delta x]\Big|_{\alpha=0}=\int_0^1\Big[\frac{\partial}{\partial\alpha}(x+\alpha\delta x)^2\Big]\Big|_{\alpha=0}\mathrm{d}t\\&=\int_0^1[2(x+\alpha\delta x)\delta x]\Big|_{\alpha=0}\mathrm{d}t\\&=\int_0^1 2x\delta x\,\mathrm{d}t.\end{aligned}$$

□

例 12.3.5 设 $F[t,x(t),\dot{x}(t)]$ 关于 t,$x(t)$ 和 $\dot{x}(t)$ 二次连续可微,$x(t)$ 关于 t 二次连续可微. 求

$$J[x]=\int_{t_0}^{t_1}F[t,x(t),\dot{x}(t)]\mathrm{d}t$$

的变分.

解 采用引理 12.3.1,可得

$$\begin{aligned}\delta J&=\frac{\partial}{\partial\alpha}J[x+\alpha\delta x]\Big|_{\alpha=0}=\int_{t_0}^{t_1}\frac{\partial}{\partial\alpha}F[t,x+\alpha\delta x,\dot{x}+\alpha\delta\dot{x}]\Big|_{\alpha=0}\mathrm{d}t\\&=\int_{t_0}^{t_1}\Big[\frac{\partial F[t,x+\alpha\delta x,\dot{x}+\alpha\delta\dot{x}]}{\partial(x+\alpha\delta x)}\cdot\frac{\partial(x+\alpha\delta x)}{\partial\alpha}\\&\quad+\frac{\partial F[t,x+\alpha\delta x,\dot{x}+\alpha\delta\dot{x}]}{\partial(\dot{x}+\alpha\delta\dot{x})}\cdot\frac{\partial(\dot{x}+\alpha\delta\dot{x})}{\partial\alpha}\Big]\Big|_{\alpha=0}\mathrm{d}t\\&=\int_{t_0}^{t_1}\Big[\frac{\partial F(t,x,\dot{x})}{\partial x}\cdot\delta x+\frac{\partial F(t,x,\dot{x})}{\partial\dot{x}}\cdot\delta\dot{x}\Big]\mathrm{d}t\end{aligned}$$

□

12.3.3 泛函的极值

首先定义什么是泛函的极值.

定义 12.3.4 当 $y(x)$ 在 $y_0(x)$ 的邻域内时恒有 $J[y(x)]\geqslant J[y_0(x)]$，则称泛函 $J[y(x)]$ 在 $y(x)=y_0(x)$ 达到极小值；而当 $y(x)$ 在 $y_0(x)$ 的邻域内时恒有 $J[y(x)]\leqslant J[y_0(x)]$，则称泛函 $J[y(x)]$ 在 $y(x)=y_0(x)$ 达到极大值. 泛函的极小值和极大值统称为**泛函的极值**. □

泛函极值的存在条件与函数极值的必要条件相类似，下面的定理给出了泛函极值的必要条件.

定理 12.3.1 如果泛函 $J[y(x)]$ 在 $y_0(x)$ 有极值，那么

$$\delta J[y_0(x)]=0. \tag{12.3.15}$$

证明 对给定的变分 δy，$J[y_0+\alpha\delta y]$ 是 α 的函数. $J[y_0+\alpha\delta y]$ 在 $y_0(x)$ 有极值就相当它在 $\alpha=0$ 时取极值，所以

$$\frac{\partial}{\partial\alpha}J[x+\alpha\delta x]\Big|_{\alpha=0}=0. \tag{12.3.16}$$

又据引理 12.3.1，式(12.3.16)的左端代表泛函的变分，所以泛函取极值的必要条件为式(12.3.15). □

分析泛函取极大值或极小值需要计算泛函的二阶变分，这将使计算变得复杂. 所以在下文分析泛函极值时，只讨论泛函极值的必要条件. 至于该泛函究竟是否具有极值、是具有极大值还是极小值，则由对该问题的物理性质的认识和分析来确定.

12.3.4 古典变分法

1. 三类基本问题

在变分学中有三类基本问题，它们都是求泛函的极小值，但泛函的形式不同. **拉格朗日**(Lagrange)**问题**是指从允许函数类中求一个函数 $x(t)$，以使泛函

$$J=\int_{t_0}^{t_f}F(t,x,\dot{x})\mathrm{d}t, \tag{12.3.17}$$

取极小值. 式(12.3.17)是最简单的一类泛函，被积函数是独立变量 t、函数 $x(t)$ 及其导数 $\dot{x}(t)$ 的函数，t_0 是初始时间，t_f 是终端时间.

梅耶(Mayer)**问题**的泛函形式为

$$J=\theta[x_f,t_f], \tag{12.3.18}$$

它是终端时间 t_f 和终端函数 $x_f=x(t_f)$ 的函数.

波尔查(Bolza)**问题**的泛函形式为

$$J=\theta[x_{\mathrm{f}},t_{\mathrm{f}}]+\int_{t_0}^{t_{\mathrm{f}}}F(t,x,\dot{x})\mathrm{d}t. \tag{12.3.19}$$

显然,拉格朗日问题和梅耶问题是波尔查问题的特殊形式.这三类问题可以互相转化.

2. 欧拉方程

现在研究拉格朗日问题,首先讨论允许函数的两个端点固定的情况.假设$x(t)$是t的二次可微函数;$F(t,x,\dot{x})$是t,$x(t)$和$\dot{x}(t)$的连续函数,且对$x(t)$和$\dot{x}(t)$有二阶连续偏导数;在始端和终端有$x_0=x(t_0)$和$x_{\mathrm{f}}=x(t_{\mathrm{f}})$.

下文中以星号"*"表示极值,但在不至于引起混淆的地方也可以省略该星号.令x^*为表示极值函数的曲线,α是一个小的变量.为使符号简洁,令$\eta(t)$是$x(t)$的变分,则有$\eta(t_0)=\eta(t_{\mathrm{f}})=0$.那么$x^*$邻域内的允许曲线可以被表示为

$$x(t)=x^*(t)+\alpha\eta(t). \tag{12.3.20}$$

它的导数则可以被表示为

$$\dot{x}(t)=\dot{x}^*(t)+\alpha\dot{\eta}(t). \tag{12.3.21}$$

以$x(t)$和$\dot{x}(t)$代入泛函,可得

$$J(\alpha)=\int_{t_0}^{t_{\mathrm{f}}}F(t,x^*+\alpha\eta,\dot{x}^*+\alpha\dot{\eta})\mathrm{d}t. \tag{12.3.22}$$

按照泛函极值的必要条件可知,式(12.3.22)的泛函达到极值的必要条件为

$$\delta J=\left.\frac{\partial J(\alpha)}{\partial\alpha}\right|_{\alpha=0}=0. \tag{12.3.23}$$

根据引理12.3.1,可以得到

$$\begin{aligned}\delta J&=\left.\frac{\partial J(\alpha)}{\partial\alpha}\right|_{\alpha=0}=\left.\frac{\partial}{\partial\alpha}\int_{t_0}^{t_{\mathrm{f}}}F(t,x^*+\alpha\eta,\dot{x}^*+\alpha\dot{\eta})\mathrm{d}t\right|_{\alpha=0}\\&=\int_{t_0}^{t_{\mathrm{f}}}\left[\frac{\partial F(t,x^*+\alpha\eta,\dot{x}^*+\alpha\dot{\eta})}{\partial x^*+\alpha\eta}\cdot\frac{\partial x^*+\alpha\eta}{\partial\alpha}\right.\\&\qquad\left.\left.+\frac{\partial F(t,x^*+\alpha\eta,\dot{x}^*+\alpha\dot{\eta})}{\partial\dot{x}^*+\alpha\dot{\eta}}\cdot\frac{\partial\dot{x}^*+\alpha\dot{\eta}}{\partial\alpha}\right]\right|_{\alpha=0}\mathrm{d}t\\&=\int_{t_0}^{t_{\mathrm{f}}}\left[\frac{\partial F(t,x^*,\dot{x}^*)}{\partial x^*}\cdot\eta+\frac{\partial F(t,x^*,\dot{x}^*)}{\partial\dot{x}^*}\cdot\dot{\eta}\right]\mathrm{d}t\\&=\int_{t_0}^{t_{\mathrm{f}}}\frac{\partial F(t,x^*,\dot{x}^*)}{\partial x^*}\cdot\eta\mathrm{d}t+\int_{t_0}^{t_{\mathrm{f}}}\frac{\partial F(t,x^*,\dot{x}^*)}{\partial\dot{x}^*}\cdot\dot{\eta}\mathrm{d}t.\end{aligned} \tag{12.3.24}$$

对上式第二项做分部积分,可得

$$\begin{aligned}\int_{t_0}^{t_{\mathrm{f}}}\frac{\partial F(t,x^*,\dot{x}^*)}{\partial\dot{x}^*}\cdot\dot{\eta}\mathrm{d}t&=\int_{t_0}^{t_{\mathrm{f}}}\frac{\partial F(t,x^*,\dot{x}^*)}{\partial\dot{x}^*}\mathrm{d}\eta\\&=\left.\frac{\partial F(t,x^*,\dot{x}^*)}{\partial\dot{x}^*}\cdot\eta\right|_{t_0}^{t_{\mathrm{f}}}-\int_{t_0}^{t_{\mathrm{f}}}\eta\cdot\frac{\mathrm{d}}{\mathrm{d}t}\left(\frac{\partial F(t,x^*,\dot{x}^*)}{\partial\dot{x}^*}\right)\mathrm{d}t.\end{aligned} \tag{12.3.25}$$

将其代入式(12.3.24)，可得

$$\delta J = \frac{\partial F(t,x^*,\dot{x}^*)}{\partial \dot{x}^*}\cdot \eta\Big|_{t_0}^{t_f} + \int_{t_0}^{t_f}\Big[\frac{\partial F(t,x^*,\dot{x}^*)}{\partial x^*} - \frac{\mathrm{d}}{\mathrm{d}t}\Big(\frac{\partial F(t,x^*,\dot{x}^*)}{\partial \dot{x}^*}\Big)\Big]\cdot \eta \mathrm{d}t = 0. \tag{12.3.26}$$

由于 $\eta(t_0)=\eta(t_f)=0$，所以上式等号右边第一项为零. 于是，极值必要条件成为

$$\delta J = \int_{t_0}^{t_f}\Big[\frac{\partial F(t,x^*,\dot{x}^*)}{\partial x^*} - \frac{\mathrm{d}}{\mathrm{d}t}\Big(\frac{\partial F(t,x^*,\dot{x}^*)}{\partial \dot{x}^*}\Big)\Big]\cdot \eta \mathrm{d}t = 0. \tag{12.3.27}$$

按照变分学基本引理，如果函数 $\varphi(t)$ 在闭区间 $[t_0,t_f]$ 上连续，且对满足 $\eta(t_0)=\eta(t_f)=0$ 的任意函数 $\eta(t)$，有 $\int_{t_0}^{t_f}\varphi(t)\eta(t)\mathrm{d}t=0$，则在闭区间 $[t_0,t_f]$ 上 $\varphi(t)=0$. 于是必要条件可以写成

$$\frac{\partial F(t,x^*,\dot{x}^*)}{\partial x^*} - \frac{\mathrm{d}}{\mathrm{d}t}\Big(\frac{\partial F(t,x^*,\dot{x}^*)}{\partial \dot{x}^*}\Big) = 0, \tag{12.3.28}$$

式(12.3.28)被称为**欧拉方程**，或**欧拉-拉格朗日方程**，简记为

$$F_x - \frac{\mathrm{d}}{\mathrm{d}t}F_{\dot{x}} = 0, \tag{12.3.29}$$

其中

$$F_x = \frac{\partial F(t,x^*,\dot{x}^*)}{\partial x^*},\quad F_{\dot{x}} = \frac{\partial F(t,x^*,\dot{x}^*)}{\partial \dot{x}^*}. \tag{12.3.30}$$

将式(12.3.28)的第二项展开，省略表示极值的星号，可得

$$\begin{aligned}\frac{\mathrm{d}}{\mathrm{d}t}\frac{\partial F}{\partial \dot{x}} &= \frac{\partial^2 F}{\partial \dot{x}\partial t}\cdot\frac{\mathrm{d}t}{\mathrm{d}t} + \frac{\partial^2 F}{\partial \dot{x}\partial x}\cdot\frac{\mathrm{d}x}{\mathrm{d}t} + \frac{\partial^2 F}{\partial \dot{x}^2}\cdot\frac{\mathrm{d}\dot{x}}{\mathrm{d}t}\\ &= \frac{\partial^2 F}{\partial \dot{x}\partial t} + \frac{\partial^2 F}{\partial \dot{x}\partial x}\dot{x} + \frac{\partial^2 F}{\partial \dot{x}^2}\ddot{x}\\ &= F_{\dot{x}t} + F_{\dot{x}x}\dot{x} + F_{\dot{x}\dot{x}}\ddot{x}\end{aligned} \tag{12.3.31}$$

于是，最终可以将欧拉方程写成

$$F_x - F_{\dot{x}t} - F_{\dot{x}x}\dot{x} - F_{\dot{x}\dot{x}}\ddot{x} = 0. \tag{12.3.32}$$

欧拉方程的解被称为欧拉方程的积分，该积分曲线被称为**极值曲线**，泛函在极值曲线上达到极值. 一般而言，求解欧拉方程不是一件容易的工作，往往只在一些特殊的情况下才能获得它的解析解. 下面讨论能使欧拉方程简化的一些特殊情况.

(1) 如果 F 不显含 x，则有 $F_x\equiv 0$，于是欧拉方程成为

$$F_{\dot{x}} = \text{const}. \tag{12.3.33}$$

(2) 如果 F 不显含 t，则有 $F_t\equiv 0$，于是欧拉方程成为

$$F_x - F_{\dot{x}x}\dot{x} - F_{\dot{x}\dot{x}}\ddot{x} = 0. \tag{12.3.34}$$

因为

$$\frac{\mathrm{d}}{\mathrm{d}t}[F-\dot{x}F_{\dot{x}}]=F_x\dot{x}+F_{\dot{x}}\ddot{x}-[\ddot{x}F_{\dot{x}}+\dot{x}F_{\dot{x}x}\dot{x}+\dot{x}F_{\dot{x}\dot{x}}\ddot{x}]$$

$$=F_x\dot{x}-\dot{x}F_{\dot{x}x}\dot{x}-\dot{x}F_{\dot{x}\dot{x}}\ddot{x}$$

$$=\dot{x}[F_x-F_{\dot{x}x}\dot{x}-F_{\dot{x}\dot{x}}\ddot{x}], \tag{12.3.35}$$

所以式(12.3.34)就意味着

$$F-\dot{x}F_{\dot{x}}=\text{const}. \tag{12.3.36}$$

(3) 如果 F 既不显含 x,也不显含 t,则有 $F_x\equiv 0$ 和 $F_t\equiv 0$,于是欧拉方程成为 $F_{\dot{x}\dot{x}}\ddot{x}=0$. 假设 $F_{\dot{x}\dot{x}}\neq 0$,可得 $\ddot{x}=0$. 所以欧拉方程给出的最优曲线是直线方程

$$x^*(t)=a+bt. \tag{12.3.37}$$

(4) 如果 F 不显含 $\dot{x}$,则有 $F_{\dot{x}}\equiv 0$,于是欧拉方程成为

$$F_x=0. \tag{12.3.38}$$

例 12.3.6 求例 12.3.3 所示捷线问题的解.

解 捷线问题是求使

$$T=\frac{1}{\sqrt{2g}}\int_0^{x_b}\sqrt{\frac{1+\dot{y}^2}{y}}\mathrm{d}x$$

最小,且满足 $y(0)=0, y(x_b)=y_b$ 的曲线 $y(x)$. 记

$$F=\sqrt{\frac{1+\dot{y}^2}{2gy}},$$

显然它仅是 y 和 $\dot{y}$ 的函数,由式(12.3.36)可知,欧拉方程变为 $F-\dot{y}F_{\dot{y}}=\text{const}$. 因为

$$F_{\dot{y}}=\frac{1}{\sqrt{2gy}}\cdot\frac{1}{2}\cdot\frac{2\dot{y}}{\sqrt{1+\dot{y}^2}}=\frac{\dot{y}}{\sqrt{2gy(1+\dot{y}^2)}},$$

所以,该问题的欧拉方程成为

$$\sqrt{\frac{1+\dot{y}^2}{2gy}}-\frac{\dot{y}^2}{\sqrt{2gy(1+\dot{y}^2)}}=\text{const},$$

经整理,可得

$$y(1+\dot{y}^2)=C_1.$$

为解此方程,引入参数 φ,令 $\dot{y}=\cot\varphi$,代入上式,即得

$$y=\frac{C_1}{1+\dot{y}^2}=\frac{C_1}{1+\cot^2\varphi}=C_1\sin^2\varphi=\frac{C_1}{2}(1-\cos 2\varphi).$$

$t_0=0$ 时,$y(t_0)=0$,这对应 $\varphi=0$.

由

$$\mathrm{d}x=\frac{\mathrm{d}y}{\dot{y}}=\frac{2C_1\sin\varphi\cos\varphi\mathrm{d}\varphi}{\cot\varphi}=2C_1\sin^2\varphi\mathrm{d}\varphi=C_1(1-\cos 2\varphi)\mathrm{d}\varphi,$$

可以求得

$$x = C_1\left(\varphi - \frac{\sin 2\varphi}{2}\right) + C_2 = \frac{C_1}{2}(2\varphi - \sin 2\varphi) + C_2,$$

根据初始条件 $x(t_0)=0$，可得 $C_2=0$. 于是，

$$x = \frac{C_1}{2}(2\varphi - \sin 2\varphi), \quad y = \frac{C_1}{2}(1 - \cos 2\varphi).$$

再令 $r=C_1/2$，$\beta=2\varphi$，最终得到参数方程

$$x = r(\beta - \sin\beta), \quad y = r(1 - \cos\beta).$$

这是通过 O 和 B 的旋轮线(cycloid)上的一段曲线，其中 r 和 β 可以通过 x_b 及 y_b 来确定. □

3. 横截条件

在最优控制问题中，经常会遇到可变端点的变分问题，即曲线的始端或终端是变动的. 导弹的空中拦截问题就是终端可变的变分问题，图 12.3.3 是这类问题的图形表示，图中 $x^*(t)$ 代表极值曲线. 因为用于拦截的导弹(拦截器)在发射时刻的状态是已知的，所以始端 A(即 $(t_0, x(t_0))$)固定. 为达到拦截的目的，拦截器必须到达被拦截导弹(目标)行进的轨道($x=\varphi(t)$)，最终，拦截器与目标在终端 B(即 $(t_f, x(t_f))$)相遇.

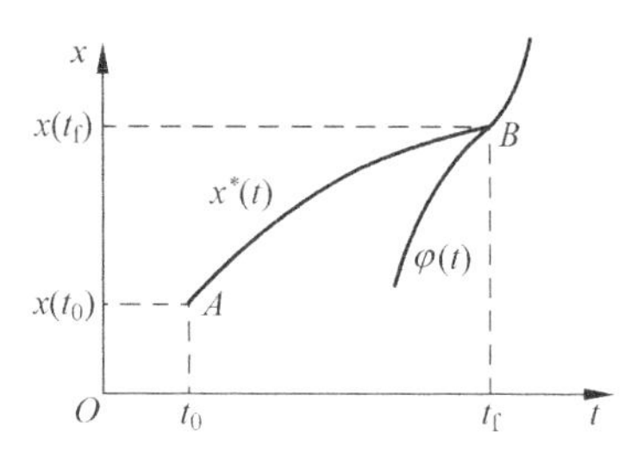

图 12.3.3　末端变动的变分问题

所以这类问题的一般提法是，寻找一条连续可微的允许曲线，它满足

$$x_0 = x(t_0), \quad x_f = \varphi(t_f), \tag{12.3.39}$$

并使泛函

$$J = \int_{t_0}^{t_f} L(t, x, \dot{x})\,\mathrm{d}t \tag{12.3.40}$$

达到极小值. 其中初始时刻 t_0 固定，终端时刻 t_f 是一个待定的量.

设 $x^*(t)$ 为极值曲线，α 是一个小的变量，$\eta(t)$ 是 $x(t)$ 的变分. 那么 x^* 邻域内的允许曲线可以被表示为

$$x(t) = x^*(t) + \alpha\eta(t), \tag{12.3.41}$$

$$\dot{x}(t) = \dot{x}^*(t) + \alpha\dot{\eta}(t). \tag{12.3.42}$$

因为每一个允许函数 $x(t)$ 都有自己的终端时刻 t_f，故而必须定义相应的终端时刻集合

$$t_f = t_f^* + \alpha\,\mathrm{d}t_f. \tag{12.3.43}$$

于是，泛函的变分可以被表示为

$$\begin{aligned}\delta J &= \frac{\partial}{\partial\alpha}\int_{t_0}^{t_f+\alpha\mathrm{d}t_f} F(t, x^* + \alpha\eta, \dot{x}^* + \alpha\dot{\eta})\,\mathrm{d}t\Big|_{\alpha=0} \\ &= \frac{\partial}{\partial\alpha}\int_{t_0}^{t_f} F(t, x^* + \alpha\eta, \dot{x}^* + \alpha\dot{\eta})\,\mathrm{d}t\Big|_{\alpha=0} \\ &\quad + \frac{\partial}{\partial\alpha}\int_{t_f}^{t_f+\alpha\mathrm{d}t_f} F(t, x^* + \alpha\eta, \dot{x}^* + \alpha\dot{\eta})\,\mathrm{d}t\Big|_{\alpha=0}.\end{aligned} \tag{12.3.44}$$

对式(12.3.44)的等号右边第二项中的积分项应用中值定理，令 $0<\gamma<\alpha$，且 $\gamma\to 0$，可得

$$\int_{t_f}^{t_f+\alpha dt_f} F(t,x^*+\alpha\eta,\ \dot{x}^*+\alpha\dot{\eta})\mathrm{d}t = F(t,x^*+\alpha\eta,\ \dot{x}^*+\alpha\dot{\eta})\big|_{t=t_f+\gamma dt_f}\alpha\,\mathrm{d}t_f$$

$$= F(t,x^*+\alpha\eta,\ \dot{x}^*+\alpha\dot{\eta})\big|_{t_f}\alpha\,\mathrm{d}t_f. \quad (12.3.45)$$

式中的下标 t_f 表示 $t=t_f$. 对式(12.3.44)中等号右边的第一项进行处理后得到的形式与式(12.3.26)相同. 利用式(12.3.26)和式(12.3.45)可得泛函极值的必要条件

$$\delta J=\frac{\partial F}{\partial \dot{x}^*}\eta\bigg|_{t_f}+\int_{t_0}^{t_f}\left[\frac{\partial F}{\partial x^*}-\frac{\mathrm{d}}{\mathrm{d}t}\left(\frac{\partial F}{\partial \dot{x}^*}\right)\right]\dot{\eta}\mathrm{d}t+F(t,x^*,\ \dot{x}^*)\bigg|_{t_f}\mathrm{d}t_f=0. \quad (12.3.46)$$

上式应对任意的变分 η 成立，所以得到欧拉方程

$$\frac{\partial F}{\partial x^*}-\frac{\mathrm{d}}{\mathrm{d}t}\left(\frac{\partial F}{\partial \dot{x}^*}\right)=0, \quad (12.3.47)$$

以及限制条件

$$\frac{\partial F}{\partial \dot{x}^*}\eta\bigg|_{t_f}+F\big|_{t_f}\mathrm{d}t_f=0. \quad (12.3.48)$$

不过，在式(12.3.48)中，$\eta(t_f)$ 和 $\mathrm{d}t_f$ 不是相互独立的，它们受条件 $x_f=\varphi(t_f)$ 的约束，即

$$x(t_f+\alpha\mathrm{d}t_f)+\alpha\eta(t_f+\alpha\mathrm{d}t_f)=\varphi(t_f+\alpha\mathrm{d}t_f). \quad (12.3.49)$$

将式(12.3.49)两边对 α 求偏导数并令 $\alpha=0$，可得 $\dot{x}(t_f^*)\mathrm{d}t_f+\eta(t_f^*)=\dot{\varphi}(t_f^*)\times \mathrm{d}t_f$. 即

$$\eta(t_f^*)=[\dot{\varphi}(t_f^*)-\dot{x}(t_f^*)]\mathrm{d}t_f. \quad (12.3.50)$$

以式(12.3.50)代入式(12.3.48)，可得

$$\frac{\partial F}{\partial \dot{x}^*}[\dot{\varphi}(t_f^*)-\dot{x}(t_f^*)]\bigg|_{t_f}\mathrm{d}t_f+F\big|_{t_f}\mathrm{d}t_f=0. \quad (12.3.51)$$

又因为 $\mathrm{d}t_f$ 为任意值，所以上式即相当

$$[F_{\dot{x}}(\dot{\varphi}-\dot{x})+F]\big|_{t_f}=0. \quad (12.3.52)$$

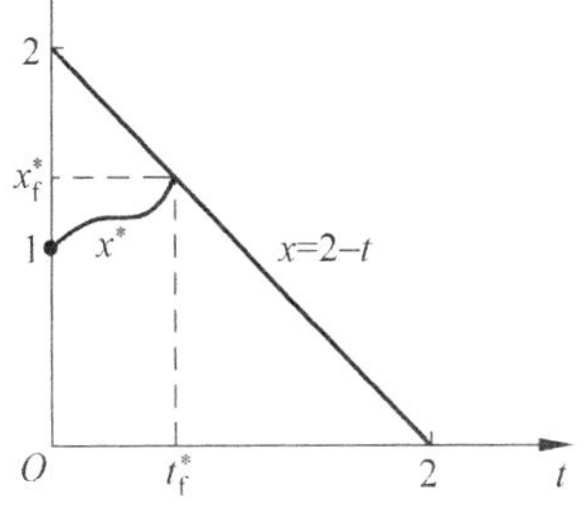

式(12.3.52)被形象地称为**横截条件**，从图12.3.4可以理解“横截”一词的含义.

图12.3.4 例12.3.7的图形表示

例12.3.7 求起点为 $x(0)=1$、终点在直线 $x(t)=2-t$ 上的长度最短的曲线.

解 (i) 问题的描述. 该问题要求获得通过 $x(0)=1$ 和 $x(t_f)=2-t_f$ 的曲线，而且该曲线要使泛函 $J=\int_{t_0}^{t_f}\sqrt{1+\dot{x}^2}\mathrm{d}t$ 达到极小值，其中 t_f 待定. 显然，这是一个始端固定、终端受限

的泛函极值问题,需要利用欧拉方程、初始条件和横截条件来求解.

(ii) 求欧拉方程的解. 由 $F=\sqrt{1+\dot{x}^2}$ 可得 $F_x=0$ 以及

$$F_{\dot{x}}=\frac{1}{2}\cdot\frac{2\dot{x}}{\sqrt{1+\dot{x}^2}}=\frac{\dot{x}}{\sqrt{1+\dot{x}^2}},$$

$$\frac{\mathrm{d}}{\mathrm{d}t}F_{\dot{x}}=\frac{\mathrm{d}}{\mathrm{d}t}\left(\frac{\dot{x}}{\sqrt{1+\dot{x}^2}}\right)=\frac{\ddot{x}}{\sqrt{1+\dot{x}^2}(1+\dot{x}^2)}$$

将它们代入欧拉方程式(12.3.47)可得 $\ddot{x}=0$. 它的解为

$$x^*=C_1t+C_2$$

(iii) 确定待定系数. 根据始端条件 $x(0)=1$ 可得 $C_2=1$,所以 $x^*=1+C_1t$. 常数 C_1 则需要利用横截条件来确定. 终端约束条件为 $\varphi(t)=2-t$,所以 $\dot{\varphi}=-1$,代入横截条件式(12.3.52)可得

$$(-1-\dot{x})\frac{\dot{x}}{\sqrt{1+\dot{x}^2}}+\sqrt{1+\dot{x}^2}=0,$$

经整理后得到 $\dot{x}=1$. 这意味着 $\dot{x}(t_{\mathrm{f}})=1$. 由 $x^*=1+C_1t$ 可得 $\dot{x}^*=C_1$,再由 $\dot{x}(t_{\mathrm{f}})=1$ 可得 $C_1=1$. 所以极值曲线为

$$x^*=1+t.$$

并可以进一步得到曲线的终端值

$$t_{\mathrm{f}}^*=\frac{1}{2},\quad x_{\mathrm{f}}^*=\frac{3}{2}.$$

不难看出,最短曲线是从 $x(0)=1$ 出发、垂直于直线 $x(t)=2-t$ 的直线. □

在泛函极值问题中,总能够获得欧拉方程,但求解欧拉方程时确定系数的条件却因问题中的端点条件不同而不同. 在端点固定的问题中,利用始端和终端条件来确定系数; 在始端固定、终端时刻未定、终端受约束的问题中,利用始端条件和横截条件来确定系数. 下面,对其他端点条件的情况做简单的说明.

如果始端和终端均为可变端点,那么,在求泛函极值而令式(12.3.26)的变分等于零时,可以得到

$$\left.\frac{\partial F}{\partial\dot{x}^*}\eta\right|_{t_0}^{t_{\mathrm{f}}}=\frac{\partial F}{\partial\dot{x}^*}\eta(t_{\mathrm{f}})-\frac{\partial F}{\partial\dot{x}^*}\eta(t_0)=0. \qquad (12.3.53)$$

因为 $\eta(t_0)$ 和 $\eta(t_{\mathrm{f}})$ 均为任意值,就可以得到端点条件

$$\left.\begin{aligned}\left.\frac{\partial F}{\partial\dot{x}^*}\right|_{t_0}=0\\ \left.\frac{\partial F}{\partial\dot{x}^*}\right|_{t_{\mathrm{f}}}=0\end{aligned}\right\}. \qquad (12.3.54)$$

如果始端固定,终端时刻固定但终端值可变,那么由于 $\eta(t_0)=0$,上式简化为

$$\left.\frac{\partial F}{\partial\dot{x}^*}\right|_{t_{\mathrm{f}}}=0. \qquad (12.3.55)$$

如果始端固定,终端时刻与终端值均可变,且终端时刻和终端值之间不存在约束,那么根据式(12.3.48)应当得到

$$\left.\begin{aligned}\left.\frac{\partial F}{\partial \dot{x}^*}\right|_{t_f} &= 0\\ F(t,x^*,\dot{x}^*)\big|_{t_f} &= 0\end{aligned}\right\}. \tag{12.3.56}$$

所以在求解泛函极值问题中,除了利用欧拉方程之外,还应当根据端点时刻固定或者可变、端点固定或者可变来仔细选择相应的端点条件.

在上面的讨论中,都假设曲线是连续可微的,即整个曲线是光滑的.但实际上也常常遇到曲线分段光滑的情形:整个曲线是连续的,但有若干不可微的点.在连续曲线上的这些不可微的点,必须满足额外的条件,不过本书不讨论这种情况.

在控制问题中,系统的状态常常用向量来表示,为此也应将相应的端点条件改写成向量形式.所以在后面的最优控制讨论中,主要采用向量形式的欧拉方程以及端点条件.

4. 欧拉方程与横截条件的向量形式

在现代控制理论中,经常会遇到变量为向量的情况.设变量为 n 维向量 $\boldsymbol{x}^{\mathrm{T}}=[x_1\quad x_2\quad \cdots\quad x_n]$,那么,相应的泛函形式成为

$$J=\int_{t_0}^{t_f} F[t,\boldsymbol{x}(t),\dot{\boldsymbol{x}}(t)]\mathrm{d}t, \tag{12.3.57}$$

经过与上述标量情况类似的讨论,可以得到向量形式的欧拉方程

$$\frac{\partial F(t,\boldsymbol{x}^*,\dot{\boldsymbol{x}}^*)}{\partial \boldsymbol{x}^*}-\frac{\mathrm{d}}{\mathrm{d}t}\left(\frac{\partial F(t,\boldsymbol{x}^*,\dot{\boldsymbol{x}}^*)}{\partial \dot{\boldsymbol{x}}^*}\right)=0. \tag{12.3.58}$$

如果终端必须满足约束条件

$$\boldsymbol{x}_f=\boldsymbol{\varphi}(t_f), \tag{12.3.59}$$

那么,相应的横截条件将被写成

$$\left.\left[\frac{\partial F}{\partial \boldsymbol{x}^{\mathrm{T}}}(\dot{\boldsymbol{\varphi}}-\dot{\boldsymbol{x}})+F\right]\right|_{t_f}=0. \tag{12.3.60}$$

对于终端值和终端时刻的不同情况,都需要将原来标量情况下的条件改写为向量形式,这里不再一一列出.在应用这些条件时应当对每个分量 x_i 列写欧拉方程,并对每个分量列写端点条件和横截条件.向量形式的欧拉方程推导过程与标量形式的欧拉方程推导过程十分类似,读者可以自行推导或参阅关于变分法的参考书.下文在变量为向量时将直接写出所需的向量形式.

5. 等式约束的变分问题

在上面的讨论中,为了使推导过程简单明了,没有对曲线本身做任何限制.但实际的动态系统都有其自身的运动规律,譬如它们可以由一组微分方程来表示.就是说,允许函数除了应当满足给定的端点限制条件外,还应满足对曲线本身附

加的约束条件. 最常见的是一组等式约束条件

$$\boldsymbol{\psi}[t,\boldsymbol{x}(t),\dot{\boldsymbol{x}}(t)]=0,\quad (t_0\leqslant t\leqslant t_f). \tag{12.3.61}$$

这里$\boldsymbol{\psi}$是m维函数向量,$m\leqslant n$.

对这样的问题,可以采用拉格朗日乘子法来处理. 可以证明,如果允许函数$\boldsymbol{x}(t)$能够使式(12.3.57)所示的泛函在式(12.3.61)所示的等式约束下取极值,那么必然存在适当的m维待定乘子函数向量$\boldsymbol{\lambda}(t)$,使增广泛函

$$J=\int_{t_0}^{t_f}\{F[t,\boldsymbol{x}(t),\dot{\boldsymbol{x}}(t)]+\boldsymbol{\lambda}^{\mathrm{T}}\boldsymbol{\psi}[t,\boldsymbol{x}(t),\dot{\boldsymbol{x}}(t)]\}\mathrm{d}t \tag{12.3.62}$$

达到无条件极值.

令

$$L[t,\boldsymbol{x}(t),\dot{\boldsymbol{x}}(t)]=F[t,\boldsymbol{x}(t),\dot{\boldsymbol{x}}(t)]+\boldsymbol{\lambda}^{\mathrm{T}}\boldsymbol{\psi}[t,\boldsymbol{x}(t),\dot{\boldsymbol{x}}(t)], \tag{12.3.63}$$

则函数$\boldsymbol{x}(t)$是欧拉方程

$$\frac{\partial L}{\partial \boldsymbol{x}}-\frac{\mathrm{d}}{\mathrm{d}t}\frac{\partial L}{\partial \dot{\boldsymbol{x}}}=0 \tag{12.3.64}$$

的解. $\boldsymbol{x}(t)$和$\boldsymbol{\lambda}(t)$则由欧拉方程式(12.3.64)和约束方程式(12.3.61)共同确定.

12.4　变分法在最优控制中的应用

本节将变分法的原理加以推广,以解决某些最优控制问题. 最优控制的研究对象是受控的动态系统,这些动态系统可以采用状态空间方法来表示. 不同的控制函数会使系统具有不同的运动轨线,而不同的运动轨线会影响系统的某些性能指标的取值,这些不同的取值就可以被用来判断系统性能的优劣. 最优控制的目的是在允许控制中选取适当的控制函数,以使某个性能指标达到最优值. 根据前面给出的一些性能指标表达式可以看出,表示控制系统性能的指标通常具有泛函的形式. 故而,最优控制可以归结为泛函极值问题. 在最优控制过程中,动态系统必须满足给定的端点条件,同时还必须满足一组给定的状态方程,所以,最优控制问题实质上是具有等式约束的变分问题.

正如泛函极值问题中涉及几种不同形式的泛函一样,最优控制中表示系统性能指标的泛函也具有多种不同的形式. 根据性能指标是积分型、末值型和混合型,也可以将相应最优控制问题称为拉格朗日问题、梅耶问题和波尔查问题. 下面首先讨论拉格朗日问题.

12.4.1　拉格朗日问题

本小节首先讨论拉格朗日问题中无末态约束的最优控制问题.

设受控系统的状态方程和初始状态为

$$\dot{\boldsymbol{x}}=\boldsymbol{f}[\boldsymbol{x}(t),\boldsymbol{u}(t),t],\quad \boldsymbol{x}(t_0)=\boldsymbol{x}_0, \tag{12.4.1}$$

其中 $\boldsymbol{x}(t)$是 n 维状态向量,$\boldsymbol{u}(t)$是 l 维控制向量. 终端时刻 t_f 为给定值,但末态 $\boldsymbol{x}(t_f)$可取任意值. 最优控制问题的任务是寻找最优控制 $\boldsymbol{u}(t)$,使性能指标

$$J[\boldsymbol{u}(t)]=\int_{t_0}^{t_f} L[\boldsymbol{x}(t),\boldsymbol{u}(t),t]\mathrm{d}t \tag{12.4.2}$$

取极小值.

显然,上述最优控制问题正是等式约束下的变分问题. 在这一节中,始终假设控制域充满整个 l 维控制空间,$\boldsymbol{u}(t)$是连续或分段连续的函数,$\boldsymbol{f}$ 和 L 对 $\boldsymbol{x}$、$\boldsymbol{u}$、t 充分可微.

令 $\boldsymbol{u}=\dot{\boldsymbol{z}}$,可见 $\boldsymbol{z}$ 对变量 t 可微. 于是可以写出增广泛函中的被积函数

$$\begin{aligned}F&=L(\boldsymbol{x},\boldsymbol{u},t)+\boldsymbol{\lambda}^{\mathrm{T}}[\boldsymbol{f}(\boldsymbol{x},\boldsymbol{u},t)-\dot{\boldsymbol{x}}]\\&=L(\boldsymbol{x},\dot{\boldsymbol{z}},t)+\boldsymbol{\lambda}^{\mathrm{T}}[\boldsymbol{f}(\boldsymbol{x},\dot{\boldsymbol{z}},t)-\dot{\boldsymbol{x}}],\end{aligned} \tag{12.4.3}$$

其中$\boldsymbol{\lambda}$ 被称为**伴随向量**,或协态向量.

标量函数 F 显含 t,$\boldsymbol{x}$,$\dot{\boldsymbol{x}}$和$\dot{\boldsymbol{z}}$,将 $\boldsymbol{x}$ 和 $\boldsymbol{z}$ 记为一个 $n+l$ 维向量,则可以认为,它包含 t、函数向量$[\boldsymbol{x}^{\mathrm{T}}\quad \boldsymbol{z}^{\mathrm{T}}]^{\mathrm{T}}$和它的导数函数向量$[\dot{\boldsymbol{x}}^{\mathrm{T}}\quad \dot{\boldsymbol{z}}^{\mathrm{T}}]^{\mathrm{T}}$.

下面对函数向量的各个分量列写欧拉方程来获得泛函极值的必要条件. 对$i=1,2,\cdots,n$,有

$$\frac{\partial F}{\partial x_i}=\frac{\mathrm{d}}{\mathrm{d}t}\left(\frac{\partial F}{\partial \dot{x}_i}\right), \tag{12.4.4}$$

即

$$\frac{\partial}{\partial x_i}[L+\boldsymbol{\lambda}^{\mathrm{T}}\boldsymbol{f}-\boldsymbol{\lambda}^{\mathrm{T}}\dot{\boldsymbol{x}}]=\frac{\mathrm{d}}{\mathrm{d}t}\frac{\partial}{\partial \dot{x}_i}[L+\boldsymbol{\lambda}^{\mathrm{T}}\boldsymbol{f}-\boldsymbol{\lambda}^{\mathrm{T}}\dot{\boldsymbol{x}}], \tag{12.4.5}$$

由此可得

$$\frac{\partial}{\partial x_i}[L+\boldsymbol{\lambda}^{\mathrm{T}}\boldsymbol{f}]=\frac{\mathrm{d}}{\mathrm{d}t}\frac{\partial}{\partial \dot{x}_i}[-\boldsymbol{\lambda}^{\mathrm{T}}\dot{\boldsymbol{x}}]=-\dot{\lambda}_i. \tag{12.4.6}$$

再对 $j=1,2,\cdots,l$,有

$$\frac{\partial F}{\partial z_j}=\frac{\mathrm{d}}{\mathrm{d}t}\left(\frac{\partial F}{\partial \dot{z}_j}\right), \tag{12.4.7}$$

即

$$\frac{\partial}{\partial z_j}[L+\boldsymbol{\lambda}^{\mathrm{T}}\boldsymbol{f}-\boldsymbol{\lambda}^{\mathrm{T}}\dot{\boldsymbol{x}}]=\frac{\mathrm{d}}{\mathrm{d}t}\frac{\partial}{\partial \dot{z}_j}[L+\boldsymbol{\lambda}^{\mathrm{T}}\boldsymbol{f}-\boldsymbol{\lambda}^{\mathrm{T}}\dot{\boldsymbol{x}}], \tag{12.4.8}$$

因为 L,$\boldsymbol{\lambda}$ 和 $\boldsymbol{f}$ 均不显含 $\boldsymbol{z}$,而 L 和 $\boldsymbol{f}$ 均显含$\dot{\boldsymbol{z}}$,故由上式可得

$$\frac{\mathrm{d}}{\mathrm{d}t}\frac{\partial}{\partial \dot{z}_j}[L+\boldsymbol{\lambda}^{\mathrm{T}}\boldsymbol{f}]=0, \tag{12.4.9}$$

该式相当于

$$\frac{\partial}{\partial \dot{z}_j}[L+\boldsymbol{\lambda}^{\mathrm{T}}\boldsymbol{f}]=\mathrm{const}. \tag{12.4.10}$$

下面列写端点条件. 该问题是自由终端问题,所以利用与式(12.3.55)相应的

向量形式来进行讨论. 终端条件可以分别对函数向量$\dot{\boldsymbol{x}}$和$\dot{\boldsymbol{z}}$列写. 对$\dot{\boldsymbol{x}}$列写终端条件可以得到

$$\left.\frac{\partial F}{\partial \dot{\boldsymbol{x}}}\right|_{t_f} = \frac{\partial}{\partial \dot{x}}[L + \boldsymbol{\lambda}^T \boldsymbol{f} - \boldsymbol{\lambda}^T \dot{\boldsymbol{x}}]\,|_{t_f} = -\boldsymbol{\lambda}(t_f) = 0. \tag{12.4.11}$$

对$\dot{\boldsymbol{z}}$列写终端条件可以得到

$$\left.\frac{\partial F}{\partial \dot{\boldsymbol{z}}}\right|_{t_f} = \left.\frac{\partial}{\partial \dot{\boldsymbol{z}}}[L + \boldsymbol{\lambda}^T \boldsymbol{f}]\right|_{t_f} = 0. \tag{12.4.12}$$

由式(12.4.10)和式(12.4.12)可以得到

$$\frac{\partial}{\partial \dot{\boldsymbol{z}}}[L + \boldsymbol{\lambda}^T \boldsymbol{f}] = 0. \tag{12.4.13}$$

不难看出, 在上述条件中, 经常出现函数 $L + \boldsymbol{\lambda}^T \boldsymbol{f}$, 于是定义**哈密顿函数**(Hamiltonian)

$$H(\boldsymbol{x},\boldsymbol{u},\boldsymbol{\lambda},t) = L(\boldsymbol{x},\boldsymbol{u},t) + \boldsymbol{\lambda}^T \boldsymbol{f}(\boldsymbol{x},\boldsymbol{u},t), \tag{12.4.14}$$

再利用$\dot{\boldsymbol{z}} = \boldsymbol{u}$, 就可以根据式(12.4.13)、式(12.4.6)、式(12.4.11)以及受控对象的状态方程得到最优控制的必要条件

$$\frac{\partial H}{\partial \boldsymbol{u}} = 0, \tag{12.4.15}$$

$$\dot{\boldsymbol{\lambda}} = -\frac{\partial H}{\partial \boldsymbol{x}}, \tag{12.4.16}$$

$$\boldsymbol{\lambda}(t_f) = 0, \tag{12.4.17}$$

$$\dot{\boldsymbol{x}} = \boldsymbol{f}(\boldsymbol{x},\boldsymbol{u},t), \tag{12.4.18}$$

$$\boldsymbol{x}(t_0) = \boldsymbol{x}_0. \tag{12.4.19}$$

其中式(12.4.15)也被称为**控制方程**, 式(12.4.16)也被称为**伴随方程**, 而式(12.4.16)～式(12.4.19)全体则可被称为**正则方程**.

当末态给定时, $\boldsymbol{\lambda}(t_f) = 0$ 自动失效, 微分方程解中未知系数将由 $\boldsymbol{x}(t_0) = \boldsymbol{x}_0$ 和 $\boldsymbol{x}(t_f) = \boldsymbol{x}_f$ 来确定.

在上述必要条件的推导中应用了欧拉方程, 这意味着增广泛函的变分对任意 $\delta\boldsymbol{u}$ 成立. 这就是说, 不仅要求在给定时间区间 $[t_0, t_f]$ 内控制函数 $\boldsymbol{u}(t)$ 属于控制域 U, 而且当 $|\delta\boldsymbol{u}|$ 充分小时, $\boldsymbol{u}(t) + \delta\boldsymbol{u}(t)$ 也属于控制域 U. 所以控制域 U 必须是开集.

对上述最优控制的必要条件进行求解, 可以获得最优控制 $\boldsymbol{u}^*(t)$, 而状态方程在最优控制 $\boldsymbol{u}^*(t)$ 下的解 $\boldsymbol{x}^*(t)$ 被称为**最优轨线**.

12.4.2 波尔查问题

现在仍然研究式(12.4.1)所示的受控系统. 它的初始状态已知, 终端时刻 t_f 给定, 末态 $\boldsymbol{x}(t_f)$ 可取任意值, 但性能指标采用更具一般性的混合形式

$$J(\boldsymbol{u})=\theta[t_{\mathrm{f}},\boldsymbol{x}_{\mathrm{f}}]+\int_{t_0}^{t_{\mathrm{f}}}L[\boldsymbol{x}(t),\boldsymbol{u}(t),t]\mathrm{d}t. \tag{12.4.20}$$

波尔查问题就是要寻找最优控制 $\boldsymbol{u}(t)$,使上述性能指标取极小值.

这同样是具有等式约束的泛函极值问题,其哈密顿函数如同式(12.4.14)所示.在泛函极值问题中,在各种不同端点约束情况下都可以得到欧拉方程,但求解方程所依据的端点条件却会有相当大的区别.所以下面讨论几种不同端点约束的情况.

1. 终端自由,t_{f} 给定的情形

这里直接利用哈密顿函数写出增广泛函

$$J'(\boldsymbol{u})=\theta[t_{\mathrm{f}},\boldsymbol{x}_{\mathrm{f}}]+\int_{t_0}^{t_{\mathrm{f}}}[H-\boldsymbol{\lambda}^{\mathrm{T}}\dot{\boldsymbol{x}}]\mathrm{d}t. \tag{12.4.21}$$

对上式积分部分的第二项做分部积分,则增广泛函成为

$$J'(\boldsymbol{u})=\theta[t_{\mathrm{f}},\boldsymbol{x}_{\mathrm{f}}]+\int_{t_0}^{t_{\mathrm{f}}}[H+\dot{\boldsymbol{\lambda}}^{\mathrm{T}}\boldsymbol{x}]\mathrm{d}t-\boldsymbol{\lambda}^{\mathrm{T}}\boldsymbol{x}\Big|_{t_0}^{t_{\mathrm{f}}}. \tag{12.4.22}$$

将 $\boldsymbol{x}$ 和 $\boldsymbol{u}$ 的变分分别记为 $\delta\boldsymbol{x}$ 和 $\delta\boldsymbol{u}$,再计算增广泛函的变分,可得泛函极值的必要条件

$$\begin{aligned}\delta J'=&\frac{\partial\theta}{\partial\boldsymbol{x}^{\mathrm{T}}}\Big|_{t_{\mathrm{f}}}\delta\boldsymbol{x}_{\mathrm{f}}-\boldsymbol{\lambda}^{\mathrm{T}}\delta\boldsymbol{x}\Big|_{t_0}^{t_{\mathrm{f}}}\\&+\int_{t_0}^{t_{\mathrm{f}}}\left[\frac{\partial H}{\partial\boldsymbol{u}^{\mathrm{T}}}\delta\boldsymbol{u}+\frac{\partial H}{\partial\boldsymbol{x}^{\mathrm{T}}}\delta\boldsymbol{x}+\dot{\boldsymbol{\lambda}}^{\mathrm{T}}\delta\boldsymbol{x}\right]\mathrm{d}t=0.\end{aligned} \tag{12.4.23}$$

上式应对任意 $\delta\boldsymbol{x}$ 和 $\delta\boldsymbol{u}$ 成立,所以能够得到最优控制的必要条件

$$\frac{\partial H}{\partial\boldsymbol{u}}=0, \tag{12.4.24}$$

$$\dot{\boldsymbol{\lambda}}=-\frac{\partial H}{\partial\boldsymbol{x}}, \tag{12.4.25}$$

$$\boldsymbol{\lambda}(t_{\mathrm{f}})=\frac{\partial\theta}{\partial\boldsymbol{x}}\Big|_{t_{\mathrm{f}}}, \tag{12.4.26}$$

$$\dot{\boldsymbol{x}}=\boldsymbol{f}(\boldsymbol{x},\boldsymbol{u},t), \tag{12.4.27}$$

$$\boldsymbol{x}(t_0)=\boldsymbol{x}_0. \tag{12.4.28}$$

将式(12.4.26)与式(12.4.17)对比可知,在波尔查问题中,由于泛函中出现了终端性能指标,所以相应的终端条件也发生了变化.

2. 终端受限,t_{f} 给定的情形

设终端的约束条件为

$$\boldsymbol{g}(\boldsymbol{x}_{\mathrm{f}},t_{\mathrm{f}})=0, \tag{12.4.29}$$

其中 $\boldsymbol{g}$ 是一个 q 维函数向量.于是,增广泛函可以被写成

$$
\begin{aligned}
J'(\boldsymbol{u}) &= \theta\,|_{t_f} + \boldsymbol{\mu}^{\mathrm{T}}\boldsymbol{g}\,|_{t_f} + \int_{t_0}^{t_f}[H - \boldsymbol{\lambda}^{\mathrm{T}}\dot{\boldsymbol{x}}]\mathrm{d}t \\
&= [\theta + \boldsymbol{\mu}^{\mathrm{T}}\boldsymbol{g}]\,|_{t_f} + \int_{t_0}^{t_f}[H + \dot{\boldsymbol{\lambda}}^{\mathrm{T}}\boldsymbol{x}]\mathrm{d}t - \boldsymbol{\lambda}^{\mathrm{T}}\boldsymbol{x}\Big|_{t_0}^{t_f} \\
&= [\theta + \boldsymbol{\mu}^{\mathrm{T}}\boldsymbol{g} - \boldsymbol{\lambda}^{\mathrm{T}}\boldsymbol{x}]\,|_{t_f} + \boldsymbol{\lambda}^{\mathrm{T}}\boldsymbol{x}\,|_{t_0} + \int_{t_0}^{t_f}[H + \dot{\boldsymbol{\lambda}}^{\mathrm{T}}\boldsymbol{x}]\mathrm{d}t. \qquad (12.4.30)
\end{aligned}
$$

这里$\boldsymbol{\mu}$是一个待定乘子向量. 参照式(12.4.23)可见，此时该泛函取极值必须满足

$$
\begin{aligned}
\delta J' = &\left[\frac{\partial \theta}{\partial \boldsymbol{x}^{\mathrm{T}}} + \boldsymbol{\mu}^{\mathrm{T}}\frac{\partial \boldsymbol{g}}{\partial \boldsymbol{x}^{\mathrm{T}}} - \boldsymbol{\lambda}^{\mathrm{T}}\right]\delta \boldsymbol{x}\Big|_{t_f} \\
&+ \boldsymbol{\lambda}^{\mathrm{T}}\delta\boldsymbol{x}\,|_{t_0} + \int_{t_0}^{t_f}\left[\frac{\partial H}{\partial \boldsymbol{u}^{\mathrm{T}}}\delta\boldsymbol{u} + \frac{\partial H}{\partial \boldsymbol{x}^{\mathrm{T}}}\delta\boldsymbol{x} + \dot{\boldsymbol{\lambda}}^{\mathrm{T}}\delta\boldsymbol{x}\right]\mathrm{d}t = 0. \qquad (12.4.31)
\end{aligned}
$$

上式应对任意 $\delta\boldsymbol{x}$ 和 $\delta\boldsymbol{u}$ 成立，所以能够得到最优控制的必要条件

$$\frac{\partial H}{\partial \boldsymbol{u}} = 0, \qquad (12.4.32)$$

$$\dot{\boldsymbol{\lambda}} = -\frac{\partial H}{\partial \boldsymbol{x}}, \qquad (12.4.33)$$

$$\boldsymbol{\lambda}(t_f) = \left[\frac{\partial \theta}{\partial \boldsymbol{x}} + \frac{\partial \boldsymbol{g}^{\mathrm{T}}}{\partial \boldsymbol{x}}\boldsymbol{\mu}\right]\Big|_{t_f}, \qquad (12.4.34)$$

$$\boldsymbol{g}(\boldsymbol{x}_f, t_f) = 0, \qquad (12.4.35)$$

$$\dot{\boldsymbol{x}} = \boldsymbol{f}(\boldsymbol{x}, \boldsymbol{u}, t), \qquad (12.4.36)$$

$$\boldsymbol{x}(t_0) = \boldsymbol{x}_0. \qquad (12.4.37)$$

将式(12.4.34)与式(12.4.26)对比可知，在终端受限的情况下，终端条件发生了变化.

3. 终端受限、t_f 自由的情形

设终端约束条件同式(12.4.29)，于是，增广泛函形式不变，仍为

$$J'(\boldsymbol{u}) = \theta\,|_{t_f} + \boldsymbol{\mu}^{\mathrm{T}}\boldsymbol{g}\,|_{t_f} + \int_{t_0}^{t_f}[H - \boldsymbol{\lambda}^{\mathrm{T}}\dot{\boldsymbol{x}}]\mathrm{d}t. \qquad (12.4.38)$$

不过，尽管该增广泛函在形式上与 t_f 给定的情况相同，但由于 t_f 可变，所以该泛函取极值的必要条件必然会发生变化，因为除了要求它的变分对任意 $\delta\boldsymbol{x}$ 和 $\delta\boldsymbol{u}$ 等于零之外，还要求对任意变分 δt_f 等于零. 故而最优控制的必要条件除了式(12.4.32)至式(12.4.37)外，为实现对 t_f 的最优选择，一定还会出现附加的新条件.

在终端时刻可变情况下的变分可以按照端点约束下的变分方法进行处理. 将 $\boldsymbol{x}(t) = \boldsymbol{x}^*(t) + \alpha\delta\boldsymbol{x}(t)$，$\boldsymbol{u}(t) = \boldsymbol{u}^*(t) + \alpha\delta\boldsymbol{u}(t)$，$t_f = t_f^* + \alpha \mathrm{d}t_f$，$\boldsymbol{x}(t_f) = \boldsymbol{x}^*(t_f) + \alpha\delta\boldsymbol{x}(t_f)$ 代入式(12.4.38)所示的增广泛函 $J'(\boldsymbol{u})$，再利用

$$\frac{\partial J'(\alpha)}{\partial \alpha}\Big|_{\alpha=0} = 0 \qquad (12.4.39)$$

即可获得最优控制的必要条件. 大部分推导过程与前面所述的过程类似，这里不

再重复.

不过,在 t_f 自由与 t_f 给定的情况下的区别会导致一个与 t_f 相关的附加条件,所以,这里可以认为该附加条件能够通过

$$\frac{\mathrm{d}}{\mathrm{d}t}J'(\boldsymbol{u})\Big|_{t_f}=0 \tag{12.4.40}$$

来获得.将增广泛函式(12.4.38)对时间求导,则上式相当于

$$\left[\frac{\partial\theta}{\partial\boldsymbol{x}^{\mathrm{T}}}\dot{\boldsymbol{x}}+\frac{\partial\theta}{\partial t}+\boldsymbol{\mu}^{\mathrm{T}}\frac{\partial\boldsymbol{g}}{\partial\boldsymbol{x}^{\mathrm{T}}}\dot{\boldsymbol{x}}+\boldsymbol{\mu}^{\mathrm{T}}\frac{\partial\boldsymbol{g}}{\partial t}+H-\boldsymbol{\lambda}^{\mathrm{T}}\dot{\boldsymbol{x}}\right]\Big|_{t_f}=0, \tag{12.4.41}$$

再加以整理,可以得到

$$\left[H+\frac{\partial\theta}{\partial t}+\boldsymbol{\mu}^{\mathrm{T}}\frac{\partial\boldsymbol{g}}{\partial t}\right]\Big|_{t_f}+\left[\frac{\partial\theta}{\partial\boldsymbol{x}^{\mathrm{T}}}+\boldsymbol{\mu}^{\mathrm{T}}\frac{\partial\boldsymbol{g}}{\partial\boldsymbol{x}^{\mathrm{T}}}-\boldsymbol{\lambda}^{\mathrm{T}}\right]\dot{\boldsymbol{x}}\Big|_{t_f}=0. \tag{12.4.42}$$

式(12.4.42)应对任意 $\dot{\boldsymbol{x}}$ 成立,故而它等价于

$$\boldsymbol{\lambda}(t_f)=\left[\frac{\partial\theta}{\partial\boldsymbol{x}}+\frac{\partial\boldsymbol{g}^{\mathrm{T}}}{\partial\boldsymbol{x}}\boldsymbol{\mu}\right]\Big|_{t_f}, \tag{12.4.43}$$

$$\left[H+\frac{\partial\theta}{\partial t}+\boldsymbol{\mu}^{\mathrm{T}}\frac{\partial\boldsymbol{g}}{\partial t}\right]\Big|_{t_f}=0. \tag{12.4.44}$$

与 t_f 给定情况下的必要条件加以对照可以发现,t_f 自由情况下的两个终端条件中的第一个与 t_f 给定情况下的终端条件相同,第二个则是新增加的终端条件.

所以,在 t_f 自由的情况下,最优控制的必要条件为式(12.4.32),式(12.4.33),式(12.4.35),式(12.4.36),式(12.4.37),再加上式(12.4.43)和式(12.4.44).

通过以上讨论也可以看出,对于不同终端限制的最优控制问题,最优控制必要条件中的区别在于终端条件的不同.就是说,在控制域 U 为开集的情况下,最优控制的必要条件一定包含控制方程、伴随方程和状态方程,但随着终端时刻和终端状态的不同,必要条件会包含相应的不同定解条件.对于上文没有讨论的其他不同终端受限情况,读者可以采用类似的方法进行讨论,或者由已经得到的必要条件经过适当改造来获得.

12.4.3　最优轨线上的哈密顿函数

如果求哈密顿函数 $H=L+\boldsymbol{\lambda}^{\mathrm{T}}\boldsymbol{f}$ 对时间的导数,再利用状态方程 $\dot{\boldsymbol{x}}=\boldsymbol{f}$,就可以得到

$$\begin{aligned}\frac{\mathrm{d}H}{\mathrm{d}t}&=\frac{\partial H}{\partial t}+\left(\frac{\partial H}{\partial\boldsymbol{u}}\right)^{\mathrm{T}}\frac{\mathrm{d}\boldsymbol{u}}{\mathrm{d}t}+\left(\frac{\partial H}{\partial\boldsymbol{x}}\right)^{\mathrm{T}}\frac{\mathrm{d}\boldsymbol{x}}{\mathrm{d}t}+\left(\frac{\partial H}{\partial\boldsymbol{\lambda}}\right)^{\mathrm{T}}\frac{\mathrm{d}\boldsymbol{\lambda}}{\mathrm{d}t}\\&=\frac{\partial H}{\partial t}+\frac{\partial H}{\partial\boldsymbol{u}^{\mathrm{T}}}\dot{\boldsymbol{u}}+\frac{\partial H}{\partial\boldsymbol{x}^{\mathrm{T}}}\dot{\boldsymbol{x}}+\boldsymbol{f}^{\mathrm{T}}\dot{\boldsymbol{\lambda}}\\&=\frac{\partial H}{\partial t}+\frac{\partial H}{\partial\boldsymbol{u}^{\mathrm{T}}}\dot{\boldsymbol{u}}+\left(\frac{\partial H}{\partial\boldsymbol{x}}+\dot{\boldsymbol{\lambda}}\right)^{\mathrm{T}}\boldsymbol{f}.\end{aligned} \tag{12.4.45}$$

在最优控制情况下,$\partial H/\partial\boldsymbol{u}=0$,$\partial H/\partial\boldsymbol{x}+\dot{\boldsymbol{\lambda}}=0$,所以

$$\frac{\mathrm{d}}{\mathrm{d}t}H(\boldsymbol{x}^*, \boldsymbol{u}^*, \boldsymbol{\lambda}, t) = \frac{\partial}{\partial t}H(\boldsymbol{x}^*, \boldsymbol{u}^*, \boldsymbol{\lambda}, t). \tag{12.4.46}$$

就是说,哈密顿函数对时间的全导数等于它对时间的偏导数.

如果 H 不显含 t,则有 $\mathrm{d}H/\mathrm{d}t=0$,故而

$$H(\boldsymbol{x}^*, \boldsymbol{u}^*, \boldsymbol{\lambda}, t) = \text{const}. \tag{12.4.47}$$

例 12.4.1 给定系统状态方程 $\dot{x}=u$,初始状态 $x(0)=x_0$,设终端时刻 t_f 给定. 试求最优控制,以使性能指标

$$J = \frac{1}{2}Cx^2(t_f) + \frac{1}{2}\int_0^{t_f} u^2 \mathrm{d}t, \quad (C > 0)$$

取极小值.

解 这是一个终端时刻给定的自由末态问题. 它的哈密顿函数为

$$H = L + \lambda f = \frac{1}{2}u^2 + \lambda u.$$

根据最优控制的必要条件,可以列出控制方程

$$\frac{\partial H}{\partial u} = u + \lambda = 0,$$

即 $u=-\lambda$.

伴随方程为

$$\dot{\lambda} = -\frac{\partial H}{\partial x} = 0,$$

所以 $\lambda=\text{const}$. 伴随变量的终端条件为

$$\lambda(t_f) = \frac{\partial \theta}{\partial x(t_f)} = Cx(t_f).$$

由于 λ 为常数,所以

$$\lambda(t) = \lambda(t_f) = Cx(t_f).$$

再由状态方程 $\dot{x}=u=-\lambda=-Cx(t_f)$,可以解得

$$x(t) - x(0) = -Cx(t_f)t.$$

在时刻 $t=t_f$,有 $x(t_f)-x(0)=-Cx(t_f)t_f$,据此可以求得

$$x(t_f) = \frac{x_0}{1 + Ct_f}.$$

于是,最优控制为

$$u^* = -\lambda = -Cx(t_f) = -\frac{Cx_0}{1 + Ct_f},$$

最优轨线为

$$x^* = -\frac{Cx_0}{1 + Ct_f}t + x_0.$$

最优轨线上的哈密顿函数为

$$H^* = \frac{1}{2}u^2 + \lambda u = -\frac{1}{2}u^2 = -\frac{1}{2}\left(\frac{Cx_0}{1 + Ct_f}\right)^2.$$

这是一个常数.相应的最优性能指标为

$$J^* = \frac{Cx_0^2}{2(1+Ct_f)}.$$ □

例 12.4.2　已知受控系统的状态方程为 $\dot{x}_1=x_2,\dot{x}_2=u$,初始状态为 $x_1(0)=0,x_2(0)=0$.要求系统从该初始状态出发,在 $t_f=1$ 时转移到目标集 $x_1(1)+x_2(1)=1$.求最优控制使性能指标

$$J=\frac{1}{2}\int_0^1 u^2\mathrm{d}t$$

取极小值,并计算相应的最优轨线.

解　这是终端时刻给定、终端受限的最优控制问题,末态约束方程为

$$g[\boldsymbol{x}(t_f)]=x_1(1)+x_2(1)-1=0.$$

该问题的哈密顿函数为

$$H=\frac{1}{2}u^2+\lambda_1x_2+\lambda_2u.$$

由于泛函不包括终端性能指标项,故可以认为 $\theta(t_f,\boldsymbol{x}_f)=0$.

参看式(12.4.32)～式(12.4.37),可以列出最优控制的必要条件

$$\frac{\partial H}{\partial u}=u+\lambda_2=0,$$

$$\dot{\lambda}_1=-\frac{\partial H}{\partial x_1}=0,\quad \dot{\lambda}_2=-\frac{\partial H}{\partial x_2}=-\lambda_1,$$

$$\lambda_1(1)=\frac{\partial g}{\partial x_1(1)}\mu=\mu,\quad \lambda_2(1)=\frac{\partial g}{\partial x_2(1)}\mu=\mu,$$

$$x_1(1)+x_2(1)=1,$$

$$\dot{x}_1=x_2,\quad \dot{x}_2=u,$$

$$x_1(0)=x_2(0)=0.$$

由上述方程可以解得最优控制

$$u^*(t)=-\frac{3}{7}t+\frac{6}{7},$$

最优轨迹

$$x_1^*(t)=-\frac{1}{14}t^3+\frac{3}{7}t^2,\quad x_2^*(t)=-\frac{3}{14}t^2+\frac{6}{7}t.$$

以及最优性能指标和最优轨线上的哈密顿函数

$$J^*=\frac{3}{14},\quad H^*=-\frac{18}{49}.$$ □

例 12.4.3　已知受控系统的微分方程为 $\dot{x}+x=u$,初始状态为 $x(0)=1$,终端时刻 t_f 和状态 $x(t_f)$ 均不受约束.求最优控制使性能指标

$$J=\frac{1}{2}\int_0^{t_f}(x^2+u^2)\mathrm{d}t$$

取极小值.

解　这是终端时刻自由、末态自由的最优控制问题.系统的状态方程可以写成 $\dot{x}=-x+u$.性能指标中不存在终端性能指标项,故可以认为 $\theta=0$.末态无约束,故不存在函数向量 $\boldsymbol{g}$.该问题中的哈密顿函数为

$$H=\frac{1}{2}(x^2+u^2)+\lambda(u-x).$$

根据控制方程,可得 $u+\lambda=0$,即

$$u=-\lambda$$

根据伴随方程,可得微分方程 $\dot{\lambda}=-x+\lambda$.

先利用受控变量的微分方程得到 $\dot{x}+x=u=-\lambda$.将该方程所给出的 λ 和 $\dot{\lambda}$ 代入 $\dot{\lambda}=-x+\lambda$,可得

$$\ddot{x}-2x=0.$$

从而解得

$$x=C_1\mathrm{e}^{\sqrt{2}t}+C_2\mathrm{e}^{-\sqrt{2}t},$$

以及

$$\lambda=-C_1(1+\sqrt{2})\mathrm{e}^{\sqrt{2}t}-C_2(1-\sqrt{2})\mathrm{e}^{-\sqrt{2}t}.$$

下面讨论确定这两个待定系数的条件.由初始条件可得

$$C_1+C_2=1. \tag{12.4.48}$$

在末态自由的情况下,由式(12.4.43)可知 $\lambda(t_\mathrm{f})=0$,这相当

$$C_1(1+\sqrt{2})\mathrm{e}^{\sqrt{2}t_\mathrm{f}}+C_2(1-\sqrt{2})\mathrm{e}^{-\sqrt{2}t_\mathrm{f}}=0. \tag{12.4.49}$$

由 $u=-\lambda$ 可知 $u(t_\mathrm{f})=0$.在式(12.4.44)中去除等于零的项,便只剩下 $H(t_\mathrm{f})=[x(t_\mathrm{f})]^2/2=0$,这相当 $x(t_\mathrm{f})=0$,即

$$C_1\mathrm{e}^{\sqrt{2}t_\mathrm{f}}+C_2\mathrm{e}^{-\sqrt{2}t_\mathrm{f}}=0. \tag{12.4.50}$$

因为 $\exp(\sqrt{2}t_\mathrm{f})\neq 0$,故由式(12.4.50)可得 $C_1=-C_2\exp(-2\sqrt{2}t_\mathrm{f})$.代入式(12.4.49)可得 $-C_2\exp(-\sqrt{2}t_\mathrm{f})=0$.$C_2$ 不可能等于 0,否则 $C_1=0$,式(12.4.48)将不成立.所以,使式(12.4.49)和式(12.4.50)同时成立的惟一可能情况是 $t_\mathrm{f}\to\infty$,$C_1=0$.再由式(12.4.48)可得 $C_2=1$.

故而最优轨线为

$$x^*=\mathrm{e}^{-\sqrt{2}t},$$

最优控制为

$$u=(1-\sqrt{2})\mathrm{e}^{-\sqrt{2}t}.$$

□

12.4.4　离散时间系统的最优控制

现在讨论一个离散时间控制系统,它的动态特性可以用差分方程

$$\boldsymbol{x}(k+1)=\boldsymbol{f}[\boldsymbol{x}(k),\boldsymbol{u}(k),k],\quad (k=0,1,2,\cdots,N-1) \tag{12.4.51}$$

来表示. 设该系统的初始状态为

$$\boldsymbol{x}(0)=\boldsymbol{x}_0. \tag{12.4.52}$$

再设该系统的末态约束方程为

$$\boldsymbol{g}[\boldsymbol{x}(N)]=0, \tag{12.4.53}$$

这是一个 p 维函数向量.

系统的性能指标具有的泛函形式为

$$J=\theta[x(N)]+\sum_{k=0}^{N-1}L_k[\boldsymbol{x}(k),\boldsymbol{u}(k),k]. \tag{12.4.54}$$

离散时间系统的最优控制是要在允许控制范围内求取最优控制序列 $\boldsymbol{u}^*(k)$, $(k=0,1,\cdots,N-1)$, 以使泛函 J 取极小值.

这类最优控制问题的增广泛函为

$$\begin{aligned}J'=&\theta[\boldsymbol{x}(N)]+\boldsymbol{\mu}^{\mathrm{T}}\boldsymbol{g}[\boldsymbol{x}(N)]+\sum_{k=0}^{N-1}\{L_k[\boldsymbol{x}(k),\boldsymbol{u}(k),k]\\&+\boldsymbol{\lambda}^{\mathrm{T}}(k+1)(\boldsymbol{f}[\boldsymbol{x}(k),\boldsymbol{u}(k),k]-\boldsymbol{x}(k+1))\},\end{aligned} \tag{12.4.55}$$

其哈密顿函数是

$$H_k=L_k+\boldsymbol{\lambda}^{\mathrm{T}}(k+1)\boldsymbol{f}[\boldsymbol{x}(k),\boldsymbol{u}(k),k],\quad (k=0,1,2,\cdots,N-1). \tag{12.4.56}$$

利用哈密顿函数可以将增广泛函整理改写为

$$\begin{aligned}J'=&\theta[\boldsymbol{x}(N)]+\boldsymbol{\mu}^{\mathrm{T}}\boldsymbol{g}[\boldsymbol{x}(N)]+\sum_{k=0}^{N-1}\{H_k-\boldsymbol{\lambda}^{\mathrm{T}}(k+1)\boldsymbol{x}(k+1)\}\\=&\theta[\boldsymbol{x}(N)]+\boldsymbol{\mu}^{\mathrm{T}}\boldsymbol{g}[\boldsymbol{x}(N)]+H_0-\boldsymbol{\lambda}^{\mathrm{T}}(N)\boldsymbol{x}(N)\\&+\sum_{k=1}^{N-1}\{H_k-\boldsymbol{\lambda}^{\mathrm{T}}(k)\boldsymbol{x}(k)\}.\end{aligned} \tag{12.4.57}$$

令 $\varphi_N=\theta[\boldsymbol{x}(N)]+\boldsymbol{\mu}^{\mathrm{T}}\boldsymbol{g}[\boldsymbol{x}(N)]$, 则增广泛函可以被简记为

$$J'=\varphi_N-\boldsymbol{\lambda}^{\mathrm{T}}(N)\boldsymbol{x}(N)+H_0+\sum_{k=1}^{N-1}\{H_k-\boldsymbol{\lambda}^{\mathrm{T}}(k)\boldsymbol{x}(k)\}. \tag{12.4.58}$$

对增广泛函做变分, 可得

$$\begin{aligned}\delta J'=&\left[\frac{\partial\varphi_N}{\partial\boldsymbol{x}^{\mathrm{T}}(N)}-\boldsymbol{\lambda}^{\mathrm{T}}(N)\right]\delta\boldsymbol{x}(N)+\frac{\partial H_0}{\partial\boldsymbol{x}^{\mathrm{T}}(0)}\delta\boldsymbol{x}(0)+\frac{\partial H_0}{\partial\boldsymbol{u}^{\mathrm{T}}(0)}\delta\boldsymbol{u}(0)\\&+\sum_{k=1}^{N-1}\left\{\left[\frac{\partial H_k}{\partial\boldsymbol{x}(k)}-\boldsymbol{\lambda}(k)\right]^{\mathrm{T}}\delta\boldsymbol{x}(k)+\frac{\partial H_k}{\partial\boldsymbol{u}^{\mathrm{T}}(k)}\delta\boldsymbol{u}(k)\right\}.\end{aligned} \tag{12.4.59}$$

由于泛函极值必要条件 $\delta J'=0$ 应对任意 $\delta\boldsymbol{x}(k)$, $\delta\boldsymbol{x}(N)$, $\delta\boldsymbol{u}(k)$ 成立, 所以能够得到离散控制系统的最优控制必要条件

$$\boldsymbol{\lambda}(k)=\frac{\partial H_k}{\partial\boldsymbol{x}(k)},\quad (k=1,2,\cdots,N-1), \tag{12.4.60}$$

$$\boldsymbol{\lambda}(N)=\frac{\partial\varphi_N}{\partial\boldsymbol{x}(N)}=\frac{\partial\theta_N}{\partial\boldsymbol{x}(N)}+\frac{\partial\boldsymbol{g}_N^{\mathrm{T}}}{\partial\boldsymbol{x}(N)}\boldsymbol{\mu}, \tag{12.4.61}$$

$$\frac{\partial H_k}{\partial \boldsymbol{u}(k)} = 0, \quad (k = 0,1,2,\cdots,N-1), \tag{12.4.62}$$

$$\boldsymbol{x}(k+1) = \boldsymbol{f}[\boldsymbol{x}(k),\boldsymbol{u}(k),k], \quad (k = 0,1,2,\cdots,N-1), \tag{12.4.63}$$

$$\boldsymbol{x}(0) = \boldsymbol{x}_0, \tag{12.4.64}$$

$$\boldsymbol{g}[\boldsymbol{x}(N)] = 0, \tag{12.4.65}$$

在式(12.4.61)中,$\theta[\boldsymbol{x}(N)]$被简记为$\theta_N$,$\boldsymbol{g}[\boldsymbol{x}(N)]$被简记为$\boldsymbol{g}_N$.

例 12.4.4　已知离散时间系统的差分方程为 $x(k+1)=-x(k)+u(k)$,初始状态为 $x(0)=3$,试求控制 $u^*(0)$和 $u^*(1)$,以使性能指标

$$J = \frac{1}{2}x^2(2) + \sum_{k=0}^{1}\frac{1}{2}u^2(k)$$

取极小值.

解　本例的哈密顿函数为

$$H_0 = \frac{1}{2}u^2(0) + \lambda(1)[u(0) - x(0)],$$

$$H_1 = \frac{1}{2}u^2(1) + \lambda(2)[u(1) - x(1)].$$

于是可以列出最优控制必要条件中的伴随方程

$$\lambda(1) = \frac{\partial H_1}{\partial x(1)} = -\lambda(2), \quad \lambda(2) = \frac{\partial \theta_2}{\partial x(2)} = x(2);$$

控制方程

$$\frac{\partial H_0}{\partial u(0)} = u(0) + \lambda(1) = 0, \quad \frac{\partial H_1}{\partial u(1)} = u(1) + \lambda(2) = 0;$$

为求解最优控制,也列出状态方程

$$x(1) = -x(0) + u(0), \quad x(2) = -x(1) + u(1).$$

求解上述联列方程,可以得到最优控制

$$u*(0) = 1, \quad u*(1) = -1;$$

最优轨线

$$x*(1) = -2, \quad x*(2) = 1;$$

相应的伴随变量

$$\lambda*(1) = -1, \quad \lambda*(2) = 1;$$

最优性能指标

$$J* = \frac{3}{2},$$

以及哈密顿函数的值

$$H_0 = 2.5, \quad H_1 = 1.5.$$

□

12.5　极小值原理及其应用

上一节讨论了应用古典变分法解决最优控制的问题.但在应用中发现,采用古典变分理论只能解决允许控制属于开集的一类极值控制问题,而实际上遇得更

多的，却是允许控制属于闭集的另一类极值控制问题. 针对这后一类问题，庞特里亚金等人提出了极大值原理，从而克服了古典变分方法的局限性，获得了适用范围更广的必要条件. 在最优控制中，它被称为**极小值原理**.

12.5.1　变分法的局限性

在实际问题中，控制量总会受到一定的限制，最常见的有幅值限制. 以标量函数 u 为例，它可能必须满足 $u_{\min}\leqslant u\leqslant u_{\max}$，这时，允许控制函数属于一个闭集. 本节就讨论允许控制函数属于一个闭集的情况.

假设性能指标为 $J(u)=\int_{t_0}^{t_f}L(x,u,t)\mathrm{d}t$，则哈密顿函数为 $H=L+\lambda f$. 再假设满足控制方程 $\partial H/\partial u=0$ 的控制为 u'. 如果满足控制方程的 u' 在 $u_{\min}$ 与 $u_{\max}$ 之间，那么按变分理论，最优控制为 $u^*=u'$. 不过，在采用变分法求解最优控制的过程中还可能出现其他不同的情况. 下面来看图 12.5.1 所示的三种情形.

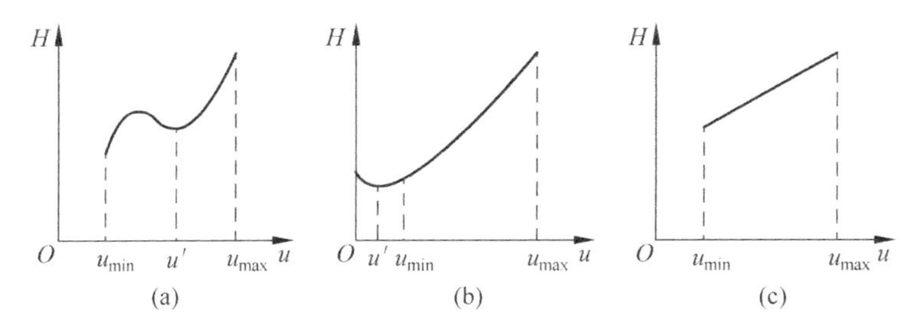

图 12.5.1　允许控制属于闭集时的可能情况

在图 12.5.1(a)的情况下，尽管可以求得满足控制方程的 u'，而且它在 $u_{\min}$ 与 $u_{\max}$ 之间，所以用变分法求得的最优控制是 u'. 但用极小值原理求解时可以发现，它的最优控制与 u' 并不相同. 在图 12.5.1(b)的情况下可以求出满足控制方程的 u'，但它不在允许控制范围之内($u'<u_{\min}$)，故而无法根据变分法来求出最优控制. 而在图 12.5.1(c)的情况下，根本不存在满足控制方程的解，所以也就无法采用变分法来求得最优控制.

另外，在应用变分法求解最优控制时，要求函数 $\boldsymbol{f}$ 和 L 对 $\boldsymbol{x}$、$\boldsymbol{u}$、t 充分可微，特别是要求 $\partial H/\partial \boldsymbol{u}$ 存在. 但对某些性能指标，譬如 $J(u)=\int_{t_0}^{t_f}|u(t)|\mathrm{d}t$，这一要求无法满足，所以采用古典变分理论就无法解决这类最优控制问题.

上面根据两个方面说明了古典变分法解决最优控制问题的局限性. 对这些情况，必须采用极小值原理来处理.

12.5.2　极小值原理的几种具体形式

在采用古典变分法求解最优控制问题时，最优控制的必要条件随性能指标形式和终端约束的变化而具有不同的形式. 在采用极小值原理解决最优控制问题时，必要条件也会因性能指标形式和终端约束的不同而不同. 下面不加证明地给出一些常用的形式.

1. 末值型性能指标、末态自由的情况

给定受控定常系统的状态方程和初始条件

$$\dot{\boldsymbol{x}} = \boldsymbol{f}[\boldsymbol{x}(t),\boldsymbol{u}(t)],\quad \boldsymbol{x}(t_0) = \boldsymbol{x}_0, \tag{12.5.1}$$

假设对控制函数的约束为

$$\boldsymbol{u}(t) \in U, \tag{12.5.2}$$

性能指标函数为

$$J[\boldsymbol{u}(t)] = \theta[\boldsymbol{x}(t_f)], \tag{12.5.3}$$

则根据哈密顿函数的定义，有

$$H[\boldsymbol{x}(t),\boldsymbol{u}(t),\boldsymbol{\lambda}(t)] = \boldsymbol{\lambda}^{\mathrm{T}}(t)\boldsymbol{f}[\boldsymbol{x}(t),\boldsymbol{u}(t)]. \tag{12.5.4}$$

又设 t_f^* 和 $\boldsymbol{u}^*(t)(t\in[t_0,t_f])$是使性能指标式(12.5.4)最小的最优解，$\boldsymbol{x}^*(t)$是相应的最优轨线，那么必定存在不为零的向量函数 $\boldsymbol{\lambda}(t)$，使得 t_f^*、$\boldsymbol{u}^*(t)$、$\boldsymbol{x}^*(t)$和$\boldsymbol{\lambda}^*(t)$同时满足：

$$\dot{\boldsymbol{x}} = \boldsymbol{f}[\boldsymbol{x}(t),\boldsymbol{u}(t)],\quad \boldsymbol{x}(t_0) = \boldsymbol{x}_0, \tag{12.5.5}$$

$$\dot{\boldsymbol{\lambda}}(t) = -\frac{\partial H[\boldsymbol{x}(t),\boldsymbol{u}(t),\boldsymbol{\lambda}(t)]}{\partial \boldsymbol{x}(t)}, \tag{12.5.6}$$

$$\boldsymbol{\lambda}(t_f) = \frac{\partial \theta[\boldsymbol{x}(t_f)]}{\partial \boldsymbol{x}(t_f)}, \tag{12.5.7}$$

$$H[\boldsymbol{x}^*(t),\boldsymbol{u}^*(t),\boldsymbol{\lambda}^*(t)] \leqslant H[\boldsymbol{x}^*(t),\boldsymbol{u}(t),\boldsymbol{\lambda}^*(t)],\quad (\text{对所有 } t\in[t_0,t_f] \text{ 和所有 } \boldsymbol{u}(t)\in U), \tag{12.5.8}$$

$$H[\boldsymbol{x}^*(t),\boldsymbol{u}^*(t),\boldsymbol{\lambda}^*(t)] = H[\boldsymbol{x}^*(t_f^*),\boldsymbol{u}^*(t_f^*),\boldsymbol{\lambda}^*(t_f^*)] = 0,\quad (\text{当 } t_f \text{ 自由时}), \tag{12.5.9}$$

$$H[\boldsymbol{x}^*(t),\boldsymbol{u}^*(t),\boldsymbol{\lambda}^*(t)] = H[\boldsymbol{x}^*(t_f),\boldsymbol{u}^*(t_f),\boldsymbol{\lambda}^*(t_f)] = \mathrm{const},\quad (\text{当 } t_f \text{ 给定时}). \tag{12.5.10}$$

式(12.5.9)和式(12.5.10)是哈密顿函数在最优轨线终端的性质.

2. 末值型性能指标、末态有约束的情况

这类情况下的性能指标与式(12.5.3)相同，仍为 $J[\boldsymbol{u}(t)]=\theta[\boldsymbol{x}(t_f)]$. 但末态约束条件为

$$\boldsymbol{g}[\boldsymbol{x}(t_f)] = 0, \tag{12.5.11}$$

其中，$\boldsymbol{g}$ 是 p 维函数向量.

此时需要引入拉格朗日乘子$\boldsymbol{\mu}$，从而使该问题转换为泛函

$$J'[\boldsymbol{u}(t)] = \theta[\boldsymbol{x}(t_f)] + \boldsymbol{\mu}^T \boldsymbol{g}[\boldsymbol{x}(t_f)] \tag{12.5.12}$$

的无条件极值问题.

有末态约束情况的极小值原理和无末态约束情况的极小值原理除伴随向量的边界条件不同外，其他结论完全相同. 在末态有约束的情况下，伴随向量的边界条件变为

$$\boldsymbol{\lambda}(t_f) = \frac{\partial \theta[\boldsymbol{x}(t_f)]}{\partial \boldsymbol{x}(t_f)} + \frac{\partial \boldsymbol{g}^T[\boldsymbol{x}(t_f)]}{\partial \boldsymbol{x}(t_f)} \boldsymbol{\mu}. \tag{12.5.13}$$

如果约束条件既包含等式约束也包含不等式约束，即

$$\left.\begin{aligned} \boldsymbol{g}[\boldsymbol{x}(t_f)] &= 0 \\ \boldsymbol{h}[\boldsymbol{x}(t_f)] &\leqslant 0 \end{aligned}\right\}, \tag{12.5.14}$$

其中，$\boldsymbol{g}$ 是 p 维函数向量，$\boldsymbol{h}$ 是 q 维函数向量. 那么需要引入拉格朗日乘子$\boldsymbol{\mu}$ 和$\boldsymbol{\nu}$，从而使该问题转换为泛函

$$J'[\boldsymbol{u}(t)] = \theta[\boldsymbol{x}(t_f)] + \boldsymbol{\mu}^T \boldsymbol{g}[\boldsymbol{x}(t_f)] + \boldsymbol{\nu}^T \boldsymbol{h}[\boldsymbol{x}(t_f)] \tag{12.5.15}$$

的无条件极值问题. 相应的边界条件则变为

$$\lambda(t_f) = \frac{\partial \theta[\boldsymbol{x}(t_f)]}{\partial \boldsymbol{x}(t_f)} + \frac{\partial \boldsymbol{g}^T[\boldsymbol{x}(t_f)]}{\partial \boldsymbol{x}(t_f)} \boldsymbol{\mu} + \frac{\partial \boldsymbol{h}^T[\boldsymbol{x}(t_f)]}{\partial \boldsymbol{x}(t_f)} \boldsymbol{\nu}. \tag{12.5.16}$$

3. 积分型性能指标的情况

这类情况下的性能指标为

$$J[\boldsymbol{u}(t)] = \int_{t_0}^{t_f} L[\boldsymbol{x}(t), \boldsymbol{u}(t)] \mathrm{d}t, \tag{12.5.17}$$

于是，哈密顿函数成为

$$H[\boldsymbol{x}(t), \boldsymbol{u}(t), \boldsymbol{\lambda}(t)] = L[\boldsymbol{x}(t), \boldsymbol{u}(t)] + \boldsymbol{\lambda}^T(t) \boldsymbol{f}[\boldsymbol{x}(t), \boldsymbol{u}(t)]. \tag{12.5.18}$$

若 t_f^* 和 $\boldsymbol{u}^*(t)$ $(t \in [t_0, t_f])$ 是使性能指标(12.5.17)最小的最优解，$\boldsymbol{x}^*(t)$是相应的最优轨线，那么必定存在不为零的向量函数$\boldsymbol{\lambda}(t)$，使得 t_f^*、$\boldsymbol{u}^*(t)$、$\boldsymbol{x}^*(t)$和$\boldsymbol{\lambda}^*(t)$同时满足：

$$\dot{\boldsymbol{x}} = \boldsymbol{f}[\boldsymbol{x}(t), \boldsymbol{u}(t)], \quad \boldsymbol{x}(t_0) = \boldsymbol{x}_0, \tag{12.5.19}$$

$$\dot{\boldsymbol{\lambda}}(t) = -\frac{\partial H[\boldsymbol{x}(t), \boldsymbol{u}(t), \boldsymbol{\lambda}(t)]}{\partial \boldsymbol{x}(t)}, \tag{12.5.20}$$

$$\boldsymbol{\lambda}(t_f) = 0, \tag{12.5.21}$$

$$H[\boldsymbol{x}^*(t), \boldsymbol{u}^*(t), \boldsymbol{\lambda}^*(t)] \leqslant H[\boldsymbol{x}^*(t), \boldsymbol{u}(t), \boldsymbol{\lambda}^*(t)], \\ (\text{对所有 } t \in [t_0, t_f] \text{ 和所有 } \boldsymbol{u}(t) \in U), \tag{12.5.22}$$

$$H[\boldsymbol{x}^*(t), \boldsymbol{u}^*(t), \boldsymbol{\lambda}^*(t)] = H[\boldsymbol{x}^*(t_f^*), \boldsymbol{u}^*(t_f^*), \boldsymbol{\lambda}^*(t_f^*)] = 0, \\ (\text{当 } t_f \text{ 自由时}), \tag{12.5.23}$$

$$H[\boldsymbol{x}^*(t), \boldsymbol{u}^*(t), \boldsymbol{\lambda}^*(t)] = H[\boldsymbol{x}^*(t_f), \boldsymbol{u}^*(t_f), \boldsymbol{\lambda}^*(t_f)] = \text{const}, \\ (\text{当 } t_f \text{ 给定时}). \tag{12.5.24}$$

根据上面的讨论可以看出，性能指标不同将影响哈密顿函数的形式. 末值型性能指标的存在与否和终端约束条件的存在与否将直接影响伴随向量的边界条件. 而且，也不难将上述结果推广到混合型性能指标的形式.

例 12.5.1　给定系统状态方程 $\dot{x}_1=-x_1+u$，$\dot{x}_2=x_1$，初始条件 $x_1(0)=1$，$x_2(0)=0$，控制函数的约束条件为 $|u|\leqslant 1$. 求最优控制函数 $u^*(t)$，使性能指标

$$J=x_2(1)$$

达到极小.

解　这是一个具有末值型性能指标、终端时刻 $t_f=1$ 且末态无约束的最优控制问题.

(i) 写出哈密顿函数. 该问题的哈密顿函数为

$$\begin{aligned}H &= \lambda_1(-x_1+u)+\lambda_2 x_1\\ &= (\lambda_2-\lambda_1)x_1+\lambda_1 u.\end{aligned}$$

(ii) 列写最优控制的必要条件和求解最优控制.

根据哈密顿函数可以看出，按照极小值原理，最优控制的取值取决于伴随变量 λ_1 的符号. 当 $\lambda_1>0$ 时，只有 $u^*=-1$ 才能使哈密顿函数取极小值，而当 $\lambda_1<0$ 时，只有 $u^*=+1$ 才能使哈密顿函数取极小值，所以最优控制应为

$$u^*=\begin{cases}-1 & \lambda_1>0\\ 1 & \lambda_1<0\end{cases}.$$

另外，可以写出伴随方程以及终端条件

$$\dot{\lambda}_1(t)=-\frac{\partial H}{\partial x_1}=\lambda_1-\lambda_2,\quad \dot{\lambda}_2(t)=-\frac{\partial H}{\partial x_2}=0,$$

$$\lambda_1(1)=\frac{\partial\theta}{\partial x_1}=0,\quad \lambda_2(1)=\frac{\partial\theta}{\partial x_2}=1;$$

状态方程及其初始条件

$$\dot{x}_1=-x_1+u,\quad \dot{x}_2=x_1,\quad x_1(0)=1,\quad x_2(0)=0.$$

根据伴随方程，可以解得

$$\lambda_2(t)=1,\quad \lambda_1(t)=1-\mathrm{e}^{t-1}.$$

由于在 $t_0=0$ 到 $t_f=1$ 之间 $\lambda_1(t)\geqslant 0$，所以为使 $H=(\lambda_2-\lambda_1)x_1^*+\lambda_1 u$ 取极小值，必须取

$$u^*(t)=-1.$$

(iii) 计算最优轨迹和最优性能指标.

以 $u(t)=-1$ 代入状态方程，可得 $\dot{x}_1=-x_1-1$，$\dot{x}_2=x_1$. 从而解得最优轨线

$$x_1^*(t)=-1+2\mathrm{e}^{-t},\quad x_2^*(t)=2-t-2\mathrm{e}^{-t}.$$

最优性能指标则为

$$J^*=1-2\mathrm{e}^{-1}.$$ □

在例 12.5.1 中，末端时刻 $t_f=1$ 给定，根据式(12.5.10)，哈密顿函数应为常

数.在最优轨线上的哈密顿函数为 $H=-1+2e^{-1}$,这一点很容易验证:

$$
\begin{aligned}
[\lambda_2(t)-\lambda_1(t)]x_1^*(t)+\lambda_1(t)u^*(t) &= [\lambda_2(1)-\lambda_1(1)]x_1^*(1)+\lambda_1(1)u^*(1) \\
&= 2e^{-1}-1=\text{const}.
\end{aligned}
$$

可见必要条件成立.

在例12.5.1中,不可以采用 $\partial H/\partial u=0$ 来求解,因为满足 $\partial H/\partial u=0$ 的伴随函数为 $\lambda_1(t)=0$,这个结论与伴随方程的解相矛盾.另外应注意,本例的最优控制不是控制范围内的量值,而是控制量限制范围的一个边值.

例12.5.2　给定系统微分方程 $\dot{x}=x-u$ 和初始条件 $x(0)=5$,已知控制约束条件为

$$
\frac{1}{2}\leqslant u\leqslant 1.
$$

求最优控制,使性能指标

$$
J=\int_0^1(x+u)\mathrm{d}t
$$

取极小值.

解　本例是一个积分型性能指标、末端时刻 $t_f=1$ 且末态无约束的最优控制问题.

(i) 写出哈密顿函数.该问题的哈密顿函数为

$$
\begin{aligned}
H &= (x+u)+\lambda(x-u) \\
&= (1+\lambda)x+(1-\lambda)u.
\end{aligned}
$$

(ii) 列写必要条件和求解最优控制.为了求得最优控制,必须讨论函数 $1-\lambda$,因为它的正负将决定控制的取值.

首先可以判断 $1-\lambda$ 不可能恒等于0.因为如果 $1-\lambda\equiv 0$,则 $\lambda=1,\dot{\lambda}\equiv 0$;但由系统的伴随方程

$$
\dot{\lambda}=-\frac{\partial H}{\partial x}=-(1+\lambda)
$$

可知,如果 $\dot{\lambda}\equiv 0$,则有 $1+\lambda=0$,即 $\lambda=-1$,这与 $1-\lambda\equiv 0$ 的假设矛盾.

再根据极小值原理,可以断定最优控制应为

$$
u^*=\begin{cases}-1 & (1-\lambda)>0 \\ 1 & (1-\lambda)<0\end{cases}.
$$

其他必要条件包括伴随变量的终端条件

$$
\lambda(t_f)=\frac{\partial\theta_f}{\partial x_f}=0,
$$

状态方程和初始条件

$$
\dot{x}=x-u,\quad x(0)=5.
$$

根据伴随方程和终端条件,可以解得 $\lambda=e^{1-t}-1$,即

$$1-\lambda=2-\mathrm{e}^{1-t}.$$

令 $1-\lambda=2-\mathrm{e}^{1-t_s}=0$，可知 $1-\lambda$ 改变符号的时刻 $t_s=1-\ln2=0.307$ 秒. 所以当 $t<0.307$ 时，$1-\lambda<0$，最优控制为 $u^*=1$；而当 $t>0.307$ 时，$1-\lambda>0$，最优控制为 $u^*=1/2$.

(iii) 计算最优轨线和最优性能指标.

当 $0\leqslant t\leqslant 0.307$ 时，$u^*=1$，状态方程为 $\dot{x}=x-1$，利用初始条件 $x(0)=5$，可以解得

$$x^*=4\mathrm{e}^t+1.$$

在时刻 $t_s=0.307$，有 $x(t_s)=2\mathrm{e}+1=6.437$.

当 $t>0.307$ 时，$u^*=0.5$，状态方程为 $\dot{x}=x-0.5$，利用 $x(t_s)=2\mathrm{e}+1$，可以得到这段时间内的轨线

$$x^*=\left(4+\frac{1}{\mathrm{e}}\right)\mathrm{e}^t+\frac{1}{2}.$$

计算最优性能指标，可得

$$\begin{aligned}J^*&=\int_0^1(x+u)\mathrm{d}t\\&=\int_0^{1-\ln2}(4\mathrm{e}^t+2)\mathrm{d}t+\int_{1-\ln2}^1\left[\left(4+\frac{1}{\mathrm{e}}\right)\mathrm{e}^t+1\right]\mathrm{d}t\\&=4\mathrm{e}-\frac{3}{2}-\ln2.\end{aligned}$$

进一步可以验算，在最优轨线上，哈密顿函数为常数 $4\mathrm{e}+2$，所以

$$\begin{aligned}[1+\lambda(t)]x(t)+[1-\lambda(t)]u(t)&=[1+\lambda(1)]x(1)+[1-\lambda(1)]u(1)\\&=\mathrm{const}\end{aligned}$$

成立. □

在上例中，控制只取允许范围的两个边值（上限值 $u_{\max}=1$ 和下限值 $u_{\min}=0.5$），这两个边值都是常数. 而控制量究竟取何值则由函数 $1-\lambda$ 的符号决定，当 $1-\lambda$ 由负值变到正值时，控制由边值 $u_{\max}$ 切换为边值 $u_{\min}$. 对于这一类最优控制，将决定控制取值变化的函数（这里为 $1-\lambda$）称为**切换函数**（switching function）. 由于控制量只会从一个边值跳跃到另一个边值，所以将这类控制称为**切换控制**，或者更形象地称为“**梆梆控制**”（Band-Band control）.

12.5.3　时间最优控制问题

线性时不变系统的时间最优控制问题是一个典型的梆梆控制问题. 对于线性时不变系统，时间最优控制问题可以按照如下方式来表述.

设 n 阶系统状态方程和初始条件为

$$\dot{\boldsymbol{x}}=\boldsymbol{A}\boldsymbol{x}+\boldsymbol{B}\boldsymbol{u},\quad \boldsymbol{x}(t_0)=\boldsymbol{x}_0,\quad t_0=0,\tag{12.5.25}$$

控制约束条件为

$$|u_j| \leqslant 1, \quad (j=1,2,\cdots,l), \tag{12.5.26}$$

求最优控制,使状态在某一时刻 t_f 达到 $\boldsymbol{x}(t_f)=0$,并使性能指标

$$J=\int_0^{t_f} \mathrm{d}t \tag{12.5.27}$$

取极小值.

该问题的哈密顿函数为

$$H=1+\boldsymbol{\lambda}^{\mathrm{T}}\boldsymbol{Ax}+\boldsymbol{\lambda}^{\mathrm{T}}\boldsymbol{Bu}=1+\boldsymbol{\lambda}^{\mathrm{T}}\boldsymbol{Ax}+\sum_{j=1}^{m}(\boldsymbol{\lambda}^{\mathrm{T}}\boldsymbol{b}_j)u_j, \tag{12.5.28}$$

其中 $\boldsymbol{b}_j$ 是矩阵 $\boldsymbol{B}$ 的第 j 列. 可以看出,这里的切换函数形式为 $\boldsymbol{\lambda}^{\mathrm{T}}\boldsymbol{b}_j=\sum_{i=1}^{n} b_{ij}\lambda_i$. 在最优控制理论中,将 $\boldsymbol{\lambda}^{\mathrm{T}}\boldsymbol{b}_j$ 在 $[0,t_f]$ 上除有限个点外均不为零的问题称为**正常问题**,否则称为**奇异问题**.

最优控制问题为正常问题的充分必要条件是

$$\operatorname{rank}[\boldsymbol{b}_j \quad \boldsymbol{Ab}_j \quad \cdots \quad \boldsymbol{A}^{n-1}\boldsymbol{b}_j]=n, \quad (j=1,2,\cdots,l). \tag{12.5.29}$$

对于正常问题,时间最优控制是由

$$u_j^* =-\operatorname{sgn}\left(\sum_{i=1}^{n} b_{ij}\lambda_i\right), \quad (j=1,2,\cdots,l) \tag{12.5.30}$$

惟一确定的梆梆控制,其中符号函数的定义为

$$\operatorname{sgn}a=\begin{cases}1 & (a>0)\\ 0 & (a=0).\\ -1 & (a<0)\end{cases} \tag{12.5.31}$$

而且可以证明,当 $\boldsymbol{A}$ 的特征值全部为实数时,最优时间控制的每个控制分量 u_j 在 $[0,t_f]$ 上的切换次数最多不超过 $n-1$ 次.

最优控制必要条件中的伴随方程为

$$\dot{\boldsymbol{\lambda}}=-\frac{\partial H}{\partial \boldsymbol{x}}=-\boldsymbol{A}^{\mathrm{T}}\boldsymbol{\lambda}, \tag{12.5.32}$$

它的解为

$$\boldsymbol{\lambda}(t)=\mathrm{e}^{-\boldsymbol{A}^{\mathrm{T}}t}\boldsymbol{\lambda}(0). \tag{12.5.33}$$

不过,$\boldsymbol{\lambda}(0)$ 是未知数,所以无法由此获得伴随向量的解. 一般情况下,这类问题的求解是困难的,需要利用状态方程的解和哈密顿函数等于零的条件通过迭代法近似求解.

不过,对于二阶定常系统,可以获得问题的解析解. 在无摩擦且不计重力的情况下,一个质量 m 在力 f 的作用下的运动可以被表示为 $m\ddot{y}=f$,其传递函数为 $G(s)=1/(ms^2)$. 这种系统被称为双积分装置. 下面就以这个系统为例来演示时间最优控制的求解过程.

例 12.5.3　给定系统

$$\dot{x}_1 = x_2,\quad \dot{x}_2 = u,\quad |u| \leqslant 1.$$

求最优控制 $u^*(t)$，使系统从 $x_1(0)=x_{10}=1, x_2(0)=x_{20}=1$ 出发，在尽可能短的时间段 t_f^* 内达到状态空间的原点，即 $x_1(t_f^*)=0, x_2(t_f^*)=0$.

解　(i) 写出哈密顿函数及最优控制必要条件. 记性能指标为

$$J = \int_0^{t_f} \mathrm{d}t,$$

则哈密顿函数为

$$H = 1 + \lambda_1 x_2 + \lambda_2 u.$$

本例是一个正常问题，故最优控制为

$$u^* = -\operatorname{sgn}\lambda_2.$$

最优控制将根据伴随变量 λ_2 的符号在 $+1$ 和 -1 值之间切换，所以本例中的切换函数为 $\lambda_2(t)$.

系统的伴随方程为

$$\dot{\lambda}_1 = -\frac{\partial H}{\partial x_1} = 0,\quad \dot{\lambda}_2 = -\frac{\partial H}{\partial x_2} = -\lambda_1.$$

状态方程和初始条件为

$$\dot{x}_1 = x_2,\quad \dot{x}_2 = u,\quad x_1(0) = x_{10} = 1,\quad x_2(0) = x_{20} = 1.$$

(ii) 关于切换函数 $\lambda_2(t)$ 的讨论. 根据伴随方程可以解得

$$\lambda_1(t) = C_1,\quad \lambda_2(t) = C_2 - C_1 t.$$

C_1 和 C_2 分别为伴随变量 $\lambda_1(t)$ 和 $\lambda_2(t)$ 的初始值. C_1 和 C_2 不可能同时为零，否则 $\lambda_1(t)$ 和 $\lambda_2(t)$ 恒为零，就无法满足必要条件

$$1 + \lambda_1(t)x_2^*(t) + \lambda_2(t)u^*(t) = 1 + \lambda_1(t_f)x_2^*(t_f) + \lambda_2(t_f)u^*(t_f) = 0.$$

根据 C_1 和 C_2 的不同组合，$\lambda_2(t)$ 与 t 的关系具有图 12.5.2 所示的四种情况. 图中还画出了最优控制的曲线. 从图中可见，$\lambda_2(t)$ 最多有一次等于零，故而最优控制是最多切换一次的梆梆控制. 相应的控制序列可以有如下四种可能情况：$\{1\}$，$\{-1\}$，$\{-1,1\}$，$\{1,-1\}$.

图 12.5.2(a) 表示 $C_2<0$ 且 $C_1 \geqslant 0$ 的情况，这时 $u=1$. 由 $\dot{x}_2=1$ 和 $x_2(0)=x_{20}$ 可得 $x_2=t+x_{20}$；再由 $\dot{x}_1=x_2$ 和 $x_1(0)=x_{10}$ 可得 $x_1=t^2/2+x_{20}t+x_{10}$. 从 x_1 和 x_2 的表达式中消去 t，便得

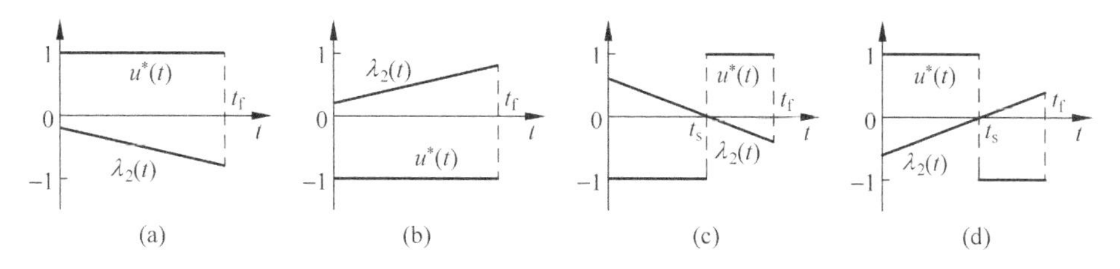

图 12.5.2　例 12.5.3 中候选最优控制的可能情况

$$x_1 = \frac{x_2^2}{2} - \frac{x_{20}^2}{2} + x_{10}.$$

这是抛物线方程,图 12.5.3 中的一组实线代表 $u=1$、不同初始条件下的运动曲线.

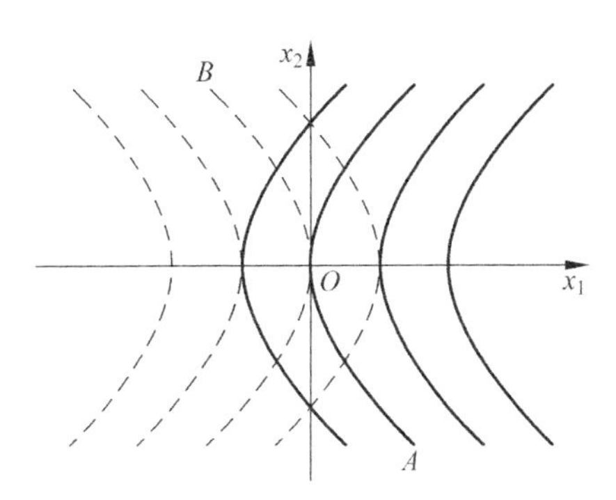

图 12.5.3　不产生控制切换时的状态轨线

从这组实线还可以看出,惟有曲线 AO 通过原点,即只有当初始条件为 $x_{10}>0, x_{20}<0$ 且 $x_{10}=x_{20}^2/2$ 时才能够满足 $x_1(t_f)=x_2(t_f)=0$. 但本例的初始条件不符合该要求,所以这不可能是本例最优控制问题的解. 这就排除了初始阶段控制为 1 的情况,即排除了序列{1}和{1,-1}. 但同时也说明,最后阶段的控制应当为 1,即控制序列{-1,1}应当符合要求. 这样就得到了本例的最优控制.

不过,为了进一步印证上述结论,下面再讨论 C_1 和 C_2 的另一种组合. 图 12.5.2(b)表示 $C_2>0$ 且 $C_1\leqslant 0$ 的情况,这时 $u=-1$. 按照类似的讨论可知,状态运动轨线符合方程

$$x_1 = -\frac{x_2^2}{2} + \frac{x_{20}^2}{2} + x_{10}.$$

这也是抛物线方程,在图 12.5.3 中用一组虚线来表示.

从这组虚线还可以看出,惟有曲线 BO 通过原点,即只有当初始条件为 $x_{10}<0, x_{20}>0$ 且 $x_{10}=-x_{20}^2/2$ 时才能够满足 $x_1(t_f)=x_2(t_f)=0$. 同样可以得出结论,这也不可能是本例最优控制问题的解. 这就排除了最后阶段控制为 -1 的情况,即排除了控制序列{-1}和{1,-1}.

上述讨论排除了几种不可能的控制序列,所以最优控制序列只可能是{-1,1}. 它说明了最优控制必须在 -1 和 1 之间切换,而且切换曲线应如图 12.5.3 中的 AOB 所示,该曲线可用

$$x_1 + \frac{x_2}{2}\mid x_2 \mid = 0$$

表示. 因为惟有状态先到达该曲线,才有可能最终到达原点.

(iii) 确定最优控制.

根据图 12.5.3 所示的状态轨线可以发现,为使状态从 $x_{10}=1$ 和 $x_{20}=1$ 到达该切换曲线,$\lambda_2(t)$的变化应如图 12.5.2(c)所示,在 $0\leqslant t<t_s$ 时,$u^*=-1$,在 $t_s\leqslant t<t_f$ 时,$u^*=1$. 在这种情况下的最优轨线应如图 12.5.4 中的曲线 PAO 所示.

对照图 12.5.4 可以看出,最优控制能够被记为

$$u^* = -\operatorname{sgn}\left[x_1 + \frac{x_2}{2}\mid x_2 \mid\right].$$

(iv) 计算切换时刻 t_s 和最短时间 t_f.

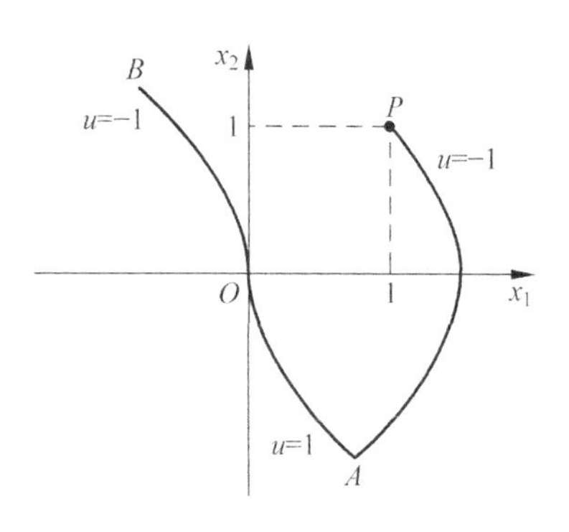

图 12.5.4　最优状态轨线

在 $t_0=0$ 时,$u=-1$,状态轨线如图 12.5.4 中的 PA 所示,与其对应的状态表达式为

$$x_1=1+t-\frac{t^2}{2},\quad x_2=1-t.$$

状态轨线在切换时刻 t_s 到达 A,此时的状态表达式为

$$x_{1s}=1+t_s-\frac{t_s^2}{2},\quad x_{2s}=1-t_s.$$

然后控制被切换为 $u=1$.

令 $\tau=t-t_s$. 在 $\tau=0$ 时,以 x_{1s}和 x_{2s}为初始状态,可以得到与状态轨迹 AO 对应的状态表达式

$$x_1=x_{1s}+x_{2s}\tau+\frac{\tau^2}{2},\quad x_2=x_{2s}+\tau.$$

最终在时刻 $\tau=\tau_1=t_f-t_s$ 到达原点. 于是有

$$\begin{aligned}x_1(\tau_1)&=x_{1s}+x_{2s}\tau_1+\frac{\tau_1^2}{2}\\&=\left(1+t_s-\frac{t_s^2}{2}\right)+(1-t_s)\tau_1+\frac{\tau_1^2}{2}=0,\\x_2(\tau_1)&=x_{2s}+\tau_1=1-t_s+\tau_1=0.\end{aligned}$$

由上面这两个方程可以解得 $\tau_1=t_s-1$ 和 $t_s=1\pm\sqrt{3/2}$. 取切换时刻为 $t_s=1+\sqrt{3/2}$,则有 $\tau_1=\sqrt{3/2}$,最终可得最短时间

$$t_f=t_s+\tau_1=1+\sqrt{6}.$$

(v) 写出最优轨线方程. 根据上面的计算可知,在第一段轨线 PA 上,状态的时间解为

$$x_1^*=1+t-\frac{t^2}{2},\quad x_2^*=1-t.$$

在时刻 $t_s=1+\sqrt{3/2}$,有 $x_{1s}=3/4$,$x_{2s}=-\sqrt{3/2}$. 仍以 t 为时间坐标,以 $\tau=t-t_s$ 代入状态表达式,就可以得到在第二段轨线 AO 上的状态时间解

$$x_1^*=\frac{1}{2}(t-1-\sqrt{6})^2,$$

$$x_2^*=-(1+\sqrt{6})+t.$$

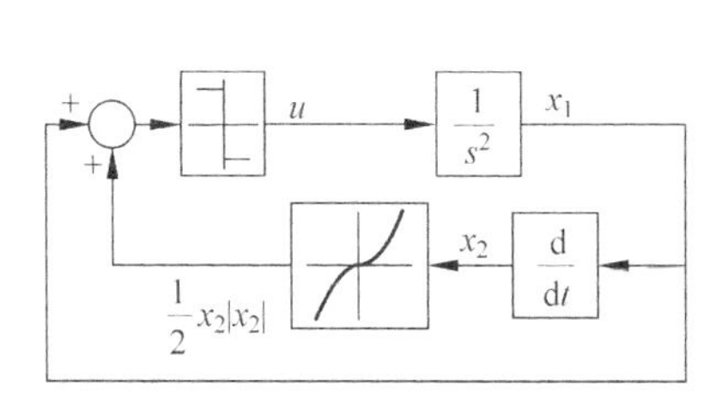

图 12.5.5　最优状态轨线

图 12.5.5 是上述最优时间控制的一幅工程实现图.

在本例中,只使用了 $\lambda_2(t)$的形状所提供的信息,而不需要计算伴随变量的具体数值. □

12.6 极小值原理的证明

本节证明末值型性能指标、末态自由情况下的极小值原理①. 在 12.6.1 小节中将先给出两个在证明中有用的引理,在 12.6.2 小节则给出采用增量法的证明过程.

12.6.1 两个引理

引理 12.6.1 设向量 $\boldsymbol{x}$ 的增量为 $\Delta\boldsymbol{x}$,则有

$$\frac{\mathrm{d}}{\mathrm{d}t}|\Delta\boldsymbol{x}| \leqslant |\Delta\dot{\boldsymbol{x}}|. \tag{12.6.1}$$

证明 因为

$$|\Delta\boldsymbol{x}| = \Big[\sum_{i=1}^{n}\Delta x_i^2\Big]^{\frac{1}{2}}, \tag{12.6.2}$$

所以

$$\begin{aligned}\frac{\mathrm{d}}{\mathrm{d}t}|\Delta\boldsymbol{x}| &= \frac{1}{2|\Delta\boldsymbol{x}|}(2\Delta x_1\Delta\dot{x}_1 + 2\Delta x_2\Delta\dot{x}_2 + \cdots + 2\Delta x_n\Delta\dot{x}_n) = \frac{\Delta\boldsymbol{x}^{\mathrm{T}}\Delta\dot{\boldsymbol{x}}}{|\Delta\boldsymbol{x}|} \\ &\leqslant \frac{1}{|\Delta\boldsymbol{x}|}\cdot|\Delta\boldsymbol{x}|\cdot|\Delta\dot{\boldsymbol{x}}|.\end{aligned}$$

□

引理 12.6.2 设 $b(t)$ 是分段连续函数,且 $b(t)\geqslant 0$. 如果函数 $x(t)$ 满足不等式

$$\frac{\mathrm{d}}{\mathrm{d}t}x(t) \leqslant ax(t) + b(t), \tag{12.6.3}$$

且 $x(t_0)=0$,那么

$$x(t) \leqslant \int_{t_0}^{t}\mathrm{e}^{a(t-\tau)}b(\tau)\mathrm{d}\tau, \quad t\in[t_0, t_{\mathrm{f}}]. \tag{12.6.4}$$

证明 将不等式(12.6.3)写作

$$\frac{\mathrm{d}}{\mathrm{d}\tau}x(\tau) - ax(\tau) \leqslant b(\tau),$$

两边同乘以 $\mathrm{e}^{-a\tau}$,则得

$$\frac{\mathrm{d}}{\mathrm{d}\tau}[\mathrm{e}^{-a\tau}x(\tau)] \leqslant \mathrm{e}^{-a\tau}b(\tau), \tag{12.6.5}$$

对式(12.6.5)从 t_0 到 t 积分,则有

$$\mathrm{e}^{-at}x(t) - \mathrm{e}^{-at_0}x(t_0) \leqslant \int_{t_0}^{t}\mathrm{e}^{-a\tau}b(\tau)\mathrm{d}\tau \tag{12.6.6}$$

对上式两边同乘以 e^{at},并注意到 $x(t_0)=0$,则得式(12.6.4). □

---

① 参见(1)关肇直等. 极值控制与极大值原理. 北京：科学出版社. 1980 和(2)解学书. 最优控制理论与应用. 北京：清华大学出版社,1986

12.6.2 采用增量法的证明过程

设给定受控线性定常系统状态方程和初始条件为

$$\dot{\boldsymbol{x}} = \boldsymbol{f}[\boldsymbol{x}(t),\boldsymbol{u}(t)], \quad \boldsymbol{x}(t_0) = \boldsymbol{x}_0, \tag{12.6.7}$$

控制函数的约束为

$$\boldsymbol{u}(t) \in U, \tag{12.6.8}$$

性能指标函数为

$$J[\boldsymbol{u}(t)] = \theta[\boldsymbol{x}(t_\mathrm{f})], \tag{12.6.9}$$

为进行证明,首先假设:

(1) 函数 $\boldsymbol{f}(\boldsymbol{x},\boldsymbol{u})$和 $\theta(\boldsymbol{x})$都是其变元的连续函数;

(2) 函数 $\boldsymbol{f}(\boldsymbol{x},\boldsymbol{u})$和 $\theta(\boldsymbol{x})$对于 $\boldsymbol{x}$ 连续可微;

(3) 为保证微分方程解的存在性和惟一性,函数 $\boldsymbol{f}(\boldsymbol{x},\boldsymbol{u})$在任意有界集上对 $\boldsymbol{x}$ 满足**李普希茨**(Lipschitz)**条件**,即当 $\boldsymbol{x}\subset R^n$,$U_1\subset U$ 为有界集时,存在一个常数 $b>0$,使得只要 $\boldsymbol{x}_1,\boldsymbol{x}_2\in \boldsymbol{x}$,那么对于任意 $\boldsymbol{u}\subset U_1$,均有

$$|\boldsymbol{f}(\boldsymbol{x}_1,\boldsymbol{u}) - \boldsymbol{f}(\boldsymbol{x}_2,\boldsymbol{u})| \leqslant b\,|\boldsymbol{x}_1 - \boldsymbol{x}_2|. \tag{12.6.10}$$

下面叙述用增量法的证明过程.

1. 泛函的增量

假设终端时刻 t_f 已知,则根据 $\theta(\boldsymbol{x})$对 $\boldsymbol{x}$ 的连续可微性,泛函(12.6.9)的增量可以被表示为

$$\begin{aligned}\Delta J &= J[\boldsymbol{u}^*(\cdot) + \Delta\boldsymbol{u}(\cdot)] - J[\boldsymbol{u}^*(\cdot)] \\ &= \theta[\boldsymbol{x}^*(t_\mathrm{f}) + \Delta\boldsymbol{x}(t_\mathrm{f})] - \theta[\boldsymbol{x}^*(t_\mathrm{f})] \\ &= \frac{\partial\theta[\boldsymbol{x}^*(t_\mathrm{f})]}{\partial\boldsymbol{x}^\mathrm{T}(t_\mathrm{f})}\Delta\boldsymbol{x}(t_\mathrm{f}) + O\{|\Delta\boldsymbol{x}(t_\mathrm{f})|\},\end{aligned} \tag{12.6.11}$$

式中,$\boldsymbol{u}^*$ 和 $\boldsymbol{x}^*$ 分别表示最优控制及相应的最优轨线,$O\{|\Delta\boldsymbol{x}(t_\mathrm{f})|\}$表示泰勒展开中 $\Delta\boldsymbol{x}(t_\mathrm{f})$的高阶项,$\boldsymbol{u}(\cdot)$代表一类允许函数.

由状态方程式(12.6.7)可得

$$\begin{aligned}\Delta\dot{\boldsymbol{x}}(t) &= \boldsymbol{f}[\boldsymbol{x}^*(t) + \Delta\boldsymbol{x}(t),\boldsymbol{u}^*(t) + \Delta\boldsymbol{u}(t)] - \boldsymbol{f}[\boldsymbol{x}^*(t),\boldsymbol{u}^*(t)] \\ &= \boldsymbol{f}[\boldsymbol{x}^*(t) + \Delta\boldsymbol{x}(t),\boldsymbol{u}^*(t) + \Delta\boldsymbol{u}(t)] - \boldsymbol{f}[\boldsymbol{x}^*(t),\boldsymbol{u}^*(t) + \Delta\boldsymbol{u}(t)] \\ &\quad + \boldsymbol{f}[\boldsymbol{x}^*(t),\boldsymbol{u}^*(t) + \Delta\boldsymbol{u}(t)] - \boldsymbol{f}[\boldsymbol{x}^*(t),\boldsymbol{u}^*(t)] \\ &= \frac{\partial\boldsymbol{f}[\boldsymbol{x}^*(t),\boldsymbol{u}^*(t) + \Delta\boldsymbol{u}(t)]}{\partial\boldsymbol{x}^\mathrm{T}(t)}\Delta\boldsymbol{x}(t) + O\{|\Delta\boldsymbol{x}(t)|\} \\ &\quad + \boldsymbol{f}[\boldsymbol{x}^*(t),\boldsymbol{u}^*(t) + \Delta\boldsymbol{u}(t)] - \boldsymbol{f}[\boldsymbol{x}^*(t),\boldsymbol{u}^*(t)] \\ &= \frac{\partial\boldsymbol{f}[\boldsymbol{x}^*(t),\boldsymbol{u}^*(t)]}{\partial\boldsymbol{x}^\mathrm{T}(t)}\Delta\boldsymbol{x}(t)\end{aligned}$$

$$+\left\{\frac{\partial \boldsymbol{f}[\boldsymbol{x}^*(t),\boldsymbol{u}^*(t)+\Delta\boldsymbol{u}(t)]}{\partial \boldsymbol{x}^{\mathrm{T}}(t)}-\frac{\partial \boldsymbol{f}[\boldsymbol{x}^*(t),\boldsymbol{u}^*(t)]}{\partial \boldsymbol{x}^{\mathrm{T}}(t)}\right\}\Delta\boldsymbol{x}(t)$$
$$+\boldsymbol{f}[\boldsymbol{x}^*(t),\boldsymbol{u}^*(t)+\Delta\boldsymbol{u}(t)]-\boldsymbol{f}[\boldsymbol{x}^*(t),\boldsymbol{u}^*(t)]$$
$$+O\{|\Delta\boldsymbol{x}(t)|\}, \tag{12.6.12}$$

记

$$\boldsymbol{A}(t)=\frac{\partial \boldsymbol{f}[\boldsymbol{x}^*(t),\boldsymbol{u}^*(t)]}{\partial \boldsymbol{x}^{\mathrm{T}}(t)},$$
$$\boldsymbol{B}(t,\Delta\boldsymbol{u})=\frac{\partial \boldsymbol{f}[\boldsymbol{x}^*(t),\boldsymbol{u}^*(t)+\Delta\boldsymbol{u}(t)]}{\partial \boldsymbol{x}^{\mathrm{T}}(t)}-\frac{\partial \boldsymbol{f}[\boldsymbol{x}^*(t),\boldsymbol{u}^*(t)]}{\partial \boldsymbol{x}^{\mathrm{T}}(t)},$$
$$\boldsymbol{e}(t,\Delta\boldsymbol{u})=\boldsymbol{f}[\boldsymbol{x}^*(t),\boldsymbol{u}^*(t)+\Delta\boldsymbol{u}(t)]-\boldsymbol{f}[\boldsymbol{x}^*(t),\boldsymbol{u}^*(t)],$$

则式(12.6.12)可以被写成

$$\Delta\dot{\boldsymbol{x}}(t)=\boldsymbol{A}(t)\Delta\boldsymbol{x}(t)+\boldsymbol{B}(t,\Delta\boldsymbol{u})\Delta\boldsymbol{x}(t)+\boldsymbol{e}(t,\Delta\boldsymbol{u})+O\{|\Delta\boldsymbol{x}(t)|\}, \tag{12.6.13}$$

其初始条件为 $\Delta\boldsymbol{x}(t_0)=0$.

设

$$\Delta\dot{\boldsymbol{x}}(t)=\boldsymbol{A}(t)\Delta\boldsymbol{x}(t) \tag{12.6.14}$$

的状态转移矩阵为$\boldsymbol{\Phi}(t,\tau)$,它满足

$$\dot{\boldsymbol{\Phi}}(t,\tau)=\boldsymbol{A}(t)\boldsymbol{\Phi}(t,\tau),\quad \boldsymbol{\Phi}(\tau,\tau)=\boldsymbol{I}. \tag{12.6.15}$$

那么,方程式(12.6.13)的解为

$$\Delta\boldsymbol{x}(t)=\int_{t_0}^{t}\boldsymbol{\Phi}(t,\tau)\boldsymbol{B}(\tau,\Delta\boldsymbol{u})\Delta\boldsymbol{x}(\tau)\mathrm{d}\tau+\int_{t_0}^{t}\boldsymbol{\Phi}(t,\tau)\boldsymbol{e}(\tau,\Delta\boldsymbol{u})\mathrm{d}\tau+\int_{t_0}^{t}\boldsymbol{\Phi}(t,\tau)O\{|\Delta\boldsymbol{x}(\tau)|\}\mathrm{d}\tau. \tag{12.6.16}$$

当 $t=t_{\mathrm{f}}$ 时,

$$\Delta\boldsymbol{x}(t_{\mathrm{f}})=\int_{t_0}^{t_{\mathrm{f}}}\boldsymbol{\Phi}(t_{\mathrm{f}},\tau)\boldsymbol{B}(\tau,\Delta\boldsymbol{u})\Delta\boldsymbol{x}(\tau)\mathrm{d}\tau+\int_{t_0}^{t_{\mathrm{f}}}\boldsymbol{\Phi}(t_{\mathrm{f}},\tau)\boldsymbol{e}(\tau,\Delta\boldsymbol{u})\mathrm{d}\tau+\int_{t_0}^{t_{\mathrm{f}}}\boldsymbol{\Phi}(t_{\mathrm{f}},\tau)O\{|\Delta\boldsymbol{x}(\tau)|\}\mathrm{d}\tau. \tag{12.6.17}$$

将式(12.6.17)代入式(12.6.11),可得泛函的增量

$$\Delta J=\frac{\partial\theta[\boldsymbol{x}^*(t_{\mathrm{f}})]}{\partial \boldsymbol{x}^{\mathrm{T}}(t_{\mathrm{f}})}\int_{t_0}^{t_{\mathrm{f}}}\boldsymbol{\Phi}(t_{\mathrm{f}},\tau)\boldsymbol{B}(\tau,\Delta\boldsymbol{u})\Delta\boldsymbol{x}(\tau)\mathrm{d}\tau$$
$$+\frac{\partial\theta[\boldsymbol{x}^*(t_{\mathrm{f}})]}{\partial \boldsymbol{x}^{\mathrm{T}}(t_{\mathrm{f}})}\int_{t_0}^{t_{\mathrm{f}}}\boldsymbol{\Phi}(t_{\mathrm{f}},\tau)\boldsymbol{e}(\tau,\Delta\boldsymbol{u})\mathrm{d}\tau$$
$$+\frac{\partial\theta[\boldsymbol{x}^*(t_{\mathrm{f}})]}{\partial \boldsymbol{x}^{\mathrm{T}}(t_{\mathrm{f}})}\int_{t_0}^{t_{\mathrm{f}}}\boldsymbol{\Phi}(t_{\mathrm{f}},\tau)O\{|\Delta\boldsymbol{x}(\tau)|\}\mathrm{d}\tau$$
$$+O\{|\Delta\boldsymbol{x}(t_{\mathrm{f}})|\}. \tag{12.6.18}$$

2. 针状控制量变分下的泛函增量

下面通过某种特定的变分 $\Delta\boldsymbol{u}(t)$来讨论.将状态方程写成

$$\begin{aligned}\Delta \dot{\boldsymbol{x}}(t) &= \boldsymbol{f}[\boldsymbol{x}(t)+\Delta\boldsymbol{x}(t),\boldsymbol{u}(t)+\Delta\boldsymbol{u}(t)]-\boldsymbol{f}[\boldsymbol{x}(t),\boldsymbol{u}(t)] \\ &= \boldsymbol{f}[\boldsymbol{x}(t)+\Delta\boldsymbol{x}(t),\boldsymbol{u}(t)+\Delta\boldsymbol{u}(t)]-\boldsymbol{f}[\boldsymbol{x}(t),\boldsymbol{u}(t)+\Delta\boldsymbol{u}(t)] \\ &\quad +\boldsymbol{f}[\boldsymbol{x}(t),\boldsymbol{u}(t)+\Delta\boldsymbol{u}(t)]-\boldsymbol{f}[\boldsymbol{x}(t),\boldsymbol{u}(t)],\end{aligned} \tag{12.6.19}$$

它的初始条件为 $\Delta\boldsymbol{x}(t_0)=0$. 对于给定的 $\boldsymbol{u}(t)$ 和 $\Delta\boldsymbol{u}(t)$，由于它们的分段连续性，必然存在有界的 $U_1\subset U$ 和 $X\subset R^n$ 使 $\boldsymbol{u}(t)+\Delta\boldsymbol{u}(t)\in U_1$ 及 $\boldsymbol{x}(t)\in X$. 根据李普希茨条件，对所有的 $t\in[t_0,t_f]$，必然存在 $a>0$，使

$$|\boldsymbol{f}[\boldsymbol{x}(t)+\Delta\boldsymbol{x}(t),\boldsymbol{u}(t)+\Delta\boldsymbol{u}(t)]-\boldsymbol{f}[\boldsymbol{x}(t),\boldsymbol{u}(t)+\Delta\boldsymbol{u}(t)]|<a|\Delta\boldsymbol{x}(t)| \tag{12.6.20}$$

成立. 而且由于 $\boldsymbol{f}[\boldsymbol{x}(t),\boldsymbol{u}(t)]$ 对 $\boldsymbol{u}(t)$ 的连续性，则对所有 $t\in[t_0,t_f]$，存在 $b(t)>0$，使

$$|\boldsymbol{f}[\boldsymbol{x}(t),\boldsymbol{u}(t)+\Delta\boldsymbol{u}(t)]-\boldsymbol{f}[\boldsymbol{x}(t),\boldsymbol{u}(t)]|\leqslant b(t) \tag{12.6.21}$$

成立，其中

$$b(t)=\begin{cases}0 & \text{当 } \Delta\boldsymbol{u}=0 \text{ 时} \\ b(\text{常数}) & \text{当 } \Delta\boldsymbol{u}\neq 0 \text{ 时}\end{cases}. \tag{12.6.22}$$

于是，据式(12.6.19)可得

$$\Delta\dot{\boldsymbol{x}}(t)\leqslant a|\Delta\boldsymbol{x}(t)|+b(t). \tag{12.6.23}$$

根据引理 12.6.1，可得

$$\frac{\mathrm{d}}{\mathrm{d}t}|\Delta\boldsymbol{x}(t)|\leqslant a|\Delta\boldsymbol{x}(t)|+b(t). \tag{12.6.24}$$

再由引理 12.6.2 及 $\Delta\boldsymbol{x}(t_0)=0$，可得

$$|\Delta\boldsymbol{x}(t)|\leqslant\int_{t_0}^{t}\mathrm{e}^{a(t-\tau)}b(\tau)\mathrm{d}\tau. \tag{12.6.25}$$

为使变分后的控制 $\boldsymbol{u}(t)$ 仍是一个允许控制，并且为了便于推导极值条件，下面特别采用图 12.6.1 所示的针状变分. 图中画出了控制为标量的情况，其中，$\sigma\in[t_0,t_f]$，而 $l>0$ 为某一取定的值，$\bar{u}$ 表示任意允许控制，即 $\bar{u}\in U$. 在充分小的时间区间 $[\sigma,\sigma+\varepsilon l]$ 内，$\bar{u}$ 可以取控制域内的任何点，当然也可以取闭域 U 边界上的点，所以变分是一个有限量.

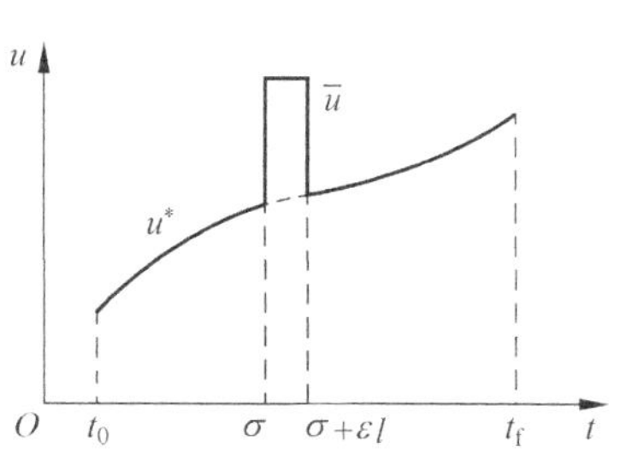

图 12.6.1　针状变分示意图

将控制 $\boldsymbol{u}(t)$ 的变分记为 $\Delta_\varepsilon\boldsymbol{u}(t)$，则有

$$\boldsymbol{u}^*(t)+\Delta_\varepsilon\boldsymbol{u}(t)=\begin{cases}\boldsymbol{u}^*(t) & t_0\leqslant t<\sigma,\sigma+\varepsilon l<t\leqslant t_f \\ \bar{\boldsymbol{u}} & \sigma<t\leqslant\sigma+\varepsilon l\end{cases}. \tag{12.6.26}$$

于是，可以将式(12.6.22)改写为

$$b(t)=\begin{cases}0 & t_0\leqslant t<\sigma,\sigma+\varepsilon l<t\leqslant t_f \\ b(\text{常数}) & \sigma<t\leqslant\sigma+\varepsilon l\end{cases}. \tag{12.6.27}$$

这样一来,不等式(12.6.25)就可以被改写为

$$|\Delta \boldsymbol{x}(t)| \leqslant \int_{t_0}^{t} \mathrm{e}^{a(t-\tau)} b(\tau)\mathrm{d}\tau \leqslant \int_{t_0}^{t_\mathrm{f}} \mathrm{e}^{a(t_\mathrm{f}-\tau)} b(\tau)\mathrm{d}\tau$$

$$\leqslant \mathrm{e}^{at_\mathrm{f}} \int_{t_0}^{t_\mathrm{f}} b(\tau)\mathrm{d}\tau = \mathrm{e}^{at_\mathrm{f}} bl\varepsilon. \tag{12.6.28}$$

该式表明,$|\Delta \boldsymbol{x}(t)|$和$\varepsilon>0$是同阶小量.

在针状变分情况下,式(12.6.11)的泛函增量成为

$$\begin{aligned}\Delta_\varepsilon J = &\int_{\sigma}^{\sigma+\varepsilon l} \frac{\partial\theta[\boldsymbol{x}^*(t_\mathrm{f})]}{\partial \boldsymbol{x}^\mathrm{T}(t_\mathrm{f})} \boldsymbol{\Phi}(t_\mathrm{f},\tau)\boldsymbol{B}(\tau,\Delta \boldsymbol{u})\Delta \boldsymbol{x}(\tau)\mathrm{d}\tau \\ &+ \frac{\partial\theta[\boldsymbol{x}^*(t_\mathrm{f})]}{\partial \boldsymbol{x}^\mathrm{T}(t_\mathrm{f})}\int_{t_0}^{\sigma+\varepsilon l} \boldsymbol{\Phi}(t_\mathrm{f},\tau)\boldsymbol{e}(\tau,\Delta \boldsymbol{u})\mathrm{d}\tau \\ &+ \frac{\partial\theta[\boldsymbol{x}^*(t_\mathrm{f})]}{\partial \boldsymbol{x}^\mathrm{T}(t_\mathrm{f})}\int_{t_0}^{\sigma+\varepsilon l} \boldsymbol{\Phi}(t_\mathrm{f},\tau)O\{|\Delta \boldsymbol{x}(\tau)|\}\mathrm{d}\tau \\ &+ O\{|\Delta \boldsymbol{x}(t_\mathrm{f})|\}.\end{aligned} \tag{12.6.29}$$

上式等号右边第一、第三和第四项都是ε的高阶小量,所以可以归并为一项,从而将式(12.6.29)改写为

$$\begin{aligned}\Delta_\varepsilon J = &\int_{\sigma}^{\sigma+\varepsilon l} \frac{\partial\theta[\boldsymbol{x}^*(t_\mathrm{f})]}{\partial \boldsymbol{x}^\mathrm{T}(t_\mathrm{f})} \boldsymbol{\Phi}(t_\mathrm{f},\tau)\{\boldsymbol{f}[\boldsymbol{x}^*(\tau),\boldsymbol{u}^*(\tau)+\Delta_\varepsilon \boldsymbol{u}(\tau)] \\ &- \boldsymbol{f}[\boldsymbol{x}^*(\tau),\boldsymbol{u}^*(\tau)]\}\mathrm{d}\tau + O(\varepsilon).\end{aligned} \tag{12.6.30}$$

令

$$[\boldsymbol{\lambda}^*(\tau)]^\mathrm{T} = \frac{\partial\theta[\boldsymbol{x}^*(t_\mathrm{f})]}{\partial \boldsymbol{x}^\mathrm{T}(t_\mathrm{f})}\boldsymbol{\Phi}(t_\mathrm{f},\tau), \tag{12.6.31}$$

对上式求导,利用状态转移矩阵的性质和逆矩阵的求导公式,就可以发现,向量$\boldsymbol{\lambda}(\tau)$必定满足

$$\begin{aligned}\dot{\boldsymbol{\lambda}}^*(\tau) &= \left[\frac{\mathrm{d}}{\mathrm{d}\tau}\boldsymbol{\Phi}(t_\mathrm{f},\tau)\right]^\mathrm{T} \frac{\partial\theta[\boldsymbol{x}^*(t_\mathrm{f})]}{\partial \boldsymbol{x}(t_\mathrm{f})} = \left[\frac{\mathrm{d}}{\mathrm{d}\tau}\boldsymbol{\Phi}^{-1}(\tau,t_\mathrm{f})\right]^\mathrm{T} \frac{\partial\theta[\boldsymbol{x}^*(t_\mathrm{f})]}{\partial \boldsymbol{x}(t_\mathrm{f})} \\ &= [-\boldsymbol{\Phi}(t_\mathrm{f},\tau)\boldsymbol{A}(\tau)]^\mathrm{T} \frac{\partial\theta[\boldsymbol{x}^*(t_\mathrm{f})]}{\partial \boldsymbol{x}(t_\mathrm{f})} = -\boldsymbol{A}^\mathrm{T}(\tau)\boldsymbol{\Phi}^\mathrm{T}(t_\mathrm{f},\tau)\frac{\partial\theta[\boldsymbol{x}^*(t_\mathrm{f})]}{\partial \boldsymbol{x}(t_\mathrm{f})} \\ &= -\frac{\partial \boldsymbol{f}^\mathrm{T}[\boldsymbol{x}^*(\tau),\boldsymbol{u}^*(\tau)]}{\partial \boldsymbol{x}(\tau)}\boldsymbol{\lambda}^*(\tau),\end{aligned} \tag{12.6.32}$$

以及边界条件

$$[\boldsymbol{\lambda}^*(t_\mathrm{f})]^\mathrm{T} = \frac{\partial\theta[\boldsymbol{x}^*(t_\mathrm{f})]}{\partial \boldsymbol{x}^\mathrm{T}(t_\mathrm{f})}. \tag{12.6.33}$$

上式就是条件式(12.5.7).

记

$$H[\boldsymbol{x}(\tau),\boldsymbol{\lambda}^*(\tau),\boldsymbol{u}(\tau)] = (\boldsymbol{\lambda}^*)^\mathrm{T}\boldsymbol{f}[\boldsymbol{x}(\tau),\boldsymbol{u}(\tau)], \tag{12.6.34}$$

则式(12.6.32)变为

$$\dot{\boldsymbol{\lambda}}^*(\tau) = -\frac{\partial H[\boldsymbol{x}^*(\tau),\boldsymbol{\lambda}^*(\tau),\boldsymbol{u}^*(\tau)]}{\partial \boldsymbol{x}(\tau)}. \tag{12.6.35}$$

这与式(12.5.6)一致. 于是,式(12.6.30)可以被改写为

$$\begin{aligned}\Delta_{\varepsilon}J =& \int_{\sigma}^{\sigma+\varepsilon l}\{H[\boldsymbol{x}^*(\tau),\boldsymbol{\lambda}(\tau),\boldsymbol{u}^*(\tau)+\Delta_{\varepsilon}\boldsymbol{u}(\tau)] \\ & -H[\boldsymbol{x}^*(\tau),\boldsymbol{\lambda}(\tau),\boldsymbol{u}^*(\tau)]\}\mathrm{d}\tau+O(\varepsilon).\end{aligned} \tag{12.6.36}$$

3. 极值条件的推导

因为 $\boldsymbol{u}^*(t)$ 是使 J 取极小值的最优控制,$\boldsymbol{x}^*(t)$ 是最优轨线,所以对任意的控制变分,泛函增量均应大于零. 在针状控制变分情况下,应有

$$\begin{aligned}\Delta_{\varepsilon}J =& \int_{\sigma}^{\sigma+\varepsilon l}\{H[\boldsymbol{x}^*(\tau),\boldsymbol{\lambda}^*(\tau),\boldsymbol{u}^*(\tau)+\Delta_{\varepsilon}\boldsymbol{u}(\tau)] \\ & -H[\boldsymbol{x}^*(\tau),\boldsymbol{\lambda}^*(\tau),\boldsymbol{u}^*(\tau)]\}\mathrm{d}\tau+O(\varepsilon)\geqslant 0.\end{aligned} \tag{12.6.37}$$

因为 $\boldsymbol{x}^*(t)$ 和 $\boldsymbol{\lambda}(t)$ 在 $t\in[t_0,t_f]$ 范围内是连续函数,而 $\boldsymbol{u}^*(t)$ 和 $\bar{\boldsymbol{u}}=\boldsymbol{u}^*(t)+\Delta_{\varepsilon}\boldsymbol{u}(t)$ 在式(12.6.36)的积分范围内也是连续函数,所以 H 是连续函数. 根据中值定理和 H 的连续性,可得

$$\begin{aligned}& \int_{\sigma}^{\sigma+\varepsilon l}\{H[\boldsymbol{x}^*(\tau),\boldsymbol{\lambda}^*(\tau),\boldsymbol{u}^*(\tau)+\Delta_{\varepsilon}\boldsymbol{u}(\tau)]-H[\boldsymbol{x}^*(\tau),\boldsymbol{\lambda}^*(\tau),\boldsymbol{u}^*(\tau)]\}\mathrm{d}\tau \\ =& \varepsilon l\{H[\boldsymbol{x}^*(t),\boldsymbol{\lambda}^*(t),\bar{\boldsymbol{u}}]-H[\boldsymbol{x}^*(t),\boldsymbol{\lambda}^*(t),\boldsymbol{u}^*(t)]\}\big|_{t=t_1} \\ =& \varepsilon l\{H[\boldsymbol{x}^*(\sigma),\boldsymbol{\lambda}^*(\sigma),\boldsymbol{u}^*(t)+\Delta_{l}\boldsymbol{u}(t)] \\ & -H[\boldsymbol{x}^*(\sigma),\boldsymbol{\lambda}^*(\sigma),\boldsymbol{u}^*(\sigma)]\}+O(\varepsilon),\end{aligned} \tag{12.6.38}$$

其中 $t_1=\sigma+\varepsilon\kappa l$,$0<\kappa<1$. 将该式代入式(12.6.37),可得

$$\begin{aligned}\Delta_{\varepsilon}J =& \varepsilon l\{H[\boldsymbol{x}^*(\sigma),\boldsymbol{\lambda}^*(\sigma),\bar{\boldsymbol{u}}] \\ & -H[\boldsymbol{x}^*(\sigma),\boldsymbol{\lambda}^*(\sigma),\boldsymbol{u}^*(\sigma)]\}+O(\varepsilon)\geqslant 0.\end{aligned} \tag{12.6.39}$$

将上式两边除以 ε,当 $\varepsilon\to 0$ 时,在 $[\sigma,\sigma+\varepsilon l]$ 范围内,有

$$\begin{aligned}& l\{H[\boldsymbol{x}^*(\sigma),\boldsymbol{\lambda}^*(\sigma),\bar{\boldsymbol{u}}]-H[\boldsymbol{x}^*(\sigma),\boldsymbol{\lambda}^*(\sigma),\boldsymbol{u}^*(\sigma)]\}+\frac{O(\varepsilon)}{\varepsilon} \\ =& l\{H[\boldsymbol{x}^*(\sigma),\boldsymbol{\lambda}^*(\sigma),\bar{\boldsymbol{u}}]-H[\boldsymbol{x}^*(\sigma),\boldsymbol{\lambda}^*(\sigma),\boldsymbol{u}^*(\sigma)]\}\geqslant 0.\end{aligned} \tag{12.6.40}$$

又因为 $l>0$,所以

$$H[\boldsymbol{x}^*(\sigma),\boldsymbol{\lambda}^*(\sigma),\boldsymbol{u}^*(\sigma)]\leqslant H[\boldsymbol{x}^*(\sigma),\boldsymbol{\lambda}^*(\sigma),\bar{\boldsymbol{u}}]. \tag{12.6.41}$$

因为 σ 是区间 $[t_0,t_f]$ 内的任意连续点,所以上式对任意 $\sigma\in[t_0,t_f]$ 成立. 又因为 $\bar{\boldsymbol{u}}$ 可以取遍 U 内所有的点,所以上式对任意 $\bar{\boldsymbol{u}}\in U$ 成立. 由于假设 $\boldsymbol{u}(t)$ 是分段连续函数,而 $\boldsymbol{u}^*(t)$ 的不连续点的函数值变化不影响控制效果. 所以能够得出结论,如果 $\boldsymbol{u}^*(t)\in U$,$t\in[t_0,t_f]$ 是最优控制,那么对所有 $t\in[t_0,t_f]$ 和所有 $\boldsymbol{u}(t)\in U$,均有

$$H[\boldsymbol{x}^*(t),\boldsymbol{u}^*(t),\boldsymbol{\lambda}^*(t)]\leqslant H[\boldsymbol{x}^*(t),\boldsymbol{u}(t),\boldsymbol{\lambda}^*(t)]. \tag{12.6.42}$$

4. t_f 给定和可变的情况

当 t_f 可变时,令它的变化量为 $\Delta t_f=\varepsilon T_1$,其中 T_1 为任意实数. 那么由 $\Delta t_f=$

εT_1 引起的末态变化为

$$\Delta \boldsymbol{x}(t_f) = \Delta \boldsymbol{x}(t_f^*) + \dot{\boldsymbol{x}}^*(t_f^*)\Delta t_f = \Delta \boldsymbol{x}(t_f^*) + \dot{\boldsymbol{x}}^*(t_f^*)\varepsilon T_1. \quad (12.6.43)$$

假设 $\boldsymbol{u}^*(t)$ 和 t_f^* 是使 J 最小的最优解，$\boldsymbol{x}^*(t)$ 是最优轨线，控制的变分仍然采用前面所述的针状变分，那么泛函的增量为

$$\begin{aligned}\Delta J &= \frac{\partial\theta[\boldsymbol{x}^*(t_f)]}{\partial \boldsymbol{x}^{\mathrm{T}}(t_f)}\Delta \boldsymbol{x}(t_f)\\ &= \frac{\partial\theta[\boldsymbol{x}^*(t_f)]}{\partial \boldsymbol{x}^{\mathrm{T}}(t_f)}[\Delta \boldsymbol{x}(t_f^*) + \dot{\boldsymbol{x}}^*(t_f^*)\varepsilon T] + O(\varepsilon)\\ &= \frac{\partial\theta[\boldsymbol{x}^*(t_f)]}{\partial \boldsymbol{x}^{\mathrm{T}}(t_f)}\Delta \boldsymbol{x}(t_f^*) + \frac{\partial\theta[\boldsymbol{x}^*(t_f)]}{\partial \boldsymbol{x}^{\mathrm{T}}(t_f)}\dot{\boldsymbol{x}}^*(t_f^*)\varepsilon T + O(\varepsilon)\\ &= \frac{\partial\theta[\boldsymbol{x}^*(t_f)]}{\partial \boldsymbol{x}^{\mathrm{T}}(t_f)}\Delta \boldsymbol{x}(t_f^*) + \frac{\partial\theta[\boldsymbol{x}^*(t_f)]}{\partial \boldsymbol{x}^{\mathrm{T}}(t_f)}\boldsymbol{f}[\boldsymbol{x}^*(t_f^*), \boldsymbol{u}^*(t_f^*)]\varepsilon T + O(\varepsilon)\\ &= \frac{\partial\theta[\boldsymbol{x}^*(t_f)]}{\partial \boldsymbol{x}^{\mathrm{T}}(t_f)}\Delta \boldsymbol{x}(t_f^*) + \boldsymbol{\lambda}^{\mathrm{T}}(t_f^*)\boldsymbol{f}[\boldsymbol{x}^*(t_f^*), \boldsymbol{u}^*(t_f^*)]\varepsilon T + O(\varepsilon) \geqslant 0.\end{aligned} \quad (12.6.44)$$

上式应对任意 T_1 及任意控制变分成立，所以对 $\Delta \boldsymbol{u}(t)\equiv 0$ 成立，故认为 $\Delta \boldsymbol{x}(t_f^*)=0$. 又因为 T_1 可正可负，所以惟有

$$H[\boldsymbol{x}^*(t_f^*), \boldsymbol{\lambda}^*(t_f^*), \boldsymbol{u}^*(t_f^*)] = 0. \quad (12.6.45)$$

当 t_f 给定时，记

$$H(t) = H[t, \boldsymbol{x}^*(t), \boldsymbol{u}^*(t), \boldsymbol{\lambda}^*(t)], \quad (12.6.46)$$

$$H[t, \boldsymbol{u}(t)] = H[t, \boldsymbol{x}^*(t), \boldsymbol{u}(t), \boldsymbol{\lambda}^*(t)]. \quad (12.6.47)$$

按极值条件，有

$$H(t) = \min_{\boldsymbol{u}\in U} H[t, \boldsymbol{u}(t)] = H[t, \boldsymbol{u}^*(t)]. \quad (12.6.48)$$

记

$$U^* = \{\boldsymbol{u} \mid \boldsymbol{u} = \boldsymbol{u}^*(t), t \in [t_0, t_f^*]\}, \quad (12.6.49)$$

由 $\boldsymbol{u}^*(t)$ 的分段连续性可知，U^* 是 U 的有界子集. 显然

$$H(t) = \min_{\boldsymbol{u}\in U^*} H[t, \boldsymbol{u}(t)]. \quad (12.6.50)$$

对每个固定的 $\boldsymbol{u}\in U$ 而言，函数 $H[t, \boldsymbol{u}(t)]$ 连续可微，且

$$\begin{aligned}\frac{\mathrm{d}t}{\mathrm{d}}H[t, \boldsymbol{u}(t)] &= \dot{\boldsymbol{\lambda}}^*(t)\boldsymbol{f}[\boldsymbol{x}^*(t), \boldsymbol{u}] + \boldsymbol{\lambda}^*(t)\frac{\partial \boldsymbol{f}[\boldsymbol{x}^*(t), \boldsymbol{u}]}{\partial \boldsymbol{x}}\dot{\boldsymbol{x}}^*(t)\\ &= \boldsymbol{\lambda}(t)\Big(-\frac{\partial \boldsymbol{f}[\boldsymbol{x}^*(t), \boldsymbol{u}^*(t)]}{\partial x}\boldsymbol{f}[\boldsymbol{x}^*(t), \boldsymbol{u}]\\ &\quad + \frac{\partial \boldsymbol{f}[\boldsymbol{x}^*(t), \boldsymbol{u}]}{\partial \boldsymbol{x}}\boldsymbol{f}[\boldsymbol{x}^*(t), \boldsymbol{u}^*(t)]\Big).\end{aligned} \quad (12.6.51)$$

所以对每个固定的 $\tau\in[t_0, t_f]$，取 $\boldsymbol{u}=\boldsymbol{u}^*(\tau)$，则有

$$\frac{\mathrm{d}t}{\mathrm{d}}H[\tau, \boldsymbol{u}^*(\tau)] = 0. \quad (12.6.52)$$

设 τ 为 $\boldsymbol{u}^*(\tau)$ 的连续点，那么，只要 s 充分接近 τ，就有

$$\left|\frac{\mathrm{d}t}{\mathrm{d}}H[\tau,\boldsymbol{u}^*(s)]\right|<\varepsilon, \tag{12.6.53}$$

这里 $\varepsilon>0$ 是一个充分小的数. 根据 $\boldsymbol{f}[\boldsymbol{x}(t),\boldsymbol{u}(t)]$ 和 $\partial\boldsymbol{f}[\boldsymbol{x}(t),\boldsymbol{u}(t)]/\partial\boldsymbol{x}$ 的连续性和 U^* 的有界性还可知，存在常数 $K>0$，使得对任意 $t\in[t_0,t_f]$，$\boldsymbol{u}\in U^*$，有

$$\left|\frac{\mathrm{d}t}{\mathrm{d}}H[t,\boldsymbol{u}^*(t)]\right|<K. \tag{12.6.54}$$

再根据微分中值定理，对任意 $\boldsymbol{u}\in U^*$，有

$$|H(s,\boldsymbol{u})-H(\tau,\boldsymbol{u})|<K|s-\tau|. \tag{12.6.55}$$

利用式(12.6.48)，可得

$$\begin{aligned}H(s)-H(\tau)&=H[s,\boldsymbol{u}^*(s)]-H[\tau,\boldsymbol{u}^*(\tau)]\\&\leqslant H[s,\boldsymbol{u}^*(\tau)]-H[\tau,\boldsymbol{u}^*(\tau)]\\&\leqslant K|s-\tau|,\end{aligned} \tag{12.6.56}$$

以及

$$\begin{aligned}H(s)-H(\tau)&=H[s,\boldsymbol{u}^*(s)]-H[\tau,\boldsymbol{u}^*(\tau)]\\&\geqslant H[s,\boldsymbol{u}^*(s)]-H[\tau,\boldsymbol{u}^*(s)]\\&\geqslant -K|s-\tau|.\end{aligned} \tag{12.6.57}$$

因此有

$$|H(s)-H(\tau)|\leqslant K|s-\tau|. \tag{12.6.58}$$

这说明 $H(t)$ 的绝对连续性.

将式(12.6.56)和式(12.6.57)两端同除 $|s-\tau|$，可得

$$\frac{|H(s)-H(\tau)|}{|s-\tau|}\leqslant\max\left\{\left|\frac{H[s,\boldsymbol{u}^*(\tau)]-H[\tau,\boldsymbol{u}^*(\tau)]}{s-\tau}\right|,\right.\\\left.\left|\frac{H[s,\boldsymbol{u}^*(s)]-H[\tau,\boldsymbol{u}^*(s)]}{s-\tau}\right|\right\}. \tag{12.6.59}$$

取 τ 为 $\boldsymbol{u}^*(t)$ 的连续点，则由 $\boldsymbol{u}^*(t)$ 的分段连续性可知，只要 s 充分接近 τ，则 s 也是 $\boldsymbol{u}^*(t)$ 的连续点. 因此根据式(12.6.52)和式(12.6.53)可知，只要 s 充分接近 τ，就有

$$\frac{|H(s)-H(\tau)|}{|s-\tau|}<\varepsilon. \tag{12.6.60}$$

这说明函数 $H(t)$ 在 $\boldsymbol{u}^*(t)$ 的每个连续点都可微，而且导数等于零. 而 $H(t)$ 是绝对连续的，故 $H(t)$ 在整个区间为常数.

12.7 线性二次型调节器

在系统处于稳定工作的过程中，很可能由于某种扰动使输出偏离给定值. 为此需要设计一个适当的控制信号，使系统输出偏差迅速趋向于零. 这就是许多实

际控制系统中所谓的调节器问题.

为了实现闭环控制,总希望施加到系统输入的控制信号是系统状态的函数,进一步讲,为了便于工程实现,最好是状态的线性函数.利用状态的线性函数来构造控制函数以便实现系统调节功能的装置被称为**线性调节器**.

如果采用状态变量和控制变量的二次型函数的积分来作为性能指标,并根据这样的性能指标求解最优控制问题,就是所谓的最优**线性二次型调节器**问题,也被简称为**线性二次型问题**.

在前面讨论的一些最优控制问题中,即使对于线性系统,往往也难于获得最优控制解的统一表达式;在某些情况下也许能够得到这种表达式,但也常常由于过分复杂而难以实现.而线性二次型问题的最优解可以被写成统一的表达式,而且可以形成一个简单的线性状态反馈控制律.由于它的计算和工程实现都比较容易,故而人们对其十分关注,并获得了许多重要的研究成果.

12.7.1　线性二次型问题

给定线性系统状态方程和初始状态

$$\dot{\boldsymbol{x}}(t)=\boldsymbol{A}(t)\boldsymbol{x}(t)+\boldsymbol{B}(t)\boldsymbol{u}(t),\quad \boldsymbol{x}(t_0)=\boldsymbol{x}_0,\tag{12.7.1}$$

式中 $\boldsymbol{x}(t)$为 n 维状态向量,一般情况下,它代表相对于平衡状态的偏差量,$\boldsymbol{u}(t)$为不受约束的 l 维状态向量. $\boldsymbol{A}(t)$为 $n\times n$ 维状态系数矩阵,$\boldsymbol{B}(t)$为 $n\times l$ 维输入系数矩阵.线性二次型问题的任务是设计最优控制向量 $\boldsymbol{u}(t)$,$t\in[t_0,T]$,使系统从初始状态 $\boldsymbol{x}_0$ 出发的运动导致二次型性能指标

$$J=\frac{1}{2}\boldsymbol{x}^{\mathrm{T}}(T)\boldsymbol{S}\boldsymbol{x}(T)+\frac{1}{2}\int_{t_0}^{T}[\boldsymbol{x}^{\mathrm{T}}(\boldsymbol{\tau})\boldsymbol{Q}(\boldsymbol{\tau})\boldsymbol{x}(\boldsymbol{\tau})+\boldsymbol{u}^{\mathrm{T}}(\boldsymbol{\tau})\boldsymbol{R}(\boldsymbol{\tau})\boldsymbol{u}(\boldsymbol{\tau})]\mathrm{d}\boldsymbol{\tau}\tag{12.7.2}$$

达到最小值.

性能指标中的第一项相当于对系统末态偏差的要求,**末态加权矩阵 $\boldsymbol{S}$** 为 $n\times n$ 维非负定对称矩阵,记为 $\boldsymbol{S}_{n\times n}\geqslant 0$.积分号下的第一项是对系统动态偏差的要求,其中**状态加权矩阵** $\boldsymbol{Q}_{n\times n}\geqslant 0$ 可以是时变矩阵;第二项表示对控制能量的限制要求,其中**控制加权矩阵** $\boldsymbol{R}_{l\times l}>0$ 也可以是时变矩阵.积分项可以看作状态衰减速度与所消耗的控制能量之间的一种折中.最简单的加权矩阵形式是对角矩阵.当这些加权矩阵中的某一个元素取得比较大时,与之相对应的状态或控制就会受到较大的限制;而如果这些加权矩阵中的某一个元素取得很小或等于零,与之相对应的状态或控制就只受到较小的限制或完全不受限制.所以,控制加权矩阵 $\boldsymbol{R}$ 总是正定矩阵,否则就会出现某些控制量根本不受限制的情况.当状态加权矩阵 $\boldsymbol{Q}$ 为常数矩阵时,性能指标主要反映响应过程的初始阶段中较大偏差的性质.如果状态加权矩阵为时变的,令 $\boldsymbol{Q}(t)$的元素随时间增大,就可以加大对小状态偏差的

限制.

加权矩阵的选择非常重要,也很困难.选择加权矩阵需要熟悉受控系统的基本性质并了解对各个变量的要求,而且在很大程度上要依赖于经验.尽管存在一些可供参考的加权矩阵选择方法,不过仍然要经过多次反复试探才能得到比较合理的系统响应.

性能指标中的每项指标都带有系数 1/2.显然,指标中的系数 1/2 不会影响最优控制的存在和大小,但这个系数的存在可以使运算公式稍微简洁一些.

12.7.2　有限时间状态反馈调节器

有限时间调节器问题中的 T 是给定值,这是一个终端时间固定的最优控制问题,可以用变分法求解.

1. 最优控制的充分必要条件

该问题的哈密顿函数是

$$H=\frac{1}{2}[\boldsymbol{x}^{\mathrm{T}}(t)\boldsymbol{Q}(t)\boldsymbol{x}(t)+\boldsymbol{u}^{\mathrm{T}}(t)\boldsymbol{R}(t)\boldsymbol{u}(t)]+\boldsymbol{\lambda}^{\mathrm{T}}(t)\boldsymbol{A}(t)\boldsymbol{x}(t)+\boldsymbol{\lambda}^{\mathrm{T}}(t)\boldsymbol{B}(t)\boldsymbol{u}(t). \tag{12.7.3}$$

其中控制 $\boldsymbol{u}$ 不受约束.

根据控制方程 $\partial H/\partial\boldsymbol{u}=0$,可以得到 $\boldsymbol{R}(t)\boldsymbol{u}(t)+\boldsymbol{B}^{\mathrm{T}}(t)\boldsymbol{\lambda}(t)=0$,所以最优控制为

$$\boldsymbol{u}^*(t)=-\boldsymbol{R}^{-1}(t)\boldsymbol{B}^{\mathrm{T}}(t)\boldsymbol{\lambda}(t). \tag{12.7.4}$$

必要条件中的伴随方程与终端条件分别为

$$\dot{\boldsymbol{\lambda}}(t)=-\frac{\partial H}{\partial\boldsymbol{x}}=-\boldsymbol{Q}(t)\boldsymbol{x}(t)-\boldsymbol{A}^{\mathrm{T}}(t)\boldsymbol{\lambda}(t), \tag{12.7.5}$$

$$\boldsymbol{\lambda}(T)=\left.\frac{\partial\theta}{\partial\boldsymbol{x}}\right|_{t=T}=\boldsymbol{S}\boldsymbol{x}(T). \tag{12.7.6}$$

再加上状态方程和初始条件

$$\dot{\boldsymbol{x}}(t)=\boldsymbol{A}(t)\boldsymbol{x}(t)-\boldsymbol{B}(t)\boldsymbol{R}^{-1}(t)\boldsymbol{B}^{\mathrm{T}}(t)\boldsymbol{\lambda}(t), \tag{12.7.7}$$

$$\boldsymbol{x}(t_0)=\boldsymbol{x}_0, \tag{12.7.8}$$

就可以得到一个混合边值问题.求解该问题可以得到 $\boldsymbol{\lambda}(t)$,并由式(12.7.4)求得 $\boldsymbol{u}(t)$,这就是使性能指标式(12.7.2)取极小值的最优控制.该问题的数学求解是困难的,一般情况下都是求得数值解,只在个别情况下才有解析解.而且,这种解是开环控制解.

为求得状态反馈最优控制解,必须获得控制与状态的关系.式(12.7.5)至式(12.7.8)是一组线性方程,而且式(12.7.6)表明伴随变量与状态在终端时刻成线性关系,因此可以设想伴随变量与状态之间也存在线性关系.故而设

$$\boldsymbol{\lambda}(t)=\boldsymbol{P}(t)\boldsymbol{x}(t). \tag{12.7.9}$$

将上式对时间求导,可得

$$\begin{aligned}\dot{\boldsymbol{\lambda}}(t)&=\dot{\boldsymbol{P}}(t)\boldsymbol{x}(t)+\boldsymbol{P}(t)\dot{\boldsymbol{x}}(t)\\&=\dot{\boldsymbol{P}}(t)\boldsymbol{x}(t)+\boldsymbol{P}(t)\boldsymbol{A}(t)\boldsymbol{x}(t)\\&\quad-\boldsymbol{P}(t)\boldsymbol{B}(t)\boldsymbol{R}^{-1}(t)\boldsymbol{B}^{\mathrm{T}}(t)\boldsymbol{P}(t)\boldsymbol{x}(t).\end{aligned} \tag{12.7.10}$$

再根据式(12.7.5),可得

$$[\dot{\boldsymbol{P}}(t)+\boldsymbol{P}(t)\boldsymbol{A}(t)+\boldsymbol{A}^{\mathrm{T}}(t)\boldsymbol{P}(t)+\boldsymbol{Q}(t)-\boldsymbol{P}(t)\boldsymbol{B}(t)\boldsymbol{R}^{-1}(t)\boldsymbol{B}^{\mathrm{T}}(t)\boldsymbol{P}(t)]\boldsymbol{x}(t)=0. \tag{12.7.11}$$

上式应对任意状态 $\boldsymbol{x}(t)$ 成立,所以矩阵 $\boldsymbol{P}(t)$ 必定满足

$$\dot{\boldsymbol{P}}(t)+\boldsymbol{P}(t)\boldsymbol{A}(t)+\boldsymbol{A}^{\mathrm{T}}(t)\boldsymbol{P}(t)+\boldsymbol{Q}(t)-\boldsymbol{P}(t)\boldsymbol{B}(t)\boldsymbol{R}^{-1}(t)\boldsymbol{B}^{\mathrm{T}}(t)\boldsymbol{P}(t)=0. \tag{12.7.12}$$

该方程被称为**里卡蒂**(Riccati)**矩阵微分方程**,简称**里卡蒂方程**.

根据式(12.7.9)可知,在终端时刻 T,有 $\boldsymbol{\lambda}(T)=\boldsymbol{P}(T)\boldsymbol{x}(T)$,与式(12.7.6)对照,可得里卡蒂方程的终端边界条件

$$\boldsymbol{P}(T)=\boldsymbol{S}. \tag{12.7.13}$$

所以,对以式(12.7.1)和式(12.7.2)所示的有限时间调节器问题,其最优控制的必要条件为

$$\boldsymbol{u}^{*}(t)=-\boldsymbol{R}^{-1}(t)\boldsymbol{B}^{\mathrm{T}}(t)\boldsymbol{P}(t)\boldsymbol{x}^{*}(t). \tag{12.7.14}$$

其中 $\boldsymbol{x}^{*}(t)$ 是相应于 $\boldsymbol{u}^{*}(t)$ 的最优轨线,$\boldsymbol{P}(t)$ 是里卡蒂方程式(12.7.12)在边界条件式(12.7.13)下的解,为强调终端时刻和终端边界条件,有时也将 $\boldsymbol{P}(t)$ 记为 $\boldsymbol{P}(t,\boldsymbol{S},T)$.

式(12.7.14)可以被写为 $\boldsymbol{u}^{*}(t)=-\boldsymbol{K}(t)\boldsymbol{x}^{*}(t)$,其中状态反馈矩阵为

$$\boldsymbol{K}(t)=\boldsymbol{R}^{-1}(t)\boldsymbol{B}^{\mathrm{T}}(t)\boldsymbol{P}(t). \tag{12.7.15}$$

注意,条件式(12.7.14)也是有限时间二次型调节器问题的充分条件,下面简单说明这一结论. 要证明它是充分条件,就是要证明当 $\boldsymbol{u}=-\boldsymbol{R}^{-1}\boldsymbol{B}^{\mathrm{T}}\boldsymbol{P}\boldsymbol{x}$ 时,性能指标达到极小值. 为简化书写,下面记 $\boldsymbol{x}(T)=\boldsymbol{x}_{\mathrm{f}}$,并在不必要之处省略式中的$(t)$. 对函数 $\mathrm{d}[\boldsymbol{x}^{\mathrm{T}}\boldsymbol{P}\boldsymbol{x}]/\mathrm{d}t$ 在区间$[t_0,T]$上做定积分,可得

$$\int_{t_0}^{T}\frac{\mathrm{d}}{\mathrm{d}t}[\boldsymbol{x}^{\mathrm{T}}\boldsymbol{P}\boldsymbol{x}]\mathrm{d}t=\boldsymbol{x}_{\mathrm{f}}^{\mathrm{T}}\boldsymbol{P}(T)\boldsymbol{x}_{\mathrm{f}}-\boldsymbol{x}_0^{\mathrm{T}}\boldsymbol{P}(t_0)\boldsymbol{x}_0, \tag{12.7.16}$$

其中被积函数经展开可得

$$\begin{aligned}\frac{\mathrm{d}}{\mathrm{d}t}[\boldsymbol{x}^{\mathrm{T}}\boldsymbol{P}\boldsymbol{x}]&=\dot{\boldsymbol{x}}^{\mathrm{T}}\boldsymbol{P}\boldsymbol{x}+\boldsymbol{x}^{\mathrm{T}}\dot{\boldsymbol{P}}\boldsymbol{x}+\boldsymbol{x}^{\mathrm{T}}\boldsymbol{P}\dot{\boldsymbol{x}}\\&=(\boldsymbol{x}^{\mathrm{T}}\boldsymbol{A}^{\mathrm{T}}+\boldsymbol{u}^{\mathrm{T}}\boldsymbol{B}^{\mathrm{T}})\boldsymbol{P}\boldsymbol{x}+\boldsymbol{x}^{\mathrm{T}}\dot{\boldsymbol{P}}\boldsymbol{x}+\boldsymbol{x}^{\mathrm{T}}\boldsymbol{P}(\boldsymbol{A}\boldsymbol{x}+\boldsymbol{B}\boldsymbol{u})\\&=\boldsymbol{x}^{\mathrm{T}}(\boldsymbol{A}^{\mathrm{T}}\boldsymbol{P}+\boldsymbol{P}\boldsymbol{A}+\dot{\boldsymbol{P}})\boldsymbol{x}+\boldsymbol{u}^{\mathrm{T}}\boldsymbol{B}^{\mathrm{T}}\boldsymbol{P}\boldsymbol{x}+\boldsymbol{x}^{\mathrm{T}}\boldsymbol{P}\boldsymbol{B}\boldsymbol{u}.\end{aligned}$$

利用里卡蒂方程,即可得到

$$\frac{\mathrm{d}}{\mathrm{d}t}[\boldsymbol{x}^{\mathrm{T}}\boldsymbol{P}\boldsymbol{x}]=\boldsymbol{x}^{\mathrm{T}}(\boldsymbol{P}\boldsymbol{B}\boldsymbol{R}^{-1}\boldsymbol{B}^{\mathrm{T}}\boldsymbol{P}-\boldsymbol{Q})\boldsymbol{x}+\boldsymbol{u}^{\mathrm{T}}\boldsymbol{B}^{\mathrm{T}}\boldsymbol{P}\boldsymbol{x}+\boldsymbol{x}^{\mathrm{T}}\boldsymbol{P}\boldsymbol{B}\boldsymbol{u}. \quad (12.7.17)$$

对展开式

$$\begin{aligned}(\boldsymbol{u}+\boldsymbol{R}^{-1}\boldsymbol{B}^{\mathrm{T}}\boldsymbol{P}\boldsymbol{x})^{\mathrm{T}}\boldsymbol{R}(\boldsymbol{u}+\boldsymbol{R}^{-1}\boldsymbol{B}^{\mathrm{T}}\boldsymbol{P}\boldsymbol{x}) &=\boldsymbol{u}^{\mathrm{T}}\boldsymbol{R}\boldsymbol{u}+\boldsymbol{u}^{\mathrm{T}}\boldsymbol{R}\boldsymbol{R}^{-1}\boldsymbol{B}^{\mathrm{T}}\boldsymbol{P}\boldsymbol{x}\\ &\quad+\boldsymbol{x}^{\mathrm{T}}\boldsymbol{P}\boldsymbol{B}\boldsymbol{R}^{-1}\boldsymbol{R}\boldsymbol{u}+\boldsymbol{x}^{\mathrm{T}}\boldsymbol{P}\boldsymbol{B}\boldsymbol{R}^{-1}\boldsymbol{R}\boldsymbol{R}^{-1}\boldsymbol{B}^{\mathrm{T}}\boldsymbol{P}\boldsymbol{x}, \quad (12.7.18)\end{aligned}$$

进行移项整理，可得

$$\begin{aligned}\boldsymbol{u}^{\mathrm{T}}\boldsymbol{B}^{\mathrm{T}}\boldsymbol{P}\boldsymbol{x}+\boldsymbol{x}^{\mathrm{T}}\boldsymbol{P}\boldsymbol{B}\boldsymbol{u}+\boldsymbol{x}^{\mathrm{T}}\boldsymbol{P}\boldsymbol{B}\boldsymbol{R}^{-1}\boldsymbol{B}^{\mathrm{T}}\boldsymbol{P}\boldsymbol{x} &=-\boldsymbol{u}^{\mathrm{T}}\boldsymbol{R}\boldsymbol{u}\\ &\quad+(\boldsymbol{u}+\boldsymbol{R}^{-1}\boldsymbol{B}^{\mathrm{T}}\boldsymbol{P}\boldsymbol{x})^{\mathrm{T}}\boldsymbol{R}(\boldsymbol{u}+\boldsymbol{R}^{-1}\boldsymbol{B}^{\mathrm{T}}\boldsymbol{P}\boldsymbol{x}) \quad (12.7.19)\end{aligned}$$

将式(12.7.19)代入式(12.7.17)，可得

$$\begin{aligned}\frac{\mathrm{d}}{\mathrm{d}t}(\boldsymbol{x}^{\mathrm{T}}\boldsymbol{P}\boldsymbol{x}) &=-\boldsymbol{x}^{\mathrm{T}}\boldsymbol{Q}\boldsymbol{x}-\boldsymbol{u}^{\mathrm{T}}\boldsymbol{R}\boldsymbol{u}\\ &\quad+(\boldsymbol{u}+\boldsymbol{R}^{-1}\boldsymbol{B}^{\mathrm{T}}\boldsymbol{P}\boldsymbol{x})^{\mathrm{T}}\boldsymbol{R}(\boldsymbol{u}+\boldsymbol{R}^{-1}\boldsymbol{B}^{\mathrm{T}}\boldsymbol{P}\boldsymbol{x}), \quad (12.7.20)\end{aligned}$$

对上式积分，可以得到

$$\begin{aligned}\frac{1}{2}\int_{t_0}^{T}\frac{\mathrm{d}}{\mathrm{d}t}(\boldsymbol{x}^{\mathrm{T}}\boldsymbol{P}\boldsymbol{x})\mathrm{d}t &=-\frac{1}{2}\int_{t_0}^{T}(\boldsymbol{x}^{\mathrm{T}}\boldsymbol{Q}\boldsymbol{x}+\boldsymbol{u}^{\mathrm{T}}\boldsymbol{R}\boldsymbol{u})\mathrm{d}t\\ &\quad+\frac{1}{2}\int_{t_0}^{T}(\boldsymbol{u}+\boldsymbol{R}^{-1}\boldsymbol{B}^{\mathrm{T}}\boldsymbol{P}\boldsymbol{x})^{\mathrm{T}}\boldsymbol{R}(\boldsymbol{u}+\boldsymbol{R}^{-1}\boldsymbol{B}^{\mathrm{T}}\boldsymbol{P}\boldsymbol{x})\mathrm{d}t.\end{aligned}$$

将上式与式(12.7.16)加以对照，可得

$$\begin{aligned}&-\frac{1}{2}\int_{t_0}^{T}(\boldsymbol{x}^{\mathrm{T}}\boldsymbol{Q}\boldsymbol{x}+\boldsymbol{u}^{\mathrm{T}}\boldsymbol{R}\boldsymbol{u})\mathrm{d}t+\frac{1}{2}\int_{t_0}^{T}(\boldsymbol{u}+\boldsymbol{R}^{-1}\boldsymbol{B}^{\mathrm{T}}\boldsymbol{P}\boldsymbol{x})^{\mathrm{T}}\boldsymbol{R}(\boldsymbol{u}+\boldsymbol{R}^{-1}\boldsymbol{B}^{\mathrm{T}}\boldsymbol{P}\boldsymbol{x})\mathrm{d}t\\ &=\frac{1}{2}\boldsymbol{x}_{\mathrm{f}}^{\mathrm{T}}\boldsymbol{P}(T)\boldsymbol{x}_{\mathrm{f}}-\frac{1}{2}\boldsymbol{x}_{0}^{\mathrm{T}}\boldsymbol{P}(t_0)\boldsymbol{x}_{0}. \quad (12.7.21)\end{aligned}$$

再对上式进行移项处理，可以获得性能指标

$$\begin{aligned}J &=\frac{1}{2}\boldsymbol{x}_{\mathrm{f}}^{\mathrm{T}}\boldsymbol{P}(T)\boldsymbol{x}_{\mathrm{f}}+\frac{1}{2}(\boldsymbol{x}^{\mathrm{T}}\boldsymbol{Q}\boldsymbol{x}+\boldsymbol{u}^{\mathrm{T}}\boldsymbol{R}\boldsymbol{u})\mathrm{d}t\\ &=\frac{1}{2}\boldsymbol{x}_{0}^{\mathrm{T}}\boldsymbol{P}(t_0)\boldsymbol{x}_{0}+\frac{1}{2}\int_{t_0}^{T}(\boldsymbol{u}+\boldsymbol{R}^{-1}\boldsymbol{B}^{\mathrm{T}}\boldsymbol{P}\boldsymbol{x})^{\mathrm{T}}\boldsymbol{R}(\boldsymbol{u}+\boldsymbol{R}^{-1}\boldsymbol{B}^{\mathrm{T}}\boldsymbol{P}\boldsymbol{x})\mathrm{d}t. \quad (12.7.22)\end{aligned}$$

显然，当 $\boldsymbol{u}=-\boldsymbol{R}^{-1}\boldsymbol{B}^{\mathrm{T}}\boldsymbol{P}\boldsymbol{x}$ 时，上式第二个等号后的第二项为零，从而使性能指标取极小值. 此时，最优性能指标为

$$J^{*}=\frac{1}{2}\boldsymbol{x}^{\mathrm{T}}(t_0)\boldsymbol{P}(t_0)\boldsymbol{x}(t_0). \quad (12.7.23)$$

2. 里卡蒂方程解的性质

矩阵 $\boldsymbol{P}(t)$ 具有如下重要性质：

(1) $\boldsymbol{P}(t)$ 在 $[t_0,T]$ 上存在并惟一.

(2) 对于任意 $t\in[t_0,T]$，$\boldsymbol{P}(t)$ 是对称矩阵.

(3) 对于任意 $t\in[t_0,T]$, $\boldsymbol{P}(t)$ 是非负定矩阵.

(4) 若 $t_0<t_1<t_2$, 则有

$$\boldsymbol{P}(t_0,0,t_1)<\boldsymbol{P}(t_0,0,t_2). \tag{12.7.24}$$

不等式中的 0 表示终端条件 $\boldsymbol{P}(T)=0$.

(5) 对任意 $t<t_1<t_2$, 有

$$\boldsymbol{P}(t,\boldsymbol{S},t_2)=\boldsymbol{P}[t,\boldsymbol{P}(t_0,\boldsymbol{S},t_2),t_1]. \tag{12.7.25}$$

(6) $\boldsymbol{P}(t_0,0,T)$ 对 T 一致有上界, 即对任意 $\boldsymbol{x}_0\neq 0$, 存在不依赖于 T 的正数 $M(t_0,\boldsymbol{x}_0)$, 使不等式

$$\boldsymbol{x}_0^{\mathrm{T}}\boldsymbol{P}(t_0,0,T)\boldsymbol{x}_0\leqslant M(t_0,\boldsymbol{x}_0)<+\infty. \tag{12.7.26}$$

成立.

(7) 对于定常线性系统, 即 $\boldsymbol{A}$、$\boldsymbol{B}$、$\boldsymbol{Q}$、$\boldsymbol{R}$ 均为常数矩阵, 则当 $t\to\infty$ 时, $\boldsymbol{P}(t)=\boldsymbol{P}$ 是不依赖于时间的常数矩阵, 即

$$\lim_{T\to\infty}\boldsymbol{P}(t,0,T)=\boldsymbol{P}. \tag{12.7.27}$$

里卡蒂方程是矩阵微分方程, 其求解是相当困难的, 一般情况下只能利用计算机获得数值解. 只是在个别简单情况下, 才能够获得解析解.

例 12.7.1 给定受控系统 $\dot{x}(t)=ax(t)+u(t)$, $u(t)$ 不受约束, 初始状态 $x(t_0)=x_0$, 终端状态自由. 设性能指标为

$$J=\frac{1}{2}sx^2(T)+\frac{1}{2}\int_0^T[qx^2(t)+ru^2(t)]\mathrm{d}t,$$

其中 $s\geqslant 0, q>0, r>0$, 终端时间是给定的确定值.

(1) 试求最优控制 $u^*(t)$, 使性能指标取极小值;

(2) 在 $a=-1, s=0, T=1, x(0)=1$ 和 $q=1$ 的情况下, 讨论 $r=1$ 和 $r=0.1$ 情况下的状态变量和控制变量的变化情况;

(3) 令 $a=-1, s=0, q=1$ 和 $r=1$, 求 T 逐渐增大并趋于无穷时的 $p(t)$.

解 (1) 求解最优控制. 在本例中, 各系数矩阵退化为标量 $\boldsymbol{A}=a, \boldsymbol{B}=1, \boldsymbol{Q}=q, \boldsymbol{R}=r$ 以及 $\boldsymbol{S}=s$, 所以里卡蒂方程与终端条件为

$$\dot{p}+2ap+q-\frac{1}{r}p^2=0, p(T)=s.$$

令 $p=-r\dot{v}/v$, 则

$$\dot{p}=-\frac{r\ddot{v}}{v}+\frac{r\dot{v}^2}{v^2},$$

以此代入里卡蒂方程, 可得

$$\ddot{v}+2a\dot{v}-\frac{q}{r}v=0.$$

它的特征方程的根为 $-a\pm g$, 其中 $g=\sqrt{a^2+q/r}$. 上述微分方程的解为

$$v(t)=C_1\mathrm{e}^{(-a+g)t}+C_2\mathrm{e}^{(-a-g)t},$$

将它代入 $p=-r\dot{v}/v$, 可得

$$p(t)=r\times\frac{(a+g)+(a-g)De^{2gt}}{1+De^{2gt}},$$

其中 $D=C_1/C_2$. 根据终端条件,可得待定参数

$$D=\frac{\left[\frac{s}{r}-(a+g)\right]e^{-2gT}}{\frac{s}{r}-(a-g)},$$

最后得到

$$p(t)=r\times\frac{a+g-(a-g)\frac{s/r-(a+g)}{s/r-(a-g)}e^{2g(t-T)}}{1-\frac{s/r-(a+g)}{s/r-(a-g)}e^{2g(t-T)}}.$$

从而,根据式(12.7.14)得到最优控制

$$u^*(t)=-\frac{1}{r}p(t)x(t).$$

(2) $r=1$ 和 $r=0.1$ 时的状态曲线和控制曲线分别如图 12.7.1(a)和(b)所示. 当 r 较小时,相当于对状态的加权变重,对控制的加权变轻,所以状态迅速减小,而开始时刻的控制变得较大; 当 r 变大时,相当于对状态的加权变轻,对控制的加权变重,所以状态衰减缓慢,而控制在开始时刻变得很小. 另外,由于在终端时刻 $p(T)=0$,所以无论 r 为何值,控制量在终端时刻的值都为零.

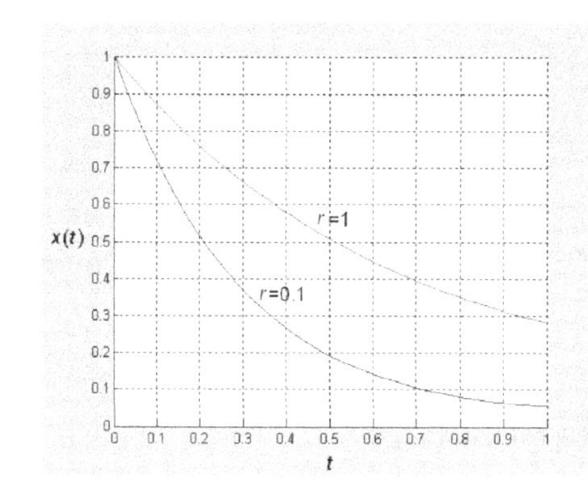

(a) 状态函数

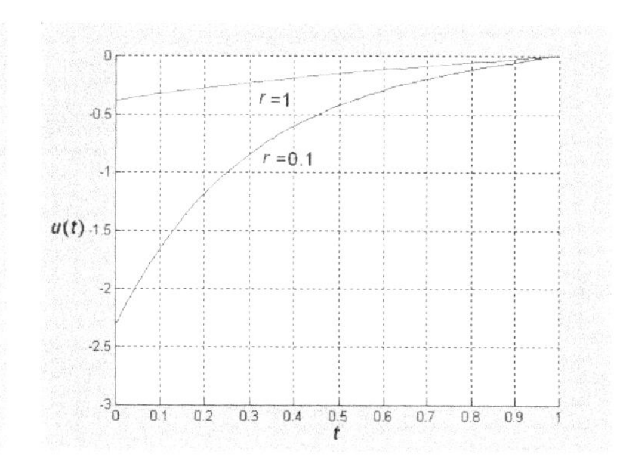

(b) 控制函数

图 12.7.1 不同加权系数下的状态曲线和控制曲线

(3) 当 T 趋于无穷大时,可以得到

$$\lim_{T\to\infty}p(t)=\lim_{T\to\infty}r\times\frac{a+g-(a-g)\frac{s/r-(a+g)}{s/r-(a-g)}e^{2g(t-T)}}{1-\frac{s/r-(a+g)}{s/r-(a-g)}e^{2g(t-T)}}$$

$$=\lim_{T\to\infty}r\times\frac{a+g-(a-g)\frac{s/r-(a+g)}{s/r-(a-g)}e^{-2gT}}{1-\frac{s/r-(a+g)}{s/r-(a-g)}e^{-2gT}}$$

$$= \lim_{T\to\infty} r\times(a+g) = -1+\sqrt{2}.$$

即 T 趋于无穷大时，$p(t)$ 变成一个常数. 在图 12.7.2 中画出了几个不同的 T 所对应的 $p(t)$ 曲线. 由该图可见，随着 T 的变大，$p(t)$ 会在从 0 开始的更长的时段内保持几乎不变的值.

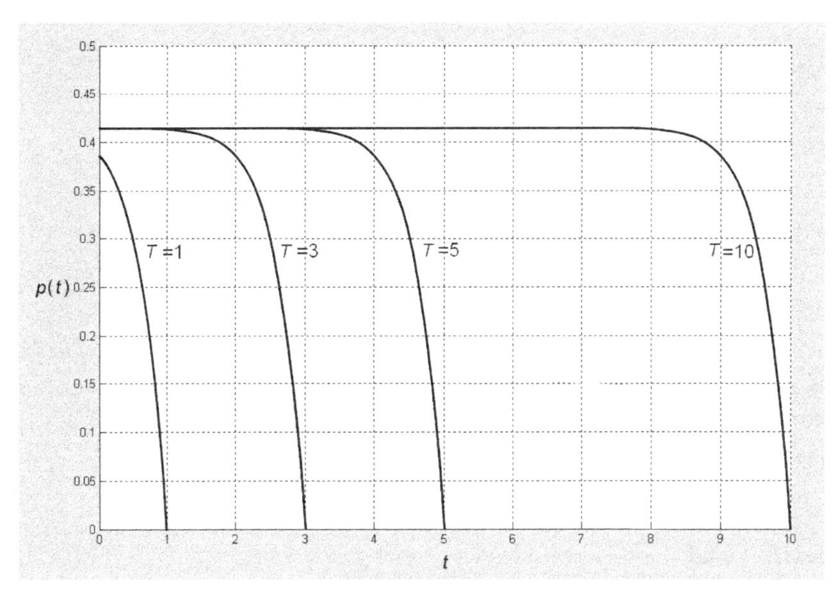

图 12.7.2 不同终端时刻下的 $p(t)$ 曲线 □

对一个仅在时间区间 $[0,T]$ 内工作的系统，通过设计有限时间调节器，可以得到一个最优控制系统. 当 $t=T$ 时，控制过程结束，所求得的最优控制在 $[0,T]$ 内使性能指标取极小值.

12.7.3 定常系统无限时间状态反馈调节器

对大多数工业过程而言，除了要求在一个时间段内具有某种最优的时间响应外，还要求系统在某个很长的时间段内稳定工作. 在以一个有限时间段 $[0,T]$ 来设计最优调节器时，有 $u(T)=0$. 如果能够准确实现反馈控制律，控制量在此后将一直保持为零，系统则处于开环运行状态. 在例 12.7.1 中取 $a=-1$，开环系统稳定，所以状态将逐渐趋向于零. 但如果原来的系统不稳定，那么这类最优控制系统就会是一个不稳定的系统.

另外，设计有限时间调节器所得到的系统通常都是时变系统，即使对定常对象也是如此，这将使系统结构变得很复杂. 从工程应用的角度而言，这显然增加了工程实现的困难，而难点就在于状态反馈矩阵 $\boldsymbol{K}(t)$ 是时变矩阵. 还有，许多工程问题可以被近似认为是线性定常系统的控制问题，对于定常系统，工程上总是希望反馈也是定常的，从而构成一个定常的反馈系统. 所以寻求常数状态反馈矩阵就成为线性最优二次型调节器设计中的另一个目标. 这就是定常系统的无限时间二次型调节器问题.

1. 最优控制的充分必要条件

定常系统无限时间二次型调节器问题的提法是，对由如下状态方程和初始条件

$$\dot{\boldsymbol{x}}(t) = \boldsymbol{A}\boldsymbol{x}(t) + \boldsymbol{B}\boldsymbol{u}(t), \quad \boldsymbol{x}(t_0) = \boldsymbol{x}_0 \tag{12.7.28}$$

描述的线性定常系统，从允许控制 $\boldsymbol{u}(t) \in R^r, t \in [t_0, \infty]$ 中求最优控制 $\boldsymbol{u}^*(t)$，使性能指标

$$J = \frac{1}{2}\int_{t_0}^{\infty}[\boldsymbol{x}^{\mathrm{T}}(\tau)\boldsymbol{Q}\boldsymbol{x}(\tau) + \boldsymbol{u}^{\mathrm{T}}(\tau)\boldsymbol{R}\boldsymbol{u}(\tau)]\mathrm{d}\tau \tag{12.7.29}$$

取极小值，其中 $\boldsymbol{Q} \geqslant 0$ 和 $\boldsymbol{R} > 0$ 都是常数对称矩阵.

在有限时间调节器中，性能指标总是有限值，所以必然存在最优解. 当终端时间变为无限长时，为使问题有最优解，首先必须保证性能指标为有限值. 显然，如果该系统不是可镇定的，而且该性能指标中包含了那些不渐近稳定且不可控的状态，性能指标就会趋于无穷大. 故而，为使问题有解，系统应当是可镇定的，更为理想的是，系统是可控的. 当然，如果性能指标中不包含不渐近稳定且不可控的状态，仍然可能使问题有解，但这时不能保证闭环系统稳定，这不符合设计最优调节器的目的. 由于系统可控性是一般性条件，并不过分苛刻，所以今后总假设系统是可控的. 另外还可以看出，由于所设计的最优控制系统应当是稳定的，故而当 $t \to \infty$ 时，$\boldsymbol{x}(t) \to 0$，$\boldsymbol{u}(t) \to 0$，这就是性能指标中不包含末值项的原因.

在上一节已经指出，$\lim\limits_{T\to\infty}\boldsymbol{P}(t,0,T) = \boldsymbol{P}$，故而 $\dot{\boldsymbol{P}}(t) = 0$，矩阵微分里卡蒂方程中的一次导数项消失，变成一个矩阵代数方程. 所以最优控制的必要充分条件为

$$\boldsymbol{u}^* = -\boldsymbol{R}^{-1}\boldsymbol{B}^{\mathrm{T}}\boldsymbol{P}\boldsymbol{x} = -\boldsymbol{K}\boldsymbol{x}. \tag{12.7.30}$$

其中 $\boldsymbol{P}$ 是**代数里卡蒂方程**

$$\boldsymbol{P}\boldsymbol{A} + \boldsymbol{A}^{\mathrm{T}}\boldsymbol{P} + \boldsymbol{Q} - \boldsymbol{P}\boldsymbol{B}\boldsymbol{R}^{-1}\boldsymbol{B}^{\mathrm{T}}\boldsymbol{P} = 0 \tag{12.7.31}$$

的非负定解.

由式(12.7.30)可以得到最优状态反馈的表达式

$$\boldsymbol{K} = \boldsymbol{R}^{-1}\boldsymbol{B}^{\mathrm{T}}\boldsymbol{P}. \tag{12.7.32}$$

显然，状态反馈矩阵 $\boldsymbol{K}$ 为常数矩阵，所以无限时间状态反馈调节器也可以简称为**定常状态调节器**.

例 12.7.2 给定线性定常系统状态方程 $\dot{x}_1 = x_2, \dot{x}_2 = x_2 + u$，初值为 $x_1(0) = x_0, x_2(0) = 0$. 设性能指标为

$$J = \frac{1}{2}\int_0^{\infty}(q_1 x_1^2 + q_2 x_2^2 + u^2)\mathrm{d}t,$$

其中 $q_1 \geqslant 0, q_2 \geqslant 0$.

(1) 试设计最优状态反馈,使性能指标最小;

(2) 令 $q_2=1$,分别以 $q_1=100, q_1=1$ 和 $q_1=0.01$ 绘制状态 $x_1(t)$ 的时间响应曲线.

解 (1) 本例的状态方程系数矩阵和加权矩阵可以被写成

$$\boldsymbol{A}=\begin{bmatrix}0 & 1\\0 & 1\end{bmatrix},\quad \boldsymbol{b}=\begin{bmatrix}0\\1\end{bmatrix},\quad \boldsymbol{Q}=\begin{bmatrix}q_1 & 0\\0 & q_2\end{bmatrix},\quad r=1.$$

令

$$\boldsymbol{P}=\begin{bmatrix}p_{11} & p_{12}\\p_{12} & p_{22}\end{bmatrix},$$

将上述各矩阵代入代数里卡蒂方程,可得

$$\begin{bmatrix}p_{11} & p_{12}\\p_{12} & p_{22}\end{bmatrix}\cdot\begin{bmatrix}0 & 1\\0 & 1\end{bmatrix}+\begin{bmatrix}0 & 0\\1 & 1\end{bmatrix}\cdot\begin{bmatrix}p_{11} & p_{12}\\p_{12} & p_{22}\end{bmatrix}+\begin{bmatrix}q_1 & 0\\0 & q_2\end{bmatrix}$$
$$-\begin{bmatrix}p_{11} & p_{12}\\p_{12} & p_{22}\end{bmatrix}\cdot\begin{bmatrix}0\\1\end{bmatrix}\cdot\frac{1}{r}\cdot\begin{bmatrix}0 & 1\end{bmatrix}\cdot\begin{bmatrix}p_{11} & p_{12}\\p_{12} & p_{22}\end{bmatrix}=\begin{bmatrix}0 & 0\\0 & 0\end{bmatrix}.$$

将上式展开,则有

$$q_1-p_{12}^2=0,$$
$$p_{11}+p_{12}-p_{12}p_{22}=0,$$
$$2(p_{12}+p_{22})+q_2-p_{22}^2=0.$$

由第一个方程可得 $p_{12}=\pm\sqrt{q_1}$. 取 $p_{12}=\sqrt{q_1}$ 代入后两个方程,可得

$$p_{11}=\sqrt{q_1}\sqrt{1+2\sqrt{q_1}+q_2},$$
$$p_{22}=1+\sqrt{1+2\sqrt{q_1}+q_2}.$$

于是

$$\boldsymbol{P}=\begin{bmatrix}\sqrt{q_1}\sqrt{1+2\sqrt{q_1}+q_2} & \sqrt{q_1}\\ \sqrt{q_1} & 1+\sqrt{1+2\sqrt{q_1}+q_2}\end{bmatrix}.$$

状态反馈矩阵实际上是行向量

$$\boldsymbol{k}^{\mathrm{T}}=\frac{1}{r}\boldsymbol{b}^{\mathrm{T}}\boldsymbol{P}=\begin{bmatrix}\sqrt{q_1} & 1+\sqrt{1+2\sqrt{q_1}+q_2}\end{bmatrix}.$$

(2) 设 $q_2=1$,当 $q_1=100, q_1=1$ 和 $q_1=0.01$ 时,状态 $x_1(t)$ 的时间响应曲线如图 12.7.3 所示. 从该时间响应可以看出,当 q_1 较大时,$x_1(t)$ 衰减迅速,当 q_1 较小时,$x_1(t)$ 衰减缓慢. □

在例 12.7.2 的计算中,不可以取 $p_{12}=-\sqrt{q_1}$,否则将无法求得非负定的矩阵 $\boldsymbol{P}$. 根据加权矩阵的意义不难想到,当 q_1 较大时,$x_2(t)$ 会出现较大的偏差;如果保持 q_1 和 q_2 不变而加大 r,控制量就会减小. 另外,当取 $q_1=0$ 时,由于性能指标中

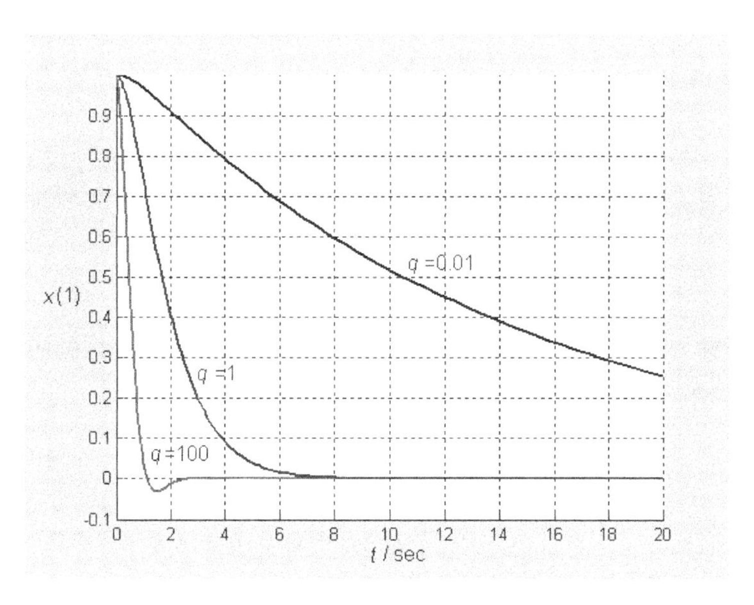

图 12.7.3　$x_1(t)$的时间响应曲线

不再包含状态 $x_1(t)$，所以尽管能够求得状态反馈使性能指标最小，但 $x_1(t)$实际并不衰减，闭环系统不是渐近稳定系统. 读者可以自行计算和仿真来验证这些结论.

2. 最优反馈系统的稳定性

如果受控系统是不可镇定的，那么无论什么反馈也不能产生渐近稳定的闭环系统，即使通过定常调节器综合方法所得的最优反馈系统也不可能是渐近稳定的. 为此，在最优调节器设计中至少要求受控系统是可镇定的. 前面已经说明，在本书中，要求受控系统是可控的. 但仅仅可控仍然不能保证获得渐近稳定的闭环系统. 关于这一点，可以先定性地解释如下.

令 $\boldsymbol{Q}=\boldsymbol{D}^{\mathrm{T}}\boldsymbol{D}, \boldsymbol{z}=\boldsymbol{D}\boldsymbol{x}$，则性能指标成为

$$J=\frac{1}{2}\int_{t_0}^{\infty}(\boldsymbol{z}^{\mathrm{T}}\boldsymbol{z}+\boldsymbol{u}^{\mathrm{T}}\boldsymbol{R}\boldsymbol{u})\mathrm{d}t. \tag{12.7.33}$$

显然，按照无限时间状态反馈调节器综合方法所得的最优反馈会使性能指标(12.7.33)为有限值，所以闭环系统一定具有 $\boldsymbol{z}(\infty)\to 0$ 的性质.

如果受控系统的某些状态不稳定，那么这些状态分量将试图使性能指标趋向无穷大. 现在再假设$(\boldsymbol{A},\boldsymbol{D})$可观，故可以通过 $\boldsymbol{z}=\boldsymbol{D}\boldsymbol{x}$ 观测所有状态，而定常调节器综合方法既然使性能指标为有限值，就必定有 $\boldsymbol{x}(\infty)\to 0$，即闭环系统渐近稳定. 尽管满足条件"$(\boldsymbol{A},\boldsymbol{D})$可检测"就能保证闭环渐近稳定性，但下面仍假设$(\boldsymbol{A},\boldsymbol{D})$是可观的.

为能够采用李雅普诺夫定理证明闭环系统的渐近稳定性，首先要证明如下

引理.

引理 12.7.1 对定常调节器问题,$(\boldsymbol{A},\boldsymbol{D})$可观是矩阵 $\boldsymbol{P}$ 正定的充分必要条件.

证明 条件的充分性就是指: 若$(\boldsymbol{A},\boldsymbol{D})$可观,则 $\boldsymbol{P}$ 正定. 先反设 $\boldsymbol{P}$ 为非正定. 由于里卡蒂方程的解 $\boldsymbol{P}$ 是非负定的,所以对于非零的 $\boldsymbol{x}(t_0)=\boldsymbol{x}_0$,性能指标的值只能是

$$J^* = \frac{1}{2}\boldsymbol{x}_0^{\mathrm{T}}\boldsymbol{P}\boldsymbol{x}_0 = 0. \tag{12.7.34}$$

而性能指标为零的惟一情况是被积函数恒为零,这就要求积分区间内最优控制为零. 此时的系统状态为 $\boldsymbol{x}(t)=\mathrm{e}^{\boldsymbol{A}(t-t_0)}\boldsymbol{x}_0$. 由

$$\int_{t_0}^{\infty} \boldsymbol{x}^{\mathrm{T}}(t)\boldsymbol{Q}\boldsymbol{x}(t)\mathrm{d}t = \boldsymbol{x}_0^{\mathrm{T}}\boldsymbol{P}\boldsymbol{x}_0 \tag{12.7.35}$$

可得

$$\int_{t_0}^{\infty} \boldsymbol{x}_0^{\mathrm{T}}\mathrm{e}^{\boldsymbol{A}^{\mathrm{T}}(t-t_0)}\boldsymbol{D}^{\mathrm{T}}\boldsymbol{D}\mathrm{e}^{\boldsymbol{A}(t-t_0)}\boldsymbol{x}_0\mathrm{d}t = 0. \tag{12.7.36}$$

该式表明对所有 $t\in[t_0,\infty]$,对非零的 $\boldsymbol{x}_0$,均有

$$\boldsymbol{D}\mathrm{e}^{\boldsymbol{A}(t-t_0)}\boldsymbol{x}_0 = 0. \tag{12.7.37}$$

这将意味着 $\boldsymbol{D}\mathrm{e}^{\boldsymbol{A}(t-t_0)}$ 的列线性相关,进而可以证明可观性格拉姆矩阵奇异,这与$(\boldsymbol{A},\boldsymbol{D})$可观的假设矛盾,故而该反设不成立,从而充分性得以证明.

条件的必要性是指: 若 $\boldsymbol{P}$ 正定,则$(\boldsymbol{A},\boldsymbol{D})$可观. 反设$(\boldsymbol{A},\boldsymbol{D})$不可观,那么对于所有的 $t\in[t_0,\infty]$,必存在一个非零的 $\boldsymbol{x}_0$,使 $\boldsymbol{D}\mathrm{e}^{\boldsymbol{A}(t-t_0)}\boldsymbol{x}_0=0$ 成立. 若取 $\boldsymbol{u}\equiv 0$,则相应的状态为 $\boldsymbol{x}(t)=\mathrm{e}^{\boldsymbol{A}(t-t_0)}\boldsymbol{x}_0$. 这时,性能指标为

$$J = \frac{1}{2}\int_{t_0}^{\infty} \boldsymbol{x}^{\mathrm{T}}\boldsymbol{Q}\boldsymbol{x}\mathrm{d}t = \frac{1}{2}\int_{t_0}^{\infty} [\boldsymbol{D}\mathrm{e}^{\boldsymbol{A}(t-t_0)}\boldsymbol{x}_0]^{\mathrm{T}}[\boldsymbol{D}\mathrm{e}^{\boldsymbol{A}(t-t_0)}\boldsymbol{x}_0]\mathrm{d}t = 0. \tag{12.7.38}$$

它相当于 $\boldsymbol{x}_0^{\mathrm{T}}\boldsymbol{P}\boldsymbol{x}_0=0$. 显然这与 $\boldsymbol{P}$ 正定矛盾,所以该反设也不成立,于是必要性得以证明. □

接着就可以证明闭环系统的渐近稳定性. 定常调节器系统的闭环状态方程为

$$\begin{aligned}\dot{\boldsymbol{x}} &= \boldsymbol{A}\boldsymbol{x} + \boldsymbol{B}\boldsymbol{u} = \boldsymbol{A}\boldsymbol{x} - \boldsymbol{B}\boldsymbol{R}^{-1}\boldsymbol{B}^{\mathrm{T}}\boldsymbol{P}\boldsymbol{x} \\ &= (\boldsymbol{A} - \boldsymbol{B}\boldsymbol{R}^{-1}\boldsymbol{B}^{\mathrm{T}}\boldsymbol{P})\boldsymbol{x}.\end{aligned} \tag{12.7.39}$$

由于 $\boldsymbol{P}$ 为正定矩阵,故

$$V = \frac{1}{2}\boldsymbol{x}^{\mathrm{T}}\boldsymbol{P}\boldsymbol{x} > 0. \tag{12.7.40}$$

将 V 对时间 t 求导,可得

$$\begin{aligned}\dot{V} &= \frac{1}{2}\dot{\boldsymbol{x}}^{\mathrm{T}}\boldsymbol{P}\boldsymbol{x} + \frac{1}{2}\boldsymbol{x}^{\mathrm{T}}\boldsymbol{P}\dot{\boldsymbol{x}} \\ &= \frac{1}{2}[\boldsymbol{x}^{\mathrm{T}}(\boldsymbol{A} - \boldsymbol{B}\boldsymbol{R}^{-1}\boldsymbol{B}^{\mathrm{T}}\boldsymbol{P})^{\mathrm{T}}\boldsymbol{P}\boldsymbol{x} + \boldsymbol{x}^{\mathrm{T}}\boldsymbol{P}(\boldsymbol{A} - \boldsymbol{B}\boldsymbol{R}^{-1}\boldsymbol{B}^{\mathrm{T}}\boldsymbol{P})\boldsymbol{x}] \\ &= \frac{1}{2}\boldsymbol{x}^{\mathrm{T}}(\boldsymbol{A}^{\mathrm{T}}\boldsymbol{P} + \boldsymbol{P}\boldsymbol{A} - 2\boldsymbol{P}\boldsymbol{B}\boldsymbol{R}^{-1}\boldsymbol{B}^{\mathrm{T}}\boldsymbol{P})\boldsymbol{x}.\end{aligned} \tag{12.7.41}$$

利用代数里卡蒂方程,上式变为

$$\dot{V}=\frac{1}{2}\boldsymbol{x}^{\mathrm{T}}(-\boldsymbol{Q}-\boldsymbol{P}\boldsymbol{B}\boldsymbol{R}^{-1}\boldsymbol{B}^{\mathrm{T}}\boldsymbol{P})\boldsymbol{x}=-\frac{1}{2}\boldsymbol{x}^{\mathrm{T}}(\boldsymbol{Q}+\boldsymbol{P}\boldsymbol{B}\boldsymbol{R}^{-1}\boldsymbol{B}^{\mathrm{T}}\boldsymbol{P})\boldsymbol{x}$$
$$=-\frac{1}{2}\boldsymbol{x}^{\mathrm{T}}(\boldsymbol{Q}+\boldsymbol{K}^{\mathrm{T}}\boldsymbol{R}\boldsymbol{K})\boldsymbol{x}. \tag{12.7.42}$$

由于 $\boldsymbol{R}>0$,所以 $\boldsymbol{K}^{\mathrm{T}}\boldsymbol{R}\boldsymbol{K}>0$; 而 $\boldsymbol{Q}\geqslant 0$,故而 $\boldsymbol{Q}+\boldsymbol{K}^{\mathrm{T}}\boldsymbol{R}\boldsymbol{K}>0$. 由此可得 $\dot{V}<0$. 根据李雅普诺夫稳定性定理,闭环系统渐近稳定,即 $\mathrm{Re}\left[\lambda\left(\boldsymbol{A}-\boldsymbol{B}\boldsymbol{R}^{-1}\boldsymbol{B}^{\mathrm{T}}\boldsymbol{P}\right)\right]<0$.

利用李雅普诺夫函数,也可以获得最优性能指标

$$J=\frac{1}{2}\int_{t_0}^{\infty}(\boldsymbol{x}^{\mathrm{T}}\boldsymbol{Q}\boldsymbol{x}+\boldsymbol{u}^{\mathrm{T}}\boldsymbol{R}\boldsymbol{u})\mathrm{d}t=\frac{1}{2}\int_{t_0}^{\infty}(\boldsymbol{x}^{\mathrm{T}}\boldsymbol{Q}\boldsymbol{x}+\boldsymbol{x}^{\mathrm{T}}\boldsymbol{K}^{\mathrm{T}}\boldsymbol{R}\boldsymbol{K}\boldsymbol{x})\mathrm{d}t$$
$$=\frac{1}{2}\int_{t_0}^{\infty}\boldsymbol{x}^{\mathrm{T}}(\boldsymbol{Q}+\boldsymbol{K}^{\mathrm{T}}\boldsymbol{R}\boldsymbol{K})\boldsymbol{x}\mathrm{d}t=\int_{t_0}^{\infty}-\dot{V}\mathrm{d}\tau=-V(t)\Big|_{t_0}^{\infty}$$
$$=V(t_0)-V(\infty)=V(t_0)=\frac{1}{2}\boldsymbol{x}_0^{\mathrm{T}}\boldsymbol{P}\boldsymbol{x}_0. \tag{12.7.43}$$

3. 单输入系统的稳定性裕度

在式(12.7.31)左边同时加、减 $s\boldsymbol{P}$,并利用 $\boldsymbol{K}=\boldsymbol{R}^{-1}\boldsymbol{B}^{\mathrm{T}}\boldsymbol{P}$,可得

$$\boldsymbol{P}(s\boldsymbol{I}-\boldsymbol{A})+(-s\boldsymbol{I}-\boldsymbol{A}^{\mathrm{T}})\boldsymbol{P}+\boldsymbol{P}\boldsymbol{B}\boldsymbol{R}^{-1}\boldsymbol{B}^{\mathrm{T}}\boldsymbol{P}=\boldsymbol{Q}. \tag{12.7.44}$$

将上式左乘 $\boldsymbol{B}^{\mathrm{T}}(-s\boldsymbol{I}-\boldsymbol{A}^{\mathrm{T}})^{-1}$ 并右乘 $(s\boldsymbol{I}-\boldsymbol{A})^{-1}\boldsymbol{B}$,则有

$$\boldsymbol{B}^{\mathrm{T}}(-s\boldsymbol{I}-\boldsymbol{A}^{\mathrm{T}})^{-1}\boldsymbol{P}\boldsymbol{B}+\boldsymbol{B}^{\mathrm{T}}\boldsymbol{P}(s\boldsymbol{I}-\boldsymbol{A})^{-1}\boldsymbol{B}$$
$$+\boldsymbol{B}^{\mathrm{T}}(-s\boldsymbol{I}-\boldsymbol{A}^{\mathrm{T}})^{-1}\boldsymbol{P}\boldsymbol{B}\boldsymbol{R}^{-1}\boldsymbol{B}^{\mathrm{T}}\boldsymbol{P}(s\boldsymbol{I}-\boldsymbol{A})^{-1}\boldsymbol{B}$$
$$=\boldsymbol{B}^{\mathrm{T}}(-s\boldsymbol{I}-\boldsymbol{A}^{\mathrm{T}})^{-1}\boldsymbol{Q}(s\boldsymbol{I}-\boldsymbol{A})^{-1}\boldsymbol{B}. \tag{12.7.45}$$

两边同时加 $\boldsymbol{R}$,并改写 $\boldsymbol{B}^{\mathrm{T}}\boldsymbol{P}=\boldsymbol{R}\boldsymbol{K}$,可得

$$[\boldsymbol{I}+\boldsymbol{B}^{\mathrm{T}}(-s\boldsymbol{I}-\boldsymbol{A}^{\mathrm{T}})^{-1}\boldsymbol{K}^{\mathrm{T}}]\boldsymbol{R}[\boldsymbol{I}+\boldsymbol{K}(s\boldsymbol{I}-\boldsymbol{A})^{-1}\boldsymbol{B}]$$
$$=\boldsymbol{R}+\boldsymbol{B}^{\mathrm{T}}(-s\boldsymbol{I}-\boldsymbol{A}^{\mathrm{T}})^{-1}\boldsymbol{Q}(s\boldsymbol{I}-\boldsymbol{A})^{-1}\boldsymbol{B}. \tag{12.7.46}$$

定义 $\boldsymbol{R}=\boldsymbol{R}^{1/2}\boldsymbol{R}^{1/2}$,记输入到状态的传递函数为 $\boldsymbol{G}(s)=(s\boldsymbol{I}-\boldsymbol{A})^{-1}\boldsymbol{B}$,并对上式左、右各乘 $\boldsymbol{R}^{-1/2}$,可以得到

$$[\boldsymbol{I}+\boldsymbol{R}^{-1/2}\boldsymbol{G}^{\mathrm{T}}(-s)\boldsymbol{K}^{\mathrm{T}}\boldsymbol{R}^{1/2}][\boldsymbol{I}+\boldsymbol{R}^{-}\boldsymbol{K}\boldsymbol{G}(s)\boldsymbol{R}^{-1/2}]$$
$$=\boldsymbol{I}+\boldsymbol{R}^{-1/2}\boldsymbol{G}^{\mathrm{T}}(-s)\boldsymbol{Q}\boldsymbol{G}(s)\boldsymbol{R}^{-1/2}. \tag{12.7.47}$$

在单输入情况下,记状态反馈向量为 $\boldsymbol{k}^{\mathrm{T}}$. 不失一般性,可取 $\boldsymbol{R}=r=1$. 这时的系统相当于开环传递函数为 $g(s)=\boldsymbol{k}^{\mathrm{T}}(s\boldsymbol{I}-\boldsymbol{A})^{-1}\boldsymbol{b}$ 经单位负反馈构成的闭环系统. 此时,上式成为

$$[1+\boldsymbol{b}^{\mathrm{T}}(-s\boldsymbol{I}-\boldsymbol{A}^{\mathrm{T}})^{-1}\boldsymbol{k}][1+\boldsymbol{k}^{\mathrm{T}}(s\boldsymbol{I}-\boldsymbol{A})^{-1}\boldsymbol{b}]$$
$$=1+\boldsymbol{b}^{\mathrm{T}}(-s\boldsymbol{I}-\boldsymbol{A}^{\mathrm{T}})^{-1}\boldsymbol{Q}(s\boldsymbol{I}-\boldsymbol{A})^{-1}\boldsymbol{b}. \tag{12.7.48}$$

令 $s=\mathrm{j}\omega$,由上式可得

$$\left|1+\boldsymbol{k}^{\mathrm{T}}(\mathrm{j}\omega\boldsymbol{I}-\boldsymbol{A})^{-1}\boldsymbol{b}\right|\geqslant 1. \tag{12.7.49}$$

式(12.7.49)表明,$g(\mathrm{j}\omega)$的奈奎斯特曲线不会进入以$(-1+\mathrm{j}0)$为圆心的单位

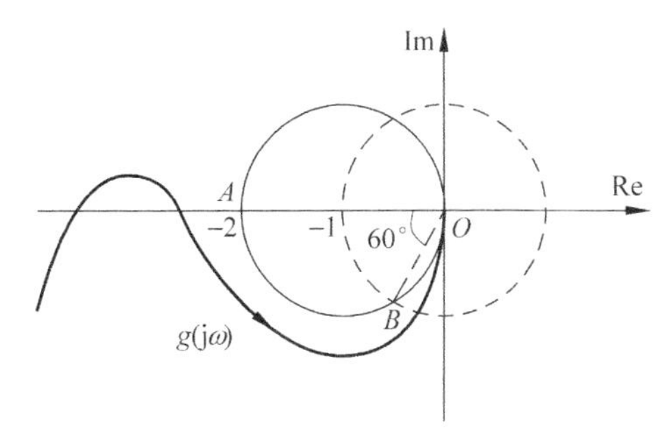

图 12.7.4 最优控制系统的可能频率特性

圆内. 图 12.7.4 画出了一条可能的奈奎斯特曲线,因为最优控制系统是渐近稳定的,所以该图代表稳定的情况. 按照定常状态调节器综合方法设计的系统稳定程度可能不同,其极限情况是 $g(\mathrm{j}\omega)$ 曲线沿半圆 ABO 运动. 由于 AO 的长度为 2,所以在图 12.7.4 的情况下,只要附加增益大于 1/2,$g(\mathrm{j}\omega)$ 曲线就不会越过$(-1,\mathrm{j}0)$,故而不会导致闭环系统不稳定. 另外,如果 $g(\mathrm{j}\omega)$ 曲线通过 B 点,就表示系统具有 60°的相角裕度. 所以在图 12.7.4 的情况下,即使再有 60°的相角滞后也不会导致闭环系统不稳定. 由此可以得到结论,最优控制系统具有大于 1/2 的增益裕度和大于 60°的相位裕度. 这样就保证最优调节器的某些参数在一定范围内变化时仍能够稳定工作.

4. 具有预定衰减率的调节器

通过定常调节器综合方法能够获得渐近稳定的闭环系统,但是,所得闭环系统的极点也许离虚轴较近而具有较慢的衰减特性. 设计反馈矩阵使闭环系统具有期望的闭环极点,并同时使某种性能指标最小就是所谓的最优极点配置问题. 最优极点配置问题一般比较复杂,设计计算比较困难,本书不准备涉及这方面的问题. 但下面讨论的方法却可以在设计定常调节器的同时使闭环系统具有某种预先设定的衰减速率.

这一问题可以按照如下方法叙述:给定线性系统状态方程 $\dot{\boldsymbol{x}}=\boldsymbol{A}\boldsymbol{x}+\boldsymbol{B}\boldsymbol{u}$ 和性能指标

$$J=\frac{1}{2}\int_0^{\infty}(\boldsymbol{x}^{\mathrm{T}}\boldsymbol{Q}\boldsymbol{x}+\boldsymbol{u}^{\mathrm{T}}\boldsymbol{R}\boldsymbol{u})\mathrm{d}t, \tag{12.7.50}$$

设计最优状态反馈,使该性能指标取极小值,并同时保证闭环系统极点满足

$$\mathrm{Re}\{s\}<-a. \tag{12.7.51}$$

式(12.7.51)表明闭环系统在左半 s 平面内的极点距虚轴的距离大于 a,所以状态以不低于 $\exp(-at)$的速率衰减.

令

$$\hat{\boldsymbol{x}}=\mathrm{e}^{at}\boldsymbol{x},\quad \hat{\boldsymbol{u}}=\mathrm{e}^{at}\boldsymbol{u}, \tag{12.7.52}$$

则有

$$\begin{aligned}\dot{\hat{\boldsymbol{x}}}&=a\mathrm{e}^{at}\boldsymbol{x}+\mathrm{e}^{at}\dot{\boldsymbol{x}}=a\mathrm{e}^{at}\boldsymbol{x}+\mathrm{e}^{at}\left[\boldsymbol{A}\boldsymbol{x}+\boldsymbol{B}\boldsymbol{u}\right]\\&=a\mathrm{e}^{at}\boldsymbol{x}+\boldsymbol{A}\mathrm{e}^{at}\boldsymbol{x}+\boldsymbol{B}\mathrm{e}^{at}\boldsymbol{u}\\&=(\boldsymbol{A}+a\boldsymbol{I})\mathrm{e}^{at}\boldsymbol{x}+\boldsymbol{B}\mathrm{e}^{at}\boldsymbol{u}\\&=\hat{\boldsymbol{A}}\hat{\boldsymbol{x}}+\boldsymbol{B}\hat{\boldsymbol{u}}.\end{aligned} \tag{12.7.53}$$

其中$\hat{\boldsymbol{A}}=\boldsymbol{A}+a\boldsymbol{I}$. 显然，如果$\hat{\boldsymbol{x}}$是渐近稳定的，那么由于 $\boldsymbol{x}=\mathrm{e}^{-at}\hat{\boldsymbol{x}}$，则 $\boldsymbol{x}$ 中各个分量的衰减速度一定比$\hat{\boldsymbol{x}}$中相同序号的分量快，其幅值起码低 e^{-at}.

为保证$\hat{\boldsymbol{x}}$渐近稳定，应选择包含$\hat{\boldsymbol{x}}$的性能指标. 在式(12.7.50)中乘以 e^{2at}，就可以得到

$$\begin{aligned} J &= \frac{1}{2}\int_0^{\infty} \mathrm{e}^{2at}(\boldsymbol{x}^{\mathrm{T}}\boldsymbol{Q}\boldsymbol{x}+\boldsymbol{u}^{\mathrm{T}}\boldsymbol{R}\boldsymbol{u})\mathrm{d}t \\ &= \frac{1}{2}\int_0^{\infty} (\hat{\boldsymbol{x}}^{\mathrm{T}}\boldsymbol{Q}\hat{\boldsymbol{x}}+\hat{\boldsymbol{u}}^{\mathrm{T}}\boldsymbol{R}\hat{\boldsymbol{u}})\mathrm{d}t. \end{aligned} \tag{12.7.54}$$

所以具有预定衰减率的调节器问题可以被表述为：对式(12.7.53)所表示的被控对象，寻找最优状态反馈，使式(12.7.54)所示的性能指标取极小值.

根据关于定常调节器的讨论以及式(12.7.52)可知，最优控制应为

$$\boldsymbol{u}^* = -\boldsymbol{R}^{-1}\boldsymbol{B}^{\mathrm{T}}\hat{\boldsymbol{P}}\boldsymbol{x}. \tag{12.7.55}$$

其中$\hat{\boldsymbol{P}}$是代数里卡蒂方程

$$\hat{\boldsymbol{P}}\hat{\boldsymbol{A}}+\hat{\boldsymbol{A}}^{\mathrm{T}}\hat{\boldsymbol{P}}+\boldsymbol{Q}-\hat{\boldsymbol{P}}\boldsymbol{B}\boldsymbol{R}^{-1}\boldsymbol{B}^{\mathrm{T}}\hat{\boldsymbol{P}}=0 \tag{12.7.56}$$

的对称正定解.

12.7.4　离散系统的线性二次型状态反馈调节器

设离散时间系统的差分状态方程为

$$\boldsymbol{x}(k+1)=\boldsymbol{A}\boldsymbol{x}(k)+\boldsymbol{B}\boldsymbol{u}(k),\quad (k=0,1,2,\cdots,N-1). \tag{12.7.57}$$

其初始状态为 $\boldsymbol{x}(0)=\boldsymbol{x}_0$. **离散线性二次型状态反馈调节器**问题就是设计最优状态反馈，使性能指标

$$J=\frac{1}{2}\boldsymbol{x}^{\mathrm{T}}(N)\boldsymbol{S}\boldsymbol{x}(N)+\frac{1}{2}\sum_{k=0}^{N-1}\left[\boldsymbol{x}^{\mathrm{T}}(k)\boldsymbol{Q}\boldsymbol{x}(k)+\boldsymbol{u}^{\mathrm{T}}(k)\boldsymbol{R}\boldsymbol{u}(k)\right] \tag{12.7.58}$$

取极小值. 性能指标中的 $\boldsymbol{S}$ 和 $\boldsymbol{Q}$ 是非负定矩阵，$\boldsymbol{R}$ 是正定矩阵.

该问题的哈密顿函数为

$$H_k=\frac{1}{2}\boldsymbol{x}^{\mathrm{T}}(k)\boldsymbol{Q}\boldsymbol{x}(k)+\frac{1}{2}\boldsymbol{u}^{\mathrm{T}}(k)\boldsymbol{R}\boldsymbol{u}(k)+\boldsymbol{\lambda}^{\mathrm{T}}(k+1)\left[\boldsymbol{A}\boldsymbol{x}(k)+\boldsymbol{B}\boldsymbol{u}(k)\right],$$

$$(k=0,1,2,\cdots,N-1), \tag{12.7.59}$$

根据离散系统最优控制的必要条件可以列出伴随方程及其终端条件

$$\boldsymbol{\lambda}(k)=\frac{\partial H_k}{\partial \boldsymbol{x}(k)}=\boldsymbol{Q}\boldsymbol{x}(k)+\boldsymbol{A}^{\mathrm{T}}\boldsymbol{\lambda}(k+1),\quad (k=1,2,\cdots,N-1), \tag{12.7.60}$$

$$\boldsymbol{\lambda}(N)=\boldsymbol{S}\boldsymbol{x}(N), \tag{12.7.61}$$

以及控制方程

$$\frac{\partial H_k}{\partial \boldsymbol{u}(k)}=\boldsymbol{R}\boldsymbol{u}(k)+\boldsymbol{B}^{\mathrm{T}}\boldsymbol{\lambda}(k+1)=0,\quad (k=0,1,2,\cdots,N-1). \tag{12.7.62}$$

连同状态方程(12.7.57)及其初始条件 $\boldsymbol{x}(0)=\boldsymbol{x}_0$ 一道即可求解最优控制、最优状态轨线以及最优性能指标.

由控制方程可以得到最优控制序列

$$\boldsymbol{u}^*(k)=-\boldsymbol{R}^{-1}\boldsymbol{B}^{\mathrm{T}}\boldsymbol{\lambda}(k+1),\quad (k=1,2,\cdots,N-1). \tag{12.7.63}$$

于是闭环系统的状态方程成为

$$\boldsymbol{x}(k+1)=\boldsymbol{A}\boldsymbol{x}(k)-\boldsymbol{B}\boldsymbol{R}^{-1}\boldsymbol{B}^{\mathrm{T}}\boldsymbol{\lambda}(k+1),\quad (k=0,1,2,\cdots,N-1), \tag{12.7.64}$$

受伴随方程终端条件的启发,可以设$\boldsymbol{\lambda}(k)=\boldsymbol{P}_k\boldsymbol{x}(k)$,代入闭环状态方程,可得

$$\boldsymbol{x}(k+1)=\boldsymbol{A}\boldsymbol{x}(k)-\boldsymbol{B}\boldsymbol{R}^{-1}\boldsymbol{B}^{\mathrm{T}}\boldsymbol{P}_{k+1}\boldsymbol{x}(k+1), \tag{12.7.65}$$

经整理,可以求得

$$\boldsymbol{x}(k+1)=[\boldsymbol{I}+\boldsymbol{B}\boldsymbol{R}^{-1}\boldsymbol{B}^{\mathrm{T}}\boldsymbol{P}_{k+1}]^{-1}\boldsymbol{A}\boldsymbol{x}(k), \tag{12.7.66}$$

将$\boldsymbol{\lambda}(k)=\boldsymbol{P}_k\boldsymbol{x}(k)$代入伴随方程$\boldsymbol{\lambda}(k)=\boldsymbol{Q}\boldsymbol{x}(k)+\boldsymbol{A}^{\mathrm{T}}\boldsymbol{\lambda}(k+1)$,可得

$$\begin{aligned}\boldsymbol{P}_k\boldsymbol{x}(k)&=\boldsymbol{Q}\boldsymbol{x}(k)+\boldsymbol{A}^{\mathrm{T}}\boldsymbol{P}_{k+1}\boldsymbol{x}(k+1)\\&=\boldsymbol{Q}\boldsymbol{x}(k)+\boldsymbol{A}^{\mathrm{T}}\boldsymbol{P}_{k+1}[\boldsymbol{I}+\boldsymbol{B}\boldsymbol{R}^{-1}\boldsymbol{B}^{\mathrm{T}}\boldsymbol{P}_{k+1}]^{-1}\boldsymbol{A}\boldsymbol{x}(k).\end{aligned} \tag{12.7.67}$$

由于上式对所有状态均成立,所以得到**离散里卡蒂方程**及其终端条件

$$\begin{aligned}\boldsymbol{P}_k&=\boldsymbol{Q}+\boldsymbol{A}^{\mathrm{T}}\boldsymbol{P}_{k+1}[\boldsymbol{I}+\boldsymbol{B}\boldsymbol{R}^{-1}\boldsymbol{B}^{\mathrm{T}}\boldsymbol{P}_{k+1}]^{-1}\boldsymbol{A}\\&=\boldsymbol{Q}+\boldsymbol{A}^{\mathrm{T}}[\boldsymbol{P}_{k+1}^{-1}+\boldsymbol{B}\boldsymbol{R}^{-1}\boldsymbol{B}^{\mathrm{T}}]^{-1}\boldsymbol{A},\quad (k=N-1,N-2,\cdots,1,0),\end{aligned} \tag{12.7.68}$$

$$\boldsymbol{P}_N=\boldsymbol{S}. \tag{12.7.69}$$

因此最优控制序列为

$$\begin{aligned}\boldsymbol{u}^*(k)&=-\boldsymbol{R}^{-1}\boldsymbol{B}^{\mathrm{T}}\boldsymbol{\lambda}(k+1)=-\boldsymbol{R}^{-1}\boldsymbol{B}^{\mathrm{T}}\boldsymbol{P}_{k+1}\boldsymbol{x}(k+1)\\&=-\boldsymbol{R}^{-1}\boldsymbol{B}^{\mathrm{T}}\boldsymbol{P}_{k+1}[\boldsymbol{I}+\boldsymbol{B}\boldsymbol{R}^{-1}\boldsymbol{B}^{\mathrm{T}}\boldsymbol{P}_{k+1}]^{-1}\boldsymbol{A}\boldsymbol{x}(k)\\&=-\boldsymbol{R}^{-1}\boldsymbol{B}^{\mathrm{T}}[\boldsymbol{P}_{k+1}^{-1}+\boldsymbol{B}\boldsymbol{R}^{-1}\boldsymbol{B}^{\mathrm{T}}]^{-1}\boldsymbol{A}\boldsymbol{x}(k)\\&=-\boldsymbol{K}_k\boldsymbol{x}(k),\quad (k=0,1,2,\cdots,N-1).\end{aligned} \tag{12.7.70}$$

其中

$$\boldsymbol{K}_k=\boldsymbol{R}^{-1}\boldsymbol{B}^{\mathrm{T}}[\boldsymbol{P}_{k+1}^{-1}+\boldsymbol{B}\boldsymbol{R}^{-1}\boldsymbol{B}^{\mathrm{T}}]^{-1}\boldsymbol{A},\quad (k=0,1,2,\cdots,N-1). \tag{12.7.71}$$

为最优状态反馈增益矩阵.

例 12.7.3 已知被控离散系统方程为 $x(k+1)=ax(k)+bu(k)$,求最优控制序列 $u(0),u(1),u(2)$,使性能指标

$$J=\sum_{k=0}^{2}[x^2(k)+ru^2(k)]$$

取极小值.

解 本例中的状态系数矩阵和输入系数矩阵变成标量 a 和 b,状态加权矩阵和控制加权矩阵变为标量 $q=1$ 和 r. 可以根据如下步骤求得最优控制序列.

(i) 求解离散里卡蒂方程. 标量情况下的离散里卡蒂方程变为

$$p_k=q+a^2\left[\frac{1}{p_{k+1}}+\frac{b^2}{r}\right]^{-1}=q+\frac{ra^2p_{k+1}}{r+b^2p_{k+1}},$$

根据 $p_3=0$，可以求得 $N=2,1,0$ 时的解

$$p_2 = q + \frac{ra^2 p_3}{r+b^2 p_3} = 1,$$

$$p_1 = q + \frac{ra^2 p_2}{r+b^2 p_2} = \frac{r+b^2+ra^2}{r+b^2},$$

$$p_0 = q + \frac{ra^2 p_1}{r+b^2 p_1} = 1 + \frac{ra^2(r+b^2+ra^2)}{r(r+b^2)+b^2(r+b^2+ra^2)}.$$

(ii) 求最优反馈增益矩阵. 标量情况下的反馈增益矩阵变为增益系数

$$k_k = \frac{ab}{r}\left[p_{k+1}^{-1} + \frac{b^2}{r}\right]^{-1} = \frac{abp_{k+1}}{r+b^2 p_{k+1}}.$$

所以能够求得 $N=0,1,2$ 时的反馈增益系数

$$k_0 = \frac{abp_1}{r+b^2 p_1} = \frac{ab(r+b^2+ra^2)}{(r+b^2)^2+ra^2b^2},$$

$$k_1 = \frac{abp_2}{r+b^2 p_2} = \frac{ab}{r+b^2},$$

$$k_2 = \frac{abp_3}{r+b^2 p_3} = 0$$

(iii) 计算最优控制序列. 最优控制序列为

$$u^*(0) = -k_0 x(0) = -\frac{ab(r+b^2+ra^2)}{(r+b^2)^2+ra^2b^2}x(0),$$

$$u^*(1) = -k_1 x(1) = -\frac{ab}{r+b^2}x(1),$$

$$u^*(2) = -k_2 x(2) = 0.$$ □

在例 12.7.3 中可以看出，尽管系统为定常系统，但对于有限的 N，离散里卡蒂方程的解 $\boldsymbol{P}_k$ 和反馈增益矩阵 $\boldsymbol{K}_k$ 总是时变的.

利用动态规划方法可以得到**离散里卡蒂方程**的另一种形式

$$\boldsymbol{P}_k = \boldsymbol{Q} + \boldsymbol{A}^{\mathrm{T}}\left[\boldsymbol{P}_{k+1} - \boldsymbol{P}_{k+1}\boldsymbol{B}(\boldsymbol{R}+\boldsymbol{B}^{\mathrm{T}}\boldsymbol{P}_{k+1}\boldsymbol{B})^{-1}\boldsymbol{B}^{\mathrm{T}}\boldsymbol{P}_{k+1}\right]\boldsymbol{A}, \tag{12.7.72}$$

而最优反馈增益矩阵形式则为

$$\boldsymbol{K}_k = (\boldsymbol{R}+\boldsymbol{B}^{\mathrm{T}}\boldsymbol{P}_{k+1}\boldsymbol{B})^{-1}\boldsymbol{B}^{\mathrm{T}}\boldsymbol{P}_{k+1}\boldsymbol{A}. \tag{12.7.73}$$

与连续线性定常系统相似，当 $N\to\infty$ 时，性能指标中的末值项为 0，所以

$$J = \frac{1}{2}\sum_{k=0}^{N-1}\left[\boldsymbol{x}^{\mathrm{T}}(k)\boldsymbol{Q}\boldsymbol{x}(k) + \boldsymbol{u}^{\mathrm{T}}(k)\boldsymbol{R}\boldsymbol{u}(k)\right]. \tag{12.7.74}$$

在这种情况下，$\boldsymbol{P}_k$ 和 $\boldsymbol{K}_k$ 成为常数矩阵 $\boldsymbol{P}$ 和 $\boldsymbol{K}$，离散里卡蒂方程成为**代数离散里卡蒂方程**

$$\boldsymbol{P} = \boldsymbol{Q} + \boldsymbol{A}^{\mathrm{T}}\left[\boldsymbol{P} - \boldsymbol{P}\boldsymbol{B}(\boldsymbol{R}+\boldsymbol{B}^{\mathrm{T}}\boldsymbol{P}\boldsymbol{B})^{-1}\boldsymbol{B}^{\mathrm{T}}\boldsymbol{P}\right]\boldsymbol{A}. \tag{12.7.75}$$

若$(\boldsymbol{A},\boldsymbol{B})$可控，则最优控制一定存在且惟一. 设 $\boldsymbol{Q}=\boldsymbol{D}^{\mathrm{T}}\boldsymbol{D}$，且$(\boldsymbol{A},\boldsymbol{D})$可观，则 $\boldsymbol{P}$ 是代数离散里卡蒂方程的惟一正定对称解. 最优性能指标为

$$J = \frac{1}{2}\boldsymbol{x}^{\mathrm{T}}(0)\boldsymbol{P}\boldsymbol{x}(0). \tag{12.7.76}$$

所得的最优控制律使闭环系统渐近稳定.类似于连续系统情况,上述条件也可以放松为$(\boldsymbol{A},\boldsymbol{B})$可镇定,$(\boldsymbol{A},\boldsymbol{D})$可检测.

12.7.5 输出调节器问题

输出调节器问题的提法是:给定线性被控系统

$$\dot{\boldsymbol{x}}=\boldsymbol{A}(t)\boldsymbol{x}+\boldsymbol{B}(t)\boldsymbol{u},\quad \boldsymbol{x}(t_0)=\boldsymbol{x}_0,\tag{12.7.77}$$

$$\boldsymbol{y}=\boldsymbol{C}(t)\boldsymbol{x},\tag{12.7.78}$$

求最优控制$\boldsymbol{u}^*$,使二次型性能指标

$$J=\frac{1}{2}\boldsymbol{y}^{\mathrm{T}}(T)\boldsymbol{S}\boldsymbol{y}(T)+\frac{1}{2}\int_{t_0}^{T}[\boldsymbol{y}^{\mathrm{T}}(t)\boldsymbol{Q}(t)\boldsymbol{y}(t)+\boldsymbol{u}^{\mathrm{T}}(t)\boldsymbol{R}(t)\boldsymbol{u}(t)]\mathrm{d}t\tag{12.7.79}$$

取极小值.

将系统的输出方程$\boldsymbol{y}=\boldsymbol{C}(t)\boldsymbol{x}$代入性能指标,可以得到

$$J=\frac{1}{2}\boldsymbol{x}^{\mathrm{T}}(T)\boldsymbol{C}^{\mathrm{T}}(T)\boldsymbol{S}\boldsymbol{C}(T)\boldsymbol{x}(T)+\frac{1}{2}\int_{t_0}^{T}[\boldsymbol{x}^{\mathrm{T}}(t)\boldsymbol{C}^{\mathrm{T}}(t)\boldsymbol{Q}(t)\boldsymbol{C}(t)\boldsymbol{x}(t)+\boldsymbol{u}^{\mathrm{T}}(t)\boldsymbol{R}(t)\boldsymbol{u}(t)]\mathrm{d}t.\tag{12.7.80}$$

与性能指标(12.7.2)比较就可以发现,只要将$\boldsymbol{S}$和$\boldsymbol{Q}$代换为$\boldsymbol{C}^{\mathrm{T}}(t)\boldsymbol{S}\boldsymbol{C}(t)$和$\boldsymbol{C}^{\mathrm{T}}(t)\boldsymbol{Q}\boldsymbol{C}(t)$,输出调节器实际上就是状态反馈调节器问题.

设$(\boldsymbol{A},\boldsymbol{B})$可控,$(\boldsymbol{A},\boldsymbol{C})$可观,则最优控制由

$$\boldsymbol{u}^*(t)=-\boldsymbol{R}^{-1}(t)\boldsymbol{B}^{\mathrm{T}}(t)\boldsymbol{P}(t)\boldsymbol{x}(t)\tag{12.7.81}$$

确定,其中$\boldsymbol{P}(t)$是里卡蒂方程

$$\dot{\boldsymbol{P}}(t)+\boldsymbol{P}(t)\boldsymbol{A}(t)+\boldsymbol{A}^{\mathrm{T}}(t)\boldsymbol{P}(t)+\boldsymbol{C}^{\mathrm{T}}(t)\boldsymbol{Q}(t)\boldsymbol{C}(t)-\boldsymbol{P}(t)\boldsymbol{B}(t)\boldsymbol{R}^{-1}(t)\boldsymbol{B}^{\mathrm{T}}(t)\boldsymbol{P}(t)=0.\tag{12.7.82}$$

在终端条件$\boldsymbol{P}(T)=\boldsymbol{C}^{\mathrm{T}}(T)\boldsymbol{S}\boldsymbol{C}(T)$下的惟一非负定对称解.

在系统的系数矩阵$\boldsymbol{A},\boldsymbol{B},\boldsymbol{C}$为常数矩阵的情况下,设$\boldsymbol{C}^{\mathrm{T}}\boldsymbol{Q}\boldsymbol{C}=\boldsymbol{D}^{\mathrm{T}}\boldsymbol{D}$,若$(\boldsymbol{A},\boldsymbol{B})$可控,$(\boldsymbol{A},\boldsymbol{D})$可观,则当$T$趋于无穷时,问题转化为定常输出调节器问题,它同样等价于一个定常状态反馈调节器问题.

12.8 小结

本章讨论最优控制问题.最优控制是现代控制理论的基础部分之一,它的主要研究内容是如何选择控制律以使控制系统的性能和品质在某种意义下为最优.求解最优控制问题的方法主要有变分法、极小值原理、动态规划法和数值解法.本章只介绍了古典变分法和极小值原理.

古典变分理论只对控制无约束的情况或控制域为开集约束的情况有效,所以

只能解决一类简单的最优控制问题.构造系统的哈密顿函数,列写最优控制必要条件中的控制方程、正则方程,并正确获得相应的边界条件就可以求得最优解.不过,古典变分法的应用条件过于苛刻.

极小值原理发展了变分法原理,克服了古典变分法的局限性,成为处理闭集约束变分问题的有力工具,使最优控制的应用范围大为扩大.

最优控制理论已经比较成熟,而且也有不少成功运用的实例.但是将它广泛应用于工程实际,还有许多问题需要解决.另外,对于许多问题,采用上述方法获得解析解是十分困难的,甚至是不可能的,这时只能去寻求问题的数值解.

习题

12.1　将标量函数 $f=x_1^2+3x_1x_3+2x_1x_2+2x_2^2+x_2x_3+6x_3^2$ 化为 $f=\boldsymbol{x}^{\mathrm{T}}\boldsymbol{A}\boldsymbol{x}$ 的形式并求 $\partial f/\partial \boldsymbol{x}$.

12.2　对于标量函数

$$H(\boldsymbol{x},\boldsymbol{u},\boldsymbol{\lambda})=\boldsymbol{x}^{\mathrm{T}}\boldsymbol{Q}\boldsymbol{x}+\boldsymbol{u}^{\mathrm{T}}\boldsymbol{R}\boldsymbol{u}+\boldsymbol{\lambda}^{\mathrm{T}}(\boldsymbol{A}\boldsymbol{x}+\boldsymbol{B}\boldsymbol{u}),$$

其中 $\boldsymbol{x}$ 和 $\boldsymbol{\lambda}$ 都是 n 维列向量,$\boldsymbol{u}$ 是 m 维列向量,$\boldsymbol{A}$、$\boldsymbol{B}$、$\boldsymbol{Q}$ 和 $\boldsymbol{R}$ 是适当维数的常数矩阵.试求 $\partial H/\partial \boldsymbol{x}$,$\partial H/\partial \boldsymbol{u}$,$\partial H/\partial \boldsymbol{\lambda}$.

12.3　设 $\boldsymbol{A}$ 为 $n\times n$ 维常数矩阵,$\boldsymbol{x}$ 和 $\boldsymbol{a}$ 分别为 n 维变量向量和常数向量,试求变量函数 $f=(\boldsymbol{x}+\boldsymbol{a})^{\mathrm{T}}\boldsymbol{A}(\boldsymbol{x}+\boldsymbol{a})$ 对 $\boldsymbol{x}$ 的导数.

12.4　设运动的初始状态和末态均自由.求使泛函

$$J(x)=\int_0^2\left(\frac{1}{2}\dot{x}^2+x\dot{x}+\dot{x}+x\right)\mathrm{d}t$$

取极小的曲线方程 $x(t)$.

12.5　设边界条件为 $x(0)=1$,$x(\pi/2)=2$.求使泛函

$$J(x)=\int_0^{\pi/2}(\dot{x}^2-x^2)\,\mathrm{d}t$$

取极小的曲线方程 $x(t)$.

12.6　设边界条件为 $x(1)=1$,$x(2)=2$.求使泛函

$$J(x)=\int_1^2(\dot{x}+\dot{x}^2t^2)\,\mathrm{d}t$$

取极小的曲线方程 $x(t)$.

12.7　被控系统的状态方程、初始条件和目标集分别为

$$\dot{x}_1=-x_1+x_2,\quad \dot{x}_2=u,$$

$$x_1(0)=0,\quad x_2(0)=0,$$

$$x_1^2(t_{\mathrm{f}})+x_2^2(t_{\mathrm{f}})=t_{\mathrm{f}}^2+1,$$

设其末端时间 t_{f} 可变.试写出使 $J=\frac{1}{2}\int_0^{t_{\mathrm{f}}}u^2\,\mathrm{d}t$ 为最小的必要条件.

12.8　已知被控系统 $\dot{x}=u$，$x(0)=1$. 试求 $u(t)$ 和 t_f，使系统在 t_f 时刻转移到坐标原点 $x(t_f)=0$，且使 $J=t_f^2+\int_0^{t_f}u^2\mathrm{d}t$ 最小.

12.9　已知系统方程 $\dot{x}=u$，初始状态 $x(0)=1$，求解最优控制，使

$$J(u)=\int_0^1(x^2+u^2)\mathrm{d}t$$

取极小值.

12.10　给定系统的状态方程 $\dot{x}=x+u$，$x(0)=2$，$y=x$，求最优控制，使性能指标

$$J=\int_0^1(y^2+u^2)\mathrm{d}t$$

取极小值.

12.11　给定系统 $\dot{x}=u$，$x(0)=1$. 设终端时间 t_f 自由，求最优控制，使性能指标

$$J=4x^2(t_f)+\int_0^{t_f}(1+u^2)\mathrm{d}t$$

取极小值，并计算最优时间与最优轨线.

12.12　已知被控系统和性能指标同题 12.8，即被控系统的状态方程为 $\dot{x}=u$，$x(0)=1$，$x(t_f)=0$. 但控制约束为 $|u(t)|\leqslant 1$. 求 $u(t)$ 和 t_f，使性能指标

$$J=t_f^2+\int_0^{t_f}u^2(t)\mathrm{d}t$$

取极小值.

12.13* 在状态方程为 $\dot{x}=u$ 和控制变量不等式约束为 $|u(t)|\leqslant 1$ 的条件下，试求使系统由 $x(0)=1$ 转移到 $x(4)=1$，并使性能指标

$$J=\frac{1}{2}\int_0^4 x^2(t)\mathrm{d}t$$

极小的最优控制和最优轨线.

12.14　已知被控系统的状态方程及其初态和末态为

$$\dot{x}_1=x_2,\quad x_1(0)=-1,\quad x_1(t_f)=1,$$

$$\dot{x}_2=u,\quad x_2(0)=0,\quad x_2(t_f)=0,$$

控制约束为 $|u(t)|\leqslant 1$. 试求时间最优控制律、最优轨线和最优时间.

12.15* 给定系统 $\dot{x}_1=x_2$，$\dot{x}_2=u$ 及允许控制 $|u|\leqslant 1$，试求最优控制，使状态由 $x_1(0)=x_{10}=1$ 和 $x_2(0)=x_{20}=1$ 转移到 $x_1(t_f)=0$ 和 $x_2(t_f)=0$，并使性能指标

$$J=\int_0^{t_f}|u(t)|\mathrm{d}t$$

取极小值.

12.16　给定被控系统 $\dot{x}=-x+u$，$x(0)=0$，$x(1)=1$. 试设计最优状态反馈使性能指标

$$J=\int_0^1 u^2\mathrm{d}t$$

为最小值.

12.17　已知被控系统 $\dot{x}=4u$. 试求 $u(t)$,使系统从 $t=0$ 时的 x_0 转移到 $t=T$ 时的 x_T,并使性能指标 $J=\int_0^T(x^2+4u^2)\,\mathrm{d}t$ 为最小.

12.18　给定一阶被控系统 $\dot{x}=x+u$, $x(t_0)=x_0$,性能指标为

$$J=\frac{1}{2}\int_{t_0}^{\infty}(x^2+\rho u^2)\mathrm{d}t$$

试求 u^* 及 $J^*[x(x_0,t_0)]$,并对闭环响应与 ρ 的关系进行分析.

12.19　给定二阶系统状态方程 $\dot{x}_1=u$, $\dot{x}_2=x_1$ 和性能指标

$$J(u)=\int_0^{\infty}(x_2^2+4u^2)\mathrm{d}t,$$

(1) 判定系统是否存在状态反馈 $u=-\boldsymbol{k}^{\mathrm{T}}\boldsymbol{x}$,使闭环系统稳定并使性能指标 $J(u)$最小?

(2) 求使性能指标 $J(u)$最小的最优状态反馈 $\boldsymbol{k}^{\mathrm{T}}$.

12.20* 给定离散时间系统 $\boldsymbol{x}(k+1)=\boldsymbol{A}\boldsymbol{x}(k)+\boldsymbol{b}u(k)$,其中

$$\boldsymbol{A}=\begin{bmatrix}0&1\\-1&1\end{bmatrix},\quad \boldsymbol{b}=\begin{bmatrix}0\\1\end{bmatrix},$$

端点条件为 $x_1(0)=1$, $x_2(0)=1$, $x_1(3)$可为任意值,但 $x_2(3)=0$. 求最优控制序列 $u(0)$, $u(1)$, $u(2)$,使性能指标

$$J=\sum_{k=0}^{2}\left[x_1^2(k+1)+u^2(k)\right]$$

取极小值.

下册部分习题参考答案

第7章

7.1 (略).

7.2 $N(X)=\frac{2k}{\pi}\left[\arcsin\frac{S}{X}-\arcsin\frac{\Delta}{X}+\frac{S}{X}\sqrt{1-\left(\frac{S}{X}\right)^{2}}-\frac{\Delta}{X}\sqrt{1-\left(\frac{\Delta}{X}\right)^{2}}\right]$.

7.3 (a) $N(X)=N_1+N_2=k-\frac{4M}{\pi X}$;

(b) $N(x)=N_1+N_2=k-\frac{2k}{\pi}\left[\arcsin\frac{\Delta}{X}-\frac{\Delta}{X}\sqrt{1-\left(\frac{\Delta}{X}\right)^{2}}\right]$.

7.4 (略).

7.5 (1) 闭环系统不稳定,存在极限环,且该极限环稳定.

(2) $\omega=3.9095$,$E=0.1614$.

7.6 (1) 闭环系统不稳定,存在极限环,该极限环稳定.

(2) $\omega=\sqrt{10}$rad/s,$E=1.709$.

(3) $K=3.50$.

7.7 闭环系统不稳定,存在极限环,而且,该极限环不稳定. $\omega=\sqrt{2}$rad/s,$E=2\sqrt{2}$.

7.8 闭环系统不稳定,存在极限环,且该极限环稳定. $\omega=7.4321$rad/s,$E=1.2820$.

7.9 (1) $N(E)=k\left(1+\mathrm{j}\,\frac{4h}{\pi E}\right)$,$(E\geqslant h)$;

(2) (i) $K<1$ 时,系统稳定; (ii) $K>1$ 时,系统不稳定; (iii) $K=1$ 时,系统临界稳定,振荡频率为 $\omega=1/E$.

7.10 (略).

7.11 $\Delta/M>0.8488$.

7.12 闭环系统不稳定,有极限环,且该极限环稳定. $\omega=1$rad/s. $E=1.2733$.

7.13 (1) 一阶系统的微分方程本身就是相轨迹曲线的方程. (2) 略.

7.14 (略).

7.15 (略).

7.16 右半平面,奇点为原点,该奇点为稳定焦点. 左半平面,奇点为原点,该奇点为鞍点.

7.17 (1) $K=0$,奇点为原点,且为中心点.

(2) $K=1$ 时,奇点为原点,且为稳定节点.

7.18 (略).

7.19 (1) 奇点$(x_1=0,x_2=0)$是一个鞍点,奇点$(x_1=1,x_2=1)$为中心点.

(2) x_1-x_2 平面图(略).

7.20 示例：$\Delta=0.95$，$1-\Delta=0.05$，$T/2=1\text{sec}$

7.21 (略).

7.22 (略).

第8章

8.1 (略).

8.2* $H_1(j\omega)=\dfrac{1+j\omega T}{T}\cdot\dfrac{4\left(\sin\dfrac{\omega T}{2}\right)^2}{\omega^2}e^{-j\omega T}$，$|H_1(j\omega)|=\dfrac{2\pi}{\omega_s}\cdot\sqrt{1+\dfrac{4\pi^2\omega^2}{\omega_s^2}}\cdot$

$\left(\dfrac{\sin\dfrac{\pi\omega}{\omega_s}}{\dfrac{\pi\omega}{\omega_s}}\right)^2$，$\arg[H_1(j\omega)]=\arctan\left(\dfrac{2\pi\omega}{\omega_s}\right)-\dfrac{2\pi\omega}{\omega_s}$.

8.3 (1) $X(z)=\dfrac{T^4z(z^3+11z^2+15z+4)}{(z-1)^5}$；

(2) $X(z)=\dfrac{e^{-aT}T^2z(z+e^{-aT})}{(z-e^{-aT})^2}$；

(3) $X(z)=\dfrac{Tz}{(z-1)^2}-\dfrac{(1-e^{-aT})z}{a(z-1)(z-e^{-aT})}$；

(4) $X(z)=\dfrac{z}{z-1}+\dfrac{bz}{(a-b)(z-e^{-aT})}+\dfrac{az}{(b-a)(z-e^{-aT})}$；

(5) $X(z)=\dfrac{z}{(b-a)(c-a)(z-e^{-aT})}+\dfrac{z}{(a-b)(c-b)(z-e^{-bT})}$

$+\dfrac{z}{(a-c)(b-c)(z-e^{-cT})}$.

8.4 (1) $\dfrac{X(z)}{z}=\dfrac{-1/3}{z}-\dfrac{1}{z-1}+\dfrac{4/3}{z-1.5}$，$x(t)=-\dfrac{1}{3}\delta(t)-1+\dfrac{4}{3}e^{0.4055t}$；

(2) $X(z)=-\dfrac{z}{(z-1)^2}-\dfrac{4z}{z-1}+\dfrac{4z}{z-1.5}$；$x(t)=-t-4+4e^{0.4055t}$；

(3) $x(0)=1, x(1)=2, x(k)=1(k=2,3,4\cdots)$.

8.5 (1) $x(k)=(-1)^k-(-2)^k, k=0,1,2\cdots$；

(2) $x(k)=\dfrac{1}{2}\delta(k)-1+\dfrac{1}{2}(2)^k, k=0,1,2\cdots$ 或 $x(k)=-1+2^{k-1}, k=1,2,3\cdots$.

8.6 (略).

8.7 (略).

8.8 $G(z)=1-az^{-1}+(2a^2-b)z^{-2}-(4a^3-3ab)z^{-3}+\cdots$.

8.9 $G(s)=\dfrac{K}{s(s+a)}$，$G(z)=\dfrac{K}{a}\dfrac{z(1-e^{-aT})}{(z-1)(z-e^{-aT})}$.

8.10 $G(s)=\dfrac{\omega_0}{s^2+\omega_0^2}$，$G(z)=\dfrac{z\sin\omega_0 T}{z^2-2z\cos\omega_0 T+1}$.

8.11 (1) $\frac{C(z)}{R(z)}=\frac{G(z)}{1+GF_1(z)+G(z)F_2(z)}, C(z)=\frac{G(z)R(z)}{1+GF_1(z)+G(z)F_2(z)}$.

(2) $C(z)=G_2G_3R(z)+\frac{G_2G_1(z)[R(z)-FG_2G_1R(z)]}{1+FG_2G_1(z)}$.

8.12 (1) 无 ZOH 时, $K>0$ 或 $K<-\frac{2}{3}$.

(2) 有 ZOH 时, $\begin{cases} K>0 \quad \text{or} \quad K<-\frac{2}{2-T} & \text{for} T<2 \\ 0<K<\frac{2}{T-2} & \text{for} T>2 \end{cases}$.

8.13 (1) $T=0.2$ 时, $0<K<0.4006$.

(2) $T=0.8$ 时, $0<K<1.6703$.

8.14* (略).

8.15* (略).

8.16 (略).

8.17 $C(z,m)=\frac{G(z,m)}{1+G(z)}=\frac{(1-e^{-aT})z^{-1}-(e^{-aT}-e^{-amT})z^{-2}}{[1+(1-2e^{-aT})z^{-1}](1-z^{-1})}$.

8.18 $K_v=\lim_{z\to 1}\left[\frac{z-1}{T}\cdot\frac{1-e^{-aT}}{z-e^{-aT}}\cdot\frac{KTz}{z-1}\right]=K$.

8.19* (略).

8.20* $D(z)=\frac{15.24(z-0.9048)}{z-0.8007}$.

8.21* $D(z)=\frac{G_{CL}(z)}{G(z)[1-G_{CL}(z)]}=\frac{0.5437(z-0.5)(z-0.3679)}{(z-1)(z+0.7183)}$.

8.22* $D(z)=\frac{0.1852(z-0.3679)}{z+0.428}$.

8.23* (1) $K_p>-1, K_d>-\frac{1}{2}, \cot^2\left(\frac{\beta T}{2}\right)>K_p+2K_d$,以及

$$(2K_d-K_p)\cot^2\left(\frac{\beta T}{2}\right)>(1+2K_d)(K_p+2K_d)=0.$$

(2) $\cot^2\left(\frac{\beta T}{2}\right)>3(1+2K_p)$.

第9章

9.1 (1) 完全可控,完全可观; (2) 不完全可控,完全可观;

(3) 不完全可控,完全可观; (4) 完全可控,完全可观;

(5) 不完全可控,不完全可观; (6) 不完全可控,完全可观;

(7) 完全可控,完全可观; (8) 完全可控,不完全可观.

9.2 当 $a\neq 2b+1/b$ 时,完全可控.

9.3 (1) 当 $b-a\neq 1$ 时,状态完全可控又可观;

(2) 无论参数 a,b,c 取何值,系统都不是状态完全可控的.

9.4 (1) 完全可控,可控子空间 3 维,不可观子空间 1 维;

(2) 可控子空间 2 维,不可观子空间 1 维.

9.5 (略).

9.6 (略).

9.7 (略).

9.8 (1) 完全可控;

(2) 由 u_1 可控的子空间为 2 维,由 u_2 可控的子空间为 1 维;

(3) 完全可观;

(4) 由 y_1 不可观的子空间为 1 维; 由 y_2 不可观的子空间为 2 维.

9.9 (1) 不完全可控.

(2) 由 u_1 可控的子空间为 2 维; 由 u_2 可控的子空间为 1 维.

(3) 完全可观.

(4) 由 y_1 不可观的子空间为 1 维; 由 y_2 不可观子空间为 0 维,即完全可观.

9.10 (略).

9.11 (略).

9.12 可观性指数 ν 满足不等式 $n/m\leqslant\nu\leqslant n-\mathrm{rank}\boldsymbol{C}+1$.

9.13 (略).

9.14 (1) 串联后的状态空间描述:

$$\boldsymbol{A}=\begin{bmatrix}0&1&0\\-3&-4&0\\2&1&-2\end{bmatrix},\quad \boldsymbol{b}=\begin{bmatrix}0\\1\\0\end{bmatrix},\quad \boldsymbol{c}^{\mathrm{T}}=[0\quad 0\quad 1];$$

(2) $\boldsymbol{G}_1(s)=(s+2)/(s^2+4s+3)$, $\boldsymbol{G}_2(s)=1/(s+2)$;

(3) 串联后的传递函数为 $\boldsymbol{G}(s)=1/(s^2+4s+3)$,串联后有零极相消,串联后的状态是不完全可控但完全可观的.

9.15 (1) 并联后的状态空间描述:

$$\boldsymbol{A}=\begin{bmatrix}0&1&0\\-3&-4&0\\0&0&-1\end{bmatrix},\quad \boldsymbol{b}=\begin{bmatrix}0\\1\\1\end{bmatrix},\quad \boldsymbol{c}^{\mathrm{T}}=[2\quad 1\quad 1].$$

(2) $\boldsymbol{G}_1(s)=(s+2)/(s^2+4s+3)$, $\boldsymbol{G}_2(s)=1/(s+1)$;

(3) 并联后的传递函数为 $\boldsymbol{G}(s)=\boldsymbol{G}_1(s)+\boldsymbol{G}_2(s)=(2s+5)/(s^2+4s+3)$,并联后的状态是完全可控但不完全可观的.

9.16 (1) 状态完全可控,第二可控规范型是

$$\boldsymbol{A}_{\mathrm{C}}=\begin{bmatrix}0&1\\-2&-3\end{bmatrix},\quad \boldsymbol{b}_{\mathrm{C}}=\begin{bmatrix}0\\1\end{bmatrix};$$

(2) 状态不完全可控,按可控性分解规范型及其变换阵是

$$\widetilde{\boldsymbol{A}}=\begin{bmatrix}-1&0\\0&-2\end{bmatrix},\quad \widetilde{\boldsymbol{b}}=\begin{bmatrix}1\\0\end{bmatrix},\quad \boldsymbol{T}=\begin{bmatrix}1&0\\1&1\end{bmatrix},\quad \boldsymbol{T}^{-1}=\begin{bmatrix}1&0\\-1&1\end{bmatrix};$$

(3) 状态完全可控,第二可控规范型是

$$\boldsymbol{A}_{\mathrm{C}}=\begin{bmatrix}0&1&0\\0&0&1\\32&-32&10\end{bmatrix},\quad \boldsymbol{b}_{\mathrm{C}}=\begin{bmatrix}0\\0\\1\end{bmatrix},\quad \boldsymbol{c}_{\mathrm{C}}^{\mathrm{T}}=[14\quad -7\quad 1];$$

(4) 状态完全可控,第二可控规范型是

$$\boldsymbol{A}_{\mathrm{C}}=\begin{bmatrix}0&1&0\\0&0&1\\2&-5&4\end{bmatrix},\quad \boldsymbol{b}_{\mathrm{C}}=\begin{bmatrix}0\\0\\1\end{bmatrix}.$$

9.17 (1) 状态完全可观,第二可观规范型是

$$\boldsymbol{A}_{\mathrm{O}}=\begin{bmatrix}0&-4\\1&5\end{bmatrix},\quad \boldsymbol{c}_{\mathrm{O}}^{\mathrm{T}}=[0\quad 1];$$

(2) 状态不完全可观,按可观性分解规范型及其变换阵是

$$\widetilde{\boldsymbol{A}}=\begin{bmatrix}-2&0\\0&-4\end{bmatrix},\quad \tilde{\boldsymbol{c}}^{\mathrm{T}}=[1\quad 0],\quad \boldsymbol{T}^{-1}=\begin{bmatrix}1&1\\0&1\end{bmatrix},\quad \boldsymbol{T}=\begin{bmatrix}1&-1\\0&1\end{bmatrix};$$

(3) 状态完全可观,第二可观规范型是

$$\boldsymbol{A}_{\mathrm{O}}=\begin{bmatrix}0&0&-2\\1&0&9\\0&1&0\end{bmatrix},\quad \boldsymbol{b}_{\mathrm{O}}=\begin{bmatrix}3\\2\\1\end{bmatrix},\quad \boldsymbol{c}_{\mathrm{O}}^{\mathrm{T}}=[0\quad 0\quad 1].$$

9.18 (1) 可控子系统是

$$\begin{cases}\dot{\boldsymbol{x}}_{\mathrm{C}}^{+}=\begin{bmatrix}0&4\\-1&-2\end{bmatrix}\boldsymbol{x}_{\mathrm{C}}^{+}+\begin{bmatrix}-2\\2\end{bmatrix}\boldsymbol{x}_{\mathrm{C}}^{-}+\begin{bmatrix}-1\\0\end{bmatrix}u\\ y=[1\quad 2]\boldsymbol{x}_{\mathrm{C}}^{+}-\boldsymbol{x}_{\mathrm{C}}^{-}\end{cases};$$

(2) 可观子系统是

$$\begin{cases}\dot{\boldsymbol{x}}_{\mathrm{O}}^{+}=\begin{bmatrix}0&1\\-2&9\end{bmatrix}\boldsymbol{x}_{\mathrm{O}}^{+}+\begin{bmatrix}1\\2\end{bmatrix}u\\ y=[1\quad 0]\boldsymbol{x}_{\mathrm{O}}^{+}\end{cases}.$$

9.19 系统状态 $\boldsymbol{x}_1,\boldsymbol{x}_2,\boldsymbol{x}_3$ 完全可控又可观,找不出不可控但可观的状态变量.

9.20 (1) 可控又可观状态变量为 $\boldsymbol{x}_3$,可控但不可观状态变量为 $\boldsymbol{x}_4$,不可控但可观状态变量为 $\boldsymbol{x}_1$,不可控又不可观状态变量为 $\boldsymbol{x}_2$;

(2) 系统 $\Sigma(\boldsymbol{A},\boldsymbol{B},\boldsymbol{C})$ 的传递函数是 $G(s)=1/(s+1)$.

9.21 (略).

9.22 (略).

9.23 (1) 当 $a=1,2,4$ 时,系统状态不完全可控又可观;

(2) 取 $a=1$,系统的状态空间形式可以写成

$$\boldsymbol{A}=\begin{bmatrix}-1&0&0\\0&-2&0\\0&0&-4\end{bmatrix},\quad \boldsymbol{b}=\begin{bmatrix}1\\1\\1\end{bmatrix},\quad \boldsymbol{c}^{\mathrm{T}}=[0\quad 0.5\quad 0.5],$$

该系统状态完全可控但不完全可观；或者写成

$$\boldsymbol{A}=\begin{bmatrix}-1 & 0 & 0\\ 0 & -2 & 0\\ 0 & 0 & -4\end{bmatrix},\quad \boldsymbol{b}=\begin{bmatrix}0\\1\\1\end{bmatrix},\quad \boldsymbol{c}^{\mathrm{T}}=[1\quad 0.5\quad 0.5],$$

该系统状态不完全可控但完全可观.

9.24 (1) 下述两个子系统 Σ_1 和 Σ_2 串联后四个状态不完全可控.

$$\Sigma_1:\boldsymbol{A}_1=\begin{bmatrix}0 & 1\\ -6 & -5\end{bmatrix},\quad \boldsymbol{b}_1=\begin{bmatrix}0\\1\end{bmatrix},\quad \boldsymbol{c}_1^{\mathrm{T}}=[1\quad 1],\quad \boldsymbol{G}_1(s)=\frac{s+1}{(s+2)(s+3)};$$

$$\Sigma_2:\boldsymbol{A}_2=\begin{bmatrix}0 & 1\\ -4 & -5\end{bmatrix},\quad \boldsymbol{b}_2=\begin{bmatrix}0\\1\end{bmatrix},\quad \boldsymbol{c}_2^{\mathrm{T}}=[0\quad 1],\quad \boldsymbol{G}_2(s)=\frac{1}{(s+1)(s+4)}.$$

(2) 上述两个子系统序号互调,串联后四个状态不完全可观.

9.25 $$\boldsymbol{A}=\begin{bmatrix}-1 & 0 & 0\\ 0 & -1 & 0\\ 0 & 0 & -2\end{bmatrix},\quad \boldsymbol{B}=\begin{bmatrix}1 & 0\\ 0 & 1\\ 1 & 1\end{bmatrix},\quad \boldsymbol{C}=\begin{bmatrix}1 & 0 & 1\\ 0 & 1 & 1\end{bmatrix}.$$

9.26 八个小题都是输出可控的.

9.27 (1) $$\boldsymbol{A}=\begin{bmatrix}0 & 1 & 0\\ 0 & 0 & 1\\ -4 & -3 & -2\end{bmatrix},\quad \boldsymbol{b}=\begin{bmatrix}0\\0\\1\end{bmatrix},\quad \boldsymbol{c}^{\mathrm{T}}=[7\quad 6\quad 5];$$

(2) $$\boldsymbol{A}=\begin{bmatrix}0 & 1 & 0\\ 0 & 0 & 1\\ 0 & -3 & 0\end{bmatrix},\quad \boldsymbol{b}=\begin{bmatrix}0\\0\\1\end{bmatrix},\quad \boldsymbol{c}^{\mathrm{T}}=[0\quad -1\quad 0];$$

(3) $$\boldsymbol{A}=\begin{bmatrix}0 & 1\\ 0 & 0\end{bmatrix},\quad \boldsymbol{b}=\begin{bmatrix}0\\0\end{bmatrix},\quad \boldsymbol{c}^{\mathrm{T}}=[1\quad 0].$$

9.28 (1) $$\boldsymbol{A}=\begin{bmatrix}0 & 1 & 0\\ 0 & 0 & 1\\ -4 & -3 & -2\end{bmatrix},\quad \boldsymbol{b}=\begin{bmatrix}0\\0\\1\end{bmatrix},\quad \boldsymbol{c}^{\mathrm{T}}=[1\quad 5\quad 0];$$

(2) $$\boldsymbol{A}=\begin{bmatrix}0 & 1\\ 0 & -4\end{bmatrix},\quad \boldsymbol{b}=\begin{bmatrix}0\\1\end{bmatrix},\quad \boldsymbol{c}^{\mathrm{T}}=[5\quad 0];$$

(3) $$\boldsymbol{A}=\begin{bmatrix}0 & 1 & 0\\ 0 & 0 & 1\\ -6 & -11 & -6\end{bmatrix},\quad \boldsymbol{b}=\begin{bmatrix}0\\0\\1\end{bmatrix},\quad \boldsymbol{c}^{\mathrm{T}}=[2\quad 2\quad 0].$$

9.29 (1) 是最小实现；(2) 是最小实现；(3) 不是最小实现,最小实现是

$$\boldsymbol{A}=\begin{bmatrix}0 & 1\\ -6 & -5\end{bmatrix},\quad \boldsymbol{b}=\begin{bmatrix}0\\1\end{bmatrix},\quad \boldsymbol{c}^{\mathrm{T}}=[2\quad 0].$$

9.30 (1) 可控实现为

$$\boldsymbol{A}_C=\begin{bmatrix}0&1&0&&\\0&0&1&&\\-2&-5&-4&&\\&&&0&1\\&&&-2&-3\end{bmatrix},\quad \boldsymbol{B}_C=\begin{bmatrix}0&\\0&\\1&\\&0\\&1\end{bmatrix},\quad \boldsymbol{C}_C=\begin{bmatrix}4&4&1&1&1\\1&2&1&1&0\end{bmatrix},$$

它完全可观,就是最小实现;

(2) 可观实现为

$$\boldsymbol{A}_O=\begin{bmatrix}0&0&-2&&\\1&0&-5&&\\0&1&-4&&\\&&&0&-2\\&&&1&-3\end{bmatrix},\quad \boldsymbol{B}_O=\begin{bmatrix}4&1\\4&2\\1&2\\1&1\\1&0\end{bmatrix},\quad \boldsymbol{C}_O=\begin{bmatrix}0&0&1&&\\&&&0&1\end{bmatrix},$$

它完全可控,就是最小实现.

9.31 (1) 可控实现为

$$\boldsymbol{A}_C=\begin{bmatrix}0&1&&\\-2&-3&&\\&&0&1\\&&-2&-3\end{bmatrix},\quad \boldsymbol{B}_C=\begin{bmatrix}0&\\1&\\&0\\&1\end{bmatrix},\quad \boldsymbol{C}_C=\begin{bmatrix}3&1&2&1\\2&1&0&2\end{bmatrix},$$

它完全可观,就是最小实现.

(2) 可观实现为

$$\boldsymbol{A}_O=\begin{bmatrix}0&1&&\\-2&-3&&\\&&0&1\\&&-2&-3\end{bmatrix},\quad \boldsymbol{B}_O=\begin{bmatrix}3&2\\1&1\\2&0\\1&2\end{bmatrix},\quad \boldsymbol{C}_O=\begin{bmatrix}0&1&&\\&&0&1\end{bmatrix},$$

它完全可控,就是最小实现.

9.32 可观性实现为

$$\boldsymbol{A}_O=\begin{bmatrix}0&0&\\1&-1&\\&&-1\end{bmatrix},\quad \boldsymbol{B}_O=\begin{bmatrix}1&0\\0&2\\2&1\end{bmatrix},\quad \boldsymbol{C}_O=\begin{bmatrix}0&1&\\&&1\end{bmatrix},$$

且 $\boldsymbol{A}_O\boldsymbol{B}_O=\begin{bmatrix}0&0\\1&-2\\-2&-1\end{bmatrix}$ 完全可控,以上实现就是最小实现.

9.33 (1) 可观实现是

$$\boldsymbol{A}_O=\begin{bmatrix}0&-2\\1&-3\end{bmatrix},\quad \boldsymbol{B}_O=\begin{bmatrix}2&1\\1&0\end{bmatrix},\quad \boldsymbol{c}_O^{\mathrm{T}}=[0\quad 1].$$

它完全可控,就是最小实现.

(2) 可控实现是

$$A_C=\begin{bmatrix}0 & 1\\ -2 & -3\end{bmatrix},\quad b_O=\begin{bmatrix}0\\ 1\end{bmatrix},\quad C_C=\begin{bmatrix}2 & 1\\ 1 & 0\end{bmatrix}.$$

它完全可观,就是最小实现.

(3) 题(1)和题(2)的传递函数向量是互为转置的,它们的最小实现是对偶的,即 $A_C=A_O^T$, $B_C=C_O^T$, $C_C=B_O^T$.

9.34 $\widetilde{G}(s)=CA^{-1}(sI-A^{-1})^{-1}A^{-1}B+(D-CA^{-1}B)$,

$G(s)=C(sI-A)^{-1}B+D$,

$$G\left(\frac{1}{s}\right)=C\left(\frac{1}{s}I-A\right)^{-1}B+D=Cs(I-sA)^{-1}B+D,$$

$$\begin{aligned}\widetilde{G}(s)-G(1/s)&=CA^{-1}(sI-A^{-1})^{-1}A^{-1}B+(D-CA^{-1}B)-Cs(I-sA)^{-1}B-D\\&=CA^{-1}[(sI-A^{-1})^{-1}A^{-1}-I-sA(I-sA)^{-1}]B\\&=CA^{-1}[(sA-I)^{-1}-I-sA(I-sA)^{-1}]B\\&=CA^{-1}(sA-I)^{-1}[I-(sA-I)+sA]B=0,\end{aligned}$$

证毕.

第 10 章

10.1 开环传递函数的可控规范型为

$$A=\begin{bmatrix}0 & 1 & 0\\ 0 & 0 & 1\\ 0 & -3 & -4\end{bmatrix},\quad b=\begin{bmatrix}0\\ 0\\ 1\end{bmatrix},\quad c^T=[20\quad 0\quad 0],$$

希望特征多项式 $\psi^*(s)=(s+5)(s^2+4s+8)=s^3+9s+28s+40$,

实现极点配置的状态反馈系数向量：$f^T=[40\quad 25\quad 5]$.

10.2 实现极点配置的状态反馈矩阵：$f^T=[12\quad -5]$.

10.3 实现极点配置的状态反馈矩阵：$f^T=[4\quad 1.2\quad 0.1]$.

10.4 实现极点配置的状态反馈矩阵：$F=\begin{bmatrix}5 & 1\\ -1 & 1\end{bmatrix}$.

10.5 实现极点配置的状态反馈矩阵：$F=\begin{bmatrix}28 & 8 & -26\\ -1 & 0 & 0\end{bmatrix}$.

10.6 状态方程的系统矩阵、输入矩阵和状态反馈矩阵

$$A=\begin{bmatrix}-10 & 0 & 0\\ 1 & -2 & 0\\ 0 & 1 & 0\end{bmatrix},\quad b=\begin{bmatrix}1\\ 0\\ 0\end{bmatrix},\quad f^T=[-5\quad 10\quad 24].$$

10.7 (1) 可镇定,状态反馈的全解是 $f^T=[a\quad 3\quad 6]$,a 为任意值.

(2) 可镇定,状态反馈的全解是 $f^T=[-9\quad a\quad 7]$,a 为任意值.

10.8 (1) $\det(\lambda I-A)=\lambda^3-1$,系统不稳定.

(2) 闭环特征多项式 $\det(s\boldsymbol{I}-\boldsymbol{A}-\boldsymbol{b}\boldsymbol{h}^{\mathrm{T}}\boldsymbol{C})=s^3+h_1 s-(1+h_2)$，由于缺 s 的平方项，当 $h_1=0, h_2=-1$ 时特征值全为零，否则必有正实部的特征值，不可镇定.

10.9 (1) $\det(s\boldsymbol{I}-\boldsymbol{A})=s^3-3s^2+s-5$，不稳定；

(2) 闭环特征多项式 $\det(s\boldsymbol{I}-\boldsymbol{A}-\boldsymbol{B}\boldsymbol{h}\boldsymbol{c}^{\mathrm{T}})=s^3+(2h_2-3)s^2+(1+h_1)s-(5+2h_1)$；当 $h_2>3/2$， $h_1>-1-3/(2h_2-1)$ 时，闭环可镇定；

(3) h_2 的选择不可能使特征多项式系数 $1+h_1$ 和 $-(5+h_1)$ 同时为任意值，所以不可能任意配置闭环极点.

10.10 (2) 输出反馈 $u=[-3 \quad -2]^{\mathrm{T}}\boldsymbol{y}$.

10.11 (1) $\hat{\boldsymbol{F}}=\begin{bmatrix}0 & 0 & 0\\ -1 & 0 & 0\end{bmatrix}$；(2) $\boldsymbol{F}=\begin{bmatrix}28 & 8 & -52\\ -1 & 0 & 0\end{bmatrix}$.

10.12 $\boldsymbol{A}=\begin{bmatrix}0 & 1 & 0\\ 0 & 0 & 1\\ 0 & -2 & -4\end{bmatrix}, \boldsymbol{b}=\begin{bmatrix}0\\0\\1\end{bmatrix}, \boldsymbol{c}^{\mathrm{T}}=[0 \quad 0 \quad 10], \boldsymbol{f}^{\mathrm{T}}=[6 \quad 9 \quad 2], R=0.6$.

10.13 $\dot{\hat{\boldsymbol{x}}}=\begin{bmatrix}-3 & 2\\ -2 & -1\end{bmatrix}\boldsymbol{x}+\begin{bmatrix}1\\1\end{bmatrix}\boldsymbol{u}+\begin{bmatrix}2\\1\end{bmatrix}\boldsymbol{y}$.

10.14 $\dot{\hat{\boldsymbol{x}}}=\begin{bmatrix}-17 & 2\\ -27 & -3\end{bmatrix}\boldsymbol{x}+\begin{bmatrix}0\\1\end{bmatrix}\boldsymbol{u}+\begin{bmatrix}8.5\\23.5\end{bmatrix}\boldsymbol{y}$.

10.15 可控实现时 $\boldsymbol{A}=\begin{bmatrix}0 & 1\\ 0 & 1\end{bmatrix}, \boldsymbol{b}=\begin{bmatrix}0\\1\end{bmatrix}, \boldsymbol{c}^{\mathrm{T}}=[0 \quad 1], \boldsymbol{h}=\begin{bmatrix}17\\63\end{bmatrix}$；

可观测实现时 $\boldsymbol{A}=\begin{bmatrix}0 & 0\\ 1 & 1\end{bmatrix}, \boldsymbol{b}=\begin{bmatrix}0\\1\end{bmatrix}, \boldsymbol{c}^{\mathrm{T}}=[0 \quad 1], \boldsymbol{h}=\begin{bmatrix}80\\17\end{bmatrix}$.

10.16 (1) $\dfrac{\mathrm{d}}{\mathrm{d}t}[\hat{x}_1-2y]=-3\hat{x}_1+u-4y, x_2=y$；

(2) $\dfrac{\mathrm{d}}{\mathrm{d}t}\begin{bmatrix}\hat{x}_2-y\\ \hat{x}_3-y\end{bmatrix}=\begin{bmatrix}-2 & 0\\ -1 & -1\end{bmatrix}\begin{bmatrix}\hat{x}_2\\ \hat{x}_3\end{bmatrix}+\begin{bmatrix}-1\\-1\end{bmatrix}u-\begin{bmatrix}1\\2\end{bmatrix}y, x_1=y$；

(3) $\dfrac{\mathrm{d}}{\mathrm{d}t}(\hat{x}_3-h_1 y_1+y_2)=-5\hat{x}_1+u-6y_1+(h_1-11)y_2, \begin{bmatrix}x_1\\x_2\end{bmatrix}=y$，$h_1$ 为任意值.

10.17 (1) $\boldsymbol{h}=\begin{bmatrix}3\gamma\\ 2\gamma^2\end{bmatrix}$；

(2) $\boldsymbol{G}_{\gamma}(s)=\dfrac{1}{(s+\gamma)(s+2\gamma)}\begin{bmatrix}1 & 3\gamma s+2\gamma^2\\ s+3\gamma & 2\gamma^2 s\end{bmatrix}$；

(3) $\boldsymbol{G}_{\infty}(s)=\lim\limits_{\gamma\to\infty}\boldsymbol{G}_{\gamma}(s)=\begin{bmatrix}0 & 1\\ 0 & s\end{bmatrix}$，即 $\begin{cases}\hat{x}_1(t)=y(t)\\ \hat{x}_2(t)=\dot{y}(t)+y(0)\end{cases}$，原系统 $x_1=y$，$x_2=\dot{x}_1=\dot{y}$，当初值为零时是合理的；

(4) $\hat{x}(t)=\begin{bmatrix} y(t)+10^{-3}\sin 10^6 t \\ \dot{y}(t)+10^3\cos 10^6 t+y(0) \end{bmatrix}$,显然状态分量 $\hat{x}_2(t)$ 被噪声严重恶化;

(5) $\gamma\leqslant 22.4$;

(6) 为了滤除高频噪声,观测器的频带不宜太高.本例的 γ 不宜太大.

10.18 (1) $\boldsymbol{A}=\begin{bmatrix} -2 & 0 \\ 1 & 0 \end{bmatrix}$, $\boldsymbol{b}=\begin{bmatrix} 50 \\ 0 \end{bmatrix}$, $\boldsymbol{c}^{\mathrm{T}}=[0 \quad 1]$, $\frac{\mathrm{d}}{\mathrm{d}t}(\hat{x}_1-13y)=-15\hat{x}_1+50u$, $x_2=y$;

(2) $u=-0.16\,\hat{x}_1-y$.

10.19 (1) $\boldsymbol{A}=\begin{bmatrix} 0 & 1 & 0 \\ 0 & 0 & 1 \\ 0 & 0 & 0 \end{bmatrix}$, $\boldsymbol{b}=\begin{bmatrix} 0 \\ 0 \\ 1 \end{bmatrix}$, $\boldsymbol{c}^{\mathrm{T}}=[1 \quad 0 \quad 0]$, $\boldsymbol{f}^{\mathrm{T}}=[3 \quad 4 \quad 4]$;

(2) $\frac{\mathrm{d}}{\mathrm{d}t}\left\{\begin{bmatrix} \hat{x}_2 \\ \hat{x}_3 \end{bmatrix}-\begin{bmatrix} 10 \\ 25 \end{bmatrix}y\right\}=\begin{bmatrix} -10 & 1 \\ -25 & 0 \end{bmatrix}\begin{bmatrix} \hat{x}_2 \\ \hat{x}_3 \end{bmatrix}+\begin{bmatrix} 0 \\ 1 \end{bmatrix}u$, $x_1=y$, $u=-3y-4\hat{x}_2-4\hat{x}_3$;

(3) 反馈校正$\frac{143s^2+130s+75}{s^2+10s+25}$;串联校正$\frac{s^2+10s+25}{s^2+14s+69}$.

10.20 (1) $\det(s\boldsymbol{I}-\boldsymbol{A})=s^2+1$, $\lambda_{1,2}=\pm \mathrm{j}$;

(2) 闭环 $\det(s\boldsymbol{I}-\boldsymbol{A}+\boldsymbol{BhC})=s^2+h-1$,找不到合适的反馈系数 $\boldsymbol{h}$ 值使之镇定;

(3) 按重构状态反馈设计:$\dot{\hat{\boldsymbol{x}}}=\begin{bmatrix} 0 & 9 \\ -1 & -6 \end{bmatrix}\hat{\boldsymbol{x}}+\begin{bmatrix} 0 \\ 1 \end{bmatrix}u+\begin{bmatrix} -8 \\ 6 \end{bmatrix}y$, $u=[-3 \quad 1]\hat{\boldsymbol{x}}$.

10.21

$$\boldsymbol{G}_r(s)=\begin{bmatrix} \dfrac{s+2}{(s+1)^2} & \dfrac{-s}{(s+2)^2} \\ -\dfrac{s+2}{(s+1)^3} & \dfrac{s}{(s+1)(s+2)} \end{bmatrix}.$$

10.22 不能采用$\{\boldsymbol{F},\boldsymbol{R}\}$解耦.

10.23 (1) 可以$\{\boldsymbol{F},\boldsymbol{R}\}$解耦.

(2) $\boldsymbol{F}=\begin{bmatrix} -0.68 & 0.2 & -0.6 \\ 0.14 & -0.1 & -0.2 \end{bmatrix}$, $\boldsymbol{R}=\begin{bmatrix} -0.1 & 0.12 \\ 0.05 & -0.01 \end{bmatrix}$.

(3) 闭环系统不完全可观测,闭环传递函数矩阵一定产生零极对消.

10.24 (1) 可以$\{\boldsymbol{F},\boldsymbol{R}\}$解耦.

(2) 闭环系统的两个解耦子系统分别可以配置 2 个极点,共可配 4 个极点.

(3) $F=\begin{bmatrix}4 & 2 & 0 & 2\\0 & -2 & 1 & 2\end{bmatrix}, R=\begin{bmatrix}1 & 0\\0 & 1\end{bmatrix}$.

10.25 $\alpha_1=1$, $\alpha_2=2$, $d_1^T=[1 \quad 1]$, $d_2^T=[0 \quad 1]$,可解耦性矩阵非奇异,可以$\{F,R\}$解耦.

10.26 (1) 可以$\{F,R\}$解耦.闭环系统共可配3个极点,没有产生零极相消;

(2) 选取闭环极点-1、-2、-3,相应的$\{F,R\}$控制律为

$$F=\begin{bmatrix}1 & 4 & 1\\5 & 1 & 2\end{bmatrix},\quad R=\begin{bmatrix}0 & 1\\1 & -1\end{bmatrix};$$

(3) 可以$\{F,R\}$解耦.闭环系统共可配2个极点,少于系统阶数3,一定产生零极相消.选取闭环极点-1、-2,相应的$\{F,R\}$控制律为

$$F=\begin{bmatrix}3 & 0 & 1\\-1 & 2 & 1\end{bmatrix},\quad R=\begin{bmatrix}2 & -1\\-1 & 1\end{bmatrix}.$$

10.27 可以$\{F,R\}$解耦.闭环系统共可配2个极点,没有产生零极相消.相应的$\{F,R\}$控制律为

$$F=\begin{bmatrix}-2-\mu_1 & 1\\1 & -2-0.5\mu\end{bmatrix},\quad R=\begin{bmatrix}1 & 0\\0 & 0.5\end{bmatrix}.$$

10.28 (1) $G(s)=\begin{bmatrix}\dfrac{1}{s^2+\omega^2} & \dfrac{2\omega}{s(s^2+\omega^2)}\\ \dfrac{-2\omega}{s(s^2+\omega^2)} & \dfrac{s^2-3\omega^2}{s^2(s^2+\omega^2)}\end{bmatrix}$,传递函数矩阵非对角元不为零,说明切线和矢径两个方向是耦合的;

(2) $\alpha_1=2$, $\alpha_2=2$, $d_1^T=[1 \quad 0]$, $d_2^T=[0 \quad 1]$,可解耦性矩阵非奇异,可以$\{F,R\}$解耦;

(3) $F=CA^2=\begin{bmatrix}3\omega^2 & 0 & 0 & 2\omega\\0 & -2\omega & 0 & 0\end{bmatrix}, R=\begin{bmatrix}1 & 0\\0 & 1\end{bmatrix}$;

(4) 注意到,题10.24是本题$\omega=1$的特例,$\bar{F}=\begin{bmatrix}1 & 2 & 0 & 0\\0 & 0 & 1 & 2\end{bmatrix}$.

10.29 状态反馈矩阵F使闭环渐近稳定,且满足$C(A-BF)^{-1}B$非奇异,

$$R=-[C(A-BF)^{-1}B]^{-1}G_{闭}^{*}(0).$$

10.30 增广系统及其可观测矩阵

$$\begin{bmatrix}\dot{x}\\\dot{w}\end{bmatrix}=\begin{bmatrix}A & B\\0 & 0\end{bmatrix}\begin{bmatrix}x\\w\end{bmatrix},\quad y=[C \quad D]\begin{bmatrix}x\\w\end{bmatrix},$$

$$\widetilde{Q}_O=\begin{bmatrix}C & D\\CA & CB\\\vdots & \vdots\\CA^{n+p-1} & CA^{n+p-2}B\end{bmatrix}=\begin{bmatrix}C & D\\QA & QB\end{bmatrix}=\begin{bmatrix}I_m & 0\\0 & Q\end{bmatrix}\begin{bmatrix}C & D\\A & B\end{bmatrix},\quad Q=\begin{bmatrix}C\\CA\\\vdots\\CA^{n+p-2}\end{bmatrix},$$

则有

$$\operatorname{rank}\tilde{Q}_O=n+p\Leftrightarrow\begin{cases}\operatorname{rank}\begin{bmatrix}\boldsymbol{I}_m & 0\\ 0 & \boldsymbol{Q}\end{bmatrix}=n+m\Leftrightarrow\operatorname{rank}\boldsymbol{Q}=n\Leftrightarrow\operatorname{rank}\boldsymbol{Q}_O=n\\ \operatorname{rank}\begin{bmatrix}\boldsymbol{C} & \boldsymbol{D}\\ \boldsymbol{A} & \boldsymbol{B}\end{bmatrix}=n+p\\ m>p\end{cases}$$

10.31 (1) 增广系统 $\begin{bmatrix}\dot{\boldsymbol{x}}\\ \dot{\boldsymbol{w}}_1\\ \dot{\boldsymbol{w}}_2\end{bmatrix}=\begin{bmatrix}\boldsymbol{A} & \boldsymbol{B} & 0\\ 0 & 0 & 0\\ 0 & 0 & 0\end{bmatrix}\begin{bmatrix}\boldsymbol{x}\\ \boldsymbol{w}_1\\ \boldsymbol{w}_2\end{bmatrix}$，$\boldsymbol{y}=[\boldsymbol{C}\quad 0\quad \boldsymbol{I}]\begin{bmatrix}\boldsymbol{x}\\ \boldsymbol{w}_1\\ \boldsymbol{w}_2\end{bmatrix}$，显然 $\boldsymbol{w}_1$ 不可观测；

(2) 增广系统可观测矩阵

$$\tilde{Q}_O=\begin{bmatrix}\boldsymbol{C} & 0 & \boldsymbol{I}_m\\ \boldsymbol{CA} & \boldsymbol{CB} & 0\\ \boldsymbol{CA}^2 & \boldsymbol{CAB} & 0\\ \vdots & \vdots & 0\\ \boldsymbol{CA}^{n+p+m-1} & \boldsymbol{CA}^{n+p+m-2}\boldsymbol{B} & 0\end{bmatrix}=\begin{bmatrix}\boldsymbol{C} & 0 & \boldsymbol{I}_m\\ \boldsymbol{QA} & \boldsymbol{QB} & 0\end{bmatrix}$$

$$=\begin{bmatrix}\boldsymbol{I}_m & 0\\ 0 & \boldsymbol{Q}\end{bmatrix}\begin{bmatrix}\boldsymbol{C} & 0 & \boldsymbol{I}_m\\ \boldsymbol{A} & \boldsymbol{B} & 0\end{bmatrix},$$

$\operatorname{rank}\begin{bmatrix}\boldsymbol{C} & 0 & \boldsymbol{I}_m\\ \boldsymbol{A} & \boldsymbol{B} & 0\end{bmatrix}\leqslant\operatorname{rank}\tilde{Q}_O\leqslant n+m<n+m+p$，增广状态不可能完全可观测；

(3) 不可观测的是外扰状态 w_1.

10.32 状态的强迫解：$\boldsymbol{P}=-\frac{1}{36}\times\begin{bmatrix}6 & 25\\ 0 & -30\end{bmatrix}$，$\bar{\boldsymbol{x}}(t)=-\boldsymbol{Pw}(t)=\frac{1}{36}\times\begin{bmatrix}6t+25\\ -30\end{bmatrix}$.

10.33 $\boldsymbol{p}=\boldsymbol{A}^{-1}\boldsymbol{N}=\begin{bmatrix}1\\ 1\end{bmatrix}\boldsymbol{Cp}=\boldsymbol{d}=\begin{bmatrix}1\\ 1\end{bmatrix}$，系统实现静态无差 $\boldsymbol{e}(\infty)=0$.

10.34 $\boldsymbol{P}=-\frac{1}{36}\times\begin{bmatrix}6 & 25\\ 0 & -30\end{bmatrix}$，$\boldsymbol{CP}=\begin{bmatrix}-6 & -5\\ 0 & 6\end{bmatrix}\begin{bmatrix}6 & 25\\ 0 & -30\end{bmatrix}\times\left(-\frac{1}{36}\right)=\begin{bmatrix}1 & 0\\ 0 & 5\end{bmatrix}=\boldsymbol{D}$，系统实现静态无差 $\boldsymbol{e}(\infty)=0$.

10.35 (1) $\boldsymbol{f}_x^{\mathrm{T}}=[6\quad 5]$ $\boldsymbol{f}_w^{\mathrm{T}}=[1\quad 2]$，$\boldsymbol{P}$ 阵与题 10.32 的结果一致；

(2) 不能实现闭环稳态无差.

10.36 $\boldsymbol{f}_1^{\mathrm{T}}=[2b-4\quad b]$，$b>2$.

10.37 (1) $\dot{\boldsymbol{q}}=\begin{bmatrix}0 & 1 & 0\\ 0 & 0 & 1\\ 0 & -1 & 0\end{bmatrix}\boldsymbol{q}+\begin{bmatrix}0\\ 0\\ 1\end{bmatrix}\boldsymbol{e}$；(2) $\dot{\boldsymbol{q}}=\begin{bmatrix}0 & 1 & 0\\ 0 & 0 & 1\\ 0 & -1 & 2\end{bmatrix}\boldsymbol{q}+\begin{bmatrix}0\\ 0\\ 1\end{bmatrix}\boldsymbol{e}$.

10.38 存在鲁棒调节器,为$\begin{cases}\dot{\boldsymbol{q}}=\boldsymbol{e}\\ \boldsymbol{u}=\begin{bmatrix}-2 & -18\\ 0 & 1\end{bmatrix}\boldsymbol{x}+\begin{bmatrix}-16 & 7\\ 0 & 0\end{bmatrix}\boldsymbol{q}\end{cases}$.

10.39 存在鲁棒调节器.伺服补偿器为

$$\dot{\boldsymbol{q}}=\begin{bmatrix}0 & 1 & 0 & 0\\ -1 & 0 & 0 & 0\\ 0 & 0 & 0 & 1\\ 0 & 0 & -1 & 0\end{bmatrix}\boldsymbol{q}+\begin{bmatrix}0 & 0\\ 1 & 0\\ 0 & 0\\ 0 & 1\end{bmatrix}\boldsymbol{e}.$$

10.40 $\dot{q}_1=y_1-R_1$;$\dot{q}_2=y_2-R_2$;$u_1=-10x_1-152.5x_2+256q_1-646q_2$;$u_2=0.5q_2$;其中:$R_1,R_2$ 分别是两储液槽的液面给定高度(常值).

10.41 $\boldsymbol{f}_x^{\mathrm{T}}=[1 \quad a]$,$\boldsymbol{f}_w^{\mathrm{T}}=2$.

第11章

11.1 (1) 不定;(2) 负定;(3) 正半定;(4) 正定;(5) 正半定.

11.2 (1) 无论 a 取何值,都不能使二次型正定;

(2) $a>0,b>\dfrac{1}{a},c>\dfrac{4a+b-4}{ab-1}$.

11.3 (略).

11.4 (1) $V(\boldsymbol{x})=x_1^2+x_2^2>0$,原点是全局渐近稳定的;

(2) $V(\boldsymbol{x})=3x_1^2+x_2^2>0$,原点是全局渐近稳定的;

(3) $V(\boldsymbol{x})=x_1^2+x_2^2>0$,原点是局部渐近稳定的;

(4) $V(\boldsymbol{x})=(x_1^2+x_2^2)/2>0$,当 $a<0$ 时原点全局渐近稳定;当 $a>0$ 时原点不稳定;当 $a=0$ 时原点只是稳定的;

(5) 取能量函数 $V(\boldsymbol{x})=\int_0^{x_1} g(x_1)\mathrm{d}x_1+\dfrac{1}{2}x_2^2>0$,原点全局渐近稳定;

(6) 取能量函数 $V(\boldsymbol{x})=0.5(kx_1^2+mx_2^2)>0$,原点全局渐近稳定.

11.5 $V(\boldsymbol{x})=ax_1^2+x_2^2>0$,原点是全局渐近稳定的.

11.6 (1) 渐近稳定;(2) 临界稳定;(3) 不稳定.

11.7 $\boldsymbol{Q}=\begin{bmatrix}0 & 0 & 0\\ 0 & 0 & 0\\ 0 & 0 & 1\end{bmatrix}$;$\boldsymbol{P}=\dfrac{1}{12-2k}\times\begin{bmatrix}k^2+12k & 6k & 0\\ 6k & 3k & k\\ 0 & k & 6\end{bmatrix}$. $0<k<6$.

11.8 $a<-1$;$b\leqslant 0$.

11.9 $V(\boldsymbol{x})=\dfrac{1}{2}x_1^2+x_2^2$ 正定,$\dot{V}(\boldsymbol{x})$在 $1-2x_1x_2>0$ 范围内负定.

11.10 (1) 线性化系统的特征值为-1 和-2,原点局部渐近稳定;

(2) 在 $x_2^3<0.25$ 范围内,对称矩阵 $\boldsymbol{F}(\boldsymbol{x})$负定,原点局部渐近稳定;

(3) $V(\boldsymbol{x})=\frac{1}{2}x_1^2+x_2^2$ 正定，$\dot{V}(\boldsymbol{x})$在 $x_1x_2^2<1$ 内负定，原点局部渐近稳定；

(4) $\dot{V}(\boldsymbol{x})$在 $2x_1x_2^2<1$ 内负定，原点局部渐近稳定.

11.11 (1) $\boldsymbol{Q}=\boldsymbol{I},\boldsymbol{P}=\frac{1}{528}\times\begin{bmatrix}2050 & -325\\ -325 & 1362\end{bmatrix}$，原点全局渐近稳定；

(2) $\boldsymbol{Q}=\boldsymbol{I},\boldsymbol{P}=\begin{bmatrix}0.2522 & 2.2842\\ 2.2842 & 0.8198\end{bmatrix}$，原点不是渐近稳定的；

(3) $\boldsymbol{Q}=\boldsymbol{I},\boldsymbol{P}=\begin{bmatrix}-0.263 & -0.00645 & 0.0207\\ -0.00645 & -0.01725 & -0.0261\\ 0.0207 & -0.0261 & 0.84475\end{bmatrix}$，原点不是渐近稳定的.

11.12 (略).

11.13 (1) 原点全局渐近稳定；(2) 原点不稳定；(3) 原点不稳定；(4) 原点局部渐近稳定.

11.14 若取 $\dot{V}(\boldsymbol{x})=-(2x_1^2+2x_1x_2+x_2^2)$，其所需的时间上限为 2.63 秒.

11.15 $0.1716<k<5.8284$，吸引域的求法参考例 11.3.1 中的说明.

11.16 $V(\boldsymbol{x})=\frac{1}{2}[x_1^2+(t+1)x_2^2]>0$，$\dot{V}(\boldsymbol{x})=-(10t+9.5)x_2^2\leqslant 0$，原点渐近稳定.

第 12 章

12.1 (略).

12.2 (略).

12.3 $\frac{\mathrm{d}f}{\mathrm{d}\boldsymbol{x}}=\frac{\partial(\boldsymbol{x}+\boldsymbol{\alpha})^{\mathrm{T}}}{\partial\boldsymbol{x}}\times\frac{\partial f}{\partial(\boldsymbol{x}+\boldsymbol{\alpha})}=\boldsymbol{I}\times(\boldsymbol{A}+\boldsymbol{A}^{\mathrm{T}})(\boldsymbol{x}+\boldsymbol{\alpha})$，

所以$\frac{\mathrm{d}f}{\mathrm{d}\boldsymbol{x}}=(\boldsymbol{A}+\boldsymbol{A}^{\mathrm{T}})(\boldsymbol{x}+\boldsymbol{\alpha})$.

12.4 $x(t)=\frac{1}{2}t^2-2t+1$.

12.5 $x(t)=2\sin t+\cos t$.

12.6 $x=3-\frac{2}{t}$.

12.7 $\frac{\partial H}{\partial u}=u+\lambda_2=0,\dot{\lambda}_1=-\frac{\partial H}{\partial x_1}=\lambda_1,\dot{\lambda}_2=-\frac{\partial H}{\partial x_2}=-\lambda_1$,

$\lambda_{1\mathrm{f}}=\left(\frac{\partial\theta}{\partial x_1}+\mu\frac{\partial g}{\partial x_1}\right)\Big|_{t_\mathrm{f}}=2x_{1\mathrm{f}}\mu,\quad \lambda_{2\mathrm{f}}=\left(\frac{\partial\theta}{\partial x_2}+\mu\frac{\partial g}{\partial x_2}\right)\Big|_{t_\mathrm{f}}=2x_{2\mathrm{f}}\mu$,

$\frac{1}{2}u_\mathrm{f}^2-\lambda_{1\mathrm{f}}x_{1\mathrm{f}}+\lambda_{1\mathrm{f}}x_{2\mathrm{f}}+\lambda_{2\mathrm{f}}u_\mathrm{f}-2t_\mathrm{f}\mu_\mathrm{f}=0$,

$\dot{x}_1 = -x_1 + x_2, x_1(0) = 0, \dot{x}_2 = u, x_2(0) = 0,$

$x_1^2(t_f) + x_2^2(t_f) = t_f^2 + 1.$

12.8 $u^* = -\frac{C}{2} = -\sqrt[3]{2}, t_f^* = \frac{2}{C} = \frac{1}{\sqrt[3]{2}}.$

12.9 $u = \frac{1}{1+e^2}e^t - \frac{e^2}{1+e^2}e^{-t}.$

12.10 $u^* = \frac{2e^{\sqrt{2}(t-1)} - 2e^{-\sqrt{2}(t-1)}}{(\sqrt{2}+1)e^{-\sqrt{2}} + (\sqrt{2}-1)e^{\sqrt{2}}}.$

12.11 $u(t) = -1, x = 1-t, t_f = 0.75.$

12.12 $t_f = 1, u = -1.$

12.13 $u = \begin{cases} -1 & t<1 \\ 0 & 1<t<3 \\ 1 & t>3 \end{cases}, \quad x = \begin{cases} 1-t & t<1 \\ 0 & 1<t<3 \\ -3+t & t>3 \end{cases}.$

12.14 $t^* = 2t_1 = 2\sqrt{2}$；当 $t<t_1$ 时，$u=1, x_1 = \frac{x_2^2}{2} - 1$；当 $t>t_1$ 时，$u=-1,$

$x_1 = -\frac{x_2^2}{2} + 1.$

12.15 $u = \begin{cases} -1 & 0<t<t_b \\ 0 & t_b<t<t_c \\ 1 & t_c<t \end{cases}.$

若 $t_f = 1+\sqrt{6}$，则 $t_b = t_c = 1 + \frac{\sqrt{6}}{2}$；

若 $t_f > 1+\sqrt{6}$，则 $t_b = \frac{(1+t_f) - \sqrt{(t_f-1)^2 - 6}}{2}, t_c = \frac{(1+t_f) + \sqrt{(t_f-1)^2-6}}{2}.$

12.16 $u = -px, p = \frac{-2C_3 e^t}{e^{-t} + C_3 e^t} = \frac{2e^t}{e^{-t} - e^t} = \frac{-2e^t}{e^t - e^{-t}}.$

12.17 $u = \frac{x_0 e^{-2T} - x_T}{2(e^{-2T} - e^{2T})}(e^{2t} + e^{-2t})$ 或

$u^*(t) = -p(t)x(t) = \frac{C_1 e^{2t} - C_2 e^{-2t}}{2(C_1 e^{2t} + C_2 e^{-2t})}x(t).$

12.18 $u^* = -\left(1 + \sqrt{1 + \frac{1}{\rho}}\right)x, J^* = (\rho + \sqrt{\rho^2 + \rho})^2 x_0^2$. 当 $\rho \to 0$ 时，x 快速衰减；当 $\rho \to \infty$ 时，状态衰减速度变慢.

12.19 (1)（略）；(2) $u = -x_1 - \frac{1}{2}x_2.$

12.20 $u(0) = 0, u(1) = \frac{1}{2}, u(2) = \frac{1}{2}.$

下册名词索引

（按汉语拼音音序和英文字母顺序排列）
（括号内数字是页码）

L

M

N

O

P

Q

R

S

T

W

X

Y

Z

《全国高等学校自动化专业系列教材》丛书书目

教材类型	编　　号	教材名称	主编/主审	主编单位	备注
本科生教材					
控制理论与工程	Auto-2-(1+2)-V01	自动控制原理(研究型)	吴麒、王诗宓	清华大学	
	Auto-2-1-V01	自动控制原理(研究型)	王建辉、顾树生/杨自厚	东北大学	
	Auto-2-1-V02	自动控制原理(应用型)	张爱民/黄永宣	西安交通大学	
	Auto-2-2-V01	现代控制理论(研究型)	张嗣瀛、高立群	东北大学	
	Auto-2-2-V02	现代控制理论(应用型)	谢克明、李国勇/郑大钟	太原理工大学	
	Auto-2-3-V01	控制理论 CAI 教程	吴晓蓓、徐志良/施颂椒	南京理工大学	
	Auto-2-4-V01	控制系统计算机辅助设计	薛定宇/张晓华	东北大学	
	Auto-2-5-V01	工程控制基础	田作华、陈学中/施颂椒	上海交通大学	
	Auto-2-6-V01	控制系统设计	王广雄、何朕/陈新海	哈尔滨工业大学	
	Auto-2-8-V01	控制系统分析与设计	廖晓钟、刘向东/胡佑德	北京理工大学	
	Auto-2-9-V01	控制论导引	万百五、韩崇昭、蔡远利	西安交通大学	
	Auto-2-10-V01	控制数学问题的MATLAB求解	薛定宇、陈阳泉/张庆灵	东北大学	
控制系统与技术	Auto-3-1-V01	计算机控制系统(面向过程控制)	王锦标/徐用懋	清华大学	
	Auto-3-1-V02	计算机控制系统(面向自动控制)	高金源、夏洁/张宇河	北京航空航天大学	
	Auto-3-2-V01	电力电子技术基础	洪乃刚/陈坚	安徽工业大学	
	Auto-3-3-V01	电机与运动控制系统	杨耕、罗应立/ 陈伯时	清华大学、华北电力大学	
	Auto-3-4-V01	电机与拖动	刘锦波、张承慧/陈伯时	山东大学	
	Auto-3-5-V01	运动控制系统	阮毅、陈维钧/陈伯时	上海大学	
	Auto-3-6-V01	运动体控制系统	史震、姚绪梁/谈振藩	哈尔滨工程大学	
	Auto-3-7-V01	过程控制系统(研究型)	金以慧、王京春、黄德先	清华大学	
	Auto-3-7-V02	过程控制系统(应用型)	郑辑光、韩九强/韩崇昭	西安交通大学	
	Auto-3-8-V01	系统建模与仿真	吴重光、夏涛/吕崇德	北京化工大学	
	Auto-3-8-V01	系统建模与仿真	张晓华/薛定宇	哈尔滨工业大学	
	Auto-3-9-V01	传感器与检测技术	王俊杰/王家祯	清华大学	
	Auto-3-9-V02	传感器与检测技术	周杏鹏、孙永荣/韩九强	东南大学	
	Auto-3-10-V01	嵌入式控制系统	孙鹤旭、林涛/袁著祉	河北工业大学	
	Auto-3-13-V01	现代测控技术与系统	韩九强、张新曼/田作华	西安交通大学	
	Auto-3-14-V01	建筑智能化系统	章云、许锦标/胥布工	广东工业大学	
	Auto-3-15-V01	智能交通系统概论	张毅、姚丹亚/史其信	清华大学	
	Auto-3-16-V01	智能现代物流技术	柴跃廷、申金升/吴耀华	清华大学	

续表

教材类型	编　　号	教 材 名 称	主编/主审	主 编 单 位	备注
本科生教材					
信号处理与分析	Auto-5-1-V01	信号与系统	王文渊/阎平凡	清华大学	
	Auto-5-2-V01	信号分析与处理	徐科军/胡广书	合肥工业大学	
	Auto-5-3-V01	数字信号处理	郑南宁/马远良	西安交通大学	
计算机与网络	Auto-6-1-V01	单片机原理与接口技术	杨天怡、黄勤	重庆大学	
	Auto-6-2-V01	计算机网络	张曾科、阳宪惠/吴秋峰	清华大学	
	Auto-6-4-V01	嵌入式系统设计	慕春棣/汤志忠	清华大学	
	Auto-6-5-V01	数字多媒体基础与应用	戴琼海、丁贵广/林闯	清华大学	
软件基础与工程	Auto-7-1-V01	软件工程基础	金尊和/肖创柏	杭州电子科技大学	
	Auto-7-2-V01	应用软件系统分析与设计	周纯杰、何顶新/卢炎生	华中科技大学	
实验课程	Auto-8-1-V01	自动控制原理实验教程	程鹏、孙丹/王诗宓	北京航空航天大学	
	Auto-8-3-V01	运动控制实验教程	綦慧、杨玉珍/杨耕	北京工业大学	
	Auto-8-4-V01	过程控制实验教程	李国勇、何小刚/谢克明	太原理工大学	
	Auto-8-5-V01	检测技术实验教程	周杏鹏、仇国富/韩九强	东南大学	
研究生教材					
	Auto(*)-1-1-V01	系统与控制中的近代数学基础	程代展/冯德兴	中科院系统所	
	Auto(*)-2-1-V01	最优控制	钟宜生/秦化淑	清华大学	
	Auto(*)-2-2-V01	智能控制基础	韦巍、何衍/王耀南	浙江大学	
	Auto(*)-2-3-V01	线性系统理论	郑大钟	清华大学	
	Auto(*)-2-4-V01	非线性系统理论	方勇纯/袁著祉	南开大学	
	Auto(*)-2-6-V01	模式识别	张长水/边肇祺	清华大学	
	Auto(*)-2-7-V01	系统辨识理论及应用	萧德云/方崇智	清华大学	
	Auto(*)-2-8-V01	自适应控制理论及应用	柴天佑、岳恒/吴宏鑫	东北大学	
	Auto(*)-3-1-V01	多源信息融合理论与应用	潘泉、程咏梅/韩崇昭	西北工业大学	
	Auto(*)-4-1-V01	供应链协调及动态分析	李平、杨春节/桂卫华	浙江大学	

教师反馈表

感谢您购买本书！清华大学出版社计算机与信息分社专心致力于为广大院校电子信息类及相关专业师生提供优质的教学用书及辅助教学资源.

我们十分重视对广大教师的服务，如果您确认将本书作为指定教材，请您务必填好以下表格并经系主任签字盖章后寄回我们的联系地址，我们将免费向您提供有关本书的其他教学资源.

您需要教辅的教材：			
您的姓名：			
院系：			
院/校：			
您所教的课程名称：			
学生人数/所在年级：	________人/　1　2　3　4　硕士　博士		
学时/学期	________学时/________学期		
您目前采用的教材：	作者：________ 书名：________ 出版社：________		
您准备何时用此书授课：			
通信地址：			
邮政编码：		联系电话	
E-mail：			
您对本书的意见/建议：		系主任签字 盖章	

我们的联系地址：

清华大学出版社　学研大厦 A602，A604 室

邮编：100084

Tel：010-62770175 4409，3208

Fax：010-62770278

E-mail：liuli@tup.tsinghua.edu.cn；hanbh@tup.tsinghua.edu.cn